KB153432

Non-Stop High-Pass 시리즈

국가화재안전기준(NFSC) 및 소방관련법령

김 상 현, 하 재 황 공저

동일출판사

1. 저자생각

건축물이 고층화, 대형화 및 복합화 되어감에 따라서 화재발생 시 인명피해 및 재산피해가 급격히 증가하고 있습니다. 이러한 사유로 건축물의 화재 안전성 및 피난 안전성을 확보하기 위하여 관계법령에 따라 소방시설을 설계, 감리 및 시공하고 설치된 소방시설에 대한 철저한 점검과 유지관리를 통하여 인명의 안전과 재산을 보호하여야 하는 전문인력이 절실하게 필요한 때입니다. 이러한 시대의 흐름에 맞추어 본인에 맞는 미래를 체계적으로 설계해야 합니다.

> 남과는 다른! 남보다 앞서가는! 눈부신 미래를 위한 첫걸음!
> 자격증 취득과 평생기술로 평생직장을···

2. 본서의 특징

1. 소방설비(산업)기사, 소방시설관리사 및 소방기술사 시험을 대비하기 위해 보셔야 하는 필독서입니다.
2. 중요사항을 음영으로 표시하여 학습의 활용도를 높였습니다.
3. 소방시설별 실물 사진을 첨부하여 학습이해도를 높였습니다.
4. 최근 개정된 국가화재안전기준(NFSC) 수록
   ① 국가화재안전성능기준(NFPC)
   ② 국가화재안전기술기준(NFTC)
5. 소방시설관리사 기출문제 수록(1~23회)
6. 소방기술사 기출문제 수록(80~132회)
7. 학습범위
   ① 소방설비(산업)기사 : 국가화재안전기준(NFSC)
   ② 소방시설관리사, 소방기술사 : 국가화재안전기준(NFSC)+소방관련법령

3. 맺음말

소방설비(산업)기사, 소방시설관리사, 소방기술사 관련 동영상은 아래의 사이트에서 보실 수 있습니다.

㈜배울학 홈페이지 www.baeulhak.com

본 교재에 대한 **오타신고, 개선사항 및 질의사항**은 아래 홈페이지에 올려주시면 감사하겠습니다.

동일출판사 www.dongilbook.com

자격증 공부는 단거리가 아닌 지구력을 요하는 마라톤과 같습니다. 끝까지 페이스를 잃지 않고 꾸준히 하시는 분이 결승선을 통과할 수 있습니다. 앞만 보고 달리십시오. 힘들면 잠시 쉬었다가 가셔도 됩니다. 절대로 뒤를 돌아보시거나 앞으로 달리기를 주저하시면 안 됩니다.

본 수험서가 자격증을 취득하는데 조금이나마 도움이 되었으면 하는 작은 바람을 가져 봅니다. 또한, 최적의 수험서가 될 수 있도록 최선의 노력을 다하겠습니다.

김 상 현
㈜배울학 소방분야 대표교수
소방기술사, 전기안전기술사
소방시설관리사

하 재 황
충북보건과학대학교 전기과 교수
직업능력개발훈련교사 1급
전기기능장
소방설비기사(전기), 위험물산업기사

CONTENTS

차 례

1편 화재안전성능기준(NFPC)

2편 화재안전기술기준(NFTC)

CONTENTS
차 례

3편 소방관련법령

화재안전성능기준(NFPC)

소화기구 및 자동소화장치의 화재안전성능기준(NFPC 101)

[시행 2022. 12. 1.] [소방청고시 제2022-31호, 2022. 11. 25., 전부개정]

제1조(목적)

이 기준은 「소방시설 설치 및 관리에 관한 법률」(이하 "법"이라 한다) 제2조제1항제6호가목에 따라 소방청장에게 위임한 사항 중 소화설비인 소화기구 및 자동소화장치의 성능기준을 규정함을 목적으로 한다.

제2조(적용범위)

이 기준은 「소방시설 설치 및 관리에 관한 법률 시행령」(이하 "영"이라 한다) 별표 4 제1호가목 및 나목에 따른 소화기구 및 자동소화장치의 설치 및 관리에 대해 적용한다.

제3조(정의) 이 기준에서 사용하는 용어의 정의는 다음과 같다.

1. "소화약제"란 소화기구 및 자동소화장치에 사용되는 소화성능이 있는 고체·액체 및 기체의 물질을 말한다.

2. "소화기"란 소화약제를 압력에 따라 방사하는 기구로서 사람이 수동으로 조작하여 소화하는 다음 각 목의 것을 말한다.

   가. "소형소화기"란 능력단위가 1단위 이상이고 대형소화기의 능력단위 미만인 소화기를 말한다.

   나. "대형소화기"란 화재 시 사람이 운반할 수 있도록 운반대와 바퀴가 설치되어 있고 능력단위가 A급 10단위 이상, B급 20단위 이상인 소화기를 말한다.

3. "자동확산소화기"란 화재를 감지하여 자동으로 소화약제를 방출 확산시켜 국소적으로 소화하는 소화기를 말한다.

4. "자동소화장치"란 소화약제를 자동으로 방사하는 고정된 소화장치로서 법 제37조 또는 제40조에 따라 형식승인이나 성능인증을 받은 유효설치 범위(설계방호체적, 최대설치 높이, 방호면적 등을 말한다) 이내에 설치하여 소화하는 다음 각 목의 것을 말한다.

   가. "주거용 주방자동소화장치"란 주거용 주방에 설치된 열발생 조리기구의 사용으로 인한 화재 발생 시 열원(전기 또는 가스)을 자동으로 차단하며 소화약제를 방출하는 소화장치를 말한다.

   나. "상업용 주방자동소화장치"란 상업용 주방에 설치된 열발생 조리기구의 사용으로 인한 화재 발생 시 열원(전기 또는 가스)을 자동으로 차단하며 소화약제를 방출하는 소화장치를 말한다.

다. "캐비닛형 자동소화장치"란 열, 연기 또는 불꽃 등을 감지하여 소화약제를 방사하여 소화하는 캐비닛형태의 소화장치를 말한다.

라. "가스자동소화장치"란 열, 연기 또는 불꽃 등을 감지하여 가스계 소화약제를 방사하여 소화하는 소화장치를 말한다.

마. "분말자동소화장치"란 열, 연기 또는 불꽃 등을 감지하여 분말의 소화약제를 방사하여 소화하는 소화장치를 말한다.

바. "고체에어로졸자동소화장치"란 열, 연기 또는 불꽃 등을 감지하여 에어로졸의 소화약제를 방사하여 소화하는 소화장치를 말한다.

5. "거실"이란 거주 · 집무 · 작업 · 집회 · 오락 그 밖에 이와 유사한 목적을 위하여 사용하는 방을 말한다.

6. "능력단위"란 소화기 및 소화약제에 따른 간이소화용구에 있어서는 법 제37조제1항에 따라 형식승인 된 수치를 말하며, 소화약제 외의 것을 이용한 간이소화용구에 있어서는 다음 표에 따른 수치를 말한다.

간이소화용구		능력단위
1. 마른모래	삽을 상비한 50리터 이상의 것 1포	0.5단위
2. 팽창질석 또는 팽창진주암	삽을 상비한 80리터 이상의 것 1포	

제4조(설치기준)

① 소화기구는 다음 각 호의 기준에 따라 설치하여야 한다.

1. 특정소방대상물의 설치장소에 따라 화재 종류별 적응성 있는 소화약제의 것으로 할 것

2. **특정소방대상물별 소화기구의 능력단위**는 다음 각 목에 따른 바닥면적마다 1단위 이상으로 한다.

가. 위락시설: 30제곱미터

나. 문화 및 집회시설(전시장 및 동 · 식물원은 제외한다.) · 의료시설 · 장례시설 중 장례식장 및 문화재: 50제곱미터

다. 공동주택 · 근린생활시설 · 문화 및 집회시설 중 전시장 · 판매시설 · 운수시설 · 노유자시설 · 업무시설 · 숙박시설 · 공장 · 창고시설 · 항공기 및 자동차 관련 시설 · 방송통신시설 및 관광휴게시설: 100제곱미터

라. 가목 내지 다목에 해당하지 않는 것: 200제곱미터

3. 제2호에 따른 능력단위 외에 부속용도별로 사용되는 부분에 대하여는 소화기구 및 자동소화장치를 추가하여 설치할 것

4. 소화기는 다음 각 목의 기준에 따라 설치할 것

　　가. 특정소방대상물의 각 층마다 설치하되, 각 층이 둘 이상의 거실로 구획된 경우에는 각 층마다 설치하는 것 외에 바닥면적이 33제곱미터 이상으로 구획된 각 거실에도 배치할 것

　　나. 특정소방대상물의 각 부분으로부터 1개의 소화기까지의 보행거리가 소형소화기의 경우에는 20미터 이내, 대형소화기의 경우에는 30미터 이내가 되도록 배치할 것

5. 능력단위가 2단위 이상이 되도록 소화기를 설치해야 할 특정소방대상물 또는 그 부분에 있어서는 간이소화용구의 능력단위가 전체 능력단위의 2분의 1을 초과하지 않게 할 것

6. 소화기구(자동확산소화기를 제외한다)는 거주자 등이 손쉽게 사용할 수 있는 장소에 바닥으로부터 **높이 1.5미터 이하**의 곳에 비치하고, 소화기구의 종류를 표시한 표지를 보기 쉬운 곳에 부착할 것. 다만, 소화기 및 투척용소화용구의 표지는 「축광표지의 성능인증 및 제품검사의 기술기준」에 적합한 축광식표지로 설치하고, **주차장의 경우 표지를 바닥으로부터 1.5미터 이상의 높이**에 설치할 것

7. **자동확산소화기**는 다음 각 목의 기준에 따라 설치할 것

　　가. 방호대상물에 소화약제가 유효하게 방사될 수 있도록 설치할 것

　　나. 작동에 지장이 없도록 견고하게 고정할 것

② 자동소화장치는 다음 각 호의 기준에 따라 설치해야 한다.

1. **주거용 주방자동소화장치**는 다음 각 목의 기준에 따라 설치할 것

　　가. **소화약제 방출구**는 환기구의 청소부분과 분리되어 있어야 하며, 형식승인 받은 유효설치 높이 및 방호면적에 따라 설치할 것

　　나. **감지부**는 형식승인 받은 유효한 높이 및 위치에 설치할 것

　　다. **차단장치(전기 또는 가스)**는 상시 확인 및 점검이 가능하도록 설치할 것

　　라. 가스용 주방자동소화장치를 사용하는 경우 **탐지부는 수신부와 분리**하여 설치하되, 공기와 비교한 가연성가스의 무거운 정도를 고려하여 적합한 위치에 설치할 것

　　마. **수신부**는 주위의 열기류 또는 습기 등과 주위온도에 영향을 받지 않고 사용자가 상시 볼 수 있는 장소에 설치할 것

2. **상업용 주방자동소화장치**는 다음 각 목의 기준에 따라 설치할 것

　　가. **소화장치**는 조리기구의 종류별로 성능인증 받은 설계 매뉴얼에 적합하게 설치할 것

나. **감지부**는 성능인증 받는 유효높이 및 위치에 설치할 것

다. **차단장치(전기 또는 가스)**는 상시 확인 및 점검이 가능하도록 설치할 것

라. **후드에 설치되는 분사헤드**는 후드의 가장 긴 변의 길이까지 방출될 수 있도록 소화 약제의 방출 방향 및 거리를 고려하여 설치할 것

마. **덕트에 방출되는 분사헤드**는 성능인증 받는 길이 이내로 설치할 것

3. **캐비닛형자동소화장치**는 다음 각 목의 기준에 따라 설치할 것

가. **분사헤드(방출구)의 설치 높이**는 방호구역의 바닥으로부터 형식승인을 받은 범위 내에서 유효하게 소화약제를 방출시킬 수 있는 높이에 설치할 것

나. **화재감지기**는 방호구역 내의 천장 또는 옥내에 면하는 부분에 설치하되「자동화재 탐지설비 및 시각경보장치의 화재안전성능기준(NFPC 203)」제7조에 적합하도록 설치할 것

다. **방호구역 내의 화재감지기의 감지에 따라 작동**되도록 할 것

라. 화재감지기의 회로는 **교차회로방식**으로 설치할 것

마. **개구부 및 통기구**(환기장치를 포함한다. 이하 같다)를 설치한 것에 있어서는 소화 약제가 방출되기 전에 해당 개구부 및 통기구를 자동으로 폐쇄할 수 있도록 할 것

바. **작동에 지장이 없도록** 견고하게 고정할 것

사. 구획된 장소의 **방호체적 이상을 방호**할 수 있는 소화성능이 있을 것

4. **가스, 분말, 고체에어로졸 자동소화장치**는 다음 각 목의 기준에 따라 설치할 것

가. **소화약제 방출구**는 형식승인 받은 유효설치범위 내에 설치할 것

나. **자동소화장치**는 방호구역 내에 형식승인 된 1개의 제품을 설치할 것. 이 경우 연동 방식으로서 하나의 형식으로 형식승인을 받은 경우에는 1개의 제품으로 본다.

다. **감지부**는 형식승인된 유효설치범위 내에 설치해야 하며 설치장소의 평상시 최고주 위온도에 따라 적합한 표시온도의 것으로 설치할 것

라. 다목에도 불구하고 **화재감지기를 감지부로 사용하는 경우**에는 제3호 나목부터 라 목까지의 설치방법에 따를 것

③ 이산화탄소 또는 할로겐화합물을 방출하는 소화기구(자동확산소화기를 제외한다)는 지하층 이나 무창층 또는 밀폐된 거실로서 그 바닥면적이 20제곱미터 미만의 장소에는 설치할 수 없다. 다만, 배기를 위한 유효한 개구부가 있는 장소인 경우에는 그렇지 않다.

제5조(소화기의 감소)

① 소형소화기를 설치해야 할 특정소방대상물 또는 그 부분에 옥내소화전설비 · 스프링클러설비 · 물분무등소화설비 · 옥외소화전설비 또는 대형소화기를 설치한 경우에는 해당 설비의 유효범위의 부분에 대하여는 제4조제1항제2호 및 제4호에 따른 소형소화기의 일부를 감소할 수 있다.

② 대형소화기를 설치해야 할 특정소방대상물 또는 그 부분에 옥내소화전설비 · 스프링클러설비 · 물분무등소화설비 또는 옥외소화전설비를 설치한 경우에는 해당 설비의 유효범위 안의 부분에 대하여는 대형소화기를 설치하지 않을 수 있다.

옥내소화전설비의 화재안전성능기준(NFPC 102)

[시행 2022. 12. 1.] [소방청고시 제2022-32호, 2022. 11. 25., 전부개정]

제1조(목적)

이 기준은 「소방시설 설치 및 관리에 관한 법률」(이하 "법"이라 한다) 제2조제1항제6호가목에 따라 소방청장에게 위임한 사항 중 소화설비인 옥내소화전설비의 성능기준을 규정함을 목적으로 한다.

제2조(적용범위)

이 기준은 「소방시설 설치 및 관리에 관한 법률 시행령」(이하 "영"이라 한다) 별표 4 제1호다목에 따른 옥내소화전설비의 설치 및 관리에 대해 적용한다.

제3조(정의) 이 기준에서 사용하는 용어의 정의는 다음과 같다

1. "고가수조"란 구조물 또는 지형지물 등에 설치하여 자연낙차의 압력으로 급수하는 수조를 말한다.
2. "압력수조"란 소화용수와 공기를 채우고 일정 압력 이상으로 가압하여 그 압력으로 급수하는 수조를 말한다.
3. "충압펌프"란 배관 내 압력손실에 따른 주펌프의 빈번한 기동을 방지하기 위하여 충압역할을 하는 펌프를 말한다.
4. "정격토출량"이란 펌프의 정격부하운전 시 토출량으로서 정격토출압력에서의 펌프의 토출량을 말한다.
5. "정격토출압력"이란 펌프의 정격부하운전 시 토출압력으로서 정격토출량에서의 펌프의 토출측 압력을 말한다.
6. "진공계"란 대기압 이하의 압력을 측정하는 계측기를 말한다.
7. "연성계"란 대기압 이상의 압력과 대기압 이하의 압력을 측정할 수 있는 계측기를 말한다.
8. "체절운전"이란 펌프의 성능시험을 목적으로 펌프 토출측의 개폐밸브를 닫은 상태에서 펌프를 운전하는 것을 말한다.
9. "기동용수압개폐장치"란 소화설비의 배관 내 압력변동을 검지하여 자동적으로 펌프를 기동 및 정지시키는 것으로서 압력챔버 또는 기동용압력스위치 등을 말한다.
10. "급수배관"이란 수원 또는 송수구 등으로부터 소화설비에 급수하는 배관을 말한다.
11. "분기배관"이란 배관 측면에 구멍을 뚫어 둘 이상의 관로가 생기도록 가공한 배관으로서 다음 각 목의 분기배관을 말한다.

> 가. "확관형 분기배관"이란 배관의 측면에 조그만 구멍을 뚫고 소성가공으로 확관시켜 배관 용접이음자리를 만들거나 배관 용접이음자리에 배관이음쇠를 용접 이음한 배관을 말한다.
>
> 나. "비확관형 분기배관"이란 배관의 측면에 분기호칭내경 이상의 구멍을 뚫고 배관이 음쇠를 용접 이음한 배관을 말한다.

12. "개폐표시형밸브"란 밸브의 개폐 여부를 외부에서 식별할 수 있는 밸브를 말한다.

13. "가압수조"란 가압원인 압축공기 또는 불연성 고압기체에 따라 소방용수를 가압시키는 수조를 말한다.

14. "주펌프"란 구동장치의 회전 또는 왕복운동으로 소화수를 가압하여 그 압력으로 급수하는 주된 펌프를 말한다.

15. "예비펌프"란 주펌프와 동등 이상의 성능이 있는 별도의 펌프를 말한다.

제4조(수원)

① 옥내소화전설비의 수원은 그 저수량이 옥내소화전의 설치개수가 가장 많은 층의 설치개수(두 개 이상 설치된 경우에는 두 개)에 2.6세제곱미터(호스릴옥내소화전설비를 포함한다)를 곱한 양 이상이 되도록 해야 한다.

② 옥내소화전설비의 수원은 제1항에 따라 계산하여 나온 유효수량 외에 유효수량의 3분의 1 이상을 옥상(옥내소화전설비가 설치된 건축물의 주된 옥상을 말한다. 이하 같다)에 설치해야 한다.

③ 옥상수조(제1항에 따라 산출된 유효수량의 3분의 1 이상을 옥상에 설치한 설비를 말한다. 이하 같다)는 이와 연결된 배관을 통하여 상시 소화수를 공급할 수 있는 구조의 특정소방대상물인 경우에는 둘 이상의 특정소방대상물이 있더라도 하나의 특정소방대상물에만 이를 설치할 수 있다.

④ 옥내소화전설비의 수원을 수조로 설치하는 경우에는 소화설비의 전용수조로 해야 한다.

⑤ 제1항 및 제2항에 따른 저수량을 산정함에 있어서 다른 설비와 겸용하여 옥내소화전설비용 수조를 설치하는 경우에는 옥내소화전설비의 풋밸브·흡수구 또는 수직배관의 급수구와 다른 설비의 풋밸브·흡수구 또는 수직배관의 급수구와의 사이의 수량을 그 유효수량으로 한다.

⑥ 옥내소화전설비용 수조는 다음 각호의 기준에 따라 설치해야 한다.

> 1. 점검에 편리한 곳에 설치할 것
> 2. 동결방지조치를 하거나 동결의 우려가 없는 장소에 설치할 것
> 3. 수조에는 수위계, 고정식 사다리, 청소용 배수밸브(또는 배수관), 표지 및 실내 조명 등

수조의 유지관리에 필요한 설비를 설치할 것

제5조(가압송수장치)

① 전동기 또는 내연기관에 따른 펌프를 이용하는 가압송수장치는 다음 각 호의 기준에 따라 설치해야 한다. 다만, **가압송수장치의 주펌프는 전동기에 따른 펌프로 설치**해야 한다.

1. 쉽게 접근할 수 있고 점검하기에 충분한 공간이 있는 장소로서 화재 및 침수 등의 재해로 인한 피해를 받을 우려가 없는 곳에 설치할 것
2. 동결방지조치를 하거나 동결의 우려가 없는 장소에 설치할 것

3. 특정소방대상물의 어느 층에 있어서도 해당 층의 옥내소화전(두 개 이상 설치된 경우에는 두 개의 옥내소화전)을 동시에 사용할 경우 각 소화전의 노즐선단에서의 방수압력이 0.17메가파스칼(호스릴옥내소화전설비를 포함한다) 이상이고, 방수량이 분당 130리터(호스릴옥내소화전설비를 포함한다) 이상이 되는 성능의 것으로 할 것. 다만, 하나의 옥내소화전을 사용하는 노즐선단에서의 방수압력이 0.7메가파스칼을 초과할 경우에는 호스접결구의 인입 측에 감압장치를 설치해야 한다.
4. 펌프의 토출량은 옥내소화전이 가장 많이 설치된 층의 설치개수(옥내소화전이 두 개 이상 설치된 경우에는 두 개)에 분당 130리터를 곱한 양 이상이 되도록 할 것

5. 펌프는 전용으로 할 것
6. 펌프의 토출측에는 압력계를 설치하고, 흡입측에는 연성계 또는 진공계를 설치할 것

7. 펌프의 성능은 체절운전 시 정격토출압력의 140퍼센트를 초과하지 않고, 정격토출량의 150퍼센트로 운전 시 정격토출압력의 65퍼센트 이상이 되어야 하며, 펌프의 성능을 시험할 수 있는 성능시험배관을 설치할 것

8. 가압송수장치에는 체절운전 시 수온의 상승을 방지하기 위한 순환배관을 설치할 것
9. 기동장치로는 기동용수압개폐장치 또는 이와 동등 이상의 성능이 있는 것을 설치할 것. 다만, 학교·공장·창고시설(제4조제2항에 따라 옥상수조를 설치한 대상은 제외한다)로서 동결의 우려가 있는 장소에 있어서는 기동스위치에 보호판을 부착하여 옥내소화전함 내에 설치할 수 있다.
10. 제8호 단서의 경우에는 주펌프와 동등 이상의 성능이 있는 별도의 펌프로서 내연기관의 기동과 연동하여 작동되거나 비상전원을 연결한 펌프를 추가 설치할 것
11. 수원의 수위가 펌프보다 낮은 위치에 있는 가압송수장치에는 물올림장치를 설치할 것
12. 기동용수압개폐장치를 기동장치로 사용할 경우에는 충압펌프를 설치할 것
13. 내연기관을 사용하는 경우에는 제어반에 따라 내연기관의 자동기동 및 수동기동이 가능하고, 상시 충전되어 있는 축전지설비와 펌프를 20분 이상 운전할 수 있는 용량의 연

료를 갖출 것

14. 가압송수장치가 기동이 된 경우에는 자동으로 정지되지 않도록 할 것

15. 가압송수장치는 부식 등으로 인한 펌프의 고착을 방지할 수 있도록 청동 또는 스테인리스 등 부식에 강한 재질을 사용할 것

② 고가수조의 자연낙차를 이용한 가압송수장치를 설치하는 경우 고가수조의 자연낙차수두(수조의 하단으로부터 최고층에 설치된 소화전 호스 접결구까지의 수직거리를 말한다)는 제1항 제3호에 따른 방수압 및 방수량이 20분 이상 유지되도록 해야 한다.

③ 압력수조를 이용한 가압송수장치를 설치하는 경우 압력수조의 압력은 제1항제3호에 따른 방수압 및 방수량이 20분 이상 유지되도록 해야 한다.

④ 가압수조를 이용한 가압송수장치는 소방청장이 정하여 고시한 「가압수조식가압송수장치의 성능인증 및 제품검사의 기술기준」에 적합한 것으로 설치하되, 가압수조의 압력은 제1항제 3호에 따른 방수압 및 방수량이 20분 이상 유지되도록 해야 한다.

제6조(배관 등)

① 배관과 배관이음쇠는 배관 내 사용압력에 따라 다음 각 호의 어느 하나에 해당하는 것을 사용해야 한다.

1. 배관 내 사용압력이 1.2메가파스칼 미만일 경우에는 다음 각 목의 어느 하나에 해당하는 것

> 가. 배관용 탄소 강관(KS D 3507)
> 나. 이음매 없는 구리 및 구리합금관(KS D 5301). 다만, 습식의 배관에 한한다.
> 다. 배관용 스테인리스 강관(KS D 3576) 또는 일반 배관용 스테인리스 강관(KS D 3595)
> 라. 덕타일 주철관(KS D 4311)

2. 배관 내 사용압력이 1.2메가파스칼 이상일 경우에는 다음 각 목의 어느 하나에 해당하는 것

> 가. 압력 배관용 탄소 강관(KS D 3562)
> 나. 배관용 아크 용접 탄소강 강관(KS D 3583)

② 제1항에도 불구하고 화재 등의 재해로 인하여 배관의 성능에 영향을 받을 우려가 적은 경우에는 소방청장이 정하여 고시한 「소방용합성수지배관의 성능인증 및 제품검사의 기술기준」에 적합한 소방용 합성수지배관으로 설치할 수 있다.

③ 급수배관은 전용으로 하여야 한다.

④ 펌프의 흡입 측 배관은 다음 각 호의 기준에 따라 설치해야 한다.

> 1. 공기 고임이 생기지 않는 구조로 하고 여과장치를 설치할 것
> 2. 수조가 펌프보다 낮게 설치된 경우에는 각 펌프(충압펌프를 포함한다)마다 수조로부터 별도로 설치할 것

⑤ 펌프의 토출 측 주배관 및 가지배관의 구경은 소화수의 송수에 지장이 없는 크기 이상으로 해야 한다.

⑥ 옥내소화전설비의 배관을 연결송수관설비와 겸용하는 경우 주배관은 구경 100밀리미터 이상, 방수구로 연결되는 배관의 구경은 65밀리미터 이상의 것으로 해야 한다.

⑦ 성능시험배관에 설치하는 유량측정장치는 성능시험배관의 직관부에 설치하되, 펌프 정격토출량의 175퍼센트 이상을 측정할 수 있는 것으로 해야 한다.

⑧ 가압송수장치의 체절운전 시 수온의 상승을 방지하기 위하여 체크밸브와 펌프사이에서 분기한 배관에 체절압력 미만에서 개방되는 릴리프밸브를 설치해야 한다.

⑨ 동결방지조치를 하거나 동결의 우려가 없는 장소에 설치해야 한다. 다만, 보온재를 사용할 경우에는 난연재료 성능 이상의 것으로 해야 한다.

⑩ 급수배관에 설치되어 급수를 차단할 수 있는 개폐밸브(옥내소화전방수구를 제외한다)는 개폐표시형으로 해야 한다. 이 경우 펌프의 흡입측 배관에는 버터플라이밸브 외의 개폐표시형 밸브를 설치해야 한다.

⑪ 배관은 다른 설비의 배관과 쉽게 구분이 될 수 있도록 해야 한다.

⑫ 옥내소화전설비에는 소방자동차부터 그 설비에 송수할 수 있는 송수구를 다음 각 호의 기준에 따라 설치해야 한다.

> 1. 송수구는 송수 및 그 밖의 소화작업에 지장을 주지 않도록 설치할 것
> 2. 송수구로부터 주배관에 이르는 연결배관에는 개폐밸브를 설치하지 않을 것
> 3. 지면으로부터 높이가 0.5미터 이상 1미터 이하의 위치에 설치할 것
> 4. 구경 65밀리미터의 쌍구형 또는 단구형으로 할 것
> 5. 송수구의 가까운 부분에 자동배수밸브(또는 직경 5밀리미터의 배수공) 및 체크밸브를 설치할 것
> 6. 송수구에는 이물질을 막기 위한 마개를 씌울 것

⑬ 확관형 분기배관을 사용할 경우에는 소방청장이 정하여 고시한 「분기배관의 성능인증 및 제품검사의 기술기준」에 적합한 것으로 설치해야 한다.

제7조(함 및 방수구 등)

① 옥내소화전설비의 함은 소방청장이 정하여 고시한 「소화전함의 성능인증 및 제품검사의 기술기준」에 적합한 것으로 설치하되 밸브의 조작, 호스의 수납 및 문의 개방 등 옥내소화전의 사용에 장애가 없도록 설치해야 한다.

② **옥내소화전방수구**는 다음 각 호의 기준에 따라 설치해야 한다.

> 1. 특정소방대상물의 층마다 설치하되, 해당 특정소방대상물의 각 부분으로부터 하나의 옥내소화전방수구까지의 수평거리가 25미터 이하가 되도록 할 것
> 2. 바닥으로부터의 높이가 1.5미터 이하가 되도록 할 것
> 3. 호스는 구경 40밀리미터(호스릴옥내소화전설비의 경우에는 25밀리미터) 이상인 것으로서 특정소방대상물의 각 부분에 물이 유효하게 뿌려질 수 있는 길이로 설치할 것
> 4. 호스릴옥내소화전설비의 경우 그 노즐에는 노즐을 쉽게 개폐할 수 있는 장치를 부착할 것

③ 옥내소화전설비의 함에는 옥내소화전설비의 위치를 표시하는 표시등과 가압송수장치의 기동을 표시하는 표시등을 설치해야 한다.

④ 옥내소화전설비의 함에는 그 표면에 "소화전"이라는 표시를 해야 한다.

⑤ 옥내소화전설비의 함 가까이 보기 쉬운 곳에 그 사용요령을 기재한 표지판을 붙여야 하며, 표지판을 함의 문에 붙이는 경우에는 문의 내부 및 외부 모두에 붙여야 한다. 이 경우, 사용요령은 외국어와 시각적인 그림을 포함하여 작성해야 한다.

제8조(전원)

① 옥내소화전설비에 설치하는 상용전원회로의 배선은 상용전원의 상시공급에 지장이 없도록 전용배선으로 해야 한다.

② 다음 각 호의 어느 하나에 해당하는 특정소방대상물의 옥내소화전설비에는 비상전원을 설치해야 한다.

> 1. 층수가 7층 이상으로서 연면적이 2,000제곱미터 이상인 것
> 2. 제1호에 해당하지 않는 특정소방대상물로서 지하층의 바닥면적의 합계가 3,000제곱미터 이상인 것

③ 제2항에 따른 비상전원은 자가발전설비, 축전지설비 또는 전기저장장치로서 다음 각 호의 기준에 따라 설치해야 한다.

1. 점검에 편리하고 화재 또는 침수 등의 재해로 인한 피해를 받을 우려가 없는 곳에 설치할 것
2. 옥내소화전설비를 유효하게 20분 이상 작동할 수 있어야 할 것
3. 상용전원으로부터 전력의 공급이 중단된 때에는 자동으로 비상전원으로부터 전력을 공급받을 수 있도록 할 것
4. 비상전원(내연기관의 기동 및 제어용 축전기를 제외한다)의 설치장소는 다른 장소와 방화구획 할 것
5. 비상전원을 실내에 설치하는 때에는 그 실내에 비상조명등을 설치할 것

제9조(제어반)

① 옥내소화전설비에는 제어반을 설치하되, 감시제어반과 동력제어반으로 구분하여 설치해야 한다.

② 감시제어반은 가압송수장치, 상용전원, 비상전원, 수조, 물올림수조, 예비전원 등을 감시 · 제어 및 시험할 수 있는 기능을 갖추어야 한다.

③ 감시제어반은 다음 각 호의 기준에 따라 설치해야 한다.

1. 화재 또는 침수 등의 재해로 인한 피해를 받을 우려가 없는 곳에 설치할 것
2. 감시제어반은 옥내소화전설비의 전용으로 할 것
3. 감시제어반은 다음 각 목의 기준에 따른 전용실 안에 설치하고, 전용실에는 특정소방대상물의 기계 · 기구 또는 시설 등의 제어 및 감시설비 외의 것을 두지 않을 것

   가. 다른 부분과 방화구획을 할 것
   나. 피난층 또는 지하 1층에 설치할 것
   다. 비상조명등 및 급 · 배기설비를 설치할 것
   라. 「무선통신보조설비의 화재안전성능기준(NFPC 505)」 제5조제3항에 따라 유효하게 통신이 가능할 것
   마. 바닥면적은 감시제어반의 설치에 필요한 면적 외에 화재 시 소방대원이 그 감시제어반의 조작에 필요한 최소면적 이상으로 할 것

④ 동력제어반은 앞면을 적색으로 하고, 동력제어반의 외함은 두께 1.5밀리미터 이상의 강판 또는 이와 동등 이상의 강도 및 내열성능이 있는 것으로 하며, 그 밖의 동력제어반의 설치에 관하여는 제3항제1호 및 제2호의 기준을 따라야 한다.

제10조(배선 등)

① 옥내소화전설비의 배선은 「전기사업법」 제67조에 따른 「전기설비기술기준」에서 정한 것 외에 다음 각 호의 기준에 따라 설치해야 한다.

> 1. 비상전원으로부터 동력제어반 및 가압송수장치에 이르는 전원회로의 배선은 내화배선으로 할 것
> 2. 상용전원으로부터 동력제어반에 이르는 배선, 그 밖의 옥내소화전설비의 감시 · 조작 또는 표시등회로의 배선은 내화배선 또는 내열배선으로 할 것

② 제1항에 따른 내화배선 및 내열배선에 사용되는 전선은 내화전선으로 하고, 설치방법은 적합한 케이블공사의 방법에 따른다.

③ 옥내소화전설비의 과전류차단기 및 개폐기에는 "옥내소화전설비용"이라고 표시한 표지를 해야 한다.

④ 옥내소화전설비용 전기배선의 양단 및 접속단자에는 식별이 용이하도록 표시 또는 표지를 해야 한다.

제11조(방수구의 설치 제외)

> 불연재료로 된 특정소방대상물 또는 그 부분으로서 옥내소화전설비 작동 시 소화효과를 기대할 수 없는 장소이거나 2차 피해가 예상되는 장소 또는 화재발생 위험이 적은 장소에는 옥내소화전 방수구를 설치하지 않을 수 있다.

제12조(수원 및 가압송수장치의 펌프 등의 겸용)

① 옥내소화전설비의 수원을 스프링클러설비 · 간이스프링클러설비 · 화재조기진압용 스프링클러설비 · 물분무소화설비 · 포소화전설비 및 옥외소화전설비의 수원과 겸용하여 설치하는 경우의 저수량은 각 소화설비에 필요한 저수량을 합한 양 이상이 되도록 해야 한다.

② 옥내소화전설비의 가압송수장치로 사용하는 펌프를 스프링클러설비 · 간이스프링클러설비 · 화재조기진압용 스프링클러설비 · 물분무소화설비 · 포소화설비 및 옥외소화전설비의 가압송수장치와 겸용하여 설치하는 경우의 펌프의 토출량은 각 소화설비에 해당하는 토출량을 합한 양 이상이 되도록 해야 한다.

③ 옥내소화전설비 · 스프링클러설비 · 간이스프링클러설비 · 화재조기진압용 스프링클러설비 · 물분무소화설비 · 포소화설비 및 옥외소화전설비의 가압송수장치에 있어서 각 토출측 배관과 일반급수용의 가압송수장치의 토출측 배관을 상호 연결하여 화재 시 사용할 수 있다. 이 경우 연결 배관에는 개폐표시형밸브를 설치해야 하며, 각 소화설비의 성능에 지장이 없도록 해야 한다.

④ 옥내소화전실비의 송수구를 스프링클러설비 · 간이스프링클러설비 · 화재조기진압용 스프
링클러설비 · 물분무소화설비 · 포소화설비 또는 연결송수관설비의 송수구와 겸용으로 설
치하는 경우에는 스프링클러설비의 송수구의 설치기준에 따르고, 연결살수설비의 송수구와
겸용으로 설치하는 경우에는 옥내소화전설비의 송수구의 설치기준에 따르되 각각의 소화설
비의 기능에 지장이 없도록 해야 한다.

스프링클러설비의 화재안전성능기준(NFPC 103)

[시행 2024. 4. 1.] [소방청고시 제2024-2호, 2024. 2. 8., 일부개정]

제1조(목적)

이 기준은 「소방시설 설치 및 관리에 관한 법률」(이하 "법"이라 한다) 제2조제1항제6호가목에 따라 소방청장에게 위임한 사항 중 소화설비인 스프링클러설비의 성능기준을 규정함을 목적으로 한다.

제2조(적용범위)

이 기준은 「소방시설 설치 및 관리에 관한 법률 시행령」(이하 "영"이라 한다) 별표 4 제1호라목에 따른 스프링클러설비의 설치 및 관리에 대해 적용한다.

제3조(정의)

이 기준에서 사용하는 용어의 정의는 다음과 같다.

1. "고가수조"란 구조물 또는 지형지물 등에 설치하여 자연낙차의 압력으로 급수하는 수조를 말한다.
2. "압력수조"란 소화용수와 공기를 채우고 일정압력 이상으로 가압하여 그 압력으로 급수하는 수조를 말한다.
3. "충압펌프"란 배관 내 압력손실에 따른 주펌프의 빈번한 기동을 방지하기 위하여 충압역할을 하는 펌프를 말한다.
4. "정격토출량"이란 펌프의 정격부하운전 시 토출량으로서 정격토출압력에서의 토출량을 말한다.
5. "정격토출압력"이란 펌프의 정격부하운전 시 토출압력으로서 정격토출량에서의 토출측 압력을 말한다.
6. "진공계"란 대기압 이하의 압력을 측정하는 계측기를 말한다.
7. "연성계"란 대기압 이상의 압력과 대기압 이하의 압력을 측정할 수 있는 계측기를 말한다.
8. "체절운전"이란 펌프의 성능시험을 목적으로 펌프 토출측의 개폐밸브를 닫은 상태에서 펌프를 운전하는 것을 말한다.
9. "기동용수압개폐장치"란 소화설비의 배관 내 압력변동을 검지하여 자동적으로 펌프를 기동 및 정지시키는 것으로서 압력챔버 또는 기동용압력스위치 등을 말한다.
10. "개방형스프링클러헤드"란 감열체 없이 방수구가 항상 열려져 있는 헤드를 말한다.
11. "폐쇄형스프링클러헤드"란 정상상태에서 방수구를 막고 있는 감열체가 일정온도에서

자동적으로 파괴 · 용융 또는 이탈됨으로써 방수구가 개방되는 헤드를 말한다.

12. "조기반응형 스프링클러헤드"란 표준형 스프링클러헤드 보다 기류온도 및 기류속도에 빠르게 반응하는 헤드를 말한다.

13. "측벽형스프링클러헤드"란 가압된 물이 분사될 때 헤드의 축심을 중심으로 한 반원상에 균일하게 분산시키는 헤드를 말한다.

14. "건식스프링클러헤드"란 물과 오리피스가 분리되어 동파를 방지할 수 있는 스프링클러 헤드를 말한다.

15. "유수검지장치"란 유수현상을 자동적으로 검지하여 신호 또는 경보를 발하는 장치를 말한다.

16. "일제개방밸브"란 일제살수식스프링클러설비에 설치되는 유수검지장치를 말한다.

17. "가지배관"이란 헤드가 설치되어 있는 배관을 말한다.

18. "교차배관"이란 가지배관에 급수하는 배관을 말한다.

19. "주배관"이란 가압송수장치 또는 송수구 등과 직접 연결되어 소화수를 이송하는 주된 배관을 말한다.

20. "신축배관"이란 가지배관과 스프링클러헤드를 연결하는 구부림이 용이하고 유연성을 가진 배관을 말한다.

21. "급수배관"이란 수원 송수구 등으로 부터 소화설비에 급수하는 배관을 말한다.

22. "분기배관"이란 배관 측면에 구멍을 뚫어 둘 이상의 관로가 생기도록 가공한 배관으로 서 다음 각 목의 분기배관을 말한다.

　　가. "확관형 분기배관"이란 배관의 측면에 조그만 구멍을 뚫고 소성가공으로 확관시켜 배관 용접이음자리를 만들거나 배관 용접이음자리에 배관이음쇠를 용접 이음한 배관을 말한다.

　　나. "비확관형 분기배관"이란 배관의 측면에 분기호칭내경 이상의 구멍을 뚫고 배관이 음쇠를 용접 이음한 배관을 말한다.

23. "습식스프링클러설비"란 가압송수장치에서 폐쇄형스프링클러헤드까지 배관 내에 항상 물이 가압되어 있다가 화재로 인한 열로 폐쇄형스프링클러헤드가 개방되면 배관 내에 유수가 발생하여 습식유수검지장치가 작동하게 되는 스프링클러설비를 말한다.

24. "부압식스프링클러설비"란 가압송수장치에서 준비작동식유수검지장치의 1차 측까지 는 항상 정압의 물이 가압되고, 2차 측 폐쇄형 스프링클러헤드까지는 소화수가 부압 으로 되어 있다가 화재 시 감지기의 작동에 의해 정압으로 변하여 유수가 발생하면 작 동하는 스프링클러설비를 말한다.

25. "준비작동식스프링클러설비"란 가압송수장치에서 준비작동식유수검지장치 1차 측까지 배관 내에 항상 물이 가압되어 있고, 2차 측에서 폐쇄형스프링클러헤드까지 대기압 또는 저압으로 있다가 화재발생시 감지기의 작동으로 준비작동식밸브가 개방되면 폐쇄형스프링클러헤드까지 소화수가 송수되고, 폐쇄형스프링클러헤드가 열에 의해 개방되면 방수가 되는 방식의 스프링클러설비를 말한다.

26. "건식스프링클러설비"란 건식유수검지장치 2차 측에 압축공기 또는 질소 등의 기체로 충전된 배관에 폐쇄형스프링클러헤드가 부착된 스프링클러설비로서, 폐쇄형스프링클러헤드가 개방되어 배관 내의 압축공기 등이 방출되면 건식유수검지장치 1차 측의 수압에 의하여 건식유수검지장치가 작동하게 되는 스프링클러설비를 말한다.

27. "일제살수식스프링클러설비"란 가압송수장치에서 일제개방밸브 1차 측까지 배관 내에 항상 물이 가압되어 있고 2차 측에서 개방형스프링클러헤드까지 대기압으로 있다가 화재 시 자동감지장치 또는 수동식 기동장치의 작동으로 일제개방밸브가 개방되면 스프링클러헤드까지 소화수가 송수되는 방식의 스프링클러설비를 말한다.

28. "반사판(디플렉터)"이란 스프링클러헤드의 방수구에서 유출되는 물을 세분시키는 작용을 하는 것을 말한다.

29. "개폐표시형밸브"란 밸브의 개폐여부를 외부에서 식별이 가능한 밸브를 말한다.

30. "연소할 우려가 있는 개구부"란 각 방화구획을 관통하는 컨베이어·에스컬레이터 또는 이와 유사한 시설의 주위로서 방화구획을 할 수 없는 부분을 말한다.

31. "가압수조"란 가압원인 압축공기 또는 불연성 기체의 압력으로 소화용수를 가압하여 그 압력으로 급수하는 수조를 말한다.

32. "소방부하"란 법 제2조제1항제1호에 따른 소방시설 및 방화·피난·소화활동을 위한 시설의 전력부하를 말한다.

33. "소방전원 보존형 발전기"란 소방부하 및 소방부하 이외의 부하(이하 비상부하라 한다)겸용의 비상발전기로서, 상용전원 중단 시에는 소방부하 및 비상부하에 비상전원이 동시에 공급되고, 화재 시 과부하에 접근될 경우 비상부하의 일부 또는 전부를 자동적으로 차단하는 제어장치를 구비하여, 소방부하에 비상전원을 연속 공급하는 자가발전설비를 말한다.

34. "건식유수검지장치"란 건식스프링클러설비에 설치되는 유수검지장치를 말한다.

35. "습식유수검지장치"란 습식스프링클러설비 또는 부압식스프링클러설비에 설치되는 유수검지장치를 말한다.

36. "준비작동식유수검지장치"란 준비작동식스프링클러설비에 설치되는 유수검지장치를 말한다.

37. "패들형유수검지장치"란 소화수의 흐름에 의하여 패들이 움직이고 접점이 형성되면 신호를 발하는 유수검지장치를 말한다.

38. "주펌프"란 구동장치의 회전 또는 왕복운동으로 소화수를 가압하여 그 압력으로 급수하는 주된 펌프를 말한다.

39. "예비펌프"란 주펌프와 동등 이상의 성능이 있는 별도의 펌프를 말한다.

제4조(수원)

① 스프링클러설비의 수원은 그 저수량이 다음 각 호의 기준에 적합하도록 해야 한다. 다만, 수리계산에 의하는 경우에는 제5조제1항제9호 및 제10호에 따라 산출된 가압송수장치의 1분당 송수량에 설계방수시간을 곱한 양 이상이 되도록 해야 한다.

1. 폐쇄형스프링클러헤드를 사용하는 경우에는 다음 표의 스프링클러설비 **설치장소별 스프링클러헤드의 기준개수[스프링클러헤드의 설치개수가 가장 많은 층(아파트의 경우에는 설치개수가 가장 많은 세대)에 설치된 스프링클러헤드의 개수가 기준개수보다 작은 경우**에는 그 설치개수를 말한다. 이하 같다]에 **1.6세제곱미터를 곱한 양 이상**이 되도록 할 것

스프링클러설비 설치장소			기준개수
지하층을 제외한 층수가 10층 이하인 특정소방대상물	공장	특수가연물을 저장·취급하는 것	30
		그 밖의 것	20
	근린생활시설·판매시설·운수시설 또는 복합건축물	판매시설 또는 복합건축물(판매시설이 설치되는 복합건축물을 말한다)	30
		그 밖의 것	20
	그 밖의 것	헤드의 부착높이가 8m 이상인 것	20
		헤드의 부착높이가 8m 미만인 것	10
지하층을 제외한 층수가 11층 이상인 특정소방대상물(아파트를 제외한다)·지하가 또는 지하역사			30

비고 : 하나의 특정소방대상물이 2 이상의 "스프링클러헤드의 기준개수"란에 해당하는 때에는 기준개수가 많은 난을 기준으로 한다. 다만, 각 기준개수에 해당하는 수원을 별도로 설치하는 경우에는 그러하지 아니하다.

〈개정 2023.10.6.〉〈2023.10.13.〉

2. 개방형스프링클러헤드를 사용하는 스프링클러설비의 수원은 최대 방수구역에 설치된 스프링클러헤드의 개수가 30개 이하일 경우에는 설치 헤드수에 1.6세제곱미터를 곱한 양 이상으로 하고, 30개를 초과하는 경우에는 수리계산에 따를 것

② 스프링클러설비의 수원은 제1항에 따라 산출된 유효수량 외에 유효수량의 3분의 1 이상을 옥상(스프링클러설비가 설치된 건축물의 주된 옥상을 말한다. 이하 같다)에 설치해야 한다.

③ 옥상수조(제1항에 따라 산출된 유효수량의 3분의 1 이상을 옥상에 설치한 설비를 말한다)는 이와 연결된 배관을 통하여 상시 소화수를 공급할 수 있는 구조의 특정소방대상물인 경우에는 둘 이상의 특정소방대상물이 있더라도 하나의 특정소방대상물에만 이를 설치할 수 있다.

④ 스프링클러설비의 수원을 수조로 설치하는 경우에는 소방소화설비의 전용수조로 해야 한다.

⑤ 제1항 및 제2항에 따른 저수량을 산정함에 있어서 다른 설비와 겸용하여 스프링클러설비용 수조를 설치하는 경우에는 스프링클러설비의 풋밸브 · 흡수구 또는 수직배관의 급수구와 다른 설비의 풋밸브 · 흡수구 또는 수직배관의 급수구와의 사이의 수량을 그 유효수량으로 한다.

⑥ **스프링클러설비용 수조**는 다음 각 호의 기준에 따라 설치해야 한다.

> 1. 점검에 편리한 곳에 설치할 것
> 2. 동결방지조치를 하거나 동결의 우려가 없는 장소에 설치할 것
> 3. 수조에는 수위계, 고정식 사다리, 청소용 배수밸브(또는 배수관), 표지 및 실내 조명 등 수조의 유지관리에 필요한 설비를 설치할 것

제5조(가압송수장치)

① 전동기 또는 내연기관에 따른 펌프를 이용하는 가압송수장치는 다음 각 호의 기준에 따라 설치해야 한다. 다만, **가압송수장치의 주펌프는 전동기에 따른 펌프로 설치**해야 한다.

1. 쉽게 접근할 수 있고 점검하기에 충분한 공간이 있는 장소로서 화재 및 침수 등의 재해로 인한 피해를 받을 우려가 없는 곳에 설치할 것
2. 동결방지조치를 하거나 동결의 우려가 없는 장소에 설치할 것
3. 펌프는 전용으로 할 것
4. 펌프의 토출측에는 압력계를 설치하고, 흡입측에는 연성계 또는 진공계를 설치할 것
5. 펌프의 성능은 체절운전 시 정격토출압력의 140 퍼센트를 초과하지 않고, 정격토출량의 150 퍼센트로 운전 시 정격토출압력의 65 퍼센트 이상이 되어야 하며, 펌프의 성능을 시험할 수 있는 성능시험배관을 설치할 것
6. 가압송수장치에는 체절운전 시 수온의 상승을 방지하기 위한 순환배관을 설치할 것
7. 기동장치로는 기동용수압개폐장치 또는 이와 동등 이상의 성능이 있는 것을 설치할 것
8. 수원의 수위가 펌프보다 낮은 위치에 있는 가압송수장치에는 물올림장치를 설치할 것
9. 가압송수장치의 정격토출압력은 하나의 헤드선단에 0.1메가파스칼 이상 1.2메가파스칼 이하의 방수압력이 될 수 있게 하는 크기일 것

10. 가압송수장치의 송수량은 0.1메가파스칼의 방수압력 기준으로 분당 80리터 이상의 방수성능을 가진 기준개수의 모든 헤드로부터의 방수량을 충족시킬 수 있는 양 이상의 것으로 할 것

11. 제9호의 기준에 불구하고 가압송수장치의 1분당 송수량은 폐쇄형스프링클러헤드를 사용하는 설비의 경우 제4조제1항제1호에 따른 기준개수에 80리터를 곱한 양 이상으로 할 수 있다.

12. 제9호의 기준에 불구하고 가압송수장치의 1분당 송수량은 제4조제1항제2호의 개방형 스프링클러 헤드수가 30개 이하의 경우에는 그 개수에 80리터를 곱한 양 이상으로 할 수 있으나 30개를 초과하는 경우에는 제9호 및 제10호에 따른 기준에 적합하게 할 것

13. 기동용수압개폐장치를 기동장치로 사용하는 경우에는 충압펌프를 설치할 것

14. 내연기관을 사용하는 경우에는 제어반에 따라 내연기관의 자동기동 및 수동기동이 가능하고, 상시 충전되어 있는 축전지설비와 펌프를 20분 이상 운전할 수 있는 용량의 연료를 갖출 것

15. 가압송수장치가 기동되는 경우에는 자동으로 정지되지 않도록 할 것

16. 가압송수장치는 부식 등으로 인한 펌프의 고착을 방지할 수 있도록 청동 또는 스테인리스 등 부식에 강한 재질을 사용할 것

② 고가수조의 자연낙차를 이용한 가압송수장치를 설치하는 경우 고가수조의 자연낙차수두(수조의 하단으로부터 최고층에 설치된 헤드까지의 수직거리를 말한다)는 제1항제9호 및 제10호에 따른 방수압 및 방수량이 20분 이상 유지되도록 해야 한다.

③ 압력수조를 이용한 가압송수장치를 설치하는 경우 압력수조의 압력은 제1항제9호 및 제10호에 따른 방수압 및 방수량이 20분 이상 유지되도록 해야 한다.

④ 가압수조를 이용한 가압송수장치는 소방청장이 정하여 고시한 「가압수조식가압송수장치의 성능인증 및 제품검사의 기술기준」에 적합한 것으로 설치하되, 가압수조의 압력은 제1항제9호 및 제10호에 따른 방수압 및 방수량이 20분 이상 유지되도록 해야 한다.

제6조(폐쇄형스프링클러설비의 방호구역 및 유수검지장치)

폐쇄형스프링클러헤드를 사용하는 설비의 방호구역(스프링클러설비의 소화범위에 포함된 영역을 말한다. 이하 같다) 및 유수검지장치는 다음 각 호의 기준에 적합해야 한다.

1. 하나의 방호구역의 바닥면적은 3,000제곱미터를 초과하지 않을 것

2. 하나의 방호구역에는 한 개 이상의 유수검지장치를 설치하되, 화재 시 접근이 쉽고 점검하기 편리한 장소에 설치할 것

3. 하나의 방호구역은 두 개 층에 미치지 않도록 할 것

4. 유수검지장치를 실내에 설치하거나 보호용 철망 등으로 구획하여 바닥으로부터 0.8미터 이상 1.5미터 이하의 위치에 설치하되, 그 실 등에는 개구부가 가로 0.5미터 이상 세로 1미터 이상의 출입문을 설치하고 그 출입문 상단에 "유수검지장치실" 이라고 표시한 표지를 설치할 것

5. 스프링클러헤드에 공급되는 물은 유수검지장치를 지나도록 할 것

6. 자연낙차에 따른 압력수가 흐르는 배관 상에 설치된 유수검지장치는 화재 시 물의 흐름을 검지할 수 있는 최소한의 압력이 얻어질 수 있도록 수조의 하단으로부터 낙차를 두어 설치할 것

7. 조기반응형 스프링클러헤드를 설치하는 경우에는 습식유수검지장치를 설치할 것

제7조(개방형스프링클러설비의 방수구역 및 일제개방밸브)

개방형스프링클러설비의 방수구역 및 일제개방밸브는 다음 각 호의 기준에 적합해야 한다.

1. 하나의 방수구역은 두 개 층에 미치지 않을 것

2. 방수구역마다 일제개방밸브를 설치할 것

3. 하나의 방수구역을 담당하는 헤드의 개수는 50개 이하로 할 것. 다만, 두 개 이상의 방수구역으로 나눌 경우에는 하나의 방수구역을 담당하는 헤드의 개수는 25개 이상으로 해야 한다.

4. 일제개방밸브의 설치위치는 제6조제4호의 기준에 따르고, 표지는 "일제개방밸브실"이라고 표시할 것

제8조(배관)

① 배관과 배관이음쇠는 배관 내 사용압력에 따라 다음 각 호의 어느 하나에 해당하는 것을 사용해야 한다.

1. 배관 내 사용압력이 1.2메가파스칼 미만일 경우에는 다음 각 목의 어느 하나에 해당하는 것

   가. 배관용 탄소 강관(KS D 3507)
   나. 이음매 없는 구리 및 구리합금관(KS D 5301). 다만, 습식의 배관에 한한다.
   다. 배관용 스테인리스 강관(KS D 3576) 또는 일반 배관용 스테인리스 강관(KS D 3595)
   라. 덕타일 주철관(KS D 4311)

2. 배관 내 사용압력이 1.2메가파스칼 이상일 경우에는 다음 각 목의 어느 하나에 해당하는 것

가. 압력 배관용 탄소 강관(KS D 3562)

나. 배관용 아크 용접 탄소강 강관(KS D 3583)

② 제1항에도 불구하고 화재 등의 재해로 인하여 배관의 성능에 영향을 받을 우려가 적은 장소에는 소방청장이 정하여 고시한 「소방용합성수지배관의 성능인증 및 제품검사의 기술기준」에 적합한 소방용 합성수지배관으로 설치할 수 있다.

③ 급수배관은 전용으로 하고, 급수를 차단할 수 있는 개폐밸브는 개폐표시형으로 하며, 배관의 구경은 제5조제1항제9호 및 제10호에 적합하도록 수리계산에 의하거나 별표 1의 기준에 따라 설치해야 한다.

④ 펌프의 흡입 측 배관은 다음 각 호의 기준에 따라 설치해야 한다.

1. 공기 고임이 생기지 않는 구조로 하고 여과장치를 설치할 것

2. 수조가 펌프보다 낮게 설치된 경우에는 각 펌프(충압펌프를 포함한다)마다 수조로부터 별도로 설치할 것

⑤ 스프링클러설비의 배관을 연결송수관설비와 겸용하는 경우 주배관은 구경 100밀리미터 이상, 방수구로 연결되는 배관의 구경은 65밀리미터 이상의 것으로 해야 한다.

⑥ 성능시험배관에 설치하는 유량측정장치는 성능시험배관의 직관부에 설치하되, 펌프 정격토출량의 175퍼센트 이상을 측정할 수 있는 것으로 해야 한다.

⑦ 가압송수장치의 체절운전 시 수온의 상승을 방지하기 위하여 체크밸브와 펌프사이에서 분기한 배관에 체절압력 미만에서 개방되는 릴리프밸브를 설치해야 한다.

⑧ 동결방지조치를 하거나 동결의 우려가 없는 장소에 설치해야 한다. 다만, 보온재를 사용할 경우에는 난연재료 성능 이상의 것으로 해야 한다.

⑨ **가지배관의 배열**은 다음 각 호의 기준에 따른다.

1. 토너먼트(tournament)방식이 아닐 것

2. 교차배관에서 분기되는 지점을 기점으로 한쪽 가지배관에 설치되는 간이헤드의 개수(반자 아래와 반자속의 헤드를 하나의 가지배관 상에 병설하는 경우에는 반자 아래에 설치하는 헤드의 개수)는 8개 이하로 할 것

3. 가지배관과 스프링클러헤드 사이의 배관을 신축배관으로 하는 경우에는 소방청장이 정하여 고시한 「스프링클러설비신축배관 성능인증 및 제품검사의 기술기준」에 적합한 것으로 설치할 것

⑩ **교차배관의 위치 · 청소구 및 가지배관의 헤드설치**는 다음 각 호의 기준에 따른다.

1. 교차배관은 가지배관과 수평으로 설치하거나 가지배관 밑에 설치하고, 그 구경은 제3항에 따르되 최소구경이 40밀리미터 이상이 되도록 할 것
2. 청소구는 교차배관 끝에 개폐밸브를 설치하고, 호스접결이 가능한 나사식 또는 고정배수 배관식으로 할 것
3. 하향식헤드를 설치하는 경우에 가지배관으로부터 헤드에 이르는 헤드접속배관은 가지배관 상부에서 분기할 것

⑪ 준비작동식유수검지장치 또는 일제개방밸브의 2차 측 배관에는 평상시 소화수가 체류하지 않도록 하고, 준비작동식유수검지장치 또는 일제개방밸브의 작동여부를 확인할 수 있는 장치를 설치해야 한다.

⑫ 습식유수검지장치 또는 건식유수검지장치를 사용하는 스프링클러설비와 부압식스프링클러설비에는 유수검지장치를 시험할 수 있는 시험 장치를 설치해야 한다.

⑬ 배관에 설치되는 행거는 가지배관, 교차배관 및 수평주행배관에 설치하고, 배관을 충분히 지지할 수 있도록 설치해야 한다.

⑭ 수직배수배관의 구경은 50밀리미터 이상으로 해야 한다.

⑮ 삭제 〈2024. 2. 8.〉

⑯ 급수배관에 설치되어 급수를 차단할 수 있는 개폐밸브에는 그 밸브의 개폐상태를 감시제어반에서 확인할 수 있도록 급수개폐밸브 작동표시 스위치를 설치해야 한다.

⑰ 스프링클러설비의 배관은 배수를 위한 기울기를 주거나 배수밸브를 설치하는 등 원활한 배수를 위한 조치를 해야 한다.

⑱ 배관은 다른 설비의 배관과 쉽게 구분이 될 수 있도록 해야 한다.

⑲ 확관형 분기배관을 사용할 경우에는 소방청장이 정하여 고시한 「분기배관의 성능인증 및 제품검사의 기술기준」에 적합한 것으로 설치해야 한다.

제9조(음향장치 및 기동장치)

① 스프링클러설비의 음향장치 및 기동장치는 다음 각 호의 기준에 따라 설치해야 한다.

1. 습식유수검지장치 또는 건식유수검지장치를 사용하는 설비에 있어서는 헤드가 개방되면 유수검지장치가 화재신호를 발신하고 그에 따라 음향장치가 경보되도록 할 것
2. 준비작동식유수검지장치 또는 일제개방밸브를 사용하는 설비에는 화재감지기의 감지에 따라 음향장치가 경보되도록 할 것
3. 음향장치는 유수검지장치 및 일제개방밸브 등의 담당구역마다 설치하되 그 구역의 각 부분으로부터 하나의 음향장치까지의 수평거리는 25미터 이하가 되도록 할 것

4. 음향장치는 경종 또는 사이렌(전자식 사이렌을 포함한다)으로 하되, 주위의 소음 및 다른 용도의 경보와 구별이 가능한 음색으로 할 것

5. 주 음향장치는 수신기의 내부 또는 그 직근에 설치할 것

6. **층수가 11층(공동주택의 경우에는 16층) 이상의 특정소방대상물은 발화층에 따라 경보하는 층을 달리하여 경보를 발할 수 있도록 할 것** 〈개정 2023. 2. 10.〉

7. 음향장치는 다음 각 목의 기준에 따른 구조 및 성능의 것으로 할 것

    가. 정격전압의 80퍼센트 전압에서 음향을 발할 수 있는 것으로 할 것

    나. 음량은 부착된 음향장치의 중심으로부터 1미터 떨어진 위치에서 90데시벨 이상이 되는 것으로 할 것

② 스프링클러설비의 가압송수장치로서 펌프가 설치되는 경우에는 그 펌프의 작동은 유수검지 장치의 발신이나 화재감지기의 화재감지 또는 기동용수압개폐장치에 의하여 작동될 수 있도록 해야 한다.

③ 준비작동식유수검지장치 또는 일제개방밸브의 작동은 다음 각 호의 기준에 적합해야 한다.

1. 담당구역 내의 화재감지기의 동작에 따라 개방 및 작동될 것

2. 화재감지회로는 교차회로방식으로 할 것

3. 준비작동식유수검지장치 또는 일제개방밸브의 인근에서 수동기동에 따라서도 개방 및 작동될 수 있게 할 것

4. 제1호 및 제2호에 따른 화재감지기의 설치기준에 관하여는 「자동화재탐지설비 및 시각경보장치의 화재안전성능기준(NFPC 203)」 제7조 및 제11조를 준용할 것

5. 화재감지기 회로에는 「자동화재탐지설비 및 시각경보장치의 화재안전성능기준(NFPC 203)」 제9조에 따른 발신기를 설치할 것

제10조(헤드)

① 스프링클러헤드는 특정소방대상물의 천장 · 반자 · 천장과 반자 사이 · 덕트 · 선반 기타 이와 유사한 부분에 설치해야 한다.

② 삭제 〈2023. 10. 6.〉

③ 스프링클러헤드를 설치하는 천장 · 반자 · 천장과 반자 사이 · 덕트 · 선반 등의 각 부분으로부터 하나의 스프링클러헤드까지의 수평거리는 다음 각 호와 같이 해야 한다. 다만, 성능이 별도로 인정된 스프링클러헤드를 수리계산에 따라 설치하는 경우에는 그렇지 않다.

1. 무대부 · 「화재의 예방 및 안전관리에 관한 법률 시행령」 별표 2의 특수가연물을 저장 또는 취급하는 장소에 있어서는 1.7미터 이하

2. 삭제〈2023.10.6.〉
3. 삭제〈2023.10.13.〉
4. 제1호부터 제3호까지 규정 외의 특정소방대상물에 있어서는 2.1미터 이하(내화구조로 된 경우에는 2.3미터 이하)

④ 영 별표 4 소화설비의 소방시설 적용기준란 제1호라목3)에 따른 무대부 또는 연소할 우려가 있는 개구부에 있어서는 개방형스프링클러헤드를 설치해야 한다.

⑤ 다음 각 호의 어느 하나에 해당하는 장소에는 조기반응형 스프링클러헤드를 설치해야 한다. 〈개정 2024. 2. 8.〉

1. 공동주택 · 노유자시설의 거실
2. 오피스텔 · 숙박시설의 침실
3. 병원 · 의원의 입원실

⑥ 폐쇄형스프링클러헤드는 그 설치장소의 평상시 최고 주위온도에 따라 적합한 표시온도의 것으로 설치해야 한다.

⑦ 스프링클러헤드는 다음 각 호의 방법에 따라 설치해야 한다.

1. 스프링클러헤드는 살수 및 감열에 장애가 없도록 설치할 것
2. 연소할 우려가 있는 개구부에는 그 상하좌우에 2.5미터 간격으로(개구부의 폭이 2.5미터 이하인 경우에는 그 중앙에) 스프링클러헤드를 설치하되, 스프링클러헤드와 개구부의 내측 면으로부터 직선거리는 15센티미터 이하가 되도록 할 것
3. 습식스프링클러설비 및 부압식스프링클러설비 외의 설비에는 상향식스프링클러헤드를 설치할 것
4. 측벽형스프링클러헤드를 설치하는 경우 긴 변의 한쪽 벽에 일렬로 설치(폭이 4.5미터 이상 9미터 이하인 실에 있어서는 긴변의 양쪽에 각각 일렬로 설치하되 마주보는 스프링클러헤드가 나란히꼴이 되도록 설치)하고 3.6미터 이내마다 설치할 것
5. 상부에 설치된 헤드의 방출수에 따라 감열부가 영향을 받을 우려가 있는 헤드에는 방출수를 차단할 수 있는 유효한 차폐판을 설치할 것

⑧ 특정소방대상물의 보와 가장 가까운 스프링클러헤드는 헤드의 반사판 중심과 보의 수평거리를 고려하여, 살수에 장애가 없도록 설치해야 한다.

제11조(송수구)

스프링클러설비에는 소방차로부터 그 설비에 송수할 수 있는 송수구를 다음 각 호의 기준에 따라 설치해야 한다.

1. 송수구는 송수 및 그 밖의 소화작업에 지장을 주지 않도록 설치할 것
2. 송수구로부터 주배관에 이르는 연결배관에는 개폐밸브를 설치하지 않을 것
3. 구경 65밀리미터의 쌍구형으로 할 것
4. 송수구에는 그 가까운 곳의 보기 쉬운 곳에 송수압력범위를 표시한 표지를 할 것
5. 폐쇄형스프링클러헤드를 사용하는 스프링클러설비의 송수구는 하나의 층의 바닥면적이 3,000제곱미터를 넘을 때마다 1개 이상(5개를 넘을 경우에는 5개로 한다)을 설치할 것
6. 지면으로부터 높이가 0.5미터 이상 1미터 이하의 위치에 설치할 것
7. 송수구의 가까운 부분에 자동배수밸브(또는 직경 5밀리미터의 배수공) 및 체크밸브를 설치할 것
8. 송수구에는 이물질을 막기 위한 마개를 씌울 것

제12조(전원)

① 스프링클러설비에 설치하는 상용전원회로의 배선은 전용배선으로 하고, 상용전원의 상시공급에 지장이 없도록 설치해야 한다.
② 스프링클러설비에는 **자가발전설비, 축전지설비 또는 전기저장장치**에 따른 비상전원을 설치해야 한다.
③ 제2항에 따른 비상전원 중 자가발전설비, 축전기설비 또는 전기저장장치는 다음 각 호의 기준을 따르고, 비상전원수전설비는 「소방시설용 비상전원수전설비의 화재안전성능기준 NFPC 602)」에 따라 설치해야 한다.

1. 점검에 편리하고 화재 및 침수 등의 재해로 인한 피해를 받을 우려가 없는 곳에 설치할 것
2. 스프링클러설비를 유효하게 20분 이상 작동할 수 있어야 할 것
3. 상용전원으로부터 전력의 공급이 중단된 때에는 자동으로 비상전원으로부터 전력을 공급받을 수 있도록 할 것
4. 비상전원(내연기관의 기동 및 제어용 축전기를 제외한다)의 설치장소는 다른 장소와 방화구획 할 것
5. 비상전원을 실내에 설치하는 때에는 그 실내에 비상조명등을 설치할 것
6. 옥내에 설치하는 비상전원실에는 옥외로 직접 통하는 충분한 용량의 급배기설비를 설치할 것
7. 비상전원의 출력용량은 다음 각 목의 기준을 충족할 것

가. 비상전원 설비에 설치되어 동시에 운전될 수 있는 모든 부하의 합계 입력용량을 기준으로 정격출력을 선정할 것

나. 기동전류가 가장 큰 부하가 기동될 때에도 부하의 허용 최저입력전압 이상의 출력전압을 유지할 것

다. 단시간 과전류에 견디는 내력은 입력용량이 가장 큰 부하가 최종 기동할 경우에도 견딜 수 있을 것

8. 자가발전설비는 부하의 용도와 조건에 적합한 것으로 설치하고, 비상전원실의 출입구 외부에는 실의 위치와 비상전원의 종류를 알아볼 수 있도록 표지판을 부착할 것

제13조(제어반)

① 스프링클러설비에는 제어반을 설치하되, 감시제어반과 동력제어반으로 구분하여 설치해야 한다.

② 감시제어반은 가압송수장치, 상용전원, 비상전원, 수조, 물올림수조, 예비전원 등을 감시 · 제어 및 시험할 수 있는 기능을 갖추어야 한다.

③ 감시제어반은 다음 각 호의 기준에 따라 설치해야 한다.

1. 화재 및 침수 등의 재해로 인한 피해를 받을 우려가 없는 곳에 설치할 것

2. 감시제어반은 스프링클러설비의 전용으로 할 것

3. 감시제어반은 다음 각 목의 기준에 따른 전용실 안에 설치하고, 전용실에는 특정소방대상물의 기계 · 기구 또는 시설 등의 제어 및 감시설비 외의 것을 두지 않을 것

가. 다른 부분과 방화구획을 할 것

나. 피난층 또는 지하 1층에 설치할 것

다. 비상조명등 및 급 · 배기설비를 설치할 것

라. 「무선통신보조설비의 화재안전성능기준(NFPC 505)」 제5조제3항에 따라 유효하게 통신이 가능할 것

마. 바닥면적은 감시제어반의 설치에 필요한 면적 외에 화재 시 소방대원이 그 감시제어반의 조작에 필요한 최소면적 이상으로 할 것

4. 각 유수검지장치 또는 일제개방밸브의 작동 여부를 확인할 수 있는 표시 및 경보기능이 있도록 할 것

5. 일제개방밸브를 사용하는 설비의 경우 화재감지는 각 경계회로별로 화재표시가 되도록 하고, 일제개방밸브를 개방시킬 수 있는 수동조작스위치를 설치할 것

6. 화재감지기, 압력스위치, 저수위, 개폐밸브 폐쇄상태 확인 등 확인회로마다 도통시험 및 작동시험을 할 수 있도록 할 것

7. 감시제어반과 자동화재탐지설비의 수신기를 별도의 장소에 설치하는 경우에는 이들 상호간 연동하여 화재발생 및 제2항의 기능을 확인할 수 있도록 할 것

④ 동력제어반은 앞면을 적색으로 하고, 동력제어반의 외함은 두께 1.5밀리미터 이상의 강판 또는 이와 동등 이상의 강도 및 내열성능이 있는 것으로 하며, 그 밖의 동력제어반의 설치에 관하여는 제3항제1호 및 제2호의 기준을 따라야 한다.

⑤ 자가발전설비 제어반의 제어장치는 비영리 공인기관의 시험을 필한 것으로 설치해야 한다.

제14조(배선 등)

① 스프링클러설비의 배선은 「전기사업법」 제67조에 따른 「전기설비기술기준」에서 정한 것 외에 다음 각 호의 기준에 따라 설치해야 한다.

> 1. 비상전원으로부터 동력제어반 및 가압송수장치에 이르는 전원회로배선은 내화배선으로 할 것
> 2. 상용전원으로부터 동력제어반에 이르는 배선, 그 밖의 스프링클러설비의 감시 · 조작 또는 표시등회로의 배선은 내화배선 또는 내열배선으로 할 것

② 제1항에 따른 내화배선 및 내열배선은 「옥내소화전설비의 화재안전성능기준(NFPC 102)」 제10조제2항에 따른다.

③ 스프링클러설비의 과전류차단기 및 개폐기에는 "스프링클러설비용"이라고 표시한 표지를 해야 한다.

④ 스프링클러설비용 전기배선의 양단 및 접속단자에는 식별이 용이하도록 표시 또는 표지를 해야 한다.

제15조(헤드의 설치제외)

① 스프링클러설비를 설치해야 할 특정소방대상물에 있어서 스프링클러설비 작동 시 소화효과를 기대할 수 없는 장소이거나 2차 피해가 예상되는 장소 또는 화재 발생 위험이 적은 장소에는 스프링클러헤드를 설치하지 않을 수 있다.

② 제10조제7항제2호의 연소할 우려가 있는 개구부에 드렌처설비를 적합하게 설치한 경우에는 해당 개구부에 한하여 스프링클러헤드를 설치하지 않을 수 있다.

제16조(수원 및 가압송수장치의 펌프 등의 겸용)

① 스프링클러설비의 수원을 옥내소화전설비 · 간이스프링클러설비 · 화재조기진압용 스프링클러설비 · 물분무소화설비 · 포소화설비 및 옥외소화전설비의 수원과 겸용하여 설치하는 경우의 저수량은 각 소화설비에 필요한 저수량을 합한 양 이상이 되도록 해야 한다.

② 스프링클러설비의 가압송수장치로 사용하는 펌프를 옥내소화전설비·간이스프링클러설비·화재조기진압용 스프링클러설비·물분무소화설비·포소화설비 및 옥외소화전설비의 가압송수장치와 겸용하여 설치하는 경우의 펌프의 토출량은 각 소화설비에 해당하는 토출량을 합한 양 이상이 되도록 해야 한다.

③ 옥내소화전설비·스프링클러설비·간이스프링클러설비·화재조기진압용 스프링클러설비·물분무소화설비·포소화설비 및 옥외소화전설비의 가압송수장치에 있어서 각 토출측 배관과 일반급수용의 가압송수장치의 토출측 배관을 상호 연결하여 화재 시 사용할 수 있다. 이 경우 연결 배관에는 개폐표시형밸브를 설치해야 하며, 각 소화설비의 성능에 지장이 없도록 해야 한다.

④ 스프링클러설비의 송수구를 옥내소화전설비·간이스프링클러설비·화재조기진압용스프링클러설비·물분무소화설비·포소화설비·연결송수관설비 또는 연결살수설비의 송수구와 겸용으로 설치하는 경우에는 스프링클러설비의 송수구의 설치기준에 따르되 각각의 소화설비의 기능에 지장이 없도록 해야 한다.

간이스프링클러설비의 화재안전성능기준(NFPC 103A)

[시행 2024. 12. 1.] [소방청고시 제2024-3호, 2024. 3. 4., 일부개정]

제1조(목적)

이 기준은 「소방시설 설치 및 관리에 관한 법률」(이하 "법"이라 한다) 제2조제1항제6호가목에 따라 소방청장에게 위임한 사항 중 소화설비인 간이스프링클러설비의 성능기준을 규정함을 목적으로 한다.

제2조(적용범위)

이 기준은 「소방시설 설치 및 관리에 관한 법률 시행령」(이하 "영"이라 한다) 별표 4 제1호마목에 따른 간이스프링클러설비 및 「다중이용업소의 안전관리에 관한 특별법」(이하 "특별법"이라 한다) 제9조제1항 및 같은 법 시행령(이하 "특별법령"이라 한다) 제9조에 따른 간이스프링클러설비의 설치 및 관리에 대해 적용한다.

제3조(정의)

이 기준에서 사용하는 용어의 정의는 다음과 같다.

1. "간이헤드"란 폐쇄형스프링클러헤드의 일종으로 간이스프링클러설비를 설치해야 하는 특정소방대상물의 화재에 적합한 감도ㆍ방수량 및 살수분포를 갖는 헤드를 말한다.
2. "충압펌프"란 배관 내 압력손실에 따른 주펌프의 빈번한 기동을 방지하기 위하여 충압역할을 하는 펌프를 말한다.
3. "고가수조"란 구조물 또는 지형지물 등에 설치하여 자연낙차의 압력으로 급수하는 수조를 말한다.
4. "압력수조"란 소화용수와 공기를 채우고 일정압력 이상으로 가압하여 그 압력으로 급수하는 수조를 말한다.
5. "가압수조"란 가압원인 압축공기 또는 불연성 기체의 압력으로 소화용수를 가압하여 그 압력으로 급수하는 수조를 말한다.
6. "진공계"란 대기압 이하의 압력을 측정하는 계측기를 말한다.
7. "연성계"란 대기압 이상의 압력과 대기압 이하의 압력을 측정할 수 있는 계측기를 말한다.
8. "기동용수압개폐장치"란 소화설비의 배관 내 압력변동을 검지하여 자동적으로 펌프를 기동 및 정지시키는 것으로서 압력챔버 또는 기동용압력스위치 등을 말한다.
9. "가지배관"이란 헤드가 설치되어 있는 배관을 말한다.
10. "교차배관"이란 가지배관에 급수하는 배관을 말한다.

11. "주배관"이란 가압송수장치 또는 송수구 등과 직접 연결되어 소화수를 이송하는 주된 배관을 말한다.

12. "신축배관"이란 가지배관과 스프링클러헤드를 연결하는 구부림이 용이하고 유연성을 가진 배관을 말한다.

13. "급수배관"이란 수원 송수구 등으로 부터 소화설비에 급수하는 배관을 말한다.

14. "분기배관"이란 배관 측면에 구멍을 뚫어 둘 이상의 관로가 생기도록 가공한 배관으로서 다음 각 목의 분기배관을 말한다.
   가. "확관형 분기배관"이란 배관의 측면에 조그만 구멍을 뚫고 소성가공으로 확관시켜 배관 용접이음자리를 만들거나 배관 용접이음자리에 배관이음쇠를 용접 이음한 배관을 말한다.
   나. "비확관형 분기배관"이란 배관의 측면에 분기호칭내경 이상의 구멍을 뚫고 배관이음쇠를 용접 이음한 배관을 말한다.

15. "습식유수검지장치"란 습식스프링클러설비 또는 부압식스프링클러설비에 설치되는 유수검지장치를 말한다.

16. "준비작동식유수검지장치"란 준비작동식스프링클러설비에 설치되는 유수검지장치를 말한다.

17. "반사판(디플렉터)"이란 스프링클러헤드의 방수구에서 유출되는 물을 세분시키는 작용을 하는 것을 말한다.

18. "개폐표시형밸브"란 밸브의 개폐여부를 외부에서 식별이 가능한 밸브를 말한다.

19. "캐비닛형 간이스프링클러설비"란 가압송수장치, 수조(「캐비닛형 간이스프링클러설비 성능인증 및 제품검사의 기술기준」에서 정하는 바에 따라 분리형으로 할 수 있다) 및 유수검지장치 등을 집적화하여 캐비닛 형태로 구성시킨 간이 형태의 스프링클러설비를 말한다.

20. "상수도직결형 간이스프링클러설비"란 수조를 사용하지 않고 상수도에 직접 연결하여 항상 기준 방수압 및 방수량 이상을 확보할 수 있는 설비를 말한다.

21. "정격토출량"이란 펌프의 정격부하운전 시 토출량으로서 정격토출압력에서의 토출량을 말한다.

22. "정격토출압력"이란 펌프의 정격부하운전 시 토출압력으로서 정격토출량에서의 토출측 압력을 말한다.

23. "주택전용 간이스프링클러설비"란 「소방시설 설치 및 관리에 관한 법률 시행령」 별표4 제1호마목에 따라 연립주택 및 다세대주택에 설치하는 간이스프링클러설비를 말한다. 〈신설 2024. 3. 4.〉〈시행 2024.12.1.〉

제4조(수원)

① **간이스프링클러설비의 수원**은 다음 각 호와 같다.

> 1. 상수도직결형의 경우에는 수돗물
> 2. 수조("캐비닛형"을 포함한다)를 사용하고자 하는 경우에는 적어도 한 개 이상의 자동급수장치를 갖추어야 하며, 두 개의 간이헤드에서 최소 10분[영 별표 4 제1호마목2)가) 또는 6)과 8)에 해당하는 경우에는 5개의 간이헤드에서 최소 20분] 이상 방수할 수 있는 양 이상을 수조에 확보할 것

② 간이스프링클러설비의 수원을 수조로 설치하는 경우에는 소화설비의 전용수조로 해야 한다.

③ 제1항제2호에 따른 저수량을 산정함에 있어서 다른 설비와 겸용하여 간이스프링클러설비용 수조를 설치하는 경우에는 간이스프링클러설비의 풋밸브·흡수구 또는 수직배관의 급수구와 다른 설비의 풋밸브·흡수구 또는 수직배관의 급수구와의 사이의 수량을 그 유효수량으로 한다.

④ 간이스프링클러설비용 수조는 다음 각 호의 기준에 따라 설치해야 한다.
   1. 점검에 편리한 곳에 설치할 것
   2. 동결방지조치를 하거나 동결의 우려가 없는 장소에 설치할 것
   3. 수조에는 수위계, 고정식 사다리, 청소용 배수밸브(또는 배수관), 표지 및 실내조명 등 수조의 유지관리에 필요한 설비를 설치할 것

제5조(가압송수장치)

① 방수압력(상수도직결형의 상수도압력)은 가장 먼 가지배관에서 2개[영 별표 4 제1호마목2)가) 또는 6)과 8)에 해당하는 경우에는 5개]의 간이헤드를 동시에 개방할 경우 각각의 **간이헤드 선단 방수압력은 0.1메가파스칼 이상, 방수량은 분당 50리터 이상**이어야 한다. 다만, 제6조제7호에 따른 주차장에 표준반응형스프링클러헤드를 사용할 경우 헤드 1개의 방수량은 분당 80리터 이상이어야 한다.

② 전동기 또는 내연기관에 따른 펌프를 이용하는 가압송수장치는 다음 각 호의 기준에 따라 설치해야 한다.
   1. 쉽게 접근할 수 있고 점검하기에 충분한 공간이 있는 장소로서 화재 및 침수 등의 재해로 인한 피해를 받을 우려가 없는 곳에 설치할 것
   2. 동결방지조치를 하거나 동결의 우려가 없는 장소에 설치할 것
   3. 펌프는 전용으로 할 것

4. 펌프의 토출측에는 압력계를 설치하고, 흡입측에는 연성계 또는 진공계를 설치할 것

5. 펌프의 성능은 체절운전 시 정격토출압력의 140 퍼센트를 초과하지 않고, 정격토출량의 150 퍼센트로 운전 시 정격토출압력의 65 퍼센트 이상이 되어야 하며, 펌프의 성능을 시험할 수 있는 성능시험배관을 설치할 것

6. 가압송수장치에는 체절운전시 수온의 상승을 방지하기 위한 순환배관을 설치할 것

7. 기동장치로는 기동용수압개폐장치 또는 이와 동등 이상의 성능이 있는 것을 설치할 것

8. 기동용수압개폐장치를 기동장치로 사용하는 경우에는 충압펌프를 설치할 것

9. 수원의 수위가 펌프보다 낮은 위치에 있는 가압송수장치에는 물올림장치를 설치할 것

10. 내연기관을 사용하는 경우에는 제어반에 따라 내연기관의 자동기동 및 수동기동이 가능하고, 상시 충전되어 있는 축전지설비를 갖출 것

11. 가압송수장치는 부식 등으로 인한 펌프의 고착을 방지할 수 있도록 청동 또는 스테인리스 등 부식에 강한 재질을 사용할 것

③ 고가수조의 자연낙차를 이용한 가압송수장치를 설치하는 경우 고가수조의 자연낙차수두(수조의 하단으로부터 최고층에 설치된 헤드까지의 수직거리를 말한다)는 제1항에 따른 방수압 및 방수량이 10분[영 별표 4 제1호마목2)가) 또는 6)과 8)에 해당하는 경우에는 5개의 간이헤드에서 최소 20분] 이상 유지되도록 해야 한다.

④ 압력수조를 이용한 가압송수장치를 설치하는 경우 압력수조의 압력은 제1항에 따른 방수압 및 방수량이 10분[영 별표 4 제1호마목2)가) 또는 6)과 8)에 해당하는 경우에는 5개의 간이헤드에서 최소 20분] 이상 유지되도록 해야 한다.

⑤ 가압수조를 이용한 가압송수장치는 소방청장이 정하여 고시한「가압수조식가압송수장치의 성능인증 및 제품검사의 기술기준」에 적합한 것으로 설치하고, 가압수조의 압력은 제1항에 따른 방수압 및 방수량이 10분[영 별표 4 제1호마목2)가) 또는 6)과 8)에 해당하는 경우에는 5개의 간이헤드에서 최소 20분] 이상 유지되도록 해야 한다.

⑥ 캐비닛형 간이스프링클러설비를 사용할 경우 소방청장이 정하여 고시한「캐비닛형 간이스프링클러설비의 성능인증 및 제품검사의 기술기준」에 적합한 것으로 설치해야 한다.

⑦ 영 별표 4 제1호마목2)가) 또는 6)과 8)에 해당하는 특정소방대상물의 경우에는 상수도직결형 및 캐비닛형 간이스프링클러설비를 제외한 가압송수장치를 설치해야 한다.

제6조(간이스프링클러설비의 방호구역 및 유수검지장치)

간이스프링클러설비의 방호구역(간이스프링클러설비의 소화범위에 포함된 영역을 말한다. 이하 같다) 및 유수검지장치는 다음 각 호의 기준에 적합해야 한다. 다만, 캐비닛형의 경우에는 제3호의 기준에 적합해야 한다.

1. 하나의 방호구역의 바닥면적은 1,000제곱미터를 초과하지 않을 것
2. 하나의 방호구역에는 1개 이상의 유수검지장치를 설치하되, 화재 시 접근이 쉽고 점검하기 편리한 장소에 설치할 것
3. 하나의 방호구역은 2개 층에 미치지 않도록 할 것
4. 유수검지장치는 실내에 설치하거나 보호용 철망 등으로 구획하여 바닥으로부터 0.8미터 이상 1.5미터 이하의 위치에 설치하되, 그 실 등에는 개구부가 가로 0.5미터 이상 세로 1미터 이상의 출입문을 설치하고 그 출입문 상단에 "유수검지장치실"이라고 표시한 표지를 설치할 것
5. 간이헤드에 공급되는 물은 유수검지장치를 지나도록 할 것
6. 자연낙차에 따른 압력수가 흐르는 배관 상에 설치된 유수검지장치는 화재 시 물의 흐름을 검지할 수 있는 최소한의 압력이 얻어질 수 있도록 수조의 하단으로부터 낙차를 두어 설치할 것
7. 간이스프링클러설비가 설치되는 특정소방대상물에 부설된 주차장부분(영 별표 4 제1호바목에 해당하지 않는 부분에 한한다)에는 습식 외의 방식으로 할 것

제7조(제어반)

간이스프링클러설비에는 다음 각 호의 어느 하나의 기준에 따른 제어반을 설치해야 한다.
1. 상수도 직결형의 경우에는 급수배관에 설치되어 급수를 차단할 수 있는 개폐밸브 및 유수검지장치의 작동상태를 확인할 수 있어야 하며, 예비전원이 확보되고 예비전원의 적합여부를 시험할 수 있어야 할 것
2. 상수도 직결형을 제외한 방식의 것에 있어서는 「스프링클러설비의 화재안전성능기준(NFPC 103)」 제13조를 준용할 것

제8조(배관 및 밸브)

① 배관과 배관이음쇠는 배관 내 사용압력에 따라 다음 각 호의 어느 하나에 해당하는 것을 사용해야 한다.
1. 배관 내 사용압력이 1.2메가파스칼 미만일 경우에는 다음 각 목의 어느 하나에 해당하는 것
   가. 배관용 탄소 강관(KS D 3507)

　　나. 이음매 없는 구리 및 구리합금관(KS D 5301). 다만, 습식의 배관에 한한다.

　　다. 배관용 스테인리스 강관(KS D 3576) 또는 일반 배관용 스테인리스 강관(KS D 3595)

　　라. 덕타일 주철관(KS D 4311)

　2. 배관 내 사용압력이 1.2메가파스칼 이상일 경우에는 다음 각 목의 어느 하나에 해당하는 것

　　가. 압력 배관용 탄소 강관(KS D 3562)

　　나. 배관용 아크 용접 탄소강 강관(KS D 3583)

② 제1항에도 불구하고 화재 등의 재해로 인하여 배관의 성능에 영향을 받을 우려가 적은 장소에는 소방청장이 정하여 고시한 「소방용합성수지배관의 성능인증 및 제품검사의 기술기준」에 적합한 소방용 합성수지배관으로 설치할 수 있다.

③ 급수배관은 전용으로 하고, 급수를 차단할 수 있는 개폐밸브는 개폐표시형으로 하며, 배관의 구경은 제5조제1항에 적합하도록 수리계산에 의하거나 별표 1의 기준에 따라 설치해야 한다.

④ **펌프의 흡입 측 배관**은 다음 각 호의 기준에 따라 설치해야 한다.

　1. 공기 고임이 생기지 않는 구조로 하고 여과장치를 설치할 것
　2. 수조가 펌프보다 낮게 설치된 경우에는 각 펌프(충압펌프를 포함한다)마다 수조로부터 별도로 설치할 것

⑤ 간이스프링클러설비의 배관을 연결송수관설비와 겸용하는 경우 주배관은 구경 100밀리미터 이상, 방수구로 연결되는 배관의 구경은 65밀리미터 이상의 것으로 해야 한다.

⑥ 성능시험배관에 설치하는 유량측정장치는 성능시험배관의 직관부에 설치하되, 펌프 정격토출량의 175퍼센트 이상을 측정할 수 있는 것으로 해야 한다.

⑦ 가압송수장치의 체절운전 시 수온의 상승을 방지하기 위하여 체크밸브와 펌프사이에서 분기한 배관에 체절압력 미만에서 개방되는 릴리프밸브를 설치해야 한다.

⑧ 동결방지조치를 하거나 동결의 우려가 없는 장소에 설치해야 한다. 다만, 보온재를 사용할 경우에는 난연재료 성능 이상의 것으로 해야 한다.

⑨ 가지배관의 배열은 다음 각 호의 기준에 따른다.

　1. 토너먼트(tournament)방식이 아닐 것
　2. 교차배관에서 분기되는 지점을 기점으로 한쪽 가지배관에 설치되는 간이헤드의 개수(반자 아래와 반자속의 헤드를 하나의 가지배관 상에 병설하는 경우에는 반자 아래에 설치하는 헤드의 개수)는 8개 이하로 할 것

3. 가지배관과 스프링클러헤드 사이의 배관을 신축배관으로 하는 경우에는 소방청장이 정하여 고시한 「스프링클러설비신축배관 성능인증 및 제품검사의 기술기준」에 적합한 것으로 설치할 것

⑩ 가지배관에 하향식간이헤드를 설치하는 경우에 가지배관으로부터 간이헤드에 이르는 헤드 접속배관은 가지배관 상부에서 분기해야 한다.

⑪ 준비작동식유수검지장치를 사용하는 간이스프링클러설비에 있어서 유수검지장치 2차 측 배관에는 평상시 소화수가 체류하지 않도록 하고, 준비작동식유수검지장치의 작동여부를 확인할 수 있는 장치를 설치해야 한다.

⑫ 간이스프링클러설비에는 유수검지장치를 시험할 수 있는 시험 장치를 설치해야 한다.

⑬ 배관에 설치되는 행거는 가지배관, 교차배관 및 수평주행배관에 설치하고, 배관을 충분히 지지할 수 있도록 설치해야 한다.

⑭ 급수배관에 설치되어 급수를 차단할 수 있는 개폐밸브에는 그 밸브의 개폐상태를 감시제어반에서 확인할 수 있도록 급수개폐밸브 작동표시 스위치를 설치해야 한다.

⑮ 간이스프링클러설비의 배관은 배수를 위한 기울기를 주거나 배수밸브를 설치하는 등 원활한 배수를 위한 조치를 해야 한다.

⑯ 간이스프링클러설비의 배관 및 밸브 등의 순서는 헤드에 유효한 급수가 가능하도록 상수도 직결형, 펌프형, 가압수조형, 캐비닛형에 따라 적합하게 설치해야 한다.

⑰ 배관은 다른 설비의 배관과 쉽게 구분이 될 수 있도록 해야 한다.

⑱ 확관형 분기배관을 사용할 경우에는 소방청장이 정하여 고시한 「분기배관의 성능인증 및 제품검사의 기술기준」에 적합한 것으로 설치해야 한다.

제9조(간이헤드)

간이헤드는 다음 각 호의 기준에 적합한 것을 사용해야 한다.

1. 폐쇄형간이헤드를 사용할 것

2. 간이헤드의 작동온도는 실내의 최대 주위 천장온도에 따라 적합한 공칭작동온도의 것으로 설치할 것

3. 간이헤드를 설치하는 천장ㆍ반자ㆍ천장과 반자 사이ㆍ덕트ㆍ선반 등의 각 부분으로부터 간이헤드까지의 수평거리는 2.3미터(「스프링클러헤드의 형식승인 및 제품검사의 기술기준」에 따른 유효살수반경의 것으로 한다) 이하가 되도록 할 것. 다만, 성능이 별도로 인정된 간이헤드를 수리계산에 따라 설치하는 경우에는 그렇지 않다.

4. 상향식, 하향식 또는 측벽형간이헤드는 살수 및 감열에 장애가 없도록 설치할 것

5. 특정소방대상물의 보와 가장 가까운 간이헤드는 헤드의 반사판 중심과 보의 수평거리를 고려하여, 살수에 장애가 없도록 설치할 것

6. 상향식간이헤드 아래에 설치되는 하향식간이헤드에는 상향식간이헤드의 방출수를 차

단할 수 있는 유효한 차폐판을 설치할 것

7. 간이스프링클러설비를 설치해야 할 특정소방대상물의 간이헤드 설치 제외에 관한 사항은 「스프링클러설비의 화재안전성능기준(NFPC 103)」 제15조제1항을 준용할 것

8. 제6조제7호에 따른 주차장에는 표준반응형스프링클러헤드를 설치해야 하며 설치기준은 「스프링클러설비의 화재안전성능기준(NFPC 103)」 제10조를 준용할 것

제10조(음향장치 및 기동장치)

① 간이스프링클러설비의 음향장치 및 기동장치는 다음 각 호의 기준에 따라 설치해야 한다.

1. 습식유수검지장치를 사용하는 설비에 있어서는 간이헤드가 개방되면 유수검지장치가 화재신호를 발신하고 그에 따라 음향장치가 경보되도록 할 것

2. 음향장치는 습식유수검지장치의 담당구역마다 설치하되 그 구역의 각 부분으로부터 하나의 음향장치까지의 수평거리는 25미터 이하가 되도록 할 것

3. 음향장치는 경종 또는 사이렌으로 하되, 주위의 소음 및 다른 용도의 경보와 구별이 가능한 음색으로 할 것

4. 주 음향장치는 수신기의 내부 또는 그 직근에 설치할 것

5. **층수가 11층(공동주택의 경우에는 16층) 이상의 특정소방대상물은 발화층에 따라 경보하는 층을 달리하여 경보를 발할 수 있도록 할 것**

6. 음향장치는 다음 각 목의 기준에 따른 구조 및 성능의 것으로 할 것

　　가. 정격전압의 80퍼센트 전압에서 음향을 발할 수 있는 것으로 할 것

　　나. 음량은 부착된 음향장치의 중심으로부터 1미터 떨어진 위치에서 90데시벨 이상이 되는 것으로 할 것

② 간이스프링클러설비의 가압송수장치로서 펌프가 설치되는 경우에는 그 펌프의 작동은 습식유수검지장치의 발신이나 화재감지기의 화재감지 또는 기동용수압개폐장치에 따라 작동될 수 있도록 해야 한다.

③ 준비작동식유수검지장치의 작동 기준은 「스프링클러설비의 화재안전성능기준(NFPC 103)」 제9조제3항을 준용한다.

④ 제1항부터 제3항의 배선(감지기 상호간의 배선은 제외한다)은 내화배선 또는 내열배선으로 하되 다른 배선과 공유하는 회로방식이 되지 않도록 해야 한다.

제11조(송수구)

간이스프링클러설비에는 소방차로부터 그 설비에 송수할 수 있는 송수구를 다음 각 호의 기준에 따라 설치해야 한다.

1. 송수구는 송수 및 그 밖의 소화작업에 지장을 주지 않도록 설치할 것
2. 송수구로부터 주배관에 이르는 연결배관에는 개폐밸브를 설치하지 않을 것
3. 구경 65밀리미터의 단구형 또는 쌍구형으로 해야 하며, 송수배관의 안지름은 40밀리미터 이상으로 할 것
4. 지면으로부터 높이가 0.5미터 이상 1미터 이하의 위치에 설치할 것
5. 송수구의 가까운 부분에 자동배수밸브(또는 직경 5밀리미터의 배수공) 및 체크밸브를 설치할 것
6. 송수구에는 이물질을 막기 위한 마개를 씌울 것

제12조(비상전원)

간이스프링클러설비에는 비상전원 또는 「소방시설용 비상전원수전설비의 화재안전성능기준(NFPC 602)」의 규정에 따른 비상전원수전설비를 간이스프링클러설비를 유효하게 10분[영 별표 4 제1호마목1)가 또는 6)과 7)에 해당하는 경우에는 20분]이상 작동할 수 있도록 설치해야 한다.

제13조(수원 및 가압송수장치의 펌프 등의 겸용)

① 간이스프링클러설비의 수원을 옥내소화전설비·스프링클러설비·화재조기진압용 스프링클러설비·물분무소화설비·포소화전설비 및 옥외소화전설비의 수원과 겸용하여 설치하는 경우의 저수량은 각 소화설비에 필요한 저수량을 합한 양 이상이 되도록 해야 한다.
② 간이스프링클러설비의 가압송수장치로 사용하는 펌프를 옥내소화전설비·스프링클러설비·화재조기진압용 스프링클러설비·물분무소화설비·포소화전설비 및 옥외소화전설비의 가압송수장치와 겸용하여 설치하는 경우의 펌프의 토출량은 각 소화설비에 해당하는 토출량을 합한 양 이상이 되도록 해야 한다.
③ 옥내소화전설비·스프링클러설비·간이스프링클러설비·화재조기진압용 스프링클러설비·물분무소화설비·포소화전설비 및 옥외소화전설비의 가압송수장치에 있어서 각 토출측 배관과 일반급수용의 가압송수장치의 토출측 배관을 상호 연결하여 화재 시 사용할 수 있다. 이 경우 연결 배관에는 개·폐표시형밸브를 설치해야 하며, 각 소화설비의 성능에 지장이 없도록 해야 한다.
④ 간이스프링클러설비의 송수구를 옥내소화전설비·스프링클러설비·화재조기진압용 스프링클러설비·물분무소화설비·포소화전설비·연결송수관설비 또는 연결살수설비의 송수구와 겸용으로 설치하는 경우에는 스프링클러설비의 송수구의 설치기준에 따르되 각각의 소화설비의 기능에 지장이 없도록 해야 한다.

제14조(주택전용 간이스프링클러설비) 주택전용 간이스프링클러설비는 다음 각 호의 기준에 따라 설치한다. 다만, 본 고시에 따른 주택전용 간이스프링클러설비가 아닌 간이스프링클러설비를 설치하는 경우에는 그렇지 않다. 〈신설 2024. 3. 4.〉〈시행 2024.12.1.〉

1. 상수도에 직접 연결하는 방식으로 수도용 계량기 이후에서 분기하여 수도용 역류방지밸브, 개폐표시형밸브, 세대별 개폐밸브 및 간이헤드의 순으로 설치할 것. 이 경우 개폐표시형밸브와 세대별 개폐밸브는 그 설치위치를 쉽게 식별할 수 있는 표시를 해야 한다.

2. 방수압력과 방수량은 제5조제1항에 따를 것

3. 배관은 제8조에 따라 설치할 것. 다만, 세대 내 배관은 제8조제2항에 따른 소방용 합성수지배관으로 설치할 수 있다.

4. 간이헤드와 송수구는 제9조 및 제11조에 따라 설치할 것

5. 주택전용 간이스프링클러설비에는 가압송수장치, 유수검지장치, 제어반, 음향장치, 기동장치 및 비상전원은 적용하지 않을 수 있다.

제1조(목적)

이 기준은 「소방시설 설치 및 관리에 관한 법률」(이하 "법"이라 한다) 제2조제1항제6호 가목에 따라 소방청장에게 위임한 사항 중 소화설비인 화재조기진압용 스프링클러설비의 성능기준을 규정함을 목적으로 한다.

제2조(적용범위)

이 기준은 「소방시설 설치 및 관리에 관한 법률 시행령」(이하 "영"이라 한다) 별표 4 제1호라목에 따른 스프링클러설비 중 「스프링클러설비의 화재안전성능기준(NFPC 103)」 제10조제2항의 랙크식창고에 설치하는 화재조기진압용 스프링클러설비의 설치 및 관리에 대해 적용한다.

제3조(정의)

이 기준에서 사용하는 용어의 정의는 다음과 같다.

1. "화재조기진압용 스프링클러헤드"란 특정한 높은 장소의 화재위험에 대하여 조기에 진화할 수 있도록 설계된 헤드를 말한다.
2. "충압펌프"란 배관 내 압력손실에 따른 주펌프의 빈번한 기동을 방지하기 위하여 충압 역할을 하는 펌프를 말한다.
3. "고가수조"란 구조물 또는 지형지물 등에 설치하여 자연낙차의 압력으로 급수하는 수조를 말한다.
4. "압력수조"란 소화용수와 공기를 채우고 일정압력 이상으로 가압하여 그 압력으로 급수하는 수조를 말한다.
5. "정격토출량"이란 펌프의 정격부하운전 시 토출량으로서 정격토출압력에서의 토출량을 말한다.
6. "정격토출압력"이란 펌프의 정격부하운전 시 토출압력으로서 정격토출량에서의 토출측 압력을 말한다.
7. "진공계"란 대기압 이하의 압력을 측정하는 계측기를 말한다.
8. "연성계"란 대기압 이상의 압력과 대기압 이하의 압력을 측정할 수 있는 계측기를 말한다.
9. "체절운전"이란 펌프의 성능시험을 목적으로 펌프 토출측의 개폐밸브를 닫은 상태에서 펌프를 운전하는 것을 말한다.
10. "기동용수압개폐장치"란 소화설비의 배관 내 압력변동을 검지하여 자동적으로 펌프를

기동 및 정지시키는 것으로서 압력챔버 또는 기동용압력스위치 등을 말한다.

11. "유수검지장치"란 유수현상을 자동적으로 검지하여 신호 또는 경보를 발하는 장치를 말한다.

12. "가지배관"이란 헤드가 설치되어 있는 배관을 말한다.

13. "교차배관"이란 가지배관에 급수하는 배관을 말한다.

14. "주배관"이란 가압송수장치 또는 송수구 등과 직접 연결되어 소화수를 이송하는 주된 배관을 말한다.

15. "신축배관"이란 가지배관과 스프링클러헤드를 연결하는 구부림이 용이하고 유연성을 가진 배관을 말한다.

16. "급수배관"이란 수원 송수구 등으로 부터 소화설비에 급수하는 배관을 말한다.

17. "분기배관"이란 배관 측면에 구멍을 뚫어 둘 이상의 관로가 생기도록 가공한 배관으로서 다음 각 목의 분기배관을 말한다.

　　가. "확관형 분기배관"이란 배관의 측면에 조그만 구멍을 뚫고 소성가공으로 확관시켜 배관 용접이음자리를 만들거나 배관 용접이음자리에 배관이음쇠를 용접 이음한 배관을 말한다.

　　나. "비확관형 분기배관"이란 배관의 측면에 분기호칭내경 이상의 구멍을 뚫고 배관이음쇠를 용접 이음한 배관을 말한다.

18. "개폐표시형밸브"란 밸브의 개폐여부를 외부에서 식별이 가능한 밸브를 말한다.

19. "가압수조"란 가압원인 압축공기 또는 불연성 기체의 압력으로 소화용수를 가압하여 그 압력으로 급수하는 수조를 말한다.

제4조(설치장소의 구조)

화재조기진압용 스프링클러설비를 설치할 장소의 구조는 화재조기진압용 스프링클러헤드가 화재를 조기에 감지하여 개방되는데 적합하고, 선반 등의 형태는 하부로 물이 침투되는 구조로 해야 한다.

제5조(수원)

① 화재조기진압용 스프링클러설비의 수원은 **수리학적으로 가장 먼 가지배관 3개에 각각 4개의 스프링클러헤드가 동시에 개방**되었을 때 다음 표와 식에 따라, 헤드선단의 압력이 별표 3에 따른 값 이상으로 **60분간** 방사할 수 있는 양으로 계산식은 다음과 같다.

$$Q = 12 \times 60 \times K\sqrt{10P}$$

Q : 수원의 양(L)

K : 상수[L/min/(MPa)1/2]

P : 헤드선단의 압력(MPa)

② 화재조기진압용 스프링클러설비의 수원은 제1항에 따라 산출된 유효수량 외에 유효수량의 3분의 1 이상을 옥상(화재조기진압용 스프링클러설비가 설치된 건축물의 주된 옥상을 말한다)에 설치해야 한다.

③ 옥상수조(제1항에 따라 산출된 유효수량의 3분의 1 이상을 옥상에 설치한 설비를 말한다. 이하 같다)는 이와 연결된 배관을 통하여 상시 소화수를 공급할 수 있는 구조의 특정소방대상물인 경우에는 둘 이상의 특정소방대상물이 있더라도 하나의 특정소방대상물에만 이를 설치할 수 있다.

④ 화재조기진압용 스프링클러설비의 수원을 수조로 설치하는 경우에는 소화설비의 전용수조로 해야 한다.

⑤ 제1항과 제2항에 따른 저수량을 산정함에 있어서 다른 설비와 겸용하여 화재조기진압용 스프링클러설비용 수조를 설치하는 경우에는 화재조기진압용 스프링클러설비의 풋밸브·흡수구 또는 수직배관의 급수구와 다른 설비의 풋밸브·흡수구 또는 수직배관의 급수구와의 사이의 수량을 그 유효수량으로 한다.

⑥ 화재조기진압용 스프링클러설비용 수조는 다음 각 호의 기준에 따라 설치해야 한다.
   1. 점검에 편리한 곳에 설치할 것
   2. 동결방지조치를 하거나 동결의 우려가 없는 장소에 설치할 것
   3. 수조에는 수위계, 고정식 사다리, 청소용 배수밸브(또는 배수관), 표지 및 실내 조명 등 수조의 유지관리에 필요한 설비를 설치할 것

제6조(가압송수장치)

① 전동기 또는 내연기관에 따른 펌프를 이용하는 가압송수장치는 다음 각 호의 기준에 따라 설치해야 한다.
   1. 쉽게 접근할 수 있고 점검하기에 충분한 공간이 있는 장소로서 화재 및 침수 등의 재해로 인한 피해를 받을 우려가 없는 곳에 설치할 것
   2. 동결방지조치를 하거나 동결의 우려가 없는 장소에 설치할 것
   3. 펌프는 전용으로 할 것
   4. 펌프의 토출측에는 압력계를 설치하고, 흡입측에는 연성계 또는 진공계를 설치할 것
   5. 펌프의 성능은 체절운전 시 정격토출압력의 140 퍼센트를 초과하지 않고, 정격토출량의 150 퍼센트로 운전 시 정격토출압력의 65 퍼센트 이상이 되어야 하며, 펌프의 성능을 시험할 수 있는 성능시험배관을 설치할 것
   6. 가압송수장치에는 체절운전 시 수온의 상승을 방지하기 위한 순환배관을 설치할 것

7. 기동장치로는 기동용수압개폐장치 또는 이와 동등 이상의 성능이 있는 것으로 설치할 것

8. 수원의 수위가 펌프보다 낮은 위치에 있는 가압송수장치에는 물올림장치를 설치할 것

9. 제5조제1항의 방수량 및 헤드선단의 압력을 충족할 것

10. 기동용수압개폐장치를 기동장치로 사용하는 경우에는 충압펌프를 설치할 것

11. 내연기관을 사용하는 경우에는 제어반에 따라 내연기관의 자동기동 및 수동기동이 가능하고, 상시 충전되어 있는 축전지설비와 펌프를 60분 이상 운전할 수 있는 용량의 연료를 갖출 것

12. 가압송수장치가 기동되는 경우에는 자동으로 정지되지 않도록 할 것

13. 가압송수장치는 부식 등으로 인한 펌프의 고착을 방지할 수 있도록 청동 또는 스테인리스 등 부식에 강한 재질을 사용할 것

② 고가수조의 자연낙차를 이용한 가압송수장치를 설치하는 경우 고가수조의 자연낙차수두(수조의 하단으로부터 최고층에 설치된 헤드까지의 수직거리를 말한다)는 제1항제8호에 따른 방수량 및 헤드선단의 압력이 60분 이상 유지되도록 해야 한다.

③ 압력수조를 이용한 가압송수장치를 설치하는 경우 압력수조의 압력은 제1항제9호에 따른 방수량 및 헤드선단의 압력이 60분 이상 유지되도록 할 것 해야 한다.

④ 가압수조를 이용한 가압송수장치는 소방청장이 정하여 고시한 「가압수조식가압송수장치의 성능인증 및 제품검사의 기술기준」에 적합한 것으로 설치하되, 가압수조의 압력은 제1항제9호에 따른 방수량 및 헤드선단의 압력이 60분 이상 유지되도록 해야 한다.

제7조(방호구역 및 유수검지장치)

화재조기진압용 스프링클러설비의 방호구역(화재조기진압용 스프링클러설비의 소화범위에 포함된 영역을 말한다. 이하 같다) 및 유수검지장치는 다음 각 호의 기준에 적합해야 한다.

1. 하나의 방호구역의 바닥면적은 3,000제곱미터를 초과하지 않을 것

2. 하나의 방호구역에는 한개 이상의 유수검지장치를 설치하되, 화재 시 접근이 쉽고 점검하기 편리한 장소에 설치할 것

3. 하나의 방호구역은 두개 층에 미치지 않도록 할 것

4. 유수검지장치를 실내에 설치하거나 보호용 철망 등으로 구획하여 바닥으로부터 0.8미터 이상 1.5미터 이하의 위치에 설치하되, 그 실 등에는 개구부가 가로 0.5미터 이상 세로 1미터 이상의 출입문을 설치하고 그 출입문 상단에 "유수검지장치실"이라고 표시한 표지를 설치할 것

5. 화재조기진압용 스프링클러헤드에 공급되는 물은 유수검지장치를 지나도록 할 것
6. 자연낙차에 따른 압력수가 흐르는 배관 상에 설치된 유수검지장치는 소화수의 방수 시 물의 흐름을 검지할 수 있는 최소한의 압력이 얻어질 수 있도록 수조의 하단으로부터 낙차를 두어 설치할 것

제8조(배관)

① 화재조기진압용 스프링클러설비의 배관은 습식으로 해야 한다.

② 배관은 배관용 탄소 강관(KS D 3507) 또는 배관 내 사용압력이 1.2메가파스칼 이상일 경우에는 압력 배관용 탄소 강관(KS D 3562) 또는 이음매 없는 구리 및 구리합금관(KS D 5301)이나 이와 동등 이상의 강도·내식성 및 내열성을 가진 것으로 해야 한다.

③ 제2항에도 불구하고 화재 등의 재해로 인하여 배관의 성능에 영향을 받을 우려가 적은 장소에는 소방청장이 정하여 고시한 「소방용합성수지배관의 성능인증 및 제품검사의 기술기준」에 적합한 소방용 합성수지배관으로 설치할 수 있다.

④ 급수배관은 전용으로 하고, 급수를 차단할 수 있는 개폐밸브는 개폐표시형으로 하며, 배관의 구경은 제5조제1항에 적합하도록 수리계산에 따라 설치해야 한다.

⑤ **펌프의 흡입측배관**은 다음 각 호의 기준에 따라 설치해야 한다.

1. 공기 고임이 생기지 않는 구조로 하고 여과장치를 설치할 것
2. 수조가 펌프보다 낮게 설치된 경우에는 각 펌프(충압펌프를 포함한다)마다 수조로부터 별도로 설치할 것

⑥ 연결송수관설비의 배관과 겸용할 경우의 주배관은 구경 100밀리미터 이상, 방수구로 연결되는 배관의 구경은 65밀리미터 이상의 것으로 해야 한다.

⑦ 성능시험배관에 설치하는 유량측정장치는 성능시험배관의 직관부에 설치하되, 펌프 정격토출량의 175퍼센트 이상을 측정할 수 있는 것으로 해야 한다.

⑧ 가압송수장치의 체절운전 시 수온의 상승을 방지하기 위하여 체크밸브와 펌프 사이에서 분기한 배관에 체절압력 미만에서 개방되는 릴리프밸브를 설치해야 한다.

⑨ 동결방지조치를 하거나 동결의 우려가 없는 장소에 설치해야 한다. 다만, 보온재를 사용할 경우에는 난연재료 성능 이상의 것으로 해야 한다.

⑩ **가지배관의 배열**은 다음 각 호의 기준에 따른다.

1. 토너먼트(tournament)방식이 아닐 것
2. **가지배관 사이의 거리는 2.4미터 이상 3.7미터 이하**로 할 것
3. 교차배관에서 분기되는 지점을 기점으로 한쪽 가지배관에 설치되는 헤드의 개수(반자 아래와 반자속의 헤드를 하나의 가지배관 상에 병설하는 경우에는 반자 아래에 설치하

는 헤드의 개수)는 8개 이하로 할 것

  4. 가지배관과 화재조기진압용 스프링클러헤드 사이의 배관을 신축배관으로 하는 경우에는 소방청장이 정하여 고시한 「스프링클러설비신축배관의 성능인증 및 제품검사의 기술기준」에 적합한 것으로 설치할 것

⑪ 교차배관의 위치 · 청소구 및 가지배관의 헤드설치는 다음 각 호의 기준에 따른다.

  1. 교차배관은 가지배관과 수평으로 설치하거나 가지배관 밑에 설치하고, 그 구경은 제4항에 따르되 최소구경이 40밀리미터 이상이 되도록 할 것

  2. 청소구는 교차배관 끝에 개폐밸브를 설치하고, 호스접결이 가능한 나사식 또는 고정배수 배관식으로 할 것

  3. 하향식헤드를 설치하는 경우에 가지배관으로부터 헤드에 이르는 헤드접속배관은 가지배관 상부에서 분기할 것

⑫ 유수검지장치를 시험할 수 있는 시험장치를 설치해야 한다.

⑬ 배관에 설치되는 행거는 가지배관, 교차배관 및 수평주행배관에 설치하고, 배관을 충분히 지지할 수 있도록 설치해야 한다.

⑭ 수직배수배관의 구경은 50밀리미터 이상으로 해야 한다.

⑮ 급수배관에 설치되어 급수를 차단할 수 있는 개폐밸브에는 그 밸브의 개폐 상태를 감시제어반에서 확인할 수 있도록 급수개폐밸브 작동표시 스위치를 설치해야 한다.

⑯ 화재조기진압용 스프링클러설비의 배관은 수평으로 해야 한다.

⑰ 배관은 다른 설비의 배관과 쉽게 구분이 될 수 있도록 해야 한다.

⑱ 확관형 분기배관을 사용할 경우에는 소방청장이 정하여 고시한 「분기배관 성능인증 및 제품검사의 기술기준」에 적합한 것으로 설치해야 한다.

제9조(음향장치 및 기동장치)

① 화재조기진압용 스프링클러설비의 음향장치 및 기동장치는 다음 각 호의 기준에 따라 설치해야 한다.

  1. 유수검지장치를 사용하는 설비는 헤드가 개방되면 유수검지장치가 화재신호를 발신하고 그에 따라 음향장치가 경보되도록 할 것

  2. 음향장치는 습식유수검지장치의 담당구역마다 설치하되 그 구역의 각 부분으로부터 하나의 음향장치까지의 **수평거리는 25미터 이하**가 되도록 할 것

  3. 음향장치는 경종 또는 사이렌(전자식 사이렌을 포함한다)으로 하되, 주위의 소음 및 다른 용도의 경보와 구별이 가능한 음색으로 할 것

  4. 주 음향장치는 수신기의 내부 또는 그 직근에 설치할 것

5. 층수가 5층 이상으로서 연면적이 3,000제곱미터를 초과하는 특정소방대상물은 발화층에 따라 경보하는 층을 달리하여 경보를 발할 수 있도록 할 것

6. **음향장치**는 다음 각 목의 기준에 따른 구조 및 성능인 것으로 할 것

> 가. 정격전압의 80퍼센트 전압에서 음향을 발할 수 있는 것으로 할 것
> 나. 음량은 부착된 음향장치의 중심으로부터 1미터 떨어진 위치에서 90데시벨 이상이 되는 것으로 할 것

② 화재조기진압용 스프링클러설비의 가압송수장치로서 펌프가 설치되는 경우에는 그 펌프의 작동은 유수검지장치의 발신이나 기동용수압개폐장치에 따라 작동되거나 또는 이 두 가지의 혼용에 따라 작동될 수 있도록 해야 한다.

제10조(헤드)

화재조기진압용 스프링클러설비의 헤드는 다음 각 호에 적합해야 한다.

> 1. 헤드 하나의 방호면적은 6.0제곱미터 이상 9.3제곱미터 이하로 할 것
> 2. 가지배관의 헤드 사이의 거리는 천장의 높이가 9.1미터 미만인 경우에는 2.4미터 이상 3.7미터 이하로, 9.1미터 이상 13.7미터 이하인 경우에는 3.1미터 이하으로 할 것

3. 헤드의 반사판은 천장 또는 반자와 평행하게 설치하고 저장물의 최상부와 **914밀리미터 이상** 확보되도록 할 것

4. 하향식 헤드의 반사판의 위치는 천장이나 반자 아래 **125밀리미터 이상 355밀리미터 이하**일 것

5. 상향식 헤드의 감지부 중앙은 천장 또는 반자와 101밀리미터 이상 152밀리미터 이하이어야 하며, 반사판의 위치는 스프링클러배관의 윗부분에서 최소 178밀리미터 상부에 설치되도록 할 것

6. 헤드와 벽과의 거리는 헤드 상호간 거리의 2분의 1을 초과하지 않아야 하며 최소 102밀리미터 이상일 것

7. 헤드의 작동온도는 섭씨 74도 이하일 것

8. 헤드의 살수분포에 장애를 주는 장애물이 있는 경우에는 다음 각 목의 어느 하나에 적합할 것

> 가. 천장 또는 천장근처에 있는 장애물과 반사판의 위치는 별도 1 또는 별도 2와 같이 하며, 천장 또는 천장근처에 보ㆍ덕트ㆍ기둥ㆍ난방기구ㆍ조명기구ㆍ전선관 및 배관 등의 그 밖에 장애물이 있는 경우에는 장애물과 헤드 사이의 수평거리에 따른 장애물의 하단과 그 보다 윗부분에 설치되는 헤드 반사판 사이의 수직거리는 별표 1

또는 별도 3에 따를 것

　나. 헤드 아래에 덕트·전선관·난방용배관 등이 설치되어 헤드의 살수를 방해하는 경우에는 별표 1 또는 별도 3에 따를 것. 다만, 2개 이상의 헤드의 살수를 방해하는 경우에는 별표 2를 참고로 한다.

　9. 상부에 설치된 헤드의 방출수에 따라 감열부에 영향을 받을 우려가 있는 헤드에는 방출수를 차단할 수 있는 유효한 차폐판을 설치할 것

제11조(저장물의 간격)

저장물품 사이의 간격은 모든 방향에서 **152밀리미터 이상**의 간격을 유지해야 한다.

제12조(환기구)

화재조기진압용 스프링클러설비의 환기구는 공기의 유동으로 인하여 헤드의 작동온도에 영향을 주지 않는 구조 및 위치에 설치해야 한다.

제13조(송수구)

화재조기진압용 스프링클러설비에는 소방차로부터 그 설비에 송수할 수 있는 송수구를 다음 각 호의 기준에 따라 설치해야 한다.

　1. 송수구는 송수 및 그 밖의 소화작업에 지장을 주지 않도록 설치할 것
　2. 송수구로부터 주배관에 이르는 연결배관에는 개폐밸브를 설치하지 않을 것
　3. 구경 65밀리미터의 쌍구형으로 할 것
　4. 송수구에는 그 가까운 곳의 보기 쉬운 곳에 송수압력범위를 표시한 표지를 할 것
　5. 송수구는 하나의 층의 바닥면이 3,000제곱미터를 넘을 때마다 1개(5개를 넘을 경우에는 5개로 한다) 이상을 설치할 것
　6. 지면으로부터 높이가 0.5미터 이상 1미터 이하의 위치에 설치할 것
　7. 송수구의 가까운 부분에 자동배수밸브(또는 직경 5밀리미터의 배수공) 및 체크밸브를 설치할 것
　8. 송수구에는 이물질을 막기 위한 마개를 씌울 것

제14조(전원)

① 화재조기진압용 스프링클러설비에 설치하는 상용전원회로의 배선은 상용전원의 상시공급에 지장이 없도록 전용배선으로 해야 한다.

② 화재조기진압용 스프링클러설비에는 자가발전설비, 축전지설비 또는 전기저장장치에 따른 비상전원을 설치해야 한다.

③ 제2항에 따른 비상전원 중 **자가발전설비, 축전기설비 또는 전기저장장치**는 다음 각 호의 기준
에 따라 설치해야 한다.

1. 점검에 편리하고 화재 및 침수 등의 재해로 인한 피해를 받을 우려가 없는 곳에 설치할
   것
2. 화재조기진압용 스프링클러설비를 유효하게 20분 이상 작동할 수 있어야 할 것
3. 상용전원으로부터 전력의 공급이 중단된 때에는 자동으로 비상전원으로부터 전력을 공
   급받을 수 있도록 할 것
4. 비상전원(내연기관의 기동 및 제어용 축전기를 제외한다)의 설치장소는 다른 장소와 방
   화구획 할 것
5. 비상전원을 실내에 설치하는 때에는 그 실내에 비상조명등을 설치할 것

제15조(제어반)

① 화재조기진압용 스프링클러설비에는 제어반을 설치하되, 감시제어반과 동력제어반으로 구
   분하여 설치해야 한다.
② 감시제어반은 가압송수장치, 상용전원, 비상전원, 수조, 물올림수조, 예비전원 등을 감시·
   제어 및 시험 할 수 있는 기능을 갖추어야 한다.
③ 감시제어반은 다음 각 호의 기준에 따라 설치해야 한다.

1. 화재 및 침수 등의 재해로 인한 피해를 받을 우려가 없는 곳에 설치할 것
2. 감시제어반은 화재조기진압용 스프링클러설비의 전용으로 할 것
3. 감시제어반은 다음 각 목의 기준에 따른 전용실 안에 설치하고, 전용실에는 특정소방대
   상물의 기계·기구 또는 시설 등의 제어 및 감시설비 외의 것을 두지 않을 것
   가. 다른 부분과 방화구획을 할 것
   나. 피난층 또는 지하 1층에 설치할 것
   다. 비상조명등 및 급·배기설비를 설치할 것
   라. 「무선통신보조설비의 화재안전성능기준(NFPC 505)」 제5조제3항에 따라 유효하
      게 통신이 가능할 것
   마. 바닥면적은 감시제어반의 설치에 필요한 면적 외에 화재 시 소방대원이 그 감시제
      어반의 조작에 필요한 최소면적 이상으로 할 것
4. 각 유수검지장치 또는 일제개방밸브의 작동 여부를 확인할 수 있는 표시 및 경보기능이
   있도록 할 것
5. 화재감지기, 압력스위치, 저수위, 개폐밸브 폐쇄상태 확인 등 확인회로마다 도통시험
   및 작동시험을 할 수 있도록 할 것
6. 감시제어반과 자동화재탐지설비의 수신기를 별도의 장소에 설치하는 경우에는 이들 상
   호간 연동하여 화재발생 및 제2항의 기능을 확인할 수 있도록 할 것

④ 동력제어반은 앞면을 적색으로 하고, 동력제어반의 외함은 두께 1.5밀리미터 이상의 강판 또는 이와 동등 이상의 강도 및 내열성능이 있는 것으로 하며, 그 밖의 동력제어반의 설치에 관하여는 제3항제1호 및 제2호의 기준을 준용할 것

제16조(배선 등)

① 화재조기진압용 스프링클러설비의 배선은 「전기사업법」 제67조에 따른 「전기설비기술기준」에서 정한 것 외에 다음 각 호의 기준에 따라 설치해야 한다.

  1. 비상전원으로부터 동력제어반 및 가압송수장치에 이르는 전원회로배선은 내화배선으로 할 것

  2. 상용전원으로부터 동력제어반에 이르는 배선, 그 밖의 화재조기진압용 스프링클러설비의 감시 · 조작 또는 표시등회로의 배선은 내화배선 또는 내열배선으로 할 것

② 제1항에 따른 내화배선 및 내열배선에 사용되는 전선은 내화전선으로 하고, 설치방법은 적합한 케이블공사의 방법에 따른다.

③ 화재조기진압용 스프링클러설비의 과전류차단기 및 개폐기에는 "화재조기진압용 스프링클러설비용"이라고 표시한 표지를 해야 한다.

④ 화재조기진압용 스프링클러설비용 전기배선의 양단 및 접속단자에는 식별이 용이하도록 표시 또는 표지를 해야 한다.

제17조(설치제외)

제4류 위험물 또는 타이어, 두루마리 종이 및 섬유류, 섬유제품 등 연소 시 화염의 확산 속도가 빠르고 방사된 물이 하부까지에 도달하지 못하는 것에 해당하는 물품의 경우에는 화재조기진압용 스프링클러를 설치해서는 안 된다.

제18조(수원 및 가압송수장치의 펌프 등의 겸용)

① 화재조기진압용 스프링클러설비의 수원을 옥내소화전설비 · 스프링클러설비 · 간이스프링클러설비 · 물분무소화설비 · 포소화설비 및 옥외소화전설비의 수원과 겸용하여 설치하는 경우의 저수량은 각 소화설비에 필요한 저수량을 합한 양 이상이 되도록 해야 한다.

② 화재조기진압용 스프링클러설비의 가압송수장치로 사용하는 펌프를 옥내소화전설비 · 스프링클러설비 · 간이스프링클러설비 · 물분무소화설비 · 포소화설비 및 옥외소화전설비의 가압송수장치와 겸용하여 설치하는 경우의 펌프의 토출량은 각 소화설비에 해당하는 토출량을 합한 양 이상이 되도록 해야 한다.

③ 옥내소화전설비 · 스프링클러설비 · 간이스프링클러설비 · 화재조기진압용 스프링클러설비 · 물분무소화설비 · 포소화설비 및 옥외소화전설비의 가압송수장치에 있어서 각 토출측 배관과 일반급수용의 가압송수장치의 토출측 배관을 상호 연결하여 화재 시 사용할 수 있다.

이 경우 연결 배관에는 개폐표시형 밸브를 설치해야 하며, 각 소화설비의 성능에 지장이 없도록 해야 한다.

④ 화재조기진압용 스프링클러설비의 송수구를 옥내소화전설비 · 스프링클러설비 · 간이스프링클러설비 · 물분무소화설비 · 포소화설비 · 연결송수관설비 또는 연결살수설비의 송수구와 겸용으로 설치하는 경우에는 스프링클러설비의 송수구의 설치기준에 따르되 각각의 소화설비의 기능에 지장이 없도록 해야 한다.

[별표 1]

보 또는 기타 장애물 아래에 헤드가 설치된 경우의 반사판 위치

(제10조제8호관련)

장애물과 헤드 사이의 수평거리	장애물의 하단과 헤드의 반사판 사이의 수직거리	장애물과 헤드 사이의 수평거리	장애물의 하단과 헤드의 반사판 사이의 수직거리
0.3m 미만	0mm	1.1m 이상 ~ 1.2m 미만	300mm
0.3m 이상 ~ 0.5m 미만	40mm	1.2m 이상 ~ 1.4m 미만	380mm
0.5m 이상 ~ 0.7m 미만	75mm	1.4m 이상 ~ 1.5m 미만	460mm
0.7m 이상 ~ 0.8m 미만	140mm	1.5m 이상 ~ 1.7m 미만	560mm
0.8m 이상 ~ 0.9m 미만	200mm	1.7m 이상 ~ 1.8m 미만	660mm
1.0m 이상 ~ 1.1m 미만	250mm	1.8m 이상	790mm

[별표 2]

저장물 위에 장애물이 있는 경우의 헤드설치 기준

(제10조제8호관련)

장애물의 류(폭)		조　　　건
돌출장애물	0.6m 이하	1. 별표 1 또는 별도 2에 적합하거나 2. 장애물의 끝부근에서 헤드 반사판까지의 수평 거리가 0.3m 이하로 설치할 것
	0.6m 초과	별표 1 또는 별도 3에 적합할 것
연속장애물	5cm 이하	1. 별표 1 또는 별도 3에 적합하거나 2. 장애물이 헤드 반사판 아래 0.6m 이하로 설치된 경우는 허용한다.
	5cm 초과~ 0.3m 이하	1. 별표 1 또는 별도 3에 적합하거나 2. 장애물의 끝부근에서 헤드 반사판까지의 수평거리가 0.3m 이하로 설치할 것
	0.3m 초과~ 0.6m 이하	1. 별표 1 또는 별도 3에 적합하거나 2. 장애물이 끝부근에서 헤드 반사판까지의 수평거리가 0.6m 이하로 설치할 것
	0.6m 초과	1. 별표 1 또는 별도 3에 적합하거나 2. 장애물이 평편하고 견고하며 수평적인 경우에는 저장물의 최상단과 헤드반사판의 간격이 0.9m 이하로 설치할 것 3. 장애물이 평편하지 않거나 비연속적인 경우에는 저장물 아래에 평편한 판을 설치한 후 헤드를 설치할 것

[별표 3]

화재조기진압용 스프링클러헤드의 최소방사압력(MPa)

(제5조제1항 관련)

최대층고	최대저장높이	화재조기진압용 스프링클러헤드				
		K = 360 하향식	K = 320 하향식	K = 240 하향식	K= 240 상향식	K = 200 하향식
13.7 m	12.2 m	0.28	0.28	–	–	–
13.7 m	10.7 m	0.28	0.28	–	–	–
12.2 m	10.7 m	0.17	0.28	0.36	0.36	0.52
10.7 m	9.1 m	0.14	0.24	0.36	0.36	0.52
9.1 m	7.6 m	0.10	0.17	0.24	0.24	0.34

[별도 1]

보 또는 기타 장애물 위에 헤드가 설치된 경우의 반사판 위치

(별도 3 또는 별표 1을 함께 사용할 것)

[별도 2]

장애물이 헤드 아래에 연속적으로 설치된 경우의 반사판 위치

(별도 3 또는 별표 1을 함께 사용할 것)

〈화재안전성능기준 원문에는 **330mm 이하**로 되어 있으나 오타임을 감안하여 **355mm 이하**로 수정하였음〉

[별도 3]

장애물 아래에 설치되는 헤드 반사판의 위치

물분무소화설비의 화재안전성능기준(NFPC 104)

[시행 2022. 12. 1.] [소방청고시 제2022-36호, 2022. 11. 25., 전부개정]

제1조(목적)

이 기준은 「소방시설 설치 및 관리에 관한 법률」(이하 "법"이라 한다) 제2조제1항제6호가목에 따라 소방청장에게 위임한 사항 중 소화설비인 물분무등소화설비 중 물분무소화설비의 성능기준을 규정함을 목적으로 한다.

제2조(적용범위)

이 기준은 「소방시설 설치 및 관리에 관한 법률 시행령」(이하 "영"이라 한다) 별표 4 제1호바목에 따른 물분무등소화설비 중 물분무소화설비의 설치 및 관리에 대해 적용한다.

제3조(정의)

이 기준에서 사용하는 용어의 정의는 다음과 같다.

1. "물분무헤드"란 화재 시 직선류 또는 나선류의 물을 충돌·확산시켜 미립상태로 분무함으로써 소화하는 헤드를 말한다.
2. "고가수조"란 구조물 또는 지형지물 등에 설치하여 자연낙차의 압력으로 급수하는 수조를 말한다.
3. "압력수조"란 소화용수와 공기를 채우고 일정압력 이상으로 가압하여 그 압력으로 급수하는 수조를 말한다.
4. "급수배관"이란 수원 또는 송수구 등으로부터 소화설비에 급수하는 배관을 말한다.
5. "분기배관"이란 배관 측면에 구멍을 뚫어 둘 이상의 관로가 생기도록 가공한 배관으로서 다음 각 목의 분기배관을 말한다.
   가. "확관형 분기배관"이란 배관의 측면에 조그만 구멍을 뚫고 소성가공으로 확관시켜 배관 용접이음자리를 만들거나 배관 용접이음자리에 배관이음쇠를 용접 이음한 배관을 말한다.
   나. "비확관형 분기배관"이란 배관의 측면에 분기호칭내경 이상의 구멍을 뚫고 배관이음쇠를 용접 이음한 배관을 말한다.
6. "진공계"란 대기압 이하의 압력을 측정하는 계측기를 말한다.
7. "연성계"란 대기압 이상의 압력과 대기압 이하의 압력을 측정할 수 있는 계측기를 말한다.
8. "기동용수압개폐장치"란 소화설비의 배관 내 압력변동을 검지하여 자동적으로 펌프를 기동 및 정지시키는 것으로서 압력챔버 또는 기동용압력스위치 등을 말한다.

9. "일제개방밸브"란 일제살수식스프링클러설비에 설치되는 유수검지장치를 말한다.

10. "가압수조"란 가압원인 압축공기 또는 불연성 기체의 압력으로 소화용수를 가압하여 그 압력으로 급수하는 수조를 말한다.

제4조(수원)

① 물분무소화설비의 수원은 그 저수량이 다음 각 호의 기준에 적합하도록 해야 한다.

1. 「화재의 예방 및 안전관리에 관한 법률 시행령」 별표 2의 특수가연물을 저장 또는 취급하는 특정소방대상물 또는 그 부분에 있어서 그 바닥면적(최대 방수구역의 바닥면적을 기준으로 하며, 50제곱미터 이하인 경우에는 50제곱미터) 1제곱미터에 대하여 분당 10리터로 20분간 방수할 수 있는 양 이상으로 할 것
2. 차고 또는 주차장은 그 바닥면적(최대 방수구역의 바닥면적을 기준으로 하며, 50제곱미터이하인 경우에는 50제곱미터) 1제곱미터에 대하여 분당 20리터로 20분간 방수할 수 있는 양 이상으로 할 것
3. 절연유 봉입 변압기는 바닥 부분을 제외한 표면적을 합한 면적 1제곱미터에 대하여 분당 10리터로 20분간 방수할 수 있는 양 이상으로 할 것
4. 케이블트레이, 케이블덕트 등은 투영된 바닥면적 1제곱미터에 대하여 분당 12리터로 20분간 방수할 수 있는 양 이상으로 할 것
5. 콘베이어 벨트 등은 벨트 부분의 바닥면적 1제곱미터에 대하여 분당 10리터로 20분간 방수할 수 있는 양 이상으로 할 것

② 물분무소화설비의 수원을 수조로 설치하는 경우에는 소화설비의 전용수조로 해야 한다.

③ 제1항에 따른 저수량을 산정함에 있어서 다른 설비와 겸용하여 물분무소화설비용 수조를 설치하는 경우에는 물분무소화설비의 풋밸브·흡수구 또는 수직배관의 급수구와 다른 설비의 풋밸브·흡수구 또는 수직배관의 급수구와의 사이의 수량을 그 유효수량으로 한다.

④ 물분무소화설비용 수조는 다음 각 호의 기준에 따라 설치해야 한다.
1. 점검에 편리한 곳에 설치할 것
2. 동결방지조치를 하거나 동결의 우려가 없는 장소에 설치할 것
3. 수조에는 수위계, 고정식 사다리, 청소용 배수밸브(또는 배수관), 표지 및 실내 조명 등 수조의 유지관리에 필요한 설비를 설치할 것

제5조(가압송수장치)

① 전동기 또는 내연기관에 따른 펌프를 이용하는 가압송수장치는 다음 각 호의 기준에 따라 설

치해야 한다.

1. 쉽게 접근할 수 있고 점검하기에 충분한 공간이 있는 장소로서 화재 및 침수 등의 재해로 인한 피해를 받을 우려가 없는 곳에 설치할 것
2. 펌프의 1분당 토출량은 제4조제1항 각 호에 따른 바닥면적 또는 표면적에 단위 면적당 방수량을 곱한 양 이상이 되도록 할 것
3. 펌프의 양정은 물분무헤드의 설계압력 환산수두와 배관의 마찰손실 수두를 합한 수치 이상이 되도록 할 것
4. 동결방지조치를 하거나 동결의 우려가 없는 장소에 설치할 것
5. 펌프는 전용으로 할 것
6. 펌프의 토출측에는 압력계를 설치하고, 흡입측에는 연성계 또는 진공계를 설치할 것
7. 펌프의 성능은 체절운전 시 정격토출압력의 140퍼센트를 초과하지 않고, 정격토출량의 150퍼센트로 운전 시 정격토출압력의 65퍼센트 이상이 되어야 하며, 펌프의 성능을 시험할 수 있는 성능시험배관을 설치할 것
8. 가압송수장치에는 체절운전 시 수온의 상승을 방지하기 위한 순환배관을 설치할 것
9. 기동장치로는 기동용수압개폐장치 또는 이와 동등 이상의 성능이 있는 것으로 설치할 것
10. 수원의 수위가 펌프보다 낮은 위치에 있는 가압송수장치에는 물올림장치를 설치할 것
11. 기동용수압개폐장치를 기동장치로 사용하는 경우에는 충압펌프를 설치할 것
12. 내연기관을 사용하는 경우에는 제어반에 따라 내연기관의 자동기동 및 수동기동이 가능하고, 상시 충전되어 있는 축전지설비와 펌프를 20분 이상 운전할 수 있는 용량의 연료를 갖출 것
13. 가압송수장치가 기동되는 경우에는 자동으로 정지되지 않도록 할 것
14. 가압송수장치는 부식 등으로 인한 펌프의 고착을 방지할 수 있도록 청동 또는 스테인리스 등 부식에 강한 재질을 사용할 것

② 고가수조의 자연낙차를 이용한 가압송수장치를 설치하는 경우 고가수조의 자연낙차수두(수조의 하단으로부터 최고층에 설치된 헤드까지의 수직거리를 말한다)는 물분무헤드의 설계압력 환산수두와 배관의 마찰손실 수두를 고려하여, 제1항제2호에 따른 단위 면적당 방수량이 20분 이상 유지되도록 해야 한다.
③ 압력수조를 이용한 가압송수장치를 설치하는 경우 압력수조의 압력은 물분무헤드의 설계압력과 배관의 마찰손실 수두압 및 낙차의 환산수두압을 고려하여, 제1항제2호에 따른 단위 면적당 방수량이 20분 이상 유지되도록 해야 한다.
④ 가압수조를 이용한 가압송수장치는 소방청장이 정하여 고시한 「가압수조식가압송수장치의 성능인증 및 제품검사의 기술기준」에 적합한 것으로 설치하되고, 가압수조의 압력은 제1항

제2호에 따른 단위 면적당 방수량이 20분 이상 유지되도록 할 것 해야 한다.

제6조(배관 등)

① 배관은 배관용 탄소 강관(KS D 3507) 또는 배관 내 사용압력이 1.2메가파스칼 이상일 경우에는 압력 배관용 탄소 강관(KS D 3562)이나 이와 동등 이상의 강도 · 내식성 및 내열성을 국내 · 외 공인기관으로부터 인정받은 것을 사용해야 한다.

② 제1항에도 불구하고 화재 등의 재해로 인하여 배관의 성능에 영향을 받을 우려가 적은 장소에는 소방청장이 정하여 고시한 「소방용합성수지배관의 성능인증 및 제품검사의 기술기준」에 적합한 소방용 합성수지배관으로 설치할 수 있다.

③ 급수배관은 전용으로 해야 한다.

④ 펌프의 흡입측배관은 다음 각 호의 기준에 따라 설치해야 한다.
　1. 공기고임이 생기지 않는 구조로 하고 여과장치를 설치할 것
　2. 수조가 펌프보다 낮게 설치된 경우에는 각 펌프(충압펌프를 포함한다)마다 수조로부터 별도로 설치할 것

⑤ 연결송수관설비의 배관과 겸용할 경우의 주배관은 구경 100밀리미터 이상, 방수구로 연결되는 배관의 구경은 65밀리미터 이상의 것으로 해야 한다.

⑥ 성능시험배관에 설치하는 유량측정장치는 성능시험배관의 직관부에 설치하되, 펌프 정격토출량의 175퍼센트 이상을 측정할 수 있는 것으로 해야 한다.

⑦ 가압송수장치의 체절운전 시 수온의 상승을 방지하기 위하여 체크밸브와 펌프사이에서 분기한 배관에 체절압력 미만에서 개방되는 릴리프밸브를 설치해야 한다.

⑧ 동결방지조치를 하거나 동결의 우려가 없는 장소에 설치해야 한다. 다만, 보온재를 사용할 경우에는 난연재료 성능 이상의 것으로 해야 한다.

⑨ 급수배관에 설치되어 급수를 차단할 수 있는 개폐밸브는 개폐표시형으로 해야 한다. 이 경우 펌프의 흡입측배관에는 버터플라이밸브 외의 개폐표시형밸브를 설치해야 한다.

⑩ 제9항에 따른 급수배관에 설치되어 급수를 차단할 수 있는 개폐밸브에는 그 밸브의 개폐상태를 감시제어반에서 확인할 수 있도록 급수개폐밸브 작동표시 스위치를 설치해야 한다.

⑪ 배관은 다른 설비의 배관과 쉽게 구분이 될 수 있도록 해야 한다.

⑫ 확관형 분기배관을 사용할 경우에는 소방청장이 정하여 고시한 「분기배관의 성능인증 및 제품검사의 기술기준」에 적합한 것으로 설치해야 한다.

제7조(송수구)

물분무소화설비에는 소방차로부터 그 설비에 송수할 수 있는 송수구를 다음 각 호의 기준에 따라 설치해야 한다.

1. 송수구는 송수 및 그 밖의 소화작업에 지장을 주지 않도록 설치할 것
2. 송수구로부터 주배관에 이르는 연결배관에는 개폐밸브를 설치하지 않을 것
3. 구경 65밀리미터의 쌍구형으로 할 것
4. 송수구에는 그 가까운 곳의 보기 쉬운 곳에 송수압력범위를 표시한 표지를 할 것
5. 송수구는 하나의 층의 바닥면적이 3,000제곱미터를 넘을 때마다 1개 이상(5개를 넘을 경우에는 5개로 한다)을 설치할 것
6. 지면으로부터 높이가 0.5미터 이상 1미터 이하의 위치에 설치할 것
7. 송수구의 가까운 부분에 자동배수밸브(또는 직경 5밀리미터의 배수공) 및 체크밸브를 설치할 것
8. 송수구에는 이물질을 막기 위한 마개를 씌울 것

제8조(기동장치)

① 물분무소화설비의 수동식기동장치는 직접 조작 또는 원격조작에 따라 각각의 가압송수장치 및 수동식 개방밸브 또는 가압송수장치 및 자동개방밸브를 개방할 수 있도록 설치해야 한다.

② 자동식 기동장치는 화재감지기의 작동 또는 폐쇄형스프링클러헤드의 개방과 연동하여 경보를 발하고, 가압송수장치 및 자동개방밸브를 기동할 수 있는 것으로 해야 한다.

제9조(제어밸브 등)

① 물분무소화설비의 제어밸브 기타 밸브는 다음 각 호의 기준에 따라 설치해야 한다.
  1. 제어밸브는 바닥으로부터 0.8미터 이상 1.5미터 이하의 위치에 설치할 것
  2. 제어밸브의 가까운 곳의 보기 쉬운 곳에 "제어밸브"라고 표시한 표지를 할 것
② 자동 개방밸브 및 수동식 개방밸브는 화재 시 용이하게 접근할 수 있는 곳에 설치하고, 2차 측 배관 부분에는 해당 방수구역 외에 밸브의 작동을 시험할 수 있는 장치를 설치해야 한다.

제10조(물분무헤드)

① 물분무헤드는 표준방사량으로 해당 방호대상물의 화재를 유효하게 소화하는데 필요한 수를 적정한 위치에 설치해야 한다.
② 고압의 전기기기가 있는 장소는 전기의 절연을 위하여 전기기기와 물분무헤드 사이에 전기기기의 전압(kV)에 따라 안전이격거리를 두어야 한다.

제11조(배수설비)

물분무소화설비를 설치하는 차고 또는 주차장에는 배수구, 기름분리장치 등 배수설비를 해야 한다.

제12조(전원)

① 물분무소화설비에 설치하는 상용전원회로의 배선은 전용배선으로 하고, 상용전원의 상시공급에 지장이 없도록 설치해야 한다.

② 물분무소화설비에는 자가발전설비, 축전지설비 또는 전기저장장치에 따른 비상전원을 다음 각 호의 기준에 따라 설치해야 한다.

1. 점검에 편리하고 화재 및 침수 등의 재해로 인한 피해를 받을 우려가 없는 곳에 설치할 것

2. 물분무소화설비를 유효하게 20분 이상 작동할 수 있도록 할 것

3. 상용전원으로부터 전력의 공급이 중단된 때에는 자동으로 비상전원으로부터 전력을 공급받을 수 있도록 할 것

4. 비상전원(내연기관의 기동 및 제어용 축전기를 제외한다)의 설치장소는 다른 장소와 방화구획 할 것

5. 비상전원을 실내에 설치하는 때에는 그 실내에 비상조명등을 설치할 것

제13조(제어반)

① 물분무소화설비에는 제어반을 설치하되, 감시제어반과 동력제어반으로 구분하여 설치해야 한다.

② 감시제어반은 가압송수장치, 상용전원, 비상전원, 수조, 물올림수조, 예비전원 등을 감시·제어 및 시험할 수 있는 기능을 갖추어야 한다.

③ 감시제어반은 다음 각 호의 기준에 따라 설치해야 한다.

1. 화재 및 침수 등의 재해로 인한 피해를 받을 우려가 없는 곳에 설치할 것

2. 감시제어반은 물분무소화설비의 전용으로 할 것

3. 감시제어반은 다음 각 목의 기준에 따른 전용실 안에 설치하고, 전용실에는 특정소방대상물의 기계·기구 또는 시설 등의 제어 및 감시설비 외의 것을 두지 않을 것

    가. 다른 부분과 방화구획을 할 것

    나. 피난층 또는 지하 1층에 설치할 것

    다. 비상조명등 및 급·배기설비를 설치할 것

    라. 「무선통신보조설비의 화재안전성능기준(NFPC 505)」 제5조제3항에 따라 유효하게 통신이 가능할 것

마. 바닥면적은 감시제어반의 설치에 필요한 면적 외에 화재 시 소방대원이 그 감시제 어반의 조작에 필요한 최소면적 이상으로 할 것

④ 동력제어반은 앞면을 적색으로 하고, 외함은 두께 1.5밀리미터 이상의 강판 또는 이와 동등 이상의 강도 및 내열성능이 있는 것으로 하며, 그 밖의 동력제어반의 설치에 관하여는 제3항 제1호 및 제2호의 기준을 준용할 것

제14조(배선 등)

① 물분무소화설비의 배선은 「전기사업법」제67조에 따른 「전기설비기술기준」에서 정한 것 외 에 다음 각 호의 기준에 따라 설치해야 한다.

> 1. 비상전원으로부터 동력제어반 및 가압송수장치에 이르는 전원회로배선은 내화배선으 로 할 것
> 2. 상용전원으로부터 동력제어반에 이르는 배선, 그 밖의 물분무소화설비의 감시 · 조작 또는 표시등회로의 배선은 내화배선 또는 내열배선으로 할 것

② 제1항에 따른 내화배선 및 내열배선은 「옥내소화전설비의 화재안전성능기준(NFPC 102)」 제10조제2항에 따른다.

③ 물분무소화설비의 과전류차단기 및 개폐기에는 "물분무소화설비용"이라고 표시한 표지를 해야 한다.

④ 물분무소화설비용 전기배선의 양단 및 접속단자에는 식별이 용이하도록 표시 또는 표지를 해야 한다.

제15조(물분무헤드의 설치제외)

물에 심하게 반응하는 물질, 고온의 물질 또는 직접 분무를 하는 경우 그 부분에 손상을 입힐 우려가 있는 기계장치 등이 있는 장소에는 물분무헤드를 설치하지 않을 수 있다.

제16조(수원 및 가압송수장치의 펌프 등의 겸용)

① 물분무소화설비의 수원을 옥내소화전설비 · 스프링클러설비 · 간이스프링클러설비 · 화재 조기진압용 스프링클러설비 · 포소화전설비 및 옥외소화전설비의 수원과 겸용하여 설치하 는 경우의 저수량은 각 소화설비에 필요한 저수량을 합한 양 이상이 되도록 해야 한다.

② 물분무소화설비의 가압송수장치로 사용하는 펌프를 옥내소화전설비 · 스프링클러설비 · 간 이스프링클러설비 · 화재조기진압용 스프링클러설비 · 포소화설비 및 옥외소화전설비의 가 압송수장치와 겸용하여 설치하는 경우의 펌프의 토출량은 각 소화설비에 해당하는 토출량 을 합한 양 이상이 되도록 해야 한다.

③ 옥내소화전설비 · 스프링클러설비 · 간이스프링클러설비 · 화재조기진압용 스프링클러설비 · 물분무소화설비 · 포소화설비 및 옥외소화전설비의 가압송수장치에 있어서 각 토출측 배관과 일반급수용의 가압송수장치의 토출측 배관을 상호 연결하여 화재 시 사용할 수 있다. 이 경우 연결 배관에는 개 · 폐표시형밸브를 설치해야 하며, 각 소화설비의 성능에 지장이 없도록 해야 한다.

④ 물분무소화설비의 송수구를 옥내소화전설비 · 스프링클러설비 · 간이스프링클러설비 · 화재조기진압용 스프링클러설비 · 포소화설비 · 연결송수관설비 또는 연결살수설비의 송수구와 겸용으로 설치하는 경우에는 스프링클러설비의 송수구의 설치기준에 따르되 각각의 소화설비의 기능에 지장이 없도록 해야 한다.

미분무소화설비의 화재안전성능기준(NFPC 104A)

[시행 2023. 2. 10.] [소방청고시 제2023-7호, 2023. 2. 10., 타법개정]

제1조(목적)

이 기준은 「소방시설 설치 및 관리에 관한 법률」(이하 "법"이라 한다) 제2조제1항제6호가목에 따라 소방청장에게 위임한 사항 중 소화설비인 물분무등소화설비 중 미분무소화설비의 성능기준을 규정함을 목적으로 한다.

제2조(적용범위)

이 기준은 「소방시설 설치 및 관리에 관한 법률 시행령」(이하 "영"이라 한다) 별표 4 제1호바목에 따른 물분무등소화설비 중 미분무소화설비의 설치 및 관리에 대해 적용한다.

제3조(정의)

이 기준에서 사용하는 용어의 정의는 다음과 같다.

1. "미분무소화설비"란 가압된 물이 헤드 통과 후 미세한 입자로 분무됨으로써 소화성능을 가지는 설비를 말하며, 소화력을 증가시키기 위해 강화액 등을 첨가할 수 있다.
2. "미분무"란 물만을 사용하여 소화하는 방식으로 최소설계압력에서 헤드로부터 방출되는 물입자 중 99퍼센트의 누적체적분포가 400마이크로미터 이하로 분무되고 A, B, C급 화재에 적응성을 갖는 것을 말한다.
3. "미분무헤드"란 하나 이상의 오리피스를 가지고 미분무소화설비에 사용되는 헤드를 말한다.
4. "개방형 미분무헤드"란 감열체 없이 방수구가 항상 열려져 있는 헤드를 말한다.
5. "폐쇄형 미분무헤드"란 정상상태에서 방수구를 막고 있는 감열체가 일정온도에서 자동적으로 파괴·용융 또는 이탈됨으로써 방수구가 개방되는 헤드를 말한다.
6. "저압 미분무소화설비"란 최고사용압력이 1.2메가파스칼 이하인 미분무소화설비를 말한다.
7. "중압 미분무소화설비"란 사용압력이 1.2메가파스칼을 초과하고 3.5메가파스칼 이하인 미분무소화설비를 말한다.
8. "고압 미분무소화설비"란 최저사용압력이 3.5메가파스칼을 초과하는 미분무소화설비를 말한다.

9. "폐쇄형 미분무소화설비"란 배관 내에 항상 물 또는 공기 등이 가압되어 있다가 화재로 인한 열로 폐쇄형 미분무헤드가 개방되면서 소화수를 방출하는 방식의 미분무소화설비를 말한다.

10. "개방형 미분무소화설비"란 화재감지기의 신호를 받아 가압송수장치를 동작시켜 미분무수를 방출하는 방식의 미분무소화설비를 말한다.

11. "유수검지장치(패들형을 포함한다)"란 유수현상을 자동적으로 검지하여 신호 또는 경보를 발하는 장치를 말한다.

12. "전역방출방식"이란 소화약제 공급장치에 배관 및 분사헤드 등을 고정 설치하여 밀폐 방호구역 내에 소화약제를 방출하는 방식을 말한다.

13. "국소방출방식"이란 소화약제 공급장치에 배관 및 분사헤드를 등을 설치하여 직접 화점에 소화약제를 방출하는 방식을 말한다.

14. "호스릴방식"이란 소화수 또는 소화약제 저장용기 등에 연결된 호스릴을 이용하여 사람이 직접 화점에 소화수 또는 소화약제를 방출하는 방식을 말한다.

15. "교차회로방식"이란 하나의 방호구역 내에 둘 이상의 화재감지기회로를 설치하고 인접한 둘 이상의 화재감지기에 화재가 감지되는 때에 소화설비가 작동하는 방식을 말한다.

16. "가압수조"란 가압원인 압축공기 또는 불연성 기체의 압력으로 소화용수를 가압하여 그 압력으로 급수하는 수조를 말한다.

17. "개폐표시형밸브"란 밸브의 개폐여부를 외부에서 식별이 가능한 밸브를 말한다.

18. "연소할 우려가 있는 개구부"란 각 방화구획을 관통하는 컨베이어 · 에스컬레이터 또는 이와 유사한 시설의 주위로서 방화구획을 할 수 없는 부분을 말한다.

19. "설계도서"란 점화원, 연료의 특성과 형태 등에 따라서 건축물에서 발생할 수 있는 화재의 유형이 고려되어 작성된 것을 말한다.

20. "호스릴"이란 원형의 소방호스를 원형의 수납장치에 감아 정리한 것을 말한다.

제4조(수원)

① 미분무소화설비의 성능을 확인하기 위하여 하나의 발화원을 가정한 설계도서는 화재 시 건축물에서 발생 가능한 상황을 고려하여 작성되어야 하며, 설계도서는 일반설계도서와 특별설계도서로 구분한다.

② 일반설계도서는 유사한 특정소방대상물의 화재사례 등을 이용하여 작성하고, 특별설계도서는 일반설계도서에서 발화 장소 등을 변경하여 위험도를 높게 만들어 작성해야 한다.

③ 제1항 및 제2항에도 불구하고 검증된 기준에서 정하고 있는 것을 사용할 경우에는 적합한 도서로 인정할 수 있다.

제5조(설계도서의 검증)

① 소방관서에 허가동의를 받기 전에 법 제46조제1항에 따라 성능시험기관으로 지정받은 기관에서 그 성능을 검증받아야 한다.

② 설계도서의 변경이 필요한 경우 제1항에 따른 기관에서 재검증을 받아야 한다.

제6조(수원)

① 미분무소화설비에 사용되는 소화용수는 「먹는물관리법」 제5조에 적합하고, 저수조 등에 충수할 경우 필터 또는 스트레이너를 통해야 하며, 사용되는 물에는 입자ㆍ용해고체 또는 염분이 없어야 한다.

② 배관의 연결부(용접부 제외) 또는 주배관의 유입측에는 필터 또는 스트레이너를 설치해야 하고, 사용되는 스트레이너에는 청소구가 있어야 하며, 검사ㆍ유지관리 및 보수 시에 배치 위치를 변경하지 않아야 한다.

③ 사용되는 필터 또는 스트레이너의 메쉬는 헤드 오리피스 지름의 80퍼센트 이하가 되어야 한다.

④ 수원의 양은 방호구역(방수구역) 내 헤드의 개수, 설계유량, 설계방수시간, 안전율 및 배관의 총체적을 고려하여 계산한 양 이상으로 해야 한다.

⑤ 첨가제의 양은 설계방수시간 내에 충분히 사용될 수 있는 양 이상으로 산정한다. 이 경우 첨가제가 소화약제인 경우 소방청장이 정하여 고시한 「소화약제의 형식승인 및 제품검사의 기술기준」에 적합한 것으로 사용해야 한다.

제7조(수조)

① 수조의 재료는 냉긴 압연 스테인리스 강판 및 강대(KS D 3698)의 STS304 또는 이와 동등 이상의 강도ㆍ내식성ㆍ내열성이 있는 것으로 해야 한다.

② 수조를 용접할 경우 용접찌꺼기 등이 남아 있지 아니해야 하며, 부식의 우려가 없는 용접방식으로 해야 한다.

③ 미분무소화설비용 수조는 다음 각 호의 기준에 따라 설치해야 한다.
   1. 전용으로 하며 점검에 편리한 곳에 설치할 것
   2. 동결방지조치를 하거나 동결의 우려가 없는 장소에 설치할 것
   3. 수조에는 수위계, 고정식 사다리, 청소용 배수밸브(또는 배수관), 표지 및 실내 조명 등 수조의 유지관리에 필요한 설비를 설치할 것

제8조(가압송수장치)

① 전동기 또는 내연기관에 따른 펌프를 이용하는 가압송수장치는 다음 각 호의 기준에 따라 설치해야 한다.

> 1. 쉽게 접근할 수 있고 점검하기에 충분한 공간이 있는 장소로서 화재 및 침수 등의 재해로 인한 피해를 받을 우려가 없는 곳에 설치할 것
> 2. 동결방지조치를 하거나 동결의 우려가 없는 장소에 설치할 것
> 3. 펌프는 전용으로 할 것
> 4. 펌프의 토출 측에는 압력계를 설치할 것
> 5. 펌프의 성능은 체절운전 시 정격토출압력의 140퍼센트를 초과하지 않고, 정격토출량의 150퍼센트로 운전 시 정격토출압력의 65퍼센트 이상이 되어야 하며, 펌프의 성능을 시험할 수 있는 성능시험배관을 설치할 것
> 6. 가압송수장치의 송수량은 최저설계압력에서 설계유량(L/min) 이상의 방수성능을 가진 기준개수의 모든 헤드로부터의 방수량을 충족시킬 수 있는 양 이상의 것으로 할 것
> 7. 내연기관을 사용하는 경우에는 제어반에 따라 내연기관의 자동기동 및 수동기동이 가능하고, 상시 충전되어 있는 축전지설비와 운전에 필요한 충분한 연료량을 갖출 것
> 8. 가압송수장치가 기동되는 경우에는 자동으로 정지되지 아니하도록 할 것
> 9. 가압송수장치는 부식 등으로 인한 펌프의 고착을 방지할 수 있도록 청동 또는 스테인리스 등 부식에 강한 재질을 사용할 것

② 압력수조를 이용하는 가압송수장치는 다음 각 호의 기준에 따라 설치해야 한다.

1. 압력수조는 배관용 스테인리스 강관(KS D 3676) 또는 이와 동등이상의 강도 · 내식성, 내열성을 갖는 재료를 사용할 것
2. 용접한 압력수조를 사용할 경우 용접찌꺼기 등이 남아 있지 않아야 하며, 부식의 우려가 없는 용접방식으로 해야 한다.
3. 쉽게 접근할 수 있고 점검하기에 충분한 공간이 있는 장소로서 화재 및 침수 등의 재해로 인한 피해를 받을 우려가 없는 곳에 설치할 것
4. 동결방지조치를 하거나 동결의 우려가 없는 장소에 설치할 것
5. 압력수조는 전용으로 할 것
6. 압력수조에는 수위계 · 급수관 · 배수관 · 급기관 · 맨홀 · 압력계 · 안전장치 및 압력저하방지를 위한 자동식 공기압축기를 설치할 것
7. 압력수조의 토출 측에는 사용압력의 1.5배 범위를 초과하는 압력계를 설치해야 한다.
8. 작동장치의 구조 및 기능은 다음 각 목의 기준에 적합해야 한다.
   가. 화재감지기의 신호에 의하여 자동적으로 밸브를 개방하고 소화수를 배관으로 송출

할 것

　나. 수동으로 작동할 수 있게 하는 장치를 설치할 경우에는 부주의로 인한 작동을 방지하기 위한 보호 장치를 강구할 것

③ 가압수조를 이용하는 가압송수장치는 다음 각 호의 기준에 따라 설치해야 한다.

　1. 가압수조의 압력은 설계 방수량 및 방수압이 설계방수시간 이상 유지되도록 할 것

　2. 가압수조 및 가압원은 「건축법 시행령」 제46조에 따른 방화구획 된 장소에 설치 할 것

　3. 가압수조를 이용한 가압송수장치는 소방청장이 정하여 고시한 「가압수조식 가압송수장치의 성능인증 및 제품검사의 기술기준」에 적합한 것으로 설치할 것

　4. 가압수조는 전용으로 설치할 것

제9조(폐쇄형 미분무소화설비의 방호구역)

폐쇄형 미분무헤드를 사용하는 설비의 방호구역(미분무소화설비의 소화범위에 포함된 영역을 말한다. 이하 같다)은 다음 각 호의 기준에 적합해야 한다.

　1. 하나의 방호구역의 바닥면적은 펌프용량, 배관의 구경 등을 수리학적으로 계산한 결과 헤드의 방수압 및 방수량이 방호구역 범위 내에서 소화목적을 달성할 수 있도록 산정할 것

　2. 하나의 방호구역은 두 개 층에 미치지 않도록 할 것

제10조(개방형 미분무소화설비의 방수구역)

개방형 미분무소화설비의 방수구역은 다음 각 호의 기준에 적합해야 한다.

　1. 하나의 방수구역은 두 개 층에 미치지 않도록 할 것

　2. 하나의 방수구역을 담당하는 헤드의 개수는 최대 설계개수 이하로 할 것. 다만, 둘 이상의 방수구역으로 나눌 경우에는 하나의 방수구역을 담당하는 헤드의 개수는 최대설계개수의 2분의 1 이상으로 할 것

　3. 터널, 지하가 등에 설치할 경우 동시에 방수되어야 하는 방수구역은 화재가 발생된 방수구역 및 접한 방수구역으로 할 것

제11조(배관)

① 설비에 사용되는 구성요소는 STS304 이상의 재료를 사용해야 한다.

② 배관과 배관이음쇠는 배관용 스테인리스 강관(KS D 3576)이나 이와 동등 이상의 강도·내식성 및 내열성을 가진 것으로 해야 하고, 용접할 경우 용접찌꺼기 등이 남아 있지 아니해야 하며, 부식의 우려가 없는 용접방식으로 해야 한다.

③ 급수배관은 전용으로 해야 한다.

④ 성능시험배관에 설치하는 유량측정장치는 성능시험배관의 직관부에 설치하되, 펌프 정격토출량의 175퍼센트 이상을 측정할 수 있는 것으로 해야 한다.

⑤ 동결방지조치를 하거나 동결의 우려가 없는 장소에 설치해야 한다. 다만, 보온재를 사용할 경우에는 난연재료 성능 이상의 것으로 해야 한다.

⑥ 교차배관의 위치·청소구 및 가지배관의 헤드설치는 다음 각 호의 기준에 따른다.

　　1. 교차배관은 가지배관과 수평으로 설치하거나 가지배관 밑에 설치할 것

　　2. 청소구는 교차배관 끝에 개폐밸브를 설치하고, 호스접결이 가능한 나사식 또는 고정배수 배관식으로 할 것

⑦ 미분무설비에는 그 성능을 확인하기 위한 시험장치를 설치해야 한다.

⑧ 배관에 설치되는 행거는 가지배관, 교차배관 및 수평주행배관에 설치하고, 배관을 충분히 지지할 수 있도록 설치해야 한다.

⑨ 수직배수배관의 구경은 50밀리미터 이상으로 해야 한다.

⑩ 주차장의 미분무소화설비를 습식으로 하는 경우에는 동결의 우려가 없는 장소에 설치하거나 동결방지조치를 해야 한다.

⑪ 급수배관에 설치되어 급수를 차단할 수 있는 개폐밸브에는 그 밸브의 개폐상태를 감시제어반에서 확인할 수 있도록 급수개폐밸브 작동표시 스위치를 설치해야 한다.

⑫ 미분무설비의 배관은 배수를 위한 기울기를 주거나 배수밸브를 설치하는 등 원활한 배수를 위한 조치를 해야 한다.

⑬ 배관은 다른 설비의 배관과 쉽게 구분이 될 수 있도록 해야 한다.

⑭ 호스릴방식은 방호대상물의 각 부분으로부터 하나의 호스 접결구까지의 수평거리는 방호대상물의 소화에 적합한 거리 이하가 되도록 하고, 함 및 방수구 등 그 밖의 사항은 「옥내소화전설비의 화재안전성능기준(NFPC 102)」 제7조에 적합해야 한다.

제12조(음향장치 및 기동장치)

① 미분무소화설비의 음향장치 및 기동장치는 다음 각 호의 기준에 따라 설치해야 한다.

　　1. 폐쇄형 미분무헤드가 개방되면 화재신호를 발신하고 그에 따라 음향장치가 경보되도록 할 것

　　2. 개방형 미분무설비는 화재감지기의 감지에 따라 음향장치가 경보되도록 할 것

　　3. 음향장치는 방호구역 또는 방수구역마다 설치하되 그 구역의 각 부분으로부터 하나의 음향장치까지의 수평거리는 25미터 이하가 되도록 할 것

　　4. 음향장치는 경종 또는 사이렌으로 하되, 주위의 소음 및 다른 용도의 경보와 구별이 가능한 음색으로 할 것

　　5. 주음향장치는 수신기의 내부 또는 그 직근에 설치할 것

6. 층수가 11층(공동주택의 경우에는 16층) 이상의 소방대상물 또는 그 부분에 있어서는 발화층에 따라 경보하는 층을 달리하여 경보를 발할 수 있도록 할 것

7. 음향장치는 다음 각 목의 기준에 따른 구조 및 성능의 것으로 할 것
   가. 정격전압의 80퍼센트 전압에서 음향을 발할 수 있는 것으로 할 것
   나. 음량은 부착된 음향장치의 중심으로부터 1미터 떨어진 위치에서 90데시벨 이상이 되는 것으로 할 것

8. 화재감지기 회로에는 다음 각 목의 기준에 따른 발신기를 설치할 것. 다만, 자동화재탐지설비의 발신기가 설치된 경우에는 그러하지 아니하다.
   가. 조작이 쉬운 장소에 설치하고, 스위치는 바닥으로부터 0.8미터 이상 1.5미터 이하의 높이에 설치할 것
   나. 소방대상물의 층마다 설치하되, 당해 소방대상물의 각 부분으로부터 하나의 발신기까지의 수평거리가 25미터 이하가 되도록 할 것. 다만, 복도 또는 별도로 구획된 실로서 보행거리가 40미터 이상일 경우에는 추가로 설치해야 한다.
   다. 발신기의 위치를 표시하는 표시등은 함의 상부에 설치하되, 그 불빛은 부착면으로부터 15도 이상의 범위안에서 부착지점으로부터 10미터 이내의 어느 곳에서도 쉽게 식별할 수 있는 적색등으로 할 것

제13조(헤드)

① 미분무헤드는 소방대상물의 천장 · 반자 · 천장과 반자 사이 · 덕트 · 선반 기타 이와 유사한 부분에 설계자의 의도에 적합하도록 설치해야 한다.

② 하나의 헤드까지의 수평거리 산정은 설계자가 제시해야 한다.

③ 미분무소화설비에 사용되는 헤드는 조기반응형 헤드를 설치해야 한다.

④ 폐쇄형 미분무헤드는 그 설치장소의 평상시 최고주위온도에 따라 적합한 표시온도의 것으로 설치해야 한다.

⑤ 미분무 헤드는 배관, 행거 등으로부터 살수가 방해되지 아니하도록 설치해야 한다.

⑥ 미분무 헤드는 설계도면과 동일하게 설치해야 한다.

⑦ 미분무 헤드는 '한국소방산업기술원' 또는 법 제46조제1항의 규정에 따라 성능시험기관으로 지정받은 기관에서 검증받아야 한다.

제14조(전원)

미분무소화설비의 전원은 「스프링클러설비의 화재안전성능기준(NFPC 103)」 제12조를 준용한다.

제15조(제어반)

① 미분무소화설비에는 제어반을 설치하되, 감시제어반과 동력제어반으로 구분하여 설치해야한다.

② 감시제어반은 가압송수장치, 상용전원, 비상전원, 수조, 예비전원 등을 감시 · 제어 및 시험할 수 있는 기능을 갖추어야 한다.

③ 감시제어반은 다음 각 호의 기준에 따라 설치해야 한다.

　1. 화재 및 침수 등의 재해로 인한 피해를 받을 우려가 없는 곳에 설치할 것

　2. 감시제어반은 미분무 소화설비의 전용으로 할 것

　3. 감시제어반은 다음 각 목의 기준에 따른 전용실안에 설치하고, 전용실에는 특정소방대상물의 기계 · 기구 또는 시설 등의 제어 및 감시설비 외의 것을 두지 않을 것

　　가. 다른 부분과 방화구획을 할 것

　　나. 피난층 또는 지하 1층에 설치할 것

　　다. 「무선통신보조설비의 화재안전성능기준(NFPC 505)」 제5조제3항에 따라 유효하게 통신이 가능할 것

　　라. 바닥면적은 감시제어반의 설치에 필요한 면적 외에 화재시 소방대원이 그 감시제어반의 조작에 필요한 최소면적 이상으로 할 것

　4. 화재감지기, 저수위, 개폐밸브 폐쇄상태 확인 등 확인회로마다 도통시험 및 작동시험을할 수 있도록 할 것

　5. 감시제어반과 자동화재탐지설비의 수신기를 별도의 장소에 설치하는 경우에는 이들 상호간에 동시 통화가 가능하도록 할 것

④ 동력제어반은 앞면을 적색으로 하고, 동력제어반의 외함은 두께 1.5밀리미터 이상의 강판또는 이와 동등 이상의 강도 및 내열성능이 있는 것으로 하며, 그 밖의 동력제어반의 설치에관하여는 제3항제1호 및 제2호의 기준을 따라야 한다.

⑤ 자가발전설비 제어반은 「스프링클러설비의 화재안전성능기준(NFPC 103)」 제13조를 준용한다.

제16조(배선 등)

① 미분무소화설비의 배선은 「전기사업법」 제67조에 따른 「전기설비기술기준」에서 정한 것 외에 다음 각 호의 기준에 따라 설치해야 한다.

　1. 비상전원으로부터 동력제어반 및 가압송수장치에 이르는 전원회로배선은 내화배선으로 할 것

　2. 상용전원으로부터 동력제어반에 이르는 배선, 그 밖의 미분무소화설비의 감시 · 조작또는 표시등회로의 배선은 내화배선 또는 내열배선으로 할 것

② 제1항에 따른 내화배선 및 내열배선은 「옥내소화전설비의 화재안전성능기준(NFPC 102)」 제10조제2항에 따른다.

③ 미분무소화설비의 과전류차단기 및 개폐기에는 "미분무소화설비용"이라고 표시한 표지를 해야 한다.

④ 미분무소화설비용 전기배선의 양단 및 접속단자에는 식별이 용이하도록 표시 또는 표지를 해야 한다.

제17조(청소ㆍ시험ㆍ유지 및 관리 등)

① 미분무소화설비의 청소ㆍ유지 및 관리 등은 건축물의 모든 부분을 완성한 시점부터 최소 연 1회 이상 실시하여 그 성능 등을 확인해야 한다.

② 미분무소화설비의 배관 등의 청소는 배관의 수리계산 시 설계된 최대방출량으로 방출하여 배관 내 이물질이 제거될 수 있는 충분한 시간 동안 실시해야 한다.

③ 미분무소화설비의 성능시험은 제8조에서 정한 기준에 따라 실시한다.

포소화설비의 화재안전성능기준(NFPC 105)

[시행 2022. 12. 1.] [소방청고시 제2022-38호, 2022. 11. 25., 전부개정]

제1조(목적)

이 기준은 「소방시설 설치 및 관리에 관한 법률」(이하 "법"이라 한다) 제2조제1항제6호가목에 따라 소방청장에게 위임한 사항 중 소화설비인 물분무등소화설비 중 포소화설비의 성능기준을 규정함을 목적으로 한다.

제2조(적용범위)

이 기준은 「소방시설 설치 및 관리에 관한 법률 시행령」(이하 "영"이라 한다) 별표 4 제1호바목에 따른 물분무등소화설비 중 포소화설비의 설치 및 관리에 대해 적용한다.

제3조(정의)

이 기준에서 사용하는 용어의 정의는 다음과 같다.

1. "고가수조"란 구조물 또는 지형지물 등에 설치하여 자연낙차의 압력으로 급수하는 수조를 말한다.
2. "압력수조"란 소화용수와 공기를 채우고 일정압력 이상으로 가압하여 그 압력으로 급수하는 수조를 말한다.
3. "충압펌프"란 배관 내 압력손실에 따른 주펌프의 빈번한 기동을 방지하기 위하여 충압역할을 하는 펌프를 말한다.
4. "연성계"란 대기압 이상의 압력과 대기압 이하의 압력을 측정할 수 있는 계측기를 말한다.
5. "진공계"란 대기압 이하의 압력을 측정하는 계측기를 말한다.
6. "정격토출량"이란 펌프의 정격부하운전 시 토출량으로서 정격토출압력에서의 토출량을 말한다.
7. "정격토출압력"이란 펌프의 정격부하운전 시 토출압력으로서 정격토출량에서의 토출측 압력을 말한다.
8. "전역방출방식"이란 소화약제 공급장치에 배관 및 분사헤드를 등을 고정 설치하여 밀폐 방호구역 내에 소화약제를 방출하는 방식을 말한다.
9. "국소방출방식"이란 소화약제 공급장치에 배관 및 분사헤드를 등을 설치하여 직접 화점에 소화약제를 방출하는 방식을 말한다.
10. "팽창비"란 최종 발생한 포 체적을 포 발생 전의 포 수용액의 체적으로 나눈 값을 말한다.

11. "개폐표시형밸브"란 밸브의 개폐여부를 외부에서 식별이 가능한 밸브를 말한다.

12. "기동용수압개폐장치"란 소화설비의 배관 내 압력변동을 검지하여 자동적으로 펌프를 기동 및 정지시키는 것으로서 압력챔버 또는 기동용압력스위치 등을 말한다.

13. "포워터스프링클러설비"란 포워터스프링클러헤드를 사용하는 포소화설비를 말한다.

14. "포헤드설비"란 포헤드를 사용하는 포소화설비를 말한다.

15. "고정포방출설비"란 고정포방출구를 사용하는 설비를 말한다.

16. "호스릴포소화설비"란 호스릴포방수구 · 호스릴 및 이동식 포노즐을 사용하는 설비를 말한다.

17. "포소화전설비"란 포소화전방수구 · 호스 및 이동식포노즐을 사용하는 설비를 말한다.

18. "송액관"이란 수원으로부터 포헤드 · 고정포방출구 또는 이동식포노즐 등에 급수하는 배관을 말한다.

19. "급수배관"이란 수원 또는 송수구 등으로부터 소화설비에 급수하는 배관을 말한다.

20. "분기배관"이란 배관 측면에 구멍을 뚫어 둘 이상의 관로가 생기도록 가공한 배관으로서 다음 각 목의 분기배관을 말한다.

　가. "비확관형 분기배관"이란 배관의 측면에 분기호칭내경 이상의 구멍을 뚫고 배관이음쇠를 용접 이음한 배관을 말한다.

　나. "확관형 분기배관"이란 배관의 측면에 조그만 구멍을 뚫고 소성가공으로 확관시켜 배관 용접이음자리를 만들거나 배관 용접이음자리에 배관이음쇠를 용접 이음한 배관을 말한다.

21. "펌프 프로포셔너방식"이란 펌프의 토출관과 흡입관 사이의 배관도중에 설치한 흡입기에 펌프에서 토출된 물의 일부를 보내고, 농도 조정밸브에서 조정된 포 소화약제의 필요량을 포 소화약제 저장탱크에서 펌프 흡입측으로 보내어 이를 혼합하는 방식을 말한다.

22. "프레셔 프로포셔너방식"이란 펌프와 발포기의 중간에 설치된 벤추리관의 벤추리작용과 펌프 가압수의 포 소화약제 저장탱크에 대한 압력에 따라 포 소화약제를 흡입 · 혼합하는 방식을 말한다.

23. "라인 프로포셔너방식"이란 펌프와 발포기의 중간에 설치된 벤추리관의 벤추리작용에 따라 포 소화약제를 흡입 · 혼합하는 방식을 말한다.

24. "프레셔사이드 프로포셔너방식"이란 펌프의 토출관에 압입기를 설치하여 포 소화약제 압입용펌프로 포 소화약제를 압입시켜 혼합하는 방식을 말한다.

25. "가압수조"란 가압원인 압축공기 또는 불연성 기체의 압력으로 소화용수를 가압하여 그 압력으로 급수하는 수조를 말한다.

26. "압축공기포소화설비"란 압축공기 또는 압축질소를 일정비율로 포수용액에 강제 주입 혼합하는 방식을 말한다.

27. "주펌프"란 구동장치의 회전 또는 왕복운동으로 소화수를 가압하여 그 압력으로 급수하는 주된 펌프를 말한다.

28. "호스릴"이란 원형의 형태를 유지하고 있는 소방호스를 수납장치에 감아 정리한 것을 말한다.

29. "압축공기포 믹싱챔버방식"이란 물, 포 소화약제 및 공기를 믹싱챔버로 강제주입시켜 챔버 내에서 포수용액을 생성한 후 포를 방사하는 방식을 말한다.

제4조(종류 및 적응성)

특정소방대상물에 따라 적응하는 포소화설비는 다음 각 호와 같다.

1. 「화재의 예방 및 안전관리에 관한 법률 시행령」 별표 2의 특수가연물을 저장·취급하는 공장 또는 창고: 포워터스프링클러설비·포헤드설비 또는 고정포방출설비, 압축공기포소화설비

2. 차고 또는 주차장: 포워터스프링클러설비·포헤드설비 또는 고정포방출설비, 압축공기포소화설비

3. 항공기격납고: 포워터스프링클러설비·포헤드설비 또는 고정포방출설비, 압축공기포소화설비

4. 발전기실, 엔진펌프실, 변압기, 전기케이블실, 유압설비: 바닥면적의 합계가 300제곱미터 미만의 장소에는 고정식 압축공기포소화설비를 설치할 수 있다.

제5조(수원)

① 포소화설비의 수원은 그 저수량이 특정소방대상물에 따라 다음 각 호의 기준에 적합하도록 해야 한다.

1. 「화재의 예방 및 안전관리에 관한 법률 시행령」 별표 2의 특수가연물을 저장·취급하는 공장 또는 창고: 포워터스프링클러설비 또는 포헤드설비의 경우에는 포워터스프링클러헤드 또는 포헤드(이하 "포헤드"라 한다)가 가장 많이 설치된 층의 포헤드(바닥면적이 200제곱미터를 초과한 층은 바닥면적 200제곱미터 이내에 설치된 포헤드를 말한다)에서 동시에 표준방사량으로 10분간 방사할 수 있는 양 이상으로 하고, 고정포방출설비의 경우에는 고정포방출구가 가장 많이 설치된 방호구역 안의 고정포방출구에서

표준방사량으로 10분간 방사할 수 있는 양 이상으로 할 것. 이 경우 하나의 공장 또는 창고에 포워터스프링클러설비 · 포헤드설비 또는 고정포방출설비가 함께 설치된 때에는 각 설비별로 산출된 저수량 중 최대의 것을 그 특정소방대상물에 설치해야 할 수원의 양으로 한다.

2. 차고 또는 주차장: 호스릴포소화설비 또는 포소화전설비의 경우에는 방수구가 가장 많은 층의 설치개수(호스릴포방수구 또는 포소화전방수구가 5개 이상 설치된 경우에는 5개)에 6세제곱미터를 곱한 양 이상으로, 포워터스프링클러설비 · 포헤드설비 또는 고정포방출설비의 경우에는 제1호의 기준을 준용할 것. 이 경우 하나의 차고 또는 주차장에 호스릴포소화설비 · 포소화전설비 · 포워터스프링클러설비 · 포헤드설비 또는 고정포방출설비가 함께 설치된 때에는 각 설비별로 산출된 저수량 중 최대의 것을 그 차고 또는 주차장에 설치해야 할 수원의 양으로 한다.

3. 항공기격납고: 포워터스프링클러설비 · 포헤드설비 또는 고정포방출설비의 경우에는 포헤드 또는 고정포방출구가 가장 많이 설치된 항공기격납고의 포헤드 또는 고정포방출구에서 동시에 표준방사량으로 10분간 방사할 수 있는 양 이상으로 하되, 호스릴포소화설비를 함께 설치한 경우에는 호스릴포방수구가 가장 많이 설치된 격납고의 호스릴방수구수(호스릴포방수구가 5개 이상 설치된 경우에는 5개)에 6세제곱미터를 곱한 양을 합한 양 이상으로 할 것

4. 압축공기포소화설비를 설치하는 경우 방수량은 설계 사양에 따라 방호구역에 최소 10분간 방사할 수 있어야 할 것

5. 압축공기포소화설비의 설계방출밀도($L/min \cdot m^2$)는 설계사양에 따라 정해야 하며 일반가연물, 탄화수소류는 1제곱미터에 분당 1.63리터 이상, 특수가연물, 알코올류와 케톤류는 1제곱미터에 분당 2.3리터 이상으로 할 것

② 포소화설비의 수원을 수조로 설치하는 경우에는 소화설비의 전용수조로 해야 한다.

③ 제1항에 따른 저수량을 산정함에 있어서 다른 설비와 겸용하여 포소화설비용 수조를 설치하는 경우에는 포소화설비의 풋밸브 · 흡수구 또는 수직배관의 급수구와의 다른 설비의 풋밸브 · 흡수구 또는 수직배관의 급수구와의 사이의 수량을 그 유효수량으로 한다.

④ 포소화설비용 수조는 다음 각 호의 기준에 따라 설치해야 한다.

1. 점검에 편리한 곳에 설치할 것

2. 동결방지조치를 하거나 동결의 우려가 없는 장소에 설치할 것

3. 수조에는 수위계, 고정식 사다리, 청소용 배수밸브(또는 배수관), 표지 및 실내 조명 등 수조의 유지관리에 필요한 설비를 설치할 것

제6조(가압송수장치)

① 전동기 또는 내연기관에 따른 펌프를 이용하는 가압송수장치는 다음 각 호의 기준에 따라 설치해야 한다. 다만, 가압송수장치의 주펌프는 전동기에 따른 펌프로 설치해야 한다.

1. 쉽게 접근할 수 있고 점검하기에 충분한 공간이 있는 장소로서 화재 및 침수 등의 재해로 인한 피해를 받을 우려가 없는 곳에 설치할 것

2. 동결방지조치를 하거나 동결의 우려가 없는 장소에 설치할 것. 다만, 보온재를 사용할 경우에는 난연재료 성능 이상의 것으로 해야 한다.

3. 소화약제가 변질될 우려가 없는 곳에 설치할 것

4. 펌프의 토출량은 포헤드·고정포방출구 또는 이동식 포노즐의 설계압력 또는 노즐의 방사압력의 허용범위 안에서 포수용액을 방출 또는 방사할 수 있는 양 이상이 되도록 할 것

5. 펌프는 전용으로 할 것

6. 펌프의 양정은 방출구의 설계압력 환산수두(또는 노즐 선단의 방사압력 환산수두), 배관의 마찰손실수두, 낙차 및 소방용 호스의 마찰손실수두를 고려하여 산출한 수치 이상이 되도록 할 것

7. 펌프의 토출측에는 압력계를 설치하고, 흡입측에는 연성계 또는 진공계를 설치할 것

8. 펌프의 성능은 체절운전 시 정격토출압력의 140퍼센트를 초과하지 않고, 정격토출량의 150퍼센트로 운전 시 정격토출압력의 65퍼센트 이상이 되어야 하며, 펌프의 성능을 시험할 수 있는 성능시험배관을 설치할 것

9. 가압송수장치에는 체절운전 시 수온의 상승을 방지하기 위한 순환배관을 설치할 것

10. 기동장치로는 기동용수압개폐장치 또는 이와 동등 이상의 성능이 있는 것으로 설치할 것

11. 수원의 수위가 펌프보다 낮은 위치에 있는 가압송수장치에는 물올림장치를 설치할 것

12. 기동용수압개폐장치를 기동장치로 사용하는 경우에는 충압펌프를 설치할 것

13. 내연기관을 사용하는 경우에는 제어반에 따라 내연기관의 자동기동 및 수동기동이 가능하고, 상시 충전되어 있는 축전지설비를 갖출 것

14. 가압송수장치가 기동이 된 경우에는 자동으로 정지되지 않도록 할 것

15. 압축공기포소화설비에 설치되는 펌프의 양정은 0.4메가파스칼 이상이 되도록 할 것

16. 가압송수장치는 부식 등으로 인한 펌프의 고착을 방지할 수 있도록 청동 또는 스테인리스 등 부식에 강한 재질을 사용할 것

② 고가수조의 자연낙차를 이용한 가압송수장치를 설치하는 경우 **고가수조의 자연낙차수두(수조의 하단으로부터 최고층에 설치된 포헤드까지의 수직거리를 말한다)**는 설계 방사량 및 방사압이 20분 이상 유지되도록 해야 한다.

③ 압력수조를 이용한 가압송수장치를 설치하는 경우 압력수조의 압력은 설계 방사량 및 방사압이 20분 이상 유지되도록 해야 한다.

④ 가압송수장치에는 포헤드·고정방출구 또는 이동식 포노즐의 방사압력이 설계압력 또는 방사압력의 허용범위를 넘지 않도록 감압장치를 설치해야 한다.

⑤ 가압송수장치는 다음 표에 따른 **표준방사량**을 방사할 수 있도록 해야 한다.

구 분	표 준 방 사 량
포워터스프링클러헤드	75 L/min 이상
포헤드·고정포방출구 또는 이동식포노즐·압축공기포헤드	각 포헤드·고정포방출구 또는 이동식포노즐의 설계압력에 따라 방출되는 소화약제의 양

⑥ 가압수조를 이용한 가압송수장치는 소방청장이 정하여 고시한 「가압수조식가압송수장치의 성능인증 및 제품검사의 기술기준」에 적합한 것으로 설치하고, 가압수조의 압력은 **설계 방사량 및 방사압이 20분 이상 유지**되도록 해야 한다.

제7조(배관 등)

① 배관은 배관용 탄소 강관(KS D 3507) 또는 **배관 내 사용압력이 1.2메가파스칼 이상**일 경우에는 압력 배관용 탄소 강관(KS D 3562)이나 이와 동등 이상의 강도·내식성 및 내열성을 국내·외 공인기관으로부터 인정받은 것을 사용해야 한다.

② 제1항에도 불구하고 화재 등의 재해로 인하여 배관의 성능에 영향을 받을 우려가 적은 장소에는 소방청장이 정하여 고시한 「소방용합성수지배관의 성능인증 및 제품검사의 기술기준」에 적합한 소방용 합성수지배관으로 설치할 수 있다.

③ 송액관은 포의 방출 종료 후 배관 안의 액을 배출하기 위하여 적당한 기울기를 유지하도록 하고 그 낮은 부분에 배액밸브를 설치해야 한다.

④ 포워터스프링클러설비 또는 포헤드설비의 가지배관의 배열은 토너먼트방식이 아니어야 하며, 교차배관에서 분기하는 지점을 기점으로 한쪽 가지배관에 설치하는 헤드의 수는 8개 이하로 한다.

⑤ 송액관은 전용으로 해야 한다.

⑥ 펌프의 흡입 측 배관은 다음 각 호의 기준에 따라 설치해야 한다.

  1. 공기 고임이 생기지 않는 구조로 하고 여과장치를 설치할 것

  2. 수조가 펌프보다 낮게 설치된 경우에는 각 펌프(충압펌프를 포함한다)마다 수조로부터

별도로 설치할 것

⑦ 연결송수관설비의 배관과 겸용할 경우의 주배관은 구경 100밀리미터 이상, 방수구로 연결되는 배관의 구경은 65밀리미터 이상의 것으로 해야 한다.

⑧ 성능시험배관에 설치하는 유량측정장치는 성능시험배관의 직관부에 설치하되, 펌프 정격토출량의 175퍼센트 이상을 측정할 수 있는 것으로 해야 한다.

⑨ 가압송수장치의 체절운전 시 수온의 상승을 방지하기 위하여 체크밸브와 펌프 사이에서 분기한 배관에 체절압력 미만에서 개방되는 릴리프밸브를 설치해야 한다.

⑩ 동결방지조치를 하거나 동결의 우려가 없는 장소에 설치해야 한다. 다만, 보온재를 사용할 경우에는 난연재료 성능 이상의 것으로 해야 한다.

⑪ 급수배관에 설치되어 급수를 차단할 수 있는 개폐밸브는 개폐표시형으로 해야 한다. 이 경우 펌프의 흡입측배관에는 버터플라이밸브외의 개폐표시형밸브를 설치해야 한다.

⑫ 제11항에 따른 개폐밸브에는 그 밸브의 개폐상태를 감시제어반에서 확인할 수 있는 급수개폐밸브 작동표시 스위치를 설치해야 한다.

⑬ 배관은 다른 설비의 배관과 쉽게 구분이 될 수 있도록 해야 한다.

⑭ 포소화설비에는 소방차로부터 그 설비에 송수할 수 있는 송수구를 다음 각 호의 기준에 따라 설치해야 한다.

1. 송수구는 송수 및 그 밖의 소화작업에 지장을 주지 않도록 설치할 것
2. 송수구로부터 주배관에 이르는 연결배관에는 개폐밸브를 설치하지 않을 것
3. 구경 65밀리미터의 쌍구형으로 할 것
4. 송수구에는 그 가까운 곳의 보기 쉬운 곳에 송수압력범위를 표시한 표지를 할 것
5. 포소화설비의 송수구는 하나의 층의 바닥면적이 3,000제곱미터를 넘을 때마다 1개 이상을 설치할 것(5개를 넘을 경우에는 5개로 한다)
6. 지면으로부터 높이가 0.5미터 이상 1미터 이하의 위치에 설치할 것
7. 송수구의 가까운 부분에 자동배수밸브(또는 직경 5밀리미터의 배수공) 및 체크밸브를 설치할 것
8. 송수구에는 이물질을 막기 위한 마개를 씌울 것

⑮ 압축공기포소화설비의 배관은 토너먼트방식으로 해야 하고 소화약제가 균일하게 방출되는 **등거리 배관구조**로 설치해야 한다.

⑯ 확관형 분기배관을 사용할 경우에는 소방청장이 정하여 고시한 「분기배관의 성능인증 및 제품검사의 기술기준」에 적합한 것으로 설치해야 한다.

제8조(저장탱크 등)

① 포 소화약제의 저장탱크(용기를 포함한다. 이하 같다)는 다음 각 호의 기준에 따라 설치하고, 제9조에 따른 혼합장치와 배관 등으로 연결해야 한다.

> 1. 화재 등의 재해로 인한 피해를 받을 우려가 없는 장소에 설치할 것
> 2. 기온의 변동으로 포의 발생에 장애를 주지 않는 장소에 설치할 것
> 3. 포 소화약제가 변질될 우려가 없고 점검에 편리한 장소에 설치할 것
> 4. 가압송수장치 또는 포 소화약제 혼합장치의 기동에 따라 압력이 가해지는 것 또는 상시 가압된 상태로 사용되는 것은 압력계를 설치할 것
> 5. 포 소화약제 저장량의 확인이 쉽도록 액면계 또는 계량봉 등을 설치할 것
> 6. 저장탱크에는 압력계, 액면계(또는 계량봉) 또는 글라스게이지 등 점검 및 유지관리에 필요한 설비를 설치할 것

② 포 소화약제의 저장량은 고정포방출구 방식, 옥내포소화전방식(또는 호스릴방식), 포헤드 방식 및 압축공기포소화설비 등 포소화설비에 따라 산출한 양 이상으로 해야 한다.

제9조(혼합장치)

포 소화약제의 혼합장치는 포 소화약제의 사용농도에 적합한 수용액으로 혼합할 수 있도록 펌프 프로포셔너방식, 프레셔 프로포셔너방식, 라인 프로포셔너방식, 프레셔 사이드 프로포셔너 방식, 압축공기포 믹싱챔버방식 등으로 하며, 법 제40조에 따라 제품검사에 합격한 것으로 설치해야 한다.

제10조(개방밸브)

포소화설비의 개방밸브는 다음 각 호의 기준에 따라 설치해야 한다.
> 1. 자동 개방밸브는 화재감지장치의 작동에 따라 자동으로 개방되는 것으로 할 것
> 2. 수동식 개방밸브는 화재 시 쉽게 접근할 수 있는 곳에 설치할 것

제11조(기동장치)

① 포소화설비의 수동식 기동장치는 **직접조작 또는 원격조작에 따라 가압송수장치·수동식개방밸브 및 소화약제 혼합장치를 기동할 수 있는 것**으로 하고, 방사구역 및 특정소방대상물에 따라 적합하게 설치해야 한다.

② 포소화설비의 자동식 기동장치는 자동화재탐지설비의 감지기의 작동 또는 폐쇄형스프링클러헤드의 개방과 연동하여 가압송수장치·일제개방밸브 및 포 소화약제 혼합장치를 기동시킬 수 있도록 하되, 동결의 우려가 있는 장소의 포소화설비의 자동식 기동장치는 자동화재탐지설비와 연동되도록 해야 한다.

③ 포소화설비의 기동장치에 설치하는 자동경보장치에는 방사구역마다 일제개방밸브와 그 일제개방밸브의 작동여부를 발신하는 발신부를 설치하고, 수신기는 상시 사람이 근무하고 있는 장소에 설치해야 한다.

제12조(포헤드 및 고정포방출구)

① 포헤드 및 고정포방출구는 포의 팽창비율에 따라 다음 표에 따른 것으로 해야 한다.

팽창비율에 따른 포의 종류	포방출구의 종류
팽창비가 20 이하인 것(저발포)	포헤드, 압축공기포헤드
팽창비가 80 이상 1,000 미만인 것(고발포)	고발포용 고정포방출구

② 포헤드는 다음 각 호의 기준에 따라 설치해야 한다.

1. 포워터스프링클러헤드는 특정소방대상물의 천장 또는 반자에 설치하되, 바닥면적 8제곱미터마다 1개 이상으로 하여 해당 방호대상물의 화재를 유효하게 소화할 수 있도록 할 것
2. 포헤드는 특정소방대상물의 천장 또는 반자에 설치하되, 바닥면적 9제곱미터마다 1개 이상으로 하여 해당 방호대상물의 화재를 유효하게 소화할 수 있도록 할 것

3. 포헤드는 특정소방대상물별로 그에 사용되는 포 소화약제에 따라 1분당 방사량이 다음 표에 따른 양 이상이 되는 것으로 할 것

특정소방대상물	포 소화약제의 종류	바닥면적 1 m^2당 방사량
차고·주차장 및 항공기격납고	단백포 소화약제	6.5L 이상
	합성계면활성제포 소화약제	8.0L 이상
	수성막포 소화약제	3.7L 이상
화재의 예방 및 안전관리에 관한 법률 시행령 별표 2의 특수가연물을 저장·취급하 는 소방대상물	단백포 소화약제	6.5L 이상
	합성계면활성제포 소화약제	6.5L 이상
	수성막포 소화약제	6.5L 이상

4. 특정소방대상물의 보가 있는 부분의 포헤드는 다음 표의 기준에 따라 설치할 것

포헤드와 보의 하단의 수직거리	포헤드와 보의 수평거리
0	0.75m 미만
0.1m 미만	0.75m 이상 1m 미만
0.1m 이상 0.15m 미만	1m 이상 1.5m 미만
0.15m 이상 0.30m 미만	1.5m 이상

5. 포헤드 상호간에는 다음 각 목의 기준에 따른 거리를 두도록 할 것

> 가. 정방형으로 배치한 경우에는 다음의 식에 따라 산정한 수치 이하가 되도록 할 것
>
> $S = 2r \times \cos 45°$
>
> S : 포헤드 상호간의 거리(m)
>
> r : 유효반경(2.1m)
>
> 나. 장방형으로 배치한 경우에는 그 대각선의 길이가 다음의 식에 따라 산정한 수치 이하가 되도록 할 것
>
> $pt = 2r$
>
> pt : 대각선의 길이(m)
>
> r : 유효반경(2.1m)

6. 포헤드와 벽 방호구역의 경계선과는 제5호에 따른 거리의 2분의 1 이하의 거리를 둘 것
7. 압축공기포소화설비의 분사헤드는 천장 또는 반자에 설치하되 방호대상물에 따라 측벽에 설치할 수 있으며 **유류탱크 주위에는 바닥면적 13.9제곱미터마다 1개 이상, 특수가연물 저장소에는 바닥면적 9.3제곱미터마다 1개 이상**으로 해당 방호대상물의 화재를 유효하게 소화할 수 있도록 할 것

방호대상물	방호면적 1m²에 대한 1분당 방출량
특수가연물	2.3L
기타의 것	1.63L

③ **차고ㆍ주차장에 설치하는 호스릴포소화설비 또는 포소화전설비**는 다음 각 호의 기준에 따라야 한다.

> 1. 특정소방대상물의 어느 층에 있어서도 그 층에 설치된 호스릴포방수구 또는 포소화전 방수구(호스릴포방수구 또는 포소화전방수구가 5개 이상 설치된 경우에는 5개)를 동시에 사용할 경우 각 이동식 포노즐 선단의 포수용액 방사압력이 0.35메가파스칼 이상이고 분당 300리터 이상(1개층의 바닥면적이 200제곱미터 이하인 경우에는 분당 230리터 이상)의 포수용액을 수평거리 15미터 이상으로 방사할 수 있도록 할 것

2. 저발포의 포소화약제를 사용할 수 있는 것으로 할 것
3. 호스릴 또는 호스를 호스릴포방수구 또는 포소화전방수구로 분리하여 비치하는 때에는 그로부터 3미터 이내의 거리에 호스릴함 또는 호스함을 설치할 것
4. 호스릴함 또는 호스함은 바닥으로부터 높이 1.5미터 이하의 위치에 설치하고 그 표면에는 "포호스릴함(또는 포소화전함)"이라고 표시한 표지와 적색의 위치표시등을 설치할 것

5. 방호대상물의 각 부분으로부터 하나의 호스릴포방수구까지의 수평거리는 15미터 이하 (포소화전방수구의 경우에는 25미터 이하)가 되도록 하고 호스릴 또는 호스의 길이는 방호대상물의 각 부분에 포가 유효하게 뿌려질 수 있도록 할 것

④ 고발포용포방출구는 다음 각 호의 기준에 따라 설치해야 한다.
  1. 전역방출방식의 고발포용고정포방출구는 다음 각 목의 기준에 따를 것
    가. 개구부에 자동폐쇄장치(「건축법 시행령」 제64조제1항에 따른 방화문 또는 불연재료로된 문으로 포수용액이 방출되기 직전에 개구부가 자동적으로 폐쇄될 수 있는 장치를 말한다)를 설치할 것. 다만, 해당 방호구역에서 외부로 새는 양 이상의 포수용액을 유효하게 추가하여 방출하는 설비가 있는 경우에는 그렇지 않다.
    나. 고정포방출구(포발생기가 분리되어 있는 것은 해당 포발생기를 포함한다)는 특정소방대상물 및 포의 팽창비에 따른 종류별에 따라 해당 방호구역의 관포체적(해당 바닥 면으로부터 방호대상물의 높이보다 0.5미터 높은 위치까지의 체적을 말한다) 1세제곱미터에 대하여 1분당 방출량이 다음 표에 따른 양 이상이 되도록 할 것

특정소방대상물	포의 팽 창 비	$1\,m^3$에 대한 분당포수용액 방출량
항공기격납고	팽창비 80 이상 250 미만의 것	2.00L
	팽창비 250 이상 500 미만의 것	0.50L
	팽창비 500 이상 1,000 미만의 것	0.29L
차고 또는 주차장	팽창비 80 이상 250 미만의 것	1.11L
	팽창비 250 이상 500 미만의 것	0.28L
	팽창비 500 이상 1,000 미만의 것	0.16L
특수가연물을 저장 또는 취급하는 소방 대상물	팽창비 80 이상 250 미만의 것	1.25L
	팽창비 250 이상 500 미만의 것	0.31L
	팽창비 500 이상 1,000 미만의 것	0.18L

    다. 고정포방출구는 바닥면적 500제곱미터마다 1개 이상으로 하여 방호대상물의 화재를 유효하게 소화할 수 있도록 할 것

    라. 고정포방출구는 방호대상물의 최고부분보다 높은 위치에 설치할 것. 다만, 밀어올리는 능력을 가진 것은 방호대상물과 같은 높이로 할 수 있다.

  2. 국소방출방식의 고발포용고정포방출구는 다음 각 목의 기준에 따를 것
    가. 방호대상물이 서로 인접하여 불이 쉽게 붙을 우려가 있는 경우에는 불이 옮겨 붙을 우려가 있는 범위내의 방호대상물을 하나의 방호대상물로 하여 설치할 것
    나. 고정포방출구(포발생기가 분리되어 있는 것에 있어서는 해당 포발생기를 포함한다)는 방호대상물의 구분에 따라 해당 방호대상물의 높이의 3배(1미터 미만의 경우

에는 1미터)의 거리를 수평으로 연장한 선으로 둘러쌓인 부분의 면적 1제곱미터에
대하여 1분당 방출량이 다음 표에 따른 양 이상이 되도록 할 것

방호대상물	방호면적 1 m²에 대한 1분당 방출량
특수가연물	3L
기타의 것	2L

제13조(전원)

① 포소화설비에 설치하는 상용전원회로의 배선은 전용배선으로 하고, 상용전원의 상시공급에
지장이 없도록 설치해야 한다.

② 포소화설비에는 자가발전설비, 축전지설비 또는 전기저장장치에 따른 비상전원을 설치해야
한다.

③ 제2항에 따른 비상전원 중 자가발전설비, 축전지설비 또는 전기저장장치는 다음 각 호의 기
준에 따르고, 비상전원수전설비는 「소방시설용비상전원수전설비의 화재안전성능기준
(NFPC 602)」에 따라 설치해야 한다.

1. 점검에 편리하고 화재 및 침수 등의 재해로 인한 피해를 받을 우려가 없는 곳에 설치할
   것
2. 포소화설비를 유효하게 20분 이상 작동할 수 있도록 할 것
3. 상용전원으로부터 전력의 공급이 중단된 때에는 자동으로 비상전원으로부터 전력을 공
   급받을 수 있도록 할 것
4. 비상전원(내연기관의 기동 및 제어용 축전기를 제외한다)의 설치장소는 다른 장소와 방
   화구획 할 것
5. 비상전원을 실내에 설치하는 때에는 그 실내에 비상조명등을 설치할 것

제14조(제어반)

① 포소화설비에는 제어반을 설치하되, 감시제어반과 동력제어반으로 구분하여 설치해야 한
다.

② 감시제어반은 가압송수장치, 상용전원, 비상전원, 수조, 물올림수조, 예비전원 등을 감시·
제어 및 시험할 수 있는 기능을 갖추어야 한다.

③ 감시제어반은 다음 각 호의 기준에 따라 설치해야 한다.

1. 화재 및 침수 등의 재해로 인한 피해를 받을 우려가 없는 곳에 설치할 것
2. 감시제어반은 포소화설비의 전용으로 할 것
3. 감시제어반은 다음 각 목의 기준에 따른 전용실 안에 설치하고, 전용실에는 특정소방대
   상물의 기계·기구 또는 시설 등의 제어 및 감시설비 외의 것을 두지 않을 것

가. 다른 부분과 방화구획을 할 것

나. 피난층 또는 지하 1층에 설치할 것

다. 비상조명등 및 급·배기설비를 설치할 것

라. 「무선통신보조설비의 화재안전성능기준(NFPC 505)」제5조제3항에 따라 유효하게 통신이 가능할 것

마. 바닥면적은 감시제어반의 설치에 필요한 면적 외에 화재 시 소방대원이 그 감시제어반의 조작에 필요한 최소면적 이상으로 할 것

④ 동력제어반은 앞면을 적색으로 하고, 동력제어반의 외함은 두께 1.5밀리미터 이상의 강판 또는 이와 동등 이상의 강도 및 내열성능이 있는 것으로 하며, 그 밖의 동력제어반의 설치에 관하여는 제3항제1호 및 제2호의 기준을 따라야 한다.

제15조(배선 등)

① 포소화설비의 배선은 「전기사업법」제67조에 따른 「전기설비기술기준」에서 정한 것 외에 다음 각 호의 기준에 따라 설치해야 한다.

1. 비상전원으로부터 동력제어반 및 가압송수장치에 이르는 전원회로배선은 내화배선으로 할 것

2. 상용전원으로부터 동력제어반에 이르는 배선, 그 밖의 포소화설비의 감시·조작 또는 표시등회로의 배선은 내화배선 또는 내열배선으로 할 것

② 제1항에 따른 내화배선 및 내열배선은 「옥내소화전설비의 화재안전성능기준(NFPC 102)」제10조제2항에 따른다.

③ 포소화설비의 과전류차단기 및 개폐기에는 "포소화설비용"이라고 표시한 표지를 해야 한다.

④ 포소화설비용 전기배선의 양단 및 접속단자에는 식별이 용이하도록 표시 또는 표지를 해야 한다.

제16조(수원 및 가압송수장치의 펌프 등의 겸용)

① 포소화전설비의 수원을 옥내소화전설비·스프링클러설비·간이스프링클러설비·화재조기진압용 스프링클러설비·물분무소화설비 및 옥외소화전설비의 수원과 겸용하여 설치하는 경우의 저수량은 각 소화설비에 필요한 저수량을 합한 양 이상이 되도록 해야 한다.

② 포소화설비의 가압송수장치로 사용하는 펌프를 옥내소화전설비·스프링클러설비·간이스프링클러설비·화재조기진압용 스프링클러설비·물분무소화설비 및 옥외소화전설비의 가압송수장치와 겸용하여 설치하는 경우의 펌프의 토출량은 각 소화설비에 해당하는 토출량을 합한 양 이상이 되도록 해야 한다.

③ 옥내소화전설비 · 스프링클러설비 · 간이스프링클러설비 · 화재조기진압용 스프링클러설비
· 물분무소화설비 · 포소화설비 및 옥외소화전설비의 가압송수장치에 있어서 각 토출측 배
관과 일반급수용의 가압송수장치의 토출측 배관을 상호 연결하여 화재 시 사용할 수 있다.
이 경우 연결 배관에는 개 · 폐표시형밸브를 설치해야 하며, 각 소화설비의 성능에 지장이 없
도록 해야 한다.

④ 포소화설비의 송수구를 옥내소화전설비 · 스프링클러설비 · 간이스프링클러설비 · 화재조
기진압용 스프링클러설비 · 물분무소화설비 · 연결송수관설비 또는 연결살수설비의 송수구
와 겸용으로 설치하는 경우에는 스프링클러설비의 송수구의 설치기준에 따르되 각각의 소
화설비의 기능에 지장이 없도록 해야 한다.

제1조(목적)

이 기준은 「소방시설 설치 및 관리에 관한 법률」(이하 "법"이라 한다) 제2조제1항제6호가목에 따라 소방청장에게 위임한 사항 중 소화설비인 물분무등소화설비 중 이산화탄소소화설비의 성능기준을 규정함을 목적으로 한다.

제2조(적용범위)

이 기준은 「소방시설 설치 및 관리에 관한 법률 시행령」(이하 "영"이라 한다) 별표 4 제1호바목에 따른 물분무등소화설비 중 이산화탄소소화설비의 설치 및 관리에 대해 적용한다.

제3조(정의)

이 기준에서 사용하는 용어의 정의는 다음과 같다.

1. "전역방출방식"이란 소화약제 공급장치에 배관 및 분사헤드 등을 고정 설치하여 밀폐 방호구역 내에 소화약제를 방출하는 방식을 말한다.
2. "국소방출방식"이란 소화약제 공급장치에 배관 및 분사헤드를 등을 설치하여 직접 화점에 소화약제를 방출하는 방식을 말한다.
3. "호스릴방식"이란 소화수 또는 소화약제 저장용기 등에 연결된 호스릴을 이용하여 사람이 직접 화점에 소화수 또는 소화약제를 방출하는 방식을 말한다.
4. "충전비"란 소화약제 저장용기의 내부 용적과 소화약제의 중량과의 비(용적/중량)를 말한다.
5. "심부화재"란 종이·목재·석탄·섬유류 및 합성수지류와 같은 고체가연물에서 발생하는 화재형태로서 가연물 내부에서 연소하는 화재를 말한다.
6. "표면화재"란 가연성액체 및 가연성가스 등 가연성물질의 표면에서 연소하는 화재를 말한다.
7. "교차회로방식"이란 하나의 방호구역 내에 둘 이상의 화재감지기회로를 설치하고 인접한 둘 이상의 화재감지기에 화재가 감지되는 때에 소화설비가 작동하는 방식을 말한다.
8. "방화문"이란 「건축법 시행령」 제64조의 규정에 따른 60분+ 방화문, 60분 방화문 또는 30분 방화문을 말한다.
9. "방호구역"이란 소화설비의 소화범위 내에 포함된 영역을 말한다.

10. "선택밸브"란 둘 이상의 방호구역 또는 방호대상물이 있어 소화수 또는 소화약제를 해당하는 방호구역 또는 방호대상물에 선택적으로 방출되도록 제어하는 밸브를 말한다.

11. "설계농도"란 방호대상물 또는 방호구역의 소화약제 저장량을 산출하기 위한 농도로서 소화농도에 안전율을 고려하여 설정한 농도를 말한다.

12. "소화농도"란 규정된 실험 조건의 화재를 소화하는데 필요한 소화약제의 농도(형식승인대상의 소화약제는 형식승인된 소화농도)를 말한다.

13. "호스릴"이란 원형의 소방호스를 원형의 수납장치에 감아 정리한 것을 말한다.

제4조(소화약제의 저장용기 등)

① 이산화탄소 소화약제의 저장용기는 방호구역 외의 장소로서 방화구획된 실에 설치해야 한다.

② 이산화탄소 소화약제의 저장용기는 다음 각 호의 기준에 적합해야 한다.

1. 저장용기는 고압식은 25메가파스칼 이상, 저압식은 3.5메가파스칼 이상의 내압시험압력에 합격한 것으로 할 것
2. 저압식 저장용기에는 안전밸브, 봉판, 액면계, 압력계, 압력경보장치 및 자동냉동장치 등의 안전장치를 설치할 것
3. 저장용기의 충전비는 고압식은 1.5 이상 1.9 이하, 저압식은 1.1 이상 1.4 이하로 할 것

③ 이산화탄소 소화약제 저장용기의 개방밸브는 **전기식 · 가스압력식 또는 기계식**에 따라 자동으로 개방되고 수동으로도 개방되는 것으로서 안전장치가 부착된 것으로 해야 한다.

④ 이산화탄소 소화약제 저장용기와 집합관을 연결하는 연결배관에는 체크밸브를 설치하고, 선택밸브(또는 개폐밸브)와의 사이에는 과압방지를 위한 안전장치를 설치해야 한다.

제5조(소화약제)

이산화탄소 소화약제 저장량은 다음 각 호의 기준에 따른 양으로 한다.

1. 표면화재 방호대상물의 전역방출방식은 다음 각 목의 기준에 따른다.
    가. 방호구역의 체적(불연재료나 내열성의 재료로 밀폐된 구조물이 있는 경우에는 그 체적을 감한 체적) 1세제곱미터에 대하여 다음 표에 따른 양. 다만, 다음 표에 따라 산출한 양이 동표에 따른 저장량의 최저한도의 양 미만이 될 경우에는 그 최저한도의 양으로 한다.

방호구역 체적	방호구역의 체적 1 m³에 대한 소화약제의 양	소화약제 저장량의 최저한도의 양
45m³ 미만	1.00 kg	45 kg
45m³ 이상 150m³ 미만	0.90 kg	
150m³ 이상 1,450m³ 미만	0.80 kg	135 kg
1,450m³ 이상	0.75 kg	1,125 kg

나. 필요한 설계농도가 34퍼센트 이상인 방호대상물의 소화약제량은 가목의 기준에 따라 산출한 소화약제량에 다음 표에 따른 보정계수를 곱하여 산출한다.

다. 방호구역의 개구부에 자동폐쇄장치를 설치하지 아니한 경우에는 가목 및 나목의 기준에 따라 산출한 양에 **개구부면적 1제곱미터당 5킬로그램을 가산**한다. 이 경우 개구부의 면적은 방호구역 전체 표면적의 3퍼센트 이하로 한다.

2. 심부화재 방호대상물의 전역방출방식은 다음 각 목의 기준에 따른다.

가. 방호구역의 체적(불연재료나 내열성의 재료로 밀폐된 구조물이 있는 경우에는 그 체적을 감한 체적) 1세제곱미터에 대하여 다음 표에 따른 양 이상으로 한다.

방 호 대 상 물	방호구역의 체적 1 m³에 대한 소화약제의 양	설계농도 (%)
유압기기를 제외한 전기설비, 케이블실	1.3kg	50
체적 55m³ 미만의 전기설비	1.6kg	50
서고, 전자제품창고, 목재가공품창고, 박물관	2.0kg	65
고무류·면화류창고, 모피창고, 석탄창고, 집진설비	2.7kg	75

나. 방호구역의 개구부에 자동폐쇄장치를 설치하지 아니한 경우에는 가목의 기준에 따라 산출한 양에 개구부 면적 1제곱미터당 10킬로그램을 가산한다. 이 경우 개구부의 면적은 방호구역 전체 표면적의 3퍼센트 이하로 한다.

3. 국소방출방식은 다음 각 목의 기준에 따라 산출한 양에 **고압식은 1.4, 저압식은 1.1을 각각 곱하여 얻은 양 이상**으로 할 것

　　가. 윗면이 개방된 용기에 저장하는 경우와 화재시 연소면이 한정되고 가연물이 비산할 우려가 없는 경우에는 방호대상물의 표면적 1제곱미터에 대하여 13킬로그램

　　나. 가목 외의 경우에는 방호공간(방호대상물의 각부분으로부터 0.6미터의 거리에 따라 둘러싸인 공간을 말한다. 이하 같다)의 체적 1세제곱미터에 대하여 다음의 식에 따라 산출한 양

$$Q = 8 - 6\frac{a}{A}$$

Q : 방호공간 $1m^3$에 대한 이산화탄소 소화약제의 양(kg/m^3)

a : 방호대상물의 주위에 설치된 벽 면적의 합계(m^2)

A : 방호공간의 벽 면적(벽이 없는 경우에는 벽이 있는 것으로 가정한 당해 부분의 면적)의 합계(m^2)

4. **호스릴이산화탄소소화설비**는 하나의 노즐에 대하여 90kg 이상으로 할 것

제6조(기동장치)

① 이산화탄소소화설비의 수동식 기동장치는 조작, 피난 및 유지관리가 용이한 장소에 설치하되, 전역방출방식은 방호구역마다, 국소방출방식은 방호대상물마다 설치해야 한다. 이 경우 수동식 기동장치의 부근에는 **소화약제의 방출을 지연시킬 수 있는 방출지연스위치를 설치**해야 한다.

② 이산화탄소소화설비의 자동식 기동장치는 자동화재탐지설비의 감지기의 작동과 연동하는 것으로서 수동으로도 기동할 수 있는 구조로 설치해야 한다.

③ 이산화탄소소화설비가 설치된 부분의 출입구 등의 보기 쉬운 곳에 소화약제의 방출을 표시하는 표시등을 설치해야 한다.

제7조(제어반 등)

이산화탄소소화설비의 제어반 및 화재표시반은 다음 각 호의 기준에 따라 설치해야 한다.

　1. 제어반은 수동기동장치 또는 화재감지기에서의 신호를 수신하여 음향경보장치의 작동, 소화약제의 방출 또는 지연 등 기타의 제어기능을 가진 것으로 하고, 제어반에는 전원표시등을 설치할 것

2. 화재표시반은 제어반에서의 신호를 수신하여 작동하는 기능을 가진 것으로 설치할 것
3. 제어반 및 화재표시반은 화재 및 침수 등의 재해로 인한 피해를 받을 우려가 없고 점검에 편리한 장소에 설치할 것

제8조(배관 등)

① 이산화탄소소화설비의 배관은 다음 각 호의 기준에 따라 설치해야 한다.

1. 배관은 전용으로 할 것
2. 강관을 사용하는 경우의 배관은 압력 배관용 탄소 강관(KS D 3562) 중 스케줄 80(저압식은 스케줄 40) 이상의 것 또는 이와 동등 이상의 강도를 가진 것으로 아연도금 등으로 방식 처리된 것을 사용할 것
3. 동관을 사용하는 경우의 배관은 이음매 없는 구리 및 구리합금관(KS D 5301)으로서 고압식은 16.5메가파스칼 이상, 저압식은 3.75메가파스칼 이상의 압력에 견딜 수 있는 것을 사용할 것
4. 고압식의 경우 개폐밸브 또는 선택밸브의 2차측 배관부속은 호칭압력 2.0메가파스칼 이상의 것을 사용하며, 1차측 배관부속은 호칭압력 4.0메가파스칼 이상의 것을 사용하고, 저압식의 경우에는 2.0메가파스칼의 압력에 견딜 수 있는 배관부속을 사용할 것

② **배관의 구경**은 이산화탄소 소화약제의 소요량이 다음 각 호의 기준에 따른 시간 내에 방출될 수 있는 것으로 해야 한다.

1. 전역방출방식에 있어서 가연성액체 또는 가연성가스 등 표면화재 방호대상물의 경우에는 1분
2. 전역방출방식에 있어서 종이, 목재, 석탄, 섬유류, 합성수지류 등 심부화재 방호대상물의 경우에는 7분. 이 경우 설계농도가 2분 이내에 30퍼센트에 도달하여야 한다.
3. 국소방출방식의 경우에는 30초

③ 소화약제의 저장용기와 선택밸브 사이의 집합배관에는 **수동잠금밸브**를 설치하되 선택밸브 직전에 설치할 것

제9조(선택밸브)

하나의 특정소방대상물 또는 그 부분에 둘 이상의 방호구역 또는 방호대상물이 있어 이산화탄소 저장용기를 공용하는 경우에는 방호구역 또는 방호대상물마다 선택밸브를 설치해야 한다.

제10조(분사헤드)

① **전역방출방식의 이산화탄소소화설비의 분사헤드**는 다음 각 호의 기준에 따라 설치해야 한다.

> 1. 방출된 소화약제가 방호구역의 전역에 균일하고 신속하게 확산할 수 있도록 할 것
> 2. 분사헤드의 방출압력이 2.1메가파스칼(저압식은 1.05메가파스칼) 이상의 것으로 할 것
> 3. 특정소방대상물 또는 그 부분에 설치된 이산화탄소소화설비의 소화약제의 저장량은 제8조제2항제1호 및 제2호의 기준에서 정한 시간 이내에 방출할 수 있는 것으로 할 것

② **국소방출방식의 이산화탄소소화설비의 분사헤드**는 다음 각 호의 기준에 따라 설치해야 한다.

> 1. 소화약제의 방출에 따라 가연물이 비산하지 않는 장소에 설치할 것
> 2. 이산화탄소 소화약제의 저장량은 30초 이내에 방출할 수 있는 것으로 할 것
> 3. 성능 및 방출압력이 제1항제1호 및 제2호의 기준에 적합한 것으로 할 것

③ **화재 시 현저하게 연기가 찰 우려가 없는 장소**로서 다음 각 호의 어느 하나에 해당하는 장소(차고 또는 주차의 용도로 사용되는 부분 제외)에는 호스릴이산화탄소소화설비를 설치할 수 있다.

> 1. 지상 1층 및 피난층에 있는 부분으로서 지상에서 수동 또는 원격조작에 따라 개방할 수 있는 개구부의 유효면적의 합계가 바닥면적의 15퍼센트 이상이 되는 부분
> 2. 전기설비가 설치되어 있는 부분 또는 다량의 화기를 사용하는 부분(해당 설비의 주위 5미터 이내의 부분을 포함한다)의 바닥면적이 해당 설비가 설치되어 있는 구획의 바닥면적의 5분의 1 미만이 되는 부분

④ 호스릴이산화탄소소화설비는 다음 각 호의 기준에 따라 설치해야 한다.
   1. 방호대상물의 각 부분으로부터 하나의 호스접결구까지의 수평거리가 15미터 이하가 되도록 할 것
   2. 노즐은 섭씨 20도에서 하나의 노즐마다 분당 60킬로그램 이상의 소화약제를 방사할 수 있는 것으로 할 것
   3. 소화약제 저장용기는 호스릴을 설치하는 장소마다 설치할 것
   4. 소화약제 저장용기의 개방밸브는 호스의 설치장소에서 수동으로 개폐할 수 있는 것으로 할 것
   5. 소화약제 저장용기의 가장 가까운 곳의 보기 쉬운 곳에 표시등을 설치하고, 호스릴이산화탄소소화설비가 있다는 뜻을 표시한 표지를 할 것

⑤ 이산화탄소소화설비의 분사헤드의 오리피스구경 등은 다음 각 호의 기준에 적합해야 한다.
1. 분사헤드에는 부식방지조치를 해야 하며 오리피스의 크기, 제조일자, 제조업체가 표시되도록 할 것
2. 분사헤드의 개수는 방호구역에 방출 시간이 충족되도록 설치할 것
3. 분사헤드의 방출률 및 방출압력은 제조업체에서 정한 값으로 할 것
4. 분사헤드의 오리피스의 면적은 분사헤드가 연결되는 배관구경면적의 70퍼센트 이하가 되도록 할 것

제11조(분사헤드 설치제외)

이산화탄소소화설비의 분사헤드는 사람이 상시 근무하거나 다수인이 출입·통행하는 곳과 자기연소성물질 또는 활성금속물질 등을 저장하는 장소에는 설치해서는 안 된다.

제12조(자동식 기동장치의 화재감지기)

이산화탄소소화설비의 자동식 기동장치는 각 방호구역 내의 화재감지기의 감지에 따라 작동되도록 하고, 화재감지기의 회로는 교차회로방식으로 설치해야 한다.

제13조(음향경보장치)

① 이산화탄소소화설비의 음향경보장치는 다음 각 호의 기준에 따라 설치해야 한다.
1. 수동식 기동장치를 설치한 것은 그 기동장치의 조작과정에서, 자동식 기동장치를 설치한 것은 화재감지기와 연동하여 자동으로 경보를 발하는 것으로 할 것
2. 소화약제의 방출개시 후 1분 이상 경보를 계속할 수 있는 것으로 할 것
3. 방호구역 또는 방호대상물이 있는 구획 안에 있는 자에게 유효하게 경보할 수 있는 것으로 할 것

② 방송에 따른 경보장치를 설치할 경우에는 다음 각 호의 기준에 따라야 한다.

1. 증폭기 재생장치는 화재 시 연소의 우려가 없고, 유지관리가 쉬운 장소에 설치할 것
2. 방호구역 또는 방호대상물이 있는 구획의 각 부분으로부터 하나의 확성기까지의 수평거리는 25미터 이하가 되도록 할 것
3. 제어반의 복구스위치를 조작하여도 경보를 계속 발할 수 있는 것으로 할 것

제14조(자동폐쇄장치)

전역방출방식의 이산화탄소소화설비를 설치한 특정소방대상물 또는 그 부분에 대하여 환기장치 등을 설치한 것은 소화약제가 방출되기 전에 해당 환기장치 등이 정지될 수 있도록 하고, 개

구부 및 통기구가 있어 소화약제의 유출에 따라 소화효과를 감소시킬 우려가 있는 것은 소화약제가 방출되기 전에 당해 개구부 및 통기구를 폐쇄할 수 있도록 자동폐쇄장치를 설치해야 한다.

제15조(비상전원)

이산화탄소소화설비(호스릴방식은 제외한다)의 비상전원은 자가발전설비, 축전지설비 또는 전기저장장치로서 다음 각 호의 기준에 따라 설치해야 한다.

1. 점검에 편리하고 화재 및 침수 등의 재해로 인한 피해를 받을 우려가 없는 곳에 설치할 것
2. 이산화탄소소화설비를 유효하게 20분 이상 작동할 수 있어야 할 것
3. 상용전원으로부터 전력의 공급이 중단된 때에는 자동으로 비상전원으로부터 전력을 공급받을 수 있도록 할 것
4. 비상전원의 설치장소는 다른 장소와 방화구획 할 것
5. 비상전원을 실내에 설치하는 때에는 그 실내에 비상조명등을 설치할 것

제16조(배출설비)

지하층, 무창층 및 밀폐된 거실 등에 이산화탄소소화설비를 설치한 경우에는 방출된 소화약제를 배출하기 위한 배출설비를 갖추어야 한다.

제17조(과압배출구)

이산화탄소소화설비가 설치된 방호구역에는 소화약제 방출 시 과압으로 인한 구조물 등의 손상을 방지하기 위하여 과압배출구를 설치해야 한다.

제18조(설계프로그램)

이산화탄소소화설비를 설계프로그램을 이용하여 설계할 경우에는 「가스계소화설비 설계프로그램의 성능인증 및 제품검사의 기술기준」에 적합한 설계프로그램을 사용해야 한다.

제19조(안전시설 등)

이산화탄소소화설비가 설치된 장소에는 시각경보장치, 위험경고표지 등의 안전시설을 설치해야 한다.

할론소화설비의 화재안전성능기준(NFPC 107)

[시행 2023. 2. 10.] [소방청고시 제2023-3호, 2023. 2. 10., 일부개정]

제1조(목적)

이 기준은 「소방시설 설치 및 관리에 관한 법률」(이하 "법"이라 한다) 제2조제1항제6호가목에 따라 소방청장에게 위임한 사항 중 소화설비인 물분무등소화설비 중 할론소화설비의 성능기준을 규정함을 목적으로 한다.

제2조(적용범위)

이 기준은 「소방시설 설치 및 관리에 관한 법률 시행령」(이하 "영"이라 한다) 별표 4 제1호바목에 따른 물분무등소화설비 중 할론소화설비의 설치 및 관리에 대해 적용한다.

제3조(정의)

이 기준에서 사용하는 용어의 정의는 다음과 같다.

1. "전역방출방식"이란 소화약제 공급장치에 배관 및 분사헤드 등을 고정 설치하여 밀폐 방호구역 내에 소화약제를 방출하는 방식을 말한다.
2. "국소방출방식"이란 소화약제 공급장치에 배관 및 분사헤드를 등을 설치하여 직접 화점에 소화약제를 방출하는 방식을 말한다.
3. "호스릴방식"이란 소화수 또는 소화약제 저장용기 등에 연결된 호스릴을 이용하여 사람이 직접 화점에 소화수 또는 소화약제를 방출하는 방식을 말한다.
4. "충전비"란 소화약제 저장용기의 내부 용적과 소화약제의 중량과의 비(용적/중량)를 말한다.
5. "교차회로방식"이란 하나의 방호구역 내에 둘 이상의 화재감지기회로를 설치하고 인접한 둘 이상의 화재감지기가 화재를 감지하는 때에 소화설비가 작동하는 방식을 말한다.
6. "방화문"이란 「건축법 시행령」 제64조의 규정에 따른 60분+ 방화문, 60분 방화문 또는 30분 방화문을 말한다.
7. "방호구역"란 소화설비의 소화범위 내에 포함된 영역을 말한다.
8. "별도 독립방식"이란 소화약제 저장용기와 배관을 방호구역별로 독립적으로 설치하는 방식을 말한다.

9. "선택밸브"란 둘 이상의 방호구역 또는 방호대상물이 있어 소화수 또는 소화약제를 해당하는 방호구역 또는 방호대상물에 선택적으로 방출되도록 제어하는 밸브를 말한다.

10. "집합관"이란 개별 소화약제(가압용 가스 포함) 저장용기의 방출관이 접속되어 있는 관을 말한다.

11. "호스릴"이란 원형의 형태를 유지하고 있는 소방호스를 수납장치에 감아 정리한 것을 말한다.

제4조(소화약제의 저장용기 등)

① 할론소화약제의 저장용기는 방호구역 외의 장소로서 방화구획된 실에 설치해야 한다.

② 할론소화약제의 저장용기는 다음 각 호의 기준에 적합해야 한다.

  1. 축압식 저장용기의 축압용 가스는 질소가스로 할 것

  2. 저장용기의 충전비는 소화약제의 종류에 따를 것

  3. 동일 집합관에 접속되는 저장용기의 소화약제 충전량은 동일 충전비의 것으로 할 것

③ 가압용 가스용기는 질소가스가 충전된 것으로 해야 한다.

④ 할론소화약제 저장용기의 개방밸브는 전기식·가스압력식 또는 기계식에 따라 자동으로 개방되고 수동으로도 개방되는 것으로서 안전장치가 부착된 것으로 해야 한다.

⑤ 저장용기와 집합관을 연결하는 연결배관에는 체크밸브를 설치할 것

⑥ 가압식 저장용기에는 압력조정장치를 설치해야 한다.

⑦ 하나의 구역을 담당하는 소화약제 저장용기의 소화약제량의 체적합계보다 그 소화약제 방출 시 방출경로가 되는 배관(집합관 포함)의 내용적이 1.5배 이상일 경우에는 해당 방호구역에 대한 설비는 별도 독립방식으로 한다.

제5조(소화약제)

  할론소화약제의 저장량은 다음 각 호의 기준에 따라야 한다.

  1. 전역방출방식은 다음 각 목의 기준에 따라 산출한 양 이상으로 할 것

    가. 방호구역의 체적(불연재료나 내열성의 재료로 밀폐된 구조물이 있는 경우에는 그 체적을 제외한다) 1세제곱미터에 대하여 다음 표에 따른 양

특정소방대상물 또는 그 부분		소화약제의 종별	방호구역의 체적 1 m³ 당소화약제의 양
차고·주차장·전기실·통신기기실·전산실 기타 이와 유사한 전기설비가 설치되어 있는 부분		할론 1301	0.32kg 이상 0.64kg 이하
화재의 예방 및 안전관리에 관한 법률 시행령 별표 2의 특수가연물을 저장·취급하는 특정소방대상물 또는 그 부분	가연성고체류·가연성액체류	할론 2402	0.40kg 이상 1.1 kg 이하
		할론 1211	0.36kg 이상 0.71kg 이하
		할론 1301	0.32kg 이상 0.64kg 이하
	면화류·나무껍질 및 대팻밥·넝마 및 종이부스러기·사류·볏짚류·목재가공품 및 나무부스러기를 저장·취급하는 것	할론 1211	0.60kg 이상 0.71kg 이하
		할론 1301	0.52kg 이상 0.64kg 이하
	합성수지류를 저장·취급하는 것	할론 1211	0.36kg 이상 0.71kg 이하
		할론 1301	0.32kg 이상 0.64kg 이하

나. 방호구역의 개구부에 자동폐쇄장치를 설치하지 아니한 경우에는 "가"목에 따라 산출한 양에 다음 표에 따라 산출한 양을 가산한 양

특정소방대상물 또는 그 부분		소화약제의 종별	가산량(개구부의 면적 1 m²당 소화약제의 양)
차고·주차장·전기실·통신기기실·전산실· 기타 이와 유사한 전기설비가 설치되어 있는 부분		할론 1301	2.4kg
화재의 예방 및 안전관리에 관한 법률 시행령 별표 2의 특수가연물을 저장·취급하는 소방대상물 또는 그 부분	가연성고체류·가연성액체류	할론 2402	3.0kg
		할론 1211	2.7kg
		할론 1301	2.4kg
	면화류·나무껍질 및 대팻밥·넝마 및 종이부스러기·사류·볏짚류·목재가공품 및 나무부스러기를 저장·취급하는 것	할론 1211	4.5kg
		할론 1301	3.9kg
	합성수지류를 저장·취급하는 것	할론 1211	2.7kg
		할론 1301	2.4kg

2. 국소방출방식은 다음 각 목의 기준에 따라 산출한 양에 **할론 2402 또는 할론 1211은 1.1을, 할론 1301은 1.25를 각각 곱하여 얻은 양 이상으로 할 것**

　　가. 윗면이 개방된 용기에 저장하는 경우와 화재시 연소면이 1면에 한정되고 가연물이 비산할 우려가 없는 경우에는 다음 표에 따른 양

소화약제의 종별	방호대상물의 표면적 1 m²에 대한 소화약제의 양
할론 2402	8.8kg
할론 1211	7.6kg
할론 1301	6.8kg

나. 가목외의 경우에는 방호공간(방호대상물의 각부분으로부터 0.6미터의 거리에 따라 둘러싸인 공간을 말한다. 이하 같다)의 체적 1세제곱미터에 대하여 다음의 식에 따라 산출한 양

$$Q = X - Y\frac{a}{A}$$

Q : 방호공간 $1m^3$에 대한 할론소화약제의 양(kg/m^3)

a : 방호대상물의 주위에 설치된 벽의 면적의 합계(m^2)

A : 방호공간의 벽면적(벽이 없는 경우에는 벽이 있는 것으로 가정한 해당 부분의 면적)의 합계(m^2)

X 및 Y : 다음표의 수치

소화약제의 종별	X의 수치	Y의 수치
할론 2402	5.2	3.9
할론 1211	4.4	3.3
할론 1301	4.0	3.0

3. 호스릴할론소화설비는 하나의 노즐에 대하여 50킬로그램(할론 1301은 45킬로그램) 이상으로 할 것

제6조(기동장치)

① 할론소화설비의 수동식 기동장치는 조작, 피난 및 유지관리가 용이한 장소에 설치하되 **전역방출방식은 방호구역마다, 국소방출방식은 방호대상물마다** 설치해야 한다. 이 경우 수동식 기동장치의 부근에는 소화약제의 방출을 지연시킬 수 있는 방출지연스위치를 설치해야 한다.

② 할론소화설비의 자동식 기동장치는 자동화재탐지설비의 감지기의 작동과 연동하는 것으로서 수동으로도 기동할 수 있는 구조로 설치해야 한다.

③ 할론소화설비가 설치된 부분의 출입구 등의 보기 쉬운 곳에 소화약제의 방출을 표시하는 표시등을 설치해야 한다.

제7조(제어반 등)

할론소화설비의 제어반 및 화재표시반은 다음 각 호의 기준에 따라 설치해야 한다.

1. 제어반은 수동기동장치 또는 화재감지기에서의 신호를 수신하여 음향경보장치의 작동, 소화약제의 방출 또는 지연 등 기타의 제어기능을 가진 것으로 하고, 제어반에는 전원표시등을 설치할 것

2. 화재표시반은 제어반에서의 신호를 수신하여 작동하는 기능을 가진 것으로 설치할 것

3. 제어반 및 화재표시반은 화재 및 침수 등의 재해로 인한 피해를 받을 우려가 없고 점검에 편리한 장소에 설치할 것

제8조(배관)

할론소화설비의 배관은 다음 각 호의 기준에 따라 설치해야 한다.

1. 배관은 전용으로 할 것

2. 강관을 사용하는 경우의 배관은 압력 배관용 탄소 강관(KS D 3562) 중 스케줄 80(저압식은 스케줄 40) 이상의 것 또는 이와 동등 이상의 강도를 가진 것으로 아연도금 등으로 방식 처리된 것을 사용할 것

3. **동관을 사용하는 경우의 배관은 이음이 없는 구리 및 구리합금관(KS D 5301)으로서 고압식은 16.5메가파스칼 이상, 저압식은 3.75메가파스칼 이상**의 압력에 견딜 수 있는 것을 사용할 것

4. 배관부속 및 밸브류는 강관 또는 동관과 동등 이상의 강도 및 내식성이 있는 것으로 할 것

제9조(선택밸브)

하나의 특정소방대상물 또는 그 부분에 둘 이상의 방호구역 또는 방호대상물이 있어 할론 저장용기를 공용하는 경우에는 방호구역 또는 방호대상물마다 선택밸브를 설치해야 한다.

제10조(분사헤드)

① 전역방출방식의 할론소화설비의 분사헤드는 다음 각 호의 기준에 따라 설치해야 한다.

1. 방출된 소화약제가 방호구역의 전역에 균일하고 신속하게 확산할 수 있도록 할 것

2. 할론 2402를 방출하는 분사헤드는 해당 소화약제가 무상으로 분무되는 것으로 할 것

3. 분사헤드의 방출압력은 0.1메가파스칼(할론 1211을 방출하는 것은 0.2메가파스칼, 할론1301을 방출하는 것은 0.9메가파스칼) 이상으로 할 것

4. 제5조에 따른 기준저장량의 소화약제를 10초 이내에 방출할 수 있는 것으로 할 것

② 국소방출방식의 할론소화설비의 분사헤드는 다음 각 호의 기준에 따라 설치해야 한다.

1. 소화약제의 방출에 따라 가연물이 비산하지 않는 장소에 설치할 것

2. 할론 2402를 방출하는 분사헤드는 해당 소화약제가 무상으로 분무되는 것으로 할 것

3. **분사헤드의 방출압력은 0.1메가파스칼(할론 1211을 방출하는 것은 0.2메가파스칼, 할론 1301을 방출하는 것은 0.9메가파스칼) 이상**으로 할 것

4. 제5조에 따른 기준저장량의 소화약제를 10초 이내에 방출할 수 있는 것으로 할 것

③ 화재 시 현저하게 연기가 찰 우려가 없는 장소로서 다음 각 호의 어느 하나에 해당하는 장소에는 호스릴방식의 할론소화설비를 설치할 수 있다. 다만, 차고 또는 주차의 용도로 사용되는 장소는 제외한다. 〈개정 2023. 2. 10.〉

> 1. 지상 1층 및 피난층에 있는 부분으로서 지상에서 수동 또는 원격조작에 따라 개방할 수 있는 개구부의 유효면적의 합계가 바닥면적의 15퍼센트 이상이 되는 부분
> 2. 전기설비가 설치되어 있는 부분 또는 다량의 화기를 사용하는 부분(해당 설비의 주위 5미터 이내의 부분을 포함한다)의 바닥면적이 해당 설비가 설치되어 있는 구획의 바닥면적의 5분의 1 미만이 되는 부분

④ 호스릴방식의 할론소화설비는 다음 각 호의 기준에 따라 설치해야 한다.
〈개정 2023. 2. 10.〉

> 1. 방호대상물의 각 부분으로부터 하나의 호스접결구까지의 수평거리는 20미터 이하가 되도록 할 것
> 2. 소화약제의 저장용기의 개방밸브는 호스릴의 설치장소에서 수동으로 개폐할 수 있는 것으로 할 것
> 3. 소화약제의 저장용기는 호스릴을 설치하는 장소마다 설치할 것
> 4. 노즐은 섭씨 20도에서 하나의 노즐마다 분당 45킬로그램(할론 1211은 40킬로그램, 할론 1301은 35킬로그램) 이상의 소화약제를 방사할 수 있는 것으로 할 것
> 5. 소화약제 저장용기의 가장 가까운 곳의 보기 쉬운 곳에 표시등을 설치하고, 호스릴방식의 할론소화설비가 있다는 뜻을 표시한 표지를 할 것 〈개정 2023. 2. 10.〉

⑤ 할론소화설비의 분사헤드의 오리피스구경 등은 다음 각 호의 기준에 적합해야 한다.
1. 분사헤드에는 부식방지조치를 해야 하며 오리피스의 크기, 제조일자, 제조업체가 표시되도록 할 것
2. 분사헤드의 개수는 방호구역에 방출 시간이 충족되도록 설치할 것
3. 분사헤드의 방출률 및 방출압력은 제조업체에서 정한 값으로 할 것
4. 분사헤드의 오리피스의 면적은 분사헤드가 연결되는 배관구경 면적의 70퍼센트 이하가 되도록 할 것

제11조(자동식 기동장치의 화재감지기)

할론소화설비의 자동식 기동장치는 각 방호구역 내 화재감지기의 감지에 따라 작동되도록 하고, 화재감지기의 회로는 교차회로방식으로 설치해야 한다.

제12조(음향경보장치)

① 할론소화설비의 음향경보장치는 다음 각 호의 기준에 따라 설치해야 한다.

    1. 수동식 기동장치를 설치한 것은 그 기동장치의 조작과정에서, 자동식 기동장치를 설치한 것은 화재감지기와 연동하여 자동으로 경보를 발하는 것으로 할 것

    2. 소화약제의 방출개시 후 1분 이상 경보를 계속할 수 있는 것으로 할 것

    3. 방호구역 또는 방호대상물이 있는 구획 안에 있는 자에게 유효하게 경보할 수 있는 것으로 할 것

② 방송에 따른 경보장치를 설치할 경우에는 다음 각 호의 기준에 따라야 한다.

    1. 증폭기 재생장치는 화재 시 연소의 우려가 없고, 유지관리가 쉬운 장소에 설치할 것

    2. 방호구역 또는 방호대상물이 있는 구획의 각 부분으로부터 하나의 확성기까지의 수평거리는 25미터 이하가 되도록 할 것

    3. 제어반의 복구스위치를 조작하여도 경보를 계속 발할 수 있는 것으로 할 것

제13조(자동폐쇄장치)

전역방출방식의 할론소화설비를 설치한 특정소방대상물 또는 그 부분에 대하여 환기장치 등을 설치한 것은 소화약제가 방출되기 전에 해당 환기장치 등이 정지될 수 있도록 하고, 개구부 및 통기구가 있어 소화약제의 유출에 따라 소화효과를 감소시킬 우려가 있는 것은 소화약제가 방출되기 전에 당해 개구부 및 통기구를 폐쇄할 수 있도록 자동폐쇄장치를 설치해야 한다.

제14조(비상전원)

할론소화설비(호스릴방식은 제외한다)의 비상전원은 자가발전설비, 축전지설비 또는 전기저장장치로서 다음 각 호의 기준에 따라 설치해야 한다.

    1. 점검에 편리하고 화재 및 침수 등의 재해로 인한 피해를 받을 우려가 없는 곳에 설치할 것

    2. 할론소화설비를 유효하게 20분 이상 작동할 수 있어야 할 것

    3. 상용전원으로부터 전력의 공급이 중단된 때에는 자동으로 비상전원으로부터 전력을 공급받을 수 있도록 할 것

    4. 비상전원의 설치장소는 다른 장소와 방화구획 할 것

    5. 비상전원을 실내에 설치하는 때에는 그 실내에 비상조명등을 설치할 것

제15조(설계프로그램)

할론소화설비를 설계프로그램을 이용하여 설계할 경우에는 「가스계소화설비 설계프로그램의 성능인증 및 제품검사의 기술기준」에 적합한 설계프로그램을 사용해야 한다.

할로겐화합물 및 불활성기체 소화설비의 화재안전성능기준(NFPC 107A)

[시행 2022. 12. 1.] [소방청고시 제2022-41호, 2022. 11. 25., 전부개정]

제1조(목적)

이 기준은 「소방시설 설치 및 관리에 관한 법률」(이하 "법"이라 한다) 제2조제1항제6호가목에 따라 소방청장에게 위임한 사항 중 소화설비인 물분무등소화설비 중 할로겐화합물 및 불활성기체소화설비의 성능기준을 규정함을 목적으로 한다.

제2조(적용범위)

이 기준은 「소방시설 설치 및 관리에 관한 법률 시행령」(이하 "영"이라 한다) 별표 5 제1호바목에 따른 물분무등소화설비 중 할로겐화합물 및 불활성기체소화설비의 설치 및 관리에 대해 적용한다.

제3조(정의)

이 기준에서 사용하는 용어의 정의는 다음과 같다.

1. "할로겐화합물 및 불활성기체소화약제"란 할로겐화합물(할론 1301, 할론 2402, 할론 1211 제외) 및 불활성기체로서 전기적으로 비전도성이며 휘발성이 있거나 증발 후 잔여물을 남기지 않는 소화약제를 말한다.
2. "할로겐화합물소화약제"란 불소, 염소, 브롬 또는 요오드 중 하나 이상의 원소를 포함하고 있는 유기화합물을 기본성분으로 하는 소화약제를 말한다.
3. "불활성기체소화약제"란 헬륨, 네온, 아르곤 또는 질소가스 중 하나 이상의 원소를 기본성분으로 하는 소화약제를 말한다.
4. "충전밀도"란 소화약제의 중량과 소화약제 저장용기의 내부 용적과의 비(중량/용적)를 말한다.
5. "방화문"이란 「건축법 시행령」 제64조의 규정에 따른 60분+ 방화문, 60분 방화문 또는 30분 방화문을 말한다.
6. "교차회로방식"이란 하나의 방호구역 내에 둘 이상의 화재감지기회로를 설치하고 인접한 둘 이상의 화재감지기에 화재가 감지되는 때에 소화설비가 작동하는 방식을 말한다.
7. "방호구역"이란 소화설비의 소화범위 내에 포함된 영역을 말한다.
8. "별도 독립방식"이란 소화약제 저장용기와 배관을 방호구역별로 독립적으로 설치하는 방식을 말한다.

9. "선택밸브"란 둘 이상의 방호구역 또는 방호대상물이 있어 소화수 또는 소화약제를 해당하는 방호구역 또는 방호대상물에 선택적으로 방출되도록 제어하는 밸브를 말한다.

10. "설계농도"란 방호대상물 또는 방호구역의 소화약제 저장량을 산출하기 위한 농도로서 소화농도에 안전율을 고려하여 설정한 농도를 말한다.

11. "소화농도"란 규정된 실험 조건의 화재를 소화하는 데 필요한 소화약제의 농도(형식승인대상의 **소화약제는 형식승인된 소화농도**)를 말한다.

12. "집합관"이란 개별 소화약제(가압용 가스 포함) 저장용기의 방출관이 접속되어 있는 관을 말한다.

13. "최대허용 설계농도"란 사람이 상주하는 곳에 적용하는 소화약제의 설계농도로서, 인체의 안전에 영향을 미치지 않는 농도를 말한다.

제4조(종류)

소화설비에 적용되는 할로겐화합물 및 불활성기체소화약제는 다음 표에서 정하는 것에 한한다.

소 화 약 제	화 학 식
퍼플루오로부탄(이하 "FC-3-1-10"이라 한다)	C_4F_{10}
하이드로클로로플루오로카본혼화제 (이하 "HCFC BLEND A"라 한다)	HCFC-123($CHCl_2CF_3$) : 4.75% HCFC-22($CHClF_2$) : 82% HCFC-124($CHClFCF_3$) : 9.5% $C_{10}H_{16}$: 3.75%
클로로테트라플루오르에탄(이하 "HCFC-124"라 한다)	$CHClFCF_3$
펜타플루오로에탄(이하 "HFC-125"라 한다)	CHF_2CF_3
헵타플루오로프로판(이하 "HFC-227ea"라 한다)	CF_3CHFCF_3
트리플루오로메탄(이하 "HFC-23"라 한다)	CHF_3
헥사플루오로프로판(이하 "HFC-236fa"라 한다)	$CF_3CH_2CF_3$
트리플루오로이오다이드(이하 "FIC-13I1"라 한다)	CF_3I
불연성・불활성기체혼합가스(이하 "IG-01"이라 한다)	Ar
불연성・불활성기체혼합가스(이하 "IG-100"이라 한다)	N_2
불연성・불활성기체혼합가스(이하 "IG-541"이라 한다)	N_2 : 52%, Ar : 40%, CO_2: 8%
불연성・불활성기체혼합가스(이하 "IG-55"이라 한다)	N_2 : 50%, Ar : 50%
도데카플루오로-2-메틸펜탄-3-원 (이하 "FK-5-1-12"라 한다)	$CF_3CF_2C(O)CF(CF_3)_2$

제5조(설치제외)

할로겐화합물 및 불활성기체소화설비는 사람이 상주하는 곳으로 최대허용 설계농도를 초과하는 장소 또는 소화성능이 인정되지 않는 위험물을 저장·보관·사용하는 장소 등에는 설치할 수 없다.

제6조(저장용기)

① 할로겐화합물 및 불활성기체소화약제의 저장용기는 방호구역 외의 장소로서 방화구획된 실에 설치해야 한다.

② **할로겐화합물 및 불활성기체소화약제의 저장용기**는 다음 각 호의 기준에 적합해야 한다.

  1. 저장용기의 충전밀도 및 충전압력은 할로겐화합물 및 불활성기체소화약제의 종류에 따라 적용할 것

  2. 동일 집합관에 접속되는 저장용기는 동일한 내용적을 가진 것으로 충전량 및 충전압력이 같도록 할 것

  3. 저장용기의 약제량 손실이 5퍼센트를 초과하거나 압력손실이 10퍼센트를 초과할 경우에는 재충전하거나 저장용기를 교체할 것. 다만, 불활성기체 소화약제 저장용기의 경우에는 압력손실이 5퍼센트를 초과할 경우 재충전하거나 저장용기를 교체해야 한다.

③ 하나의 방호구역을 담당하는 저장용기의 소화약제의 체적 합계보다 소화약제의 방출 시 방출경로가 되는 배관(집합관을 포함한다)의 내용적의 비율이 할로겐화합물 및 불활성기체소화약제 제조업체(이하 "제조업체"라 한다)의 설계기준에서 정한 값 이상일 경우에는 해당 방호구역에 대한 설비는 별도 독립방식으로 해야 한다.

제7조(소화약제량의 산정)

① **소화약제의 저장량**은 다음 각 호의 기준에 따른다.

  1. 할로겐화합물소화약제의 경우, 방호구역의 체적, 소화약제별 선형상수, 소화약제의 설계농도 등을 고려하여 다음 공식에 따라 산출한 양 이상으로 할 것

$$W = \frac{V}{S} \times \left[\frac{C}{(100 - C)} \right]$$

W : 소화약제의 무게(kg)

V : 방호구역의 체적(m^3)

소 화 약 제	K_1	K_2
FC-3-1-10	0.094104	0.00034455
HCFC BLEND A	0.2413	0.00088
HCFC-124	0.1575	0.0006
HFC-125	0.1825	0.0007
HFC-227ea	0.1269	0.0005
HFC-23	0.3164	0.0012
HFC-236fa	0.1413	0.0006
FIC-1311	0.1138	0.0005
FK-5-1-12	0.0664	0.0002741

S : 소화약제별 선형상수$(K_1 + K_2 \times t)(\mathrm{m}^3/\mathrm{kg})$

C : 체적에 따른 소화약제의 설계농도(%)

t : 방호구역의 최소예상온도(℃)

2. 불활성기체소화약제의 경우, 소화약제의 비체적, 소화약제별 선형상수, 소화약제의 설계농도 등을 고려하여 다음 공식에 따라 산출한 양 이상으로 할 것

$$X = 2.303 \left(\frac{V_s}{S}\right) \times Log_{10} \left[\frac{100}{(100 - C)}\right]$$

X : 공간체적당 더해진 소화약제의 부피$(\mathrm{m}^3/\mathrm{m}^3)$

S : 소화약제별 선형상수$(K_1 + K_2 \times t)(\mathrm{m}^3/\mathrm{kg})$

C : 체적에 따른 소화약제의 설계농도(%)

V_s : 20℃에서 소화약제의 비체적$(\mathrm{m}^3/\mathrm{kg})$

t : 방호구역의 최소예상온도(℃)

소 화 약 제	K_1	K_2
IG-01	0.5685	0.00208
IG-100	0.7997	0.00293
IG-541	0.65799	0.00239
IG-55	0.6598	0.00242

3. 체적에 따른 소화약제의 설계농도(%)는 상온에서 제조업체의 설계기준에서 정한 실험수치를 적용한다. 이 경우 설계농도는 소화농도(%)에 A · B · C급 화재별 안전계수를 곱한 값으로 할 것

② 제1항의 기준에 의해 산출한 소화약제량은 사람이 상주하는 곳에서는 소화약제의 종류에 따른 최대허용 설계농도를 초과할 수 없다.

③ 방호구역이 둘 이상인 장소의 소화설비가 제6조제3항의 기준에 해당하지 않는 경우에 한하여 가장 큰 방호구역에 대하여 제1항의 기준에 의해 산출한 양 이상이 되도록 해야 한다.

제8조(기동장치)

① 할로겐화합물 및 불활성기체소화설비의 수동식 기동장치는 방호구역마다 설치하되, 조작, 피난 및 유지관리가 용이한 장소에 설치해야 한다. 이 경우 수동식 기동장치의 부근에는 소화약제의 방출을 지연시킬 수 있는 방출지연스위치를 설치해야 한다.

② 할로겐화합물 및 불활성기체소화설비의 자동식 기동장치는 자동화재탐지설비의 감지기의 작동과 연동하는 것으로서 수동식 기동장치를 함께 설치해야 한다.

③ 할로겐화합물 및 불활성기체소화설비가 설치된 부분의 출입구 등의 보기 쉬운 곳에 소화약제의 방출을 표시하는 표시등을 설치해야 한다.

제9조(제어반 등)

할로겐화합물 및 불활성기체소화설비의 제어반 및 화재표시반은 다음 각 호의 기준에 따라 설치해야 한다.

1. 제어반은 수동기동장치 또는 감지기에서의 신호를 수신하여 음향경보장치의 작동, 소화약제의 방출 또는 지연 등 기타의 제어기능을 가진 것으로 하고, 제어반에는 전원표시등을 설치할 것
2. 화재표시반은 제어반에서의 신호를 수신하여 작동하는 기능을 가진 것으로 설치할 것
3. 제어반 및 화재표시반은 화재 또는 침수 등의 재해로 인한 피해를 받을 우려가 없고 점검에 편리한 장소에 설치할 것

제10조(배관)

① 할로겐화합물 및 불활성기체소화설비의 배관은 다음 각 호의 기준에 따라 설치해야 한다.
  1. 배관은 전용으로 할 것
  2. 배관·배관부속 및 밸브류는 저장용기의 방출내압을 견딜 수 있어야 하며 다음 각 목의 기준에 적합할 것. 이 경우 설계내압은 최소사용설계압력 이상으로 한다.
    가. 강관을 사용하는 경우의 배관은 압력 배관용 탄소 강관(KS D 3562) 또는 이와 동등 이상의 강도를 가진 것으로서 아연도금 등에 따라 방식처리된 것을 사용할 것
    나. 동관을 사용하는 경우의 배관은 이음이 없는 구리 및 구리합금관(KS D 5301)의 것을 사용할 것

다. 배관의 두께는 다음의 계산식에서 구한 값(t) 이상일 것 다만, 방출헤드 설치부는 제외한다.

배관의 두께 $t = \dfrac{PD}{2SE} + A$

P : 최대허용압력(㎪)

D : 배관의 바깥지름(mm)

SE : 최대허용응력(㎪)

(배관재질 인장강도의 1/4값과 항복점의 2/3 값중 적은 값

×배관이음효율×1.2)

A : 나사이음, 홈이음 등의허용값(mm))헤드설치부분은 제외한다)

· 나사이음 : 나사의 높이

· 절단홈이음 : 홈의 깊이

· 용접이음 : 0

※ 배관이음효율

· 이음매 없는 배관 : 1.0

· 전기저항 용접배관 : 0.85

· 가열맞대기 용접배관 : 0.60

3. 배관부속 및 밸브류는 강관 또는 동관과 동등 이상의 강도 및 내식성이 있는 것으로 할 것

② 배관과 배관, 배관과 배관 부속 및 밸브류의 접속은 나사접합, 용접접합, 압축접합 또는 플랜지접합 등의 방법을 사용해야 한다.

③ 배관의 구경은 해당 방호구역에 할로겐화합물소화약제는 10초 이내에, 불활성기체소화약제는 A · C급 화재 2분, B급 화재 1분 이내에 방호구역 각 부분에 최소설계농도의 95퍼센트 이상에 해당하는 약제량이 방출되도록 해야 한다.

제11조(선택밸브)

하나의 특정소방대상물 또는 그 부분에 둘 이상의 방호구역이 있어 소화약제의 저장용기를 공용하는 경우에는 방호구역마다 선택밸브를 설치해야 한다.

제12조(분사헤드)

① 할로겐화합물 및 불활성기체소화설비의 분사헤드는 다음 각 호의 기준에 따라야 한다.

1. 분사헤드의 설치높이는 방호구역의 바닥으로부터 최소 0.2미터 이상 최대 3.7미터 이하로 하며 천장높이가 3.7미터를 초과할 경우에는 추가로 다른 열의 분사헤드를 설치할 것
2. 분사헤드의 개수는 방호구역에 제10조제3항을 충족되도록 설치할 것
3. 분사헤드에는 부식방지조치를 해야 하며 오리피스의 크기, 제조일자, 제조업체가 표시되도록 할 것

② 분사헤드의 방출율률 및 방출압력은 제조업체에서 정한 값으로 한다.
③ 분사헤드의 오리피스의 면적은 분사헤드가 연결되는 배관구경 면적의 70퍼센트 이하가 되도록 할 것

제13조(자동식 기동장치의 화재감지기)

할로겐화합물 및 불활성기체소화설비의 자동식 기동장치는 각 방호구역 내의 화재감지기의 감지에 따라 작동되도록 하고, 화재감지기의 회로는 교차회로방식으로 설치해야 한다.

제14조(음향경보장치)

① 할로겐화합물 및 불활성기체소화설비의 음향경보장치는 다음 각 호의 기준에 따라 설치해야 한다.

1. 수동식 기동장치를 설치한 것은 그 기동장치의 조작과정에서, 자동식 기동장치를 설치한 것은 화재감지기와 연동하여 자동으로 경보를 발하는 것으로 할 것
2. 소화약제의 방출 개시 후 1분 이상 경보를 계속할 수 있는 것으로 할 것
3. 방호구역 또는 방호대상물이 있는 구획 안에 있는 자에게 유효하게 경보할 수 있는 것으로 할 것

② 방송에 따른 경보장치를 설치할 경우에는 다음 각 호의 기준에 따라야 한다.

1. 증폭기 재생장치는 화재 시 연소의 우려가 없고, 유지관리가 쉬운 장소에 설치할 것
2. 방호구역 또는 방호대상물이 있는 구획의 각 부분으로부터 하나의 확성기까지의 수평거리는 25미터 이하가 되도록 할 것
3. 제어반의 복구스위치를 조작하여도 경보를 계속 발할 수 있는 것으로 할 것

제15조(자동폐쇄장치)

할로겐화합물 및 불활성기체소화설비를 설치한 특정소방대상물 또는 그 부분에 대하여 환기장치 등을 설치한 것은 소화약제가 방출되기 전에 해당 환기장치 등이 정지될 수 있도록 하고, 개구부 및 통기구가 있어 소화약제의 유출에 따라 소화효과를 감소시킬 우려가 있는 것은 소화약제가 방출되기 전에 당해 개구부 및 통기구를 폐쇄할 수 있도록 자동폐쇄장치를 설치해야 한다.

제16조(비상전원)

할로겐화합물 및 불활성기체소화설비의 비상전원은 자가발전설비, 축전지설비 또는 전기저장장치로서 다음 각 호의 기준에 따라 설치해야 한다.

1. 점검에 편리하고 화재 및 침수 등의 재해로 인한 피해를 받을 우려가 없는 곳에 설치할 것
2. 할로겐화합물 및 불활성기체소화설비를 유효하게 20분 이상 작동할 수 있어야 할 것
3. 상용전원으로부터 전력의 공급이 중단된 때에는 자동으로 비상전원으로부터 전력을 공급받을 수 있도록 할 것
4. 비상전원의 설치장소는 다른 장소와 방화구획 할 것
5. 비상전원을 실내에 설치하는 때에는 그 실내에 비상조명등을 설치할 것

제17조(과압배출구)

할로겐화합물 및 불활성기체소화설비가 설치된 방호구역에는 소화약제 방출 시 과압으로 인한 구조물 등의 손상을 방지하기 위하여 과압배출구를 설치해야 한다.

제18조(설계프로그램)

할로겐화합물 및 불활성기체소화설비를 설계프로그램을 이용하여 설계할 경우에는 「가스계소화설비 설계프로그램의 성능인증 및 제품검사의 기술기준」에 적합한 설계프로그램을 사용해야 한다.

분말소화설비의 화재안전성능기준(NFPC 108)

[시행 2023. 2. 10.] [소방청고시 제2023-4호, 2023. 2. 10., 일부개정]

제1조(목적)

이 기준은 「소방시설 설치 및 관리에 관한 법률」(이하 "법"이라 한다) 제2조제1항제6호가목에 따라 소방청장에게 위임한 사항 중 소화설비인 물분무등소화설비 중 분말소화설비의 성능기준을 규정함을 목적으로 한다.

제2조(적용범위)

이 기준은 「소방시설 설치 및 관리에 관한 법률 시행령」(이하 "영"이라 한다) 별표 4 제1호바목에 따른 물분무등소화설비 중 분말소화설비의 설치 및 관리에 대해 적용한다.

제3조(정의)

이 기준에서 사용하는 용어의 정의는 다음과 같다.

1. "전역방출방식"이란 소화약제 공급장치에 배관 및 분사헤드 등을 설치하여 밀폐 방호구역 내에 소화약제를 방출하는 방식을 말한다.
2. "국소방출방식"이란 소화약제 공급장치에 배관 및 분사헤드를 등을 설치하여 직접 화점에 분말소화약제를 방출하는 방식을 말한다.
3. "호스릴방식"이란 소화수 또는 소화약제 저장용기 등에 연결된 호스릴을 이용하여 사람이 직접 화점에 소화수 또는 소화약제를 방출하는 방식을 말한다.
4. "충전비"란 소화약제 저장용기의 내부 용적과 소화약제의 중량과의 비(용적/중량)를 말한다.
5. "분기배관"이란 배관 측면에 구멍을 뚫어 둘 이상의 관로가 생기도록 가공한 배관으로서 다음 각 목의 분기배관을 말한다.
   가. "비확관형 분기배관"이란 배관의 측면에 분기호칭내경 이상의 구멍을 뚫고 배관이음쇠를 용접 이음한 배관을 말한다.
   나. "확관형 분기배관"이란 배관의 측면에 조그만 구멍을 뚫고 소성가공으로 확관시켜 배관 용접이음자리를 만들거나 배관 용접이음자리에 배관이음쇠를 용접 이음한 배관을 말한다.
6. "교차회로방식"이란 하나의 방호구역 내에 둘 이상의 화재감지기회로를 설치하고 인접한 둘 이상의 화재감지기에 화재가 감지되는 때에 소화설비가 작동하는 방식을 말한다.

7. "방화문"이란 「건축법 시행령」 제64조의 규정에 따른 60분+ 방화문, 60분 방화문 또는 30분 방화문을 말한다.

8. "방호구역"이란 소화설비의 소화범위 내에 포함된 영역을 말한다.

9. "선택밸브"란 둘 이상의 방호구역 또는 방호대상물이 있어 소화수 또는 소화약제를 해당하는 방호구역 또는 방호대상물에 선택적으로 방출되도록 제어하는 밸브를 말한다.

10. "호스릴"이란 원형의 형태를 유지하고 있는 소방호스를 수납장치에 감아 정리한 것을 말한다.

11. "제1종 분말"이란 탄산수소나트륨을 주성분으로 한 분말소화약제를 말한다.

12. "제2종 분말"이란 탄산수소칼륨을 주성분으로 한 분말소화약제를 말한다.

13. "제3종 분말"이란 인산염을 주성분으로 한 분말소화약제를 말한다.

14. "제4종 분말"이란 탄산수소칼륨과 요소가 화합된 분말소화약제를 말한다.

제4조(저장용기)

① 분말소화약제의 저장용기는 방호구역 외의 장소로서 방화구획된 실에 설치해야 한다.

② 분말소화약제의 저장용기는 다음 각 호의 기준에 적합해야 한다.

1. 저장용기의 내용적은 소화약제 1킬로그램당 1리터(제1종 분말은 0.8리터, 제4종 분말은 1.25리터)로 한다.

2. 저장용기에는 가압식은 최고사용압력의 1.8배 이하, 축압식은 용기의 내압시험압력의 0.8배 이하의 압력에서 작동하는 안전밸브를 설치할 것

3. 가압식 저장용기에는 저장용기의 내부압력이 설정압력으로 되었을 때 주밸브를 개방하는 정압작동장치를 설치할 것

4. 저장용기의 충전비는 0.8 이상으로 할 것

5. 저장용기 및 배관에는 잔류 소화약제를 처리할 수 있는 청소장치를 설치할 것

6. 축압식 저장용기에는 사용압력 범위를 표시한 지시압력계를 설치할 것

제5조(가압용가스용기)

① 분말소화약제의 가스용기는 분말소화약제의 저장용기에 접속하여 설치해야 한다.

② 분말소화약제의 가압용가스 용기를 3병 이상 설치한 경우에는 2개 이상의 용기에 전자개방밸브를 부착한다.

③ 분말소화약제의 가압용가스 용기에는 2.5메가파스칼 이하의 압력에서 조정이 가능한 압력조정기를 설치한다.

④ 가압용가스 또는 축압용가스는 다음 각 호의 기준에 따라 설치한다.

  1. 가압용가스 또는 축압용가스는 질소가스 또는 이산화탄소로 할 것

  2. 가압용가스를 질소가스로 사용하는 것의 질소가스는 소화약제 1킬로그램마다 40리터 (섭씨 35도에서 1기압의 압력상태로 환산한 것) 이상, 이산화탄소를 사용하는 것의 이산화탄소는 소화약제 1킬로그램에 대하여 20그램에 배관의 청소에 필요한 양을 가산한 양 이상으로 할 것

  3. 축압용가스에 질소가스를 사용하는 것의 질소가스는 소화약제 1킬로그램에 대하여 10리터(섭씨 35도에서 1기압의 압력상태로 환산한 것) 이상, 이산화탄소를 사용하는 것의 이산화탄소는 소화약제 1킬로그램에 대하여 20그램에 배관의 청소에 필요한 양을 가산한 양 이상으로 할 것

  4. 배관의 청소에 필요한 가스는 별도의 용기에 저장할 것

제6조(소화약제)

① 분말소화설비에 사용하는 소화약제는 **제1종분말 · 제2종분말 · 제3종분말 또는 제4종분말**로 해야 한다.

② 분말소화약제의 저장량은 다음 각 호의 기준에 따라야 한다.

  1. 전역방출방식은 다음 각 목의 기준에 따라 계산하여 나온 양 이상으로 할 것

    가. 방호구역의 체적 1세제곱미터에 대하여 다음 표에 따른 양

소화약제의 종별	방호구역의 체적 1 m³에 대한 소화약제의 양
제1종 분말	0.60kg
제2종 분말 또는 제3종 분말	0.36kg
제4종 분말	0.24kg

    나. 방호구역의 개구부에 자동폐쇄장치를 설치하지 않은 경우에는 가목에 따라 산출한 양에 다음 표에 따라 계산하여 나온 양을 가산한 양

소화약제의 종별	가산량(개구부의 면적 1 m²에 대한 소화약제의 양)
제1종 분말	4.5kg
제2종 분말 또는 제3종 분말	2.7kg
제4종 분말	1.8kg

  2. 국소방출방식은 다음의 기준에 따라 계산하여 나온 양에 1.1을 곱하여 얻은 양 이상으로 할 것

$$Q = X - Y\frac{a}{A}$$

Q : 방호공간(방호대상물의 각 부분으로부터 0.6m의 거리에 따라 둘러싸인 공간을 말한다. 이하 같다) 1m³에 대한 분말소화약제의 양(kg/m³)

a : 방호대상물의 주변에 설치된 벽면적의 합계(m²)

A : 방호공간의 벽면적(벽이 없는 경우에는 벽이 있는 것으로 가정한 당해 부분의 면적)의 합계(m²)

X 및 Y : 다음 표의 수치

소화약제의 종별	X의 수치	Y의 수치
제1종 분말	5.2	3.9
제2종 분말 또는 제3종 분말	3.2	2.4
제4종 분말	2.0	1.5

3. 호스릴분말소화설비는 하나의 노즐에 대하여 30킬로그램(제1종 분말은 50킬로그램, 제4종 분말은 20킬로그램) 이상으로 할 것

제7조(기동장치)

① 분말소화설비의 수동식 기동장치는 조작, 피난 및 유지관리가 용이한 장소에 설치하되 전역방출방식은 방호구역마다, 국소방출방식은 방호대상물마다 설치해야 한다. 이 경우 수동식 기동장치의 부근에는 소화약제의 방출을 지연시킬 수 있는 방출지연스위치를 설치해야 한다.

② 분말소화설비의 자동식 기동장치는 자동화재탐지설비의 감지기의 작동과 연동하는 것으로서 수동으로도 기동할 수 있는 구조로 설치해야 한다.

③ 분말소화설비가 설치된 부분의 출입구 등의 보기 쉬운 곳에 소화약제의 방출을 표시하는 표시등을 설치해야 한다.

제8조(제어반 등)

분말소화설비의 제어반 및 화재표시반은 다음 각 호의 기준에 따라 설치해야 한다.

1. 제어반은 수동기동장치 또는 감지기에서의 신호를 수신하여 음향경보장치의 작동, 소화약제의 방출 또는 지연 등 기타의 제어기능을 가진 것으로 하고, 제어반에는 전원표시등을 설치할 것

2. 화재표시반은 제어반에서의 신호를 수신하여 작동하는 기능을 가진 것으로 설치할 것

3. 제어반 및 화재표시반은 화재 및 침수 등의 재해로 인한 피해를 받을 우려가 없고 점검에 편리한 장소에 설치할 것

제9조(배관)

분말소화설비의 배관은 다음 각 호의 기준에 따라 설치해야 한다.

1. 배관은 전용으로 할 것
2. 강관을 사용하는 경우의 배관은 아연도금에 따른 배관용 탄소 강관(KS D 3507)이나 이와 동등 이상의 강도·내식성 및 내열성을 가진 것으로 할 것. 다만, 축압식분말소화설비에 사용하는 것 중 20℃에서 압력이 2.5메가파스칼 이상 4.2메가파스칼 이하인 것은 압력 배관용 탄소 강관(KS D 3562)중 이음이 없는 스케줄(schedule) 40 이상인 것 또는 이와 동등 이상의 강도를 가진 것으로서 아연도금으로 방식처리된 것을 사용한다.
3. 동관을 사용하는 경우의 배관은 고정압력 또는 최고사용압력의 1.5배 이상의 압력에 견딜 수 있는 것을 사용할 것
4. 밸브류는 개폐위치 또는 개폐방향을 표시한 것으로 할 것
5. 배관의 관부속 및 밸브류는 배관과 동등 이상의 강도 및 내식성이 있는 것으로 할 것
6. 확관형 분기배관을 사용할 경우에는 소방청장이 정하여 고시한 「분기배관의 성능인증 및 제품검사의 기술기준」에 적합한 것으로 설치할 것

제10조(선택밸브)

하나의 특정소방대상물 또는 그 부분에 둘 이상의 방호구역 또는 방호대상물이 있어 분말소화설비 저장용기를 공용하는 경우에는 방호구역 또는 방호대상물마다 선택밸브를 설치해야 한다.

제11조(분사헤드)

① 전역방출방식의 분말소화설비의 분사헤드는 다음 각 호의 기준에 따라 설치해야 한다.
1. 방출된 소화약제가 방호구역의 전역에 균일하고 신속하게 확산할 수 있도록 할 것
2. 제6조제2항제1호에 따른 소화약제 저장량을 30초 이내에 방출할 수 있는 것으로 할 것
② 국소방출방식의 분말소화설비의 분사헤드는 다음 각 호의 기준에 따라 설치해야 한다.
1. 소화약제의 방출에 따라 가연물이 비산하지 않는 장소에 설치할 것
2. 제6조제2항제2호에 따른 기준저장량의 소화약제를 30초 이내에 방출할 수 있는 것으로 할 것
③ 화재 시 현저하게 연기가 찰 우려가 없는 장소로서 다음 각 호의 어느 하나에 해당하는 장소에는 호스릴방식의 분말소화설비를 설치할 수 있다. 다만, 차고 또는 주차의 용도로 사용되는 장소는 제외한다. 〈개정 2023. 2. 10.〉

1. 지상 1층 및 피난층에 있는 부분으로서 지상에서 수동 또는 원격조작에 따라 개방할 수 있는 개구부의 유효면적의 합계가 바닥면적의 15퍼센트 이상이 되는 부분
2. 전기설비가 설치되어 있는 부분 또는 다량의 화기를 사용하는 부분(해당 설비의 주위 5미터 이내의 부분을 포함한다)의 바닥면적이 해당 설비가 설치되어 있는 구획의 바닥면적의 5분의 1 미만이 되는 부분

④ 호스릴방식의 분말소화설비는 다음 각 호의 기준에 따라 설치해야 한다. 〈개정 2023. 2. 10.〉

1. 방호대상물의 각 부분으로부터 하나의 호스접결구까지의 수평거리가 15미터 이하가 되도록 할 것
2. 소화약제의 저장용기의 개방밸브는 호스릴의 설치장소에서 수동으로 개폐할 수 있는 것으로 할 것
3. 소화약제의 저장용기는 호스릴을 설치하는 장소마다 설치할 것
4. 호스릴방식의 분말소화설비는 하나의 노즐마다 분당 27킬로그램 (제1종 분말은 45킬로그램, 제4종 분말은 18킬로그램) 이상의 소화약제를 방사할 수 있는 것으로 할 것 〈개정 2023. 2. 10.〉
5. 저장용기에는 그 가까운 곳의 보기 쉬운 곳에 적색의 표시등을 설치하고, 호스릴방식의 분말소화설비가 있다는 뜻을 표시한 표지를 할 것 〈개정 2023. 2. 10.〉

제12조(자동식기동장치의 화재감지기)

분말소화설비의 자동식 기동장치는 각 방호구역 내의 화재감지기의 감지에 따라 작동되도록 하고, 화재감지기의 회로는 교차회로방식으로 설치해야 한다.

제13조(음향경보장치)

① 분말소화설비의 음향경보장치는 다음 각 호의 기준에 따라 설치해야 한다.

1. 수동식 기동장치를 설치한 것은 그 기동장치의 조작과정에서, 자동식 기동장치를 설치한 것은 화재감지기와 연동하여 자동으로 경보를 발하는 것으로 할 것
2. 소화약제의 방출개시 후 1분 이상 경보를 계속할 수 있는 것으로 할 것
3. 방호구역 또는 방호대상물이 있는 구획 안에 있는 자에게 유효하게 경보할 수 있는 것으로 할 것

② 방송에 따른 경보장치를 설치할 경우에는 다음 각 호의 기준에 따라야 한다.
   1. 증폭기 재생장치는 화재 시 연소의 우려가 없고, 유지관리가 쉬운 장소에 설치할 것
   2. 방호구역 또는 방호대상물이 있는 구획의 각 부분으로부터 하나의 확성기까지의 수평거리는 25미터 이하가 되도록 할 것
   3. 제어반의 복구스위치를 조작하여도 경보를 계속 발할 수 있는 것으로 할 것

제14조(자동폐쇄장치)

전역방출방식의 분말소화설비를 설치한 특정소방대상물 또는 그 부분에 대하여 환기장치를 설치한 것은 소화약제가 방출되기 전에 해당 환기장치가 정지될 수 있도록 하고, 개구부 및 통기구가 있어 소화약제의 유출에 따라 소화효과를 감소시킬 우려가 있는 것은 소화약제가 방출되기 전에 당해 개구부 및 통기구를 폐쇄할 수 있도록 자동폐쇄장치를 설치해야 한다.

제15조(비상전원)

분말소화설비(호스릴방식은 제외한다)의 **비상전원은 자가발전설비, 축전지설비 또는 전기저장장치**로서 다음 각 호의 기준에 따라 설치해야 한다.
   1. 점검에 편리하고 화재 및 침수 등의 재해로 인한 피해를 받을 우려가 없는 곳에 설치할 것
   2. 분말소화설비를 유효하게 20분 이상 작동할 수 있어야 할 것
   3. 상용전원으로부터 전력의 공급이 중단된 때에는 자동으로 비상전원으로부터 전력을 공급받을 수 있도록 할 것
   4. 비상전원의 설치장소는 다른 장소와 방화구획 할 것
   5. 비상전원을 실내에 설치하는 때에는 그 실내에 비상조명등을 설치할 것

옥외소화전설비의 화재안전성능기준(NFPC 109)

[시행 2022. 12. 1.] [소방청고시 제2022-43호, 2022. 11. 25., 전부개정]

제1조(목적)

이 기준은 「소방시설 설치 및 관리에 관한 법률」(이하 "법"이라 한다) 제2조제1항제6호가목에 따라 소방청장에게 위임한 사항 중 소화설비인 옥외소화전설비의 성능기준을 규정함을 목적으로 한다.

제2조(적용범위)

이 기준은 「소방시설 설치 및 관리에 관한 법률 시행령」(이하 "영"이라 한다) 별표 4 제1호사목에 따른 옥외소화전설비의 설치 및 관리에 대해 적용한다.

제3조(정의)

이 기준에서 사용하는 용어의 정의는 다음과 같다.

1. "고가수조"란 구조물 또는 지형지물 등에 설치하여 자연낙차의 압력으로 급수하는 수조를 말한다.
2. "압력수조"란 소화용수와 공기를 채우고 일정압력 이상으로 가압하여 그 압력으로 급수하는 수조를 말한다.
3. "충압펌프"란 배관 내 압력손실에 따른 주펌프의 빈번한 기동을 방지하기 위하여 충압 역할을 하는 펌프를 말한다.
4. "연성계"란 대기압 이상의 압력과 대기압 이하의 압력을 측정할 수 있는 계측기를 말한다.
5. "진공계"란 대기압 이하의 압력을 측정하는 계측기를 말한다.
6. "정격토출량"이란 펌프의 정격부하운전 시 토출량으로서 정격토출압력에서의 토출량을 말한다.
7. "정격토출압력"이란 펌프의 정격부하운전 시 토출압력으로서 정격토출량에서의 토출측 압력을 말한다.
8. "개폐표시형밸브"란 밸브의 개폐여부를 외부에서 식별이 가능한 밸브를 말한다.
9. "기동용수압개폐장치"란 소화설비의 배관 내 압력변동을 검지하여 자동적으로 펌프를 기동 및 정지시키는 것으로서 압력챔버 또는 기동용압력스위치 등을 말한다.
10. "급수배관"이란 수원 송수구 등으로 부터 소화설비에 급수하는 배관을 말한다.
11. "분기배관"이란 배관 측면에 구멍을 뚫어 둘 이상의 관로가 생기도록 가공한 배관으로서 다음 각 목의 분기배관을 말한다.

가. "확관형 분기배관"이란 배관의 측면에 조그만 구멍을 뚫고 소성가공으로 확관시켜 배관 용접이음자리를 만들거나 배관 용접이음자리에 배관이음쇠를 용접 이음한 배관을 말한다.

나. "비확관형 분기배관"이란 배관의 측면에 분기호칭내경 이상의 구멍을 뚫고 배관이음쇠를 용접 이음한 배관을 말한다.

12. "가압수조"란 가압원인 압축공기 또는 불연성 기체의 압력으로 소화용수를 가압하여 그 압력으로 급수하는 수조를 말한다.

제4조(수원)

① 옥외소화전설비의 수원은 그 저수량이 옥외소화전의 설치개수(옥외소화전이 2개 이상 설치된 경우에는 2개)에 7세제곱미터를 곱한 양 이상이 되도록 해야 한다.

② 옥외소화전설비의 수원을 수조로 설치하는 경우에는 소방소화설비의 전용수조로 해야 한다.

③ 제1항에 따른 저수량을 산정함에 있어서 다른 설비와 겸용하여 옥외소화전설비용 수조를 설치하는 경우에는 옥외소화전설비의 풋밸브·흡수구 또는 수직배관의 급수구와 다른 설비의 풋밸브·흡수구 또는 수직배관의 급수구와의 사이의 수량을 그 유효수량으로 한다.

④ 옥외소화전설비용 수조는 다음 각 호의 기준에 따라 설치해야 한다.

1. 점검에 편리한 곳에 설치할 것
2. 동결방지조치를 하거나 동결의 우려가 없는 장소에 설치할 것
3. 수조에는 수위계, 고정식 사다리, 청소용 배수밸브(또는 배수관), 표지 및 실내 조명 등 수조의 유지관리에 필요한 설비를 설치할 것

제5조(가압송수장치)

① 전동기 또는 내연기관에 따른 펌프를 이용하는 가압송수장치는 다음 각 호의 기준에 따라 설치해야 한다.

1. 쉽게 접근할 수 있고 점검하기에 충분한 공간이 있는 장소로서 화재 및 침수 등의 재해로 인한 피해를 받을 우려가 없는 곳에 설치할 것
2. 동결방지조치를 하거나 동결의 우려가 없는 장소에 설치할 것
3. 특정소방대상물에 설치된 옥외소화전(두 개 이상 설치된 경우에는 두 개의 옥외소화전)을 동시에 사용할 경우 각 옥외소화전의 노즐선단에서의 방수압력이 0.25메가파스칼 이상이고, 방수량이 분당 350리터 이상이 유지되는 성능의 것으로 할 것. 다만, 하나의 옥외소화전을 사용하는 노즐선단에서의 방수압력이 0.7메가파스칼을 초과할 경우에는 호스접결구의 인입측에 감압장치를 설치해야 한다.

4. 펌프는 전용으로 할 것

5. 펌프의 토출측에는 압력계를 설치하고, 흡입측에는 연성계 또는 진공계를 설치할 것

6. 펌프의 성능은 체절운전 시 정격토출압력의 140퍼센트를 초과하지 않고, 정격토출량의 150퍼센트로 운전 시 정격토출압력의 65퍼센트 이상이 되어야 하며, 펌프의 성능을 시험할 수 있는 성능시험배관을 설치할 것

7. 가압송수장치에는 체절운전 시 수온의 상승을 방지하기 위한 순환배관을 설치할 것

8. 기동장치로는 기동용수압개폐장치 또는 이와 동등 이상의 성능이 있는 것을 설치할 것. 다만, 아파트 · 업무시설 · 학교 · 전시시설 · 공장 · 창고시설 또는 종교시설 등으로서 동결의 우려가 있는 장소에 있어서는 기동스위치에 보호판을 부착하여 옥외소화전함 내에 설치할 수 있다.

9. 수원의 수위가 펌프보다 낮은 위치에 있는 가압송수장치에는 물올림장치를 설치할 것

10. 기동용수압개폐장치를 기동장치로 사용할 경우에는 충압펌프를 설치할 것

11. 내연기관을 사용하는 경우에는 제어반에 따라 내연기관의 자동기동 및 수동기동이 가능하고, 상시 충전되어 있는 축전지설비와 펌프를 20분 이상 운전할 수 있는 용량의 연료를 갖출 것

12. 가압송수장치가 기동이 된 경우에는 자동으로 정지되지 않도록 할 것

13. 가압송수장치는 부식 등으로 인한 펌프의 고착을 방지할 수 있도록 청동 또는 스테인리스 등 부식에 강한 재질을 사용할 것

② 고가수조의 자연낙차를 이용한 가압송수장치를 설치하는 경우 고가수조의 자연낙차수두(수조의 하단으로부터 최고층에 설치된 소화전 호스 접결구까지의 수직거리를 말한다)는 제1항 제3호에 따른 방수압 및 방수량이 20분 이상 유지되도록 해야 한다.

③ 압력수조를 이용한 가압송수장치를 설치하는 경우 압력수조의 압력은 제1항제3호에 따른 방수압 및 방수량이 20분 이상 유지되도록 해야 한다.

④ 가압수조를 이용한 가압송수장치는 소방청장이 정하여 고시한 「가압수조식가압송수장치의 성능인증 및 제품검사의 기술기준」 에 적합한 것으로 설치하되, 가압수조의 압력은 제1항제3호에 따른 방수압 및 방수량이 20분 이상 유지되도록 해야 한다.

제6조(배관 등)

① 호스접결구는 지면으로부터 높이가 0.5미터 이상 1미터 이하의 위치에 설치하고 특정소방대상물의 각 부분으로부터 하나의 호스접결구까지의 수평거리가 40미터 이하가 되도록 설치해야 한다.

② 호스는 구경 65밀리미터의 것으로 해야 한다.

③ 배관은 배관용 탄소 강관(KS D 3507) 또는 배관 내 사용압력이 1.2메가파스칼 이상일 경우에는 압력 배관용 탄소 강관(KS D 3562) 또는 이음매 없는 구리 및 구리합금관(KS D5301)이나 이와 동등 이상의 강도 · 내식성 및 내열성을 가진 것으로 해야 한다.

④ 제3항에도 불구하고 화재 등의 재해로 인하여 배관의 성능에 영향을 받을 우려가 적은 경우에는 소방청장이 정하여 고시한 「소방용합성수지배관의 성능인증 및 제품검사의 기술기준」에 적합한 소방용 합성수지배관으로 설치할 수 있다.

⑤ 급수배관은 전용으로 해야 한다.

⑥ 펌프의 흡입측배관은 소화수의 흡입에 장애가 없도록 설치해야 한다.

⑦ 성능시험배관에 설치하는 유량측정장치는 성능시험배관의 직관부에 설치하되, 펌프 정격토출량의 175퍼센트 이상을 측정할 수 있는 것으로 해야 한다.

⑧ 가압송수장치의 체절운전 시 수온의 상승을 방지하기 위하여 체크밸브와 펌프사이에서 분기한 배관에 체절압력 미만에서 개방되는 릴리프밸브를 설치해야 한다.

⑨ 동결방지조치를 하거나 동결의 우려가 없는 장소에 설치해야 한다. 다만, 보온재를 사용할 경우에는 난연재료 성능 이상의 것으로 해야 한다.

⑩ 급수배관에 설치되어 급수를 차단할 수 있는 개폐밸브(옥외소화전방수구를 제외한다)는 개폐표시형으로 해야 한다. 이 경우 펌프의 흡입측 배관에는 버터플라이밸브외의 개폐표시형 밸브를 설치해야 한다.

⑪ 배관은 다른 설비의 배관과 쉽게 구분이 될 수 있도록해야 한다.

⑫ 확관형 분기배관을 사용할 경우에는 소방청장이 정하여 고시한 「분기배관의 성능인증 및 제품검사의 기술기준」에 적합한 것으로 설치해야 한다.

제7조(소화전함 등)

① 옥외소화전설비에는 옥외소화전마다 그로부터 **5미터 이내의 장소**에 소화전함을 설치해야 한다.

② 옥외소화전설비의 함은 소방청장이 정하여 고시한 「소화전함의 성능인증 및 제품검사의 기술기준」에 적합한 것으로 설치하되 밸브의 조작, 호스의 수납 등에 충분한 여유를 가질 수 있도록 해야 한다.

③ 옥외소화전설비의 함에는 그 표면에 "옥외소화전"이라는 표시를 해야 한다.

④ 옥외소화전설비의 함에는 옥외소화전설비의 위치를 표시하는 표시등과 가압송수장치의 기동을 표시하는 표시등을 설치해야 한다.

제8조(전원)

옥외소화전설비에 설치하는 상용전원회로의 배선은 상용전원의 상시공급에 지장이 없도록 전용배선으로 해야 한다.

제9조(제어반)

① 옥외소화전설비에는 제어반을 설치하되, 감시제어반과 동력제어반으로 구분하여 설치해야 한다.

② 감시제어반은 가압송수장치, 상용전원, 비상전원, 수조, 물올림수조, 예비전원 등을 감시 · 제어 및 시험할 수 있는 기능을 갖추어야 한다.

③ 감시제어반은 다음 각 호의 기준에 따라 설치해야 한다.

  1. 화재 및 침수 등의 재해로 인한 피해를 받을 우려가 없는 곳에 설치할 것
  2. 감시제어반은 옥외소화전설비의 전용으로 할 것
  3. 감시제어반은 다음 각 목의 기준에 따른 전용실 안에 설치하고, 전용실에는 특정소방대상물의 기계 · 기구 또는 시설 등의 제어 및 감시설비 외의 것을 두지 않을 것
     가. 다른 부분과 방화구획을 할 것
     나. 피난층 또는 지하 1층에 설치할 것
     다. 비상조명등 및 급 · 배기설비를 설치할 것
     라. 「무선통신보조설비의 화재안전성능기준(NFPC 505)」 제5조제3항에 따라 유효하게 통신이 가능할 것
     마. 바닥면적은 감시제어반의 설치에 필요한 면적 외에 화재 시 소방대원이 그 감시제어반의 조작에 필요한 최소면적 이상으로 할 것

④ 동력제어반은 앞면을 적색으로 하고, 동력제어반의 외함은 두께 1.5밀리미터 이상의 강판 또는 이와 동등 이상의 강도 및 내열성능이 있는 것으로 하며, 그 밖의 동력제어반의 설치에 관하여는 제3항제1호 및 제2호의 기준을 따라야 한다.

제10조(배선 등)

① 옥외소화전설비의 배선은 「전기사업법」 제67조에 따른 「전기설비기술기준」에서 정한 것 외에 다음 각 호의 기준에 따라 설치해야 한다.

  1. 비상전원을 설치한 경우에는 비상전원으로부터 동력제어반 및 가압송수장치에 이르는 전원회로배선은 내화배선으로 할 것
  2. 상용전원으로부터 동력제어반에 이르는 배선, 그 밖의 옥외소화전설비의 감시 · 조작 또는 표시등회로의 배선은 내화배선 또는 내열배선으로 할 것

② 제1항에 따른 내화배선 및 내열배선은 「옥내소화전설비의 화재안전성능기준(NFPC 102)」 제10조제2항에 따른다.

③ 옥외소화전설비의 과전류차단기 및 개폐기에는 "옥외소화전설비용"이라고 표시한 표지를 해야 한다.

④ 옥외소화전설비용 전기배선의 양단 및 접속단자에는 식별이 용이하도록 표시 또는 표지를 해야 한다.

제11조(수원 및 가압송수장치의 펌프 등의 겸용)

① 옥외소화전설비의 수원을 옥내소화전설비·스프링클러설비·간이스프링클러설비·화재 조기진압용 스프링클러설비·물분무소화설비 및 포소화전설비의 수원과 겸용하여 설치하는 경우의 저수량은 각 소화설비에 필요한 저수량을 합한 양 이상이 되도록 해야 한다.

② 옥외소화전설비의 가압송수장치로 사용하는 펌프를 옥내소화전설비·스프링클러설비·간 이스프링클러설비·화재조기진압용 스프링클러설비·물분무소화설비 및 포소화설비의 가압송수장치와 겸용하여 설치하는 경우의 펌프의 토출량은 각 소화설비에 해당하는 토출량을 합한 양 이상이 되도록 해야 한다.

③ 옥내소화전설비·스프링클러설비·간이스프링클러설비·화재조기진압용 스프링클러설비·물분무소화설비·포소화설비 및 옥외소화전설비의 가압송수장치에 있어서 각 토출측 배관과 일반급수용의 가압송수장치의 토출측 배관을 상호 연결하여 화재시 사용할 수 있다. 이 경우 연결 배관에는 개·폐표시형밸브를 설치해야 하며, 각 소화설비의 성능에 지장이 없도록 해야 한다.

고체에어로졸소화설비의 화재안전성능기준(NFPC 110)

[시행 2022. 12. 1.] [소방청고시 제2022-44호, 2022. 11. 25., 전부개정]

제1조(목적)

이 기준은 「소방시설 설치 및 관리에 관한 법률」(이하 "법"이라 한다) 제2조제1항제6호가목에 따라 소방청장에게 위임한 사항 중 소화설비인 물분무등소화설비 중 고체에어로졸소화설비의 성능기준을 규정함을 목적으로 한다.

제2조(적용범위)

이 기준은 「소방시설 설치 및 관리에 관한 법률 시행령」(이하 "영"이라 한다) 별표 5 제1호바목에 따른 물분무등소화설비 중 고체에어로졸소화설비의 설치 및 관리에 대해 적용한다.

제3조(정의)

이 기준에서 사용하는 용어의 정의는 다음과 같다.

1. "고체에어로졸소화설비"란 설계밀도 이상의 고체에어로졸을 방호구역 전체에 균일하게 방출하는 설비로서 분산(Dispersed)방식이 아닌 압축(Condensed)방식을 말한다.
2. "고체에어로졸화합물"이란 과산화물질, 가연성물질 등의 혼합물로서 화재를 소화하는 비전도성의 미세입자인 에어로졸을 만드는 고체화합물을 말한다.
3. "고체에어로졸"이란 고체에어로졸화합물의 연소과정에 의해 생성된 직경 10 마이크로미터 이하의 고체 입자와 기체 상태의 물질로 구성된 혼합물을 말한다.
4. "고체에어로졸발생기"란 고체에어로졸화합물, 냉각장치, 작동장치, 방출구, 저장용기로 구성되어 에어로졸을 발생시키는 장치를 말한다.
5. "소화밀도"란 방호공간 내 규정된 시험조건의 화재를 소화하는데 필요한 단위체적($㎥$)당 고체에어로졸화합물의 질량(g)을 말한다.
6. "설계밀도"란 소화설계를 위하여 필요한 것으로 소화밀도에 안전계수를 곱하여 얻어지는 값을 말한다.
7. "비상주장소"란 짧은 기간 동안 간헐적으로 사람들이 출입할 수는 있으나 일반적으로 사람들이 거주하지 않는 장소 또는 공간을 말한다.
8. "방호체적"이란 벽 등의 건물 구조 요소들로 구획된 방호구역의 체적에서 기둥 등 고정적인 구조물의 체적을 제외한 체적을 말한다.
9. "열 안전이격거리"란 고체에어로졸 방출 시 발생하는 온도에 영향을 받을 수 있는 모든 구조ㆍ구성요소와 고체에어로졸발생기 사이에 안전확보를 위해 필요한 이격거리를 말

한다.

제4조(일반조건)

이 기준에 따라 설치되는 고체에어로졸소화설비는 다음 각 호의 기준을 충족해야 한다.

1. 고체에어로졸은 전기 전도성이 없을 것
2. 약제 방출 후 해당 화재의 재발화 방지를 위하여 최소 10분간 소화밀도를 유지할 것
3. 고체에어로졸소화설비에 사용되는 주요 구성품은 소방청장이 정하여 고시한 「고체에어로졸자동소화장치의 형식승인 및 제품검사의 기술기준」에 적합한 것일 것
4. 고체에어로졸소화설비는 비상주장소에 한하여 설치할 것
5. 고체에어로졸소화설비의 소화성능이 발휘될 수 있도록 방호구역 내부의 밀폐성을 확보할 것
6. 방호구역 출입구 인근에 고체에어로졸 방출 시 주의사항에 관한 내용의 표지를 설치하여야 한다.
7. 이 기준에서 규정하지 않은 사항은 형식승인 받은 제조업체의 설계 매뉴얼에 따를 것

제5조(설치제외)

고체에어로졸소화설비는 산화성 물질, 자기반응성 금속, 금속 수소화물 또는 자동 열분해를 하는 화학물질 등을 포함한 화재와 폭발성 물질이 대기에 존재할 가능성이 있는 장소 등에는 사용할 수 없다.

제6조(고체에어로졸발생기)

고체에어로졸발생기는 다음 각 호의 기준에 따라 설치한다.

1. 밀폐성이 보장된 방호구역 내에 설치하거나, 밀폐성능을 인정할 수 있는 별도의 조치를 취할 것
2. 천장이나 벽면 상부에 설치하되 고체에어로졸 화합물이 균일하게 방출되도록 설치할 것
3. 직사광선 및 빗물이 침투할 우려가 없는 곳에 설치할 것
4. 고체에어로졸발생기는 인체 또는 가연물과의 최소 열 안전이격거리를 준수하여 설치할 것
5. 하나의 방호구역에는 동일 제품군 및 동일한 크기의 고체에어로졸발생기를 설치할 것
6. 방호구역의 높이는 형식승인 받은 고체에어로졸발생기의 최대 설치높이 이하로 할 것

제7조(고체에어로졸화합물의 양)

방호구역 내 소화를 위한 고체에어로졸화합물의 최소 질량은 설계밀도와 방호체적 등을 고려하여 다음 공식에 따라 산출한 양 이상으로 산정해야 한다.

$$m = d \times V$$

m : 필수 소화약제량(g)

d=설계밀도(g/m³)=소화밀도(g/m³)×1.3(안전계수)

소화밀도 : 형식승인 받은 제조사의 설계 매뉴얼에 제시된 소화밀도

V : 방호체적(m³)

제8조(기동)

① 고체에어로졸소화설비는 화재감지기 및 수동식 기동장치의 작동과 연동하여 기계적 또는 전기적 방식으로 작동해야 한다.

② 고체에어로졸소화설비 기동 시에는 1분 이내에 고체에어로졸 설계밀도의 95퍼센트 이상을 방호구역에 균일하게 방출해야 한다.

③ 고체에어로졸소화설비에는 수동식 기동장치를 제어반마다 설치하되, 조작, 피난 및 유지관리가 용이한 장소에 설치해야 한다.

④ 고체에어로졸의 방출을 지연시키기 위해 방출지연스위치를 설치해야 한다.

제9조(제어반 등)

① 고체에어로졸소화설비의 제어반은 수동기동장치 또는 화재감지기에서의 신호를 수신하여 음향경보장치의 작동, 소화약제의 방출 또는 기타의 제어기능을 가진 것으로 하고, 제어반에는 전원표시등을 설치해야 한다.

② 고체에어로졸소화설비의 화재표시반은 제어반에서 신호를 수신할 경우 방호구역별 경보장치, 수동식 기동장치 및 화재감지기의 작동 등을 표시등으로 명시하도록 설치해야 한다.

③ 고체에어로졸소화설비가 설치된 구역의 출입구에는 고체에어로졸의 방출을 명시하는 표시등을 설치해야 한다.

④ 고체에어로졸소화설비의 오작동을 제어하기 위해 제어반 인근에 설비정지스위치를 설치해야 한다.

제10조(음향장치)

고체에어로졸소화설비의 음향장치는 다음 각 호의 기준에 따라 설치해야 한다.

1. 화재감지기가 작동하거나 수동식 기동장치가 작동할 경우 음향장치가 작동할 것
2. 음향장치는 방호구역마다 설치하되 해당 구역의 각 부분으로부터 하나의 음향장치까지

의 수평거리는 25미터 이하가 되도록 할 것

3. 음향장치는 경종 또는 사이렌(전자식 사이렌을 포함한다)으로 하되, 주위의 소음 및 다른 용도의 경보와 구별이 가능한 음색으로 할 것

4. 주 음향장치는 화재표시반의 내부 또는 그 직근에 설치할 것

5. **음향장치**는 다음 각 목의 기준에 따른 구조 및 성능의 것으로 할 것

가. 정격전압의 80퍼센트 전압에서 음향을 발할 수 있는 것으로 할 것

나. 음량은 부착된 음향장치의 중심으로부터 1미터 떨어진 위치에서 90데시벨 이상이 되는 것으로 할 것

6. 고체에어로졸의 방출 개시 후 **1분 이상** 경보를 계속 발할 것

제11조(화재감지기)

고체에어로졸소화설비의 화재감지기는 **광전식 공기흡입형 감지기, 아날로그 방식의 광전식 스포트형 감지기 또는 고체에어로졸소화설비에 적응성이 있다고 인정된 감지기**를 설치해야 한다.

제12조(방호구역의 자동폐쇄장치)

고체에어로졸소화설비가 설치된 방호구역은 고체에어로졸소화설비가 기동할 경우 자동적으로 폐쇄되어야 한다.

제13조(비상전원)

고체에어로졸소화설비에는 자가발전설비, 축전지설비 또는 전기저장장치에 따른 비상전원을 다음 각 호의 기준에 따라 설치해야 한다.

1. 점검에 편리하고 화재 및 침수 등의 재해로 인한 피해를 받을 우려가 없는 곳에 설치할 것

2. 고체에어로졸소화설비에 최소 20분 이상 유효하게 전원을 공급할 것

3. 상용전원으로부터 전력의 공급이 중단된 때에는 자동으로 비상전원으로부터 전력을 공급받을 수 있도록 할 것

4. 비상전원의 설치장소는 다른 장소와 방화구획 할 것

5. 비상전원을 실내에 설치하는 때에는 그 실내에 비상조명등을 설치할 것

제14조(배선 등)

① 고체에어로졸소화설비의 배선은 「전기사업법」 제67조에 따른 「전기설비기술기준」에서 정한 것 외에 다음 각 호의 기준에 따라 설치해야 한다.

1. 비상전원으로부터 제어반에 이르는 전원회로 배선은 내화배선으로 할 것
2. 상용전원으로부터 제어반에 이르는 배선, 그 밖의 고체에어로졸소화설비의 감시 · 조작 또는 표시등 회로의 배선은 내화배선 또는 내열배선으로 할 것

3. 화재감지기의 배선은 「자동화재탐지설비 및 시각경보장치의 화재안전성능기준(NFPC 203)」 제11조의 기준에 따른다.

② 제1항에 따른 내화배선 및 내열배선은 「옥내소화전설비의 화재안전성능기준(NFPC 102)」 제10조제2항에 따른다.

③ 고체에어로졸소화설비의 과전류차단기 및 개폐기에는 "고체에어로졸소화설비용"이라고 표시한 표지를 해야 한다.

④ 고체에어로졸소화설비용 전기배선의 양단 및 접속단자에는 식별이 용이하도록 표지 또는 표시를 해야 한다.

제15조(과압배출구)

고체에어로졸소화설비가 설치된 방호구역에는 소화약제 방출 시 과압으로 인한 구조물 등의 손상을 방지하기 위하여 과압배출구를 설치해야 한다.

비상경보설비 및 단독경보형감지기의 화재안전성능기준(NFPC 201)
[시행 2022. 12. 1.] [소방청고시 제2022-45호, 2022. 11. 25., 전부개정]

제1조(목적)

이 기준은 「소방시설 설치 및 관리에 관한 법률」(이하 "법"이라 한다) 제2조제1항제6호가목에 따라 소방청장에게 위임한 사항 중 경보설비인 비상경보설비 및 단독경보형감지기의 성능기준을 규정함을 목적으로 한다.

제2조(적용범위)

이 기준은 「소방시설 설치 및 관리에 관한 법률 시행령」(이하 "영"이라 한다) 별표 5 제2호가목 및 나목에 따른 비상경보설비 및 단독경보형감지기의 설치 및 관리에 대해 적용한다.

제3조(정의)

이 기준에서 사용되는 용어의 정의는 다음과 같다.
1. "비상벨설비"란 화재발생 상황을 경종으로 경보하는 설비를 말한다.
2. "자동식사이렌설비"란 화재발생 상황을 사이렌으로 경보하는 설비를 말한다.
3. "단독경보형감지기"란 화재발생 상황을 단독으로 감지하여 자체에 내장된 음향장치로 경보하는 감지기를 말한다.
4. "발신기"란 화재발생 신호를 수신기에 수동으로 발신하는 장치를 말한다.
5. "수신기"란 발신기에서 발하는 화재신호를 직접 수신하여 화재의 발생을 표시 및 경보하여 주는 장치를 말한다.

제3조의2(신호처리방식)

화재신호 및 상태신호 등(이하 "화재신호 등"이라 한다)을 송수신하는 방식은 다음 각 호와 같다.
1. "유선식"은 화재신호 등을 배선으로 송·수신하는 방식
2. "무선식"은 화재신호 등을 전파에 의해 송·수신하는 방식
3. "유·무선식"은 유선식과 무선식을 겸용으로 사용하는 방식

제4조(비상벨설비 또는 자동식사이렌설비)

① 비상벨설비 또는 자동식사이렌설비는 부식성가스 또는 습기 등으로 인하여 부식의 우려가 없는 장소에 설치해야 한다.

② 지구음향장치는 특정소방대상물의 층마다 설치하되, 해당 특정소방대상물의 각 부분으로부

터 하나의 음향장치까지의 **수평거리가 25미터 이하**가 되도록 하고, 해당층의 각 부분에 유효하게 경보를 발할 수 있도록 설치해야 한다.

③ 음향장치는 **정격전압의 80퍼센트 전압**에서도 음향을 발할 수 있도록 해야 한다.

④ 음향장치의 음량은 부착된 음향장치의 중심으로부터 1미터 떨어진 위치에서 90데시벨 이상이 되는 것으로 해야 한다.

⑤ 발신기는 다음 각 호의 기준에 따라 설치해야 한다.

  1. 조작이 쉬운 장소에 설치하고, 조작스위치는 바닥으로부터 0.8미터 이상 1.5미터 이하의 높이에 설치할 것

  2. 특정소방대상물의 층마다 설치하되, 해당 특정소방대상물의 각 부분으로부터 하나의 발신기까지의 **수평거리가 25미터 이하**가 되도록 할 것. 다만, 복도 또는 별도로 구획된 실로서 보행거리가 40미터 이상일 경우에는 추가로 설치하여야 한다.

  3. 발신기의 위치표시등은 함의 상부에 설치하되, 그 불빛은 부착 면으로부터 15도 이상의 범위 안에서 부착지점으로부터 10미터 이내의 어느 곳에서도 쉽게 식별할 수 있는 적색등으로 할 것

⑥ 비상벨설비 또는 자동식사이렌설비의 상용전원은 전기가 정상적으로 공급되는 축전지설비, 전기저장장치 또는 교류전압의 옥내 간선으로 하고, 전원까지의 배선은 전용으로 해야 한다.

⑦ 비상벨설비 또는 자동식사이렌설비에는 그 설비에 대한 감시상태를 60분간 지속한 후 유효하게 10분 이상 경보할 수 있는 비상전원으로서 축전지설비 또는 전기저장장치를 설치해야 한다.

⑧ 비상벨설비 또는 자동식사이렌설비의 배선은 「전기사업법」 제67조에 따른 기술기준에서 정한 것 외에 다음 각 호의 기준과 「옥내소화전설비의 화재안전성능기준(NFPC 102)」 제10조제2항에 따라 설치해야 한다.

  1. 전원회로의 배선은 내화배선으로 하고, 그 밖의 배선은 내화배선 또는 내열배선으로 할 것

  2. 전원회로의 전로와 대지 사이 및 배선상호간의 절연저항은 「전기사업법」 제67조에 따른 기술기준이 정하는 바에 의하고, 부속회로의 전로와 대지 사이 및 배선 상호간의 절연저항은 1경계구역마다 직류 250볼트의 절연저항측정기를 사용하여 측정한 절연저항이 0.1메가옴 이상이 되도록 할 것

  3. 배선은 다른 전선과 별도의 관·덕트(절연효력이 있는 것으로 구획한 때에는 그 구획된 부분은 별개의 덕트로 본다)·몰드 또는 풀박스 등에 설치할 것. 다만, 60볼트 미만의 약전류회로에 사용하는 전선으로서 각각의 전압이 같을 때에는 그러하지 아니하다.

제5조(단독경보형감지기)

단독경보형감지기는 다음 각 호의 기준에 따라 설치해야 한다.

1. 각 실(이웃하는 실내의 바닥면적이 각각 30제곱미터 미만이고 벽체의 상부의 전부 또는 일부가 개방되어 이웃하는 실내와 공기가 상호유통되는 경우에는 이를 1개의 실로 본다)마다 설치하되, 바닥면적이 150제곱미터를 초과하는 경우에는 150제곱미터마다 1개 이상 설치할 것

2. 최상층의 계단실의 천장(외기가 상통하는 계단실의 경우를 제외한다)에 설치할 것

3. 건전지 주전원으로 사용하는 단독경보형감지기는 정상적인 작동상태를 유지할 수 있도록 주기적으로 건전지를 교환할 것

4. 상용전원을 주전원으로 사용하는 단독경보형감지기의 2차전지는 법 제40조에 따라 제품검사에 합격한 것을 사용할 것

비상방송설비의 화재안전성능기준(NFPC 202)

[시행 2023. 2. 10.] [소방청고시 제2023-7호, 2023. 2. 10., 일부개정]

제1조(목적)

이 기준은 「소방시설 설치 및 관리에 관한 법률」(이하 "법"이라 한다) 제2조제1항제6호가목에 따라 소방청장에게 위임한 사항 중 경보설비인 비상방송설비의 성능기준을 규정함을 목적으로 한다.

제2조(적용범위)

이 기준은 「소방시설 설치 및 관리에 관한 법률 시행령」(이하 "영"이라 한다) 별표 4 제2호바목에 따른 비상방송설비의 설치 및 관리에 대해 적용한다.

제3조(정의)

이 기준에서 사용되는 용어의 정의는 다음과 같다.

1. "확성기"란 소리를 크게 하여 멀리까지 전달될 수 있도록 하는 장치로써 일명 스피커를 말한다.
2. "음량조절기"란 가변저항을 이용하여 전류를 변화시켜 음량을 크게 하거나 작게 조절할 수 있는 장치를 말한다.
3. "증폭기"란 전압전류의 진폭을 늘려 감도를 좋게 하고 미약한 음성전류를 커다란 음성전류로 변화시켜 소리를 크게 하는 장치를 말한다.

제4조(음향장치)

비상방송설비는 다음 각 호의 기준에 따라 설치해야 한다.

1. 확성기의 음성입력은 3와트(실내에 설치하는 것에 있어서는 1와트) 이상일 것
2. 확성기는 각 층마다 설치하되, 해당 층의 각 부분으로부터 하나의 확성기까지의 수평거리는 해당 층의 각 부분에 유효하게 경보를 발할 수 있는 거리 이하가 되도록 설치할 것
3. 음량조정기를 설치하는 경우 음량조정기의 배선은 3선식으로 할 것
4. 조작부의 조작스위치는 바닥으로부터 0.8미터 이상 1.5미터 이하의 높이에 설치할 것
5. 층수가 11층(공동주택의 경우에는 16층) 이상의 특정소방대상물은 발화층에 따라 경보하는 층을 달리하여 경보를 발할 수 있도록 할 것
6. 다른 방송설비와 공용하는 것에 있어서는 화재 시 비상경보 외의 방송을 차단할 수 있는 구조로 할 것

7. 다른 전기회로에 따라 유도장애가 생기지 않도록 할 것

8. 하나의 특정소방대상물에 둘 이상의 조작부가 설치되어 있는 때에는 각각의 조작부가 있는 장소 상호간에 동시 통화가 가능한 설비를 설치하고, 어느 조작부에서도 해당 특정 소방대상물의 전 구역에 방송을 할 수 있도록 할 것

9. 기동장치에 따른 화재신호를 수신한 후 신속하게 필요한 음량으로 화재발생 상황 및 피난에 유효한 방송이 자동으로 개시될 때까지의 소요시간은 10초 이하로 할 것

10. 음향장치는 정격전압의 80퍼센트 전압에서 음향을 발할 수 있고, 자동화재탐지설비의 작동과 연동하여 작동할 수 있는 것으로 할 것

제5조(배선)

비상방송설비의 배선은 「전기사업법」 제67조에 따른 「전기설비기술기준」에서 정한 것 외에 다음 각 호의 기준에 따라 설치해야 한다.

1. 화재로 인하여 하나의 층의 확성기 또는 배선이 단락 또는 단선되어도 다른 층의 화재통보에 지장이 없도록 할 것

2. 전원회로의 배선은 내화배선으로 하고, 그 밖의 배선은 내화배선 또는 내열배선으로 할 것. 이 경우 내화배선과 내열배선은 「옥내소화전설비의 화재안전성능기준(NFPC 102)」 제10조제2항에 따라 설치할 것

3. 전원회로의 전로와 대지 사이 및 배선상호간의 절연저항은「전기사업법」 제67조에 따른 기술기준이 정하는 바에 따르고, 부속회로의 전로와 대지 사이 및 배선 상호간의 절연저항은 1경계구역마다 직류 250볼트의 절연저항측정기를 사용하여 측정한 절연저항이 0.1메가옴 이상이 되도록 할 것

4. 비상방송설비의 배선은 다른 전선과 별도의 관·덕트(절연효력이 있는 것으로 구획한 때에는 그 구획된 부분은 별개의 덕트로 본다) 몰드 또는 풀박스등에 설치할 것. 다만, 60볼트 미만의 약전류회로에 사용하는 전선으로서 각각의 전압이 같을 때에는 그러하지 아니하다.

제6조(전원)

① 비상방송설비의 상용전원은 전기가 정상적으로 공급되는 축전지설비, 전기저장장치 또는 교류전압의 옥내 간선으로 하고, 전원까지의 배선은 전용으로 해야 한다.

② 비상방송설비에는 그 설비에 대한 감시상태를 60분간 지속한 후 유효하게 10분 이상 경보할 수 있는 비상전원으로서 축전지설비 또는 전기저장장치를 설치해야 한다.

제1조(목적)

이 기준은 「소방시설 설치 및 관리에 관한 법률」(이하 "법"이라 한다) 제2조제1항제6호가목에 따라 소방청장에게 위임한 사항 중 경보설비인 자동화재탐지설비 및 시각경보장치의 성능기준을 규정함을 목적으로 한다.

제2조(적용범위)

「소방시설 설치 및 관리에 관한 법률 시행령」(이하 "영"이라 한다) 별표 4 제2호다목과 라목에 따른 자동화재탐지설비와 시각경보장치의 설치 및 관리에 대해 적용한다.

제3조(정의)

이 기준에서 사용되는 용어의 정의는 다음과 같다.

1. "경계구역"이란 특정소방대상물 중 화재신호를 발신하고 그 신호를 수신 및 유효하게 제어할 수 있는 구역을 말한다.
2. "수신기"란 감지기나 발신기에서 발하는 화재신호를 직접 수신하거나 중계기를 통하여 수신하여 화재의 발생을 표시 및 경보하여 주는 장치를 말한다.
3. "중계기"란 감지기 · 발신기 또는 전기적인 접점 등의 작동에 따른 신호를 받아 이를 수신기에 전송하는 장치를 말한다.
4. "감지기"란 화재 시 발생하는 열, 연기, 불꽃 또는 연소생성물을 자동적으로 감지하여 수신기에 화재신호 등을 발신하는 장치를 말한다.
5. "발신기"란 수동누름버턴 등의 작동으로 화재 신호를 수신기에 발신하는 장치를 말한다.
6. "시각경보장치"란 자동화재탐지설비에서 발하는 화재신호를 시각경보기에 전달하여 청각장애인에게 점멸형태의 시각경보를 하는 것을 말한다.
7. "거실"이란 거주 · 집무 · 작업 · 집회 · 오락 그 밖에 이와 유사한 목적을 위하여 사용하는 실을 말한다.

제3조의2(신호처리방식)

화재신호 및 상태신호 등(이하 "화재신호 등"이라 한다)을 송수신하는 방식은 다음 각 호와 같다.

1. "유선식"은 화재신호 등을 배선으로 송 · 수신하는 방식

2. "무선식"은 화재신호 등을 전파에 의해 송·수신하는 방식
3. "유·무선식"은 유선식과 무선식을 겸용으로 사용하는 방식

제4조(경계구역)

① 자동화재탐지설비의 경계구역은 다음 각호의 기준에 따라 설정하여야 한다. 다만, 감지기의 형식승인 시 감지거리, 감지면적 등에 대한 성능을 별도로 인정받은 경우에는 그 성능인정범위를 경계구역으로 할 수 있다.

1. 하나의 경계구역이 둘 이상의 건축물에 미치지 아니하도록 할 것
2. 하나의 경계구역이 둘 이상의 층에 미치지 아니하도록 할 것
3. 하나의 경계구역의 면적은 600제곱미터 이하로 하고 한변의 길이는 50미터 이하로 할 것

② 계단(직통계단외의 것에 있어서는 떨어져 있는 상하계단의 상호간의 수평거리가 5미터 이하로서 서로 간에 구획되지 아니한 것에 한한다. 이하 같다)·경사로(에스컬레이터경사로 포함)·엘리베이터 승강로(권상기실이 있는 경우에는 권상기실)·린넨슈트·파이프 피트 및 덕트 기타 이와 유사한 부분에 대하여는 별도로 경계구역을 설정하되, 하나의 경계구역은 높이 45미터 이하(계단 및 경사로에 한한다)로 하고, 지하층의 계단 및 경사로(지하층의 층수가 1일 경우는 제외한다)는 별도로 하나의 경계구역으로 하여야 한다.

③ 외기에 면하여 상시 개방된 부분이 있는 차고·주차장·창고 등에 있어서는 외기에 면하는 각 부분으로부터 5미터 미만의 범위 안에 있는 부분은 경계구역의 면적에 산입하지 아니한다.

④ 스프링클러설비·물분무등소화설비 또는 제연설비의 화재감지장치로서 화재감지기를 설치한 경우의 경계구역은 해당 소화설비의 방호구역 또는 제연구역과 동일하게 설정할 수 있다.

제5조(수신기)

① 자동화재탐지설비의 수신기는 다음 각 호의 기준에 적합한 것으로 설치하여야 한다.
   1. 해당 특정소방대상물의 경계구역을 각각 표시할 수 있는 회선수 이상의 수신기를 설치할 것
   2. 해당 특정소방대상물에 가스누설탐지설비가 설치된 경우에는 가스누설탐지설비로부터 가스누설신호를 수신하여 가스누설경보를 할 수 있는 수신기를 설치할 것

② 자동화재탐지설비의 수신기는 특정소방대상물 또는 그 부분이 지하층·무창층 등으로서

환기가 잘되지 아니하거나 실내면적이 40제곱미터 미만인 장소, 감지기의 부착면과 실내 바닥과의 거리가 2.3미터 이하인 장소로서 일시적으로 발생한 열·연기 또는 먼지 등으로 인하여 감지기가 화재신호를 발신할 우려가 있는 때에는 축적기능 등이 있는 것(축적형감지기가 설치된 장소에는 감지기회로의 감시전류를 단속적으로 차단시켜 화재를 판단하는 방식외의 것을 말한다)으로 설치하여야 한다.

③ 수신기는 다음 각 호의 기준에 따라 설치해야 한다.

1. 수위실 등 상시 사람이 근무하는 장소에 설치할 것
2. 수신기가 설치된 장소에는 경계구역 일람도를 비치할 것
3. 수신기의 음향기구는 그 음량 및 음색이 다른 기기의 소음 등과 명확히 구별될 수 있는 것으로 할 것
4. 수신기는 감지기·중계기 또는 발신기가 작동하는 경계구역을 표시할 수 있는 것으로 할 것
5. 화재·가스 전기등에 대한 종합방재반을 설치한 경우에는 해당 조작반에 수신기의 작동과 연동하여 감지기·중계기 또는 발신기가 작동하는 경계구역을 표시할 수 있는 것으로 할 것
6. 하나의 경계구역은 하나의 표시등 또는 하나의 문자로 표시되도록 할 것
7. 수신기의 조작 스위치는 바닥으로부터의 높이가 0.8미터 이상 1.5미터 이하인 장소에 설치할 것
8. 하나의 특정소방대상물에 둘 이상의 수신기를 설치하는 경우에는 수신기를 상호 간 연동하여 화재발생 상황을 각 수신기마다 확인할 수 있도록 할 것
9. 화재로 인하여 하나의 층의 지구음향장치 배선이 단락되어도 다른 층의 화재통보에 지장이 없도록 각 층 배선 상에 유효한 조치를 할 것

제6조(중계기)

자동화재탐지설비의 중계기는 다음 각 호의 기준에 따라 설치해야 한다.

1. 수신기에서 직접 감지기회로의 도통시험을 하지 않는 것에 있어서는 수신기와 감지기 사이에 설치할 것
2. 조작 및 점검에 편리하고 화재 및 침수 등의 재해로 인한 피해를 받을 우려가 없는 장소에 설치할 것
3. 수신기에 따라 감시되지 않는 배선을 통하여 전력을 공급받는 것에 있어서는 전원입력 측의 배선에 과전류 차단기를 설치하고 해당 전원의 정전이 즉시 수신기에 표시되는 것으로 하며, 상용전원 및 예비전원의 시험을 할 수 있도록 할 것

제7조(감지기)

① 자동화재탐지설비의 감지기는 부착 높이에 따라 다음 표에 따른 감지기를 설치하여야 한다. 다만, 지하층·무창층 등으로서 환기가 잘되지 아니하거나 실내면적이 40제곱미터 미만인 장소, 감지기의 부착면과 실내바닥과의 거리가 2.3미터 이하인 곳으로서 일시적으로 발생한 열·연기 또는 먼지 등으로 인하여 화재신호를 발신할 우려가 있는 장소(제5조제2항 본문에 따른 수신기를 설치한 장소를 제외한다)에는 다음 각 호에서 정한 감지기 중 적응성 있는 감지기를 설치하여야 한다.

1. 불꽃감지기
2. 정온식감지선형감지기
3. 분포형감지기
4. 복합형감지기
5. 광전식분리형감지기
6. 아날로그방식의 감지기
7. 다신호방식의 감지기
8. 축적방식의 감지기

부착높이	감지기의 종류	
4m 미만	차동식 (스포트형, 분포형) 보상식 스포트형 정온식 (스포트형, 감지선형) 이온화식 또는 광전식 (스포트형, 분리형, 공기흡입형)	
	열복합형	연기복합형
	열연기복합형	불꽃감지기
4m 이상 8m 미만	차동식 (스포트형, 분포형) 보상식 스포트형 정온식 (스포트형, 감지선형) 특종 또는 1종 이온화식 1종 또는 2종 광전식(스포트형, 분리형, 공기흡입형) 1종 또는 2종	
	열복합형	연기복합형
	열연기복합형	불꽃감지기
8m 이상 15m 미만	차동식 분포형 이온화식 1종 또는 2종 광전식(스포트형, 분리형, 공기흡입형) 1종 또는 2종 연기복합형 불꽃감지기	
15m 이상 20m 미만	이온화식 1종 연기복합형	광전식(스포트형, 분리형, 공기흡입형) 1종 불꽃감지기

부착높이	감지기의 종류
20m 이상	불꽃감지기 광전식(분리형, 공기흡입형)중 아나로그방식

[비고] 1) 감지기별 부착 높이 등에 대하여 별도로 형식승인 받은 경우에는 그 성능 인정 범위 내에서 사용할 수 있다.
2) 부착 높이 20m 이상에 설치되는 광전식 중 아날로그방식의 감지기는 공칭감지농도 하한값이 감광율 5%/m 미만인 것으로 한다.

② 계단 · 경사로 · 복도 · 엘리베이터 승강로 또는 이와 유사한 장소 및 특정소방대상물의 취침 · 숙박 · 입원 등 이와 유사한 용도로 사용되는 거실에는 연기감지기를 설치해야 한다.

③ 감지기는 다음 각 호의 기준에 따라 설치해야 한다. 다만, **교차회로방식에 사용되는 감지기, 급속한 연소 확대가 우려되는 장소에 사용되는 감지기 및 축적기능이 있는 수신기에 연결하여 사용하는 감지기는 축적기능이 없는 것으로 설치**하여야 한다.

1. 감지기(차동식분포형의 것을 제외한다)는 실내로의 공기유입구로부터 1.5미터 이상 떨어진 위치에 설치할 것
2. 감지기는 천장 또는 반자의 옥내에 면하는 부분에 설치할 것
3. 보상식스포트형감지기는 정온점이 감지기 주위의 평상시 최고온도보다 일정 온도 이상 높은 것으로 설치할 것
4. 정온식감지기는 주방 · 보일러실 등으로서 다량의 화기를 취급하는 장소에 설치하되, 공칭작동온도가 최고 주위온도보다 일정 온도 이상 높은 것으로 설치할 것
5. 차동식스포트형 · 보상식스포트형 및 정온식스포트형 감지기는 그 부착 높이 및 특정소방대상물에 따라 다음 표에 따른 바닥면적마다 1개 이상을 설치할 것

(단위 m^2)

부착높이 및 특정소방대상물의 구분		감지기의 종류						
		차동식 스포트형		보상식 스포트형		정온식 스포트형		
		1종	2종	1종	2종	특종	1종	2종
4m 미만	주요구조부를 내화구조로 한 특정소방대상물 또는 그 부분	90	70	90	70	70	60	20
	기타 구조의 소방대상물 또는 그 부분	50	40	50	40	40	30	15
4m 이상 8m 미만	주요구조부를 내화구조로 한 특정소방대상물 또는 그 부분	45	35	45	35	35	30	
	기타 구조의 특정소방대상물 또는 그 부분	30	25	30	25	25	15	

6. 스포트형감지기는 45도 이상 경사되지 아니하도록 부착할 것

7. **공기관식 차동식분포형감지기**는 다음의 기준에 따를 것

　가. 공기관의 노출부분은 감지구역마다 20미터 이상이 되도록 할 것
　나. 공기관과 감지구역의 각 변과의 수평거리는 1.5미터 이하가 되도록 하고, 공기관 상호간의 거리는 6미터(주요구조부를 내화구조로 한 특정소방대상물 또는 그 부분에 있어서는 9미터) 이하가 되도록 할 것
　다. 공기관은 도중에서 분기하지 아니하도록 할 것
　라. 하나의 검출부분에 접속하는 공기관의 길이는 100미터 이하로 할 것
　마. 검출부는 5도 이상 경사되지 아니하도록 부착할 것
　바. 검출부는 바닥으로부터 0.8미터 이상 1.5미터 이하의 위치에 설치할 것

8. **열전대식 차동식분포형감지기**는 다음의 기준에 따를 것
　가. 열전대부는 감지구역의 바닥면적 18제곱미터(주요구조부가 내화구조로 된 특정소방대상물에 있어서는 22제곱미터)마다 1개 이상으로 할 것. 다만, 바닥면적이 72제곱미터(주요구조부가 내화구조로 된 특정소방대상물에 있어서는 88제곱미터) 이하인 특정소방대상물에 있어서는 4개 이상으로 하여야 한다.
　나. 하나의 검출부에 접속하는 열전대부는 20개 이하로 할 것

9. **열반도체식 차동식분포형감지기**는 다음의 기준에 따를 것
　가. 감지부는 그 부착높이 및 특정소방대상물에 따라 다음 표에 따른 바닥면적마다 1개 이상으로 할 것. 다만, 바닥면적이 다음 표에 따른 면적의 2배 이하인 경우에는 2개(부착높이가 8미만 미만이고, 바닥면적이 다음 표에 따른 면적 이하인 경우에는 1개) 이상으로 하여야 한다.

(단위 m²)

부착높이 및 특정소방대상물의 구분		감지기의 종류	
		1종	2종
8m 미만	주요구조부가 내화구조로 된 특정소방대상물 또는 그 구분	65	36
	기타 구조의 특정소방대상물 또는 그 부분	40	23
8m 이상 15m 미만	주요구조부가 내화구조로 된 특정소방대상물 또는 그 부분	50	36
	기타 구조의 특정소방대상물 또는 그 부분	30	23

　나. 하나의 검출기에 접속하는 감지부는 **2개 이상 15개 이하**가 되도록 할 것. 다만, 각각의 감지부에 대한 작동여부를 검출기에서 표시할 수 있는 것(주소형)은 형식승인 받은 성능인정범위내의 수량으로 설치할 수 있다.

10. 연기감지기는 다음의 기준에 따라 설치할 것

가. 감지기의 부착높이에 따라 다음 표에 따른 바닥면적마다 1개 이상으로 할 것

(단위 : m²)

부 착 높 이	감지기의 종류	
	1종 및 2종	3종
4m 미만	150	50
4m 이상 20m 미만	75	

나. 감지기는 복도 및 통로에 있어서는 보행거리 30미터(3종에 있어서는 20미터)마다, 계단 및 경사로에 있어서는 수직거리 15미터(3종에 있어서는 10미터)마다 1개 이상으로 할 것

다. 천장 또는 반자가 낮은 실내 또는 좁은 실내에 있어서는 출입구의 가까운 부분에 설치할 것

라. 천장 또는 반자부근에 배기구가 있는 경우에는 그 부근에 설치할 것

마. 감지기는 벽 또는 보로부터 0.6미터 이상 떨어진 곳에 설치할 것

11. 열복합형감지기의 설치에 관하여는 제3호 및 제9호를, 연기복합형감지기의 설치에 관하여는 제10호를, 열연기복합형감지기의 설치에 관하여는 제5호 및 제10호를 준용하여 설치할 것

12. **정온식감지선형감지기**는 다음의 기준에 따라 설치할 것

가. 보조선이나 고정금구를 사용하여 감지선이 늘어지지 않도록 설치할 것

나. 단자부와 마감 고정금구와의 설치간격은 10센티미터 이내로 설치할 것

다. 감지선형 감지기의 굴곡반경은 5센티미터 이상으로 할 것

라. 감지기와 감지구역의 각부분과의 수평거리가 내화구조의 경우 1종 4.5미터 이하, 2종 3미터 이하로 할 것. 기타 구조의 경우 1종 3미터 이하, 2종 1미터 이하로 할 것

마. 케이블트레이에 감지기를 설치하는 경우에는 케이블트레이 받침대에 마감금구를 사용하여 설치할 것

바. 지하구나 창고의 천장 등에 지지물이 적당하지 않는 장소에서는 보조선을 설치하고 그 보조선에 설치할 것

사. 분전반 내부에 설치하는 경우 접착제를 이용하여 돌기를 바닥에 고정시키고 그 곳에 감지기를 설치할 것

아. 그 밖의 설치방법은 형식승인 내용에 따르며 형식승인 사항이 아닌 것은 제조사의 시방(示方)에 따라 설치할 것

13. **불꽃감지기**는 다음의 기준에 따라 설치할 것

> 가. 공칭감시거리 및 공칭시야각은 형식승인 내용에 따를 것
> 나. 감지기는 공칭감시거리와 공칭시야각을 기준으로 감시구역이 모두 포용될 수 있도록 설치할 것
> 다. 감지기는 화재감지를 유효하게 감지할 수 있는 모서리 또는 벽 등에 설치할 것
> 라. 감지기를 천장에 설치하는 경우에는 감지기는 바닥을 향하여 설치할 것
> 마. 수분이 많이 발생할 우려가 있는 장소에는 방수형으로 설치할 것
> 바. 그 밖의 설치기준은 형식승인 내용에 따르며 형식승인 사항이 아닌 것은 제조사의 시방에 따라 설치할 것

14. 아날로그방식의 감지기는 공칭감지온도범위 및 공칭감지농도범위에 적합한 장소에, 다신호방식의 감지기는 화재신호를 발신하는 감도에 적합한 장소에 설치할 것

15. **광전식분리형감지기**는 다음의 기준에 따라 설치할 것

> 가. 감지기의 수광면은 햇빛을 직접 받지 않도록 설치할 것
> 나. 광축(송광면과 수광면의 중심을 연결한 선)은 나란한 벽으로부터 0.6미터 이상 이격하여 설치할 것
> 다. 감지기의 송광부와 수광부는 설치된 뒷벽으로부터 1미터 이내 위치에 설치할 것
> 라. 광축의 높이는 천장 등(천장의 실내에 면한 부분 또는 상층의 바닥하부면을 말한다) 높이의 80퍼센트 이상일 것
> 마. 감지기의 광축의 길이는 공칭감시거리 범위이내 일 것
> 바. 그 밖의 설치기준은 형식승인 내용에 따르며 형식승인 사항이 아닌 것은 제조사의 시방에 따라 설치할 것

④ 제3항에도 불구하고 화학공장·격납고·제련소와 전산실 또는 반도체 공장 등의 장소에는 각각 광전식분리형감지기 또는 불꽃감지기를 설치하거나 광전식공기흡입형감지기 등을 설치할 수 있다.

⑤ 화재발생을 유효하게 감지할 수 없는 장소 또는 감지기의 기능이 정지되기 쉽거나 화재발생의 위험이 적은 장소로서 감지기의 유지관리가 어려운 장소 등에는 감지기를 설치하지 않을 수 있다.

⑥ 제1항의 단서에도 불구하고 일시적으로 발생한 열·연기 또는 먼지 등으로 인하여 화재신호를 발신할 우려가 있는 장소에는 해당 장소에 적응성 있는 감지기를 설치할 수 있다.

제8조(음향장치 및 시각경보장치)

① 자동화재탐지설비의 음향장치는 다음 각 호의 기준에 따라 설치해야 한다.

  1. 주음향장치는 수신기의 내부 또는 그 직근에 설치할 것

  2. 층수가 11층(공동주택의 경우에는 16층) 이상의 특정소방대상물은 발화층에 따라 경보하는 층을 달리하여 경보를 발할 수 있도록 할 것

  3. 지구음향장치는 특정소방대상물의 층마다 설치하되, 해당 특정소방대상물의 각 부분으로부터 하나의 음향장치까지의 수평거리가 25미터 이하가 되도록 하고, 해당층의 각부분에 유효하게 경보를 발할 수 있도록 설치할 것

  4. 음향장치는 다음 각 목의 기준에 따른 구조 및 성능의 것으로 하여야 한다.

    가. 정격전압의 80퍼센트의 전압에서 음향을 발할 수 있는 것으로 할 것. 다만, 건전지를 주전원으로 사용하는 음향장치는 그러하지 아니하다

    나. 음량은 부착된 음향장치의 중심으로부터 1미터 떨어진 위치에서 90데시벨 이상이 되는 것으로 할 것

    다. 감지기 및 발신기의 작동과 연동하여 작동할 수 있는 것으로 할 것

  5. 제3호에도 불구하고 제3호의 기준을 초과하는 경우로서 기둥 또는 벽이 설치되지 아니한 대형공간의 경우 지구음향장치는 설치 대상 장소의 가장 가까운 장소의 벽 또는 기둥 등에 설치할 것

② **청각장애인용 시각경보장치**는 소방청장이 정하여 고시한 「시각경보장치의 성능인증 및 제품검사의 기술기준」에 적합한 것으로서 다음 각 목의 기준에 따라 설치해야 한다.

  1. 복도·통로·청각장애인용 객실 및 공용으로 사용하는 거실(로비, 회의실, 강의실, 식당, 휴게실, 오락실, 대기실, 체력단련실, 접객실, 안내실, 전시실, 기타 이와 유사한 장소를 말한다)에 설치하며, 각 부분으로부터 유효하게 경보를 발할 수 있는 위치에 설치할 것

  2. 공연장·집회장·관람장 또는 이와 유사한 장소에 설치하는 경우에는 시선이 집중되는 무대부 부분 등에 설치할 것

  3. 설치높이는 바닥으로부터 2미터 이상 2.5미터 이하의 장소에 설치할 것 다만, 천장의 높이가 2미터 이하인 경우에는 천장으로부터 0.15미터 이내의 장소에 설치해야 한다.

  4. 시각경보장치의 광원은 전용의 축전지설비 또는 전기저장장치(외부 전기에너지를 저장해 두었다가 필요한 때 전기를 공급하는 장치)에 의하여 점등되도록 할 것. 다만, 시각경보기에 작동전원을 공급할 수 있도록 형식승인을 얻은 수신기를 설치한 경우에는 그렇지 않다.

③ 하나의 특정소방대상물에 둘 이상의 수신기가 설치된 경우 어느 수신기에서도 지구음향장치 및 시각경보장치를 작동할 수 있도록 해야 한다.

제9조(발신기)

① 자동화재탐지설비의 발신기는 다음 각 호의 기준에 따라 설치해야 한다.

1. 조작이 쉬운 장소에 설치하고, 스위치는 바닥으로부터 0.8미터 이상 1.5미터 이하의 높이에 설치할 것

2. 특정소방대상물의 층마다 설치하되, 해당 특정소방대상물의 각 부분으로부터 하나의 발신기까지의 수평거리가 25미터 이하가 되도록 할 것. 다만, 복도 또는 별도로 구획된 실로서 보행거리가 40미터 이상일 경우에는 추가로 설치하여야 한다.

3. 제2호에도 불구하고 제2호의 기준을 초과하는 경우로서 기둥 또는 벽이 설치되지 아니한 대형공간의 경우 발신기는 설치 대상 장소의 가장 가까운 장소의 벽 또는 기둥 등에 설치 할 것

② 발신기의 위치를 표시하는 표시등은 함의 상부에 설치하되, 그 불빛은 부착면으로부터 15도 이상의 범위 안에서 부착지점으로부터 10미터 이내의 어느곳에서도 쉽게 식별할 수 있는 적색등으로 하여야 한다.

제10조(전원)

① 자동화재탐지설비의 상용전원은 전기가 정상적으로 공급되는 축전지설비, 전기저장장치 또는 교류전압의 옥내 간선으로 하고, 전원까지의 배선은 전용으로 해야 한다.

② 자동화재탐지설비에는 그 설비에 대한 감시상태를 60분간 지속한 후 유효하게 10분 이상 경보할 수 있는 비상전원으로서 축전지설비 또는 전기저장장치를 설치해야 한다.

제11조(배선)

배선은 「전기사업법」 제67조에 따른 「전기설비기술기준」에서 정한 것 외에 다음 각 호의 기준과 「옥내소화전설비의 화재안전성능기준(NFPC 102)」 제10조제2항에 따라 설치해야 한다.

1. 전원회로의 배선은 내화배선으로 하고, 그 밖의 배선은 내화배선 또는 내열배선에 따를 것

2. 감지기 상호간 또는 감지기로부터 수신기에 이르는 감지기회로의 배선의 경우에는 아날로그방식, R형수신기용 등으로 사용되는 것은 전자파의 방해를 받지 않는 것으로 배선하고, 그 외의 일반배선을 사용할 때에는 내화배선 또는 내열배선으로 할 것

3. 감지기회로에는 도통시험을 위한 종단저항을 설치할 것

4. 감지기 사이의 회로의 배선은 송배선식으로 할 것

5. 전원회로의 전로와 대지 사이 및 배선 상호간의 절연저항은 「전기사업법」 제67조에 따른 기술기준이 정하는 바에 의하고, 감지기회로 및 부속회로의 전로와 대지 사이 및 배선 상호간의 절연저항은 1경계구역마다 직류 250볼트의 절연저항측정기를 사용하여 측정한 절연저항이 0.1메가옴 이상이 되도록 할 것

6. 자동화재탐지설비의 배선은 다른 전선과 별도의 관·덕트(절연효력이 있는 것으로 구획한 때에는 그 구획된 부분은 별개의 덕트로 본다)·몰드 또는 풀박스 등에 설치할 것. 다만, 60볼트 미만의 약 전류회로에 사용하는 전선으로서 각각의 전압이 같을 때에는 그러하지 아니하다.

7. 피(P)형 수신기 및 지피(G.P.)형 수신기의 감지기 회로의 배선에 있어서 하나의 공통선에 접속할 수 있는 경계구역은 7개 이하로 할 것

8. 자동화재탐지설비의 감지기회로의 전로저항은 50옴 이하가 되도록 해야 하며, 수신기의 각 회로별 종단에 설치되는 감지기에 접속되는 배선의 전압은 감지기 정격전압의 80퍼센트 이상이어야 할 것

자동화재속보설비의 화재안전성능기준(NFPC 204)

[시행 2022. 12. 1.] [소방청고시 제2022-48호, 2022. 11. 25., 전부개정]

제1조(목적)

이 기준은 「소방시설 설치 및 관리에 관한 법률」(이하 "법"이라 한다) 제2조제1항제6호가목 및 제12조제1항에 따라 소방청장에게 위임한 사항 중 경보설비인 자동화재속보설비의 성능기준을 규정함을 목적으로 한다.

제2조(적용범위)

이 기준은 「소방시설 설치 및 관리에 관한 법률 시행령」(이하 "영"이라 한다) 별표 4 제2호사목에 따른 자동화재속보설비의 설치 및 관리에 필요한 사항에 대해 적용한다.

제3조(정의)

이 기준에서 사용되는 용어의 정의는 다음과 같다.

1. "속보기"란 화재신호를 통신망을 통하여 음성 등의 방법으로 소방관서에 통보하는 장치를 말한다.
2. "통신망"이란 유·무선을 구성하여 음성 또는 데이터 등을 전송할 수 있는 집합체를 말한다.

제4조(설치기준)

자동화재속보설비는 다음 각호의 기준에 따라 설치해야 한다.

1. 자동화재탐지설비와 연동으로 작동하여 자동적으로 화재신호를 소방관서에 전달되는 것으로 할 것
2. 속보기는 소방관서에 통신망으로 통보하도록 하며, 데이터 또는 코드전송방식을 부가적으로 설치할 수 있다.
3. 문화재에 설치하는 자동화재속보설비는 제1호의 기준에도 불구하고 속보기에 감지기를 직접 연결하는 방식(자동화재탐지설비 한 개의 경계구역에 한한다)으로 할 수 있다.
4. 속보기는 소방청장이 정하여 고시한 「자동화재속보설비의 속보기의 성능인증 및 제품검사의 기술기준」에 적합한 것으로 설치할 것

누전경보기의 화재안전성능기준(NFPC 205)

[시행 2022. 12. 1.] [소방청고시 제2022-49호, 2022. 11. 25., 전부개정]

제1조(목적)

이 기준은 「소방시설 설치 및 관리에 관한 법률」(이하 "법"이라 한다) 제2조제1항제6호가목에 따라 소방청장에게 위임한 사항 중 경보설비인 누전경보기의 성능기준을 규정함을 목적으로 한다.

제2조(적용범위)

이 기준은 「소방시설 설치 및 관리에 관한 법률 시행령」(이하 "영"이라 한다) 별표 4 제2호자목에 따른 누전경보기의 설치 및 관리에 대해 적용한다.

제3조(정의)

이 기준에서 사용되는 용어의 정의는 다음과 같다.

1. "누전경보기"란 내화구조가 아닌 건축물로서 벽, 바닥 또는 천장의 전부나 일부를 불연재료 또는 준불연재료가 아닌 재료에 철망을 넣어 만든 건물의 전기설비로부터 누설전류를 탐지하여 경보를 발하는 기기로서, 변류기와 수신부로 구성된 것을 말한다.

2. "수신부"란 변류기로부터 검출된 신호를 수신하여 누전의 발생을 해당 특정소방대상물의 관계인에게 경보하여 주는 것(차단기구를 갖는 것을 포함한다)을 말한다.
3. "변류기"란 경계전로의 누설전류를 자동적으로 검출하여 이를 누전경보기의 수신부에 송신하는 것을 말한다.

제4조(설치방법 등)

누전경보기는 다음 각 호의 방법에 따라 설치해야 한다.

1. 경계전로의 정격전류가 60암페어를 초과하는 전로에 있어서는 1급 누전경보기를, 60암페어 이하의 전로에 있어서는 1급 또는 2급 누전경보기를 설치할 것
2. 변류기는 특정소방대상물의 형태, 인입선의 시설방법 등에 따라 옥외 인입선의 제1지점의 부하측 또는 제2종 접지선 측의 점검이 쉬운 위치에 설치할 것
3. 변류기를 옥외의 전로에 설치하는 경우에는 옥외형으로 설치할 것

제5조(수신부)

① **누전경보기의 수신부는 옥내의 점검에 편리한 장소에 설치**하되, 가연성의 증기·먼지 등이 체류할 우려가 있는 장소의 전기회로에는 해당 부분의 전기회로를 차단할 수 있는 차단기구를 가진 수신부를 설치해야 한다. 이 경우 차단기구의 부분은 해당 장소 외의 안전한 장소에 설치해야 한다.

② 누전경보기의 수신부는 화재, 부식, 폭발의 위험성이 없고, 습도, 온도, 대전류 또는 고주파 등에 의한 영향을 받지 않는 장소에 설치해야 한다.

③ 음향장치는 수위실 등 상시 사람이 근무하는 장소에 설치해야 하며, 그 음량 및 음색은 다른 기기의 소음 등과 명확히 구별할 수 있는 것으로 해야 한다.

제6조(전원)

누전경보기의 전원은 「전기사업법」 제67조에 따른 기술기준에서 정한 것 외에 다음 각 호의 기준에 따라야 한다.

1. 전원은 분전반으로부터 전용회로로 하고, 각 극에 개폐기 및 15암페어 이하의 과전류차단기(배선용 차단기에 있어서는 20암페어 이하의 것으로 각 극을 개폐할 수 있는 것)를 설치 할 것
2. 전원을 분기할 때에는 다른 차단기에 따라 전원이 차단되지 아니하도록 할 것
3. 전원의 개폐기에는 누전경보기용임을 표시한 표지를 할 것

가스누설경보기의 화재안전성능기준(NFPC 206)

[시행 2022. 12. 1.] [소방청고시 제2022-50호, 2022. 11. 25., 전부개정]

제1조(목적)

이 기준은 「소방시설 설치 및 관리에 관한 법률」(이하 "법"이라 한다) 제2조제1항제6호가목에 따라 소방청장에게 위임한 사항 중 경보설비인 가스누설경보기의 성능기준을 규정함을 목적으로 한다.

제2조(적용범위)

이 기준은 「소방시설 설치 및 관리에 관한 법률 시행령」(이하 "영"이라 한다) 별표 4 제2호차목에 따른 가스누설경보기의 설치 및 관리에 대해 적용한다. 다만, 「액화석유가스의 안전관리 및 사업법」 및 「도시가스 사업법」에 따른 가스누출자동차단장치 또는 가스누출경보기 설치대상으로서 「액화석유가스의 안전관리 및 사업법」 및 「도시가스 사업법」에 적합하게 설치한 경우에는 이 기준에 적합한 것으로 본다.

제3조(정의)

이 기준에서 사용되는 용어의 정의는 다음과 같다.

1. "가연성가스 경보기"란 보일러 등 가스연소기에서 액화석유가스(LPG), 액화천연가스(LNG) 등의 가연성가스가 새는 것을 탐지하여 관계자나 이용자에게 경보하여 주는 것을 말한다. 다만, 탐지소자 외의 방법에 의하여 가스가 새는 것을 탐지하는 것, 점검용으로 만들어진 휴대용탐지기 또는 연동기기에 의하여 경보를 발하는 것은 제외한다.

2. "일산화탄소 경보기"란 일산화탄소가 새는 것을 탐지하여 관계자나 이용자에게 경보하여 주는 것을 말한다. 다만, 탐지소자 외의 방법에 의하여 가스가 새는 것을 탐지하는 것, 점검용으로 만들어진 휴대용탐지기 또는 연동기기에 의하여 경보를 발하는 것은 제외한다.

3. "탐지부"란 가스누설경보기(이하"경보기"라 한다) 중 가스누설을 탐지하여 중계기 또는 수신부에 가스누설 신호를 발신하는 부분을 말한다.

4. "수신부"란 경보기 중 탐지부에서 발하여진 가스누설 신호를 직접 또는 중계기를 통하여 수신하고 이를 관계자에게 음향으로서 경보하여 주는 것을 말한다.

5. "분리형"이란 탐지부와 수신부가 분리되어 있는 형태의 경보기를 말한다.

6. "단독형"이란 탐지부와 수신부가 일체로 되어 있는 형태의 경보기를 말한다.

7. "가스연소기"란 가스레인지 또는 가스보일러 등 가연성가스를 이용하여 불꽃을 발생하는 장치를 말한다.

제4조(가연성가스 경보기)

① 가연성가스를 사용하는 가스연소기가 있는 경우에는 가연성가스의 종류에 적합한 경보기를 가스연소기 주변에 설치해야 한다.

② **분리형 경보기의 수신부**는 다음 각 호의 기준에 따라 설치해야 한다.

> 1. 가스연소기 주위의 경보기의 상태 확인 및 유지 관리에 용이한 위치에 설치할 것
> 2. 가스누설 음향의 음량과 음색이 다른 기기의 소음 등과 명확히 구별될 것
> 3. 가스누설 음향은 수신부로부터 1미터 떨어진 위치에서 음압이 70데시벨 이상일 것
> 4. 수신부의 조작 스위치는 바닥으로부터의 높이가 0.8미터 이상 1.5미터 이하인 장소에 설치할 것
> 5. 수신부가 설치된 장소에는 관계자 등에게 신속히 연락할 수 있도록 비상연락 번호를 기재한 표를 비치할 것

③ **분리형 경보기의 탐지부**는 다음 각 호의 기준에 따라 설치해야 한다.

> 1. 탐지부는 가스연소기의 중심으로부터 직선거리 8미터(공기보다 무거운 가스를 사용하는 경우에는 4미터) 이내에 1개 이상 설치하여야 한다.
> 2. 탐지부는 천정으로부터 탐지부 하단까지의 거리가 0.3미터 이하가 되도록 설치한다. 다만, 공기보다 무거운 가스를 사용하는 경우에는 바닥면으로부터 탐지부 상단까지의 거리는 0.3미터 이하로 한다.

④ **단독형 경보기**는 다음 각 호의 기준에 따라 설치해야 한다.

> 1. 가스연소기 주위의 경보기의 상태 확인 및 유지 관리에 용이한 위치에 설치할 것
> 2. 가스누설 음향의 음량과 음색이 다른 기기의 소음 등과 명확히 구별될 것
> 3. 가스누설 음향장치는 수신부로부터 1미터 떨어진 위치에서 음압이 70데시벨 이상일 것
> 4. 단독형 경보기는 가스연소기의 중심으로부터 직선거리 8미터(공기보다 무거운 가스를 사용하는 경우에는 4미터) 이내에 1개 이상 설치해야 한다.
> 5. 단독형 경보기는 천장으로부터 경보기 하단까지의 거리가 0.3미터 이하가 되도록 설치한다. 다만, 공기보다 무거운 가스를 사용하는 경우에는 바닥면으로부터 단독형 경보기 상단까지의 거리는 0.3미터 이하로 한다.
> 6. 경보기가 설치된 장소에는 관계자 등에게 신속히 연락할 수 있도록 비상연락 번호를 기재한 표를 비치할 것

제5조(일산화탄소 경보기)

① 일산화탄소 경보기를 설치하는 경우에는 가스연소기 주변에 설치할 수 있다.

② **분리형 경보기의 수신부**는 다음 각 호의 기준에 따라 설치해야 한다.

> 1. 가스누설 음향의 음량과 음색이 다른 기기의 소음 등과 명확히 구별될 것
> 2. 가스누설 음향은 수신부로부터 1미터 떨어진 위치에서 음압이 70데시벨 이상일 것
> 3. 수신부의 조작 스위치는 바닥으로부터의 높이가 0.8미터 이상 1.5미터 이하인 장소에 설치할 것
> 4. 수신부가 설치된 장소에는 관계자 등에게 신속히 연락할 수 있도록 비상연락 번호를 기재한 표를 비치할 것

③ 분리형 경보기의 탐지부는 천장으로부터 탐지부 하단까지의 거리를 고려하여 설치한다.

④ **단독형 경보기**는 다음 각 호의 기준에 따라 설치해야 한다.

> 1. 가스누설 음향의 음량과 음색이 다른 기기의 소음 등과 명확히 구별될 것
> 2. 가스누설 음향장치는 수신부로부터 1미터 떨어진 위치에서 음압이 70데시벨 이상일 것
> 3. 단독형 경보기는 천장으로부터 경보기 하단까지의 거리가 0.3미터 이하가 되도록 설치한다.
> 4. 경보기가 설치된 장소에는 관계자 등에게 신속히 연락할 수 있도록 비상연락 번호를 기재한 표를 비치할 것

⑤ 제2항 내지 제4항에도 불구하고 일산화탄소경보기의 성능을 확보할 수 있는 별도의 설치방법을 인정받은 경우에는 해당 설치방법을 반영한 제조사의 시방서에 따라 설치할 수 있다.

제6조(설치장소)

분리형 경보기의 탐지부 및 단독형 경보기는 외부의 기류가 통하는 곳, 연소기의 폐가스에 접촉하기 쉬운 곳 등 누설가스를 유효하게 탐지하기 어려운 장소 이외의 장소에 설치해야 한다.

제7조(전원)

경보기는 건전지 또는 교류전압의 옥내간선을 사용하여 상시 전원이 공급되도록 해야 한다.

화재알림설비의 화재안전성능기준(NFPC 207)

[시행 2023. 12. 7.] [소방청고시 제2023-48호, 2023. 12. 7., 제정]

제1조(목적) 이 기준은 「소방시설 설치 및 관리에 관한 법률」 제2조제1항제6호가목에 따라 소방청장에게 위임한 사항 중 경보설비인 화재알림설비의 성능기준을 규정함을 목적으로 한다.

제2조(적용범위) 「소방시설 설치 및 관리에 관한 법률 시행령」 별표 4 제2호마목에 따른 화재알림설비의 설치 및 관리에 대해 적용한다.

제3조(정의) 이 기준에서 사용되는 용어의 정의는 다음과 같다.
1. "화재알림형 감지기"란 화재 시 발생하는 열, 연기, 불꽃을 자동적으로 감지하는 기능 중 두 가지 이상의 성능을 가진 열·연기 또는 열·연기·불꽃 복합형 감지기로서 화재알림형 수신기에 주위의 온도 또는 연기의 양의 변화에 따라 각각 다른 전류 또는 전압 등(이하 "화재정보값"이라 한다)의 출력을 발하고, 불꽃을 감지하는 경우 화재신호를 발신하며, 자체 내장된 음향장치에 의하여 경보하는 것을 말한다.
2. "화재알림형 중계기"란 화재알림형 감지기, 발신기 또는 전기적인 접점 등의 작동에 따른 화재정보값 또는 화재신호 등을 받아 이를 화재알림형 수신기에 전송하는 장치를 말한다.
3. "화재알림형 수신기"란 화재알림형 감지기나 발신기에서 발하는 화재정보값 또는 화재신호 등을 직접 수신하거나 화재알림형 중계기를 통해 수신하여 화재의 발생을 표시 및 경보하고, 화재정보값 등을 자동으로 저장하여, 자체 내장된 속보기능에 의해 화재신호를 통신망을 통하여 소방관서에는 음성 등의 방법으로 통보하고, 관계인에게는 문자로 전달할 수 있는 장치를 말한다.
4. "발신기"란 수동누름버튼 등의 작동으로 화재신호를 수신기에 발신하는 장치를 말한다.
5. "화재알림형 비상경보장치"란 발신기, 표시등, 지구음향장치(경종 또는 사이렌 등)를 내장한 것으로 화재발생 상황을 경보하는 장치를 말한다.
6. "원격감시서버"란 원격지에서 각각의 화재알림설비로부터 수신한 화재정보값 및 화재신호, 상태신호 등을 원격으로 감시하기 위한 서버를 말한다.
7. "공용부분"이란 전유부분 외의 건물부분, 전유부분에 속하지 아니하는 건물의 부속물, 「집합건물의 소유 및 관리에 관한 법률」 제3조제2항 및 제3항에 따라 공용부분으로 된 부속의 건물을 말한다.

제4조(신호전송방식) 화재정보값 및 화재신호, 상태신호 등(이하 "화재정보·신호 등"이라 한다)을 송·수신하는 방식은 다음 각 호와 같다.

1. "유선식"은 화재정보·신호 등을 배선으로 송·수신하는 방식
2. "무선식"은 화재정보·신호 등을 전파에 의해 송·수신하는 방식
3. "유·무선식"은 유선식과 무선식을 겸용으로 사용하는 방식

제5조(화재알림형 수신기)

① 화재알림형 수신기는 다음 각 호의 기준에 적합한 것으로 설치해야 한다.

1. 화재알림형 감지기, 발신기 등의 작동 및 설치지점을 확인할 수 있는 것으로 설치할 것
2. 해당 특정소방대상물에 가스누설탐지설비가 설치된 경우에는 가스누설탐지설비로부터 가스누설신호를 수신하여 가스누설경보를 할 수 있는 것으로 설치할 것
3. 화재알림형 감지기, 발신기 등에서 발신되는 화재정보·신호 등을 자동으로 저장할 수 있는 용량의 것으로 설치할 것
4. 화재알림형 수신기에 내장된 속보기능은 화재신호를 자동적으로 통신망을 통하여 소방관서에는 음성 등의 방법으로 통보하고, 관계인에게는 문자로 전달할 수 있는 것으로 설치할 것

② 화재알림형 수신기는 다음 각 호의 기준에 따라 설치해야 한다.

1. 상시 사람이 근무하는 장소에 설치할 것
2. 화재알림형 수신기가 설치된 장소에는 화재알림설비 일람도를 비치할 것
3. 화재알림형 수신기의 내부 또는 그 직근에 주음향장치를 설치할 것
4. 화재알림형 수신기의 음향기구는 그 음압 및 음색이 다른 기기의 소음 등과 명확히 구별될 수 있는 것으로 할 것
5. 화재알림형 수신기의 조작 스위치는 바닥으로부터의 높이가 0.8미터 이상 1.5미터 이하인 장소에 설치할 것
6. 하나의 특정소방대상물에 둘 이상의 화재알림형 수신기를 설치하는 경우에는 화재알림형 수신기를 상호 간 연동하여 화재발생 상황을 각 화재알림형 수신기마다 확인할 수 있도록 할 것
7. 화재로 인하여 하나의 층의 화재알림형 비상경보장치 또는 배선이 단락되어도 다른 층의 화재통보에 지장이 없도록 각 층 배선 상에 유효한 조치를 할 것

제6조(화재알림형 중계기) 화재알림형 중계기를 설치할 경우 다음 각 호의 기준에 따라 설치해야 한다.

1. 화재알림형 수신기와 화재알림형 감지기 사이에 설치할 것
2. 조작 및 점검에 편리하고 화재 및 침수 등의 재해로 인한 피해를 받을 우려가 없는 장소에 설치할 것
3. 화재알림형 수신기에 따라 감시되지 않는 배선을 통하여 전력을 공급받는 것에 있어서는 전원입력측의 배선에 과전류 차단기를 설치하고 해당 전원의 정전이 즉시 화재알림형 수신기에 표시되는 것으로 하며, 상용전원 및 예비전원의 시험을 할 수 있도록 할 것

제7조(화재알림형 감지기)

① 화재알림형 감지기는 열을 감지하는 경우 공칭감지온도범위, 연기를 감지하는 경우 공칭감지농도범위, 불꽃을 감지하는 경우 공칭감시거리 및 공칭시야각 등에 따라 적합한 장소에 설치해야 한다.
② 무선식의 경우 화재를 유효하게 검출하기 위해 해당 특정소방대상물에 음영구역이 없도록 설치해야 한다.
③ 동작된 감지기는 자체 내장된 음향장치에 의하여 경보를 발해야 하며, 음압은 부착된 화재알림형 감지기의 중심으로부터 1미터 떨어진 위치에서 85데시벨 이상으로 해야 한다.

제8조(비화재보방지) 화재알림형 수신기 또는 화재알림형 감지기는 자동보정기능이 있는 것으로 설치해야 한다.

제9조(화재알림형 비상경보장치)
① 화재알림형 비상경보장치는 다음 각 호의 기준에 따라 설치해야 한다. 다만 전통시장의 경우에는 공용부분에 한하여 설치할 수 있다.
　1. **층수가 11층(공동주택의 경우에는 16층) 이상**의 특정소방대상물은 발화층에 따라 경보하는 층을 달리하여 경보를 발할 수 있도록 할 것
　2. 화재알림형 비상경보장치는 특정소방대상물의 층마다 설치하되, 해당 특정소방대상물의 각 부분으로부터 하나의 화재알림형 비상경보장치까지의 수평거리가 25미터 이하가 되도록 하고, 해당 층의 각 부분에 유효하게 경보를 발할 수 있도록 설치할 것
　3. 제2호에도 불구하고 제2호의 기준을 초과하는 경우로서 기둥 또는 벽이 설치되지 아니한 대형공간의 경우 화재알림형 비상경보장치는 설치대상 장소 중 가장 가까운 장소의 벽 또는 기둥 등에 설치할 것
　4. 화재알림형 비상경보장치는 조작이 쉬운 장소에 설치하고, 발신기의 스위치는 바닥으로부터 0.8미터 이상 1.5미터 이하의 높이에 설치할 것

5. 화재알림형 비상경보장치의 위치를 표시하는 표시등은 함의 상부에 설치하되, 그 불빛은 부착면으로부터 15도 이상의 범위 안에서 부착지점으로부터 10미터 이내의 어느 곳에서도 쉽게 식별할 수 있는 적색등으로 설치할 것

② **화재알림형 비상경보장치**는 다음 각 목의 기준에 따른 구조 및 성능의 것으로 해야 한다.

1. 정격전압의 80퍼센트의 전압에서 음압을 발할 수 있는 것으로 할 것
2. 음압은 부착된 화재알림형 비상경보장치의 중심으로부터 1미터 떨어진 위치에서 90데시벨 이상이 되는 것으로 할 것
3. 화재알림형 감지기 및 발신기의 작동과 연동하여 작동할 수 있는 것으로 할 것

③ 하나의 특정소방대상물에 둘 이상의 화재알림형 수신기가 설치된 경우 어느 화재알림형 수신기에서도 화재알림형 비상경보장치를 작동할 수 있도록 해야 한다.

제10조(원격감시서버) 특정소방대상물의 관계인은 원격감시서버를 보유한 관리업자에게 화재알림설비의 감시업무를 위탁할 수 있다. 다만, 감시업무에서 원격제어는 제외한다.

제11조(다른 화재안전성능기준과의 관계) 이 기준에서 규정하지 않은 것은 「자동화재탐지설비 및 시각경보장치의 화재안전성능기준(NFPC 203)」에 따른다.

제12조(설치 · 유지기준의 특례) 소방본부장 또는 소방서장은 기존건축물이 증축·개축·대수선되거나 용도변경 되는 경우에 있어서 이 기준이 정하는 기준에 따라 해당 건축물에 설치해야 할 화재알림설비의 배관·배선 등의 공사가 현저하게 곤란하다고 인정되는 경우에는 해당 설비의 기능 및 사용에 지장이 없는 범위 안에서 이 기준 일부를 적용하지 않을 수 있다.

피난기구의 화재안전성능기준(NFPC 301)

[시행 2024. 1. 1.] [소방청고시 제2023-40호, 2023. 10. 13., 타법개정.]

제1조(목적)

이 기준은 「소방시설 설치 및 관리에 관한 법률」(이하 "법"이라 한다) 제2조제1항제6호가목에 따라 소방청장에게 위임한 사항 중 피난구조설비인 피난기구의 성능기준을 규정함을 목적으로 한다.

제2조(적용범위)

이 기준은 「소방시설 설치 및 관리에 관한 법률 시행령」(이하 "영"이라 한다) 별표 4 제3호가목 및 「다중이용업소의 안전관리에 관한 특별법 시행령」 별표 1 제1호다목1)에 따른 피난기구의 설치 및 관리에 대해 적용한다.

제3조(피난기구의 종류)

영 제3조에 따른 별표 1 제3호가목5)에서 "그 밖에 화재안전기준으로 정하는 것"이란 미끄럼대 · 피난교 · 피난용트랩 · 간이완강기 · 공기안전매트 · 다수인 피난장비 · 승강식 피난기 등을 말한다.

제4조(정의)

이 기준에서 사용하는 용어의 정의는 다음과 같다.
1. "완강기"란 사용자의 몸무게에 따라 자동적으로 내려올 수 있는 기구 중 사용자가 교대하여 연속적으로 사용할 수 있는 것을 말한다.
2. "간이완강기"란 사용자의 몸무게에 따라 자동적으로 내려올 수 있는 기구 중 사용자가 연속적으로 사용할 수 없는 것을 말한다.
3. "공기안전매트"란 화재 발생 시 사람이 건축물 내에서 외부로 긴급히 뛰어내릴 때 충격을 흡수하여 안전하게 지상에 도달할 수 있도록 포지에 공기 등을 주입하는 구조로 되어 있는 것을 말한다.
4. "구조대"란 포지 등을 사용하여 자루 형태로 만든 것으로서 화재 시 사용자가 그 내부에 들어가서 내려옴으로써 대피할 수 있는 것을 말한다.
5. "승강식 피난기"란 사용자의 몸무게에 의하여 자동으로 하강하고 내려서면 스스로 상승하여 연속적으로 사용할 수 있는 무동력 승강식 기기를 말한다.
6. "하향식 피난구용 내림식사다리"란 하향식 피난구 해치에 격납하여 보관하고 사용 시에는 사다리 등이 소방대상물과 접촉되지 않는 내림식 사다리를 말한다.

7. "피난사다리"란 화재 시 긴급대피를 위해 사용하는 사다리를 말한다.

8. "다수인피난장비"란 화재 시 2인 이상의 피난자가 동시에 해당 층에서 지상 또는 피난층으로 하강하는 피난기구를 말한다.

9. "미끄럼대"란 사용자가 미끄럼식으로 신속하게 지상 또는 피난층으로 이동할 수 있는 피난기구를 말한다.

10. "피난교"란 인근 건축물 또는 피난층과 연결된 다리 형태의 피난기구를 말한다.

11. "피난용트랩"이란 화재 층과 직상 층을 연결하는 계단형태의 피난기구를 말한다.

제5조(적응성 및 설치개수 등)

① 피난기구는 특정소방대상물의 설치장소별로 그에 적응하는 종류의 것으로 설치해야 한다.

② **피난기구는 다음 각 호의 기준에 따른 개수 이상을** 설치해야 한다.

1. 층마다 설치하되, 특정소방대상물의 종류에 따라 그 층의 용도 및 바닥면적을 고려하여 한 개 이상 설치할 것〈개정 2023.10.13.〉

2. 제1호에 따라 설치한 피난기구 외에 숙박시설(휴양콘도미니엄을 제외한다)의 경우에는 추가로 객실마다 완강기 또는 둘 이상의 간이완강기를 설치할 것

3. 삭제〈2023.10.13.〉

4. 제1호에 따라 설치한 피난기구 외에 **4층 이상의 층에 설치된 노유자시설 중 장애인 관련 시설로서 주된 사용자 중 스스로 피난이 불가한 자가 있는 경우에는 층마다 구조대를 1개 이상 추가로 설치할 것**

③ 피난기구는 다음 각 호의 기준에 따라 설치해야 한다.

1. 피난기구는 계단·피난구 기타 피난시설로부터 적당한 거리에 있는 안전한 구조로 된 피난 또는 소화 활동상 유효한 개구부(가로 0.5미터 이상, 세로 1미터 이상의 것을 말한다.)에 고정하여 설치하거나 필요한 때에 신속하고 유효하게 설치할 수 있는 상태에 둘 것

2. 피난기구를 설치하는 개구부는 서로 동일직선상이 아닌 위치에 있을 것

3. 피난기구는 특정소방대상물의 기둥·바닥 및 보 등 구조상 견고한 부분에 볼트조임·매입 및 용접 등의 방법으로 견고하게 부착할 것

4. 4층 이상의 층에 피난사다리(하향식 피난구용 내림식사다리는 제외한다)를 설치하는 경우에는 금속성 고정사다리를 설치하고, 당해 고정사다리에는 쉽게 피난할 수 있는 구조의 노대를 설치할 것

5. 완강기는 강하 시 로프가 건축물 또는 구조물 등과 접촉하여 손상되지 않도록 하고, 로프의 길이는 부착위치에서 지면 또는 기타 피난상 유효한 착지 면까지의 길이로 할 것

6. 미끄럼대는 안전한 강하속도를 유지하도록 하고, 전락방지를 위한 안전조치를 할 것

7. 구조대의 길이는 피난 상 지장이 없고 안정한 강하속도를 유지할 수 있는 길이로 할 것

8. **다수인 피난장비**는 다음 각 목에 적합하게 설치할 것

　가. 피난에 용이하고 안전하게 하강할 수 있는 장소에 적재 하중을 충분히 견딜 수 있도록 「건축물의 구조기준 등에 관한 규칙」 제3조에서 정하는 구조안전의 확인을 받아 견고하게 설치할 것

　나. 다수인피난장비 보관실(이하 "보관실"이라 한다)은 건물 외측보다 돌출되지 아니하고, 빗물·먼지 등으로부터 장비를 보호할 수 있는 구조일 것

　다. 사용 시에 보관실 외측 문이 먼저 열리고 탑승기가 외측으로 자동으로 전개될 것

　라. 하강 시에 탑승기가 건물 외벽이나 돌출물에 충돌하지 않도록 설치할 것

　마. 상·하층에 설치할 경우에는 탑승기의 하강경로가 중첩되지 않도록 할 것

　바. 하강 시에는 안전하고 일정한 속도를 유지하도록 하고 전복, 흔들림, 경로이탈 방지를 위한 안전조치를 할 것

　사. 보관실의 문에는 오작동 방지조치를 하고, 문 개방 시에는 당해 소방대상물에 설치된 경보설비와 연동하여 유효한 경보음을 발하도록 할 것

　아. 피난층에는 해당 층에 설치된 피난기구가 착지에 지장이 없도록 충분한 공간을 확보할 것

　자. 한국소방산업기술원 또는 법 제46조제1항에 따라 성능시험기관으로 지정받은 기관에서 그 성능을 검증받은 것으로 설치할 것

9. **승강식 피난기 및 하향식 피난구용 내림식사다리**는 다음 각 목에 적합하게 설치할 것

　가. 승강식 피난기 및 하향식 피난구용 내림식사다리는 설치경로가 설치층에서 피난층까지 연계될 수 있는 구조로 설치할 것

　나. 대피실의 면적은 2제곱미터(2세대 이상일 경우에는 3제곱미터) 이상으로 하고, 「건축법 시행령」 제46조제4항의 규정에 적합하여야 하며 하강구(개구부) 규격은 직경60센티미터 이상일 것

　다. 하강구 내측에는 기구의 연결 금속구 등이 없어야 하며 전개된 피난기구는 하강구 수평투영면적 공간 내의 범위를 침범하지 않는 구조이어야 할 것

　라. 대피실의 출입문은 60분+ 방화문 또는 60분 방화문으로 설치하고, 피난방향에서 식별할 수 있는 위치에 "대피실" 표지판을 부착할 것

　마. 착지점과 하강구는 상호 수평거리 15센티미터 이상의 간격을 둘 것

　바. 대피실 내에는 비상조명등을 설치할 것

　사. 대피실에는 층의 위치표시와 피난기구 사용설명서 및 주의사항 표지판을 부착할 것

　아. 대피실 출입문이 개방되거나, 피난기구 작동 시 해당층 및 직하층 거실에 설치된 표시등 및 경보장치가 작동되고, 감시 제어반에서는 피난기구의 작동을 확인 할 수

있어야 할 것

자. 사용 시 기울거나 흔들리지 않도록 설치할 것

차. 승강식 피난기는 한국소방산업기술원 또는 법 제46조제1항에 따라 성능시험기관으로 지정받은 기관에서 그 성능을 검증받은 것으로 설치할 것

④ 피난기구를 설치한 장소에는 가까운 곳의 보기 쉬운 곳에 피난기구의 위치를 표시하는 발광식 또는 축광식표지와 그 사용방법을 표시한 표지(외국어 및 그림 병기)를 부착해야 한다.

제6조(설치제외)

영 별표 5 제14호 피난구조설비의 설치면제 요건의 규정에 따라 피난 상 지장이 없다고 인정되는 특정소방대상물 또는 그 부분에는 피난기구를 설치하지 않을 수 있다. 다만, 제4조제2항제2호에 따라 숙박시설(휴양콘도미니엄을 제외한다)에 설치되는 완강기 및 간이완강기의 경우에는 그렇지 않다.

제7조(피난기구설치의 감소)

① 피난기구를 설치해야 할 특정소방대상물 중 주요구조부가 내화구조이고, 피난계단 또는 특별피난계단이 둘 이상 설치되어 있는 층에는 제5조제2항에 따른 피난기구의 일부를 감소할 수 있다.

② 피난기구를 설치해야 할 특정소방대상물 중 주요구조부가 내화구조이고 건널 복도가 설치되어 있는 층에는 제5조제2항에 따른 피난기구의 일부를 감소할 수 있다.

③ 피난기구를 설치해야 할 특정소방대상물 중 피난에 유효한 노대가 설치된 거실의 바닥면적은 제5조제2항에 따른 피난기구의 설치개수 산정을 위한 바닥면적에서 이를 제외한다.

인명구조기구의 화재안전성능기준(NFPC 302)

[시행 2022. 12. 1.] [소방청고시 제2022-52호, 2022. 11. 25., 전부개정]

제1조(목적)

이 기준은 「소방시설 설치 및 관리에 관한 법률」(이하 "법"이라 한다) 제2조제1항제6호가목에 따라 소방청장에게 위임한 사항 중 피난구조설비인 인명구조기구의 성능기준을 규정함을 목적으로 한다.

제2조(적용범위)

이 기준은 「소방시설 설치 및 관리에 관한 법률 시행령」(이하 "영"이라 한다) 별표 4 제3호나목에 따른 인명구조기구의 설치 및 관리에 대해 적용한다.

제3조(정의)

이 기준에서 사용하는 용어의 정의는 다음과 같다.

1. "방열복"이란 고온의 복사열에 가까이 접근하여 소방활동을 수행할 수 있는 내열피복을 말한다.
2. "공기호흡기"란 소화활동 시에 화재로 인하여 발생하는 각종 유독가스 중에서 일정시간 사용할 수 있도록 제조된 압축공기식 개인호흡장비(보조마스크를 포함한다)를 말한다.
3. "인공소생기"란 호흡 부전 상태인 사람에게 인공호흡을 시켜 환자를 보호하거나 구급하는 기구를 말한다.
4. "방화복"이란 화재진압 등의 소방활동을 수행할 수 있는 피복을 말한다.
5. "인명구조기구"란 화열, 화염, 유해성가스 등으로부터 인명을 보호하거나 구조하는데 사용되는 기구를 말한다.
6. "축광식표지"란 평상시 햇빛 또는 전등불 등의 빛에너지를 축적하여 화재 등의 비상시 어두운 상황에서도 도안·문자 등이 쉽게 식별될 수 있는 표지를 말한다.

제4조(설치기준)

① 인명구조기구는 특정소방대상물의 용도 및 장소별로 다음 각 호에 따라 설치해야 한다.

1. 방열복 또는 방화복(안전모, 보호장갑 및 안전화를 포함한다)·공기호흡기 및 인공소생기를 각 2개 이상 비치해야 하는 특정소방대상물은 다음 각 목과 같다.

   가. 지하층을 포함하는 층수가 7층 이상인 관광호텔
   나. 지하층을 포함하는 층수가 5층 이상인 병원

2. 공기호흡기를 층마다 2개 이상 비치해야 하는 특정소방대상물은 다음 각 목과 같다.

가. 문화 및 집회시설 중 수용인원 100명 이상의 영화상영관
나. 판매시설 중 대규모 점포
다. 운수시설 중 지하역사
라. 지하가 중 지하상가

3. 물분무등소화설비 중 이산화탄소소화설비를 설치하는 특정소방대상물에는 이산화탄소 소화설비가 설치된 장소의 출입구 외부 인근에 1개 이상의 공기호흡기를 비치할 것

② 인명구조기구는 화재 시 쉽게 반출 사용할 수 있는 장소에 비치할 것

③ 인명구조기구가 설치된 가까운 장소의 보기 쉬운 곳에 "인명구조기구"라는 축광식표지와 그 사용방법을 표시한 표지를 부착하되, 축광식표지는 소방청장이 정하여 고시한 「축광표지의 성능인증 및 제품검사의 기술기준」에 적합한 것으로 할 것

④ 방열복은 소방청장이 정하여 고시한 「소방용 방열복의 성능인증 및 제품검사의 기술기준」 에 적합한 것으로 설치할 것

⑤ 방화복(안전모, 보호장갑 및 안전화를 포함한다)은 「소방장비관리법」 제10조제2항 및 「표 준규격을 정해야 하는 소방장비의 종류고시」 제2조제1항제4호에 따른 표준규격에 적합한 것으로 설치할 것

제1조(목적)

이 기준은 「소방시설 설치 및 관리에 관한 법률」(이하 "법"이라 한다) 제2조제1항제6호가목에 따라 소방청장에게 위임한 사항 중 피난구조설비인 유도등 및 유도표지 성능기준을 규정함을 목적으로 한다.

제2조(적용범위)

이 기준은 「소방시설 설치 및 관리에 관한 법률 시행령」(이하 "영"이라 한다) 별표 4 제3호다목에 따른 유도등과 유도표지 및 「다중이용업소의 안전관리에 관한 특별법 시행령」 별표 1 제1호다목1)에 따른 피난유도선의 설치 및 관리에 대해 적용한다.

제3조(정의)

이 기준에서 사용되는 용어의 정의는 다음과 같다.

1. "유도등"이란 화재 시에 피난을 유도하기 위한 등으로서 정상상태에서는 상용전원에 따라 켜지고 상용전원이 정전되는 경우에는 비상전원으로 자동전환되어 켜지는 등을 말한다.

2. "피난구유도등"이란 피난구 또는 피난경로로 사용되는 출입구를 표시하여 피난을 유도하는 등을 말한다.

3. "통로유도등"이란 피난통로를 안내하기 위한 유도등으로 복도통로유도등, 거실통로유도등, 계단통로유도등을 말한다.

4. "복도통로유도등"이란 피난통로가 되는 복도에 설치하는 통로유도등으로서 피난구의 방향을 명시하는 것을 말한다.

5. "거실통로유도등"이란 거주, 집무, 작업, 집회, 오락 그 밖에 이와 유사한 목적을 위하여 계속적으로 사용하는 거실, 주차장 등 개방된 통로에 설치하는 유도등으로 피난의 방향을 명시하는 것을 말한다.

6. "계단통로유도등"이란 피난통로가 되는 계단이나 경사로에 설치하는 통로유도등으로 바닥면 및 디딤 바닥면을 비추는 것을 말한다.

7. "객석유도등"이란 객석의 통로, 바닥 또는 벽에 설치하는 유도등을 말한다.

8. "피난구유도표지"란 피난구 또는 피난경로로 사용되는 출입구를 표시하여 피난을 유도하는 표지를 말한다.

9. "통로유도표지"란 피난통로가 되는 복도, 계단등에 설치하는 것으로서 피난구의 방향을 표시하는 유도표지를 말한다.

10. "피난유도선"이란 햇빛이나 전등불에 따라 축광(이하 "축광방식"이라 한다)하거나 전류에 따라 빛을 발하는(이하 "광원점등방식"이라 한다) 유도체로서 어두운 상태에서 피난을 유도할 수 있도록 띠 형태로 설치되는 피난유도시설을 말한다.

11. "입체형"이란 유도등 표시면을 2면 이상으로 하고 각 면마다 피난유도표시가 있는 것을 말한다.

12. "3선식 배선"이란 평상시에는 유도등을 소등 상태로 유도등의 비상전원을 충전하고, 화재 등 비상시 점등 신호를 받아 유도등을 자동으로 점등되도록 하는 방식의 배선을 말한다.

제4조(유도등 및 유도표지의 종류)

특정소방대상물의 용도별로 설치하여야 할 유도등 및 유도표지는 다음 표에 따라 그에 적응하는 종류의 것으로 설치하여야 한다.

설치장소	유도등 및 유도표지의 종류
1. 공연장·집회장(종교집회장 포함)·관람장·운동시설 2. 유흥주점영업시설(「식품위생법 시행령」제21조 제8호라목의 유흥주점영업 중 손님이 춤을 출 수 있는 무대가 설치된 카바레, 나이트클럽 또는 그밖에 이와 비슷한 영업시설만 해당한다)	○ 대형피난구유도등 ○ 통로유도등 ○ 객석유도등
3. 위락시설·판매시설·운수시설·「관광진흥법」제3조제1항제2호에 따른 관광숙박업·의료시설·장례식장·방송통신시설·전시장·지하상가·지하철 역사	○ 대형피난유도등 ○ 통로유도등
4. 숙박시설(제3호의 관광숙박업 외의 것을 말한다)·오피스텔 5. 제1호부터 제3호까지 외의 건축물로서 지하층·무창층 또는 층수가 11층 이상인 특정소방대상물	○ 중형피난구유도등 ○ 통로유도등
6. 제1호부터 제5호까지 외의 건축물로서 근린생활시설·노유자시설·업무시설·발전시설·종교시설(집회장 용도로 사용하는 부분 제외)·교육연구시설·수련시설·공장·교정 및 군사시설(국방·군사시설 제외)·자동차정비공장·운전학원 및 정비학원·다중이용업소·복합건축물	○ 소형피난구유도등 ○ 통로유도등
7. 그 밖의 것	○ 피난구유도표지 ○ 통로유도표지

※ 비고 : 1. 소방서장은 특정소방대상물의 위치·구조 및 설비의 상황을 판단하여 대형피난구유도등을 설치하여야 할 장소에 중형피난구유도등 또는 소형피난구유도등을, 중형피난구유도등을 설치하여야 할 장소에 소형피난구유도등을 설치하게 할 수 있다.
　　　　　2. 복합건축물의 경우, 주택의 세대 내에는 유도등을 설치하지 아니할 수 있다.

〈개정 2023.10.6., 2023.10.13.〉

제5조(피난구유도등)

① 피난구유도등은 다음 각 호의 장소에 설치하여야 한다.

1. 옥내로부터 직접 지상으로 통하는 출입구 및 그 부속실의 출입구
2. 직통계단·직통계단의 계단실 및 그 부속실의 출입구
3. 제1호와 제2호에 따른 출입구에 이르는 복도 또는 통로로 통하는 출입구
4. 안전구획된 거실로 통하는 출입구

② 피난구유도등은 피난구의 바닥으로부터 높이 1.5미터 이상으로서 출입구에 인접하도록 설치하여야 한다.

③ 피난층으로 향하는 피난구의 위치를 안내할 수 있도록 제1항의 출입구 인근 천장에 제1항에 따라 설치된 피난구유도등의 면과 수직이 되도록 피난구유도등을 추가로 설치해야 한다.

제6조(통로유도등 설치기준)

① 통로유도등은 특정소방대상물의 각 거실과 그로부터 지상에 이르는 복도 또는 계단의 통로에 다음 각 호의 기준에 따라 설치하여야 한다.

　1. 복도통로유도등은 다음 각 목의 기준에 따라 설치할 것

　　가. 복도에 설치하되 제5조제1항제1호 또는 제2호에 따라 피난구유도등이 설치된 출입구의 맞은편 복도에는 입체형으로 설치하거나, 바닥에 설치할 것
　　나. 구부러진 모퉁이 및 가목에 따라 설치된 통로유도등을 기점으로 보행거리 20미터마다 설치할 것
　　다. 바닥으로부터 높이 1미터 이하의 위치에 설치할 것. 다만, 지하층 또는 무창층의 용도가 도매시장·소매시장·여객자동차터미널·지하역사 또는 지하상가인 경우에는 복도·통로 중앙부분의 바닥에 설치하여야 한다.
　　라. 바닥에 설치하는 통로유도등은 하중에 따라 파괴되지 않는 강도의 것으로 할 것

　2. 거실통로유도등은 다음 각 목의 기준에 따라 설치할 것

　　가. 거실의 통로에 설치할 것. 다만, 거실의 통로가 벽체 등으로 구획된 경우에는 복도통로유도등을 설치하여야 한다.

　　　나. 복도구부러진 모퉁이 및 보행거리 20미터 마다 설치할 것
　　　다. 복도바닥으로부터 높이 1.5미터 이상의 위치에 설치할 것. 다만, 거실통로에 기둥
　　　　　이 설치된 경우에는 기둥부분의 바닥으로부터 높이 1.5미터 이하의 위치에 설치할
　　　　　수 있다.

　3. 계단통로유도등은 각층의 경사로 참 또는 계단참마다 바닥으로부터 높이 1미터 이하의
　　　위치에 설치할 것
　4. 통행에 지장이 없도록 설치할 것
　5. 주위에 이와 유사한 등화광고물·게시물 등을 설치하지 않을 것

제7조(객석유도등 설치기준)

① 객석유도등은 객석의 통로, 바닥 또는 벽에 설치해야 한다.

② 객석내의 통로가 경사로 또는 수평로로 되어 있는 부분은 다음의 식에 따라 산출한 수(소수
　점 이하의 수는 1로 본다)의 유도등을 설치하여야 한다.

$$설치개수 = \frac{객석\ 통로의\ 직선부분\ 길이(m)}{4} - 1$$

③ 객석 내의 통로가 옥외 또는 이와 유사한 부분에 있는 경우에는 해당 통로 전체에 미칠 수 있
　는 개수의 유도등을 설치해야 한다.

제8조(유도표지 설치기준)

① 유도표지는 다음 각 호의 기준에 따라 설치하여야 한다.
　1. 계단에 설치하는 것을 제외하고는 각 층마다 복도 및 통로의 각 부분으로부터 하나의 유
　　　도표지까지의 보행거리가 15미터 이하가 되는 곳과 구부러진 모퉁이의 벽에 설치할 것
　2. 피난구유도표지는 출입구 상단에 설치하고, 통로유도표지는 바닥으로부터 높이 1미터
　　　이하의 위치에 설치할 것
　3. 주위에는 이와 유사한 등화·광고물·게시물 등을 설치하지 않을 것
　4. 유도표지는 부착판 등을 사용하여 쉽게 떨어지지 아니하도록 설치할 것
　5. 축광방식의 유도표지는 외광 또는 조명장치에 의하여 상시 조명이 제공되거나 비상조명
　　　등에 의한 조명이 제공되도록 설치 할 것

② 유도표지는 소방청장이 정하여 고시한 「축광표지의 성능인증 및 제품검사의 기술기준」에
　적합한 것이어야 한다.

제9조(피난유도선 설치기준)

① **축광방식의 피난유도선**은 다음 각 호의 기준에 따라 설치해야 한다.

> 1. 구획된 각 실로부터 주출입구 또는 비상구까지 설치할 것
> 2. 바닥으로부터 높이 50센티미터 이하의 위치 또는 바닥 면에 설치할 것
> 3. 피난유도 표시부는 50센티미터 이내의 간격으로 연속되도록 설치
> 4. 부착대에 의하여 견고하게 설치할 것
> 5. 외광 또는 조명장치에 의하여 상시 조명이 제공되거나 비상조명등에 의한 조명이 제공되도록 설치 할 것

② **광원점등방식의 피난유도선**은 다음 각 호의 기준에 따라 설치해야 한다.

> 1. 구획된 각 실로부터 주출입구 또는 비상구까지 설치할 것
> 2. 피난유도 표시부는 바닥으로부터 높이 1미터 이하의 위치 또는 바닥 면에 설치할 것
> 3. 피난유도 표시부는 50센티미터 이내의 간격으로 연속되도록 설치하되 실내장식물 등으로 설치가 곤란할 경우 1미터 이내로 설치할 것
> 4. 수신기로부터의 화재신호 및 수동조작에 의하여 광원이 점등되도록 설치할 것
> 5. 비상전원이 상시 충전상태를 유지하도록 설치할 것
> 6. 바닥에 설치되는 피난유도 표시부는 매립하는 방식을 사용할 것
> 7. 피난유도 제어부는 조작 및 관리가 용이하도록 바닥으로부터 0.8미터 이상 1.5미터 이하의 높이에 설치할 것

③ 피난유도선은 소방청장이 정하여 고시한 「피난유도선의 성능인증 및 제품검사의 기술기준」에 적합한 것으로 설치해야 한다.

제10조(유도등의 전원)

① 유도등의 상용전원은 전기가 정상적으로 공급되는 **축전지설비, 전기저장장치 또는 교류전압의 옥내 간선**으로 하고, 전원까지의 배선은 전용으로 해야 한다.
② 비상전원은 유도등을 20분 이상 유효하게 작동시킬 수 있는 용량의 축전지로 설치해야 한다. 다만, 지하층을 제외한 층수가 11층 이상의 층이나 특정소방대상물의 지하층 또는 무창층의 경우에는 그 부분에서 피난층에 이르는 부분의 유도등을 60분 이상 유효하게 작동시킬 수 있는 용량으로 해야 한다.
③ 배선은 「전기사업법」 제67조에 따른 「전기설비기술기준」에서 정한 것 외에 다음 각 호의 기준에 따라야 한다.

> 1. 유도등의 인입선과 옥내배선은 직접 연결할 것
> 2. 유도등은 전기회로에 점멸기를 설치하지 않고 항상 점등상태를 유지할 것
> 3. 3선식 배선은 내화배선 또는 내열배선으로 사용할 것

④ 3선식 배선으로 상시 충전되는 유도등의 전기회로에 점멸기를 설치하는 경우에는 화재신호 및 수동조작, 정전 또는 단선, 자동소화설비의 작동 등에 의해 자동으로 점등되도록 해야 한다.

제11조(유도등 및 유도표지의 제외)

① 바닥면적이 1,000제곱미터 미만인 층으로서 옥내로부터 직접 지상으로 통하는 출입구 또는 거실 각 부분으로부터 쉽게 도달할 수 있는 출입구 등의 경우에는 **피난구유도등**을 설치하지 않을 수 있다.
② 구부러지지 아니한 복도 또는 통로로서 그 길이가 30미터 미만인 복도 또는 통로 등의 경우에는 **통로유도등**을 설치하지 않을 수 있다.
③ 주간에만 사용하는 장소로서 채광이 충분한 객석 등의 경우에는 **객석유도등**을 설치하지 않을 수 있다.
④ 유도등이 제5조와 제6조에 따라 적합하게 설치된 출입구·복도·계단 및 통로 등의 경우에는 유도표지를 설치하지 않을 수 있다.

소방시설관리사 기출문제

[23회 점검] (2) 유도등 및 유도표지의 화재안전성능기준(NFPC 303)상 유도등 및 유도표지를 설치하지 않을 수 있는 경우 4가지를 쓰시오.(4점)

비상조명등의 화재안전성능기준(NFPC 304)

[시행 2022. 12. 1.] [소방청고시 제2022-54호, 2022. 11. 25., 전부개정]

제1조(목적)

이 기준은 「소방시설 설치 및 관리에 관한 법률」(이하 "법"이라 한다) 제2조제1항제6호가목에 따라 소방청장에게 위임한 사항 중 피난구조설비인 비상조명등 및 휴대용비상조명등의 성능기준을 규정함을 목적으로 한다.

제2조(적용범위)

이 기준은 「소방시설 설치 및 관리에 관한 법률 시행령」(이하 "영"이라 한다) 별표 4 제3호라목과 마목에 따른 비상조명등 및 휴대용비상조명등의 설치 및 관리에 대해 적용한다.

제3조(정의)

이 기준에서 사용되는 용어의 정의는 다음과 같다.

1. "비상조명등"이란 화재발생 등에 따른 정전 시 안전하고 원활한 피난활동을 할 수 있도록 거실 및 피난통로 등에 설치되어 자동 점등되는 조명등을 말한다.
2. "휴대용비상조명등"이란 화재발생 등으로 정전 시 안전하고 원활한 피난을 위하여 피난자가 휴대할 수 있는 조명등을 말한다.

제4조(설치기준)

① 비상조명등은 다음 각 호의 기준에 따라 설치해야 한다.

1. 특정소방대상물의 각 거실과 그로부터 지상에 이르는 복도·계단 및 그 밖의 통로에 설치할 것
2. 조도는 비상조명등이 설치된 장소의 각 부분의 바닥에서 1럭스 이상이 되도록 할 것
3. 예비전원을 내장하는 비상조명등에는 평상시 점등 여부를 확인할 수 있는 점검스위치를 설치하고 해당 조명등을 유효하게 작동시킬 수 있는 용량의 축전지와 예비전원 충전장치를 내장할 것
4. 예비전원을 내장하지 아니하는 비상조명등의 비상전원은 **자가발전설비, 축전지설비 또는 전기저장장치**(외부 전기에너지를 저장해 두었다가 필요한 때 전기를 공급하는 장치)를 다음 각 목의 기준에 따라 설치하여야 한다.

   가. 점검에 편리하고 화재 및 침수 등의 재해로 인한 피해를 받을 우려가 없는 곳에 설치할 것

　　나. 상용전원으로부터 전력의 공급이 중단된 때에는 자동으로 비상전원으로부터 전력을 공급받을 수 있도록 할 것

　　다. 비상전원의 설치장소는 다른 장소와 방화구획 할 것

　　라. 비상전원을 실내에 설치하는 때에는 그 실내에 비상조명등을 설치할 것

　5. 제3호와 제4호에 따른 예비전원과 비상전원은 비상조명등을 20분 이상 유효하게 작동시킬 수 있는 용량으로 할 것. 다만, 지하층을 제외한 층수가 11층 이상의 층 등의 특정소방대상물의 경우에는 그 부분에서 피난층에 이르는 부분의 비상조명등을 60분 이상 유효하게 작동시킬 수 있는 용량으로 해야 한다.

　6. 영 별표 5 제15호 비상조명등의 설치면제 요건에서 "그 유도등의 유효범위"란 유도등의 조도가 바닥에서 1럭스 이상이 되는 부분을 말한다.

② 휴대용비상조명등은 다음 각 호의 기준에 적합하여야 한다.

　1. 다음 각 목의 장소에 설치할 것

　　가. 숙박시설 또는 다중이용업소에는 객실 또는 영업장안의 구획된 실마다 잘 보이는 곳(외부에 설치시 출입문 손잡이로부터 1미터 이내 부분)에 1개 이상 설치

　　나. 「유통산업발전법」제2조제3호에 따른 대규모점포(지하상가 및 지하역사는 제외한다)와 영화상영관에는 보행거리 50미터 이내마다 3개 이상 설치

　　다. 지하상가 및 지하역사에는 보행거리 25미터 이내마다 3개 이상 설치

　2. 설치높이는 바닥으로부터 0.8미터 이상 1.5미터 이하의 높이에 설치할 것

　3. 어둠 속에서 위치를 확인할 수 있도록 할 것

　4. 사용 시 자동으로 점등되는 구조일 것

　5. 외함은 난연성능이 있을 것

　6. 건전지를 사용하는 경우에는 방전방지조치를 하여야 하고, 충전식 밧데리의 경우에는 상시 충전되도록 할 것

　7. 건전지 및 충전식 배터리의 용량은 20분 이상 유효하게 사용할 수 있는 것으로 할 것

제5조(비상조명등의 제외)

① 거실의 각 부분으로부터 하나의 출입구에 이르는 보행거리가 15미터 이내인 부분 또는 의원·경기장·공동주택·의료시설·학교의 거실 등의 경우에는 비상조명등을 설치하지 않을 수 있다.

② 지상 1층 또는 피난층으로서 복도나 통로 또는 창문 등의 개구부를 통하여 피난이 용이한 경우와 숙박시설로서 복도에 비상조명등을 설치한 경우에는 휴대용비상조명등을 설치하지 않을 수 있다.

상수도소화용수설비의 화재안전성능기준(NFPC 401)

[시행 2022. 12. 1.] [소방청고시 제2022-55호, 2022. 11. 25., 전부개정]

제1조(목적)

이 기준은「소방시설 설치 및 관리에 관한 법률」(이하 "법"이라 한다) 제2조제1항제6호가목에 따라 소방청장에게 위임한 사항 중 소화용수설비인 상수도소화용수설비의 성능기준을 규정함을 목적으로 한다.

제2조(적용범위)

이 기준은「소방시설 설치 및 관리에 관한 법률 시행령」(이하 "영"이라 한다) 별표 4 제4호에 따른 상수도소화용수설비의 설치 및 관리에 대해 적용한다.

제3조(정의)

이 기준에서 사용하는 용어의 정의는 다음과 같다.

1. "호칭지름"이란 일반적으로 표기하는 배관의 직경을 말한다.
2. "수평투영면"이란 건축물을 수평으로 투영하였을 경우의 면을 말한다.

제4조(설치기준)

상수도소화용수설비는「수도법」에 따른 기준 외에 다음 각 호의 기준에 따라 설치해야 하며 세부기준은 기술기준에 따른다.

1. 호칭지름 75밀리미터 이상의 수도배관에 호칭지름 100밀리미터 이상의 소화전을 접속할 것
2. 소화전은 소방자동차 등의 진입이 쉬운 도로변 또는 공지에 설치할 것
3. 소화전은 특정소방대상물의 수평투영면의 각 부분으로부터 140미터 이하가 되도록 설치할 것

소화수조 및 저수조의 화재안전성능기준(NFPC 402)

[시행 2022. 12. 1.] [소방청고시 제2022-56호, 2022. 11. 25., 전부개정]

제1조(목적)

이 기준은 「소방시설 설치 및 관리에 관한 법률」(이하 "법"이라 한다) 제2조제1항제6호가목에 따라 소방청장에게 위임한 사항 중 소화용수설비인 소화수조 및 저수조의 성능기준을 규정함을 목적으로 한다.

제2조(적용범위)

이 기준은 「소방시설 설치 및 관리에 관한 법률 시행령」(이하 "영"이라 한다) 별표 4 제4호에 따른 소화수조 및 저수조의 설치 및 관리에 대해 적용한다.

제3조(정의)

이 기준에서 사용하는 용어의 정의는 다음과 같다.

1. "소화수조 또는 저수조"란 수조를 설치하고 여기에 소화에 필요한 물을 항시 채워두는 것으로서, 소화수조는 소화용수의 전용 수조를 말하고, 저수조란 소화용수와 일반 생활 용수의 겸용 수조를 말한다.
2. "채수구"란 소방차의 소방호스와 접결되는 흡입구를 말한다.
3. "흡수관투입구"란 소방차의 흡수관이 투입될 수 있도록 소화수조 또는 저수조에 설치된 원형 또는 사각형의 투입구를 말한다.

제4조(소화수조 등)

① 소화수조 및 저수조의 채수구 또는 흡수관투입구는 소방차가 2미터 이내의 지점까지 접근할 수 있는 위치에 설치해야 한다.

② 소화수조 또는 저수조의 저수량은 특정소방대상물의 연면적을 12,500제곱미터(1층 및 2층의 바닥면적의 합계가 15,000제곱미터 이상인 특정소방대상물은 7,500제곱미터)으로 나누어 얻은 수(소수점이하의 수는 1로 본다)에 20세제곱미터를 곱한 양 이상이 되도록 해야 한다.

③ 소화수조 또는 저수조는 다음 각 호의 기준에 따라 흡수관투입구 또는 채수구를 설치해야 한다.

1. 지하에 설치하는 소화용수설비의 흡수관투입구는 그 한변이 0.6미터 이상이거나 직경이 0.6미터 이상인 것으로 하고, **소요수량이 80세제곱미터 미만인 것은 1개 이상, 80세제곱미터 이상인 것은 2개 이상**을 설치해야 하며, "흡수관투입구"라고 표시한 표지를 할 것

2. 소화용수설비에 설치하는 채수구는 다음 각 목의 기준에 따라 설치할 것

> 가. 채수구는 2개(소요수량이 40세제곱미터 미만인 것은 1개, 100세제곱미터 이상인
>   것은 3개)를 설치한다.
> 나. 채수구는 소방용호스 또는 소방용흡수관에 사용하는 구경 65밀리미터 이상의 나
>   사식 결합금속구를 설치할 것
> 다. 채수구는 지면으로부터의 높이가 0.5미터 이상 1미터 이하의 위치에 설치하고 "채
>   수구"라고 표시한 표지를 할 것

제5조(가압송수장치)

① 소화수조 또는 저수조가 **지표면으로부터의 깊이(수조 내부바닥까지의 길이를 말한다)가 4.5
미터 이상인 지하에 있는 경우**에는 소요수량을 고려하여 가압송수장치를 설치해야 한다.

② 가압송수장치의 1분당 양수량은 2,200리터(소요수량이 40세제곱미터 미만인 것은 1,100
리터, 100세제곱미터 이상인 것은 3,300리터)로 한다.

③ 소화수조가 옥상 또는 옥탑의 부분에 설치된 경우에는 지상에 설치된 채수구에서의 압력
이 0.15메가파스칼 이상이 되도록 해야 한다.

④ 전동기 또는 내연기관에 따른 펌프를 이용하는 가압송수장치는 다음 각 호의 기준에 따라 설
치해야 한다.

1. 쉽게 접근할 수 있고 점검하기에 충분한 공간이 있는 장소로서 화재 및 침수 등의 재해로
   인한 피해를 받을 우려가 없는 곳에 설치할 것
2. 동결방지조치를 하거나 동결의 우려가 없는 장소에 설치할 것
3. 펌프는 전용으로 할 것
4. 펌프의 토출측에는 압력계를 설치하고, 흡입측에는 연성계 또는 진공계를 설치할 것
5. 가압송수장치에는 정격부하운전 시 펌프의 성능을 시험하기 위한 배관과 체절운전 시
   수온의 상승을 방지하기 위한 순환배관을 설치할 것
6. 기동장치로는 보호판을 부착한 기동스위치를 채수구 직근에 설치할 것
7. 수원의 수위가 펌프보다 낮은 위치에 있는 가압송수장치에는 물올림장치를 설치할 것
8. 내연기관을 사용하는 경우에는 다음 각 목의 기준에 적합한 것으로 할 것
   > 가. 내연기관의 기동은 채수구의 위치에서 원격조작으로 가능하고 기동을 명시하는 적
   >   색등을 설치할 것
   > 나. 제어반에 따라 내연기관의 기동이 가능하고 상시 충전되어 있는 축전지설비를 갖출 것
9. 가압송수장치는 부식 등으로 인한 펌프의 고착을 방지할 수 있도록 청동 또는 스테인리
   스 등 부식에 강한 재질을 사용할 것

제연설비의 화재안전성능기준(NFPC 501)

[시행 2022. 12. 1.] [소방청고시 제2022-57호, 2022. 11. 25., 전부개정]

제1조(목적)

이 기준은 「소방시설 설치 및 관리에 관한 법률」(이하 "법"이라 한다) 제2조제1항제6호가목에 따라 소방청장에게 위임한 사항 중 소화활동설비인 제연설비의 성능기준을 규정함을 목적으로 한다.

제2조(적용범위)

이 기준은 「소방시설 설치 및 관리에 관한 법률 시행령」(이하 "영"이라 한다) 별표 4 제5호가목 1)부터 5)까지에 따른 제연설비의 설치 및 관리에 대해 적용한다.

제3조(정의)

이 기준에서 사용하는 용어의 정의는 다음과 같다.

1. "제연구역"이란 제연경계(제연경계가 면한 천장 또는 반자를 포함한다)에 의해 구획된 건물 내의 공간을 말한다.
2. "제연경계"란 연기를 예상제연구역 내에 가두거나 이동을 억제하기 위한 보 또는 제연경계벽 등을 말한다.
3. "제연경계벽"이란 제연경계가 되는 가동형 또는 고정형의 벽을 말한다.
4. "제연경계의 폭"이란 제연경계가 면한 천장 또는 반자로부터 그 제연경계의 수직하단 끝부분까지의 거리를 말한다.
5. "수직거리"란 제연경계의 하단 끝으로부터 그 수직한 하부 바닥면까지의 거리를 말한다.
6. "예상제연구역"이란 화재 시 연기의 제어가 요구되는 제연구역을 말한다.
7. "공동예상제연구역"이란 2개 이상의 예상제연구역을 동시에 제연하는 구역을 말한다.
8. "통로배출방식"이란 거실 내 연기를 직접 옥외로 배출하지 않고 거실에 면한 통로의 연기를 옥외로 배출하는 방식을 말한다.
9. "보행중심선"이란 통로 폭의 한 가운데 지점을 연장한 선을 말한다.
10. "방화문"이란 「건축법 시행령」 제64조의 규정에 따른 60분+ 방화문, 60분 방화문 또는 30분 방화문으로써 언제나 닫힌 상태를 유지하거나 화재로 인한 연기의 발생 또는 온도의 상승에 따라 자동적으로 닫히는 구조를 말한다.
11. "유입풍도"란 예상제연구역으로 공기를 유입하도록 하는 풍도를 말한다.
12. "배출풍도"란 예상제연구역의 공기를 외부로 배출하도록 하는 풍도를 말한다.

13. "불연재료"란 「건축법 시행령」 제2조제10호에 따른 기준에 적합한 재료로서, 불에 타지 않는 성질을 가진 재료를 말한다.

14. "난연재료"란 「건축법 시행령」 제2조제9호에 따른 기준에 적합한 재료로서, 불에 잘 타지 않는 성능을 가진 재료를 말한다.

제4조(제연설비)

① 제연설비의 설치장소는 다음 각 호에 따른 제연구역으로 구획해야 한다.

> 1. 하나의 제연구역의 면적은 1,000제곱미터 이내로 할 것
> 2. 거실과 통로(복도를 포함한다. 이하 같다)는 각각 제연구획 할 것
> 3. 통로상의 제연구역은 보행중심선의 길이가 60미터를 초과하지 않을 것
> 4. 하나의 제연구역은 직경 60미터 원내에 들어갈 수 있을 것
> 5. 하나의 제연구역은 둘 이상의 층에 미치지 않도록 할 것. 다만, 층의 구분이 불분명한 부분은 그 부분을 다른 부분과 별도로 제연구획 해야 한다.

② 제연구역의 구획은 **보 · 제연경계벽(이하 "제연경계"라 한다) 및 벽(화재 시 자동으로 구획되는 가동벽 · 방화셔터 · 방화문을 포함한다. 이하 같다)**으로 하되, 다음 각호의 기준에 적합해야 한다.

> 1. 재질은 내화재료, 불연재료 또는 제연경계벽으로 성능을 인정받은 것으로서 화재 시 쉽게 변형 · 파괴되지 아니하고 연기가 누설되지 않는 기밀성 있는 재료로 할 것
> 2. 제연경계는 제연경계의 폭이 0.6미터 이상이고, 수직거리는 2미터 이내일 것
> 3. 제연경계벽은 배연 시 기류에 따라 그 하단이 쉽게 흔들리지 않고, 가동식의 경우에는 급속히 하강하여 인명에 위해를 주지 않는 구조일 것

제5조(제연방식)

① 예상제연구역에 대하여는 화재 시 연기배출(이하 "배출"이라 한다)과 동시에 공기유입이 될 수 있게 하고, 배출구역이 거실일 경우에는 통로에 동시에 공기가 유입될 수 있도록 해야 한다.

② 제1항에도 불구하고 통로와 인접하고 있는 거실의 바닥면적이 50제곱미터 미만으로 구획(제연경계에 따른 구획은 제외한다. 다만, 거실과 통로와의 구획은 그렇지 않다)되고 그 거실에 통로가 인접하여 있는 경우에는 화재 시 그 거실에서 직접 배출하지 아니하고 인접한 통로의 배출로 갈음할 수 있다. 다만, 그 거실이 다른 거실의 피난을 위한 경유거실인 경우에는 그 거실에서 직접 배출해야 한다.

③ 통로의 주요 구조부가 내화구조이며 마감이 불연재료 또는 난연재료로 처리되고 통로 내부에 가연성 물질이 없는 경우에 그 통로는 예상제연구역으로 간주하지 않을 수 있다. 다만, 화재 시 연기의 유입이 우려되는 통로는 그렇지 않다.

제6조(배출량 및 배출방식)

① **거실의 바닥면적이 400제곱미터 미만**으로 구획(제연경계에 따른 구획을 제외한다. 다만, 거실과 통로와의 구획은 그렇지 않다)된 예상제연구역에 대한 배출량은 다음 각 호의 기준에 따른다.

> 1. 바닥면적 1제곱미터에 분당 1세제곱미터 이상으로 하되, 예상제연구역 전체에 대한 최저 배출량은 시간당 5,000세제곱미터 이상으로 할 것
> 2. 제5조제2항에 따라 바닥면적이 50제곱미터 미만인 예상제연구역을 통로배출방식으로 하는 경우에는 통로보행중심선의 길이 및 수직거리에 따라 다음 표에서 정하는 기준량 이상으로 할 것

통로보행 중심선의 길이	수직거리	배출량	비고
40m 이하	2m 이하	25,000m³/hr	벽으로 구획된 경우를 포함한다.
	2m초과 2.5m이하	30,000m³/hr	
	2.5m초과 3m이하	35,000m³/hr	
	3m초과	45,000m³/hr	
40m 초과 60m 이하	2m이하	30,000m³/hr	벽으로 구획된 경우를 포함한다.
	2m초과 2.5m이하	35,000m³/hr	
	2.5m초과 3m이하	40,000m³/hr	
	3m초과	50,000m³/hr	

② **바닥면적 400제곱미터 이상**인 거실의 예상제연구역의 배출량은 다음 각 호의 기준에 적합해야 한다.

> 1. **예상제연구역이 직경 40미터인 원의 범위 안에 있을 경우에는 배출량이 시간당 40,000세제곱미터 이상**으로 할 것. 다만, 예상제연구역이 제연경계로 구획된 경우에는 그 수직거리에 따라 배출량은 다음 표에 따른다.

수직거리	배출량
2m 이하	40,000m³/hr 이상
2m 초과 2.5m 이하	45,000m³/hr 이상
2.5m 초과 3m 이하	50,000m³/hr 이상
3m 초과	60,000m³/hr 이상

2. **예상제연구역이 직경 40미터인 원의 범위를 초과할 경우에는 배출량이 시간당 45,000세 제곱미터 이상**으로 할 것. 다만, 예상제연구역이 제연경계로 구획된 경우에는 그 수직거리에 따라 배출량은 다음 표에 따른다.

수직거리	배출량
2m 이하	45,000m³/hr 이상
2m 초과 2.5m 이하	50,000m³/hr 이상
2.5m 초과 3m 이하	55,000m³/hr 이상
3m 초과	65,000m³/hr 이상

③ **예상제연구역이 통로인 경우의 배출량은 시간당 45,000세제곱미터 이상**으로 해야 한다. 다만, 예상제연구역이 제연경계로 구획된 경우에는 그 수직거리에 따라 배출량은 제2항제2호의 표에 따른다.

④ 배출은 각 예상제연구역별로 제1항부터 제3항에 따른 배출량 이상을 배출하되, 두 개 이상의 예상제연구역이 설치된 특정소방대상물에서 배출을 각 예상지역별로 구분하지 아니하고 공동예상제연구역을 동시에 배출하고자 할 때의 배출량은 다음 각 호에 따라야 한다. 다만, 거실과 통로는 공동예상제연구역으로 할 수 없다.

1. 공동예상제연구역 안에 설치된 예상제연구역이 각각 벽으로 구획된 경우(제연구역의 구획 중 출입구만을 제연경계로 구획한 경우를 포함한다)에는 각 예상제연구역의 배출량을 합한 것 이상으로 할 것. 다만, 예상제연구역의 바닥면적이 400제곱미터 미만인 경우 배출량은 바닥면적 1제곱미터에 분당 1세제곱미터 이상으로 하고 공동예상구역 전체 배출량은 시간당 5,000세제곱미터 이상으로 할 것

2. 공동예상제연구역 안에 설치된 예상제연구역이 각각 제연경계로 구획된 경우(예상제연구역의 구획 중 일부가 제연경계로 구획된 경우를 포함하나 출입구부분만을 제연경계로 구획한 경우를 제외한다)에 배출량은 각 예상제연구역의 배출량 중 최대의 것으로 할 것. 이 경우 공동제연예상구역이 거실일 때에는 그 바닥면적이 1,000제곱미터 이하이며, 직경 40미터 원 안에 들어가야 하고, 공동제연예상구역이 통로일 때에는 보행중심선의 길이를 40미터 이하로 하여야 한다.

⑤ 수직거리가 구획 부분에 따라 다른 경우는 수직거리가 긴 것을 기준으로 한다.

제7조(배출구)

① 예상제연구역에 대한 배출구의 설치는 다음 각 호의 기준에 따라야 한다.

1. 바닥면적이 400제곱미터 미만인 예상제연구역(통로인 예상제연구역을 제외한다)에 대한 배출구의 설치는 다음 각 목의 기준에 적합할 것

가. 예상제연구역이 벽으로 구획되어있는 경우의 배출구는 천장 또는 반자와 바닥사이의 중간 윗부분에 설치할 것

나. 예상제연구역 중 어느 한 부분이 제연경계로 구획되어있는 경우에는 천장·반자 또는 이에 가까운 벽의 부분에 설치할 것. 다만, 배출구를 벽에 설치하는 경우에는 배출구의 하단이 해당 예상제연구역에서 제연경계의 폭이 가장 짧은 제연경계의 하단보다 높이 되도록 하여야 한다.

2. 통로인 예상제연구역과 바닥면적이 400제곱미터 이상인 통로 외의 예상제연구역에 대한 배출구의 위치는 다음 각 목의 기준에 적합하여야 한다.

가. 예상제연구역이 벽으로 구획되어 있는 경우의 배출구는 천장·반자 또는 이에 가까운 벽의 부분에 설치할 것. 다만, 배출구를 벽에 설치한 경우에는 배출구의 하단과 바닥간의 최단거리가 2미터 이상이어야 한다.

나. 예상제연구역 중 어느 한 부분이 제연경계로 구획되어 있을 경우에는 천장·반자 또는 이에 가까운 벽의 부분(제연경계를 포함한다)에 설치할 것. 다만, 배출구를 벽 또는 제연경계에 설치하는 경우에는 배출구의 하단이 해당 예상제연구역에서 제연경계의 폭이 가장 짧은 제연경계의 하단보다 높이 되도록 설치하여야 한다.

② 예상제연구역의 각 부분으로부터 하나의 배출구까지의 수평거리는 10미터 이내가 되도록 하여야 한다.

제8조(공기유입방식 및 유입구)

① 예상제연구역에 대한 공기유입은 유입풍도를 경유한 강제유입 또는 자연유입방식으로 하거나, 인접한 제연구역 또는 통로에 유입되는 공기(가압의 결과를 일으키는 경우를 포함한다. 이하 같다)가 해당구역으로 유입되는 방식으로 할 수 있다.

② 예상제연구역에 설치되는 공기유입구는 다음 각 호의 기준에 적합하여야 한다.

1. 바닥면적 400제곱미터 미만의 거실인 예상제연구역(제연경계에 따른 구획을 제외한다. 다만, 거실과 통로와의 구획은 그러하지 아니하다)에 대해서는 공기유입구와 배출구간의 직선거리는 5미터 이상 또는 구획된 실의 장변의 2분의 1 이상으로 할 것. 다만, 공연장·집회장·위락시설의 용도로 사용되는 부분의 바닥면적이 200제곱미터를 초과하는 경우의 공기유입구는 제2호의 기준에 따른다.

2. 바닥면적이 400제곱미터 이상의 거실인 예상제연구역(제연경계에 따른 구획을 제외한다. 다만, 거실과 통로와의 구획은 그러하지 아니하다)에 대하여는 바닥으로부터 1.5미터 이하의 높이에 설치하고 그 주변은 공기의 유입에 장애가 없도록 할 것

3. 제1호와 제2호에 해당하는 것 외의 예상제연구역(통로인 예상제연구역을 포함한다)에 대한 유입구는 다음 각 목에 따를 것. 다만, 제연경계로 인접하는 구역의 유입공기가 당해예상제연구역으로 유입되게 한 때에는 그러하지 아니하다.

     가. 유입구를 벽에 설치할 경우에는 제2호의 기준에 따를 것

     나. 유입구를 벽 외의 장소에 설치할 경우에는 유입구 상단이 천장 또는 반자와 바닥사이의 중간 아랫부분보다 낮게 되도록 하고, 수직거리가 가장 짧은 제연경계 하단보다 낮게 되도록 설치할 것

③ 공동예상제연구역에 설치되는 공기 유입구는 다음 각 호의 기준에 적합하게 설치해야 한다.

   1. 공동예상제연구역 안에 설치된 각 예상제연구역이 벽으로 구획되어 있을 때에는 각 예상제연구역의 바닥면적에 따라 제2항제1호 및 제2호에 따라 설치할 것

   2. 공동예상제연구역 안에 설치된 각 예상제연구역의 일부 또는 전부가 제연경계로 구획되어 있을 때에는 공동예상제연구역 안의 1개 이상의 장소에 제2항제3호에 따라 설치할 것

④ 인접한 제연구역 또는 통로로부터 유입되는 공기를 해당 예상제연구역에 대한 공기유입으로 하는 경우로서 공기 유입구가 제연경계 하단보다 높은 경우에는 그 인접한 제연구역 또는 통로의 화재 시 각 유입구 및 해당 구역 내에 설치된 유입풍도의 댐퍼는 자동폐쇄되도록 해야 한다.

⑤ 예상제연구역에 공기가 유입되는 순간의 풍속은 초속 5미터 이하가 되도록 하고, 제2항부터 제4항까지의 유입구의 구조는 유입공기를 상향으로 분출하지 않도록 설치해야 한다.

⑥ 예상제연구역에 대한 공기유입구의 크기는 해당 예상제연구역 배출량 분당 1세제곱미터에 대하여 35제곱센티미터 이상으로 해야 한다.

⑦ 예상제연구역에 대한 공기유입량은 제6조제1항부터 제4항까지에 따른 배출량의 배출에 지장이 없는 양으로 해야 한다.

제9조(배출기 및 배출풍도)

① 배출기의 배출 능력은 제6조제1항부터 제4항까지의 배출량 이상이 되도록 하고, 배출기 및 배출기와 배출풍도의 접속부분 등은 화열 등으로 인한 영향을 받지 않도록 설치해야 한다.

② 배출풍도는 다음 각 호의 기준에 따라야 한다.

   1. 배출풍도는 아연도금강판 또는 이와 동등 이상의 내식성ㆍ내열성이 있는 것으로 하며, 「건축법 시행령」 제2조제10호에 따른 불연재료(석면재료를 제외한다)인 단열재로 풍도 외부에 유효한 단열 처리를 하고, 강판의 두께는 배출풍도의 크기에 따라 다음 표에 따른 기준 이상으로 할 것

풍도단면의 긴변 또는 직경의 크기	450mm이하	450mm초과 750mm이하	750mm 초과 1,500mm이하	1,500mm초과 2,250mm이하	2,250mm초과
강판두께	0.5mm	0.6mm	0.8mm	1.0mm	1.2mm

　　2. 배출기의 흡입측 풍도안의 풍속은 초속 15미터 이하로 하고 배출측 풍속은 초속 20미터 이하로 할 것

제10조(유입풍도등)

① 유입풍도안의 풍속은 초속 20미터 이하로 하고 풍도의 강판두께는 제9조제2항제1호의 기준으로 설치해야 한다.

② 옥외에 면하는 배출구 및 공기유입구는 비 또는 눈 등이 들어가지 아니하도록 하고, 배출된 연기가 공기유입구로 순환유입 되지 않도록 해야 한다.

제11조(제연설비의 전원 및 기동)

① 비상전원은 **자가발전설비, 축전지설비 또는 전기저장장치**로서 다음 각 호의 기준에 따라 설치해야 한다.

　　1. 점검에 편리하고 화재 및 침수 등의 재해로 인한 피해를 받을 우려가 없는 곳에 설치할 것

　　2. 제연설비를 유효하게 20분 이상 작동할 수 있도록 할 것

　　3. 상용전원으로부터 전력의 공급이 중단된 때에는 자동으로 비상전원으로부터 전력을 공급받을 수 있도록 할 것

　　4. 비상전원의 설치장소는 다른 장소와 방화구획 할 것

　　5. 비상전원을 실내에 설치하는 때에는 그 실내에 비상조명등을 설치할 것

② 가동식의 벽·제연경계벽·댐퍼 및 배출기의 작동은 화재감지기와 연동되어야 하며, 예상제연구역(또는 인접장소) 및 제어반에서 수동으로 기동이 가능하도록 해야 한다.

제12조(설치제외)

제연설비를 설치해야 할 특정소방대상물 중 화장실·목욕실·주차장·발코니를 설치한 숙박시설(가족호텔 및 휴양콘도미니엄에 한 한다)의 객실과 사람이 상주하지 않는 기계실·전기실·공조실·50제곱미터 미만의 창고 등으로 사용되는 부분에 대하여는 배출구와 공기유입구의 설치 및 배출량 산정에서 이를 제외할 수 있다.

제1조(목적)
이 기준은 「소방시설 설치 및 관리에 관한 법률」(이하 "법"이라 한다) 제2조제1항제6호가목에 따라 소방청장에게 위임한 사항 중 소화활동설비인 특별피난계단의 계단실 및 부속실 제연설비의 성능기준을 규정함을 목적으로 한다.

제2조(적용범위)
이 기준은 「소방시설 설치 및 관리에 관한 법률 시행령」(이하 "영"이라 한다) 별표 4 제5호가목 7)에 따른 특별피난계단의 계단실(이하 "계단실"이라 한다) 및 부속실(비상용승강기의 승강장과 겸용하는 것 또는 비상용승강기·피난용승강기의 승강장을 포함한다. 이하 "부속실"이라 한다) 제연설비의 설치 및 관리에 대해 적용한다.

제3조(정의)
이 기준에서 사용하는 용어의 정의는 다음과 같다.

1. "제연구역"이란 제연경계(제연경계가 면한 천장 또는 반자를 포함한다)에 의해 구획된 건물 내의 공간을 말한다.
2. "방연풍속"이란 옥내로부터 제연구역 내로 연기의 유입을 유효하게 방지할 수 있는 풍속을 말한다.
3. "급기량"이란 제연구역에 공급해야 할 공기의 양을 말한다.
4. "누설량"이란 틈새를 통하여 제연구역으로부터 흘러나가는 공기량을 말한다.
5. "보충량"이란 방연풍속을 유지하기 위하여 제연구역에 보충해야 할 공기량을 말한다.
6. "플랩댐퍼"란 제연구역의 압력이 설정압력범위를 초과하는 경우 제연구역의 압력을 배출하여 설정압력 범위를 유지하게 하는 과압방지장치를 말한다.
7. "유입공기"란 제연구역으로부터 옥내로 유입하는 공기로서 차압에 따라 누설하는 것과 출입문의 개방에 따라 유입하는 것 등을 말한다.
8. "거실제연설비"란 「제연설비의 화재안전성능기준(NFPC 501)」에 따른 옥내의 제연설비를 말한다.
9. "자동차압급기댐퍼"란 제연구역과 옥내 사이의 차압을 압력센서 등으로 감지하여 제연구역에 공급되는 풍량의 조절로 제연구역의 차압 유지를 자동으로 제어할 수 있는 댐퍼를 말한다.

10. "자동폐쇄장치"란 제연구역의 출입문 등에 설치하는 것으로서 화재 시 화재감지기의 작동과 연동하여 출입문을 자동적으로 닫히게 하는 장치를 말한다.

11. "과압방지장치"란 제연구역의 압력이 설정압력을 초과하는 경우 자동으로 압력을 조절하여 과압을 방지하는 장치를 말한다.

12. "굴뚝효과"란 건물 내부와 외부 또는 내부 공간 상하간의 온도 차이에 의한 밀도 차이로 발생하는 건물 내부의 수직 기류를 말한다.

13. "기밀상태"란 일정한 공간에 있는 유체가 누설되지 않는 밀폐 상태를 말한다.

14. "누설틈새면적"이란 가압 또는 감압된 공간과 인접한 공간 사이에 공기의 흐름이 가능한 틈새의 면적을 말한다.

15. "송풍기"란 공기의 흐름을 발생시키는 기기를 말한다.

16. "수직풍도"란 건축물의 층간에 수직으로 설치된 풍도를 말한다.

17. "외기취입구"란 옥외로부터 옥내로 외기를 취입하는 개구부를 말한다.

18. "제어반"이란 각종 기기의 작동 여부 확인과 자동 또는 수동 기동 등이 가능한 장치를 말한다.

제4조(제연방식)

이 기준에 따른 제연설비는 다음 각 호의 기준에 적합해야 한다.

1. 제연구역에 옥외의 신선한 공기를 공급하여 제연구역의 기압을 제연구역 이외의 옥내(이하 "옥내"라 한다)보다 높게 하되 일정한 기압의 차이(이하 "차압"이라 한다)를 유지하게 함으로써 옥내로부터 제연구역 내로 연기가 침투하지 못하도록 할 것

2. 피난을 위하여 제연구역의 출입문이 일시적으로 개방되는 경우 방연풍속을 유지하도록 옥외의 공기를 제연구역 내로 보충 공급하도록 할 것

3. 출입문이 닫히는 경우 제연구역의 과압을 방지할 수 있는 유효한 조치를 하여 차압을 유지할 것

제5조(제연구역의 선정)

제연구역은 다음 각 호의 하나에 따라야 한다. 〈개정 2024. 3. 18.〉

1. 계단실 및 그 부속실을 동시에 제연하는 것

2. 부속실을 단독으로 제연하는 것

3. 계단실을 단독으로 제연하는 것

4. 삭제 〈개정 2024. 3. 18.〉

제6조(차압 등)

① 제4조제1호의 기준에 따라 제연구역과 옥내와의 사이에 유지해야 하는 최소차압은 40파스칼(옥내에 스프링클러설비가 설치된 경우에는 12.5파스칼) 이상으로 해야 한다.

② 제연설비가 가동되었을 경우 출입문의 개방에 필요한 힘은 110뉴턴 이하로 해야 한다.

③ 제4조제2호의 기준에 따라 출입문이 일시적으로 개방되는 경우 개방되지 않은 제연구역과 옥내와의 차압은 제1항의 기준에도 불구하고 제1항의 기준에 따른 차압의 70퍼센트 이상이어야 한다.

④ 계단실과 부속실을 동시에 제연 하는 경우 부속실의 기압은 계단실과 같게 하거나 계단실의 기압보다 낮게 할 경우에는 부속실과 계단실의 압력 차이는 5파스칼 이하가 되도록 해야 한다.

제7조(급기량)

급기량은 다음 각 호의 양을 합한 양 이상이 되어야 한다.

1. 제4조제1호의 기준에 따른 차압을 유지하기 위하여 제연구역에 공급해야 할 공기량. 이 경우 제연구역에 설치된 출입문(창문을 포함한다. 이하 "출입문등"이라 한다)의 누설량과 같아야 한다.
2. 제4조제2호의 기준에 따른 보충량

제8조(누설량)

제7조제1호의 기준에 따른 누설량은 제연구역의 누설량을 합한 양으로 한다. 이 경우 출입문이 둘 이상인 경우에는 각 출입문의 누설틈새면적을 합한 것으로 한다.

제9조(보충량)

제7조제2호의 기준에 따른 보충량은 **부속실(또는 승강장)의 수가 20개 이하는 한 개 층 이상, 20개를 초과하는 경우에는 두 개 층 이상의 보충량**으로 한다.

제10조(방연풍속)

방연풍속은 제연구역의 선정방식에 따라 다음 표의 기준에 적합해야 한다.

제 연 구 역		방연풍속
계단실 및 그 부속실을 동시에 제연하는 것 또는 계단실만 단독으로 제연하는 것		0.5㎧ 이상
부속실만 단독으로 제연하는 것 또는 비상용승강기의 승강장만 단독으로 제연하는 것	부속실 또는 승강장이 면하는 옥내가 거실인 경우	0.7㎧ 이상
	부속실 또는 승강장이 면하는 옥내가 복도로서 그 구조가 방화구조(내화시간이 30분 이상인 구조를 포함한다)인 것	0.5㎧ 이상

제11조(과압방지조치)

제연구역에서 발생하는 과압을 해소하기 위해 과압방지장치를 설치하는 등의 과압방지조치를 해야 한다. 다만, 제연구역 내에 과압 발생의 우려가 없다는 것을 시험 또는 공학적인 자료로 입증하는 경우에는 과압방지조치를 하지 않을 수 있다.〈개정 2024. 1. 26.〉

제12조(누설틈새의 면적 등)

제연구역으로부터 공기가 누설하는 틈새면적은 다음 각 호의 기준에 따라야 한다.

1. **출입문의 틈새면적**은 다음의 식에 따라 산출하는 수치를 기준으로 할 것

$$A = (L/l) \times Ad$$

A : 출입문의 틈새 (m^2)

L : 출입문 틈새의 길이 (m). 다만, L의 수치가 l의 수치 이하인 경우에는 l의 수치로 할 것

l : **외여닫이문**이 설치되어 있는 경우에는 5.6, **쌍여닫이문**이 설치되어 있는 경우에는 9.2, **승강기의 출입문**이 설치되어 있는 경우에는 8.0으로 할 것

Ad : **외여닫이문**으로 제연구역의 **실내쪽**으로 열리도록 설치하는 경우에는 0.01, 제연구역의 **실외쪽**으로 열리도록 설치하는 경우에는 0.02, **쌍여닫이문**의 경우에는 0.03, 승강기의 출입문에 대하여는 0.06으로 할 것

2. **창문의 틈새면적**은 다음의 식에 따라 산출하는 수치를 기준으로 할 것

   가. **여닫이식 창문**으로서 창틀에 **방수팩킹이 없는 경우**

   틈새면적 (m^2) = 2.55×10^{-4} × 틈새의 길이 (m)

   나. **여닫이식 창문**으로서 창틀에 **방수팩킹이 있는 경우**

   틈새면적 (m^2) = 3.61×10^{-5} × 틈새의 길이 (m)

   다. **미닫이식 창문**이 설치되어 있는 경우

   틈새면적 (m^2) = 1.00×10^{-4} × 틈새의 길이 (m)

3. 제연구역으로부터 누설하는 공기가 승강기의 승강로를 경유하여 승강로의 외부로 유출하는 유출면적은 승강로와 승강로 상부의 기계실 사이의 개구부 면적을 합한 것을 기준으로 할 것
4. 제연구역을 구성하는 벽체(반자속의 벽체를 포함한다)가 벽돌 또는 시멘트블록 등의 조적구조이거나 석고판 등의 조립구조인 경우에는 불연재료를 사용하여 틈새를 조정할 것
5. 제연설비의 완공 시 제연구역의 출입문등은 크기 및 개방방식이 해당 설비의 설계 시와

같아야 한다.

제13조(유입공기의 배출)

① 유입공기는 화재 층의 제연구역과 면하는 옥내로부터 옥외로 배출되도록 해야 한다.

② 유입공기의 배출은 다음 각 호의 어느 하나의 기준에 따른 배출방식으로 해야 한다.

> 1. 수직풍도에 따른 배출 : 옥상으로 직통하는 전용의 배출용 수직풍도를 설치하여 배출하는 것으로서 다음 각 목의 어느 하나에 해당하는 것
>   가. 자연배출식 : 굴뚝효과에 따라 배출하는 것
>   나. 기계배출식 : 수직풍도의 상부에 전용의 배출용 송풍기를 설치하여 강제로 배출하는 것
> 2. 배출구에 따른 배출 : 건물의 옥내와 면하는 외벽마다 옥외와 통하는 배출구를 설치하여 배출하는 것
> 3. 제연설비에 따른 배출 : 거실제연설비가 설치되어 있고 당해 옥내로부터 옥외로 배출해야 하는 유입공기의 양을 거실제연설비의 배출량에 합하여 배출하는 경우 유입공기의 배출은 당해 거실제연설비에 따른 배출로 갈음할 수 있다.

제14조(수직풍도에 따른 배출)

수직풍도에 따른 배출은 다음 각 호의 기준에 적합해야 한다.

1. 수직풍도는 내화구조로 하되 「건축물의 피난ㆍ방화구조 등의 기준에 관한 규칙」 제3조 제1호 또는 제2호의 기준 이상의 성능으로 할 것
2. 수직풍도의 내부면은 두께 0.5밀리미터 이상의 아연도금강판 또는 동등이상의 내식성ㆍ내열성이 있는 것으로 마감되는 접합부에 대하여는 통기성이 없도록 조치할 것
3. 각층의 옥내와 면하는 수직풍도의 관통부에는 다음 각목의 기준에 적합한 댐퍼 (이하 "배출댐퍼"라 한다)를 설치해야 한다.
   가. 배출댐퍼는 두께 1.5밀리미터 이상의 강판 또는 이와 동등 이상의 성능이 있는 것으로 설치해야 하며 비 내식성 재료의 경우에는 부식방지 조치를 할 것
   나. 평상시 닫힌 구조로 기밀상태를 유지할 것
   다. 개폐여부를 당해 장치 및 제어반에서 확인할 수 있는 감지기능을 내장하고 있을 것
   라. 구동부의 작동상태와 닫혀 있을 때의 기밀상태를 수시로 점검할 수 있는 구조일 것
   마. 풍도의 내부마감상태에 대한 점검 및 댐퍼의 정비가 가능한 이ㆍ탈착구조로 할 것
   바. 화재층에 설치된 화재감지기의 동작에 따라 당해층의 댐퍼가 개방될 것
   〈개정 2024. 1. 26.〉
   사. 개방 시의 실제개구부(개구율을 감안한 것을 말한다)의 크기는 제4호의 기준에 따

른 수직풍도의 최소 내부단면적 이상으로 할 것 〈개정 2024. 1. 26.〉

　아. 댐퍼는 풍도내의 공기흐름에 지장을 주지 않도록 수직풍도의 내부로 돌출하지 않게 설치할 것

4. 수직풍도의 내부단면적은 다음 각 목의 기준에 적합할 것

　가. **자연배출식의 경우** 다음 식에 따라 산출하는 수치 이상으로 할 것. 다만, 수직풍도의 길이가 **100미터를 초과하는 경우**에는 산출수치의 **1.2배 이상**의 수치를 기준으로 해야 한다.

$$A_P = Q_N / 2$$

A_P : 수직풍도의 내부단면적(m^2)

Q_N : 수직풍도가 담당하는 1개층의 제연구역의 출입문(옥내와 면하는 출입문을 말한다) 1개의 면적(m^2)과 방연풍속(m/s)를 곱한 값(m^3/s)

　나. 송풍기를 이용한 기계배출식의 경우 **풍속은 초속 15미터 이하**로 할 것

5. 기계배출식에 따라 배출하는 경우 배출용 송풍기는 다음 각 목의 기준에 적합할 것

　가. 열기류에 노출되는 송풍기 및 그 부품들은 섭씨 250도의 온도에서 1시간 이상 가동상태를 유지할 것

　나. 송풍기의 풍량은 제4호가목의 기준에 따른 QN에 여유량을 더한 양을 기준으로 할 것

　다. 송풍기는 화재감지기의 동작에 따라 연동하도록 할 것 〈개정 2024. 1. 26.〉

　라. 송풍기의 풍량을 실측할 수 있는 유효한 조치를 할 것 〈신설 2024. 1. 26.〉

　마. 송풍기는 다른 장소와 방화구획되고 접근과 점검이 용이한 장소에 설치할 것 〈신설 2024. 1. 26.〉

6. 수직풍도의 상부의 말단(기계배출식의 송풍기도 포함한다)은 빗물이 흘러들지 않는 구조로 하고, 옥외의 풍압에 따라 배출성능이 감소하지 않도록 유효한 조치를 할 것

제15조(배출구에 따른 배출)

배출구에 따른 배출은 다음 각 호의 기준에 적합해야 한다.

1. 배출구에는 빗물과 이물질이 유입하지 않는 구조로서 유입공기의 배출에 적합한 장치(이하 "개폐기"라 한다)를 설치할 것

2. 개폐기의 개구면적은 다음식에 따라 산출한 수치 이상으로 할 것

$A_0 = Q_N / 2.5$

A_0 : 개폐기의 개구면적(m^2)

Q_N : 수직풍도가 담당하는 1개 층의 제연구역의 출입문(옥내와 면하는 출입문을 말한다) 1개의 면적(m^2)과 방연풍속(%)를 곱한 값(m^3/s)

제16조(급기)

제연구역에 대한 급기는 다음 각 호의 기준에 따라야 한다.

1. 부속실만을 제연하는 경우 동일 수직선상의 모든 부속실은 하나의 전용수직풍도를 통해 동시에 급기할 것
2. 계단실 및 부속실을 동시에 제연하는 경우 계단실에 대하여는 그 부속실의 수직풍도를 통해 급기할 수 있다.
3. 계단실만을 제연하는 경우에는 전용수직풍도를 설치하거나 계단실에 급기풍도 또는 급기송풍기를 직접 연결하여 급기하는 방식으로 할 것
4. 하나의 수직풍도마다 전용의 송풍기로 급기할 것
5. 비상용승강기 또는 피난용승강기의 승강장만을 제연하는 경우에는 해당 승강기의 승강로를 급기풍도로 사용할 수 있다. 〈개정 2024. 3. 18.〉

제17조(급기구)

제연구역에 설치하는 급기구는 다음 각 호의 기준에 적합해야 한다.

1. 급기용 수직풍도와 직접 면하는 벽체 또는 천장(당해 수직풍도와 천장급기구 사이의 풍도를 포함한다)에 고정하되, 급기되는 기류 흐름이 출입문으로 인하여 차단되거나 방해받지 않도록 옥내와 면하는 출입문으로부터 가능한 먼 위치에 설치할 것
2. 계단실과 그 부속실을 동시에 제연하거나 또는 계단실만을 제연하는 경우 급기구는 계단실 매 3개 층 이하의 높이마다 설치할 것
3. 급기구의 댐퍼설치는 다음 각 목의 기준에 적합할 것
   가. 급기댐퍼는 **두께 1.5밀리미터 이상**의 강판 또는 이와 동등 이상의 강도가 있는 것으로 설치해야 하며, 비 내식성 재료의 경우에는 부식방지조치를 할 것
   나. **자동차압급기댐퍼를 설치하는 경우 차압범위의 수동설정기능과 설정범위의 차압이 유지되도록 개구율을 자동조절하는 기능이 있을 것**
   다. 자동차압급기댐퍼는 옥내와 면하는 개방된 출입문이 완전히 닫히기 전에 개구율을 자동감소시켜 과압을 방지하는 기능이 있을 것

라. 자동차압급기댐퍼는 주위온도 및 습도의 변화에 의해 기능이 영향을 받지 않는 구조일 것

마. 자동차압급기댐퍼는 「자동차압급기댐퍼의 성능인증 및 제품검사의 기술기준」에 적합한 것으로 설치할 것

바. 자동차압조절형이 아닌 댐퍼는 개구율을 수동으로 조절할 수 있는 구조로 할 것

사. **옥내에 설치된 화재감지기에 따라 모든 제연구역의 댐퍼가 개방되도록 할 것**. 다만, 둘 이상의 특정소방대상물이 지하에 설치된 주차장으로 연결되어 있는 경우에는 주차장에서 하나의 특정소방대상물의 제연구역으로 들어가는 입구에 설치된 제연용 연기감지기의 작동에 따라 특정소방대상물의 해당 수직풍도에 연결된 모든 제연구역의 댐퍼가 개방되도록 할 것

아. 댐퍼의 작동이 전기적 방식에 의하는 경우 제14조제3호의 나목 내지 마목의 기준을, 기계적 방식에 따른 경우 제14조제3호의 다목, 라목 및 마목 기준을 준용할 것

자. 그 밖의 설치기준은 제14조제3호 가목 및 아목의 기준을 준용할 것

제18조(급기풍도)

급기풍도(이하 "풍도"라 한다)의 설치는 다음 각 호의 기준에 적합해야 한다.

1. 수직풍도는 제14조제1호 및 제2호의 기준을 준용할 것

2. 수직풍도 이외의 풍도로서 금속판으로 설치하는 풍도는 다음 각 목의 기준에 적합할 것

　가. 풍도는 아연도금강판 또는 이와 동등 이상의 내식성·내열성이 있는 것으로 하며, 「건축법 시행령」 제2조에 따른 불연재료(석면재료를 제외한다)인 단열재로 풍도 외부에 유효한 단열처리를 하고, 강판의 두께는 풍도의 크기에 따라 다음 표에 따른 기준 이상으로 할 것〈개정 2024. 1. 26.〉

풍도단면의 긴변 또는 직경의 크기	450mm 이하	450mm 초과 750mm 이하	750mm 초과 1,500mm 이하	1,500mm 초과 2,250mm 이하	2,250mm 초과
강판 두께	0.5mm	0.6mm	0.8mm	1.0mm	1.2mm

　나. 풍도에서의 누설량은 공기의 누설로 인한 압력 손실을 최소화하도록 할 것

3. 풍도는 정기적으로 풍도 내부를 청소할 수 있는 구조로 할 것

4. 풍도 내의 풍속은 초속 15 미터 이하로 할 것〈신설 2024. 1. 26.〉

제19조(급기송풍기)

급기송풍기의 송풍능력은 송풍기가 담당하는 제연구역에 대한 급기량의 1.15배 이상으로 하고, 송풍기는 다른 장소와 방화구획 되고 접근과 점검이 용이하도록 설치하며, 화재

감지기의 동작에 따라 작동하도록 해야 한다.

제20조(외기취입구)

외기취입구는 옥외의 연기 또는 공해물질 등으로 오염된 공기, 빗물과 이물질 등이 유입되지 않는 구조 및 위치에 설치해야 한다.

제21조(제연구역 및 옥내의 출입문)

① 제연구역의 출입문(창문을 포함한다)은 언제나 닫힌 상태를 유지하거나 자동폐쇄장치에 의해 자동으로 닫히는 구조로 하고, 제연구역의 출입문 등에 자동폐쇄장치를 사용하는 경우에는 「자동폐쇄장치의 성능인증 및 제품검사의 기술기준」에 적합한 것으로 설치해야 한다.

② 옥내의 출입문(제10조의 기준에 따른 방화구조의 복도가 있는 경우로서 복도와 거실 사이의 출입문에 한한다)은 언제나 닫힌 상태를 유지하거나 자동폐쇄장치에 의해 자동으로 닫히는 구조로 해야 한다.

제22조(수동기동장치)

① 배출댐퍼 및 개폐기의 직근 또는 제연구역에는 다음 각 호의 기준에 따른 장치의 작동을 위하여 수동기동장치를 설치하고 스위치는 바닥으로부터 0.8 미터 이상 1.5 미터 이하의 높이에 설치해야 한다. 〈개정 2024. 1. 26.〉

> 1. 전 층의 제연구역에 설치된 급기댐퍼의 개방
> 2. 당해 층의 배출댐퍼 또는 개폐기의 개방
> 3. 급기송풍기 및 유입공기의 배출용 송풍기의 작동
> 4. 개방·고정된 모든 출입문(제연구역과 옥내 사이의 출입문에 한한다)의 개폐장치의 작동

② 제1항 각 호의 기준에 따른 장치는 옥내에 설치된 수동발신기의 조작에 따라서도 작동할 수 있도록 해야 한다.

제23조(제어반)

제연설비의 제어반은 다음 각 호의 기준에 적합하도록 설치해야 한다.

> 1. 제어반에는 제어반의 기능을 1시간 이상 유지할 수 있는 용량의 비상용 축전지를 내장할 것
> 2. 제어반은 제연설비와 그 부속설비(급기용 댐퍼, 배출댐퍼 및 개폐기, 급기 및 유입공기의 배출용 송풍기, 제연구역의 출입문, 수동기동장치, 급기구 개구율의 자동조절장치

및 예비전원을 말한다)를 감시·제어 및 시험할 수 있는 기능을 갖출 것

제24조(비상전원)

비상전원은 자가발전설비, 축전지설비 또는 전기저장장치로서 다음 각호의 기준에 따라 설치해야 한다.

1. 점검에 편리하고 화재 및 침수 등의 재해로 인한 피해를 받을 우려가 없는 곳에 설치할 것
2. 제연설비를 유효하게 20분 이상 작동할 수 있도록 할 것
3. 상용전원으로부터 전력의 공급이 중단된 때에는 자동으로 비상전원으로부터 전력을 공급받을 수 있도록 할 것
4. 비상전원의 설치장소는 다른 장소와 방화구획 할 것
5. 비상전원을 실내에 설치하는 때에는 그 실내에 비상조명등을 설치할 것

제25조(시험, 측정 및 조정 등)

① 제연설비는 설계목적에 적합한지 검토하고 제연설비의 성능과 관련된 건물의 모든 부분(건축설비를 포함한다)이 완성되는 시점에 맞추어 시험·측정 및 조정(이하 "시험 등"이라 한다)을 해야 한다. 〈개정 2024. 3. 18.〉

② 제연설비의 시험 등은 다음 각 호의 기준에 따라 실시해야 한다.

1. 제연구역의 모든 출입문 등의 크기와 열리는 방향이 설계 시와 동일한지 여부를 확인할 것
2. 삭제 〈개정 2024. 1. 26.〉
3. 제연구역의 출입문 및 복도와 거실(옥내가 복도와 거실로 되어 있는 경우에 한한다) 사이의 출입문마다 제연설비가 작동하고 있지 아니한 상태에서 그 폐쇄력을 측정할 것
4. 층별로 화재감지기(수동기동장치를 포함한다)를 동작시켜 제연설비가 작동하는지 여부를 확인할 것. 다만, 둘 이상의 특정소방대상물이 지하에 설치된 주차장으로 연결되어 있는 경우에는 특정소방대상물의 화재감지기 및 주차장에서 하나의 특정소방대상물의 제연구역으로 들어가는 입구에 설치된 제연용 연기감지기의 작동에 따라 해당 특정소방대상물의 수직풍도에 연결된 모든 제연구역의 댐퍼가 개방되도록 하거나 해당 특정소방대상물을 포함한 둘 이상의 특정소방대상물의 모든 제연구역의 댐퍼가 개방되도록 하고 비상전원을 작동시켜 급기 및 배기용 송풍기의 성능이 정상인지 확인할 것 〈개정 2024. 1. 26.〉
5. 제4호의 기준에 따라 제연설비가 작동하는 경우 방연풍속, 차압, 및 출입문의 개방력과 자동 닫힘 등이 적합한지 여부를 확인하는 시험을 실시할 것

소방시설관리사 기출문제

[23회점검] 5) 특별피난계단의 계단실 및 부속실 제연설비의 화재안전성능기준(NFPC 501A)
상 제연설비의 시험기준 5가지를 쓰시오.(5점)

연결송수관설비의 화재안전성능기준(NFPC 502)

[시행 2022. 12. 1.] [소방청고시 제2022-59호, 2022. 11. 25., 전부개정]

제1조(목적)

이 기준은 「소방시설 설치 및 관리에 관한 법률」(이하 "법"이라 한다) 제2조제1항제6호가목에 따라 소방청장에게 위임한 사항 중 소화활동설비인 연결송수관설비의 성능기준을 규정함을 목적으로 한다.

제2조(적용범위)

이 기준은 「소방시설 설치 및 관리에 관한 법률 시행령」(이하 "영"이라 한다) 별표 4의 제5호나목에 따른 연결송수관설비의 설치 및 관리에 필요한 사항에 대해 적용한다.

제3조(정의)

이 기준에서 사용하는 용어의 정의는 다음과 같다.

1. "연결송수관설비"란 건축물의 옥외에 설치된 송수구에 소방차로부터 가압수를 송수하고 소방관이 건축물 내에 설치된 방수구에 방수기구함에 비치된 호스를 연결하여 화재를 진압하는 소화활동설비를 말한다.
2. "주배관"이란 각 층을 수직으로 관통하는 수직배관을 말한다.
3. "분기배관"이란 배관 측면에 구멍을 뚫어 둘 이상의 관로가 생기도록 가공한 배관으로서 확관형 분기배관과 비확관형 분기배관을 말한다.
    가. "확관형 분기배관"이란 배관의 측면에 조그만 구멍을 뚫고 소성가공으로 확관시켜 배관 용접이음자리를 만들거나 배관 용접이음자리에 배관이음쇠를 용접 이음한 배관을 말한다.
    나. "비확관형 분기배관"이란 배관의 측면에 분기호칭내경 이상의 구멍을 뚫고 배관이음쇠를 용접 이음한 배관을 말한다.
4. "송수구"란 소화설비에 소화용수를 보급하기 위하여 건물 외벽 또는 구조물의 외벽에 설치하는 관을 말한다.
5. "방수구"란 소화설비로부터 소화용수를 방수하기 위하여 건물내벽 또는 구조물의 외벽에 설치하는 관을 말한다.
6. "충압펌프"란 배관 내 압력손실에 따라 주펌프의 빈번한 기동을 방지하기 위하여 충압역할을 하는 펌프를 말한다.
7. "진공계"란 대기압 이하의 압력을 측정하는 계측기를 말한다.
8. "연성계"란 대기압 이상의 압력과 대기압 이하의 압력을 측정할 수 있는 계측기를 말한다.

9. "체절운전"이란 펌프의 성능시험을 목적으로 펌프 토출측의 개폐밸브를 닫은 상태에서 펌프를 운전하는 것을 말한다.

10. "기동용 수압개폐장치"란 소화설비의 배관 내 압력변동을 검지하여 자동적으로 펌프를 기동 및 정지시키는 것으로서 압력챔버 또는 기동용압력스위치 등을 말한다.

제4조(송수구)

연결송수관설비의 송수구는 다음 각 호의 기준에 따라 설치하여야 한다.

1. 송수구는 송수 및 그 밖의 소화작업에 지장을 주지 않도록 설치할 것

2. 지면으로부터 높이가 0.5미터 이상 1미터 이하의 위치에 설치할 것

3. 송수구로부터 연결송수관설비의 주배관에 이르는 연결배관에 개폐밸브를 설치한 때에는 그 개폐상태를 쉽게 확인 및 조작할 수 있는 옥외 또는 기계실 등의 장소에 설치하고, 그 밸브의 개폐상태를 감시제어반에서 확인할 수 있도록 급수개폐밸브 작동표시 스위치를 설치할 것

4. 구경 65밀리미터의 쌍구형으로 할 것

5. 송수구에는 그 가까운 곳의 보기 쉬운 곳에 송수압력범위를 표시한 표지를 할 것

6. 송수구는 연결송수관의 수직배관마다 한 개 이상을 설치할 것

7. 송수구의 가까운 부분에 자동배수밸브 및 체크밸브를 설치할 것

8. 송수구에는 가까운 곳의 보기 쉬운 곳에 "연결송수관설비송수구"라고 표시한 표지를 설치할 것

9. 송수구에는 이물질을 막기 위한 마개를 씌울 것

제5조(배관 등)

① 연결송수관설비의 배관은 다음 각 호의 기준에 따라 설치해야 한다.

> 1. 주배관의 구경은 100밀리미터 이상의 것으로 할 것
>
> 2. 지면으로부터의 높이가 31미터 이상인 특정소방대상물 또는 지상 11층 이상인 특정소방대상물에 있어서는 습식설비로 할 것

② 배관과 배관이음쇠는 배관용 탄소 강관(KS D 3507) 또는 배관 내 사용압력이 1.2메가파스칼 이상일 경우에는 압력 배관용 탄소 강관(KS D 3562)이나 이와 동등 이상의 강도 · 내식성 및 내열성을 국내 · 외 공인기관으로부터 인정받은 것을 사용해야 한다.

③ 제2항에도 불구하고 화재 등 재해로 인하여 배관의 성능에 영향을 받을 우려가 적은 장소에는 소방청장이 정하여 고시한 「소방용합성수지배관의 성능인증 및 제품검사의 기술기준」에 적합한 소방용 합성수지배관으로 설치할 수 있다.

④ 연결송수관설비의 배관은 주배관의 구경이 100밀리미터 이상인 옥내소화전설비·스프링클러설비 또는 물분무등소화설비의 배관과 겸용할 수 있다.

⑤ 연결송수관설비의 수직배관은 내화구조로 구획된 계단실(부속실을 포함한다) 또는 파이프덕트 등 화재의 우려가 없는 장소에 설치해야 한다.

⑥ 확관형 분기배관을 사용할 경우에는 소방청장이 정하여 고시한 「분기배관의 성능인증 및 제품검사의 기술기준」에 적합한 것으로 설치해야 한다.

⑦ 배관은 다른 설비의 배관과 쉽게 구분이 될 수 있는 위치에 설치하거나, 적색 등으로 식별이 가능하도록 소방용설비의 배관임을 표시해야 한다.

제6조(방수구)

연결송수관설비의 방수구는 다음 각 호의 기준에 따라 설치해야 한다.

1. 연결송수관설비의 방수구는 그 특정소방대상물의 층마다 설치할 것
2. 방수구는 계단(아파트 또는 바닥면적이 1,000제곱미터 미만인 층에 있어서는 한 개의 계단을 말하며, 바닥면적이 1,000제곱미터 이상인 층에 있어서는 두 개의 계단을 말한다)으로부터 5미터 이내에 설치하되, 그 방수구로부터 그 층의 각 부분까지의 거리가 다음 각 목의 기준을 초과하는 경우에는 그 기준 이하가 되도록 방수구를 추가하여 설치할 것
   가. 지하가(터널은 제외한다) 또는 지하층의 바닥면적의 합계가 3,000제곱미터 이상인 것은 수평거리 25미터
   나. 가목에 해당하지 않는 것은 수평거리 50미터
3. 11층 이상의 부분에 설치하는 방수구는 쌍구형으로 할 것
4. 방수구의 호스접결구는 바닥으로부터 높이 0.5미터 이상 1미터 이하의 위치에 설치할 것
5. 방수구는 연결송수관설비의 전용방수구 또는 옥내소화전방수구로서 구경 65밀리미터의 것으로 설치할 것
6. 방수구에는 방수구의 위치를 표시하는 표시등 또는 축광식표지를 설치할 것
7. 방수구는 개폐기능을 가진 것으로 설치해야 하며, 평상 시 닫힌 상태를 유지할 것

제7조(방수기구함)

연결송수관설비의 방수기구함은 다음 각 호의 기준에 따라 설치해야 한다.
1. 방수기구함은 피난층과 가장 가까운 층을 기준으로 3개 층마다 설치하되, 그 층의 방수구마다 보행거리 5미터 이내에 설치할 것
2. 방수기구함에는 방수구에 연결하였을 때 그 방수구가 담당하는 구역의 각 부분에 유효

하게 물이 뿌려질 수 있는 개수 이상의 길이 15미터의 호스와 방사형 관창 2개 이상(단구형 방수구의 경우에는 1개)을 비치할 것

3. 방수기구함에는 "방수기구함"이라고 표시한 축광식 표지를 할 것

제8조(가압송수장치)

지표면에서 최상층 방수구의 높이가 70미터 이상의 특정소방대상물에는 다음 각 호의 기준에 따라 연결송수관설비의 가압송수장치를 설치해야 한다.

1. 쉽게 접근할 수 있고 점검하기에 충분한 공간이 있는 장소로서 화재 및 침수 등의 재해로 인한 피해를 받을 우려가 없는 곳에 설치할 것
2. 동결방지조치를 하거나 동결의 우려가 없는 장소에 설치할 것
3. 펌프는 전용으로 할 것
4. 펌프의 토출측에는 압력계를 설치하고, 흡입측에는 연성계 또는 진공계를 설치할 것
5. 가압송수장치에는 정격부하운전 시 펌프의 성능을 시험하기 위한 배관을 설치할 것
6. 가압송수장치에는 체절운전시 수온의 상승을 방지하기 위한 순환배관을 설치할 것

7. 펌프의 토출량은 분당 2,400리터(계단식 아파트의 경우에는 분당 1,200리터) 이상이 되는 것으로 할 것. 다만, 해당 층에 설치된 방수구가 3개를 초과(방수구가 5개 이상인 경우에는 5개)하는 것에 있어서는 1개마다 분당 800리터(계단식 아파트의 경우에는 분당 400리터)를 가산한 양이 되는 것으로 할 것
8. 펌프의 양정은 최상층에 설치된 노즐선단의 압력이 0.35 메가파스칼 이상의 압력이 되도록 할 것

9. 가압송수장치는 방수구가 개방될 때 자동으로 기동되거나 수동스위치의 조작에 따라 기동되도록 할 것. 이 경우 수동스위치는 두 개 이상을 설치하되, 그중 한 개는 다음 각 목의 기준에 따라 송수구의 부근에 설치해야 한다.

   가. 송수구로부터 5미터 이내의 보기 쉬운 장소에 바닥으로부터 높이 0.8미터 이상 1.5미터 이하로 설치할 것
   나. 1.5밀리미터 이상의 강판함에 수납하여 설치하고 "연결송수관설비 수동스위치"라고 표시한 표지를 부착할 것. 이 경우 문짝은 불연재료로 설치할 수 있다.
   다. 「전기사업법」 제67조에 따른 기술기준에 따라 접지하고 빗물 등이 들어가지 않는 구조로 할 것

10. 기동장치로는 기동용수압개폐장치 또는 이와 동등 이상의 성능이 있는 것으로 설치할 것

11. 수원의 수위가 펌프보다 낮은 위치에 있는 가압송수장치에는 물올림장치를 설치할 것

12. 기동용수압개폐장치를 기동장치로 사용할 경우에는 충압펌프를 설치할 것

13. 내연기관을 사용하는 경우에는 제어반에 따라 내연기관의 자동기동 및 수동기동이 가능하고 기동장치의 기동을 명시하는 적색등을 설치해야 하며 상시 충전되어 있는 축전지설비와 펌프를 20분 이상 운전할 수 있는 용량의 연료를 갖출 것

14. 가압송수장치에는 "연결송수관펌프"라고 표시한 표지를 할 것

15. 가압송수장치가 기동이 된 경우에는 자동으로 정지되지 않도록 할 것

16. 가압송수장치는 부식 등으로 인한 펌프의 고착을 방지할 수 있도록 부식에 강한재질을 사용할 것

제9조(전원 등)

① 가압송수장치의 상용전원회로의 배선은 전용배선으로 하고, 상용전원의 공급에 지장이 없도록 설치해야 한다.

② 비상전원은 자가발전설비, 축전지설비, 전기저장장치 또는 연료전지 발전설비로서 다음 각 호의 기준에 따라 설치해야 한다.

1. 점검에 편리하고 화재 및 침수 등의 재해로 인한 피해를 받을 우려가 없는 곳에 설치할 것

2. 연결송수관설비를 유효하게 20분 이상 작동할 수 있어야 할 것

3. 상용전원으로부터 전력의 공급이 중단된 때에는 자동으로 비상전원으로부터 전력을 공급받을 수 있도록 할 것

4. 비상전원의 설치장소는 다른 장소와 방화구획 할 것

5. 비상전원을 실내에 설치하는 때에는 그 실내에 비상조명등을 설치할 것

제10조(배선 등)

① 연결송수관설비의 배선은 「전기사업법」 제67조에 따른 「전기설비기술기준」에서 정한 것 외에 다음 각 호의 기준에 따라 설치해야 한다.

1. 비상전원으로부터 동력제어반 및 가압송수장치에 이르는 전원회로배선은 내화배선으로 할 것

2. 상용전원으로부터 동력제어반에 이르는 배선, 그 밖의 연결송수관설비의 감시·조작 또는 표시등회로의 배선은 내화배선 또는 내열배선으로 할 것

② 연결송수관설비의 과전류차단기 및 개폐기에는 "연결송수관설비용"이라고 표시한 표지를 해야 한다.

③ 연결송수관설비용 전기배선의 양단 및 접속단자에는 식별이 용이하도록 표지 또는 표시를
　해야 한다.

제11조(송수구의 겸용)

연결송수관설비의 송수구를 옥내소화전설비 · 스프링클러설비 · 간이스프링클러설비 · 화재조
기진압용 스프링클러설비 · 물분무소화설비 · 포소화설비 또는 연결살수설비와 겸용으로 설치
하는 경우에는 스프링클러설비의 송수구 설치기준에 따르되 각각의 소화설비의 기능에 지장이
없도록 해야 한다.

연결살수설비의 화재안전성능기준(NFPC 503)

[시행 2022. 12. 1.] [소방청고시 제2022-60호, 2022. 11. 25., 전부개정]

제1조(목적)

이 기준은 「소방시설 설치 및 관리에 관한 법률」(이하 "법"이라 한다) 제2조제1항제6호가목에 따라 소방청장에게 위임한 사항 중 소화활동설비인 연결살수설비의 성능기준을 규정함을 목적으로 한다.

제2조(적용범위)

이 기준은 「소방시설 설치 및 관리에 관한 법률 시행령」(이하 "영"이라 한다) 별표 4 제5호다목에 따른 연결살수설비의 설치 및 관리에 필요한 사항에 대해 적용한다.

제3조(정의)

이 기준에서 사용하는 용어의 정의는 다음과 같다.

1. "체크밸브"란 흐름이 한 방향으로만 흐르도록 되어 있는 밸브를 말한다.
2. "주배관"이란 수직배관을 통해 교차배관에 급수하는 배관을 말한다.
3. "교차배관"이란 주배관을 통해 가지배관에 급수하는 배관을 말한다.
4. "가지배관"이란 헤드가 설치되어 있는 배관을 말한다.
5. "분기배관"이란 배관 측면에 구멍을 뚫어 둘 이상의 관로가 생기도록 가공한 배관으로서 확관형 분기배관과 비확관형 분기배관을 말한다.
   가. "확관형 분기배관"이란 배관의 측면에 조그만 구멍을 뚫고 소성가공으로 확관시켜 배관 용접이음자리를 만들거나 배관 용접이음자리에 배관이음쇠를 용접 이음한 배관을 말한다.
   나. "비확관형 분기배관"이란 배관의 측면에 분기호칭내경 이상의 구멍을 뚫고 배관이음쇠를 용접 이음한 배관을 말한다.
6. "송수구"란 소화설비에 소화용수를 보급하기 위하여 건물 외벽 또는 구조물에 설치하는 관을 말한다.
7. "연소할 우려가 있는 개구부"란 각 방화구획을 관통하는 컨베이어·에스컬레이터 또는 이와 유사한 시설의 주위로서 방화구획을 할 수 없는 부분을 말한다.
8. "선택밸브"란 둘 이상의 방호구역 또는 방호대상물이 있어 소화수 또는 소화약제를 해당하는 방호구역 또는 방호대상물에 선택적으로 방출되도록 제어하는 밸브를 말한다.

제4조(송수구 등)

① 연결살수설비의 송수구는 다음 각 호의 기준에 따라 설치해야 한다.

    1. 송수구는 송수 및 그 밖의 소화작업에 지장을 주지 않도록 설치할 것

    2. 구경 65밀리미터의 쌍구형으로 할 것

    3. 개방형헤드를 사용하는 송수구의 호스접결구는 각 송수구역마다 설치할 것

    4. 지면으로부터 높이가 0.5미터 이상 1미터 이하의 위치에 설치할 것

    5. 송수구로부터 주배관에 이르는 연결배관에는 개폐밸브를 설치하지 않을 것

    6. 송수구의 부근에는 "연결살수설비 송수구"라고 표시한 표지와 송수구역 일람표를 설치할 것

    7. 송수구에는 이물질을 막기 위한 마개를 씌울 것

② 연결살수설비의 선택밸브는 다음 각 호의 기준에 따라 설치해야 한다.

    1. 화재 시 연소의 우려가 없는 장소로서 조작 및 점검이 쉬운 위치에 설치할 것

    2. 선택밸브의 부근에는 송수구역 일람표를 설치할 것

③ 연결살수설비에는 송수구의 가까운 부분에 자동배수밸브와 체크밸브를 설치해야 한다.

④ **개방형헤드를 사용하는 연결살수설비에 있어서 하나의 송수구역에 설치하는 살수헤드의 수는 10개 이하가 되도록 해야 한다.**

제5조(배관 등)

① 배관과 배관이음쇠는 배관용 탄소 강관(KS D 3507) 또는 배관 내 사용압력이 1.2메가파스칼 이상일 경우에는 압력 배관용 탄소 강관(KS D 3562)이나 이와 동등 이상의 강도·내식성 및 내열성을 국내·외 공인기관으로부터 인정받은 것을 사용해야 한다.

② 제1항에도 불구하고 화재 등 재해로 인하여 배관의 성능에 영향을 받을 우려가 적은 장소에는 소방청장이 정하여 고시한「소방용합성수지배관의 성능인증 및 제품검사의 기술기준」에 적합한 소방용 합성수지배관으로 설치할 수 있다.

③ 연결살수설비의 배관의 구경은 다음 각 호의 기준에 따라 설치해야 한다.

    1. **연결살수설비 전용헤드를 사용하는 경우**에는 다음 표에 따른 구경 이상으로 할 것

하나의 배관에 부착하는 살수헤드의 개수	1개	2개	3개	4개 또는 5개	6개 이상 10개 이하
배관의 구경(mm)	32	40	50	65	80

    2. 스프링클러헤드를 사용하는 경우에는 「스프링클러설비의 화재안전성능기준(NFPC 103)」 별표 1의 기준에 따를 것

④ **폐쇄형헤드를 사용하는 연결살수설비의 배관**은 다음 각 호의 기준에 따라 설치해야 한다.

    1. 주배관은 다음 각 목의 어느 하나에 해당하는 배관 또는 수조에 접속해야 한다. 이 경우 접속부분에는 체크밸브를 설치하되 점검하기 쉽게 해야 한다.

> 가. 옥내소화전설비의 주배관(옥내소화전설비가 설치된 경우에 한정한다)
> 나. 수도배관(연결살수설비가 설치된 건축물 안에 설치된 수도배관 중 구경이 가장 큰 배관을 말한다)
> 다. 옥상에 설치된 수조(다른 설비의 수조를 포함한다)

    2. 시험배관을 다음 각 목의 기준에 따라 설치해야 한다.

        가. 송수구에서 가장 먼 거리에 위치한 가지배관의 끝으로부터 연결하여 설치할 것

        나. 시험장치 배관의 구경은 25밀리미터 이상으로 하고, 그 끝에는 물받이 통 및 배수관을 설치하여 시험 중 방사된 물이 바닥으로 흘러내리지 않도록 할 것

⑤ 개방형헤드를 사용하는 연결살수설비의 수평주행배관은 헤드를 향하여 상향으로 100분의 1 이상의 기울기로 설치하고, 주배관중 낮은 부분에는 자동배수밸브를 설치해야 한다.

⑥ 가지배관 또는 교차배관을 설치하는 경우에는 가지배관의 배열은 토너먼트(tournament) 방식 이외의 것으로 해야 한다.

⑦ 습식 연결살수설비의 배관은 동결방지조치를 하거나 동결의 우려가 없는 장소에 설치해야 한다. 다만, 보온재를 사용할 경우에는 난연재료 성능 이상인 것으로 해야 한다.

⑧ 급수배관에 설치되어 급수를 차단할 수 있는 개폐밸브는 개폐표시형으로 해야 한다. 이 경우 펌프의 흡입측배관에는 버터플라이밸브(볼형식인 것을 제외한다) 외의 개폐표시형밸브를 설치해야 한다.

⑨ 연결살수설비 교차배관의 위치·청소구 및 가지배관의 헤드 설치는 다음 각 호의 기준에 따른다.

    1. 교차배관은 가지배관과 수평으로 설치하거나 가지배관 밑에 설치하고, 그 구경은 제3항에 따르되 최소구경이 40밀리미터 이상이 되도록 할 것

    2. 폐쇄형헤드를 사용하는 연결살수설비의 청소구는 주배관 또는 교차배관 끝에 40밀리미터 이상 크기의 개폐밸브를 설치하고, 호스접결이 가능한 나사식 또는 고정배수 배관식으로 할 것

    3. 폐쇄형스프링클러헤드를 사용하는 연결살수설비에 하향식헤드를 설치하는 경우에는 가지배관으로부터 헤드에 이르는 헤드접속배관은 가지배관 상부에서 분기할 것

⑩ 배관에 설치되는 행거는 가지배관과 교차배관 및 수평주행배관에 설치하고 배관을 충분히 지지할 수 있도록 설치해야 한다.

⑪ 확관형 분기배관을 사용할 경우에는 소방청장이 정하여 고시한 「분기배관의 성능인증 및 제품검사의 기술기준」에 적합한 것으로 설치해야 한다.

⑫ 배관은 다른 설비의 배관과 쉽게 구분이 될 수 있도록 해야 한다.

제6조(헤드)

① 연결살수설비의 헤드는 연결살수설비 전용헤드 또는 스프링클러헤드로 설치해야 한다.

② 건축물에 설치하는 연결살수설비의 헤드는 다음 각 호의 기준에 따라 설치해야 한다.

> 1. 천장 또는 반자의 실내에 면하는 부분에 설치할 것
> 2. 천장 또는 반자의 각 부분으로부터 하나의 살수헤드까지의 수평거리가 연결살수설비 전용헤드의 경우에는 3.7미터 이하, 스프링클러헤드의 경우는 2.3미터 이하로 할 것

③ 폐쇄형스프링클러헤드를 설치하는 경우에는 제2항의 규정 외에 다음 각 호의 기준에 따라 설치해야 한다.

> 1. 그 설치장소의 평상시 최고 주위온도에 따라 적합한 표시온도의 것으로 설치할 것
> 2. 스프링클러헤드는 살수 및 감열에 장애가 없도록 설치할 것

> 3. 연소할 우려가 있는 개구부에는 그 상하좌우에 2.5미터 간격으로(개구부의 폭이 2.5미터 이하인 경우에는 그 중앙에) 스프링클러헤드를 설치하되, 스프링클러헤드와 개구부의 내측 면으로부터 직선거리는 15센티미터 이하가 되도록 할 것
> 4. 습식 연결살수설비 외의 설비에는 상향식스프링클러헤드를 설치할 것
> 5. 측벽형스프링클러헤드를 설치하는 경우 긴 변의 한쪽 벽에 일렬로 설치(폭이 4.5미터 이상 9미터 이하인 실에 있어서는 긴변의 양쪽에 각각 일렬로 설치하되 마주보는 스프링클러헤드가 나란히꼴이 되도록 설치)하고 3.6미터 이내마다 설치할 것

④ **가연성 가스의 저장 · 취급시설에 설치하는 연결살수설비의 헤드**는 다음 각 호의 기준에 따라 설치해야 한다. 다만, 지하에 설치된 가연성가스의 저장 · 취급시설로서 지상에 노출된 부분이 없는 경우에는 그렇지 않다.

> 1. 연결살수설비 전용의 개방형헤드를 설치할 것
> 2. 가스저장탱크 · 가스홀더 및 가스발생기의 주위에 설치하되, 헤드 상호 간의 거리는 3.7미터 이하로 할 것
> 3. 헤드의 살수범위는 가스저장탱크 · 가스홀더 및 가스발생기의 몸체의 중간 윗부분의 모든 부분이 포함되도록 해야 하고 살수 된 물이 흘러내리면서 살수범위에 포함되지 않은 부분에도 모두 적셔질 수 있도록 할 것

제7조(헤드의 설치제외)

> 연결살수설비를 설치해야 할 특정소방대상물 또는 그 부분으로서 연결살수설비 작동 시 소화효과를 기대할 수 없는 장소이거나 2차 피해가 예상되는 장소 또는 화재발생 위험이 적은 장소에는 연결살수설비의 헤드를 설치하지 않을 수 있다.

제8조(소화설비의 겸용)

연결살수설비의 송수구를 스프링클러설비 · 간이스프링클러설비 · 화재조기진압용 스프링클러설비 · 물분무소화설비 · 포소화설비 또는 연결송수관설비와 겸용으로 설치하는 경우에는 스프링클러설비의 송수구 설치기준에 따르고, 옥내소화전설비의 송수구와 겸용으로 설치하는 경우에는 옥내소화전설비의 송수구의 설치기준에 따르되 각각의 소화설비의 기능에 지장이 없도록 해야 한다.

비상콘센트설비의 화재안전성능기준(NFPC 504)

[시행 2024. 1. 1.] [소방청고시 제2023-40호, 2023. 10. 13., 타법개정.]

제1조(목적)

이 기준은 「소방시설 설치 및 관리에 관한 법률」(이하 "법"이라 한다) 제2조제1항제6호가목에 따라 소방청장에게 위임한 사항 중 소화활동설비인 비상콘센트설비의 성능기준을 규정함을 목적으로 한다.

제2조(적용범위)

이 기준은 「소방시설 설치 및 관리에 관한 법률 시행령」(이하 "영"이라 한다) 별표 4 제5호라목에 따른 비상콘센트설비의 설치 및 관리에 대해 적용한다.

제3조(정의)

이 기준에서 사용되는 용어의 정의는 다음과 같다.

1. "비상전원"이란 상용전원으로부터 전력의 공급이 중단된 때에는 자동으로 공급되는 전원을 말한다.
2. "비상콘센트설비"란 화재 시 소화활동 등에 필요한 전원을 전용회선으로 공급하는 설비를 말한다.

제4조(전원 및 콘센트 등)

① 비상콘센트설비에는 다음 각 호의 기준에 따른 전원을 설치해야 한다.

1. 상용전원회로의 배선은 전용배선으로 하고, 상용전원의 상시공급에 지장이 없도록 할 것

2. 지하층을 제외한 층수가 7층 이상으로서 연면적이 2,000 제곱미터 이상이거나 지하층의 바닥면적의 합계가 3,000 제곱미터 이상인 특정소방대상물의 비상콘센트설비에는 자가발전설비, 비상전원수전설비, 축전지설비 또는 전기저장장치를 비상전원으로 설치할 것

3. 제2호에 따른 비상전원 중 **자가발전설비, 축전지설비 또는 전기저장장치**는 다음 각 목의 기준에 따라 설치하고, 비상전원수전설비는 「소방시설용 비상전원수전설비의 화재안전성능기준(NFPC 602)」에 따라 설치할 것

   가. 점검에 편리하고 화재 및 침수 등의 재해로 인한 피해를 받을 우려가 없는 곳에 설치할 것

　　나. 비상콘센트설비를 유효하게 20분 이상 작동시킬 수 있는 용량으로 할 것

　　다. 상용전원으로부터 전력의 공급이 중단된 때에는 자동으로 비상전원으로부터 전력을 공급받을 수 있도록 할 것

　　라. 비상전원의 설치장소는 다른 장소와 방화구획 할 것

　　마. 비상전원을 실내에 설치하는 때에는 그 실내에 비상조명등을 설치할 것

② 비상콘센트설비의 전원회로(비상콘센트에 전력을 공급하는 회로를 말한다)는 다음 각 호의 기준에 따라 설치해야 한다.

1. 비상콘센트설비의 전원회로는 단상교류 220볼트인 것으로서, 그 공급용량은 1.5킬로볼트암페어 이상인 것으로 할 것
2. 전원회로는 각 층에 둘 이상이 되도록 설치할 것
3. 전원회로는 주배전반에서 전용회로로 할 것
4. 전원으로부터 각 층의 비상콘센트에 분기되는 경우에는 분기배선용 차단기를 보호함 안에 설치할 것
5. 콘센트마다 배선용 차단기(KS C 8321)를 설치해야 하며, 충전부가 노출되지 않도록 할 것
6. 개폐기에는 "비상콘센트"라고 표시한 표지를 할 것
7. 비상콘센트용의 풀박스 등은 방청도장을 한 것으로서, 두께 1.6밀리미터 이상의 철판으로 할 것
8. 하나의 전용회로에 설치하는 비상콘센트는 10개 이하로 할 것. 이 경우 전선의 용량은 각 비상콘센트(비상콘센트가 3개 이상인 경우에는 3개)의 공급용량을 합한 용량 이상의 것으로 해야 한다.

③ 비상콘센트의 플러그접속기는 접지형2극 플러그접속기(KS C 8305)를 사용해야 한다.

④ 비상콘센트의 플러그접속기의 칼받이의 접지극에는 접지공사를 해야 한다.

⑤ 비상콘센트는 다음 각 호의 기준에 따라 설치해야 한다.

1. 바닥으로부터 높이 0.8미터 이상 1.5미터 이하의 위치에 설치할 것
2. 비상콘센트의 배치는 바닥면적이 1,000제곱미터 미만인 층은 계단의 출입구(계단의 부속실을 포함하며 계단이 2 이상 있는 경우에는 그중 1개의 계단을 말한다)로부터 5미터 이내에, 바닥면적 1,000제곱미터 이상인 층은 각 계단의 출입구 또는 계단부속실의 출입구(계단의 부속실을 포함하며 계단이 세 개이상 있는 층의 경우에는 그중 두 개의 계단을 말한다)로부터 5미터이내에 설치하되, 그 비상콘센트로부터 그 층의 각 부분까지의 거리가 다음 각 목의 기준을 초과하는 경우에는 그 기준 이하가 되도록 비상콘센트를 추가하여 설치할 것〈개정 2023. 10. 13.〉

가. 지하상가 또는 지하층의 바닥면적의 합계가 3,000제곱미터 이상인 것은 수평거리
　　　　25미터

　　나. 가목에 해당하지 않는 것은 수평거리 50미터

⑥ **비상콘센트설비의 전원부와 외함 사이의 절연저항 및 절연내력**은 다음 각 호의 기준에 적합해야 한다.

> 1. 절연저항은 전원부와 외함 사이를 500볼트 절연저항계로 측정할 때 20메가옴 이상일 것
> 2. 절연내력은 전원부와 외함 사이에 정격전압이 150볼트 이하인 경우에는 1,000볼트의 실효전압을, 정격전압이 150볼트 이상인 경우에는 그 정격전압에 2를 곱하여 1,000을 더한 실효전압을 가하는 시험에서 1분 이상 견디는 것으로 할 것

제5조(보호함)

비상콘센트설비에는 비상콘센트를 보호하기 위한 보호함을 설치해야 한다.

제6조(배선)

비상콘센트설비의 배선은 「전기사업법」 제67조에 따른 「전기설비기술기준」에서 정하는 것 외에 **전원회로의 배선은 내화배선으로, 그 밖의 배선은 내화배선 또는 내열배선으로 설치**해야 한다. 이 경우 내화배선 및 내열배선은 「옥내소화전설비의 화재안전성능기준(NFPC 102)」 제10조제2항에 따른다.

무선통신보조설비의 화재안전성능기준(NFPC 505)

[시행 2022. 12. 1.] [소방청고시 제2022-62호, 2022. 11. 25., 전부개정]

제1조(목적)

이 기준은 「소방시설 설치 및 관리에 관한 법률」(이하 "법"이라 한다) 제2조제1항제6호가목에 따라 소방청장에게 위임한 사항 중 소화활동설비인 무선통신보조설비의 성능기준을 규정함을 목적으로 한다.

제2조(적용범위)

이 기준은 「소방시설 설치 및 관리에 관한 법률 시행령」(이하 "영"이라 한다) 별표 4 제5호마목에 따른 무선통신보조설비의 설치 및 관리에 대해 적용한다.

제3조(정의)

이 기준에서 사용되는 용어의 정의는 다음과 같다.

1. "누설동축케이블"이란 동축케이블의 외부도체에 가느다란 홈을 만들어서 전파가 외부로 새어나 갈 수 있도록 한 케이블을 말한다.
2. "분배기"란 신호의 전송로가 분기되는 장소에 설치하는 것으로 임피던스 매칭(Matching)과 신호 균등분배를 위해 사용하는 장치를 말한다.
3. "분파기"란 서로 다른 주파수의 합성된 신호를 분리하기 위해서 사용하는 장치를 말한다.
4. "혼합기"란 둘 이상의 입력신호를 원하는 비율로 조합한 출력이 발생하도록 하는 장치를 말한다.

5. "증폭기"란 전압·전류의 진폭을 늘려 감도 등을 개선하는 장치를 말한다.
6. "무선중계기"란 안테나를 통하여 수신된 무전기 신호를 증폭한 후 음영지역에 재방사하여 무전기 상호 간 송수신이 가능하도록 하는 장치를 말한다.
7. "옥외안테나"란 감시제어반 등에 설치된 무선중계기의 입력과 출력포트에 연결되어 송수신 신호를 원활하게 방사·수신하기 위해 옥외에 설치하는 장치를 말한다.

제4조(설치제외)

지하층으로서 특정소방대상물의 바닥부분 2면 이상이 지표면과 동일하거나 지표면으로부터의 깊이가 1미터 이하인 경우에는 해당 층에 한해 무선통신보조설비를 설치하지 아니할 수 있다.

제5조(누설동축케이블 등)

① 무선통신보조설비의 누설동축케이블 등은 다음 각 호의 기준에 따라 설치해야 한다.

1. 소방전용주파수대에서 전파의 전송 또는 복사에 적합한 것으로서 소방전용의 것으로 할 것.
2. 누설동축케이블과 이에 접속하는 안테나 또는 동축케이블과 이에 접속하는 안테나로 구성할 것
3. 누설동축케이블 및 동축케이블은 불연 또는 난연성의 것으로서 습기 등의 환경조건에 따라 전기의 특성이 변질되지 않는 것으로 하고, 노출하여 설치한 경우에는 피난 및 통행에 장애가 없도록 할 것
4. 누설동축케블 및 동축케이블은 화재에 따라 해당 케이블의 피복이 소실된 경우에 케이블 본체가 떨어지지 않도록 4미터 이내마다 금속제 또는 자기제 등의 지지금구로 벽·천장·기둥 등에 견고하게 고정할 것
5. 누설동축케이블 및 안테나는 금속판 또는 고압의 전로에 의해 그 기능에 장애가 발생되지 않는 위치에 설치할 것
6. 누설동축케이블의 끝부분에는 무반사 종단저항을 견고하게 설치할 것

② **누설동축케이블 또는 동축케이블의 임피던스는 50옴**으로 하고, 이에 접속하는 안테나·분배기 기타의 장치는 해당 임피던스에 적합한 것으로 해야 한다.

③ 무선통신보조설비는 누설동축케이블 또는 동축케이블과 이에 접속하는 안테나가 설치된 층은 모든 부분(계단실, 승강기, 별도 구획된 실 포함)에서 유효하게 통신이 가능하도록 설치해야 한다.

제6조(옥외안테나)

옥외안테나는 다음 각 호의 기준에 따라 설치해야 한다.

1. 건축물, 지하가, 터널 또는 공동구의 출입구 및 출입구 인근에서 통신이 가능한 장소에 설치할 것
2. 다른 용도로 사용되는 안테나로 인한 통신장애가 발생하지 않도록 설치할 것
3. 옥외안테나는 견고하게 파손의 우려가 없는 곳에 설치하고 그 가까운 곳의 보기 쉬운 곳에 "무선통신보조설비 안테나"라는 표시와 함께 통신 가능거리를 표시한 표지를 설치할 것
4. 수신기가 설치된 장소 등 사람이 상시 근무하는 장소에는 옥외 안테나의 위치가 모두 표시된 옥외안테나 위치표시도를 비치할 것

제7조(분배기 등)

분배기 · 분파기 및 혼합기 등은 다음 각호의 기준에 따라 설치해야 한다.

> 1. 먼지 · 습기 및 부식 등에 따라 기능에 이상을 가져오지 않도록 할 것
> 2. 임피던스는 50옴의 것으로 할 것
> 3. 점검에 편리하고 화재 등의 재해로 인한 피해의 우려가 없는 장소에 설치할 것

제8조(증폭기 등)

증폭기 및 무선중계기를 설치하는 경우에는 다음 각호의 기준에 따라 설치해야 한다.

1. 상용전원은 전기가 정상적으로 공급되는 **축전지설비, 전기저장장치 또는 교류전압의 옥내 간선**으로 하고, 전원까지의 배선은 전용으로 하며, 증폭기 전면에는 전원의 정상 여부를 표시할 수 있는 장치를 설치할 것
2. 증폭기에는 비상전원이 부착된 것으로 하고 해당 비상전원 용량은 무선통신보조설비를 유효하게 30분 이상 작동시킬 수 있는 것으로 할 것
3. 증폭기 및 무선중계기를 설치하는 경우에는 「전파법」 제58조의2에 따른 적합성평가를 받은 제품으로 설치하고 임의로 변경하지 않도록 할 것
4. 디지털 방식의 무전기를 사용하는데 지장이 없도록 설치할 것

소방시설용 비상전원수전설비의 화재안전성능기준(NFPC 602)

[시행 2022. 12. 1.] [소방청고시 제2022-63호, 2022. 11. 25., 전부개정]

제1조(목적)

이 기준은 「소방시설 설치 및 관리에 관한 법률」(이하 "법"이라 한다) 제2조제1항제6호가목에 따라 소방청장에게 위임한 사항 중 소방시설의 비상전원인 비상전원수전설비의 성능기준을 규정함을 목적으로 한다.

제2조(적용범위)

이 기준은 「소방시설 설치 및 관리에 관한 법률 시행령」(이하 "영"이라 한다) 별표 4의 소방시설에 설치해야 하는 비상전원수전설비의 설치 및 관리에 대해 적용한다.

제3조(정의)

이 기준에서 사용하는 용어의 정의는 다음과 같다.

1. "과전류차단기"란 「전기설비기술기준의 판단기준」 제38조와 제39조에 따른 것을 말한다.
2. "방화구획형"이란 수전설비를 다른 부분과 건축법상 방화구획을 하여 화재 시 이를 보호하도록 조치하는 방식을 말한다.
3. "변전설비"란 전력용변압기 및 그 부속장치를 말한다.
4. "배전반"이란 전력생산시설 등으로부터 직접 전력을 공급받아 분전반에 전력을 공급해주는 것으로서 다음 각 목의 배전반을 말한다.

   가. "공용배전반"이란 소방회로 및 일반회로 겸용의 것으로서 개폐기, 과전류차단기, 계기와 그 밖의 배선용기기 및 배선을 금속제 외함에 수납한 것을 말한다.
   나. "전용배전반"이란 소방회로 전용의 것으로서 개폐기, 과전류차단기, 계기와 그 밖의 배선용기기 및 배선을 금속제 외함에 수납한 것을 말한다.

5. "분전반"이란 배전반으로부터 전력을 공급받아 부하에 전력을 공급해주는 것으로서 다음 각 목의 분전반을 말한다.

   가. "공용분전반"이란 소방회로 및 일반회로 겸용의 것으로서 분기개폐기, 분기과전류차단기와 그 밖의 배선용기기 및 배선을 금속제 외함에 수납한 것을 말한다.
   나. "전용분전반"이란 소방회로 전용의 것으로서 분기 개폐기, 분기과전류차단기와 그 밖의 배선용기기 및 배선을 금속제 외함에 수납한 것을 말한다.

6. "비상전원수전설비"란 화재 시 상용전원이 공급되는 시점까지만 비상전원으로 적용이 가능한 설비로서 상용전원의 안전성과 내화성능을 향상시킨 설비를 말한다.

7. "소방회로"란 소방부하에 전원을 공급하는 전기회로를 말한다.

8. "수전설비"란 전력수급용 계기용변성기 · 주차단장치 및 그 부속기기를 말한다.

9. "옥외개방형"이란 건물의 옥외 또는 건물의 옥상에 울타리를 설치하고 그 내부에 수전설비를 설치하는 방식을 말한다.

10. "인입개폐기"란 「전기설비기술기준의 판단기준」 제169조에 따른 것을 말한다.

11. "인입구배선"이란 인입선의 연결점으로부터 특정소방대상물내에 시설하는 인입개폐기에 이르는 배선을 말한다.

12. "인입선"이란 「전기설비기술기준」 제3조제1항 제9호에 따른 것을 말한다.

13. "일반회로"란 소방회로 이외의 전기회로를 말한다.

14. "전기사업자"란 「전기사업법」 제2조제2호에 따른 자를 말한다.

15. "큐비클형"이란 수전설비를 큐비클 내에 수납하여 설치하는 방식으로서 다음 각 목의 형식을 말한다.

　가. "공용큐비클식"이란 소방회로 및 일반회로 겸용의 것으로서 수전설비, 변전설비와 그 밖의 기기 및 배선을 금속제 외함에 수납한 것을 말한다.

　나. "전용큐비클식"이란 소방회로용의 것으로 수전설비, 변전설비와 그 밖의 기기 및 배선을 금속제 외함에 수납한 것을 말한다.

제4조(인입선 및 인입구 배선의 시설)

① 인입선은 특정소방대상물에 화재가 발생할 경우에도 화재로 인한 손상을 받지 않도록 설치해야 한다.

② 인입구 배선은 내화배선으로 해야 한다.

제5조(특별고압 또는 고압으로 수전하는 경우)

① 일반전기사업자로부터 특별고압 또는 고압으로 수전하는 비상전원 수전설비는 **방화구획형, 옥외개방형 또는 큐비클(Cubicle)형**으로서 다음 각 호에 적합하게 설치해야 한다.

1. 전용의 방화구획 내에 설치할 것

2. 소방회로배선은 일반회로배선과 불연성의 격벽으로 구획할 것

3. 일반회로에서 과부하, 지락사고 또는 단락사고가 발생한 경우에도 이에 영향을 받지 아니하고 계속하여 소방회로에 전원을 공급시켜 줄 수 있어야 할 것

4. 소방회로용 개폐기 및 과전류차단기에는 "소방시설용"이라 표시할 것

5. 전기회로는 별표 1 같이 결선할 것

② 옥외개방형은 옥외개방형이 설치된 건축물 또는 인접 건축물에 화재가 발생한 경우에도 화재로 인한 손상을 받지 않도록 설치해야 한다.

③ 큐비클형은 다음 각 호에 적합하게 설치해야 한다.

1. 전용큐비클 또는 공용큐비클식으로 설치할 것

2. 외함은 두께 2.3밀리미터 이상의 강판과 이와 동등 이상의 강도와 내화성능이 있는 것으로 제작해야 하며, 개구부(제3호에 게기하는 것은 제외한다)에는 「건축법 시행령」 제64조에 따른 방화문으로서 60분+ 방화문, 60분 방화문 또는 30분 방화문으로 설치할 것

3. 다음 각 목(옥외에 설치하는 것에 있어서는 가목부터 다목까지)에 해당하는 것은 외함에 노출하여 설치할 수 있다.

> 가. 표시등(불연성 또는 난연성재료로 덮개를 설치한 것에 한한다)
> 나. 전선의 인입구 및 인출구
> 다. 환기장치
> 라. 전압계(퓨즈 등으로 보호한 것에 한한다)
> 마. 전류계(변류기의 2차측에 접속된 것에 한한다)
> 바. 계기용 전환스위치(불연성 또는 난연성재료로 제작된 것에 한한다)

4. 외함은 건축물의 바닥 등에 견고하게 고정할 것

5. 외함에 수납하는 수전설비, 변전설비 그 밖의 기기 및 배선은 다음 각 목에 적합하게 설치할 것

　　가. 외함 또는 프레임(Frame) 등에 견고하게 고정할 것

　　나. 외함의 바닥에서 10센티미터(시험단자, 단자대 등의 충전부는 15센티미터) 이상의 높이에 설치할 것

6. 전선 인입구 및 인출구에는 금속관 또는 금속제 가요전선관을 쉽게 접속할 수 있도록 할 것

7. 환기장치는 다음 각 목에 적합하게 설치할 것

> 가. 내부의 온도가 상승하지 않도록 환기장치를 할 것
> 나. 자연환기구의 개부구 면적의 합계는 외함의 한 면에 대하여 해당 면적의 3분의 1 이하로 할 것. 이 경우 하나의 통기구의 크기는 직경 10밀리미터 이상의 둥근 막대가 들어가서는 아니 된다.
> 다. 자연환기구에 따라 충분히 환기할 수 없는 경우에는 환기설비를 설치할 것

라. 환기구에는 금속망, 방화댐퍼 등으로 방화조치를 하고, 옥외에 설치하는 것은 빗물 등이 들어가지 않도록 할 것

8. 공용큐비클식의 소방회로와 일반회로에 사용되는 배선 및 배선용기기는 불연재료로 구획할 것

9. 그 밖의 큐비클형의 설치에 관하여는 제1항 제2호부터 제5호까지의 규정 및 한국산업표준에 적합할 것

제6조(저압으로 수전하는 경우)

전기사업자로부터 저압으로 수전하는 비상전원수전설비는 전용배전반(1·2종)·전용분전반(1·2종) 또는 공용분전반(1·2종)으로 해야 한다.

① 제1종 배전반 및 제1종 분전반은 다음 각 호에 적합하게 설치하여야 한다.

1. 외함은 두께 1.6밀리미터(전면판 및 문은 2.3밀리미터) 이상의 강판과 이와 동등 이상의 강도와 내화성능이 있는 것으로 제작할 것

2. 외함의 내부는 외부의 열에 의해 영향을 받지 않도록 내열성 및 단열성이 있는 재료를 사용하여 단열할 것. 이 경우 단열부분은 열 또는 진동에 따라 쉽게 변형되지 않아야 한다.

3. 다음 각 목에 해당하는 것은 외함에 노출하여 설치할 수 있다.

가. 표시등(불연성 또는 난연성재료로 덮개를 설치한 것에 한한다)
나. 전선의 인입구 및 입출구

4. 외함은 금속관 또는 금속제 가요전선관을 쉽게 접속할 수 있도록 하고, 당해 접속부분에는 단열조치를 할 것

5. 공용배전판 및 공용분전판의 경우 소방회로와 일반회로에 사용하는 배선 및 배선용 기기는 불연재료로 구획되어야 할 것

② 제2종 배전반 및 제2종 분전반은 다음 각 호에 적합하게 설치해야 한다.

1. 외함은 두께 1밀리미터(함 전면의 면적이 1,000제곱센티미터를 초과하고 2,000제곱센티미터 이하인 경우에는 1.2밀리미터, 2,000제곱센티미터를 초과하는 경우에는 1.6밀리미터) 이상의 강판과 이와 동등 이상의 강도와 내화성능이 있는 것으로 제작할 것

2. 제1항 제3호 각목에 정한 것과 섭씨 120도의 온도를 가했을 때 이상이 없는 전압계 및 전류계는 외함에 노출하여 설치할 것

3. 단열을 위해 배선용 불연전용실내에 설치할 것

4. 그 밖의 제2종 배전반 및 제2종 분전반의 설치에 관하여는 제1항 제4호 및 제5호의 규정

에 적합할 것

③ 그 밖의 배전반 및 분전반의 설치에 관하여는 다음 각 호에 적합해야 한다.

  1. 일반회로에서 과부하·지락사고 또는 단락사고가 발생한 경우에도 이에 영향을 받지 아니하고 계속하여 소방회로에 전원을 공급시켜 줄 수 있어야 할 것

  2. 소방회로용 개폐기 및 과전류차단기에는 "소방시설용"이라는 표시를 할 것

  3. 전기회로는 별표 2와 같이 결선할 것

[별표 1]

고압 또는 특별고압 수전의 경우 (제5조제1항제5호 관련)

(가) 전용의 전력용변압기에서 소방부하에 전원을 공급하는 경우

주 1. 일반회로의 과부하 또는 단락사고시에 CB_{10}(또는 PF_{10})이 CB_{12}(또는 PF_{12}) 및 CB_{22}(또는 F_{22})보다 먼저 차단되어서는 아니된다.

  2. CB_{11}(또는 PF_{11})은 CB_{12}(또는 PF_{12})와 동등이상의 차단용량일 것.

약호	명 칭
CB	전력차단기
PF	전력퓨즈(고압 또는 특별고압용)
F	퓨즈(저압용)
Tr	전력용변압기

(나) 공용의 전력용변압기에서 소방부하에 전원을 공급하는 경우

주 1. 일반회로의 과부하 또는 단락사고시에 CB_{10}(또는 PF_{10})이 CB_{22}(또는 F_{22}) 및 CB(또는 F)보다 먼저 차단되어서는 아니된다.

  2. CB_{21}(또는 F_{21})은 CB_{22}(또는 F_{22})와 동등이상의 차단용량일 것.

약호	명 칭
CB	전력차단기
PF	전력퓨즈(고압 또는 특별고압용)
F	퓨즈(저압용)
Tr	전력용변압기

[별표 2]

저압수전의 경우 (제6조제3항제3호관련)

주 1. 일반회로의 과부하 또는 단락사고시 S_M이 S_N, S_{N1} 및 S_{N2}보다 먼저차단 되어서는 아니된다.
   2. S_F는 S_N과 동등 이상의 차단용량일 것.

약 호	명 칭
S	저압용개폐기 및 과전류차단기

도로터널의 화재안전성능기준(NFPC 603)

[시행 2022. 12. 1.] [소방청고시 제2022-64호, 2022. 11. 25., 전부개정]

제1조(목적)

이 기준은 「소방시설 설치 및 관리에 관한 법률」(이하 "법"이라 한다) 제2조제1항제6호가목에 따라 소방청장에게 위임한 사항 중 도로터널에 설치해야 하는 소방시설 등의 성능기준을 규정함을 목적으로 한다.

제2조(적용범위)

이 기준은 「소방시설 설치 및 관리에 관한 법률 시행령」(이하 "영"이라 한다) 제11조제1항에 따라 도로터널에 설치해야 하는 소방시설 등의 설치 및 관리에 대해 적용한다.

제3조(정의)

① 이 기준에서 사용하는 용어의 정의는 다음과 같다.

1. "도로터널"이란 「도로법」 제10조에 따른 도로의 일부로서 자동차의 통행을 위해 지붕이 있는 구조물을 말한다.

2. "설계화재강도"란 터널 내 화재 시 소화설비 및 제연설비 등의 용량산정을 위해 적용하는 차종별 최대열방출률(MW)을 말한다.

3. "횡류환기방식"이란 터널 안의 배기가스와 연기 등을 배출하는 환기방식으로서 기류를 횡방향(바닥에서 천장)으로 흐르게 하여 환기하는 방식을 말한다.

4. "대배기구방식"이란 횡류환기방식의 일종으로 배기구에 개방/폐쇄가 가능한 전동댐퍼를 설치하여 화재 시 화재지점 부근의 배기구를 개방하여 집중적으로 배연할 수 있는 제연방식을 말한다.

5. "종류환기방식"이란 터널 안의 배기가스와 연기 등을 배출하는 환기방식으로서 기류를 종방향(출입구 방향)으로 흐르게 하여 환기하는 방식을 말한다.

6. "반횡류환기방식"이란 터널 안의 배기가스와 연기 등을 배출하는 환기방식으로서 터널에 수직배기구를 설치해서 횡방향과 종방향으로 기류를 흐르게 해 환기하는 방식을 말한다.

7. "피난연결통로"란 본선터널과 병설된 상대터널 또는 본선터널과 평행한 피난대피터널을 연결하는 통로를 말한다.

8. "배기구"란 터널 안의 오염공기를 배출하거나 화재 시 연기를 배출하기 위한 개구부를 말한다.

② 이 기준에서 사용하는 용어는 제1항에서 규정한 것을 제외하고는 관계법령 및 개별 성능기준에서 정하는 바에 따른다.

제4조(다른 화재안전성능기준과의 관계)

터널에 설치하는 소방시설 등의 설치 및 관리기준 중 이 기준에서 규정하지 않은 것은 개별 화재안전성능기준에 따른다.

제5조(소화기)

소화기는 다음 각 호의 기준에 따라 설치해야 한다.

1. 소화기의 능력단위(「소화기구의 화재안전기준(NFSC 101)」제3조제6호에 따른 수치를 말한다. 이하 같다)는 **A급 화재는 3단위 이상, B급 화재는 5단위 이상 및 C급 화재에 적응성**이 있는 것으로 할 것
2. 소화기의 총중량은 사용 및 운반이 편리성을 고려하여 7킬로그램 이하로 할 것
3. 소화기는 **주행차로의 우측 측벽에 50미터 이내의 간격으로 두 개 이상을 설치하며, 편도 2차선 이상의 양방향 터널과 4차로 이상의 일방향 터널의 경우에는 양쪽 측벽에 각각 50미터 이내의 간격으로 엇갈리게 두 개 이상**을 설치할 것
4. 바닥면(차로 또는 보행로를 말한다. 이하 같다)으로부터 **1.5미터 이하**의 높이에 설치할 것
5. 소화기구함의 상부에 "소화기"라고 조명식 또는 반사식의 표지판을 부착하여 사용자가 쉽게 인지할 수 있도록 할 것

제6조(옥내소화전설비)

옥내소화전설비는 다음 각 호의 기준에 따라 설치해야 한다.

1. 소화전함과 방수구는 주행차로 우측 측벽을 따라 50미터 이내의 간격으로 설치하며, 편도 2차선 이상의 양방향 터널이나 4차로 이상의 일방향 터널의 경우에는 양쪽 측벽에 각각 50미터 이내의 간격으로 엇갈리게 설치할 것
2. 수원은 그 저수량이 옥내소화전의 설치개수 두 개(4차로 이상의 터널의 경우 세 개)를 동시에 40분 이상 사용할 수 있는 충분한 양 이상을 확보할 것
3. 가압송수장치는 옥내소화전 두 개(4차로 이상의 터널인 경우 세 개)를 동시에 사용할 경우 각 옥내소화전의 노즐선단에서의 방수압력은 0.35메가파스칼 이상이고 방수량은 분당 190리터 이상이 되는 성능의 것으로 할 것. 다만, 하나의 옥내소화전을 사용하는 노즐선단에서의 방수압력이 0.7메가파스칼을 초과할 경우에는 호스접결구의 인입측에 감압장치를 설치해야 한다.

4. 압력수조나 고가수조가 아닌 전동기 및 내연기관에 의한 펌프를 이용하는 가압송수장
   치는 주펌프와 동등 이상인 별도의 예비펌프를 설치할 것
5. 방수구는 40밀리미터 구경의 단구형을 옥내소화전이 설치된 벽면의 바닥면으로부터
   1.5미터 이하의 높이에 설치할 것
6. 소화전함에는 옥내소화전 방수구 1개, 15미터 이상의 소방호스 3본 이상 및 방수노즐
   을 비치할 것
7. 옥내소화전설비의 비상전원은 40분 이상 작동할 수 있을 것

제7조(물분무소화설비)

물분무소화설비는 다음 각 호의 기준에 따라 설치해야 한다.

1. 물분무헤드는 도로면 1제곱미터에 분당 6리터 이상의 수량을 균일하게 방수할 수 있도
   록 할 것
2. 물분무설비는 하나의 방수구역은 25미터 이상으로 하며, 3개 방수구역을 동시에 40분
   이상 방수할 수 있는 수량을 확보 할 것
3. 물분무설비의 비상전원은 40분 이상 기능을 유지할 수 있도록 할 것

제8조(비상경보설비)

비상경보설비는 다음 각 호의 기준에 따라 설치해야 한다.

1. 발신기는 주행차로 한쪽 측벽에 50미터 이내의 간격으로 설치하며, 편도 2차선 이상의
   양방향 터널이나 4차로 이상의 일방향 터널의 경우에는 양쪽의 측벽에 각각 50미터 이
   내의 간격으로 엇갈리게 설치할 것.
2. 발신기는 바닥면으로부터 0.8미터 이상 1.5미터 이하의 높이에 설치할 것

3. 음향장치는 발신기 설치위치와 동일하게 설치할 것. 다만, 「비상방송설비의 화재안전
   성능기준(NFPC 202)」에 적합하게 설치된 방송설비를 비상경보설비와 연동하여 작동
   하도록 설치한 경우에는 비상경보설비의 지구음향장치를 설치하지 않을 수 있다.
4. 음량장치의 음량은 부착된 음향장치의 중심으로부터 1미터 떨어진 위치에서 90데시벨
   이상이 되도록 할 것
5. 음향장치는 터널내부 전체에 동시에 경보를 발하도록 설치할 것

6. 시각경보기는 주행차로 한쪽 측벽에 50미터 이내의 간격으로 비상경보설비 상부 직근
   에 설치하고, 전체 시각경보기는 동기방식에 의해 작동될 수 있도록 할 것

제9조(자동화재탐지설비)

① 터널에는 차동식분포형감지기, 정온식감지선형감지기(아날로그식에 한한다) 또는 중앙기술심의위원회의 심의를 거쳐 터널화재에 적응성이 있다고 인정된 감지기를 설치해야 한다.

② 하나의 경계구역의 길이는 100미터 이하로 해야 한다.

③ 제1항에 의한 감지기의 설치기준은 다음 각 호와 같다. 다만, 중앙기술심의위원회의 심의를 거쳐 제조사 시방서에 따른 설치방법이 터널화재에 적합하다고 인정되는 경우에는 다음 각 호의 기준에 의하지 않고 심의결과에 의한 제조사 시방서에 따라 설치할 수 있다.

1. 감지기의 감열부(열을 감지하는 기능을 갖는 부분을 말한다. 이하 같다)와 감열부 사이의 이격거리는 10미터 이하로, 감지기와 터널 좌·우측 벽면과의 이격거리는 6.5미터 이하로 설치할 것

2. 제1호에도 불구하고 터널 천장의 구조가 아치형의 터널에 감지기를 터널 진행방향으로 설치하고자 하는 경우에는 감열부와 감열부 사이의 이격거리를 10미터 이하로 하여 아치형 천장의 중앙 최상부에 1열로 감지기를 설치해야 하며, 감지기를 2열 이상으로 설치하고자 하는 경우에는 감열부와 감열부 사이의 이격거리는 10미터 이하로 감지기 간의 이격거리는 6.5미터 이하로 설치할 것

3. 감지기를 천장면(터널 안 도로 등에 면한 부분 또는 상층의 바닥 하부면을 말한다. 이하 같다)에 설치하는 경우에는 감지기가 천장면에 밀착되지 않도록 고정금구 등을 사용하여 설치할 것

4. 형식승인 내용에 설치방법이 규정된 경우에는 형식승인 내용에 따라 설치할 것

④ 제2항에도 불구하고 감지기의 작동에 의하여 다른 소방시설 등이 연동되는 경우로서 해당 소방시설 등의 작동을 위한 정확한 발화 위치를 확인할 필요가 있는 경우에는 경계구역의 길이가 해당 설비의 방호구역 등에 포함되도록 설치해야 한다.

⑤ 발신기 및 지구음향장치는 제7조를 준용하여 설치해야 한다.

제10조(비상조명등)

비상조명등은 다음 각 호의 기준에 따라 설치해야 한다.

1. 상시 조명이 소등된 상태에서 비상조명등이 점등되는 경우 터널 안의 차도 및 보도의 바닥면의 조도는 10럭스 이상, 그 외 모든 지점의 조도는 1럭스 이상이 될 수 있도록 설치할 것

2. 비상조명등은 상용전원이 차단되는 경우 자동으로 비상전원으로 60분 이상 점등되도록 설치할 것
3. 비상조명등에 내장된 예비전원이나 축전지설비는 상용전원의 공급에 의하여 상시 충전 상태를 유지할 수 있도록 설치할 것

제11조(제연설비)

① 제연설비는 다음 각 호의 사양을 만족하도록 설계해야 한다.

1. 설계화재강도 20메가와트를 기준으로 하고, 이 때 연기발생률은 초당 80세제곱미터로 하며, 배출량은 발생된 연기와 혼합된 공기를 충분히 배출할 수 있는 용량 이상을 확보할 것

2. 제1호에도 불구하고 화재강도가 설계화재강도 보다 높을 것으로 예상될 경우 위험도분석을 통하여 설계화재강도를 설정하도록 할 것

② 제연설비는 다음 각 호의 기준에 따라 설치해야 한다.

1. 종류환기방식의 경우 제트팬의 소손을 고려하여 예비용 제트팬을 설치하도록 할 것
2. 횡류환기방식(또는 반횡류환기방식) 및 대배기구 방식의 배연용 팬은 덕트의 길이에 따라서 노출온도가 달라질 수 있으므로 수치해석 등을 통해서 내열온도 등을 검토한 후에 적용하도록 할 것
3. 대배기구의 개폐용 전동모터는 정전 등 전원이 차단되는 경우에도 조작상태를 유지할 수 있도록 할 것
4. 화재에 노출이 우려되는 제연설비와 전원공급선 및 제트팬 사이의 전원공급장치 등은 섭씨 250도의 온도에서 60분 이상 운전상태를 유지할 수 있도록 할 것

③ 제연설비는 화재감지기 또는 수동조작스위치의 동작 등에 의하여 자동 및 수동으로 기동될 수 있도록 해야 한다.
④ 비상전원은 60분 이상 작동할 수 있도록 해야 한다.

제12조(연결송수관설비)

연결송수관설비는 다음 각 호의 기준에 따라 설치해야 한다.

1. 방수압력은 0.35메가파스칼 이상, 방수량은 분당 400리터 이상을 유지할 수 있도록 할 것
2. 방수구는 50미터 이내의 간격으로 옥내소화전함에 병설하거나 독립적으로 터널출입구 부근과 피난연결통로에 설치할 것

> 3. 방수기구함은 50미터 이내의 간격으로 옥내소화전함 안에 설치하거나 독립적으로 설치하고, 하나의 방수기구함에는 65밀리미터 방수노즐 1개와 15미터 이상의 호스 3본을 설치하도록 할 것

제13조(무선통신보조설비)

① 무선통신보조설비의 옥외안테나는 방재실 인근과 터널의 입구 및 출구, 피난연결통로 등에 설치해야 한다.

② 라디오 재방송설비가 설치되는 터널의 경우에는 무선통신보조설비와 겸용으로 설치할 수 있다.

제14조(비상콘센트설비)

비상콘센트설비는 다음 각 호의 기준에 따라 설치해야 한다.

> 1. 비상콘센트설비의 전원회로는 단상교류 220볼트인 것으로서 그 공급용량은 1.5킬로볼트암페어 이상인 것으로 할 것
> 2. 전원회로는 주배전반에서 전용회로로 할 것
> 3. 콘센트마다 배선용 차단기(KS C 8321)를 설치해야 하며, 충전부가 노출되지 않도록 할 것
> 4. 주행차로의 우측 측벽에 50미터 이내의 간격으로 바닥으로부터 0.8미터 이상 1.5미터 이하의 높이에 설치할 것

고층건축물의 화재안전성능기준(NFPC 604)

[시행 2022. 12. 1.] [소방청고시 제2022-65호, 2022. 11. 25., 전부개정]

제1조(목적)

이 기준은 「소방시설 설치 및 관리에 관한 법률」(이하 "법"이라 한다) 제2조제1항제6호가목에 따라 소방청장에게 위임한 사항 중 고층건축물에 설치해야 하는 소방시설 등의 성능기준을 규정함을 목적으로 한다.

제2조(적용범위)

이 기준은 「소방시설 설치 및 관리에 관한 법률 시행령」(이하 "영"이라 한다) 제11조제1항에 따라 「건축법」 제2조제1항제19호에 따른 고층건축물과 「초고층 및 지하연계 복합건축물 재난관리에 관한 특별법 시행령」 제14조제2항에 따른 피난안전구역에 설치해야 하는 소방시설 등의 설치 및 관리에 대해 적용한다.

제3조(정의)

① 이 기준에서 사용하는 용어의 정의는 다음과 같다.
   1. "고층건축물"이란 「건축법」 제2조제1항제19호 규정에 따른 건축물을 말한다.
   2. "급수배관"이란 수원 또는 옥외송수구로부터 소화설비에 급수하는 배관을 말한다.
② 이 기준에서 사용하는 용어는 제1항에서 규정한 것을 제외하고는 관계법령 및 개별 성능기준에서 정하는 바에 따른다.

제4조(다른 화재안전성능기준과의 관계)

고층건축물에 설치하는 소방시설 등의 설치 및 관리기준 중 이 기준에서 규정하지 않은 것은 개별 화재안전성능기준에 따른다.

제5조(옥내소화전설비)

① 수원은 그 저수량이 옥내소화전의 설치개수가 가장 많은 층의 설치개수(다섯 개 이상 설치된 경우에는 다섯 개)를 동시에 사용할 수 있는 양 이상이 되도록 해야 한다.

② 수원은 제1항에 따라 산출된 유효수량 외에 유효수량의 3분의 1 이상을 옥상(옥내소화전설비가 설치된 건축물의 주된 옥상을 말한다. 이하 같다)에 설치해야 한다.

③ 전동기 또는 내연기관에 의한 펌프를 이용하는 가압송수장치는 옥내소화전설비 전용으로 설치해야 하며, 주펌프와 동등 이상의 성능이 있는 별도의 펌프로서 내연기관의 기동과 연동하여 작동되거나 비상전원을 연결한 예비펌프를 추가로 설치해야 한다.

④ 내연기관의 연료량은 펌프를 40분(50층 이상인 건축물의 경우에는 60분) 이상 운전할 수 있는 용량일 것

⑤ 급수배관은 전용으로 해야 한다.

⑥ 50층 이상인 건축물의 옥내소화전 주배관 중 수직배관은 두 개 이상(주배관 성능을 갖는 동일 호칭배관)으로 설치해야 하며, 하나의 수직배관의 파손 등 작동 불능 시에도 다른 수직배관으로부터 소화용수가 공급되도록 구성해야 한다.

⑦ 비상전원은 자가발전설비, 축전지설비 또는 전기저장장치로서 옥내소화전설비를 유효하게 40분(50층 이상인 건축물의 경우에는 60분) 이상 작동할 수 있어야 한다.

제6조(스프링클러설비)

① 수원은 스프링클러설비 설치장소별 스프링클러헤드의 기준개수에 3.2세제곱미터(50층 이상인 건축물의 경우에는 4.8세제곱미터)를 곱한 양 이상이 되도록 해야 한다.

② 수원은 제1항에 따라 산출된 유효수량 외에 유효수량의 3분의 1 이상을 옥상(옥내소화전설비가 설치된 건축물의 주된 옥상을 말한다. 이하 같다)에 설치해야 한다.

③ 전동기 또는 내연기관에 의한 펌프를 이용하는 가압송수장치는 스프링클러설비 전용으로 설치해야 하며, 주펌프와 동등 이상의 성능이 있는 별도의 펌프로서 내연기관의 기동과 연동하여 작동되거나 비상전원을 연결한 예비펌프를 추가로 설치해야 한다.

④ 내연기관의 연료량은 펌프를 40분(50층 이상인 건축물의 경우에는 60분) 이상 운전할 수 있는 용량일 것

⑤ 급수배관은 전용으로 설치해야 한다.

⑥ 50층 이상인 건축물의 스프링클러설비 주배관 중 수직배관은 2개 이상(주배관 성능을 갖는 동일 호칭배관)으로 설치하고, 하나의 수직배관이 파손 등 작동 불능 시에도 다른 수직배관으로부터 소화수가 공급되도록 구성해야 하며, 각각의 수직배관에 유수검지장치를 설치해야 한다.

⑦ 50층 이상인 건축물의 스프링클러 헤드에는 2개 이상의 가지배관으로부터 양방향에서 소화수가 공급되도록 하고, 수리계산에 의한 설계를 해야 한다.

⑧ 스프링클러설비의 음향장치는 「스프링클러설비의 화재안전성능기준(NFPC 103)」 제9조에 따라 설치하되, 발화층에 따라 경보하는 층을 달리하여 경보를 발할 수 있도록 해야 한다.

⑨ 비상전원은 자가발전설비, 축전지설비 또는 전기저장장치로서 스프링클러설비를 유효하게 40분(50층 이상인 건축물의 경우에는 60분) 이상 작동할 수 있어야 한다.

제7조(비상방송설비)

① 비상방송설비의 음향장치는 발화층에 따라 경보하는 층을 달리하여 경보를 발할 수 있도록 해야 한다.

② 비상방송설비에는 그 설비에 대한 감시상태를 60분간 지속한 후 유효하게 30분 이상 경보할 수 있는 축전지설비 또는 전기저장장치를 설치해야 한다.

제8조(자동화재탐지설비)

① 감지기는 아날로그방식의 감지기로서 감지기의 작동 및 설치지점을 수신기에서 확인할 수 있는 것으로 설치해야 한다.

② 자동화재탐지설비의 음향장치는 발화층에 따라 경보하는 층을 달리하여 경보를 발할 수 있도록 해야 한다.

③ 50층 이상인 건축물에 설치하는 수신기, 중계기 및 감지기 사이의 통신·신호배선은 이중배선을 설치하도록 하고 단선 시에도 고장표시가 되며 정상 작동할 수 있는 성능을 갖도록 설비를 해야 한다.

④ 자동화재탐지설비에는 그 설비에 대한 감시상태를 60분간 지속한 후 유효하게 30분 이상 경보할 수 있는 축전지설비 또는 전기저장장치를 설치해야 한다.

제9조(특별피난계단의 계단실 및 부속실 제연설비)

특별피난계단의 계단실 및 그 부속실 제연설비는 「특별피난계단의 계단실 및 부속실 제연설비의 화재안전성능기준(NFPC 501A)」에 따라 설치하되, **비상전원은 자가발전설비, 축전지설비 또는 전기저장장치로 하고 제연설비를 유효하게 40분(50층 이상인 건축물의 경우에는 60분) 이상 작동할 수 있도록 해야 한다.**

제10조(피난안전구역의 소방시설)

「초고층 및 지하연계 복합건축물 재난관리에 관한 특별법 시행령」제14조제2항에 따라 피난안전구역에 설치하는 소방시설의 설치기준은 다음 각 호와 같으며, 이 기준에서 정하지 않은 것은 개별 화재안전성능기준에 따라 설치해야 한다.

1. 제연설비의 피난안전구역과 비 제연구역간의 차압은 50파스칼(옥내에 스프링클러설비가 설치된 경우에는 12.5파스칼) 이상으로 할 것

2. 피난유도선은 다음 각 목의 기준에 따라 설치할 것
   가. 피난안전구역이 설치된 층의 계단실 출입구에서 피난안전구역의 주 출입구 또는 비상구까지 설치할 것

　　나. 계단실에 설치하는 경우 계단 및 계단참에 설치할 것

　　다. 피난유도 표시부의 너비는 최소 25밀리미터 이상으로 설치할 것

　　라. 광원점등방식(전류에 의하여 빛을 내는 방식)으로 설치하되, 60분 이상 유효하게 작동할 것

3. 비상조명등은 상시 조명이 소등된 상태에서 그 비상조명등이 점등되는 경우 각 부분의 바닥에서 조도는 10럭스 이상이 될 수 있도록 설치할 것

4. 휴대용비상조명등은 다음 각 목의 기준에 따라 설치할 것

　　가. 초고층 건축물에 설치된 피난안전구역에 설치하는 휴대용비상조명등의 수량은 피난안전구역 위층의 재실자수(「건축물의 피난·방화구조 등의 기준에 관한 규칙」 별표 1의2에 따라 산정된 재실자 수를 말한다)의 10분의 1 이상에 해당하는 수량을 비치할 것

　　나. 지하연계 복합건축물에 설치된 피난안전구역에 설치하는 휴대용비상조명등의 수량은 피난안전구역이 설치된 층의 수용인원(영 별표 7에 따라 산정된 수용인원을 말한다)의 10분의 1 이상으로 할 것

　　다. 건전지 및 충전식 건전지의 용량은 40분(피난안전구역이 50층 이상에 설치되어 있을 경우 60분) 이상 유효하게 사용할 수 있는 것으로 할 것

5. 인명구조기구는 다음 각 목의 기준에 따라 설치할 것

　　가. 방열복, 인공소생기를 각 두 개 이상 비치할 것

　　나. 45분 이상 사용할 수 있는 성능의 공기호흡기(보조마스크를 포함한다)를 두 개 이상 비치할 것. 다만, 피난안전구역이 50층 이상에 설치되어 있을 경우에는 동일한 성능의 예비용기를 10개 이상 비치할 것

　　다. 화재 시 쉽게 반출할 수 있는 곳에 비치할 것

　　라. 인명구조기구가 설치된 장소의 보기 쉬운 곳에 "인명구조기구"라는 표지판 등을 설치할 것

제11조(연결송수관설비)

① 연결송수관설비의 배관은 전용으로 한다.

② 내연기관의 연료량은 펌프를 40분(50층 이상인 건축물의 경우에는 60분) 이상 운전할 수 있는 용량일 것

③ 연결송수관설비의 비상전원은 자가발전설비, 축전지설비 또는 전기저장장치로서 연결송수관설비를 유효하게 40분(50층 이상인 건축물의 경우에는 60분) 이상 작동할 수 있어야 한다.

지하구의 화재안전성능기준(NFPC 605)

[시행 2022. 12. 1.] [소방청고시 제2022-66호, 2022. 11. 25., 전부개정]

제1조(목적)

이 기준은 「소방시설 설치 및 관리에 관한 법률」(이하 "법"이라 한다) 제2조제1항제6호가목에 따라 소방청장에게 위임한 사항 중 지하구에 설치해야 하는 소방시설 등의 성능기준을 규정함을 목적으로 한다.

제2조(적용범위)

이 기준은 「소방시설 설치 및 관리에 관한 법률 시행령」(이하 "영"이라 한다) 제11조제1항에 따라 지하구에 설치해야 하는 소방시설 등의 설치 및 관리에 대해 적용한다.

제3조(정의)

① 이 기준에서 사용하는 용어의 정의는 다음과 같다.

1. "지하구"란 영 별표2 제28호에서 규정한 지하구를 말한다.
2. "제어반"이란 설비, 장치 등의 조작과 확인을 위해 제어용 계기류, 스위치 등을 금속제 외함에 수납한 것을 말한다.
3. "분전반"이란 분기개폐기·분기과전류차단기와 그밖에 배선용기기 및 배선을 금속제 외함에 수납한 것을 말한다.
4. "방화벽"이란 화재 시 발생한 열, 연기 등의 확산을 방지하기 위하여 설치하는 벽을 말한다.
5. "분기구"란 전기, 통신, 상하수도, 난방 등의 공급시설의 일부를 분기하기 위하여 지하구의 단면 또는 형태를 변화시키는 부분을 말한다.
6. "환기구"란 지하구의 온도, 습도의 조절 및 유해가스를 배출하기 위해 설치되는 것으로 자연환기구와 강제환기구로 구분된다.
7. "작업구"란 지하구의 유지관리를 위하여 자재, 기계기구의 반·출입 및 작업자의 출입을 위하여 만들어진 출입구를 말한다.
8. "케이블접속부"란 케이블이 지하구 내에 포설되면서 발생하는 직선 접속 부분을 전용의 접속재로 접속한 부분을 말한다.
9. "특고압 케이블"이란 사용전압이 7,000볼트를 초과하는 전로에 사용하는 케이블을 말한다.
10. "분기배관"이란 배관 측면에 구멍을 뚫어 둘 이상의 관로가 생기도록 가공한 배관으로서 다음 각 목의 분기배관을 말한다.

가. 확관형 분기배관"이란 배관의 측면에 조그만 구멍을 뚫고 소성가공으로 확관시켜 배관 용접이음자리를 만들거나 배관 용접이음자리에 배관이음쇠를 용접 이음한 배관을 말한다.

나. "비확관형 분기배관"이란 배관의 측면에 분기호칭내경 이상의 구멍을 뚫고 배관이음쇠를 용접 이음한 배관을 말한다.

② 이 기준에서 사용하는 용어는 제1항에서 규정한 것을 제외하고는 관계법령 및 개별 성능기준에서 정하는 바에 따른다.

제4조(다른 화재안전성능기준과의 관계)

지하구에 설치하는 소방시설 등의 설치 및 관리기준 중 이 기준에서 규정하지 않은 것은 개별 화재안전성능기준에 따른다.

제5조(소화기구 및 자동소화장치)

① 소화기구는 다음 각 호의 기준에 따라 설치해야 한다.

1. 소화기의 능력단위(「소화기구 및 자동소화장치의 화재안전성능기준(NFPC 101)」제3조제6호에 따른 수치를 말한다. 이하 같다)는 **A급 화재는 개당 3단위 이상, B급 화재는 개당 5단위 이상 및 C급 화재에 적응성이 있는 것**으로 할 것

2. 소화기 한 대의 총중량은 사용 및 운반의 편리성을 고려하여 7킬로그램 이하로 할 것

3. **소화기는 사람이 출입할 수 있는 출입구(환기구, 작업구를 포함한다) 부근에 5개 이상** 설치할 것

4. 소화기는 **바닥면으로부터 1.5미터 이하**의 높이에 설치할 것

5. 소화기의 상부에 "소화기"라고 표시한 조명식 또는 반사식의 표지판을 부착하여 사용자가 쉽게 알 수 있도록 할 것

② 지하구 내 발전실 · 변전실 · 송전실 · 변압기실 · 배전반실 · 통신기기실 · 전산기기실 · 기타 이와 유사한 시설이 있는 장소 중 바닥면적이 300제곱미터 미만인 곳에는 유효설치 방호체적 이내의 가스 · 분말 · 고체에어로졸 · 캐비닛형 자동소화장치를 설치해야 한다.

③ 제어반 또는 분전반마다 가스 · 분말 · 고체에어로졸 자동소화장치 또는 유효설치 방호체적 이내의 소공간용 소화용구를 설치해야 한다.

④ 케이블접속부(절연유를 포함한 접속부에 한한다)마다 가스 · 분말 · 고체에어로졸 자동소화장치 또는 케이블 화재에 적응성이 있다고 인정된 자동소화장치를 설치하되 소화성능이 확보될 수 있도록 방호공간을 구획하는 등 유효한 조치를 해야 한다.

제6조(자동화재탐지설비)

① 감지기는 다음 각 호에 따라 설치해야 한다.

1. 「자동화재탐지설비 및 시각경보장치의 화재안전성능기준(NFPC 203)」 제7조제1항 각 호의 감지기 중 **먼지 · 습기 등의 영향을 받지 않고 발화지점(1미터 단위)과 온도를 확인할 수 있는 것을 설치**할 것.

2. **지하구 천장의 중심부에 설치하되 감지기와 천장 중심부 하단과의 수직거리는 30센티미터 이내**로 할 것. 다만, 형식승인 내용에 설치방법이 규정되어 있거나, 중앙기술심의위원회의 심의를 거쳐 제조사 시방서에 따른 설치방법이 지하구 화재에 적합하다고 인정되는 경우에는 형식승인 내용 또는 심의결과에 의한 제조사 시방서에 따라 설치할 수 있다.

3. 발화지점이 지하구의 실제거리와 일치하도록 수신기 등에 표시할 것.

4. 공동구 내부에 상수도용 또는 냉 · 난방용 설비만 존재하는 부분은 감지기를 설치하지 않을 수 있다.

② 발신기, 지구음향장치 및 시각경보기는 설치하지 않을 수 있다.

제7조(유도등)

사람이 출입할 수 있는 출입구(환기구, 작업구를 포함한다)에는 해당 지하구의 환경에 적합한 크기의 피난구유도등을 설치해야 한다.

제8조(연소방지설비)

① 연소방지설비의 배관은 다음 각 호의 기준에 따라 설치해야 한다.

1. 배관용 탄소 강관(KS D 3507) 또는 압력 배관용 탄소 강관(KS D 3562)이나 이와 같은 수준 이상의 강도 · 내부식성 및 내열성을 가진 것으로 할 것

2. 급수배관(송수구로부터 연소방지설비 헤드에 급수하는 배관을 말한다. 이하 같다)은 전용으로 할 것

3. 배관의 구경은 다음 각 목의 기준에 적합한 것이어야 한다.

   가. 연소방지설비전용헤드를 사용하는 경우에는 다음 표에 따른 구경 이상으로 할 것

하나의 배관에 부착하는 살수헤드의 개수	1개	2개	3개	4개 또는 5개	6개 이상
배관의 구경(mm)	32	40	50	65	80

   나. 개방형 스프링클러헤드를 사용하는 경우에는 「스프링클러설비의 화재안전성능기준(NFPC 103)」 별표 1의 기준에 따를 것

4. 교차배관은 가지배관과 수평으로 설치하거나 또는 가지배관 밑에 설치하고, 그 구경은 제3호에 따르되, 최소구경은 40밀리미터 이상이 되도록 할 것
5. 배관에 설치되는 행거는 가지배관, 교차배관 및 수평주행배관에 설치하고, 배관을 충분히 지지할 수 있도록 설치할 것
6. 확관형 분기배관을 사용할 경우에는 소방청장이 정하여 고시한 「분기배관의 성능인증 및 제품검사의 기술기준」에 적합한 것으로 설치할 것

② **연소방지설비의 헤드**는 다음 각 호의 기준에 따라 설치해야 한다.

1. 천장 또는 벽면에 설치할 것
2. 헤드간의 수평거리는 연소방지설비 전용헤드의 경우에는 2미터 이하, 스프링클러헤드의 경우에는 1.5미터 이하로 할 것
3. 소방대원의 출입이 가능한 환기구·작업구마다 지하구의 양쪽방향으로 살수헤드를 설정하되, 한쪽 방향의 살수구역의 길이는 3미터 이상으로 할 것. 다만, 환기구 사이의 간격이 700미터를 초과할 경우에는 700미터 이내마다 살수구역을 설정하되, 지하구의 구조를 고려하여 방화벽을 설치한 경우에는 그렇지 않다.
4. 연소방지설비 전용헤드를 설치할 경우에는 「소화설비용헤드의 성능인증 및 제품검사의 기술기준」에 적합한 '살수헤드'를 설치할 것

③ 송수구는 다음 각 호의 기준에 따라 설치해야 한다.

1. 송수구는 송수 및 그 밖의 소화작업에 지장을 주지 않는 장소에 설치해야 한다.
2. 송수구는 구경 65밀리미터의 쌍구형으로 할 것
3. 송수구로부터 1미터 이내에 살수구역 안내표지를 설치할 것
4. 지면으로부터 높이가 0.5미터 이상 1미터 이하의 위치에 설치할 것
5. 송수구의 가까운 부분에 자동배수밸브(또는 직경 5밀리미터의 배수공)를 설치할 것. 이 경우 자동배수밸브는 배관안의 물이 잘 빠질 수 있는 위치에 설치하되, 배수로 인하여 다른 물건 또는 장소에 피해를 주지 않아야 한다.
6. 송수구로부터 주배관에 이르는 연결배관에는 개폐밸브를 설치하지 않을 것
7. 송수구에는 이물질을 막기 위한 마개를 씌어야 한다.

제9조(연소방지재)

지하구 내에 설치하는 케이블·전선 등에는 다음 각 호의 기준에 따라 연소방지재를 설치해야 한다.

1. 연소방지재는 한국산업표준(KS C IEC 60332-3-24)에서 정한 난연성능 이상의 제품을 사용하되 다음 각 목의 기준을 충족해야 한다.
   가. 시험에 사용되는 연소방지재는 시료(케이블 등)의 아래쪽(점화원으로부터 가까운 쪽)으로부터 30센티미터 지점부터 부착 또는 설치되어야 한다.
   나. 시험에 사용되는 시료(케이블 등)의 단면적은 325제곱밀리미터로 한다.
   다. 시험성적서의 유효기간은 발급 후 3년으로 한다.
2. 연소방지재는 다음 각 목에 해당하는 부분에 제1호와 관련된 시험성적서에 명시된 방식으로 시험성적서에 명시된 길이 이상으로 설치하되, **연소방지재 간의 설치 간격은 350미터**를 넘지 않도록 해야 한다.

> 가. 분기구
> 나. 지하구의 인입부 또는 인출부
> 다. 절연유 순환펌프 등이 설치된 부분
> 라. 기타 화재발생 위험이 우려되는 부분

제10조(방화벽)

방화벽은 다음 각 호에 따라 설치한다.

> 1. 내화구조로서 홀로 설 수 있는 구조일 것
> 2. 방화벽의 출입문은 「건축법 시행령」 제64조에 따른 방화문으로서 60분+ 방화문 또는 60분 방화문으로 설치하고, 항상 닫힌 상태를 유지하거나 자동폐쇄장치에 의하여 화재신호를 받으면 자동으로 닫히는 구조로 해야 한다.
> 3. 방화벽을 관통하는 케이블·전선 등에는 국토교통부 고시(내화구조의 인정 및 관리기준)에 따라 내화충전 구조로 마감할 것
> 4. 방화벽은 분기구 및 국사·변전소 등의 건축물과 지하구가 연결되는 부위(건축물로부터 20미터 이내)에 설치할 것
> 5. 자동폐쇄장치를 사용하는 경우에는 「자동폐쇄장치의 성능인증 및 제품검사의 기술기준」에 적합한 것으로 설치할 것

제11조(무선통신보조설비)

무선통신보조설비의 옥외안테나는 방재실 인근과 공동구의 입구 및 연소방지설비의 송수구가 설치된 장소(지상)에 설치해야 한다.

제12조(통합감시시설)

통합감시시설은 소방관서와 지하구의 통제실 간에 화재 등 소화활동과 관련된 정보를 상시 교환할 수 있는 정보통신망을 구축해야 한다.

제13조(기존 지하구에 대한 특례)

법 제13조에 따라 기존 지하구에 설치하는 소방시설 등에 대해 강화된 기준을 적용하는 경우에는 다음 각 호의 설치 · 관리 관련 특례를 적용한다.

1. 특고압 케이블이 포설된 송 · 배전 전용의 지하구(공동구를 제외한다)에는 온도 확인 기능 없이 최대 700미터의 경계구역을 설정하여 발화지점(1미터 단위)을 확인할 수 있는 감지기를 설치할 수 있다.
2. 소방본부장 또는 소방서장은 이 기준이 정하는 기준에 따라 해당 건축물에 설치해야 할 소방시설 등의 공사가 현저하게 곤란하다고 인정되는 경우에는 해당 설비의 기능 및 사용에 지장이 없는 범위 안에서 소방시설 등의 화재안전성능기준의 일부를 적용하지 않을 수 있다.

◉ 소방시설관리사 기출문제

[23회 점검] 2) 지하구의 화재안전성능기준(NFPC 605)상 방화벽 설치기준을 쓰시오.(5점)

건설현장의 화재안전성능기준(NFPC 606)

[시행 2023. 7. 1.] [소방청고시 제2023-23호, 2023. 6. 28., 전부개정.]

제1조(목적)

이 고시는 「소방시설 설치 및 관리에 관한 법률」 제15조제4항에 따른 임시소방시설의 설치 및 관리 기준과 「소방시설 설치 및 관리에 관한 법률 시행령」 별표 8 제1호에 따른 임시소방시설의 성능을 정하고, 「화재의 예방 및 안전관리에 관한 법률」 제29조제2항제7호에 따라 소방안전관리자의 업무를 규정함을 목적으로 한다.

제2조(정의) 이 고시에서 사용하는 용어의 정의는 다음과 같다.

1. "임시소방시설"이란 「소방시설 설치 및 관리에 관한 법률」 제15조제1항에 따른 설치 및 철거가 쉬운 화재대비시설을 말한다.
2. "소화기"란 「소화기구 및 자동소화장치의 화재안전성능기준(NFPC101)」 제3조제2호에서 정의하는 소화기를 말한다.
3. "간이소화장치"란 건설현장에서 화재발생 시 신속한 화재 진압이 가능하도록 물을 방수하는 형태의 소화장치를 말한다.
4. "비상경보장치"란 발신기, 경종, 표시등 및 시각경보장치가 결합된 형태의 것으로서 화재위험작업 공간 등에서 수동조작에 의해서 화재경보상황을 알려줄 수 있는 비상벨 장치를 말한다.
5. "가스누설경보기"란 건설현장에서 발생하는 가연성가스를 탐지하여 경보하는 장치를 말한다.
6. "간이피난유도선"이란 화재발생 시 작업자의 피난을 유도할 수 있는 케이블형태의 장치를 말한다.
7. "비상조명등"이란 화재발생 시 안전하고 원활한 피난활동을 할 수 있도록 계단실 내부에 설치되어 자동 점등되는 조명등을 말한다.
8. "방화포"란 건설현장 내 용접·용단 등의 작업 시 발생하는 금속성 불티로부터 가연물이 점화되는 것을 방지해주는 차단막을 말한다.

제3조(적용범위)

이 고시는 「소방시설 설치 및 관리에 관한 법률 시행령」 (이하 "영"이라 한다) 제18조제2항 별표 8 제1호에 따른 임시소방시설의 설치 및 관리에 대해 적용한다.

제4조(다른 화재안전성능기준과의 관계)

건설현장의 임시소방시설 설치 및 관리와 관련하여 이 기준에서 정하지 않은 사항은 개별 화재안전성능기준을 따른다.

제5조(소화기의 성능 및 설치기준)

소화기의 성능 및 설치기준은 다음 각 호와 같다.

1. 소화기의 소화약제는 「소화기구 및 자동소화장치의 화재안전성능기준(NFPC101)」 제4조제1호에 따른 적응성이 있는 것을 설치해야 한다.
2. 각 층 계단실마다 계단실 출입구 부근에 능력단위 3단위 이상인 소화기 2개 이상을 설치하고, 영 제18조제1항에 해당하는 작업을 하는 경우 작업종료 시까지 작업지점으로부터 5 미터 이내의 쉽게 보이는 장소에 능력단위 3단위 이상인 소화기 2개 이상과 대형소화기 1개 이상을 추가 배치해야 한다.
3. "소화기"라고 표시한 축광식 표지를 소화기 설치장소 보기 쉬운 곳에 부착하여야 한다.

제6조(간이소화장치의 성능 및 설치기준)

간이소화장치의 성능 및 설치기준은 다음 각 호와 같다.

1. 20분 이상의 소화수를 공급할 수 있는 수원을 확보해야 한다.
2. 소화수의 방수압력은 0.1 메가파스칼 이상, 방수량은 분당 65 리터 이상이어야 한다.
3. 영 제18조제1항에 해당하는 작업을 하는 경우 작업종료 시까지 작업지점으로부터 25 미터 이내에 배치하여 즉시 사용이 가능하도록 해야 한다.
4. 간이소화장치는 소방청장이 정하여 고시한 「간이소화장치의 성능인증 및 제품검사의 기술기준」에 적합한 것으로 해야 한다.
5. 영 제18조제2항 별표 8 제3호가목에 따라 당해 특정소방대상물에 설치되는 다음 각 목의 소방시설을 사용승인 전이라도 「소방시설공사업법」 제14조에 따른 완공검사(이하 "완공검사"라 한다)를 받아 사용할 수 있게 된 경우 간이소화장치를 배치하지 않을 수 있다.
   가. 옥내소화전설비
   나. 연결송수관설비와 연결송수관설비의 방수구 인근에 대형소화기를 6개 이상 배치한 경우

제7조(비상경보장치의 성능 및 설치기준)

비상경보장치의 성능 및 설치기준은 다음 각 호와 같다.

1. 피난층 또는 지상으로 통하는 각 층 직통계단의 출입구마다 설치해야 한다.
2. 발신기를 누를 경우 해당 발신기와 결합된 경종이 작동해야 한다. 이 경우 다른 장소에 설치된 경종도 함께 연동하여 작동되도록 설치할 수 있다.
3. 경종의 음량은 부착된 음향장치의 중심으로부터 1미터 떨어진 위치에서 100데시벨 이상이 되는 것으로 설치해야 한다.
4. 발신기의 위치표시등은 함의 상부에 설치하되, 그 불빛은 부착 면으로부터 15도 이상의 범위 안에서 부착지점으로부터 10미터 이내의 어느 곳에서도 쉽게 식별할 수 있는 적색등으로 할 것
5. 시각경보장치는 발신기함 상부에 위치하도록 설치하되 바닥으로부터 2미터 이상 2.5미터 이하의 높이에 설치하여 건설현장의 각 부분에 유효하게 경보할 수 있도록 할 것
6. 발신기와 경종은 각각 「발신기의 형식승인 및 제품검사의 기술기준」과 「경종의 형식승인 및 제품검사의 기술기준」에 적합한 것으로, 표시등은 「표시등의 성능인증 및 제품검사의 기술기준」에 적합한 것으로 설치해야 한다.
7. "비상경보장치"라고 표시한 표지를 비상경보장치 상단에 부착해야 한다.
8. 비상경보장치를 20분 이상 유효하게 작동시킬 수 있는 비상전원을 확보해야 한다.
9. 영 제18조제2항 별표 8 제3호나목에 따라 당해 특정소방대상물에 설치되는 자동화재탐지설비 또는 비상방송설비를 사용승인 전이라도 완공검사를 받아 사용할 수 있게 된 경우 비상경보장치를 설치하지 않을 수 있다.

제8조(가스누설경보기의 성능 및 설치기준)

가스누설경보기의 성능 및 설치기준은 다음 각 호와 같다.

1. 영 제18조제1항제1호에 따른 가연성가스를 발생시키는 작업을 하는 지하층 또는 무창층 내부(내부에 구획된 실이 있는 경우에는 구획실마다)에 가연성가스를 발생시키는 작업을 하는 부분으로부터 수평거리 10미터 이내에 바닥으로부터 탐지부 상단까지의 거리가 0.3미터 이하인 위치에 설치해야 한다.
2. 가스누설경보기는 소방청장이 정하여 고시한 「가스누설경보기의 형식승인 및 제품검사의 기술기준」에 적합한 것으로 설치해야 한다.

제9조(간이피난유도선의 성능 및 설치기준)

간이피난유도선의 성능 및 설치기준은 다음 각 호와 같다.

1. 영 제18조제2항 별표 8 제2호마목에 따른 지하층이나 무창층에는 간이피난유도선을 녹색 계열의 광원점등방식으로 해당 층의 직통계단마다 계단의 출입구로부터 건물 내부로 10 미터 이상의 길이로 설치해야 한다.
2. 바닥으로부터 1 미터 이하의 높이에 설치하고, 피난유도선이 점멸하거나 화살표로 표시하는 등의 방법으로 작업장의 어느 위치에서도 피난유도선을 통해 출입구로의 피난방향을 알 수 있도록 해야 한다.
3. 층 내부에 구획된 실이 있는 경우에는 구획된 각 실로부터 가장 가까운 직통계단의 출입구까지 연속하여 설치해야 한다.
4. 공사 중에는 상시 점등되도록 하고, 간이피난유도선을 20분 이상 유효하게 작동시킬 수 있는 비상전원을 확보해야 한다.
5. 영 제18조제2항 별표 8 제3호다목에 따라 당해 특정소방대상물에 설치되는 피난유도선, 피난구유도등, 통로유도등 또는 비상조명등을 사용승인 전이라도 완공검사를 받아 사용할 수 있게 된 경우 간이피난유도선을 설치하지 않을 수 있다.

제10조(비상조명등의 성능 및 설치기준)

비상조명등의 성능 및 설치기준은 다음 각 호와 같다.

1. 영 제18조제2항 별표 8 제2호바목에 따른 지하층이나 무창층에서 피난층 또는 지상으로 통하는 직통계단의 계단실 내부에 각 층마다 설치해야 한다.
2. 비상조명등이 설치된 장소의 조도는 각 부분의 바닥에서 1 럭스 이상이 되도록 해야 한다.
3. 비상조명등을 20분(지하층과 지상 11층 이상의 층은 60분) 이상 유효하게 작동시킬 수 있는 비상전원을 확보해야 한다.
4. 비상경보장치가 작동할 경우 연동하여 점등되는 구조로 설치해야 한다.
5. 비상조명등은 소방청장이 정하여 고시한 「비상조명등의 형식승인 및 제품검사의 기술기준」에 적합한 것으로 해야 한다.

제11조(방화포의 성능 및 설치기준) 방화포의 성능 및 설치기준은 다음 각 호와 같다.

1. 용접·용단 작업 시 11 미터 이내에 가연물이 있는 경우 해당 가연물을 방화포로 보호하여야 한다. 다만, 「산업안전보건기준에 관한 규칙」 제241조제2항제4호에 따른 비산방지조치를 한 경우에는 방화포를 설치하지 않을 수 있다.

2. 소방청장이 정하여 고시한 「방화포의 성능인증 및 제품검사의 기술기준」에 적합한 것으로 설치해야 한다.

제12조(소방안전관리자의 업무) 건설현장에 배치되는 소방안전관리자는 다음 각 호의 업무를 수행해야 한다.

1. 방수 · 도장 · 우레탄폼 성형 등 가연성가스 발생 작업과 용접 · 용단 및 불꽃이 발생하는 작업이 동시에 이루어지지 않도록 수시로 확인해야 한다.
2. 가연성가스가 발생되는 작업을 할 경우에는 사전에 가스누설경보기의 정상작동 여부를 확인하고, 작업 중 또는 작업 후 가연성가스가 체류되지 않도록 충분한 환기조치를 실시해야 한다.
3. 용접 · 용단 작업을 할 경우에는 성능인증 받은 방화포가 설치기준에 따라 적정하게 도포되어 있는지 확인해야 한다.
4. 위험물 등이 있는 장소에서 화기 등을 취급하는 작업이 이루어지지 않도록 확인해야 한다.

제13조(설치 · 유지기준의 특례)

소방본부장 또는 소방서장은 기존건축물의 증축 · 개축 · 대수선이나 용도변경으로 인해 이 기준에 따른 임시소방시설의 설치가 현저하게 곤란하다고 인정되는 경우에는 해당 임시소방시설의 기능 및 사용에 지장이 없는 범위 안에서 이 기준의 일부를 적용하지 않을 수 있다.

전기저장시설의 화재안전성능기준(NFPC 607)

[시행 2022. 12. 1.] [소방청고시 제2022-68호, 2022. 11. 25., 전부개정]

제1조(목적)

이 기준은 「소방시설 설치 및 관리에 관한 법률」(이하 "법"이라 한다) 제2조제1항제6호가목에 따라 소방청장에게 위임한 사항 중 전기저장시설에 설치해야 하는 소방시설 등의 성능기준을 규정함을 목적으로 한다.

제2조(적용범위)

이 기준은 「소방시설 설치 및 관리에 관한 법률 시행령」(이하 "영"이라 한다) 제11조제1항에 따라 전기저장시설에 설치해야 하는 소방시설 등의 설치 및 관리에 대해 적용한다.

제3조(정의)

이 기준에서 사용하는 용어의 정의는 다음과 같다.

1. "전기저장장치"란 생산된 전기를 전력 계통에 저장했다가 전기가 가장 필요한 시기에 공급해 에너지 효율을 높이는 것으로 배터리(이차전지에 한정한다. 이하 같다), 배터리 관리 시스템, 전력 변환 장치 및 에너지 관리 시스템 등으로 구성되어 발전·송배전·일반 건축물에서 목적에 따라 단계별 저장이 가능한 장치를 말한다.

2. "옥외형 전기저장장치 설비"란 컨테이너, 패널 등 전기저장장치 설비 전용 건축물의 형태로 옥외의 구획된 실에 설치된 전기저장장치를 말한다.

3. "옥내형 전기저장장치 설비"란 전기저장장치 설비 전용 건축물이 아닌 건축물의 내부에 설치되는 전기저장장치로 '옥외형 전기저장장치 설비'가 아닌 설비를 말한다.

4. "배터리실"이란 전기저장장치 중 배터리를 보관하기 위해 별도로 구획된 실을 말한다.

5. "더블인터락(Double-Interlock) 방식"이란 준비작동식스프링클러설비의 작동방식 중 화재감지기와 스프링클러헤드가 모두 작동되는 경우 준비작동식유수검지장치가 개방되는 방식을 말한다.

제4조(다른 화재안전성능기준과의 관계)

전기저장시설에 설치하는 소방시설 등의 설치 및 관리기준 중 이 기준에서 규정하지 않은 것은 개별 화재안전성능기준에 따른다.

제5조(소화기)

소화기는 부속용도별로 소화기의 능력단위를 고려하여 구획된 실마다 추가하여 설치해야 한다.

제6조(스프링클러설비)

스프링클러설비는 다음 각 호의 기준에 따라 설치해야 한다.

1. 스프링클러설비는 습식스프링클러설비 또는 준비작동식스프링클러설비(신속한 작동을 위해 '더블인터락' 방식은 제외한다)로 설치할 것
2. 전기저장장치가 설치된 실의 바닥면적(바닥면적이 230제곱미터 이상인 경우에는 230 제곱미터) 1제곱미터에 분당 12.2리터 이상의 수량을 균일하게 30분 이상 방수할 수 있도록 할 것
3. 스프링클러헤드의 방수로 인해 인접 헤드에 미치는 영향을 최소화하기 위하여 스프링클러헤드 사이의 간격을 1.8미터 이상 유지할 것. 이 경우 헤드 사이의 최대 간격은 스프링클러설비의 소화성능에 영향을 미치지 않는 간격 이내로 해야 한다.
4. 준비작동식스프링클러설비를 설치할 경우 제8조제2항에 따른 감지기를 설치할 것
5. 스프링클러설비를 유효하게 일정 시간 이상 작동할 수 있는 비상전원을 갖출 것
6. 준비작동식스프링클러설비의 경우 전기저장장치의 출입구 부근에 수동식기동장치를 설치할 것
7. 소방자동차로부터 전기저장장치 설비에 송수할 수 있는 송수구를 「스프링클러설비의 화재안전성능기준(NFPC 103)」 제11조에 따라 설치할 것

제7조(배터리용 소화장치)

다음 각 호의 어느 하나에 해당하는 경우에는 제6조에도 불구하고 중앙소방기술심의위원회의 심의를 거쳐 소방청장이 인정하는 시험방법으로 제13조제2항에 따른 시험기관에서 전기저장장치에 대한 소화성능을 인정받은 배터리용 소화장치를 설치할 수 있다.

1. 옥외형 전기저장장치 설비가 컨테이너 내부에 설치된 경우
2. 옥외형 전기저장장치 설비가 다른 건축물, 주차장, 공용도로, 적재된 가연물, 위험물 등으로부터 30미터 이상 떨어진 지역에 설치된 경우

제8조(자동화재탐지설비)

① 자동화재탐지설비는 「자동화재탐지설비 및 시각경보장치의 화재안전성능기준(NFPC 203)」에 따라 설치해야 한다.

② 화재감지기는 공기흡입형 감지기, 아날로그식 연기감지기 또는 중앙소방기술심의위원회의 심의를 통해 전기저장장치의 화재에 적응성이 있다고 인정된 감지기를 설치해야 한다.

제9조(자동화재속보설비)

자동화재속보설비는 「자동화재속보설비의 화재안전성능기준(NFPC 204)」에 따라 설치해야 한다.

제10조(배출설비)

배출설비는 화재감지기의 감지에 따라 작동하고, 바닥면적 1제곱미터에 시간당 18세제곱미터 이상의 용량을 배출할 수 있는 용량의 것으로 설치해야 한다.

제11조(설치장소)

전기저장장치는 소방대의 원활한 소방활동을 위해 지면으로부터 지상 22미터 이내, 지하 9미터 이내로 설치해야 한다.

제12조(방화구획)

전기저장장치 설치장소의 벽체, 바닥 및 천장은 「건축물의 피난 · 방화구조 등의 기준에 관한 규칙」에 따라 건축물의 다른 부분과 방화구획 해야 한다.

제13조(화재안전성능)

① 소방본부장 또는 소방서장은 중앙소방기술심의위원회의 심의를 거쳐 소방청장이 인정하는 시험방법에 따라 제2항에 따른 시험기관에서 화재안전 성능을 인정받은 경우에는 인정받은 성능 범위 안에서 제6조 및 제7조를 적용하지 않을 수 있다.

② 전기저장시설의 화재안전성능과 관련된 시험은 다음 각 호의 시험기관에서 수행할 수 있다.
  1. 한국소방산업기술원
  2. 한국화재보험협회 부설 방재시험연구원
  3. 제1항에 따른 소방청장이 인정하는 시험방법으로 화재안전 성능을 시험할 수 있는 비영리 국가 공인시험기관(「국가표준기본법」 제23조에 따라 한국인정기구로부터 시험기관으로 인정받은 기관을 말한다)

소방기술사 기출문제

[132회] 전기저장시설의 화재안전성능기준(NFPC 607)에서 규정하고 있는 스프링클러설비 설치기준에 대하여 설명하시오.

[129회] 에너지저장장치(ESS, Energy Storage System)를 의무적으로 설치해야하는대상, ESS 설비의 구성, 「전기저장시설의 화재안전성능기준」에서 규정하고 있는 배터리 용소화장치에 대하여 설명하시오.

공동주택의 화재안전성능기준(NFPC 608)

[시행 2024. 1. 1.] [소방청고시 제2023-40호, 2023. 10. 13., 제정.]

제1조(목적) 이 기준은 「소방시설 설치 및 관리에 관한 법률」 제12조제1항에 따라 소방청장에게 위임한 사항 중 공동주택에 설치해야 하는 소방시설 등의 설치 및 관리에 관하여 필요한 사항을 규정함을 목적으로 한다.

제2조(적용범위) 「소방시설 설치 및 관리에 관한 법률 시행령」(이하 "영"이라 한다) 제11조에 의한 소방시설을 설치해야 할 공동주택 중 아파트등 및 기숙사에 설치하는 소방시설 등은 이 기준에서 정하는 규정에 따라 설비를 설치하고 관리해야 한다.

제3조(정의) 이 기준에서 사용하는 용어의 정의는 다음과 같다.
1. "공동주택"이란 영 [별표2] 제1호에서 규정한 대상을 말한다.
2. "아파트등"이란 영 [별표2] 제1호 가목에서 규정한 대상을 말한다.
3. "기숙사"란 영 [별표2] 제1호 라목에서 규정한 대상을 말한다.
4. "갓복도식 공동주택"이란 「건축물의 피난·방화구조 등의 기준에 관한 규칙」 제9조제4항에서 규정한 대상을 말한다.
5. "주배관"이란 「스프링클러설비의 화재안전성능기준(NFPC 103)」 제3조제19호에서 규정한 것을 말한다.
6. "부속실"이란 「특별피난계단의 계단실 및 부속실 제연설비의 화재안전성능기준(NFPC 501A)」 제2조에서 규정한 부속실을 말한다.

제4조(다른 화재안전성능기준과의 관계) 공동주택에 설치하는 소방시설 등의 설치기준 중 이 기준에서 규정하지 아니한 소방시설 등의 설치기준은 개별 화재안전기준에 따라 설치해야 한다.

제5조(소화기구 및 자동소화장치) ① 소화기는 다음 각 호의 기준에 따라 설치해야 한다.

1. 바닥면적 **100제곱미터 마다 1단위 이상**의 능력단위를 기준으로 설치할 것
2. 아파트등의 경우 **각 세대 및 공용부(승강장, 복도 등)**마다 설치할 것
3. 아파트등의 세대 내에 설치된 보일러실이 방화구획되거나, 스프링클러설비·간이스프링클러설비·물분무등소화설비 중 하나가 설치된 경우에는 「소화기구 및 자동소화장치의 화재안전성능기준(NFPC 101)」 제4조제1항제3호를 적용하지 않을 수 있다.

4. 아파트등의 경우 「소화기구 및 자동소화장치의 화재안전성능기준(NFPC 101)」 제5조의 기준에 따른 소화기의 감소 규정을 적용하지 않을 것

② 주거용 주방자동소화장치는 아파트등의 주방에 열원(가스 또는 전기)의 종류에 적합한 것으로 설치하고, 열원을 차단할 수 있는 차단장치를 설치해야 한다.

제6조(옥내소화전설비) 옥내소화전설비는 다음 각 호의 기준에 따라 설치해야 한다.

1. 호스릴(hose reel) 방식으로 설치할 것
2. 복층형 구조인 경우에는 출입구가 없는 층에 방수구를 설치하지 아니할 수 있다.
3. 감시제어반 전용실은 피난층 또는 지하 1층에 설치할 것. 다만, 상시 사람이 근무하는 장소 또는 관계인이 쉽게 접근할 수 있고 관리가 용이한 장소에 감시제어반 전용실을 설치할 경우에는 지상 2층 또는 지하 2층에 설치할 수 있다.

제7조(스프링클러설비) 스프링클러설비는 다음 각 호의 기준에 따라 설치해야 한다.

1. 폐쇄형스프링클러헤드를 사용하는 아파트등은 기준개수 10개(스프링클러헤드의 설치개수가 가장 많은 세대에 설치된 스프링클러헤드의 개수가 기준개수보다 작은 경우에는 그 설치개수를 말한다)에 1.6세제곱미터를 곱한 양 이상의 수원이 확보되도록 할 것. 다만, 아파트등의 각 동이 주차장으로 서로 연결된 구조인 경우 해당 주차장 부분의 기준개수는 30개로 할 것
2. 아파트등의 경우 화장실 반자 내부에는 「소방용 합성수지배관의 성능인증 및 제품검사의 기술기준」에 적합한 소방용 합성수지배관으로 배관을 설치할 수 있다. 다만, 소방용 합성수지배관 내부에 항상 소화수가 채워진 상태를 유지할 것
3. 하나의 방호구역은 2개 층에 미치지 아니하도록 할 것. 다만, 복층형 구조의 공동주택에는 3개 층 이내로 할 수 있다.
4. 아파트등의 세대 내 스프링클러헤드를 설치하는 경우 천장·반자·천장과 반자 사이·덕트·선반등의 각 부분으로부터 하나의 스프링클러헤드까지의 **수평거리는 2.6미터 이하**로 할 것.
5. 외벽에 설치된 창문에서 0.6미터 이내에 스프링클러헤드를 배치하고, 배치된 헤드의 수평거리 이내에 창문이 모두 포함되도록 할 것. 다만, 다음 각 목의 어느 하나에 해당하는 경우에는 그렇지 않다.
   가. 창문에 드렌처설비가 설치된 경우
   나. 창문과 창문 사이의 수직부분이 내화구조로 90센티미터 이상 이격되어 있거나, 「발코니 등의 구조변경절차 및 설치기준」 제4조제1항부터 제5항까지에서 정하는 구조와 성능의 방화판 또는 방화유리창을 설치한 경우

다. 발코니가 설치된 부분

6. 거실에는 **조기반응형 스프링클러헤드**를 설치할 것.

7. 감시제어반 전용실은 피난층 또는 지하 1층에 설치할 것. 다만, 상시 사람이 근무하는 장소 또는 관계인이 쉽게 접근할 수 있고 관리가 용이한 장소에 감시제어반 전용실을 설치할 경우에는 지상 2층 또는 지하 2층에 설치할 수 있다.

8. 「건축법 시행령」 제46조제4항에 따라 설치된 대피공간에는 헤드를 설치하지 않을 수 있다.

9. 「스프링클러설비의 화재안전기술기준(NFTC 103)」 2.7.7.1 및 2.7.7.3의 기준에도 불구하고 **세대 내 실외기실 등 소규모 공간에서 해당 공간 여건상 헤드와 장애물 사이에 60센티미터 반경을 확보하지 못하거나 장애물 폭의 3배를 확보하지 못하는 경우에는 살수방해가 최소화되는 위치에 설치할 수 있다.**

제8조(물분무소화설비) 물분무소화설비의 감시제어반 전용실은 피난층 또는 지하 1층에 설치해야 한다. 다만, 상시 사람이 근무하는 장소 또는 관계인이 쉽게 접근할 수 있고 관리가 용이한 장소에 감시제어반 전용실을 설치할 경우에는 지상 2층 또는 지하 2층에 설치할 수 있다.

제9조(포소화설비) 포소화설비의 감시제어반 전용실은 피난층 또는 지하 1층에 설치해야 한다. 다만, 상시 사람이 근무하는 장소 또는 관계인이 쉽게 접근할 수 있고 관리가 용이한 장소에 감시제어반 전용실을 설치할 경우에는 지상 2층 또는 지하 2층에 설치할 수 있다.

제10조(옥외소화전설비) 옥외소화전설비는 다음 각 호의 기준에 따라 설치해야 한다.

1. 기동장치는 기동용수압개폐장치 또는 이와 동등 이상의 성능이 있는 것을 설치할 것.

2. 감시제어반 전용실은 피난층 또는 지하 1층에 설치할 것. 다만, 상시 사람이 근무하는 장소 또는 관계인이 쉽게 접근할 수 있고 관리가 용이한 장소에 감시제어반 전용실을 설치할 경우에는 지상 2층 또는 지하 2층에 설치할 수 있다.

제11조(자동화재탐지설비) ① 감지기는 다음 각 호의 기준에 따라 설치해야 한다.

1. 아날로그방식의 감지기, 광전식 공기흡입형 감지기 또는 이와 동등 이상의 기능·성능이 인정되는 것으로 설치할 것

2. 감지기의 신호처리방식은 「자동화재탐지설비 및 시각경보장치의 화재안전성능기준 (NFPC 203)」 제3조2에 따른다.

3. 세대 내 거실(취침용도로 사용될 수 있는 통상적인 방 및 거실을 말한다)에는 연기감지기를 설치할 것

4. 감지기 회로 단선 시 고장표시가 되며, 해당 회로에 설치된 감지기가 정상 작동될 수 있는 성능을 갖도록 할 것

② 복층형 구조인 경우에는 출입구가 없는 층에 발신기를 설치하지 아니할 수 있다.

제12조(비상방송설비) 비상방송설비는 다음 각 호의 기준에 따라 설치해야 한다.

1. 확성기는 각 세대마다 설치할 것
2. 아파트등의 경우 실내에 설치하는 확성기 음성입력은 2와트 이상일 것

제13조(피난기구) ① 피난기구는 다음 각 호의 기준에 따라 설치해야 한다.

1. 아파트등의 경우 각 세대마다 설치할 것
2. 피난장애가 발생하지 않도록 하기 위하여 피난기구를 설치하는 개구부는 동일 직선상이 아닌 위치에 있을 것. 다만, 수직 피난방향으로 동일 직선상인 세대별 개구부에 피난기구를 엇갈리게 설치하여 피난장애가 발생하지 않는 경우에는 그렇지 않다.
3. 「공동주택관리법」 제2조제1항제2호(마목은 제외함)에 따른 "의무관리대상 공동주택"의 경우에는 하나의 관리주체가 관리하는 공동주택 구역마다 공기안전매트 1개 이상을 추가로 설치할 것. 다만, 옥상으로 피난이 가능하거나 수평 또는 수직 방향의 인접세대로 피난할 수 있는 구조인 경우에는 추가로 설치하지 않을 수 있다.

② 갓복도식 공동주택 또는 「건축법 시행령」 제46조제5항에 해당하는 구조 또는 시설을 설치하여 수평 또는 수직 방향의 인접세대로 피난할 수 있는 아파트는 피난기구를 설치하지 않을 수 있다.

③ 승강식 피난기 및 하향식 피난구용 내림식 사다리가 「건축물의 피난·방화구조 등의 기준에 관한 규칙」 제14조에 따라 방화구획된 장소(세대 내부)에 설치될 경우에는 해당 방화구획된 장소를 대피실로 간주하고, 대피실의 면적규정과 외기에 접하는 구조로 대피실을 설치하는 규정을 적용하지 않을 수 있다.

제14조(유도등) 유도등은 다음 각 호의 기준에 따라 설치해야 한다.

1. 소형 피난구 유도등을 설치할 것. 다만, 세대 내에는 유도등을 설치하지 않을 수 있다.
2. 주차장으로 사용되는 부분은 중형 피난구유도등을 설치할 것.

3. 「건축법 시행령」 제40조제3항제2호나목 및 「주택건설기준 등에 관한 규정」 제16조의2 제3항에 따라 비상문자동개폐장치가 설치된 옥상 출입문에는 대형 피난구유도등을 설치할 것.
4. 내부구조가 단순하고 복도식이 아닌 층에는 「유도등 및 유도표지의 화재안전성능기준(NFPC 303)」 제5조제3항 및 제6조제1항제1호가목 기준을 적용하지 아니할 것

제15조(비상조명등) 비상조명등은 각 거실로부터 지상에 이르는 복도·계단 및 그 밖의 통로에 설치해야 한다. 다만, 공동주택의 세대 내에는 출입구 인근 통로에 1개 이상 설치한다.

제16조(특별피난계단의 계단실 및 부속실 제연설비) 특별피난계단의 계단실 및 부속실 제연설비는 「특별피난계단의 계단실 및 부속실 제연설비의 화재안전기술기준(NFTC 501A)」 2.2.의 기준에 따라 성능확인을 해야 한다. 다만, 부속실을 단독으로 제연하는 경우에는 부속실과 면하는 옥내 출입문만 개방한 상태로 방연풍속을 측정 할 수 있다.

제17조(연결송수관설비) ① 방수구는 다음 각 호의 기준에 따라 설치해야 한다.

1. 층마다 설치할 것. 다만, 아파트등의 1층과 2층(또는 피난층과 그 직상층)에는 설치하지 않을 수 있다.
2. 아파트등의 경우 계단의 출입구(계단의 부속실을 포함하며 계단이 2 이상 있는 경우에는 그 중 1개의 계단을 말한다)로부터 5미터 이내에 방수구를 설치하되, 그 방수구로부터 해당 층의 각 부분까지의 수평거리가 50미터를 초과하는 경우에는 방수구를 추가로 설치할 것
3. 쌍구형으로 할 것. 다만, 아파트등의 용도로 사용되는 층에는 단구형으로 설치할 수 있다.
4. 송수구는 동별로 설치하되, 소방차량의 접근 및 통행이 용이하고 잘 보이는 장소에 설치할 것.

② 펌프의 토출량은 분당 2,400리터 이상(계단식 아파트의 경우에는 분당 1,200리터 이상)으로 하고, 방수구 개수가 3개를 초과(방수구가 5개 이상인 경우에는 5개)하는 경우에는 1개마다 분당 800리터(계단식 아파트의 경우에는 분당 400리터 이상)를 가산해야 한다.

제18조(비상콘센트) 아파트등의 경우에는 계단의 출입구(계단의 부속실을 포함하며 계단이 2개 이상 있는 경우에는 그 중 1개의 계단을 말한다)로부터 5미터 이내에 비상콘센트를 설치하되, 그 비상콘센트로부터 해당 층의 각 부분까지의 수평거리가 50미터를 초과하는 경우에는 비상콘센트를 추가로 설치해야 한다.

창고시설의 화재안전성능기준(NFPC 609)

[시행 2024. 1. 1.] [소방청고시 제2023-39호, 2023. 10. 6., 제정.]

제1조(목적) 이 기준은 「소방시설 설치 및 관리에 관한 법률」 제2조제1항제6호가목에 따라 소방청장에게 위임한 사항 중 창고시설에 설치해야 하는 소방시설 등의 성능기준을 규정함을 목적으로 한다.

제2조(적용범위) 이 기준은 「소방시설 설치 및 관리에 관한 법률 시행령」 (이하 "영"이라 한다) 제11조제1항에 따라 창고시설에 설치해야 하는 소방시설 등의 설치 및 관리에 대해 적용한다.

제3조(정의) 이 기준에서 사용하는 용어의 정의는 다음과 같다.
1. "창고시설"이란 영 별표2 제16호에서 규정한 창고시설을 말한다.
2. "한국산업표준규격(KS)"이란 「산업표준화법」 제12조에 따라 산업통상자원부장관이 고시한 산업표준을 말한다.
3. "랙식 창고"란 한국산업표준규격(KS)의 랙(rack) 용어(KS T 2023)에서 정하고 있는 물품 보관용 랙을 설치하는 창고시설을 말한다.
4. "적층식 랙"이란 한국산업표준규격(KS)의 랙 용어(KS T 2023)에서 정하고 있는 선반을 다층식으로 겹쳐 쌓는 랙을 말한다.
5. "라지드롭형(large-drop type) 스프링클러헤드"란 동일 조건의 수압력에서 큰 물방울을 방출하여 화염의 전파속도가 빠르고 발열량이 큰 저장창고 등에서 발생하는 대형화재를 진압할 수 있는 헤드를 말한다.
6. "송기공간"이란 랙을 일렬로 나란하게 맞대어 설치하는 경우 랙 사이에 형성되는 공간(사람이나 장비가 이동하는 통로는 제외한다.)을 말한다.

제4조(다른 화재안전성능기준과의 관계) 창고시설에 설치하는 소방시설 등의 설치 및 관리 기준 중 이 기준에서 규정하지 않은 것은 개별 화재안전성능기준에 따른다.

제5조(소화기구 및 자동소화장치) 창고시설 내 배전반 및 분전반마다 가스자동소화장치·분말자동소화장치·고체에어로졸자동소화장치 또는 소공간용 소화용구를 설치해야 한다.

제6조(옥내소화전설비) ① 수원의 저수량은 옥내소화전의 설치개수가 가장 많은 층의 설치개수(2개 이상 설치된 경우에는 2개)에 5.2세제곱미터(호스릴옥내소화전설비를 포함한다)를 곱

한 **양 이상**이 되도록 해야 한다.

② 사람이 상시 근무하는 물류창고 등 동결의 우려가 없는 경우에는 「옥내소화전설비의 화재안전성능기준(NFPC 102)」 제5조제1항제9호의 단서를 적용하지 않는다.

③ 비상전원은 자가발전설비, 축전지설비(내연기관에 따른 펌프를 사용하는 경우에는 내연기관의 기동 및 제어용 축전지를 말한다) 또는 전기저장장치(외부 전기에너지를 저장해 두었다가 필요한 때 전기를 공급하는 장치)로서 옥내소화전설비를 유효하게 40분 이상 작동할 수 있어야 한다.

제7조(스프링클러설비) ① 스프링클러설비의 설치방식은 다음 각 호에 따른다.

1. 창고시설에 설치하는 스프링클러설비는 라지드롭형 스프링클러헤드를 습식으로 설치할 것. 다만, 다음 각 목의 어느 하나에 해당하는 경우에는 건식스프링클러설비로 설치할 수 있다.

   가. 냉동창고 또는 영하의 온도로 저장하는 냉장창고
   나. 창고시설 내에 상시 근무자가 없어 난방을 하지 않는 창고시설

2. 랙식 창고의 경우에는 제1호에 따라 설치하는 것 외에 라지드롭형 스프링클러헤드를 랙 높이 3미터 이하마다 설치할 것. 이 경우 수평거리 15센티미터 이상의 송기공간이 있는 랙식 창고에는 랙 높이 3미터 이하마다 설치하는 스프링클러헤드를 송기공간에 설치할 수 있다.

3. 창고시설에 적층식 랙을 설치하는 경우 적층식 랙의 각 단 바닥면적을 방호구역 면적으로 포함할 것

4. 제1호 내지 제3호에도 불구하고 천장 높이가 13.7미터 이하인 랙식 창고에는 「화재조기진압용 스프링클러설비의 화재안전성능기준(NFPC 103B)」에 따른 화재조기진압용 스프링클러설비를 설치할 수 있다.

② 수원의 저수량은 다음 각 호의 기준에 적합해야 한다.

1. 라지드롭형 스프링클러헤드의 설치개수가 가장 많은 방호구역의 설치개수(30개 이상 설치된 경우에는 30개)에 3.2(랙식 창고의 경우에는 9.6)세제곱미터를 곱한 양 이상이 되도록 할 것

2. 제1항제4호에 따라 화재조기진압용 스프링클러설비를 설치하는 경우 「화재조기진압용 스프링클러설비의 화재안전성능기준(NFPC 103B)」 제5조제1항에 따를 것

③ 가압송수장치의 송수량은 다음 각 호의 기준에 적합해야 한다.

1. 가압송수장치의 송수량은 0.1메가파스칼의 방수압력 기준으로 분당 160리터 이상의 방수성능을 가진 기준 개수의 모든 헤드로부터의 방수량을 충족시킬 수 있는 양 이상인 것으로 할 것. 이 경우 속도수두는 계산에 포함하지 않을 수 있다.
2. 제1항제4호에 따라 화재조기진압용 스프링클러설비를 설치하는 경우「화재조기진압용 스프링클러설비의 화재안전성능기준(NFPC 103B)」제6조제1항제9호에 따를 것

④ 교차배관에서 분기되는 지점을 기점으로 한쪽 가지배관에 설치되는 헤드의 개수(반자 아래와 반자속의 헤드를 하나의 가지배관 상에 병설하는 경우에는 반자 아래에 설치하는 헤드의 개수)는 4개 이하로 해야 한다. 다만, 제1항제4호에 따라 화재조기진압용 스프링클러설비를 설치하는 경우에는 그렇지 않다.

⑤ 스프링클러헤드는 다음 각 호의 기준에 적합해야 한다.

> 1. 라지드롭형 스프링클러헤드를 설치하는 천장·반자·천장과 반자사이·덕트·선반 등의 각 부분으로부터 하나의 스프링클러헤드까지의 수평거리는「화재의 예방 및 안전관리에 관한 법률 시행령」별표2의 특수가연물을 저장 또는 취급하는 창고는 1.7미터 이하, 그 외의 창고는 2.1미터(내화구조로 된 경우에는 2.3미터를 말한다) 이하로 할 것
> 2. 화재조기진압용 스프링클러헤드는「화재조기진압용 스프링클러설비의 화재안전성능기준(NFPC 103B)」제10조에 따라 설치할 것

⑥ 물품의 운반 등에 필요한 고정식 대형기기 설비의 설치를 위해「건축법 시행령」제46조제2항에 따라 방화구획이 적용되지 아니하거나 완화 적용되어 연소할 우려가 있는 개구부에는「스프링클러설비의 화재안전성능기준(NFPC 103)」제10조제7항제2호에 따른 방법으로 드렌처설비를 설치해야 한다.

⑦ 비상전원은 자가발전설비, 축전지설비(내연기관에 따른 펌프를 사용하는 경우에는 내연기관의 기동 및 제어용 축전지를 말한다) 또는 전기저장장치(외부 전기에너지를 저장해 두었다가 필요한 때 전기를 공급하는 장치를 말한다. 이하 같다)로서 스프링클러설비를 유효하게 20분(랙식 창고의 경우 60분을 말한다) 이상 작동할 수 있어야 한다.

제8조(비상방송설비) ① 확성기의 음성입력은 3와트(실내에 설치하는 것을 포함한다) 이상으로 해야 한다.

② 창고시설에서 발화한 때에는 전 층에 경보를 발해야 한다.

③ 비상방송설비에는 그 설비에 대한 감시상태를 60분간 지속한 후 유효하게 30분 이상 경보할 수 있는 축전지설비(수신기에 내장하는 경우를 포함한다. 이하 같다) 또는 전기저장장치를 설치해야 한다.

제9조(자동화재탐지설비) ① 감지기 작동 시 해당 감지기의 위치가 수신기에 표시되도록 해야 한다.

② 「개인정보 보호법」 제2조제7호에 따른 영상정보처리기기를 설치하는 경우 수신기는 영상정보의 열람·재생 장소에 설치해야 한다.

③ 영 제11조에 따라 스프링클러설비를 설치하는 창고시설의 감지기는 다음 각 호의 기준에 따라 설치해야 한다.

> 1. 아날로그방식의 감지기, 광전식 공기흡입형 감지기 또는 이와 동등 이상의 기능·성능이 인정되는 감지기를 설치할 것
> 2. 감지기의 신호처리 방식은 「자동화재탐지설비 및 시각경보장치의 화재안전성능기준(NFPC 203)」 제3조의2에 따를 것

④ 창고시설에서 발화한 때에는 전 층에 경보를 발해야 한다.

⑤ 자동화재탐지설비에는 그 설비에 대한 감시상태를 60분간 지속한 후 유효하게 30분 이상 경보할 수 있는 비상전원으로서 축전지설비 또는 전기저장장치를 설치해야 한다. 다만, 상용전원이 축전지설비인 경우에는 그렇지 않다.

제10조(유도등) ① 피난구유도등과 거실통로유도등은 대형으로 설치해야 한다.

② 피난유도선은 연면적 1만 5천제곱미터 이상인 창고시설의 지하층 및 무창층에 다음 각 호의 기준에 따라 설치해야 한다.

> 1. 광원점등방식으로 바닥으로부터 1미터 이하의 높이에 설치할 것
> 2. 각 층 직통계단 출입구로부터 건물 내부 벽면으로 10미터 이상 설치할 것
> 3. 화재 시 점등되며 비상전원 30분 이상을 확보할 것
> 4. 피난유도선은 소방청장이 정해 고시하는 「피난유도선 성능인증 및 제품검사의 기술기준」에 적합한 것으로 설치할 것

제11조(소화수조 및 저수조) 소화수조 또는 저수조의 저수량은 특정소방대상물의 연면적을 5,000제곱미터로 나누어 얻은 수(소수점 이하의 수는 1로 본다)에 20세제곱미터를 곱한 양 이상이 되도록 해야 한다.

제12조(설치·유지기준의 특례) 소방본부장 또는 소방서장은 기존건축물이 증축되거나 용도변경 되는 경우에 있어서 이 기준이 정하는 기준에 따라 해당 창고시설에 설치해야 할 소방시설의 배관·배선 등의 공사가 현저하게 곤란하다고 인정되는 경우에는 해당 설비의 기능 및 사용에 지장이 없는 범위 안에서 이 기준의 일부를 적용하지 않을 수 있다.

소방시설의 내진설계 기준

[시행 2021. 2. 19.] [소방청고시 제2021-15호, 2021. 2. 19., 일부개정.]

제1조(목적)

이 기준은「화재예방, 소방시설 설치·유지 및 안전관리에 관한 법률」 제9조의2에 따라 소방청장에게 위임한 소방시설의 내진설계 기준에 관하여 필요한 사항을 규정함을 목적으로 한다. 〈개정 2017.7.26.〉

제2조(적용범위)

① 「화재예방, 소방시설 설치·유지 및 안전관리에 관한 법률 시행령」(이하 "영"이라 한다) 제15조의2에 따른 옥내소화전설비, 스프링클러설비, 물분무등소화설비(이하 이 조에서 "각 설비"라 한다)는 이 기준에서 정하는 규정에 적합하게 설치하여야 한다. **다만, 각 설비의 성능시험배관, 지중매설배관, 배수배관 등은 제외한다.**

② 제1항의 각 설비에 대하여 특수한 구조 등으로 특별한 조사·연구에 의해 설계하는 경우에는 그 근거를 명시하고, 이 기준을 따르지 아니할 수 있다.

제3조(정의) 이 기준에서 사용하는 용어의 정의는 다음과 같다.

1. **"내진"**이란 면진, 제진을 포함한 지진으로부터 소방시설의 피해를 줄일 수 있는 구조를 의미하는 포괄적인 개념을 말한다.
2. **"면진"**이란 건축물과 소방시설을 분리시켜 지반진동으로 인한 지진력이 직접 구조물로 전달되는 양을 감소시킴으로써 내진성을 확보하는 수동적인 지진 제어 기술을 말한다.
3. **"제진"**이란 별도의 장치를 이용하여 지진력에 상응하는 힘을 구조물 내에서 발생시키거나 지진력을 흡수하여 구조물이 부담해야 하는 지진력을 감소시키는 능동적 지진 제어 기술을 말한다.
4. **"수평지진하중(Fpw)"**이란 지진 시 흔들림 방지 버팀대에 전달되는 배관의 동적지진하중 또는 같은 크기의 정적지진하중으로 환산한 값으로 허용응력설계법으로 산정한 지진하중을 말한다.
5. **"세장비(L/r)"**란 흔들림 방지 버팀대 지지대의 길이(L)와, 최소단면 2차반경(r)의 비율을 말하며, 세장비가 커질수록 좌굴(buckling)현상이 발생하여 지진 발생 시 파괴되거나 손상을 입기 쉽다.

6. "지진거동특성"이란 지진발생으로 인한 외부적인 힘에 반응하여 움직이는 특성을 말한다.

7. "**지진분리이음**"이란 지진발생시 지진으로 인한 진동이 배관에 손상을 주지 않고 배관의 축방향 변위, 회전, 1° 이상의 각도 변위를 허용하는 이음을 말한다. 단, 구경 200mm 이상의 배관은 허용하는 각도변위를 0.5° 이상으로 한다.

8. "지진분리장치"란 지진 발생 시 건축물 지진분리이음 설치 위치 및 지상에 노출된 건축물과 건축물 사이 등에서 발생하는 상대변위 발생에 대응하기 위해 모든 방향에서의 변위를 허용하는 커플링, 플렉시블 조인트, 관부속품 등의 집합체를 말한다.

9. "**가요성이음장치**"란 지진 시 수조 또는 가압송수장치와 배관 사이 등에서 발생하는 상대변위 발생에 대응하기 위해 수평 및 수직 방향의 변위를 허용하는 플렉시블 조인트 등을 말한다.

10. "가동중량(Wp)"이란 수조, 가압송수장치, 함류, 제어반등, 가스계 및 분말소화설비의 저장용기, 비상전원, 배관의 작동상태를 고려한 무게를 말하며 다음 각 목의 기준에 따른다.

    가. 배관의 작동상태를 고려한 무게란 배관 및 기타 부속품의 무게를 포함하기 위한 중량으로 용수가 충전된 배관 무게의 1.15배를 적용한다.

    나. 수조, 가압송수장치, 함류, 제어반등, 가스계 및 분말소화설비의 저장용기, 비상전원의 작동상태를 고려한 무게란 유효중량에 안전율을 고려하여 적용한다

11. "근입 깊이"란 앵커볼트가 벽면 또는 바닥면 속으로 들어가 인발력에 저항할 수 있는 구간의 길이를 말한다.

12. "내진스토퍼"란 지진하중에 의해 과도한 변위가 발생하지 않도록 제한하는 장치를 말한다.

13. "구조부재"란 건축설계에 있어 구조계산에 포함되는 하중을 지지하는 부재를 말한다.

14. "지진하중"이란 지진에 의한 지반운동으로 구조물에 작용하는 하중을 말한다.

15. "편심하중"이란 하중의 합력 방향이 그 물체의 중심을 지나지 않을 때의 하중을 말한다.

16. "지진동"이란 지진 시 발생하는 진동을 말한다.

17. "단부"란 직선배관에서 방향 전환하는 지점과 배관이 끝나는 지점을 말한다.

18. "S"란 재현주기 2400년을 기준으로 정의되는 최대고려 지진의 유효수평지반가속도로서 "건축물 내진설계기준(KDS 41 17 00)"의 지진구역에 따른 지진구역계수(Z)에 2400년 재현주기에 해당하는 위험도계수(I) 2.0을 곱한 값을 말한다.

19. "Ss"란 **단주기 응답지수(short period response parameter)**로서 유효수평지반가속도 S를 2.5배한 값을 말한다.

20. "영향구역"이란 흔들림 방지 버팀대가 수평지진하중을 지지할 수 있는 예상구역을 말한다.

21. **"상쇄배관(offset)"** 이란 영향구역 내의 직선배관이 방향전환 한 후 다시 같은 방향으로 연속될 경우, 중간에 방향전환 된 짧은 배관은 단부로 보지 않고 상쇄하여 직선으로 볼 수 있는 것을 말하며, 짧은 배관의 합산길이는 3.7m 이하여야 한다.

22. **"수직직선배관"**이란 중력방향으로 설치된 주배관, 교차배관, 가지배관 등으로서 어떠한 방향전환도 없는 직선배관을 말한다. 단, 방향전환부분의 배관길이가 상쇄배관(offset) 길이 이하인 경우 하나의 수직직선배관으로 간주한다.

23. **"수평직선배관"**이란 수평방향으로 설치된 주배관, 교차배관, 가지배관 등으로서 어떠한 방향전환도 없는 직선배관을 말한다. 단, 방향전환부분의 배관길이가 상쇄배관(offset) 길이 이하인 경우 하나의 수평직선배관으로 간주한다.

24. "가지배관 고정장치"란 지진거동특성으로부터 가지배관의 움직임을 제한하여 파손, 변형 등으로부터 가지배관을 보호하기 위한 와이어타입, 환봉타입의 고정장치를 말한다.

25. "제어반등"이란 수신기(중계반을 포함한다), 동력제어반, 감시제어반 등을 말한다.

26. "횡방향 흔들림 방지 버팀대"란 수평직선배관의 진행방향과 직각방향(횡방향)의 수평지진하중을 지지하는 버팀대를 말한다.

27. "종방향 흔들림 방지 버팀대"란 수평직선배관의 진행방향(종방향)의 수평지진하중을 지지하는 버팀대를 말한다.

28. "4방향 흔들림 방지 버팀대"란 건축물 평면상에서 종방향 및 횡방향 수평지진하중을 지지하거나, 종 · 횡 단면상에서 전 · 후 · 좌 · 우 방향의 수평지진하중을 지지하는 버팀대를 말한다.

제3조의2(공통 적용사항)

① 소방시설의 내진설계에서 내진등급, 성능수준, 지진위험도, 지진구역 및 지진구역계수는 "건축물 내진설계기준(KDS 41 17 00)"을 따르고 중요도계수(Ip)는 1.5로 한다.

② 지진하중은 다음 각 호의 기준에 따라 계산한다.

1. 소방시설의 지진하중은 "건축물 내진설계기준" 중 비구조요소의 설계지진력 산정방법을 따른다.

2. 허용응력설계법을 적용하는 경우에는 제1호의 산정방법 중 허용응력설계법 외의 방법으로 산정된 설계지진력에 0.7을 곱한 값을 지진하중으로 적용한다.

3. 지진에 의한 소화배관의 수평지진하중(F_{pw}) 산정은 허용응력설계법으로 하며 다음 각 호 중 어느 하나를 적용한다.

> 가. Fpw = Cp × Wp
>
>   Fpw : 수평지진하중, Wp : 가동중량
>
>   Cp : 소화배관의 지진계수(별표 1에 따라 선정한다.)
>
> 나. 제1호에 따른 산정방법 중 허용응력설계법 외의 방법으로 산정된 설계지진력에
> 0.7을 곱한 값을 수평지진하중(Fpw)으로 적용한다.

4. 지진에 의한 배관의 수평설계지진력이 0.5Wp을 초과하고, 흔들림 방지 버팀대의 각도
가 수직으로부터 45도 미만인 경우 또는 수평설계지진력이 1.0Wp를 초과하고 흔들림
방지 버팀대의 각도가 수직으로부터 60도 미만인 경우 흔들림 방지 버팀대는 수평설계
지진력에 의한 유효수직반력을 견디도록 설치해야한다.

③ 앵커볼트는 다음 각 호의 기준에 따라 설치한다.

1. 수조, 가압송수장치, 함, 제어반등, 비상전원, 가스계 및 분말소화설비의 저장용기 등은
"건축물 내진설계기준" 비구조요소의 정착부의 기준에 따라 앵커볼트를 설치하여야 한
다.

2. 앵커볼트는 건축물 정착부의 두께, 볼트설치 간격, 모서리까지 거리, 콘크리트의 강도,
균열 콘크리트 여부, 앵커볼트의 단일 또는 그룹설치 등을 확인하여 최대허용하중을 결
정하여야 한다.

3. 흔들림 방지 버팀대에 설치하는 앵커볼트 최대허용하중은 제조사가 제시한 설계하중 값
에 0.43을 곱하여야 한다.

4. 건축물 부착 형태에 따른 프라잉효과나 편심을 고려하여 수평지진하중의 작용하중을 구
하고 앵커볼트 최대허용하중과 작용하중과의 내진설계 적정성을 평가하여 설치하여야
한다.

5. 소방시설을 팽창성 · 화학성 또는 부분적으로 현장타설된 건축부재에 정착할 경우에는
수평지진하중을 1.5배 증가시켜 사용한다.

[앵커볼트]

④ 수조 · 가압송수장치 · 제어반등 및 비상전원 등을 바닥에 고정하는 경우 기초(패드 포함)부분의 구조안전성을 확인하여야 한다.

제4조(수원) 수조는 다음 각 호의 기준에 따라 설치하여야 한다.

1. 수조는 지진에 의하여 손상되거나 과도한 변위가 발생하지 않도록 기초(패드포함), 본체 및 연결부분의 구조안전성을 확인하여야 한다.
2. 수조는 건축물의 구조부재나 구조부재와 연결된 수조 기초부(패드)에 고정하여 지진 시 파손(손상), 변형, 이동, 전도 등이 발생하지 않아야 한다.
3. 수조와 연결되는 소화배관에는 지진 시 상대변위를 고려하여 가요성이음장치를 설치하여야 한다.

[소화수조]

제5조(가압송수장치)

① 가압송수장치에 방진장치가 있어 앵커볼트로 지지 및 고정할 수 없는 경우에는 다음 각 호의 기준에 따라 내진스토퍼 등을 설치하여야 한다. 다만, 방진장치에 이 기준에 따른 내진성능이 있는 경우는 제외한다.

1. 정상운전에 지장이 없도록 내진스토퍼와 본체 사이에 최소 3mm이상 이격하여 설치한다.
2. 내진스토퍼는 제조사에서 제시한 허용하중이 제3조의2제2항에 따른 지진하중 이상을 견딜 수 있는 것으로 설치하여야 한다. 단, 내진스토퍼와 본체사이의 이격거리가 6mm를 초과한 경우에는 수평지진하중의 2배 이상을 견딜 수 있는 것으로 설치하여야 한다.

② 가압송수장치의 흡입측 및 토출측에는 지진 시 상대변위를 고려하여 가요성이음장치를 설치하여야 한다.

③ 삭제

제6조(배관)

① 배관은 다음 각 호의 기준에 따라 설치하여야 한다.

> 1. 건물 구조부재간의 **상대변위**에 의한 배관의 응력을 최소화하기 위하여 지진분리이음 또는 지진분리장치를 사용하거나 이격거리를 유지하여야 한다.
> 2. 건축물 지진분리이음 설치위치 및 건축물 간의 연결배관 중 지상노출 배관이 건축물로 인입되는 위치의 배관에는 관경에 관계없이 **지진분리장치**를 설치하여야 한다.
> 3. **천장과 일체 거동**을 하는 부분에 배관이 지지되어 있을 경우 배관을 단단히 고정시키기 위해 흔들림 방지 버팀대를 사용하여야 한다.
> 4. 배관의 흔들림을 방지하기 위하여 **흔들림 방지 버팀대**를 사용하여야 한다.
> 5. 흔들림 방지 버팀대와 그 고정장치는 소화설비의 **동작 및 살수를 방해**하지 않아야 한다.
> 6. 삭제

② 배관의 수평지진하중은 다음 각 호의 기준에 따라 계산하여야 한다.

> 1. 흔들림 방지 버팀대의 수평지진하중 산정 시 배관의 중량은 가동중량(W_p)으로 산정한다.
> 2. 흔들림 방지 버팀대에 작용하는 수평지진하중은 제3조의2제2항제3호에 따라 산정한다.
> 3. 수평지진하중(F_{pw})은 배관의 횡방향과 종방향에 각각 적용되어야 한다.

③ 벽, 바닥 또는 기초를 관통하는 배관 주위에는 다음 각 호의 기준에 따라 이격거리를 확보하여야 한다. 다만, 벽, 바닥 또는 기초의 각 면에서 300mm 이내에 지진분리이음을 설치하거나 내화성능이 요구되지 않는 석고보드나 이와 유사한 부서지기 쉬운 부재를 관통하는 배관은 그러하지 아니하다.

> 1. 관통구 및 배관 슬리브의 호칭구경은 배관의 호칭구경이 25 mm 내지 100 mm 미만인 경우 배관의 호칭구경보다 50 mm 이상, 배관의 호칭구경이 100 mm 이상인 경우에는 배관의 호칭구경보다 100 mm 이상 커야 한다. 다만, 배관의 호칭구경이 50 mm 이하인 경우에는 배관의 호칭구경 보다 50 mm 미만의 더 큰 관통구 및 배관 슬리브를 설치할 수 있다.

2. 방화구획을 관통하는 배관의 틈새는「건축물의 피난·방화구조 등의 기준에 관한 규칙」제14조제2항에 따라 인정된 내화충전구조 중 신축성이 있는 것으로 메워야 한다.

④ 소방시설의 배관과 연결된 타 설비배관을 포함한 수평지진하중은 제2항의 기준에 따라 결정하여야 한다.

제7조(지진분리이음)

① 배관의 변형을 최소화하고 소화설비 주요 부품 사이의 유연성을 증가시킬 필요가 있는 위치에 설치하여야 한다.

② 구경 65 mm 이상의 배관에는 지진분리이음을 다음 각 호의 위치에 설치하여야 한다.

1. 모든 수직직선배관은 상부 및 하부의 단부로 부터 0.6 m 이내에 설치하여야 한다. 다만, 길이가 0.9 m 미만인 수직직선배관은 지진분리이음을 설치하지 아니할 수 있으며, 0.9 m~2.1 m 사이의 수직직선배관은 하나의 지진분리이음을 설치할 수 있다.

2. 제6조제3항 본문의 단서에도 불구하고 2층 이상의 건물인 경우 각 층의 바닥으로부터 0.3m, 천장으로부터 0.6m 이내에 설치하여야 한다.

3. 수직직선배관에서 티분기된 수평배관 분기지점이 천장 아래 설치된 지진분리이음보다 아래에 위치한 경우 분기된 수평배관에 지진분리이음을 다음 각 목의 기준에 적합하게 설치하여야 한다.

   가. 티분기 수평직선배관으로부터 0.6m 이내에 지진분리이음을 설치한다.

   나. 티분기 수평직선배관 이후 2차측에 수직직선배관이 설치된 경우 1차측 수직직선배관의 지진분리이음 위치와 동일선상에 지진분리이음을 설치하고, 티분기 수평직선배관의 길이가 0.6m 이하인 경우에는 그 티분기된 수평직선배관에 가목에 따른 지진분리이음을 설치하지 아니한다.

4. 수직직선배관에 중간 지지부가 있는 경우에는 지지부로부터 0.6m 이내의 윗부분 및 아랫부분에 설치해야 한다.

[지진분리이음]

③ 제6조제3항제1호에 따른 이격거리 규정을 만족하는 경우에는 지진분리이음을 설치하지 아니할 수 있다.

제8조(지진분리장치) 지진분리장치는 다음 각 호의 기준에 따라 설치하여야 한다.

1. 지진분리장치는 배관의 구경에 관계없이 지상층에 설치된 배관으로 건축물 지진분리이음과 소화배관이 교차하는 부분 및 건축물 간의 연결배관 중 지상 노출 배관이 건축물로 인입되는 위치에 설치하여야 한다.
2. 지진분리장치는 건축물 지진분리이음의 변위량을 흡수할 수 있도록 전후좌우 방향의 변위를 수용할 수 있도록 설치하여야 한다.
3. 지진분리장치의 전단과 후단의 1.8m 이내에는 4방향 흔들림 방지 버팀대를 설치하여야 한다.
4. 지진분리장치 자체에는 흔들림 방지 버팀대를 설치할 수 없다.

[지진분리장치]

제9조(흔들림 방지 버팀대)

① 흔들림 방지 버팀대는 다음 각 호의 기준에 따라 설치하여야 한다.

1. 흔들림 방지 버팀대는 내력을 충분히 발휘할 수 있도록 견고하게 설치하여야 한다.
2. 배관에는 제6조제2항에서 산정된 횡방향 및 종방향의 수평지진하중에 모두 견디도록 흔들림 방지 버팀대를 설치하여야 한다.
3. 흔들림 방지 버팀대가 부착된 건축 구조부재는 소화배관에 의해 추가된 지진하중을 견딜 수 있어야 한다.
4. 흔들림 방지 버팀대의 세장비(L/r)는 300을 초과하지 않아야 한다.
5. 4방향 흔들림 방지 버팀대는 횡방향 및 종방향 흔들림 방지 버팀대의 역할을 동시에 할 수 있어야 한다.
6. 하나의 수평직선배관은 최소 2개의 횡방향 흔들림 방지 버팀대와 1개의 종방향흔들림 방지 버팀대를 설치하여야 한다. 다만, 영향구역 내 배관의 길이가 6m 미만인 경우에

는 횡방향과 종방향 흔들림 방지 버팀대를 각 1개씩 설치할 수 있다.

[흔들림방지버팀대 시공예시]

② 소화펌프(충압펌프를 포함한다. 이하 같다) 주위의 수직직선배관 및 수평직선배관은 다음 각 호의 기준에 따라 흔들림 방지 버팀대를 설치한다.

1. 소화펌프 흡입측 수평직선배관 및 수직직선배관의 수평지진하중을 계산하여 흔들림 방지 버팀대를 설치하여야 한다.
2. 소화펌프 토출측 수평직선배관 및 수직직선배관의 수평지진하중을 계산하여 흔들림 방지 버팀대를 설치하여야 한다.

③ 흔들림 방지 버팀대는 소방청장이 고시한 「흔들림 방지 버팀대의 성능인증 및 제품검사의 기술기준」에 따라 성능인증 및 제품검사를 받은 것으로 설치하여야 한다.

제10조(수평직선배관 흔들림 방지 버팀대)

[수평직선배관 흔들림 방지 버팀대 시공예시]

① **횡방향 흔들림 방지 버팀대**는 다음 각 호의 기준에 따라 설치하여야 한다.

1. 배관 구경에 관계없이 모든 수평주행배관 · 교차배관 및 옥내소화전설비의 수평배관에 설치하여야 하고, 가지배관 및 기타배관에는 구경 65 mm 이상인 배관에 설치하여야 한다. 다만, **옥내소화전설비의 수직배관에서 분기된 구경 50mm 이하의 수평배관에 설치되는 소화전함이 1개인 경우에는 횡방향 흔들림 방지 버팀대를 설치하지 않을 수 있다.**

2. 횡방향 흔들림 방지 버팀대의 설계하중은 설치된 위치의 좌우 6 m를 포함한 12 m 이내의 배관에 작용하는 횡방향 수평지진하중으로 영향구역내의 **수평주행배관, 교차배관, 가지배관의 하중을 포함**하여 산정한다.

3. 흔들림 방지 버팀대의 간격은 중심선을 기준으로 **최대간격이 12 m를 초과하지 않아야** 한다.

4. 마지막 흔들림 방지 버팀대와 배관 단부 사이의 거리는 **1.8 m를 초과하지 않아야** 한다.

5. 영향구역 내에 상쇄배관이 설치되어 있는 경우 배관의 길이는 그 상쇄배관 길이를 합산하여 산정한다.

6. 횡방향 흔들림 방지 버팀대가 설치된 지점으로부터 600 mm 이내에 그 배관이 방향전환되어 설치된 경우 그 횡방향 흔들림방지 버팀대는 인접배관의 종방향 흔들림 방지 버팀대로 사용할 수 있으며, 배관의 구경이 다른 경우에는 구경이 큰 배관에 설치하여야 한다.

7. 가지배관의 구경이 65 mm 이상일 경우 다음 각 목의 기준에 따라 설치한다.

   가. 가지배관의 구경이 65 mm 이상인 배관의 길이가 3.7 m 이상인 경우에 횡방향 흔들림 방지 버팀대를 제9조제1항에 따라 설치한다.

   나. 가지배관의 구경이 65 mm 이상인 배관의 길이가 3.7 m 미만인 경우에는 횡방향 흔들림 방지 버팀대를 설치하지 않을 수 있다.

8. 횡방향 흔들림 방지 버팀대의 수평지진하중은 별표 2에 따른 영향구역의 최대허용하중 이하로 적용하여야 한다.

9. **교차배관 및 수평주행배관에 설치되는 행가가 다음 각 목의 기준을 모두 만족하는 경우 횡방향 흔들림 방지 버팀대를 설치하지 않을 수 있다.**

   가. 건축물 구조부재 고정점으로부터 배관 상단까지의 거리가 150mm 이내일 것

   나. 배관에 설치된 모든 행가의 75% 이상이 가목의 기준을 만족할 것

   다. 교차배관 및 수평주행배관에 연속하여 설치된 행가는 가목의 기준을 연속하여 초과하지 않을 것

라. 지진계수(Cp) 값이 0.5 이하일 것

마. 수평주행배관의 구경은 150mm 이하이고, 교차배관의 구경은 100mm 이하일 것

바. 행가는 「스프링클러설비의 화재안전기술기준」 제8조제13항에 따라 설치할 것

② **종방향 흔들림 방지 버팀대**는 다음 각 호의 기준에 따라 설치하여야 한다.

[종방향 흔들림 방지 버팀대 시공예시]

1. 배관 구경에 관계없이 모든 수평주행배관·교차배관 및 옥내소화전설비의 수평배관에 설치하여야 한다. 다만, 옥내소화전설비의 수직배관에서 분기된 구경 50mm 이하의 수평배관에 설치되는 소화전함이 1개인 경우에는 종방향 흔들림 방지 버팀대를 설치하지 않을 수 있다.

2. 종방향 흔들림 방지 버팀대의 설계하중은 설치된 위치의 좌우 12m를 포함한 24m 이내의 배관에 작용하는 수평지진하중으로 영향구역내의 수평주행배관, 교차배관 하중을 포함하여 산정하며, 가지배관의 하중은 제외한다.

3. 수평주행배관 및 교차배관에 설치된 종방향 흔들림 방지 버팀대의 간격은 중심선을 기준으로 24 m를 넘지 않아야 한다.

4. 마지막 흔들림 방지 버팀대와 배관 단부 사이의 거리는 12m를 초과하지 않아야 한다.

5. 영향구역 내에 상쇄배관이 설치되어 있는 경우 배관 길이는 그 상쇄배관 길이를 합산하여 산정한다.

6. 종방향 흔들림 방지 버팀대가 설치된 지점으로부터 600mm 이내에 그 배관이 방향전환되어 설치된 경우 그 종방향 흔들림방지 버팀대는 인접배관의 횡방향 흔들림 방지 버팀대로 사용할 수 있으며, 배관의 구경이 다른 경우에는 구경이 큰 배관에 설치하여야 한다.

제11조(수직직선배관 흔들림 방지 버팀대)

수직직선배관 흔들림 방지 버팀대는 다음 각 호의 기준에 따라 설치하여야 한다.

[수직직선배관 흔들림 방지 버팀대 시공예시]

1. **길이 1m를 초과하는 수직직선배관의 최상부에는 4방향 흔들림 방지 버팀대를 설치**하여야 한다. 다만, 가지배관은 설치하지 아니할 수 있다.

2. 수직직선배관 최상부에 설치된 4방향 흔들림 방지 버팀대가 수평직선배관에 부착된 경우 그 흔들림 방지 버팀대는 수직직선배관의 중심선으로부터 **0.6m 이내**에 설치되어야 하고, 그 흔들림 방지 버팀대의 하중은 수직 및 수평방향의 배관을 모두 포함하여야 한다.

3. 수직직선배관 4방향 흔들림 방지 버팀대 사이의 거리는 **8m를 초과하지 않아야** 한다.

4. 소화전함에 아래 또는 위쪽으로 설치되는 **65mm 이상**의 수직직선배관은 다음 각 목의 기준에 따라 설치한다.

   가. 수직직선배관의 길이가 3.7m 이상인 경우, 4방향 흔들림 방지 버팀대를 1개 이상 설치하고, 말단에 U볼트 등의 고정장치를 설치한다.

   나. 수직직선배관의 길이가 3.7m 미만인 경우, 4방향 흔들림 방지 버팀대를 설치하지 아니할 수 있고, U볼트 등의 고정장치를 설치한다.

5. 수직직선배관에 4방향 흔들림 방지 버팀대를 설치하고 수평방향으로 분기된 수평직선배관의 길이가 1.2m 이하인 경우 수직직선배관에 수평직선배관의 지진하중을 포함하는 경우 수평직선배관의 흔들림 방지 버팀대를 설치하지 않을 수 있다.

6. 수직직선배관이 다층건물의 중간층을 관통하며, 관통구 및 슬리브의 구경이 제6조제3항제1호에 따른 배관 구경별 관통구 및 슬리브 구경 미만인 경우에는 4방향 흔들림 방지 버팀대를 설치하지 아니할 수 있다.

제12조(흔들림 방지 버팀대 고정장치)

흔들림 방지 버팀대 고정장치에 작용하는 수평지진하중은 허용하중을 초과하여서는 아니된다.

1. 삭제
2. 삭제

제13조(가지배관 고정장치 및 헤드)

① **가지배관의 고정장치**는 각 호에 따라 설치하여야 한다.

1. 가지배관에는 별표 3의 간격에 따라 고정장치를 설치한다.
2. 와이어타입 고정장치는 행가로부터 600mm 이내에 설치하여야 한다. 와이어 고정점에 가장 가까운 행거는 가지배관의 상방향 움직임을 지지할 수 있는 유형이어야 한다.
3. 환봉타입 고정장치는 행가로부터 150mm이내에 설치한다.

[가지배관 고정장치 및 헤드 시공예시]

4. **환봉타입 고정장치의 세장비는 400을 초과하여서는 아니**된다. 단, 양쪽 방향으로 두 개의 고정장치를 설치하는 경우 세장비를 적용하지 아니한다.
5. 고정장치는 수직으로부터 **45° 이상**의 각도로 설치하여야 하고, 설치각도에서 최소 1340N 이상의 인장 및 압축하중을 견딜 수 있어야 하며 와이어를 사용하는 경우 와이어는 1,960N 이상의 인장하중을 견디는 것으로 설치하여야 한다.
6. 가지배관 상의 말단 헤드는 수직 및 수평으로 과도한 움직임이 없도록 고정하여야 한다.
7. 가지배관에 설치되는 행가는「스프링클러설비의 화재안전기술기준」제8조제13항에 따라 설치한다.
8. 가지배관에 설치되는 행가가 다음 각 목의 기준을 모두 만족하는 경우 고정장치를 설치하지 않을 수 있다.

> 가. 건축물 구조부재 고정점으로부터 배관 상단까지의 거리가 150mm 이내일 것
> 나. 가지배관에 설치된 모든 행가의 75% 이상이 가목의 기준을 만족할 것
> 다. 가지배관에 연속하여 설치된 행가는 가목의 기준을 연속하여 초과하지 않을 것

② 가지배관 고정에 사용되지 않는 건축부재와 헤드 사이의 이격거리는 75mm 이상을 확보하여야 한다.

제14조(제어반등) 제어반등은 다음 각 호의 기준에 따라 설치하여야 한다.

1. 제어반등의 지진하중은 제3조의2제2항에 따라 계산하고, 앵커볼트는 제3조의2제3항에 따라 설치하여야 한다. 단, 제어반등의 하중이 **450N 이하**이고 내력벽 또는 기둥에 설치하는 경우 직경 8mm 이상의 고정용 볼트 4개 이상으로 고정할 수 있다.
2. 건축물의 구조부재인 내력벽·바닥 또는 기둥 등에 고정하여야 하며, 바닥에 설치하는 경우 지진하중에 의해 전도가 발생하지 않도록 설치하여야 한다.
3. 제어반등은 지진 발생 시 기능이 유지되어야 한다.

제15조(유수검지장치)

유수검지장치는 지진발생시 기능을 상실하지 않아야 하며, 연결부위는 파손되지 않아야 한다.

제16조(소화전함)

소화전함은 다음 각 호의 기준에 따라 설치하여야 한다.

1. 지진 시 파손 및 변형이 발생하지 않아야 하며, 개폐에 장애가 발생하지 않아야 한다.
2. 건축물의 구조부재인 내력벽·바닥 또는 기둥 등에 고정하여야 하며, 바닥에 설치하는 경우 지진하중에 의해 전도가 발생하지 않도록 설치하여야 한다.
3. 소화전함의 지진하중은 제3조의2제2항에 따라 계산하고, 앵커볼트는 제3조의2제3항에 따라 설치하여야 한다. 단, 소화전함의 하중이 450N 이하이고 내력벽 또는 기둥에 설치하는 경우 직경 8mm 이상의 고정용 볼트 4개 이상으로 고정할 수 있다.

제17조(비상전원)

비상전원은 다음 각 호의 기준에 따라 설치하여야 한다.
1. 자가발전설비의 지진하중은 제3조의2제2항에 따라 계산하고, 앵커볼트는 제3조의2제3항에 따라 설치하여야 한다.
2. 비상전원은 지진 발생 시 전도되지 않도록 설치하여야 한다.

제18조(가스계 및 분말소화설비)

① 이산화탄소소화설비, 할론소화설비, 할로겐화합물 및 불활성기체소화설비, 분말소화설비의 저장용기는 지진하중에 의해 전도가 발생하지 않도록 설치하고, 지진하중은 제3조의2제2항에 따라 계산하고 앵커볼트는 제3조의2제3항에 따라 설치하여야 한다.

② 이산화탄소소화설비, 할론소화설비, 할로겐화합물 및 불활성기체소화설비, 분말소화설비의 제어반등은 제14조의 기준에 따라 설치하여야 한다.

③ 이산화탄소소화설비, 할론소화설비, 할로겐화합물 및 불활성기체소화설비, 분말소화설비의 기동장치 및 비상전원은 지진으로 인한 오동작이 발생하지 않도록 설치하여야 한다.

[별표1]

단주기 응답지수별 소화배관의 지진계수

(제3조의2제2항제3호 관련)

단주기 응답지수(SS)	지진계수(Cp)
0.33 이하	0.35
0.40	0.38
0.50	0.40
0.60	0.42
0.70	0.42
0.80	0.44
0.90	0.48
0.95	0.50
1.00	0.51

1. 표의 값을 기준으로 SS의 사이값은 직선보간법 이용하여 적용할 수 있다.
2. SS : 단주기 응답지수(Short period response parameter)로서 최대고려 지진의 유효지반가속도 S를 2.5배한 값

[별표2]

소화배관의 종류별 흔들림 방지 버팀대의 간격에
따른 영향구역의 최대허용하중(N)

(제10조제1항제8호 관련)

1. KSD3507 소화배관의 흔들림 방지 버팀대의 간격에 따른 영향구역의 최대허용하중(N)
재료의 항복강도 Fy: 200MPa

배관구경 (mm)	횡방향 흔들림 방지 버팀대의 간격(m)				
	6	8	9	11	12
25	450	338	295	245	212
32	729	547	478	397	343
40	969	727	635	528	456
50	1,770	1,328	1,160	964	832
65	2,836	2,128	1,859	1,545	1,334
80	4,452	3,341	2,918	2,425	2,094
100	8,168	6,130	5,354	4,449	3,842
125	13,424	10,074	8,798	7,311	6,315
150	19,054	14,299	12,488	10,378	8,963
200	39,897	29,943	26,150	21,731	18,769

2. KSD3562(#40) 소화배관의 흔들림 방지 버팀대의 간격에 따른 영향구역의 최대허용하중(N)
재료의 항복강도 Fy: 250MPa

배관구경 (mm)	횡방향 흔들림 방지 버팀대의 간격(m)				
	6	8	9	11	12
25	597	448	391	325	281
32	1,027	771	673	559	483
40	1,407	1,055	922	766	661
50	2,413	1,811	1,581	1,314	1,135
65	5,022	3,769	3,291	2,735	2,362
80	7,506	5,663	4,920	4,088	3,531
100	13,606	10,211	8,918	7,411	6,400
125	22,829	17,133	14,962	12,434	10,739
150	34,778	26,100	22,794	18,943	16,360
200	70,402	52,836	46,143	38,346	33,119

3. KSD3576(#10) 소화배관의 흔들림 방지 버팀대의 간격에 따른 영향구역의 최대허용하중(N)

재료의 항복강도 Fy: 205MPa

배관구경 (mm)	횡방향 흔들림 방지 버팀대의 간격(m)				
	6	8	9	11	12
25	415	311	272	226	195
32	687	515	450	374	323
40	909	682	596	495	428
50	1,462	1,097	958	796	688
65	2,488	1,867	1,630	1,355	1,170
80	3,599	2,701	2,359	1,960	1,693
100	6,052	4,542	3,966	3,296	2,847
125	9,884	7,418	6,478	5,383	4,650
150	13,958	10,475	9,148	7,602	6,566
200	29,625	22,233	19,417	16,136	13,936

4. KSD3576(#20) 소화배관의 흔들림 방지 버팀대의 간격에 따른 영향구역의 최대허용하중(N)

재료의 항복강도 Fy: 205MPa

배관구경 (mm)	횡방향 흔들림 방지 버팀대의 간격(m)				
	6	8	9	11	12
25	443	332	290	241	208
32	736	552	482	401	346
40	943	708	618	514	443
50	1,738	1,304	1,139	946	817
65	2,862	2,148	1,876	1,559	1,346
80	4,635	3,479	3,038	2,525	2,180
100	7,635	5,730	5,004	4,158	3,592
125	14,305	10,736	9,376	7,792	6,729
150	20,313	15,245	13,314	11,064	9,556
200	46,462	34,870	30,453	25,307	21,857

5. KSD3595 소화배관의 흔들림 방지 버팀대의 간격에 따른 영향구역의 최대허용하중(N)

재료의 항복강도 Fy: 205MPa

배관구경 (mm)	횡방향 흔들림 방지 버팀대의 간격(m)				
	6	8	9	11	12
25	123	92	81	67	58
32	216	162	141	117	101
40	316	237	207	172	148
50	850	638	557	463	399
65	1,264	948	828	688	594
80	2,483	1,864	1,627	1,352	1,168
100	4,144	3,110	2,716	2,257	1,949
125	5,877	4,410	3,852	3,201	2,764
150	12,433	9,331	8,149	6,772	5,849
200	22,535	16,912	14,770	12,274	10,601

6. CPVC 소화배관의 흔들림 방지 버팀대의 간격에 따른 영향구역의 최대허용하중(N)

재료의 항복강도 Fy: 55MPa

배관구경(mm)	횡방향 흔들림 방지 버팀대의 간격(m)				
	6	8	9	11	12
25	113	85	74	61	46
32	229	172	150	125	108
40	349	262	229	190	164
50	680	510	445	370	277
65	1,199	900	786	653	564
80	2,200	1,651	1,442	1,198	1,035

[별표3]

가지배관 고정장치의 최대 설치간격(m)

(제13조제1항제1호 관련)

1. 강관 및 스테인레스(KSD 3576)배관의 최대 설치간격(m)

호칭구경	지진계수(Cp)			
	Cp ≤ 0.50	0.5 < Cp ≤ 0.71	0.71 < Cp ≤ 1.4	1.4 < Cp
25A	13.1	11.0	7.9	6.7
32A	14.0	11.9	8.2	7.3
40A	14.9	12.5	8.8	7.6
50A	16.1	13.7	9.4	8.2

2. 동관, CPVC 및 스테인레스(KSD 3595)배관의 최대 설치간격(m)

호칭구경	지진계수(Cp)			
	Cp ≤ 0.50	0.5 < Cp ≤ 0.71	0.71 < Cp ≤ 1.4	1.4 < Cp
25A	10.3	8.5	6.1	5.2
32A	11.3	9.4	6.7	5.8
40A	12.2	10.3	7.3	6.1
50A	13.7	11.6	8.2	7.0

소방시설관리사 기출문제

[23회설계] 소방시설의 내진설계 기준상 지진분리장치 설치기준 4가지를 쓰시오.(4점)

[17회설계] 「소방시설의 내진설계 기준」에 따른 수평배관의 종방향 흔들림 방지 버팀대에 대한 설치기준을 쓰시오. (5점)

소방기술사 기출문제

[126회] 소화설비(옥내소화전, 스프링클러, 물분무등)의 배관 및 가압송수장치, 제어반에 적용되고 있는 내진설계기준에 대하여 설명하시오.

[124회] 소화설비의 수원 및 가압송수장치 내진설계 기준에 대하여 설명하시오.

[120회] 소방시설 중 수원과 제어반, 가압송수장치(전동기 또는 내연기관에 따른 펌프)의 내진설계기준에 대하여 설명하시오.

[119회] 소방시설의 내진설계 기준에서 정한 면진, 수평력, 세장비에 대하여 설명하시오.

[112회] 다음의 용어를 정의하시오.
1) 세장비
2) 슬로싱(Sloshing)
3) 지진분리이음
4) 지진분리장치

[111회] 소방시설의 내진설계 기준에서 제시한 배관 설치를 위한 다음 사항을 설명하시오.
1) 배관의 내진설계 설치기준
2) 배관의 수평지진하중 산정 방법
3) 배수관, 송수구, 기타 배관을 포함한 벽, 바닥 또는 기초를 관통하는 배관의 이격을 위한 설치기준
4) 배관 정착을 위한 설치 방법

[110회] 소방시설의 내진설계에서 부재(部材)로 사용되는 흔들림방지 버팀대의 세장비(細長比)에 대하여 설명하시오.

[108회] 소방청 고시에 의해 시행되고 있는 소방시설의 내진설계 기준 중 ① 수원, ② 가압송수장치, ③ 헤드, ④ 제어반의 세부 설치기준에 대하여 설명하시오.

화재안전기술기준(NFTC)

소화기구 및 자동소화장치의 화재안전기술기준(NFTC 101)

[시행 2024. 1. 1.] [국립소방연구원공고 제2023-47호, 2023. 12. 29., 일부개정]

1. 일반사항

1.1 적용범위

1.1.1 이 기준은 「소방시설 설치 및 관리에 관한 법률 시행령」(이하 "영"이라 한다) 별표 4 제1호가목 및 나목에 따른 소화기구 및 자동소화장치의 설치 및 관리에 대해 적용한다.

1.2 기준의 효력

1.2.1 이 기준은 「소방시설 설치 및 관리에 관한 법률」(이하 "법"이라 한다) 제2조제1항제6호나목에 따라 소화기구 및 자동소화장치의 기술기준으로서의 효력을 가진다.

1.2.2 이 기준에 적합한 경우에는 법 제2조제1항제6호나목에 따라 「소화기구 및 자동소화장치의 화재안전성능기준(NFPC 101)」을 충족하는 것으로 본다.

1.3 기준의 시행

1.3.1 이 기준은 2024년 1월 1일부터 시행한다. 〈개정 2023.8.9.〉, 〈개정 2024.1.1.〉

1.4 기준의 특례

1.4.1 소방본부장 또는 소방서장은 특정소방대상물의 위치·구조·설비의 상황에 따라 유사한 소방시설로도 이 기준에 따라 해당 특정소방대상물에 설치해야 할 소화기구의 기능을 수행할 수 있다고 인정되는 경우에는 그 효력 범위 안에서 그 유사한 소방시설을 이 기준에 따른 소방시설로 보고 이 기준의 일부를 적용하지 않을 수 있다.

1.5 경과조치

1.5.1 이 기준 시행 전에 건축허가 등의 신청 또는 신고를 하거나 소방시설공사의 착공신고를 한 특정소방대상물에 대해서는 종전의 기준에 따른다.

1.5.2 이 기준 시행 전에 1.5.1에 따른 신청 또는 신고를 한 경우라도 개정 기준이 종전의 기준에 비하여 관계인에게 유리한 경우에는 개정 기준에 따를 수 있다.

1.6 다른 법령과의 관계

1.6.1 이 기준 시행 당시 다른 법령 또는 행정규칙 등에서 종전의 화재안전기준을 인용한 경우에 이 기준 가운데 그에 해당하는 규정이 있는 경우에는 종전의 규정에 갈음하여 이 기준의 해당 규정을 인용한 것으로 본다.

1.7 용어의 정의

1.7.1 이 기준에서 사용하는 용어의 정의는 다음과 같다.

  1.7.1.1 "소화약제"란 소화기구 및 자동소화장치에 사용되는 소화성능이 있는 고체·액체 및 기체의 물질을 말한다.

  1.7.1.2 "소화기"란 소화약제를 압력에 따라 방사하는 기구로서 사람이 수동으로 조작하여 소화하는 다음의 소화기를 말한다.

> (1) "소형소화기"란 능력단위가 1단위 이상이고 대형소화기의 능력단위 미만인 소화기를 말한다.
> (2) "대형소화기"란 화재 시 사람이 운반할 수 있도록 운반대와 바퀴가 설치되어 있고 능력단위가 A급 10단위 이상, B급 20단위 이상인 소화기를 말한다.

[그림] 소형소화기와 대형소화기

  1.7.1.3 "자동확산소화기"란 화재를 감지하여 자동으로 소화약제를 방출 확산시켜 국소적으로 소화하는 다음 각 소화기를 말한다.〈 개정 2023.8.9. 〉

[그림] 자동확산소화기

> (1) "일반화재용자동확산소화기"란 보일러실, 건조실, 세탁소, 대량화기취급소 등에 설치되는 자동확산소화기를 말한다.
> (2) "주방화재용자동확산소화기"란 음식점, 다중이용업소, 호텔, 기숙사, 의료시설, 업무시설, 공장 등의 주방에 설치되는 자동확산소화기를 말한다.

(3) "전기설비용자동확산소화기"란 변전실, 송전실, 변압기실, 배전반실, 제어반, 분전반등에 설치되는 자동확산소화기를 말한다.

1.7.1.4 "자동소화장치"란 소화약제를 자동으로 방사하는 고정된 소화장치로서 법 제37조 또는 제40조에 따라 형식승인이나 성능인증을 받은 유효설치 범위(설계방호체적, 최대설치높이, 방호면적 등을 말한다) 이내에 설치하여 소화하는 다음 각 소화장치를 말한다.

(1) "주거용 주방자동소화장치"란 주거용 주방에 설치된 열발생 조리기구의 사용으로 인한 화재 발생 시 열원(전기 또는 가스)을 자동으로 차단하며 소화약제를 방출하는 소화장치를 말한다.

[그림] 주거용 주방자동소화장치

(2) "상업용 주방자동소화장치"란 상업용 주방에 설치된 열발생 조리기구의 사용으로 인한 화재 발생 시 열원(전기 또는 가스)을 자동으로 차단하며 소화약제를 방출하는 소화장치를 말한다.

[그림] 상업용 주방자동소화장치

(3) "캐비닛형 자동소화장치"란 열, 연기 또는 불꽃 등을 감지하여 소화약제를 방사하여 소화하는 캐비닛 형태의 소화장치를 말한다.

[그림] 캐비닛형 자동소화장치

(4) "가스자동소화장치"란 열, 연기 또는 불꽃 등을 감지하여 가스계 소화약제를 방사하여 소화하는 소화장치를 말한다.

[그림] 가스 자동소화장치

(5) "분말자동소화장치"란 열, 연기 또는 불꽃 등을 감지하여 분말의 소화약제를 방사하여 소화하는 소화장치를 말한다.

[그림] 분말 자동소화장치

(6) "고체에어로졸자동소화장치"란 열, 연기 또는 불꽃 등을 감지하여 에어로졸의
소화약제를 방사하여 소화하는 소화장치를 말한다.

자가발전 타입   전기식 타입   유리벌브 타입

[그림] 고체에어로졸 자동소화장치〈출처 : 고려화공 카탈로그〉

1.7.1.5   "거실"이란 거주 · 집무 · 작업 · 집회 · 오락 그 밖에 이와 유사한 목적을 위하여
사용하는 방을 말한다.

1.7.1.6   "능력단위"란 소화기 및 소화약제에 따른 간이소화용구에 있어서는 법 제37조제1
항에 따라 형식승인 된 수치를 말하며, 소화약제 외의 것을 이용한 간이소화용구
에 있어서는 표 1.7.1.6에 따른 수치를 말한다.

표 1.7.1.6   소화약제 외의 것을 이용한 간이소화용구의 능력단위

간이소화용구		능력단위
1. 마른모래	삽을 상비한 50 L 이상의 것 1포	0.5 단위
2. 팽창질석 또는 팽창진주암	삽을 상비한 80 L 이상의 것 1포	

1.7.1.7   "일반화재(A급 화재)"란 나무, 섬유, 종이, 고무, 플라스틱류와 같은 일반 가연
물이 타고 나서 재가 남는 화재를 말한다. 일반화재에 대한 소화기의 적응 화재
별 표시는 'A'로 표시한다.

1.7.1.8   "유류화재(B급 화재)"란 인화성 액체, 가연성 액체, 석유 그리스, 타르, 오일, 유성
도료, 솔벤트, 래커, 알코올 및 인화성 가스와 같은 유류가 타고 나서 재가 남지 않
는 화재를 말한다. 유류화재에 대한 소화기의 적응 화재별 표시는 'B'로 표시한다.

1.7.1.9   "전기화재(C급 화재)"란 전류가 흐르고 있는 전기기기, 배선과 관련된 화재를 말
한다. 전기화재에 대한 소화기의 적응 화재별 표시는 'C'로 표시한다.

1.7.1.10   "주방화재(K급 화재)"란 주방에서 동식물유를 취급하는 조리기구에서 일어나는
화재를 말한다. 주방화재에 대한 소화기의 적응 화재별 표시는 'K'로 표시한다.

2. 기술기준

2.1 설치기준

2.1.1 소화기구는 다음의 기준에 따라 설치해야 한다.

2.1.1.1 특정소방대상물의 설치장소에 따라 표 2.1.1.1에 적합한 종류의 것으로 할 것

표 2.1.1.1 소화기구의 소화약제별 적응성

소화약제 구분 / 적응대상	가스			분말		액체				기타			
	이산화탄소소화약제	할론소화약제	할로겐화합물 및 불활성기체소화약제	인산염류소화약제	중탄산염류소화약제	산알칼리소화약제	강화액소화약제	포소화약제	물·침윤소화약제	고체에어로졸화합물	마른모래	팽창질석·팽창진주암	그 밖의 것
일반화재 (A급 화재)	–	○	○	○	–	○	○	○	○	○	○	○	–
유류화재 (B급 화재)	○	○	○	○	○	○	○	○	○	○	○	○	–
전기화재 (C급 화재)	○	○	○	○	○	*	*	*	*	○	–	–	–
주방화재 (K급 화재)	–	–	–	–	*	–	*	*	*	–	–	–	*

[비고] "*"의 소화약제별 적응성은 「소방시설 설치 및 관리에 관한 법률」 제37조에 의한 형식승인 및 제품검사의 기술기준에 따라 화재 종류별 적응성에 적합한 것으로 인정되는 경우에 한한다.

2.1.1.2 특정소방대상물에 따른 소화기구의 능력단위는 표 2.1.1.2의 기준에 따를 것

표 2.1.1.2 특정소방대상물 별 소화기구의 능력단위

특정소방대상물	소화기구의 능력단위
1. 위락시설	해당 용도의 바닥면적 30 m² 마다 능력단위 1단위 이상
2. 공연장·집회장·관람장·문화재·장례식장 및 의료시설	해당 용도의 바닥면적 50 m² 마다 능력단위 1단위 이상
3. 근린생활시설·판매시설·운수시설·숙박시설·노유자시설·전시장·공동주택·업무시설·방송통신시설·공장·창고시설·항공기 및 자동차 관련 시설 및 관광휴게시설	해당 용도의 바닥면적 100 m² 마다 능력단위 1단위 이상
4. 그 밖의 것	해당 용도의 바닥면적 200 m² 마다 능력단위 1단위 이상

[비고] 소화기구의 능력단위를 산출함에 있어서 건축물의 주요구조부가 내화구조이고, 벽 및 반자의 실내에 면하는 부분이 불연재료·준불연재료 또는 난연재료로 된 특정소방대상물에 있어서는 위 표의 바닥면적의 2배를 해당 특정소방대상물의 기준면적으로 한다.

2.1.1.3 2.1.1.2에 따른 능력단위 외에 표 2.1.1.3에 따라 부속용도별로 사용되는 부분에 대하여는 소화기구 및 자동소화장치를 추가하여 설치할 것

표 2.1.1.3 부속용도별로 추가해야 할 소화기구 및 자동소화장치⟨개정 2023.8.9.⟩, ⟨개정 2024.1.1.⟩

용도별		소화기구의 능력단위
1. 다음 각목의 시설. 다만, 스프링클러설비·간이스프링클러설비·물분무등소화설비 또는 상업용 주방자동소화장치가 설치된 경우에는 자동확산소화기를 설치하지 않을 수 있다. 가. 보일러실·건조실·세탁소·대량화기취급소 나. 음식점(지하가의 음식점을 포함한다)·다중이용업소·호텔·기숙사·노유자시설·의료시설·업무시설·공장·장례식장·교육연구시설·교정 및 군사시설의 주방 다만, 의료시설·업무시설 및 공장의 주방은 공동취사를 위한 것에 한한다. 다. 관리자의 출입이 곤란한 변전실·송전실·변압기실 및 배전반실(불연재료로된 상자 안에 장치된 것을 제외한다)		1. 해당 용도의 바닥면적 25 m^{2}마다 능력단위 1단위 이상의 소화기로 할 것. 이 경우 나목의 주방에 설치하는 소화기 중 1개 이상은 주방화재용 소화기(K급)로 설치해야 한다. 2. 자동확산소화기는 해당 용도의 바닥면적을 기준으로 10 m^2 이하는 1개, 10 m^2 초과는 2개 이상을 설치하되, 보일러, 가스레인지 등 방호대상에 유효하게 분사될 수 있는 위치에 배치될 수 있는 수량으로 설치할 것
2. 발전실·변전실·송전실·변압기실·배전반실·통신기기실·전산기기실·기타 이와 유사한 시설이 있는 장소. 다만, 제1호 다목의 장소를 제외한다.		해당 용도의 바닥면적 50 m^{2}마다 적응성이 있는 소화기 1개 이상 또는 유효설치방호체적 이내의 가스·분말·고체에어로졸 자동소화장치, 캐비닛형자동소화장치(다만, 통신기기실·전자기기실을 제외한 장소에 있어서는 교류 600 V 또는 직류 750 V 이상의 것에 한한다)
3. 「위험물안전관리법 시행령」 별표 1에 따른 지정수량의 1/5 이상 지정수량 미만의 위험물을 저장 또는 취급하는 장소		능력단위 2단위 이상 또는 유효설치방호체적 이내의 가스·분말·고체에어로졸 자동소화장치, 캐비닛형자동소화장치
4. 「화재의 예방 및 안전관리에 관한 법률 시행령」 별표 2에 따른 특수가연물을 저장 또는 취급하는 장소	「화재의 예방 및 안전관리에 관한 법률 시행령」 별표 2에서 정하는 수량 이상	「화재의 예방 및 안전관리에 관한 법률 시행령」 별표 2에서 정하는 수량의 50배 이상마다 능력단위 1단위 이상
	「화재의 예방 및 안전관리에 관한 법률 시행령」 별표 2에서 정하는 수량의 500배 이상	대형소화기 1개 이상
5. 「고압가스안전관리법」·「액화석유가스의 안전관리 및 사업법」 및 「도시가스사업법」에서 규정하	액화석유가스 기타 가연성가스를 연료로 사용하는 연소기기가 있는 장소	각 연소기로부터 보행거리 10 m 이내에 능력단위 3단위 이상의 소화기 1개 이상. 다만, 상업용 주방

용도별			소화기구의 능력단위
는 가연성가스를 연료로 사용하는 장소			자동소화장치가 설치된 장소는 제외한다.
	액화석유가스 기타 가연성가스를 연료로 사용하기 위하여 저장하는 저장실(저장량 300 kg 미만은 제외한다)		능력단위 5단위 이상의 소화기 2개 이상 및 대형소화기 1개 이상
6.「고압가스안전관리법」·「액화석유가스의 안전관리 및 사업법」또는「도시가스사업법」에서 규정하는 가연성가스를 제조하거나 연료외의 용도로 저장·사용하는 장소	저장하고 있는 양 또는 1개월동안 제조·사용하는 양	200 kg 미만 저장하는 장소	능력단위 3단위 이상의 소화기 2개 이상
		200 kg 미만 제조·사용하는 장소	능력단위 3단위 이상의 소화기 2개 이상
		200 kg 이상 300 kg 미만 저장하는 장소	능력단위 5단위 이상의 소화기 2개 이상
		200 kg 이상 300 kg 미만 제조·사용하는 장소	바닥면적 50 m^2마다 능력단위 5단위 이상의 소화기 1개 이상
		300 kg 이상 저장하는 장소	대형소화기 2개 이상
		300 kg 이상 제조·사용하는 장소	바닥면적 50 m^2 마다 능력단위 5단위 이상의 소화기 1개 이상

[비고] 액화석유가스·기타 가연성가스를 제조하거나 연료 외의 용도로 사용하는 장소에 소화기를 설치하는 때에는 해당 장소 바닥면적 50 m^2 이하인 경우에도 해당 소화기를 2개 이상 비치해야 한다.

2.1.1.4 소화기는 다음의 기준에 따라 설치할 것

  2.1.1.4.1 특정소방대상물의 각 층마다 설치하되, 각층이 2 이상의 거실로 구획된 경우에는 각 층마다 설치하는 것 외에 바닥면적이 33 m^2 이상으로 구획된 각 거실에도 배치할 것 〈개정 2024.1.1.〉

  2.1.1.4.2 특정소방대상물의 각 부분으로부터 1개의 소화기까지의 **보행거리가 소형소화기의 경우에는 20 m 이내, 대형소화기의 경우에는 30 m 이내**가 되도록 배치할 것. 다만, 가연성물질이 없는 작업장의 경우에는 작업장의 실정에 맞게 보행거리를 완화하여 배치할 수 있다.

2.1.1.5 능력단위가 2단위 이상이 되도록 소화기를 설치해야 할 특정소방대상물 또는 그 부분에 있어서는 간이소화용구의 능력단위가 전체 능력단위의 2분의 1을 초과하지 않게 할 것. 다만, 노유자시설의 경우에는 그렇지 않다.

2.1.1.6 소화기구(자동확산소화기를 제외한다)는 거주자 등이 손쉽게 사용할 수 있는 장소에 바닥으로부터 **높이 1.5 m 이하**의 곳에 비치하고, 소화기에 있어서는 "소화기", 투척용소화용구에 있어서는 "투척용소화용구", 마른모래에 있어서는 "소화용모래", 팽창질석 및 팽창진주암에 있어서는 "소화질석"이라고 표시한 표지를 보기

쉬운 곳에 부착할 것. 다만, 소화기 및 투척용소화용구의 표지는 「축광표지의 성능인증 및 제품검사의 기술기준」에 적합한 축광식표지로 설치하고, 주차장의 경우 표지를 **바닥으로부터 1.5 m 이상의 높이**에 설치할 것

2.1.1.7 자동확산소화기는 다음의 기준에 따라 설치할 것

2.1.1.7.1 방호대상물에 소화약제가 유효하게 방출될 수 있도록 설치할 것

2.1.1.7.2 작동에 지장이 없도록 견고하게 고정할 것

2.1.2 자동소화장치는 다음의 기준에 따라 설치해야 한다.

2.1.2.1 **주거용 주방자동소화장치**는 다음의 기준에 따라 설치할 것

2.1.2.1.1 **소화약제 방출구**는 환기구(주방에서 발생하는 열기류 등을 밖으로 배출하는 장치를 말한다. 이하 같다)의 청소부분과 분리되어 있어야 하며, 형식승인 받은 유효설치 높이 및 방호면적에 따라 설치할 것

2.1.2.1.2 **감지부**는 형식승인 받은 유효한 높이 및 위치에 설치할 것

2.1.2.1.3 **차단장치(전기 또는 가스)**는 상시 확인 및 점검이 가능하도록 설치할 것

2.1.2.1.4 가스용 주방자동소화장치를 사용하는 경우 탐지부는 수신부와 분리하여 설치하되, 공기보다 가벼운 가스를 사용하는 경우에는 천장 면으로부터 30 cm 이하의 위치에 설치하고, 공기보다 무거운 가스를 사용하는 장소에는 바닥 면으로부터 30 cm 이하의 위치에 설치할 것

2.1.2.1.5 **수신부**는 주위의 열기류 또는 습기 등과 주위온도에 영향을 받지 않고 사용자가 상시 볼 수 있는 장소에 설치할 것

2.1.2.2 **상업용 주방자동소화장치**는 다음의 기준에 따라 설치할 것

2.1.2.2.1 **소화장치**는 조리기구의 종류별로 성능인증을 받은 설계 매뉴얼에 적합하게 설치할 것

2.1.2.2.2 **감지부**는 성능인증을 받은 유효높이 및 위치에 설치할 것

2.1.2.2.3 **차단장치(전기 또는 가스)**는 상시 확인 및 점검이 가능하도록 설치할 것

2.1.2.2.4 **후드**에 설치되는 분사헤드는 후드의 가장 긴 변의 길이까지 방출될 수 있도록 소화약제의 방출 방향 및 거리를 고려하여 설치할 것

2.1.2.2.5 **덕트**에 설치되는 분사헤드는 성능인증을 받은 길이 이내로 설치할 것

2.1.2.3 **캐비닛형자동소화장치**는 다음의 기준에 따라 설치할 것

2.1.2.3.1 분사헤드(방출구)의 설치 높이는 방호구역의 바닥으로부터 형식승인을 받은 범위 내에서 유효하게 소화약제를 방출시킬 수 있는 높이에 설치할 것

2.1.2.3.2 화재감지기는 방호구역 내의 천장 또는 옥내에 면하는 부분에 설치하되 「자

동화재탐지설비 및 시각경보장치의 화재안전기술기준(NFTC 203)」 2.4(감
지기)에 적합하도록 설치할 것

2.1.2.3.3 방호구역 내의 화재감지기의 감지에 따라 작동되도록 할 것

2.1.2.3.4 화재감지기의 회로는 **교차회로방식**으로 설치할 것. 다만, 화재감지기를 「자
동화재탐지설비 및 시각경보장치의 화재안전기술기준(NFTC 203)」 2.4.1
단서의 각 감지기로 설치하는 경우에는 그렇지 않다.

2.1.2.3.5 교차회로 내의 각 화재감지기회로별로 설치된 화재감지기 1개가 담당하는
바닥면적은 「자동화재탐지설비 및 시각경보장치의 화재안전기술기준
(NFTC 203)」 2.4.3.5, 2.4.3.8 및 2.4.3.10에 따른 바닥면적으로 할 것

2.1.2.3.6 **개구부 및 통기구**(환기장치를 포함한다. 이하 같다)를 설치한 것에 있어서는
소화약제가 방출되기 전에 해당 개구부 및 통기구를 자동으로 폐쇄할 수 있
도록 할 것. 다만, 가스압에 의하여 폐쇄되는 것은 소화약제 방출과 동시에
폐쇄할 수 있다.

2.1.2.3.7 작동에 지장이 없도록 견고하게 고정할 것

2.1.2.3.8 구획된 장소의 방호체적 이상을 방호할 수 있는 소화성능이 있을 것

2.1.2.4 가스, 분말, 고체에어로졸 자동소화장치는 다음의 기준에 따라 설치할 것

2.1.2.4.1 소화약제 방출구는 형식승인을 받은 유효설치범위 내에 설치할 것

2.1.2.4.2 자동소화장치는 방호구역 내에 형식승인 된 1개의 제품을 설치할 것. 이 경
우 연동방식으로서 하나의 형식으로 형식승인을 받은 경우에는 1개의 제품
으로 본다.

2.1.2.4.3 감지부는 형식승인 된 유효설치범위 내에 설치해야 하며 설치장소의 평상시
최고주위온도에 따라 다음 표 2.1.2.4.3에 따른 표시온도의 것으로 설치할
것. 다만, 열감지선의 감지부는 형식승인 받은 최고주위온도범위 내에 설치
해야 한다.

표 2.1.2.4.3 설치장소의 평상시 최고주위온도에 따른 감지부의 표시온도

설치장소의 최고주위온도	표시온도
39 ℃ 미만	79 ℃ 미만
39 ℃ 이상 64 ℃ 미만	79 ℃ 이상 121 ℃ 미만
64 ℃ 이상 106 ℃ 미만	121 ℃ 이상 162 ℃ 미만
106 ℃ 이상	162 ℃ 이상

2.1.2.4.4 2.1.2.4.3에도 불구하고 화재감지기를 감지부로 사용하는 경우에는 2.1.2.3
의 2.1.2.3.2부터 2.1.2.3.5까지의 설치방법에 따를 것

2.1.3 이산화탄소 또는 할로겐화합물을 방출하는 소화기구(자동확산소화기를 제외한다)는 지
하층이나 무창층 또는 밀폐된 거실로서 그 바닥면적이 20 m² 미만의 장소에는 설치할 수
없다. 다만, 배기를 위한 유효한 개구부가 있는 장소인 경우에는 그렇지 않다.

[그림] 이산화탄소 소화기

2.2 소화기의 감소

2.2.1 소형소화기를 설치해야 할 특정소방대상물 또는 그 부분에 옥내소화전설비·스프링클
러설비·물분무등소화설비·옥외소화전설비 또는 대형소화기를 설치한 경우에는 해당
설비의 유효범위의 부분에 대하여는 2.1.1.2 및 2.1.1.3에 따른 소형소화기의 3분의 2
(대형소화기를 둔 경우에는 2분의 1)를 감소할 수 있다. 다만, **층수가 11층 이상인 부분,
근린생활시설, 위락시설, 문화 및 집회시설, 운동시설, 판매시설, 운수시설, 숙박시설, 노유
자시설, 의료시설, 업무시설(무인변전소를 제외한다), 방송통신시설, 교육연구시설, 항공
기 및 자동차관련 시설, 관광 휴게시설은 그렇지 않다.** 〈개정 2024.1.1.〉

2.2.2 대형소화기를 설치해야 할 특정소방대상물 또는 그 부분에 **옥내소화전설비·스프링클러
설비·물분무등소화설비 또는 옥외소화전설비**를 설치한 경우에는 해당 설비의 유효범위
안의 부분에 대하여는 대형소화기를 설치하지 않을 수 있다.

소방시설관리사 기출문제

[23회점검] (1) 소화기구 및 자동소화장치의 화재안전기술기준(NFTC 101)상 용어의 정의에서 정한 자동확산소화기의 종류 3가지를 설명하시오.(6점)

[21회점검] 물음 2) 자동소화장치에 대하여 다음 물음에 답하시오. (5점)
(1) 소화기구 및 자동소화장치의 화재안전기준(NFSC 101)에서 가스용 주방자동소화장치를 사용하는 경우 탐지부 설치위치를 쓰시오. (2점)

[19회설계] 건축물내 실의 크기가 가로 20m × 세로 20m × 높이 4m인 노유자시설에 제3종 분말소화기를 설치하고자 한다. 다음을 구하시오.(단, 건축물은 비내화구조이다.)
① 최소 소화능력단위(2점)
② 2단위 소화기 설치시 소화기 개수(1점)

[17회설계] 소화기구 및 자동소화장치의 화재안전기준(NFSC 101)에 관하여 다음 물음에 답하시오. (8점)
① 소화기 수량산출에서 소형소화기를 감소할 수 있는 경우에 관하여 쓰시오. (2점)
② 소화기 수량산출에서 소형소화기를 감소할 수 없는 특정소방대상물 4가지를 쓰시오. (2점)
③ 일반화재를 적용대상으로 하는 소화기구의 적응성이 있는 소화약제를 쓰시오. (4점)

구분	내용
가스계소화약제	㉠
분말소화약제	㉡
액체소화약제	㉢
기타소화약제	㉣

[14회설계] 자동소화장치 중 가스식, 분말식, 고체에어로졸식 자동소화장치의 설치기준을 쓰시오.(10점)

소방기술사 기출문제

[131회] 상업용 주방자동소화장치의 정의, 설치기준 및 설계매뉴얼에 포함되어야 할 사항에 대하여 설명하시오.

[124회] 상업용 주방자동소화장치의 설치기준과 소화시험 방법에 대하여 설명하시오.

[119회] 소화기구 및 자동소화장치의 화재안전기준(NFSC 101) 별표 1 관련 소화기구의 소화약제별 적응성에 관하여 설명하시오.

[119회] 주거용 주방자동소화장치의 정의, 감지부, 차단장치, 공칭방호면적에 대하여 설명하시오.

[104회] 소방관계법령에서 규정된 "자동소화장치"를 종류별로 설명하시오.

[103회] 피트 및 소공간에 설치 가능한 소화장치에 대하여 설명하시오.

[101회] 소방대상물별 소화기구의 능력단위 기준에 대하여 설명하시오.

[93회] 고체에어로졸 자동소화장치(Aerosol Fire Extinguishing System)의 일반적인 구조, 기본 소화원리 및 작동방식을 설명하시오.

[84회] 소화기구(NFSC 101)의 소화능력단위를 산정하는 기준에 대하여 기술하시오.

옥내소화전설비의 화재안전기술기준(NFTC 102)

[시행 2022. 12. 1.] [소방청공고 제2022-209호, 2022. 12. 1., 제정]

1. 일반사항

1.1 적용범위

1.1.1 이 기준은 「소방시설 설치 및 관리에 관한 법률 시행령」(이하 "영"이라 한다) 별표 4 제1
호다목에 따른 옥내소화전설비의 설치 및 관리에 대해 적용한다.

1.2 기준의 효력

1.2.1 이 기준은 「소방시설 설치 및 관리에 관한 법률」(이하 "법"이라 한다) 제2조제1항제6호
나목에 따라 옥내소화전설비의 기술기준으로서의 효력을 가진다.

1.2.2 이 기준에 적합한 경우에는 법 제2조제1항제6호나목에 따라 「옥내소화전설비의 화재안
전성능기준(NFPC 102)」을 충족하는 것으로 본다.

1.3 기준의 시행

1.3.1 이 기준은 2022년 12월 1일부터 시행한다.

1.4 기준의 특례

1.4.1 소방본부장 또는 소방서장은 기존건축물이 증축·개축·대수선되거나 용도변경 되는 경우
에 있어서 이 기준이 정하는 기준에 따라 해당 건축물에 설치해야 할 옥내소화전설비의
배관 · 배선 등의 공사가 현저하게 곤란하다고 인정되는 경우에는 해당 설비의 기능 및
사용에 지장이 없는 범위에서 이 기준의 일부를 적용하지 않을 수 있다.

1.5 경과조치

1.5.1 이 기준 시행 전에 건축허가 등의 신청 또는 신고를 하거나 소방시설공사의 착공신고를
한 특정소방대상물에 대해서는 종전의 「옥내소화전설비의 화재안전기준(NFSC 102)」
에 따른다.

1.5.2 이 기준 시행 전에 1.5.1에 따른 신청 또는 신고를 한 경우라도 제정 기준이 종전의 기준
에 비하여 관계인에게 유리한 경우에는 제정 기준에 따를 수 있다.

1.6 다른 법령과의 관계

1.6.1 이 기준 시행 당시 다른 법령 또는 행정규칙 등에서 종전의 화재안전기준을 인용한 경우
에 이 기준 가운데 그에 해당하는 규정이 있는 경우에는 종전의 규정에 갈음하여 이 기준

의 해당 규정을 인용한 것으로 본다.

1.7 용어의 정의

1.7.1 이 기준에서 사용하는 용어의 정의는 다음과 같다.

    1.7.1.1 "고가수조"란 구조물 또는 지형지물 등에 설치하여 자연낙차의 압력으로 급수하는 수조를 말한다.

    1.7.1.2 "압력수조"란 소화용수와 공기를 채우고 일정압력 이상으로 가압하여 그 압력으로 급수하는 수조를 말한다.

    1.7.1.3 "충압펌프"란 배관 내 압력손실에 따른 주펌프의 빈번한 기동을 방지하기 위하여 충압 역할을 하는 펌프를 말한다.

    1.7.1.4 "정격토출량"이란 펌프의 정격부하운전 시 토출량으로서 정격토출압력에서의 펌프의 토출량을 말한다.

    1.7.1.5 "정격토출압력"이란 펌프의 정격부하운전 시 토출압력으로서 정격토출량에서의 펌프의 토출측 압력을 말한다.

    1.7.1.6 "진공계"란 대기압 이하의 압력을 측정하는 계측기를 말한다.

    1.7.1.7 "연성계"란 대기압 이상의 압력과 대기압 이하의 압력을 측정할 수 있는 계측기를 말한다.

    1.7.1.8 "체절운전"이란 펌프의 성능시험을 목적으로 펌프 토출측의 개폐밸브를 닫은 상태에서 펌프를 운전하는 것을 말한다.

    1.7.1.9 "기동용수압개폐장치"란 소화설비의 배관 내 압력변동을 검지하여 자동적으로 펌프를 기동 및 정지시키는 것으로서 압력챔버 또는 기동용압력스위치 등을 말한다.

    1.7.1.10 "급수배관"이란 수원 또는 송수구 등으로부터 소화설비에 급수하는 배관을 말한다.

    1.7.1.11 "분기배관"이란 배관 측면에 구멍을 뚫어 둘 이상의 관로가 생기도록 가공한 배관으로서 다음의 분기배관을 말한다.

        (1) "확관형 분기배관"이란 배관의 측면에 조그만 구멍을 뚫고 소성가공으로 확관시켜 배관 용접이음자리를 만들거나 배관 용접이음자리에 배관이음쇠를 용접 이음한 배관을 말한다.

        (2) "비확관형 분기배관"이란 배관의 측면에 분기호칭내경 이상의 구멍을 뚫고 배관이음쇠를 용접 이음한 배관을 말한다.

1.7.1.12 "개폐표시형밸브"란 밸브의 개폐여부를 외부에서 식별이 가능한 밸브를 말한다.

1.7.1.13 "가압수조"란 가압원인 압축공기 또는 불연성 기체의 압력으로 소화용수를 가압 하여 그 압력으로 급수하는 수조를 말한다.

1.7.1.14 "주펌프"란 구동장치의 회전 또는 왕복운동으로 소화용수를 가압하여 그 압력으 로 급수하는 주된 펌프를 말한다.

1.7.1.15 "예비펌프"란 주펌프와 동등 이상의 성능이 있는 별도의 펌프를 말한다.

2. 기술기준

2.1 수원

2.1.2 옥내소화전설비의 수원은 그 저수량이 옥내소화전의 설치개수가 가장 많은 층의 설치 개수(2개 이상 설치된 경우에는 2개)에 2.6 ㎥(호스릴옥내소화전설비를 포함한다)를 곱한 양 이상이 되도록 해야 한다.

2.1.2 옥내소화전설비의 수원은 2.1.1에 따라 계산하여 나온 유효수량 외에 유효수량의 3분의 1 이상을 옥상(옥내소화전설비가 설치된 건축물의 주된 옥상을 말한다. 이하 같다)에 설 치해야 한다. 다만, 다음의 어느 하나에 해당하는 경우에는 그렇지 않다.

(1) 지하층만 있는 건축물
(2) 2.2.2에 따른 고가수조를 가압송수장치로 설치한 경우
(3) 수원이 건축물의 최상층에 설치된 방수구보다 높은 위치에 설치된 경우
(4) 건축물의 높이가 지표면으로부터 10 m 이하인 경우
(5) 주펌프와 동등 이상의 성능이 있는 별도의 펌프로서 내연기관의 기동과 연동하여 작동되거나 비상전원을 연결하여 설치한 경우
(6) 2.2.1.9의 단서에 해당하는 경우
(7) 2.2.4에 따라 가압수조를 가압송수장치로 설치한 경우

2.1.3 옥상수조(2.1.1에 따라 계산하여 나온 유효수량의 3분의 1 이상을 옥상에 설치한 설비를 말한다. 이하 같다)는 이와 연결된 배관을 통하여 상시 소화수를 공급할 수 있는 구조의 특정소방대상물인 경우에는 둘 이상의 특정소방대상물이 있더라도 하나의 특정소방대 상물에만 이를 설치할 수 있다.

2.1.4 옥내소화전설비의 수원을 수조로 설치하는 경우에는 소화설비의 전용수조로 해야 한다. 다만, 다음의 어느 하나에 해당하는 경우에는 그렇지 않다.

2.1.4.1 옥내소화전설비용 펌프의 풋밸브 또는 흡수배관의 흡수구(수직회전축펌프의 흡수구를 포함한다. 이하 같다)를 다른 설비(소화용 설비 외의 것을 말한다. 이하 같다)의 풋밸브 또는 흡수구보다 낮은 위치에 설치한 때

2.1.4.2 2.2.2에 따른 고가수조로부터 옥내소화전설비의 수직배관에 물을 공급하는 급수구를 다른 설비의 급수구보다 낮은 위치에 설치한 때

2.1.5 2.1.1 및 2.1.2에 따른 저수량을 산정함에 있어서 다른 설비와 겸용하여 옥내소화전설비용 수조를 설치하는 경우에는 옥내소화전설비의 풋밸브·흡수구 또는 수직배관의 급수구와 다른 설비의 풋밸브·흡수구 또는 수직배관의 급수구와의 사이의 수량을 그 유효수량으로 한다.

2.1.6 옥내소화전설비용 수조는 다음 각호의 기준에 따라 설치해야 한다.
  2.1.6.1 **점검에 편리한 곳**에 설치할 것
  2.1.6.2 **동결방지조치**를 하거나 동결의 우려가 없는 장소에 설치할 것
  2.1.6.3 수조의 외측에 **수위계**를 설치할 것. 다만, 구조상 불가피한 경우에는 수조의 맨홀 등을 통하여 수조 안의 물의 양을 쉽게 확인할 수 있도록 해야 한다.
  2.1.6.4 수조의 상단이 바닥보다 높은 때에는 수조의 외측에 **고정식 사다리**를 설치할 것
  2.1.6.5 수조가 실내에 설치된 때에는 그 실내에 **조명설비**를 설치할 것
  2.1.6.6 수조의 밑 부분에는 **청소용 배수밸브 또는 배수관**을 설치할 것
  2.1.6.7 수조 외측의 보기 쉬운 곳에 "옥내소화전소화설비용 수조"라고 표시한 **표지**를 할 것. 이 경우 그 수조를 다른 설비와 겸용하는 때에는 그 겸용되는 설비의 이름을 표시한 표지를 함께 해야 한다.
  2.1.6.8 소화설비용 펌프의 흡수배관 또는 소화설비의 수직배관과 수조의 접속부분에는 "옥내소화전소화설비용 배관"이라고 표시한 **표지**를 할 것. 다만, 수조와 가까운 장소에 소화설비용 펌프가 설치되고 해당 펌프에 2.2.1.15에 따른 표지를 설치한 때에는 그렇지 않다.

2.2 가압송수장치

2.2.1 전동기 또는 내연기관에 따른 펌프를 이용하는 가압송수장치는 다음의 기준에 따라 설치해야 한다. 다만, 가압송수장치의 주펌프는 전동기에 따른 펌프로 설치해야 한다.

[그림] 전동기에 따른 펌프 이용 가압송수장치

2.2.1.1 쉽게 접근할 수 있고 점검하기에 충분한 공간이 있는 장소로서 화재 및 침수 등의 재해로 인한 피해를 받을 우려가 없는 곳에 설치할 것

2.2.1.2 동결방지조치를 하거나 동결의 우려가 없는 장소에 설치할 것

2.2.1.3 특정소방대상물의 어느 층에 있어서도 해당 층의 옥내소화전(2개 이상 설치된 경우에는 2개의 옥내소화전)을 동시에 사용할 경우 각 소화전의 노즐선단에서의 방수압력이 0.17 ㎫(호스릴옥내소화전설비를 포함한다) 이상이고, 방수량이 130 L/min(호스릴옥내소화전설비를 포함한다) 이상이 되는 성능의 것으로 할 것. 다만, 하나의 옥내소화전을 사용하는 노즐선단에서의 방수압력이 0.7 ㎫을 초과할 경우에는 호스접결구의 인입 측에 감압장치를 설치해야 한다.

2.2.1.4 펌프의 토출량은 옥내소화전이 가장 많이 설치된 층의 설치개수(옥내소화전이 2개 이상 설치된 경우에는 2개)에 130 L/min를 곱한 양 이상이 되도록 할 것

2.2.1.5 펌프는 전용으로 할 것. 다만, 다른 소화설비와 겸용하는 경우 각각의 소화설비의 성능에 지장이 없을 때에는 그렇지 않다.

2.2.1.6 펌프의 토출 측에는 압력계를 체크밸브 이전에 펌프 토출 측 플랜지에서 가까운 곳에 설치하고, 흡입 측에는 연성계 또는 진공계를 설치할 것. 다만, 수원의 수위가 펌프의 위치보다 높거나 수직회전축펌프의 경우에는 연성계 또는 진공계를 설치하지 않을 수 있다.

2.2.1.7 펌프의 성능은 체절운전 시 정격토출압력의 140 %를 초과하지 않고, 정격토출량의 150 %로 운전 시 정격토출압력의 65 % 이상이 되어야 하며, 펌프의 성능을 시험할 수 있는 성능시험배관을 설치할 것. 다만, 충압펌프의 경우에는 그렇지 않다.

2.2.1.8 가압송수장치에는 체절운전 시 수온의 상승을 방지하기 위한 순환배관을 설치할 것. 다만, 충압펌프의 경우에는 그렇지 않다.

2.2.1.9 기동장치로는 기동용수압개폐장치 또는 이와 동등 이상의 성능이 있는 것을 설치할 것. 다만, 학교·공장·창고시설(2.1.2에 따라 옥상수조를 설치한 대상은 제외한다)로서 동결의 우려가 있는 장소에 있어서는 기동스위치에 보호판을 부착하여 옥내소화전함 내에 설치할 수 있다.

[그림] 수동기동방식(ON-OFF)

2.2.1.10 2.2.1.9 단서의 경우에는 주펌프와 동등 이상의 성능이 있는 별도의 펌프로서 내연기관의 기동과 연동하여 작동되거나 비상전원을 연결한 펌프를 추가 설치할 것. 다만, 다음의 어느 하나에 해당하는 경우는 제외한다.

(1) 지하층만 있는 건축물
(2) 고가수조를 가압송수장치로 설치한 경우
(3) 수원이 건축물의 최상층에 설치된 방수구보다 높은 위치에 설치된 경우
(4) 건축물의 높이가 지표면으로부터 10 m 이하인 경우
(5) 가압수조를 가압송수장치로 설치한 경우

2.2.1.11 기동용수압개폐장치 중 압력챔버를 사용할 경우 그 용적은 100 L 이상의 것으로 할 것

[그림] 압력챔버

2.2.1.12 수원의 수위가 펌프보다 낮은 위치에 있는 가압송수장치에는 다음의 기준에 따른 물올림장치를 설치할 것

  2.2.1.12.1 물올림장치에는 전용의 수조를 설치할 것

  2.2.1.12.2 수조의 유효수량은 100 L 이상으로 하되, 구경 15 mm 이상의 급수배관에 따라 해당 수조에 물이 계속 보급되도록 할 것

2.2.1.13 기동용수압개폐장치를 기동장치로 사용할 경우에는 다음의 기준에 따른 충압펌프를 설치할 것

  2.2.1.13.1 펌프의 토출압력은 그 설비의 최고위 호스접결구의 자연압보다 적어도 0.2 MPa이 더 크도록 하거나 가압송수장치의 정격토출압력과 같게 할 것

  2.2.1.13.2 펌프의 정격토출량은 정상적인 누설량보다 적어서는 안 되며, 옥내소화전 설비가 자동적으로 작동할 수 있도록 충분한 토출량을 유지할 것

2.2.1.14 내연기관을 사용하는 경우에는 다음의 기준에 적합한 것으로 할 것

  2.2.1.14.1 내연기관의 기동은 2.2.1.9의 기동장치를 설치하거나 또는 소화전함의 위치에서 원격조작이 가능하고 기동을 명시하는 적색등을 설치할 것

  2.2.1.14.2 제어반에 따라 내연기관의 자동기동 및 수동기동이 가능하고, 상시 충전되어 있는 축전지설비를 갖출 것

  2.2.1.14.3 내연기관의 연료량은 20분(층수가 30층 이상 49층 이하는 40분, 50층 이상은 60분) 이상 운전할 수 있는 용량일 것

[그림] 엔진펌프

2.2.1.15 가압송수장치에는 "옥내소화전소화펌프"라고 표시한 표지를 할 것. 이 경우 그 가압송수장치를 다른 설비와 겸용하는 때에는 그 겸용되는 설비의 이름을 표시한 표지를 함께 해야 한다.

2.2.1.16 가압송수장치가 기동이 된 경우에는 자동으로 정지되지 않도록 할 것. 다만, 충압

펌프의 경우에는 그렇지 않다.

2.2.1.17 가압송수장치는 부식 등으로 인한 펌프의 고착을 방지할 수 있도록 다음의 기준에 적합한 것으로 할 것. 다만, 충압펌프는 제외한다.

> 2.2.1.17.1 임펠러는 청동 또는 스테인리스 등 부식에 강한 재질을 사용할 것
> 2.2.1.17.2 펌프축은 스테인리스 등 부식에 강한 재질을 사용할 것

2.2.2 고가수조의 자연낙차를 이용한 가압송수장치는 다음의 기준에 따라 설치해야 한다.

2.2.2.1 고가수조의 자연낙차수두(수조의 하단으로부터 최고층에 설치된 소화전 호스 접결구까지의 수직거리를 말한다)는 다음의 식 (2.2.2.1)에 따라 계산하여 나온 수치 이상 유지되도록 할 것

> $$H = h_1 + h_2 + 17(\text{호스릴옥내소화전 설비를 포함한다}) \qquad \cdots (2.2.2.1)$$
> 여기에서, H : 필요한 낙차(m)
> $\qquad h_1$: 호스의 마찰손실수두(m)
> $\qquad h_2$: 배관의 마찰손실수두(m)

2.2.2.2 고가수조에는 수위계·배수관·급수관·오버플로우관 및 맨홀을 설치할 것

2.2.3 압력수조를 이용한 가압송수장치는 다음의 기준에 따라 설치해야 한다.

2.2.3.1 압력수조의 압력은 다음의 식 (2.2.3.1)에 따라 계산하여 나온 수치 이상 유지되도록 할 것

> $$P = p_1 + p_2 + p_3 + 0.17(\text{호스릴옥내소화전설비를 포함한다}) \qquad \cdots (2.2.3.1)$$
> 여기에서, P : 필요한 압력(MPa)
> $\qquad p_1$: 호스의 마찰손실수두압(MPa)
> $\qquad p_2$: 배관의 마찰손실수두압(MPa)
> $\qquad p_3$: 낙차의 환산수두압(MPa)

2.2.3.2 압력수조에는 수위계·급수관·배수관·급기관·맨홀·압력계·안전장치 및 압력저하 방지를 위한 자동식 공기압축기를 설치할 것

2.2.4 가압수조를 이용한 가압송수장치는 다음의 기준에 따라 설치해야 한다.

2.2.4.1 가압수조의 압력은 2.2.1.3에 따른 방수압 및 방수량을 20분 이상 유지되도록 할 것

2.2.4.2 가압수조 및 가압원은 「건축법 시행령」 제46조에 따른 방화구획 된 장소에 설치할 것

2.2.4.3 가압수조를 이용한 가압송수장치는 소방청장이 정하여 고시한 「가압수조식가압송수장치의 성능인증 및 제품검사의 기술기준」에 적합한 것으로 설치할 것

2.3 배관 등

2.3.1 배관과 배관이음쇠는 다음의 어느 하나에 해당하는 것 또는 동등 이상의 강도 · 내식성 및 내열성 등을 국내 · 외 공인기관으로부터 인정받은 것을 사용해야 하고, 배관용 스테인리스 강관(KS D 3576)의 이음을 용접으로 할 경우에는 텅스텐 불활성 가스 아크 용접(Tungsten Inertgas Arc Welding)방식에 따른다. 다만, 2.3에서 정하지 않은 사항은 「건설기술 진흥법」 제44조제1항의 규정에 따른 "건설기준"에 따른다.

2.3.1.1 배관 내 사용압력이 1.2 ㎫ 미만일 경우에는 다음의 어느 하나에 해당하는 것

(1) 배관용 탄소 강관(KS D 3507)
(2) 이음매 없는 구리 및 구리합금관(KS D 5301). 다만, 습식의 배관에 한한다.
(3) 배관용 스테인리스 강관(KS D 3576) 또는 일반배관용 스테인리스 강관(KS D 3595)
(4) 덕타일 주철관(KS D 4311)

2.3.1.2 배관 내 사용압력이 1.2 ㎫ 이상일 경우에는 다음의 어느 하나에 해당하는 것

(1) 압력 배관용 탄소 강관(KS D 3562)
(2) 배관용 아크용접 탄소강 강관(KS D 3583)

2.3.2 2.3.1에도 불구하고 다음의 어느 하나에 해당하는 장소에는 소방청장이 정하여 고시한 「소방용합성수지배관의 성능인증 및 제품검사의 기술기준」에 적합한 소방용 합성수지 배관으로 설치할 수 있다.

2.3.2.1 배관을 지하에 매설하는 경우
2.3.2.2 다른 부분과 내화구조로 구획된 덕트 또는 피트의 내부에 설치하는 경우
2.3.2.3 천장(상층이 있는 경우에는 상층바닥의 하단을 포함한다. 이하 같다)과 반자를 불연재료 또는 준불연 재료로 설치하고 소화배관 내부에 항상 소화수가 채워진 상태로 설치하는 경우

2.3.3 급수배관은 전용으로 해야 한다. 다만, 옥내소화전의 기동장치의 조작과 동시에 다른 설비의 용도에 사용하는 배관의 송수를 차단할 수 있거나, 옥내소화전설비의 성능에 지장이 없는 경우에는 다른 설비와 겸용할 수 있다.

2.3.4 펌프의 흡입 측 배관은 다음의 기준에 따라 설치해야 한다.

2.3.4.1 공기 고임이 생기지 않는 구조로 하고 여과장치를 설치할 것

2.3.4.2 수조가 펌프보다 낮게 설치된 경우에는 각 펌프(충압펌프를 포함한다)마다 수조로부터 별도로 설치할 것

2.3.5 펌프의 토출 측 주배관의 구경은 유속이 4 ㎧ 이하가 될 수 있는 크기 이상으로 해야 하고, 옥내소화전방수구와 연결되는 가지배관의 구경은 40 ㎜(호스릴옥내소화전설비의 경우에는 25 ㎜) 이상으로 해야 하며, 주배관 중 수직배관의 구경은 50 ㎜(호스릴옥내소화전설비의 경우에는 32 ㎜) 이상으로 해야 한다.

2.3.6 연결송수관설비의 배관과 겸용할 경우의 주배관은 구경 100 ㎜ 이상, 방수구로 연결되는 배관의 구경은 65 ㎜ 이상의 것으로 해야 한다.

2.3.7 펌프의 성능시험배관은 다음의 기준에 적합하도록 설치해야 한다.

[그림] 성능시험배관

2.3.7.1 성능시험배관은 펌프의 토출 측에 설치된 개폐밸브 이전에서 분기하여 직선으로 설치하고, 유량측정장치를 기준으로 전단 직관부에는 개폐밸브를 후단 직관부에는 유량조절밸브를 설치할 것. 이 경우 개폐밸브와 유량측정장치 사이의 직관부 거리 및 유량측정장치와 유량조절밸브 사이의 직관부 거리는 해당 유량측정장치

제조사의 설치사양에 따르고, 성능시험배관의 호칭지름은 유량측정장치의 호칭지름에 따른다.

2.3.7.2 유량측정장치는 펌프의 정격토출량의 175 % 이상까지 측정할 수 있는 성능이 있을 것

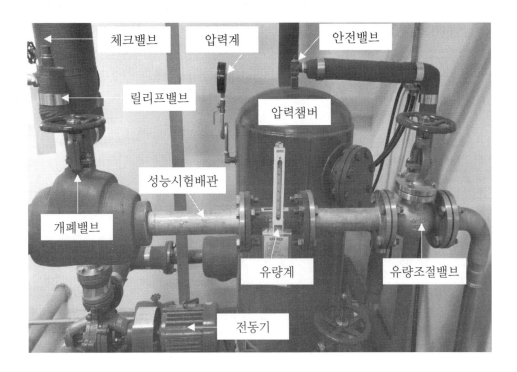

2.3.8 가압송수장치의 체절운전 시 수온의 상승을 방지하기 위하여 체크밸브와 펌프 사이에서 분기한 구경 20 mm 이상의 배관에 체절압력 미만에서 개방되는 릴리프밸브를 설치할 것

[그림] 릴리프밸브

2.3.9 배관은 동결방지조치를 하거나 동결의 우려가 없는 장소에 설치해야 한다. 다만, 보온재를 사용할 경우에는 난연재료 성능 이상의 것으로 해야 한다.

2.3.10 급수배관에 설치되어 급수를 차단할 수 있는 개폐밸브(옥내소화전방수구를 제외한다)는 개폐표시형으로 해야 한다. 이 경우 펌프의 흡입측배관에는 버터플라이밸브 외의 개폐표시형밸브를 설치해야 한다.

2.3.11 배관은 다른 설비의 배관과 쉽게 구분이 될 수 있는 위치에 설치하거나, 그 배관표면 또는 배관 보온재표면의 색상은 「한국산업표준(배관계의 식별 표시, KS A 0503)」 또는 적색으로 식별이 가능하도록 소방용설비의 배관임을 표시해야 한다.

2.3.12 옥내소화전설비에는 소방차로부터 그 설비에 송수할 수 있는 송수구를 다음의 기준에 따라 설치해야 한다.

[그림] 송수구

2.3.12.1 소방차가 쉽게 접근할 수 있고 잘 보이는 장소에 설치하고, 화재층으로부터 지면으로 떨어지는 유리창 등이 송수 및 그 밖의 소화작업에 지장을 주지 않는 장소에 설치할 것

2.3.12.2 송수구로부터 옥내소화전설비의 주배관에 이르는 연결배관에는 개폐밸브를 설치하지 않을 것. 다만, 스프링클러설비·물분무소화설비·포소화설비·또는 연결송수관설비의 배관과 겸용하는 경우에는 그렇지 않다.

2.3.12.3 지면으로부터 높이가 0.5 m 이상 1 m 이하의 위치에 설치할 것

2.3.12.4 송수구는 구경 65 ㎜의 쌍구형 또는 단구형으로 할 것

2.3.12.5 송수구의 부근에는 자동배수밸브(또는 직경 5 ㎜의 배수공) 및 체크밸브를 다음의 기준에 따라 설치할 것. 이 경우 자동배수밸브는 배관 안의 물이 잘 빠질 수 있는 위치에 설치하되, 배수로 인하여 다른 물건이나 장소에 피해를 주지 않아야 한다.

2.3.12.6 송수구에는 이물질을 막기 위한 마개를 씌울 것

2.3.13 확관형 분기배관을 사용할 경우에는 소방청장이 정하여 고시한 「분기배관의 성능인증 및 제품검사의 기술기준」에 적합한 것으로 설치해야 한다.

2.4 함 및 방수구 등

2.4.1 옥내소화전설비의 함은 다음의 기준에 따라 설치해야 한다.

[그림] 옥내소화전설비의 함 및 방수구

2.4.1.1 함은 소방청장이 정하여 고시한 「소화전함의 성능인증 및 제품검사의 기술기준」에 적합한 것으로 설치하되 밸브의 조작, 호스의 수납 및 문의 개방 등 옥내소화전의 사용에 장애가 없도록 설치할 것. 연결송수관의 방수구를 같이 설치하는 경우에도 또한 같다.

2.4.1.2 2.4.1.1에도 불구하고 2.4.2.1의 기준을 초과하는 경우로서 기둥 또는 벽이 설치되지 않은 대형공간의 경우는 다음의 기준에 따라 설치할 수 있다.

2.4.1.2.1 호스 및 관창은 방수구의 가장 가까운 장소의 벽 또는 기둥 등에 함을 설치하여 비치할 것

2.4.1.2.2 방수구의 위치표지는 표시등 또는 축광도료 등으로 상시 확인이 가능토록 할 것

2.4.2 옥내소화전방수구는 다음의 기준에 따라 설치해야 한다.

2.4.2.1 특정소방대상물의 층마다 설치하되, 해당 특정소방대상물의 각 부분으로부터 하나의 옥내소화전 방수구까지의 수평거리가 25 m(호스릴옥내소화전설비를 포함한다) 이하가 되도록 할 것. 다만, 복층형 구조의 공동주택의 경우에는 세대의

출입구가 설치된 층에만 설치할 수 있다.

2.4.2.2 바닥으로부터의 높이가 1.5 m 이하가 되도록 할 것

2.4.2.3 호스는 구경 40 mm(호스릴옥내소화전설비의 경우에는 25 mm) 이상의 것으로서 특정소방대상물의 각 부분에 물이 유효하게 뿌려질 수 있는 길이로 설치할 것

2.4.2.4 호스릴옥내소화전설비의 경우 그 노즐에는 노즐을 쉽게 개폐할 수 있는 장치를 부착할 것

[그림] 호스릴옥내소화전설비 방수구

2.4.3 표시등은 다음의 기준에 따라 설치해야 한다.

2.4.3.1 옥내소화전설비의 위치를 표시하는 표시등은 함의 상부에 설치하되, 소방청장이 고시하는 「표시등의 성능인증 및 제품검사의 기술기준」에 적합한 것으로 할 것

2.4.3.2 가압송수장치의 기동을 표시하는 표시등은 옥내소화전함의 상부 또는 그 직근에 설치하되 적색등으로 할 것. 다만, 자체소방대를 구성하여 운영하는 경우(「위험물 안전관리법 시행령」 별표 8에서 정한 소방자동차와 자체소방대원의 규모를 말한다) 가압송수장치의 기동표시등을 설치하지 않을 수 있다.

2.4.4 옥내소화전설비의 함에는 그 표면에 "소화전"이라는 표시를 해야 한다.

2.4.5 옥내소화전설비의 함에는 함 가까이 보기 쉬운 곳에 그 사용요령을 기재한 표지판을 붙여야 하며, 표지판을 함의 문에 붙이는 경우에는 문의 내부 및 외부 모두에 붙여야 한다. 이 경우, 사용요령은 외국어와 시각적인 그림을 포함하여 작성해야 한다.

2.5 전원

2.5.1 옥내소화전설비에는 그 특정소방대상물의 수전방식에 따라 다음의 기준에 따른 상용전원회로의 배선을 설치해야 한다. 다만, 가압수조방식으로서 모든 기능이 20분 이상 유효

하게 지속될 수 있는 경우에는 그렇지 않다.

> 2.5.1.1 저압수전인 경우에는 인입개폐기의 직후에서 분기하여 전용배선으로 해야 하며, 전용의 전선관에 보호되도록 할 것
>
> 2.5.1.2 특별고압수전 또는 고압수전일 경우에는 전력용 변압기 2차측의 주차단기 1차측에서 분기하여 전용배선으로 하되, 상용전원의 상시공급에 지장이 없을 경우에는 주차단기 2차측에서 분기하여 전용배선으로 할 것. 다만, 가압송수장치의 정격입력전압이 수전전압과 같은 경우에는 2.5.1.1의 기준에 따른다.

2.5.2 다음의 어느 하나에 해당하는 특정소방대상물의 옥내소화전설비에는 비상전원을 설치해야 한다. 다만, 2 이상의 변전소(「전기사업법」 제67조에 따른 변전소를 말한다. 이하 같다)에서 전력을 동시에 공급받을 수 있거나 하나의 변전소로부터 전력의 공급이 중단되는 때에는 자동으로 다른 변전소로부터 전원을 공급받을 수 있도록 상용전원을 설치한 경우와 가압수조방식에는 비상전원을 설치하지 않을 수 있다.

> 2.5.2.1 층수가 7층 이상으로서 연면적 2,000 m² 이상인 것
>
> 2.5.2.2 2.5.2.1에 해당하지 않는 특정소방대상물로서 지하층의 바닥면적 합계가 3,000 m² 이상인 것

2.5.3 2.5.2에 따른 비상전원은 자가발전설비, 축전지설비(내연기관에 따른 펌프를 사용하는 경우에는 내연기관의 기동 및 제어용 축전지를 말한다) 또는 전기저장장치(외부 전기에너지를 저장해 두었다가 필요한 때 전기를 공급하는 장치)로서 다음의 기준에 따라 설치해야 한다.

> 2.5.3.1 점검에 편리하고 화재 및 침수 등의 재해로 인한 피해를 받을 우려가 없는 곳에 설치할 것
>
> 2.5.3.2 옥내소화전설비를 유효하게 20분 이상 작동할 수 있어야 할 것
>
> 2.5.3.3 상용전원으로부터 전력의 공급이 중단된 때에는 자동으로 비상전원으로부터 전력을 공급받을 수 있도록 할 것
>
> 2.5.3.4 비상전원(내연기관의 기동 및 제어용 축전기를 제외한다)의 설치장소는 다른 장소와 방화구획 할 것. 이 경우 그 장소에는 비상전원의 공급에 필요한 기구나 설비 외의 것(열병합발전설비에 필요한 기구나 설비는 제외한다)을 두어서는 안 된다.
>
> 2.5.3.5 비상전원을 실내에 설치하는 때에는 그 실내에 비상조명등을 설치할 것

[그림] 자가발전기

2.6 제어반

2.6.1 소화설비에는 제어반을 설치하되, 감시제어반과 동력제어반으로 구분하여 설치해야 한다. 다만, 다음의 어느 하나에 해당하는 경우에는 감시제어반과 동력제어반으로 구분하여 설치하지 않을 수 있다.

    2.6.1.1 2.5.2의 각 기준의 어느 하나에 해당하지 않는 특정소방대상물에 설치되는 옥내소화전설비

    2.6.1.2 내연기관에 따른 가압송수장치를 사용하는 옥내소화전설비

    2.6.1.3 고가수조에 따른 가압송수장치를 사용하는 옥내소화전설비

    2.6.1.4 가압수조에 따른 가압송수장치를 사용하는 옥내소화전설비

2.6.2 **감시제어반의 기능**은 다음의 기준에 적합해야 한다.

    2.6.2.1 각 펌프의 작동여부를 확인할 수 있는 표시등 및 음향경보기능이 있어야 할 것

    2.6.2.2 각 펌프를 자동 및 수동으로 작동시키거나 중단시킬 수 있어야 할 것

    2.6.2.3 비상전원을 설치한 경우에는 상용전원 및 비상전원의 공급여부를 확인할 수 있어야 할 것

    2.6.2.4 수조 또는 물올림수조가 저수위로 될 때 표시등 및 음향으로 경보할 것

    2.6.2.5 다음의 각 확인회로마다 도통시험 및 작동시험을 할 수 있도록 할 것

        (1) 기동용수압개폐장치의 압력스위치회로

        (2) 수조 또는 물올림수조의 저수위감시회로

        (3) 2.3.10에 따른 개폐밸브의 폐쇄상태 확인회로

        (4) 그 밖의 이와 비슷한 회로

    2.6.2.6 예비전원이 확보되고 예비전원의 적합여부를 시험할 수 있어야 할 것

2.6.3 감시제어반은 다음의 기준에 따라 설치해야 한다.

  2.6.3.1 화재 및 침수 등의 재해로 인한 피해를 받을 우려가 없는 곳에 설치할 것

  2.6.3.2 감시제어반은 옥내소화전설비의 전용으로 할 것. 다만, 옥내소화전설비의 제어에 지장이 없는 경우에는 다른 설비와 겸용할 수 있다.

  2.6.3.3 감시제어반은 다음의 기준에 따른 전용실 안에 설치할 것. 다만, 2.6.1의 단서에 따른 각 기준의 어느 하나에 해당하는 경우와 공장, 발전소 등에서 설비를 집중 제어 · 운전할 목적으로 설치하는 중앙제어실 내에 감시제어반을 설치하는 경우에는 그렇지 않다.

    2.6.3.3.1 다른 부분과 방화구획을 할 것. 이 경우 전용실의 벽에는 기계실 또는 전기실 등의 감시를 위하여 두께 7 ㎜ 이상의 망입유리(두께 16.3 ㎜ 이상의 접합유리 또는 두께 28 ㎜ 이상의 복층유리를 포함한다)로 된 4 ㎡ 미만의 붙박이창을 설치할 수 있다.

    2.6.3.3.2 피난층 또는 지하 1층에 설치할 것. 다만, 다음의 어느 하나에 해당하는 경우에는 지상 2층에 설치하거나 지하 1층 외의 지하층에 설치할 수 있다.
      (1) 「건축법 시행령」 제35조에 따라 특별피난계단이 설치되고 그 계단(부속실을 포함한다) 출입구로부터 보행거리 5 m 이내에 전용실의 출입구가 있는 경우
      (2) 아파트의 관리동(관리동이 없는 경우에는 경비실)에 설치하는 경우

    2.6.3.3.3 비상조명등 및 급 · 배기설비를 설치할 것

    2.6.3.3.4 「무선통신보조설비의 화재안전기술기준(NFTC 505)」 2.2.3에 따라 유효하게 통신이 가능할 것(영 별표 4의 제5호마목에 따른 무선통신보조설비가 설치된 특정소방대상물에 한한다)

    2.6.3.3.5 바닥면적은 감시제어반의 설치에 필요한 면적 외에 화재 시 소방대원이 그 감시제어반의 조작에 필요한 최소면적 이상으로 할 것

  2.6.3.4 2.6.3.3에 따른 전용실에는 특정소방대상물의 기계 · 기구 또는 시설 등의 제어 및 감시설비 외의 것을 두지 않을 것

2.6.4 동력제어반은 다음의 기준에 따라 설치해야 한다.

[그림] 동력제어반

2.6.4.1 앞면은 적색으로 하고 "옥내소화전소화설비용 동력제어반"이라고 표시한 표지를 설치할 것

2.6.4.2 외함은 두께 1.5 ㎜ 이상의 강판 또는 이와 동등 이상의 강도 및 내열성능이 있는 것으로 할 것

2.6.4.3 그 밖의 동력제어반의 설치에 관하여는 2.6.3.1 및 2.6.3.2의 기준을 준용할 것

2.7 배선 등

2.7.1 옥내소화전설비의 배선은 「전기사업법」 제67조에 따른 「전기설비기술기준」에서 정한 것 외에 다음의 기준에 따라 설치해야 한다.

2.7.1.1 비상전원을 설치한 경우에는 비상전원으로부터 동력제어반 및 가압송수장치에 이르는 전원회로의 배선은 내화배선으로 할 것. 다만, 자가발전설비와 동력제어 반이 동일한 실에 설치된 경우에는 자가발전기로부터 그 제어반에 이르는 전원회로의 배선은 그렇지 않다.

2.7.1.2 상용전원으로부터 동력제어반에 이르는 배선, 그 밖의 옥내소화전설비의 감시·조작 또는 표시등회로의 배선은 내화배선 또는 내열배선으로 할 것. 다만, 감시제어반 또는 동력제어반 안의 감시·조작 또는 표시등회로의 배선은 그렇지 않다.

2.7.2 2.7.1에 따른 내화배선 및 내열배선에 사용되는 전선의 종류 및 설치방법은 표 2.7.2의 기준에 따른다.

표 2.7.2 배선에 사용되는 전선의 종류 및 공사방법

(1) 내화배선

사용전선의 종류	공사방법
1. 450/750 V 저독성 난연 가교 폴리올레핀 절연 전선 2. 0.6/1 kV 가교 폴리에틸렌 절연 저독성 난연 폴리올레핀 시스 전력 케이블 3. 6/10 kV 가교 폴리에틸렌 절연 저독성 난연 폴리올레핀 시스 전력용 케이블 4. 가교 폴리에틸렌 절연 비닐시스 트레이용 난연 전력 케이블 5. 0.6/1 kV EP 고무절연 클로로프렌 시스 케이블 6. 300/500 V 내열성 실리콘 고무 절연전선(180 ℃) 7. 내열성 에틸렌-비닐 아세테이트 고무절연 케이블 8. 버스덕트(Bus Duct) 9. 기타 「전기용품 및 생활용품 안전관리법」 및 「전기설비기술기준」에 따라 동등 이상의 내화성능이 있다고 주무부장관이 인정하는 것	금속관 · 2종 금속제 가요전선관 또는 합성수지관에 수납하여 내화구조로 된 벽 또는 바닥 등에 벽 또는 바닥의 표면으로부터 25 ㎜ 이상의 깊이로 매설해야 한다. 다만, 다음의 기준에 적합하게 설치하는 경우에는 그렇지 않다. 가. 배선을 내화성능을 갖는 배선전용실 또는 배선용 샤프트 · 피트 · 덕트 등에 설치하는 경우 나. 배선전용실 또는 배선용 샤프트 · 피트 · 덕트 등에 다른 설비의 배선이 있는 경우에는 이로부터 15 ㎝ 이상 떨어지게 하거나 소화설비의 배선과 이웃하는 다른 설비의 배선 사이에 배선지름(배선의 지름이 다른 경우에는 가장 큰 것을 기준으로 한다)의 1.5배 이상의 높이의 불연성 격벽을 설치하는 경우
내화전선	케이블공사의 방법에 따라 설치해야 한다.

[비고] 내화전선의 내화성능은 KS C IEC 60331-1과 2(온도 830 ℃ / 가열시간 120분) 표준 이상을 충족하고 난연성능 확보를 위해 KS C IEC 60332-3-24 성능 이상을 충족할 것

(2) 내열배선

사용전선의 종류	공사방법
1. 450/750 V 저독성 난연 가교 폴리올레핀 절연 전선 2. 0.6/1 kV 가교 폴리에틸렌 절연 저독성 난연 폴리올레핀 시스 전력 케이블 3. 6/10 kV 가교 폴리에틸렌 절연 저독성 난연 폴리올레핀 시스 전력용 케이블 4. 가교 폴리에틸렌 절연 비닐시스 트레이용 난연 전력 케이블 5. 0.6/1 kV EP 고무절연 클로로프렌 시스 케이블 6. 300/500 V 내열성 실리콘 고무 절연전선(180 ℃) 7. 내열성 에틸렌-비닐 아세테이트 고무절연 케이블 8. 버스덕트(Bus Duct) 9. 기타 「전기용품 및 생활용품 안전관리법」 및 「전기설비기술기준」에 따라 동등 이상의 내열성능이 있다고 주무부장관이 인정하는 것	금속관 · 금속제 가요전선관 · 금속덕트 또는 케이블(불연성덕트에 설치하는 경우에 한한다) 공사방법에 따라야 한다. 다만, 다음의 기준에 적합하게 설치하는 경우에는 그렇지 않다. 가. 배선을 내화성능을 갖는 배선전용실 또는 배선용 샤프트 · 피트 · 덕트 등에 설치하는 경우 나. 배선전용실 또는 배선용 샤프트 · 피트 · 덕트 등에 다른 설비의 배선이 있는 경우에는 이로부터 15 ㎝ 이상 떨어지게 하거나 소화설비의 배선과 이웃하는 다른 설비의 배선사이에 배선지름(배선의 지름이 다른 경우에는 가장 큰 것을 기준으로 한다)의 1.5배 이상의 높이의 불연성 격벽을 설치하는 경우
내화전선	케이블공사의 방법에 따라 설치해야 한다.

2.7.3 소화설비의 과전류차단기 및 개폐기에는 "옥내소화전설비용 과전류차단기 또는 개폐기" 이라고 표시한 표지를 해야 한다.

2.7.4 소화설비용 전기배선의 양단 및 접속단자에는 다음의 기준에 따라 표지해야 한다.

2.7.4.1 단자에는 "옥내소화전설비단자"라고 표시한 표지를 부착할 것

2.7.4.2 소화설비용 전기배선의 양단에는 다른 배선과 식별이 용이하도록 표시할 것

2.8 방수구의 설치제외

2.8.1 불연재료로 된 특정소방대상물 또는 그 부분으로서 다음의 어느 하나에 해당하는 곳에는 옥내소화전 방수구를 설치하지 않을 수 있다.

2.8.1.1 냉장창고 중 온도가 영하인 냉장실 또는 냉동창고의 냉동실

2.8.1.2 고온의 노가 설치된 장소 또는 물과 격렬하게 반응하는 물품의 저장 또는 취급 장소

2.8.1.3 발전소·변전소 등으로서 전기시설이 설치된 장소

2.8.1.4 식물원·수족관·목욕실·수영장(관람석 부분을 제외한다) 또는 그 밖의 이와 비슷한 장소

2.8.1.5 야외음악당·야외극장 또는 그 밖의 이와 비슷한 장소

2.9 수원 및 가압송수장치의 펌프 등의 겸용

2.9.1 옥내소화전설비의 수원을 스프링클러설비·간이스프링클러설비·화재조기진압용 스프링클러설비·물분무소화설비·포소화설비 및 옥외소화전설비의 수원과 겸용하여 설치하는 경우의 저수량은 각 소화설비에 필요한 저수량을 합한 양 이상이 되도록 해야 한다. 다만, 이들 소화설비 중 고정식 소화설비(펌프·배관과 소화수 또는 소화약제를 최종 방출하는 방출구가 고정된 설비를 말한다. 이하 같다)가 2 이상 설치되어 있고, 그 소화설비가 설치된 부분이 방화벽과 방화문으로 구획되어 있는 경우에는 각 고정식 소화설비에 필요한 저수량 중 최대의 것 이상으로 할 수 있다.

2.9.2 옥내소화전설비의 가압송수장치로 사용하는 펌프를 스프링클러설비·간이스프링클러설비·화재조기진압용 스프링클러설비·물분무소화설비·포소화설비 및 옥외소화전설비의 가압송수장치와 겸용하여 설치하는 경우의 펌프의 토출량은 각 소화설비에 해당하는 토출량을 합한 양 이상이 되도록 해야 한다. 다만, 이들 소화설비 중 고정식 소화설비가 2 이상 설치되어 있고, 그 소화설비가 설치된 부분이 방화벽과 방화문으로 구획되어 있으며 각 소화설비에 지장이 없는 경우에는 펌프의 토출량 중 최대의 것 이상으로 할 수 있다.

2.9.3 **옥내소화전설비 · 스프링클러설비 · 간이스프링클러설비 · 화재조기진압용 스프링클러설비 · 물분무소화설비 · 포소화설비 및 옥외소화전설비**의 가압송수장치에 있어서 각 토출측 배관과 일반급수용의 가압송수장치의 토출측 배관을 상호 연결하여 화재 시 사용할 수 있다. 이 경우 연결 배관에는 개폐표시형밸브를 설치해야 하며, 각 소화설비의 성능에 지장이 없도록 해야 한다.

2.9.4 **옥내소화전설비의 송수구를 스프링클러설비 · 간이스프링클러설비 · 화재조기진압용 스프링클러설비 · 물분무소화설비 · 포소화설비 또는 연결송수관설비의 송수구와 겸용으로 설치하는 경우**에는 스프링클러설비의 송수구의 설치기준에 따르고, 연결살수설비의 송수구와 겸용으로 설치하는 경우에는 옥내소화전설비의 송수구의 설치기준에 따르되 각각의 소화설비의 기능에 지장이 없도록 해야 한다.

소방시설관리사 기출문제

[23회설계] 물음 2) 옥내소화전설비의 화재안전기술기준(NFTC 102)상 불연재료로 된 특정
소방대상물 또는 그 부분으로서, 옥내소화전 방수구를 설치하지 않을 수
있는 곳 5가지를 쓰시오.(5점)

물음 3) 옥내소화전설비의 화재안전기술기준(NFTC 102)에 관한 다음 물음에 답
하시오.(6점)
(1) 비상전원 3가지를 쓰시오.(3점)
(2) 비상전원을 설치하지 아니할 수 있는 경우 3가지를 쓰시오.(3점)

[22회설계] 옥내소화전에 사용하는 가압송수장치 4가지 방식을 쓰시오.(4점)

[22회점검] 옥내소화전설비의 화재안전기준(NFSC 102)에서 가압송수장치의 압력수조에 설
치해야 하는 것을 5가지만 쓰시오.(5점)

[21회점검] 물음 2) 옥내소화전설비의 화재안전기준(NFSC 102)에서 소방용 합성수지배관의
성능인증 및 제품검사의 기술기준에 적합한 소방용 합성수지배관을 설치할 수 있
는 경우 3가지를 쓰시오.(6점)

[20회점검] 옥내소화전설비의 화재안전기준(NFSC 102)상 배선에 사용되는 전선의 종류 및
공사방법에 관한 다음 물음에 답하시오.(4점)
(1) 내화전선의 내화성능을 설명하시오.(2점)
(2) 내열전선의 내열성능을 설명하시오.(2점)

[13회설계] 옥내소화전설비의 화재안전기준에서 정하고 있는 내화배선의 공사방법을 쓰시
오.(단, 내화전선을 사용하는 경우는 제외한다)(8점)

[12회설계] 옥내소화전 방수구 설치제외 대상 5가지를 쓰시오.(10점)

[10회점검] 화재안전기준에서 정하는 옥내소화전설비 감시제어반의 기능에 대한 기준을 5가
지만 쓰시오.(10점)

[7회 설계] 수원을 전량 지하수조로만 적용하고자 할 때, 화재안전기준(NFSC)에 의한 조치
방법을 제시하시오.

[7회 설계] 옥내소화전과 호스릴옥내소화전의 차이점(배관)을 기술하시오.

[6회 설계] 성능시험배관의 시공방법을 기술하시오.

[5회 설계] 내화배선의 시공방법을 쓰시오.

[1회 설계] 물올림장치의 설치기준을 기술하시오.

소방기술사 기출문제

[130회] 분기배관, 확관형분기배관, 비확관형분기배관의 정의와 분기배관 명판에 표시하여 야하는 사항을 설명하시오.

[127회] 내화배선의 공사방법에 대하여 설명하시오.

[121회] NFSC 102 [별표1]에 의한 내화배선의 공사방법을 설명하고, 내화배선에 1종금속제 가요전선관을 사용할 수 없는 이유와 내화전선을 전선관 내에 배선할 수 없는 이유에 대하여 설명하시오.

[101회] 소방전원에서 비상전원과 예비전원을 구분하여 정의하고 설치대상과 설치기준에 대하여 설명하시오.

[101회] 감시제어반의 설치목적, 적용대상설비, 구조 및 설치기준에 대하여 설명하시오.

[100회] 비상전원의 종류와 구성방법 및 설치기준에 대하여 설명하시오.

[99회] 소방용 전선으로 사용되고 있는 내화전선과 내열전선의 성능과 공사방법의 차이점을 기술하고, FR-3(내열전선)와 FR-8(내화전선)의 단면구조를 도시하고, 특성에 대하여 설명하시오.

[94회] 옥내소화전설비에서 비상전원이 필요한 설치 소방대상물의 규모와 유효한 용량(작동 시간)을 설명하시오.

[81회] 소방설비에 적용되는 배선공사를 용도별로 분류하고 적용설비와 시공방법을 기술하시오.

1. 일반사항

1.1 적용범위

1.1.1 이 기준은 「소방시설 설치 및 관리에 관한 법률 시행령」(이하 "영"이라 한다) 별표 4 제1 호라목에 따른 스프링클러설비의 설치 및 관리에 대해 적용한다.

1.2 기준의 효력

1.2.1 이 기준은 「소방시설 설치 및 관리에 관한 법률」(이하 "법"이라 한다) 제2조제1항제6호 나목에 따라 스프링클러설비의 기술기준으로서의 효력을 가진다.

1.2.2 이 기준에 적합한 경우에는 법 제2조제1항제6호나목에 따라 「스프링클러설비의 화재안 전성능기준(NFPC 103)」을 충족하는 것으로 본다.

1.3 기준의 시행

1.3.1 이 기준은 2024년 1월 1일부터 시행한다. < 개정 2023.2.10. >, < 개정 2024.1.1. >

1.4 기준의 특례

1.4.1 소방본부장 또는 소방서장은 기존건축물이 증축·개축·대수선되거나 용도변경 되는 경우에 있어서 이 기준이 정하는 기준에 따라 해당 건축물에 설치해야 할 스프링클러설 비의 배관배선 등의 공사가 현저하게 곤란하다고 인정되는 경우에는 해당 설비의 기능 및 사용에 지장이 없는 범위에서 이 기준의 일부를 적용하지 않을 수 있다.

1.5 경과조치

1.5.1 이 기준 시행 전에 건축허가 등의 신청 또는 신고를 하거나 소방시설공사의 착공신고를 한 특정소방대상물에 대해서는 종전의 기준에 따른다. < 개정 2023.2.10. >

1.5.2 이 기준 시행 전에 1.5.1에 따른 신청 또는 신고를 한 경우라도 개정 기준이 종전의 기준 에 비하여 관계인에게 유리한 경우에는 개정 기준에 따를 수 있다. < 개정 2023.2.10. >

1.6 다른 법령과의 관계

1.6.1 이 기준 시행 당시 다른 법령 또는 행정규칙 등에서 종전의 화재안전기준을 인용한 경우 에 이 기준 가운데 그에 해당하는 규정이 있는 경우에는 종전의 규정에 갈음하여 이 기준의 해당 규정을 인용한 것으로 본다.

1.7 용어의 정의

1.7.1 이 기준에서 사용하는 용어의 정의는 다음과 같다.

1.7.1.1 "고가수조"란 구조물 또는 지형지물 등에 설치하여 자연낙차의 압력으로 급수하는 수조를 말한다.

1.7.1.2 "압력수조"란 소화용수와 공기를 채우고 일정압력 이상으로 가압하여 그 압력으로 급수하는 수조를 말한다.

1.7.1.3 "충압펌프"란 배관 내 압력손실에 따른 주펌프의 빈번한 기동을 방지하기 위하여 충압 역할을 하는 펌프를 말한다.

1.7.1.4 "정격토출량"이란 펌프의 정격부하운전 시 토출량으로서 정격토출압력에서의 토출량을 말한다.

1.7.1.5 "정격토출압력"이란 펌프의 정격부하운전 시 토출압력으로서 정격토출량에서의 토출측 압력을 말한다.

1.7.1.6 "진공계"란 대기압 이하의 압력을 측정하는 계측기를 말한다.

1.7.1.7 "연성계"란 대기압 이상의 압력과 대기압 이하의 압력을 측정할 수 있는 계측기를 말한다.

1.7.1.8 "체절운전"이란 펌프의 성능시험을 목적으로 펌프 토출측의 개폐밸브를 닫은 상태에서 펌프를 운전하는 것을 말한다.

1.7.1.9 "기동용수압개폐장치"란 소화설비의 배관 내 압력변동을 검지하여 자동적으로 펌프를 기동 및 정지시키는 것으로서 압력챔버 또는 기동용압력스위치 등을 말한다.

1.7.1.10 "개방형스프링클러헤드"란 감열체 없이 방수구가 항상 열려져 있는 헤드를 말한다.

1.7.1.11 "폐쇄형스프링클러헤드"란 정상상태에서 방수구를 막고 있는 감열체가 일정온도에서 자동적으로 파괴·용융 또는 이탈됨으로써 방수구가 개방되는 헤드를 말한다.

[그림] 스프링클러헤드

1.7.1.12 "조기반응형헤드"란 표준형스프링클러헤드 보다 기류온도 및 기류속도에 조기에 반응하는 것을 말한다.

1.7.1.13 "측벽형스프링클러헤드"란 가압된 물이 분사될 때 헤드의 축심을 중심으로 한 반원상에 균일하게 분산시키는 헤드를 말한다.

1.7.1.14 "건식스프링클러헤드"란 물과 오리피스가 분리되어 동파를 방지할 수 있는 스프링클러헤드를 말한다.

1.7.1.15 "유수검지장치"란 유수현상을 자동적으로 검지하여 신호 또는 경보를 발하는 장치를 말한다.

1.7.1.16 "일제개방밸브"란 일제살수식스프링클러설비에 설치되는 유수검지장치를 말한다.

1.7.1.17 "가지배관"이란 헤드가 설치되어 있는 배관을 말한다.

1.7.1.18 "교차배관"이란 가지배관에 급수하는 배관을 말한다.

1.7.1.19 "주배관"이란 가압송수장치 또는 송수구 등과 직접 연결되어 소화수를 이송하는 주된 배관을 말한다.

1.7.1.20 "신축배관"이란 가지배관과 스프링클러헤드를 연결하는 구부림이 용이하고 유연성을 가진 배관을 말한다.

1.7.1.21 "급수배관"이란 수원 또는 송수구 등으로부터 소화설비에 급수하는 배관을 말한다.

1.7.1.22 "분기배관"이란 배관 측면에 구멍을 뚫어 둘 이상의 관로가 생기도록 가공한 배관으로서 다음 각 분기배관을 말한다.

　(1) "확관형 분기배관"이란 배관의 측면에 조그만 구멍을 뚫고 소성가공으로 확관시켜 배관 용접이음자리를 만들거나 배관 용접이음자리에 배관이음쇠를 용접 이음한 배관을 말한다.

　(2) "비확관형 분기배관"이란 배관의 측면에 분기호칭내경 이상의 구멍을 뚫고 배관이음쇠를 용접 이음한 배관을 말한다.

1.7.1.23 "습식스프링클러설비"란 가압송수장치에서 폐쇄형스프링클러헤드까지 배관 내에 항상 물이 가압되어 있다가 화재로 인한 열로 폐쇄형스프링클러헤드가 개방되면 배관 내에 유수가 발생하여 습식유수검지장치가 작동하게 되는 스프링클러설비를 말한다.

[그림] 습식유수검지장치(알람밸브)

1.7.1.24 "부압식스프링클러설비"란 가압송수장치에서 준비작동식유수검지장치의 1차 측까지는 항상 정압의 물이 가압되고, 2차 측 폐쇄형 스프링클러헤드까지는 소화수가 부압으로 되어 있다가 화재 시 감지기의 작동에 의해 정압으로 변하여 유수가 발생하면 작동하는 스프링클러설비를 말한다.

1.7.1.25 "준비작동식스프링클러설비"란 가압송수장치에서 준비작동식유수검지장치 1차 측까지 배관 내에 항상 물이 가압되어 있고, 2차 측에서 폐쇄형스프링클러헤드까지 대기압 또는 저압으로 있다가 화재발생시 감지기의 작동으로 준비작동식밸브가 개방되면 폐쇄형스프링클러헤드까지 소화수가 송수되고, 폐쇄형스프링클러헤드가 열에 의해 개방되면 방수가 되는 방식의 스프링클러설비를 말한다.

[그림] 준비작동식유수검지장치(프리액션밸브)

1.7.1.26 "건식스프링클러설비"란 건식유수검지장치 2차 측에 압축공기 또는 질소 등의 기체로 충전된 배관에 폐쇄형스프링클러헤드가 부착된 스프링클러설비로서, 폐

쇄형스프링클러헤드가 개방되어 배관 내의 압축공기 등이 방출되면 건식유수검지장치 1차 측의 수압에 의하여 건식유수검지장치가 작동하게 되는 스프링클러설비를 말한다.

1.7.1.27 "일제살수식스프링클러설비"란 가압송수장치에서 일제개방밸브 1차 측까지 배관 내에 항상 물이 가압되어 있고 2차 측에서 개방형스프링클러헤드까지 대기압으로 있다가 화재 시 자동감지장치 또는 수동식 기동장치의 작동으로 일제개방밸브가 개방되면 스프링클러헤드까지 소화수가 송수되는 방식의 스프링클러설비를 말한다.

1.7.1.28 "반사판(디플렉터)"이란 스프링클러헤드의 방수구에서 유출되는 물을 세분시키는 작용을 하는 것을 말한다.

1.7.1.29 "개폐표시형밸브"란 밸브의 개폐여부를 외부에서 식별이 가능한 밸브를 말한다.

1.7.1.30 "연소할 우려가 있는 개구부"란 각 방화구획을 관통하는 컨베이어 · 에스컬레이터 또는 이와 유사한 시설의 주위로서 방화구획을 할 수 없는 부분을 말한다.

1.7.1.31 "가압수조"란 가압원인 압축공기 또는 불연성 기체의 압력으로 소화용수를 가압하여 그 압력으로 급수하는 수조를 말한다.

1.7.1.32 "소방부하"란 법 제2조제1항제1호에 따른 소방시설 및 방화 · 피난 · 소화활동을 위한 시설의 전력부하를 말한다.

1.7.1.33 "소방전원 보존형 발전기"란 소방부하 및 소방부하 이외의 부하(이하 비상부하라 한다)겸용의 비상발전기로서, 상용전원 중단 시에는 소방부하 및 비상부하에 비상전원이 동시에 공급되고, 화재 시 과부하에 접근될 경우 비상부하의 일부 또는 전부를 자동적으로 차단하는 제어장치를 구비하여, 소방부하에 비상전원을 연속 공급하는 자가발전설비를 말한다.

1.7.1.34 "건식유수검지장치"란 건식스프링클러설비에 설치되는 유수검지장치를 말한다.

1.7.1.35 "습식유수검지장치"란 습식스프링클러설비 또는 부압식스프링클러설비에 설치되는 유수검지장치를 말한다.

1.7.1.36 "준비작동식유수검지장치"란 준비작동식스프링클러설비에 설치되는 유수검지장치를 말한다.

1.7.1.37 "패들형유수검지장치"란 소화수의 흐름에 의하여 패들이 움직이고 접점이 형성되면 신호를 발하는 유수검지장치를 말한다.

[그림] 습식유수검지장치(습식밸브)

1.7.1.38 "주펌프"란 구동장치의 회전 또는 왕복운동으로 소화수를 가압하여 그 압력으로 급수하는 주된 펌프를 말한다.

1.7.1.39 "예비펌프"란 주펌프와 동등 이상의 성능이 있는 별도의 펌프를 말한다.

2. 기술기준

2.1 수원

2.1.1 스프링클러설비의 수원은 그 저수량이 다음의 기준에 적합하도록 해야 한다. 다만, 수리계산에 의하는 경우에는 2.2.1.10 및 2.2.1.11에 따라 산출된 가압송수장치의 1분당 송수량에 20을 곱한 양 이상이 되도록 해야 한다.

2.1.1.1 폐쇄형스프링클러헤드를 사용하는 경우에는 다음 표 2.1.1.1 스프링클러설비 설치장소별 스프링클러헤드의 기준개수[스프링클러헤드의 설치개수가 가장 많은 층(아파트의 경우에는 설치개수가 가장 많은 세대)에 설치된 스프링클러헤드의 개수가 기준개수보다 작은 경우에는 그 설치개수를 말한다. 이하 같다]에 1.6 m³를 곱한 양 이상이 되도록 할 것

표 2.1.1.1 스프링클러설비의 설치장소별 스프링클러헤드의 기준개수<개정 2024.1.1.>

스프링클러설비의 설치장소			기준개수
지하층을 제외한 층수가 10층 이하인 특정소방대상물	공장 또는 창고(랙크식 창고를 포함한다)	특수가연물을 저장·취급하는 것	30
		그 밖의 것	20
	근린생활시설·판매시설·운수시설 또는 복합건축물	판매시설 또는 복합건축물(판매시설이 설치되는 복합건축물을 말한다)	30
		그 밖의 것	20

스프링클러설비의 설치장소		기준개수
그 밖의 것	헤드의 부착 높이가 8 m 이상인 것	20
	헤드의 부착 높이가 8 m 미만인 것	10
지하층을 제외한 층수가 11층 이상인 특정소방대상물 · 지하가 또는 지하역사		30

[비고] 하나의 소방대상물이 2 이상의 "스프링클러헤드의 기준개수"란에 해당하는 때에는 기준개수가 많은 것을 기준으로 한다. 다만, 각 기준개수에 해당하는 수원을 별도로 설치하는 경우에는 그렇지 않다.

2.1.1.2 개방형스프링클러헤드를 사용하는 스프링클러설비의 수원은 최대 방수구역에 설치된 스프링클러헤드의 개수가 30개 이하일 경우에는 설치헤드수에 1.6 ㎥를 곱한 양 이상으로 하고, 30개를 초과하는 경우에는 수리계산에 따를 것

2.1.2 스프링클러설비의 수원은 2.1.1에 따라 산출된 유효수량 외에 유효수량의 3분의 1 이상을 옥상(스프링클러설비가 설치된 건축물의 주된 옥상을 말한다. 이하 같다)에 설치해야 한다. 다만, 다음의 어느 하나에 해당하는 경우에는 그렇지 않다.

(1) 지하층만 있는 건축물
(2) 2.2.2에 따른 고가수조를 가압송수장치로 설치한 경우
(3) 수원이 건축물의 최상층에 설치된 헤드보다 높은 위치에 설치된 경우
(4) 건축물의 높이가 지표면으로부터 10 m 이하인 경우
(5) 주펌프와 동등 이상의 성능이 있는 별도의 펌프로서 내연기관의 기동과 연동하여 작동되거나 비상전원을 연결하여 설치한 경우
(6) 2.2.4에 따라 가압수조를 가압송수장치로 설치한 경우

2.1.3 옥상수조(2.1.1에 따라 산출된 유효수량의 3분의 1 이상을 옥상에 설치한 설비를 말한다. 이하 같다)는 이와 연결된 배관을 통하여 상시 소화수를 공급할 수 있는 구조의 특정소방대상물의 경우에는 2 이상의 특정소방대상물이 있더라도 하나의 특정소방대상물에만 이를 설치할 수 있다.

2.1.4 스프링클러설비의 수원을 수조로 설치하는 경우에는 소화설비의 전용수조로 해야 한다. 다만, 다음의 어느 하나에 해당하는 경우에는 그렇지 않다.

2.1.4.1 스프링클러설비용 펌프의 풋밸브 또는 흡수배관의 흡수구(수직회전축펌프의 흡수구를 포함한다. 이하 같다)를 다른 설비(소화용 설비 외의 것을 말한다. 이하 같다)의 풋밸브 또는 흡수구보다 낮은 위치에 설치한 때

2.1.4.2 2.2.2에 따른 고가수조로부터 스프링클러설비의 수직배관에 물을 공급하는 급수

구를 다른 설비의 급수구보다 낮은 위치에 설치한 때

2.1.5 2.1.1 및 2.1.2에 따른 저수량을 산정함에 있어서 다른 설비와 겸용하여 스프링클러설비용 수조를 설치하는 경우에는 스프링클러설비의 풋밸브·흡수구 또는 수직배관의 급수구와 다른 설비의 풋밸브·흡수구 또는 수직배관의 급수구와의 사이의 수량을 그 유효수량으로 한다.

2.1.6 스프링클러설비용 수조는 다음의 기준에 따라 설치해야 한다.

  2.1.6.1 점검에 편리한 곳에 설치할 것

  2.1.6.2 동결방지조치를 하거나 동결의 우려가 없는 장소에 설치할 것

  2.1.6.3 수조의 외측에 수위계를 설치할 것. 다만, 구조상 불가피한 경우에는 수조의 맨홀 등을 통하여 수조 안의 물의 양을 쉽게 확인할 수 있도록 해야 한다.

  2.1.6.4 수조의 상단이 바닥보다 높은 때에는 수조의 외측에 고정식 사다리를 설치할 것

  2.1.6.5 수조가 실내에 설치된 때에는 그 실내에 조명설비를 설치할 것

  2.1.6.6 수조의 밑 부분에는 청소용 배수밸브 또는 배수관을 설치할 것

  2.1.6.7 수조 외측의 보기 쉬운 곳에 "스프링클러소화설비용 수조"라고 표시한 표지를 할 것. 이 경우 그 수조를 다른 설비와 겸용하는 때에는 그 겸용되는 설비의 이름을 표시한 표지를 함께 해야 한다.

  2.1.6.8 소화설비용 펌프의 흡수배관 또는 소화설비의 수직배관과 수조의 접속부분에는 "스프링클러소화설비용 배관"이라고 표시한 표지를 할 것. 다만, 수조와 가까운 장소에 소화설비용 펌프가 설치되고 해당 펌프에 2.2.1.16에 따른 표지를 설치한 때에는 그렇지 않다.

2.2 가압송수장치

2.2.1 전동기 또는 내연기관에 따른 펌프를 이용하는 가압송수장치는 다음의 기준에 따라 설치해야 한다. 다만, 가압송수장치의 주펌프는 전동기에 따른 펌프로 설치해야 한다.

[그림] 전동기에 따른 펌프를 이용

2.2.1.1 쉽게 접근할 수 있고 점검하기에 충분한 공간이 있는 장소로서 화재 및 침수 등의 재해로 인한 피해를 받을 우려가 없는 곳에 설치할 것

2.2.1.2 동결방지조치를 하거나 동결의 우려가 없는 장소에 설치할 것

2.2.1.3 펌프는 전용으로 할 것. 다만, 다른 소화설비와 겸용하는 경우 각각의 소화설비의 성능에 지장이 없을 때에는 그렇지 않다.

2.2.1.4 펌프의 토출 측에는 압력계를 체크밸브 이전에 펌프 토출 측 플랜지에서 가까운 곳에 설치하고, 흡입 측에는 연성계 또는 진공계를 설치할 것. 다만, 수원의 수위가 펌프의 위치보다 높거나 수직회전축펌프의 경우에는 연성계 또는 진공계를 설치하지 않을 수 있다.

2.2.1.5 펌프의 성능은 체절운전 시 정격토출압력의 140 %를 초과하지 않고, 정격토출량의 150 %로 운전 시 정격토출압력의 65 % 이상이 되어야 하며, 펌프의 성능을 시험할 수 있는 성능시험배관을 설치할 것. 다만, 충압펌프의 경우에는 그렇지 않다.

2.2.1.6 가압송수장치에는 체절운전 시 수온의 상승을 방지하기 위한 순환배관을 설치할 것. 다만, 충압펌프의 경우에는 그렇지 않다.

2.2.1.7 기동장치로는 기동용수압개폐장치 또는 이와 동등 이상의 성능이 있는 것을 설치할 것

2.2.1.8 기동용수압개폐장치 중 압력챔버를 사용할 경우 그 용적은 100 L 이상의 것으로 할 것

2.2.1.9 수원의 수위가 펌프보다 낮은 위치에 있는 가압송수장치에는 다음의 기준에 따른 물올림장치를 설치할 것

　　2.2.1.9.1 물올림장치에는 전용의 수조를 설치할 것

　　2.2.1.9.2 수조의 유효수량은 100 L 이상으로 하되, 구경 15 mm 이상의 급수배관에 따라 해당 수조에 물이 계속 보급되도록 할 것

2.2.1.10 가압송수장치의 정격토출압력은 하나의 헤드선단에 0.1 MPa 이상 1.2 MPa 이하의 방수압력이 될 수 있게 하는 크기일 것

2.2.1.11 가압송수장치의 송수량은 0.1 MPa의 방수압력 기준으로 80 L/min 이상의 방수성능을 가진 기준개수의 모든 헤드로부터의 방수량을 충족시킬 수 있는 양 이상의 것으로 할 것. 이 경우 속도수두는 계산에 포함하지 않을 수 있다.

2.2.1.12 2.2.1.11의 기준에도 불구하고 가압송수장치의 1분당 송수량은 폐쇄형스프링클러헤드를 사용하는 설비의 경우 2.1.1.1에 따른 기준개수에 80 L를 곱한 양 이상으로 할 수 있다.

2.2.1.13 2.2.1.11의 기준에도 불구하고 가압송수장치의 1분당 송수량은 2.1.1.2의 개방형스프링클러 헤드수가 30개 이하의 경우에는 그 개수에 80 L를 곱한 양 이상으로 할 수 있으나 30개를 초과하는 경우에는 2.2.1.10 및 2.2.1.11에 따른 기준에 적합하게 할 것

2.2.1.14 기동용수압개폐장치를 기동장치로 사용할 경우에는 다음의 기준에 따른 충압펌프를 설치할 것

> 2.2.1.14.1 펌프의 토출압력은 그 설비의 최고위 살수장치(일제개방밸브의 경우는 그 밸브)의 자연압보다 적어도 0.2 MPa이 더 크도록 하거나 가압송수장치의 정격토출압력과 같게 할 것
>
> 2.2.1.14.2 펌프의 정격토출량은 정상적인 누설량보다 적어서는 안 되며, 스프링클러설비가 자동적으로 작동할 수 있도록 충분한 토출량을 유지할 것

2.2.1.15 내연기관을 사용하는 경우에는 다음의 기준에 적합한 것으로 할 것

> 2.2.1.15.1 제어반에 따라 내연기관의 자동기동 및 수동기동이 가능하고, 상시 충전되어 있는 축전지설비를 갖출 것
>
> 2.2.1.15.2 내연기관의 연료량은 펌프를 20분 이상 운전할 수 있는 용량일 것

2.2.1.16 가압송수장치에는 "스프링클러소화펌프"라고 표시한 표지를 할 것. 이 경우 그 가압송수장치를 다른 설비와 겸용하는 때에는 그 겸용되는 설비의 이름을 표시한 표지를 함께 해야 한다.

2.2.1.17 가압송수장치가 기동이 된 경우에는 자동으로 정지되지 않도록 할 것. 다만, 충압펌프의 경우에는 그렇지 않다.

2.2.1.18 가압송수장치는 부식 등으로 인한 펌프의 고착을 방지할 수 있도록 다음의 기준에 적합한 것으로 할 것. 다만, 충압펌프는 제외한다.

2.2.1.18.1 임펠러는 청동 또는 스테인리스 등 부식에 강한 재질을 사용할 것

2.2.1.18.2 펌프축은 스테인리스 등 부식에 강한 재질을 사용할 것

2.2.2 **고가수조의 자연낙차를 이용한 가압송수장치**는 다음의 기준에 따라 설치해야 한다.

> 2.2.2.1 고가수조의 자연낙차수두(수조의 하단으로부터 최고층에 설치된 헤드까지의 수직거리를 말한다)는 다음의 식 (2.2.2.1)에 따라 산출한 수치 이상 유지되도록 할 것
>
> $$H = h_1 + 10 \qquad \cdots (2.2.2.1)$$

여기에서, H : 필요한 낙차(m)

h₁ : 배관의 마찰손실수두(m)

2.2.2.2 고가수조에는 수위계 · 배수관 · 급수관 · 오버플로우관 및 맨홀을 설치할 것

2.2.3 **압력수조를 이용한 가압송수장치**는 다음의 기준에 따라 설치해야 한다.

2.2.3.1 압력수조의 압력은 다음의 식 (2.2.3.1)에 따라 산출한 수치 이상 유지되도록 할 것

$$P = p_1 + p_2 + 0.1 \qquad\qquad \cdots (2.2.3.1)$$

여기에서, P : 필요한 압력(㎫)

p₁ : 낙차의 환산수두압(㎫)

p₂ : 배관의 마찰손실수두압(㎫)

2.2.3.2 압력수조에는 수위계 · 급수관 · 배수관 · 급기관 · 맨홀 · 압력계 · 안전장치 및 압력저하 방지를 위한 자동식 공기압축기를 설치할 것

2.2.4 **가압수조를 이용한 가압송수장치**는 다음의 기준에 따라 설치해야 한다.

2.2.4.1 가압수조의 압력은 2.2.1.10 및 2.2.1.11에 따른 방수압 및 방수량을 20분 이상 유지되도록 할 것

2.2.4.2 가압수조 및 가압원은 「건축법 시행령」 제46조에 따른 방화구획 된 장소에 설치할 것

2.2.4.3 가압수조를 이용한 가압송수장치는 소방청장이 정하여 고시한 「가압수조식가압송수장치의 성능인증 및 제품검사의 기술기준」에 적합한 것으로 설치할 것

2.3 폐쇄형스프링클러설비의 방호구역 및 유수검지장치

2.3.1 폐쇄형스프링클러헤드를 사용하는 설비의 방호구역(스프링클러설비의 소화범위에 포함된 영역을 말한다. 이하 같다) 및 유수검지장치는 다음의 기준에 적합해야 한다.

2.3.1.1 하나의 방호구역의 바닥면적은 3,000 m²를 초과하지 않을 것. 다만, 폐쇄형스프링클러설비에 격자형배관방식(2 이상의 수평주행배관 사이를 가지배관으로 연결하는 방식을 말한다)을 채택하는 때에는 3,700 m² 범위 내에서 펌프용량, 배관의 구경 등을 수리학적으로 계산한 결과 헤드의 방수압 및 방수량이 방호구역 범위 내에서 소화목적을 달성하는데 충분하도록 해야 한다.

2.3.1.2 하나의 방호구역에는 1개 이상의 유수검지장치를 설치하되, 화재 시 접근이 쉽고 점검하기 편리한 장소에 설치할 것

2.3.1.3 하나의 방호구역은 2개 층에 미치지 않도록 할 것. 다만, 1개 층에 설치되는 스프 링클러헤드의 수가 10개 이하인 경우와 복층형구조의 공동주택에는 3개 층 이내 로 할 수 있다.

2.3.1.4 유수검지장치를 실내에 설치하거나 보호용 철망 등으로 구획하여 바닥으로부터 0.8 m 이상 1.5 m 이하의 위치에 설치하되, 그 실 등에는 가로 0.5 m 이상 세로 1 m 이상의 개구부로서 그 개구부에는 출입문을 설치하고 그 출입문 상단에 "유 수검지장치실" 이라고 표시한 표지를 설치할 것. 다만, 유수검지장치를 기계실 (공조용기계실을 포함한다)안에 설치하는 경우에는 별도의 실 또는 보호용 철망 을 설치하지 않고 기계실 출입문 상단에 "유수검지장치실"이라고 표시한 표지를 설치할 수 있다.

2.3.1.5 스프링클러헤드에 공급되는 물은 유수검지장치를 지나도록 할 것. 다만, 송수구 를 통하여 공급되는 물은 그렇지 않다.

2.3.1.6 자연낙차에 따른 압력수가 흐르는 배관 상에 설치된 유수검지장치는 화재 시 물 의 흐름을 검지할 수 있는 최소한의 압력이 얻어질 수 있도록 수조의 하단으로부 터 낙차를 두어 설치할 것

2.3.1.7 조기반응형 스프링클러헤드를 설치하는 경우에는 습식유수검지장치 또는 부압 식 스프링클러설비를 설치할 것

2.4 개방형스프링클러설비의 방수구역 및 일제개방밸브

2.4.1 개방형스프링클러설비의 방수구역 및 일제개방밸브는 다음의 기준에 적합해야 한다.

2.4.1.1 하나의 방수구역은 2개 층에 미치지 않아야 한다.

2.4.1.2 방수구역마다 일제개방밸브를 설치해야 한다.

2.4.1.3 하나의 방수구역을 담당하는 헤드의 개수는 50개 이하로 할 것. 다만, 2개 이상 의 방수구역으로 나눌 경우에는 하나의 방수구역을 담당하는 헤드의 개수는 25 개 이상으로 해야 한다.

2.4.1.4 일제개방밸브의 설치 위치는 2.3.4의 기준에 따르고, 표지는 "일제개방밸브 실"이라고 표시해야 한다.

2.5 배관

2.5.1 배관과 배관이음쇠는 다음의 어느 하나에 해당하는 것 또는 동등 이상의 강도 · 내식성 및 내열성 등을 국내 · 외 공인기관으로부터 인정받은 것을 사용해야 하고, 배관용 스테 인리스 강관(KS D 3576)의 이음을 용접으로 할 경우에는 텅스텐 불활성 가스 아크 용접

(Tungsten Inertgas Arc Welding)방식에 따른다. 다만, 2.5에서 정하지 않은 사항은 「건설기술 진흥법」 제44조제1항의 규정에 따른 "건설기준"에 따른다.

  2.5.1.1 배관 내 사용압력이 1.2 MPa 미만일 경우에는 다음의 어느 하나에 해당하는 것

    (1) 배관용 탄소 강관(KS D 3507)

    (2) 이음매 없는 구리 및 구리합금관(KS D 5301). 다만, 습식의 배관에 한한다.

    (3) 배관용 스테인리스 강관(KS D 3576) 또는 일반배관용 스테인리스 강관 (KS D 3595)

    (4) 덕타일 주철관(KS D 4311)

  2.5.1.2 배관 내 사용압력이 1.2 MPa 이상일 경우에는 다음의 어느 하나에 해당하는 것

    (1) 압력 배관용 탄소 강관(KS D 3562)

    (2) 배관용 아크용접 탄소강 강관(KS D 3583)

2.5.2 2.5.1에도 불구하고 다음의 어느 하나에 해당하는 장소에는 소방청장이 정하여 고시한 「소방용합성수지배관의 성능인증 및 제품검사의 기술기준」에 적합한 소방용 합성수지 배관으로 설치할 수 있다.

  2.5.2.1 배관을 지하에 매설하는 경우

  2.5.2.2 다른 부분과 내화구조로 구획된 덕트 또는 피트의 내부에 설치하는 경우

  2.5.2.3 천장(상층이 있는 경우에는 상층바닥의 하단을 포함한다. 이하 같다)과 반자를 불연재료 또는 준불연재료로 설치하고 소화배관 내부에 항상 소화수가 채워진 상태로 설치하는 경우

2.5.3 급수배관은 다음의 기준에 따라 설치해야 한다.

  2.5.3.1 전용으로 할 것. 다만, 스프링클러설비의 기동장치의 조작과 동시에 다른 설비의 용도에 사용하는 배관의 송수를 차단할 수 있거나, 스프링클러설비의 성능에 지장이 없는 경우에는 다른 설비와 겸용할 수 있다.

  2.5.3.2 급수배관에 설치되어 급수를 차단할 수 있는 개폐밸브는 개폐표시형으로 할 것. 이 경우 펌프의 흡입측배관에는 버터플라이밸브 외의 개폐표시형밸브를 설치해야 한다.

  2.5.3.3 배관의 구경은 2.2.1.10 및 2.2.1.11에 적합하도록 수리계산에 의하거나 표 2.5.3.3의 기준에 따라 설치할 것. 다만, **수리계산에 따르는 경우 가지배관의 유속은 6 m/s, 그 밖의 배관의 유속은 10 m/s를 초과할 수 없다.**

표 2.5.3.3 스프링클러헤드 수별 급수관의 구경

(단위: mm)

구분 \ 급수관의 구경	25	32	40	50	65	80	90	100	125	150
가	2	3	5	10	30	60	80	100	160	161 이상
나	2	4	7	15	30	60	65	100	160	161 이상
다	1	2	5	8	15	27	40	55	90	91 이상

[비고] 1. 폐쇄형스프링클러헤드를 사용하는 설비의 경우로서 1개 층에 하나의 급수배관(또는 밸브 등)이 담당하는 구역의 최대면적은 3,000 m²를 초과하지 않을 것
2. 폐쇄형스프링클러헤드를 설치하는 경우에는 "가"란의 헤드수에 따를 것. 다만 100개 이상의 헤드를 담당하는 급수배관(또는 밸브)의 구경을 100 mm로 할 경우에는 수리계산을 통하여 2.5.3.3의 단서에서 규정한 배관의 유속에 적합하도록 할 것
3. 폐쇄형스프링클러헤드를 설치하고 반자 아래의 헤드와 반자속의 헤드를 동일 급수관의 가지관상에 병설하는 경우에는 "나"란의 헤드수에 따를 것
4. 2.7.3.1의 경우로서 폐쇄형스프링클러헤드를 설치하는 설비의 배관구경은 "다"란에 따를 것
5. 개방형스프링클러헤드를 설치하는 경우 하나의 방수구역이 담당하는 헤드의 개수가 30개 이하일 때는 "다"란의 헤드수에 의하고, 30개를 초과할 때는 수리계산 방법에 따를 것

2.5.4 펌프의 흡입 측 배관은 다음의 기준에 따라 설치해야 한다.

　2.5.4.1 공기 고임이 생기지 않는 구조로 하고 여과장치를 설치할 것

　2.5.4.2 수조가 펌프보다 낮게 설치된 경우에는 각 펌프(충압펌프를 포함한다)마다 수조로부터 별도로 설치할 것

2.5.5 연결송수관설비의 배관과 겸용할 경우의 주배관은 구경 100 mm 이상, 방수구로 연결되는 배관의 구경은 65 mm 이상의 것으로 해야 한다.

2.5.6 펌프의 성능시험배관은 다음의 기준에 적합하도록 설치해야 한다.

　2.5.6.1 성능시험배관은 펌프의 토출 측에 설치된 개폐밸브 이전에서 분기하여 직선으로 설치하고, 유량측정장치를 기준으로 전단 직관부에는 개폐밸브를 후단 직관부에는 유량조절밸브를 설치할 것. 이 경우 개폐밸브와 유량측정장치 사이의 직관부 거리 및 유량측정장치와 유량조절밸브 사이의 직관부 거리는 해당 유량측정장치 제조사의 설치사양에 따르고, 성능시험배관의 호칭지름은 유량측정장치의 호칭지름에 따른다.

　2.5.6.2 유량측정장치는 펌프의 정격토출량의 175% 이상 측정할 수 있는 성능이 있을 것

2.5.7 **가압송수장치의 체절운전 시 수온의 상승을 방지하기 위하여 체크밸브와 펌프사이에서 분기한 구경 20 mm 이상의 배관에 체절압력 미만에서 개방되는 릴리프밸브**를 설치해야 한다.

2.5.8 배관은 동결방지조치를 하거나 동결의 우려가 없는 장소에 설치해야 한다. 다만, 보온재

를 사용할 경우에는 난연재료 성능 이상의 것으로 해야 한다.

2.5.9 가지배관의 배열은 다음의 기준에 따른다.

2.5.9.1 토너먼트(tournament) 배관방식이 아닐 것.

2.5.9.2 교차배관에서 분기되는 지점을 기점으로 한쪽 가지배관에 설치되는 헤드의 개수 (반자 아래와 반자속의 헤드를 하나의 가지배관 상에 병설하는 경우에는 반자 아래에 설치하는 헤드의 개수)는 8개 이하로 할 것. 다만, 다음 각 기준의 어느 하나에 해당하는 경우에는 그렇지 않다.

> 2.5.9.2.1 기존의 방호구역 안에서 칸막이 등으로 구획하여 1개의 헤드를 증설하는 경우
>
> 2.5.9.2.2 습식스프링클러설비 또는 부압식스프링클러설비에 격자형 배관방식(2 이상의 수평주행배관 사이를 가지배관으로 연결하는 방식을 말한다)을 채택하는 때에는 펌프의 용량, 배관의 구경 등을 수리학적으로 계산한 결과 헤드의 방수압 및 방수량이 소화목적을 달성하는 데 충분하다고 인정되는 경우

2.5.9.3 가지배관과 헤드 사이의 배관을 신축배관으로 하는 경우에는 소방청장이 정하여 고시한 「스프링클러설비신축배관의 성능인증 및 제품검사의 기술기준」에 적합한 것으로 설치할 것. 이 경우 신축배관의 설치길이는 2.7.3의 거리를 초과하지 않아야 한다.

2.5.10 교차배관의 위치·청소구 및 가지배관의 헤드설치는 다음의 기준에 따른다.

2.5.10.1 교차배관은 가지배관과 수평으로 설치하거나 또는 가지배관 밑에 설치하고, 그 구경은 2.5.3.3에 따르되, 최소구경이 40 mm 이상이 되도록 할 것. 다만, 패들형유수검지장치를 사용하는 경우에는 교차배관의 구경과 동일하게 설치할 수 있다.

2.5.10.2 청소구는 교차배관 끝에 40 mm 이상 크기의 개폐밸브를 설치하고, 호스접결이 가능한 나사식 또는 고정배수 배관식으로 할 것. 이 경우 나사식의 개폐밸브는 옥내소화전 호스접결용의 것으로 하고, 나사보호용의 캡으로 마감해야 한다.

2.5.10.3 하향식헤드를 설치하는 경우에 가지배관으로부터 헤드에 이르는 헤드접속배관은 가지배관 상부에서 분기할 것. 다만, 소화설비용 수원의 수질이 「먹는물관리법」 제5조에 따라 먹는물의 수질기준에 적합하고 덮개가 있는 저수조로부터 물을 공급받는 경우에는 가지배관의 측면 또는 하부에서 분기할 수 있다.

2.5.11 준비작동식유수검지장치 또는 일제개방밸브를 사용하는 스프링클러설비에 있어서 유수검지장치 또는 밸브 2차 측 배관의 부대설비는 다음의 기준에 따른다.

2차 개폐밸브	압력스위치
전동 볼 밸브	경보시험밸브
1차 개폐밸브	세팅밸브

2.5.11.1 개폐표시형밸브를 설치할 것

2.5.11.2 2.5.11.1에 따른 밸브와 준비작동식유수검지장치 또는 일제개방밸브 사이의 배관은 다음의 기준과 같은 구조로 할 것

2.5.11.2.1 수직배수배관과 연결하고 동 연결배관상에는 개폐밸브를 설치할 것

2.5.11.2.2 자동배수장치 및 압력스위치를 설치할 것

2.5.11.2.3 2.5.11.2.2에 따른 압력스위치는 수신부에서 준비작동식유수검지장치 또는 일제개방밸브의 작동 여부를 확인할 수 있게 설치할 것

2.5.12 습식유수검지장치 또는 건식유수검지장치를 사용하는 스프링클러설비와 부압식스프링클러설비에는 동 장치를 시험할 수 있는 시험장치를 다음의 기준에 따라 설치해야 한다.

2.5.12.1 습식스프링클러설비 및 부압식스프링클러설비에 있어서는 유수검지장치 2차 측 배관에 연결하여 설치하고 건식스프링클러설비인 경우 유수검지장치에서 가장 먼 거리에 위치한 가지배관의 끝으로부터 연결하여 설치할 것. 이 경우 유수검지장치 2차 측 설비의 내용적이 2,840 L를 초과하는 건식스프링클러설비는 시험장치 개폐밸브를 완전 개방 후 1분 이내에 물이 방사되어야 한다.

2.5.12.2 시험장치 배관의 구경은 25 mm 이상으로 하고, 그 끝에 개폐밸브 및 개방형헤드 또는 스프링클러헤드와 동등한 방수성능을 가진 오리피스를 설치할 것. 이 경우 개방형헤드는 반사판 및 프레임을 제거한 오리피스만으로 설치할 수 있다.

2.5.12.3 시험배관의 끝에는 물받이 통 및 배수관을 설치하여 시험 중 방사된 물이 바닥에 흘러내리지 않도록 할 것. 다만, 목욕실·화장실 또는 그 밖의 곳으로서 배수처리가 쉬운 장소에 시험배관을 설치한 경우에는 그렇지 않다.

2.5.13 배관에 설치되는 행거는 다음의 기준에 따라 설치해야 한다.

2.5.13.1 가지배관에는 헤드의 설치지점 사이마다 1개 이상의 행거를 설치하되, 헤드 간의 거리가 3.5 m를 초과하는 경우에는 3.5 m 이내마다 1개 이상 설치할 것. 이 경우 상향식헤드와 행거 사이에는 8 cm 이상의 간격을 두어야 한다.

2.5.13.2 교차배관에는 가지배관과 가지배관 사이마다 1개 이상의 행거를 설치하되, 가지배관 사이의 거리가 4.5 m를 초과하는 경우에는 4.5 m 이내마다 1개 이상 설치할 것

2.5.13.3 2.5.13.1 및 2.5.13.2의 수평주행배관에는 4.5 m 이내마다 1개 이상 설치할 것

2.5.14 **수직배수배관의 구경은 50 mm 이상**으로 해야 한다. 다만, 수직배관의 구경이 50 mm 미만인 경우에는 수직배관과 동일한 구경으로 할 수 있다.

2.5.15 **주차장의 스프링클러설비는 습식 외의 방식**으로 해야 한다. 다만, 다음의 어느 하나에 해당하는 경우에는 그렇지 않다.

2.5.15.1 동절기에 상시 난방이 되는 곳이거나 그 밖에 동결의 우려가 없는 곳

2.5.15.2 스프링클러설비의 동결을 방지할 수 있는 구조 또는 장치가 된 것

2.5.16 급수배관에 설치되어 급수를 차단할 수 있는 개폐밸브에는 그 **밸브의 개폐상태를 감시제어반에서 확인할 수 있도록 급수개폐밸브 작동표시 스위치**를 다음의 기준에 따라 설치해야 한다.

2.5.16.1 급수개폐밸브가 잠길 경우 탬퍼스위치의 동작으로 인하여 감시제어반 또는 수신기에 표시되어야 하며 경보음을 발할 것

2.5.16.2 탬퍼스위치는 감시제어반 또는 수신기에서 동작의 유무 확인과 동작시험, 도통시험을 할 수 있을 것

2.5.16.3 급수개폐밸브의 작동표시 스위치에 사용되는 전기배선은 내화전선 또는 내열전선으로 설치할 것

2.5.17 스프링클러설비 배관의 배수를 위한 기울기는 다음의 기준에 따른다.

2.5.17.1 습식스프링클러설비 또는 부압식 스프링클러설비의 배관을 수평으로 할 것. 다만, 배관의 구조상 소화수가 남아 있는 곳에는 배수밸브를 설치해야 한다.

2.5.17.2 습식스프링클러설비 또는 부압식 스프링클러설비 외의 설비에는 헤드를 향하여 상향으로 수평주행배관의 기울기를 500분의 1 이상, 가지배관의 기울기를 250분의 1 이상으로 할 것. 다만, 배관의 구조상 기울기를 줄 수 없는 경우에는 배수를 원활하게 할 수 있도록 배수밸브를 설치해야 한다.

2.5.18 배관은 다른 설비의 배관과 쉽게 구분이 될 수 있는 위치에 설치하거나, 그 배관표면 또는 배관 보온재표면의 색상은 「한국산업표준(배관계의 식별 표시, KS A 0503)」 또는 적색으로 식별이 가능하도록 소방용설비의 배관임을 표시해야 한다.

2.5.19 확관형 분기배관을 사용할 경우에는 소방청장이 정하여 고시한 「분기배관의 성능인증 및 제품검사의 기술기준」에 적합한 것으로 설치해야 한다.

2.6 음향장치 및 기동장치

2.6.1 스프링클러설비의 음향장치 및 기동장치는 다음의 기준에 따라 설치해야 한다.

2.6.1.1 습식유수검지장치 또는 건식유수검지장치를 사용하는 설비에 있어서는 헤드가 개방되면 유수검지장치가 화재신호를 발신하고 그에 따라 음향장치가 경보되도록 할 것

2.6.1.2 준비작동식유수검지장치 또는 일제개방밸브를 사용하는 설비에는 화재감지기의 감지에 따라 음향장치가 경보되도록 할 것. 이 경우 화재감지기회로를 교차회로 방식(하나의 준비작동식유수검지장치 또는 일제개방밸브의 담당구역 내에 2 이상의 화재감지기회로를 설치하고 인접한 2 이상의 화재감지기가 동시에 감지되는 때에 준비작동식유수검지장치 또는 일제개방밸브가 개방·작동되는 방식을 말한다)으로 하는 때에는 하나의 화재감지기회로가 화재를 감지하는 때에도 음향장치가 경보되도록 해야 한다.

2.6.1.3 음향장치는 유수검지장치 및 일제개방밸브 등의 담당구역마다 설치하되 그 구역의 각 부분으로부터 하나의 음향장치까지의 수평거리는 25 m 이하가 되도록 할 것

2.6.1.4 음향장치는 경종 또는 사이렌(전자식 사이렌을 포함한다)으로 하되, 주위의 소음 및 다른 용도의 경보와 구별이 가능한 음색으로 할 것. 이 경우 경종 또는 사이렌은 자동화재탐지설비·비상벨설비 또는 자동식사이렌설비의 음향장치와 겸용할 수 있다.

2.6.1.5 주 음향장치는 수신기의 내부 또는 그 직근에 설치할 것

2.6.1.6 **층수가 11층(공동주택인 경우 16층) 이상**의 특정소방대상물은 다음의 기준에 따라

경보를 발할 수 있도록 해야 한다.

> 2.6.1.6.1 2층 이상의 층에서 발화한 때에는 발화층 및 그 직상 4개층에 경보를 발할 것
> 2.6.1.6.2 1층에서 발화한 때에는 발화층 · 그 직상 4개층 및 지하층에 경보를 발할 것
> 2.6.1.6.3 지하층에서 발화한 때에는 발화층 · 그 직상층 및 기타의 지하층에 경보를 발할 것

2.6.1.7 음향장치는 다음의 기준에 따른 구조 및 성능의 것으로 할 것

> 2.6.1.7.1 정격전압의 80 % 전압에서 음향을 발할 수 있는 것으로 할 것
> 2.6.1.7.2 음향의 크기는 부착된 음향장치의 중심으로부터 1 m 떨어진 위치에서 90 dB 이상이 되는 것으로 할 것

2.6.2 스프링클러설비의 가압송수장치로서 펌프가 설치되는 경우 그 펌프의 작동은 다음의 어느 하나에 적합해야 한다.

2.6.2.1 습식유수검지장치 또는 건식유수검지장치를 사용하는 설비에 있어서는 유수검지장치의 발신이나 기동용수압개폐장치에 의하여 작동되거나 또는 이 두 가지의 혼용에 따라 작동될 수 있도록 할 것

2.6.2.2 준비작동식유수검지장치 또는 일제개방밸브를 사용하는 설비에 있어서는 화재감지기의 화재감지나 기동용수압개폐장치에 따라 작동되거나 또는 이 두 가지의 혼용에 따라 작동할 수 있도록 할 것

2.6.3 준비작동식유수검지장치 또는 일제개방밸브의 작동은 다음의 기준에 적합해야 한다.

2.6.3.1 담당구역 내의 화재감지기의 동작에 따라 개방 및 작동될 것

2.6.3.2 **화재감지회로는 교차회로방식**으로 할 것. 다만, 다음의 어느 하나에 해당하는 경우에는 그렇지 않다.

> 2.6.3.2.1 스프링클러설비의 배관 또는 헤드에 누설경보용 물 또는 압축공기가 채워지거나 부압식스프링클러설비의 경우
> 2.6.3.2.2 화재감지기를 「자동화재탐지설비 및 시각경보장치의 화재안전기술기준 (NFTC 203)」의 2.4.1 단서의 각 감지기로 설치한 때

2.6.3.3 준비작동식유수검지장치 또는 일제개방밸브의 인근에서 수동기동(전기식 및 배수식)에 따라서도 개방 및 작동될 수 있도록 할 것

2.6.3.4 2.6.3.1 및 2.6.3.2에 따른 화재감지기의 설치기준에 관하여는 「자동화재탐지설

비 및 시각경보장치의 화재안전기술기준(NFTC 203)」 2.4(감지기) 및 2.8(배선)를 준용할 것. 이 경우 교차회로방식에 있어서의 화재감지기의 설치는 각 화재감지기 회로별로 설치하되, 각 화재감지기 회로별 화재감지기 1개가 담당하는 바닥면적은 「자동화재탐지설비 및 시각경보장치의 화재안전기술기준(NFTC 203)」의 2.4.3.5, 2.4.3.8부터 2.4.3.10에 따른 바닥면적으로 한다.

2.6.3.5 화재감지기 회로에는 다음의 기준에 따른 발신기를 설치할 것. 다만, 자동화재탐지설비의 발신기가 설치된 경우에는 그렇지 않다.

    2.6.3.5.1 조작이 쉬운 장소에 설치하고, 스위치는 바닥으로부터 0.8 m 이상 1.5 m 이하의 높이에 설치할 것

    2.6.3.5.2 특정소방대상물의 층마다 설치하되, 해당 특정소방대상물의 각 부분으로부터 하나의 발신기까지의 수평거리가 25 m 이하가 되도록 할 것. 다만, 복도 또는 별도로 구획된 실로서 보행거리가 40 m 이상일 경우에는 추가로 설치해야 한다.

    2.6.3.5.3 발신기의 위치를 표시하는 표시등은 함의 상부에 설치하되, 그 불빛은 부착면으로부터 15° 이상의 범위 안에서 부착지점으로부터 10 m 이내의 어느 곳에서도 쉽게 식별할 수 있는 적색등으로 할 것

2.7 헤드

2.7.1 스프링클러헤드는 특정소방대상물의 천장·반자·천장과 반자 사이·덕트·선반 기타 이와 유사한 부분(폭이 1.2 m를 초과하는 것에 한한다)에 설치해야 한다. 다만, 폭이 9 m 이하인 실내에 있어서는 측벽에 설치할 수 있다.

2.7.2 랙크식창고의 경우로서 「화재의 예방 및 안전관리에 관한 법률 시행령」 별표 2의 특수가연물을 저장 또는 취급하는 것에 있어서는 랙크높이 4 m 이하마다, 그 밖의 것을 취급하는 것에 있어서는 랙크 높이 6 m 이하마다 스프링클러헤드를 설치해야 한다. 다만, 랙크식창고의 천장높이가 13.7 m 이하로서 「화재조기진압용 스프링클러설비의 화재안전기술기준(NFTC 103B)」에 따라 설치하는 경우에는 천장에만 스프링클러헤드를 설치할 수 있다.

2.7.3 스프링클러헤드를 설치하는 천장·반자·천장과 반자 사이·덕트·선반 등의 각 부분으로부터 하나의 스프링클러헤드까지의 수평거리는 다음의 기준과 같이 해야 한다. 다만, 성능이 별도로 인정된 스프링클러헤드를 수리계산에 따라 설치하는 경우에는 그렇지 않다.

2.7.3.1 무대부·「화재의 예방 및 안전관리에 관한 법률 시행령」별표 2의 특수가연물을 저장 또는 취급하는 장소에 있어서는 1.7 m 이하

2.7.3.2 랙크식창고에 있어서는 2.5 m 이하. 다만, 특수가연물을 저장 또는 취급하는 랙크식창고의 경우에는 1.7 m 이하

2.7.3.3 공동주택(아파트) 세대 내의 거실에 있어서는 3.2 m 이하(「스프링클러헤드의 형식승인 및 제품검사의 기술기준」의 유효반경의 것으로 한다)

2.7.3.4 2.7.3.1부터 2.7.3.3까지 규정 외의 특정소방대상물에 있어서는 2.1 m 이하(내화구조로 된 경우에는 2.3 m 이하)

2.7.4 영 별표 4 소화설비의 소방시설 적용기준란 제1호라목3)에 따른 무대부 또는 연소할 우려가 있는 개구부에 있어서는 개방형스프링클러헤드를 설치해야 한다.

2.7.5 다음의 어느 하나에 해당하는 장소에는 **조기반응형 스프링클러헤드**를 설치해야 한다.

(1) 공동주택·노유자시설의 거실
(2) 오피스텔·숙박시설의 침실, 병원의 입원실

2.7.6 폐쇄형스프링클러헤드는 그 설치장소의 평상시 최고 주위온도에 따라 다음 표 2.7.6에 따른 표시온도의 것으로 설치해야 한다. 다만, 높이가 4 m 이상인 공장 및 창고(랙크식창고를 포함한다)에 설치하는 스프링클러헤드는 그 설치장소의 평상시 최고 주위온도에 관계없이 표시온도 121 ℃ 이상의 것으로 할 수 있다.

표 2.7.6 **설치장소의 평상시 최고 주위온도에 따른 폐쇄형스프링클러헤드의 표시온도**

설치장소의 최고 주위온도	표시온도
39 ℃ 미만	79 ℃ 미만
39 ℃ 이상 64 ℃ 미만	79 ℃ 이상 121 ℃ 미만
64 ℃ 이상 106 ℃ 미만	121 ℃ 이상 162 ℃ 미만
106 ℃ 이상	162 ℃ 이상

2.7.7 스프링클러헤드는 다음의 방법에 따라 설치해야 한다.

2.7.7.1 살수가 방해되지 않도록 스프링클러헤드로부터 반경 60 cm 이상의 공간을 보유할 것. 다만, 벽과 스프링클러헤드간의 공간은 10 cm 이상으로 한다.

2.7.7.2 스프링클러헤드와 그 부착면(상향식헤드의 경우에는 그 헤드의 직상부의 천장·반자 또는 이와 비슷한 것을 말한다. 이하 같다)과의 거리는 30 cm 이하로 할 것

2.7.7.3 배관·행거 및 조명기구 등 살수를 방해하는 것이 있는 경우에는 2.7.7.1 및 2.7.7.2에도 불구하고 그로부터 아래에 설치하여 살수에 장애가 없도록 할 것. 다만, 스프링클러헤드와 장애물과의 이격거리를 **장애물 폭의 3배 이상** 확보한 경우에는 그렇지 않다.

2.7.7.4 스프링클러헤드의 반사판은 그 부착 면과 평행하게 설치할 것. 다만, 측벽형헤드 또는 2.7.7.6에 따른 연소할 우려가 있는 개구부에 설치하는 스프링클러헤드의 경우에는 그렇지 않다.

2.7.7.5 천장의 기울기가 10분의 1을 초과하는 경우에는 가지관을 천장의 마루와 평행하게 설치하고, 스프링클러헤드는 다음의 어느 하나에 적합하게 설치할 것

　2.7.7.5.1 천장의 최상부에 스프링클러헤드를 설치하는 경우에는 최상부에 설치하는 스프링클러헤드의 반사판을 수평으로 설치할 것

　2.7.7.5.2 천장의 최상부를 중심으로 가지관을 서로 마주보게 설치하는 경우에는 최상부의 가지관 상호간의 거리가 가지관상의 스프링클러헤드 상호간의 거리의 2분의 1이하(최소 1 m 이상이 되어야 한다)가 되게 스프링클러헤드를 설치하고, 가지관의 최상부에 설치하는 스프링클러헤드는 천장의 최상부로부터의 수직거리가 90 ㎝ 이하가 되도록 할 것. 톱날지붕, 둥근지붕 기타 이와 유사한 지붕의 경우에도 이에 준한다.

2.7.7.6 연소할 우려가 있는 개구부에는 그 상하좌우에 2.5 m 간격으로(개구부의 폭이 2.5 m 이하인 경우에는 그 중앙에) 스프링클러헤드를 설치하되, 스프링클러헤드와 개구부의 내측 면으로부터 직선거리는 15 ㎝ 이하가 되도록 할 것. 이 경우 사람이 상시 출입하는 개구부로서 통행에 지장이 있는 때에는 개구부의 상부 또는 측면(개구부의 폭이 9 m 이하인 경우에 한한다)에 설치하되, 헤드 상호간의 간격은 1.2 m 이하로 설치해야 한다.

2.7.7.7 습식스프링클러설비 및 부압식스프링클러설비 외의 설비에는 상향식스프링클러헤드를 설치할 것. 다만, 다음의 어느 하나에 해당하는 경우에는 그렇지 않다.

　(1) 드라이펜던트스프링클러헤드를 사용하는 경우

　(2) 스프링클러헤드의 설치장소가 동파의 우려가 없는 곳인 경우

　(3) 개방형스프링클러헤드를 사용하는 경우

2.7.7.8 측벽형스프링클러헤드를 설치하는 경우 긴 변의 한쪽 벽에 일렬로 설치(폭이 4.5 m 이상 9 m 이하인 실에 있어서는 긴변의 양쪽에 각각 일렬로 설치하되 마주보는 스프링클러헤드가 나란히꼴이 되도록 설치)하고 3.6 m 이내마다 설치할 것

2.7.7.9 상부에 설치된 헤드의 방출수에 따라 감열부에 영향을 받을 우려가 있는 헤드에는 방출수를 차단할 수 있는 **유효한 차폐판**을 설치할 것

2.7.8 2.7.7.2에도 불구하고 특정소방대상물의 보와 가장 가까운 스프링클러 헤드는 다음 표 2.7.8의 기준에 따라 설치해야 한다. 다만, 천장 면에서 보의 하단까지의 길이가 55 ㎝를 초과하고 보의 하단 측면 끝부분으로부터 스프링클러헤드까지의 거리가 스프링클러헤드 상호간 거리의 2분의 1 이하가 되는 경우에는 스프링클러헤드와 그 부착 면과의 거리를 55 cm 이하로 할 수 있다.

표 2.7.8 보의 수평거리에 따른 스프링클러헤드의 수직거리

스프링클러헤드의 반사판 중심과 보의 수평거리	스프링클러헤드의 반사판 높이와 보의 하단 높이의 수직거리
0.75 m 미만	보의 하단보다 낮을 것
0.75 m 이상 1 m 미만	0.1 m 미만일 것
1 m 이상 1.5 m 미만	0.15 m 미만일 것
1.5 m 이상	0.3 m 미만일 것

2.8 송수구

2.8.1 스프링클러설비에는 소방차로부터 그 설비에 송수할 수 있는 송수구를 다음의 기준에 따라 설치해야 한다.

2.8.1.1 소방차가 쉽게 접근할 수 있고 잘 보이는 장소에 설치하고, 화재층으로부터 지면으로 떨어지는 유리창 등이 송수 및 그 밖의 소화작업에 지장을 주지 않는 장소에 설치할 것

2.8.1.2 송수구로부터 스프링클러설비의 주배관에 이르는 연결배관에 개폐밸브를 설치한 때에는 그 개폐상태를 쉽게 확인 및 조작할 수 있는 옥외 또는 기계실 등의 장소에 설치할 것

2.8.1.3 송수구는 구경 65 mm의 쌍구형으로 할 것

2.8.1.4 송수구에는 그 가까운 곳의 보기 쉬운 곳에 송수압력범위를 표시한 표지를 할 것

2.8.1.5 폐쇄형스프링클러헤드를 사용하는 스프링클러설비의 송수구는 하나의 층의 바닥면적이 3,000 m²를 넘을 때마다 1개 이상(5개를 넘을 경우에는 5개로 한다)을 설치할 것

2.8.1.6 지면으로부터 높이가 0.5 m 이상 1 m 이하의 위치에 설치할 것

2.8.1.7 송수구의 부근에는 자동배수밸브(또는 직경 5 ㎜의 배수공) 및 체크밸브를 설치할 것. 이 경우 자동배수밸브는 배관안의 물이 잘 빠질 수 있는 위치에 설치하되,

배수로 인하여 다른 물건이나 장소에 피해를 주지 않아야 한다.

2.8.1.8 송수구에는 이물질을 막기 위한 마개를 씌울 것

2.9 전원

2.9.1 스프링클러설비에는 그 특정소방대상물의 수전방식에 따라 다음의 기준에 따른 상용전원회로의 배선을 설치해야 한다. 다만, 가압수조방식으로서 모든 기능이 20분 이상 유효하게 지속될 수 있는 경우에는 그렇지 않다.

> 2.9.1.1 저압수전인 경우에는 인입개폐기의 직후에서 분기하여 전용배선으로 해야 하며, 전용의 전선관에 보호되도록 할 것
>
> 2.9.1.2 특별고압수전 또는 고압수전일 경우에는 전력용 변압기 2차 측의 주차단기 1차 측에서 분기하여 전용배선으로 하되, 상용전원의 상시공급에 지장이 없을 경우에는 주차단기 2차측에서 분기하여 전용배선으로 할 것. 다만, 가압송수장치의 정격입력전압이 수전전압과 같은 경우에는 2.9.1.1의 기준에 따른다.

2.9.2 스프링클러설비에는 **자가발전설비, 축전지설비**(내연기관에 따른 펌프를 설치한 경우에는 내연기관의 기동 및 제어용축전지를 말한다. 이하 같다) **또는 전기저장장치**(외부 전기에너지를 저장해 두었다가 필요한 때 전기를 공급하는 장치. 이하 같다)에 따른 비상전원을 설치해야 한다. 다만, 차고 · 주차장으로서 스프링클러설비가 설치된 부분의 바닥면적(「포소화설비의 화재안전기술기준(NFTC 105)」의 2.10.2.2에 따른 차고 · 주차장의 바닥면적을 포함한다)의 합계가 1,000 m² 미만인 경우에는 **비상전원수전설비**로 설치할 수 있으며, 2 이상의 변전소(「전기사업법」 제67조에 따른 변전소를 말한다. 이하 같다)에서 전력을 동시에 공급받을 수 있거나 하나의 변전소로부터 전력의 공급이 중단되는 때에는 자동으로 다른 변전소로부터 전력을 공급받을 수 있도록 상용전원을 설치한 경우와 가압수조방식에는 비상전원을 설치하지 않을 수 있다.

2.9.3 2.9.2에 따른 비상전원 중 자가발전설비, 축전기설비 또는 전기저장장치는 다음의 기준에 따라 설치하고, 비상전원수전설비는 「소방시설용 비상전원수전설비의 화재안전기술기준(NFTC 602)」에 따라 설치해야 한다.

2.9.3.1 점검에 편리하고 화재 및 침수 등의 재해로 인한 피해를 받을 우려가 없는 곳에 설치할 것

2.9.3.2 스프링클러설비를 유효하게 20분 이상 작동할 수 있어야 할 것

2.9.3.3 상용전원으로부터 전력의 공급이 중단된 때에는 자동으로 비상전원으로부터 전력을 공급받을 수 있도록 할 것

2.9.3.4 비상전원(내연기관의 기동 및 제어용 축전기를 제외한다)의 설치장소는 다른 장

소와 방화구획 할 것. 이 경우 그 장소에는 비상전원의 공급에 필요한 기구나 설비 외의 것(열병합발전설비에 필요한 기구나 설비는 제외한다)을 두어서는 안 된다.

2.9.3.5 비상전원을 실내에 설치하는 때에는 그 실내에 비상조명등을 설치할 것

2.9.3.6 옥내에 설치하는 비상전원실에는 옥외로 직접 통하는 충분한 용량의 급배기설비 를 설치할 것

2.9.3.7 비상전원의 출력용량은 다음 각 기준을 충족할 것

> 2.9.3.7.1 비상전원 설비에 설치되어 동시에 운전될 수 있는 모든 부하의 합계 입력용 량을 기준으로 정격출력을 선정할 것. 다만, 소방전원 보존형 발전기를 사 용할 경우에는 그렇지 않다.
>
> 2.9.3.7.2 기동전류가 가장 큰 부하가 기동될 때에도 부하의 허용 최저입력전압 이상 의 출력전압을 유지할 것
>
> 2.9.3.7.3 단시간 과전류에 견디는 내력은 입력용량이 가장 큰 부하가 최종 기동할 경 우에도 견딜 수 있을 것

2.9.3.8 자가발전설비는 부하의 용도와 조건에 따라 다음의 어느 하나를 설치하고 그 부 하 용도별 표지를 부착해야 한다. 다만, 자가발전설비의 정격출력용량은 하나의 건축물에 있어서 소방부하의 설비용량을 기준으로 하고, 2.9.3.8.2의 경우 비상 부하는 국토해양부장관이 정한 「건축전기설비설계기준」의 수용률 범위 중 최대 값 이상을 적용한다.

> 2.9.3.8.1 소방전용 발전기: 소방부하용량을 기준으로 정격출력용량을 산정하여 사용 하는 발전기
>
> 2.9.3.8.2 소방부하 겸용 발전기: 소방 및 비상부하 겸용으로서 소방부하와 비상부하 의 전원용량을 합산하여 정격출력용량을 산정하여 사용하는 발전기
>
> 2.9.3.8.3 소방전원 보존형 발전기: 소방 및 비상부하 겸용으로서 소방부하의 전원용 량을 기준으로 정격출력용량을 산정하여 사용하는 발전기

2.9.3.9 비상전원실의 출입구 외부에는 실의 위치와 비상전원의 종류를 식별할 수 있 도록 표지판을 부착할 것

2.10 제어반

2.10.1 스프링클러설비에는 제어반을 설치하되, 감시제어반과 동력제어반으로 구분하여 설치 해야 한다. 다만, 다음의 어느 하나에 해당하는 경우에는 감시제어반과 동력제어반으로 구분하여 설치하지 않을 수 있다.

2.10.1.1 다음의 어느 하나에 해당하지 않는 특정소방대상물에 설치되는 경우

2.10.1.1.1 지하층을 제외한 층수가 7층 이상으로서 연면적이 2,000 m² 이상인 것

2.10.1.1.2 2.10.1.1.1에 해당하지 않는 특정소방대상물로서 지하층의 바닥면적 합계가 3,000 m² 이상인 것

2.10.1.2 내연기관에 따른 가압송수장치를 사용하는 경우

2.10.1.3 고가수조에 따른 가압송수장치를 사용하는 경우

2.10.1.4 가압수조에 따른 가압송수장치를 사용하는 경우

2.10.2 감시제어반의 기능은 다음의 기준에 적합해야 한다.

2.10.2.1 각 펌프의 작동여부를 확인할 수 있는 표시등 및 음향경보기능이 있어야 할 것

2.10.2.2 각 펌프를 자동 및 수동으로 작동시키거나 중단시킬 수 있어야 할 것

2.10.2.3 비상전원을 설치한 경우에는 상용전원 및 비상전원의 공급여부를 확인할 수 있어야 할 것

2.10.2.4 수조 또는 물올림수조가 저수위로 될 때 표시등 및 음향으로 경보할 것

2.10.2.5 예비전원이 확보되고 예비전원의 적합여부를 시험할 수 있어야 할 것

2.10.3 감시제어반은 다음의 기준에 따라 설치해야 한다.

2.10.3.1 화재 및 침수 등의 재해로 인한 피해를 받을 우려가 없는 곳에 설치할 것

2.10.3.2 감시제어반은 스프링클러설비의 전용으로 할 것. 다만, 스프링클러설비의 제어에 지장이 없는 경우에는 다른 설비와 겸용할 수 있다.

2.10.3.3 감시제어반은 다음의 기준에 따른 전용실 안에 설치할 것. 다만, 2.10.1의 단서에 따른 각 기준의 어느 하나에 해당하는 경우와 공장, 발전소 등에서 설비를 집중제어 · 운전할 목적으로 설치하는 중앙제어실 내에 감시제어반을 설치하는 경우에는 그렇지 않다.

2.10.3.3.1 다른 부분과 방화구획을 할 것. 이 경우 전용실의 벽에는 기계실 또는 전기실 등의 감시를 위하여 두께 7 mm 이상의 망입유리(두께 16.3 mm 이상의 접합유리 또는 두께 28 mm 이상의 복층유리를 포함한다)로 된 4 m² 미만의 붙박이창을 설치할 수 있다.

2.10.3.3.2 피난층 또는 지하 1층에 설치할 것. 다만, 다음의 어느 하나에 해당하는 경우에는 지상 2층에 설치하거나 지하 1층 외의 지하층에 설치할 수 있다.

(1) 「건축법 시행령」 제35조에 따라 특별피난계단이 설치되고 그 계단(부속실을 포함한다) 출입구로부터 보행거리 5 m 이내에 전용실의 출입구가 있는 경우

(2) 아파트의 관리동(관리동이 없는 경우에는 경비실)에 설치하는 경우

2.10.3.3.3 비상조명등 및 급·배기설비를 설치할 것

2.10.3.3.4 「무선통신보조설비의 화재안전기술기준(NFTC 505)」 2.2.3에 따라 유효
하게 통신이 가능할 것(영 별표 4의 제5호마목에 따른 무선통신보조설비가
설치된 특정소방대상물에 한한다)

2.10.3.3.5 바닥면적은 감시제어반의 설치에 필요한 면적 외에 화재 시 소방대원이 그
감시제어반의 조작에 필요한 최소면적 이상으로 할 것

2.10.3.4 2.10.3.3에 따른 전용실에는 특정소방대상물의 기계·기구 또는 시설 등의 제어
및 감시설비 외의 것을 두지 않을 것

2.10.3.5 각 유수검지장치 또는 일제개방밸브의 경우에는 작동여부를 확인할 수 있는 표시
및 경보기능이 있도록 할 것

2.10.3.6 일제개방밸브의 경우에는 밸브를 개방시킬 수 있는 수동조작스위치를 설치할 것

2.10.3.7 일제개방밸브를 사용하는 경우에는 설비의 화재감지는 각 경계회로별로 화재표
시가 되도록 할 것

2.10.3.8 다음의 각 확인회로마다 도통시험 및 작동시험을 할 수 있도록 할 것

> (1) 기동용수압개폐장치의 압력스위치회로
> (2) 수조 또는 물올림수조의 저수위감시회로
> (3) 유수검지장치 또는 일제개방 밸브의 압력스위치회로
> (4) 일제개방밸브를 사용하는 설비의 화재감지기회로
> (5) 2.5.16에 따른 개폐밸브의 폐쇄상태 확인회로
> (6) 그 밖의 이와 비슷한 회로

2.10.3.9 감시제어반과 자동화재탐지설비의 수신기를 별도의 장소에 설치하는 경우에는
이들 상호간 연동하여 화재발생 및 2.10.2.1, 2.10.2.3 및 2.10.2.4의 기능을 확
인할 수 있도록 할 것

2.10.4 동력제어반은 다음의 기준에 따라 설치해야 한다.

2.10.4.1 앞면은 적색으로 하고 "스프링클러소화설비용 동력제어반"이라고 표시한 표지를
설치할 것

2.10.4.2 외함은 두께 1.5 mm 이상의 강판 또는 이와 동등 이상의 강도 및 내열성능이 있
는 것으로 할 것

2.10.4.3 그 밖의 동력제어반의 설치에 관하여는 2.10.3.1 및 2.10.3.2의 기준을 준용할
것

2.10.5 자가발전설비 제어반의 제어장치는 비영리 공인기관의 시험을 필한 것으로 설치해야 한
다. 다만, 소방전원 보존형 발전기의 제어장치는 다음이 포함되어야 한다.

2.10.5.1 소방전원 보존형임을 식별할 수 있도록 표기할 것

2.10.5.2 발전기 운전 시 소방부하 및 비상부하에 전원이 동시 공급되고, 그 상태를 확인할 수 있는 표시가 되도록 할 것

2.10.5.3 발전기가 정격용량을 초과할 경우 비상부하는 자동적으로 차단되고, 소방부하만 공급되는 상태를 확인할 수 있는 표시가 되도록 할 것

2.11 배선 등

2.11.1 스프링클러설비의 배선은 「전기사업법」 제67조에 따른 「전기설비기술기준」에서 정한 것 외에 다음의 기준에 따라 설치해야 한다.

2.11.1.1 비상전원을 설치한 경우에는 비상전원으로부터 동력제어반 및 가압송수장치에 이르는 전원회로의 배선은 내화배선으로 할 것. 다만, 자가발전설비와 동력제어반이 동일한 실에 설치된 경우에는 자가발전기로부터 그 제어반에 이르는 전원회로의 배선은 그렇지 않다.

2.11.1.2 상용전원으로부터 동력제어반에 이르는 배선, 그 밖의 스프링클러설비의 감시ㆍ조작 또는 표시등회로의 배선은 내화배선 또는 내열배선으로 할 것. 다만, 감시제어반 또는 동력제어반 안의 감시ㆍ조작 또는 표시등회로의 배선은 그렇지 않다.

2.11.2 2.11.1에 따른 내화배선 및 내열배선에 사용되는 전선의 종류 및 설치방법은 「옥내소화전설비의 화재안전기술기준(NFTC 102)」 2.7.2의 표 2.7.2(1) 및 표 2.7.2(2)의 기준에 따른다.

2.11.3 소화설비의 과전류차단기 및 개폐기에는 "스프링클러소화설비용 과전류차단기 또는 개폐기"라고 표시한 표지를 해야 한다.

2.11.4 소화설비용 전기배선의 양단 및 접속단자에는 다음의 기준에 따라 표지해야 한다.

2.11.4.1 단자에는 "스프링클러소화설비 단자"라고 표시한 표지를 부착할 것

2.11.4.2 소화설비용 전기배선의 양단에는 다른 배선과 식별이 용이하도록 표시할 것

2.12 헤드의 설치제외

2.12.1 스프링클러설비를 설치해야 할 특정소방대상물에 있어서 다음의 어느 하나에 해당하는 장소에는 스프링클러헤드를 설치하지 않을 수 있다.

2.12.1.1 계단실(특별피난계단의 부속실을 포함한다)ㆍ경사로ㆍ승강기의 승강로ㆍ비상용승강기의 승강장ㆍ파이프덕트 및 덕트피트(파이프ㆍ덕트를 통과시키기 위한 구획된 구멍에 한한다)ㆍ목욕실ㆍ수영장(관람석부분을 제외한다)ㆍ화장실ㆍ직접 외기에 개방되어 있는 복도ㆍ기타 이와 유사한 장소

2.12.1.2 통신기기실·전자기기실·기타 이와 유사한 장소

2.12.1.3 발전실·변전실·변압기·기타 이와 유사한 전기설비가 설치되어 있는 장소

2.12.1.4 병원의 수술실·응급처치실·기타 이와 유사한 장소

2.12.1.5 천장과 반자 양쪽이 불연재료로 되어 있는 경우로서 그 사이의 거리 및 구조가 다음의 어느 하나에 해당하는 부분

   2.12.1.5.1 천장과 반자 사이의 거리가 2 m 미만인 부분

   2.12.1.5.2 천장과 반자 사이의 벽이 불연재료이고 천장과 반자사이의 거리가 2 m 이상으로서 그 사이에 가연물이 존재하지 않는 부분

2.12.1.6 천장·반자 중 한쪽이 불연재료로 되어 있고 천장과 반자사이의 거리가 1 m 미만인 부분

2.12.1.7 천장 및 반자가 불연재료 외의 것으로 되어 있고 천장과 반자사이의 거리가 0.5 m 미만인 부분

2.12.1.8 펌프실·물탱크실 엘리베이터 권상기실 그 밖의 이와 비슷한 장소

2.12.1.9 현관 또는 로비 등으로서 바닥으로부터 높이가 20 m 이상인 장소

2.12.1.10 영하의 냉장창고의 냉장실 또는 냉동창고의 냉동실

2.12.1.11 고온의 노가 설치된 장소 또는 물과 격렬하게 반응하는 물품의 저장 또는 취급장소

2.12.1.12 불연재료로 된 특정소방대상물 또는 그 부분으로서 다음의 어느 하나에 해당하는 장소

   2.12.1.12.1 정수장·오물처리장 그 밖의 이와 비슷한 장소

   2.12.1.12.2 펄프공장의 작업장·음료수공장의 세정 또는 충전하는 작업장 그 밖의 이와 비슷한 장소

   2.12.1.12.3 불연성의 금속·석재 등의 가공공장으로서 가연성물질을 저장 또는 취급하지 않는 장소

   2.12.1.12.4 가연성 물질이 존재하지 않는 「건축물의 에너지절약설계기준」에 따른 방풍실

2.12.1.13 실내에 설치된 테니스장·게이트볼장·정구장 또는 이와 비슷한 장소로서 실내 바닥·벽·천장이 불연재료 또는 준불연재료로 구성되어 있고 가연물이 존재하지 않는 장소로서 관람석이 없는 운동시설(지하층은 제외한다)

2.12.1.14 〈삭 제, 2024.1.1.〉

2.12.2 2.7.7.6의 연소할 우려가 있는 개구부에 다음의 기준에 따른 드렌처설비를 설치한 경우에는 해당 개구부에 한하여 스프링클러헤드를 설치하지 않을 수 있다.

2.12.2.1 드렌처헤드는 개구부 위 측에 2.5 m 이내마다 1개를 설치할 것

2.12.2.2 제어밸브(일제개방밸브 · 개폐표시형밸브 및 수동조작부를 합한 것을 말한다. 이하 같다)는 특정소방대상물 층마다에 바닥 면으로부터 0.8 m 이상 1.5 m 이하의 위치에 설치할 것

2.12.2.3 수원의 수량은 드렌처헤드가 가장 많이 설치된 제어밸브의 드렌처헤드의 설치개수에 1.6 ㎥를 곱하여 얻은 수치 이상이 되도록 할 것

2.12.2.4 드렌처설비는 드렌처헤드가 가장 많이 설치된 제어밸브에 설치된 드렌처헤드를 동시에 사용하는 경우에 각각의 헤드선단에 방수압력이 0.1 MPa 이상, 방수량이 80 L/min 이상이 되도록 할 것

2.12.2.5 수원에 연결하는 가압송수장치는 점검이 쉽고 화재 등의 재해로 인한 피해우려가 없는 장소에 설치할 것

2.13 수원 및 가압송수장치의 펌프 등의 겸용

2.13.1 스프링클러설비의 수원을 옥내소화전설비 · 간이스프링클러설비 · 화재조기진압용 스프링클러설비 · 물분무소화설비 · 포소화설비 및 옥외소화전설비의 수원을 겸용하여 설치하는 경우의 저수량은 각 소화설비에 필요한 저수량을 합한 양 이상이 되도록 해야 한다. 다만, 이들 소화설비 중 고정식 소화설비(펌프 · 배관과 소화수 또는 소화약제를 최종 방출하는 방출구가 고정된 설비를 말한다. 이하 같다)가 2 이상 설치되어 있고, 그 소화설비가 설치된 부분이 방화벽과 방화문으로 구획되어 있는 경우에는 각 고정식 소화설비에 필요한 저수량 중 최대의 것 이상으로 할 수 있다.

2.13.2 스프링클러설비의 가압송수장치로 사용하는 펌프를 옥내소화전설비 · 간이스프링클러설비 · 화재조기진압용 스프링클러설비 · 물분무소화설비 · 포소화설비 및 옥외소화전설비의 가압송수장치와 겸용하여 설치하는 경우의 펌프의 토출량은 각 소화설비에 해당하는 토출량을 합한 양 이상이 되도록 해야 한다. 다만, 이들 소화설비 중 고정식 소화설비가 2 이상 설치되어 있고, 그 소화설비가 설치된 부분이 방화벽과 방화문으로 구획되어 있으며 각 소화설비에 지장이 없는 경우에는 펌프의 토출량 중 최대의 것 이상으로 할 수 있다.

2.13.3 옥내소화전설비 · 스프링클러설비 · 간이스프링클러설비 · 화재조기진압용 스프링클러설비 · 물분무소화설비 · 포소화설비 및 옥외소화전설비의 가압송수장치에 있어서 각 토출측 배관과 일반급수용의 가압송수장치의 토출측 배관을 상호 연결하여 화재 시 사용

할 수 있다. 이 경우 연결배관에는 개폐표시형밸브를 설치해야 하며, 각 소화설비의 성능에 지장이 없도록 해야 한다.

2.13.4 스프링클러설비의 송수구를 옥내소화전설비 · 간이스프링클러설비 · 화재조기진압용 스프링클러설비 · 물분무소화설비 · 포소화설비 · 연결송수관설비 또는 연결살수설비의 송수구와 겸용으로 설치하는 경우에는 스프링클러설비의 송수구의 설치기준에 따르되 각각의 소화설비의 기능에 지장이 없도록 해야 한다.

소방시설관리사 기출문제

[20회설계] 스프링클러설비의 화재안전기준(NFSC 103)상 다음 물음에 답하시오.(6점)

    (1) 개폐밸브의 개폐상태를 감시제어반에서 확인할 수 있도록 설치하여야 하는 급수개폐밸브 작동표시 스위치의 설치기준을 쓰시오.(3점)

    (2) 기동용수압개폐장치를 기동장치로 사용하는 경우 설치하여야 하는 충압펌프의 설치기준을 쓰시오.(3점)

[19회설계] 폐쇄형스프링클러헤드를 사용하는 설비의 방호구역·유수검지장치의 설치기준을 6가지만 쓰시오.(6점)

[17회점검] 스프링클러헤드의 설치상태를 점검한 결과, 일부 층에서 천장과 반자 사이에 스프링클러헤드가 누락된 것이 확인되었다. 지하주차장을 제외한 층 중 천장과 반자 사이에 스프링클러헤드를 화재안전기술기준에 적합하게 설치해야 하는 층과 스프링클러헤드가 설치되어야 하는 이유를 쓰시오. (4점)

[17회설계] 일제개방밸브를 사용하는 스프링클러설비에 있어서 일제개방밸브 2차측 배관의 부대설비 설치기준을 쓰시오. (4점)

[13회점검] 스프링클러설비의 화재안전기준에서 정하고 있는 폐쇄형 스프링클러설비의 유수검지장치 설치기준 5가지를 쓰시오.(10점)

[11회점검] 스프링클러설비의 화재안전기준에서 정하는 감시제어반의 설치기준 중 도통시험 및 작동시험을 하여야 하는 확인회로 5가지를 쓰시오.(10점)

[12회설계] 스프링클러설비에서 감시제어반과 동력제어반을 구분하여 설치하지 않아도 되는 경우 4가지에 대하여 설명하시오.

[7회 설계] 습식 외의 스프링클러설비에는 상향식 스프링클러헤드를 설치하여야 하나 하향식 헤드를 사용할 수 있는 경우 3가지를 쓰시오.

[7회 설계] 스프링클러설비에서 감시제어반에서 확인되어야 하는 스프링클러설비의 구성기기의 비정상상태 감시신호 4가지를 쓰시오.(단, 물올림탱크는 설치하지 않은 것으로 하며 수신반은 P형 기준임)

[6회 설계] 드렌처헤드의 방수량 및 배치에 대하여 기술하시오.

[4회 설계] 준비작동식에서 교차회로방식으로 설치하지 않아도 되는 감지기의 종류 5가지를 쓰시오.

[3회 설계] 다음 괄호안의 번호에 알맞은 답을 쓰시오.

(1) 가압송수장치의 정격토출압력은 하나의 헤드 선단에 (a) 이상 (b) 이하의 방수압력이 될 수 있게 하는 크기일 것

(2) 가압송수장치의 송수량은 (c)의 방수압력 기준으로 (d) 이상의 방수성능을 가진 기준개수의 모든 헤드로부터의 (e)을 충족시킬 수 있는 양 이상으로 할 것. 이 경우 (f)는 계산에 포함하지 아니할 수 있다.

(3) 압력수조에는 (l) (m) (n) (o) (p) (q) (r) 및 압력 저하 방지를 위한 (s)를 설치할 것.

[1회 점검] 스프링클러설비 헤드의 감열부 유무에 따른 헤드의 설치수와 급수관 구경과의 관계를 도표로 나타내시오.

● 소방기술사 기출문제

[130회] 화재안전기술기준에서 제시하는 스프링클러설비 설치 유지를 위한 아래 내용에 대하여 설명하시오.

(1) 비상전원 출력용량 기준을 만족하기 위한 정격출력, 출력전압, 과전류 내력의 기준

(2) 스프링클러설비의 음향장치 및 기동장치(펌프 및 밸브)

[118회] 스프링클러 급수배관은 수리계산에 의하거나 아래의 "스프링클러헤드 수별 급수관의 구경"에 따라 선정하여야 한다. "스프링클러헤드 수별 급수관의 구경"의 ㈜사항 5가지를 열거하고 스프링클러헤드를 가, 나, 다 각 란의 유형별로 한쪽의 가지배관에 설치할 수 있는 최대의 개수를 그림으로 설명하시오.(단, "가"란은 상향식 설치 및 상·하향식 설치 2가지 유형으로 표기하고, 관경 표기는 필수이다.)

(단위 : mm)

급수관의 구경 / 구분	25	32	40	50	65	80	90	100	125	150
가	2	3	5	10	30	60	80	100	160	161 이상
나	2	4	7	15	30	60	65	100	160	161 이상
다	1	2	5	8	15	27	40	55	90	91 이상

[117회] 스프링클러소화설비에서 탬퍼스위치(Tamper Switch)의 설치목적 및 설치기준, 설치위치에 대하여 설명하시오.

[110회] 스프링클러설비의 말단에 시험장치를 설치하는 목적 및 국내 설치기준과 NFPA 13 기준을 비교 설명하시오.

[109회] 방화구획을 할 수 없는 "연소할 우려가 있는 개구부"의 스프링클러헤드 설치기준과 설치제외 조건을 설명하시오.

[102회] 소방용 비상전원으로 활용할 수 있는 에너지 저장장치(Energy Storage System : ESS)의 개요, 구성, 활용효과에 대한 설명과 에너지 저장장치를 적용할 경우 스프링클러설비의 화재안전기준(NFSC 103)에서 정한 비상전원의 출력용량에 대하여 설명하시오.

[98회] 정전 시 소방용 전원을 우선적으로 확보하기 위하여 부하의 용도와 조건에 따라 발전기 용량을 확보하도록 하고 있다. 다음 세 가지 경우의 개념도와 내용을 설명하시오.
1) 전용의 정전용 및 소방용 발전기를 별도로 설치하는 경우
2) 합산 부하 비상전원 용량 발전기를 설치하는 경우
3) 소방전원보존형 발전기를 설치하는 경우

[96회] 소방전원보존형 발전기의 도입 배경 및 동작원리에 대하여 설명하시오.

[92회] 스프링클러 급수배관은 수리계산에 의하거나 아래의 "스프링클러헤드 수별 급수관의 구경"에 따라 선정하여야 한다. "스프링클러헤드 수별 급수관의 구경"의 주기사항 5 가지를 열거하고 스프링클러헤드를 가, 나, 다 각 란의 유형별로 한쪽의 가지배관에 설치할 수 있는 최대의 개수를 그림으로 나타내시오.(단, "가"란은 상향식설치 및 상·하향식 설치 2가지 유형으로 표기하고, 관경표기는 필수임)

스프링클러헤드 수별 급수관의 구경

(단위 : mm)

급수관의 구경 구분	25	32	40	50	65	80	90	100	125	150
가	2	3	5	10	30	60	80	100	160	161 이상
나	2	4	7	15	30	60	65	100	160	161 이상
다	1	2	5	8	15	27	40	55	90	91 이상

[85회] 탬퍼스위치(Tamper Switch)의 기능, 설치기준 및 설치장소에 대하여 설명하시오.

간이스프링클러설비의 화재안전기술기준(NFTC 103A)

[시행 2023. 2. 10.] [소방청공고 제2022-211호, 2022. 12. 1., 제정]

1. 일반사항

1.1 적용범위

1.1.1 이 기준은 「소방시설 설치 및 관리에 관한 법률 시행령」(이하 "영"이라 한다) 별표 4 제1호마목에 따른 간이스프링클러설비 및 「다중이용업소의 안전관리에 관한 특별법」(이하 "특별법"이라 한다) 제9조제1항 및 같은 법 시행령(이하 "특별법령"이라 한다) 제9조에 따른 간이스프링클러설비의 설치 및 관리에 대해 적용한다.

1.2 기준의 효력

1.2.1 이 기준은 「소방시설 설치 및 관리에 관한 법률」(이하 "법"이라 한다) 제2조제1항제6호나목에 따라 간이스프링클러설비의 기술기준으로서의 효력을 가진다.

1.2.2 이 기준에 적합한 경우에는 법 제2조제1항제6호나목에 따라 「간이스프링클러설비의 화재안전성능기준(NFPC 103A)」을 충족하는 것으로 본다.

1.3 기준의 시행

1.3.1 이 기준은 2023년 2월 10일부터 시행한다. < 개정 2023.2.10. >

1.4 기준의 특례

1.4.1 소방본부장 또는 소방서장은 기존건축물이 증축·개축·대수선되거나 용도변경 되는 경우에 있어서 이 기준이 정하는 기준에 따라 해당 건축물에 설치해야 할 간이스프링클러설비의 배관·배선 등의 공사가 현저하게 곤란하다고 인정되는 경우에는 해당 설비의 기능 및 사용에 지장이 없는 범위에서 이 기준의 일부를 적용하지 않을 수 있다.

1.5 경과조치

1.5.1 이 기준 시행 전에 건축허가 등의 신청 또는 신고를 하거나 소방시설공사의 착공신고를 한 특정소방대상물에 대해서는 종전의 「간이스프링클러설비의 화재안전기준(NFSC 103A)」에 따른다.

1.5.2 이 기준 시행 전에 1.5.1에 따른 신청 또는 신고를 한 경우라도 제정 기준이 종전의 기준에 비하여 관계인에게 유리한 경우에는 제정 기준에 따를 수 있다.

1.6 다른 법령과의 관계

1.6.1 이 기준 시행 당시 다른 법령 또는 행정규칙 등에서 종전의 화재안전기준을 인용한 경우에 이 기준 가운데 그에 해당하는 규정이 있는 경우에는 종전의 규정에 갈음하여 이 기준의 해당 규정을 인용한 것으로 본다.

1.7 용어의 정의

1.7.1 이 기준에서 사용하는 용어의 정의는 다음과 같다.

1.7.1.1 "간이헤드"란 폐쇄형스프링클러헤드의 일종으로 간이스프링클러설비를 설치해야 하는 특정소방대상물의 화재에 적합한 감도·방수량 및 살수분포를 갖는 헤드를 말한다.

1.7.1.2 "충압펌프"란 배관 내 압력손실에 따른 주펌프의 빈번한 기동을 방지하기 위하여 충압 역할을 하는 펌프를 말한다.

1.7.1.3 "고가수조"란 구조물 또는 지형지물 등에 설치하여 자연낙차의 압력으로 급수하는 수조를 말한다.

1.7.1.4 "압력수조"란 소화용수와 공기를 채우고 일정압력 이상으로 가압하여 그 압력으로 급수하는 수조를 말한다.

1.7.1.5 "가압수조"란 가압원인 압축공기 또는 불연성 기체의 압력으로 소화용수를 가압하여 그 압력으로 급수하는 수조를 말한다.

1.7.1.6 "진공계"란 대기압 이하의 압력을 측정하는 계측기를 말한다.

1.7.1.7 "연성계"란 대기압 이상의 압력과 대기압 이하의 압력을 측정할 수 있는 계측기를 말한다.

1.7.1.8 "기동용수압개폐장치"란 소화설비의 배관 내 압력변동을 검지하여 자동적으로 펌프를 기동 및 정지시키는 것으로서 압력챔버 또는 기동용압력스위치 등을 말한다.

1.7.1.9 "가지배관"이란 헤드가 설치되어 있는 배관을 말한다.

1.7.1.10 "교차배관"이란 가지배관에 급수하는 배관을 말한다.

1.7.1.11 "주배관"이란 가압송수장치 또는 송수구 등과 직접 연결되어 소화수를 이송하는 주된 배관을 말한다.

1.7.1.12 "신축배관"이란 가지배관과 스프링클러헤드를 연결하는 구부림이 용이하고 유연성을 가진 배관을 말한다.

1.7.1.13 "급수배관"이란 수원 또는 송수구 등으로부터 소화설비에 급수하는 배관을 말한다.

1.7.1.14 "분기배관"이란 배관 측면에 구멍을 뚫어 둘 이상의 관로가 생기도록 가공한 배관으로서 다음의 분기배관을 말한다.

 (1) "확관형 분기배관"이란 배관의 측면에 조그만 구멍을 뚫고 소성가공으로 확관시켜 배관 용접이음자리를 만들거나 배관 용접이음자리에 배관이음쇠를 용접 이음한 배관을 말한다.

 (2) "비확관형 분기배관"이란 배관의 측면에 분기호칭내경 이상의 구멍을 뚫고 배관이음쇠를 용접 이음한 배관을 말한다.

1.7.1.15 "습식유수검지장치"란 습식스프링클러설비 또는 부압식스프링클러설비에 설치되는 유수검지장치를 말한다.

1.7.1.16 "준비작동식유수검지장치"란 준비작동식스프링클러설비에 설치되는 유수검지장치를 말한다.

1.7.1.17 "반사판(디플렉터)"이란 스프링클러헤드의 방수구에서 유출되는 물을 세분시키는 작용을 하는 것을 말한다.

1.7.1.18 "개폐표시형밸브"란 밸브의 개폐여부를 외부에서 식별이 가능한 밸브를 말한다.

1.7.1.19 "캐비닛형 간이스프링클러설비"란 가압송수장치, 수조(「캐비넷닛형 간이스프링클러설비 성능인증 및 제품검사의 기술기준」에서 정하는 바에 따라 분리형으로 할 수 있다) 및 유수검지장치 등을 집적화하여 캐비닛 형태로 구성시킨 간이 형태의 스프링클러설비를 말한다.

1.7.1.20 "상수도직결형 간이스프링클러설비"란 수조를 사용하지 않고 상수도에 직접 연결하여 항상 기준 방수압 및 방수량 이상을 확보할 수 있는 설비를 말한다.

1.7.1.21 "정격토출량"이란 펌프의 정격부하운전 시 토출량으로서 정격토출압력에서의 토출량을 말한다.

1.7.1.22 "정격토출압력"이란 펌프의 정격부하운전 시 토출압력으로서 정격토출량에서의 토출측 압력을 말한다.

2. 기술기준

2.1 수원

2.1.1 간이스프링클러설비의 수원은 다음의 기준과 같다.

 2.1.1.1 상수도직결형의 경우에는 수돗물

 2.1.1.2 수조("캐비닛형"을 포함한다)를 사용하고자 하는 경우에는 적어도 1개 이상의 자동급수장치를 갖추어야 하며, 2개의 간이헤드에서 최소 10분[영 별표 4 제1호마

목2)가) 또는 6)과 8)에 해당하는 경우에는 5개의 간이헤드에서 최소 20분] 이상 방수할 수 있는 양 이상을 수조에 확보할 것

[보충설명] 영 별표 4 제1호마목2)가) 또는 6)과 8)

2)가) 근린생활시설로 사용하는 부분의 바닥면적 합계가 1천 m² 이상인 것은 모든 층

6) 숙박시설로 사용되는 바닥면적의 합계가 300m² 이상 600m² 미만인 시설

8) 복합건축물(별표 2 제30호나목의 복합건축물만 해당한다)로서 연면적 1천m² 이상인 것은 모든 층

[보충설명] 별표2 제30호나목의 복합건축물

나. 하나의 건축물이 근린생활시설, 판매시설, 업무시설, 숙박시설 또는 위락시설의 용도와 주택의 용도로 함께 사용되는 것

2.1.2 간이스프링클러설비의 수원을 수조로 설치하는 경우에는 소화설비의 전용수조로 해야 한다. 다만, 다음의 어느 하나에 해당하는 경우에는 그렇지 않다.

　2.1.2.1 간이스프링클러설비용 펌프의 풋밸브 또는 흡수배관의 흡수구(수직회전축펌프의 흡수구를 포함한다. 이하 같다)를 다른 설비(소화용 설비 외의 것을 말한다. 이하 같다)의 풋밸브 또는 흡수구보다 낮은 위치에 설치한 때

　2.1.2.2 2.2.3에 따른 고가수조로부터 소화설비의 수직배관에 물을 공급하는 급수구를 다른 설비의 급수구보다 낮은 위치에 설치한 때

2.1.3 2.1.1.2에 따른 저수량을 산정함에 있어서 다른 설비와 겸용하여 간이스프링클러설비용 수조를 설치하는 경우에는 간이스프링클러설비의 풋밸브 · 흡수구 또는 수직배관의 급수구와 다른 설비의 풋밸브 · 흡수구 또는 수직배관의 급수구와의 사이의 수량을 그 유효수량으로 한다.

2.1.4 간이스프링클러설비용 수조는 다음의 기준에 따라 설치해야 한다.

　2.1.4.1 **점검에 편리**한 곳에 설치할 것

　2.1.4.2 **동결방지조치**를 하거나 동결의 우려가 없는 장소에 설치할 것

　2.1.4.3 수조의 외측에 **수위계**를 설치할 것. 다만, 구조상 불가피한 경우에는 수조의 맨홀 등을 통하여 수조 안의 물의 양을 쉽게 확인할 수 있도록 해야 한다.

2.1.4.4 수조의 상단이 바닥보다 높은 때에는 수조의 외측에 **고정식 사다리**를 설치할 것

2.1.4.5 수조가 실내에 설치된 때에는 그 실내에 **조명설비**를 설치할 것

2.1.4.6 수조의 밑 부분에는 **청소용 배수밸브 또는 배수관**을 설치할 것

2.1.4.7 수조 외측의 보기 쉬운 곳에 "간이스프링클러설비용 수조"라고 표시한 표지를 할 것. 이 경우 그 수조를 다른 설비와 겸용하는 때에는 그 겸용되는 설비의 이름을 표시한 **표지**를 함께 해야 한다.

2.1.4.8 소화설비용 펌프의 흡수배관 또는 소화설비의 수직배관과 수조의 접속부분에는 "간이스프링클러설비용 배관"이라고 표시한 **표지**를 할 것. 다만, 수조와 가까운 장소에 소화설비용 펌프가 설치되고 해당 펌프에 2.2.2.11 따른 표지를 설치한 때에는 그렇지 않다.

2.2 가압송수장치

2.2.1 방수압력(상수도직결형은 상수도압력)은 가장 먼 가지배관에서 2개[영 별표 4 제1호마목2)가) 또는 6)과 8)에 해당하는 경우에는 5개]의 간이헤드를 동시에 개방할 경우 각각의 간이헤드 선단 **방수압력은 0.1 ㎫ 이상, 방수량은 50 L/min 이상**이어야 한다. 다만, 2.3.1.7에 따른 주차장에 표준반응형스프링클러헤드를 사용할 경우 헤드 1개의 **방수량은 80 L/min 이상**이어야 한다.

2.2.2 전동기 또는 내연기관에 따른 펌프를 이용하는 가압송수장치는 다음의 기준에 따라 설치해야 한다.

2.2.2.1 쉽게 접근할 수 있고 점검하기에 충분한 공간이 있는 장소로서 화재 및 침수 등의 재해로 인한 피해를 받을 우려가 없는 곳에 설치할 것

2.2.2.2 동결방지조치를 하거나 동결의 우려가 없는 장소에 설치할 것

2.2.2.3 펌프는 전용으로 할 것. 다만, 다른 소화설비와 겸용하는 경우 각각의 소화설비의 성능에 지장이 없을 때에는 그렇지 않다.

2.2.2.4 **펌프의 토출 측에는 압력계를 체크밸브 이전에 펌프 토출 측 플랜지에서 가까운 곳에 설치하고, 흡입 측에는 연성계 또는 진공계를 설치할 것.** 다만, 수원의 수위가 펌프의 위치보다 높거나 수직회전축펌프의 경우에는 연성계 또는 진공계를 설치하지 않을 수 있다.

2.2.2.5 **펌프의 성능은 체절운전 시 정격토출압력의 140 %를 초과하지 않고, 정격토출량의 150 %로 운전 시 정격토출압력의 65 % 이상이 되어야 하며, 펌프의 성능을 시험할 수 있는 성능시험배관을 설치할 것.** 다만, 충압펌프의 경우에는 그렇지 않다.

2.2.2.6 **가압송수장치에는 체절운전 시 수온의 상승을 방지하기 위한 순환배관을 설치할 것**

2.2.2.7 기동장치로는 기동용수압개폐장치 또는 이와 동등 이상의 성능이 있는 것을 설치할 것

2.2.2.8 기동용수압개폐장치를 기동장치로 사용할 경우에는 다음의 기준에 따른 충압펌프를 설치할 것. 다만, 캐비닛형 간이스프링클러설비의 경우에는 그렇지 않다.

> 2.2.2.8.1 펌프의 토출압력은 그 설비의 최고위 살수장치의 자연압보다 적어도 0.2 ㎫이 더 크도록 하거나 가압송수장치의 정격토출압력과 같게 할 것
>
> 2.2.2.8.2 펌프의 정격토출량은 정상적인 누설량보다 적어서는 안 되며, 간이스프링클러설비가 자동적으로 작동할 수 있도록 충분한 토출량을 유지할 것

2.2.2.9 수원의 수위가 펌프보다 낮은 위치에 있는 가압송수장치에는 다음의 기준에 따른 물올림장치를 설치할 것. 다만, 캐비닛형 간이스프링클러설비의 경우에는 그렇지 않다.

2.2.2.9.1 물올림장치에는 전용의 수조를 설치할 것

2.2.2.9.2 수조의 유효수량은 100 L 이상으로 하되, 구경 15 ㎜ 이상의 급수배관에 따라 해당 수조에 물이 계속 보급되도록 할 것

2.2.2.10 내연기관을 사용하는 경우에는 제어반에 따라 내연기관의 자동기동 및 수동기동이 가능하고, 상시 충전되어 있는 축전지설비를 갖출 것

2.2.2.11 가압송수장치에는 "간이스프링클러소화펌프"라고 표시한 표지를 할 것. 이 경우 그 가압송수장치를 다른 설비와 겸용하는 때에는 그 겸용되는 설비의 이름을 표시한 표지를 함께 해야 한다.

2.2.2.12 가압송수장치는 부식 등으로 인한 펌프의 고착을 방지할 수 있도록 다음의 기준에 적합한 것으로 할 것. 다만, 충압펌프는 제외한다.

2.2.2.12.1 임펠러는 청동 또는 스테인리스 등 부식에 강한 재질을 사용할 것

2.2.2.12.2 펌프축은 스테인리스 등 부식에 강한 재질을 사용할 것

2.2.3 고가수조의 자연낙차를 이용한 가압송수장치는 다음의 기준에 따라 설치해야 한다.

> 2.2.3.1 고가수조의 자연낙차수두(수조의 하단으로부터 최고층에 설치된 헤드까지의 수직거리를 말한다)는 다음의 식 (2.2.3.1)에 따라 산출한 수치 이상 유지되도록 할 것
>
> $H = h_1 + 10$ ··· (2.2.3.1)
>
> 여기에서, H : 필요한 낙차(m)
>
> h_1 : 배관의 마찰손실수두(m)
>
> 2.2.3.2 고가수조에는 **수위계 · 배수관 · 급수관 · 오버플로우관 및 맨홀**을 설치할 것

2.2.4 압력수조를 이용한 가압송수장치는 다음의 기준에 따라 설치해야 한다.

> 2.2.4.1 압력수조의 압력은 다음의 식 (2.2.4.1)에 따라 산출한 수치 이상 유지되도록 할 것
>
> $$P = p_1 + p_2 + 0.1 \qquad\qquad \cdots (2.2.4.1)$$
>
> 여기에서, P : 필요한 압력(㎫)
> p_1 : 낙차의 환산수두압(㎫)
> p_2 : 배관의 마찰손실수두압(㎫)
>
> 2.2.4.2 압력수조에는 **수위계 · 급수관 · 배수관 · 급기관 · 맨홀 · 압력계 · 안전장치 및 압력저하 방지를 위한 자동식 공기압축기**를 설치할 것

2.2.5 가압수조를 이용한 가압송수장치는 다음의 기준에 따라 설치해야 한다.

> 2.2.5.1 가압수조의 압력은 간이헤드 2개를 동시에 개방할 때 적정방수량 및 방수압이 10분[영 별표 4 제1호마목2)가) 또는 6)과 8)에 해당하는 경우에는 5개의 간이헤드에서 최소 20분] 이상 유지되도록 할 것
>
> 2.2.5.2 가압수조를 이용한 가압송수장치는 소방청장이 정하여 고시한 「가압수조식가압송수장치의 성능인증 및 제품검사의 기술기준」에 적합한 것으로 설치할 것

2.2.6 캐비닛형 간이스프링클러설비를 사용할 경우 소방청장이 정하여 고시한 「캐비닛형 간이스프링클러설비의 성능인증 및 제품검사의 기술기준」에 적합한 것으로 설치해야 한다.

2.2.7 영 별표 4 제1호마목2)가) 또는 6)과 8)에 해당하는 특정소방대상물의 경우에는 상수도 직결형 및 캐비닛형 간이스프링클러설비를 제외한 가압송수장치를 설치해야 한다.

2.3 간이스프링클러설비의 방호구역 및 유수검지장치

2.3.1 간이스프링클러설비의 방호구역(간이스프링클러설비의 소화범위에 포함된 영역을 말한다. 이하 같다) 및 유수검지장치는 다음의 기준에 적합해야 한다. 다만, 캐비닛형의 경우에는 2.3.1.3의 기준에 적합해야 한다.

> 2.3.1.1 **하나의 방호구역의 바닥면적은 1,000 ㎡**를 초과하지 않을 것
>
> 2.3.1.2 하나의 방호구역에는 1개 이상의 유수검지장치를 설치하되, 화재 시 접근이 쉽고 점검하기 편리한 장소에 설치할 것
>
> 2.3.1.3 하나의 방호구역은 2개 층에 미치지 않도록 할 것. 다만, **1개 층에 설치되는 간이헤드의 수가 10개 이하인 경우에는 3개 층 이내**로 할 수 있다.

> 2.3.1.4 유수검지장치는 실내에 설치하거나 보호용 철망 등으로 구획하여 바닥으로부터 **0.8 m 이상 1.5 m 이하**의 위치에 설치하되, 그 실 등에는 **가로 0.5 m 이상 세로**

1 m 이상의 개구부로서 그 개구부에는 출입문을 설치하고 그 출입문 상단에 "유수검지장치실"이라고 표시한 표지를 설치할 것. 다만, 유수검지장치를 기계실(공조용기계실을 포함한다)안에 설치하는 경우에는 별도의 실 또는 보호용 철망을 설치하지 않고 기계실 출입문 상단에 "유수검지장치실"이라고 표시한 표지를 설치할 수 있다.

2.3.1.5 **간이헤드에 공급되는 물은 유수검지장치를 지나도록 할 것. 다만, 송수구를 통하여 공급되는 물은 그렇지 않다.**

2.3.1.6 자연낙차에 따른 압력수가 흐르는 배관 상에 설치된 유수검지장치는 화재 시 물의 흐름을 검지할 수 있는 최소한의 압력이 얻어질 수 있도록 수조의 하단으로부터 낙차를 두어 설치할 것

2.3.1.7 간이스프링클러설비가 설치되는 특정소방대상물에 부설된 주차장부분(영 별표 4 제1호바목에 해당하지 않는 부분에 한한다)에는 습식 외의 방식으로 해야 한다. 다만, 동결의 우려가 없거나 동결을 방지할 수 있는 구조 또는 장치가 된 곳은 그렇지 않다.

2.4 제어반

2.4.1 간이스프링클러설비에는 다음의 어느 하나의 기준에 따른 제어반을 설치해야 한다. 다만, 캐비닛형 간이스프링클러설비의 경우에는 그렇지 않다.

2.4.1.1 상수도 직결형의 경우에는 급수배관에 설치되어 급수를 차단할 수 있는 개폐밸브(2.5.16.1.2의 급수차단장치를 포함한다) 및 유수검지장치의 작동상태를 확인할 수 있어야 하며, 예비전원이 확보되고 예비전원의 적합여부를 시험할 수 있어야 할 것

2.4.1.2 상수도 직결형을 제외한 방식의 것에 있어서는 「스프링클러설비의 화재안전기술기준(NFTC 103)」의 2.10(제어반)을 준용할 것

2.5 배관 및 밸브

2.5.1 배관과 배관이음쇠는 다음의 어느 하나에 해당하는 것 또는 동등 이상의 강도·내식성 및 내열성 등을 국내·외 공인기관으로부터 인정받은 것을 사용해야 하고, 배관용 스테인리스 강관(KS D 3576)의 이음을 용접으로 할 경우에는 **텅스텐 불활성 가스 아크 용접(Tungsten Inertgas Arc Welding)방식**에 따른다. 다만, 상수도직결형 간이스프링클러설비에 사용하는 배관 및 밸브는 「수도법」 제14조(수도용 자재와 제품의 인증 등)에 적합한 제품을 사용해야 한다. 또한, 2.5에서 정하지 않은 사항은 「건설기술 진흥법」 제44조제1항의 규정에 따른 "건설기준"에 따른다.

2.5.1.1 **배관 내 사용압력이 1.2 ㎫ 미만**일 경우에는 다음의 어느 하나에 해당하는 것

> (1) 배관용 탄소 강관(KS D 3507)
> (2) 이음매 없는 구리 및 구리합금관(KS D 5301). 다만, 습식의 배관에 한한다.
> (3) 배관용 스테인리스 강관(KS D 3576) 또는 일반배관용 스테인리스 강관
> (KS D 3595)
> (4) 덕타일 주철관(KS D 4311)

2.5.1.2 **배관 내 사용압력이 1.2 ㎫ 이상**일 경우에는 다음의 어느 하나에 해당하는 것

> (1) 압력 배관용 탄소 강관(KS D 3562)
> (2) 배관용 아크용접 탄소강 강관(KS D 3583)

2.5.2 2.5.1에도 불구하고 다음의 어느 하나에 해당하는 장소에는 소방청장이 정하여 고시한 「소방용합성수지배관의 성능인증 및 제품검사의 기술기준」에 적합한 **소방용 합성수지배 관**으로 설치할 수 있다.

> **2.5.2.1** 배관을 지하에 매설하는 경우
> **2.5.2.2** 다른 부분과 내화구조로 구획된 덕트 또는 피트의 내부에 설치하는 경우
> **2.5.2.3** 천장(상층이 있는 경우에는 상층바닥의 하단을 포함한다. 이하 같다)과 반자를 불연재료 또는 준불연 재료로 설치하고 소화배관 내부에 항상 소화수가 채워진 상태로 설치하는 경우

2.5.3 급수배관은 다음의 기준에 따라 설치해야 한다.
> **2.5.3.1** **전용으로 할 것**. 다만, 상수도직결형의 경우에는 수도배관 호칭지름 32 ㎜ 이상의 **배관**이어야 하고, **간이헤드가 개방될 경우에는 유수신호 작동과 동시에 다른 용도 로 사용하는 배관의 송수를 자동 차단**할 수 있도록 해야 하며, 배관과 연결되는 이 음쇠 등의 부속품은 물이 고이는 현상을 방지하는 조치를 해야 한다.
> **2.5.3.2** **급수배관에 설치되어 급수를 차단할 수 있는 개폐밸브는 개폐표시형**으로 할 것. 이 경우 펌프의 흡입측배관에는 버터플라이밸브 외의 개폐표시형밸브를 설치해야 한다.
> **2.5.3.3** 배관의 구경은 2.2.1에 적합하도록 수리계산에 의하거나 표 2.5.3.3의 기준에 따 라 설치할 것. 다만, 수리계산에 따르는 경우 **가지배관의 유속은 6 ㎧, 그 밖의 배 관의 유속은 10 ㎧**를 초과할 수 없다.

표 2.5.3.3 간이헤드 수별 급수관의 구경

(단위: mm)

구분 \ 급수관의 구경	25	32	40	50	65	80	100	125	150
가	2	3	5	10	30	60	100	160	161 이상
나	2	4	7	15	30	60	100	160	161 이상

[비고] 1. 폐쇄형스프링클러헤드를 사용하는 설비의 경우로서 1개 층에 하나의 급수배관(또는 밸브등)이 담당하는 구역의 최대면적은 1,000 m²를 초과하지 않을 것
　　　 2. 폐쇄형간이헤드를 설치하는 경우에는 "가"란의 헤드수에 따를 것
　　　 3. 폐쇄형간이헤드를 설치하고 반자 아래의 헤드와 반자속의 헤드를 동일 급수관의 가지관상에 병설하는 경우에는 "나"의 헤드수에 따를 것
　　　 4. "캐비닛형" 및 "상수도직결형"을 사용하는 경우 주배관은 32 mm, 수평주행배관은 32 mm, 가지배관은 25 mm 이상으로 할 것. 이 경우 최장배관은 2.2.6에 따라 인정받은 길이로 하며 하나의 가지배관에는 간이헤드를 3개 이내로 설치해야 한다.

2.5.4 펌프의 흡입 측 배관은 다음의 기준에 따라 설치해야 한다.

　2.5.4.1 공기 고임이 생기지 않는 구조로 하고 여과장치를 설치할 것

　2.5.4.2 수조가 펌프보다 낮게 설치된 경우에는 각 펌프(충압펌프를 포함한다)마다 수조로부터 별도로 설치할 것

2.5.5 연결송수관설비의 배관과 겸용할 경우의 주배관은 구경 100 mm 이상, 방수구로 연결되는 배관의 구경은 65 mm 이상의 것으로 해야 한다.

2.5.6 펌프의 성능시험배관은 다음의 기준에 적합하도록 설치해야 한다.

　2.5.6.1 **성능시험배관은 펌프의 토출 측에 설치된 개폐밸브 이전에서 분기하여 직선으로 설치하고, 유량측정장치를 기준으로 전단 직관부에는 개폐밸브를 후단 직관부에는 유량조절밸브를 설치할 것.** 이 경우 개폐밸브와 유량측정장치 사이의 직관부 거리 및 유량측정장치와 유량조절밸브 사이의 직관부 거리는 해당 유량측정장치 제조사의 설치사양에 따르고, 성능시험배관의 호칭지름은 유량측정장치의 호칭지름에 따른다.

　2.5.6.2 **유량측정장치는 펌프의 정격토출량의 175 % 이상**까지 측정할 수 있는 성능이 있을 것

2.5.7 가압송수장치의 체절운전 시 수온의 상승을 방지하기 위하여 체크밸브와 펌프사이에서 분기한 구경 20 mm 이상의 배관에 체절압력 미만에서 개방되는 릴리프밸브를 설치할 것

2.5.8 배관은 동결방지조치를 하거나 동결의 우려가 없는 장소에 설치해야 한다. 다만, 보온재를 사용할 경우에는 난연재료 성능 이상의 것으로 해야 한다.

2.5.9 가지배관의 배열은 다음의 기준에 따른다.

  2.5.9.1 토너먼트(tournament) 배관방식이 아닐 것.

  2.5.9.2 교차배관에서 분기되는 지점을 기점으로 한쪽 가지배관에 설치되는 헤드의 개수(반자 아래와 반자속의 헤드를 하나의 가지배관 상에 병설하는 경우에는 반자 아래에 설치하는 헤드의 개수)는 8개 이하로 할 것. 다만, 다음의 어느 하나에 해당하는 경우에는 그렇지 않다.

    2.5.9.2.1 기존의 방호구역 안에서 칸막이 등으로 구획하여 1개의 헤드를 증설하는 경우

    2.5.9.2.2 격자형 배관방식(2 이상의 수평주행배관 사이를 가지배관으로 연결하는 방식을 말한다)을 채택하는 때에는 펌프의 용량, 배관의 구경 등을 수리학적으로 계산한 결과 헤드의 방수압 및 방수량이 소화목적을 달성하는 데 충분하다고 인정되는 경우

  2.5.9.3 가지배관과 헤드 사이의 배관을 신축배관으로 하는 경우에는 소방청장이 정하여 고시한 「스프링클러설비신축배관의 성능인증 및 제품검사의 기술기준」에 적합한 것으로 설치할 것. 이 경우 신축배관의 설치길이는 「스프링클러설비의 화재안전기술기준(NFTC 103)」의 2.7.3의 거리를 초과하지 않아야 한다.

2.5.10 가지배관에 하향식간이헤드를 설치하는 경우에 가지배관으로부터 간이헤드에 이르는 헤드접속배관은 가지배관 상부에서 분기해야 한다. 다만, 소화설비용 수원의 수질이 「먹는물관리법」 제5조에 따라 먹는물의 수질기준에 적합하고 덮개가 있는 저수조로부터 물을 공급받는 경우에는 가지배관의 측면 또는 하부에서 분기할 수 있다.

2.5.11 준비작동식유수검지장치를 사용하는 간이스프링클러설비에 있어서 유수검지장치 2차측 배관의 부대설비는 다음의 기준에 따른다.

  2.5.11.1 개폐표시형밸브를 설치할 것

  2.5.11.2 2.5.11.1에 따른 밸브와 준비작동식유수검지장치 사이의 배관은 다음의 기준과 같은 구조로 할 것

    2.5.11.2.1 수직배수배관과 연결하고 동 연결배관상에는 개폐밸브를 설치할 것

    2.5.11.2.2 자동배수장치 및 압력스위치를 설치할 것

    2.5.11.2.3 2.5.11.2.2 에 따른 압력스위치는 수신부에서 준비작동식유수검지장치의 개방여부를 확인할 수 있게 설치할 것

2.5.12 간이스프링클러설비에는 유수검지장치를 시험할 수 있는 시험장치를 다음의 기준에 따라 설치해야 한다. 다만, 준비작동식유수검지장치를 설치하는 경우에는 그렇지 않다.

2.5.12.1 펌프(캐비닛형 제외)를 가압송수장치로 사용하는 경우 유수검지장치 2차측 배관에 연결하여 설치하고, 펌프 외의 가압송수장치를 사용하는 경우 유수검지장치에서 가장 먼 거리에 위치한 가지배관의 끝으로부터 연결하여 설치할 것

2.5.12.2 시험장치배관의 구경은 25 mm 이상으로 하고, 그 끝에 개폐밸브 및 개방형간이헤드 또는 간이스프링클러헤드와 동등한 방수성능을 가진 오리피스를 설치할 것. 이 경우 개방형간이헤드는 반사판 및 프레임을 제거한 오리피스만으로 설치할 수 있다.

2.5.12.3 시험배관의 끝에는 물받이 통 및 배수관을 설치하여 시험 중 방사된 물이 바닥에 흘러내리지 않도록 할 것. 다만, 목욕실ㆍ화장실 또는 그 밖의 곳으로서 배수처리가 쉬운 장소에 시험배관을 설치한 경우에는 그렇지 않다.

2.5.13 배관에 설치되는 행거는 다음의 기준에 따라 설치해야 한다.

2.5.13.1 가지배관에는 헤드의 설치지점 사이마다 1개 이상의 행거를 설치하되, 헤드간의 거리가 3.5 m를 초과하는 경우에는 3.5 m 이내마다 1개 이상 설치할 것. 이 경우 상향식헤드와 행거 사이에는 8 ㎝ 이상의 간격을 두어야 한다.

2.5.13.2 교차배관에는 가지배관과 가지배관 사이마다 1개 이상의 행거를 설치하되, 가지배관 사이의 거리가 4.5 m를 초과하는 경우에는 4.5 m 이내마다 1개 이상 설치할 것

2.5.13.3 2.5.13.1 및 2.5.13.2의 수평주행배관에는 4.5 m 이내마다 1개 이상 설치할 것

2.5.14 급수배관에 설치되어 급수를 차단할 수 있는 개폐밸브에는 그 밸브의 개폐상태를 감시제어반에서 확인할 수 있도록 급수개폐밸브 작동표시 스위치를 다음의 기준에 따라 설치해야 한다.

2.5.14.1 급수개폐밸브가 잠길 경우 탬퍼스위치의 동작으로 인하여 감시제어반 또는 수신기에 표시되어야 하며 경보음을 발할 것

2.5.14.2 탬퍼스위치는 감시제어반 또는 수신기에서 동작의 유무 확인과 동작시험, 도통시험을 할 수 있을 것

2.5.14.3 급수개폐밸브의 작동표시 스위치에 사용되는 전기배선은 내화전선 또는 내열전선으로 설치할 것

2.5.15 간이스프링클러설비 배관의 배수를 위한 기울기는 수평으로 할 것. 다만, 배관의 구조상 소화수가 남아 있는 곳에는 배수밸브를 설치해야 한다.

2.5.16 간이스프링클러설비의 배관 및 밸브 등의 순서는 다음의 기준에 따라 설치해야 한다.

2.5.16.1 **상수도직결형은 다음의 기준에 따라 설치할 것**

2.5.16.1.1 수도용계량기, 급수차단장치, 개폐표시형밸브, 체크밸브, 압력계, 유수검지장치(압력스위치 등 유수검지장치와 동등 이상의 기능과 성능이 있는 것을 포함한다. 이하 같다), 2개의 시험밸브의 순으로 설치할 것

2.5.16.1.2 간이스프링클러설비 이외의 배관에는 화재 시 배관을 차단할 수 있는 급수차단장치를 설치할 것

2.5.16.2 **펌프 등의 가압송수장치를 이용하여 배관 및 밸브 등을 설치하는 경우에는 수원, 연성계 또는 진공계(수원이 펌프보다 높은 경우를 제외한다. 이하 같다), 펌프 또는 압력수조, 압력계, 체크밸브, 성능시험배관, 개폐표시형밸브,유수검지장치, 시험밸브의 순으로 설치할 것**

2.5.16.3 **가압수조를 가압송수장치로 이용하여 배관 및 밸브 등을 설치하는 경우에는 수원, 가압수조, 압력계, 체크밸브, 성능시험배관, 개폐표시형밸브, 유수검지장치, 2개의 시험밸브의 순으로 설치할 것**

2.5.16.4 **캐비닛형의 가압송수장치에 배관 및 밸브 등을 설치하는 경우에는 수원, 연성계 또는 진공계(수원이 펌프보다 높은 경우를 제외한다. 이하 같다), 펌프 또는 압력수조, 압력계, 체크밸브, 개폐표시형밸브, 2개의 시험밸브의 순으로 설치할 것. 다만, 소화용수의 공급은 상수도와 직결된 바이패스관 또는 펌프에서 공급받아야 한다.**

2.5.17 배관은 다른 설비의 배관과 쉽게 구분이 될 수 있는 위치에 설치하거나, 그 배관표면 또는 배관 보온재표면의 색상은 「한국산업표준(배관계의 식별 표시, KS A 0503)」 또는 적색으로 식별이 가능하도록 소방용설비의 배관임을 표시해야 한다.

2.5.18 확관형 분기배관을 사용할 경우에는 소방청장이 정하여 고시한 「분기배관의 성능인증 및 제품검사의 기술기준」에 적합한 것으로 설치해야 한다.

2.6 간이헤드

2.6.1 간이헤드는 다음의 기준에 적합한 것을 사용해야 한다.

2.6.1.1 폐쇄형간이헤드를 사용할 것

2.6.1.2 간이헤드의 작동온도는 실내의 최대 주위 천장온도가 0 ℃ 이상 38 ℃ 이하인 경우 공칭작동온도가 57 ℃에서 77 ℃의 것을 사용하고, 39 ℃ 이상 66 ℃ 이하인 경우에는 공칭작동온도가 79 ℃에서 109 ℃의 것을 사용할 것

2.6.1.3 간이헤드를 설치하는 천장·반자·천장과 반자 사이·덕트·선반 등의 각 부분으로부터 간이헤드까지의 수평거리는 2.3 m(「스프링클러헤드의 형식승인 및 제품검사의 기술기준」에 따른 유효살수반경의 것으로 한다) 이하가 되도록 해야 한다. 다만, 성능이 별도로 인정된 간이헤드를 수리계산에 따라 설치하는 경우에는 그렇지 않다.

2.6.1.4 상향식간이헤드 또는 하향식간이헤드의 경우에는 간이헤드의 디플렉터에서 천장 또는 반자까지의 거리는 25 ㎜에서 102 ㎜ 이내가 되도록 설치해야 하며, 측벽형간이헤드의 경우에는 102 ㎜에서 152 ㎜사이에 설치할 것 다만, 플러쉬 스프링클러헤드의 경우에는 천장 또는 반자까지의 거리를 102 ㎜ 이하가 되도록 설치할 수 있다.

2.6.1.5 간이헤드는 천장 또는 반자의 경사·보·조명장치 등에 따라 살수장애의 영향을 받지 않도록 설치할 것

2.6.1.6 2.6.1.4의 규정에도 불구하고 특정소방대상물의 보와 가장 가까운 간이헤드는 다음 표 2.6.1.6의 기준에 따라 설치할 것. 다만, 천장면에서 보의 하단까지의 길이가 55 ㎝를 초과하고 보의 하단 측면 끝부분으로부터 간이헤드까지의 거리가 간이헤드 상호간 거리의 2분의 1 이하가 되는 경우에는 간이헤드와 그 부착면과의 거리를 55 ㎝ 이하로 할 수 있다.

표 2.6.1.6 보의 수평거리에 따른 간이스프링클러헤드의 수직거리

간이헤드의 반사판 중심과 보의 수평거리	간이헤드의 반사판 높이와 보의 하단 높이의 수직거리
0.75 m 미만	보의 하단보다 낮을 것
0.75 m 이상 1 m미만	0.1 m 미만일 것
1 m 이상 1.5 m 미만	0.15 m 미만일 것
1.5 m 이상	0.3 m 미만일 것

2.6.1.7 상향식간이헤드 아래에 설치되는 하향식간이헤드에는 상향식간이헤드의 방출수를 차단할 수 있는 유효한 차폐판을 설치할 것

2.6.1.8 간이스프링클러설비를 설치해야 할 특정소방대상물에 있어서는 간이헤드 설치 제외에 관한 사항은 「스프링클러설비의 화재안전기술기준(NFTC 103)」 2.12.1을 준용한다.

2.6.1.9 2.3.1.7에 따른 주차장에는 표준반응형스프링클러헤드를 설치해야 하며 설치기준은 「스프링클러설비의 화재안전기술기준(NFTC 103)」 2.7(헤드)을 준용한다.

2.7 음향장치 및 기동장치

2.7.1 간이스프링클러설비의 음향장치 및 기동장치는 다음의 기준에 따라 설치해야 한다.

    2.7.1.1 습식유수검지장치를 사용하는 설비에 있어서는 간이헤드가 개방되면 유수검지장치가 화재신호를 발신하고 그에 따라 음향장치가 경보되도록 할 것

    2.7.1.2 음향장치는 습식유수검지장치의 담당구역마다 설치하되 그 구역의 각 부분으로부터 하나의 음향장치까지의 수평거리는 25 m 이하가 되도록 할 것

    2.7.1.3 음향장치는 경종 또는 사이렌(전자식 사이렌을 포함한다)으로 하되, 주위의 소음 및 다른 용도의 경보와 구별이 가능한 음색으로 할 것. 이 경우 경종 또는 사이렌은 자동화재탐지설비 · 비상벨설비 또는 자동식사이렌설비의 음향장치와 겸용할 수 있다.

    2.7.1.4 주음향장치는 수신기의 내부 또는 그 직근에 설치할 것

    2.7.1.5 **층수가 11층(공동주택의 경우에는 16층) 이상**의 특정소방대상물 또는 그 부분에 있어서는 2층 이상의 층에서 발화한 때에는 발화층 및 그 직상 4개층에 한하여, 1층에서 발화한 때에는 발화층 · 그 직상 4개층 및 지하층에 한하여, 지하층에서 발화한 때에는 발화층 · 그 직상층 및 기타의 지하층에 한하여 경보를 발할 수 있도록 할 것 < 개정 2023.2.10. >

    2.7.1.6 음향장치는 다음의 기준에 따른 구조 및 성능의 것으로 할 것

        2.7.1.6.1 정격전압의 80 % 전압에서 음향을 발할 수 있는 것으로 할 것

        2.7.1.6.2 음향의 크기는 부착된 음향장치의 중심으로부터 1 m 떨어진 위치에서 90 dB 이상이 되는 것으로 할 것

2.7.2 간이스프링클러설비의 가압송수장치로서 펌프가 설치되는 경우에는 그 펌프의 작동은 다음의 어느 하나의 기준에 적합해야 한다.

    2.7.2.1 습식유수검지장치를 사용하는 설비에 있어서는 동장치의 발신이나 기동용수압개폐장치에 따라 작동되거나 또는 이 두 가지의 혼용에 따라 작동될 수 있도록 할 것

    2.7.2.2 준비작동식유수검지장치를 사용하는 설비에 있어서는 화재감지기의 화재감지나 기동용수압개폐장치에 따라 작동되거나 또는 이 두 가지의 혼용에 따라 작동될 수 있도록 할 것

2.7.3 준비작동식유수검지장치의 작동기준은 「스프링클러설비의 화재안전기술기준(NFTC 103)」 2.6.3을 준용한다.

2.7.4 2.7.1부터 2.7.3의 배선(감지기 상호간의 배선은 제외한다)은 내화배선 또는 내열배선으로 하며 사용되는 전선은 내화전선으로 하고 전선의 종류 및 설치방법은 「옥내소화전설비의 화재안전기술기준(NFTC 102)」 2.7.2의 표 2.7.2(1) 또는 표 2.7.2(2)에 따르되,

다른 배선과 공유하는 회로방식이 되지 않도록 해야 한다. 다만, 음향장치의 작동에 지장을 주지 않는 회로방식의 경우에는 그렇지 않다.

2.8 송수구

2.8.1 간이스프링클러설비에는 소방차로부터 그 설비에 송수할 수 있는 송수구를 다음의 기준에 따라 설치해야 한다. 다만, 다중이용업소의 안전관리에 관한 특별법 제9조에 해당하는 영업장(건축물 전체가 하나의 영업장일 경우는 제외)에 설치되는 상수도직결형 또는 캐비닛형의 경우에는 송수구를 설치하지 않을 수 있다.

2.8.1.1 소방차가 쉽게 접근할 수 있고 잘 보이는 장소에 설치하고, 화재층으로부터 지면으로 떨어지는 유리창 등이 송수 및 그 밖의 소화작업에 지장을 주지 않는 장소에 설치할 것

2.8.1.2 송수구로부터 간이스프링클러설비의 주배관에 이르는 연결배관에 개폐밸브를 설치한 때에는 그 개폐상태를 쉽게 확인 및 조작할 수 있는 옥외 또는 기계실 등의 장소에 설치할 것

2.8.1.3 송수구는 구경 65 ㎜의 쌍구형 또는 단구형으로 할 것. 이 경우 송수배관의 안지름은 40 ㎜ 이상으로 해야 한다.

2.8.1.4 지면으로부터 높이가 0.5 m 이상 1 m 이하의 위치에 설치할 것

2.8.1.5 송수구의 부근에는 자동배수밸브(또는 직경 5 mm의 배수공) 및 체크밸브를 다음의 기준에 따라 설치할 것. 이 경우 자동배수밸브는 배관안의 물이 잘 빠질 수 있는 위치에 설치하되, 배수로 인하여 다른 물건이나 장소에 피해를 주지 않아야 한다.

2.8.1.6 송수구에는 이물질을 막기 위한 마개를 씌울 것

2.9 비상전원

2.9.1 간이스프링클러설비에는 다음의 기준에 적합한 비상전원 또는 「소방시설용 비상전원수전설비의 화재안전기술기준(NFTC 602」의 규정에 따른 비상전원수전설비를 설치해야 한다. 다만, 무전원으로 작동되는 간이스프링클러설비의 경우에는 모든 기능이 10분[영 별표 4 제1호마목2)가) 또는 6)과 8)에 해당하는 경우에는 20분] 이상 유효하게 지속될 수 있는 구조를 갖추어야 한다.

2.9.1.1 간이스프링클러설비를 유효하게 10분[영 별표 4 제1호마목2)가) 또는 6)과 8)에 해당하는 경우에는 20분] 이상 작동할 수 있도록 할 것

2.9.1.2 상용전원으로부터 전력의 공급이 중단된 때에는 자동으로 비상전원으로부터 전원을 공급받을 수 있는 구조로 할 것

2.10 수원 및 가압송수장치의 펌프 등의 겸용

2.10.1 간이스프링클러설비의 수원을 옥내소화전설비·스프링클러설비·화재조기진압용 스프링클러설비·물분무소화설비·포소화전설비 및 옥외소화전설비의 수원을 겸용하여 설치하는 경우의 저수량은 각 소화설비에 필요한 저수량을 합한 양 이상이 되도록 해야 한다. 다만, 이들 소화설비 중 고정식 소화설비(펌프·배관과 소화수 또는 소화약제를 최종 방출하는 방출구가 고정된 설비를 말한다. 이하 같다)가 2 이상 설치되어 있고, 그 소화설비가 설치된 부분이 방화벽과 방화문으로 구획되어 있는 경우에는 각 고정식 소화설비에 필요한 저수량 중 최대의 것 이상으로 할 수 있다.

2.10.2 간이스프링클러설비의 가압송수장치로 사용하는 펌프를 옥내소화전설비·스프링클러설비·화재조기진압용 스프링클러설비·물분무소화설비·포소화설비 및 옥외소화전설비의 가압송수장치와 겸용하여 설치하는 경우의 펌프의 토출량은 각 소화설비에 해당하는 토출량을 합한 양 이상이 되도록 해야 한다. 다만, 이들 소화설비 중 고정식 소화설비가 2 이상 설치되어 있고, 그 소화설비가 설치된 부분이 방화벽과 방화문으로 구획되어 있으며 각 소화설비에 지장이 없는 경우에는 펌프의 토출량 중 최대의 것 이상으로 할 수 있다.

2.10.3 옥내소화전설비·스프링클러설비·간이스프링클러설비·화재조기진압용 스프링클러설비·물분무소화설비·포소화설비 및 옥외소화전설비의 가압송수장치에 있어서 각 토출측 배관과 일반급수용의 가압송수장치의 토출측 배관을 상호 연결하여 화재 시 사용할 수 있다. 이 경우 연결배관에는 개폐표시형밸브를 설치해야 하며, 각 소화설비의 성능에 지장이 없도록 해야 한다.

2.10.4 간이스프링클러설비의 송수구를 옥내소화전설비·스프링클러설비·화재조기진압용 스프링클러설비·물분무소화설비·포소화설비·연결송수관설비 또는 연결살수설비의 송수구와 겸용으로 설치하는 경우에는 스프링클러설비의 송수구의 설치기준에 따르되 각각의 소화설비의 기능에 지장이 없도록 해야 한다.

● 소방시설관리사 기출문제

[20회설계] 간이스프링클러설비의 화재안전기준(NFSC 103A)상 상수도직결형 및 캐비넷형 가압송수장치를 설치할 수 없는 특정소방대상물 3가지를 쓰시오.(6점)

[20회설계] 간이스프링클러설비의 화재안전기준(NFSC 103A)상 가압수조 가압송수장치 방식에서 배관 및 밸브 등의 설치 순서에 대하여 명칭을 쓰고, 소방시설의 도시기호를 그리시오.(5점)

> 설치 순서는 수원, 가압수조, (ㄱ.), (ㄴ.), (ㄷ.), (ㄹ.), (ㅁ.), 2개의 시험밸브 순으로 설치한다.

[20회설계] 간이스프링클러설비의 화재안전기준(NFSC 103A)상 간이헤드 수별 급수관의 구경에 관한 내용이다. ( )에 들어갈 내용을 쓰시오.(4점)

> "캐비닛형" 및 "상수도직결형"을 사용하는 경우 주배관은 (ㄱ)mm, 수평주행배관은 (ㄴ)mm, 가지배관은 (ㄷ)mm 이상으로 할 것. 이 경우 최장배관은 제5조제6항에 따라 인정받은 길이로 하며 하나의 가지배관에는 간이헤드를 (ㄹ)개 이내로 설치하여야 한다.

[19회점검] 간이스프링클러(NFSC 103A)의 간이헤드에 관한 것이다. ( )에 들어갈 내용을 쓰시오. (2점)

> 간이헤드의 작동온도는 실내의 최대 주위 천정온도가 0℃ 이상 38℃ 이하인 경우 공칭작동온도가 (㉠)의 것을 사용하고, 39℃ 이상 66℃ 이하인 경우에는 공칭작동온도가 (㉡)의 것을 사용한다.

[16회점검] 간이스프링클러설비의 화재안전기준(NFSC 103A)에 따라 다음 각 물음에 답하시오.
① 상수도직결방식의 배관과 밸브의 설치순서를 쓰시오. (3점)
② 펌프를 이용한 배관과 밸브의 설치순서를 쓰시오. (3점)

소방기술사 기출문제

[103회] 간이스프링클러설비의 배관 및 밸브 등의 설치순서에 대하여 급수방식 종류별로 설명하시오.

[93회] 간이 스프링클러 설비의 설치목적, 설치대상, 수원 및 가압송수장치에 대해서 설명하시오.

[80회] 간이스프링클러를 설치하여야 할 특정소방대상물에 대하여 기술하고, 방호구역과 유수검지장치(일제개방밸브) 설치기준을 폐쇄형과 개방형으로 비교하여 설명하시오.

1. 일반사항

1.1 적용범위

1.1.1 이 기준은 「소방시설 설치 및 관리에 관한 법률 시행령」(이하 "영"이라 한다) 별표 4 제1호라목에 따른 스프링클러설비 중 「스프링클러설비의 화재안전성능기준(NFPC 103)」 제10조제2항의 랙크식창고에 설치하는 화재조기진압용 스프링클러설비의 설치 및 관리에 대해 적용한다.

1.2 기준의 효력

1.2.1 이 기준은 「소방시설 설치 및 관리에 관한 법률」(이하 "법"이라 한다) 제2조제1항제6호나목에 따라 화재조기진압용 스프링클러설비의 기술기준으로서의 효력을 가진다.

1.2.2 이 기준에 적합한 경우에는 법 제2조제1항제6호나목에 따라 「화재조기진압용 스프링클러설비의 화재안전성능기준(NFPC 103B)」을 충족하는 것으로 본다.

1.3 기준의 시행

1.3.1 이 기준은 2023년 2월 10일부터 시행한다. < 개정 2023.2.10. >

1.4 기준의 특례

1.4.1 소방본부장 또는 소방서장은 기존건축물이 증축·개축·대수선되거나 용도변경 되는 경우에 있어서 이 기준이 정하는 기준에 따라 해당 건축물에 설치해야 할 화재조기진압용 스프링클러설비의 배관·배선 등의 공사가 현저하게 곤란하다고 인정되는 경우에는 해당 설비의 기능 및 사용에 지장이 없는 범위에서 이 기준의 일부를 적용하지 않을 수 있다.

1.5 경과조치

1.5.1 이 기준 시행 전에 건축허가 등의 신청 또는 신고를 하거나 소방시설공사의 착공신고를 한 특정소방대상물에 대해서는 종전의 기준에 따른다. < 개정 2023.2.10. >

1.5.2 이 기준 시행 전에 1.5.1에 따른 신청 또는 신고를 한 경우라도 개정 기준이 종전의 기준에 비하여 관계인에게 유리한 경우에는 개정 기준에 따를 수 있다. < 개정 2023.2.10. >

1.6 다른 법령과의 관계

1.6.1 이 기준 시행 당시 다른 법령 또는 행정규칙 등에서 종전의 화재안전기준을 인용한 경우에 이 기준 가운데 그에 해당하는 규정이 있는 경우에는 종전의 규정에 갈음하여 이 기준의 해당 규정을 인용한 것으로 본다.

1.7 용어의 정의

1.7.1 이 기준에서 사용하는 용어의 정의는 다음과 같다.

1.7.1.1 "화재조기진압용 스프링클러헤드"란 특정한 높은 장소의 화재위험에 대하여 조기에 진화할 수 있도록 설계된 헤드를 말한다.

1.7.1.2 "충압펌프"란 배관 내 압력손실에 따른 주펌프의 빈번한 기동을 방지하기 위하여 충압 역할을 하는 펌프를 말한다.

1.7.1.3 "고가수조"란 구조물 또는 지형지물 등에 설치하여 자연낙차의 압력으로 급수하는 수조를 말한다.

1.7.1.4 "압력수조"란 소화용수와 공기를 채우고 일정압력 이상으로 가압하여 그 압력으로 급수하는 수조를 말한다.

1.7.1.5 "정격토출량"이란 펌프의 정격부하운전 시 토출량으로서 정격토출압력에서의 토출량을 말한다.

1.7.1.6 "정격토출압력"이란 펌프의 정격부하운전 시 토출압력으로서 정격토출량에서의 토출측 압력을 말한다.

1.7.1.7 "진공계"란 대기압 이하의 압력을 측정하는 계측기를 말한다.

1.7.1.8 "연성계"란 대기압 이상의 압력과 대기압 이하의 압력을 측정할 수 있는 계측기를 말한다.

1.7.1.9 "체절운전"이란 펌프의 성능시험을 목적으로 펌프 토출측의 개폐밸브를 닫은 상태에서 펌프를 운전하는 것을 말한다.

1.7.1.10 "기동용수압개폐장치"란 소화설비의 배관 내 압력변동을 검지하여 자동적으로 펌프를 기동 및 정지시키는 것으로서 압력챔버 또는 기동용압력스위치 등을 말한다.

1.7.1.11 "유수검지장치"란 유수현상을 자동적으로 검지하여 신호 또는 경보를 발하는 장치를 말한다.

1.7.1.12 "가지배관"이란 헤드가 설치되어 있는 배관을 말한다.

1.7.1.13 "교차배관"이란 가지배관에 급수하는 배관을 말한다.

1.7.1.14 "주배관"이란 가압송수장치 또는 송수구 등과 직접 연결되어 소화수를 이송하는 주된 배관을 말한다.

1.7.1.15 "신축배관"이란 가지배관과 스프링클러헤드를 연결하는 구부림이 용이하고 유연성을 가진 배관을 말한다.

1.7.1.16 "급수배관"이란 수원 또는 송수구 등으로부터 소화설비에 급수하는 배관을 말한다.

1.7.1.17 "분기배관"이란 배관 측면에 구멍을 뚫어 둘 이상의 관로가 생기도록 가공한 배관으로서 다음의 분기배관을 말한다.

   (1) "확관형 분기배관"이란 배관의 측면에 조그만 구멍을 뚫고 소성가공으로 확관시켜 배관 용접이음자리를 만들거나 배관 용접이음자리에 배관이음쇠를 용접 이음한 배관을 말한다.

   (2) "비확관형 분기배관"이란 배관의 측면에 분기호칭내경 이상의 구멍을 뚫고 배관이음쇠를 용접 이음한 배관을 말한다.

1.7.1.18 "개폐표시형밸브"란 밸브의 개폐여부를 외부에서 식별이 가능한 밸브를 말한다.

1.7.1.19 "가압수조"란 가압원인 압축공기 또는 불연성 기체의 압력으로 소화용수를 가압하여 그 압력으로 급수하는 수조를 말한다.

2. 기술기준

2.1 설치장소의 구조

2.1.1 화재조기진압용 스프링클러설비를 설치할 장소의 구조는 다음의 기준에 적합해야 한다.

2.1.1.1 해당 층의 **높이**가 13.7 m 이하일 것. 다만, 2층 이상일 경우에는 해당 층의 바닥을 내화구조로 하고 다른 부분과 방화구획 할 것

2.1.1.2 천장의 **기울기**가 1,000분의 168을 초과하지 않아야 하고, 이를 초과하는 경우에는 반자를 지면과 수평으로 설치할 것

2.1.1.3 **천장**은 평평해야 하며 철재나 목재트러스 구조인 경우, 철재나 목재의 돌출 부분이 102 mm를 초과하지 않을 것

2.1.1.4 **보로** 사용되는 목재·콘크리트 및 철재 사이의 간격이 0.9 m 이상 2.3 m 이하일 것. 다만, 보의 간격이 2.3 m 이상인 경우에는 화재조기진압용 스프링클러헤드의 동작을 원활히 하기 위해 보로 구획된 부분의 천장 및 반자의 넓이가 28 ㎡를 초과하지 않을 것

2.1.1.5 창고 내의 **선반** 등의 형태는 하부로 물이 침투되는 구조로 할 것

2.2 수원

2.2.1 화재조기진압용 스프링클러설비의 수원은 수리학적으로 **가장 먼 가지배관 3개에 각각 4개의 스프링클러헤드가 동시에 개방**되었을 때 헤드선단의 압력이 표 2.2.1에 따른 값 이상으로 **60분간** 방수할 수 있는 양 이상으로 계산식은 식 (2.2.1)과 같다.

표 2.2.1 화재조기진압용 스프링클러헤드의 최소방사압력(MPa)

최대층고	최대저장높이	화재조기진압용 스프링클러헤드				
		K = 360 하향식	K = 320 하향식	K = 240 하향식	K= 240 상향식	K = 200 하향식
13.7 m	12.2 m	0.28	0.28	–	–	–
13.7 m	10.7 m	0.28	0.28	–	–	–
12.2 m	10.7 m	0.17	0.28	0.36	0.36	0.52
10.7 m	9.1 m	0.14	0.24	0.36	0.36	0.52
9.1 m	7.6 m	0.10	0.17	0.24	0.24	0.34

$$Q = 12 \times 60 \times K\sqrt{10p} \qquad \cdots (2.2.1)$$

여기에서, Q : 수원의 양(L)

K : 상수(L/min · MPa1/2)

p : 헤드선단의 압력(MPa)

2.2.2 화재조기진압용 스프링클러설비의 수원은 2.2.1에 따라 산출된 유효수량 외에 유효수량의 3분의 1 이상을 옥상(화재조기진압용 스프링클러설비가 설치된 건축물의 주된 옥상을 말한다. 이하 같다)에 설치해야 한다. 다만, 다음의 어느 하나에 해당하는 경우에는 그렇지 않다.

(1) 옥상이 없는 건축물 또는 공작물

(2) 지하층만 있는 건축물

(3) 2.3.2에 따른 고가수조를 가압송수장치로 설치한 경우

(4) 수원이 건축물의 최상층에 설치된 헤드보다 높은 위치에 설치된 경우

(5) 건축물의 높이가 지표면으로부터 10 m 이하인 경우

(6) 주펌프와 동등 이상의 성능이 있는 별도의 펌프로서 내연기관의 기동과 연동하여 작동되거나 비상전원을 연결하여 설치한 경우

(7) 2.3.4에 따라 가압수조를 가압송수장치로 설치한 경우

2.2.3 옥상수조(2.2.1에 따라 산출된 유효수량의 3분의 1 이상을 옥상에 설치한 설비를 말한다. 이하 같다)는 이와 연결된 배관을 통하여 상시 소화수를 공급할 수 있는 구조의 특정소방대상물의 경우에는 2 이상의 특정소방대상물이 있더라도 하나의 특정소방대상물에만 이를 설치할 수 있다.

2.2.4 화재조기진압용 스프링클러설비의 수원을 수조로 설치하는 경우에는 소화설비의 전용수조로 해야 한다. 다만, 다음 의 어느 하나에 해당하는 경우에는 그렇지 않다.

    2.2.4.1 화재조기진압용 스프링클러설비용 펌프의 풋밸브 또는 흡수배관의 흡수구(수직회전축펌프의 흡수구를 포함한다. 이하 같다)를 다른 설비(소화용 설비 외의 것을 말한다. 이하 같다)의 풋밸브 또는 흡수구보다 낮은 위치에 설치한 때

    2.2.4.2 2.3.2에 따른 고가수조로부터 화재조기진압용 스프링클러설비의 수직배관에 물을 공급하는 급수구를 다른 설비의 급수구보다 낮은 위치에 설치한 때

2.2.5 2.2.1 및 2.2.2에 따른 저수량을 산정함에 있어서 다른 설비와 겸용하여 화재조기진압용 스프링클러설비용 수조를 설치하는 경우에는 화재조기진압용 스프링클러설비의 풋밸브 · 흡수구 또는 수직배관의 급수구와 다른 설비의 풋밸브 · 흡수구 또는 수직배관의 급수구와의 사이의 수량을 그 유효수량으로 한다.

2.2.6 화재조기진압용 스프링클러설비용 수조는 다음의 기준에 따라 설치해야 한다.

    2.2.6.1 점검에 편리한 곳에 설치할 것

    2.2.6.2 동결방지조치를 하거나 동결의 우려가 없는 장소에 설치할 것

    2.2.6.3 수조의 외측에 수위계를 설치할 것. 다만, 구조상 불가피한 경우에는 수조의 맨홀 등을 통하여 수조 안의 물의 양을 쉽게 확인할 수 있도록 해야 한다.

    2.2.6.4 수조의 상단이 바닥보다 높은 때에는 수조의 외측에 고정식 사다리를 설치할 것

    2.2.6.5 수조가 실내에 설치된 때에는 그 실내에 조명설비를 설치할 것

    2.2.6.6 수조의 밑 부분에는 청소용 배수밸브 또는 배수관을 설치할 것

    2.2.6.7 수조 외측의 보기 쉬운 곳에 "화재조기진압용 스프링클러설비용 수조"라고 표시한 표지를 할 것. 이 경우 그 수조를 다른 설비와 겸용하는 때에는 그 겸용되는 설비의 이름을 표시한 표지를 함께 해야 한다.

    2.2.6.8 소화설비용 펌프의 흡수배관 또는 소화설비의 수직배관과 수조의 접속부분에는 "화재조기진압용 스프링클러설비용 배관"이라고 표시한 표지를 할 것. 다만, 수조와 가까운 장소에 소화설비용 펌프가 설치되고 해당 펌프에 2.3.1.13에 따른 표지를 설치한 때에는 그렇지 않다.

2.3 가압송수장치

2.3.1 전동기 또는 내연기관에 따른 펌프를 이용하는 가압송수장치는 다음의 기준에 따라 설치해야 한다.

　2.3.1.1 쉽게 접근할 수 있고 점검하기에 충분한 공간이 있는 장소로서 화재 및 침수 등의 재해로 인한 피해를 받을 우려가 없는 곳에 설치할 것

　2.3.1.2 동결방지조치를 하거나 동결의 우려가 없는 장소에 설치할 것

　2.3.1.3 펌프는 전용으로 할 것. 다만, 다른 소화설비와 겸용하는 경우 각각의 소화설비의 성능에 지장이 없을 때에는 그렇지 않다.

　2.3.1.4 펌프의 토출 측에는 압력계를 체크밸브 이전에 펌프 토출 측 플랜지에서 가까운 곳에 설치하고, 흡입 측에는 연성계 또는 진공계를 설치할 것. 다만, 수원의 수위가 펌프의 위치보다 높거나 수직회전축펌프의 경우에는 연성계 또는 진공계를 설치하지 않을 수 있다.

　2.3.1.5 펌프의 성능은 체절운전 시 정격토출압력의 140 %를 초과하지 않고, 정격토출량의 150 %로 운전 시 정격토출압력의 65 % 이상이 되어야 하며, 펌프의 성능을 시험할 수 있는 성능시험배관을 설치할 것. 다만, 충압펌프의 경우에는 그렇지 않다.

　2.3.1.6 가압송수장치에는 체절운전 시 수온의 상승을 방지하기 위한 순환배관을 설치할 것. 다만, 충압펌프의 경우에는 그렇지 않다.

　2.3.1.7 기동장치로는 기동용수압개폐장치 또는 이와 동등 이상의 성능이 있는 것을 설치할 것

　2.3.1.8 기동용수압개폐장치 중 압력챔버를 사용할 경우 그 용적은 100 L 이상의 것으로 할 것

　2.3.1.9 수원의 수위가 펌프보다 낮은 위치에 있는 가압송수장치에는 다음의 기준에 따른 물올림장치를 설치할 것

　　2.3.1.9.1 물올림장치에는 전용의 수조를 설치할 것

　　2.3.1.9.2 수조의 유효수량은 100 L 이상으로 하되, 구경 15 mm 이상의 급수배관에 따라 해당 수조에 물이 계속 보급되도록 할 것

　2.3.1.10 2.2.1의 방수량 및 헤드선단의 압력을 충족할 것

　2.3.1.11 기동용수압개폐장치를 기동장치로 사용할 경우에는 다음의 기준에 따른 충압펌프를 설치할 것

　　2.3.1.11.1 펌프의 토출압력은 그 설비의 최고위 살수장치의 자연압보다 적어도 0.2 MPa이 더 크도록 하거나 가압송수장치의 정격토출압력과 같게 할 것

　　2.3.1.11.2 펌프의 정격토출량은 정상적인 누설량보다 적어서는 안 되며, 화재조기진압용 스프링클러설비가 자동적으로 작동할 수 있도록 충분한 토출량을 유지할 것

2.3.1.12 내연기관을 사용하는 경우에는 제어반에 따라 내연기관의 자동기동 및 수동기동이 가능하고, 상시 충전되어 있는 축전지설비를 갖출 것

2.3.1.13 가압송수장치에는 "화재조기진압용 스프링클러펌프"라고 표시한 표지를 할 것. 이 경우 그 가압송수장치를 다른 설비와 겸용하는 때에는 그 겸용되는 설비의 이름을 표시한 표지를 함께 해야 한다.

2.3.1.14 가압송수장치가 기동이 된 경우에는 자동으로 정지되지 않도록 할 것. 다만, 충압펌프의 경우에는 그렇지 않다.

2.3.1.15 가압송수장치는 부식 등으로 인한 펌프의 고착을 방지할 수 있도록 다음의 기준에 적합한 것으로 할 것. 다만, 충압펌프는 제외한다.

  2.3.1.15.1 임펠러는 청동 또는 스테인리스 등 부식에 강한 재질을 사용할 것

  2.3.1.15.2 펌프축은 스테인리스 등 부식에 강한 재질을 사용할 것

2.3.2 고가수조의 자연낙차를 이용한 가압송수장치는 다음의 기준에 따라 설치해야 한다.

  2.3.2.1 고가수조의 자연낙차수두(수조의 하단으로부터 최고층에 설치된 헤드까지의 수직거리를 말한다)는 다음의 식 (2.3.2.1)에 따라 산출한 수치 이상 유지되도록 할 것

  $$H = h_1 + h_2 \qquad \cdots (2.3.2.1)$$

  여기에서, H : 필요한 낙차(m)

  h_1 : 배관의 마찰손실수두(m)

  h_2 : 표 2.2.1에 따른 최소방사압력의 환산수두(m)

  2.3.2.2 고가수조에는 수위계 · 배수관 · 급수관 · 오버플로우관 및 맨홀을 설치할 것

2.3.3 압력수조를 이용한 가압송수장치는 다음의 기준에 따라 설치해야 한다.

  2.3.3.1 압력수조의 압력은 다음의 식 (2.3.3.1)에 따라 산출한 수치 이상 유지되도록 할 것

  $$P = p_1 + p_2 + p_3 \qquad \cdots (2.3.3.1)$$

  여기에서, P : 필요한 압력(㎫)

  p_1 : 낙차의 환산수두압(㎫)

  p_2 : 배관의 마찰손실수두압(㎫)

  p_3 : 표 2.2.1에 의한 최소방사압력(㎫)

  2.3.3.2 압력수조에는 수위계 · 급수관 · 배수관 · 급기관 · 맨홀 · 압력계 · 안전장치 및 압력저하 방지를 위한 자동식 공기압축기를 설치할 것

2.3.4 가압수조를 이용한 가압송수장치는 다음의 기준에 따라 설치해야 한다.

    2.3.4.1 가압수조의 압력은 2.3.1.10에 따른 방수압 및 방수량을 20분 이상 유지되도록 할 것

    2.3.4.2 가압수조 및 가압원은 「건축법 시행령」 제46조에 따른 방화구획 된 장소에 설치할 것

    2.3.4.3 가압수조를 이용한 가압송수장치는 소방청장이 정하여 고시한 「가압수조식가압송수장치의 성능인증 및 제품검사의 기술기준」에 적합한 것으로 설치할 것

2.4 방호구역 및 유수검지장치

2.4.1 화재조기진압용 스프링클러설비의 방호구역(화재조기진압용 스프링클러설비의 소화범위에 포함된 영역을 말한다. 이하 같다) 및 유수검지장치는 다음의 기준에 적합해야 한다.

    2.4.1.1 하나의 방호구역의 바닥면적은 3,000 m²를 초과하지 않을 것

    2.4.1.2 하나의 방호구역에는 1개 이상의 유수검지장치를 설치하되, 화재 시 접근이 쉽고 점검하기 편리한 장소에 설치할 것

    2.4.1.3 하나의 방호구역은 2개 층에 미치지 않도록 할 것. 다만, 1개 층에 설치되는 화재조기진압용 스프링클러헤드의 수가 10개 이하인 경우에는 3개 층 이내로 할 수 있다.

    2.4.1.4 유수검지장치를 실내에 설치하거나 보호용 철망 등으로 구획하여 바닥으로부터 0.8 m 이상 1.5 m 이하의 위치에 설치하되, 그 실 등에는 가로 0.5 m 이상 세로 1 m 이상의 개구부로서 그 개구부에는 출입문을 설치하고 그 출입문 상단에 "유수검지장치실"이라고 표시한 표지를 설치할 것. 다만, 유수검지장치를 기계실(공조용기계실을 포함한다)안에 설치하는 경우에는 별도의 실 또는 보호용 철망을 설치하지 않고 기계실 출입문 상단에 "유수검지장치실"이라고 표시한 표지를 설치할 수 있다.

    2.4.1.5 화재조기진압용 스프링클러헤드에 공급되는 물은 유수검지장치를 지나도록 할 것. 다만, 송수구를 통하여 공급되는 물은 그렇지 않다.

    2.4.1.6 자연낙차에 따른 압력수가 흐르는 배관 상에 설치된 유수검지장치는 소화수의 방수 시 물의 흐름을 검지할 수 있는 최소한의 압력이 얻어질 수 있도록 수조의 하단으로부터 낙차를 두어 설치할 것

2.5 배관

2.5.1 화재조기진압용 스프링클러설비의 배관은 습식으로 해야 한다.

2.5.2 배관과 배관이음쇠는 다음의 어느 하나에 해당하는 것 또는 동등 이상의 강도 · 내식성 및 내열성 등을 국내 · 외 공인기관으로부터 인정받은 것을 사용해야 하고, 배관용 스테인리스 강관(KS D 3576)의 이음을 용접으로 할 경우에는 텅스텐 불활성 가스 아크 용접(Tungsten Inertgas Arc Welding)방식에 따른다. 다만, 2.5에서 정하지 않은 사항은 「건설기술 진흥법」 제44조제1항의 규정에 따른 "건설기준"에 따른다.

2.5.2.1 **배관 내 사용압력이 1.2 ㎫ 미만**일 경우에는 다음의 어느 하나에 해당하는 것

(1) 배관용 탄소 강관(KS D 3507)

(2) 이음매 없는 구리 및 구리합금관(KS D 5301). 다만, 습식의 배관에 한한다.

(3) 배관용 스테인리스 강관(KS D 3576) 또는 일반배관용 스테인리스 강관 (KS D 3595)

(4) 덕타일 주철관(KS D 4311)

2.5.2.2 **배관 내 사용압력이 1.2 ㎫ 이상**일 경우에는 다음의 어느 하나에 해당하는 것

(1) 압력 배관용 탄소 강관(KS D 3562)

(2) 배관용 아크용접 탄소강 강관(KS D 3583)

2.5.3 2.5.2에도 불구하고 다음의 어느 하나에 해당하는 장소에는 소방청장이 정하여 고시한 「소방용합성수지배관의 성능인증 및 제품검사의 기술기준」에 적합한 소방용 합성수지 배관으로 설치할 수 있다.

2.5.3.1 배관을 지하에 매설하는 경우

2.5.3.2 다른 부분과 내화구조로 구획된 덕트 또는 피트의 내부에 설치하는 경우

2.5.3.3 천장(상층이 있는 경우에는 상층바닥의 하단을 포함한다. 이하 같다)과 반자를 불연재료 또는 준불연 재료로 설치하고 소화배관 내부에 항상 소화수가 채워진 상태로 설치하는 경우

2.5.4 급수배관은 다음의 기준에 따라 설치해야 한다.

2.5.4.1 전용으로 할 것. 다만, 화재조기진압용 스프링클러설비의 기동장치의 조작과 동시에 다른 설비의 용도에 사용하는 배관의 송수를 차단할 수 있거나, 화재조기진압용 스프링클러설비의 성능에 지장이 없는 경우에는 다른 설비와 겸용할 수 있다.

2.5.4.2 급수배관에 설치되어 급수를 차단할 수 있는 개폐밸브는 개폐표시형으로 할 것. 이 경우 펌프의 흡입측 배관에는 버터플라이밸브 외의 개폐표시형밸브를 설치해야 한다.

2.5.4.3 배관의 구경은 2.2.1에 적합하도록 수리계산에 따라 설치할 것. 다만, 수리계산에 따르는 경우 가지배관의 유속은 6 m/s, 그 밖의 배관의 유속은 10 m/s를 초과할 수 없다.

2.5.5 펌프의 흡입측 배관은 다음의 기준에 따라 설치해야 한다.

 2.5.5.1 공기 고임이 생기지 않는 구조로 하고 여과장치를 설치할 것

 2.5.5.2 수조가 펌프보다 낮게 설치된 경우에는 각 펌프(충압펌프를 포함한다)마다 수조로부터 별도로 설치할 것

2.5.6 연결송수관설비의 배관과 겸용할 경우의 주배관은 구경 100 mm 이상, 방수구로 연결되는 배관의 구경은 65 mm 이상의 것으로 해야 한다.

2.5.7 펌프의 성능시험배관은 다음의 기준에 적합하도록 설치해야 한다.

 2.5.7.1 성능시험배관은 펌프의 토출 측에 설치된 개폐밸브 이전에서 분기하여 직선으로 설치하고, 유량측정장치를 기준으로 전단 직관부에는 개폐밸브를 후단 직관부에는 유량조절밸브를 설치할 것. 이 경우 개폐밸브와 유량측정장치 사이의 직관부 거리 및 유량측정장치와 유량조절밸브 사이의 직관부 거리는 해당 유량측정장치 제조사의 설치사양에 따르고, 성능시험배관의 호칭지름은 유량측정장치의 호칭지름에 따른다.

 2.5.7.2 유량측정장치는 펌프의 정격토출량의 175 % 이상까지 측정할 수 있는 성능이 있을 것

2.5.8 가압송수장치의 체절운전 시 수온의 상승을 방지하기 위하여 체크밸브와 펌프 사이에서 분기한 구경 20 ㎜ 이상의 배관에 체절압력 미만에서 개방되는 릴리프밸브를 설치할 것

2.5.9 배관은 동결방지조치를 하거나 동결의 우려가 없는 장소에 설치해야 한다. 다만, 보온재를 사용할 경우에는 난연재료 성능 이상의 것으로 해야 한다.

2.5.10 가지배관의 배열은 다음의 기준에 따른다.

 2.5.10.1 토너먼트(tournament) 배관방식이 아닐 것.

 2.5.10.2 **가지배관 사이의 거리는 2.4 m 이상 3.7 m 이하로 할 것. 다만, 천장의 높이가 9.1 m 이상 13.7 m 이하인 경우에는 2.4 m 이상 3.1 m 이하로 한다.**

 2.5.10.3 교차배관에서 분기되는 지점을 기점으로 한쪽 가지배관에 설치되는 헤드의 개수(반자 아래와 반자속의 헤드를 하나의 가지배관 상에 병설하는 경우에는 반자 아래에 설치하는 헤드의 개수)는 8개 이하로 할 것. 다만, 다음의 어느 하나에 해당하는 경우에는 그렇지 않다.

  2.5.10.3.1 기존의 방호구역 안에서 칸막이 등으로 구획하여 1개의 헤드를 증설하는 경우

2.5.10.3.2 격자형 배관방식(2 이상의 수평주행배관 사이를 가지배관으로 연결하는 방식을 말한다)을 채택하는 때에는 펌프의 용량, 배관의 구경 등을 수리학적으로 계산한 결과 헤드의 방수압 및 방수량이 소화목적을 달성하는 데 충분하다고 인정되는 경우. 다만, 중앙소방기술심의위원회 또는 지방소방기술심의위원회의 심의를 거친 경우에 한정한다.

2.5.10.4 가지배관과 헤드 사이의 배관을 신축배관으로 하는 경우에는 소방청장이 정하여 고시한 「스프링클러설비신축배관의 성능인증 및 제품검사의 기술기준」에 적합한 것으로 설치할 것. 이 경우 신축배관의 설치 길이는 「스프링클러설비의 화재안전기술기준(NFTC 103)」의 2.7.3의 거리를 초과하지 않을 것

2.5.11 교차배관의 위치·청소구 및 가지배관의 헤드설치는 다음의 기준에 따른다.

2.5.11.1 교차배관은 가지배관과 수평으로 설치하거나 또는 가지배관 밑에 설치하고, 그 구경은 2.5.4.3에 따르되, 최소구경이 40 ㎜ 이상이 되도록 할 것

2.5.11.2 청소구는 교차배관 끝에 40 ㎜ 이상 크기의 개폐밸브를 설치하고, 호스접결이 가능한 나사식 또는 고정배수 배관식으로 할 것. 이 경우 나사식의 개폐밸브는 옥내소화전 호스접결용의 것으로 하고, 나사보호용의 캡으로 마감해야 한다.

2.5.11.3 하향식헤드를 설치하는 경우에 가지배관으로부터 헤드에 이르는 헤드접속배관은 가지배관 상부에서 분기할 것. 다만, 소화설비용 수원의 수질이 「먹는물관리법」 제5조에 따라 먹는물의 수질기준에 적합하고 덮개가 있는 저수조로부터 물을 공급받는 경우에는 가지배관의 측면 또는 하부에서 분기할 수 있다.

2.5.12 화재조기진압용 스프링클러설비에는 유수검지장치를 시험할 수 있는 시험장치를 다음의 기준에 따라 설치해야 한다.

2.5.12.1 유수검지장치 2차 측 배관에 연결하여 설치할 것

2.5.12.2 시험장치 배관의 구경은 32 mm 이상으로 하고, 그 끝에 개폐밸브 및 개방형헤드 또는 화재조기진압용스프링클러헤드와 동등한 방수성능을 가진 오리피스를 설치할 것. 이 경우 개방형헤드는 반사판 및 프레임을 제거한 오리피스만으로 설치할 수 있다.

2.5.12.3 시험배관의 끝에는 물받이 통 및 배수관을 설치하여 시험 중 방사된 물이 바닥에 흘러내리지 않도록 할 것. 다만, 목욕실·화장실 또는 그 밖의 곳으로서 배수처리가 쉬운 장소에 시험배관을 설치한 경우에는 그렇지 않다.

2.5.13 배관에 설치되는 행거는 다음의 기준에 따라 설치해야 한다.

2.5.13.1 가지배관에는 헤드의 설치지점 사이마다 1개 이상의 행거를 설치하되, 헤드간의 거리가 3.5 m를 초과하는 경우에는 3.5 m 이내마다 1개 이상 설치할 것. 이 경우

상향식헤드와 행거 사이에는 8 ㎝ 이상의 간격을 두어야 한다.

2.5.13.2 교차배관에는 가지배관과 가지배관 사이마다 1개 이상의 행거를 설치하되, 가지 배관 사이의 거리가 4.5 m를 초과하는 경우에는 4.5 m 이내마다 1개 이상 설치 할 것

2.5.13.3 2.5.13.1 및 2.5.13.2의 수평주행배관에는 4.5 m 이내마다 1개 이상 설치할 것

2.5.14 **수직배수배관의 구경은 50 ㎜ 이상**으로 해야 한다.

2.5.15 **급수배관에 설치되어 급수를 차단할 수 있는 개폐밸브에는 그 밸브의 개폐상태를 감시제 어반에서 확인**할 수 있도록 급수개폐밸브 작동표시 스위치를 다음의 기준에 따라 설치 해야 한다.

2.5.15.1 급수개폐밸브가 잠길 경우 탬퍼스위치의 동작으로 인하여 감시제어반 또는 수신 기에 표시되어야 하며 경보음을 발할 것

2.5.15.2 탬퍼스위치는 감시제어반 또는 수신기에서 동작의 유무 확인과 동작시험, 도통 시험을 할 수 있을 것

2.5.15.3 급수개폐밸브의 작동표시 스위치에 사용되는 전기배선은 내화전선 또는 내열전 선으로 설치할 것

2.5.16 화재조기진압용 스프링클러설비의 배관은 수평으로 해야 한다. 다만, 배관의 구조상 소 화수가 남아 있는 곳에는 배수밸브를 설치할 수 있다.

2.5.17 배관은 다른 설비의 배관과 쉽게 구분이 될 수 있는 위치에 설치하거나, 그 배관표면 또 는 배관 보온재표면의 색상은 「한국산업표준(배관계의 식별 표시, KS A 0503)」 또는 적색으로 식별이 가능하도록 소방용설비의 배관임을 표시해야 한다.

2.5.18 확관형 분기배관을 사용할 경우에는 소방청장이 정하여 고시한 「분기배관의 성능인증 및 제품검사의 기술기준」에 적합한 것으로 설치해야 한다.

2.6 음향장치 및 기동장치

2.6.1 화재조기진압용 스프링클러설비의 음향장치 및 기동장치는 다음의 기준에 따라 설치해 야 한다.

2.6.1.1 유수검지장치를 사용하는 설비는 헤드가 개방되면 유수검지장치가 화재신호를 발신하고 그에 따라 음향장치가 경보되도록 할 것

2.6.1.2 음향장치는 유수검지장치의 담당구역마다 설치하되 그 구역의 각 부분으로부터 하나의 음향장치까지의 **수평거리는 25 m 이하**가 되도록 할 것

2.6.1.3 음향장치는 **경종 또는 사이렌(전자식 사이렌을 포함한다)**으로 하되, 주위의 소음 및 다른 용도의 경보와 구별이 가능한 음색으로 할 것. 이 경우 경종 또는 사이렌

은 자동화재탐지설비 · 비상벨설비 또는 자동식사이렌설비의 음향장치와 겸용할 수 있다.

2.6.1.4 주음향장치는 수신기의 내부 또는 그 직근에 설치할 것

2.6.1.5 **층수가 11층(공동주택의 경우에는 16층) 이상의 특정소방대상물**은 다음의 기준에 따라 경보를 발할 수 있도록 해야 한다. <개정 2023.2.10.>

  2.6.1.5.1 2층 이상의 층에서 발화한 때에는 발화층 및 그 직상 4개층에 경보를 발할 수 있도록 할 것 <개정 2023.2.10.>

  2.6.1.5.2 1층에서 발화한 때에는 발화층 · 그 직상 4개층 및 지하층에 경보를 발할 수 있도록 할 것 <개정 2023.2.10.>

  2.6.1.5.3 지하층에서 발화한 때에는 발화층 · 그 직상층 및 기타의 지하층에 경보를 발할 수 있도록 할 것

2.6.1.6 음향장치는 다음의 기준에 따른 구조 및 성능의 것으로 할 것

  2.6.1.6.1 정격전압의 80 % 전압에서 음향을 발할 수 있는 것으로 할 것

  2.6.1.6.2 음향의 크기는 부착된 음향장치의 중심으로부터 1 m 떨어진 위치에서 90 dB 이상이 되는 것으로 할 것

2.6.2 화재조기진압용 스프링클러설비의 가압송수장치로서 펌프가 설치되는 경우에는 그 펌프의 작동은 유수검지장치의 발신이나 기동용수압개폐장치에 따라 작동되거나 또는 이 두 가지의 혼용에 따라 작동될 수 있도록 해야 한다.

2.7 헤드

2.7.1 화재조기진압용 스프링클러설비의 헤드는 다음의 기준에 적합해야 한다.

  2.7.1.1 헤드 하나의 방호면적은 6.0 m² 이상 9.3 m² 이하로 할 것

  2.7.1.2 가지배관의 헤드 사이의 거리는 천장의 높이가 9.1 m 미만인 경우에는 2.4 m 이상 3.7 m 이하로, 9.1 m 이상 13.7 m 이하인 경우에는 3.1 m 이하로 할 것

  2.7.1.3 헤드의 반사판은 천장 또는 반자와 평행하게 설치하고 저장물의 최상부와 914 ㎜ 이상 확보되도록 할 것

  2.7.1.4 하향식 헤드의 반사판의 위치는 천장이나 반자 아래 **125 ㎜ 이상 355 ㎜ 이하**일 것

  2.7.1.5 상향식 헤드의 감지부 중앙은 천장 또는 반자와 101 ㎜ 이상 152 ㎜ 이하이어야 하며, 반사판의 위치는 스프링클러 배관의 윗부분에서 최소 178 ㎜ 상부에 설치되도록 할 것

2.7.1.6 헤드와 벽과의 거리는 헤드 상호간 거리의 2분의 1을 초과하지 않아야 하며 최소 102 ㎜ 이상일 것

2.7.1.7 **헤드의 작동온도는 74 ℃ 이하**일 것. 다만, 헤드 주위의 온도가 38 ℃ 이상의 경우에는 그 온도에서의 화재시험 등에서 헤드 작동에 관하여 공인기관의 시험을 거친 것을 사용할 것

2.7.1.8 헤드의 살수분포에 장애를 주는 장애물이 있는 경우에는 다음의 어느 하나에 적합할 것

그림 2.7.1.8(1) 보 또는 기타 장애물 위에 헤드가 설치된 경우의 반사판 위치 (그림 2.7.1.8(3) 또는 표 2.7.1.8(1)을 함께 사용할 것)

그림 2.7.1.8(2) 장애물이 헤드 아래에 연속적으로 설치된 경우의 반사판 위치 (그림 2.7.1.8(3) 또는 표 2.7.1.8(1)을 함께 사용할 것)

그림 2.7.1.8(3) 장애물 아래에 설치되는 헤드 반사판의 위치

표 2.7.1.8(1) 보 또는 기타 장애물 아래에 헤드가 설치된 경우의 반사판 위치

장애물과 헤드 사이의 수평거리	장애물의 하단과 헤드의 반사판 사이의 수직거리
0.3 m 미만	0 ㎜
0.3 m 이상 ~ 0.5 m 미만	40 ㎜
0.5 m 이상 ~ 0.7 m 미만	75 ㎜
0.7 m 이상 ~ 0.8 m 미만	140 ㎜
0.8 m 이상 ~ 0.9 m 미만	200 ㎜
0.9 m 이상 ~ 1.1 m 미만	250 ㎜
1.1 m 이상 ~ 1.2 m 미만	300 ㎜
1.2 m 이상 ~ 1.4 m 미만	380 ㎜
1.4 m 이상 ~ 1.5 m 미만	460 ㎜
1.5 m 이상 ~ 1.7 m 미만	560 ㎜
1.7 m 이상 ~ 1.8 m 미만	660 ㎜
1.8 m 이상	790 ㎜

표 2.7.1.8(2) 저장물 위에 장애물이 있는 경우의 헤드의 설치 기준

장애물의 류(폭)		조건
돌출장애물	0.6 m 이하	1. 표 2.7.1.8(1) 또는 그림 2.7.1.8(2) 에 적합하거나 2. 장애물의 끝부근에서 헤드 반사판까지의 수평거리가 0.3 m 이하로 설치할 것
	0.6 m 초과	표 2.7.1.8(1) 또는 그림 2.7.1.8(3)에 적합할 것
연속장애물	5 cm 이하	1. 표 2.7.1.8(1) 또는 그림 2.7.1.8(3)에 적합하거나 2. 장애물이 헤드 반사판 아래 0.6 m 이하로 설치된 경우는 허용한다.

장애물의 류(폭)		조건
	5 cm 초과 ~ 0.3 m 이하	1. 표 2.7.1.8(1) 또는 그림 2.7.1.8(3)에 적합하거나 2. 장애물의 끝부근에서 헤드 반사판까지의 수평거리가 0.3 m 이하로 설치할 것
	0.3 m 초과 ~ 0.6 m 이하	1. 표 2.7.1.8(1) 또는 그림 2.7.1.8(3)에 적합하거나 2. 장애물이 끝부근에서 헤드 반사판까지의 수평거리가 0.6 m 이하로 설치할 것
	0.6 m 초과	1. 표 2.7.1.8(1) 또는 그림 2.7.1.8(3)에 적합하거나 2. 장애물이 평편하고 견고하며 수평적인 경우에는 저장물의 최상단과 헤드 반사판의 간격이 0.9 m 이하로 설치할 것 3. 장애물이 평편하지 않거나 비연속적인 경우에는 저장물 아래에 평편한 판을 설치한 후 헤드를 설치할 것

2.7.1.8.1 천장 또는 천장 근처에 있는 장애물과 반사판의 위치는 그림 2.7.1.8(1) 또는 그림 2.7.1.8(2)와 같이하며, 천장 또는 천장 근처에 보·덕트·기둥·난방기구·조명기구·전선관 및 배관 등의 기타 장애물이 있는 경우에는 장애물과 헤드 사이의 수평거리에 따른 장애물의 하단과 그보다 윗부분에 설치되는 헤드 반사판 사이의 수직거리는 표 2.7.1.8(1) 또는 그림 2.7.1.8(3)에 따를 것

2.7.1.8.2 헤드 아래에 덕트·전선관·난방용배관 등이 설치되어 헤드의 살수를 방해하는 경우에는 표 2.7.1.8(1) 또는 그림 2.7.1.8(3)에 따를 것. 다만, 2개 이상의 헤드의 살수를 방해하는 경우에는 표 2.7.1.8(2)를 참고로 한다.

2.7.1.9 상부에 설치된 헤드의 방출수에 따라 감열부에 영향을 받을 우려가 있는 헤드에는 방출수를 차단할 수 있는 유효한 차폐판을 설치할 것

2.8 저장물의 간격

2.8.1 저장물품 사이의 간격은 모든 방향에서 **152 ㎜ 이상**의 간격을 유지해야 한다.

2.9 환기구

2.9.1 화재조기진압용 스프링클러설비의 환기구는 다음의 기준에 적합해야 한다.

2.9.1.1 공기의 유동으로 인하여 헤드의 작동온도에 영향을 주지 않는 구조 및 위치일 것

2.9.1.2 화재감지기와 연동하여 동작하는 자동식 환기장치를 설치하지 않을 것. 다만, 자동식 환기장치를 설치할 경우에는 **최소작동온도가 180 ℃ 이상**일 것

2.10 송수구

2.10.1 화재조기진압용 스프링클러설비에는 소방차로부터 그 설비에 송수할 수 있는 송수구를 다음의 기준에 따라 설치해야 한다.

　　2.10.1.1 소방차가 쉽게 접근할 수 있고 잘 보이는 장소에 설치하고, 화재층으로부터 지면으로 떨어지는 유리창 등이 송수 및 그 밖의 소화작업에 지장을 주지 않는 장소에 설치할 것

　　2.10.1.2 송수구로부터 화재조기진압용 스프링클러설비의 주배관에 이르는 연결배관에 개폐밸브를 설치한 때에는 그 개폐상태를 쉽게 확인 및 조작할 수 있는 옥외 또는 기계실 등의 장소에 설치할 것

　　2.10.1.3 송수구는 **구경 65 ㎜의 쌍구형**으로 할 것

　　2.10.1.4 송수구에는 그 가까운 곳의 보기 쉬운 곳에 송수압력범위를 표시한 표지를 할 것

　　2.10.1.5 **송수구는 하나의 층의 바닥면적이 3,000 ㎡를 넘을 때마다 1개 이상(5개를 넘을 경우에는 5개로 한다)을 설치할 것**

　　2.10.1.6 **지면으로부터 높이가 0.5 m 이상 1 m 이하**의 위치에 설치할 것

　　2.10.1.7 송수구의 부근에는 자동배수밸브(또는 직경 5 ㎜의 배수공) 및 체크밸브를 다음의 기준에 따라 설치할 것. 이 경우 자동배수밸브는 배관안의 물이 잘 빠질 수 있는 위치에 설치하되, 배수로 인하여 다른 물건이나 장소에 피해를 주지 않아야 한다.

　　2.10.1.8 송수구에는 이물질을 막기 위한 마개를 씌울 것

2.11 전원

2.11.1 화재조기진압용 스프링클러설비에는 다음의 기준에 따른 상용전원회로의 배선을 설치해야 한다. 다만, 가압수조방식으로서 모든 기능이 20분 이상 유효하게 지속될 수 있는 경우에는 그렇지 않다.

　　2.11.1.1 저압수전인 경우에는 인입개폐기의 직후에서 분기하여 전용배선으로 해야 하며, 전용의 전선관에 보호되도록 할 것

　　2.11.1.2 특별고압수전 또는 고압수전일 경우에는 전력용 변압기 2차 측의 주차단기 1차 측에서 분기하여 전용배선으로 하되, 상용전원의 상시공급에 지장이 없을 경우에는 주차단기 2차 측에서 분기하여 전용배선으로 할 것. 다만, 가압송수장치의 정격입력전압이 수전전압과 같은 경우에는 2.11.1.1의 기준에 따른다.

2.11.2 화재조기진압용 스프링클러설비에는 **자가발전설비, 축전지설비**(내연기관에 따른 펌프를 설치한 경우에는 내연기관의 기동 및 제어용축전지를 말한다. 이하 같다) 또는 **전기저장장치**(외부 전기에너지를 저장해 두었다가 필요한 때 전기를 공급하는 장치. 이하 같다)

에 따른 비상전원을 설치해야 한다. 다만, 2 이상의 변전소(「전기사업법」 제67조에 따른 변전소를 말한다. 이하 같다)에서 전력을 동시에 공급받을 수 있거나 하나의 변전소로부터 전력의 공급이 중단되는 때에는 자동으로 다른 변전소로부터 전력을 공급받을 수 있도록 상용전원을 설치한 경우와 가압수조방식에는 비상전원을 설치하지 않을 수 있다.

2.11.3 2.11.2에 따른 비상전원 중 **자가발전설비, 축전기설비 또는 전기저장장치**는 다음의 기준에 따라 설치해야 한다.

　2.11.3.1 점검에 편리하고 화재 및 침수 등의 재해로 인한 피해를 받을 우려가 없는 곳에 설치할 것

　2.11.3.2 화재조기진압용 스프링클러설비를 유효하게 20분 이상 작동할 수 있어야 할 것

　2.11.3.3 상용전원으로부터 전력의 공급이 중단된 때에는 자동으로 비상전원으로부터 전력을 공급받을 수 있도록 할 것

　2.11.3.4 비상전원(내연기관의 기동 및 제어용 축전기를 제외한다)의 설치장소는 다른 장소와 방화구획 할 것. 이 경우 그 장소에는 비상전원의 공급에 필요한 기구나 설비 외의 것(열병합발전설비에 필요한 기구나 설비는 제외한다)을 두어서는 안 된다.

　2.11.3.5 비상전원을 실내에 설치하는 때에는 그 실내에 비상조명등을 설치할 것

2.12 제어반

2.12.1 화재조기진압용 스프링클러설비에는 제어반을 설치하되, 감시제어반과 동력제어반으로 구분하여 설치해야 한다. 다만, 다음의 어느 하나에 해당하는 경우에는 감시제어반과 동력제어반으로 구분하여 설치하지 않을 수 있다.

　2.12.1.1 다음의 기준의 어느 하나에 해당하지 않는 특정소방대상물에 설치되는 경우

　　2.12.1.1.1 지하층을 제외한 층수가 7층 이상으로서 연면적 2,000 m² 이상인 것

　　2.12.1.1.2 2.12.1.1.1에 해당하지 않는 특정소방대상물로서 지하층의 바닥면적의 합계가 3,000 m² 이상인 것. 다만, 차고 · 주차장 또는 보일러실 · 기계실 · 전기실 등 이와 유사한 장소의 면적은 제외한다.

　2.12.1.2 내연기관에 따른 가압송수장치를 사용하는 경우

　2.12.1.3 고가수조에 따른 가압송수장치를 사용하는 경우

　2.12.1.4 가압수조에 따른 가압송수장치를 사용하는 경우

2.12.2 감시제어반의 기능은 다음의 기준에 적합해야 한다. 다만, 2.12.1의 단서에 따른 각 기준의 어느 하나에 해당하는 경우에는 2.12.2.3와 2.12.2.5를 적용하지 않는다.

　2.12.2.1 각 펌프의 작동여부를 확인할 수 있는 표시등 및 음향경보기능이 있어야 할 것

　2.12.2.2 각 펌프를 자동 및 수동으로 작동시키거나 중단시킬 수 있어야 할 것

　2.12.2.3 비상전원을 설치한 경우에는 상용전원 및 비상전원의 공급여부를 확인할 수 있어

야 할 것

2.12.2.4 수조 또는 물올림수조가 저수위로 될 때 표시등 및 음향으로 경보할 것

2.12.2.5 예비전원이 확보되고 예비전원의 적합여부를 시험할 수 있어야 할 것

2.12.3 감시제어반은 다음의 기준에 따라 설치해야 한다.

　　2.12.3.1 화재 및 침수 등의 재해로 인한 피해를 받을 우려가 없는 곳에 설치할 것

　　2.12.3.2 감시제어반은 화재조기진압용 스프링클러설비의 전용으로 할 것. 다만, 화재조기진압용 스프링클러설비의 제어에 지장이 없는 경우에는 다른 설비와 겸용할 수 있다.

　　2.12.3.3 감시제어반은 다음의 기준에 따른 전용실 안에 설치할 것. 다만, 2.12.1의 단서에 따른 각 기준의 어느 하나에 해당하는 경우와 공장, 발전소 등에서 설비를 집중 제어·운전할 목적으로 설치하는 중앙제어실 내에 감시제어반을 설치하는 경우에는 그렇지 않다.

　　　　2.12.3.3.1 다른 부분과 방화구획을 할 것. 이 경우 전용실의 벽에는 기계실 또는 전기실 등의 감시를 위하여 두께 7 ㎜ 이상의 망입유리(두께 16.3 ㎜ 이상의 접합유리 또는 두께 28 ㎜ 이상의 복층유리를 포함한다)로 된 4 m^2 미만의 붙박이창을 설치할 수 있다.

　　　　2.12.3.3.2 피난층 또는 지하 1층에 설치할 것. 다만, 다음의 어느 하나에 해당하는 경우에는 지상 2층에 설치하거나 지하 1층 외의 지하층에 설치할 수 있다.

　　　　　　(1) 「건축법 시행령」 제35조에 따라 특별피난계단이 설치되고 그 계단(부속실을 포함한다) 출입구로부터 보행거리 5m 이내에 전용실의 출입구가 있는 경우
　　　　　　(2) 아파트의 관리동(관리동이 없는 경우에는 경비실)에 설치하는 경우

　　　　2.12.3.3.3 비상조명등 및 급·배기설비를 설치할 것

　　　　2.12.3.3.4 「무선통신보조설비의 화재안전기술기준(NFTC 505)」 2.2.3에 따라 유효하게 통신이 가능할 것(영 별표 4의 제5호마목에 따른 무선통신보조설비가 설치된 특정소방대상물에 한한다)

　　　　2.12.3.3.5 바닥면적은 감시제어반의 설치에 필요한 면적 외에 화재 시 소방대원이 그 감시제어반의 조작에 필요한 최소면적 이상으로 할 것

　　2.12.3.4 2.12.3.3에 따른 전용실에는 특정소방대상물의 기계·기구 또는 시설 등의 제어 및 감시설비 외의 것을 두지 않을 것

　　2.12.3.5 각 유수검지장치의 작동여부를 확인할 수 있는 표시 및 경보기능이 있도록 할 것

　　2.12.3.6 다음의 각 **확인회로마다 도통시험 및 작동시험**을 할 수 있도록 할 것

(1) 기동용수압개폐장치의 압력스위치회로

(2) 수조 또는 물올림수조의 저수위감시회로

(3) 유수검지장치 또는 압력스위치회로

(4) 2.5.15에 따른 개폐밸브의 폐쇄상태 확인회로

(5) 그 밖의 이와 비슷한 회로

2.12.3.7 감시제어반과 자동화재탐지설비의 수신기를 별도의 장소에 설치하는 경우에는 이들 상호간 연동하여 화재발생 및 2.12.2.1, 2.12.2.3 및 2.12.2.4의 기능을 확인할 수 있도록 할 것

2.12.4 동력제어반은 다음의 기준에 따라 설치해야 한다.

2.12.4.1 앞면은 적색으로 하고 "화재조기진압용 스프링클러설비용 동력제어반"이라고 표시한 표지를 설치할 것

2.12.4.2 외함은 두께 1.5 mm 이상의 강판 또는 이와 동등 이상의 강도 및 내열성능이 있는 것으로 할 것

2.12.4.3 그 밖의 동력제어반의 설치에 관하여는 2.12.3.1 및 2.12.3.2의 기준을 준용할 것

2.13 배선 등

2.13.1 화재조기진압용 스프링클러설비의 배선은 「전기사업법」 제67조에 따른 「전기설비기술기준」에서 정한 것 외에 다음의 기준에 따라 설치해야 한다.

2.13.1.1 비상전원을 설치한 경우에는 비상전원으로부터 동력제어반 및 가압송수장치에 이르는 전원회로의 배선은 내화배선으로 할 것. 다만, 자가발전설비와 동력제어반이 동일한 실에 설치된 경우에는 자가발전기로부터 그 제어반에 이르는 전원회로의 배선은 그렇지 않다.

2.13.1.2 상용전원으로부터 동력제어반에 이르는 배선, 그 밖의 화재조기진압용 스프링클러설비의 감시·조작 또는 표시등회로의 배선은 내화배선 또는 내열배선으로 할 것. 다만, 감시제어반 또는 동력제어반 안의 감시·조작 또는 표시등회로의 배선은 그렇지 않다.

2.13.2 2.13.1에 따른 내화배선 및 내열배선에 사용되는 전선의 종류 및 설치방법은 「옥내소화전설비의 화재안전기술기준(NFTC 102)」 2.7.2의 표 2.7.2(1) 및 표 2.7.2(2)의 기준에 따른다.

2.13.3 소화설비의 과전류차단기 및 개폐기에는 "화재조기진압용 스프링클러설비용"이라고 표시한 표지를 해야 한다.

2.13.4 소화설비용 전기배선의 양단 및 접속단자에는 다음의 기준에 따라 표지해야 한다.

2.13.4.1 단자에는 "화재조기진압용 스프링클러설비단자"라고 표시한 표지를 부착할 것

2.13.4.2 소화설비용 전기배선의 양단에는 다른 배선과 식별이 용이하도록 표시할 것

2.14 설치제외

2.14.1 다음의 기준에 해당하는 물품의 경우에는 화재조기진압용 스프링클러를 설치해서는 안된다. 다만, 물품에 대한 화재시험등 공인기관의 시험을 받은 것은 제외한다.

> (1) 제4류 위험물
> (2) 타이어, 두루마리 종이 및 섬유류, 섬유제품 등 연소 시 화염의 속도가 빠르고 방사된 물이 하부까지에 도달하지 못하는 것

2.15 수원 및 가압송수장치의 펌프 등의 겸용

2.15.1 화재조기진압용 스프링클러설비의 수원을 옥내소화전설비·스프링클러설비·간이스프링클러설비·물분무소화설비·포소화전설비 및 옥외소화전설비의 수원을 겸용하여 설치하는 경우의 저수량은 각 소화설비에 필요한 저수량을 합한 양 이상이 되도록 해야 한다. 다만, 이들 소화설비 중 고정식 소화설비(펌프·배관과 소화수 또는 소화약제를 최종 방출하는 방출구가 고정된 설비를 말한다. 이하 같다)가 2 이상 설치되어 있고, 그 소화설비가 설치된 부분이 방화벽과 방화문으로 구획되어 있는 경우에는 각 고정식 소화설비에 필요한 저수량 중 최대의 것 이상으로 할 수 있다.

2.15.2 화재조기진압용 스프링클러설비의 가압송수장치로 사용하는 펌프를 옥내소화전설비·스프링클러설비·간이스프링클러설비·물분무소화설비·포소화설비 및 옥외소화전설비의 가압송수장치와 겸용하여 설치하는 경우의 펌프의 토출량은 각 소화설비에 해당하는 토출량을 합한 양 이상이 되도록 해야 한다. 다만, 이들 소화설비 중 고정식 소화설비가 2 이상 설치되어 있고, 그 소화설비가 설치된 부분이 방화벽과 방화문으로 구획되어 있으며 각 소화설비에 지장이 없는 경우에는 펌프의 토출량 중 최대의 것 이상으로 할 수 있다.

2.15.3 옥내소화전설비·스프링클러설비·간이스프링클러설비·화재조기진압용 스프링클러설비·물분무소화설비·포소화설비 및 옥외소화전설비의 가압송수장치에 있어서 각 토출측 배관과 일반급수용의 가압송수장치의 토출측 배관을 상호 연결하여 화재 시 사용할 수 있다. 이 경우 연결배관에는 개폐표시형밸브를 설치해야 하며, 각 소화설비의 성능에 지장이 없도록 해야 한다.

2.15.4 화재조기진압용 스프링클러설비의 송수구를 옥내소화전설비·스프링클러설비·간이
스프링클러설비·물분무소화설비·포소화설비·연결송수관설비 또는 연결살수설비
의 송수구와 겸용으로 설치하는 경우에는 스프링클러설비의 송수구의 설치기준에 따르
되 각각의 소화설비의 기능에 지장이 없도록 해야 한다.

● 소방시설관리사 기출문제

[21회설계] 물음 4) 스프링클러헤드의 특성에 대하여 다음 물음에 답하시오.(10점)

(1) 화재조기진압용 스프링클러설비의 화재안전기준(NFSC 103B)에서 화재조기
진압용 스프링클러설비를 설치할 장소의 구조 중 해당 층의 높이와 천장의 기울
기 기준을 쓰시오.(2점)

(2) 화재조기진압용 스프링클러설비의 화재안전기준(NFSC 103B)에서 화재조기
진압용 스프링클러 가지배관 사이의 거리를 쓰시오.(2점)

[17회점검] 화재조기진압용 스프링클러설비의 설치금지 장소 2가지를 쓰시오. (2점)

소방기술사 기출문제

[122회] ESFR (Early Supresion Fast Response) 헤드 설치장소의 구조기준 및 헤드의 특징에대하여 설명하시오.

[121회] 국가화재안전기준에서 정하는 화재조기진압용 스프링클러의 설치제외와 물분무헤드의 설치제외에 대하여 설명하시오.

[117회] 다음 조건을 고려하여 화재조기진압용 스프링클러설비의 수원의 양(m^3)을 구하시오.

[조건]
① 랙 창고의 높이는 12m이며 최상단 물품의 높이는 10m이다.
② ESFR 헤드의 K factor는 320이고 하향식으로 천장에 60개가 설치되어 있다.
③ 옥상수조의 양 및 제시되지 않은 조건은 무시한다.

[98회] 화재조기진압용 스프링클러설비의 화재안전기준(NFSC 103B)에서 정하는 스프링클러 헤드 선단의 최소방사압력(MPa)을 쓰고, 수원을 구하는 계산식을 설명하시오.

[91회] 화재조기진압용 스프링클러헤드의 정의, 적용범위 및 설치규정에 대하여 설명하시오. 또한, 살수분포 장애물 상·하에 헤드를 설치하는 경우 반사판의 위치를 도해하시오.

[87회] ESFR(Early Suppression Fast Response) 스프링클러설비의 개발배경, 개발이론 3가지(RTI, ADD, RDD), 설치장소의 구조, 설치제외 장소에 대해 논하시오.

[84회] 화재조기진압용스프링클러헤드의 조기진압특성(열감도, 소요밀도, 실제침투밀도)과 본 소화설비의 교차배관의 위치·청소구, 가지배관의 헤드 설치기준에 대하여 각각 기술하시오.

물분무소화설비의 화재안전기술기준(NFTC 104)

[시행 2022. 12. 1.] [소방청공고 제2022-213호, 2022. 12. 1., 제정]

1. 일반사항

1.1 적용범위

1.1.1 이 기준은 「소방시설 설치 및 관리에 관한 법률 시행령」(이하 "영"이라 한다) 별표 4 제1 호바목에 따른 물분무등소화설비 중 물분무소화설비의 설치 및 관리에 대해 적용한다.

1.2 기준의 효력

1.2.1 이 기준은 「소방시설 설치 및 관리에 관한 법률」(이하 "법"이라 한다) 제2조제1항제6호 나목에 따라 물분무등소화설비인 물분무소화설비의 기술기준으로서의 효력을 가진다.

1.2.2 이 기준에 적합한 경우에는 법 제2조제1항제6호나목에 따라 「물분무소화설비의 화재안 전성능기준(NFPC 104)」을 충족하는 것으로 본다.

1.3 기준의 시행

1.3.1 이 기준은 2022년 12월 1일부터 시행한다.

1.4 기준의 특례

1.4.1 소방본부장 또는 소방서장은 기존건축물이 증축·개축·대수선되거나 용도변경 되는 경우에 있어서 이 기준이 정하는 기준에 따라 해당 건축물에 설치해야 할 물분무소화설 비의 배관배선 등의 공사가 현저하게 곤란하다고 인정되는 경우에는 해당 설비의 기능 및 사용에 지장이 없는 범위에서 이 기준의 일부를 적용하지 않을 수 있다.

1.5 경과조치

1.5.1 이 기준 시행 전에 건축허가 등의 신청 또는 신고를 하거나 소방시설공사의 착공신고를 한 특정소방대상물에 대해서는 종전의 「물분무소화설비의 화재안전기준(NFSC 104)」 에 따른다.

1.5.2 이 기준 시행 전에 1.5.1에 따른 신청 또는 신고를 한 경우라도 제정 기준이 종전의 기준 에 비하여 관계인에게 유리한 경우에는 제정 기준에 따를 수 있다.

1.6 다른 법령과의 관계

1.6.1 이 기준 시행 당시 다른 법령 또는 행정규칙 등에서 종전의 화재안전기준을 인용한 경우

에 이 기준 가운데 그에 해당하는 규정이 있는 경우에는 종전의 규정에 갈음하여 이 기준의 해당 규정을 인용한 것으로 본다.

1.7 용어의 정의

1.7.1 이 기준에서 사용하는 용어의 정의는 다음과 같다.

　　1.7.1.1 "물분무헤드"란 화재 시 직선류 또는 나선류의 물을 충돌·확산시켜 미립상태로 분무함으로써 소화하는 헤드를 말한다.

[보충설명] 물분무헤드의 종류

소화설비용헤드의 성능인증 및 제품검사의 기술기준 제2조

1. **"충돌형"**이란 유수와 유수의 충돌에 의해 미세한 물방울을 만드는 물분무헤드를 말한다.
2. **"분사형"**이란 소구경의 오리피스로부터 고압으로 분사하여 미세한 물방울을 만드는 물분무헤드를 말한다.
3. **"선회류형"**이란 선회류에 의해 확산방출 하든가 선회류와 직선류의 충돌에 의해 확산 방출하여 미세한 물방울로 만드는 물분무헤드를 말한다.
4. **"디프렉타형"**이란 수류를 살수판에 충돌하여 미세한 물방울을 만드는 물분무헤드를 말한다.
5. **"슬리트형"**이란 수류를 슬리트에 의해 방출하여 수막상의 분무를 만드는 물분무헤드를 말한다.

　　1.7.1.2 "고가수조"란 구조물 또는 지형지물 등에 설치하여 자연낙차의 압력으로 급수하는 수조를 말한다.

　　1.7.1.3 "압력수조"란 소화용수와 공기를 채우고 일정압력 이상으로 가압하여 그 압력으로 급수하는 수조를 말한다.

　　1.7.1.4 "급수배관"이란 수원 또는 송수구 등으로부터 소화설비에 급수하는 배관을 말한다.

　　1.7.1.5 "분기배관"이란 배관 측면에 구멍을 뚫어 둘 이상의 관로가 생기도록 가공한 배관으로서 다음의 분기배관을 말한다.

　　　　(1) "확관형 분기배관"이란 배관의 측면에 조그만 구멍을 뚫고 소성가공으로 확관시켜 배관 용접이음자리를 만들거나 배관 용접이음자리에 배관이음쇠를 용접 이음한 배관을 말한다.

(2) "비확관형 분기배관"이란 배관의 측면에 분기호칭내경 이상의 구멍을 뚫고 배관이음쇠를 용접 이음한 배관을 말한다.

1.7.1.6 "진공계"란 대기압 이하의 압력을 측정하는 계측기를 말한다.

1.7.1.7 "연성계"란 대기압 이상의 압력과 대기압 이하의 압력을 측정할 수 있는 계측기를 말한다.

1.7.1.7 "기동용수압개폐장치"란 소화설비의 배관 내 압력변동을 검지하여 자동적으로 펌프를 기동 및 정지시키는 것으로서 압력챔버 또는 기동용압력스위치 등을 말한다.

1.7.1.9 "일제개방밸브"란 일제살수식스프링클러설비에 설치되는 유수검지장치를 말한다.

1.7.1.10 "가압수조"란 가압원인 압축공기 또는 불연성 기체의 압력으로 소화용수를 가압하여 그 압력으로 급수하는 수조를 말한다.

2. 기술기준

2.1 수원

2.1.1 물분무소화설비의 수원은 그 저수량이 다음의 기준에 적합하도록 해야 한다.

2.1.1.1 「화재의 예방 및 안전관리에 관한 법률 시행령」 별표 2의 **특수가연물**을 저장 또는 취급하는 특정소방대상물 또는 그 부분에 있어서 그 **바닥면적(최대 방수구역의 바닥면적을 기준으로 하며, 50 ㎡ 이하인 경우에는 50 ㎡) 1 ㎡에 대하여 10 L/min로 20분간 방수할 수 있는 양 이상**으로 할 것

2.1.1.2 **차고 또는 주차장은 그 바닥면적(최대 방수구역의 바닥면적을 기준으로 하며, 50 ㎡ 이하인 경우에는 50 ㎡) 1 ㎡에 대하여 20 L/min로 20분간 방수할 수 있는 양 이상**으로 할 것

2.1.1.3 **절연유 봉입 변압기는 바닥 부분을 제외한 표면적을 합한 면적 1 ㎡에 대하여 10 L/min로 20분간 방수할 수 있는 양 이상**으로 할 것

2.1.1.4 **케이블트레이, 케이블덕트 등은 투영된 바닥면적 1 ㎡에 대하여 12 L/min로 20분간 방수할 수 있는 양 이상**으로 할 것

2.1.1.5 **콘베이어 벨트 등은 벨트 부분의 바닥면적 1 ㎡에 대하여 10 L/min로 20분간 방수할 수 있는 양 이상**으로 할 것

2.1.2 물분무소화설비의 수원을 수조로 설치하는 경우에는 소화설비의 전용수조로 해야 한다. 다만, 다음의 어느 하나에 해당하는 경우에는 그렇지 않다.

2.1.2.1 물분무소화설비용 펌프의 풋밸브 또는 흡수배관의 흡수구(수직회전축펌프의 흡수구를 포함한다. 이하 같다)를 다른 설비(소화용 설비 외의 것을 말한다. 이하 같다)의 풋밸브 또는 흡수구보다 낮은 위치에 설치한 때

2.1.2.2 2.2.2에 따른 고가수조로부터 물분무소화설비의 수직배관에 물을 공급하는 급수구를 다른 설비의 급수구보다 낮은 위치에 설치한 때

2.1.3 2.1.1에 따른 저수량을 산정함에 있어서 다른 설비와 겸용하여 물분무소화설비용 수조를 설치하는 경우에는 물분무소화설비의 풋밸브 · 흡수구 또는 수직배관의 급수구와 다른 설비의 풋밸브 · 흡수구 또는 수직배관의 급수구와의 사이의 수량을 그 유효수량으로 한다.

2.1.4 물분무소화설비용 수조는 다음의 기준에 따라 설치해야 한다.

2.1.4.1 점검에 편리한 곳에 설치할 것

2.1.4.2 동결방지조치를 하거나 동결의 우려가 없는 장소에 설치할 것

2.1.4.3 수조의 외측에 수위계를 설치할 것. 다만, 구조상 불가피한 경우에는 수조의 맨홀 등을 통하여 수조 안의 물의 양을 쉽게 확인할 수 있도록 해야 한다.

2.1.4.4 수조의 상단이 바닥보다 높은 때에는 수조의 외측에 고정식 사다리를 설치할 것

2.1.4.5 수조가 실내에 설치된 때에는 그 실내에 조명설비를 설치할 것

2.1.4.6 수조의 밑 부분에는 청소용 배수밸브 또는 배수관을 설치할 것

2.1.4.7 수조 외측의 보기 쉬운 곳에 "물분무소화설비용 수조"라고 표시한 표지를 할 것. 이 경우 그 수조를 다른 설비와 겸용하는 때에는 그 겸용되는 설비의 이름을 표시한 표지를 함께 해야 한다.

2.1.4.8 소화설비용 펌프의 흡수배관 또는 소화설비의 수직배관과 수조의 접속부분에는 "물분무소화설비용 배관"이라고 표시한 표지를 할 것. 다만, 수조와 가까운 장소에 소화설비용 펌프가 설치되고 해당 펌프에 2.2.1.13에 따른 표지를 설치한 때에는 그렇지 않다.

2.2 가압송수장치

2.2.1 전동기 또는 내연기관에 따른 펌프를 이용하는 가압송수장치는 다음의 기준에 따라 설치해야 한다.

2.2.1.1 쉽게 접근할 수 있고 점검하기에 충분한 공간이 있는 장소로서 화재 및 침수 등의 재해로 인한 피해를 받을 우려가 없는 곳에 설치할 것

2.2.1.2 펌프의 1분당 토출량은 다음의 기준에 따라 설치할 것

2.2.1.2.1 「화재의 예방 및 안전관리에 관한 법률 시행령」 별표 2의 특수가연물을 저장·취급하는 특정소방대상물 또는 그 부분은 그 바닥면적(최대 방수구역의 바닥면적을 기준으로 하며, 50 m² 이하인 경우에는 50 m²) 1 m²에 대하여 10 L를 곱한 양 이상이 되도록 할 것

2.2.1.2.2 차고 또는 주차장은 그 바닥면적(최대 방수구역의 바닥면적을 기준으로 하며, 50 m² 이하인 경우에는 50 m²) 1 m²에 대하여 20 L를 곱한 양 이상이 되도록 할 것

2.2.1.2.3 절연유 봉입 변압기는 바닥면적을 제외한 표면적을 합한 면적 1 m²당 10 L를 곱한 양 이상이 되도록 할 것

2.2.1.2.4 케이블트레이, 케이블덕트 등은 투영된 바닥면적 1 m²당 12 L를 곱한 양 이상이 되도록 할 것

2.2.1.2.5 콘베이어 벨트 등은 벨트 부분의 바닥면적 1 m²당 10 L를 곱한 양 이상이 되도록 할 것

2.2.1.3 펌프의 양정은 다음의 식 (2.2.1.3)에 따라 산출한 수치 이상이 되도록 할 것

$$H = h_1 + h_2 \qquad \cdots (2.2.1.3)$$

여기에서, H : 펌프의 양정(m)

h_1 : 물분무헤드의 설계압력 환산수두(m)

h_2 : 배관의 마찰손실 수두(m)

2.2.1.4 동결방지조치를 하거나 동결의 우려가 없는 장소에 설치할 것.

2.2.1.5 펌프는 전용으로 할 것. 다만, 다른 소화설비와 겸용하는 경우 각각의 소화설비의 성능에 지장이 없을 때에는 그렇지 않다.

2.2.1.6 펌프의 토출 측에는 압력계를 체크밸브 이전에 펌프 토출 측 플랜지에서 가까운 곳에 설치하고, 흡입 측에는 연성계 또는 진공계를 설치할 것. 다만, 수원의 수위가 펌프의 위치보다 높거나 수직회전축펌프의 경우에는 연성계 또는 진공계를 설치하지 않을 수 있다.

2.2.1.7 펌프의 성능은 체절운전 시 정격토출압력의 140 %를 초과하지 않고, 정격토출량의 150 %로 운전 시 정격토출압력의 65 % 이상이 되어야 하며, 펌프의 성능을 시험할 수 있는 성능시험배관을 설치할 것. 다만, 충압펌프의 경우에는 그렇지 않다.

2.2.1.8 가압송수장치에는 체절운전 시 수온의 상승을 방지하기 위한 순환배관을 설치할 것. 다만, 충압펌프의 경우에는 그렇지 않다.

2.2.1.9 기동장치로는 기동용수압개폐장치 또는 이와 동등 이상의 성능이 있는 것을 설치하고, 기동용수압개폐장치 중 압력챔버를 사용할 경우 그 용적은 100 L 이상의 것으로 할 것

2.2.1.10 수원의 수위가 펌프보다 낮은 위치에 있는 가압송수장치에는 다음의 기준에 따른 물올림장치를 설치할 것

> 2.2.1.10.1 물올림장치에는 전용의 수조를 설치할 것
> 2.2.1.10.2 수조의 유효수량은 100 L 이상으로 하되, 구경 15 mm 이상의 급수배관에 따라 해당 수조에 물이 계속 보급되도록 할 것

2.2.1.11 기동용수압개폐장치를 기동장치로 사용할 경우에는 다음의 기준에 따른 충압펌프를 설치할 것

> 2.2.1.11.1 펌프의 토출압력은 그 설비의 최고위 살수장치의 자연압보다 적어도 0.2 MPa이 더 크도록 하거나 가압송수장치의 정격토출압력과 같게 할 것
> 2.2.1.11.2 펌프의 정격토출량은 정상적인 누설량보다 적어서는 안 되며, 물분무소화설비가 자동적으로 작동할 수 있도록 충분한 토출량을 유지할 것

2.2.1.12 내연기관을 사용하는 경우에는 제어반에 따라 내연기관의 자동기동 및 수동기동이 가능하고, 상시 충전되어 있는 축전지설비를 갖출 것

2.2.1.13 가압송수장치에는 "물분무소화설비소화펌프"라고 표시한 표지를 할 것. 이 경우 그 가압송수장치를 다른 설비와 겸용하는 때에는 그 겸용되는 설비의 이름을 표시한 표지를 함께 해야 한다.

2.2.1.14 가압송수장치가 기동이 된 경우에는 자동으로 정지되지 않도록 할 것. 다만, 충압펌프의 경우에는 그렇지 않다.

2.2.1.15 가압송수장치는 부식 등으로 인한 펌프의 고착을 방지할 수 있도록 다음의 기준에 적합한 것으로 할 것. 다만, 충압펌프는 제외한다.

2.2.1.15.1 임펠러는 청동 또는 스테인리스 등 부식에 강한 재질을 사용할 것
2.2.1.15.2 펌프축은 스테인리스 등 부식에 강한 재질을 사용할 것

2.2.2 **고가수조의 자연낙차를 이용한 가압송수장치**는 다음의 기준에 따라 설치해야 한다.

> 2.2.2.1 고가수조의 자연낙차수두(수조의 하단으로부터 최고층에 설치된 헤드까지의 수직거리를 말한다)는 다음의 식 (2.2.2.1)에 따라 산출한 수치 이상 유지되도록 할 것
>
> $$H = h_1 + h_2 \cdots (2.2.2.1)$$

여기에서, H : 필요한 낙차(m)

　　　　　h_1 : 물분무헤드의 설계압력 환산수두(m)

　　　　　h_2 : 배관의 마찰손실수두(m)

2.2.2.2 고가수조에는 수위계 · 배수관 · 급수관 · 오버플로우관 및 맨홀을 설치할 것

2.2.3 **압력수조를 이용한 가압송수장치**는 다음의 기준에 따라 설치해야 한다.

　　2.2.3.1 압력수조의 압력은 다음의 식 (2.2.3.1)에 따라 산출한 수치 이상 유지되도록 할 것

　　　　$P = p_1 + p_2 + p_3$ ··· (2.2.3.1)

　　　　여기에서, P : 필요한 압력(㎫)

　　　　　　　p_1 : 물분무헤드의 설계압력(㎫)

　　　　　　　p_2 : 배관의 마찰손실수두압(㎫)

　　　　　　　p_3 : 낙차의 환산수두압(㎫)

　　2.2.3.2 압력수조에는 수위계 · 급수관 · 배수관 · 급기관 · 맨홀 · 압력계 · 안전장치 및 압력저하 방지를 위한 자동식 공기압축기를 설치할 것

2.2.4 가압수조를 이용한 가압송수장치는 다음의 기준에 따라 설치해야 한다.

　　2.2.4.1 가압수조의 압력은 2.2.1.2에 따른 단위 면적당 방수량을 20분 이상 유지되도록 할 것

　　2.2.4.2 가압수조 및 가압원은 「건축법 시행령」 제46조에 따른 방화구획 된 장소에 설치할 것

　　2.2.4.3 가압수조를 이용한 가압송수장치는 소방청장이 정하여 고시한 「가압수조식가압송수장치의 성능인증 및 제품검사의 기술기준」에 적합한 것으로 설치할 것

2.3 배관 등

2.3.1 배관과 배관이음쇠는 다음의 어느 하나에 해당하는 것 또는 동등 이상의 강도 · 내식성 및 내열성 등을 국내 · 외 공인기관으로부터 인정받은 것을 사용해야 하고, 배관용 스테인리스 강관(KS D 3576)의 이음을 용접으로 할 경우에는 텅스텐 불활성 가스 아크 용접(Tungsten Inertgas Arc Welding)방식에 따른다. 다만, 2.3에서 정하지 않은 사항은 「건설기술 진흥법」 제44조제1항의 규정에 따른 "건설기준"에 따른다.

　　2.3.1.1 배관 내 사용압력이 1.2 ㎫ 미만일 경우에는 다음의 어느 하나에 해당하는 것

　　　　(1) 배관용 탄소 강관(KS D 3507)

(2) 이음매 없는 구리 및 구리합금관(KS D 5301). 다만, 습식의 배관에 한한다.
(3) 배관용 스테인리스 강관(KS D 3576) 또는 일반배관용 스테인리스 강관
   (KS D 3595)
(4) 덕타일 주철관(KS D 4311)

2.3.1.2 배관 내 사용압력이 1.2 ㎫ 이상일 경우에는 다음의 어느 하나에 해당하는 것

(1) 압력 배관용 탄소 강관(KS D 3562)
(2) 배관용 아크용접 탄소강 강관(KS D 3583)

2.3.2 2.3.1에도 불구하고 다음의 어느 하나에 해당하는 장소에는 소방청장이 정하여 고시한
「소방용합성수지배관의 성능인증 및 제품검사의 기술기준」에 적합한 **소방용 합성수지배
관**으로 설치할 수 있다.

2.3.2.1 배관을 지하에 매설하는 경우
2.3.2.2 다른 부분과 내화구조로 구획된 덕트 또는 피트의 내부에 설치하는 경우
2.3.2.3 천장(상층이 있는 경우에는 상층바닥의 하단을 포함한다. 이하 같다)과 반자를
   불연재료 또는 준불연 재료로 설치하고 소화배관 내부에 항상 소화수가 채워진
   상태로 설치하는 경우

2.3.3 급수배관은 전용으로 해야 한다. 다만, 물분무소화설비의 기동장치의 조작과 동시에 다
른 설비의 용도에 사용하는 배관의 송수를 차단할 수 있거나, 물분무소화설비의 성능에
지장이 없는 경우에는 다른 설비와 겸용할 수 있다.

2.3.4 펌프의 흡입 측 배관은 다음의 기준에 따라 설치해야 한다.
   2.3.4.1 공기 고임이 생기지 않는 구조로 하고 여과장치를 설치할 것
   2.3.4.2 수조가 펌프보다 낮게 설치된 경우에는 각 펌프(충압펌프를 포함한다)마다 수조
      로부터 별도로 설치할 것

2.3.5 **연결송수관설비의 배관과 겸용할 경우의 주배관은 구경 100 ㎜ 이상, 방수구로 연결되는
배관의 구경은 65 ㎜ 이상**의 것으로 해야 한다.

2.3.6 펌프의 성능시험배관은 다음의 기준에 적합하도록 설치해야 한다.
   2.3.6.1 성능시험배관은 펌프의 토출 측에 설치된 개폐밸브 이전에서 분기하여 직선으로
      설치하고, 유량측정장치를 기준으로 전단 직관부에는 개폐밸브를 후단 직관부에
      는 유량조절밸브를 설치할 것. 이 경우 개폐밸브와 유량측정장치 사이의 직관부

거리 및 유량측정장치와 유량조절밸브 사이의 직관부 거리는 해당 유량측정장치 제조사의 설치사양에 따르고, 성능시험배관의 호칭지름은 유량측정장치의 호칭지름에 따른다.

2.3.6.2 유량측정장치는 펌프의 정격토출량의 175 % 이상까지 측정할 수 있는 성능이 있을 것

2.3.7 가압송수장치의 체절운전 시 수온의 상승을 방지하기 위하여 체크밸브와 펌프사이에서 분기한 구경 20 ㎜ 이상의 배관에 체절압력 미만에서 개방되는 릴리프밸브를 설치해야 한다.

2.3.8 배관은 동결방지조치를 하거나 동결의 우려가 없는 장소에 설치해야 한다. 다만, 보온재를 사용할 경우에는 난연재료 성능 이상의 것으로 해야 한다.

2.3.9 급수배관에 설치되어 급수를 차단할 수 있는 개폐밸브는 개폐표시형으로 해야 한다. 이 경우 펌프의 흡입측배관에는 버터플라이밸브 외의 개폐표시형밸브를 설치해야 한다.

2.3.10 2.3.9에 따른 개폐밸브에는 그 밸브의 개폐상태를 감시제어반에서 확인할 수 있도록 급수개폐밸브 작동표시 스위치를 다음의 기준에 따라 설치해야 한다.

2.3.10.1 급수개폐밸브가 잠길 경우 탬퍼스위치의 동작으로 인하여 감시제어반 또는 수신기에 표시되어야 하며 경보음을 발할 것

2.3.10.2 탬퍼스위치는 감시제어반 또는 수신기에서 동작의 유무 확인과 동작시험, 도통시험을 할 수 있을 것

2.3.10.3 급수개폐밸브의 작동표시 스위치에 사용되는 전기배선은 내화전선 또는 내열전선으로 설치할 것

2.3.11 배관은 다른 설비의 배관과 쉽게 구분이 될 수 있는 위치에 설치하거나, 그 배관표면 또는 배관 보온재표면의 색상은 「한국산업표준(배관계의 식별 표시, KS A 0503)」 또는 적색으로 식별이 가능하도록 소방용설비의 배관임을 표시해야 한다.

2.3.12 확관형 분기배관을 사용할 경우에는 소방청장이 정하여 고시한 「분기배관의 성능인증 및 제품검사의 기술기준」에 적합한 것으로 설치해야 한다.

2.4 송수구

2.4.1 물분무소화설비에는 소방차로부터 그 설비에 송수할 수 있는 송수구를 다음의 기준에 따라 설치해야 한다.

2.4.1.1 송수구는 화재 층으로부터 지면으로 떨어지는 유리창 등이 송수 및 그 밖의 소화작업에 지장을 주지 않는 장소에 설치할 것. 이 경우 가연성가스의 저장·취급시설에

설치하는 송수구는 그 방호대상물로부터 20 m 이상의 거리를 두거나, 방호대상물에 면하는 부분이 높이 1.5 m 이상 폭 2.5 m 이상의 철근콘크리트 벽으로 가려진 장소에 설치해야 한다.

2.4.1.2 송수구로부터 물분무소화설비의 주배관에 이르는 연결배관에 개폐밸브를 설치한 때에는 그 개폐상태를 쉽게 확인 및 조작할 수 있는 옥외 또는 기계실 등의 장소에 설치할 것

2.4.1.3 송수구는 **구경 65 ㎜의 쌍구형**으로 할 것

2.4.1.4 송수구에는 그 가까운 곳의 보기 쉬운 곳에 송수압력범위를 표시한 표지를 할 것

2.4.1.5 **송수구는 하나의 층의 바닥면적이 3,000 ㎡를 넘을 때마다 1개 이상(5개를 넘을 경우에는 5개로 한다)을 설치할 것**

2.4.1.6 지면으로부터 높이가 0.5 m 이상 1 m 이하의 위치에 설치할 것

2.4.1.7 **송수구의 부근에는 자동배수밸브(또는 직경 5 ㎜의 배수공) 및 체크밸브를 설치할 것. 이 경우 자동배수밸브는 배관안의 물이 잘 빠질 수 있는 위치에 설치하되, 배수로 인하여 다른 물건이나 장소에 피해를 주지 않아야 한다.**

2.4.1.8 송수구에는 이물질을 막기 위한 **마개**를 씌울 것

2.5 기동장치

2.5.1 물분무소화설비의 수동식기동장치는 다음의 기준에 따라 설치해야 한다.

2.5.1.1 직접조작 또는 원격조작에 따라 각각의 가압송수장치 및 수동식 개방밸브 또는 가압송수장치 및 자동개방밸브를 개방할 수 있도록 설치할 것

2.5.1.2 기동장치의 가까운 곳의 보기 쉬운 곳에 "기동장치"라고 표시한 표지를 할 것

2.5.2 자동식기동장치는 화재감지기의 작동 또는 폐쇄형스프링클러헤드의 개방과 연동하여 경보를 발하고, 가압송수장치 및 자동개방밸브를 기동할 수 있는 것으로 해야 한다. 다만, 자동화재탐지설비의 수신기가 설치되어 있고, 수신기가 설치되어 있는 장소에 상시 사람이 근무하고 있으며, 화재 시 물분무소화설비를 즉시 작동시킬 수 있는 경우에는 그렇지 않다.

2.6 제어밸브 등

2.6.1 물분무소화설비의 제어밸브는 방수구역 마다 다음의 기준에 따라 설치해야 한다.

2.6.1.1 제어밸브는 **바닥으로부터 0.8 m 이상 1.5 m 이하**의 위치에 설치할 것

2.6.1.2 제어밸브의 가까운 곳의 보기 쉬운 곳에 "제어밸브"라고 표시한 표지를 할 것

2.6.2 **자동 개방밸브 및 수동식 개방밸브**는 다음의 기준에 따라 설치해야 한다.

2.6.2.1 자동개방밸브의 기동조작부 및 수동식개방밸브는 화재시 용이하게 접근할 수 있는 곳의 바닥으로부터 0.8 m 이상 1.5 m 이하의 위치에 설치할 것

2.6.2.2 자동개방밸브 및 수동식개방밸브의 2차 측 배관 부분에는 해당 방수구역 외에 밸브의 작동을 시험할 수 있는 장치를 설치할 것. 다만, 방수구역에서 직접 방수시험을 할 수 있는 경우에는 그렇지 않다.

2.7 물분무헤드

2.7.1 물분무헤드는 표준방사량으로 해당 방호대상물의 화재를 유효하게 소화하는데 필요한 수를 적정한 위치에 설치해야 한다.

2.7.2 고압의 전기기기가 있는 장소는 전기의 절연을 위하여 전기기기와 물분무헤드 사이에 다음 표 2.7.2에 따른 거리를 두어야 한다.

표 2.7.2 전기기기와 물분무헤드 사이의 거리

전압 (kV)	거리 (cm)
66 이하	70 이상
66 초과 77 이하	80 이상
77초과 110 이하	110 이상
110초과 154 이하	150 이상
154 초과 181 이하	180 이상
181 초과 220 이하	210 이상
220 초과 275 이하	260 이상

2.8 배수설비

2.8.1 물분무소화설비를 설치하는 차고 또는 주차장에는 다음의 기준에 따라 배수설비를 해야 한다.

2.8.1.1 차량이 주차하는 장소의 적당한 곳에 높이 10 ㎝ 이상의 경계턱으로 배수구를 설치할 것

2.8.1.2 배수구에는 새어 나온 기름을 모아 소화할 수 있도록 길이 40 m 이하마다 집수관·소화핏트 등 기름분리장치를 설치할 것

2.8.1.3 차량이 주차하는 바닥은 배수구를 향하여 100분의 2 이상의 기울기를 유지할 것

2.8.1.4 배수설비는 가압송수장치의 최대송수능력의 수량을 유효하게 배수할 수 있는 크기 및 기울기로 할 것

2.9 전원

2.9.1 물분무소화설비에는 그 특정소방대상물의 수전방식에 따라 다음의 기준에 따른 상용전원회로의 배선을 설치해야 한다. 다만, 가압수조방식으로서 모든 기능이 20분 이상 유효하게 지속될 수 있는 경우에는 그렇지 않다.

    2.9.1.1 저압수전인 경우에는 인입개폐기의 직후에서 분기하여 전용배선으로 해야 하며, 전용의 전선관에 보호되도록 할 것

    2.9.1.2 특별고압수전 또는 고압수전일 경우에는 전력용 변압기 2차 측의 주차단기 1차 측에서 분기하여 전용배선으로 하되, 상용전원의 상시공급에 지장이 없을 경우에는 주차단기 2차 측에서 분기하여 전용배선으로 할 것. 다만, 가압송수장치의 정격입력전압이 수전전압과 같은 경우에는 2.9.1.1의 기준에 따른다.

2.9.2 물분무소화설비에는 **자가발전설비, 축전지설비**(내연기관에 따른 펌프를 설치한 경우에는 내연기관의 기동 및 제어용축전지를 말한다. 이하 같다) **또는 전기저장장치**(외부 전기에너지를 저장해 두었다가 필요한 때 전기를 공급하는 장치. 이하 같다)에 따른 비상전원을 다음의 기준에 따라 설치해야 한다. 다만, 2 이상의 변전소(「전기사업법」 제67조에 따른 변전소를 말한다. 이하 같다)에서 전력을 동시에 공급받을 수 있거나 하나의 변전소로부터 전력의 공급이 중단되는 때에는 자동으로 다른 변전소로부터 전원을 공급받을 수 있도록 상용전원을 설치한 경우와 가압수조방식에는 비상전원을 설치하지 않을 수 있다.

    2.9.2.1 점검에 편리하고 화재 및 침수 등의 재해로 인한 피해를 받을 우려가 없는 곳에 설치할 것

    2.9.2.2 물분무소화설비를 유효하게 20분 이상 작동할 수 있어야 할 것

    2.9.2.3 상용전원으로부터 전력의 공급이 중단된 때에는 자동으로 비상전원으로부터 전력을 공급받을 수 있도록 할 것

    2.9.2.4 비상전원(내연기관의 기동 및 제어용 축전기를 제외한다)의 설치장소는 다른 장소와 방화구획 할 것. 이 경우 그 장소에는 비상전원의 공급에 필요한 기구나 설비 외의 것(열병합발전설비에 필요한 기구나 설비는 제외한다)을 두어서는 안 된다.

    2.9.2.5 비상전원을 실내에 설치하는 때에는 그 실내에 비상조명등을 설치할 것

2.10 제어반

2.10.1 물분무소화설비에는 제어반을 설치하되, 감시제어반과 동력제어반으로 구분하여 설치해야 한다. 다만, 다음의 어느 하나에 해당하는 경우에는 감시제어반과 동력제어반으로 구분하여 설치하지 않을 수 있다.

    2.10.1.1 다음의 어느 하나에 해당하지 않는 특정소방대상물에 설치되는 경우

2.10.1.1.1 지하층을 제외한 층수가 7층 이상으로서 연면적이 2,000 ㎡ 이상인 것

2.10.1.1.2 2.10.1.1.1에 해당하지 않는 특정소방대상물로서 지하층의 바닥면적의 합계가 3,000 ㎡ 이상인 것. 다만, 차고·주차장 또는 보일러실·기계실·전기실 등 이와 유사한 장소의 면적은 제외한다.

2.10.1.2 내연기관에 따른 가압송수장치를 사용하는 경우

2.10.1.3 고가수조에 따른 가압송수장치를 사용하는 경우

2.10.1.4 가압수조에 따른 가압송수장치를 사용하는 경우

2.10.2 감시제어반의 기능은 다음의 기준에 적합해야 한다. 다만, 2.10.1의 단서에 따른 각 기준의 어느 하나에 해당하는 경우에는 2.10.2.3와 2.10.2.5를 적용하지 않는다.

2.10.2.1 각 펌프의 작동여부를 확인할 수 있는 표시등 및 음향경보기능이 있어야 할 것

2.10.2.2 각 펌프를 자동 및 수동으로 작동시키거나 중단시킬 수 있어야 할 것

2.10.2.3 비상전원을 설치한 경우에는 상용전원 및 비상전원의 공급여부를 확인할 수 있어야 할 것

2.10.2.4 수조 또는 물올림수조가 저수위로 될 때 표시등 및 음향으로 경보할 것

2.10.2.5 다음의 각 확인회로마다 도통시험 및 작동시험을 할 수 있도록 할 것

> (1) 기동용수압개폐장치의 압력스위치회로
> (2) 수조 또는 물올림수조의 저수위감시회로

2.10.2.6 예비전원이 확보되고 예비전원의 적합여부를 시험할 수 있어야 할 것

2.10.3 감시제어반은 다음의 기준에 따라 설치해야 한다.

2.10.3.1 화재 및 침수 등의 재해로 인한 피해를 받을 우려가 없는 곳에 설치할 것

2.10.3.2 감시제어반은 물분무소화설비의 전용으로 할 것. 다만, 물분무소화설비의 제어에 지장이 없는 경우에는 다른 설비와 겸용할 수 있다.

2.10.3.3 감시제어반은 다음의 기준에 따른 전용실 안에 설치할 것. 다만, 2.10.1의 단서에 따른 각 기준의 어느 하나에 해당하는 경우와 공장, 발전소 등에서 설비를 집중제어 · 운전할 목적으로 설치하는 중앙제어실 내에 감시제어반을 설치하는 경우에는 그렇지 않다.

2.10.3.3.1 다른 부분과 방화구획을 할 것. 이 경우 전용실의 벽에는 기계실 또는 전기실 등의 감시를 위하여 두께 7 ㎜ 이상의 망입유리(두께 16.3 ㎜ 이상의 접합유리 또는 두께 28 ㎜ 이상의 복층유리를 포함한다)로 된 4 ㎡ 미만의 붙박이창을 설치할 수 있다.

2.10.3.3.2 피난층 또는 지하 1층에 설치할 것. 다만, 다음의 어느 하나에 해당하는 경우에는 지상 2층에 설치하거나 지하 1층 외의 지하층에 설치할 수 있다.

> (1)「건축법 시행령」제35조에 따라 특별피난계단이 설치되고 그 계단(부속실을 포함한다) 출입구로부터 보행거리 5 m 이내에 전용실의 출입구가 있는 경우
> (2) 아파트의 관리동(관리동이 없는 경우에는 경비실)에 설치하는 경우

    2.10.3.3.3 비상조명등 및 급 · 배기설비를 설치할 것

    2.10.3.3.4 「무선통신보조설비의 화재안전기술기준(NFTC 505)」 2.2.3에 따라 유효하게 통신이 가능할 것(영 별표 4의 제5호마목에 따른 무선통신보조설비가 설치된 특정소방대상물에 한한다)

    2.10.3.3.5 바닥면적은 감시제어반의 설치에 필요한 면적 외에 화재 시 소방대원이 그 감시제어반의 조작에 필요한 최소면적 이상으로 할 것

   2.10.3.4 2.10.3.3에 따른 전용실에는 특정소방대상물의 기계 · 기구 또는 시설 등의 제어 및 감시설비 외의 것을 두지 않을 것

2.10.4 동력제어반은 다음의 기준에 따라 설치해야 한다.

   2.10.4.1 앞면은 적색으로 하고 "물분무소화설비용 동력제어반"이라고 표시한 표지를 설치할 것

   2.10.4.2 외함은 두께 1.5 mm 이상의 강판 또는 이와 동등 이상의 강도 및 내열성능이 있는 것으로 할 것

   2.10.4.3 그 밖의 동력제어반의 설치에 관하여는 2.10.3.1 및 2.10.3.2의 기준을 준용할 것

2.11 배선 등

2.11.1 물분무소화설비의 배선은 「전기사업법」 제67조에 따른 「전기설비기술기준」에서 정한 것 외에 다음의 기준에 따라 설치해야 한다.

   2.11.1.1 비상전원을 설치한 경우에는 비상전원으로부터 동력제어반 및 가압송수장치에 이르는 전원회로의 배선은 내화배선으로 할 것. 다만, 자가발전설비와 동력제어반이 동일한 실에 설치된 경우에는 자가발전기로부터 그 제어반에 이르는 전원회로의 배선은 그렇지 않다.

   2.11.1.2 상용전원으로부터 동력제어반에 이르는 배선, 그 밖의 물분무소화설비의 감시 · 조작 또는 표시등회로의 배선은 내화배선 또는 내열배선으로 할 것. 다만, 감시제어반 또는 동력제어반 안의 감시 · 조작 또는 표시등회로의 배선은 그렇지 않다.

2.11.2 2.11.1에 따른 내화배선 및 내열배선에 사용되는 전선의 종류 및 설치방법은 「옥내소화전설비의 화재안전기술기준(NFTC 102)」 2.7.2의 표 2.7.2(1) 및 표 2.7.2(2)의 기준에 따른다.

2.11.3 소화설비의 과전류차단기 및 개폐기에는 "물분무소화설비용 과전류차단기 또는 개폐기)"라고 표시한 표지를 해야 한다.

2.11.4 소화설비용 전기배선의 양단 및 접속단자에는 다음의 기준에 따라 표지해야 한다.

    2.11.4.1 단자에는 "물분무소화설비단자"라고 표시한 표지를 부착할 것

    2.11.4.2 소화설비용 전기배선의 양단에는 다른 배선과 식별이 용이하도록 표시할 것

2.12 물분무헤드의 설치제외

2.12.1 다음의 장소에는 물분무헤드를 설치하지 않을 수 있다.

    2.12.1.1 **물에 심하게 반응하는 물질 또는 물과 반응하여 위험한 물질을 생성하는 물질**을 저장 또는 취급하는 장소

    2.12.1.2 **고온의 물질 및 증류범위가 넓어 끓어 넘치는 위험이 있는 물질**을 저장 또는 취급하는 장소

    2.12.1.3 **운전시에 표면의 온도가 260 ℃ 이상**으로 되는 등 직접 분무를 하는 경우 그 부분에 손상을 입힐 우려가 있는 기계장치 등이 있는 장소

2.13 수원 및 가압송수장치의 펌프 등의 겸용

2.13.1 물분무소화설비의 수원을 옥내소화전설비 · 스프링클러설비 · 간이스프링클러설비 · 화재조기진압용 스프링클러설비 · 포소화설비 및 옥외소화전설비의 수원을 겸용하여 설치하는 경우의 저수량은 각 소화설비에 필요한 저수량을 합한 양 이상이 되도록 해야 한다. 다만, 이들 소화설비 중 고정식 소화설비(펌프 · 배관과 소화수 또는 소화약제를 최종 방출하는 방출구가 고정된 설비를 말한다. 이하 같다)가 둘 이상 설치되어 있고, 그 소화설비가 설치된 부분이 방화벽과 방화문으로 구획되어 있는 경우에는 각 고정식 소화설비에 필요한 저수량 중 최대의 것 이상으로 할 수 있다.

2.13.2 물분무소화설비의 가압송수장치로 사용하는 펌프를 옥내소화전설비 · 스프링클러설비 · 간이스프링클러설비 · 화재조기진압용 스프링클러설비 · 포소화설비 및 옥외소화전설비의 가압송수장치와 겸용하여 설치하는 경우의 펌프의 토출량은 각 소화설비에 해당하는 토출량을 합한 양 이상이 되도록 해야 한다. 다만, 이들 소화설비 중 고정식 소화설비가 둘 이상 설치되어 있고, 그 소화설비가 설치된 부분이 방화벽과 방화문으로 구획되어 있으며 각 소화설비에 지장이 없는 경우에는 펌프의 토출량 중 최대의 것 이상으로 할 수 있다.

2.13.3 옥내소화전설비 · 스프링클러설비 · 간이스프링클러설비 · 화재조기진압용 스프링클러설비 · 물분무소화설비 · 포소화설비 및 옥외소화전설비의 가압송수장치에 있어서 각

토출측 배관과 일반급수용의 가압송수장치의 토출측 배관을 상호 연결하여 화재 시 사용할 수 있다. 이 경우 연결 배관에는 개폐표시형밸브를 설치해야 하며, 각 소화설비의 성능에 지장이 없도록 해야 한다.

2.13.4 물분무소화설비의 송수구를 옥내소화전설비 · 스프링클러설비 · 간이스프링클러설비 · 화재조기진압용 스프링클러설비 · 포소화설비 · 연결송수관설비 또는 연결살수설비의 송수구와 겸용으로 설치하는 경우에는 스프링클러설비의 송수구의 설치기준에 따르되 각각의 소화설비의 기능에 지장이 없도록 해야 한다.

소방시설관리사 기출문제

[11회설계] 고압의 전기기기가 있는 경우 물분무헤드와 전기기기의 이격 기준인 아래의 표를
완성하시오.(7점)

전압(kV)	거리(cm)	전압(kV)	거리(cm)

[11회설계] 차고 또는 주차장에 물분무소화설비를 설치하는 경우 배수설비의 설치기준 4가지
를 쓰시오.(8점)

소방기술사 기출문제

[125회] 물분무소화설비와 관련하여 다음 사항에 대하여 설명하시오.
 1) NFSC 104에 따른 수원의 저수량 기준
 2) NFSC 104에 따른 헤드와 고압기기의 이격거리

[121회] 국가화재안전기술기준에서 정하는 화재조기진압용 스프링클러의 설치제외와 물분
무헤드의 설치제외에 대하여 설명하시오.

[93회] 물분무소화설비의 ① 설치대상 ② 수원량 ③ 스프링클러설비와 장단점을 비교 설명
하시오.

1. 일반사항

1.1 적용범위

1.1.1 이 기준은 「소방시설 설치 및 관리에 관한 법률 시행령」(이하 "영"이라 한다) 별표 4 제1호바목에 따른 물분무등소화설비 중 미분무소화설비의 설치 및 관리에 대해 적용한다.

1.2 기준의 효력

1.2.1 이 기준은 「소방시설 설치 및 관리에 관한 법률」(이하 "법"이라 한다) 제2조제1항제6호나목에 따라 물분무등소화설비인 미분무소화설비의 기술기준으로서의 효력을 가진다.

1.2.2 이 기준에 적합한 경우에는 법 제2조제1항제6호나목에 따라 「미분무소화설비의 화재안전성능기준(NFPC 104A)」을 충족하는 것으로 본다.

1.3 기준의 시행

1.3.1 이 기준은 2023년 2월 10일부터 시행한다. <개정 2023.2.10.>

1.4 기준의 특례

1.4.1 소방본부장 또는 소방서장은 기존건축물이 증축·개축·대수선되거나 용도변경 되는 경우에 있어서 이 기준이 정하는 기준에 따라 해당 건축물에 설치해야 할 미분무소화설비의 배관·배선 등의 공사가 현저하게 곤란하다고 인정되는 경우에는 해당 설비의 기능 및 사용에 지장이 없는 범위에서 이 기준의 일부를 적용하지 않을 수 있다.

1.5 경과조치

1.5.1 이 기준 시행 전에 건축허가 등의 신청 또는 신고를 하거나 소방시설공사의 착공신고를 한 특정소방대상물에 대해서는 종전의 기준에 따른다. <개정 2023.2.10.>

1.5.2 이 기준 시행 전에 1.5.1에 따른 신청 또는 신고를 한 경우라도 개정 기준이 종전의 기준에 비하여 관계인에게 유리한 경우에는 개정 기준에 따를 수 있다. <개정 2023.2.10.>

1.6 다른 법령과의 관계

1.6.1 이 기준 시행 당시 다른 법령 또는 행정규칙 등에서 종전의 화재안전기준을 인용한 경우에 이 기준 가운데 그에 해당하는 규정이 있는 경우에는 종전의 규정에 갈음하여 이 기준

의 해당 규정을 인용한 것으로 본다.

1.7 용어의 정의

1.7.1 이 기준에서 사용하는 용어의 정의는 다음과 같다.

1.7.1.1 **"미분무소화설비"란 가압된 물이 헤드 통과 후 미세한 입자로 분무됨으로써 소화성능을 가지는 설비로서, 소화력을 증가시키기 위해 강화액 등을 첨가할 수 있다.**

1.7.1.2 **"미분무"란 물만을 사용하여 소화하는 방식으로 최소설계압력에서 헤드로부터 방출되는 물입자 중 99 %의 누적체적분포가 400 ㎛ 이하로 분무되고 A, B, C급 화재에 적응성을 갖는 것을 말한다.**

1.7.1.3 "미분무헤드"란 하나 이상의 오리피스를 가지고 미분무소화설비에 사용되는 헤드를 말한다.

1.7.1.4 "개방형 미분무헤드"란 감열체 없이 방수구가 항상 열려져 있는 헤드를 말한다.

1.7.1.5 "폐쇄형 미분무헤드"란 정상상태에서 방수구를 막고 있는 감열체가 일정온도에서 자동적으로 파괴·용융 또는 이탈됨으로써 방수구가 개방되는 헤드를 말한다.

1.7.1.6 "저압 미분무소화설비"란 최고사용압력이 1.2 ㎫ 이하인 미분무소화설비를 말한다.

1.7.1.7 "중압 미분무소화설비"란 사용압력이 1.2 ㎫을 초과하고 3.5 ㎫ 이하인 미분무소화설비를 말한다.

1.7.1.8 "고압 미분무소화설비"란 최저사용압력이 3.5 ㎫을 초과하는 미분무소화설비를 말한다.

1.7.1.9 "폐쇄형 미분무소화설비"란 배관 내에 항상 물 또는 공기 등이 가압되어 있다가 화재로 인한 열로 폐쇄형 미분무헤드가 개방되면서 소화수를 방출하는 방식의 미분무소화설비를 말한다.

1.7.1.10 "개방형 미분무소화설비"란 화재감지기의 신호를 받아 가압송수장치를 동작시켜 미분무수를 방출하는 방식의 미분무소화설비를 말한다.

1.7.1.11 "유수검지장치(패들형을 포함한다)"란 유수현상을 자동적으로 검지하여 신호 또는 경보를 발하는 장치를 말한다.

1.7.1.12 **"전역방출방식"**이란 고정식 미분무소화설비에 배관 및 헤드를 고정 설치하여 구획된 방호구역 전체에 소화수를 방출하는 설비를 말한다.

1.7.1.13 **"국소방출방식"**이란 고정식 미분무소화설비에 배관 및 헤드를 설치하여 직접 화점에 소화수를 방출하는 설비로서 화재발생 부분에 집중적으로 소화수를 방출하도록 설치하는 방식을 말한다.

1.7.1.14 "**호스릴방식**"이란 소화수 또는 소화약제 저장용기 등에 연결된 호스릴을 이용하여 사람이 직접 화점에 소화수 또는 소화약제를 방출하는 방식을 말한다.

1.7.1.15 "**교차회로방식**"이란 하나의 방호구역 내에 2 이상의 화재감지기회로를 설치하고 인접한 2 이상의 화재감지기에 화재가 감지되어 작동되는 때에 소화설비가 작동하는 방식을 말한다.

1.7.1.16 "가압수조"란 가압원인 압축공기 또는 불연성 기체의 압력으로 소화용수를 가압하여 그 압력으로 급수하는 수조를 말한다.

1.7.1.17 "개폐표시형밸브"란 밸브의 개폐여부를 외부에서 식별이 가능한 밸브를 말한다.

1.7.1.18 "연소할 우려가 있는 개구부"란 각 방화구획을 관통하는 컨베이어ㆍ에스컬레이터 또는 이와 유사한 시설의 주위로서 방화구획을 할 수 없는 부분을 말한다.

1.7.1.19 "설계도서"란 점화원, 연료의 특성과 형태 등에 따라서 건축물에서 발생할 수 있는 화재의 유형이 고려되어 작성된 것을 말한다.

1.7.1.20 "호스릴"이란 원형의 소방호스를 원형의 수납장치에 감아 정리한 것을 말한다.

2. 기술기준

2.1 설계도서 작성

2.1.1 미분무소화설비의 성능을 확인하기 위하여 하나의 발화원을 가정한 설계도서는 다음의 기준 및 그림 2.1.1을 고려하여 작성되어야 하며, 설계도서는 일반설계도서와 특별설계도서로 구분한다.

> (1) 점화원의 형태
> (2) 초기 점화되는 연료 유형
> (3) 화재 위치
> (4) 문과 창문의 초기상태(열림, 닫힘) 및 시간에 따른 변화상태
> (5) 공기조화설비, 자연형(문, 창문) 및 기계형 여부
> (6) 시공 유형과 내장재 유형

---

1. 공통사항
   설계도서는 건축물에서 발생 가능한 상황을 선정하되, 건축물의 특성에 따라 제2호의 설계도서 유형 중 가목의 일반설계도서와 나목부터 사목까지의 특별설계도서 중 1개 이상을 작성한다.

2. 설계도서 유형
   가. 일반설계도서
     1) 건물용도, 사용자 중심의 일반적인 화재를 가상한다.

2) 설계도서에는 다음 사항이 필수적으로 명확히 설명되어야 한다.
　　가) 건물사용자 특성
　　나) 사용자의 수와 장소
　　다) 실 크기
　　라) 가구와 실내 내용물
　　마) 연소 가능한 물질들과 그 특성 및 발화원
　　바) 환기조건
　　사) 최초 발화물과 발화물의 위치
3) 설계자가 필요한 경우 기타 설계도서에 필요한 사항을 추가할 수 있다.

나. 특별설계도서 1
　1) 내부 문들이 개방되어 있는 상황에서 피난로에 화재가 발생하여 급격한 화재 연소가 이루어지는 상황을 가상한다.
　2) 화재 시 가능한 피난 방법의 수에 중심을 두고 작성한다.

다. 특별설계도서 2
　1) 사람이 상주하지 않는 실에서 화재가 발생하지만, 잠재적으로 많은 재실자에게 위험이 되는 상황을 가상한다.
　2) 건축물 내의 재실자가 없는 곳에서 화재가 발생하여 많은 재실자가 있는 공간으로 연소 확대되는 상황에 중심을 두고 작성한다.

라. 특별설계도서 3
　1) 많은 사람이 있는 실에 인접한 벽이나 덕트 공간 등에서 화재가 발생한 상황을 가상한다.
　2) 화재감지기가 없는 곳이나 자동으로 작동하는 소화설비가 없는 장소에서 화재가 발생하여 많은 재실자가 있는 곳으로의 연소 확대가 가능한 상황에 중심을 두고 작성한다.

마. 특별설계도서 4
　1) 많은 거주자가 있는 아주 인접한 장소 중 소방시설의 작동범위에 들어가지 않는 장소에서 아주 천천히 성장하는 화재를 가상한다.
　2) 작은 화재에서 시작하지만 큰 대형화재를 일으킬 수 있는 화재에 중심을 두고 작성한다.

바. 특별설계도서 5
　1) 건축물의 일반적인 사용 특성과 관련, 화재하중이 가장 큰 장소에서 발생한 아주 심각한 화재를 가상한다.
　2) 재실자가 있는 공간에서 급격하게 연소 확대되는 화재를 중심으로 작성한다.

사. 특별설계도서 6
　1) 외부에서 발생하여 본 건물로 화재가 확대되는 경우를 가상한다.
　2) 본 건물에서 떨어진 장소에서 화재가 발생하여 본 건물로 화재가 확대되거나 피난로를 막거나 거주가 불가능한 조건을 만드는 화재에 중심을 두고 작성한다.

그림 2.1.1 설계도서 작성기준

2.1.2 일반설계도서는 유사한 특정소방대상물의 화재사례 등을 이용하여 작성하고, 특별설계 도서는 일반설계도서에서 발화 장소 등을 변경하여 위험도를 높게 만들어 작성해야 한다.

2.1.3 2.1.1 및 2.1.2에도 불구하고 검증된 기준에서 정하고 있는 것을 사용할 경우에는 적합한 도서로 인정할 수 있다.

2.2 설계도서의 검증

2.2.1 소방관서에 허가동의를 받기 전에 법 제46조제1항에 따라 성능시험기관으로 지정받은 기관에서 그 성능을 검증받아야 한다.

2.2.2 설계도서의 변경이 필요한 경우 2.2.1에 의해 재검증을 받아야 한다.

2.3 수원

2.3.1 미분무소화설비에 사용되는 소화용수는 「먹는물관리법」 제5조에 적합하고, 저수조 등에 충수할 경우 필터 또는 스트레이너를 통해야 하며, 사용되는 물에는 입자·용해고체 또는 염분이 없어야 한다.

2.3.2 **배관의 연결부(용접부 제외) 또는 주배관의 유입측에는 필터 또는 스트레이너를 설치해야 하고, 사용되는 스트레이너에는 청소구가 있어야 하며, 검사·유지관리 및 보수 시에 배치 위치를 변경하지 않아야 한다. 다만, 노즐이 막힐 우려가 없는 경우에는 설치하지 않을 수 있다.**

2.3.3 사용되는 필터 또는 스트레이너의 메쉬는 헤드 오리피스 지름의 80 % 이하가 되어야 한다.

2.3.4 **수원의 양**은 다음의 식 (2.3.4)를 이용하여 계산한 양 이상으로 해야 한다.

$$Q = N \times D \times T \times S + V \qquad \cdots (2.3.4)$$

여기에서, Q : 수원의 양(m^3)

　　　　N : 방호구역(방수구역) 내 헤드의 개수

　　　　D : 설계유량(m^3/min)

　　　　T : 설계방수시간(min)

　　　　S : 안전율(1.2 이상)

　　　　V : 배관의 총체적(m^3)

2.3.5 첨가제의 양은 설계방수시간 내에 충분히 사용될 수 있는 양 이상으로 산정한다. 이 경우 첨가제가 소화약제인 경우 소방청장이 정하여 고시한 「소화약제의 형식승인 및 제품검사의 기술기준」에 적합한 것으로 사용해야 한다.

2.4 수조

2.4.1 수조의 재료는 냉간 압연 스테인리스 강판 및 강대(KS D 3698)의 STS304 또는 이와 동등 이상의 강도·내식성·내열성이 있는 것으로 해야 한다.

2.4.2 수조를 용접할 경우 용접찌꺼기 등이 남아 있지 아니해야 하며, 부식의 우려가 없는 용접방식으로 해야 한다.

2.4.3 미분무소화설비용 수조는 다음의 기준에 따라 설치해야 한다.

2.4.3.1 전용수조로 하고, 점검에 편리한 곳에 설치할 것

2.4.3.2 동결방지조치를 하거나 동결의 우려가 없는 장소에 설치할 것

2.4.3.3 수조의 외측에 수위계를 설치할 것. 다만, 구조상 불가피한 경우에는 수조의 맨홀 등을 통하여 수조 안의 물의 양을 쉽게 확인할 수 있도록 해야 한다.

2.4.3.4 수조의 상단이 바닥보다 높은 때에는 수조의 외측에 고정식 사다리를 설치할 것

2.4.3.5 수조가 실내에 설치된 때에는 그 실내에 조명설비를 설치할 것

2.4.3.6 수조의 밑 부분에는 청소용 배수밸브 또는 배수관을 설치할 것

2.4.3.7 수조 외측의 보기 쉬운 곳에 "미분무소화설비용 수조"라고 표시한 표지를 할 것

2.4.3.8 소화설비용 펌프의 흡수배관 또는 소화설비의 수직배관과 수조의 접속부분에는 "미분무소화설비용 배관"이라고 표시한 표지를 할 것. 다만, 수조와 가까운 장소에 소화설비용 펌프가 설치되고 해당 펌프에 2.4.3.7에 따른 표지를 설치한 때에는 그렇지 않다.

2.5 가압송수장치

2.5.1 전동기 또는 내연기관에 따른 펌프를 이용하는 가압송수장치는 다음의 기준에 따라 설치해야 한다.

2.5.1.1 쉽게 접근할 수 있고 점검하기에 충분한 공간이 있는 장소로서 화재 및 침수 등의 재해로 인한 피해를 받을 우려가 없는 곳에 설치할 것

2.5.1.2 동결방지조치를 하거나 동결의 우려가 없는 장소에 설치할 것

2.5.1.3 **펌프는 전용**으로 할 것

2.5.1.4 펌프의 토출 측에는 압력계를 체크밸브 이전에 펌프 토출 측 플랜지에서 가까운 곳에 설치할 것

2.5.1.5 **펌프의 성능은 체절운전 시 정격토출압력의 140 %를 초과하지 않고, 정격토출량의 150 %로 운전 시 정격토출압력의 65 % 이상이 되어야 하며, 펌프의 성능을 시험할 수 있는 성능시험배관을 설치할 것**

2.5.1.6 가압송수장치의 송수량은 최저설계압력에서 설계유량(L/min) 이상의 방수성능을 가진 기준개수의 모든 헤드로부터의 방수량을 충족시킬 수 있는 양 이상의 것으로 할 것

2.5.1.7 내연기관을 사용하는 경우에는 제어반에 따라 내연기관의 자동기동 및 수동기동이 가능하고, 상시 충전되어 있는 축전지설비를 갖출 것

2.5.1.8 가압송수장치에는 "미분무펌프"라고 표시한 표지를 할 것. 다만, 호스릴방식의 경우 "호스릴방식 미분무펌프"라고 표시한 표지를 할 것

2.5.1.9 가압송수장치가 기동이 된 경우에는 자동으로 정지되지 아니하도록 할 것

2.5.1.10 가압송수장치는 부식 등으로 인한 펌프의 고착을 방지할 수 있도록 다음의 각 기준에 적합한 것으로 할 것. 다만, 충압펌프는 제외한다.

2.5.1.10.1 임펠러는 청동 또는 스테인리스 등 부식에 강한 재질을 사용할 것

2.5.1.10.2 펌프축은 스테인리스 등 부식에 강한 재질을 사용할 것

2.5.2 압력수조를 이용하는 가압송수장치는 다음의 기준에 따라 설치해야 한다.

2.5.2.1 압력수조는 배관용 스테인리스 강관(KS D 3676) 또는 이와 동등 이상의 강도 · 내식성, 내열성을 갖는 재료를 사용할 것

2.5.2.2 용접한 압력수조를 사용할 경우 용접찌꺼기 등이 남아 있지 않아야 하며, 부식의 우려가 없는 용접방식으로 해야 한다.

2.5.2.3 쉽게 접근할 수 있고 점검하기에 충분한 공간이 있는 장소로서 화재 및 침수 등의 재해로 인한 피해를 받을 우려가 없는 곳에 설치할 것

2.5.2.4 동결방지조치를 하거나 동결의 우려가 없는 장소에 설치할 것

2.5.2.5 압력수조는 전용으로 할 것

2.5.2.6 압력수조에는 수위계 · 급수관 · 배수관 · 급기관 · 맨홀 · 압력계 · 안전장치 및 압력저하 방지를 위한 자동식 공기압축기를 설치할 것

2.5.2.7 압력수조의 토출 측에는 사용압력의 1.5배 범위를 초과하는 압력계를 설치해야 한다.

2.5.2.8 작동장치의 구조 및 기능은 다음의 기준에 적합해야 한다.

2.5.2.8.1 화재감지기의 신호에 의하여 자동적으로 밸브를 개방하고 소화수를 배관으로 송출할 것

2.5.2.8.2 수동으로 작동할 수 있게 하는 장치를 설치할 경우에는 부주의로 인한 작동을 방지하기 위한 보호 장치를 강구할 것

2.5.3 가압수조를 이용하는 가압송수장치는 다음의 기준에 따라 설치해야 한다.

2.5.3.1 가압수조의 압력은 설계 방수량 및 방수압이 설계방수시간 이상 유지되도록 할 것

2.5.3.2 가압수조 및 가압원은 「건축법 시행령」 제46조에 따른 방화구획 된 장소에 설치할 것

2.5.3.3 가압수조를 이용한 가압송수장치는 소방청장이 정하여 고시한 「가압수조식 가압송수장치의 성능인증 및 제품검사의 기술기준」에 적합한 것으로 설치할 것

2.5.3.4 가압수조는 전용으로 설치할 것

2.6 폐쇄형 미분무소화설비의 방호구역

2.6.1 폐쇄형 미분무헤드를 사용하는 설비의 방호구역(미분무소화설비의 소화범위에 포함된 영역을 말한다. 이하 같다)은 다음의 기준에 적합해야 한다.

2.6.1.1 하나의 방호구역의 바닥면적은 펌프용량, 배관의 구경 등을 수리학적으로 계산한 결과 헤드의 방수압 및 방수량이 방호구역 범위 내에서 소화 목적을 달성할 수 있도록 산정해야 한다.

2.6.1.2 하나의 방호구역은 2개 층에 미치지 않을 것

2.7 개방형 미분무소화설비의 방수구역

2.7.1 개방형 미분무소화설비의 방수구역은 다음의 기준에 적합해야 한다.

2.7.1.1 하나의 방수구역은 2개 층에 미치지 않을 것

2.7.1.2 하나의 방수구역을 담당하는 헤드의 개수는 최대 설계개수 이하로 할 것. 다만, 2 이상의 방수구역으로 나눌 경우에는 하나의 방수구역을 담당하는 헤드의 개수는 최대 설계 개수의 2분의 1 이상으로 할 것

2.7.1.3 터널, 지하가 등에 설치할 경우 동시에 방수되어야 하는 방수구역은 화재가 발생된 방수구역 및 접한 방수구역으로 할 것

2.8 배관 등

2.8.1 설비에 사용되는 구성요소는 STS304 이상의 재료를 사용해야 한다.

2.8.2 배관은 배관용 스테인리스 강관(KS D 3576)이나 이와 동등 이상의 강도·내식성 및 내열성을 가진 것으로 해야 하고, 용접할 경우 용접찌꺼기 등이 남아 있지 아니해야 하며, 부식의 우려가 없는 용접방식으로 해야 한다.

2.8.3 급수배관은 다음의 기준에 따라 설치해야 한다.

2.8.3.1 전용으로 할 것

2.8.3.2 급수배관에 설치되어 급수를 차단할 수 있는 개폐밸브는 개폐표시형으로 할 것. 이 경우 펌프의 흡입측 배관에는 버터플라이밸브 외의 개폐표시형밸브를 설치해야 한다.

2.8.4 **펌프의 성능시험배관**은 다음의 기준에 적합하도록 설치해야 한다.

2.8.4.1 성능시험배관은 펌프의 토출 측에 설치된 개폐밸브 이전에서 분기하여 직선으로 설치하고, 유량측정장치를 기준으로 전단 직관부에는 개폐밸브를 후단 직관부에는 유량조절밸브를 설치할 것. 이 경우 개폐밸브와 유량측정장치 사이의 직관부 거리 및 유량측정장치와 유량조절밸브 사이의 직관부 거리는 해당 유량측정장치 제조사의 설치사양에 따르고, 성능시험배관의 호칭지름은 유량측정장치의 호칭지름에 따른다.

2.8.4.2 유입구에는 개폐밸브를 둘 것

2.8.4.3 유량측정장치는 펌프의 정격토출량의 175 % 이상 측정할 수 있는 성능이 있을 것

2.8.4.4 가압송수장치의 체절운전 시 수온의 상승을 방지하기 위하여 체크밸브와 펌프사이에서 분기한 구경 20 mm 이상의 배관에 체절압력 미만에서 개방되는 릴리프밸브를 설치할 것

2.8.5 배관은 동결방지조치를 하거나 동결의 우려가 없는 장소에 설치해야 한다. 다만, 보온재를 사용할 경우에는 난연재료 성능 이상의 것으로 해야 한다.

2.8.6 교차배관의 위치ㆍ청소구 및 가지배관의 헤드설치는 다음의 기준에 따른다.

2.8.6.1 교차배관은 가지배관과 수평으로 설치하거나 또는 가지배관 밑에 설치할 것

2.8.6.2 청소구는 교차배관 끝에 개폐밸브를 설치하고, 호스접결이 가능한 나사식 또는 고정배수 배관식으로 할 것. 이 경우 나사식의 개폐밸브는 나사보호용의 캡으로 마감할 것

2.8.7 미분무소화설비에는 동 장치를 시험할 수 있는 시험장치를 다음의 기준에 따라 설치해야 한다. 다만, 개방형헤드를 설치하는 경우에는 그렇지 않다.

2.8.7.1 가압송수장치에서 가장 먼 가지배관의 끝으로부터 연결하여 설치할 것

2.8.7.2 시험장치 배관의 구경은 가압장치에서 가장 먼 가지배관의 구경과 동일한 구경으로 하고, 그 끝에 개방형헤드를 설치할 것. 이 경우 개방형헤드는 동일 형태의 오리피스만으로 설치할 수 있다.

2.8.7.3 시험배관의 끝에는 물받이 통 및 배수관을 설치하여 시험 중 방사된 물이 바닥에 흘러내리지 아니하도록 할 것. 다만, 목욕실ㆍ화장실 또는 그 밖의 곳으로서 배수처리가 쉬운 장소에 시험배관을 설치한 경우에는 그렇지 않다.

2.8.8 배관에 설치되는 행거는 다음의 기준에 따라 설치해야 한다.

2.8.8.1 가지배관에는 헤드의 설치지점 사이마다 교차배관에는 가지배관과 가지배관 사이마다 1개 이상의 행거를 설치할 것

2.8.8.2 2.8.8.1의 수평주행배관에는 4.5 m 이내마다 1개 이상 설치할 것

2.8.9 **수직배수배관의 구경은 50 ㎜ 이상**으로 해야 한다. 다만, 수직배관의 구경이 50 ㎜ 미만인 경우에는 수직배관과 동일한 구경으로 할 수 있다.

2.8.10 **주차장의 미분무소화설비는 습식 외의 방식**으로 해야 한다. 다만, 주차장이 벽 등으로 차단되어 있고 출입구가 자동으로 열리고 닫히는 구조인 것으로서 다음의 어느 하나에 해당하는 경우에는 그렇지 않다.

    2.8.10.1 동절기에 상시 난방이 되는 곳이거나 그 밖에 동결의 염려가 없는 곳

    2.8.10.2 미분무소화설비의 동결을 방지할 수 있는 구조 또는 장치가 된 것

2.8.11 2.8.3.2에 따른 개폐밸브에는 그 밸브의 개폐상태를 감시제어반에서 확인할 수 있도록 급수개폐밸브 작동표시 스위치를 다음의 기준에 따라 설치해야 한다.

    2.8.11.1 급수개폐밸브가 잠길 경우 탬퍼스위치의 동작으로 인하여 감시제어반 또는 수신기에 표시되어야 하며 경보음을 발할 것

    2.8.11.2 탬퍼스위치는 감시제어반 또는 수신기에서 동작의 유무 확인과 동작시험, 도통시험을 할 수 있을 것

    2.8.11.3 급수개폐밸브의 작동표시 스위치에 사용되는 전기배선은 내화전선 또는 내열전선으로 설치할 것

2.8.12 미분무설비 **배관의 배수를 위한 기울기**는 다음의 기준에 따른다.

    2.8.12.1 폐쇄형 미분무소화설비의 배관을 수평으로 할 것. 다만, 배관의 구조상 소화수가 남아 있는 곳에는 배수밸브를 설치해야 한다.

    2.8.12.2 개방형 미분무소화설비에는 헤드를 향하여 상향으로 수평주행배관의 기울기를 500분의 1 이상, 가지배관의 기울기를 250분의 1 이상으로 할 것. 다만, 배관의 구조상 기울기를 줄 수 없는 경우에는 배수를 원활하게 할 수 있도록 배수밸브를 설치해야 한다.

2.8.13 배관은 다른 설비의 배관과 쉽게 구분이 될 수 있는 위치에 설치하거나, 그 배관표면 또는 배관 보온재표면의 색상은 「한국산업표준(배관계의 식별 표시, KS A 0503)」 또는 적색으로 식별이 가능하도록 소방용설비의 배관임을 표시해야 한다.

2.8.14 **호스릴방식의 설치**는 다음의 기준에 따라 설치해야 한다.

    2.8.14.1 차고 또는 주차장 외의 장소에 설치하되 방호대상물의 각 부분으로부터 하나의 호스 접결구까지의 수평거리가 25 m 이하가 되도록 할 것

    2.8.14.2 소화약제 저장용기의 개방밸브는 호스의 설치장소에서 수동으로 개폐할 수 있는 것으로 할 것

2.8.14.3 소화약제 저장용기의 가장 가까운 곳의 보기 쉬운 곳에 표시등을 설치하고, "호스릴 미분무소화설비"라고 표시한 표지를 할 것

2.8.14.4 그 밖의 사항은 「옥내소화전설비의 화재안전기술기준(NFTC 102)」 2.4(함 및 방수구 등)에 적합할 것

2.9 음향장치 및 기동장치

2.9.1 미분무소화설비의 음향장치 및 기동장치는 다음의 기준에 따라 설치해야 한다.

2.9.1.1 폐쇄형 미분무헤드가 개방되면 화재신호를 발신하고 그에 따라 음향장치가 경보되도록 할 것

2.9.1.2 개방형 미분무소화설비는 화재감지기의 감지에 따라 음향장치가 경보되도록 할 것. 이 경우 화재감지기 회로를 교차회로방식으로 하는 때에는 하나의 화재감지기 회로가 화재를 감지하는 때에도 음향장치가 경보되도록 해야 한다.

2.9.1.3 음향장치는 방호구역 또는 방수구역마다 설치하되 그 구역의 각 부분으로부터 하나의 음향장치까지의 **수평거리는 25 m 이하**가 되도록 할 것

2.9.1.4 음향장치는 경종 또는 사이렌(전자식 사이렌을 포함한다)으로 하되, 주위의 소음 및 다른 용도의 경보와 구별이 가능한 음색으로 할 것. 이 경우 경종 또는 사이렌은 자동화재탐지설비·비상벨설비 또는 자동식사이렌설비의 음향장치와 겸용할 수 있다.

2.9.1.5 주음향장치는 수신기의 내부 또는 그 직근에 설치할 것

2.9.1.6 **층수가 11층(공동주택의 경우에는 16층) 이상의 소방대상물 또는 그 부분에 있어서는 2층 이상의 층에서 발화한 때에는 발화층 및 그 직상 4개층에 한하여, 1층에서 발화한 때에는 발화층과 그 직상 4개층 및 지하층에 한하여, 지하층에서 발화한 때에는 발화층·그 직상층 및 기타의 지하층에 한하여 경보를 발할 수 있도록 할 것**
<개정 2023.2.10.>

2.9.1.7 음향장치는 다음의 기준에 따른 구조 및 성능의 것으로 할 것

2.9.1.7.1 **정격전압의 80 % 전압에서 음향을 발할 수 있는 것으로 할 것**

2.9.1.7.2 **음향의 크기는 부착된 음향장치의 중심으로부터 1 m 떨어진 위치에서 90 dB 이상이 되는 것으로 할 것**

2.9.1.8 화재감지기 회로에는 다음의 기준에 따른 발신기를 설치할 것. 다만, 자동화재탐지설비의 발신기가 설치된 경우에는 그렇지 않다.

2.9.1.8.1 **조작이 쉬운 장소**에 설치하고, 스위치는 바닥으로부터 0.8 m 이상 1.5 m 이하의 높이에 설치할 것

2.9.1.8.2 소방대상물의 **층마다 설치**하되, 당해 소방대상물의 각 부분으로부터 하나의

발신기까지의 **수평거리가 25 m 이하**가 되도록 할 것. 다만, 복도 또는 별도로 구획된 실로서 보행거리가 40 m 이상일 경우에는 추가로 설치해야 한다.

2.9.1.8.3 발신기의 위치를 표시하는 표시등은 **함의 상부에 설치**하되, 그 불빛은 부착면으로부터 **15° 이상**의 범위안에서 부착지점으로부터 **10 m 이내**의 어느 곳에서도 쉽게 식별할 수 있는 적색등으로 할 것

2.10 헤드

2.10.1 미분무헤드는 소방대상물의 천장 · 반자 · 천장과 반자 사이 · 덕트 · 선반 기타 이와 유사한 부분에 설계자의 의도에 적합하도록 설치해야 한다.

2.10.2 하나의 헤드까지의 수평거리 산정은 설계자가 제시해야 한다.

2.10.3 미분무소화설비에 사용되는 헤드는 조기반응형 헤드를 설치해야 한다.

2.10.4 폐쇄형 미분무헤드는 그 설치장소의 평상시 최고주위온도에 따라 다음 식 (2.10.4)에 따른 표시온도의 것으로 설치해야 한다.

$$Ta = 0.9Tm - 27.3 \qquad\qquad \cdots (2.10.4)$$

여기에서, Ta : 최고주위온도(℃)

Tm : 헤드의 표시온도(℃)

2.10.5 미분무 헤드는 배관, 행거 등으로부터 살수가 방해되지 아니하도록 설치해야 한다.

2.10.6 미분무 헤드는 설계도면과 동일하게 설치해야 한다.

2.10.7 미분무 헤드는 '한국소방산업기술원' 또는 법 제46조제1항의 규정에 따라 성능시험기관으로 지정받은 기관에서 검증받아야 한다.

2.11 전원

2.11.1 미분무소화설비의 전원은 「스프링클러설비의 화재안전기술기준(NFPC 103)」 2.9(전원)를 준용한다.

2.12 제어반

2.12.1 미분무 소화설비에는 제어반을 설치하되, 감시제어반과 동력제어반으로 구분하여 설치해야 한다. 다만, 가압수조에 따른 가압송수장치를 사용하는 미분무소화설비의 경우와 별도의 시방서를 제시할 경우에는 그렇지 않을 수 있다.

2.12.2 **감시제어반의 기능**은 다음의 기준에 적합해야 한다.

2.12.2.1 각 펌프의 작동여부를 확인할 수 있는 **표시등 및 음향경보기능**이 있어야 할 것

2.12.2.2 각 펌프를 **자동 및 수동으로 작동시키거나 중단**시킬 수 있어야 할 것

2.12.2.3 **비상전원**을 설치한 경우에는 상용전원 및 비상전원의 공급여부를 확인할 수 있어야 할 것

2.12.2.4 수조가 **저수위로 될 때 표시등 및 음향으로 경보**할 것

2.12.2.5 예비전원이 확보되고 **예비전원의 적합여부**를 시험할 수 있어야 할 것

2.12.3 감시제어반은 다음의 기준에 따라 설치해야 한다.

2.12.3.1 화재 및 침수 등의 재해로 인한 피해를 받을 우려가 없는 곳에 설치할 것

2.12.3.2 감시제어반은 미분무소화설비의 전용으로 할 것

2.12.3.3 감시제어반은 다음의 기준에 따른 전용실 안에 설치할 것

2.12.3.3.1 다른 부분과 방화구획을 할 것. 이 경우 전용실의 벽에는 기계실 또는 전기실 등의 감시를 위하여 두께 7 ㎜ 이상의 망입유리(두께 16.3 ㎜ 이상의 접합유리 또는 두께 28 ㎜ 이상의 복층유리를 포함한다)로 된 4 m² 미만의 붙박이창을 설치할 수 있다.

2.12.3.3.2 피난층 또는 지하 1층에 설치할 것

2.12.3.3.3 「무선통신보조설비의 화재안전기술기준(NFTC 505)」 2.2.3에 따라 유효하게 통신이 가능할 것(영 별표 4의 제5호마목에 따른 무선통신보조설비가 설치된 특정소방대상물에 한한다)

2.12.3.3.4 바닥면적은 감시제어반의 설치에 필요한 면적 외에 화재 시 소방대원이 그 감시제어반의 조작에 필요한 최소면적 이상으로 할 것

2.12.3.4 2.12.3.3에 따른 전용실에는 특정소방대상물의 기계 · 기구 또는 시설 등의 제어 및 감시설비 외의 것을 두지 않을 것

2.12.3.5 다음의 각 확인회로마다 도통시험 및 작동시험을 할 수 있도록 할 것

> (1) 수조의 저수위감시회로
> (2) 개방형 미분무소화설비의 화재감지기회로
> (3) 2.8.11에 따른 개폐밸브의 폐쇄상태 확인회로
> (4) 그 밖의 이와 비슷한 회로

2.12.3.6 감시제어반과 자동화재탐지설비의 수신기를 별도의 장소에 설치하는 경우에는 이들 상호간 연동하여 화재발생 및 2.12.2.1, 2.12.2.3 및 2.12.2.4의 기능을 확인할 수 있도록 할 것

2.12.4 동력제어반은 다음의 기준에 따라 설치해야 한다.

2.12.4.1 앞면은 적색으로 하고 "미분무소화설비용 동력제어반"이라고 표시한 표지를 설치할 것

2.12.4.2 외함은 두께 1.5 mm 이상의 강판 또는 이와 동등 이상의 강도 및 내열성능이 있는 것으로 할 것

2.12.4.3 그 밖의 동력제어반의 설치에 관하여는 2.12.3.1 및 2.12.3.2의 기준을 준용할 것

2.12.5 자가발전설비 제어반은「스프링클러설비의 화재안전기술기준(NFTC 103)」2.10(제어반)을 준용한다.

2.13 배선 등

2.13.1 미분무소화설비의 배선은「전기사업법」제67조에 따른「전기설비기술기준」에서 정한 것 외에 다음의 기준에 따라 설치해야 한다.

2.13.1.1 비상전원을 설치한 경우에는 비상전원으로부터 동력제어반 및 가압송수장치에 이르는 전원회로의 배선은 내화배선으로 할 것. 다만, 자가발전설비와 동력제어반이 동일한 실에 설치된 경우에는 자가발전기로부터 그 제어반에 이르는 전원회로의 배선은 그렇지 않다.

2.13.1.2 상용전원으로부터 동력제어반에 이르는 배선, 그 밖의 미분무소화설비의 감시·조작 또는 표시등회로의 배선은 내화배선 또는 내열배선으로 할 것. 다만, 감시제어반 또는 동력제어반 안의 감시·조작 또는 표시등회로의 배선은 그렇지 않다.

2.13.2 2.13.1에 따른 내화배선 및 내열배선에 사용되는 전선의 종류 및 설치방법은「옥내소화전설비의 화재안전기술기준(NFTC 102)」2.7.2의 표 2.7.2(1) 또는 표 2.7.2(2)의 기준에 따른다.

2.13.3 소화설비의 과전류차단기 및 개폐기에는 "미분무소화설비용 과전류차단기 또는 개폐기"라고 표시한 표지를 해야 한다.

2.13.4 소화설비용 전기배선의 양단 및 접속단자에는 다음의 기준에 따라 표지해야 한다.

2.13.4.1 단자에는 "미분무 소화설비단자"라고 표시한 표지를 부착할 것

2.13.4.2 소화설비용 전기배선의 양단에는 다른 배선과 식별이 용이하도록 표시할 것

2.14 청소 · 시험 · 유지 및 관리 등

2.14.1 미분무소화설비의 청소·유지 및 관리 등은 건축물의 모든 부분(건축설비를 포함한다)을 완성한 시점부터 **최소 연 1회 이상 실시**하여 그 성능 등을 확인해야 한다.

2.14.2 미분무소화설비의 **배관 등의 청소**는 배관의 수리계산 시 설계된 최대방출량으로 방출하여 배관 내 이물질이 제거될 수 있는 충분한 시간동안 실시해야 한다.

2.14.3 미분무소화설비의 성능시험은 2.5에서 정한 기준에 따라 실시한다.

소방시설관리사 기출문제

[20회점검] 미분무소화설비의 화재안전기준(NFSC 104A)상 '미분무'의 정의를 쓰고, 미분무
소화설비의 사용압력에 따른 저압, 중압 및 고압의 압력(MPa)범위를 각각 쓰시
오.(4점)

소방기술사 기출문제

[111회] 미분무소화설비의 설계도서 작성기준과 관련하여 일반설계도서 및 특별설계도서를
설명하시오.

[102회] 미분무소화설비의 국가화재안전기준(NFSC 104A)에서 제시한 아래의 내용을 설명
하시오.
1) 미분무소화설비의 정의
2) 미분무수의 누적체적분포 기준 및 적응화재의 종류
3) 미분무소화설비의 수원량 계산식

[97회] 미분무소화설비의 개요(특징), 사용압력범위, 적용목적 및 소화효과에 대하여 설명
하시오.

포소화설비의 화재안전기술기준(NFTC 105)

[시행 2022. 12. 1.] [소방청공고 제2022-215호, 2022. 12. 1., 제정]

1. 일반사항

1.1 적용범위

1.1.1 이 기준은 「소방시설 설치 및 관리에 관한 법률 시행령」(이하 "영"이라 한다) 별표 4 제1호바목에 따른 물분무등소화설비 중 포소화설비의 설치 및 관리에 대해 적용한다.

1.2 기준의 효력

1.2.1 이 기준은 「소방시설 설치 및 관리에 관한 법률」(이하 "법"이라 한다) 제2조제1항제6호나목에 따라 물분무등소화설비인 포소화설비의 기술기준으로서의 효력을 가진다.

1.2.2 이 기준에 적합한 경우에는 법 제2조제1항제6호나목에 따라 「포소화설비의 화재안전성능기준(NFPC 105)」을 충족하는 것으로 본다.

1.3 기준의 시행

1.3.1 이 기준은 2022년 12월 1일부터 시행한다.

1.4 기준의 특례

1.4.1 소방본부장 또는 소방서장은 기존건축물이 증축·개축·대수선되거나 용도변경 되는 경우에 있어서 이 기준이 정하는 기준에 따라 해당 건축물에 설치해야 할 포소화설비의 배관·배선 등의 공사가 현저하게 곤란하다고 인정되는 경우에는 해당 설비의 기능 및 사용에 지장이 없는 범위에서 이 기준의 일부를 적용하지 않을 수 있다.

1.5 경과조치

1.5.1 이 기준 시행 전에 건축허가 등의 신청 또는 신고를 하거나 소방시설공사의 착공신고를 한 특정소방대상물에 대해서는 종전의 「포소화설비의 화재안전기준(NFSC 105)」에 따른다.

1.5.2 이 기준 시행 전에 1.5.1에 따른 신청 또는 신고를 한 경우라도 제정 기준이 종전의 기준에 비하여 관계인에게 유리한 경우에는 제정 기준에 따를 수 있다.

1.6 다른 법령과의 관계

1.6.1 이 기준 시행 당시 다른 법령 또는 행정규칙 등에서 종전의 화재안전기준을 인용한 경우

에 이 기준 가운데 그에 해당하는 규정이 있는 경우에는 종전의 규정에 갈음하여 이 기준의 해당 규정을 인용한 것으로 본다.

1.7 용어의 정의

1.7.1 이 기준에서 사용하는 용어의 정의는 다음과 같다.

1.7.1.1 "고가수조"란 구조물 또는 지형지물 등에 설치하여 자연낙차의 압력으로 급수하는 수조를 말한다.

1.7.1.2 "압력수조"란 소화용수와 공기를 채우고 일정압력 이상으로 가압하여 그 압력으로 급수하는 수조를 말한다.

1.7.1.3 "충압펌프"란 배관 내 압력손실에 따른 주펌프의 빈번한 기동을 방지하기 위하여 충압역할을 하는 펌프를 말한다.

1.7.1.4 "연성계"란 대기압 이상의 압력과 대기압 이하의 압력을 측정할 수 있는 계측기를 말한다.

1.7.1.5 "진공계"란 대기압 이하의 압력을 측정하는 계측기를 말한다.

1.7.1.6 "정격토출량"이란 펌프의 정격부하운전 시 토출량으로서 정격토출압력에서의 토출량을 말한다.

1.7.1.7 "정격토출압력"이란 펌프의 정격부하운전 시 토출압력으로서 정격토출량에서의 토출측 압력을 말한다.

1.7.1.8 "전역방출방식"이란 소화약제 공급장치에 배관 및 분사헤드 등을 고정 설치하여 밀폐 방호구역 내에 소화약제를 방출하는 방식을 말한다.

1.7.1.9 "국소방출방식"이란 소화약제 공급장치에 배관 및 분사헤드를 등을 설치하여 직접 화점에 소화약제를 방출하는 방식을 말한다.

1.7.1.10 "팽창비"란 최종 발생한 포 체적을 원래 포 수용액 체적으로 나눈 값을 말한다.

1.7.1.11 "개폐표시형밸브"란 밸브의 개폐여부를 외부에서 식별이 가능한 밸브를 말한다.

1.7.1.12 "기동용수압개폐장치"란 소화설비의 배관내 압력변동을 검지하여 자동적으로 펌프를 기동 및 정지시키는 것으로서 압력챔버 또는 기동용압력스위치 등을 말한다.

1.7.1.13 "포워터스프링클러설비"란 포워터스프링클러헤드를 사용하는 포소화설비를 말한다.

1.7.1.14 "포헤드설비"란 포헤드를 사용하는 포소화설비를 말한다.

1.7.1.15 "고정포방출설비"란 고정포방출구를 사용하는 설비를 말한다.

1.7.1.16 "호스릴포소화설비"란 호스릴포방수구 · 호스릴 및 이동식 포노즐을 사용하는 설비를 말한다.

1.7.1.17 "포소화전설비"란 포소화전방수구 · 호스 및 이동식포노즐을 사용하는 설비를 말한다.

1.7.1.18 "**송액관**"이란 수원으로부터 포헤드 · 고정포방출구 또는 이동식포노즐 등에 급수하는 배관을 말한다.

1.7.1.19 "급수배관"이란 수원 및 옥외송수구로부터 포소화설비의 헤드 또는 방출구에 급수하는 배관을 말한다.

1.7.1.20 "분기배관"이란 배관 측면에 구멍을 뚫어 둘 이상의 관로가 생기도록 가공한 배관으로서 다음의 분기배관을 말한다.

    (1) "확관형 분기배관"이란 배관의 측면에 조그만 구멍을 뚫고 소성가공으로 확관시켜 배관 용접이음자리를 만들거나 배관 용접이음자리에 배관이음쇠를 용접이음한 배관을 말한다.

    (2) "비확관형 분기배관"이란 배관의 측면에 분기호칭내경 이상의 구멍을 뚫고 배관이음쇠를 용접 이음한 배관을 말한다.

1.7.1.21 "펌프 프로포셔너방식"이란 펌프의 토출관과 흡입관 사이의 배관도중에 설치한 흡입기에 펌프에서 토출된 물의 일부를 보내고, 농도 조정밸브에서 조정된 포 소화약제의 필요량을 포 소화약제 저장탱크에서 펌프 흡입측으로 보내어 이를 혼합하는 방식을 말한다.

1.7.1.22 "프레셔 프로포셔너방식"이란 펌프와 발포기의 중간에 설치된 벤추리관의 벤추리작용과 펌프 가압수의 포 소화약제 저장탱크에 대한 압력에 따라 포 소화약제를 흡입 · 혼합하는 방식을 말한다.

1.7.1.23 "라인 프로포셔너방식"이란 펌프와 발포기의 중간에 설치된 벤추리관의 벤추리작용에 따라 포 소화약제를 흡입 · 혼합하는 방식을 말한다.

1.7.1.24 "프레셔사이드 프로포셔너방식"이란 펌프의 토출관에 압입기를 설치하여 포 소화약제 압입용펌프로 포 소화약제를 압입시켜 혼합하는 방식을 말한다.

1.7.1.25 "가압수조"란 가압원인 압축공기 또는 불연성 기체의 압력으로 소화용수를 가압하여 그 압력으로 급수하는 수조를 말한다.

1.7.1.26 "압축공기포소화설비"란 압축공기 또는 압축질소를 일정 비율로 포수용액에 강제 주입 혼합하는 방식을 말한다.

[그림] 압축공기포소화설비

1.7.1.27 "주펌프"란 구동장치의 회전 또는 왕복운동으로 소화용수를 가압하여 그 압력으로 급수하는 주된 펌프를 말한다.

1.7.1.28 "호스릴"이란 원형의 형태를 유지하고 있는 소방호스를 수납장치에 감아 정리한 것을 말한다.

[그림] 압축공기포 호스릴방식

1.7.1.29 "압축공기포 믹싱챔버방식"이란 물, 포 소화약제 및 공기를 믹싱챔버로 강제주입시켜 챔버 내에서 포수용액을 생성한 후 포를 방사하는 방식을 말한다.

2. 기술기준

2.1 종류 및 적응성

2.1.1 특정소방대상물에 따라 적응하는 포소화설비는 다음의 기준과 같다.

2.1.1.1 「화재의 예방 및 안전관리에 관한 법률 시행령」 별표 2의 특수가연물을 저장·취급하는 공장 또는 창고: 포워터스프링클러설비·포헤드설비 또는 고정포방출설비, 압축공기포소화설비

2.1.1.2 차고 또는 주차장: 포워터스프링클러설비·포헤드설비 또는 고정포방출설비, 압축공기포소화설비. 다만, 다음의 어느 하나에 해당하는 차고·주차장의 부분에는 호스릴포소화설비 또는 포소화전설비를 설치할 수 있다.

　2.1.1.2.1　완전 개방된 옥상주차장 또는 고가 밑의 주차장으로서 주된 벽이 없고 기둥뿐이거나 주위가 위해방지용 철주 등으로 둘러쌓인 부분

　2.1.1.2.2　지상 1층으로서 지붕이 없는 부분

2.1.1.3 항공기격납고: 포워터스프링클러설비·포헤드설비 또는 고정포방출설비, 압축공기포소화설비. 다만, 바닥면적의 합계가 1,000 ㎡ 이상이고 항공기의 격납위치가 한정되어 있는 경우에는 그 한정된 장소 외의 부분에 대하여는 호스릴포소화설비를 설치할 수 있다.

2.1.1.4 발전기실, 엔진펌프실, 변압기, 전기케이블실, 유압설비: 바닥면적의 합계가 300 ㎡ 미만의 장소에는 고정식 압축공기포소화설비를 설치 할 수 있다.

2.2 수원

2.2.1 포소화설비의 수원은 그 저수량이 특정소방대상물에 따라 다음의 기준에 적합하도록 해야 한다.

2.2.1.1 「화재의 예방 및 안전관리에 관한 법률 시행령」 별표 2의 특수가연물을 저장·취급하는 공장 또는 창고: 포워터스프링클러설비 또는 포헤드설비의 경우에는 포워터스프링클러헤드 또는 포헤드(이하 "포헤드"라 한다)가 가장 많이 설치된 층의 포헤드(바닥면적이 200 ㎡를 초과한 층은 바닥면적 200 ㎡ 이내에 설치된 포헤드를 말한다)에서 동시에 표준방사량으로 10분간 방사할 수 있는 양 이상으로, 고정포방출설비의 경우에는 고정포방출구가 가장 많이 설치된 방호구역 안의 고정포방출구에서 표준방사량으로 10분간 방사할 수 있는 양 이상으로 한다. 이 경우 하나의 공장 또는 창고에 포워터스프링클러설비·포헤드설비 또는 고정포방출설비가 함께 설치된 때에는 각 설비별로 산출된 저수량 중 최대의 것을 그 특정소방대상물에 설치해야 할 수원의 양으로 한다.

2.2.1.2 **차고 또는 주차장**: 호스릴포소화설비 또는 포소화전설비의 경우에는 방수구가 가장 많은 층의 설치개수(호스릴포방수구 또는 포소화전방수구가 5개 이상 설치된 경우에는 5개)에 6 ㎥를 곱한 양 이상으로, 포워터스프링클러설비·포헤드설

비 또는 고정포방출설비의 경우에는 2.2.1.1의 기준을 준용한다. 이 경우 하나의 차고 또는 주차장에 호스릴포소화설비 · 포소화전설비 · 포워터스프링클러설비 · 포헤드설비 또는 고정포방출설비가 함께 설치된 때에는 각 설비별로 산출된 저수량 중 최대의 것을 그 차고 또는 주차장에 설치해야 할 수원의 양으로 한다.

2.2.1.3 **항공기격납고**: 포워터스프링클러설비 · 포헤드설비 또는 고정포방출설비의 경우에는 포헤드 또는 고정포방출구가 가장 많이 설치된 항공기격납고의 포헤드 또는 고정포방출구에서 동시에 표준방사량으로 10분간 방사할 수 있는 양 이상으로 하되, 호스릴포소화설비를 함께 설치한 경우에는 호스릴포방수구가 가장 많이 설치된 격납고의 호스릴방수구수(호스릴포방수구가 5개 이상 설치된 경우에는 5개)에 6 ㎥를 곱한 양을 합한 양 이상으로 해야 한다.

2.2.1.4 **압축공기포소화설비**를 설치하는 경우 방수량은 설계 사양에 따라 방호구역에 최소 10분간 방사할 수 있어야 한다.

2.2.1.5 압축공기포소화설비의 설계방출밀도($L/min \cdot m^2$)는 설계사양에 따라 정해야 하며 일반가연물, 탄화수소류는 $1.63\ L/min \cdot m^2$ 이상, 특수가연물, 알코올류와 케톤류는 $2.3\ L/min \cdot m^2$ 이상으로 해야 한다.

2.2.2 포소화설비의 수원을 수조로 설치하는 경우에는 소화설비의 전용수조로 해야 한다. 다만, 다음의 어느 하나에 해당하는 경우에는 그렇지 않다.

2.2.2.1 포소화설비용 펌프의 풋밸브 또는 흡수배관의 흡수구(수직회전축펌프의 흡수구를 포함한다. 이하 같다)를 다른 설비(소화용 설비 외의 것을 말한다. 이하 같다)의 풋밸브 또는 흡수구보다 낮은 위치에 설치한 때

2.2.2.2 2.3.2에 따른 고가수조로부터 포소화설비의 수직배관에 물을 공급하는 급수구를 다른 설비의 급수구보다 낮은 위치에 설치한 때

2.2.3 2.2.1에 따른 저수량을 산정함에 있어서 다른 설비와 겸용하여 포소화설비용 수조를 설치하는 경우에는 포소화설비의 풋밸브 · 흡수구 또는 수직배관의 급수구와 다른 설비의 풋밸브 · 흡수구 또는 수직배관의 급수구와의 사이의 수량을 그 유효수량으로 한다.

2.2.4 포소화설비용 수조는 다음의 기준에 따라 설치해야 한다.

2.2.4.1 점검에 편리한 곳에 설치할 것

2.2.4.2 동결방지조치를 하거나 동결의 우려가 없는 장소에 설치할 것

2.2.4.3 수조의 외측에 수위계를 설치할 것. 다만, 구조상 불가피한 경우에는 수조의 맨홀 등을 통하여 수조 안의 물의 양을 쉽게 확인할 수 있도록 해야 한다.

2.2.4.4 수조의 상단이 바닥보다 높은 때에는 수조의 외측에 고정식 사다리를 설치할 것

2.2.4.5 수조가 실내에 설치된 때에는 그 실내에 조명설비를 설치할 것

2.2.4.6 수조의 밑 부분에는 청소용 배수밸브 또는 배수관을 설치할 것

2.2.4.7 수조 외측의 보기 쉬운 곳에 "포소화설비용 수조"라고 표시한 표지를 할 것. 이 경우 그 수조를 다른 설비와 겸용하는 때에는 그 겸용되는 설비의 이름을 표시한 표지를 함께 해야 한다.

2.2.4.8 소화설비용 펌프의 흡수배관 또는 소화설비의 수직배관과 수조의 접속부분에는 "포소화설비용 배관"이라고 표시한 표지를 할 것. 다만, 수조와 가까운 장소에 소화설비용 펌프가 설치되고 해당 펌프에 2.3.1.14에 따른 표지를 설치한 때에는 그렇지 않다.

2.3 가압송수장치

2.3.1 **전동기 또는 내연기관에 따른 펌프를 이용하는 가압송수장치는 다음의 기준에 따라 설치해야 한다. 다만, 가압송수장치의 주펌프는 전동기에 따른 펌프로 설치해야 한다.**

2.3.1.1 쉽게 접근할 수 있고 점검하기에 충분한 공간이 있는 장소로서 화재 및 침수 등의 재해로 인한 피해를 받을 우려가 없는 곳에 설치할 것

2.3.1.2 동결방지조치를 하거나 동결의 우려가 없는 장소에 설치할 것. 다만, 포소화설비의 가압송수장치에 보온재를 사용할 경우에는 난연재료 성능 이상의 것으로 해야 한다.

2.3.1.3 소화약제가 변질될 우려가 없는 곳에 설치할 것

2.3.1.4 펌프의 토출량은 포헤드·고정포방출구 또는 이동식 포노즐의 설계압력 또는 노즐의 방사압력의 허용범위 안에서 포수용액을 방출 또는 방사할 수 있는 양 이상이 되도록 할 것

2.3.1.5 펌프는 전용으로 할 것. 다만, 다른 소화설비와 겸용하는 경우 각각의 소화설비의 성능에 지장이 없을 때에는 그렇지 않다.

2.3.1.6 **펌프의 양정**은 다음의 식 (2.3.1.6)에 따라 산출한 수치 이상이 되도록 할 것

$$H = h_1 + h_2 + h_3 + h_4 \cdots (2.3.1.6)$$

여기에서, H : 펌프의 양정(m)

h_1 : 방출구의 설계압력 환산수두 또는 노즐 선단의 방사압력 환산수두(m)

h_2 : 배관의 마찰손실수두(m)

h_3 : 낙차(m)

h_4 : 소방용 호스의 마찰손실수두(m)

2.3.1.7 펌프의 토출 측에는 압력계를 체크밸브 이전에 펌프 토출 측 플랜지에서 가까운 곳에 설치하고, 흡입 측에는 연성계 또는 진공계를 설치할 것. 다만, 수원의 수위가 펌프의 위치보다 높거나 수직회전축펌프의 경우에는 연성계 또는 진공계를 설치하지 않을 수 있다.

2.3.1.8 펌프의 성능은 체절운전 시 정격토출압력의 140 %를 초과하지 않고, 정격토출량의 150 %로 운전 시 정격토출압력의 65 % 이상이 되어야 하며, 펌프의 성능을 시험할 수 있는 성능시험배관을 설치할 것. 다만, 충압펌프의 경우에는 그렇지 않다.

2.3.1.9 가압송수장치에는 체절운전 시 수온의 상승을 방지하기 위한 순환배관을 설치할 것. 다만, 충압펌프의 경우에는 그렇지 않다.

2.3.1.10 기동장치로는 기동용수압개폐장치 또는 이와 동등 이상의 성능이 있는 것을 설치하고, 기동용수압개폐장치 중 압력챔버를 사용할 경우 그 용적은 100 L 이상의 것으로 할 것

2.3.1.11 수원의 수위가 펌프보다 낮은 위치에 있는 가압송수장치에는 다음의 기준에 따른 물올림장치를 설치할 것

　2.3.1.11.1 물올림장치에는 전용의 수조를 설치할 것

　2.3.1.11.2 수조의 유효수량은 100 L 이상으로 하되, 구경 15 mm 이상의 급수배관에 따라 해당 수조에 물이 계속 보급되도록 할 것

2.3.1.12 기동용수압개폐장치를 기동장치로 사용할 경우에는 다음의 기준에 따른 충압펌프를 설치할 것. 다만, 호스릴포소화설비 또는 포소화전설비를 설치한 경우 소화용 급수펌프로 상시 충압이 가능하고 1개의 호스릴포방수구 또는 포소화전방수구를 개방할 때에 급수펌프가 정지되는 시간 없이 지속적으로 작동될 수 있고 다음 2.3.1.12.1의 성능을 갖춘 경우에는 충압펌프를 별도로 설치하지 않을 수 있다.

　2.3.1.12.1 **펌프의 토출압력은 그 설비의 최고위 일제개방밸브·포소화전 또는 호스릴포 방수구의 자연압보다 적어도 0.2 ㎫이 더 크도록 하거나 가압송수장치의 정격 토출압력과 같게 할 것**

　2.3.1.12.2 **펌프의 정격토출량은 정상적인 누설량보다 적어서는 안 되며, 포소화설비가 자동적으로 작동할 수 있도록 충분한 토출량을 유지할 것**

2.3.1.13 내연기관을 사용하는 경우에는 제어반에 따라 내연기관의 자동기동 및 수동기동이 가능하고, 상시 충전되어 있는 축전지설비를 갖출 것

2.3.1.14 가압송수장치에는 "포소화설비펌프"라고 표시한 표지를 할 것. 이 경우 그 가압송수장치를 다른 설비와 겸용하는 때에는 그 겸용되는 설비의 이름을 표시한 표지를 함께 해야 한다.

2.3.1.15 가압송수장치가 기동이 된 경우에는 자동으로 정지되지 않도록 할 것. 다만, 충압펌프의 경우에는 그렇지 않다.

2.3.1.16 압축공기포소화설비에 설치되는 펌프의 양정은 0.4 MPa 이상이 되어야 한다. 다만, 자동으로 급수장치를 설치한 때에는 전용펌프를 설치하지 않을 수 있다.

2.3.1.17 가압송수장치는 부식 등으로 인한 펌프의 고착을 방지할 수 있도록 다음의 기준에 적합한 것으로 할 것. 다만, 충압펌프는 제외한다.

　2.3.1.17.1 임펠러는 청동 또는 스테인리스 등 부식에 강한 재질을 사용할 것

　2.3.1.17.2 펌프축은 스테인리스 등 부식에 강한 재질을 사용할 것

2.3.2 **고가수조의 자연낙차**를 이용한 가압송수장치는 다음의 기준에 따라 설치해야 한다.

> 2.3.2.1 고가수조의 자연낙차수두(수조의 하단으로부터 최고층에 설치된 포헤드까지의 수직거리를 말한다)는 다음의 식 (2.3.2.1)에 따라 산출한 수치 이상 유지되도록 할 것
>
> $$H = h_1 + h_2 + h_3 \qquad \cdots (2.3.2.1)$$
>
> 여기에서, H : 필요한 낙차(m)
>
> 　　　　　h_1 : 방출구의 설계압력 환산수두 또는 노즐 선단의 방사압력 환산수두(m)
>
> 　　　　　h_2 : 배관의 마찰손실수두(m)
>
> 　　　　　h_3 : 호스의 마찰손실수두(m)
>
> 2.3.2.2 고가수조에는 수위계 · 배수관 · 급수관 · 오버플로우관 및 맨홀을 설치할 것

2.3.3 **압력수조를 이용한 가압송수장치**는 다음의 기준에 따라 설치해야 한다.

> 2.3.3.1 압력수조의 압력은 다음의 식 (2.3.3.1)에 따라 산출한 수치 이상 유지되도록 할 것
>
> $$P = p_1 + p_2 + p_3 + p_4 \qquad \cdots (2.3.3.1)$$
>
> 여기에서, P : 필요한 압력(MPa)
>
> 　　　　　p_1 : 방출구의 설계압력 환산수두 또는 노즐 선단의 방사압력(MPa)
>
> 　　　　　p_2 : 배관의 마찰손실수두압(MPa)
>
> 　　　　　p_3 : 낙차의 환산수두압(MPa)
>
> 　　　　　p_4 : 호스의 마찰손실수두압(MPa)
>
> 2.3.3.2 압력수조에는 수위계 · 급수관 · 배수관 · 급기관 · 맨홀 · 압력계 · 안전장치 및 압력저하 방지를 위한 자동식 공기압축기를 설치할 것

2.3.4 가압송수장치에는 포헤드 · 고정방출구 또는 이동식 포노즐의 방사압력이 설계압력 또는 방사압력의 허용범위를 넘지 않도록 감압장치를 설치해야 한다.

2.3.5 가압송수장치는 다음 표 2.3.5에 따른 표준방사량을 방사할 수 있도록 해야 한다.

표 2.3.5 가압송수장치의 표준방사량

구분	표준방사량
포워터스프링클러헤드	75 L/min 이상
포헤드 · 고정포방출구 또는 이동식포노즐 · 압축공기포헤드	각 포헤드 · 고정포방출구 또는 이동식포노즐의 설계압력에 따라 방출되는 소화약제의 양

2.3.6 가압수조를 이용한 가압송수장치는 다음의 기준에 따라 설치해야 한다.

2.3.6.1 가압수조의 압력은 2.3.5에 따른 방사량 및 방사압이 20분 이상 유지되도록 할 것

2.3.6.2 가압수조 및 가압원은 「건축법 시행령」 제46조에 따른 방화구획 된 장소에 설치할 것

2.3.6.3 가압수조를 이용한 가압송수장치는 소방청장이 정하여 고시한 「가압수조식가압송수장치의 성능인증 및 제품검사의 기술기준」에 적합한 것으로 설치할 것

2.4 배관 등

2.4.1 배관과 배관이음쇠는 다음의 어느 하나에 해당하는 것 또는 동등 이상의 강도 · 내식성 및 내열성 등을 국내 · 외 공인기관으로부터 인정받은 것을 사용해야 하고, 배관용 스테인리스 강관(KS D 3576)의 이음을 용접으로 할 경우에는 텅스텐 불활성 가스 아크 용접(Tungsten Inertgas Arc Welding)방식에 따른다. 다만, 2.4에서 정하지 않은 사항은 「건설기술 진흥법」 제44조제1항의 규정에 따른 "건설기준"에 따른다.

2.4.1.1 배관 내 사용압력이 1.2 ㎫ 미만일 경우에는 다음의 어느 하나에 해당하는 것

(1) 배관용 탄소 강관(KS D 3507)

(2) 이음매 없는 구리 및 구리합금관(KS D 5301). 다만, 습식의 배관에 한한다.

(3) 배관용 스테인리스 강관(KS D 3576) 또는 일반배관용 스테인리스 강관(KS D 3595)

(4) 덕타일 주철관(KS D 4311)

2.4.1.2 배관 내 사용압력이 1.2 ㎫ 이상일 경우에는 다음의 어느 하나에 해당하는 것

(1) 압력 배관용 탄소 강관(KS D 3562)

(2) 배관용 아크용접 탄소강 강관(KS D 3583)

2.4.2 2.3.1에도 불구하고 다음의 어느 하나에 해당하는 장소에는 소방청장이 정하여 고시한 「소방용합성수지배관의 성능인증 및 제품검사의 기술기준」에 적합한 **소방용 합성수지배관**으로 설치할 수 있다.

2.4.2.1 배관을 지하에 매설하는 경우

2.4.2.2 다른 부분과 내화구조로 구획된 덕트 또는 피트의 내부에 설치하는 경우

2.4.2.3 천장(상층이 있는 경우에는 상층바닥의 하단을 포함한다. 이하 같다)과 반자를 불연재료 또는 준불연 재료로 설치하고 소화배관 내부에 항상 소화수가 채워진 상태로 설치하는 경우

2.4.3 송액관은 포의 방출 종료 후 배관 안의 액을 배출하기 위하여 적당한 기울기를 유지하도록 하고 그 낮은 부분에 배액밸브를 설치해야 한다.

2.4.4 포워터스프링클러설비 또는 포헤드설비의 가지배관의 배열은 토너먼트방식이 아니어야 하며, 교차배관에서 분기하는 지점을 기점으로 한쪽 가지배관에 설치하는 헤드의 수는 8개 이하로 한다.

2.4.5 송액관은 전용으로 해야 한다. 다만, 포소화전의 기동장치의 조작과 동시에 다른 설비의 용도에 사용하는 배관의 송수를 차단할 수 있거나, 포소화설비의 성능에 지장이 없는 경우에는 다른 설비와 겸용할 수 있다.

2.4.6 펌프의 흡입 측 배관은 다음의 기준에 따라 설치해야 한다.
　2.4.6.1 공기 고임이 생기지 않는 구조로 하고 여과장치를 설치할 것
　2.4.6.2 수조가 펌프보다 낮게 설치된 경우에는 각 펌프(충압펌프를 포함한다)마다 수조로부터 별도로 설치할 것

2.4.7 연결송수관설비의 배관과 겸용할 경우의 주배관은 구경 100 mm 이상, 방수구로 연결되는 배관의 구경은 65 mm 이상의 것으로 해야 한다.

2.4.8 펌프의 성능시험배관은 다음의 기준에 적합하도록 설치해야 한다.

　2.4.8.1 성능시험배관은 펌프의 토출 측에 설치된 개폐밸브 이전에서 분기하여 직선으로 설치하고, 유량측정장치를 기준으로 전단 직관부에는 개폐밸브를 후단 직관부에는 유량조절밸브를 설치할 것. 이 경우 개폐밸브와 유량측정장치 사이의 직관부 거리 및 유량측정장치와 유량조절밸브 사이의 직관부 거리는 해당 유량측정장치 제조사의 설치사양에 따르고, 성능시험배관의 호칭지름은 유량측정장치의 호칭지름에 따른다.
　2.4.8.2 유량측정장치는 펌프의 정격토출량의 175 % 이상 측정할 수 있는 성능이 있을 것

2.4.9 가압송수장치의 체절운전 시 수온의 상승을 방지하기 위하여 체크밸브와 펌프 사이에서 분기한 구경 20 mm 이상의 배관에 체절압력 미만에서 개방되는 릴리프밸브를 설치할 것

2.4.10 배관은 동결방지조치를 하거나 동결의 우려가 없는 장소에 설치해야 한다. 다만, 보온재를 사용할 경우에는 난연재료 성능 이상의 것으로 해야 한다.

2.4.11 급수배관에 설치되어 급수를 차단할 수 있는 개폐밸브(포헤드·고정포방출구 또는 이동식 포노즐은 제외한다)는 개폐표시형으로 해야 한다. 이 경우 펌프의 흡입측배관에는 버터플라이밸브 외의 개폐표시형밸브를 설치해야 한다.

2.4.12 2.4.11에 따른 개폐밸브에는 그 밸브의 개폐상태를 감시제어반에서 확인할 수 있도록 급수개폐밸브 작동표시 스위치를 다음의 기준에 따라 설치해야 한다.

    2.4.12.1 급수개폐밸브가 잠길 경우 탬퍼스위치의 동작으로 인하여 감시제어반 또는 수신기에 표시되어야 하며 경보음을 발할 것

    2.4.12.2 탬퍼스위치는 감시제어반 또는 수신기에서 동작의 유무 확인과 동작시험, 도통시험을 할 수 있을 것

    2.4.12.3 급수개폐밸브의 작동표시 스위치에 사용되는 전기배선은 내화전선 또는 내열전선으로 설치할 것

2.4.13 배관은 다른 설비의 배관과 쉽게 구분이 될 수 있는 위치에 설치하거나, 그 배관표면 또는 배관 보온재표면의 색상은 「한국산업표준(배관계의 식별 표시, KS A 0503)」 또는 적색으로 식별이 가능하도록 소방용설비의 배관임을 표시해야 한다.

2.4.14 포소화설비에는 소방차로부터 그 설비에 송수할 수 있는 송수구를 다음의 기준에 따라 설치해야 한다.

    2.4.14.1 송수구는 화재 층으로부터 지면으로 떨어지는 유리창 등이 송수 및 그 밖의 소화 작업에 지장을 주지 않는 장소에 설치할 것

    2.4.14.2 송수구로부터 포소화설비의 주배관에 이르는 연결배관에 개폐밸브를 설치한 때에는 그 개폐상태를 쉽게 확인 및 조작할 수 있는 옥외 또는 기계실 등의 장소에 설치할 것

    2.4.14.3 송수구는 구경 65 mm의 쌍구형으로 할 것

    2.4.14.4 송수구에는 그 가까운 곳의 보기 쉬운 곳에 송수압력범위를 표시한 표지를 할 것

    2.4.14.5 송수구는 하나의 층의 바닥면적이 3,000 m²를 넘을 때마다 1개 이상(5개를 넘을 경우에는 5개로 한다)을 설치할 것

    2.4.14.6 지면으로부터 높이가 0.5 m 이상 1 m 이하의 위치에 설치할 것

    2.4.14.7 송수구의 부근에는 자동배수밸브(또는 직경 5 mm의 배수공) 및 체크밸브를 설치할 것. 이 경우 자동배수밸브는 배관 안의 물이 잘 빠질 수 있는 위치에 설치하되, 배수로 인하여 다른 물건이나 장소에 피해를 주지 않아야 한다.

    2.4.14.8 송수구에는 이물질을 막기 위한 마개를 씌울 것

2.4.14.9 압축공기포소화설비를 스프링클러 보조설비로 설치하거나 압축공기포 소화설비에 자동으로 급수되는 장치를 설치한 때에는 송수구 설치를 설치하지 않을 수 있다.

2.4.15 **압축공기포소화설비의 배관은 토너먼트방식**으로 해야 하고 소화약제가 균일하게 방출되는 등거리 배관구조로 설치해야 한다.

2.4.16 확관형 분기배관을 사용할 경우에는 소방청장이 정하여 고시한 「분기배관의 성능인증 및 제품검사의 기술기준」에 적합한 것으로 설치해야 한다.

2.5 저장탱크 등

2.5.1 **포 소화약제의 저장탱크**(용기를 포함한다. 이하 같다)는 다음의 기준에 따라 설치하고, 2.6에 따른 혼합장치와 배관 등으로 연결해야 한다.

[그림] 포 저장탱크

2.5.1.1 화재 등의 재해로 인한 피해를 받을 우려가 없는 장소에 설치할 것

2.5.1.2 기온의 변동으로 포의 발생에 장애를 주지 않는 장소에 설치할 것. 다만, 기온의 변동에 영향을 받지 않는 포 소화약제의 경우에는 그렇지 않다.

2.5.1.3 포 소화약제가 변질될 우려가 없고 점검에 편리한 장소에 설치할 것

2.5.1.4 가압송수장치 또는 포 소화약제 혼합장치의 기동에 따라 압력이 가해지는 것 또는 상시 가압된 상태로 사용되는 것은 압력계를 설치할 것

2.5.1.5 포 소화약제 저장량의 확인이 쉽도록 액면계 또는 계량봉 등을 설치할 것

2.5.1.6 가압식이 아닌 저장탱크는 글라스게이지를 설치하여 액량을 측정할 수 있는 구조로 할 것

2.5.2 **포 소화약제의 저장량**은 다음의 기준에 따른다.

2.5.2.1 고정포방출구 방식은 다음의 양을 합한 양 이상으로 할 것

2.5.2.1.1 고정포방출구에서 방출하기 위하여 필요한 양

$$Q = A \times Q_1 \times T \times S \qquad \cdots (2.5.2.1.1)$$

여기에서, Q : 포 소화약제의 양(L)

A : 저장탱크의 액표면적(m^2)

Q_1 : 단위 포소화수용액의 양 ($L/m^2 \cdot min$)

T : 방출시간(min)

S : 포 소화약제의 사용농도(%)

2.5.2.1.2 보조 소화전에서 방출하기 위하여 필요한 양

$$Q = N \times S \times 8,000\ L \qquad \cdots (2.5.2.1.2)$$

여기에서, Q : 포 소화약제의 양(L)

N : 호스 접결구 개수(3개 이상인 경우는 3개)

S : 포 소화약제의 사용농도(%)

2.5.2.1.3 가장 먼 탱크까지의 송액관(내경 75 mm 이하의 송액관을 제외한다)에 충전하기 위하여 필요한 양

$$Q = V \times S \times 1,000\ L/m^3 \qquad \cdots (2.5.2.1.3)$$

여기에서, Q : 포 소화약제의 양(L)

V : 송액관 내부의 체적(m^3)

S : 포 소화약제의 사용농도(%)

2.5.2.2 옥내포소화전방식 또는 호스릴방식에 있어서는 다음의 식에 따라 산출한 양 이상으로 할 것. 다만, 바닥면적이 200 m^2 미만인 건축물에 있어서는 75 %로 할 수 있다.

$$Q = N \times S \times 6,000\ L \qquad \cdots (2.5.2.2)$$

여기에서, Q : 포 소화약제의 양(L)

N : 호스 접결구 개수(5개 이상인 경우는 5개)

S : 포 소화약제의 사용농도(%)

2.5.2.3 포헤드방식 및 압축공기포소화설비에 있어서는 하나의 방사구역 안에 설치된 포헤드를 동시에 개방하여 표준방사량으로 10분간 방사할 수 있는 양 이상으로 할 것

2.6 혼합장치

2.6.1 포 소화약제의 혼합장치는 포 소화약제의 사용농도에 적합한 수용액으로 혼합할 수 있도록 다음 어느 하나에 해당하는 방식에 따르되, 법 제40조에 따라 제품검사에 합격한 것으로 설치해야 한다.

(1) 펌프 프로포셔너방식
(2) 프레셔 프로포셔너방식
(3) 라인 프로포셔너방식
(4) 프레셔 사이드 프로포셔너방식
(5) 압축공기포 믹싱챔버방식

2.7 개방밸브

2.7.1 포소화설비의 개방밸브는 다음의 기준에 따라 설치해야 한다.

2.7.1.1 자동 개방밸브는 화재감지장치기의 작동에 따라 자동으로 개방되는 것으로 할 것
2.7.1.2 수동식 개방밸브는 화재 시 쉽게 접근할 수 있는 곳에 설치할 것

[그림] 유수검지장치, MOV

2.8 기동장치

2.8.1 포소화설비의 수동식 기동장치는 다음의 기준에 따라 설치해야 한다.

2.8.1.1 직접조작 또는 원격조작에 따라 가압송수장치 · 수동식개방밸브 및 소화약제 혼합장치를 기동할 수 있는 것으로 할 것
2.8.1.2 2 이상의 방사구역을 가진 포소화설비에는 방사구역을 선택할 수 있는 구조로 할 것

2.8.1.3 기동장치의 조작부는 화재 시 쉽게 접근할 수 있는 곳에 설치하되, 바닥으로부터 0.8 m 이상 1.5 m 이하의 위치에 설치하고, 유효한 보호장치를 설치할 것

2.8.1.4 기동장치의 조작부 및 호스 접결구에는 가까운 곳의 보기 쉬운 곳에 각각 "기동장치의 조작부" 및 "접결구"라고 표시한 표지를 설치할 것

2.8.1.5 차고 또는 주차장에 설치하는 포소화설비의 수동식 기동장치는 방사구역마다 1개 이상 설치할 것

2.8.1.6 항공기격납고에 설치하는 포소화설비의 수동식 기동장치는 각 방사구역마다 2개 이상을 설치하되, 그중 1개는 각 방사구역으로부터 가장 가까운 곳 또는 조작에 편리한 장소에 설치하고, 1개는 화재감지기의 수신기를 설치한 감시실 등에 설치할 것

2.8.2 포소화설비의 자동식 기동장치는 화재감지기의 작동 또는 폐쇄형스프링클러헤드의 개방과 연동하여 가압송수장치·일제개방밸브 및 포 소화약제 혼합장치를 기동시킬 수 있도록 다음의 기준에 따라 설치해야 한다. 다만, 자동화재탐지설비의 수신기가 설치되어 있고, 수신기가 설치된 장소에 상시 사람이 근무하고 있으며, 화재 시 즉시 해당 조작부를 작동시킬 수 있는 경우에는 그렇지 않다.

2.8.2.1 폐쇄형스프링클러헤드를 사용하는 경우에는 다음의 기준에 따를 것

2.8.2.1.1 표시온도가 79 ℃ 미만인 것을 사용하고, 1개의 스프링클러헤드의 경계면적은 20 m² 이하로 할 것

2.8.2.1.2 부착면의 높이는 바닥으로부터 5 m 이하로 하고, 화재를 유효하게 감지할 수 있도록 할 것

2.8.2.1.3 하나의 감지장치 경계구역은 하나의 층이 되도록 할 것

2.8.2.2 화재감지기를 사용하는 경우에는 다음의 기준에 따를 것

2.8.2.2.1 화재감지기는 「자동화재탐지설비 및 시각경보장치의 화재안전기술기준(NFTC 203)」 2.4(감지기)의 기준에 따라 설치할 것

2.8.2.2.2 화재감지기 회로에는 다음의 기준에 따른 발신기를 설치할 것

(1) 조작이 쉬운 장소에 설치하고, 스위치는 바닥으로부터 0.8 m 이상 1.5 m 이하의 높이에 설치할 것

(2) 특정소방대상물의 층마다 설치하되, 해당 특정소방대상물의 각 부분으로부터 수평거리가 25 m 이하가 되도록 할 것. 다만, 복도 또는 별도로 구획된 실로서 보행거리가 40 m 이상일 경우에는 추가로 설치해야 한다.

(3) 발신기의 위치를 표시하는 표시등은 함의 상부에 설치하되, 그 불빛은 부착 면으로부터 15° 이상의 범위 안에서 부착지점으로부터 10 m 이내의 어느 곳에서도 쉽게 식별할 수 있는 적색등으로 할 것

2.8.2.3 동결의 우려가 있는 장소의 포소화설비의 자동식 기동장치는 자동화재탐지설비와 연동되도록 할 것

2.8.3 **포소화설비의 기동장치에 설치하는 자동경보장치**는 다음의 기준에 따라 설치해야 한다. 다만, 자동화재탐지설비에 따라 경보를 발할 수 있는 경우에는 음향경보장치를 설치하지 않을 수 있다.

2.8.3.1 방사구역마다 일제개방밸브와 그 일제개방밸브의 작동여부를 발신하는 발신부를 설치할 것. 이 경우 각 일제개방밸브에 설치되는 발신부 대신 1개 층에 1개의 유수검지장치를 설치할 수 있다.

2.8.3.2 상시 사람이 근무하고 있는 장소에 수신기를 설치하되, 수신기에는 폐쇄형스프링클러헤드의 개방 또는 감지기의 작동여부를 알 수 있는 표시장치를 설치할 것

2.8.3.3 하나의 소방대상물에 2 이상의 수신기를 설치하는 경우에는 수신기가 설치된 장소 상호간에 동시 통화가 가능한 설비를 할 것

2.9 포헤드 및 고정포방출구

2.9.1 포헤드(포워터스프링클러헤드·포헤드를 말한다. 이하 같다) 및 고정포방출구는 포의 팽창비율에 따라 다음 표 2.9.1에 따른 것으로 해야 한다.

표 2.9.1 팽창비율에 따른 포 및 포방출구의 종류

팽창비율에 따른 포의 종류	포방출구의 종류
팽창비가 20 이하인 것(저발포)	포헤드, 압축공기포헤드
팽창비가 80 이상 1,000 미만인 것(고발포)	고발포용 고정포방출구

2.9.2 포헤드는 다음의 기준에 따라 설치해야 한다.

2.9.2.1 포워터스프링클러헤드는 특정소방대상물의 천장 또는 반자에 설치하되, 바닥면적 8 m²마다 1개 이상으로 하여 해당 방호대상물의 화재를 유효하게 소화할 수 있도록 할 것

2.9.2.2 포헤드는 특정소방대상물의 천장 또는 반자에 설치하되, 바닥면적 9 m²마다 1개 이상으로 하여 해당 방호대상물의 화재를 유효하게 소화할 수 있도록 할 것

2.9.2.3 포헤드는 특정소방대상물별로 그에 사용되는 포 소화약제에 따라 1분당 방사량이 다음 표 2.9.2.3 에 따른 양 이상이 되는 것으로 할 것

표 2.9.2.3 소방대상물 및 포소화약제의 종류에 따른 포헤드의 방사량(m^2/min)

소방대상물	포 소화약제의 종류	바닥면적 1m^2당 방사량
차고 · 주차장 및 항공기격납고	단백포 소화약제	6.5 L 이상
	합성계면활성제포 소화약제	8.0 L 이상
	수성막포 소화약제	3.7 L 이상
「화재의 예방 및 안전관리에 관한 법률 시행령」 별표 2의 특수가연물을 저장 · 취급하는 소방대상물	단백포 소화약제	6.5 L 이상
	합성계면활성제포 소화약제	6.5 L 이상
	수성막포 소화약제	6.5 L 이상

2.9.2.4 특정소방대상물의 보가 있는 부분의 포헤드는 다음 표 2.9.2.4의 기준에 따라 설치할 것

표 2.9.2.4 포헤드와 보의 하단 수직거리 및 수평거리

포헤드와 보의 하단의 수직거리	포헤드와 보의 수평거리
0 m	0.75 m 미만
0.1 m 미만	0.75 m 이상 1 m 미만
0.1 m 이상 0.15 m 미만	1 m 이상 1.5 m 미만
0.15 m 이상 0.3 m 미만	1.5 m 이상

2.9.2.5 포헤드 상호간에는 다음의 기준에 따른 거리를 두도록 할 것

2.9.2.5.1 정방형으로 배치한 경우에는 다음의 식 (2.9.2.5.1)에 따라 산정한 수치 이하가 되도록 할 것

$$S = 2 \times r \times \cos 45° \qquad \cdots (2.9.2.5.1)$$

여기에서, S : 포헤드 상호간의 거리(m)

　　　　　r : 유효반경(2.1m)

2.9.2.5.2 장방형으로 배치한 경우에는 그 대각선의 길이가 다음의 식 (2.9.2.5.2)에 따라 산정한 수치 이하가 되도록 할 것

$$pt = 2 \times r \qquad \cdots (2.9.2.5.2)$$

여기에서, pt : 대각선의 길이(m)

　　　　　r : 유효반경(2.1 m)

2.9.2.6 포헤드와 벽 방호구역의 경계선과는 2.9.2.5에 따른 거리의 2분의 1 이하의 거리를 둘 것

2.9.2.7 압축공기포소화설비의 분사헤드는 천장 또는 반자에 설치하되 방호대상물에 따라 측벽에 설치할 수 있으며 유류탱크 주위에는 바닥면적 13.9 m²마다 1개 이상, 특수가연물저장소에는 바닥면적 9.3 m²마다 1개 이상으로 당해 방호대상물의 화재를 유효하게 소화할 수 있도록 할 것

표 2.9.2.7 방호대상물별 압축공기포 분사헤드의 방출량(m²/min)

방호대상물	방호면적 1 m²에 대한 1분당 방출량
특수가연물	2.3 L
기타의 것	1.63 L

2.9.3 차고 · 주차장에 설치하는 호스릴포소화설비 또는 포소화전설비는 다음의 기준에 따라야 한다.

2.9.3.1 특정소방대상물의 어느 층에 있어서도 그 층에 설치된 호스릴포방수구 또는 포소화전방수구(호스릴포방수구 또는 포소화전방수구가 5개 이상 설치된 경우에는 5개)를 동시에 사용할 경우 각 이동식 포노즐 선단의 포수용액 방사압력이 0.35 ㎫ 이상이고 300 L/min 이상(1개 층의 바닥면적이 200 m² 이하인 경우에는 230 L/min 이상)의 포수용액을 수평거리 15 m 이상으로 방사할 수 있도록 할 것

2.9.3.2 저발포의 포소화약제를 사용할 수 있는 것으로 할 것

2.9.3.3 호스릴 또는 호스를 호스릴포방수구 또는 포소화전방수구로 분리하여 비치하는 때에는 그로부터 3 m 이내의 거리에 호스릴함 또는 호스함을 설치할 것

2.9.3.4 호스릴함 또는 호스함은 바닥으로부터 높이 1.5 m 이하의 위치에 설치하고 그 표면에는 "포호스릴함(또는 포소화전함)"이라고 표시한 표지와 적색의 위치표시등을 설치할 것

2.9.3.5 방호대상물의 각 부분으로부터 하나의 호스릴포방수구까지의 수평거리는 15 m 이하(포소화전방수구의 경우에는 25 m 이하)가 되도록 하고 호스릴 또는 호스의 길이는 방호대상물의 각 부분에 포가 유효하게 뿌려질 수 있도록 할 것

2.9.4 고발포용포방출구는 다음의 기준에 따라 설치해야 한다.

2.9.4.1 전역방출방식의 고발포용 고정포방출구는 다음의 기준에 따를 것

2.9.4.1.1 개구부에 자동폐쇄장치(「건축법 시행령」 제64조제1항에 따른 방화문 또는 불연재료로 된 문으로 포수용액이 방출되기 직전에 개구부가 자동적으로 폐쇄될 수 있는 장치를 말한다)를 설치할 것. 다만, 해당 방호구역에서 외부로 새는 양 이상의 포수용액을 유효하게 추가하여 방출하는 설비가 있는 경우에

는 그렇지 않다.

2.9.4.1.2 고정포방출구(포발생기가 분리되어 있는 것은 해당 포발생기를 포함한다)는 특정소방대상물 및 포의 팽창비에 따른 종별에 따라 해당 방호구역의 관포체적(해당 바닥 면으로부터 방호대상물의 높이보다 0.5 m 높은 위치까지의 체적을 말한다) 1 ㎥에 대하여 1분당 방출량이 다음 표 2.9.4.1.2에 따른 양 이상이 되도록 할 것

표 2.9.4.1.2 소방대상물 및 포의 팽창비에 따른 고정포방출구의 방출량(m^3/min)

소방대상물	포의 팽창비	1m^3에 대한 분당 포수용액 방출량
항공기격납고	팽창비 80 이상 250 미만의 것	2.00 L
	팽창비 250 이상 500 미만의 것	0.50 L
	팽창비 500 이상 1,000 미만의 것	0.29 L
차고 또는 주차장	팽창비 80 이상 250 미만의 것	1.11 L
	팽창비 250 이상 500미만의 것	0.28 L
	팽창비 500 이상 1,000 미만의 것	0.16 L
특수가연물을 저장 또는 취급하는 소방대상물	팽창비 80 이상 250 미만의 것	1.25 L
	팽창비 250 이상 500 미만의 것	0.31 L
	팽창비 500 이상 1,000 미만의 것	0.18 L

2.9.4.1.3 고정포방출구는 바닥면적 500 m^2마다 1개 이상으로 하여 방호대상물의 화재를 유효하게 소화할 수 있도록 할 것

2.9.4.1.4 고정포방출구는 방호대상물의 최고부분보다 높은 위치에 설치할 것. 다만, 밀어올리는 능력을 가진 것은 방호대상물과 같은 높이로 할 수 있다.

2.9.4.2 국소방출방식의 고발포용고정포방출구는 다음의 기준에 따를 것

2.9.4.2.1 방호대상물이 서로 인접하여 불이 쉽게 붙을 우려가 있는 경우에는 불이 옮겨붙을 우려가 있는 범위 내의 방호대상물을 하나의 방호대상물로 하여 설치할 것

2.9.4.2.2 고정포방출구(포발생기가 분리되어 있는 것에 있어서는 해당 포발생기를 포함한다)는 방호대상물의 구분에 따라 당해 방호대상물의 높이의 3배(1 m 미만의 경우에는 1 m)의 거리를 수평으로 연장한 선으로 둘러 쌓인 부분의 면적 1 m^2에 대하여 1분당 방출량이 다음 표 2.9.4.2.2에 따른 양 이상이 되도록 할 것

표 2.9.4.2.2 방호대상물별 고정포방출구의 방출량(m²/min)

방호대상물	방호면적 1 m²에 대한 1분당 방출량
특수가연물	3 L
기타의 것	2 L

2.10 전원

2.10.1 포소화설비에는 그 특정소방대상물의 수전방식에 따라 다음의 기준에 따른 상용전원회로의 배선을 설치해야 한다. 다만, 가압수조방식으로서 모든 기능이 20분 이상 유효하게 지속될 수 있는 경우에는 그렇지 않다.

2.10.1.1 저압수전인 경우에는 인입개폐기의 직후에서 분기하여 전용배선으로 해야 하며, 전용의 전선관에 보호되도록 할 것

2.10.1.2 특별고압수전 또는 고압수전일 경우에는 전력용 변압기 2차 측의 주차단기 1차 측에서 분기하여 전용배선으로 하되, 상용전원의 상시공급에 지장이 없을 경우에는 주차단기 2차 측에서 분기하여 전용배선으로 할 것. 다만, 가압송수장치의 정격입력전압이 수전전압과 같은 경우에는 2.10.1.1의 기준에 따른다.

2.10.2 포소화설비에는 자가발전설비, 축전지설비(내연기관에 따른 펌프를 설치한 경우에는 내연기관의 기동 및 제어용축전지를 말한다. 이하 같다) 또는 전기저장장치(외부 전기에너지를 저장해 두었다가 필요한 때 전기를 공급하는 장치. 이하 같다)에 따른 비상전원을 설치하되, 다음 각 기준의 어느 하나에 해당하는 경우에는 비상전원수전설비로 설치할 수 있다. 다만, 2 이상의 변전소(「전기사업법」 제67조에 따른 변전소를 말한다. 이하 같다)로부터 동시에 전력을 공급받을 수 있거나 하나의 변전소로부터 전력의 공급이 중단되는 때에는 자동으로 다른 변전소로부터 전력을 공급받을 수 있도록 상용전원을 설치한 경우와 가압수조방식에는 비상전원을 설치하지 않을 수 있다.

2.10.2.1 2.1.1.2단서에 따라 호스릴포소화설비 또는 포소화전만을 설치한 차고 · 주차장

2.10.2.2 포헤드설비 또는 고정포방출설비가 설치된 부분의 바닥면적(스프링클러설비가 설치된 차고 · 주차장의 바닥면적을 포함한다)의 합계가 1,000 m² 미만인 것

2.10.3 2.10.2에 따른 비상전원 중 **자가발전설비, 축전기설비 또는 전기저장장치**는 다음 각 기준에 따라 설치하고, 비상전원수전설비는 「소방시설용 비상전원수전설비의 화재안전기술기준(NFTC 602)」에 따라 설치해야 한다.

2.10.3.1 점검에 편리하고 화재 및 침수 등의 재해로 인한 피해를 받을 우려가 없는 곳에 설치할 것

2.10.3.2 포소화설비를 유효하게 20분 이상 작동할 수 있어야 할 것

2.10.3.3 상용전원으로부터 전력의 공급이 중단된 때에는 자동으로 비상전원으로부터 전력을 공급받을 수 있도록 할 것

2.10.3.4 비상전원(내연기관의 기동 및 제어용 축전기를 제외한다)의 설치장소는 다른 장소와 방화구획 할 것. 이 경우 그 장소에는 비상전원의 공급에 필요한 기구나 설비 외의 것(열병합발전설비에 필요한 기구나 설비는 제외한다)을 두어서는 안 된다.

2.10.3.5 비상전원을 실내에 설치하는 때에는 그 실내에 비상조명등을 설치할 것

2.11 제어반

2.11.1 포소화설비에는 제어반을 설치하되, 감시제어반과 동력제어반으로 구분하여 설치해야 한다. 다만, 다음의 어느 하나에 해당하는 경우에는 감시제어반과 동력제어반으로 구분하여 설치하지 않을 수 있다.

2.11.1.1 다음의 어느 하나에 해당하지 않는 특정소방대상물에 설치되는 경우

2.11.1.1.1 지하층을 제외한 층수가 7층 이상으로서 연면적이 2,000 m^2 이상인 것

2.11.1.1.2 2.11.1.1.1에 해당하지 않는 특정소방대상물로서 지하층의 바닥면적 합계가 3,000 m^2 이상인 것. 다만, 차고·주차장 또는 보일러실·기계실·전기실 등 이와 유사한 장소의 면적은 제외한다.

2.11.1.2 내연기관에 따른 가압송수장치를 사용하는 경우

2.11.1.3 고가수조에 따른 가압송수장치를 사용하는 경우

2.11.1.4 가압수조에 따른 가압송수장치를 사용하는 경우

2.11.2 감시제어반의 기능은 다음의 기준에 적합해야 한다. 다만, 2.11.1의 단서에 따른 각 기준의 어느 하나에 해당하는 경우에는 2.11.2.3와 2.11.2.6를 적용하지 않는다.

2.11.2.1 각 펌프의 작동여부를 확인할 수 있는 표시등 및 음향경보기능이 있어야 할 것

2.11.2.2 각 펌프를 자동 및 수동으로 작동시키거나 중단시킬 수 있어야 할 것

2.11.2.3 비상전원을 설치한 경우에는 상용전원 및 비상전원의 공급여부를 확인할 수 있어야 할 것

2.11.2.4 수조 또는 물올림수조가 저수위로 될 때 표시등 및 음향으로 경보할 것

2.11.2.5 다음의 각 확인회로마다 도통시험 및 작동시험을 할 수 있도록 할 것
(1) 기동용수압개폐장치의 압력스위치회로
(2) 수조 또는 물올림수조의 저수위감시회로
(3) 2.4.12에 따른 개폐밸브의 폐쇄상태 확인회로
(4) 그 밖의 이와 비슷한 회로

2.11.2.6 예비전원이 확보되고 예비전원의 적합여부를 시험할 수 있어야 할 것

2.11.3 감시제어반은 다음의 기준에 따라 설치해야 한다.

　2.11.3.1 화재 및 침수 등의 재해로 인한 피해를 받을 우려가 없는 곳에 설치할 것

　2.11.3.2 감시제어반은 포소화설비의 전용으로 할 것. 다만, 포소화설비의 제어에 지장이 없는 경우에는 다른 설비와 겸용할 수 있다.

　2.11.3.3 감시제어반은 다음의 기준에 따른 전용실 안에 설치할 것. 다만, 2.11.1의 단서에 따른 각 기준의 어느 하나에 해당하는 경우와 공장, 발전소 등에서 설비를 집중 제어 · 운전할 목적으로 설치하는 중앙제어실 내에 감시제어반을 설치하는 경우에는 그렇지 않다.

　　2.11.3.3.1 다른 부분과 방화구획을 할 것. 이 경우 전용실의 벽에는 기계실 또는 전기실 등의 감시를 위하여 두께 7 mm 이상의 망입유리(두께 16.3 mm 이상의 접합유리 또는 두께 28 mm 이상의 복층유리를 포함한다)로 된 4 m² 미만의 붙박이창을 설치할 수 있다.

　　2.11.3.3.2 피난층 또는 지하 1층에 설치할 것. 다만, 다음의 어느 하나에 해당하는 경우에는 지상 2층에 설치하거나 지하 1층 외의 지하층에 설치할 수 있다.

> (1) 「건축법 시행령」 제35조에 따라 특별피난계단이 설치되고 그 계단(부속실을 포함한다) 출입구로부터 보행거리 5 m 이내에 전용실의 출입구가 있는 경우
> (2) 아파트의 관리동(관리동이 없는 경우에는 경비실)에 설치하는 경우

　　2.11.3.3.3 비상조명등 및 급 · 배기설비를 설치할 것

　　2.11.3.3.4 「무선통신보조설비의 화재안전기술기준(NFTC 505)」 2.2.3에 따라 유효하게 통신이 가능할 것(영 별표 4의 제5호마목에 따른 무선통신보조설비가 설치된 특정소방대상물에 한한다)

　　2.11.3.3.5 바닥면적은 감시제어반의 설치에 필요한 면적 외에 화재 시 소방대원이 그 감시제어반의 조작에 필요한 최소면적 이상으로 할 것

　2.11.3.4 2.11.3.3에 따른 전용실에는 특정소방대상물의 기계 · 기구 또는 시설 등의 제어 및 감시설비 외의 것을 두지 않을 것

2.11.4 동력제어반은 다음의 기준에 따라 설치해야 한다.

　2.11.4.1 앞면은 적색으로 하고 "포소화설비용 동력제어반"이라고 표시한 표지를 설치할 것

　2.11.4.2 외함은 두께 1.5 mm 이상의 강판 또는 이와 동등 이상의 강도 및 내열성능이 있는 것으로 할 것

　2.11.4.3 그 밖의 동력제어반의 설치에 관하여는 2.11.3.1 및 2.11.3.2의 기준을 준용할 것

2.12 배선 등

2.12.1 포소화설비의 배선은 「전기사업법」 제67조에 따른 「전기설비기술기준」에서 정한 것 외에 다음의 기준에 따라 설치해야 한다.

    2.12.1.1 비상전원을 설치한 경우에는 비상전원으로부터 동력제어반 및 가압송수장치에 이르는 전원회로의 배선은 내화배선으로 할 것. 다만, 자가발전설비와 동력제어반이 동일한 실에 설치된 경우에는 자가발전기로부터 그 제어반에 이르는 전원회로의 배선은 그렇지 않다.

    2.12.1.2 상용전원으로부터 동력제어반에 이르는 배선, 그 밖의 화재조기진압용 스프링클러설비의 감시 · 조작 또는 표시등회로의 배선은 내화배선 또는 내열배선으로 할 것. 다만, 감시제어반 또는 동력제어반 안의 감시 · 조작 또는 표시등회로의 배선은 그렇지 않다.

2.12.2 2.12.1에 따른 내화배선 및 내열배선에 사용되는 전선의 종류 및 설치방법은 「옥내소화전설비의 화재안전기술기준(NFTC 102)」 2.7.2의 표 2.7.2(1) 및 표 2.7.2(2)의 기준에 따른다.

2.12.3 포소화설비의 과전류차단기 및 개폐기에는 "포소화설비용 과전류차단기 또는 개폐기"라고 표시한 표지를 해야 한다.

2.12.4 포소화설비용 전기배선의 양단 및 접속단자에는 다음의 기준에 따라 표지해야 한다.

    2.12.4.1 단자에는 "포소화설비단자"라고 표시한 표지를 부착할 것

    2.12.4.2 소화설비용 전기배선의 양단에는 다른 배선과 식별이 용이하도록 표시할 것

2.13 수원 및 가압송수장치의 펌프 등의 겸용

2.13.1 포소화설비의 수원을 옥내소화전설비 · 스프링클러설비 · 간이스프링클러설비 · 화재조기진압용 스프링클러설비 · 물분무소화설비 및 옥외소화전설비의 수원을 겸용하여 설치하는 경우의 저수량은 각 소화설비에 필요한 저수량을 합한 양 이상이 되도록 해야 한다. 다만, 이들 소화설비 중 고정식 소화설비(펌프 · 배관과 소화수 또는 소화약제를 최종 방출하는 방출구가 고정된 설비를 말한다. 이하 같다)가 둘 이상 설치되어 있고, 그 소화설비가 설치된 부분이 방화벽과 방화문으로 구획되어 있는 경우에는 각 고정식 소화설비에 필요한 저수량 중 최대의 것 이상으로 할 수 있다.

2.13.2 포소화설비의 가압송수장치로 사용하는 펌프를 옥내소화전설비 · 스프링클러설비 · 간이스프링클러설비 · 화재조기진압용 스프링클러설비 · 물분무소화설비 및 옥외소화전설비의 가압송수장치와 겸용하여 설치하는 경우의 펌프의 토출량은 각 소화설비에 해당

하는 토출량을 합한 양 이상이 되도록 해야 한다. 다만, 이들 소화설비 중 고정식 소화설비가 둘 이상 설치되어 있고, 그 소화설비가 설치된 부분이 방화벽과 방화문으로 구획되어 있으며 각 소화설비에 지장이 없는 경우에는 펌프의 토출량 중 최대의 것 이상으로 할 수 있다.

2.13.3 옥내소화전설비 · 스프링클러설비 · 간이스프링클러설비 · 화재조기진압용 스프링클러설비 · 물분무소화설비 · 포소화설비 및 옥외소화전설비의 가압송수장치에 있어서 각 토출측 배관과 일반급수용의 가압송수장치의 토출측 배관을 상호 연결하여 화재 시 사용할 수 있다. 이 경우 연결 배관에는 개폐표시형밸브를 설치해야 하며, 각 소화설비의 성능에 지장이 없도록 해야 한다.

2.13.4 포소화설비의 송수구를 옥내소화전설비 · 스프링클러설비 · 간이스프링클러설비 · 화재조기진압용 스프링클러설비 · 물분무소화설비 · 연결송수관설비 또는 연결살수설비의 송수구와 겸용으로 설치하는 경우에는 스프링클러설비의 송수구의 설치기준에 따르되 각각의 소화설비의 기능에 지장이 없도록 해야 한다.

소방시설관리사 기출문제

[23회점검] 물음 4) 화재안전기술기준(NFTC)에 대하여 다음 물음에 답하시오. (9점)
　　　　　(1) 포소화설비의 화재안전기술기준(NFTC 105)상 다음 용어의 정의를 쓰시오.
　　　　　　(5점)
　　　　　　　① 펌프 프로포셔너방식 (1점)
　　　　　　　② 프레셔 프로포셔너방식 (1점)
　　　　　　　③ 라인 프로포셔너방식 (1점)
　　　　　　　④ 프레셔사이드 프로포셔너방식 (1점)
　　　　　　　⑤ 압축공기포 믹싱챔버방식 (1점)

[15회설계] 차고 및 주차장에 호스릴포소화설비를 설치할 수 있는 조건을 쓰시오.

[15회설계] 포소화설비 기동장치에 설치하는 자동경보장치의 설치기준을 쓰시오.

[7회설계] 포소화설비 혼합장치의 종류 4가지를 열거하고 간략히 설명하시오.

[1회설계] 포소화설비의 약제 혼합방식에 대하여 설명하시오.

소방기술사 기출문제

[110회] 포소화설비의 혼합장치 중 압축공기포 믹싱챔버방식에 대하여 설명하시오.

[95회] 다음과 같은 소화설비의 종류별로 호스릴 소화설비를 적용하고자 한다. 세부적인 설치기준에 대하여 각각 설명하시오.
　　　　① 포 소화설비
　　　　② 이산화탄소 소화설비
　　　　③ 할론 소화설비
　　　　④ 분말 소화설비

이산화탄소소화설비의 화재안전기술기준(NFTC 106)

[시행 2022. 12. 1.] [소방청공고 제2022-216호, 2022. 12. 1., 제정]

1. 일반사항

1.1 적용범위

1.1.1 이 기준은 「소방시설 설치 및 관리에 관한 법률 시행령」(이하 "영"이라 한다) 별표 4 제1호바목에 따른 물분무등소화설비 중 이산화탄소소화설비의 설치 및 관리에 대해 적용한다.

1.2 기준의 효력

1.2.1 이 기준은 「소방시설 설치 및 관리에 관한 법률」(이하 "법"이라 한다) 제2조제1항제6호나목에 따라 물분무등소화설비인 이산화탄소소화설비의 기술기준으로서의 효력을 가진다.

1.2.2 이 기준에 적합한 경우에는 법 제2조제1항제6호나목에 따라 「이산화탄소소화설비의 화재안전성능기준(NFPC 106)」을 충족하는 것으로 본다.

1.3 기준의 시행

1.3.1 이 기준은 2022년 12월 1일부터 시행한다.

1.4 기준의 특례

1.4.1 소방본부장 또는 소방서장은 기존건축물이 증축·개축·대수선되거나 용도변경 되는 경우에 있어서 이 기준이 정하는 기준에 따라 해당 건축물에 설치해야 할 이산화탄소소화설비의 배관·배선 등의 공사가 현저하게 곤란하다고 인정되는 경우에는 해당 설비의 기능 및 사용에 지장이 없는 범위에서 이 기준의 일부를 적용하지 않을 수 있다.

1.5 경과조치

1.5.1 이 기준 시행 전에 건축허가 등의 신청 또는 신고를 하거나 소방시설공사의 착공신고를 한 특정소방대상물에 대해서는 종전의 「이산화탄소소화설비의 화재안전기준(NFSC 106)」에 따른다.

1.5.2 이 기준 시행 전에 1.5.1에 따른 신청 또는 신고를 한 경우라도 제정 기준이 종전의 기준에 비하여 관계인에게 유리한 경우에는 제정 기준에 따를 수 있다.

1.6 다른 법령과의 관계

1.6.1 이 기준 시행 당시 다른 법령 또는 행정규칙 등에서 종전의 화재안전기준을 인용한 경우에 이 기준 가운데 그에 해당하는 규정이 있는 경우에는 종전의 규정에 갈음하여 이 기준의 해당 규정을 인용한 것으로 본다.

1.7 용어의 정의

1.7.1 이 기준에서 사용하는 용어의 정의는 다음과 같다.

1.7.1.1 "전역방출방식"이란 소화약제 공급장치에 배관 및 분사헤드 등을 설치하여 밀폐 방호구역 전체에 소화약제를 방출하는 방식을 말한다.

1.7.1.2 "국소방출방식"이란 소화약제 공급장치에 배관 및 분사헤드 등을 설치하여 직접 화점에 소화약제를 방출하는 방식을 말한다.

1.7.1.3 "호스릴방식"이란 소화수 또는 소화약제 저장용기 등에 연결된 호스릴을 이용하여 사람이 직접 화점에 소화수 또는 소화약제를 방출하는 방식을 말한다.

1.7.1.4 "충전비"란 소화약제 저장용기의 내부 용적과 소화약제의 중량과의 비(용적/중량)를 말한다.

1.7.1.5 "심부화재"란 목재 또는 섬유류와 같은 고체가연물에서 발생하는 화재형태로서 가연물 내부에서 연소하는 화재를 말한다.

1.7.1.6 "표면화재"란 가연성물질의 표면에서 연소하는 화재를 말한다.

1.7.1.7 "교차회로방식"이란 하나의 방호구역 내에 2 이상의 화재감지기회로를 설치하고 인접한 2 이상의 화재감지기에 화재가 감지되는 때에 소화설비가 작동하는 방식을 말한다.

1.7.1.8 "방화문"이란 「건축법 시행령」 제64조의 규정에 따른 60분+ 방화문, 60분 방화문 또는 30분 방화문을 말한다.

1.7.1.9 "방호구역"이란 소화설비의 소화범위 내에 포함된 영역을 말한다.

1.7.1.10 "선택밸브"란 2 이상의 방호구역 또는 방호대상물이 있어 소화수 또는 소화약제를 해당하는 방호구역 또는 방호대상물에 선택적으로 방출되도록 제어하는 밸브를 말한다.

1.7.1.11 "설계농도"란 방호대상물 또는 방호구역의 소화약제 저장량을 산출하기 위한 농도로서 소화농도에 안전율을 고려하여 설정한 농도를 말한다.

1.7.1.12 "소화농도"란 규정된 실험 조건의 화재를 소화하는데 필요한 소화약제의 농도(형식승인대상의 소화약제는 형식승인된 소화농도)를 말한다.

1.7.1.13 "호스릴"이란 원형의 소방호스를 원형의 수납장치에 감아 정리한 것을 말한다.

2. 기술기준

2.1 소화약제의 저장용기 등

2.1.1 **이산화탄소 소화약제의 저장용기**는 다음의 기준에 적합한 장소에 설치해야 한다.

[그림] 저장용기실

2.1.1.1 방호구역 외의 장소에 설치할 것. 다만, 방호구역 내에 설치할 경우에는 피난 및 조작이 용이하도록 피난구 부근에 설치해야 한다.

2.1.1.2 온도가 40 ℃ 이하이고, 온도변화가 작은 곳에 설치할 것

2.1.1.3 직사광선 및 빗물이 침투할 우려가 없는 곳에 설치할 것

2.1.1.4 방화문으로 구획된 실에 설치할 것

2.1.1.5 용기의 설치장소에는 해당 용기가 설치된 곳임을 표시하는 표지를 할 것

2.1.1.6 용기 간의 간격은 점검에 지장이 없도록 3 cm 이상의 간격을 유지할 것

2.1.1.7 저장용기와 집합관을 연결하는 연결배관에는 체크밸브를 설치할 것. 다만, 저장용기가 하나의 방호구역만을 담당하는 경우에는 그렇지 않다.

[그림] 안전밸브, 체크밸브

2.1.2 **이산화탄소 소화약제의 저장용기**는 다음의 기준에 적합해야 한다.

> 2.1.2.1 저장용기의 충전비는 고압식은 1.5 이상 1.9 이하, 저압식은 1.1 이상 1.4 이하로 할 것
>
> 2.1.2.2 저압식 저장용기에는 내압시험압력의 0.64배부터 0.8배의 압력에서 작동하는 안전밸브와 내압시험압력의 0.8배부터 내압시험압력에서 작동하는 봉판을 설치할 것
>
> 2.1.2.3 저압식 저장용기에는 액면계 및 압력계와 2.3 ㎫ 이상 1.9 ㎫ 이하의 압력에서 작동하는 압력경보장치를 설치할 것
>
> 2.1.2.4 저압식 저장용기에는 용기 내부의 온도가 섭씨 영하 18℃ 이하에서 2.1 ㎫의 압력을 유지할 수 있는 자동냉동장치를 설치할 것
>
> 2.1.2.5 저장용기는 고압식은 25 ㎫ 이상, 저압식은 3.5 ㎫ 이상의 내압시험압력에 합격한 것으로 할 것

[그림] 안전밸브

2.1.3 이산화탄소 소화약제 저장용기의 개방밸브는 **전기식 · 가스압력식 또는 기계식**에 따라 자동으로 개방되고 수동으로도 개방되는 것으로서 안전장치가 부착된 것으로 해야 한다.

2.1.4 이산화탄소 소화약제 저장용기와 선택밸브 또는 개폐밸브 사이에는 **내압시험압력 0.8배에서 작동하는 안전장치**를 설치해야 한다.

2.2 소화약제

2.2.1 이산화탄소 소화약제 저장량은 다음의 기준에 따른 양으로 한다. 이 경우 동일한 특정소방대상물 또는 그 부분에 2 이상의 방호구역이나 방호대상물이 있는 경우에는 각 방호구역 또는 방호대상물에 대하여 다음 각 기준에 따라 산출한 저장량 중 최대의 것으로 할 수 있다.

> 2.2.1.1 전역방출방식에 있어서 가연성액체 또는 가연성가스 등 표면화재 방호대상물의 경우에는 다음의 기준에 따른다.

2.2.1.1.1 방호구역의 체적(불연재료나 내열성의 재료로 밀폐된 구조물이 있는 경우에는 그 체적을 감한 체적) 1 ㎥에 대하여 다음 표 2.2.1.1.1에 따른 양. 다만, 다음 표 2.2.1.1.1에 따라 산출한 양이 동표에 따른 **저장량의 최저한도의 양 미만이 될 경우에는 그 최저한도의 양**으로 한다.

표 2.2.1.1.1 방호구역 체적에 따른 소화약제 및 최저한도의 양

방호구역 체적	방호구역의 체적 1 m^3에 대한 소화약제의 양	소화약제 저장량의 최저한도의 양
45 m^3 미만	1.00 kg	45 kg
45 m^3 이상 150 m^3 미만	0.90 kg	
150 m^3 이상 1,450 m^3 미만	0.80 kg	135 kg
1,450 m^3 이상	0.75 kg	1,125 kg

2.2.1.1.2 표 2.2.1.1.2에 따른 **설계농도가 34 % 이상**인 방호대상물의 소화약제량은 2.2.1.1.1의 기준에 따라 산출한 기본 소화약제량에 다음 그림 2.2.1.1.2에 따른 보정계수를 곱하여 산출한다.

표 2.2.1.1.2 가연성액체 또는 가연성가스의 소화에 필요한 설계농도

방호대상물	설계농도(%)
수소(Hydrogen)	75
아세틸렌(Acetylene)	66
일산화탄소(Carbon Monoxide)	64
산화에틸렌(Ethylene Oxide)	53
에틸렌(Ethylene)	49
에탄(Ethane)	40
석탄가스, 천연가스(Coal gas, Natural gas)	37
사이크로 프로판(Cyclo Propane)	37
이소부탄(Iso Butane)	36
프로판(Propane)	36
부탄(Butane)	34
메탄(Methane)	34

그림 2.2.1.1.2 설계농도에 따른 보정계수

2.2.1.1.3 방호구역의 개구부에 자동폐쇄장치를 설치하지 아니한 경우에는 2.2.1.1.1
및 2.2.1.1.2의 기준에 따라 산출한 양에 **개구부 면적 1 m²당 5 kg을 가산해**
야 한다. 이 경우 **개구부의 면적은 방호구역 전체 표면적의 3 % 이하**로 해야
한다.

2.2.1.2 전역방출방식에 있어서 종이 · 목재 · 석탄 · 섬유류 · 합성수지류 등 심부화재 방
호대상물의 경우에는 다음의 기준에 따른다.

2.2.1.2.1 방호구역의 체적(불연재료나 내열성의 재료로 밀폐된 구조물이 있는 경우에
는 그 체적을 감한 체적) 1 m³에 대하여 다음 표 2.2.1.2.1에 따른 양 이상으
로 해야 한다.

표 2.2.1.2.1 방호대상물 및 방호구역 체적에 따른 소화약제의 양과 설계농도

방호대상물	방호구역의 체적 1 m³에 대한 소화약제의 양	설계농도 (%)
유압기기를 제외한 전기설비, 케이블실	1.3 kg	50
체적 55 m³ 미만의 전기설비	1.6 kg	50
서고, 전자제품창고, 목재가공품창고, 박물관	2.0 kg	65
고무류, 면화류창고, 모피창고, 석탄창고, 집진설비	2.7 kg	75

2.2.1.2.2 방호구역의 개구부에 자동폐쇄장치를 설치하지 아니한 경우에는 2.2.1.2.1
의 기준에 따라 산출한 양에 **개구부 면적 1 m²당 10 kg을 가산**해야 한다. 이
경우 **개구부의 면적은 방호구역 전체 표면적의 3 % 이하**로 해야 한다.

2.2.1.3 **국소방출방식**은 다음의 기준에 따라 산출한 양에 **고압식은 1.4, 저압식은 1.1을 각**
각 **곱하여 계산하여 나온 양 이상**으로 할 것

> 2.2.1.3.1 윗면이 개방된 용기에 저장하는 경우와 화재 시 연소면이 한정되고 가연물
> 이 비산할 우려가 없는 경우에는 방호대상물의 표면적 1 m^2에 대하여 13 kg
>
> 2.2.1.3.2 2.2.1.3.1 외의 경우에는 방호공간(방호대상물의 각 부분으로부터 0.6 m의
> 거리에 따라 둘러싸인 공간을 말한다. 이하 같다)의 체적 1 m^3에 대하여 다
> 음의 식 (2.2.1.3.2)에 따라 산출한 양
>
> $$Q = 8 - 6\frac{a}{A} \qquad \cdots (2.2.1.3.2)$$
>
> 여기에서, Q : 방호공간 1 ㎥에 대한 이산화탄소 소화약제의 양(kg/m^3)
>   a : 방호대상물 주위에 설치된 벽면적의 합계(m^2)
>   A : 방호공간의 벽면적(벽이 없는 경우에는 벽이 있는 것으로 가정한
>   당해 부분의 면적)의 합계(m^2)

2.2.1.4 호스릴이산화탄소소화설비는 하나의 노즐에 대하여 **90 kg 이상**으로 할 것

2.3 기동장치

2.3.1 이산화탄소소화설비의 수동식 기동장치는 다음의 기준에 따라 설치해야 한다. 이 경우
수동식 기동장치의 부근에는 소화약제의 방출을 지연시킬 수 있는 방출지연스위치(자동복
귀형 스위치로서 수동식 기동장치의 타이머를 순간 정치시키는 기능의 스위치를 말한다)
를 설치해야 한다.

[그림] 수동조작함 및 댐퍼복구함

2.3.1.1 **전역방출방식은 방호구역마다, 국소방출방식은 방호대상물마다** 설치할 것
2.3.1.2 해당 방호구역의 출입구 부근 등 조작을 하는 자가 쉽게 피난할 수 있는 장소에 설
치할 것

2.3.1.3 기동장치의 조작부는 **바닥으로부터 0.8 m 이상 1.5 m 이하**의 위치에 설치하고, 보호판 등에 따른 보호장치를 설치할 것

2.3.1.4 기동장치 인근의 보기 쉬운 곳에 "이산화탄소소화설비 수동식 기동장치"라는 표지를 할 것

2.3.1.5 전기를 사용하는 기동장치에는 **전원표시등**을 설치할 것

2.3.1.6 기동장치의 **방출용스위치**는 음향경보장치와 연동하여 조작될 수 있는 것으로 할 것

2.3.2 이산화탄소소화설비의 자동식 기동장치는 자동화재탐지설비의 감지기의 작동과 연동하는 것으로서 다음의 기준에 따라 설치해야 한다.

2.3.2.1 자동식 기동장치에는 수동으로도 기동할 수 있는 구조로 할 것

2.3.2.2 전기식 기동장치로서 **7병 이상**의 저장용기를 동시에 개방하는 설비는 2병 이상의 저장용기에 전자 개방밸브를 부착할 것

[그림] 전기식 기동장치(전자밸브)

2.3.2.3 가스압력식 기동장치는 다음의 기준에 따를 것

[그림] 가스압력식 기동장치, 전자 개방밸브, 압력스위치

2.3.2.3.1 기동용가스용기 및 해당 용기에 사용하는 밸브는 25 MPa 이상의 압력에 견딜 수 있는 것으로 할 것

2.3.2.3.2 기동용가스용기에는 내압시험압력의 0.8배부터 내압시험압력 이하에서 작동하는 안전장치를 설치할 것

2.3.2.3.3 기동용가스용기의 체적은 5 L 이상으로 하고, 해당 용기에 저장하는 질소 등의 비활성기체는 6.0 MPa 이상(21℃ 기준)의 압력으로 충전할 것

2.3.2.3.4 질소 등의 비활성기체 기동용가스용기에는 충전 여부를 확인할 수 있는 압력게이지를 설치할 것

2.3.2.4 기계식 기동장치는 저장용기를 쉽게 개방할 수 있는 구조로 할 것

2.3.3 이산화탄소소화설비가 설치된 부분의 출입구 등의 보기 쉬운 곳에 소화약제의 방출을 표시하는 표시등을 설치해야 한다.

2.4 제어반 등

2.4.1 이산화탄소소화설비의 제어반 및 화재표시반은 다음의 기준에 따라 설치해야 한다. 다만, 자동화재탐지설비의 수신기 제어반이 화재표시반의 기능을 가지고 있는 것은 화재표시반을 설치하지 않을 수 있다.

2.4.1.1 제어반은 수동기동장치 또는 화재감지기에서의 신호를 수신하여 음향경보장치의 작동, 소화약제의 방출 또는 지연 등 기타의 제어기능을 가진 것으로 하고, 제어반에는 전원표시등을 설치할 것

2.4.1.2 화재표시반은 제어반에서의 신호를 수신하여 작동하는 기능을 가진 것으로 하되, 다음의 기준에 따라 설치할 것

2.4.1.2.1 각 방호구역마다 음향경보장치의 조작 및 감지기의 작동을 명시하는 표시등과 이와 연동하여 작동하는 벨·버저 등의 경보기를 설치할 것. 이 경우 음향경보장치의 조작 및 감지기의 작동을 명시하는 표시등을 겸용할 수 있다.

2.4.1.2.2 수동식 기동장치는 그 방출용스위치의 작동을 명시하는 표시등을 설치할 것

2.4.1.2.3 소화약제의 방출을 명시하는 표시등을 설치할 것

2.4.1.2.4 자동식 기동장치는 자동·수동의 절환을 명시하는 표시등을 설치할 것

2.4.1.3 제어반 및 화재표시반은 화재 및 침수 등의 재해로 인한 피해를 받을 우려가 없고 점검에 편리한 장소에 설치할 것

2.4.1.4 제어반 및 화재표시반에는 해당 회로도 및 취급설명서를 비치할 것

2.4.1.5 수동잠금밸브의 개폐여부를 확인할 수 있는 표시등을 설치할 것

2.5 배관 등

2.5.1 이산화탄소소화설비의 배관은 다음의 기준에 따라 설치해야 한다.

> 2.5.1.1 배관은 전용으로 할 것
>
> 2.5.1.2 강관을 사용하는 경우의 배관은 압력배관용탄소강관(KS D 3562) 중 스케줄 80(저압식은 스케줄 40) 이상의 것 또는 이와 동등 이상의 강도를 가진 것으로 아연도금 등으로 방식 처리된 것을 사용할 것. 다만, 배관의 호칭구경이 20 ㎜ 이하인 경우에는 스케줄 40 이상인 것을 사용할 수 있다.
>
> 2.5.1.3 동관을 사용하는 경우의 배관은 이음이 없는 동 및 동합금관(KS D 5301)으로서 고압식은 16.5 ㎫ 이상, 저압식은 3.75 ㎫ 이상의 압력에 견딜 수 있는 것을 사용할 것
>
> 2.5.1.4 고압식의 경우 개폐밸브 또는 선택밸브의 2차측 배관부속은 호칭압력 2.0 ㎫ 이상의 것을 사용해야 하며, 1차 측 배관부속은 호칭압력 4.0 ㎫ 이상의 것을 사용해야 하고, 저압식의 경우에는 2.0 ㎫의 압력에 견딜 수 있는 배관부속을 사용할 것

2.5.2 배관의 구경은 이산화탄소 소화약제의 소요량이 다음의 기준에 따른 시간 내에 방출될 수 있는 것으로 해야 한다.

> 2.5.2.1 전역방출방식에 있어서 가연성액체 또는 가연성가스 등 표면화재 방호대상물의 경우에는 1분
>
> 2.5.2.2 전역방출방식에 있어서 종이, 목재, 석탄, 섬유류, 합성수지류 등 심부화재 방호대상물의 경우에는 7분. 이 경우설계농도가 2분 이내에 30 %에 도달해야 한다.
>
> 2.5.2.3 국소방출방식의 경우에는 30초

2.5.3 소화약제의 저장용기와 선택밸브 사이의 집합배관에는 수동잠금밸브를 설치하되 선택밸브 직전에 설치할 것. 다만, 선택밸브가 없는 설비의 경우에는 저장용기실 내에 설치하되 조작 및 점검이 쉬운 위치에 설치해야 한다.

2.6 선택밸브

2.6.1 하나의 특정소방대상물 또는 그 부분에 2 이상의 방호구역 또는 방호대상물이 있어 소화약제 저장용기를 공용하는 경우에는 다음의 기준에 따라 선택밸브를 설치해야 한다.

2.6.1.1 방호구역 또는 방호대상물마다 설치할 것

2.6.1.2 각 선택밸브에는 해당 방호구역 또는 방호대상물을 표시할 것

[그림] 선택밸브

2.7 분사헤드

2.7.1 전역방출방식의 이산화탄소소화설비의 분사헤드는 다음의 기준에 따라 설치해야 한다.

2.7.1.1 방출된 소화약제가 방호구역의 전역에 균일하고 신속하게 확산할 수 있도록 할 것

2.7.1.2 **분사헤드의 방출압력이 2.1 ㎫(저압식은 1.05 ㎫) 이상**의 것으로 할 것

2.7.1.3 특정소방대상물 또는 그 부분에 설치된 이산화탄소소화설비의 소화약제의 저장량은 2.5.2.1 및 2.5.2.2의 기준에서 정한 시간 이내에 방출할 수 있는 것으로 할 것

2.7.2 국소방출방식의 이산화탄소소화설비의 분사헤드는 다음의 기준에 따라 설치해야 한다.

2.7.2.1 소화약제의 방출에 따라 가연물이 비산하지 않는 장소에 설치할 것

2.7.2.2 이산화탄소 소화약제의 저장량은 **30초 이내**에 방출할 수 있는 것으로 할 것

2.7.2.3 성능 및 방출압력이 2.7.1.1 및 2.7.1.2의 기준에 적합한 것으로 할 것

2.7.3 **화재 시 현저하게 연기가 찰 우려가 없는 장소(차고 또는 주차의 용도로 사용되는 부분 제외)**로서 다음의 어느 하나에 해당하는 장소에는 호스릴이산화탄소소화설비를 설치할 수 있다.

[그림] 호스릴이산화탄소 소화설비

2.7.3.1 지상 1층 및 피난층에 있는 부분으로서 지상에서 수동 또는 원격조작에 따라 개방할 수 있는 개구부의 유효면적의 합계가 바닥면적의 15 % 이상이 되는 부분

2.7.3.2 전기설비가 설치되어 있는 부분 또는 다량의 화기를 사용하는 부분(해당 설비의 주위 5 m 이내의 부분을 포함한다)의 바닥면적이 해당 설비가 설치되어 있는 구획의 바닥면적의 5분의 1 미만이 되는 부분

2.7.4 **호스릴이산화탄소소화설비**는 다음의 기준에 따라 설치해야 한다.

2.7.4.1 방호대상물의 각 부분으로부터 하나의 호스접결구까지의 수평거리가 15 m 이하가 되도록 할 것

2.7.4.2 호스릴이산화탄소소화설비의 노즐은 20℃에서 하나의 노즐마다 60 kg/min 이상의 소화약제를 방출할 수 있는 것으로 할 것

2.7.4.3 소화약제 저장용기는 호스릴을 설치하는 장소마다 설치할 것

2.7.4.4 소화약제 저장용기의 개방밸브는 호스릴의 설치장소에서 수동으로 개폐할 수 있는 것으로 할 것

2.7.4.5 소화약제 저장용기의 가장 가까운 곳의 보기 쉬운 곳에 적색의 표시등을 설치하고, 호스릴이산화탄소소화설비가 있다는 뜻을 표시한 표지를 할 것

2.7.5 이산화탄소소화설비의 분사헤드의 오리피스구경 등은 다음의 기준에 적합해야 한다.

2.7.5.1 분사헤드에는 부식방지조치를 해야 하며 오리피스의 크기, 제조일자, 제조업체가 표시되도록 할 것

2.7.5.2 분사헤드의 개수는 방호구역에 소화약제의 방출 시간이 충족되도록 설치할 것

2.7.5.3 분사헤드의 방출률 및 방출압력은 제조업체에서 정한 값으로 할 것

2.7.5.4 분사헤드의 오리피스의 면적은 분사헤드가 연결되는 배관구경 면적의 70 % 이하가 되도록 할 것

2.8 분사헤드 설치제외

2.8.1 이산화탄소소화설비의 분사헤드는 다음의 장소에 설치해서는 안 된다.

> 2.8.1.1 방재실 · 제어실 등 사람이 상시 근무하는 장소
>
> 2.8.1.2 니트로셀룰로스 · 셀룰로이드제품 등 자기연소성물질을 저장 · 취급하는 장소
>
> 2.8.1.3 나트륨 · 칼륨 · 칼슘 등 활성금속물질을 저장 · 취급하는 장소
>
> 2.8.1.4 전시장 등의 관람을 위하여 다수인이 출입 · 통행하는 통로 및 전시실 등

2.9 자동식 기동장치의 화재감지기

2.9.1 이산화탄소소화설비의 자동식 기동장치는 다음의 기준에 따른 화재감지기를 설치해야 한다.

   2.9.1.1 각 방호구역 내의 화재감지기의 감지에 따라 작동되도록 할 것

   2.9.1.2 화재감지기의 회로는 **교차회로방식**으로 설치할 것. 다만, 화재감지기를「자동화재탐지설비 및 시각경보장치의 화재안전기술기준(NFTC 203)」 2.4.1 단서의 각 감지기로 설치하는 경우에는 그렇지 않다.

   2.9.1.3 교차회로 내의 각 화재감지기회로별로 설치된 화재감지기 1개가 담당하는 바닥면적은「자동화재탐지설비 및 시각경보장치의 화재안전기술기준(NFTC 203)」 2.4.3.5, 2.4.3.8부터 2.4.3.10까지의 규정에 따른 바닥면적으로 할 것

2.10 음향경보장치

2.10.1 이산화탄소소화설비의 음향경보장치는 다음의 기준에 따라 설치해야 한다.

   2.10.1.1 수동식 기동장치를 설치한 것은 그 기동장치의 조작과정에서, 자동식 기동장치를 설치한 것은 화재감지기와 연동하여 자동으로 경보를 발하는 것으로 할 것

   2.10.1.2 소화약제의 방출개시 후 **1분 이상** 경보를 계속할 수 있는 것으로 할 것

   2.10.1.3 방호구역 또는 방호대상물이 있는 구획 안에 있는 자에게 유효하게 경보할 수 있는 것으로 할 것

2.10.2 방송에 따른 경보장치를 설치할 경우에는 다음의 기준에 따라야 한다.

> 2.10.2.1 증폭기 재생장치는 화재 시 연소의 우려가 없고, 유지관리가 쉬운 장소에 설치할 것
>
> 2.10.2.2 방호구역 또는 방호대상물이 있는 구획의 각 부분으로부터 하나의 확성기까지의 수평거리는 25 m 이하가 되도록 할 것
>
> 2.10.2.3 제어반의 복구스위치를 조작하여도 경보를 계속 발할 수 있는 것으로 할 것

2.11 자동폐쇄장치

2.11.1 전역방출방식의 이산화탄소소화설비를 설치한 특정소방대상물 또는 그 부분에 대하여는 다음의 기준에 따라 자동폐쇄장치를 설치해야 한다.

2.11.1.1 환기장치 등을 설치한 것은 소화약제가 방출되기 전에 해당 환기장치 등이 정지될 수 있도록 할 것

2.11.1.2 개구부가 있거나 천장으로부터 1 m 이상의 아래 부분 또는 바닥으로부터 해당 층의 높이의 3분의 2 이내의 부분에 통기구가 있어 소화약제의 유출에 따라 소화효과를 감소시킬 우려가 있는 것은 소화약제가 방출되기 전에 해당 개구부 및 통기구를 폐쇄할 수 있도록 할 것

2.11.1.3 자동폐쇄장치는 방호구역 또는 방호대상물이 있는 구획의 밖에서 복구할 수 있는 구조로 하고, 그 위치를 표시하는 표지를 할 것

2.12 비상전원

2.12.1 이산화탄소소화설비(호스릴이산화탄소소화설비를 제외한다)에는 **자가발전설비, 축전지설비**(제어반에 내장하는 경우를 포함한다. 이하 같다) 또는 **전기저장장치**(외부 전기에너지를 저장해 두었다가 필요한 때 전기를 공급하는 장치. 이하 같다)에 따른 비상전원을 다음의 기준에 따라 설치해야 한다. 다만, 2 이상의 변전소(「전기사업법」 제67조에 따른 변전소를 말한다. 이하 같다)에서 전력을 동시에 공급받을 수 있거나 하나의 변전소로부터 전력의 공급이 중단되는 때에는 자동으로 다른 변전소로부터 전력을 공급받을 수 있도록 상용전원을 설치한 경우에는 비상전원을 설치하지 않을 수 있다.

2.12.1.1 점검에 편리하고 화재 및 침수 등의 재해로 인한 피해를 받을 우려가 없는 곳에 설치할 것

2.12.1.2 이산화탄소소화설비를 유효하게 20분 이상 작동할 수 있어야 할 것

2.12.1.3 상용전원으로부터 전력의 공급이 중단된 때에는 자동으로 비상전원으로부터 전력을 공급받을 수 있도록 할 것

2.12.1.4 비상전원의 설치장소는 다른 장소와 방화구획 할 것. 이 경우 그 장소에는 비상전원의 공급에 필요한 기구나 설비 외의 것(열병합발전설비에 필요한 기구나 설비는 제외한다)을 두어서는 안 된다.

2.12.1.5 비상전원을 실내에 설치하는 때에는 그 실내에 비상조명등을 설치할 것

2.13 배출설비

2.13.1 지하층, 무창층 및 밀폐된 거실 등에 이산화탄소소화설비를 설치한 경우에는 방출된 소화약제를 배출하기 위한 배출설비를 갖추어야 한다.

2.14 과압배출구

2.14.1 이산화탄소소화설비가 설치된 방호구역에는 소화약제 방출 시 과압으로 인한 구조물 등의 손상을 방지하기 위하여 과압배출구를 설치해야 한다.

2.15 설계프로그램

2.15.1 이산화탄소소화설비를 설계프로그램을 이용하여 설계할 경우에는 「가스계소화설비 설계프로그램의 성능인증 및 제품검사의 기술기준」에 적합한 설계프로그램을 사용해야 한다.

2.16 안전시설 등

2.16.1 이산화탄소소화설비가 설치된 장소에는 다음의 기준에 따른 안전시설을 설치해야 한다.

  2.16.1.1 소화약제 방출 시 방호구역 내와 부근에 가스 방출 시 영향을 미칠 수 있는 장소에 시각경보장치를 설치하여 소화약제가 방출되었음을 알도록 할 것

  2.16.1.2 방호구역의 출입구 부근 잘 보이는 장소에 약제방출에 따른 위험경고표지를 부착할 것

소방시설관리사 기출문제

[23회설계] 물음 1) 이산화탄소 소화설비를 설치하려고 한다. 조건을 참고하여 물음에 답하시오.

(4) 이산화탄소소화설비의 화재안전기술기준(NFTC 106)에서 정하고 있는 저장용기 기준 5가지를 쓰시오. (단, 저장용기 설치장소 기준은 제외)(4점)

[21회설계] 이산화탄소소화설비의 화재안전기준(NFSC 106)에 대하여 다음 물음에 답하시오.(8점)

(1) 이산화탄소소화설비의 분사헤드 설치 제외 장소 4가지를 쓰시오.(4점)

(2) 가연성 액체 또는 가연성 가스의 소화에 필요한 설계농도에 관하여 (   )에 들어갈 내용을 쓰시오.(4점)

방호대상물	설계농도(%)
수소	75
(ㄱ)	66
산화에틸렌	(ㄷ)
(ㄴ)	40
사이크로 프로판	37
이소부탄	(ㄹ)

[18회설계] 이산화탄소 소화설비의 화재안전기준 별표 1에서 정하는 가연성 액체 또는 가연성 가스의 소화에 필요한 설계농도(%) 기준 중 석탄가스와 에틸렌의 설계농도(%)를 쓰시오.(2점)

이산화탄소 소화설비의 화재안전기준(NFSC 106)에 따라 이산화탄소 소화설비의 설치장소에 대한 안전시설 설치기준 2가지를 쓰시오.(2점)

[16회설계] 이산화탄소소화설비의 화재안전기준(NFSC 106)에 따라 전역방출방식에 있어서 심부화재의 경우 방호대상물별 소화약제의 양과 설계농도를 쓰시오. (12점)

방호대상물	방호구역의 체적 1 m³에 대한 소화약제의 양	설계농도(%)

[14회점검] 이산화탄소 소화설비의 NFSC 기준에서 호스릴 이산화탄소 소화설비의 설치기준 5가지를 쓰시오.(10점)

[13회설계] 이산화탄소 소화설비의 화재안전기준에서 정하고 있는 분사헤드 설치제외 장소 4가지를 쓰시오.(5점)

[13회설계] 이산화탄소 소화설비의 화재안전기준에서 정하고 있는 소화약제의 저장용기 설치기준 5가지를 쓰시오.(5점)

[10회점검] 화재안전기준에서 정하는 이산화탄소 소화약제 저장용기를 설치하기에 적합한 장소에 대한 기준 6가지만 쓰시오.(12점)

[6회 점검] 이산화탄소 소화설비 수동식 기동장치의 설치기준을 기술하시오.

[3회 설계] 이산화탄소 소화설비에서 분사 헤드 설치제외 장소를 기술하시오.

[2회 설계] 이산화탄소 소화설비 공사 시 배관의 시공기준 및 재료 사용기준에 대하여 기술하시오.

소방기술사 기출문제

[123회] 이산화탄소소화설비에 대하여 다음 사항을 설명하시오.
  (1) 배관의 구경 산정 기준(이산화탄소의 소요량이 시간 내에 방사될 수 있는 것)
  (2) 방출시간(가스계소화설비 설계프로그램의 성능인증 및 제품검사의 기술기준)
  (3) 배출설비
  (4) 과압배출구(Pressure vent) 소요면적(m^2) 산출(식) 및 작동성능시험

[122회] 이산화탄소소화설비 호스릴방식의 설치장소 및 설치기준에 대하여 설명하시오.

[120회] 이산화탄소 소화설비의 소화약제 저장용기 등의 설치장소에 관한 기준을 서술하고 각 항목마다 근거를 설명하시오.

[108회] 이산화탄소 소화설비의 설계농도 도달을 위한 약제방사시간과 방사압력을 표면화재와 심부화재로 구분하여 설명하시오.

[108회] 이산화탄소소화설비 또는 할로겐화합물 및 불활성기체소화설비를 설치한 특정소방
대상물 또는 그 부분에 설치하여야 하는 자동폐쇄장치 설치기준과 과압배출구 설치
목적을 설명하시오.

[99회] 이산화탄소 소화설비의 "소화약제 저장용기 등"에 대한 설치 장소 기준을 기술하고,
현실적으로 보완이 필요한 사항에 대하여 기술하시오.

[95회] 다음과 같은 소화설비의 종류별로 호스릴 소화설비를 적용하고자 한다. 세부적인 설
치기준에 대하여 각각 설명하시오.
① 포 소화설비
② 이산화탄소 소화설비
③ 할론 소화설비
④ 분말 소화설비

[93회] 이산화탄소 소화설비의 전역방출방식에 적용되는 과압배출구(Pressure Venting
System)의 면적과 설계시 고려사항에 대해 설명하시오.

[90회] 저압식 이산화탄소소화설비의 저장용기 설치기준에 대하여 설명하시오.

[87회] 이산화탄소 소화약제의 저장량 산정방법을 표면화재와 심부화재로 구분하여 기술하
시오.

[83회] 이산화탄소 소화설비 소화약제의 저장용기 설치기준과 설치기준에 적합한 장소에 대
해서 기술하시오.

할론소화설비의 화재안전기술기준(NFTC 107)

[시행 2023. 2. 10.] [국립소방연구원공고 제2023-2호, 2023. 2. 10., 일부개정]

1. 일반사항

1.1 적용범위

1.1.1 이 기준은 「소방시설 설치 및 관리에 관한 법률 시행령」(이하 "영"이라 한다) 별표 4 제1
호바목에 따른 물분무등소화설비 중 할론소화설비는의 설치 및 관리에 대해 적용한다.

1.2 기준의 효력

1.2.1 이 기준은 「소방시설 설치 및 관리에 관한 법률」(이하 "법"이라 한다) 제2조제1항제6호
나목에 따라 물분무등소화설비인 할론소화설비의 기술기준으로서의 효력을 가진다.

1.2.2 이 기준에 적합한 경우에는 법 제2조제1항제6호나목에 따라 「할론소화설비의 화재안전
성능기준(NFPC 107)」을 충족하는 것으로 본다.

1.3 기준의 시행

1.3.1 이 기준은 2023년 2월 10일부터 시행한다. < 개정 2023.2.10. >

1.4 기준의 특례

1.4.1 소방본부장 또는 소방서장은 기존건축물이 증축·개축·대수선되거나 용도변경 되는
경우에 있어서 이 기준이 정하는 기준에 따라 해당 건축물에 설치해야 할 할론소화설비
의 배관·배선 등의 공사가 현저하게 곤란하다고 인정되는 경우에는 해당 설비의 기능
및 사용에 지장이 없는 범위에서 이 기준의 일부를 적용하지 않을 수 있다.

1.5 경과조치

1.5.1 이 기준 시행 전에 건축허가 등의 신청 또는 신고를 하거나 소방시설공사의 착공신고를
한 특정소방대상물에 대해서는 종전의 기준에 따른다. < 개정 2023.2.10. >

1.5.2 이 기준 시행 전에 1.5.1에 따른 신청 또는 신고를 한 경우라도 개정 기준이 종전의 기준
에 비하여 관계인에게 유리한 경우에는 개정 기준에 따를 수 있다. < 개정 2023.2.10. >

1.6 다른 법령과의 관계

1.6.1 이 기준 시행 당시 다른 법령 또는 행정규칙 등에서 종전의 화재안전기준을 인용한 경우
에 이 기준 가운데 그에 해당하는 규정이 있는 경우에는 종전의 규정에 갈음하여 이 기준
의 해당 규정을 인용한 것으로 본다.

1.7 용어의 정의

1.7.1 이 기준에서 사용하는 용어의 정의는 다음과 같다.

    1.7.1.1 "전역방출방식"이란 소화약제 공급장치에 배관 및 분사헤드 등을 설치하여 밀폐 방호구역 전체에 소화약제를 방출하는 설비를 말한다.

    1.7.1.2 "국소방출방식"이란 소화약제 공급장치에 배관 및 분사헤드 등을 설치하여 직접 화점에 소화약제를 방출하는 방식을 말한다.

    1.7.1.3 "호스릴방식"이란 소화수 또는 소화약제 저장용기 등에 연결된 호스릴을 이용하여 사람이 직접 화점에 소화수 또는 소화약제를 방출하는 방식을 말한다.

    1.7.1.4 "충전비"란 소화약제 저장용기의 내부 용적과 소화약제의 중량과의 비(용적/중량)를 말한다.

    1.7.1.5 **"교차회로방식"이란 하나의 방호구역 내에 2 이상의 화재감지기회로를 설치하고 인접한 2 이상의 화재감지기가 화재를 감지하는 때에 소화설비가 작동하는 방식을 말한다.**

    1.7.1.6 "방화문"이란「건축법 시행령」제64조의 규정에 따른 60분+방화문, 60분 방화문 또는 30분 방화문을 말한다.

    1.7.1.7 "방호구역"란 소화설비의 소화범위 내에 포함된 영역을 말한다.

    1.7.1.8 **"별도 독립방식"이란 소화약제 저장용기와 배관을 방호구역별로 독립적으로 설치하는 방식을 말한다.**

    1.7.1.9 "선택밸브"란 2 이상의 방호구역 또는 방호대상물이 있어 소화수 또는 소화약제를 해당하는 방호구역 또는 방호대상물에 선택적으로 방출되도록 제어하는 밸브를 말한다.

    1.7.1.10 "집합관"이란 개별 소화약제(가압용 가스 포함) 저장용기의 방출관이 연결되어 있는 관을 말한다.

    1.7.1.11 "호스릴"이란 원형의 소방호스를 원형의 수납장치에 감아 정리한 것을 말한다.

2. 기술기준

2.1 소화약제의 저장용기 등

2.1.1 **할론소화약제의 저장용기**는 다음의 기준에 적합한 장소에 설치해야 한다.

    2.1.1.1 방호구역 외의 장소에 설치할 것. 다만, 방호구역 내에 설치할 경우에는 피난 및 조작이 용이하도록 피난구 부근에 설치해야 한다.

    2.1.1.2 온도가 40℃ 이하이고, 온도 변화가 작은 곳에 설치할 것

    2.1.1.3 직사광선 및 빗물이 침투할 우려가 없는 곳에 설치할 것

2.1.1.4 방화문으로 구획된 실에 설치할 것

2.1.1.5 용기의 설치장소에는 해당 용기가 설치된 곳임을 표시하는 표지를 할 것

2.1.1.6 용기 간의 간격은 점검에 지장이 없도록 3 cm 이상의 간격을 유지할 것

2.1.1.7 저장용기와 집합관을 연결하는 연결배관에는 체크밸브를 설치할 것. 다만, 저장 용기가 하나의 방호구역만을 담당하는 경우에는 그렇지 않다.

2.1.2 할론소화약제의 저장용기는 다음의 기준에 적합해야 한다.

2.1.2.1 **축압식 저장용기의 압력은 온도 20 ℃에서 할론 1211을 저장하는 것은 1.1 ㎫ 또는 2.5 ㎫, 할론 1301을 저장하는 것은 2.5 ㎫ 또는 4.2 ㎫이 되도록 질소가스로 축압할 것**

2.1.2.2 **저장용기의 충전비는 할론 2402를 저장하는 것 중 가압식 저장용기는 0.51 이상 0.67 미만, 축압식 저장용기는 0.67 이상 2.75 이하, 할론 1211은 0.7 이상 1.4 이하, 할론 1301은 0.9 이상 1.6 이하로 할 것**

2.1.2.3 동일 집합관에 접속되는 저장용기의 소화약제 충전량은 동일 충전비의 것으로 할 것

2.1.3 가압용 가스용기는 질소가스가 충전된 것으로 하고, 그 압력은 21 ℃에서 2.5 ㎫ 또는 4.2 ㎫이 되도록 해야 한다.

2.1.4 할론소화약제 저장용기의 개방밸브는 전기식 · 가스압력식 또는 기계식에 따라 자동으로 개방되고 수동으로도 개방되는 것으로서 안전장치가 부착된 것으로 해야 한다.

2.1.5 **가압식 저장용기에는 2.0 ㎫ 이하의 압력으로 조정할 수 있는 압력조정장치를 설치해야 한다.**

2.1.6 **하나의 방호구역을 담당하는 소화약제 저장용기의 소화약제량의 체적합계보다 그 소화약제 방출 시 방출경로가 되는 배관(집합관을 포함한다)의 내용적의 비율이 1.5배 이상일 경우에는 해당 방호구역에 대한 설비는 별도 독립방식으로 해야 한다.**

2.2 소화약제

2.2.1 할론소화약제의 저장량은 다음의 기준에 따라야 한다. 이 경우 동일한 특정소방대상물 또는 그 부분에 2 이상의 방호구역 또는 방호대상물이 있는 경우에는 각 방호구역 또는 방호대상물에 대하여 다음 각 기준에 따라 산출한 저장량 중 최대의 것으로 할 수 있다.

2.2.1.1 전역방출방식은 다음의 기준에 따라 산출한 양 이상으로 할 것

2.2.1.1.1 방호구역의 체적(불연재료나 내열성의 재료로 밀폐된 구조물이 있는 경우에는 그 체적을 제외한다) 1 m^{3}에 대하여 다음 표 2.2.1.1.1에 따른 양

표 2.2.1.1.1 소방대상물 및 소화약제 종류에 따른 소화약제의 양

소방대상물 또는 그 부분		소화약제의 종류	방호구역의 체적 1 m³당 소화약제의 양
차고 · 주차장 · 전기실 · 통신기기실 · 전산실 기타 이와 유사한 전기설비가 설치되어 있는 부분		할론 1301	0.32 kg 이상 0.64 kg 이하
「화재의 예방 및 안전관리에 관한 법률 시행령」 별표 2의 특수가연물을 저장 · 취급하는 소방대상물 또는 그 부분	가연성고체류 · 가연성액체류	할론 2402	0.40 kg 이상 1.10 kg 이하
		할론 1211	0.36 kg 이상 0.71 kg 이하
		할론 1301	0.32 kg 이상 0.64 kg 이하
	면화류 · 나무껍질 및 대팻밥 · 넝마 및 종이부스러기 · 사류 · 볏짚류 · 목재가공품 및 나무부스러기를 저장 · 취급하는 것	할론 1211	0.60 kg 이상 0.71 kg 이하
		할론 1301	0.52 kg 이상 0.64 kg 이하
	합성수지류를 저장 · 취급하는 것	할론 1211	0.36 kg 이상 0.71 kg 이하
		할론 1301	0.32 kg 이상 0.64 kg 이하

2.2.1.1.2 방호구역의 개구부에 자동폐쇄장치를 설치하지 아니한 경우에는 2.2.1.1.1에 따라 산출한 양에 다음 표 2.2.1.1.2에 따라 산출한 양을 가산한 양

표 2.2.1.1.2 소방대상물 및 소화약제 종류에 따른 개구부 가산량

소방대상물 또는 그 부분		소화약제의 종류	가산량(개구부의 면적 1 m³당 소화약제의 양)
차고 · 주차장 · 전기실 · 통신기기실 · 전산실 기타 이와 유사한 전기설비가 설치되어 있는 부분		할론 1301	2.4 kg
「화재의 예방 및 안전관리에 관한 법률 시행령」 별표 2의 특수가연물을 저장 · 취급하는 소방대상물 또는 그 부분	가연성고체류 · 가연성액체류	할론 2402	3.0 kg
		할론 1211	2.7 kg
		할론 1301	2.4 kg
	면화류 · 나무껍질 및 대팻밥 · 넝마 및 종이부스러기 · 사류 · 볏짚류 · 목재가공품 및 나무부스러기를 저장 · 취급하는 것	할론 1211	4.5 kg
		할론 1301	3.9 kg
	합성수지류를 저장 · 취급하는 것	할론 1211	2.7 kg
		할론 1301	2.4 kg

2.2.1.2 **국소방출방식은 다음의 기준에 따라 산출한 양에 할론 2402 또는 할론 1211은 1.1을, 할론 1301은 1.25를 각각 곱하여 산출한 양 이상으로 할 것**

2.2.1.2.1 윗면이 개방된 용기에 저장하는 경우와 화재 시 연소면이 1면에 한정되고 가연물이 비산할 우려가 없는 경우에는 다음 표 2.2.1.2.1에 따른 양

표 2.2.1.2.1 개방용기 및 가연물의 비산 우려가 없는 경우의 소화약제 종류에 따른 소화약제의 양

소화약제의 종류	방호대상물의 표면적 1m³에 대한 소화약제의 양
할론 2402	8.8 kg
할론 1211	7.6 kg
할론 1301	6.8 kg

2.2.1.2.2 2.2.1.2.1 외의 경우에는 방호공간(방호대상물의 각 부분으로부터 0.6 m의 거리에 따라 둘러싸인 공간을 말한다. 이하 같다)의 체적 1 m³에 대하여 다음의 식 (2.2.1.2.2)에 따라 산출한 양

$$Q = X - Y\frac{a}{A} \qquad \cdots (2.2.1.2.2)$$

여기에서, Q : 방호공간 1 m²에 대한 할론소화약제의 양(kg/m²)

　　　　　a : 방호대상물의 주위에 설치된 벽 면적의 합계(m²)

　　　　　A : 방호공간의 벽면적(벽이 없는 경우에는 벽이 있는 것으로 가정한 당해 부분의 면적)의 합계(m²)

　　X 및 Y : 다음 표의 수치

소화약제의 종류	X의 수치	Y의 수치
할론 2402	5.2	3.9
할론 1211	4.4	3.3
할론 1301	4.0	3.0

2.2.1.3 호스릴방식의 할론소화설비는 하나의 노즐에 대하여 다음 표 2.2.1.3에 따른 양 이상으로 할 것 < 개정 2023.2.10. >

표 2.2.1.3 호스릴할론소화설비의 소화약제 종류에 따른 소화약제의 양

소화약제의 종류	소화약제의 양
할론 2402 또는 1211	50 kg
할론 1301	45 kg

2.3 기동장치

2.3.1 할론소화설비의 수동식 기동장치는 다음의 기준에 따라 설치해야 한다. 이 경우 수동식 기동장치의 부근에는 소화약제의 방출을 지연시킬 수 있는 방출지연스위치(자동복귀형 스위치로서 수동식 기동장치의 타이머를 순간 정치시키는 기능의 스위치를 말한다)를 설치해야 한다.

2.3.1.1 전역방출방식은 방호구역마다, 국소방출방식은 방호대상물마다 설치할 것

2.3.1.2 해당 방호구역의 출입구 부근 등 조작을 하는 자가 쉽게 피난할 수 있는 장소에 설치할 것

2.3.1.3 기동장치의 조작부는 바닥으로부터 0.8 m 이상 1.5 m 이하의 위치에 설치하고, 보호판 등에 따른 보호장치를 설치할 것

2.3.1.4 기동장치 인근의 보기 쉬운 곳에 "할론소화설비 수동식 기동장치"라는 표지를 할 것

2.3.1.5 전기를 사용하는 기동장치에는 전원표시등을 설치할 것

2.3.1.6 기동장치의 방출용스위치는 음향경보장치와 연동하여 조작될 수 있는 것으로 할 것

2.3.2 할론소화설비의 자동식 기동장치는 자동화재탐지설비의 감지기의 작동과 연동하는 것으로서 다음의 기준에 따라 설치해야 한다.

2.3.2.1 자동식 기동장치에는 수동으로도 기동할 수 있는 구조로 할 것

2.3.2.2 전기식 기동장치로서 7병 이상의 저장용기를 동시에 개방하는 설비는 2병 이상의 저장용기에 전자 개방밸브를 부착할 것

2.3.2.3 가스압력식 기동장치는 다음의 기준에 따를 것

2.3.2.3.1 기동용가스용기 및 해당 용기에 사용하는 밸브는 25 MPa 이상의 압력에 견딜 수 있는 것으로 할 것

2.3.2.3.2 기동용가스용기에는 내압시험압력의 0.8배부터 내압시험압력 이하에서 작동하는 안전장치를 설치할 것

2.3.2.3.3 기동용가스용기의 체적은 5 L 이상으로 하고, 해당 용기에 저장하는 질소 등의 비활성기체는 6.0 MPa 이상(21℃ 기준)의 압력으로 충전할 것. 다만, 기동용가스용기의 체적을 1 L 이상으로 하고, 해당 용기에 저장하는 이산화탄소의 양은 0.6 kg 이상으로 하며, 충전비는 1.5 이상 1.9 이하의 기동용가스용기로 할 수 있다.

2.3.2.4 기계식 기동장치는 저장용기를 쉽게 개방할 수 있는 구조로 할 것

2.3.3 할론소화설비가 설치된 부분의 출입구 등의 보기 쉬운 곳에 소화약제의 방출을 표시하는 표시등을 설치해야 한다.

2.4 제어반 등

2.4.1 할론소화설비의 제어반 및 화재표시반은 다음의 기준에 따라 설치해야 한다. 다만, 자동화재탐지설비의 수신기 제어반이 화재표시반의 기능을 가지고 있는 것은 화재표시반을 설치하지 않을 수 있다.

    2.4.1.1 제어반은 수동기동장치 또는 감지기에서의 신호를 수신하여 음향경보장치의 작동, 소화약제의 방출 또는 지연 등 기타의 제어기능을 가진 것으로 하고, 제어반에는 전원표시등을 설치할 것

    2.4.1.2 화재표시반은 제어반에서의 신호를 수신하여 작동하는 기능을 가진 것으로 하되, 다음의 기준에 따라 설치할 것

        2.4.1.2.1 각 방호구역마다 음향경보장치의 조작 및 감지기의 작동을 명시하는 표시등과 이와 연동하여 작동하는 벨·버저 등의 경보기를 설치할 것. 이 경우 음향경보장치의 조작 및 감지기의 작동을 명시하는 표시등을 겸용할 수 있다.

        2.4.1.2.2 수동식 기동장치는 그 방출용스위치의 작동을 명시하는 표시등을 설치할 것

        2.4.1.2.3 소화약제의 방출을 명시하는 표시등을 설치할 것

        2.4.1.2.4 자동식 기동장치는 자동·수동의 절환을 명시하는 표시등을 설치할 것

    2.4.1.3 제어반 및 화재표시반은 화재 및 침수 등의 재해로 인한 피해를 받을 우려가 없고 점검에 편리한 장소에 설치할 것

    2.4.1.4 제어반 및 화재표시반에는 해당 회로도 및 취급설명서를 비치할 것

2.5 배관

2.5.1 할론소화설비의 배관은 다음의 기준에 따라 설치해야 한다.

    2.5.1.1 배관은 전용으로 할 것

    2.5.1.2 강관을 사용하는 경우의 배관은 압력배관용탄소강관(KS D 3562)중 스케줄 40 이상의 것 또는 이와 동등 이상의 강도를 가진 것으로서 아연도금 등에 따라 방식 처리된 것을 사용할 것

    2.5.1.3 동관을 사용하는 경우에는 이음이 없는 동 및 동합금관(KS D 5301)의 것으로서 고압식은 16.5 ㎫ 이상, 저압식은 3.75 ㎫ 이상의 압력에 견딜 수 있는 것을 사용할 것

    2.5.1.4 배관 부속 및 밸브류는 강관 또는 동관과 동등 이상의 강도 및 내식성이 있는 것으로 할 것

2.6 선택밸브

2.6.1 하나의 특정소방대상물 또는 그 부분에 2 이상의 방호구역 또는 방호대상물이 있어 소화

약제 저장용기를 공용하는 경우에는 다음의 기준에 따라 선택밸브를 설치해야 한다.

2.6.1.1 방호구역 또는 방호대상물마다 설치할 것

2.6.1.2 각 선택밸브에는 해당 방호구역 또는 방호대상물을 표시할 것

2.7 분사헤드

2.7.1 전역방출방식의 할론소화설비의 분사헤드는 다음의 기준에 따라 설치해야 한다.

2.7.1.1 방출된 소화약제가 방호구역의 전역에 균일하고 신속하게 확산할 수 있도록 할 것

2.7.1.2 할론 2402를 방출하는 분사헤드는 해당 소화약제가 무상으로 분무되는 것으로 할 것

2.7.1.3 분사헤드의 방출압력은 할론 2402를 방출하는 것은 0.1 ㎫ 이상, 할론 1211을 방출하는 것은 0.2 ㎫ 이상, 할론 1301을 방출하는 것은 0.9 ㎫ 이상으로 할 것

2.7.1.4 2.2에 따른 기준저장량의 소화약제를 10초 이내에 방출할 수 있는 것으로 할 것

2.7.2 국소방출방식의 할론소화설비의 분사헤드는 다음의 기준에 따라 설치해야 한다.

2.7.2.1 소화약제의 방출에 따라 가연물이 비산하지 않는 장소에 설치할 것

2.7.2.2 할론 2402를 방출하는 분사헤드는 해당 소화약제가 무상으로 분무되는 것으로 할 것

2.7.2.3 분사헤드의 방출압력은 할론 2402를 방출하는 것은 0.1 ㎫ 이상, 할론 1211을 방출하는 것은 0.2 ㎫ 이상, 할론 1301을 방출하는 것은 0.9 ㎫ 이상으로 할 것

2.7.2.4 2.2에 따른 기준저장량의 소화약제를 10초 이내에 방출할 수 있는 것으로 할 것

2.7.3 화재 시 현저하게 연기가 찰 우려가 없는 장소로서 다음의 어느 하나에 해당하는 장소에는 호스릴방식의 할론소화설비를 설치할 수 있다. 다만, 차고 또는 주차의 용도로 사용되는 장소는 제외한다. < 개정 2023.2.10. >

2.7.3.1 지상 1층 및 피난층에 있는 부분으로서 지상에서 수동 또는 원격조작에 따라 개방할 수 있는 개구부의 유효면적의 합계가 바닥면적의 15 % 이상이 되는 부분

2.7.3.2 전기설비가 설치되어 있는 부분 또는 다량의 화기를 사용하는 부분(해당 설비의 주위 5 m 이내의 부분을 포함한다)의 바닥면적이 해당 설비가 설치되어 있는 구획의 바닥면적의 5분의 1 미만이 되는 부분

2.7.4 호스릴방식의 할론소화설비는 다음의 기준에 따라 설치해야 한다. < 개정 2023.2.10. >

2.7.4.1 방호대상물의 각 부분으로부터 하나의 호스접결구까지의 수평거리가 20 m 이하가 되도록 할 것

2.7.4.2 소화약제 저장용기의 개방밸브는 호스릴의 설치장소에서 수동으로 개폐할 수 있

는 것으로 할 것

2.7.4.3 소화약제 저장용기는 호스릴을 설치하는 장소마다 설치할 것

2.7.4.4 호스릴방식의 할론소화설비의 노즐은 20 ℃에서 하나의 노즐마다 1분당 다음 표 2.7.4.4에 따른 소화약제를 방출할 수 있는 것으로 할 것 <개정 2023.2.10. >

표 2.7.4.4 호스릴할론소화설비의 소화약제 종별 1분당 방출하는 소화약제의 양

소화약제의 종별	1분당 방출하는 소화약제의 양
할론 2402	45 kg
할론 1211	40 kg
할론 1301	35 kg

2.7.4.5 소화약제 저장용기의 가장 가까운 곳의 보기 쉬운 곳에 적색의 표시등을 설치하고, 호스릴방식의 할론소화설비가 있다는 뜻을 표시한 표지를 할 것 <개정 2023.2.10. >

2.7.5 할론소화설비의 분사헤드의 오리피스구경 등은 다음의 기준에 적합해야 한다.

2.7.5.1 분사헤드에는 부식방지조치를 해야 하며 오리피스의 크기, 제조일자, 제조업체가 표시되도록 할 것

2.7.5.2 분사헤드의 개수는 방호구역에 소화약제의 방출 시간이 충족되도록 설치할 것

2.7.5.3 분사헤드의 방출률 및 방출압력은 제조업체에서 정한 값으로 할 것

2.7.5.4 분사헤드의 오리피스의 면적은 분사헤드가 연결되는 배관구경 면적의 70 % 이하가 되도록 할 것

2.8 자동식 기동장치의 화재감지기

2.8.1 할론소화설비의 자동식 기동장치는 다음의 기준에 따른 화재감지기를 설치해야 한다.

2.8.1.1 각 방호구역 내의 화재감지기의 감지에 따라 작동되도록 할 것

2.8.1.2 화재감지기의 회로는 교차회로방식으로 설치할 것. 다만, 화재감지기를 「자동화재탐지설비 및 시각경보장치의 화재안전기술기준(NFTC 203)」 2.4.1 단서의 각 감지기로 설치하는 경우에는 그렇지 않다.

2.8.1.3 교차회로 내의 각 화재감지기회로별로 설치된 화재감지기 1개가 담당하는 바닥면적은 「자동화재탐지설비 및 시각경보장치의 화재안전기술기준(NFPC 203)」 2.4.3.5, 2.4.3.8부터 2.4.3.10까지의 규정에 따른 바닥면적으로 할 것

2.9 음향경보장치

2.9.1 할론소화설비의 음향경보장치는 다음의 기준에 따라 설치해야 한다.

2.9.1.1 수동식 기동장치를 설치한 것은 그 기동장치의 조작과정에서, 자동식 기동장치를 설치한 것은 화재감지기와 연동하여 자동으로 경보를 발하는 것으로 할 것

2.9.1.2 소화약제의 방출 개시 후 1분 이상 경보를 계속할 수 있는 것으로 할 것

2.9.1.3 방호구역 또는 방호대상물이 있는 구획 안에 있는 자에게 유효하게 경보할 수 있는 것으로 할 것

2.9.2 방송에 따른 경보장치를 설치할 경우에는 다음의 기준에 따라야 한다.

2.9.2.1 증폭기 재생장치는 화재 시 연소의 우려가 없고, 유지관리가 쉬운 장소에 설치할 것

2.9.2.2 방호구역 또는 방호대상물이 있는 구획의 각 부분으로부터 하나의 확성기까지의 수평거리는 25 m 이하가 되도록 할 것

2.9.2.3 제어반의 복구스위치를 조작하여도 경보를 계속 발할 수 있는 것으로 할 것

2.10 자동폐쇄장치

2.10.1 전역방출방식의 할론소화설비를 설치한 특정소방대상물 또는 그 부분에 대하여는 다음의 기준에 따라 자동폐쇄장치를 설치해야 한다.

2.10.1.1 환기장치 등을 설치한 것은 소화약제가 방출되기 전에 해당 환기장치 등이 정지될 수 있도록 할 것

2.10.1.2 개구부가 있거나 천장으로부터 1 m 이상의 아랫부분 또는 바닥으로부터 해당 층의 높이의 3분의 2 이내의 부분에 통기구가 있어 소화약제의 유출에 따라 소화효과를 감소시킬 우려가 있는 것은 소화약제가 방출되기 전에 해당 개구부 및 통기구를 폐쇄할 수 있도록 할 것

2.10.1.3 자동폐쇄장치는 방호구역 또는 방호대상물이 있는 구획의 밖에서 복구할 수 있는 구조로 하고, 그 위치를 표시하는 표지를 할 것

2.11 비상전원

2.11.1 할론소화설비(호스릴할론소화설비를 제외한다)에는 자가발전설비, 축전지설비(제어반에 내장하는 경우를 포함한다. 이하 같다) 또는 전기저장장치(외부 전기에너지를 저장해 두었다가 필요한 때 전기를 공급하는 장치. 이하 같다)에 따른 비상전원을 다음의 기준에 따라 설치해야 한다. 다만, 2 이상의 변전소(「전기사업법」 제67조에 따른 변전소를 말한다. 이하 같다)에서 전력을 동시에 공급받을 수 있거나 하나의 변전소로부터 전력의 공급이 중단되는 때에는 자동으로 다른 변전소로부터 전력을 공급받을 수 있도록 상용전원을 설치한 경우에는 비상전원을 설치하지 않을 수 있다.

2.11.1.1 점검에 편리하고 화재 및 침수 등의 재해로 인한 피해를 받을 우려가 없는 곳에 설치할 것

2.11.1.2 할론소화설비를 유효하게 20분 이상 작동할 수 있어야 할 것

2.11.1.3 상용전원으로부터 전력의 공급이 중단된 때에는 자동으로 비상전원으로부터 전력을 공급받을 수 있도록 할 것

2.11.1.4 비상전원의 설치장소는 다른 장소와 방화구획 할 것. 이 경우 그 장소에는 비상전원의 공급에 필요한 기구나 설비 외의 것(열병합발전설비에 필요한 기구나 설비는 제외한다)을 두어서는 아니 된다.

2.11.1.5 비상전원을 실내에 설치하는 때에는 그 실내에 비상조명등을 설치할 것

2.12 설계프로그램

2.12.1 할론소화설비를 설계프로그램을 이용하여 설계할 경우에는 「가스계소화설비 설계프로그램의 성능인증 및 제품검사의 기술기준」에 적합한 설계프로그램을 사용해야 한다.

소방시설관리사 기출문제

[6회 설계] 할론 1301 소화설비 배관으로 강관을 사용할 경우 배관 기준을 쓰시오.

소방기술사 기출문제

[95회] 다음과 같은 소화설비의 종류별로 호스릴 소화설비를 적용하고자 한다. 세부적인 설
치기준에 대하여 각각 설명하시오.
① 포 소화설비
② 이산화탄소 소화설비
③ 할론 소화설비
④ 분말 소화설비

할로겐화합물 및 불활성기체 소화설비의 화재안전기술기준(NFTC 107A)

[시행 2023. 8. 9.] [국립소방연구원공고 제2023-20호, 2023. 8. 9., 일부개정]

1. 일반사항

1.1 적용범위

1.1.1 이 기준은 「소방시설 설치 및 관리에 관한 법률 시행령」(이하 "영"이라 한다) 별표 4 제1호바목에 따른 물분무등소화설비 중 할로겐화합물 및 불활성기체소화설비의 설치 및 관리에 대해 적용한다.

1.2 기준의 효력

1.2.1 이 기준은 「소방시설 설치 및 관리에 관한 법률」(이하 "법"이라 한다) 제2조제1항제6호나목에 따라 물분무등소화설비인 할로겐화합물 및 불활성기체소화설비의 기술기준으로서의 효력을 가진다.

1.2.2 이 기준에 적합한 경우에는 법 제2조제1항제6호나목에 따라 「할로겐화합물 및 불활성기체소화설비의 화재안전성능기준(NFPC 107A)」을 충족하는 것으로 본다.

1.3 기준의 시행

1.3.1 이 기준은 2023년 8월 9일부터 시행한다.

1.4 기준의 특례

1.4.1 소방본부장 또는 소방서장은 기존건축물이 증축·개축·대수선되거나 용도변경 되는 경우에 있어서 이 기준이 정하는 기준에 따라 해당 건축물에 설치해야 할 할로겐화합물 및 불활성기체소화설비의 배관·배선 등의 공사가 현저하게 곤란하다고 인정되는 경우에는 해당 설비의 기능 및 사용에 지장이 없는 범위에서 이 기준의 일부를 적용하지 않을 수 있다.

1.5 경과조치

1.5.1 이 기준 시행 전에 건축허가 등의 신청 또는 신고를 하거나 소방시설공사의 착공신고를 한 특정소방대상물에 대해서는 종전의 기준에 따른다.

1.5.2 이 기준 시행 전에 1.5.1에 따른 신청 또는 신고를 한 경우라도 개정 기준이 종전의 기준에 비하여 관계인에게 유리한 경우에는 개정 기준에 따를 수 있다.

1.6 다른 법령과의 관계

1.6.1 이 기준 시행 당시 다른 법령 또는 행정규칙 등에서 종전의 화재안전기준을 인용한 경우에 이 기준 가운데 그에 해당하는 규정이 있는 경우에는 종전의 규정에 갈음하여 이 기준의 해당 규정을 인용한 것으로 본다.

1.7 용어의 정의

1.7.1 이 기준에서 사용하는 용어의 정의는 다음과 같다.

1.7.1.1 "할로겐화합물 및 불활성기체소화약제"란 할로겐화합물(할론 1301, 할론 2402, 할론 1211 제외) 및 불활성기체로서 전기적으로 비전도성이며 휘발성이 있거나 증발 후 잔여물을 남기지 않는 소화약제를 말한다.

1.7.1.2 "할로겐화합물소화약제"란 불소, 염소, 브롬 또는 요오드 중 하나 이상의 원소를 포함하고 있는 유기화합물을 기본성분으로 하는 소화약제를 말한다.

1.7.1.3 "불활성기체소화약제"란 헬륨, 네온, 아르곤 또는 질소가스 중 하나 이상의 원소를 기본성분으로 하는 소화약제를 말한다.

1.7.1.4 "충전밀도"란 소화약제의 중량과 소화약제 저장용기의 내부 용적과의 비(중량/용적)를 말한다.

1.7.1.5 "방화문"이란 「건축법 시행령」 제64조의 규정에 따른 60분+ 방화문, 60분 방화문 또는 30분 방화문을 말한다.

1.7.1.6 "교차회로방식"이란 하나의 방호구역 내에 2 이상의 화재감지기회로를 설치하고 인접한 2 이상의 화재감지기가 화재를 감지하는 때에 소화설비가 작동하는 방식을 말한다.

1.7.1.7 "방호구역"이란 소화설비의 소화범위 내에 포함된 영역을 말한다.

1.7.1.8 "별도 독립방식"이란 소화약제 저장용기와 배관을 방호구역별로 독립적으로 설치하는 방식을 말한다.

1.7.1.9 "선택밸브"란 2 이상의 방호구역 또는 방호대상물이 있어 소화수 또는 소화약제를 해당하는 방호구역 또는 방호대상물에 선택적으로 방출되도록 제어하는 밸브를 말한다.

1.7.1.10 "설계농도"란 방호대상물 또는 방호구역의 소화약제 저장량을 산출하기 위한 농도로서 소화농도에 안전율을 고려하여 설정한 농도를 말한다.

1.7.1.11 "소화농도"란 규정된 실험 조건의 화재를 소화하는데 필요한 소화약제의 농도(형식승인대상의 소화약제는 형식승인된 소화농도)를 말한다.

1.7.1.12 "집합관"이란 개별 소화약제(가압용 가스 포함) 저장용기의 방출관이 연결되어 있는 관을 말한다.

1.7.1.13 "최대허용 설계농도"란 사람이 상주하는 곳에 적용하는 소화약제의 설계농도로서, 인체의 안전에 영향을 미치지 않는 농도를 말한다.

2. 기술기준

2.1 소화약제의 종류

2.1.1 소화설비에 적용되는 할로겐화합물 및 불활성기체소화약제는 다음 표 2.1.1에서 정하는 것에 한한다.

표 2.1.1 소화약제의 종류 및 화학식

소화약제	화학식
퍼플루오로부탄(이하 "FC-3-1-10"이라 한다)	C_4F_{10}
하이드로클로로플루오로카본혼화제 (이하 "HCFC BLEND A"라 한다)	HCFC-123($CHCl_2CF_3$) : 4.75 % HCFC-22($CHClF_2$) : 82 % HCFC-124($CHClFCF_3$) : 9.5 % $C_{10}H_{16}$: 3.75 %
글로로테트라플루오르에탄 (이하 "HCFC-124"라 한다)	$CHClFCF_3$
펜타플루오로에탄(이하 "HFC-125"라 한다)	CHF_2CF_3
헵타플루오로프로판(이하 "HFC-227ea"라 한다)	CF_3CHFCF_3
트리플루오로메탄(이하 "HFC-23"이라 한다)	CHF_3
헥사플루오로프로판(이하 "HFC-236fa"라 한다)	$CF_3CH_2CF_3$
트리플루오로이오다이드(이하 "FIC-13I1"이라 한다)	CF_3I
불연성·불활성기체혼합가스(이하 "IG-01"이라 한다)	Ar
불연성·불활성기체혼합가스(이하 "IG-100"이라 한다)	N_2
불연성·불활성기체혼합가스(이하 "IG-541"이라 한다)	N_2 : 52 %, Ar : 40 %, CO_2 : 8 %
불연성·불활성기체혼합가스(이하 "IG-55"라 한다)	N_2 : 50 %, Ar : 50 %
도데카플루오로-2-메틸펜탄-3-원 (이하 "FK-5-1-12"라 한다)	$CF_3CF_2C(O)CF(CF_3)_2$

2.2 설치제외

2.2.1 할로겐화합물 및 불활성기체소화설비는 다음의 장소에는 설치할 수 없다.

2.2.1.1 사람이 상주하는 곳으로써 2.4.2의 최대허용 설계농도를 초과하는 장소

2.2.1.2 「위험물안전관리법 시행령」 별표 1의 제3류위험물 및 제5류위험물을 저장·보관·사용하는 장소. 다만, 소화성능이 인정되는 위험물은 제외한다.

2.3 저장용기

2.3.1 할로겐화합물 및 불활성기체 소화약제의 저장용기는 다음의 기준에 적합한 장소에 설치해야 한다.

[그림] 저장용기실

2.3.1.1 방호구역 외의 장소에 설치할 것. 다만, 방호구역 내에 설치할 경우에는 피난 및 조작이 용이하도록 피난구 부근에 설치해야 한다.

2.3.1.2 온도가 55 ℃ 이하이고, 온도 변화가 작은 곳에 설치할 것

2.3.1.3 직사광선 및 빗물이 침투할 우려가 없는 곳에 설치할 것

2.3.1.4 저장용기를 방호구역외에 설치한 경우에는 방화문으로 구획된 실에 설치할 것

2.3.1.5 용기의 설치장소에는 해당 용기가 설치된 곳임을 표시하는 표지를 할 것

2.3.1.6 용기 간의 간격은 점검에 지장이 없도록 3 ㎝ 이상의 간격을 유지할 것

2.3.1.7 저장용기와 집합관을 연결하는 연결배관에는 체크밸브를 설치할 것. 다만, 저장용기가 하나의 방호구역만을 담당하는 경우에는 그렇지 않다.

2.3.2 할로겐화합물 및 불활성기체소화약제의 저장용기는 다음의 기준에 적합해야 한다.

2.3.2.1 저장용기의 충전밀도 및 충전압력은 표 2.3.2.1(1) 및 표 2.3.2.1(2)에 따를 것

표 2.3.2.1(1) 할로겐화합물소화약제 저장용기의 충전밀도·충전압력 및 배관의 최소사용설계압력

(가) 소화약제 (나) 항목	(다) HFC-227ea				(라) FC-3-1-10	(마) HCFC BLEND A	
최대충전밀도(kg/m³)	1,265	1,201.4	1,153.3	1,153.3	1,281.4	900.2	900.2
21℃ 충전압력(kPa)	303*	1,034*	2,482*	4,137*	2,482*	4,137*	2,482*
최소사용 설계압력 (kPa)	2,868	1,379	2,868	5,654	2,482	4,689	2,979

(바)소화약제 (사)항목	(아) HFC-23						(자) HCFC-124	
최대충전밀도(kg/m³)	865	768.9	720.8	640.7	560.6	480.6	1,185.4	1,185.4
21℃ 충전압력(kPa)	4,198**	4,198**	4,198**	4,198**	4,198**	4,198**	1,655*	2,482*
최소사용 설계압력 (kPa)	12,038	9,453	8,605	7,626	6,943	6,392	1,951	3,199

(차)소화약제 (카) 항목	(타) HFC-125		(파) HFC-236fa			(하) FK-5-1-12					
최대충전밀도(kg/m³)	865	897	1,185.4	1,201.4	1,185.4	1,441.7	1,441.7	1,441.7	1,201	1,441.7	1,121
21℃ 충전압력(kPa)	2,482*	4,137*	1,655*	2,482*	4,137*	1,034*	1,344*	2,482*	3,447*	4,206*	6,000*
최소사용 설계압력 (kPa)	3,392	5,764	1,931	3,310	6,068	1,034	1,344	2,482	3,447	4,206	6,000

[비고] 1. "*" 표시는 질소로 축압한 경우를 표시한다.
　　　 2. "**" 표시는 질소로 축압하지 않은 경우를 표시한다.
　　　 3. 소화약제 방출을 위해 별도의 용기로 질소를 공급하는 경우 배관의 최소사용설계압력은 충전된 질소압력에 따른다. 다만, 다음 각 목에 해당하는 경우에는 조정된 질소의 공급압력을 최소사용설계압력으로 적용할 수 있다.
　　　 가. 질소의 공급압력을 조정하기 위해 감압장치를 설치할 것
　　　 나. 폐쇄할 우려가 있는 배관 구간에는 배관의 최대허용압력 이하에서 작동하는 안전장치를 설치할 것

표 2.3.2.1(2) 불활성기체소화약제 저장용기의 충전밀도 · 충전압력 및 배관의 최소사용설계압력

(거) 소화약제 (너) 항목		(더) IG-01			(러) IG-541			(머) IG-55			(버) IG-100		
21℃ 충전압력 (kPa)		16,341	20,436	31,097	14,997	19,996	31,125	15,320	20,423	30,634	16,575	22,312	28,000
최소사용 설계압력 (kPa)	1차 측	16,341	20,436	31,097	14,997	19,996	31,125	15,320	20,423	30,634	16,575	22,312	28,000
	2차 측	"[비고] 2" 참조											

[비고] 1. 1차 측과 2차 측은 감압장치를 기준으로 한다.
　　　 2. 2차 측의 최소사용설계압력은 제조사의 설계프로그램에 의한 압력 값에 따른다.
　　　 3. 저장용기에 소화약제가 21℃ 충전압력보다 낮은 압력으로 충전되어 있는 경우에는 실제 저장용기에 충전되어 있는 압력 값을 1차측 최소사용설계압력으로 적용할 수 있다.

2.3.2.2 저장용기는 약제명 · 저장용기의 자체중량과 총중량 · 충전일시 · 충전압력 및 약제의 체적을 표시할 것

2.3.2.3 동일 집합관에 접속되는 저장용기는 동일한 내용적을 가진 것으로 충전량 및 충전압력이 같도록 할 것

2.3.2.4 저장용기에 충전량 및 충전압력을 확인할 수 있는 장치를 하는 경우에는 해당 소화약제에 적합한 구조로 할 것

2.3.2.5 저장용기의 약제량 손실이 5 %를 초과하거나 압력손실이 10 %를 초과할 경우에는 재충전하거나 저장용기를 교체할 것. 다만, 불활성기체 소화약제 저장용기의 경우에는 압력손실이 5 %를 초과할 경우 재충전하거나 저장용기를 교체해야 한다.

2.3.3 하나의 방호구역을 담당하는 저장용기의 소화약제의 체적 합계보다 소화약제의 방출 시 방출경로가 되는 배관(집합관을 포함한다)의 내용적의 비율이 할로겐화합물 및 불활성기체소화약제 제조업체(이하 "제조업체"라 한다)의 설계기준에서 정한 값 이상일 경우에는 해당 방호구역에 대한 설비는 별도 독립방식으로 해야 한다.

2.4 소화약제량의 산정

2.4.1 소화약제의 저장량은 다음의 기준에 따른다.

2.4.1.1 할로겐화합물소화약제는 다음 식 (2.4.1.1)에 따라 산출한 양 이상으로 할 것

$$W = V / S \times [C / (100 - C)] \qquad \cdots (2.4.1.1)$$

여기에서, W : 소화약제의 무게(kg)

　　　　　V : 방호구역의 체적(m^3)

　　　　　C : 체적에 따른 소화약제 설계농도(%)

　　　　　S : 소화약제별 선형상수($K_1 + K_2 \times t$)(m^3/kg)

　　　　　※ t : 방호구역의 최소예상온도(℃)

소화약제	K_1	K_2
FC-3-1-10	0.094104	0.00034455
HCFC BLEND A	0.2413	0.00088
HCFC-124	0.1575	0.0006
HFC-125	0.1825	0.0007
HFC-227ea	0.1269	0.0005
HFC-23	0.3164	0.0012
HFC-236fa	0.1413	0.0006
FIC-13I1	0.1138	0.0005
FK-5-1-12	0.0664	0.0002741

2.4.1.2 불활성기체소화약제는 다음 식 (2.4.1.2)에 따라 산출한 양 이상으로 할 것

$$X = 2.303(Vs / S) \times Log10 [100 / (100 - C)] \qquad \cdots (2.4.1.2)$$

여기에서, X : 공간체적당 더해진 소화약제의 부피(m^3/m^3)

　　　　　C : 체적에 따른 소화약제 설계농도(%)

V_s : 20 ℃에서 소화약제의 비체적(m^3/kg)

S : 소화약제별 선형상수($K_1 + K_2 \times t$)(m^3/kg)

※ t : 방호구역의 최소예상온도(℃)

소화약제	K_1	K_2
IG-01	0.5685	0.00208
IG-100	0.7997	0.00293
IG-541	0.65799	0.00293
IG-55	0.6598	0.00242

2.4.1.3 체적에 따른 소화약제의 설계농도(%)는 상온에서 제조업체의 설계기준에서 정한 실험수치를 적용한다. 이 경우 설계농도는 소화농도(%)에 안전계수(A·C급 화재 1.2, B급 화재 1.3)를 곱한 값으로 할 것

2.4.2 2.4.1의 기준에 의해 산출한 소화약제량은 사람이 상주하는 곳에서는 표 2.4.2에 따른 최대허용 설계농도를 초과할 수 없다.

표 2.4.2 할로겐화합물 및 불활성기체소화약제 최대허용 설계농도

소화약제	최대허용 설계농도(%)
FC-3-1-10	40
HCFC BLEND A	10
HCFC-124	1.0
HFC-125	11.5
HFC-227ea	10.5
HFC-23	30
HFC-236fa	12.5
FIC-13I1	0.3
FK-5-1-12	10
IG-01	43
IG-100	43
IG-541	43
IG-55	43

2.4.3 방호구역이 2 이상인 장소의 소화설비가 2.3.3의 기준에 해당하지 않는 경우에 한하여 가장 큰 방호구역에 대하여 2.4.1의 기준에 의해 산출한 양 이상이 되도록 해야 한다.

2.5 기동장치

2.5.1 할로겐화합물 및 불활성기체소화설비의 수동식 기동장치는 다음의 기준에 따라 설치해야 한다. 이 경우 **수동식 기동장치의 부근에는 소화약제의 방출을 지연시킬 수 있는 방출**

지연스위치(자동복귀형 스위치로서 수동식 기동장치의 타이머를 순간 정지시키는 기능의 스위치를 말한다)를 설치해야 한다.

[그림] 수동조작함

2.5.1.1 방호구역마다 설치할 것

2.5.1.2 해당 방호구역의 출입구 부근 등 조작을 하는 자가 쉽게 피난할 수 있는 장소에 설치할 것

2.5.1.3 기동장치의 조작부는 바닥으로부터 0.8 m 이상 1.5 m 이하의 위치에 설치하고, 보호판 등에 따른 보호장치를 설치할 것

2.5.1.4 기동장치 인근의 보기 쉬운 곳에 "할로겐화합물 및 불활성기체소화설비 수동식 기동장치"라는 표지를 할 것

2.5.1.5 전기를 사용하는 기동장치에는 전원표시등을 설치할 것

2.5.1.6 기동장치의 방출용스위치는 음향경보장치와 연동하여 조작될 수 있는 것으로 할 것

2.5.1.7 50 N 이하의 힘을 가하여 기동할 수 있는 구조로 할 것

2.5.2 할로겐화합물 및 불활성기체소화설비의 자동식 기동장치는 자동화재탐지설비의 감지기의 작동과 연동하는 것으로서 다음의 기준에 따라 설치해야 한다.

2.5.2.1 자동식 기동장치에는 수동으로도 기동할 수 있는 구조로 할 것

2.5.2.2 **전기식 기동장치**로서 7병 이상의 저장용기를 동시에 개방하는 설비는 2병 이상의 저장용기에 전자 개방밸브를 부착할 것

2.5.2.3 **가스압력식 기동장치**는 다음의 기준에 따를 것

2.5.2.3.1 기동용가스용기 및 해당 용기에 사용하는 밸브는 25 ㎫ 이상의 압력에 견딜 수 있는 것으로 할 것

2.5.2.3.2 기동용가스용기에는 내압시험압력의 0.8배부터 내압시험압력 이하에서 작
동하는 안전장치를 설치할 것

2.5.2.3.3 기동용가스용기의 체적은 5 L 이상으로 하고, 해당 용기에 저장하는 질소
등의 비활성기체는 6.0 ㎫ 이상(21℃ 기준)의 압력으로 충전할 것. 다만, 기
동용가스용기의 체적을 1 L 이상으로 하고, 해당 용기에 저장하는 이산화탄
소의 양은 0.6 kg 이상으로 하며, 충전비는 1.5 이상 1.9 이하의 기동용가스
용기로 할 수 있다.

2.5.2.3.4 질소 등의 비활성기체 기동용가스용기에는 충전 여부를 확인할 수 있는 압
력게이지를 설치할 것

2.5.2.4 기계식 기동장치는 저장용기를 쉽게 개방할 수 있는 구조로 할 것

2.5.3 할로겐화합물 및 불활성기체소화설비가 설치된 부분의 출입구 등의 보기 쉬운 곳에 소화
약제의 방출을 표시하는 표시등을 설치해야 한다.

2.6 제어반 등

2.6.1 할로겐화합물 및 불활성기체소화설비의 제어반 및 화재표시반은 다음의 기준에 따라 설
치해야 한다. 다만, 자동화재탐지설비의 수신기 제어반이 화재표시반의 기능을 가지고
있는 것은 화재표시반을 설치하지 않을 수 있다.

[그림] 제어반 및 화재표시반

2.6.1.1 제어반은 수동기동장치 또는 감지기에서의 신호를 수신하여 음향경보장치의 작
동, 소화약제의 방출 또는 지연 등 기타의 제어기능을 가진 것으로 하고, 제어반
에는 전원표시등을 설치할 것

2.6.1.2 **화재표시반**은 제어반에서의 신호를 수신하여 작동하는 기능을 가진 것으로 하되, 다음의 기준에 따라 설치할 것

2.6.1.2.1 각 방호구역마다 음향경보장치의 조작 및 감지기의 작동을 명시하는 표시등과 이와 연동하여 작동하는 벨·버저 등의 경보기를 설치할 것. 이 경우 음향경보장치의 조작 및 감지기의 작동을 명시하는 표시등을 겸용할 수 있다.

2.6.1.2.2 수동식 기동장치는 그 방출용스위치의 작동을 명시하는 표시등을 설치할 것

2.6.1.2.3 소화약제의 방출을 명시하는 표시등을 설치할 것

2.6.1.2.4 자동식 기동장치는 자동·수동의 절환을 명시하는 표시등을 설치할 것

2.6.1.3 제어반 및 화재표시반은 화재 및 침수 등의 재해로 인한 피해를 받을 우려가 없고 점검에 편리한 장소에 설치할 것

2.6.1.4 제어반 및 화재표시반에는 해당 회로도 및 취급설명서를 비치할 것

2.7 배관

2.7.1 할로겐화합물 및 불활성기체소화설비의 배관은 다음의 기준에 따라 설치해야 한다.

2.7.1.1 배관은 전용으로 할 것

2.7.1.2 배관·배관부속 및 밸브류는 저장용기의 방출 내압을 견딜 수 있어야 하며, 다음의 기준에 적합할 것. 이 경우 설계내압은 표 2.3.2.1(1) 및 표 2.3.2.1(2)에서 정한 최소사용 설계압력 이상으로 해야 한다.

2.7.1.2.1 강관을 사용하는 경우의 배관은 압력배관용탄소강관(KS D 3562) 또는 이와 동등 이상의 강도를 가진 것으로서 아연도금 등에 따라 방식처리 된 것을 사용할 것

2.7.1.2.2 동관을 사용하는 경우의 배관은 이음이 없는 동 및 동합금관(KS D 5301)의 것을 사용할 것

2.7.1.2.3 배관의 두께는 다음의 식 (2.7.1.2.3)에서 구한 값(t) 이상일 것 다만, 방출헤드 설치부는 제외한다.

$$t = \frac{PD}{2SE} + A \qquad \cdots (2.7.1.2.3)$$

여기에서, t : 배관의 두께(㎜)

P : 최대허용압력(㎪)

D : 배관의 바깥지름(㎜)

SE : 최대허용응력(㎪)(배관재질 인장강도의 1/4값과 항복점의 2/3 값 중 작은 값 × 배관이음효율 × 1.2)

> ※ 배관이음효율
> · 이음매 없는 배관 : 1.0
> · 전기저항 용접배관 : 0.85
> · 가열맞대기 용접배관 : 0.60
> A : 나사이음, 홈이음 등의 허용 값(㎜)[헤드 설치부분은 제외한다]
> · 나사이음: 나사의 높이
> · 절단홈이음: 홈의 깊이
> · 용접이음: 0

2.7.1.3 배관부속 및 밸브류는 강관 또는 동관과 동등 이상의 강도 및 내식성이 있는 것으로 할 것

2.7.2 배관과 배관, 배관과 배관 부속 및 밸브류의 접속은 나사접합, 용접접합, 압축접합 또는 플랜지접합 등의 방법을 사용해야 한다.

2.7.3 배관의 구경은 해당 방호구역에 할로겐화합물소화약제는 10초 이내에, 불활성기체소화약제는 A·C급 화재 2분, B급 화재 1분 이내에 방호구역 각 부분에 최소설계농도의 95 % 이상에 해당하는 약제량이 방출되도록 해야 한다.

2.8 선택밸브

2.8.1 하나의 특정소방대상물 또는 그 부분에 2 이상의 방호구역 또는 방호대상물이 있어 소화약제 저장용기를 공용하는 경우에는 다음의 기준에 따라 선택밸브를 설치해야 한다.

[그림] 선택밸브

2.8.1.1 방호구역마다 설치할 것

2.8.1.2 각 선택밸브에는 해당 방호구역을 표시할 것

2.9 분사헤드

2.9.1 할로겐화합물 및 불활성기체소화설비의 분사헤드는 다음의 기준에 따라야 한다.

> 2.9.1.1 분사헤드의 설치 높이는 방호구역의 바닥으로부터 최소 0.2 m 이상 최대 3.7 m
> 이하로 해야 하며 천장높이가 3.7 m를 초과할 경우에는 추가로 다른 열의 분사
> 헤드를 설치할 것. 다만, 분사헤드의 성능인정 범위 내에서 설치하는 경우에는
> 그렇지 않다.
> 2.9.1.2 분사헤드의 개수는 방호구역에 2.7.3에 따른 방출시간이 충족되도록 설치할 것
> 2.9.1.3 분사헤드에는 부식방지조치를 해야 하며 오리피스의 크기, 제조일자, 제조업체
> 가 표시되도록 할 것

2.9.2 분사헤드의 방출률 및 방출압력은 제조업체에서 정한 값으로 할 것

2.9.3 분사헤드의 오리피스의 면적은 분사헤드가 연결되는 배관구경 면적의 70 % 이하가 되도
록 할 것

2.10 자동식 기동장치의 화재감지기

2.10.1 할로겐화합물 및 불활성기체소화설비의 자동식 기동장치는 다음의 기준에 따른 화재감
지기를 설치해야 한다.

2.10.1.1 각 방호구역 내의 화재감지기의 감지에 따라 작동되도록 할 것

2.10.1.2 **화재감지기의 회로는 교차회로방식**으로 설치할 것. 다만, 화재감지기를 「자동화
재탐지설비 및 시각경보장치의 화재안전기술기준(NFTC 203)」 2.4.1 단서의 각
감지기로 설치하는 경우에는 그렇지 않다.

2.10.1.3 교차회로 내의 각 화재감지기회로별로 설치된 화재감지기 1개가 담당하는 바닥
면적은 「자동화재탐지설비 및 시각경보장치의 화재안전기술기준(NFTC 203)」
2.4.3.5, 2.4.3.8부터 2.4.3.10까지의 규정에 따른 바닥면적으로 할 것

2.11 음향경보장치

2.11.1 **할로겐화합물 및 불활성기체소화설비의 음향경보장치**는 다음의 기준에 따라 설치해야 한
다.

> 2.11.1.1 수동식 기동장치를 설치한 것은 그 기동장치의 조작과정에서, 자동식 기동장치
> 를 설치한 것은 화재감지기와 연동하여 자동으로 경보를 발하는 것으로 할 것
> 2.11.1.2 소화약제의 방출 개시 후 1분 이상 경보를 계속할 수 있는 것으로 할 것

2.11.1.3 방호구역 또는 방호대상물이 있는 구획 안에 있는 자에게 유효하게 경보할 수 있는 것으로 할 것

2.11.2 방송에 따른 경보장치를 설치할 경우에는 다음의 기준에 따라야 한다.

2.11.2.1 증폭기 재생장치는 화재 시 연소의 우려가 없고, 유지관리가 쉬운 장소에 설치할 것

2.11.2.2 방호구역 또는 방호대상물이 있는 구획의 각 부분으로부터 하나의 확성기까지의 수평거리는 25 m 이하가 되도록 할 것

2.11.2.3 제어반의 복구스위치를 조작하여도 경보를 계속 발할 수 있는 것으로 할 것

2.12 자동폐쇄장치

2.12.1 할로겐화합물 및 불활성기체소화설비를 설치한 특정소방대상물 또는 그 부분에 대하여는 다음의 기준에 따라 자동폐쇄장치를 설치해야 한다.

2.12.1.1 환기장치 등을 설치한 것은 소화약제가 방출되기 전에 해당 환기장치 등이 정지될 수 있도록 할 것

2.12.1.2 개구부가 있거나 천장으로부터 1 m 이상의 아랫부분 또는 바닥으로부터 해당 층의 높이의 3분의 2 이내의 부분에 통기구가 있어 소화약제의 유출에 따라 소화효과를 감소시킬 우려가 있는 것은 소화약제가 방출되기 전에 해당 개구부 및 통기구를 폐쇄할 수 있도록 할 것

2.12.1.3 자동폐쇄장치는 방호구역 또는 방호대상물이 있는 구획의 밖에서 복구할 수 있는 구조로 하고, 그 위치를 표시하는 표지를 할 것

2.13 비상전원

2.13.1 할로겐화합물 및 불활성기체소화설비에는 **자가발전설비, 축전지설비**(제어반에 내장하는 경우를 포함한다. 이하 같다) 또는 **전기저장장치**(외부 전기에너지를 저장해 두었다가 필요한 때 전기를 공급하는 장치. 이하 같다)에 따른 비상전원을 다음의 기준에 따라 설치해야 한다. 다만, 2 이상의 변전소(「전기사업법」 제67조 에 따른 변전소를 말한다. 이하 같다)에서 전력을 동시에 공급받을 수 있거나 하나의 변전소로부터 전력의 공급이 중단되는 때에는 자동으로 다른 변전소로부터 전력을 공급받을 수 있도록 상용전원을 설치한 경우에는 비상전원을 설치하지 않을 수 있다.

2.13.1.1 점검에 편리하고 화재 및 침수 등의 재해로 인한 피해를 받을 우려가 없는 곳에 설치할 것

2.13.1.2 할로겐화합물 및 불활성기체소화설비를 유효하게 20분 이상 작동할 수 있어야 할 것

2.13.1.3 상용전원으로부터 전력의 공급이 중단된 때에는 자동으로 비상전원으로부터 전력을 공급받을 수 있도록 할 것

2.13.1.4 비상전원의 설치장소는 다른 장소와 방화구획 할 것. 이 경우 그 장소에는 비상전원의 공급에 필요한 기구나 설비 외의 것(열병합발전설비에 필요한 기구나 설비는 제외한다)을 두어서는 아니 된다.

2.13.1.5 비상전원을 실내에 설치하는 때에는 그 실내에 비상조명등을 설치할 것

2.14 과압배출구

2.14.1 할로겐화합물 및 불활성기체소화설비가 설치된 방호구역에는 소화약제 방출 시 과압으로 인한 구조물 등의 손상을 방지하기 위하여 과압배출구를 설치해야 한다.

2.15 설계프로그램

2.15.1 할로겐화합물 및 불활성기체소화설비를 설계프로그램을 이용하여 설계할 경우에는 「가스계소화설비 설계프로그램의 성능인증 및 제품검사의 기술기준」에 적합한 설계프로그램을 사용해야 한다.

소방시설관리사 기출문제

[20회설계] HFC-227ea, FIC-13I1, FK-5-1-12의 화학식을 각각 쓰시오.(3점)

[19회점검] 분사헤드의 오리피스구경 등에 관하여 (   )에 들어갈 내용을 쓰시오. (4점)

구 분	기 준
표시내용	㉠
분사헤드의 개수	㉡
방출율 및 방출압력	㉢
오리피스의 면적	㉣

[19회설계] 할로겐화합물 및 불활성기체소화설비의 화재안전기준(NFSC 107A)에 따른 배관의 구경 선정기준을 쓰시오.(2점)

[18회설계] 가스계 소화설비에 대하여 답하시오.

    (1) 화재안전기준(NFSC 107A) 및 아래 조건에 따라, HCFC BLEND A를 이용한 소화설비를 설치하였을 때 전체 소화약제 저장용기에 저장되는 최소 소화약제의 저장량(kg)을 산출하시오. (6점)

> [조건]
> ◦ 바닥면적 $300m^2$, 높이 4m의 발전실에 소화농도는 7.0%로 한다.
> ◦ 방사시 온도는 20℃, K_1 = 0.2413, K_2 = 0.00088 이다.
> ◦ 저장용기의 규격은 68ℓ, 50kg용이다.

    (2) 위 (1)의 저장용기에 대하여 화재안전기술기준(NFTC 107A)에서 요구하는 저장용기 교체기준을 쓰시오. (2점)

[17회설계] 할로겐화합물 및 불활성기체 소화설비의 화재안전기준(NFSC 107A)에 관한 다음 물음에 답하시오. (단, 계산과정을 쓰고, 계산값은 소수점 셋째자리에서 반올림하여 둘째자리까지 구하시오.) (7점)

> [조건]
> ◦ 최대허용압력 : 16,000kPa
> ◦ 배관의 바깥지름 : 8.5cm
> ◦ 배관 재질 인장 강도 : $410N/mm^2$
> ◦ 항복점: $250N/mm^2$
> ◦ 전기저항 용접 배관 방식이며, 용접 이음을 한다.

① 배관의 최대허용응력(kPa)을 구하시오. (4점)

② 관의 두께(mm)를 구하시오. (3점)

[14회설계] 할로겐화합물 소화약제 중 HCFC BLEND A 화학식과 조성비율을 쓰시오.(5점)

[10회설계] 할로겐화합물 및 불활성기체 소화설비를 설치해서는 안 되는 장소를 쓰시오.(6점)

[10회설계] 저장용기 재충전 또는 교체기준을 쓰시오.

[10회설계] 과압배출구 설치 장소를 쓰시오.

[10회설계] 자동폐쇄장치 설치 기준을 쓰시오.

[10회설계] 다음 물음에 답하시오.

① 최대허용설계농도가 가장 높은 약제명을 쓰시오.(4점)

② 최대허용설계농도가 가장 낮은 약제명을 쓰시오.(4점)

[10회설계] 다음의 용어 정의를 설명하시오.

① 할로겐화합물 및 불활성기체

② 할로겐화합물 소화약제

③ 불활성기체 소화약제

소방기술사 기출문제

[125회] 할로겐화합물 및 불활성기체소화설비 배관의 두께 계산식에 대하여 설명하시오.

[122회] 할로겐화합물 및 불활성기체소화설비 구성요소 중 저장용기의 설치장소 기준과 할로겐화합물 및 불활성기체 소화약제의 구비조건을 설명하시오.

[112회] 할로겐화합물 및 불활성기체 소화설비의 약제량 계산식을 할로겐화합물계열과 불활성기체계열로 구분하여 각각 유도하고 설명하시오.

[108회] 할로겐화합물 및 불활성기체 소화설비의 화재안전기준(NFSC 107A)에 따른 소화약제의 종류, 물질명 및 화학식을 설명하시오.

[107회] 할로겐화합물 및 불활성기체 소화설비의 소화약제 방사시간에 대한 기준과 소화약제 방사시간을 제한하는 목적을 설명하시오.

[105회] 할로겐화합물 및 불활성기체 소화약제량 산정계산식을 기술하고 각 산정 계산식이 다른 이유를 설명하시오.

[103회] 할로겐화합물 및 불활성기체 소화설비의 기동장치 설치기준을 설명하시오.

[101회] 할로겐화합물 및 불활성기체의 종류 및 특징에 대하여 설명하시오.

[100회] 불활성기체 소화약제소화설비의 방호구역 $1m^3$당 필요한 소화약제량을 구하는 공식을 유도하시오.

[97회] 할로겐화합물 소화약제와 불활성기체 소화약제의 소화약제량과 농도 관계식을 구분하여 설명하시오.

[91회] 할로겐화합물 및 불활성기체 소화설비에서 소화약제의 방출시간에 대하여 설명하시오.

[89회] 할로겐화합물 및 불활성기체 소화설비의 화재안전기술기준에 의거 규정된 소화약제의 저장량 산출식을 쓰고 기호를 설명하시오.

[88회] 할로겐화합물 및 불활성기체 소화설비 중 HFC-23 소화설비, HFC-227ea 소화설비, HFC-125 소화설비의 최대 충전밀도(kg/m^3), 최소사용설계압력(kPa), 최대 허용설계농도(%)에 대하여 기술하시오.

[86회] HCFC BLEND A(NAFS-Ⅲ), HALON 1301, HFC-227ea(FM-200), IG-541의 가스소화설비에 대한 각각의 설계농도, 저장압력, 최대한계 흐름량(150mm 배관사용 시의 기준)에 대하여 설명하시오.

[86회] 할로겐화합물 및 불활성기체 소화설비의 분사헤드 설치 및 성능기준에 대하여 설명하시오.

[80회] 할로카본(Halocarbon)계 가스계 소화약제의 약제량 산정식을 유도하고, 식에 나온 변수 이외에 약제량 계산에 영향을 미치는 인자에 대하여 기술하시오.
(소요 약제량 : W, 방호구역 부피: V, 소화약제 설계농도 : C, 소화약제 비체적 : S)

분말소화설비의 화재안전기술기준(NFTC 108)

[시행 2023. 2. 10.] [국립소방연구원공고 제2023-3호, 2023. 2. 10., 일부개정]

1. 일반사항

1.1 적용범위

1.1.1 이 기준은 「소방시설 설치 및 관리에 관한 법률 시행령」(이하 "영"이라 한다) 별표 4 제1
호바목에 따른 물분무등소화설비 중 분말소화설비의 설치 및 관리에 대해 적용한다.

1.2 기준의 효력

1.2.1 이 기준은 「소방시설 설치 및 관리에 관한 법률」(이하 "법"이라 한다) 제2조제1항제6호
나목에 따라 물분무등소화설비인 분말소화설비의 기술기준으로서의 효력을 가진다.

1.2.2 이 기준에 적합한 경우에는 법 제2조제1항제6호나목에 따라 「분말소화설비의 화재안전
성능기준(NFPC 108)」을 충족하는 것으로 본다.

1.3 기준의 시행

1.3.1 이 기준은 2023년 2월 10일부터 시행한다. <개정 2023.2.10.>

1.4 기준의 특례

1.4.1 소방본부장 또는 소방서장은 기존건축물이 증축·개축·대수선되거나 용도변경 되는
경우에 있어서 이 기준이 정하는 기준에 따라 해당 건축물에 설치해야 할 분말소화설비
의 배관·배선 등의 공사가 현저하게 곤란하다고 인정되는 경우에는 해당 설비의 기능
및 사용에 지장이 없는 범위에서 이 기준의 일부를 적용하지 않을 수 있다.

1.5 경과조치

1.5.1 이 기준 시행 전에 건축허가 등의 신청 또는 신고를 하거나 소방시설공사의 착공신고를
한 특정소방대상물에 대해서는 종전의 기준에 따른다. <개정 2023.2.10.>

1.5.2 이 기준 시행 전에 1.5.1에 따른 신청 또는 신고를 한 경우라도 개정 기준이 종전의 기준
에 비하여 관계인에게 유리한 경우에는 개정 기준에 따를 수 있다. <개정 2023.2.10.>

1.6 다른 법령과의 관계

1.6.1 이 기준 시행 당시 다른 법령 또는 행정규칙 등에서 종전의 화재안전기준을 인용한 경우
에 이 기준 가운데 그에 해당하는 규정이 있는 경우에는 종전의 규정에 갈음하여 이 기준
의 해당 규정을 인용한 것으로 본다.

1.7 용어의 정의

1.7.1 이 기준에서 사용하는 용어의 정의는 다음과 같다.

1.7.1.1 "전역방출방식"이란 소화약제 공급장치에 배관 및 분사헤드 등을 설치하여 밀폐 방호구역 내에 분말소화약제를 방출하는 방식을 말한다.

1.7.1.2 "국소방출방식"이란 소화약제 공급장치에 배관 및 분사헤드를 등을 설치하여 직접 화점에 분말소화약제를 방출하는 방식을 말한다.

1.7.1.3 "호스릴방식"이란 소화수 또는 소화약제 저장용기 등에 연결된 호스릴을 이용하여 사람이 직접 화점에 소화수 또는 소화약제를 방출하는 방식을 말한다.

1.7.1.4 "충전비"란 소화약제 저장용기의 내부 용적과 소화약제의 중량과의 비(용적/중량)를 말한다.

1.7.1.5 "집합관"이란 개별 소화약제(가압용 가스 포함) 저장용기의 방출관이 접속되어 있는 관을 말한다.

1.7.1.6 "분기배관"이란 배관 측면에 구멍을 뚫어 둘 이상의 관로가 생기도록 가공한 배관으로서 다음의 분기배관을 말한다.

(1) "확관형 분기배관"이란 배관의 측면에 조그만 구멍을 뚫고 소성가공으로 확관시켜 배관 용접이음자리를 만들거나 배관 용접이음자리에 배관이음쇠를 용접 이음한 배관을 말한다.

(2) "비확관형 분기배관"이란 배관의 측면에 분기호칭내경 이상의 구멍을 뚫고 배관이음쇠를 용접 이음한 배관을 말한다.

1.7.1.7 "교차회로방식"이란 하나의 방호구역 내에 2 이상의 화재감지기회로를 설치하고 인접한 2 이상의 화재감지기에 화재가 감지되는 때에 소화설비가 작동하는 방식을 말한다.

1.7.1.8 "방화문"이란 「건축법 시행령」 제64조의 규정에 따른 60분+ 방화문, 60분 방화문 또는 30분 방화문을 말한다.

1.7.1.9 "방호구역"이란 소화설비의 소화범위 내에 포함된 영역을 말한다.

1.7.1.10 "선택밸브"란 2 이상의 방호구역 또는 방호대상물이 있어 소화수 또는 소화약제를 해당하는 방호구역 또는 방호대상물에 선택적으로 방출되도록 제어하는 밸브를 말한다.

1.7.1.11 "호스릴"이란 원형의 소방호스를 원형의 수납장치에 감아 정리한 것을 말한다.

1.7.1.12 "제1종 분말"이란 탄산수소나트륨을 주성분으로 한 분말소화약제를 말한다.

1.7.1.13 "제2종 분말"이란 탄산수소칼륨을 주성분으로 한 분말소화약제를 말한다.

1.7.1.14 "제3종 분말"이란 인산염을 주성분으로 한 분말소화약제를 말한다.

1.7.1.15 "제4종 분말"이란 탄산수소칼륨과 요소가 화합된 분말소화약제를 말한다.

2. 기술기준

2.1 저장용기

2.1.1 분말소화약제의 저장용기는 다음의 기준에 적합한 장소에 설치해야 한다.

2.1.1.1 방호구역 외의 장소에 설치할 것. 다만, 방호구역 내에 설치할 경우에는 피난 및 조작이 용이하도록 피난구 부근에 설치해야 한다.

2.1.1.2 온도가 40 ℃ 이하이고, 온도 변화가 작은 곳에 설치할 것

2.1.1.3 직사광선 및 빗물이 침투할 우려가 없는 곳에 설치할 것

2.1.1.4 방화문으로 방화구획 된 실에 설치할 것

2.1.1.5 용기의 설치장소에는 해당 용기가 설치된 곳임을 표시하는 표지를 할 것

2.1.1.6 용기 간의 간격은 점검에 지장이 없도록 3 ㎝ 이상의 간격을 유지할 것

2.1.1.7 저장용기와 집합관을 연결하는 연결배관에는 체크밸브를 설치할 것. 다만, 저장용기가 하나의 방호구역만을 담당하는 경우에는 그렇지 않다.

2.1.2 분말소화약제의 저장용기는 다음의 기준에 적합해야 한다.

2.1.2.1 **저장용기의 내용적**은 다음 표 2.1.2.1에 따를 것

표 2.1.2.1 소화약제 종류에 따른 저장용기의 내용적

소화약제의 종류	소화약제 1 kg당 저장용기의 내용적
제1종 분말(탄산수소나트륨을 주성분으로 한 분말)	0.8 L
제2종 분말(탄산수소칼륨을 주성분으로 한 분말)	1.0 L
제3종 분말(인산염을 주성분으로 한 분말)	1.0 L
제4종 분말(탄산수소칼륨과 요소가 화합된 분말)	1.25 L

2.1.2.2 저장용기에는 가압식은 최고사용압력의 1.8배 이하, 축압식은 용기의 내압시험 압력의 0.8배 이하의 압력에서 작동하는 안전밸브를 설치할 것

2.1.2.3 저장용기에는 저장용기의 내부압력이 설정압력으로 되었을 때 주밸브를 개방하는 정압작동장치를 설치할 것

2.1.2.4 저장용기의 충전비는 0.8 이상으로 할 것

2.1.2.5 저장용기 및 배관에는 잔류 소화약제를 처리할 수 있는 청소장치를 설치할 것

2.1.2.6 축압식 저장용기에는 사용압력 범위를 표시한 지시압력계를 설치할 것

2.2 가압용가스용기

2.2.1 분말소화약제의 가스용기는 분말소화약제의 저장용기에 접속하여 설치해야 한다.

2.2.2 **분말소화약제의 가압용가스 용기를 3병 이상 설치한 경우에는 2개 이상의 용기에 전자개방밸브를 부착**해야 한다.

2.2.3 분말소화약제의 가압용가스 용기에는 **2.5 ㎫ 이하의 압력에서 조정이 가능한 압력조정기**를 설치해야 한다.

2.2.4 가압용가스 또는 축압용가스는 다음의 기준에 따라 설치해야 한다.

　2.2.4.1 가압용가스 또는 축압용가스는 질소가스 또는 이산화탄소로 할 것

　2.2.4.2 **가압용가스에 질소가스를 사용하는 것의 질소가스는 소화약제 1 ㎏마다 40 L(35 ℃에서 1기압의 압력상태로 환산한 것) 이상, 이산화탄소를 사용하는 것의 이산화탄소는 소화약제 1 ㎏에 대하여 20 g에 배관의 청소에 필요한 양을 가산한 양 이상으로 할 것**

　2.2.4.3 **축압용가스에 질소가스를 사용하는 것의 질소가스는 소화약제 1 ㎏에 대하여 10 L(35 ℃에서 1기압의 압력상태로 환산한 것) 이상, 이산화탄소를 사용하는 것의 이산화탄소는 소화약제 1 ㎏에 대하여 20 g에 배관의 청소에 필요한 양을 가산한 양 이상으로 할 것**

　2.2.4.4 저장용기 및 배관의 청소에 필요한 양의 가스는 별도의 용기에 저장할 것

2.3 소화약제

2.3.1 분말소화설비에 사용하는 소화약제는 제1종분말·제2종분말·제3종분말 또는 제4종분말로 해야 한다. 다만, **차고 또는 주차장에 설치하는 분말소화설비의 소화약제는 제3종분말**로 해야 한다.

2.3.2 분말소화약제의 저장량은 다음의 기준에 따라야 한다. 이 경우 동일한 특정소방대상물 또는 그 부분에 2 이상의 방호구역 또는 방호대상물이 있는 경우에는 각 방호구역 또는 방호대상물에 대하여 다음 각 기준에 따라 산출한 저장량 중 최대의 것으로 할 수 있다.

　2.3.2.1 전역방출방식은 다음의 기준에 따라 산출한 양 이상으로 할 것

　　2.3.2.1.1 방호구역의 체적 1 m^3에 대하여 다음 표 2.3.2.1.1에 따른 양

표 2.3.2.1.1 소화약제 종류에 따른 소화약제의 양

소화약제의 종류	방호구역의 체적 1 ㎥에 대한 소화약제의 양
제1종 분말	0.60 ㎏
제2종 분말 또는 제3종 분말	0.36 ㎏
제4종 분말	0.24 ㎏

　　2.3.2.1.2 방호구역의 개구부에 자동폐쇄장치를 설치하지 아니한 경우에는 2.3.2.1.1에 따라 산출한 양에 다음 표 2.3.2.1.2에 따라 산출한 양을 가산한 양

표 2.3.2.1.2 소화약제 종류에 따른 개구부 가산량

소화약제의 종류	가산량(개구부의 면적 1 m²에 대한 소화약제의 양)
제1종 분말	4.5 kg
제2종 분말 또는 제3종 분말	2.7 kg
제4종 분말	1.8 kg

2.3.2.2 **국소방출방식**은 다음의 식 (2.3.2.2)에 따라 산출한 양에 1.1을 곱하여 얻은 양 이상으로 할 것

$$Q = X - Y\frac{a}{A} \qquad\qquad \cdots (2.3.2.2)$$

여기에서, Q : 방호공간(방호대상물의 각 부분으로부터 0.6 m의 거리에 따라 둘러싸인 공간을 말한다. 이하 같다) 1 m²에 대한 분말소화약제의 양(kg/m^3)

a : 방호대상물의 주변에 설치된 벽면적의 합계(m^2)

A : 방호공간의 벽면적(벽이 없는 경우에는 벽이 있는 것으로 가정한 당해 부분의 면적)의 합계(m^2)

X 및 Y : 다음 표의 수치

소화약제의 종류	X의 수치	Y의 수치
제1종 분말	5.2	3.9
제2종 분말 또는 제3종 분말	3.2	2.4
제4종 분말	2.0	1.5

2.3.2.3 호스릴분말소화설비는 하나의 노즐에 대하여 다음 표 2.3.2.3에 따른 양 이상으로 할 것

표 2.3.2.3 호스릴분말소화설비의 소화약제 종류에 따른 소화약제의 양

소화약제의 종류	소화약제의 양
제1종 분말	50 kg
제2종 분말 또는 제3종 분말	30 kg
제4종 분말	20 kg

2.4 기동장치

2.4.1 분말소화설비의 수동식 기동장치는 다음의 기준에 따라 설치해야 한다. 이 경우 **수동식 기동장치의 부근에는 소화약제의 방출을 지연시킬 수 있는 방출지연스위치(자동복귀형 스위치로서 수동식 기동장치의 타이머를 순간 정지시키는 기능의 스위치를 말한다)를 설치해야 한다.**

2.4.1.1 전역방출방식은 방호구역마다, 국소방출방식은 방호대상물마다 설치할 것

2.4.1.2 해당 방호구역의 출입구 부근 등 조작을 하는 자가 쉽게 피난할 수 있는 장소에 설치할 것

2.4.1.3 기동장치의 조작부는 **바닥으로부터 0.8 m 이상 1.5 m 이하**의 위치에 설치하고, 보호판 등에 따른 보호장치를 설치할 것

2.4.1.4 기동장치 인근의 보기 쉬운 곳에 "분말소화설비 수동식 기동장치"라는 표지를 할 것

2.4.1.5 전기를 사용하는 기동장치에는 전원표시등을 설치할 것

2.4.1.6 기동장치의 방출용스위치는 음향경보장치와 연동하여 조작될 수 있는 것으로 할 것

2.4.2 분말소화설비의 자동식 기동장치는 자동화재탐지설비의 감지기의 작동과 연동하는 것으로서 다음의 기준에 따라 설치해야 한다.

2.4.2.1 자동식 기동장치에는 수동으로도 기동할 수 있는 구조로 할 것

2.4.2.2 **전기식 기동장치로서 7병 이상의 저장용기를 동시에 개방하는 설비는 2병 이상의 저장용기에 전자 개방밸브를 부착**할 것

2.4.2.3 가스압력식 기동장치는 다음의 기준에 따를 것

2.4.2.3.1 기동용가스용기 및 해당 용기에 사용하는 밸브는 **25 ㎫ 이상의 압력**에 견딜 수 있는 것으로 할 것

2.4.2.3.2 기동용가스용기에는 **내압시험압력의 0.8배부터 내압시험압력 이하**에서 작동하는 안전장치를 설치할 것

2.4.2.3.3 **기동용가스용기의 체적은 5 L 이상으로 하고, 해당 용기에 저장하는 질소 등의 비활성기체는 6.0 ㎫ 이상(21 ℃ 기준)의 압력으로 충전할 것. 다만, 기동용가스용기의 체적을 1 L 이상으로 하고, 해당 용기에 저장하는 이산화탄소의 양은 0.6 ㎏ 이상으로 하며, 충전비는 1.5 이상 1.9 이하**의 기동용가스용기로 할 수 있다.

2.4.2.4 기계식 기동장치는 저장용기를 쉽게 개방할 수 있는 구조로 할 것

2.4.3 분말소화설비가 설치된 부분의 출입구 등의 보기 쉬운 곳에 소화약제의 방출을 표시하는 표시등을 설치해야 한다.

2.5 제어반 등

2.5.1 분말소화설비의 제어반 및 화재표시반은 다음의 기준에 따라 설치해야 한다. 다만, 자동화재탐지설비의 수신기 제어반이 화재표시반의 기능을 가지고 있는 것은 화재표시반을 설치하지 않을 수 있다.

2.5.1.1 제어반은 수동기동장치 또는 감지기에서의 신호를 수신하여 음향경보장치의 작동, 소화약제의 방출 또는 지연 등 기타의 제어기능을 가진 것으로 하고, 제어반에는 전원표시등을 설치할 것

2.5.1.2 화재표시반은 제어반에서의 신호를 수신하여 작동하는 기능을 가진 것으로 하되, 다음의 기준에 따라 설치할 것

2.5.1.2.1 각 방호구역마다 음향경보장치의 조작 및 감지기의 작동을 명시하는 표시등과 이와 연동하여 작동하는 벨·버저 등의 경보기를 설치할 것. 이 경우 음향경보장치의 조작 및 감지기의 작동을 명시하는 표시등을 겸용할 수 있다.

2.5.1.2.2 수동식 기동장치는 그 방출용스위치의 작동을 명시하는 표시등을 설치할 것

2.5.1.2.3 소화약제의 방출을 명시하는 표시등을 설치할 것

2.5.1.2.4 자동식 기동장치는 자동·수동의 절환을 명시하는 표시등을 설치할 것

2.5.1.3 제어반 및 화재표시반은 화재 및 침수 등의 재해로 인한 피해를 받을 우려가 없고 점검에 편리한 장소에 설치할 것

2.5.1.4 제어반 및 화재표시반에는 **해당 회로도 및 취급설명서**를 비치할 것

2.6 배관

2.6.1 분말소화설비의 배관은 다음의 기준에 따라 설치해야 한다.

2.6.1.1 배관은 전용으로 할 것

2.6.1.2 **강관을 사용하는 경우의 배관은 아연도금에 따른 배관용탄소강관(KS D 3507)이나 이와 동등 이상의 강도·내식성 및 내열성을 가진 것으로 할 것. 다만, 축압식분말소화설비에 사용하는 것 중 20 ℃에서 압력이 2.5 ㎫ 이상 4.2 ㎫ 이하인 것은 압력배관용탄소강관(KS D 3562) 중 이음이 없는 스케줄 40 이상의 것 또는 이와 동등 이상의 강도를 가진 것으로서 아연도금으로 방식 처리된 것을 사용해야 한다.**

2.6.1.3 **동관을 사용하는 경우의 배관은 고정압력 또는 최고사용압력의 1.5배 이상의 압력에 견딜 수 있는 것을 사용할 것**

2.6.1.4 밸브류는 개폐위치 또는 개폐방향을 표시한 것으로 할 것

2.6.1.5 배관의 관부속 및 밸브류는 배관과 동등 이상의 강도 및 내식성이 있는 것으로 할 것

2.6.1.6 확관형 분기배관을 사용할 경우에는 소방청장이 정하여 고시한 「분기배관의 성능인증 및 제품검사의 기술기준」에 적합한 것으로 설치할 것

2.7 선택밸브

2.7.1 하나의 특정소방대상물 또는 그 부분에 2 이상의 방호구역 또는 방호대상물이 있어 소화약제 저장용기를 공용하는 경우에는 다음의 기준에 따라 선택밸브를 설치해야 한다.

2.7.1.1 방호구역 또는 방호대상물마다 설치할 것

2.7.1.2 각 선택밸브에는 해당 방호구역 또는 방호대상물을 표시할 것

2.8 분사헤드

2.8.1 전역방출방식의 분말소화설비의 분사헤드는 다음의 기준에 따라 설치해야 한다.

2.8.1.1 방출된 소화약제가 방호구역의 전역에 균일하고 신속하게 확산할 수 있도록 할 것

2.8.1.2 2.3.2.1에 따른 소화약제 저장량을 **30초 이내**에 방출할 수 있는 것으로 할 것

2.8.2 국소방출방식의 분말소화설비의 분사헤드는 다음의 기준에 따라 설치해야 한다.

2.8.2.1 소화약제의 방출에 따라 가연물이 비산하지 않는 장소에 설치할 것

2.8.2.2 2.3.2.2에 따른 기준저장량의 소화약제를 30초 이내에 방출할 수 있는 것으로 할 것

2.8.3 화재 시 현저하게 연기가 찰 우려가 없는 장소로서 다음의 어느 하나에 해당하는 장소에는 호스릴방식의 분말소화설비를 설치할 수 있다. 다만, 차고 또는 주차의 용도로 사용되는 장소는 제외한다. < 개정 2023.2.10. >

2.8.3.1 지상 1층 및 피난층에 있는 부분으로서 지상에서 수동 또는 원격조작에 따라 개방할 수 있는 개구부의 유효면적의 합계가 바닥면적의 15 % 이상이 되는 부분

2.8.3.2 전기설비가 설치되어 있는 부분 또는 다량의 화기를 사용하는 부분(해당 설비의 주위 5 m 이내의 부분을 포함한다)의 바닥면적이 해당 설비가 설치되어 있는 구획의 바닥면적의 5분의 1 미만이 되는 부분

2.8.4 호스릴방식의 분말소화설비는 다음의 기준에 따라 설치해야 한다. < 개정 2023.2.10. >

2.8.4.1 방호대상물의 각 부분으로부터 하나의 호스접결구까지의 수평거리가 15 m 이하가 되도록 할 것

2.8.4.2 소화약제 저장용기의 개방밸브는 호스릴의 설치장소에서 수동으로 개폐할 수 있는 것으로 할 것

2.8.4.3 소화약제 저장용기는 호스릴을 설치하는 장소마다 설치할 것

2.8.4.4 호스릴방식의 분말소화설비의 노즐은 하나의 노즐마다 1분당 다음 표 2.8.4.4에 따른 소화약제를 방출할 수 있는 것으로 할 것 < 개정 2023.2.10. >

표 2.8.4.4 호스릴분말소화설비의 소화약제 종별 1분당 방출하는 소화약제의 양

소화약제의 종류	1분당 방출하는 소화약제의 양
제1종 분말	45 kg
제2종 분말 또는 제3종 분말	27 kg
제4종 분말	18 kg

2.8.4.5 소화약제 저장용기의 가장 가까운 곳의 보기 쉬운 곳에 적색의 표시등을 설치하고, 호스릴방식의 분말소화설비가 있다는 뜻을 표시한 표지를 할 것
<개정 2023.2.10. >

2.9 자동식기동장치의 화재감지기

2.9.1 분말소화설비의 자동식 기동장치는 다음의 기준에 따른 화재감지기를 설치해야 한다.

2.9.1.1 각 방호구역 내의 화재감지기의 감지에 따라 작동되도록 할 것

2.9.1.2 화재감지기의 회로는 교차회로방식으로 설치할 것. 다만, 화재감지기를 「자동화재탐지설비 및 시각경보장치의 화재안전기술기준(NFTC 203)」 2.4.1 단서의 각 감지기로 설치하는 경우에는 그렇지 않다.

2.9.1.3 교차회로 내의 각 화재감지기회로별로 설치된 화재감지기 1개가 담당하는 바닥면적은 「자동화재탐지설비 및 시각경보장치의 화재안전기술기준(NFTC 203)」 2.4.3.5, 2.4.3.8부터 2.4.3.10까지의 규정에 따른 바닥면적으로 할 것

2.10 음향경보장치

2.10.1 분말소화설비의 음향경보장치는 다음의 기준에 따라 설치해야 한다.

2.10.1.1 수동식 기동장치를 설치한 것은 그 기동장치의 조작과정에서, 자동식 기동장치를 설치한 것은 화재감지기와 연동하여 자동으로 경보를 발하는 것으로 할 것

2.10.1.2 소화약제의 방출 개시 후 1분 이상 경보를 계속할 수 있는 것으로 할 것

2.10.1.3 방호구역 또는 방호대상물이 있는 구획 안에 있는 자에게 유효하게 경보할 수 있는 것으로 할 것

2.10.2 방송에 따른 경보장치를 설치할 경우에는 다음의 기준에 따라야 한다.

2.10.2.1 증폭기 재생장치는 화재 시 연소의 우려가 없고, 유지관리가 쉬운 장소에 설치할 것

2.10.2.2 방호구역 또는 방호대상물이 있는 구획의 각 부분으로부터 하나의 확성기까지의 수평거리는 25 m 이하가 되도록 할 것

2.10.2.3 제어반의 복구스위치를 조작하여도 경보를 계속 발할 수 있는 것으로 할 것

2.11 자동폐쇄장치

2.11.1 전역방출방식의 분말소화설비를 설치한 특정소방대상물 또는 그 부분에 대하여는 다음의 기준에 따라 자동폐쇄장치를 설치해야 한다.

> 2.11.1.1 환기장치 등을 설치한 것은 소화약제가 방출되기 전에 해당 환기장치 등이 정지될 수 있도록 할 것
>
> 2.11.1.2 개구부가 있거나 천장으로부터 1 m 이상의 아랫 부분 또는 바닥으로부터 해당 층의 높이의 3분의 2 이내의 부분에 통기구가 있어 소화약제의 유출에 따라 소화효과를 감소시킬 우려가 있는 것은 소화약제가 방출되기 전에 해당 개구부 및 통기구를 폐쇄할 수 있도록 할 것
>
> 2.11.1.3 자동폐쇄장치는 방호구역 또는 방호대상물이 있는 구획의 밖에서 복구할 수 있는 구조로 하고, 그 위치를 표시하는 표지를 할 것

2.12 비상전원

2.12.1 분말소화설비에는 **자가발전설비, 축전지설비**(제어반에 내장하는 경우를 포함한다. 이하 같다) 또는 **전기저장장치**(외부 전기에너지를 저장해 두었다가 필요한 때 전기를 공급하는 장치. 이하 같다)에 따른 비상전원을 다음의 기준에 따라 설치해야 한다. 다만, 2 이상의 변전소(「전기사업법」 제67조 및 「전기설비기술기준」 제3조제1항제2호에 따른 변전소를 말한다. 이하 같다)에서 전력을 동시에 공급받을 수 있거나 하나의 변전소로부터 전력의 공급이 중단되는 때에는 자동으로 다른 변전소로부터 전력을 공급받을 수 있도록 상용전원을 설치한 경우에는 비상전원을 설치하지 않을 수 있다.

2.12.1.1 점검에 편리하고 화재 및 침수 등의 재해로 인한 피해를 받을 우려가 없는 곳에 설치할 것

2.12.1.2 분말소화설비를 유효하게 20분 이상 작동할 수 있어야 할 것

2.12.1.3 상용전원으로부터 전력의 공급이 중단된 때에는 자동으로 비상전원으로부터 전력을 공급받을 수 있도록 할 것

2.12.1.4 비상전원의 설치장소는 다른 장소와 방화구획 할 것. 이 경우 그 장소에는 비상전원의 공급에 필요한 기구나 설비 외의 것(열병합발전설비에 필요한 기구나 설비는 제외한다)을 두어서는 아니 된다.

2.12.1.5 비상전원을 실내에 설치하는 때에는 그 실내에 비상조명등을 설치할 것

소방시설관리사 기출문제

[17회점검] 분말소화설비의 자동식 기동장치에서 가스압력식 기동장치의 설치기준 3가지를 쓰시오.(3점)

소방기술사 기출문제

[95회] 가스계소화설비 및 분말소화설비에 사용하는 선택밸브의 구조 및 기능에 대하여 기술하시오.

[95회] 다음과 같은 소화설비의 종류별로 호스릴 소화설비를 적용하고자 한다. 세부적인 설치기준에 대하여 각각 설명하시오.
① 포 소화설비
② 이산화탄소 소화설비
③ 할로겐화합물 소화설비
④ 분말 소화설비

옥외소화전설비의 화재안전기술기준(NFTC 109)

[시행 2022. 12. 1.] [소방청고시 제2022-43호, 2022. 11. 25., 전부개정]

1. 일반사항

1.1 적용범위

1.1.1 이 기준은 「소방시설 설치 및 관리에 관한 법률 시행령」(이하 "영"이라 한다) 별표 5 제1호사목에 따른 옥외소화전설비의 설치 및 관리에 대해 적용한다.

1.2 기준의 효력

1.2.1 이 기준은 「소방시설 설치 및 관리에 관한 법률」(이하 "법"이라 한다) 제2조제1항제6호나목에 따라 옥외소화전설비의 기술기준으로서의 효력을 가진다.

1.2.2 이 기준에 적합한 경우에는 법 제2조제1항제6호나목에 따라 「옥외소화전설비의 화재안전성능기준(NFPC 109)」을 충족하는 것으로 본다.

1.3 기준의 시행

1.3.1 이 기준은 2022년 12월 1일부터 시행한다.

1.4 기준의 특례

1.4.1 소방본부장 또는 소방서장은 기존건축물이 증축·개축·대수선되거나 용도변경 되는 경우에 있어서 이 기준이 정하는 기준에 따라 해당 건축물에 설치해야 할 옥외소화전설비의 배관·배선 등의 공사가 현저하게 곤란하다고 인정되는 경우에는 해당 설비의 기능 및 사용에 지장이 없는 범위에서 이 기준의 일부를 적용하지 않을 수 있다.

1.5 경과조치

1.5.1 이 기준 시행 전에 건축허가 등의 신청 또는 신고를 하거나 소방시설공사의 착공신고를 한 특정소방대상물에 대해서는 종전의 「옥외소화전소화설비의 화재안전기준(NFSC 109)」에 따른다.

1.5.2 이 기준 시행 전에 1.5.1에 따른 신청 또는 신고를 한 경우라도 제정 기준이 종전의 기준에 비하여 관계인에게 유리한 경우에는 제정 기준에 따를 수 있다.

1.6 다른 법령과의 관계

1.6.1 이 기준 시행 당시 다른 법령 또는 행정규칙 등에서 종전의 화재안전기준을 인용한 경우

에 이 기준 가운데 그에 해당하는 규정이 있는 경우에는 종전의 규정에 갈음하여 이 기준의 해당 규정을 인용한 것으로 본다.

1.7 용어의 정의

1.7.1 이 기준에서 사용하는 용어의 정의는 다음과 같다.

1.7.1.1 "고가수조"란 구조물 또는 지형지물 등에 설치하여 자연낙차의 압력으로 급수하는 수조를 말한다.

1.7.1.2 "압력수조"란 소화용수와 공기를 채우고 일정압력 이상으로 가압하여 그 압력으로 급수하는 수조를 말한다.

1.7.1.3 "충압펌프"란 배관 내 압력손실에 따른 주펌프의 빈번한 기동을 방지하기 위하여 충압 역할을 하는 펌프를 말한다.

1.7.1.4 "연성계"란 대기압 이상의 압력과 대기압 이하의 압력을 측정할 수 있는 계측기를 말한다.

1.7.1.5 "진공계"란 대기압 이하의 압력을 측정하는 계측기를 말한다.

1.7.1.6 "정격토출량"이란 펌프의 정격부하운전 시 토출량으로서 정격토출압력에서의 토출량을 말한다.

1.7.1.7 "정격토출압력"이란 펌프의 정격부하운전 시 토출압력으로서 정격토출량에서의 토출측 압력을 말한다.

1.7.1.8 "개폐표시형밸브"란 밸브의 개폐여부를 외부에서 식별이 가능한 밸브를 말한다.

1.7.1.9 "기동용수압개폐장치"란 소화설비의 배관 내 압력변동을 검지하여 자동적으로 펌프를 기동 및 정지시키는 것으로서 압력챔버 또는 기동용압력스위치 등을 말한다.

1.7.1.10 "급수배관"이란 수원 또는 송수구 등으로부터 소화설비에 급수하는 배관을 말한다.

1.7.1.11 "분기배관"이란 배관 측면에 구멍을 뚫어 둘 이상의 관로가 생기도록 가공한 배관으로서 다음의 분기배관을 말한다.

  (1) "확관형 분기배관"이란 배관의 측면에 조그만 구멍을 뚫고 소성가공으로 확관시켜 배관 용접이음자리를 만들거나 배관 용접이음자리에 배관이음쇠를 용접 이음한 배관을 말한다.

  (2) "비확관형 분기배관"이란 배관의 측면에 분기호칭내경 이상의 구멍을 뚫고 배관이음쇠를 용접 이음한 배관을 말한다.

1.7.1.12 "가압수조"란 가압원인 압축공기 또는 불연성 기체의 압력으로 소화용수를 가압하여 그 압력으로 급수하는 수조를 말한다.

2. 기술기준

2.1 수원

2.1.1 옥외소화전설비의 수원은 그 저수량이 옥외소화전의 설치개수(옥외소화전이 2개 이상 설치된 경우에는 2개)에 7 m³를 곱한 양 이상이 되도록 해야 한다.

2.1.2 옥외소화전설비의 수원을 수조로 설치하는 경우에는 소화설비의 전용수조로 해야 한다. 다만, 다음의 어느 하나에 해당하는 경우에는 그렇지 않다.

    2.1.2.1 옥외소화전설비용 펌프의 풋밸브 또는 흡수배관의 흡수구(수직회전축펌프의 흡수구를 포함한다. 이하 같다)를 다른 설비(소화용 설비 외의 것을 말한다. 이하 같다)의 풋밸브 또는 흡수구보다 낮은 위치에 설치한 때

    2.1.2.2 2.2.2에 따른 고가수조로부터 옥외소화전설비의 수직배관에 물을 공급하는 급수구를 다른 설비의 급수구보다 낮은 위치에 설치한 때

2.1.3 2.1.1에 따른 저수량을 산정함에 있어서 다른 설비와 겸용하여 옥외소화전설비용 수조를 설치하는 경우에는 옥외소화전설비의 풋밸브·흡수구 또는 수직배관의 급수구와 다른 설비의 풋밸브·흡수구 또는 수직배관의 급수구와의 사이의 수량을 그 유효수량으로 한다.

2.1.4 옥외소화전설비용 수조는 다음의 기준에 따라 설치해야 한다.

    2.1.4.1 점검에 편리한 곳에 설치할 것

    2.1.4.2 동결방지조치를 하거나 동결의 우려가 없는 장소에 설치할 것

    2.1.4.3 수조의 외측에 수위계를 설치할 것. 다만, 구조상 불가피한 경우에는 수조의 맨홀 등을 통하여 수조 안의 물의 양을 쉽게 확인할 수 있도록 해야 한다.

    2.1.4.4 수조의 상단이 바닥보다 높은 때에는 수조의 외측에 고정식 사다리를 설치할 것

    2.1.4.5 수조가 실내에 설치된 때에는 그 실내에 조명설비를 설치할 것

    2.1.4.6 수조의 밑 부분에는 청소용 배수밸브 또는 배수관을 설치할 것

    2.1.4.7 수조의 외측의 보기 쉬운 곳에 "옥외소화전설비용 수조"라고 표시한 표지를 설치할 것. 이 경우 그 수조를 다른 설비와 겸용하는 때에는 그 겸용되는 설비의 이름을 표시한 표지를 함께 해야 한다.

    2.1.4.8 소화설비용 흡수배관 또는 소화설비의 수직배관과 수조의 접속부분에는 "옥외소화전설비용 배관"이라고 표시한 표지를 할 것. 다만, 수조와 가까운 장소에 소화설비용 펌프가 설치되고 해당 펌프에 2.2.1.13에 따른 표지를 설치한 때에는 그렇지 않다.

2.2 가압송수장치

2.2.1 전동기 또는 내연기관에 따른 펌프를 이용하는 가압송수장치는 다음의 기준에 따라 설치해야 한다.

    2.2.1.1 쉽게 접근할 수 있고 점검하기에 충분한 공간이 있는 장소로서 화재 및 침수 등의 재해로 인한 피해를 받을 우려가 없는 곳에 설치할 것

    2.2.1.2 동결방지조치를 하거나 동결의 우려가 없는 장소에 설치할 것

    2.2.1.3 특정소방대상물에 설치된 옥외소화전(2개 이상 설치된 경우에는 2개의 옥외소화전)을 동시에 사용할 경우 각 옥외소화전의 노즐선단에서의 방수압력이 0.25 MPa 이상이고, 방수량이 350 L/min 이상이 되는 성능의 것으로 할 것. 다만, 하나의 옥외소화전을 사용하는 노즐선단에서의 방수압력이 0.7 MPa을 초과할 경우에는 호스접결구의 인입측에 감압장치를 설치해야 한다.

    2.2.1.4 펌프는 전용으로 할 것. 다만, 다른 소화설비와 겸용하는 경우 각각의 소화설비의 성능에 지장이 없을 때에는 그렇지 않다.

    2.2.1.5 펌프의 토출 측에는 압력계를 체크밸브 이전에 펌프 토출 측 플랜지에서 가까운 곳에 설치하고, 흡입 측에는 연성계 또는 진공계를 설치할 것. 다만, 수원의 수위가 펌프의 위치보다 높거나 수직회전축펌프의 경우에는 연성계 또는 진공계를 설치하지 않을 수 있다.

    2.2.1.6 펌프의 성능은 체절운전 시 정격토출압력의 140 %를 초과하지 않고, 정격토출량의 150 %로 운전 시 정격토출압력의 65 % 이상이 되어야 하며, 펌프의 성능을 시험할 수 있는 성능시험배관을 설치할 것. 다만, 충압펌프의 경우에는 그렇지 않다.

    2.2.1.7 가압송수장치에는 체절운전 시 수온의 상승을 방지하기 위한 순환배관을 설치할 것. 다만, 충압펌프의 경우에는 그렇지 않다.

    2.2.1.8 기동장치로는 기동용수압개폐장치 또는 이와 동등 이상의 성능이 있는 것을 설치할 것. 다만, **아파트 · 업무시설 · 학교 · 전시시설 · 공장 · 창고시설 또는 종교시설 등으로서 동결의 우려가 있는 장소에 있어서는 기동스위치에 보호판을 부착하여 옥외소화전함 내에 설치할 수 있다.**

    2.2.1.9 기동용수압개폐장치 중 압력챔버를 사용할 경우 그 용적은 100 L 이상의 것으로 할 것

    2.2.1.10 수원의 수위가 펌프보다 낮은 위치에 있는 가압송수장치에는 다음의 기준에 따른 물올림장치를 설치할 것

      2.2.1.10.1 물올림장치에는 전용의 수조를 설치할 것

      2.2.1.10.2 수조의 유효수량은 100 L 이상으로 하되, 구경 15 mm 이상의 급수배관에 따

라 해당 수조에 물이 계속 보급되도록 할 것

2.2.1.11 기동용수압개폐장치를 기동장치로 사용할 경우에는 다음의 기준에 따른 충압펌프를 설치할 것. 다만, 옥외소화전이 1개 설치된 경우로서 소화용 급수펌프로도 상시 충압이 가능하고 2.2.1.11.1의 성능을 갖춘 경우에는 충압펌프를 별도로 설치하지 않을 수 있다.

2.2.1.11.1 펌프의 토출압력은 그 설비의 최고위 호스 접결구의 자연압보다 적어도 0.2 ㎫ 이상 더 크도록 하거나 가압송수장치의 정격토출압력과 같게 할 것

2.2.1.11.2 펌프의 정격토출량은 정상적인 누설량보다 적어서는 안되며, 옥외소화전설비가 자동적으로 작동할 수 있도록 충분한 토출량을 유지하여야 한다.

2.2.1.12 내연기관을 사용하는 경우에는 다음의 기준에 적합한 것으로 할 것

2.2.1.12.1 내연기관의 기동은 2.2.1.8의 기동장치를 설치하거나 또는 소화전함의 위치에서 원격조작이 가능하고 기동을 명시하는 적색등을 설치할 것

2.2.1.12.2 제어반에 따라 내연기관의 자동기동 및 수동기동이 가능하고, 상시 충전되어 있는 축전지설비를 갖출 것

2.2.1.13 가압송수장치에는 "옥외소화전펌프"라고 표시한 표지를 할 것. 이 경우 그 가압송수장치를 다른 설비와 겸용하는 때에는 그 겸용되는 설비의 이름을 표시한 표지를 함께 해야 한다.

2.2.1.14 가압송수장치가 기동이 된 경우에는 자동으로 정지되지 않도록 할 것. 다만, 충압펌프의 경우에는 그렇지 않다.

2.2.1.15 가압송수장치는 부식 등으로 인한 펌프의 고착을 방지할 수 있도록 다음의 기준에 적합한 것으로 할 것. 다만, 충압펌프는 제외한다.

2.2.1.15.1 임펠러는 청동 또는 스테인리스 등 부식에 강한 재질을 사용할 것

2.2.1.15.2 펌프축은 스테인리스 등 부식에 강한 재질을 사용할 것

2.2.2 **고가수조의 자연낙차를 이용한 가압송수장치**는 다음의 기준에 따라 설치해야 한다.

2.2.2.1 고가수조의 자연낙차수두(수조의 하단으로부터 최고층에 설치된 소화전 호스 접결구까지의 수직거리를 말한다)는 다음의 식 (2.2.2.1)에 따라 산출한 수치 이상 유지되도록 할 것

$$H = h_1 + h_2 + 25 \qquad \cdots (2.2.2.1)$$

여기에서, H : 필요한 낙차(m)

h_1 : 호스의 마찰손실수두(m)

h_2 : 배관의 마찰손실수두(m)

2.2.2.2 고가수조에는 수위계 · 배수관 · 급수관 · 오버플로우관 및 맨홀을 설치할 것

2.2.3 **압력수조를 이용한 가압송수장치**는 다음의 기준에 따라 설치해야 한다.

> 2.2.3.1 압력수조의 압력은 다음의 식 (2.2.3.1)에 따라 산출한 수치 이상 유지되도록 할 것
>
> $$P = p_1 + p_2 + p_3 + 0.25 \qquad \cdots (2.2.3.1)$$
>
> 여기에서, P : 필요한 압력(MPa)
>
> p_1 : 호스의 마찰손실수두압(MPa)
>
> p_2 : 배관의 마찰손실수두압(MPa)
>
> p_3 : 낙차의 환산수두압(MPa)
>
> 2.2.3.2 압력수조에는 수위계 · 급수관 · 배수관 · 급기관 · 맨홀 · 압력계 · 안전장치 및 압력저하 방지를 위한 자동식 공기압축기를 설치할 것

2.2.4 가압수조를 이용한 가압송수장치는 다음의 기준에 따라 설치해야 한다.

> 2.2.4.1 가압수조의 압력은 2.2.1.3에 따른 방수압 및 방수량을 20분 이상 유지되도록 할 것
>
> 2.2.4.2 가압수조 및 가압원은 「건축법 시행령」 제46조에 따른 방화구획 된 장소에 설치할 것
>
> 2.2.4.3 가압수조를 이용한 가압송수장치는 소방청장이 정하여 고시한 「가압수조식가압송수장치의 성능인증 및 제품검사의 기술기준」에 적합한 것으로 설치할 것

2.3 배관 등

2.3.1 호스접결구는 지면으로부터의 높이가 0.5 m 이상 1 m 이하의 위치에 설치하고 특정소방대상물의 각 부분으로부터 하나의 호스접결구까지의 수평거리가 40 m 이하가 되도록 설치해야 한다.

2.3.2 호스는 구경 65 ㎜의 것으로 해야 한다.

2.3.3 배관과 배관이음쇠는 다음의 어느 하나에 해당하는 것 또는 동등 이상의 강도 · 내식성 및 내열성 등을 국내 · 외 공인기관으로부터 인정받은 것을 사용해야 하고, 배관용 스테인리스 강관(KS D 3576)의 이음을 용접으로 할 경우에는 텅스텐 불활성 가스 아크 용접(Tungsten Inertgas Arc Welding)방식에 따른다. 다만, 2.3에서 정하지 않은 사항은 「건설기술 진흥법」 제44조제1항의 규정에 따른 "건설기준"에 따른다.

> 2.3.3.1 배관 내 사용압력이 1.2 MPa 미만일 경우에는 다음의 어느 하나에 해당하는 것
> (1) 배관용 탄소 강관(KS D 3507)
> (2) 이음매 없는 구리 및 구리합금관(KS D 5301). 다만, 습식의 배관에 한한다.

> (3) 배관용 스테인리스 강관(KS D 3576) 또는 일반배관용 스테인리스 강관(KS D 3595)
> (4) 덕타일 주철관(KS D 4311)
> 2.3.3.2 배관 내 사용압력이 1.2 ㎫ 이상일 경우에는 다음의 어느 하나에 해당하는 것
> (1) 압력 배관용 탄소 강관(KS D 3562)
> (2) 배관용 아크용접 탄소강 강관(KS D 3583)

2.3.4 2.3.3에도 불구하고 다음의 어느 하나에 해당하는 장소에는 소방청장이 정하여 고시한 「소방용합성수지배관의 성능인증 및 제품검사의 기술기준」에 적합한 **소방용 합성수지배관**으로 설치할 수 있다.

> 2.3.4.1 배관을 지하에 매설하는 경우
> 2.3.4.2 다른 부분과 내화구조로 구획된 덕트 또는 피트의 내부에 설치하는 경우
> 2.3.4.3 천장(상층이 있는 경우에는 상층바닥의 하단을 포함한다. 이하 같다)과 반자를 불연재료 또는 준불연재료로 설치하고 소화배관 내부에 항상 소화수가 채워진 상태로 설치하는 경우

2.3.5 급수배관은 전용으로 해야 한다. 다만, 옥외소화전의 기동장치의 조작과 동시에 다른 설비의 용도에 사용하는 배관의 송수를 차단할 수 있거나, 옥외소화전설비의 성능에 지장이 없는 경우에는 다른 설비와 겸용할 수 있다.

2.3.6 펌프의 흡입 측 배관은 다음의 기준에 따라 설치해야 한다.
  2.3.6.1 공기 고임이 생기지 않는 구조로 하고 여과장치를 설치할 것
  2.3.6.2 수조가 펌프보다 낮게 설치된 경우에는 각 펌프(충압펌프를 포함한다)마다 수조로부터 별도로 설치할 것

2.3.7 펌프의 성능시험배관은 다음의 기준에 적합하도록 설치해야 한다.
  2.3.7.1 성능시험배관은 펌프의 토출 측에 설치된 개폐밸브 이전에서 분기하여 직선으로 설치하고, 유량측정장치를 기준으로 전단 직관부에는 개폐밸브를 후단 직관부에는 유량조절밸브를 설치할 것. 이 경우 개폐밸브와 유량측정장치 사이의 직관부 거리 및 유량측정장치와 유량조절밸브 사이의 직관부 거리는 해당 유량측정장치 제조사의 설치사양에 따르고, 성능시험배관의 호칭지름은 유량측정장치의 호칭지름에 따른다.
  2.3.7.2 유량측정장치는 펌프의 정격토출량의 175 % 이상까지 측정할 수 있는 성능이 있을 것

2.3.8 가압송수장치의 체절운전 시 수온의 상승을 방지하기 위하여 체크밸브와 펌프사이에서 분기한 구경 20 ㎜ 이상의 배관에 체절압력 미만에서 개방되는 릴리프밸브를 설치할 것

2.3.9 배관은 동결방지조치를 하거나 동결의 우려가 없는 장소에 설치해야 한다. 다만, 보온재를 사용할 경우에는 난연재료 성능 이상의 것으로 해야 한다.

2.3.10 급수배관에 설치되어 급수를 차단할 수 있는 개폐밸브(옥외소화전방수구를 제외한다)는 개폐표시형으로 할 것. 이 경우 펌프의 흡입측 배관에는 버터플라이밸브 외의 개폐표시형밸브를 설치해야 한다.

2.3.11 배관은 다른 설비의 배관과 쉽게 구분이 될 수 있는 위치에 설치하거나, 그 배관표면 또는 배관 보온재표면의 색상은 「한국산업표준(배관계의 식별 표시, KS A 0503)」 또는 적색으로 식별이 가능하도록 소방용설비의 배관임을 표시해야 한다.

2.3.12 확관형 분기배관을 사용할 경우에는 소방청장이 정하여 고시한 「분기배관의 성능인증 및 제품검사의 기술기준」에 적합한 것으로 설치해야 한다.

2.4 소화전함 등

2.4.1 옥외소화전설비에는 옥외소화전마다 그로부터 **5 m 이내**의 장소에 소화전함을 다음의 기준에 따라 설치해야 한다.

[그림] 옥외소화전 방수구 및 방수기구함

2.4.1.1 옥외소화전이 10개 이하 설치된 때에는 옥외소화전마다 5 m 이내의 장소에 1개 이상의 소화전함을 설치해야 한다.

2.4.1.2 옥외소화전이 11개 이상 30개 이하 설치된 때에는 11개 이상의 소화전함을 각각 분산하여 설치해야 한다.

2.4.1.3 옥외소화전이 31개 이상 설치된 때에는 옥외소화전 3개마다 1개 이상의 소화전함을 설치해야 한다.

2.4.2 옥외소화전설비의 함은 소방청장이 정하여 고시한 「소화전함의 성능인증 및 제품검사의 기술기준」에 적합한 것으로 설치하되 밸브의 조작, 호스의 수납 등에 충분한 여유를 가질 수 있도록 할 것. 이 경우 연결송수관의 방수구를 같이 설치하는 경우에도 또한 같다.

2.4.3 옥외소화전설비의 함에는 그 표면에 "옥외소화전"이라는 표시를 해야 한다.

2.4.4 표시등은 다음의 기준에 따라 설치해야 한다.
    2.4.4.1 옥외소화전설비의 위치를 표시하는 표시등은 함의 상부에 설치하되, 소방청장이 정하여 고시한 「표시등의 성능인증 및 제품검사의 기술기준」에 적합한 것으로 할 것
    2.4.4.2 가압송수장치의 기동을 표시하는 표시등은 옥외소화전함의 상부 또는 그 직근에 설치하되 적색등으로 할 것. 다만, 자체소방대를 구성하여 운영하는 경우(「위험물안전관리법 시행령」 별표 8에서 정한 소방자동차와 자체소방대원의 규모를 말한다) 가압송수장치의 기동표시등을 설치하지 않을 수 있다.

2.5 전원

2.5.1 옥외소화전설비에는 그 특정소방대상물의 수전방식에 따라 다음의 기준에 따른 상용전원회로의 배선을 설치해야 한다. 다만, 가압수조방식으로서 모든 기능이 20분 이상 유효하게 지속될 수 있는 경우에는 그렇지 않다.
    2.5.1.1 저압수전인 경우에는 인입개폐기의 직후에서 분기하여 전용배선으로 해야 하며, 전용의 전선관에 보호되도록 할 것
    2.5.1.2 특별고압수전 또는 고압수전일 경우에는 전력용 변압기 2차 측의 주차단기 1차 측에서 분기하여 전용배선으로 하되, 상용전원의 상시공급에 지장이 없을 경우에는 주차단기 2차 측에서 분기하여 전용배선으로 할 것. 다만, 가압송수장치의 정격입력전압이 수전전압과 같은 경우에는 2.5.1.1의 기준에 따른다.

2.6 제어반

2.6.1 옥외소화전설비에는 제어반을 설치하되, 감시제어반과 동력제어반으로 구분하여 설치해야 한다. 다만, 다음의 어느 하나에 해당하는 경우에는 감시제어반과 동력제어반으로 구분하여 설치하지 않을 수 있다.

2.6.1.1 다음의 어느 하나에 해당하지 않는 특정소방대상물에 설치되는 옥외소화전설비
    2.6.1.1.1 지하층을 제외한 층수가 7층 이상으로서 연면적 2,000 m² 이상인 것

2.6.1.1.2 2.6.1.1.1에 해당하지 않는 특정소방대상물로서 지하층의 바닥면적의 합계가 3,000 m² 이상인 것. 다만, 차고·주차장 또는 보일러실·기계실·전기실 등 이와 유사한 장소의 면적은 제외한다.

2.6.1.2 내연기관에 따른 가압송수장치를 사용하는 경우

2.6.1.3 고가수조에 따른 가압송수장치를 사용하는 경우

2.6.1.4 가압수조에 따른 가압송수장치를 사용하는 경우

2.6.2 감시제어반의 기능은 다음의 기준에 적합해야 한다. 다만, 2.6.1의 단서에 따른 각 기준의 어느 하나에 해당하는 경우에는 2.6.2.3와 2.6.2.6를 적용하지 않는다.

2.6.2.1 각 펌프의 작동여부를 확인할 수 있는 **표시등 및 음향경보기능**이 있어야 할 것

2.6.2.2 각 펌프를 **자동 및 수동으로 작동**시키거나 **중단**시킬 수 있어야 할 것

2.6.2.3 비상전원을 설치한 경우에는 **상용전원 및 비상전원의 공급여부를 확인**할 수 있어야 할 것

2.6.2.4 수조 또는 물올림수조가 저수위로 될 때 **표시등 및 음향**으로 경보할 것

2.6.2.5 다음의 각 확인회로마다 **도통시험 및 작동시험**을 할 수 있도록 할 것

(1) 기동용수압개폐장치의 압력스위치회로
(2) 수조 또는 물올림수조의 저수위감시회로

2.6.2.6 예비전원이 확보되고 **예비전원**의 적합여부를 시험할 수 있어야 할 것

2.6.3 감시제어반은 다음의 기준에 따라 설치해야 한다.

2.6.3.1 화재 및 침수 등의 재해로 인한 피해를 받을 우려가 없는 곳에 설치할 것

2.6.3.2 감시제어반은 옥외소화전설비의 전용으로 할 것. 다만, 옥외소화전설비의 제어에 지장이 없는 경우에는 다른 설비와 겸용할 수 있다.

2.6.3.3 감시제어반은 다음의 기준에 따른 전용실 안에 설치할 것. 다만, 2.6.1의 단서에 따른 각 기준의 어느 하나에 해당하는 경우와 공장, 발전소 등에서 설비를 집중제어·운전할 목적으로 설치하는 중앙제어실 내에 감시제어반을 설치하는 경우에는 그렇지 않다.

2.6.3.3.1 다른 부분과 방화구획을 할 것. 이 경우 전용실의 벽에는 기계실 또는 전기실 등의 감시를 위하여 두께 7 ㎜ 이상의 망입유리(두께 16.3 ㎜ 이상의 접합유리 또는 두께 28 ㎜ 이상의 복층유리를 포함한다)로 된 4 m² 미만의 붙박이창을 설치할 수 있다.

2.6.3.3.2 피난층 또는 지하 1층에 설치할 것. 다만, 다음의 어느 하나에 해당하는 경우에는 지상 2층에 설치하거나 지하 1층 외의 지하층에 설치할 수 있다.

(1)「건축법 시행령」제35조에 따라 특별피난계단이 설치되고 그 계단(부속실을 포함한다) 출입구로부터 보행거리 5 m 이내에 전용실의 출입구가 있는 경우

(2) 아파트의 관리동(관리동이 없는 경우에는 경비실)에 설치하는 경우

2.6.3.3.3 비상조명등 및 급·배기설비를 설치할 것

2.6.3.3.4 「무선통신보조설비의 화재안전기술기준(NFTC 505)」2.2.3에 따라 유효하게 통신이 가능할 것(영 별표 4의 제5호마목에 따른 무선통신보조설비가 설치된 특정소방대상물에 한한다)

2.6.3.3.5 바닥면적은 감시제어반의 설치에 필요한 면적 외에 화재 시 소방대원이 그 감시제어반의 조작에 필요한 최소면적 이상으로 할 것

2.6.3.4 2.6.3.3에 따른 전용실에는 특정소방대상물의 기계·기구 또는 시설 등의 제어 및 감시설비 외의 것을 두지 않을 것

2.6.4 동력제어반은 다음의 기준에 따라 설치해야 한다.

2.6.4.1 앞면은 적색으로 하고 "옥외소화전설비용 동력제어반"이라고 표시한 표지를 설치할 것

2.6.4.2 외함은 두께 1.5 ㎜ 이상의 강판 또는 이와 동등 이상의 강도 및 내열성능이 있는 것으로 할 것

2.6.4.3 그 밖의 동력제어반의 설치에 관하여는 2.6.3.1 및 2.6.3.2의 기준을 준용할 것

2.7 배선 등

2.7.1 옥외소화전설비의 배선은「전기사업법」제67조에 따른「전기설비기술기준」에서 정한 것 외에 다음의 기준에 따라 설치해야 한다.

2.7.1.1 비상전원을 설치한 경우에는 비상전원으로부터 동력제어반 및 가압송수장치에 이르는 전원회로의 배선은 내화배선으로 할 것. 다만, 자가발전설비와 동력제어반이 동일한 실에 설치된 경우에는 자가발전기로부터 그 제어반에 이르는 전원회로의 배선은 그렇지 않다.

2.7.1.2 상용전원으로부터 동력제어반에 이르는 배선, 그 밖의 옥외소화전설비의 감시·조작 또는 표시등회로의 배선은 내화배선 또는 내열배선으로 할 것. 다만, 감시제어반 또는 동력제어반 안의 감시·조작 또는 표시등회로의 배선은 그렇지 않다.

2.7.2 2.7.1에 따른 내화배선 및 내열배선에 사용되는 전선의 종류 및 설치방법은「옥내소화전설비의 화재안전기술기준(NFTC 102)」2.7.2의 표 2.7.2(1) 및 표 2.7.2(2)의 기준에 따른다.

2.7.3 소화설비의 과전류차단기 및 개폐기에는 "옥외소화전설비용"이라고 표시한 표지를 해야 한다.

2.7.4 소화설비용 전기배선의 양단 및 접속단자에는 다음의 기준에 따라 표지해야 한다.

    2.7.4.1 단자에는 "옥외소화전단자"라고 표시한 표지를 부착할 것

    2.7.4.2 소화설비용 전기배선의 양단에는 다른 배선과 식별이 용이하도록 표시할 것

2.8 수원 및 가압송수장치의 펌프 등의 겸용

2.8.1 옥외소화전설비의 수원을 옥내소화전설비 · 스프링클러설비 · 간이스프링클러설비 · 화재조기진압용 스프링클러설비 · 물분무소화설비 및 포소화설비의 수원과 겸용하여 설치하는 경우의 저수량은 각 소화설비에 필요한 저수량을 합한 양 이상이 되도록 해야 한다. 다만, 이들 소화설비 중 고정식 소화설비(펌프 · 배관과 소화수 또는 소화약제를 최종 방출하는 방출구가 고정된 설비를 말한다. 이하 같다)가 2 이상 설치되어 있고, 그 소화설비가 설치된 부분이 방화벽과 방화문으로 구획되어 있는 경우에는 각 고정식 소화설비에 필요한 저수량 중 최대의 것 이상으로 할 수 있다.

2.8.2 옥외소화전설비의 가압송수장치로 사용하는 펌프를 옥내소화전설비 · 스프링클러설비 · 간이스프링클러설비 · 화재조기진압용 스프링클러설비 · 물분무소화설비 및 포소화설비의 가압송수장치와 겸용하여 설치하는 경우의 펌프의 토출량은 각 소화설비에 해당하는 토출량을 합한 양 이상이 되도록 해야 한다. 다만, 이들 소화설비 중 고정식 소화설비가 2 이상 설치되어 있고, 그 소화설비가 설치된 부분이 방화벽과 방화문으로 구획되어 있으며 각 소화설비에 지장이 없는 경우에는 펌프의 토출량 중 최대의 것 이상으로 할 수 있다.

2.8.3 옥내소화전설비 · 스프링클러설비 · 간이스프링클러설비 · 화재조기진압용 스프링클러설비 · 물분무소화설비 · 포소화설비 및 옥외소화전설비의 가압송수장치에 있어서 각 토출측 배관과 일반급수용의 가압송수장치의 토출측 배관을 상호 연결하여 화재 시 사용할 수 있다. 이 경우 연결 배관에는 개폐표시형밸브를 설치해야 하며, 각 소화설비의 성능에 지장이 없도록 해야 한다.

소방시설관리사 기출문제

[14회점검] 옥외소화전설비의 화재안전기술기준에서 옥외소화전설비에 표시하여야 하는 표지의 명칭과 설치위치 7개소를 쓰시오.(7점)

고체에어로졸소화설비의 화재안전기술기준(NFTC 110)

[시행 2022. 12. 1.] [소방청공고 제2022-221호, 2022. 12. 1., 제정]

1. 일반사항

1.1 적용범위

1.1.1 이 기준은 「소방시설 설치 및 관리에 관한 법률 시행령」(이하 "영"이라 한다) 별표 4 제1호바목에 따른 물분무등소화설비 중 고체에어로졸소화설비의 설치 및 관리에 대해 적용한다.

1.2 기준의 효력

1.2.1 이 기준은 「소방시설 설치 및 관리에 관한 법률」(이하 "법"이라 한다) 제2조제1항제6호나목에 따라 소화설비인 물분무등소화설비 중 고체에어로졸소화설비의 기술기준으로서의 효력을 가진다.

1.2.2 이 기준에 적합한 경우에는 법 제2조제1항제6호나목에 따라 「고체에어로졸소화설비의 화재안전성능기준(NFPC 110)」을 충족하는 것으로 본다.

1.3 기준의 시행

1.3.1 이 기준은 2022년 12월 1일부터 시행한다.

1.4 기준의 특례

1.4.1 소방본부장 또는 소방서장은 기존건축물이 증축·개축·대수선되거나 용도변경 되는 경우에 있어서 이 기준이 정하는 기준에 따라 해당 건축물에 설치해야 할 고체에어로졸소화설비의 배관배선 등의 공사가 현저하게 곤란하다고 인정되는 경우에는 해당 설비의 기능 및 사용에 지장이 없는 범위에서 이 기준의 일부를 적용하지 않을 수 있다.

1.5 경과조치

1.5.1 이 기준 시행 전에 건축허가 등의 신청 또는 신고를 하거나 소방시설공사의 착공신고를 한 특정소방대상물에 대해서는 종전의 「고체에어로졸소화설비의 화재안전기준(NFSC 110)」에 따른다.

1.5.2 이 기준 시행 전에 1.5.1에 따른 신청 또는 신고를 한 경우라도 제정 기준이 종전의 기준에 비하여 관계인에게 유리한 경우에는 제정 기준에 따를 수 있다.

1.6 다른 법령과의 관계

1.6.1 이 기준 시행 당시 다른 법령 또는 행정규칙 등에서 종전의 화재안전기준을 인용한 경우에 이 기준 가운데 그에 해당하는 규정이 있는 경우에는 종전의 규정에 갈음하여 이 기준의 해당 규정을 인용한 것으로 본다.

1.7 용어의 정의

1.7.1 이 기준에서 사용하는 용어의 정의는 다음과 같다.

1.7.1.1 "고체에어로졸소화설비"란 설계밀도 이상의 고체에어로졸을 방호구역 전체에 균일하게 방출하는 설비로서 분산(Dispersed)방식이 아닌 압축(Condensed)방식을 말한다.

1.7.1.2 "고체에어로졸화합물"이란 과산화물질, 가연성물질 등의 혼합물로서 화재를 소화하는 비전도성의 미세입자인 에어로졸을 만드는 고체화합물을 말한다.

1.7.1.3 "고체에어로졸"이란 고체에어로졸화합물의 연소과정에 의해 생성된 직경 10 μm 이하의 고체 입자와 기체 상태의 물질로 구성된 혼합물을 말한다.

1.7.1.4 "고체에어로졸발생기"란 고체에어로졸화합물, 냉각장치, 작동장치, 방출구, 저장용기로 구성되어 에어로졸을 발생시키는 장치를 말한다.

1.7.1.5 "소화밀도"란 방호공간 내 규정된 시험조건의 화재를 소화하는데 필요한 단위체적(m^3)당 고체에어로졸화합물의 질량(g)을 말한다.

1.7.1.6 "안전계수"란 설계밀도를 결정하기 위한 안전율을 말하며 1.3으로 한다.

1.7.1.7 "설계밀도"란 소화설계를 위하여 필요한 것으로 소화밀도에 안전계수를 곱하여 얻어지는 값을 말한다.

1.7.1.8 "상주장소"란 일반적으로 사람들이 거주하는 장소 또는 공간을 말한다.

1.7.1.9 "비상주장소"란 짧은 기간 동안 간헐적으로 사람들이 출입할 수는 있으나 일반적으로 사람들이 거주하지 않는 장소 또는 공간을 말한다.

1.7.1.10 "방호체적"이란 벽 등의 건물 구조 요소들로 구획된 방호구역의 체적에서 기둥 등 고정적인 구조물의 체적을 제외한 체적을 말한다.

1.7.1.11 "열 안전이격거리"란 고체에어로졸 방출 시 발생하는 온도에 영향을 받을 수 있는 모든 구조·구성요소와 고체에어로졸발생기 사이에 안전확보를 위해 필요한 이격거리를 말한다.

2. 기술기준

2.1 일반조건

2.1.1 이 기준에 따라 설치되는 고체에어로졸소화설비는 다음의 기준을 충족해야 한다.

2.1.1.1 고체에어로졸은 전기 전도성이 없을 것

2.1.1.2 약제 방출 후 해당 화재의 재발화 방지를 위하여 최소 10분간 소화밀도를 유지할 것

2.1.1.3 고체에어로졸소화설비에 사용되는 주요 구성품은 소방청장이 정하여 고시한「고체에어로졸자동소화장치의 형식승인 및 제품검사의 기술기준」에 적합한 것일 것

2.1.1.4 고체에어로졸소화설비는 비상주장소에 한하여 설치할 것. 다만, 고체에어로졸소화설비 약제의 성분이 인체에 무해함을 국내ㆍ외 국가 공인시험기관에서 인증받고, 과학적으로 입증된 최대허용설계밀도를 초과하지 않는 양으로 설계하는 경우 상주장소에 설치할 수 있다.

2.1.1.5 고체에어로졸소화설비의 소화성능이 발휘될 수 있도록 방호구역 내부의 밀폐성을 확보할 것

2.1.1.6 방호구역 출입구 인근에 고체에어로졸 방출 시 주의사항에 관한 내용의 표지를 설치할 것

2.1.1.7 이 기준에서 규정하지 않은 사항은 형식승인 받은 제조업체의 설계 매뉴얼에 따를 것

2.2 설치제외

2.2.1 고체에어로졸소화설비는 다음의 물질을 포함한 화재 또는 장소에는 사용할 수 없다. 다만, 그 사용에 대한 국가 공인시험기관의 인증이 있는 경우에는 그렇지 않다.

2.2.1.1 니트로셀룰로오스, 화약 등의 산화성 물질

2.2.1.2 리튬, 나트륨, 칼륨, 마그네슘, 티타늄, 지르코늄, 우라늄 및 플루토늄과 같은 자기반응성 금속

2.2.1.3 금속 수소화물

2.2.1.4 유기 과산화수소, 히드라진 등 자동 열분해를 하는 화학물질

2.2.1.5 가연성 증기 또는 분진 등 폭발성 물질이 대기에 존재할 가능성이 있는 장소

2.3 고체에어로졸발생기

2.3.1 고체에어로졸발생기는 다음의 기준에 따라 설치한다.

    2.3.1.1 밀폐성이 보장된 방호구역 내에 설치하거나, 밀폐성능을 인정할 수 있는 별도의 조치를 취할 것

    2.3.1.2 천장이나 벽면 상부에 설치하되 고체에어로졸 화합물이 균일하게 방출되도록 설치할 것

    2.3.1.3 직사광선 및 빗물이 침투할 우려가 없는 곳에 설치할 것

    2.3.1.4 고체에어로졸발생기는 다음 각 기준의 최소 열 안전이격거리를 준수하여 설치할 것

        2.3.1.4.1 인체와의 최소 이격거리는 고체에어로졸 방출 시 75℃를 초과하는 온도가 인체에 영향을 미치지 않는 거리

        2.3.1.4.2 가연물과의 최소 이격거리는 고체에어로졸 방출 시 200℃를 초과하는 온도가 가연물에 영향을 미치지 않는 거리

    2.3.1.5 하나의 방호구역에는 동일 제품군 및 동일한 크기의 고체에어로졸발생기를 설치할 것

    2.3.1.6 방호구역의 높이는 형식승인 받은 고체에어로졸발생기의 최대 설치높이 이하로 할 것

2.4 고체에어로졸화합물의 양

2.4.1 방호구역 내 소화를 위한 고체에어로졸화합물의 최소 질량은 다음의 식 (2.4.1)에 따라 산출한 양 이상으로 산정해야 한다.

$$m = d \times V \qquad \cdots (2.4.1)$$

여기에서, m : 필수소화약제량(g)

       d : 설계밀도(g/m^3) = 소화밀도(g/m^3) × 1.3(안전계수)

   소화밀도 : 형식승인 받은 제조사의 설계 매뉴얼에 제시된 소화밀도

       V : 방호체적(m^3)

2.5 기동

2.5.1 고체에어로졸소화설비는 화재감지기 및 수동식 기동장치의 작동과 연동하여 기계적 또는 전기적 방식으로 작동해야 한다.

2.5.2 고체에어로졸소화설비의 기동 시에는 **1분 이내에 고체에어로졸 설계밀도의 95 % 이상을 방호구역에 균일하게 방출**해야 한다.

2.5.3 고체에어로졸소화설비의 수동식 기동장치는 다음의 기준에 따라 설치해야 한다.

> 2.5.3.1 제어반마다 설치할 것
>
> 2.5.3.2 방호구역의 출입구마다 설치하되 출입구 인근에 사람이 쉽게 조작할 수 있는 위치에 설치할 것
>
> 2.5.3.3 기동장치의 조작부는 바닥으로부터 0.8 m 이상 1.5 m 이하의 위치에 설치할 것
>
> 2.5.3.4 기동장치의 조작부에 보호판 등의 보호장치를 부착할 것
>
> 2.5.3.5 기동장치 인근의 보기 쉬운 곳에 "고체에어로졸소화설비 수동식 기동장치"라고 표시한 표지를 부착할 것
>
> 2.5.3.6 전기를 사용하는 기동장치에는 전원표시등을 설치할 것
>
> 2.5.3.7 방출용 스위치의 작동을 명시하는 표시등을 설치할 것
>
> 2.5.3.8 50 N 이하의 힘으로 방출용 스위치를 기동할 수 있도록 할 것

2.5.4 **고체에어로졸의 방출을 지연시키기 위해 방출지연스위치**를 다음의 기준에 따라 설치해야 한다.

> 2.5.4.1 수동으로 작동하는 방식으로 설치하되 누르고 있는 동안만 지연되도록 할 것
>
> 2.5.4.2 방호구역의 출입구마다 설치하되 피난이 용이한 출입구 인근에 사람이 쉽게 조작할 수 있는 위치에 설치할 것
>
> 2.5.4.3 방출지연스위치 작동 시에는 음향경보를 발할 것
>
> 2.5.4.4 방출지연스위치 작동 중 수동식 기동장치가 작동되면 수동식 기동장치의 기능이 우선될 것

2.6 제어반 등

2.6.1 고체에어로졸소화설비의 제어반은 다음의 기준에 따라 설치해야 한다.

> 2.6.1.1 전원표시등을 설치할 것
>
> 2.6.1.2 화재, 진동 및 충격에 따른 영향과 부식의 우려가 없고 점검에 편리한 장소에 설치할 것
>
> 2.6.1.3 제어반에는 해당 회로도 및 취급설명서를 비치할 것
>
> 2.6.1.4 고체에어로졸소화설비의 작동방식(자동 또는 수동)을 선택할 수 있는 장치를 설치할 것

2.6.1.5 수동식 기동장치 또는 화재감지기에서 신호를 수신할 경우 다음의 기능을 수행할 것

  2.6.1.5.1 음향경보장치의 작동

  2.6.1.5.2 고체에어로졸의 방출

  2.6.1.5.3 기타 제어기능 작동

2.6.2 고체에어로졸소화설비의 화재표시반은 다음의 기준에 따라 설치해야 한다. 다만, 자동화재탐지설비의 수신기의 제어반이 화재표시반의 기능을 가지고 있는 경우 화재표시반을 설치하지 않을 수 있다.

2.6.2.1 전원표시등을 설치할 것

2.6.2.2 화재, 진동 및 충격에 따른 영향 및 부식의 우려가 없고 점검에 편리한 장소에 설치할 것

2.6.2.3 화재표시반에는 해당 회로도 및 취급설명서를 비치할 것

2.6.2.4 고체에어로졸소화설비의 작동방식(자동 또는 수동)을 표시등으로 명시할 것

2.6.2.5 고체에어로졸소화설비가 기동할 경우 음향장치를 통해 경보를 발할 것

2.6.2.6 제어반에서 신호를 수신할 경우 방호구역별 경보장치의 작동, 수동식 기동장치의 작동 및 화재감지기의 작동 등을 표시등으로 명시할 것

2.6.3 고체에어로졸소화설비가 설치된 구역의 출입구에는 고체에어로졸의 방출을 명시하는 표시등을 설치해야 한다.

2.6.4 **고체에어로졸소화설비의 오작동을 제어하기 위해 제어반 인근에 설비정지스위치**를 설치해야 한다.

2.7 음향장치

2.7.1 **고체에어로졸소화설비의 음향장치**는 다음의 기준에 따라 설치해야 한다.

2.7.1.1 화재감지기가 작동하거나 수동식 기동장치가 작동할 경우 음향장치가 작동할 것

2.7.1.2 음향장치는 방호구역마다 설치하되 해당 구역의 각 부분으로부터 하나의 음향장치까지의 수평거리는 25 m 이하가 되도록 할 것

2.7.1.3 음향장치는 경종 또는 사이렌(전자식 사이렌을 포함한다)으로 하되, 주위의 소음 및 다른 용도의 경보와 구별이 가능한 음색으로 할 것. 이 경우 경종 또는 사이렌은 자동화재탐지설비·비상벨설비 또는 자동식사이렌설비의 음향장치와 겸용할 수 있다.

2.7.1.4 주 음향장치는 화재표시반의 내부 또는 그 직근에 설치할 것

2.7.1.5 음향장치는 다음의 기준에 따른 구조 및 성능의 것으로 할 것

　　2.7.1.5.1 정격전압의 80 % 전압에서 음향을 발할 수 있는 것으로 할 것

　　2.7.1.5.2 음량은 부착된 음향장치의 중심으로부터 1 m 떨어진 위치에서 90 dB 이상
　　　　　　이 되는 것으로 할 것

2.7.1.6 고체에어로졸의 방출 개시 후 1분 이상 경보를 계속 발할 것

2.8 화재감지기

2.8.1 고체에어로졸소화설비의 화재감지기는 다음의 기준에 따라 설치해야 한다.

2.8.1.1 고체에어로졸소화설비에는 다음의 감지기 중 하나를 설치할 것

　　2.8.1.1.1 광전식 공기흡입형 감지기

　　2.8.1.1.2 아날로그 방식의 광전식 스포트형 감지기

　　2.8.1.1.3 중앙소방기술심의위원회의 심의를 통해 고체에어로졸소화설비에 적응성이
　　　　　　있다고 인정된 감지기

2.8.1.2 화재감지기 1개가 담당하는 바닥면적은 「자동화재탐지설비 및 시각경보장치의
　　　　화재안전기술기준(NFTC 203)」의 2.4.3의 규정에 따른 바닥면적으로 할 것

2.9 방호구역의 자동폐쇄장치

2.9.1 고체에어로졸소화설비의 방호구역은 고체에어로졸소화설비가 기동할 경우 다음의 기준
　　　에 따라 자동적으로 폐쇄되어야 한다.

2.9.1.1 방호구역 내의 개구부와 통기구는 고체에어로졸이 방출되기 전에 폐쇄되도록 할
　　　　것

2.9.1.2 방호구역 내의 환기장치는 고체에어로졸이 방출되기 전에 정지되도록 할 것

2.9.1.3 자동폐쇄장치의 복구장치는 제어반 또는 그 직근에 설치하고, 해당 장치를 표시
　　　　하는 표지를 부착할 것

2.10 비상전원

2.10.1 고체에어로졸소화설비에는 자가발전설비, 축전지설비(제어반에 내장하는 경우를 포함
　　　한다. 이하 같다) 또는 전기저장장치(외부 전기에너지를 저장해 두었다가 필요한 때 전
　　　기를 공급하는 장치. 이하 같다)에 따른 비상전원을 다음의 기준에 따라 설치해야 한다.
　　　다만, 2 이상의 변전소(「전기사업법」 제67조에 따른 변전소를 말한다. 이하 같다)에서

전력을 동시에 공급받을 수 있거나 하나의 변전소로부터 전력의 공급이 중단되는 때에는
자동으로 다른 변전소로부터 전력을 공급받을 수 있도록 상용전원을 설치한 경우에는 비
상전원을 설치하지 않을 수 있다.

2.10.1.1 점검에 편리하고 화재 및 침수 등의 재해로 인한 피해를 받을 우려가 없는 곳에
설치할 것

2.10.1.2 고체에어로졸소화설비에 최소 20분 이상 유효하게 전원을 공급할 것

2.10.1.3 상용전원으로부터 전력의 공급이 중단된 때에는 자동으로 비상전원으로부터 전
력을 공급받을 수 있도록 할 것

2.10.1.4 비상전원의 설치장소는 다른 장소와 방화구획 할 것(제어반에 내장하는 경우는
제외한다). 이 경우 그 장소에는 비상전원의 공급에 필요한 기구나 설비 외의 것
(열병합발전설비에 필요한 기구나 설비는 제외한다)을 두어서는 아니 된다.

2.10.1.5 비상전원을 실내에 설치하는 때에는 그 실내에 비상조명등을 설치할 것

2.11 배선 등

2.11.1 고체에어로졸소화설비의 배선은「전기사업법」제67조에 따른「전기설비기술기준」에서
정한 것 외에 다음의 기준에 따라 설치해야 한다.

2.11.1.1 비상전원으로부터 제어반에 이르는 전원회로배선은 내화배선으로 할 것. 다만,
자가발전설비와 제어반이 동일한 실에 설치된 경우에는 자가발전기로부터 그 제
어반에 이르는 전원회로배선은 그렇지 않다.

2.11.1.2 상용전원으로부터 제어반에 이르는 배선, 그 밖의 고체에어로졸소화설비의 감
시회로ㆍ조작회로 또는 표시등회로의 배선은 내화배선 또는 내열배선으로 할
것. 다만, 제어반 안의 감시회로ㆍ조작회로 또는 표시등회로의 배선은 그렇지
않다.

2.11.1.3 화재감지기의 배선은「자동화재탐지설비 및 시각경보장치의 화재안전기술기준
(NFTC 203)」2.8(배선)의 기준에 따른다.

2.11.2 2.11.1에 따른 내화배선 및 내열배선에 사용되는 전선의 종류 및 설치방법은「옥내소화
전설비의 화재안전기술기준(NFTC 102)」2.7.2의 표 2.7.2(1) 및 표 2.7.2(2)의 기준에
따른다.

2.11.3 소화설비의 과전류차단기 및 개폐기에는 "고체에어로졸소화설비용"이라고 표시한 표지
를 해야 한다.

2.11.4 소화설비용 전기배선의 양단 및 접속단자에는 다음의 기준에 따른 표지 또는 표시를 해야 한다.

    2.11.4.1 단자에는 "고체에어로졸소화설비단자"라고 표시한 표지를 부착할 것

    2.11.4.2 소화설비용 전기배선의 양단에는 다른 배선과 식별이 용이하도록 표시할 것

2.12 과압배출구

2.12.1 고체에어로졸소화설비가 설치된 방호구역에는 소화약제 방출 시 과압으로 인한 구조물 등의 손상을 방지하기 위하여 과압배출구를 설치해야 한다.

비상경보설비 및 단독경보형감지기의 화재안전기술기준(NFTC 201)

[시행 2022. 12. 1.] [소방청공고 제2022-222호, 2022. 12. 1., 제정]

1. 일반사항

1.1 적용범위

1.1.1 이 기준은 「소방시설 설치 및 관리에 관한 법률 시행령」(이하 "영"이라 한다) 별표 4 제2 호가목 및 나목에 따른 비상경보설비 및 단독경보형감지기의 설치 및 관리에 대해 적용 한다.

1.2 기준의 효력

1.2.1 이 기준은 「소방시설 설치 및 관리에 관한 법률」(이하 "법"이라 한다) 제2조제1항제6호 나목에 따라 경보설비인 비상경보설비 및 단독경보형감지기의 기술기준으로서의 효력 을 가진다.

1.2.2 이 기준에 적합한 경우에는 법 제2조제1항제6호나목에 따라 「비상경보설비 및 단독경보 형감지기의 화재안전성능기준(NFPC 201)」을 충족하는 것으로 본다.

1.3 기준의 시행

1.3.1 이 기준은 2022년 12월 1일부터 시행한다.

1.4 기준의 특례

1.4.1 소방본부장 또는 소방서장은 기존건축물이 증축·개축·대수선되거나 용도변경 되는 경우에 있어서 이 기준이 정하는 기준에 따라 해당 건축물에 설치해야 할 비상경보설비 의 배관·배선 등의 공사가 현저하게 곤란하다고 인정되는 경우에는 해당 설비의 기능 및 사용에 지장이 없는 범위 안에서 이 기준의 일부를 적용하지 않을 수 있다.

1.6 경과조치

1.6.1 이 기준 시행 전에 건축허가 등의 신청 또는 신고를 하거나 소방시설공사의 착공신고를 한 특정소방대상물에 대해서는 종전의 「비상경보설비 및 단독경보형감지기의 화재안전 기준(NFSC 201)」에 따른다.

1.6.2 이 기준 시행 전에 1.5.1에 따른 신청 또는 신고를 한 경우라도 제정 기준이 종전의 기준 에 비하여 관계인에게 유리한 경우에는 제정 기준에 따를 수 있다.

1.7 다른 법령과의 관계

1.7.1 이 기준 시행 당시 다른 법령 또는 행정규칙 등에서 종전의 화재안전기준을 인용한 경우에 이 기준 가운데 그에 해당하는 규정이 있는 경우에는 종전의 규정에 갈음하여 이 기준의 해당 규정을 인용한 것으로 본다.

1.8 용어의 정의

1.8.1 이 기준에서 사용하는 용어의 정의는 다음과 같다.

   1.8.1.1 "비상벨설비"란 화재발생 상황을 경종으로 경보하는 설비를 말한다.

   1.8.1.2 "자동식사이렌설비"란 화재발생 상황을 사이렌으로 경보하는 설비를 말한다.

   1.8.1.3 "단독경보형감지기"란 화재발생 상황을 단독으로 감지하여 자체에 내장된 음향장치로 경보하는 감지기를 말한다.

[그림] 단독경보형 감지기

   1.8.1.4 "발신기"란 화재발생 신호를 수신기에 수동으로 발신하는 장치를 말한다.

   1.8.1.5 "수신기"란 발신기에서 발하는 화재신호를 직접 수신하여 화재의 발생을 표시 및 경보하여 주는 장치를 말한다.

1.8.2 "신호처리방식"은 화재신호 및 상태신호 등(이하 "화재신호 등"이라 한다)을 송수신하는 방식으로서 다음의 방식을 말한다.

   1.8.2.1 "유선식"은 화재신호 등을 배선으로 송 · 수신하는 방식

   1.8.2.2 "무선식"은 화재신호 등을 전파에 의해 송 · 수신하는 방식

   1.8.2.3 "유 · 무선식"은 유선식과 무선식을 겸용으로 사용하는 방식

2. 기술기준

2.1 비상벨설비 또는 자동식사이렌설비

2.1.1 비상벨설비 또는 자동식사이렌설비는 부식성가스 또는 습기 등으로 인하여 부식의 우려가 없는 장소에 설치해야 한다.

2.1.2 지구음향장치는 특정소방대상물의 층마다 설치하되, 해당 층의 각 부분으로부터 하나의 음향장치까지의 수평거리가 25 m 이하가 되도록 하고, 해당 층의 각 부분에 유효하게 경보를 발할 수 있도록 설치해야 한다. 다만, 「비상방송설비의 화재안전기술기준(NFTC 202)」에 적합한 방송설비를 비상벨설비 또는 자동식사이렌설비와 연동하여 작동하도록 설치한 경우에는 지구음향장치를 설치하지 않을 수 있다.

2.1.3 음향장치는 **정격전압의 80 % 전압**에서도 음향을 발할 수 있도록 해야 한다. 다만, 건전지를 주전원으로 사용하는 음향장치는 그렇지 않다.

2.1.4 음향장치의 음향의 크기는 부착된 음향장치의 중심으로부터 **1 m 떨어진 위치에서 음압이 90 dB 이상**이 되는 것으로 해야 한다.

2.1.5 발신기는 다음의 기준에 따라 설치해야 한다.

    2.1.5.1 조작이 쉬운 장소에 설치하고, 조작스위치는 바닥으로부터 0.8 m 이상 1.5 m 이하의 높이에 설치할 것

    2.1.5.2 특정소방대상물의 층마다 설치하되, 해당 층의 각 부분으로부터 하나의 발신기까지의 **수평거리가 25 m 이하**가 되도록 할 것. 다만, **복도 또는 별도로 구획된 실로서 보행거리가 40 m 이상일 경우에는 추가로 설치**해야 한다.

    2.1.5.3 발신기의 위치표시등은 함의 상부에 설치하되, 그 불빛은 부착 면으로부터 **15° 이상**의 범위 안에서 부착지점으로부터 **10 m 이내**의 어느 곳에서도 쉽게 식별할 수 있는 적색등으로 할 것

2.1.6 비상벨설비 또는 자동식사이렌설비의 상용전원은 다음의 기준에 따라 설치해야 한다.

    2.1.6.1 상용전원은 전기가 정상적으로 공급되는 **축전지설비, 전기저장장치**(외부 전기에너지를 저장해 두었다가 필요한 때 전기를 공급하는 장치) 또는 **교류전압의 옥내간선**으로 하고, 전원까지의 배선은 전용으로 할 것

    2.1.6.2 개폐기에는 "비상벨설비 또는 자동식사이렌설비용"이라고 표시한 표지를 할 것

2.1.7 비상벨설비 또는 자동식사이렌설비에는 그 설비에 대한 **감시상태를 60분간 지속한 후 유효하게 10분** 이상 경보할 수 있는 비상전원으로서 축전지설비(수신기에 내장하는 경우를 포함한다) 또는 전기저장장치(외부 전기에너지를 저장해 두었다가 필요한 때 전기를 공

급하는 장치)를 설치해야 한다. 다만, 상용전원이 축전지설비인 경우 또는 건전지를 주전원으로 사용하는 무선식 설비인 경우에는 그렇지 않다.

2.1.8 비상벨설비 또는 자동식사이렌설비의 배선은「전기사업법」제67조에 따른「전기설비기술기준」에서 정한 것 외에 다음의 기준에 따라 설치해야 한다.

    2.1.8.1 전원회로의 배선은「옥내소화전설비의 화재안전기술기준(NFTC 102)」2.7.2의 표 2.7.2(1)에 따른 내화배선에 따르고, 그 밖의 배선은「옥내소화전설비의 화재안전기술기준(NFTC 102)」2.7.2의 표 2.7.2(1) 또는 표 2.7.2(2)에 따른 내화배선 또는 내열배선에 따를 것

    2.1.8.2 전원회로의 전로와 대지 사이 및 배선상호간의 절연저항은「전기사업법」제67조에 따른「전기설비기술기준」이 정하는 바에 의하고, 부속회로의 전로와 대지 사이 및 배선 상호간의 절연저항은 1경계구역마다 직류 250 V의 절연저항측정기를 사용하여 측정한 절연저항이 0.1 MΩ 이상이 되도록 할 것

    2.1.8.3 배선은 다른 전선과 별도의 관 · 덕트(절연효력이 있는 것으로 구획한 때에는 그 구획된 부분은 별개의 덕트로 본다) · 몰드 또는 풀박스 등에 설치할 것. 다만, 60 V 미만의 약전류회로에 사용하는 전선으로서 각각의 전압이 같을 때는 그렇지 않다.

2.2 단독경보형감지기

2.2.1 단독경보형감지기는 다음의 기준에 따라 설치해야 한다.

    2.2.1.1 각 실(이웃하는 실내의 바닥면적이 각각 30 m^2 미만이고 벽체의 상부의 전부 또는 일부가 개방되어 이웃하는 실내와 공기가 상호 유통되는 경우에는 이를 1개의 실로 본다)마다 설치하되, 바닥면적이 150 m^{2}를 초과하는 경우에는 150 m^{2}마다 1개 이상 설치할 것

    2.2.1.2 계단실은 최상층의 계단실 천장(외기가 상통하는 계단실의 경우를 제외한다)에 설치할 것

    2.2.1.3 건전지를 주전원으로 사용하는 단독경보형감지기는 정상적인 작동상태를 유지할 수 있도록 주기적으로 건전지를 교환할 것

    2.2.1.4 상용전원을 주전원으로 사용하는 단독경보형감지기의 2차전지는 법 제40조에 따라 제품검사에 합격한 것을 사용할 것

소방시설관리사 기출문제

[21회점검] 물음 1) 비상경보설비 및 단독경보형감지기의 화재안전기준(NFSC 201)에서 발신기의 설치기준이다. (   )에 들어갈 내용을 쓰시오. (5점)

> 1. 조작이 쉬운 장소에 설치하고, 조작스위치는 바닥으로부터 0.8m 이상 1.5m 이하의 높이에 설치할 것
>
> 2. 특정소방대상물의 층마다 설치하되, 해당 특정소방대상물의 각 부분으로부터 하나의 발신기까지의 (ㄱ)가 25m 이하가 되도록 할 것. 다만, 복도 또는 별도로 구획된 실로서 (ㄴ)가 40m 이상일 경우에는 추가로 설치하여야 한다.
>
> 3. 발신기의 위치표시등은 (ㄷ)에 설치하되, 그 불빛은 부착 면으로부터 (ㄹ)이상의 범위 안에서 부착지점으로부터 10m 이내의 어느 곳에서도 쉽게 식별할 수 있는 (ㅁ)으로 할 것

[11회설계] 아래 표와 같이 구획된 3개의 실에 단독경보형 감지기를 설치하고자 한다. 각 실에 필요한 최소 설치 수량과 그 근거를 쓰시오.(6점)

실	A실	B실	C실
바닥면적 (m²)			

소방기술사 기출문제

[99회] 비상경보설비의 국가화재안전기준(NFSC 201)에 대한 단독경보형 감지기의 설치기준에 대하여 설명하시오.

비상방송설비의 화재안전기술기준(NFTC 202)

[시행 2023. 2. 10.] [국립소방연구원공고 제2023-4호, 2023. 2. 10., 일부개정]

1. 일반사항

1.1 적용범위

1.1.1 이 기준은 「소방시설 설치 및 관리에 관한 법률 시행령」(이하 "영"이라 한다) 별표 4 제2호바목에 따른 비상방송설비의 설치 및 관리에 대해 적용한다.

1.2 기준의 효력

1.2.1 이 기준은 「소방시설 설치 및 관리에 관한 법률」(이하 "법"이라 한다) 제2조제1항제6호나목에 따라 경보설비인 비상방송설비의 기술기준으로서의 효력을 가진다.

1.2.2 이 기준에 적합한 경우에는 법 제2조제1항제6호나목에 따라 「비상방송설비의 화재안전성능기준(NFPC 202)」을 충족하는 것으로 본다.

1.3 기준의 시행

1.3.1 이 기준은 2023년 2월 10일부터 시행한다. <개정 2023.2.10.>

1.4 기준의 특례

1.4.1 소방본부장 또는 소방서장은 기존건축물이 증축·개축·대수선되거나 용도변경 되는 경우에 있어서 이 기준이 정하는 기준에 따라 해당 건축물에 설치해야 할 비상방송설비의 배관·배선 등의 공사가 현저하게 곤란하다고 인정되는 경우에는 해당 설비의 기능 및 사용에 지장이 없는 범위 안에서 이 기준 일부를 적용하지 않을 수 있다.

1.5 경과조치

1.5.1 이 기준 시행 전에 건축허가 등의 신청 또는 신고를 하거나 소방시설공사의 착공신고를 한 특정소방대상물에 대해서는 종전의 기준에 따른다. <개정 2023.2.10.>

1.5.2 이 기준 시행 전에 1.5.1에 따른 신청 또는 신고를 한 경우라도 개정 기준이 종전의 기준에 비하여 관계인에게 유리한 경우에는 개정 기준에 따를 수 있다. <개정 2023.2.10.>

1.6 다른 법령과의 관계

1.6.1 이 기준 시행 당시 다른 법령 또는 행정규칙 등에서 종전의 화재안전기준을 인용한 경우에 이 기준 가운데 그에 해당하는 규정이 있는 경우에는 종전의 규정에 갈음하여 이 기준의 해당 규정을 인용한 것으로 본다.

1.7 용어의 정의

1.7.1 이 기준에서 사용하는 용어의 정의는 다음과 같다.

1.7.1.1 "확성기"란 소리를 크게 하여 멀리까지 전달될 수 있도록 하는 장치로써 일명 스피커를 말한다.

1.7.1.2 "음량조절기"란 가변저항을 이용하여 전류를 변화시켜 음량을 크게 하거나 작게 조절할 수 있는 장치를 말한다.

1.7.1.3 "증폭기"란 전압전류의 진폭을 늘려 감도를 좋게 하고 미약한 음성전류를 커다란 음성전류로 변화시켜 소리를 크게 하는 장치를 말한다.

1.7.1.4 "기동장치"란 화재감지기, 발신기 등의 상태변화를 전송하는 장치를 말한다.

1.7.1.5 "몰드"란 전선을 물리적으로 보호하기 위해 사용되는 통형 구조물을 말한다.

1.7.1.6 "약전류회로"란 전신선, 전화선 등에 사용하는 전선이나 케이블, 인터폰, 확성기의 음성 회로, 라디오 · 텔레비전의 시청회로 등을 포함하는 약전류가 통전되는 회로를 말한다.

1.7.1.7 "전원회로"란 전기 · 통신, 기타 전기를 이용하는 장치 등에 전력을 공급하기 위하여 필요한 기기로 이루어지는 전기회로를 말한다.

1.7.1.8 "절연저항"이란 전류가 도체에서 절연물을 통하여 다른 충전부나 기기로 누설되는 경우 그 누설 경로의 저항을 말한다.

1.7.1.9 "절연효력"이란 전기가 불필요한 부분으로 흐르지 않도록 절연하는 성능을 나타내는 것을 말한다.

1.7.1.10 "정격전압"이란 전기기계기구, 선로 등의 정상적인 동작을 유지시키기 위해 공급해 주어야 하는 기준 전압을 말한다.

1.7.1.11 "조작부"란 기기를 제어할 수 있도록 조작스위치, 지시계, 표시등 등을 집결시킨 부분을 말한다.

1.7.1.12 "풀박스"란 장거리 케이블 포설을 용이하게 하기 위해 전선관 중간에 설치하는 상자형 구조물 등을 말한다.

1.8 다른 공고의 개정 <신설 2023.2.10>

1.8.1 간이스프링클러설비의 화재안전기술기준(NFTC 103A) 일부를 다음과 같이 개정한다.
2.7.1.5 부분 중 "5층(지하층을 제외한다) 이상으로서 연면적이 3,000 m²를 초과하는"을 "11층(공동주택의 경우에는 16층) 이상의"로 하고, "2층 이상의 층에서 발화한 때에는 발화층 및 그 직상층에 한하여",를 "2층 이상의 층에서 발화한 때에는 발화층 및 그 직상 4개층에 한하여"로 하고 "1층에서 발화한 때에는 발화층 · 그 직상층 및 지하층에

한하여",를 "1층에서 발화한 때에는 발화층·그 직상 4개층 및 지하층에 한하여"로 한다. < 신설 2023.2.10. >

1.8.2 미분무소화설비의 화재안전기술기준(NFTC 104A) 일부를 다음과 같이 개정한다. 2.9.1.6 부분 중 "5층(지하층을 제외한다) 이상의"를 "11층(공동주택의 경우에는 16층) 이상의"로 하고, "2층 이상의 층에서 발화한 때에는 발화층 및 그 직상층에 한하여",를 "2층 이상의 층에서 발화한 때에는 발화층 및 그 직상 4개층에 한하여"로 하고 "1층에서 발화한 때에는 발화층과 그 직상층 및 지하층에 한하여",를 "1층에서 발화한 때에는 발화층과 그 직상 4개층 및 지하층에 한하여"로 한다. < 신설 2023.2.10 >

1.8.3 스프링클러설비의 화재안전기술기준(NFTC 103) 일부를 다음과 같이 개정한다. 2.6.1.6 부분 중 "5층 이상으로서 연면적이 3,000 m²를 초과하는"을 "11층(공동주택의 경우에는 16층) 이상의"로 하고, 2.6.1.6.1 중 "직상층에"를 "직상 4개층에"로 하며, 2.6.1.6.2 중 "직상층"을 "직상 4개층"으로 한다. < 신설 2023.2.10 >

1.8.4 화재조기진압용 스프링클러설비의 화재안전기술기준(NFTC 103B) 일부를 다음과 같이 개정한다. 2.6.1.5 부분 중 "5층 이상으로서 연면적이 3,000 m²를 초과하는"을 "11층(공동주택의 경우에는 16층) 이상의"로 하고, 2.6.1.5.1 중 "직상층에"를 "직상 4개층에"로 하며, 2.6.1.5.2 중 "직상층"을 각각 "직상 4개층"으로 한다. < 신설 2023.2.10. >

2. 기술기준

2.1 음향장치

2.1.1 비상방송설비는 다음의 기준에 따라 설치해야 한다. 이 경우 엘리베이터 내부에는 별도의 음향장치를 설치할 수 있다.

2.1.1.1 확성기의 음성입력은 3 W(실내에 설치하는 것에 있어서는 1 W) 이상일 것

2.1.1.2 확성기는 각 층마다 설치하되, 그 층의 각 부분으로부터 하나의 확성기까지의 수평거리가 25 m 이하가 되도록 하고, 해당 층의 각 부분에 유효하게 경보를 발할 수 있도록 설치할 것

2.1.1.3 음량조정기를 설치하는 경우 음량조정기의 배선은 3선식으로 할 것

2.1.1.4 조작부의 조작스위치는 바닥으로부터 0.8 m 이상 1.5 m 이하의 높이에 설치할 것

2.1.1.5 조작부는 기동장치의 작동과 연동하여 해당 기동장치가 작동한 층 또는 구역을 표시할 수 있는 것으로 할 것

2.1.1.6 증폭기 및 조작부는 수위실 등 상시 사람이 근무하는 장소로서 점검이 편리하고 방화상 유효한 곳에 설치할 것

2.1.1.7 층수가 11층(공동주택의 경우에는 16층) 이상의 특정소방대상물은 다음의 기준에 따라 경보를 발할 수 있도록 해야 한다. <개정 2023.2.10>

　2.1.1.7.1 2층 이상의 층에서 발화한 때에는 발화층 및 그 직상 4개층에 경보를 발할 것<개정 2023.2.10>

　2.1.1.7.2 1층에서 발화한 때에는 발화층·그 직상 4개층 및 지하층에 경보를 발할 것 <개정 2023.2.10>

　2.1.1.7.3 지하층에서 발화한 때에는 발화층·그 직상층 및 기타의 지하층에 경보를 발할 것

2.1.1.8 다른 방송설비와 공용하는 것에 있어서는 화재 시 비상경보 외의 방송을 차단할 수 있는 구조로 할 것

2.1.1.9 다른 전기회로에 따라 유도장애가 생기지 않도록 할 것

2.1.1.10 하나의 특정소방대상물에 2 이상의 조작부가 설치되어 있는 때에는 각각의 조작부가 있는 장소 상호 간에 동시 통화가 가능한 설비를 설치하고, 어느 조작부에서도 해당 특정소방대상물의 전 구역에 방송을 할 수 있도록 할 것

2.1.1.11 기동장치에 따른 화재신호를 수신한 후 필요한 음량으로 화재발생상황 및 피난에 유효한 방송이 자동으로 개시될 때까지의 **소요시간은 10초 이내**로 할 것

2.1.1.12 음향장치는 다음의 기준에 따른 구조 및 성능의 것으로 해야 한다.

2.1.1.12.1 정격전압의 80 % 전압에서 음향을 발할 수 있는 것을 할 것
2.1.1.12.2 자동화재탐지설비의 작동과 연동하여 작동할 수 있는 것으로 할 것

2.2 배선

2.2.1 비상방송설비의 배선은 「전기사업법」 제67조에 따른 「전기설비기술기준」에서 정한 것 외에 다음의 기준에 따라 설치해야 한다.

2.2.1.1 화재로 인하여 하나의 층의 확성기 또는 배선이 단락 또는 단선되어도 다른 층의 화재 통보에 지장이 없도록 할 것

2.2.1.2 전원회로의 배선은 「옥내소화전설비의 화재안전기술기준(NFTC 102)」 2.7.2의 표 2.7.2(1)에 따른 내화배선에 따르고, 그 밖의 배선은 「옥내소화전설비의 화재안전기술기준(NFTC 102)」 2.7.2의 표 2.7.2(1) 또는 표 2.7.2(2)에 따른 내화배선 또는 내열배선에 따를 것

2.2.1.3 전원회로의 전로와 대지 사이 및 배선상호간의 절연저항은「전기사업법」제67조에 따른「전기설비기술기준」이 정하는 바에 따르고, **부속회로의 전로와 대지 사이 및 배선 상호 간의 절연저항은 1경계구역마다 직류 250 V의 절연저항측정기를 사용하여 측정한 절연저항이 0.1 ㏁ 이상**이 되도록 할 것

2.2.1.4 비상방송설비의 배선은 다른 전선과 별도의 관·덕트(절연효력이 있는 것으로 구획한 때에는 그 구획된 부분은 별개의 덕트로 본다) 몰드 또는 풀박스 등에 설치할 것. 다만, 60 V 미만의 약전류회로에 사용하는 전선으로서 각각의 전압이 같을 때는 그렇지 않다.

2.3 전원

2.3.1 비상방송설비의 상용전원은 다음의 기준에 따라 설치해야 한다.

2.3.1.1 상용전원은 전기가 정상적으로 공급되는 축전지설비, 전기저장장치(외부 전기에너지를 저장해 두었다가 필요한 때 전기를 공급하는 장치) 또는 교류전압의 옥내간선으로 하고, 전원까지의 배선은 전용으로 할 것

2.3.1.2 개폐기에는 "비상방송설비용"이라고 표시한 표지를 할 것

2.3.2 비상방송설비에는 그 설비에 대한 감시상태를 60분간 지속한 후 유효하게 10분 이상 경보할 수 있는 비상전원으로서 축전지설비(수신기에 내장하는 경우를 포함한다) 또는 전기저장장치(외부 전기에너지를 저장해 두었다가 필요한 때 전기를 공급하는 장치)를 설치해야 한다.

소방시설관리사 기출문제

[8회 점검] 지하3층, 지상5층, 연면적 5,000 m²인 경우 화재층이 아래와 같을 때 경보되는 층을 모두 쓰시오. (10점)
  ① 지하2층
  ② 지상1층
  ③ 지상2층

소방기술사 기출문제

[101회] 비상방송설비의 설치기준에 대하여 설명하시오.

[80회] 국가 화재안전기준(NFSC 202)에서 정한 비상방송설비의 목적, 적용범위, 음향장치, 배선, 전원에 관하여 설명하시오.

자동화재탐지설비 및 시각경보장치의 화재안전기술기준(NFTC 203)

[시행 2022. 12. 1.] [소방청공고 제2022-224호, 2022. 12. 1., 제정]

1. 일반사항

1.1 적용범위

1.1.1 이 기준은 「소방시설 설치 및 관리에 관한 법률 시행령」(이하 "영"이라 한다) 별표 4 제2호 다목과 라목에 따른 자동화재탐지설비와 시각경보장치의 설치 및 관리에 대해 적용한다.

1.2 기준의 효력

1.2.1 이 기준은 「소방시설 설치 및 관리에 관한 법률」(이하 "법"이라 한다) 제2조제1항제6호 나목에 따라 경보설비인 자동화재탐지설비 및 시각경보장치의 기술기준으로서의 효력을 가진다.

1.2.2 이 기준에 적합한 경우에는 법 제2조제1항제6호나목에 따라 「자동화재탐지설비 및 시각경보장치의 화재안전성능기준(NFPC 203)」을 충족하는 것으로 본다.

1.3 기준의 시행

1.3.1 이 기준은 2022년 12월 1일부터 시행한다.

1.3.2 특정소방대상물의 경보 방식 [소방청고시 제2022-10호, 2022. 5. 9., 일부개정] 2.5.1.2 에 따른 기준은 발령 후 9개월이 경과한 날부터 시행한다.

1.4 기준의 특례

1.4.1 소방본부장 또는 소방서장은 기존건축물이 증축·개축·대수선되거나 용도변경 되는 경우에 있어서 이 기준이 정하는 기준에 따라 해당 건축물에 설치해야 할 자동화재탐지설비의 배관·배선 등의 공사가 현저하게 곤란하다고 인정되는 경우에는 해당 설비의 기능 및 사용에 지장이 없는 범위 안에서 이 기준의 일부를 적용하지 않을 수 있다.

1.5 경과조치

1.5.1 이 기준 시행 전에 건축허가 등의 신청 또는 신고를 하거나 소방시설공사의 착공신고를 한 특정소방대상물에 대해서는 종전의 「자동화재탐지설비 및 시각경보장치의 화재안전기준(NFSC 203)」에 따른다.

1.5.2 이 기준 시행 전에 1.5.1에 따른 신청 또는 신고를 한 경우라도 제정 기준이 종전의 기준에 비하여 관계인에게 유리한 경우에는 제정 기준에 따를 수 있다.

1.6 다른 법령과의 관계

1.6.1 이 기준 시행 당시 다른 법령 또는 행정규칙 등에서 종전의 화재안전기준을 인용한 경우에 이 기준 가운데 그에 해당하는 규정이 있는 경우에는 종전의 규정에 갈음하여 이 기준의 해당 규정을 인용한 것으로 본다.

1.7 용어의 정의

1.7.1 이 기준에서 사용하는 용어의 정의는 다음과 같다.

1.7.1.1 "경계구역"이란 특정소방대상물 중 화재신호를 발신하고 그 신호를 수신 및 유효하게 제어할 수 있는 구역을 말한다.

1.7.1.2 "수신기"란 감지기나 발신기에서 발하는 화재신호를 직접 수신하거나 중계기를 통하여 수신하여 화재의 발생을 표시 및 경보하여 주는 장치를 말한다.

1.7.1.3 "중계기"란 감지기·발신기 또는 전기적인 접점 등의 작동에 따른 신호를 받아 이를 수신기에 전송하는 장치를 말한다.

1.7.1.4 "감지기"란 화재 시 발생하는 열, 연기, 불꽃 또는 연소생성물을 자동적으로 감지하여 수신기에 화재신호 등을 발신하는 장치를 말한다.

1.7.1.5 "발신기"란 수동누름버턴 등의 작동으로 화재 신호를 수신기에 발신하는 장치를 말한다.

1.7.1.6 "시각경보장치"란 자동화재탐지설비에서 발하는 화재신호를 시각경보기에 전달하여 청각장애인에게 점멸형태의 시각경보를 하는 것을 말한다.

1.7.1.7 "거실"이란 거주·집무·작업·집회·오락 그 밖에 이와 유사한 목적을 위하여 사용하는 실을 말한다.

1.7.2 "신호처리방식"은 화재신호 및 상태신호 등(이하 "화재신호 등"이라 한다)을 송수신하는 방식으로서 다음의 방식을 말한다.

1.7.2.1 "유선식"은 화재신호 등을 배선으로 송·수신하는 방식

1.7.2.2 "무선식"은 화재신호 등을 전파에 의해 송·수신하는 방식

1.7.2.3 "유·무선식"은 유선식과 무선식을 겸용으로 사용하는 방식

2. 기술기준

2.1 경계구역

2.1.1 자동화재탐지설비의 경계구역은 다음의 기준에 따라 설정해야 한다. 다만, 감지기의 형식승인 시 감지거리, 감지면적 등에 대한 성능을 별도로 인정받은 경우에는 그 성능인정

범위를 경계구역으로 할 수 있다.

2.1.1.1 하나의 경계구역이 2 이상의 건축물에 미치지 않도록 할 것

2.1.1.2 하나의 경계구역이 2 이상의 층에 미치지 않도록 할 것. 다만, 500 m² 이하의 범위 안에서는 2개의 층을 하나의 경계구역으로 할 수 있다.

2.1.1.3 하나의 경계구역의 면적은 600 m² 이하로 하고 한 변의 길이는 50 m 이하로 할 것. 다만, 해당 특정소방대상물의 주된 출입구에서 그 내부 전체가 보이는 것에 있어서는 한 변의 길이가 50 m의 범위 내에서 1,000 m² 이하로 할 수 있다.

2.1.2 계단(직통계단 외의 것에 있어서는 떨어져 있는 상하 계단의 상호 간의 수평거리가 5 m 이하로서 서로 간에 구획되지 아니한 것에 한한다. 이하 같다) · 경사로(에스컬레이터경사로 포함) · 엘리베이터 승강로(권상기실이 있는 경우에는 권상기실) · 린넨슈트 · 파이프 피트 및 덕트 기타 이와 유사한 부분에 대하여는 별도로 경계구역을 설정하되, 하나의 경계구역은 높이 45 m 이하(계단 및 경사로에 한한다)로 하고, 지하층의 계단 및 경사로(지하층의 층수가 한 개 층일 경우는 제외한다)는 별도로 하나의 경계구역으로 해야 한다.

2.1.3 외기에 면하여 상시 개방된 부분이 있는 차고 · 주차장 · 창고 등에 있어서는 외기에 면하는 각 부분으로부터 5 m 미만의 범위 안에 있는 부분은 경계구역의 면적에 산입하지 않는다.

2.1.4 스프링클러설비 · 물분무등소화설비 또는 제연설비의 화재감지장치로서 화재감지기를 설치한 경우의 경계구역은 해당 소화설비의 방호구역 또는 제연구역과 동일하게 설정할 수 있다.

2.2 수신기

2.2.1 자동화재탐지설비의 수신기는 다음의 기준에 적합한 것으로 설치해야 한다.

2.2.1.1 해당 특정소방대상물의 경계구역을 각각 표시할 수 있는 회선 수 이상의 수신기를 설치할 것

2.2.1.2 해당 특정소방대상물에 가스누설탐지설비가 설치된 경우에는 가스누설탐지설비로부터 가스누설신호를 수신하여 가스누설경보를 할 수 있는 수신기를 설치할 것(가스누설탐지설비의 수신부를 별도로 설치한 경우에는 제외한다)

2.2.2 자동화재탐지설비의 수신기는 특정소방대상물 또는 그 부분이 지하층 · 무창층 등으로서 환기가 잘되지 아니하거나 실내면적이 40 m² 미만인 장소, 감지기의 부착면과 실내 바닥과의 거리가 2.3 m 이하인 장소로서 일시적으로 발생한 열 · 연기 또는 먼지 등으

로 인하여 감지기가 화재신호를 발신할 우려가 있는 때에는 축적기능 등이 있는 것(축적형감지기가 설치된 장소에는 감지기회로의 감시전류를 단속적으로 차단시켜 화재를 판단하는 방식 외의 것을 말한다)으로 설치해야 한다. 다만, 2.4.1 단서에 따른 감지기를 설치한 경우에는 그렇지 않다.

2.2.3 수신기는 다음의 기준에 따라 설치해야 한다.

2.2.3.1 수위실 등 **상시 사람이 근무하는 장소**에 설치할 것. 다만, 사람이 상시 근무하는 장소가 없는 경우에는 관계인이 쉽게 접근할 수 있고 관리가 용이한 장소에 설치할 수 있다.

2.2.3.2 수신기가 설치된 장소에는 **경계구역 일람도**를 비치할 것. 다만, 모든 수신기와 연결되어 각 수신기의 상황을 감시하고 제어할 수 있는 수신기(이하 "주수신기"라 한다)를 설치하는 경우에는 주수신기를 제외한 기타 수신기는 그렇지 않다.

2.2.3.3 수신기의 **음향기구**는 그 음량 및 음색이 다른 기기의 소음 등과 명확히 구별될 수 있는 것으로 할 것

2.2.3.4 수신기는 **감지기 · 중계기 또는 발신기**가 작동하는 경계구역을 표시할 수 있는 것으로 할 것

2.2.3.5 화재 · 가스 전기등에 대한 **종합방재반**을 설치한 경우에는 해당 조작반에 수신기의 작동과 연동하여 감지기 · 중계기 또는 발신기가 작동하는 경계구역을 표시할 수 있는 것으로 할 것

2.2.3.6 하나의 경계구역은 **하나의 표시등 또는 하나의 문자**로 표시되도록 할 것

2.2.3.7 수신기의 **조작 스위치**는 바닥으로부터의 높이가 0.8 m 이상 1.5 m 이하인 장소에 설치할 것

2.2.3.8 하나의 특정소방대상물에 2 이상의 수신기를 설치하는 경우에는 수신기를 **상호 간 연동**하여 화재발생 상황을 각 수신기마다 확인할 수 있도록 할 것

2.2.3.9 화재로 인하여 하나의 층의 **지구음향장치 배선이 단락**되어도 다른 층의 화재통보에 지장이 없도록 각 층 배선 상에 유효한 조치를 할 것

2.3 중계기

2.3.1 자동화재탐지설비의 중계기는 다음의 기준에 따라 설치해야 한다.

[그림] 중계기

2.3.1.1 수신기에서 직접 감지기회로의 도통시험을 하지 않는 것에 있어서는 수신기와 감지기 사이에 설치할 것

2.3.1.2 조작 및 점검에 편리하고 화재 및 침수 등의 재해로 인한 피해를 받을 우려가 없는 장소에 설치할 것

2.3.1.3 수신기에 따라 감시되지 않는 배선을 통하여 전력을 공급받는 것에 있어서는 전원입력측의 배선에 과전류차단기를 설치하고 해당 전원의 정전이 즉시 수신기에 표시되는 것으로 하며, 상용전원 및 예비전원의 시험을 할 수 있도록 할 것

2.4 감지기

2.4.1 자동화재탐지설비의 감지기는 부착 높이에 따라 다음 표 2.4.1에 따른 감지기를 설치해야 한다. 다만, 지하층 · 무창층 등으로서 환기가 잘되지 아니하거나 실내면적이 40 m² 미만인 장소, 감지기의 부착면과 실내 바닥과의 거리가 2.3 m 이하인 곳으로서 일시적으로 발생한 열 · 연기 또는 먼지 등으로 인하여 화재신호를 발신할 우려가 있는 장소(2.2.2 본문에 따른 수신기를 설치한 장소를 제외한다)에는 다음의 기준에서 정한 감지기 중 적응성이 있는 감지기를 설치해야 한다.

(1) 불꽃감지기

(2) 정온식감지선형감지기

(3) 분포형감지기

(4) 복합형감지기

(5) 광전식분리형감지기

(6) 아날로그방식의 감지기

(7) 다신호방식의 감지기

(8) 축적방식의 감지기

표 2.4.1 부착 높이에 따른 감지기의 종류

부착 높이	감지기의 종류
4 m 미만	차동식(스포트형, 분포형) 보상식 스포트형 정온식(스포트형, 감지선형) 이온화식 또는 광전식(스포트형, 분리형, 공기흡입형) 열복합형 연기복합형 열연기복합형 불꽃감지기
4 m 이상 8 m 미만	차동식(스포트형, 분포형) 보상식 스포트형 정온식(스포트형, 감지선형) 특종 또는 1종 이온화식 1종 또는 2종 광전식(스포트형, 분리형, 공기흡입형) 1종 또는 2종 열복합형 연기복합형 열연기복합형 불꽃감지기
8 m 이상 15 m 미만	차동식 분포형 이온화식 1종 또는 2종 광전식(스포트형, 분리형, 공기흡입형) 1종 또는 2종 연기복합형 불꽃감지기
15 m 이상 20 m 미만	이온화식 1종 광전식(스포트형, 분리형, 공기흡입형) 1종 연기복합형 불꽃감지기
20 m 이상	불꽃감지기 광전식(분리형, 공기흡입형)중 아날로그방식

[비고] 1. 감지기별 부착 높이 등에 대하여 별도로 형식승인을 받은 경우에는 그 성능인정 범위 내에서 사용할 수 있다.

2. 부착 높이 20 m 이상에 설치되는 광전식 중 아날로그방식의 감지기는 공칭 감지농도 하한값이 감광율 5 %/m 미만인 것으로 한다.

2.4.2 다음의 장소에는 연기감지기를 설치해야 한다. 다만, 교차회로방식에 따른 감지기가 설치된 장소 또는 2.4.1 단서에 따른 감지기가 설치된 장소에는 그렇지 않다.

2.4.2.1 계단·경사로 및 에스컬레이터 경사로

2.4.2.2 복도(30 m 미만의 것을 제외한다)

2.4.2.3 엘리베이터 승강로(권상기실이 있는 경우에는 권상기실)·린넨슈트·파이프 피트 및 덕트 기타 이와 유사한 장소

2.4.2.4 천장 또는 반자의 높이가 15 m 이상 20 m 미만의 장소

2.4.2.5 다음의 어느 하나에 해당하는 특정소방대상물의 취침·숙박·입원 등 이와 유사한 용도로 사용되는 거실

(1) 공동주택·오피스텔·숙박시설·노유자시설·수련시설

(2) 교육연구시설 중 합숙소

(3) 의료시설, 근린생활시설 중 입원실이 있는 의원·조산원

(4) 교정 및 군사시설

(5) 근린생활시설 중 고시원

2.4.3 감지기는 다음의 기준에 따라 설치해야 한다. 다만, 교차회로방식에 사용되는 감지기, 급속한 연소 확대가 우려되는 장소에 사용되는 감지기 및 축적기능이 있는 수신기에 연결하여 사용하는 감지기는 축적기능이 없는 것으로 설치해야 한다.

2.4.3.1 감지기(차동식분포형의 것을 제외한다)는 실내로의 공기유입구로부터 1.5 m 이상 떨어진 위치에 설치할 것

2.4.3.2 감지기는 천장 또는 반자의 옥내에 면하는 부분에 설치할 것

2.4.3.3 보상식스포트형감지기는 정온점이 감지기 주위의 평상시 최고온도보다 20℃ 이상 높은 것으로 설치할 것

2.4.3.4 정온식감지기는 주방·보일러실 등으로서 다량의 화기를 취급하는 장소에 설치하되, 공칭작동온도가 최고주위온도보다 20℃ 이상 높은 것으로 설치할 것

2.4.3.5 차동식스포트형·보상식스포트형 및 정온식스포트형 감지기는 그 부착 높이 및 특정소방대상물에 따라 다음 표 2.4.3.5에 따른 바닥면적마다 1개 이상을 설치할 것

표 2.4.3.5 부착 높이 및 특정소방대상물의 구분에 따른 차동식·보상식·정온식스포트형감지기의 종류

(단위: m²)

부착 높이 및 특정소방대상물의 구분		감지기의 종류						
		차동식 스포트형		보상식 스포트형		정온식 스포트형		
		1종	2종	1종	2종	특종	1종	2종
4m 미만	주요구조부가 내화구조로 된 특정소방대상물 또는 그 부분	90	70	90	70	70	60	20
	기타 구조의 특정소방대상물 또는 그 부분	50	40	50	40	40	30	15
4m 이상 8m 미만	주요구조부가 내화구조로 된 특정소방대상물 또는 그 부분	45	35	45	35	35	30	–
	기타 구조의 특정소방대상물 또는 그 부분	30	25	30	25	25	15	–

2.4.3.6 스포트형감지기는 **45° 이상** 경사되지 않도록 부착할 것

2.4.3.7 **공기관식 차동식분포형감지기**는 다음의 기준에 따를 것

2.4.3.7.1 공기관의 노출 부분은 감지구역마다 20 m 이상이 되도록 할 것

2.4.3.7.2 공기관과 감지구역의 각 변과의 수평거리는 1.5 m 이하가 되도록 하고, 공기관 상호 간의 거리는 6 m(주요구조부가 내화구조로 된 특정소방대상물 또는 그 부분에 있어서는 9 m) 이하가 되도록 할 것

2.4.3.7.3 공기관은 도중에서 분기하지 않도록 할 것

2.4.3.7.4 하나의 검출 부분에 접속하는 공기관의 길이는 100 m 이하로 할 것

2.4.3.7.5 검출부는 5° 이상 경사되지 않도록 부착할 것

2.4.3.7.6 검출부는 바닥으로부터 0.8 m 이상 1.5 m 이하의 위치에 설치할 것

[그림] 검출부, 시험레버(시험코크)

2.4.3.8 **열전대식 차동식분포형감지기**는 다음의 기준에 따를 것

2.4.3.8.1 **열전대부는 감지구역의 바닥면적 18 ㎡**(주요구조부가 내화구조로 된 특정소방대상물에 있어서는 **22 ㎡**)마다 **1개 이상**으로 할 것. 다만, 바닥면적이 **72 ㎡**(주요구조부가 내화구조로 된 특정소방대상물에 있어서는 **88 ㎡**) 이하인 특정소방대상물에 있어서는 **4개 이상**으로 해야 한다.

2.4.3.8.2 **하나의 검출부에 접속하는 열전대부는 20개 이하**로 할 것. 다만, 각각의 열전대부에 대한 작동여부를 검출부에서 표시할 수 있는 것(주소형)은 형식승인 받은 성능인정 범위 내의 수량으로 설치할 수 있다.

2.4.3.9 **열반도체식 차동식분포형감지기**는 다음의 기준에 따를 것

2.4.3.9.1 감지부는 그 부착 높이 및 특정소방대상물에 따라 다음 표 2.4.3.9.1에 따른 바닥면적마다 1개 이상으로 할 것. 다만, 바닥면적이 다음 표 2.4.3.9.1에 따른 면적의 2배 이하인 경우에는 2개(부착높이가 8 m 미만이고, 바닥면적이 다음 표 2.4.3.9.1에 따른 면적 이하인 경우에는 1개) 이상으로 해야 한다.

표 2.4.3.9.1 **부착 높이 및 특정소방대상물의 구분에 따른 열반도체식 차동식분포형감지기의 종류**

(단위: m²)

부착 높이 및 특정소방대상물의 구분		감지기의 종류	
		1종	2종
8 m 미만	주요구조부를 내화구조로 한 소방대상물 또는 그 부분	65	36
	기타 구조의 소방대상물 또는 그 부분	40	23
8 m 이상 15 m 미만	주요구조부가 내화구조로 된 소방대상물 또는 그 부분	50	36
	기타 구조의 소방대상물 또는 그 부분	30	23

2.4.3.9.2 하나의 검출부에 접속하는 **감지부는 2개 이상 15개 이하**가 되도록 할 것. 다만, 각각의 감지부에 대한 작동 여부를 검출기에서 표시할 수 있는 것(주소형)은 형식승인 받은 성능인정 범위 내의 수량으로 설치할 수 있다.

2.4.3.10 연기감지기는 다음의 기준에 따라 설치할 것

2.4.3.10.1 연감지기의 부착 높이에 따라 다음 표 2.4.3.10.1에 따른 바닥면적마다 1개 이상으로 할 것

표 2.4.3.10.1 부착 높이에 따른 연기감지기의 종류 (단위 : ㎡)

부착 높이	감지기의 종류(단위: ㎡)	
	1종 및 2종	3종
4 m 미만	150	50
4 m 이상 20 m 미만	75	–

2.4.3.10.2 감지기는 복도 및 통로에 있어서는 보행거리 30 m(3종에 있어서는 20 m) 마다, 계단 및 경사로에 있어서는 수직거리 15 m(3종에 있어서는 10 m)마 다 1개 이상으로 할 것

2.4.3.10.3 천장 또는 반자가 낮은 실내 또는 좁은 실내에 있어서는 출입구의 가까운 부분에 설치할 것

2.4.3.10.4 천장 또는 반자 부근에 배기구가 있는 경우에는 그 부근에 설치할 것

2.4.3.10.5 감지기는 벽 또는 보로부터 0.6 m 이상 떨어진 곳에 설치할 것

2.4.3.11 열복합형감지기의 설치에 관하여는 2.4.3.3 및 2.4.3.9를, 연기복합형감지기의 설치에 관하여는 2.4.3.10을, 열연기복합형감지기의 설치에 관하여는 2.4.3.5 및 2.4.3.10.2 또는 2.4.3.10.5를 준용하여 설치할 것

2.4.3.12 **정온식감지선형감지기**는 다음의 기준에 따라 설치할 것

[그림] 정온식감지선형감지기

2.4.3.12.1 보조선이나 고정금구를 사용하여 감지선이 늘어지지 않도록 설치할 것

2.4.3.12.2 단자부와 마감 고정금구와의 설치간격은 10 ㎝ 이내로 설치할 것

2.4.3.12.3 감지선형 감지기의 굴곡반경은 5 ㎝ 이상으로 할 것

2.4.3.12.4 감지기와 감지구역의 각 부분과의 수평거리가 내화구조의 경우 1종 4.5 m 이하, 2종 3 m 이하로 할 것. 기타 구조의 경우 1종 3 m 이하, 2종 1 m 이하 로 할 것

2.4.3.12.5 케이블트레이에 감지기를 설치하는 경우에는 케이블트레이 받침대에 마감 금구를 사용하여 설치할 것

2.4.3.12.6 지하구나 창고의 천장 등에 지지물이 적당하지 않은 장소에서는 보조선을 설치하고 그 보조선에 설치할 것

2.4.3.12.7 분전반 내부에 설치하는 경우 접착제를 이용하여 돌기를 바닥에 고정시키고 그곳에 감지기를 설치할 것

2.4.3.12.8 그 밖의 설치방법은 형식승인 내용에 따르며 형식승인 사항이 아닌 것은 제조사의 시방서에 따라 설치할 것

2.4.3.13 **불꽃감지기**는 다음의 기준에 따라 설치할 것

[그림] 불꽃감지기

2.4.3.13.1 공칭감시거리 및 공칭시야각은 형식승인 내용에 따를 것

2.4.3.13.2 감지기는 공칭감시거리와 공칭시야각을 기준으로 감시구역이 모두 포용될 수 있도록 설치할 것

2.4.3.13.3 감지기는 화재감지를 유효하게 감지할 수 있는 모서리 또는 벽 등에 설치할 것

2.4.3.13.4 감지기를 천장에 설치하는 경우에는 감지기는 바닥을 향하여 설치할 것

2.4.3.13.5 수분이 많이 발생할 우려가 있는 장소에는 방수형으로 설치할 것

2.4.3.13.6 그 밖의 설치기준은 형식승인 내용에 따르며 형식승인 사항이 아닌 것은 제조사의 시방서에 따라 설치할 것

2.4.3.14 **아날로그방식의 감지기는 공칭감지온도범위 및 공칭감지농도범위에 적합한 장소에, 다신호방식의 감지기는 화재신호를 발신하는 감도에 적합한 장소에 설치**할 것. 다만, 이 기준에서 정하지 않는 설치방법에 대하여는 형식승인 사항이나 제조사의 시방서에 따라 설치할 수 있다.

2.4.3.15 광전식분리형감지기는 다음의 기준에 따라 설치할 것

2.4.3.15.1 감지기의 수광면은 햇빛을 직접 받지 않도록 설치할 것

2.4.3.15.2 광축(송광면과 수광면의 중심을 연결한 선)은 나란한 벽으로부터 0.6 m 이

상 이격하여 설치할 것

2.4.3.15.3 감지기의 송광부와 수광부는 설치된 뒷벽으로부터 1 m 이내의 위치에 설치할 것

2.4.3.15.4 광축의 높이는 천장 등(천장의 실내에 면한 부분 또는 상층의 바닥하부면을 말한다) 높이의 80 % 이상일 것

2.4.3.15.5 감지기의 광축의 길이는 공칭감시거리 범위 이내일 것

2.4.3.15.6 그 밖의 설치기준은 형식승인 내용에 따르며 형식승인 사항이 아닌 것은 제조사의 시방서에 따라 설치할 것

2.4.4 2.4.3에도 불구하고 다음의 장소에는 각각 광전식분리형감지기 또는 불꽃감지기를 설치하거나 광전식공기흡입형감지기를 설치할 수 있다.

2.4.4.1 화학공장 · 격납고 · 제련소 등: 광전식분리형감지기 또는 불꽃감지기. 이 경우 각 감지기의 공칭감시거리 및 공칭시야각 등 감지기의 성능을 고려해야 한다.

2.4.4.2 전산실 또는 반도체 공장 등: 광전식공기흡입형감지기. 이 경우 설치장소 · 감지면적 및 공기흡입관의 이격거리 등은 형식승인 내용에 따르며 형식승인 사항이 아닌 것은 제조사의 시방서에 따라 설치해야 한다.

2.4.5 다음의 장소에는 감지기를 설치하지 않을 수 있다.

2.4.5.1 천장 또는 반자의 높이가 20 m 이상인 장소. 다만, 2.4.1 단서의 감지기로서 부착 높이에 따라 적응성이 있는 장소는 제외한다.

2.4.5.2 헛간 등 외부와 기류가 통하는 장소로서 감지기에 따라 화재 발생을 유효하게 감지할 수 없는 장소

2.4.5.3 부식성가스가 체류하고 있는 장소

2.4.5.4 고온도 및 저온도로서 감지기의 기능이 정지되기 쉽거나 감지기의 유지관리가 어려운 장소

2.4.5.5 목욕실 · 욕조나 샤워시설이 있는 화장실 · 기타 이와 유사한 장소

2.4.5.6 파이프덕트 등 그 밖의 이와 비슷한 것으로서 2개 층마다 방화구획된 것이나 수평단면적이 5 m² 이하인 것

2.4.5.7 먼지 · 가루 또는 수증기가 다량으로 체류하는 장소 또는 주방 등 평상시 연기가 발생하는 장소(연기감지기에 한한다)

2.4.5.8 프레스공장 · 주조공장 등 화재 발생의 위험이 적은 장소로서 감지기의 유지관리가 어려운 장소

2.4.6 2.4.1 단서에도 불구하고 일시적으로 발생한 열·연기 또는 먼지 등으로 인하여 화재신호를 발신할 우려가 있는 장소에는 표 2.4.6(1) 및 표 2.4.6(2) 에 따라 해당 장소에 적응성 있는 감지기를 설치할 수 있으며, 연기감지기를 설치할 수 없는 장소에는 표 2.4.6(1)을 적용하여 설치할 수 있다.

표 2.4.6(1) 설치장소별 감지기의 적응성(연기감지기를 설치할 수 없는 경우 적용)

설치장소		적응 열감지기									불꽃감지기	비고
환경 상태	적응 장소	차동식 스포트형		차동식 분포형		보상식 스포트형		정온식		열아날 로그식		
		1종	2종	1종	2종	1종	2종	특종	1종			
1. 먼지 또는 미분 등이 다량으로 체류하는 장소	쓰레기장, 하역장, 도장실, 섬유·목재·석재 등 가공 공장	○	○	○	○	○	○	○	×	○	○	1. 불꽃감지기에 따라 감시가 곤란한 장소는 적응성이 있는 열감지기를 설치할 것 2. 차동식분포형감지기를 설치하는 경우에는 검출부에 먼지, 미분 등이 침입하지 않도록 조치할 것 3. 차동식스포트형감지기 또는 보상식스포트형감지기를 설치하는 경우에는 검출부에 먼지, 미분 등이 침입하지 않도록 조치할 것 **4. 섬유, 목재가공 공장 등 화재확대가 급속하게 진행될 우려가 있는 장소에 설치하는 경우 정온식감지기는 특종으로 설치할 것.공칭작동 온도 75 ℃ 이하, 열아날로그식스포트형 감지기는 화재표시 설정은 80 ℃ 이하가 되도록 할 것**
2. 수증기가 다량으로 머무는 장소	증기세정실, 탕비실, 소독실 등	×	×	×	○	×	○	○	○	○	○	1. 차동식분포형감지기 또는 보상식스포트형감지기는 급격한 온도변화가 없는 장소에 한하여 사용할 것 2. 차동식분포형감지기를 설치하는 경우에는 검출부에 수증기가 침입하지 않도록 조치할 것 3. 보상식스포트형감지기, 정온식감지기 또는 열아날로그식감지기를 설치하는 경우에는 방수형으로 설치할 것 4. 불꽃감지기를 설치할 경우 방수형으로 할 것

설치장소		적응 열감지기									불꽃 감지기	비고
환경 상태	적응 장소	차동식 스포트형		차동식 분포형		보상식 스포트형		정온식		열 아날 로그식		
		1종	2종	1종	2종	1종	2종	특종	1종			
3. 부식성 가스가 발생할 우려 가 있는 장소	도금공장, 축전지실, 오수처리장 등	×	×	○	○	○	○	○	×	○	○	1. 차동식분포형감지기를 설치하는 경우에는 감지부가 피복되어 있고 검출부가 부식성가스에 영향을 받지 않는 것 또는 검출부에 부식성가스가 침입하지 않도록 조치할 것 2. 보상식스포트형감지기, 정온식감지기 또는 열아날로그식스포트형감지기를 설치하는 경우에는 부식성가스의 성상에 반응하지 않는 내산형 또는 내알칼리형으로 설치할 것
4. 주방, 기타 평상시에 연기가 체류하는 장소	주방, 조리실, 용접작업장 등	×	×	×	×	×	×	○	○	○	○	1. 주방, 조리실 등 습도가 많은 장소에는 방수형 감지기를 설치할 것 2. 불꽃감지기는 UV/IR형을 설치할 것
5. 현저하게 고온으로 되는 장소	건조실, 살균실, 보일러실, 주조실, 영사실, 스튜디오	×	×	×	×	×	×	○	○	○	×	-
6. 배기가스가 다량으로 체류하는 장소	주차장, 차고, 화물취급소 차로, 자가발전실, 트럭터미널, 엔진시험실	○	○	○	○	○	○	×	×	○	○	1. 불꽃감지기에 따라 감시가 곤란한 장소는 적응성이 있는 열감지기를 설치할 것 2. 열아날로그식스포트형감지기는 화재표시 설정이 60℃ 이하가 바람직하다.
7. 연기가 다량으로 유입할 우려가 있는 장소	음식물배급실, 주방전실, 주방내 식품저장실, 음식물 운반용 엘리베이터, 주방 주변의 복도 및 통로, 식당 등	○	○	○	○	○	○	○	○	○	×	1. 고체연료 등 가연물이 수납되어 있는 음식물배급실, 주방전실에 설치하는 정온식감지기는 특종으로 설치할 것 2. 주방 주변의 복도 및 통로, 식당 등에는 정온식감지기를 설치하지 않을 것 3. 제1호 및 제2호의 장소에 열아날로그식스포트형감지기를 설치하는 경우에는 화재표시 설정을 60℃ 이하로 할 것

설치장소		적응 열감지기									불꽃감지기	비고
환경상태	적응장소	차동식 스포트형		차동식 분포형		보상식 스포트형		정온식		열아날로그식		
		1종	2종	1종	2종	1종	2종	특종	1종			
8. 물방울이 발생하는 장소	스레트 또는 철판으로 설치한 지붕 창고·공장, 패키지형 냉각기 전용수납실, 밀폐된 지하창고, 냉동실 주변 등	×	×	○	○	○	○	○	○	○	○	1. 보상식스포트형감지기, 정온식감지기 또는 열아날로그식 스포트형감지기를 설치하는 경우에는 방수형으로 설치할 것 2. 보상식스포트형감지기는 급격한 온도변화가 없는 장소에 한하여 설치할 것 3. 불꽃감지기를 설치하는 경우에는 방수형으로 설치할 것
9. 불을 사용하는 설비로서 불꽃이 노출되는 장소	유리공장, 용선로가 있는장소, 용접실, 주방, 작업장, 주조실 등	×	×	×	×	×	×	○	○	○	×	-

[비고] 1. "○"는 당해 설치장소에 적응하는 것을 표시, "×"는 당해 설치장소에 적응하지 않는 것을 표시

2. 차동식스포트형, 차동식분포형 및 보상식스포트형 1종은 감도가 예민하기 때문에 비화재보 발생은 2종에 비해 불리한 조건이라는 것을 유의할 것

3. 차동식분포형 3종 및 정온식 2종은 소화설비와 연동하는 경우에 한해서 사용할 것

4. 다신호식감지기는 그 감지기가 가지고 있는 종별, 공칭작동온도별로 따르지 말고 상기 표에 따른 적응성이 있는 감지기로 할 것

표 2.4.6(2) 설치장소별 감지기의 적응성

설치장소		적응 열감지기					적응 연기감지기						불꽃감지기	비고
환경 상태	적응 장소	차동식스포트형	차동식분포형	보상식스포트형	정온식	열아날로그식	이온화식스포트형	광전식스포트형	이온아날로그식스포트형	광전아날로그식스포트형	광전식분리형	광전아날로그식분리형	불꽃감지기	
1. 흡연에 의해 연기가 체류하며 환기가 되지 않는 장소	회의실, 응접실, 휴게실, 노래연습실, 오락실, 다방, 음식점, 대합실, 카바레 등의 객실, 집회장, 연회장 등	○	○	○	−	−	−	◎	−	◎	○	○	−	
2. 취침시설로 사용하는 장소	호텔 객실, 여관, 수면실 등	−	−	−	−	−	◎	◎	◎	◎	○	○	−	
3. 연기 이외의 미분이 떠다니는 장소	복도, 통로 등	−	−	−	−	−	◎	◎	◎	◎	○	○	○	
4. 바람에 영향을 받기 쉬운 장소	로비, 교회, 관람장, 옥탑에 있는 기계실	−	○	−	−	−	◎	−	◎	○	○	○	○	
5. 연기가 멀리 이동해서 감지기에 도달하는 장소	계단, 경사로	−	−	−	−	−	−	○	−	○	○	○	−	광전식스포트형감지기 또는 광전아날로그식스포트형감지기를 설치하는 경우에는 당해 감지기회로에 축적기능을 갖지 않는 것으로 할 것
6. 훈소화재의 우려가 있는 장소	전화기기실, 통신기기실, 전산실, 기계제어실	−	−	−	−	−	−	○	−	○	○	○	−	
7. 넓은 공간으로 천장이 높아 열 및 연기가 확산하는 장소	체육관, 항공기 격납고, 높은 천장의 창고·공장, 관람석 상부 등 감지기 부착 높이가 8 m 이상의 장소	−	○	−	−	−	−	−	−	−	○	○	○	

[비고] 1. "○"는 당해 설치장소에 적응하는 것을 표시
   2. "◎" 당해 설치장소에 연기감지기를 설치하는 경우에는 당해 감지회로에 축적기능을 갖는 것을 표시

3. 차동식스포트형, 차동식분포형, 보상식스포트형 및 연기식(당해 감지기회로에 축적기능을 갖지 않는 것) 1종은 감도가 예민하기 때문에 비화재보 발생은 2종에 비해 불리한 조건이라는 것을 유의할 것
4. 차동식분포형 3종 및 정온식 2종은 소화설비와 연동하는 경우에 한해서 사용할 것
5. 광전식분리형감지기는 평상시 연기가 발생하는 장소 또는 공간이 협소한 경우에는 적응성이 없음
6. 넓은 공간으로 천장이 높아 열 및 연기가 확산하는 장소로서 차동식분포형 또는 광전식분리형 2종을 설치하는 경우에는 제조사의 사양에 따를 것
7. 다신호식감지기는 그 감지기가 가지고 있는 종별, 공칭작동온도별로 따르고 표에 따른 적응성이 있는 감지기로 할 것
8. 축적형감지기 또는 축적형중계기 혹은 축적형수신기를 설치하는 경우에는 2.4에 따를 것

2.5 음향장치 및 시각경보장치

2.5.1 **자동화재탐지설비의 음향장치**는 다음의 기준에 따라 설치해야 한다.

2.5.1.1 주음향장치는 수신기의 내부 또는 그 직근에 설치할 것

2.5.1.2 층수가 11층(공동주택의 경우에는 16층) 이상의 특정소방대상물은 다음의 기준에 따라 경보를 발할 수 있도록 할 것

　　2.5.1.2.1 2층 이상의 층에서 발화한 때에는 발화층 및 그 직상 4개 층에 경보를 발할 것

　　2.5.1.2.2 1층에서 발화한 때에는 발화층·그 직상 4개 층 및 지하층에 경보를 발할 것

　　2.5.1.2.3 지하층에서 발화한 때에는 발화층·그 직상층 및 기타의 지하층에 경보를 발할 것

2.5.1.3 지구음향장치는 특정소방대상물의 **층마다 설치하되, 해당 층의 각 부분으로부터 하나의 음향장치까지의 수평거리가 25 m 이하**가 되도록 하고, 해당 층의 각 부분에 유효하게 경보를 발할 수 있도록 설치할 것. 다만, 「비상방송설비의 화재안전기술기준(NFTC 202)」에 적합한 방송설비를 자동화재탐지설비의 감지기와 연동하여 작동하도록 설치한 경우에는 지구음향장치를 설치하지 않을 수 있다.

2.5.1.4 음향장치는 다음의 기준에 따른 구조 및 성능의 것으로 할 것

　　2.5.1.4.1 **정격전압의 80 % 전압**에서 음향을 발할 수 있는 것으로 할 것. 다만, 건전지를 주전원으로 사용하는 음향장치는 그렇지 않다.

　　2.5.1.4.2 음향의 크기는 부착된 음향장치의 중심으로부터 **1 m 떨어진 위치에서 90 dB 이상**이 되는 것으로 할 것

　　2.5.1.4.3 감지기 및 발신기의 작동과 연동하여 작동할 수 있는 것으로 할 것

2.5.1.5 2.5.1.3에도 불구하고 2.5.1.3의 기준을 초과하는 경우로서 기둥 또는 벽이 설치되지 아니한 대형공간의 경우 지구음향장치는 설치대상 장소의 가장 가까운 장소의 벽 또는 기둥 등에 설치할 것

2.5.2 청각장애인용 시각경보장치는 소방청장이 정하여 고시한 「시각경보장치의 성능인증 및 제품검사의 기술기준」에 적합한 것으로서 다음의 기준에 따라 설치해야 한다.

2.5.2.1 복도·통로·청각장애인용 객실 및 공용으로 사용하는 거실(로비, 회의실, 강의실, 식당, 휴게실, 오락실, 대기실, 체력단련실, 접객실, 안내실, 전시실, 기타 이와 유사한 장소를 말한다)에 설치하며, 각 부분으로부터 유효하게 경보를 발할 수 있는 위치에 설치할 것

2.5.2.2 공연장·집회장·관람장 또는 이와 유사한 장소에 설치하는 경우에는 시선이 집중되는 무대부 부분 등에 설치할 것

2.5.2.3 설치 높이는 바닥으로부터 2 m 이상 2.5 m 이하의 장소에 설치할 것. 다만, 천장의 높이가 2 m 이하인 경우에는 천장으로부터 0.15 m 이내의 장소에 설치해야 한다.

2.5.2.4 시각경보장치의 광원은 전용의 축전지설비 또는 전기저장장치(외부 전기에너지를 저장해 두었다가 필요한 때 전기를 공급하는 장치)에 의하여 점등되도록 할 것. 다만, 시각경보기에 작동전원을 공급할 수 있도록 형식승인을 얻은 수신기를 설치한 경우에는 그렇지 않다.

[그림] 시각경보기 전원반, 시각경보기

2.5.3 하나의 특정소방대상물에 2 이상의 수신기가 설치된 경우 어느 수신기에서도 지구음향장치 및 시각경보장치를 작동할 수 있도록 해야 한다.

2.6 발신기

2.6.1 자동화재탐지설비의 발신기는 다음의 기준에 따라 설치해야 한다.

[그림] 발신기

2.6.1.1 조작이 쉬운 장소에 설치하고, 스위치는 바닥으로부터 0.8 m 이상 1.5 m 이하의 높이에 설치할 것

2.6.1.2 특정소방대상물의 층마다 설치하되, 해당 층의 각 부분으로부터 하나의 발신기까지의 수평거리가 25 m 이하가 되도록 할 것. 다만, 복도 또는 별도로 구획된 실로서 보행거리가 40 m 이상일 경우에는 추가로 설치해야 한다.

2.6.1.3 2.6.1.2에도 불구하고 2.6.1.2의 기준을 초과하는 경우로서 기둥 또는 벽이 설치되지 아니한 대형공간의 경우 발신기는 설치대상 장소의 가장 가까운 장소의 벽 또는 기둥 등에 설치할 것

2.6.2 **발신기의 위치를 표시하는 표시등은 함의 상부에 설치하되, 그 불빛은 부착면으로부터 15° 이상의 범위 안에서 부착지점으로부터 10 m 이내의 어느 곳에서도 쉽게 식별할 수 있는 적색등으로 해야 한다.**

2.7 전원

2.7.1 자동화재탐지설비의 상용전원은 다음의 기준에 따라 설치해야 한다.

2.7.1.1 상용전원은 전기가 정상적으로 공급되는 **축전지설비, 전기저장장치**(외부 전기에너지를 저장해 두었다가 필요한 때 전기를 공급하는 장치) 또는 **교류전압의 옥내간선**으로 하고, 전원까지의 배선은 전용으로 할 것

2.7.1.2 개폐기에는 "자동화재탐지설비용"이라고 표시한 표지를 할 것

2.7.2 자동화재탐지설비에는 그 설비에 대한 감시상태를 60분간 지속한 후 유효하게 10분 이상 경보할 수 있는 비상전원으로서 축전지설비(수신기에 내장하는 경우를 포함한다) 또는 전기저장장치(외부 전기에너지를 저장해 두었다가 필요한 때 전기를 공급하는 장치)를 설치해야 한다. 다만, 상용전원이 축전지설비인 경우 또는 건전지를 주전원으로 사용하는 무선식 설비인 경우에는 그렇지 않다.

2.8 배선

2.8.1 배선은 「전기사업법」 제67조에 따른 「전기설비기술기준」에서 정한 것 외에 다음의 기준에 따라 설치해야 한다.

    2.8.1.1 전원회로의 배선은 「옥내소화전설비의 화재안전기술기준(NFTC 102)」 2.7.2의 표 2.7.2(1)에 따른 내화배선에 따르고, 그 밖의 배선(감지기 상호간 또는 감지기로부터 수신기에 이르는 감지기회로의 배선을 제외한다)은 「옥내소화전설비의 화재안전기술기준(NFTC 102)」 2.7.2의 표 2.7.2(1) 또는 표 2.7.2(2)에 따른 내화배선 또는 내열배선에 따를 것

    2.8.1.2 **감지기 상호간 또는 감지기로부터 수신기에 이르는 감지기회로의 배선**은 다음의 기준에 따라 설치할 것

        2.8.1.2.1 **아날로그식, 다신호식 감지기나 R형수신기용**으로 사용되는 것은 전자파 방해를 받지 않는 **실드선** 등을 사용해야 하며, 광케이블의 경우에는 전자파 방해를 받지 아니하고 내열성능이 있는 경우 사용할 것. 다만, 전자파 방해를 받지 않는 방식의 경우에는 그렇지 않다.

        2.8.1.2.2 2.8.1.2.1 외의 일반배선을 사용할 때는 「옥내소화전설비의 화재안전기술기준(NFTC 102)」 2.7.2의 표 2.7.2(1) 또는 표 2.7.2(2)에 따른 내화배선 또는 내열배선으로 사용할 것

    2.8.1.3 **감지기회로의 도통시험을 위한 종단저항**은 다음의 기준에 따를 것

        2.8.1.3.1 점검 및 관리가 쉬운 장소에 설치할 것

        2.8.1.3.2 전용함을 설치하는 경우 그 설치 높이는 바닥으로부터 1.5 m 이내로 할 것

        2.8.1.3.3 감지기 회로의 끝부분에 설치하며, 종단감지기에 설치할 경우에는 구별이 쉽도록 해당 감지기의 기판 및 감지기 외부 등에 별도의 표시를 할 것

    2.8.1.4 감지기 사이의 회로의 배선은 **송배선식**으로 할 것

    2.8.1.5 전원회로의 전로와 대지 사이 및 배선 상호간의 절연저항은 「전기사업법」 제67조에 따른 「전기설비기술기준」이 정하는 바에 의하고, 감지기회로 및 부속회로의 전로와 대지 사이 및 배선 상호간의 절연저항은 1경계구역마다 직류 250 V의 절연저항측정기를 사용하여 측정한 절연저항이 0.1 ㏁ 이상이 되도록 할 것

    2.8.1.6 자동화재탐지설비의 배선은 다른 전선과 별도의 관·덕트(절연효력이 있는 것으로 구획한 때에는 그 구획된 부분은 별개의 덕트로 본다)·몰드 또는 풀박스 등에 설치할 것. 다만, 60 V 미만의 약 전류회로에 사용하는 전선으로서 각각의 전압이 같을 때에는 그렇지 않다.

2.8.1.7 P형 수신기 및 G.P형 수신기의 감지기 회로의 배선에 있어서 하나의 공통선에 접속할 수 있는 **경계구역은 7개 이하**로 할 것

2.8.1.8 자동화재탐지설비의 감지기회로의 전로저항은 **50 Ω 이하**가 되도록 해야 하며, 수신기의 각 회로별 종단에 설치되는 감지기에 접속되는 배선의 전압은 감지기 **정격전압의 80 % 이상**이어야 할 것

소방시설관리사 기출문제

[22회설계] 물음 1) 지하 2층, 지상 11층인 철근콘크리트 구조의 신축 건축물에 자동화재탐지설비를 설계하고자 한다. 조건을 참고하여 물음에 답하시오.(17점)

[조건]

- 각 층의 바닥면적은 650 m²이고, 한 변의 길이는 50m를 넘지 않는다.
- 각 층의 층고는 4m이고, 반자는 없다.
- 각 층은 별도로 구획되지 않고, 복도는 없는 구조이다.
- 지하 2층에서 지상 11층까지는 직통계단 1개소와 엘리베이터 1개소가 있다.
- 각 층의 계단실 면적은 15 m², 엘리베이터 승강로의 면적은 10 m²이다.
- 각 층에는 샤워시설이 있는 50 m²의 화장실이 1개소 있다.
- 각 층의 구조는 모두 동일하고, 건물의 용도는 사무실이다.
- 각 층에는 차동식 스포트형 감지기 1종, 계단과 엘리베이터에는 연기감지기 2종을 설치한다.
- 수신기는 지상 1층에 설치한다.
- 조건에 주어지지 않은 사항은 고려하지 않는다.

(1) 건축물의 최소 경계구역 수를 구하시오.(5점)

(2) 감지기 종류별 최소 설치 수량을 구하시오.(5점)

(3) 지상 1층에 화재가 발생하였을 경우, 경보를 발하여야 하는 층을 모두 쓰시오.(2점)

(4) 지상 1층에 P형1급 수신기를 설치할 경우, 모든 경계구역으로부터 수신기에 연결되는 배선내역을 쓰고 각각의 최소 전선가닥수를 구하시오.(단, 모든 감지기 배선의 종단저항은 해당 층의 발신기세트 내부에 설치하고, 경종과 표시등은 하나의 공통선을 사용한다)(5점)

[21회설계] 물음 3) 자동화재탐지설비 및 시각경보장치의 화재안전기준(NFSC 203)에 의한 정온식 감지선형 감지기의 설치기준이다. (   )에 들어갈 내용을 쓰시오.(5점)

- (ㄱ)이나 고정금구를 사용하여 감지선이 늘어지지 않도록 설치할 것
- 단자부와 마감 고정금구와의 설치간격은 (ㄴ)cm 이상으로 할 것
- 감지선형 감지기의 굴곡반경은 (ㄷ)cm 이상으로 할 것
- 감지기와 감지구역의 각 부분과의 수평거리가 내화구조의 경우 1종 (ㄹ)m 이하, 2종 (ㅁ)m 이하로 할 것. 기타구조의 경우 1종 3m 이하, 2종 1m 이하로 할 것

[20회점검] 자동화재탐지설비 및 시각경보장치의 화재안전기준(NFSC 203)상 감지기에 관한 다음 물음에 답하시오.(6점)
    (1) 연기감지기를 설치할 수 없는 경우, 건조실·살균실·보일러실·주조실·영사실·스튜디오에 설치할 수 있는 적응 열감지기 3가지를 쓰시오.(3점)
    (2) 감지기회로의 도통시험을 위한 종단저항의 기준 3가지를 쓰시오.(3점)

[19회점검] 공기관식 차동식분포형감지기의 설치기준에 관하여 쓰시오. (6점)

[19회점검] 중계기 설치기준 3가지를 쓰시오. (3점)

[19회점검] 광전식분리형감지기 설치기준 6가지를 쓰시오. (6점)

[19회점검] 취침·숙박·입원 등 이와 유사한 용도로 사용되는 거실에 설치하여야 하는 연기감지기 설치대상 특정소방대상물 4가지를 쓰시오. (4점)

[18회설계] 자동화재탐지설비 및 시각경보장치의 화재안전기준(NFSC 203)에 따른 정온식감지선형감지기 설치기준이다. ( ) 안의 내용을 차례대로 쓰시오. (2점)

> 감지기와 감지구역의 각 부분과의 수평거리가 내화구조의 경우 1종 (ㄱ) 이하, 2종 (ㄴ) 이하로 할 것. 기타 구조의 경우 1종 (ㄷ) 이하, 2종 (ㄹ) 이하로 할 것.

[17회점검] (1) 자동화재탐지설비의 감지기 설치기준에서 다음 물음에 답하시오. (7점)
    ① 설치장소별 감지기 적응성(연기감지기를 설치할 수 없는 경우 적용)에서 설치장소의 환경상태가 "물방울이 발생하는 장소"에 설치할 수 있는 감지기의 종류별 설치조건을 쓰시오. (3점)
    ② 설치장소별 감지기 적응성(연기감지기를 설치할 수 없는 경우 적용)에서 설치장소의 환경상태가 "부식성가스가 발생할 우려가 있는 장소"에 설치할 수 있는 감지기의 종류별 설치조건을 쓰시오. (4점)

[17회설계] 종단저항 설치기준 3가지를 쓰시오. (2점)

[15회점검] 자동화재탐지설비 및 시각경보장치의 화재안전기준(NFSC 203) 별표1에서 규정한 연기감지기를 설치할 수 없는 장소 중 도금공장 또는 축전지실과 같이 부식성가스의 발생우려가 있는 장소에 감지기 설치 시 유의사항을 쓰시오.

[14회점검] 일시적으로 발생한 열·연기 또는 먼지 등으로 인하여 화재신호를 발신할 우려가 있는 장소에 설치장소별 적응성 있는 감지기를 설치하기 위한 [별표2]의 환경상태 구분 장소 7가지를 쓰시오.(7점)

[14회점검] 정온식 감지선형 감지기 설치기준 8가지를 쓰시오.(16점)

[12회점검] 불꽃감지기 설치기준 5가지를 모두 쓰시오.(10점)

[12회점검] 연기감지기를 설치하여야 하는 장소 중 먼지 또는 미분등이 다량으로 체류하여 연기감지기를 설치할 수 없는 장소인 경우 고려하여야 하는 사항 5가지를 쓰시오.(10점)

[11회설계] 다음 각 물음에 답하시오.

① 지하층, 무창층 등으로 환기가 잘되지 아니하거나 실내 면적이 40 m² 미만인 장소, 감지기의 부착면과 실내 바닥과의 거리가 2.3m 이하인 곳으로서 일시적으로 발생한 열, 연기 또는 먼지 등으로 인하여 화재신호를 발신할 우려가 있는 장소에 설치가 가능한 적응성 있는 화재감지기 8가지를 쓰시오.(8점)

② 위의 장소에서 적응성 있는 감지기를 제외한 일반감지기를 설치할 수 있는 조건을 쓰시오.(6점)

[9회 설계] 지상 1층에서 화재 발생시 경보되어야 할 층을 쓰시오.(10층)

[9회 설계] 자동화재탐지설비에는 그 설비에 대한 감시상태를 (   )분간 지속한 후 유효하게 (   )분 이상 경보할 수 있는 (   )를 설치하여야 한다. 다만, (   )이 (   )인 경우에는 그러하지 아니하다.

[5회 설계] 자동화재탐지설비의 화재안전기준 제11조(배선)에서 내화배선으로 시공해야 할 부분을 쓰시오.

[5회 설계] 감지기회로를 송배전식으로 하고, 종단저항을 설치하는 이유를 설명하시오.

[2회 설계] 중계기의 설치기준에 대하여 기술하시오.

소방기술사 기출문제

[127회] 불꽃감지기에 대한 내용으로 다음 사항에 대하여 설명하시오.

3) 설치기준

[118회] 정온식 감지선형 감지기의 구조, 작동원리, 특성, 설치기준, 설치 시 주의사항에 대하여 설명하시오.

[118회] 축적형 감지기의 작동원리 · 설치장소 · 사용할 수 없는 경우에 대하여 설명하시오.

[118회] 보상식 스포트형 감지기의 필요성 및 적응장소에 대하여 설명하시오.

[118회] 교차회로 방식으로 하지 않아도 되는 감지기에 대하여 설명하시오.

[114회] 자동화재탐지설비의 음향장치 설치기준을 국내기준과 NFPA 기준을 비교하여 설명하시오.

[114회] 일반 감지기와 아날로그 감지기의 주요 특성을 비교하고, 경계구역의 산정 방법에 대하여 설명하시오.

[114회] 취침 · 숙박 · 입원 등 이와 유사한 용도의 거실에 연기감지기를 설치하여야 하는 특정소방대상물에 대해 설명하시오.

[111회] 자동화재 탐지설비 및 시각경보장치의 화재안전기준 (NFSC 203)에 따른 배선 방법 및 설치기준과 관련하여 다음 사항을 설명하시오.

1) 전원회로의 배선과 그 밖의 배선

2) 감지기 상호간 또는 감지기로부터 수신기에 이르는 감지기회로의 배선

3) 감지기회로의 도통시험을 위한 종단저항 설치기준

4) 감지기 사이의 회로 배선 방식

5) 감지기회로 및 부속회로의 전로와 대지 사이 및 배선 상호간의 절연저항 기준

6) 자동화재 탐지설비의 전선관, 덕트, 몰드, 풀박스 등의 설치 방법

7) P형 수신기 및 GP형 수신기의 감지기 회로의 배선에 있어서 하나의 공통선에 접속할 수 있는 경계구역 기준

8) 자동화재 탐지설비의 감지기회로의 전로저항 기준 및 수신기의 각 회로별 종단에 설치되는 감지기에 접속되는 배선의 전압 기준

[107회] 청각장애인용 시각경보장치의 설치대상과 설치장소 및 기준에 대하여 설명하시오.

[105회] 차동식분포형 공기관식 감지기와 정온식감지선형 감지기의 적용기준을 터널과 터널 이외의 장소로 구분하여 설명하시오.

[104회] 자동화재탐지설비 경계구역의 정의 및 설치기준을 기술하고, 아래 그림과 같은 건축 물에 대하여 경계구역을 설정하고 설명하시오.

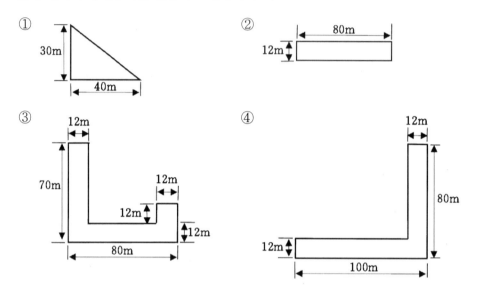

[104회] 화재감지기 설치제외 장소를 쓰고, 제외되는 이유를 설명하시오.

[103회] 불꽃감지기(Flame Detector)의 일반적인 종류 및 설치기준에 대하여 설명하시오.

[103회] 자동화재탐지설비의 발신기 종류, 구조 및 설치기준에 대하여 설명하시오.

[101회] 시각경보장치의 구조 및 설치기준에 대하여 설명하시오.

[101회] 광전식연기감지기의 형별(스포트형, 분리형, 공기흡입형) 작동원리 및 구조와 설치 기준에 대하여 설명하시오.

[97회] 시각경보장치의 설치에 대한 국가화재안전기준(NFSC 203)과 NFPA 72기준을 비 교 설명하시오.

[97회] 광전식연기감지기 중 감광식 원리를 이용한 연기감지기의 감지방식, 설치기준 및 적 응장소에 대하여 설명하시오.

[94회] 자동화재탐지설비의 경계구역 설정목적과 설정 시 유의사항을 설명하시오.

[93회] 자동화재탐지설비에서 절연저항을 측정해야 하는 부분과 측정 결과 판정기준을 설명 하시오.

[84회] 자동화재탐지설비 화재안전기준(NFSC 203)의 수신기, 중계기, 발신기, 음향장치의 설치기준에 대하여 기술하시오.

[84회] 자동화재탐지설비의 화재안전기준(NFSC 203)에 의하여 감지기별(이온화식스포트형, 광전식분리형)설치장소(환경상태별로 적응장소 구분)

[81회] 자동화재탐지설비의 경계구역에 대한 정의와 설정방법 및 설정시 주의점을 기술하시오.

[81회] 자동화재탐지설비의 수동발신기와 가스소화설비의 수동기동장치의 설치기준에 대하여 각각 기술하시오.

자동화재속보설비의 화재안전기술기준(NFTC 204)

[시행 2022. 12. 1.] [소방청공고 제2022-225호, 2022. 12. 1., 제정]

1. 일반사항

1.1 적용범위

1.1.1 이 기준은 「소방시설 설치 및 관리에 관한 법률 시행령」(이하 "영"이라 한다) 별표 4 제2 호사목에 따른 자동화재속보설비의 설치 및 관리에 대해 적용한다.

1.2 기준의 효력

1.2.1 이 기준은 「소방시설 설치 및 관리에 관한 법률」(이하 "법"이라 한다) 제2조제1항제6호 나목에 따라 경보설비인 자동화재속보설비의 기술기준으로서의 효력을 가진다.

1.2.2 이 기준에 적합한 경우에는 법 제2조제1항제6호나목에 따라 「자동화재속보설비의 화재 안전성능기준(NFPC 204)」을 충족하는 것으로 본다.

1.3 기준의 시행

1.3.1 이 기준은 2022년 12월 1일부터 시행한다.

1.4 기준의 특례

1.4.1 소방본부장 또는 소방서장은 기존건축물이 증축·개축·대수선되거나 용도변경 되는 경우 에 있어서 이 기준이 정하는 기준에 따라 해당 건축물에 설치해야 할 자동화재속보설비 의 배관·배선 등의 공사가 현저하게 곤란하다고 인정되는 경우에는 해당 설비의 기능 및 사용에 지장이 없는 범위 안에서 이 기준의 일부를 적용하지 않을 수 있다.

1.5 경과조치

1.5.1 이 기준 시행 전에 건축허가 등의 신청 또는 신고를 하거나 소방시설공사의 착공신고를 한 특정소방대상물에 대해서는 종전의 「자동화재속보설비의 화재안전기준(NFSC 204)」 에 따른다.

1.5.2 이 기준 시행 전에 1.5.1에 따른 신청 또는 신고를 한 경우라도 제정 기준이 종전의 기준 에 비하여 관계인에게 유리한 경우에는 제정 기준에 따를 수 있다.

1.6 다른 법령과의 관계

1.6.1 이 기준 시행 당시 다른 법령 또는 행정규칙 등에서 종전의 화재안전기준을 인용한 경우에 이 기준 가운데 그에 해당하는 규정이 있는 경우에는 종전의 규정에 갈음하여 이 기준의 해당 규정을 인용한 것으로 본다.

1.7 용어의 정의

1.7.1 이 기준에서 사용하는 용어의 정의는 다음과 같다.

1.7.1.1 "속보기"란 화재신호를 통신망을 통하여 음성 등의 방법으로 소방관서에 통보하는 장치를 말한다.

1.7.1.2 "통신망"이란 유선이나 무선 또는 유무선 겸용 방식을 구성하여 음성 또는 데이터 등을 전송할 수 있는 집합체를 말한다.

1.7.1.3 "데이터전송방식"이란 전기 · 통신매체를 통해서 전송되는 신호에 의하여 어떤 지점에서 다른 수신 지점에 데이터를 보내는 방식을 말한다.

1.7.1.4 "코드전송방식"이란 신호를 표본화하고 양자화하여, 코드화한 후에 펄스 혹은 주파수의 조합으로 전송하는 방식을 말한다.

2. 기술기준

2.1 자동화재속보설비의 설치기준

2.1.1 자동화재속보설비는 다음 기준에 따라 설치해야 한다.

[그림] 자동화재속보기

2.1.1.1 자동화재탐지설비와 연동으로 작동하여 자동적으로 화재신호를 소방관서에 전달되는 것으로 할 것. 이 경우 부가적으로 특정소방대상물의 관계인에게 화재신호를 전달되도록 할 수 있다.

2.1.1.2 조작스위치는 바닥으로부터 0.8 m 이상 1.5 m 이하의 높이에 설치할 것

2.1.1.3 속보기는 소방관서에 통신망으로 통보하도록 하며, 데이터 또는 코드전송방식을 부가적으로 설치할 수 있다. 다만, 데이터 및 코드전송방식의 기준은 소방청장이 정하여 고시한「자동화재속보설비의 속보기의 성능인증 및 제품검사의 기술기준」제5조제12호에 따른다.

2.1.1.4 문화재에 설치하는 자동화재속보설비는 2.1.1.1의 기준에도 불구하고 속보기에 감지기를 직접 연결하는 방식(자동화재탐지설비 1개의 경계구역에 한한다)으로 할 수 있다.

2.1.1.5 속보기는 소방청장이 정하여 고시한「자동화재속보설비의 속보기의 성능인증 및 제품검사의 기술기준」에 적합한 것으로 설치할 것

소방기술사 기출문제

[**93회**] 자동화재속보설비의 종류, 기능, 설치기준에 대하여 설명하시오.

누전경보기의 화재안전기술기준(NFTC 205)

[시행 2022. 12. 1.] [소방청공고 제2022-226호, 2022. 12. 1., 제정]

1. 일반사항

1.1 적용범위

1.1.1 이 기준은 「소방시설 설치 및 관리에 관한 법률 시행령」(이하 "영"이라 한다) 별표 4 제2호자목에 따른 누전경보기의 설치 및 관리에 대해 적용한다.

1.2 기준의 효력

1.2.1 이 기준은 「소방시설 설치 및 관리에 관한 법률」(이하 "법"이라 한다) 제2조제1항제6호나목에 따라 경보설비인 누전경보기 기술기준으로서의 효력을 가진다.

1.2.2 이 기준에 적합한 경우에는 법 제2조제1항제6호나목에 따라 「누전경보기의 화재안전성능기준(NFPC 205)」을 충족하는 것으로 본다.

1.3 기준의 시행

1.3.1 이 기준은 2022년 12월 1일부터 시행한다.

1.4 기준의 특례

1.4.1 소방본부장 또는 소방서장은 기존건축물이 증축·개축·대수선되거나 용도변경 되는 경우에 있어서 이 기준이 정하는 기준에 따라 해당 건축물에 설치해야 할 누전경보기의 배관·배선 등의 공사가 현저하게 곤란하다고 인정되는 경우에는 해당 설비의 기능 및 사용에 지장이 없는 범위 안에서 이 기준의 일부를 적용하지 않을 수 있다.

1.5 경과조치

1.5.1 이 기준 시행 전에 건축허가 등의 신청 또는 신고를 하거나 소방시설공사의 착공신고를 한 특정소방대상물에 대해서는 종전의 「누전경보기의 화재안전기준(NFSC 205)」에 따른다.

1.5.2 이 기준 시행 전에 1.5.1에 따른 신청 또는 신고를 한 경우라도 제정 기준이 종전의 기준에 비하여 관계인에게 유리한 경우에는 제정 기준에 따를 수 있다.

1.6 다른 법령과의 관계

1.6.1 이 기준 시행 당시 다른 법령 또는 행정규칙 등에서 종전의 화재안전기준을 인용한 경우

에 이 기준 가운데 그에 해당하는 규정이 있는 경우에는 종전의 규정에 갈음하여 이 기준의 해당 규정을 인용한 것으로 본다.

1.7 용어의 정의

1.7.1 이 기준에서 사용하는 용어의 정의는 다음과 같다.

1.7.1.1 "누전경보기"란 내화구조가 아닌 건축물로서 벽, 바닥 또는 천장의 전부나 일부를 불연재료 또는 준불연재료가 아닌 재료에 철망을 넣어 만든 건물의 전기설비로부터 누설전류를 탐지하여 경보를 발하는 기기로서, 변류기와 수신부로 구성된 것을 말한다.

1.7.1.2 "수신부"란 변류기로부터 검출된 신호를 수신하여 누전의 발생을 해당 특정소방대상물의 관계인에게 경보하여 주는 것(차단기구를 갖는 것을 포함한다)을 말한다.

1.7.1.3 "변류기"란 경계전로의 누설전류를 자동적으로 검출하여 이를 누전경보기의 수신부에 송신하는 것을 말한다.

1.7.1.4 "경계전로"란 누전경보기가 누설전류를 검출하는 대상 전선로를 말한다.

1.7.1.5 "과전류차단기"란 「전기설비기술기준의 판단기준」 제38조와 제39조에 따른 것을 말한다.

1.7.1.6 "분전반"이란 배전반으로부터 전력을 공급받아 부하에 전력을 공급해주는 것을 말한다.

1.7.1.7 "인입선"이란 「전기설비기술기준」 제3조제1항제9호에 따른 것으로서, 배전선로에서 갈라져서 직접 수용장소의 인입구에 이르는 부분의 전선을 말한다.

1.7.1.8 "정격전류"란 전기기기의 정격출력 상태에서 흐르는 전류를 말한다.

2. 기술기준

2.1 누전경보기의 설치방법 등

2.1.1 누전경보기는 다음 기준에 따라 설치해야 한다.

2.1.1.1 경계전로의 정격전류가 60 A를 초과하는 전로에 있어서는 1급 누전경보기를, 60 A 이하의 전로에 있어서는 1급 또는 2급 누전경보기를 설치할 것. 다만, 정격전류가 60 A를 초과하는 경계전로가 분기되어 각 분기회로의 정격전류가 60 A 이하로 되는 경우 당해 분기회로마다 2급 누전경보기를 설치한 때에는 당해 경계전로에 1급 누전경보기를 설치한 것으로 본다.

2.1.1.2 변류기는 특정소방대상물의 형태, 인입선의 시설방법 등에 따라 옥외 인입선의 제1지점의 부하 측 또는 제2종 접지선 측의 점검이 쉬운 위치에 설치할 것. 다만, 인입선의 형태 또는 특정소방대상물의 구조상 부득이한 경우에는 인입구에 근접한 옥내에 설치할 수 있다.

2.1.1.3 변류기를 옥외의 전로에 설치하는 경우에는 옥외형으로 설치할 것

2.2 수신부

2.2.1 **누전경보기의 수신부는 옥내의 점검에 편리한 장소**에 설치하되, 가연성의 증기·먼지 등이 체류할 우려가 있는 장소의 전기회로에는 해당 부분의 전기회로를 차단할 수 있는 차단기구를 가진 수신부를 설치해야 한다. 이 경우 차단기구의 부분은 해당 장소 외의 안전한 장소에 설치해야 한다.

2.2.2 누전경보기의 수신부는 다음의 장소 이외의 장소에 설치해야 한다. 다만, 해당 누전경보기에 대하여 방폭·방식·방습·방온·방진 및 정전기 차폐 등의 방호조치를 한 것은 그렇지 않다.

2.2.2.1 가연성의 증기·먼지·가스 등이나 부식성의 증기·가스 등이 다량으로 체류하는 장소

2.2.2.2 화약류를 제조하거나 저장 또는 취급하는 장소

2.2.2.3 습도가 높은 장소

2.2.2.4 온도의 변화가 급격한 장소

2.2.2.5 대전류회로·고주파 발생회로 등에 따른 영향을 받을 우려가 있는 장소

2.2.3 음향장치는 수위실 등 상시 사람이 근무하는 장소에 설치해야 하며, 그 음량 및 음색은 다른 기기의 소음 등과 명확히 구별할 수 있는 것으로 해야 한다.

2.3 전원

2.3.1 누전경보기의 전원은 「전기사업법」 제67조에 따른 「전기설비기술기준」에서 정한 것 외에 다음의 기준에 따라야 한다.

2.3.1.1 전원은 분전반으로부터 전용회로로 하고, 각 극에 개폐기 및 15 A 이하의 과전류 차단기(배선용 차단기에 있어서는 20 A 이하의 것으로 각 극을 개폐할 수 있는 것)를 설치할 것

2.3.1.2 전원을 분기할 때는 다른 차단기에 따라 전원이 차단되지 않도록 할 것

2.3.1.3 전원의 개폐기에는 "누전경보기용"이라고 표시한 표지를 할 것

소방시설관리사 기출문제

[22회점검] 누전경보기의 화재안전기준(NFSC 205)에서 누전경보기의 설치방법에 대하여 설명하시오.

[1회 점검] 화재안전기술기준의 누전경보기의 수신기 설치가 제외되는 장소 5곳을 기술하시오.

소방기술사 기출문제

[111회] 누전경보기의 화재안전기준(NFSC 205)에 따른 설치기준 중 다음 사항을 설명하시오.
1) 경계전로의 정격전류가 60A를 초과하는 전로와 60A 이하의 전로에서 설치방법
2) 변류기(CT) 설치장소
3) 누전경보기의 수신부 설치장소

가스누설경보기의 화재안전기술기준(NFTC 206)

[시행 2022. 12. 1.] [소방청공고 제2022-227호, 2022. 12. 1., 제정]

1. 일반사항

1.1 적용범위

1.1.1 이 기준은 「소방시설 설치 및 관리에 관한 법률 시행령」(이하 "영"이라 한다) 별표 4 제2호차목에 따른 가스누설경보기의 설치 및 관리에 대해 적용한다. 다만, 「액화석유가스의 안전관리 및 사업법」 및 「도시가스 사업법」에 따른 가스누출자동차단장치 또는 가스누출경보기 설치대상으로서 「액화석유가스의 안전관리 및 사업법」 및 「도시가스 사업법」에 적합하게 설치한 경우에는 이 기준에 적합한 것으로 본다.

1.2 기준의 효력

1.2.1 이 기준은 「소방시설 설치 및 관리에 관한 법률」(이하 "법"이라 한다) 제2조제1항제6호나목에 따라 경보설비인 가스누설경보기의 기술기준으로서의 효력을 가진다.

1.2.2 이 기준에 적합한 경우에는 법 제2조제1항제6호나목에 따라 「가스누설경보기의 화재안전성능기준(NFPC 206)」을 충족하는 것으로 본다.

1.3 기준의 시행

1.3.1 이 기준은 2022년 12월 1일부터 시행한다.

1.4 기준의 특례

1.4.1 소방본부장 또는 소방서장은 기존건축물이 증축·개축·대수선되거나 용도변경 되는 경우에 있어서 이 기준이 정하는 기준에 따라 해당 건축물에 설치해야 할 가스누설경보기의 배관·배선 등의 공사가 현저하게 곤란하다고 인정되는 경우에는 해당 설비의 기능 및 사용에 지장이 없는 범위 안에서 이 기준의 일부를 적용하지 않을 수 있다.

1.5 경과조치

1.5.1 이 기준 시행 전에 건축허가 등의 신청 또는 신고를 하거나 소방시설공사의 착공신고를 한 특정소방대상물에 대해서는 종전의 「가스누설경보기의 화재안전기준(NFSC 206)」에 따른다.

1.5.2 이 기준 시행 전에 1.5.1에 따른 신청 또는 신고를 한 경우라도 제정 기준이 종전의 기준에 비하여 관계인에게 유리한 경우에는 제정 기준에 따를 수 있다.

1.6 다른 법령과의 관계

1.6.1 이 기준 시행 당시 다른 법령 또는 행정규칙 등에서 종전의 화재안전기준을 인용한 경우에 이 기준 가운데 그에 해당하는 규정이 있는 경우에는 종전의 규정에 갈음하여 이 기준의 해당 규정을 인용한 것으로 본다.

1.7 용어의 정의

1.7.1 이 기준에서 사용하는 용어의 정의는 다음과 같다.

1.7.1.1 "가연성가스 경보기"란 보일러 등 가스연소기에서 액화석유가스(LPG), 액화천연가스(LNG) 등의 가연성가스가 새는 것을 탐지하여 관계자나 이용자에게 경보하여 주는 것을 말한다. 다만, 탐지소자 외의 방법에 의하여 가스가 새는 것을 탐지하는 것, 점검용으로 만들어진 휴대용탐지기 또는 연동기기에 의하여 경보를 발하는 것은 제외한다.

1.7.1.2 "일산화탄소 경보기"란 일산화탄소가 새는 것을 탐지하여 관계자나 이용자에게 경보하여 주는 것을 말한다. 다만, 탐지소자 외의 방법에 의하여 가스가 새는 것을 탐지하는 것, 점검용으로 만들어진 휴대용탐지기 또는 연동기기에 의하여 경보를 발하는 것은 제외한다.

[그림] 일산화탄소 경보기

1.7.1.3 "탐지부"란 가스누설경보기(이하 "경보기"라 한다) 중 가스누설을 탐지하여 중계기 또는 수신부에 가스누설 신호를 발신하는 부분을 말한다.

1.7.1.4 "수신부"란 경보기 중 탐지부에서 발하여진 가스누설 신호를 직접 또는 중계기를 통하여 수신하고 이를 관계자에게 음향으로서 경보하여 주는 것을 말한다.

1.7.1.5 "분리형"이란 탐지부와 수신부가 분리되어 있는 형태의 경보기를 말한다.

1.7.1.6 "단독형"이란 탐지부와 수신부가 일체로 되어 있는 형태의 경보기를 말한다.

1.7.1.7 "가스연소기"란 가스레인지 또는 가스보일러 등 가연성가스를 이용하여 불꽃을 발생하는 장치를 말한다.

2. 기술기준

2.1 가연성가스 경보기

2.1.1 가연성가스를 사용하는 가스연소기가 있는 경우에는 가연성가스(액화석유가스(LPG), 액화천연가스(LNG) 등)의 종류에 적합한 경보기를 가스연소기 주변에 설치해야 한다.

2.1.2 **분리형 경보기의 수신부**는 다음의 기준에 따라 설치해야 한다.

[그림] 수신부(출처 : 신우전자 카탈로그)

2.1.2.1 가스연소기 주위의 경보기의 상태 확인 및 유지관리에 용이한 위치에 설치할 것

2.1.2.2 가스누설 경보음향의 음량과 음색은 다른 기기의 소음 등과 명확히 구별될 것

2.1.2.3 가스누설 경보음향은 수신부로부터 1 m 떨어진 위치에서 음압이 70 dB 이상일 것

2.1.2.4 수신부의 조작 스위치는 바닥으로부터의 높이가 0.8 m 이상 1.5 m 이하인 장소에 설치할 것

2.1.2.5 수신부가 설치된 장소에는 관계자 등에게 신속히 연락할 수 있도록 비상연락번호를 기재한 표를 비치할 것

2.1.3 **분리형 경보기의 탐지부**는 다음의 기준에 따라 설치해야 한다.

[그림] 탐지부(출처 : 신우전자 카탈로그)

2.1.3.1 탐지부는 가스연소기의 중심으로부터 직선거리 8 m(공기보다 무거운 가스를 사용하는 경우에는 4 m) 이내에 1개 이상 설치해야 한다.

2.1.3.2 탐지부는 천장으로부터 탐지부 하단까지의 거리가 0.3 m 이하가 되도록 설치한다. 다만, 공기보다 무거운 가스를 사용하는 경우에는 바닥면으로부터 탐지부 상단까지의 거리는 0.3 m 이하로 한다.

2.1.4 **단독형 경보기**는 다음의 기준에 따라 설치해야 한다.

[그림] 단독형 (출처 : 신우전자 카탈로그)

2.1.4.1 가스연소기 주위의 경보기의 상태 확인 및 유지관리에 용이한 위치에 설치할 것

2.1.4.2 가스누설 경보음향의 음량과 음색은 다른 기기의 소음 등과 명확히 구별될 것

2.1.4.3 가스누설 경보음향은 수신부로부터 1 m 떨어진 위치에서 음압이 70 dB 이상일 것

2.1.4.4 단독형 경보기는 가스연소기의 중심으로부터 직선거리 8 m(공기보다 무거운 가스를 사용하는 경우에는 4 m) 이내에 1개 이상 설치해야 한다.

2.1.4.5 단독형 경보기는 천장으로부터 경보기 하단까지의 거리가 0.3 m 이하가 되도록 설치한다. 다만, 공기보다 무거운 가스를 사용하는 경우에는 바닥면으로부터 단독형 경보기 상단까지의 거리는 0.3 m 이하로 한다.

2.1.4.6 경보기가 설치된 장소에는 관계자 등에게 신속히 연락할 수 있도록 비상연락번호를 기재한 표를 비치할 것

2.2 일산화탄소 경보기

2.2.1 일산화탄소 경보기를 설치하는 경우(타 법령에 따라 일산화탄소 경보기를 설치하는 경우를 포함한다)에는 가스연소기 주변(타 법령에 따라 설치하는 경우에는 해당 법령에서 지정한 장소)에 설치할 수 있다.

2.2.2 **분리형 경보기의 수신부**는 다음의 기준에 따라 설치해야 한다.

2.2.2.1 가스누설 경보음향의 음량과 음색은 다른 기기의 소음 등과 명확히 구별될 것

2.2.2.2 가스누설 경보음향은 수신부로부터 1 m 떨어진 위치에서 음압이 70 dB 이상일 것

2.2.2.3 수신부의 조작 스위치는 바닥으로부터의 높이가 0.8 m 이상 1.5 m 이하인 장소에 설치할 것

2.2.2.4 수신부가 설치된 장소에는 관계자 등에게 신속히 연락할 수 있도록 비상연락번호를 기재한 표를 비치할 것

2.2.3 분리형 경보기의 탐지부는 천장으로부터 탐지부 하단까지의 거리가 **0.3 m 이하**가 되도록 설치한다.

2.2.4 **단독형 경보기**는 다음의 기준에 따라 설치해야 한다.

[그림] 단독형 (출처 : 신우전자 카탈로그)

2.2.4.1 가스누설 경보음향의 음량과 음색은 다른 기기의 소음 등과 명확히 구별될 것

2.2.4.2 가스누설 경보음향은 수신부로부터 1 m 떨어진 위치에서 음압이 70 dB 이상일 것

2.2.4.3 단독형 경보기는 천장으로부터 경보기 하단까지의 거리가 0.3 m 이하가 되도록 설치한다.

2.2.4.4 경보기가 설치된 장소에는 관계자 등에게 신속히 연락할 수 있도록 비상연락번호를 기재한 표를 비치할 것

2.2.5 2.2.2 내지 2.2.4에도 불구하고 중앙소방기술심의위원회의 심의를 거쳐 일산화탄소경보기의 성능을 확보할 수 있는 별도의 설치방법을 인정받은 경우에는 해당 설치방법을 반영한 제조사의 시방서에 따라 설치할 수 있다.

2.3 설치장소

2.3.1 **분리형 경보기의 탐지부 및 단독형 경보기는 다음의 장소 이외의 장소에 설치**해야 한다.

2.3.1.1 출입구 부근 등으로서 외부의 기류가 통하는 곳

2.3.1.2 환기구 등 공기가 들어오는 곳으로부터 1.5 m 이내인 곳

2.3.1.3 연소기의 폐가스에 접촉하기 쉬운 곳

2.3.1.4 가구·보·설비 등에 가려져 누설가스의 유통이 원활하지 못한 곳

2.3.1.5 수증기 또는 기름 섞인 연기 등이 직접 접촉될 우려가 있는 곳

2.4 전원

2.4.1 경보기는 **건전지 또는 교류전압의 옥내간선**을 사용하여 상시 전원이 공급되도록 해야 한다.

소방시설관리사 기출문제

[**22회점검**] 가스누설경보기의 화재안전기준(NFSC 206)에서 분리형 경보기의 탐지부 및 단독형 경보기 설치 제외 장소 5가지를 쓰시오.(5점)

1. 일반사항

1.1 적용범위

1.1.1 이 기준은 「소방시설 설치 및 관리에 관한 법률 시행령」(이하 "영"이라 한다) 별표 4 제2호 마목에 따른 화재알림설비의 설치 및 관리에 대해 적용한다.

1.2 기준의 효력

1.2.1 이 기준은 「소방시설 설치 및 관리에 관한 법률」 제2조제1항제6호나목에 따라 경보설비 인 화재알림설비의 기술기준으로서의 효력을 가진다.

1.2.2 이 기준에 적합한 경우에는 법 제2조제1항제6호나목에 따라 「화재알림설비의 화재안전 성능기준(NFPC 207)」을 충족하는 것으로 본다.

1.3 기준의 시행

1.3.1 이 기준은 2023년 12월 12일부터 시행한다.

1.4 기준의 특례

1.4.1 소방본부장 또는 소방서장은 기존건축물이 증축·개축·대수선되거나 용도변경 되는 경우 에 있어서 이 기준이 정하는 기준에 따라 해당 건축물에 설치해야 할 화재알림설비의 배 관·배선 등의 공사가 현저하게 곤란하다고 인정되는 경우에는 해당 설비의 기능 및 사용 에 지장이 없는 범위 안에서 이 기준의 일부를 적용하지 않을 수 있다.

1.5 경과조치

1.5.1 해당없음

1.6 다른 화재안전기술기준과의 관계

1.6.1 이 기준에서 규정하지 않은 것은 「자동화재탐지설비 및 시각경보장치의 화재안전기술기 준(NFTC 203)」에 따른다.

1.7 용어의 정의

1.7.1 이 기준에서 사용하는 용어의 정의는 다음과 같다.

1.7.1.1 **"화재알림형 감지기"**란 화재 시 발생하는 열, 연기, 불꽃을 자동적으로 감지하는 기능 중 두 가지 이상의 성능을 가진 열·연기 또는 열·연기·불꽃 복합형 감지기로서 화재알림형 수신기에 주위의 온도 또는 연기의 양의 변화에 따라 각각 다른 전류 또는 전압 등(이하 "화재정보값"이라 한다)의 출력을 발하고, 불꽃을 감지하는 경우 화재신호를 발신하며, 자체 내장된 음향장치에 의하여 경보하는 것을 말한다.

1.7.1.2 **"화재알림형 중계기"**란 화재알림형 감지기, 발신기 또는 전기적인 접점 등의 작동에 따른 화재정보값 또는 화재신호 등을 받아 이를 화재알림형 수신기에 전송하는 장치를 말한다.

1.7.1.3 **"화재알림형 수신기"**란 화재알림형 감지기나 발신기에서 발하는 화재정보값 또는 화재신호 등을 직접 수신하거나 화재알림형 중계기를 통해 수신하여 화재의 발생을 표시 및 경보하고, 화재정보값 등을 자동으로 저장하여, 자체 내장된 속보기능에 의해 화재신호를 통신망을 통하여 소방관서에는 음성 등의 방법으로 통보하고, 관계인에게는 문자로 전달할 수 있는 장치를 말한다.

1.7.1.4 "발신기"란 수동누름버튼 등의 작동으로 화재신호를 수신기에 발신하는 장치를 말한다.

1.7.1.5 "화재알림형 비상경보장치"란 발신기, 표시등, 지구음향장치(경종 또는 사이렌 등)를 내장한 것으로 화재발생 상황을 경보하는 장치를 말한다.

1.7.1.6 "원격감시서버"란 원격지에서 각각의 화재알림설비로부터 수신한 화재정보값 및 화재신호, 상태신호 등을 원격으로 감시하기 위한 서버를 말한다.

1.7.1.7 "공용부분"이란 전유부분 외의 건물 부분, 전유부분에 속하지 아니하는 건물의 부속물, 「집합건물의 소유 및 관리에 관한 법률」 제3조제2항 및 제3항에 따라 공용부분으로 된 부속의 건물을 말한다.

2. 기술기준

2.1 화재알림형 수신기

2.1.1 화재알림형 수신기는 다음의 기준에 적합한 것으로 설치하여야 한다.

  2.1.1.1 화재알림형 감지기, 발신기 등의 작동 및 설치지점을 확인할 수 있는 것으로 설치할 것

  2.1.1.2 해당 특정소방대상물에 가스누설탐지설비가 설치된 경우에는 가스누설탐지설비로부터 가스누설신호를 수신하여 가스누설경보를 할 수 있는 것으로 설치할 것. 다만, 가스누설탐지설비의 수신부를 별도로 설치한 경우에는 제외한다.

2.1.1.3 화재알림형 감지기, 발신기 등에서 발신되는 화재정보·신호 등을 자동으로 1년 이상 저장할 수 있는 용량의 것으로 설치할 것. 이 경우 저장된 데이터는 수신기 에서 확인할 수 있어야 하며, 복사 및 출력도 가능하여야 한다.

2.1.1.4 화재알림형 수신기에 내장된 속보기능은 화재신호를 자동적으로 통신망을 통하 여 소방관서에는 음성 등의 방법으로 통보하고, 관계인에게는 문자로 전달할 수 있는 것으로 설치할 것

2.1.2 화재알림형 수신기는 다음의 기준에 따라 설치하여야 한다.

2.1.2.1 상시 사람이 근무하는 장소에 설치할 것. 다만, 사람이 상시 근무하는 장소가 없 는 경우에는 관계인이 쉽게 접근할 수 있고 관리가 용이한 장소로서 화재 및 침수 등의 재해로 인한 피해를 받을 우려가 없는 곳에 설치하여야 한다.

2.1.2.2 화재알림형 수신기가 설치된 장소에는 화재알림설비 일람도를 비치할 것

2.1.2.3 화재알림형 수신기의 내부 또는 그 직근에 주음향장치를 설치할 것

2.1.2.4 화재알림형 수신기의 음향기구는 그 음압 및 음색이 다른 기기의 소음 등과 명확 히 구별될 수 있는 것으로 할 것

2.1.2.5 화재알림형 수신기의 조작 스위치는 바닥으로부터의 높이가 0.8 m 이상 1.5 m 이하인 장소에 설치할 것

2.1.2.6 하나의 특정소방대상물에 2 이상의 화재알림형 수신기를 설치하는 경우에는 화 재알림형 수신기를 상호 간 연동하여 화재발생 상황을 각 화재알림형 수신기마다 확인할 수 있도록 할 것

2.1.2.7 화재로 인하여 하나의 층의 화재알림형 비상경보장치 또는 배선이 단락되어도 다 른 층의 화재통보에 지장이 없도록 각 층 배선 상에 유효한 조치를 할 것. 다만, 무선식의 경우 제외한다.

2.2 화재알림형 중계기

2.2.1 화재알림형 중계기를 설치할 경우 다음의 기준에 따라 설치하여야 한다.

2.2.1.1 화재알림형 수신기와 화재알림형 감지기 사이에 설치할 것

2.2.1.2 조작 및 점검에 편리하고 화재 및 침수 등의 재해로 인한 피해를 받을 우려가 없는 장소에 설치할 것. 다만, 외기에 개방되어 있는 장소에 설치하는 경우 빗물·먼지 등으로부터 화재알림형 중계기를 보호할 수 있는 구조로 설치하여야 한다.

2.2.1.3 화재알림형 수신기에 따라 감시되지 않는 배선을 통하여 전력을 공급받는 것에 있어서는 전원입력측의 배선에 과전류 차단기를 설치하고 해당 전원의 정전이 즉 시 화재알림형 수신기에 표시되는 것으로 하며, 상용전원 및 예비전원의 시험을 할 수 있도록 할 것

2.3 화재알림형 감지기

2.3.1 화재알림형 감지기 중 열을 감지하는 경우 공칭감지온도범위, 연기를 감지하는 경우 공칭감지농도범위, 불꽃을 감지하는 경우 공칭감시거리 및 공칭시야각 등에 따라 적합한 장소에 설치하여야 한다. 다만, 이 기준에서 정하지 않는 설치방법에 대하여는 형식승인 사항이나 제조사의 시방서에 따라 설치할 수 있다.

2.3.2 무선식의 경우 화재를 유효하게 검출할 수 있도록 해당 특정소방대상물에 음영구역이 없도록 설치하여야 한다.

2.3.3 동작된 감지기는 자체 내장된 음향장치에 의하여 경보를 발하여야 하며, 음압은 부착된 화재알림형 감지기의 중심으로부터 1m 떨어진 위치에서 85dB 이상 되어야 한다.

2.4 비화재보방지

2.4.1 화재알림설비는 화재알림형 수신기 또는 화재알림형 감지기에 자동보정기능이 있는 것으로 설치하여야 한다. 다만, 자동보정기능이 있는 화재알림형 수신기에 연결하여 사용하는 화재알림형 감지기는 자동보정기능이 없는 것으로 설치한다.

2.5 화재알림형 비상경보장치

2.5.1 화재알림형 비상경보장치는 다음의 기준에 따라 설치하여야 한다. 다만, 전통시장의 경우 공용부분에 한하여 설치할 수 있다.

　2.5.1.1　층수가 11층(공동주택의 경우에는 16층) 이상의 특정소방대상물은 발화층에 따라 경보하는 층을 달리하여 경보를 발할 수 있도록 할 것. 다만, 그 외 특정소방대상물은 전층경보방식으로 경보를 발할 수 있도록 설치하여야 한다.

　　2.5.1.1.1　2층 이상의 층에서 발화한 때에는 발화층 및 그 직상 4개 층에 경보를 발할 것

　　2.5.1.1.2　1층에서 발화한 때에는 발화층·그 직상 4개 층 및 지하층에 경보를 발할 것

　　2.5.1.1.3　지하층에서 발화한 때에는 발화층·그 직상층 및 기타의 지하층에 경보를 발할 것

　2.5.1.2　화재알림형 비상경보장치는 특정소방대상물의 층마다 설치하되, 해당 특정소방대상물의 각 부분으로부터 하나의 화재알림형 비상경보장치까지의 수평거리가 25 m 이하(다만, 복도 또는 별도로 구획된 실로서 보행거리 40 m 이상일 경우에는 추가로 설치하여야 한다)가 되도록하고, 해당 층의 각 부분에 유효하게 경보를 발할 수 있도록 설치할 것. 다만, 「비상방송설비의 화재안전기술기준(NFTC 202)」에 적합한 방송설비를 화재알림형 감지기와 연동하여 작동하도록 설치한

경우에는 비상경보장치를 설치하지 아니하고, 발신기만 설치할 수 있다.

2.5.1.3 2.5.1.2에도 불구하고 2.5.1.2의 기준을 초과하는 경우로서 기둥 또는 벽이 설치되지 아니한 대형공간의 경우 화재알림형 비상경보장치는 설치대상 장소 중 가장 가까운 장소의 벽 또는 기둥 등에 설치할 것

2.5.1.4 화재알림형 비상경보장치는 조작이 쉬운 장소에 설치하고, 발신기의 스위치는 바닥으로부터 0.8 m 이상 1.5 m 이하의 높이에 설치할 것

2.5.1.5 화재알림형 비상경보장치의 위치를 표시하는 표시등은 함의 상부에 설치하되, 그 불빛은 부착면으로부터 15° 이상의 범위 안에서 부착지점으로부터 10 m 이내의 어느 곳에서도 쉽게 식별할 수 있는 적색등으로 설치할 것

2.5.2 화재알림형 비상경보장치는 다음의 기준에 따른 구조 및 성능의 것으로 하여야 한다.

2.5.2.1 정격전압의 80 % 전압에서 음압을 발할 수 있는 것으로 할 것. 다만, 건전지를 주전원으로 사용하는 화재알림형 비상경보장치는 그렇지 않다.

2.5.2.2 음압은 부착된 화재알림형 비상경보장치의 중심으로부터 1 m 떨어진 위치에서 90 dB 이상이 되는 것으로 할 것

2.5.2.3 화재알림형 감지기 및 발신기의 작동과 연동하여 작동할 수 있는 것으로 할 것

2.5.3 하나의 특정소방대상물에 2 이상의 화재알림형 수신기가 설치된 경우 어느 화재알림형 수신기에서도 화재알림형 비상경보장치를 작동할 수 있도록 하여야 한다.

2.6 원격감시서버

2.6.1 화재알림설비의 감시업무를 위탁할 경우 원격감시서버는 다음의 기준에 따라 설치할 것을 권장한다.

2.6.2 원격감시서버의 비상전원은 상용전원 차단 시 24시간 이상 전원을 유효하게 공급될 수 있는 것으로 설치한다.

2.6.3 화재알림설비로부터 수신한 정보(주소, 화재정보·신호 등)를 1년 이상 저장할 수 있는 용량을 확보한다.

2.6.3.1 저장된 데이터는 원격감시서버에서 확인할 수 있어야 하며, 복사 및 출력도 가능할 것

2.6.3.2 저장된 데이터는 임의로 수정이나 삭제를 방지할 수 있는 기능이 있을 것

1. 일반사항

1.1 적용범위

1.1.1 이 기준은 「소방시설 설치 및 관리에 관한 법률 시행령」(이하 "영"이라 한다) 별표 4 제3호가목 및 「다중이용업소의 안전관리에 관한 특별법 시행령」 별표 1 제1호다목1)에 따른 피난기구의 설치 및 관리에 대해 적용한다.

1.2 기준의 효력

1.2.1 이 기준은 「소방시설 설치 및 관리에 관한 법률」(이하 "법"이라 한다) 제2조제1항제6호나목에 따라 피난기구의 기술기준으로서의 효력을 가진다.

1.2.2 이 기준에 적합한 경우에는 법 제2조제1항제6호나목에 따라 「피난기구의 화재안전성능기준(NFPC 301)」을 충족하는 것으로 본다.

1.3 기준의 시행

1.3.1 이 기준은 2024년 1월 1일부터 시행한다. 〈개정 2024.1.1.〉

1.4 기준의 특례

1.4.1 소방본부장 또는 소방서장은 기존건축물이 증축·개축·대수선되거나 용도변경 되는 경우에 있어서 이 기준이 정하는 기준에 따라 해당 건축물에 설치해야 할 피난기구의 공사가 현저하게 곤란하다고 인정되는 경우에는 해당 설비의 기능 및 사용에 지장이 없는 범위에서 이 기준의 일부를 적용하지 않을 수 있다.

1.5 경과조치

1.5.1 이 기준 시행 전에 건축허가 등의 신청 또는 신고를 하거나 소방시설공사의 착공신고를 한 특정소방대상물에 대해서는 종전의 「피난기구의 화재안전기준(NFSC 301)」에 따른다.

1.5.2 이 기준 시행 전에 1.5.1에 따른 신청 또는 신고를 한 경우라도 제정 기준이 종전의 기준에 비하여 관계인에게 유리한 경우에는 제정 기준에 따를 수 있다.

1.6 다른 법령과의 관계

1.6.1 이 기준 시행 당시 다른 법령 또는 행정규칙 등에서 종전의 화재안전기준을 인용한 경우에 이 기준 가운데 그에 해당하는 규정이 있는 경우에는 종전의 규정에 갈음하여 이 기준의 해당 규정을 인용한 것으로 본다.

1.7 피난기구의 종류

1.7.1 영 제3조에 따른 별표 1 제3호가목5)에서 "그 밖에 화재안전기준으로 정하는 것"이란 미끄럼대 · 피난교 · 피난용트랩 · 간이완강기 · 공기안전매트 · 다수인 피난장비 · 승강식 피난기 등을 말한다.

1.8 용어의 정의

1.8.1 이 기준에서 사용하는 용어의 정의는 다음과 같다.

1.8.1.1 "완강기"란 사용자의 몸무게에 따라 자동적으로 내려올 수 있는 기구 중 사용자가 교대하여 연속적으로 사용할 수 있는 것을 말한다.

1.8.1.2 "간이완강기"란 사용자의 몸무게에 따라 자동적으로 내려올 수 있는 기구 중 사용자가 연속적으로 사용할 수 없는 것을 말한다.

1.8.1.3 "공기안전매트"란 화재 발생 시 사람이 건축물 내에서 외부로 긴급히 뛰어내릴 때 충격을 흡수하여 안전하게 지상에 도달할 수 있도록 포지에 공기 등을 주입하는 구조로 되어 있는 것을 말한다.

1.8.1.4 "구조대"란 포지 등을 사용하여 자루 형태로 만든 것으로서 화재 시 사용자가 그 내부에 들어가서 내려옴으로써 대피할 수 있는 것을 말한다.

1.8.1.5 "승강식 피난기"란 사용자의 몸무게에 의하여 자동으로 하강하고 내려서면 스스로 상승하여 연속적으로 사용할 수 있는 무동력 승강식 기기를 말한다.

1.8.1.6 "하향식 피난구용 내림식사다리"란 하향식 피난구 해치에 격납하여 보관하고 사용 시에는 사다리 등이 소방대상물과 접촉되지 않는 내림식 사다리를 말한다.

1.8.1.7 "피난사다리"란 화재 시 긴급대피를 위해 사용하는 사다리를 말한다.

1.8.1.8 "다수인피난장비"란 화재 시 2인 이상의 피난자가 동시에 해당 층에서 지상 또는 피난층으로 하강하는 피난기구를 말한다.

1.8.1.9 "미끄럼대"란 사용자가 미끄럼식으로 신속하게 지상 또는 피난층으로 이동할 수 있는 피난기구를 말한다.

1.8.1.10 "피난교"란 인접 건축물 또는 피난층과 연결된 다리 형태의 피난기구를 말한다.

1.8.1.11 "피난용트랩"이란 화재 층과 직상 층을 연결하는 계단형태의 피난기구를 말한다.

2. 기술기준

2.1 적응성 및 설치개수 등

2.1.1 피난기구는 표 2.1.1에 따라 특정소방대상물의 설치장소별로 그에 적응하는 종류의 것으로 설치해야 한다.

표 2.1.1 설치장소별 피난기구의 적응성

설치장소별 \ 층별	1층	2층	3층	4층 이상 10층 이하
1. 노유자시설	· 미끄럼대 · 구조대 · 피난교 · 다수인피난장비 · 승강식 피난기	· 미끄럼대 · 구조대 · 피난교 · 다수인피난장비 · 승강식 피난기	· 미끄럼대 · 구조대 · 피난교 · 다수인피난장비 · 승강식 피난기	· 구조대[1] · 피난교 · 다수인피난장비 · 승강식 피난기
2. 의료시설·근린생활 시설중 입원실이 있는 의원·접골원·조산원			· 미끄럼대 · 구조대 · 피난교 · 피난용트랩 · 다수인피난장비 · 승강식 피난기	· 구조대 · 피난교 · 피난용트랩 · 다수인피난장비 · 승강식 피난기
3. 「다중이용업소의 안전관리에 관한 특별법 시행령」 제2조에 따른 다중이용업소로서 영업장의 위치가 4층 이하인 다중이용업소		· 미끄럼대 · 피난사다리 · 구조대 · 완강기 · 다수인피난장비 · 승강식 피난기	· 미끄럼대 · 피난사다리 · 구조대 · 완강기 · 다수인피난장비 · 승강식 피난기	· 미끄럼대 · 피난사다리 · 구조대 · 완강기 · 다수인피난장비 · 승강식 피난기

설치장소별 \ 층별	1층	2층	3층	4층 이상 10층 이하
4. 그 밖의 것			· 미끄럼대 · 피난사다리 · 구조대 · 완강기 · 피난교 · 피난용트랩 · 간이완강기[2] · 공기안전매트[3] · 다수인피난장비 · 승강식 피난기	· 피난사다리 · 구조대 · 완강기 · 피난교 · 간이완강기[2] · 공기안전매트[3] · 다수인피난장비 · 승강식 피난기

[비고]
1) 구조대의 적응성은 장애인 관련 시설로서 주된 사용자 중 스스로 피난이 불가한 자가 있는 경우 2.1.2.4에 따라 추가로 설치하는 경우에 한한다.
2), 3) 간이완강기의 적응성은 2.1.2.2에 따라 숙박시설의 3층 이상에 있는 객실에, 공기안전매트의 적응성은 2.1.2.3에 따라 공동주택(「공동주택관리법」제2조제1항제2호 가목부터 라목까지 중 어느 하나에 해당하는 공동주택)에 추가로 설치하는 경우에 한한다.

2.1.2 피난기구는 다음의 기준에 따른 개수 이상을 설치해야 한다.

  2.1.2.1 층마다 설치하되, 숙박시설·노유자시설 및 의료시설로 사용되는 층에 있어서는 그 층의 바닥면적 500 m^2마다, 위락시설·문화집회 및 운동시설·판매시설로 사용되는 층 또는 복합용도의 층(하나의 층이 영 별표 2 제1호 나목 내지 라목 또는 제4호 또는 제8호 내지 제18호 중 2 이상의 용도로 사용되는 층을 말한다)에 있어서는 그 층의 바닥면적 800 m^2마다, 계단실형 아파트에 있어서는 각 세대마다, 그 밖의 용도의 층에 있어서는 그 층의 바닥면적 1,000 m^2마다 1개 이상 설치할 것 〈개정 2024.1.1.〉

  2.1.2.2 2.1.2.1에 따라 설치한 피난기구 외에 숙박시설(휴양콘도미니엄을 제외한다)의 경우에는 추가로 객실마다 완강기 또는 2 이상의 간이완강기를 설치할 것

  2.1.2.3 〈삭제 2024.1.1.〉

  2.1.2.4 2.1.2.1에 따라 설치한 피난기구 외에 4층 이상의 층에 설치된 노유자시설 중 장애인 관련 시설로서 주된 사용자 중 스스로 피난이 불가한 자가 있는 경우에는 층마다 구조대를 1개 이상 추가로 설치할 것

2.1.3 피난기구는 다음의 기준에 따라 설치해야 한다.

2.1.3.1 피난기구는 계단·피난구 기타 피난시설로부터 적당한 거리에 있는 안전한 구조로 된 **피난 또는 소화 활동상 유효한 개구부**(가로 0.5 m 이상 세로 1 m 이상인 것을 말한다. 이 경우 개구부 하단이 바닥에서 1.2 m 이상이면 발판 등을 설치하여야 하고, 밀폐된 창문은 쉽게 파괴할 수 있는 파괴장치를 비치해야 한다)에 고정하여 설치하거나 필요한 때에 신속하고 유효하게 설치할 수 있는 상태에 둘 것

2.1.3.2 피난기구를 설치하는 개구부는 서로 동일직선상이 아닌 위치에 있을 것. 다만, 피난교·피난용트랩·간이완강기·아파트에 설치되는 피난기구(다수인 피난장비는 제외한다) 기타 피난 상 지장이 없는 것에 있어서는 그렇지 않다.

2.1.3.3 피난기구는 특정소방대상물의 기둥·바닥·보 기타 구조상 견고한 부분에 볼트조임·매입·용접 기타의 방법으로 견고하게 부착할 것

2.1.3.4 4층 이상의 층에 피난사다리(하향식 피난구용 내림식사다리는 제외한다)를 설치하는 경우에는 금속성 고정사다리를 설치하고, 당해 고정사다리에는 쉽게 피난할 수 있는 구조의 노대를 설치할 것

2.1.3.5 완강기는 강하 시 로프가 건축물 또는 구조물 등과 접촉하여 손상되지 않도록 하고, 로프의 길이는 부착위치에서 지면 또는 기타 피난상 유효한 착지 면까지의 길이로 할 것

2.1.3.6 미끄럼대는 안전한 강하속도를 유지하도록 하고, 전락방지를 위한 안전조치를 할 것

2.1.3.7 구조대의 길이는 피난 상 지장이 없고 안정한 강하속도를 유지할 수 있는 길이로 할 것

2.1.3.8 **다수인 피난장비**는 다음의 기준에 적합하게 설치할 것

2.1.3.8.1 피난에 용이하고 안전하게 하강할 수 있는 장소에 적재 하중을 충분히 견딜 수 있도록 「건축물의 구조기준 등에 관한 규칙」 제3조에서 정하는 구조안전의 확인을 받아 견고하게 설치할 것

2.1.3.8.2 다수인피난장비 보관실(이하 "보관실"이라 한다)은 건물 외측보다 돌출되지 아니하고, 빗물·먼지 등으로부터 장비를 보호할 수 있는 구조일 것

2.1.3.8.3 사용 시에 보관실 외측 문이 먼저 열리고 탑승기가 외측으로 자동으로 전개될 것

2.1.3.8.4 하강 시에 탑승기가 건물 외벽이나 돌출물에 충돌하지 않도록 설치할 것

2.1.3.8.5 상·하층에 설치할 경우에는 탑승기의 하강경로가 중첩되지 않도록 할 것

2.1.3.8.6 하강 시에는 안전하고 일정한 속도를 유지하도록 하고 전복, 흔들림, 경로 이탈 방지를 위한 안전조치를 할 것

2.1.3.8.7 보관실의 문에는 오작동 방지조치를 하고, 문 개방 시에는 해당 특정소방대
상물에 설치된 경보설비와 연동하여 유효한 경보음을 발하도록 할 것

2.1.3.8.8 피난층에는 해당 층에 설치된 피난기구가 착지에 지장이 없도록 충분한 공
간을 확보할 것

2.1.3.8.9 한국소방산업기술원 또는 법 제46조제1항에 따라 성능시험기관으로 지정
받은 기관에서 그 성능을 검증받은 것으로 설치할 것

2.1.3.9 **승강식 피난기 및 하향식 피난구용 내림식사다리**는 다음의 기준에 적합하게 설치
할 것

2.1.3.9.1 승강식 피난기 및 하향식 피난구용 내림식사다리는 설치경로가 설치 층에서
피난층까지 연계될 수 있는 구조로 설치할 것. 다만, 건축물의 구조 및 설치
여건 상 불가피한 경우에는 그렇지 않다.

2.1.3.9.2 대피실의 면적은 2 m^2(2세대 이상일 경우에는 3 m^2) 이상으로 하고, 「건축
법 시행령」 제46조제4항 각 호의 규정에 적합하여야 하며 하강구(개구부)
규격은 직경 60 ㎝ 이상일 것. 다만, 외기와 개방된 장소에는 그렇지 않다.

2.1.3.9.3 하강구 내측에는 기구의 연결 금속구 등이 없어야 하며 전개된 피난기구는
하강구 수평투영면적 공간 내의 범위를 침범하지 않는 구조이어야 할 것. 다
만, 직경 60 ㎝ 크기의 범위를 벗어난 경우이거나, 직하층의 바닥 면으로부
터 높이 50 ㎝ 이하의 범위는 제외한다.

2.1.3.9.4 대피실의 출입문은 60분+ 방화문 또는 60분 방화문으로 설치하고, 피난방
향에서 식별할 수 있는 위치에 "대피실" 표지판을 부착할 것. 다만, 외기와
개방된 장소에는 그렇지 않다.

2.1.3.9.5 착지점과 하강구는 상호 수평거리 15 ㎝ 이상의 간격을 둘 것

2.1.3.9.6 대피실 내에는 비상조명등을 설치할 것

2.1.3.9.7 대피실에는 층의 위치표시와 피난기구 사용설명서 및 주의사항 표지판을 부
착할 것

2.1.3.9.8 대피실 출입문이 개방되거나, 피난기구 작동 시 해당층 및 직하층 거실에 설
치된 표시등 및 경보장치가 작동되고, 감시 제어반에서는 피난기구의 작동
을 확인할 수 있어야 할 것

2.1.3.9.9 사용 시 기울거나 흔들리지 않도록 설치할 것

2.1.3.9.10 승강식 피난기는 한국소방산업기술원 또는 법 제46조제1항에 따라 성능시
험기관으로 지정받은 기관에서 그 성능을 검증받은 것으로 설치할 것

2.1.4 피난기구를 설치한 장소에는 가까운 곳의 보기 쉬운 곳에 피난기구의 위치를 표시하는 발광식 또는 축광식표지와 그 사용방법을 표시한 표지(외국어 및 그림 병기)를 부착하되, 축광식표지는 소방청장이 정하여 고시한 「축광표지의 성능인증 및 제품검사의 기술기준」에 적합하여야 한다. 다만, 방사성물질을 사용하는 위치표지는 쉽게 파괴되지 않는 재질로 처리할 것

2.2 설치제외

2.2.1 영 별표 5 제14호 피난구조설비의 설치면제 요건의 규정에 따라 다음의 어느 하나에 해당하는 특정소방대상물 또는 그 부분에는 피난기구를 설치하지 않을 수 있다. 다만, 2.1.2.2에 따라 숙박시설(휴양콘도미니엄을 제외한다)에 설치되는 완강기 및 간이완강기의 경우에는 그렇지 않다.

2.2.1.1 다음의 기준에 적합한 층

2.2.1.1.1 주요구조부가 내화구조로 되어 있어야 할 것

2.2.1.1.2 실내의 면하는 부분의 마감이 불연재료·준불연재료 또는 난연재료로 되어 있고 방화구획이 「건축법 시행령」 제46조의 규정에 적합하게 구획되어 있어야 할 것

2.2.1.1.3 거실의 각 부분으로부터 직접 복도로 쉽게 통할 수 있어야 할 것

2.2.1.1.4 복도에 2 이상의 피난계단 또는 특별피난계단이 「건축법 시행령」 제35조에 적합하게 설치되어 있어야 할 것

2.2.1.1.5 복도의 어느 부분에서도 2 이상의 방향으로 각각 다른 계단에 도달할 수 있어야 할 것

2.2.1.2 다음의 기준에 적합한 특정소방대상물 중 그 옥상의 직하층 또는 최상층(문화 및 집회시설, 운동시설 또는 판매시설을 제외한다)

2.2.1.2.1 주요구조부가 내화구조로 되어 있어야 할 것

2.2.1.2.2 옥상의 면적이 1,500 m^2 이상이어야 할 것

2.2.1.2.3 옥상으로 쉽게 통할 수 있는 창 또는 출입구가 설치되어 있어야 할 것

2.2.1.2.4 옥상이 소방사다리차가 쉽게 통행할 수 있는 도로(폭 6 m 이상의 것을 말한다. 이하 같다) 또는 공지(공원 또는 광장 등을 말한다. 이하 같다)에 면하여 설치되어 있거나 옥상으로부터 피난층 또는 지상으로 통하는 2 이상의 피난계단 또는 특별피난계단이 「건축법 시행령」 제35조의 규정에 적합하게 설치되어 있어야 할 것

2.2.1.3 주요구조부가 내화구조이고 지하층을 제외한 층수가 4층 이하이며 소방사다리차가 쉽게 통행할 수 있는 도로 또는 공지에 면하는 부분에 영 제2조제1호 각 목의 기준에 적합한 개구부가 2 이상 설치되어 있는 층(문화집회 및 운동시설·판매시설 및 영업시설 또는 노유자시설의 용도로 사용되는 층으로서 그 층의 바닥면적이 1,000 ㎡ 이상인 것을 제외한다)

2.2.1.4 갓복도식 아파트 또는 「건축법 시행령」 제46조제5항에 해당하는 구조 또는 시설을 설치하여 인접(수평 또는 수직)세대로 피난할 수 있는 아파트

2.2.1.5 주요구조부가 내화구조로서 거실의 각 부분으로 직접 복도로 피난할 수 있는 학교(강의실 용도로 사용되는 층에 한한다)

2.2.1.6 무인공장 또는 자동창고로서 사람의 출입이 금지된 장소(관리를 위하여 일시적으로 출입하는 장소를 포함한다)

2.2.1.7 건축물의 옥상부분으로서 거실에 해당하지 아니하고 「건축법 시행령」 제119조제1항제9호에 해당하여 층수로 산정된 층으로 사람이 근무하거나 거주하지 않는 장소

2.3 피난기구 설치의 감소

2.3.1 피난기구를 설치하여야 할 특정소방대상물중 다음의 기준에 적합한 층에는 2.1.2에 따른 **피난기구의 2분의 1을 감소**할 수 있다. 이 경우 설치하여야 할 피난기구의 수에 있어서 소수점 이하의 수는 1로 한다.

2.3.1.1 주요구조부가 내화구조로 되어 있을 것
2.3.1.2 직통계단인 피난계단 또는 특별피난계단이 2 이상 설치되어 있을 것

2.3.2 피난기구를 설치해야 할 소방대상물 중 주요구조부가 내화구조이고 다음의 기준에 **적합한 건널 복도가 설치되어 있는 층**에는 2.1.2에 따른 피난기구의 수에서 해당 건널 복도의 수의 2배의 수를 뺀 수로 한다.

2.3.2.1 내화구조 또는 철골조로 되어 있을 것
2.3.2.2 건널 복도 양단의 출입구에 자동폐쇄장치를 한 60분+ 방화문 또는 60분 방화문(방화셔터를 제외한다)이 설치되어 있을 것
2.3.2.3 피난·통행 또는 운반의 전용 용도일 것

2.3.3 피난기구를 설치하여야 할 특정소방대상물 중 다음의 기준에 적합한 **노대가 설치된 거실의 바닥면적**은 2.1.2에 따른 피난기구의 설치개수 산정을 위한 바닥면적에서 이를 제외한다.

2.3.3.1 노대를 포함한 특정소방대상물의 주요구조부가 내화구조일 것

2.3.3.2 노대가 거실의 외기에 면하는 부분에 피난 상 유효하게 설치되어 있어야 할 것

2.3.3.3 노대가 소방사다리차가 쉽게 통행할 수 있는 도로 또는 공지에 면하여 설치되어 있거나, 거실부분과 방화 구획되어 있거나 또는 노대에 지상으로 통하는 계단 그 밖의 피난기구가 설치되어 있어야 할 것

소방시설관리사 기출문제

[18회설계] 피난기구의 화재안전기준(NFSC 301)에 대하여 답하시오. (10점)

(1) 4층 이상의 층에 피난사다리(하향식 피난구용 내림식 사다리는 제외)를 설치하는 경우 기준을 쓰시오. (2점)

(2) "피난기구는 계단·피난구 기타 피난시설로부터 적당한 거리에 있는 안전한 구조로 된 피난 또는 소화활동상 **유효한 개구부**에 고정하여 설치하거나 필요한 때에 신속하고 유효하게 설치할 수 있는 상태에 둘 것"이라고 규정하고 있다. 여기에서 밑줄 친 **유효한 개구부**에 대하여 설명하시오. (2점)

(3) 지상 10층(업무시설)인 소방대상물의 3층에 피난기구를 설치하고자 한다. 적응성이 있는 피난기구 8가지를 쓰시오. (4점)

(4) 지상 10층(판매시설)인 소방대상물의 5층에 피난기구를 설치하고자 한다. 필요한 피난기구의 최소수량을 산출하시오. (단, 바닥면적은 2000 m^2이며, 주요구조부는 내화구조이고, 특별피난계단이 2개소 설치되어 있다.) (2점)

[16회설계] 피난기구의 화재안전기준(NFSC 301)에 따라 승강식피난기 및 하향식 피난구용 내림식사다리 설치기준 중 ㈀ ~ ㈁에 해당되는 내용을 쓰시오. (5점)

> ▶ 승강기피난기 및 하향식 피난구용 내림식사다리는 다음 각 목에 적합하게 설치할 것
> 가. ㈀
> 나. ㈁
> 다. ㈂
> 라. ㈃
> 마. ㈁
> 바. 하강구 내측에는 기구의 연결 금속구 등이 없어야 하며 전개된 피난기구는 하강구 수평투영면적 공간 내의 범위를 침범하지 않는 구조이어야 할 것. 단, 직경 60cm 크기의 범위를 벗어난 경우이거나, 직하층의 바닥 면으로부터 높이 50cm 이하의 범위는 제외한다.
> 사. 대피실 내에는 비상조명등을 설치 할 것
> 아. 대피실에는 층의 위치표시와 피난기구 사용설명서 및 주의사항 표지판을 부착 할 것
> 자. 사용 시 기울거나 흔들리지 않도록 설치할 것
> 차. 승강식피난기는 한국소방산업기술원 또는 법 제42조제1항에 따라 성능시험기관으로 지정받은 기관에서 그 성능을 검증받은 것으로 설치할 것

[15회점검] 피난기구의 화재안전기준(NFSC 301) 제6조 피난기구 설치의 감소기준을 쓰시오.

[13회점검] 피난기구의 화재안전기준에서 정하고 있는 다수인 피난장비의 설치기준 9가지를 쓰시오. (10점)

소방기술사 기출문제

[119회] 피난기구의 설치에 대하여 다음 사항을 설명하시오.

1) 피난기구의 설치 수량 및 추가 설치 기준

2) 승강식피난기 및 하향식 피난구용 내림식사다리 설치 기준

[116회] 아래 소방대상물의 설치장소별 적응성 있는 피난기구를 모두 기입하시오.

설치장소별 \ 층별	지하층	1층	2층	3층	4층 이상 10층 이하
노유자 시설					
다중이용업소의 안전관리에 관한 특별법 시행령 제2조에 따른 다중이용업소로서 영업장의 위치가 4층 이하인 "다중이용업소"					

[110회] 특정소방대상물에 피난기구를 설치하고자 할 때 다음의 조건을 참고하여 물음에 답하시오.

> [조건]
> ◦ 구조 및 층수 : 철골조, 지하 3층 지상 15층
> – 노대가 거실의 외기에 면하는 부분에 피난상 유효하게 설치되어 있는 구조
> ◦ 지하층 용도 : 주차장, 지상층 용도 : 업무시설

① 지상 8층에 적용 가능한 피난기구의 종류를 모두 쓰시오.

② 산출된 피난기구의 수를 감면할 수 있는 조건을 쓰시오.

③ 피난기구를 면제받을 수 있는 조건을 쓰시오.

④ 피난기구 설치수량 산정시 바닥면적에서 제외할 수 있는 "노대"의 설치기준을 쓰시오.

[96회] 승강식 피난기 및 하향식 피난구용 내림식 사다리 설치기준을 설명하시오.

인명구조기구의 화재안전기술기준(NFTC 302)

[시행 2022. 12. 1.] [소방청공고 제2022-229호, 2022. 12. 1., 제정]

1. 일반사항

1.1 적용범위

1.1.1 이 기준은 「소방시설 설치 및 관리에 관한 법률 시행령」(이하 "영"이라 한다) 별표 4 제3호나목에 따른 인명구조기구의 설치 및 관리에 대해 적용한다.

1.2 기준의 효력

1.2.1 이 기준은 「소방시설 설치 및 관리에 관한 법률」(이하 "법"이라 한다) 제2조제1항제6호나목에 따라 인명구조기구의 기술기준으로서의 효력을 가진다.

1.2.2 이 기준에 적합한 경우에는 법 제2조제1항제6호나목에 따라 「인명구조기구의 화재안전성능기준(NFPC 302)」을 충족하는 것으로 본다.

1.3 기준의 시행

1.3.1 이 기준은 2022년 12월 1일부터 시행한다.

1.4 기준의 특례

1.4.1 소방본부장 또는 소방서장은 기존건축물이 증축·개축·대수선되거나 용도변경 되는 경우에 있어서 이 기준이 정하는 기준에 따라 해당 건축물에 설치해야 할 인명구조기구의 공사가 현저하게 곤란하다고 인정되는 경우에는 해당 설비의 기능 및 사용에 지장이 없는 범위에서 이 기준의 일부를 적용하지 않을 수 있다.

1.5 경과조치

1.5.1 이 기준 시행 전에 건축허가 등의 신청 또는 신고를 하거나 소방시설공사의 착공신고를 한 특정소방대상물에 대해서는 종전의 「인명구조기구의 화재안전기준(NFSC 302)」에 따른다.

1.5.2 이 기준 시행 전에 1.5.1에 따른 신청 또는 신고를 한 경우라도 제정 기준이 종전의 기준에 비하여 관계인에게 유리한 경우에는 제정 기준에 따를 수 있다.

1.6 다른 법령과의 관계

1.6.1 이 기준 시행 당시 다른 법령 또는 행정규칙 등에서 종전의 화재안전기준을 인용한 경우

에 이 기준 가운데 그에 해당하는 규정이 있는 경우에는 종전의 규정에 갈음하여 이 기준의 해당 규정을 인용한 것으로 본다.

1.7 용어의 정의

1.7.1 이 기준에서 사용하는 용어의 정의는 다음과 같다.

    1.7.1.1 "방열복"이란 고온의 복사열에 가까이 접근하여 소방활동을 수행할 수 있는 내열 피복을 말한다.

    1.7.1.2 "공기호흡기"란 소화활동 시에 화재로 인하여 발생하는 각종 유독가스 중에서 일정시간 사용할 수 있도록 제조된 압축공기식 개인호흡장비(보조마스크를 포함한다)를 말한다.

    1.7.1.3 "인공소생기"란 호흡 부전 상태인 사람에게 인공호흡을 시켜 환자를 보호하거나 구급하는 기구를 말한다.

    1.7.1.4 "방화복"이란 화재진압 등의 소방활동을 수행할 수 있는 피복을 말한다.

    1.7.1.5 "인명구조기구"란 화열, 화염, 유해성가스 등으로부터 인명을 보호하거나 구조하는데 사용되는 기구를 말한다.

    1.7.1.6 "축광식표지"란 평상시 햇빛 또는 전등불 등의 빛에너지를 축적하여 화재 등의 비상시 어두운 상황에서도 도안 · 문자 등이 쉽게 식별될 수 있는 표지를 말한다.

2. 기술기준

2.1 인명구조기구의 설치기준

2.1.1 인명구조기구는 다음의 기준에 따라 설치해야 한다.

    2.1.1.1 특정소방대상물의 용도 및 장소별로 설치해야 할 인명구조기구는 표 2.1.1.1에 따라 설치할 것

표 2.1.1.1 특정소방대상물의 용도 및 장소별로 설치해야 할 인명구조기구

특정소방대상물	인명구조기구	설치 수량
1. 지하층을 포함하는 층수가 7층 이상인 관광호텔 및 5층 이상인 병원	방열복 또는 방화복(안전모, 보호장갑 및 안전화를 포함한다), 공기호흡기, 인공소생기	각 2개 이상 비치할 것. 다만, 병원의 경우에는 인공소생기를 설치하지 않을 수 있다.
2. 문화 및 집회시설 중 수용인원 100명 이상의 영화상영관 3. 판매시설 중 대규모 점포 4. 운수시설 중 지하역사 5. 지하가 중 지하상가	공기호흡기	층마다 2개 이상 비치할 것. 다만, 각 층마다 갖추어 두어야 할 공기호흡기 중 일부를 직원이 상주하는 인근 사무실에 갖추어 둘 수 있다.

특정소방대상물	인명구조기구	설치 수량
6. 물분무등소화설비 중 이산화탄소소화설비를 설치해야 하는 특정소방대상물	공기호흡기	이산화탄소소화설비가 설치된 장소의 출입구 외부 인근에 1개 이상 비치할 것

2.1.1.2 화재 시 쉽게 반출 사용할 수 있는 장소에 비치할 것

2.1.1.3 인명구조기구가 설치된 가까운 장소의 보기 쉬운 곳에 "인명구조기구"라는 축광식표지와 그 사용방법을 표시한 표지를 부착하되, 축광식표지는 소방청장이 정하여 고시한 「축광표지의 성능인증 및 제품검사의 기술기준」에 적합한 것으로 할 것

2.1.1.4 방열복은 소방청장이 정하여 고시한 「소방용 방열복의 성능인증 및 제품검사의 기술기준」에 적합한 것으로 설치할 것

2.1.1.5 방화복(안전모, 보호장갑 및 안전화를 포함한다)은 「소방장비관리법」 제10조제2항 및 「표준규격을 정해야 하는 소방장비의 종류고시」 제2조제1항제4호에 따른 표준규격에 적합한 것으로 설치할 것

소방시설관리사 기출문제

[18회점검] 소방시설 설치 및 관리에 관한 법률 시행령에 근거한 인명구조기구 중 공기호흡기를 설치해야 할 특정소방대상물과 설치기준을 각각 쓰시오. (7점)

소방기술사 기출문제

[108회] 특정소방대상물의 용도 및 장소별로 설치하여야 할 인명구조기구의 종류와 설치수량을 설명하시오.

[86회] 국내 화재안전관련 기준에 규정된 인명구조기구의 설치대상 및 설치기준에 대하여 설명하시오.

유도등 및 유도표지의 화재안전기술기준(NFTC 303)

[시행 2024. 1. 1.] [국립소방연구원공고 제2023-50호, 2023. 12. 29., 일부개정]

1. 일반사항

1.1 적용범위

1.1.1 이 기준은 「소방시설 설치 및 관리에 관한 법률 시행령」(이하 "영"이라 한다) 별표 4 제3호다목에 따른 유도등과 유도표지 및 「다중이용업소의 안전관리에 관한 특별법 시행령」 별표 1 제1호다목1)에 따른 피난유도선의 설치 및 관리에 대해 적용한다.

1.2 기준의 효력

1.2.1 이 기준은 「소방시설 설치 및 관리에 관한 법률」(이하 "법"이라 한다) 제2조제1항제6호나목에 따라 피난구조설비인 유도등 및 유도표지의 기술기준으로서의 효력을 가진다.

1.2.2 이 기준에 적합한 경우에는 법 제2조제1항제6호나목에 따라 「유도등 및 유도표지의 화재안전성능기준(NFPC 303)」을 충족하는 것으로 본다.

1.3 기준의 시행

1.3.1 이 기준은 2024년 1월 1일부터 시행한다. 〈개정 2024.1.1.〉

1.4 기준의 특례

1.4.1 소방본부장 또는 소방서장은 기존건축물이 증축·개축·대수선되거나 용도변경 되는 경우에 있어서 이 기준이 정하는 기준에 따라 해당 건축물에 설치해야 할 유도등 및 유도표지의 배관배선 등의 공사가 현저하게 곤란하다고 인정되는 경우에는 해당 설비의 기능 및 사용에 지장이 없는 범위 안에서 이 기준의 일부를 적용하지 않을 수 있다.

1.5 경과조치

1.5.1 이 기준 시행 전에 건축허가 등의 신청 또는 신고를 하거나 소방시설공사의 착공신고를 한 특정소방대상물에 대해서는 종전의 「유도등 및 유도표지의 화재안전기준(NFSC 303)」에 따른다.

1.5.2 이 기준 시행 전에 1.5.1에 따른 신청 또는 신고를 한 경우라도 제정 기준이 종전의 기준에 비하여 관계인에게 유리한 경우에는 제정 기준에 따를 수 있다.

1.6 다른 법령과의 관계

1.6.1 이 기준 시행 당시 다른 법령 또는 행정규칙 등에서 종전의 화재안전기준을 인용한 경우에 이 기준 가운데 그에 해당하는 규정이 있는 경우에는 종전의 규정에 갈음하여 이 기준의 해당 규정을 인용한 것으로 본다.

1.7 용어의 정의

1.7.1 이 기준에서 사용하는 용어의 정의는 다음과 같다.

　　1.7.1.1 "유도등"이란 화재 시에 피난을 유도하기 위한 등으로서 정상상태에서는 상용전원에 따라 켜지고 상용전원이 정전되는 경우에는 비상전원으로 자동전환되어 켜지는 등을 말한다.

　　1.7.1.2 "피난구유도등"이란 피난구 또는 피난경로로 사용되는 출입구를 표시하여 피난을 유도하는 등을 말한다.

　　1.7.1.3 "통로유도등"이란 피난통로를 안내하기 위한 유도등으로 복도통로유도등, 거실통로유도등, 계단통로유도등을 말한다.

　　1.7.1.4 "복도통로유도등"이란 피난통로가 되는 복도에 설치하는 통로유도등으로서 피난구의 방향을 명시하는 것을 말한다.

　　1.7.1.5 "거실통로유도등"이란 거주, 집무, 작업, 집회, 오락 그 밖에 이와 유사한 목적을 위하여 계속적으로 사용하는 거실, 주차장 등 개방된 통로에 설치하는 유도등으로 피난의 방향을 명시하는 것을 말한다.

　　1.7.1.6 "계단통로유도등"이란 피난통로가 되는 계단이나 경사로에 설치하는 통로유도등으로 바닥면 및 디딤 바닥면을 비추는 것을 말한다.

1.7.1.7 "객석유도등"이란 객석의 통로, 바닥 또는 벽에 설치하는 유도등을 말한다.

1.7.1.8 "피난구유도표지"란 피난구 또는 피난경로로 사용되는 출입구를 표시하여 피난을 유도하는 표지를 말한다.

1.7.1.9 "통로유도표지"란 피난통로가 되는 복도, 계단등에 설치하는 것으로서 피난구의 방향을 표시하는 유도표지를 말한다.

1.7.1.10 "피난유도선"이란 햇빛이나 전등불에 따라 축광(이하 "축광방식"이라 한다)하거나 전류에 따라 빛을 발하는(이하 "광원점등방식"이라 한다) 유도체로서 어두운 상태에서 피난을 유도할 수 있도록 띠 형태로 설치되는 피난유도시설을 말한다.

1.7.1.11 "입체형"이란 유도등 표시면을 2면 이상으로 하고 각 면마다 피난유도표시가 있는 것을 말한다.

1.7.1.12 "3선식 배선"이란 평상시에는 유도등을 소등 상태로 유도등의 비상전원을 충전하고, 화재 등 비상시 점등 신호를 받아 유도등을 자동으로 점등되도록 하는 방식의 배선을 말한다.

2. 기술기준

2.1 유도등 및 유도표지의 종류

2.1.1 특정소방대상물의 용도별로 설치하여야 할 유도등 및 유도표지는 다음 표 2.1.1에 따라 그에 적응하는 종류의 것으로 설치해야 한다.

표 2.1.1 설치장소별 유도등 및 유도표지의 종류〈개정 2024.1.1.〉

설치장소	유도등 및 유도표지의 종류
1. 공연장 · 집회장(종교집회장 포함) · 관람장 · 운동시설 2. 유흥주점영업시설(「식품위생법 시행령」 제21조 제8호라목의 유흥주점영업 중 손님이 춤을 출 수 있는 무대가 설치된 카바레, 나이트클럽 또는 그 밖에 이와 비슷한 영업시설만 해당한다)	· 대형피난구유도등 · 통로유도등 · 객석유도등
3. 위락시설 · 판매시설 · 운수시설 · 「관광진흥법」 제3조제1항제2호에 따른 관광숙박업 · 의료시설 · 장례식장 · 방송통신시설 · 전시장 · 지하상가 · 지하철역사	· 대형피난구유도등 · 통로유도등

설치장소	유도등 및 유도표지의 종류
4. 숙박시설(제3호의 관광숙박업 외의 것을 말한다) · 오피스텔	· 중형피난구유도등 · 통로유도등
5. 제1호부터 제3호까지 외의 **건축물**로서 지하층 · 무창층 또는 층수가 11층 이상인 특정소방대상물	
6. 제1호부터 제5호까지 외의 건물로서 근린생활시설 · 노유자시설 · 업무시설 · 발전시설 · 종교시설(집회장 용도로 사용하는 부분 제외) · 교육연구시설 · 수련시설 · 공장 · 교정 및 군사시설(국방 · 군사시설 제외) · 기숙사 · 자동차정비공장 · 운전학원 및 정비학원 · 다중이용업소 · 복합건축물	· 소형피난구유도등 · 통로유도등
7. 그 밖의 것	· 피난구유도표지 · 통로유도표지

[비고]

1. 소방서장은 특정소방대상물의 위치 · 구조 및 설비의 상황을 판단하여 대형피난구유도등을 설치해야 할 장소에 중형피난유도등 또는 소형피난유도등을, 중형피난구유도등을 설치해야 할 장소에 소형피난구유도등을 설치하게 할 수 있다.
2. 복합건축물의 경우, 주택의 세대 내에는 유도등을 설치하지 않을 수 있다.

2.2 피난구유도등 설치기준

2.2.1 **피난구유도등은 다음의 장소에 설치해야 한다.**

2.2.1.1 옥내로부터 직접 지상으로 통하는 출입구 및 그 부속실의 출입구

2.2.1.2 직통계단 · 직통계단의 계단실 및 그 부속실의 출입구

2.2.1.3 2.2.1.1과 2.2.1.2에 따른 출입구에 이르는 복도 또는 통로로 통하는 출입구

2.2.1.4 안전구획된 거실로 통하는 출입구

2.2.2 피난구유도등은 피난구의 바닥으로부터 **높이 1.5 m 이상**으로서 출입구에 인접하도록 설치해야 한다.

2.2.3 피난층으로 향하는 피난구의 위치를 안내할 수 있도록 2.2.1.1 또는 2.2.1.2의 출입구 인근 천장에 2.2.1.1 또는 2.2.1.2에 따라 설치된 피난구유도등의 면과 수직이 되도록 피난구유도등을 추가로 설치해야 한다. 다만, 2.2.1.1 또는 2.2.1.2에 따라 설치된 피난구유도등이 입체형인 경우에는 그렇지 않다.

2.3 통로유도등 설치기준

2.3.1 통로유도등은 특정소방대상물의 각 **거실과 그로부터 지상에 이르는 복도 또는 계단의 통로**에 다음의 기준에 따라 설치해야 한다.

2.3.1.1 **복도통로유도등**은 다음의 기준에 따라 설치할 것

2.3.1.1.1 복도에 설치하되 2.2.1.1 또는 2.2.1.2에 따라 피난구유도등이 설치된 출입구의 맞은편 복도에는 입체형으로 설치하거나, 바닥에 설치할 것

2.3.1.1.2 구부러진 모퉁이 및 2.3.1.1.1에 따라 설치된 통로유도등을 기점으로 보행 거리 20 m마다 설치할 것

2.3.1.1.3 바닥으로부터 높이 1 m 이하의 위치에 설치할 것. 다만, 지하층 또는 무창층 의 용도가 도매시장 · 소매시장 · 여객자동차터미널 · 지하역사 또는 지하상 가인 경우에는 복도 · 통로 중앙부분의 바닥에 설치해야 한다.

2.3.1.1.4 바닥에 설치하는 통로유도등은 하중에 따라 파괴되지 않는 강도의 것으로 할 것

2.3.1.2 **거실통로유도등**은 다음의 기준에 따라 설치할 것

2.3.1.2.1 거실의 통로에 설치할 것. 다만, 거실의 통로가 벽체 등으로 구획된 경우에 는 복도통로유도등을 설치할 것

2.3.1.2.2 구부러진 모퉁이 및 보행거리 20 m마다 설치할 것

2.3.1.2.3 바닥으로부터 높이 1.5 m 이상의 위치에 설치할 것. 다만, 거실통로에 기둥 이 설치된 경우에는 기둥 부분의 바닥으로부터 높이 1.5 m 이하의 위치에 설치할 수 있다.

2.3.1.3 **계단통로유도등**은 다음의 기준에 따라 설치할 것

2.3.1.3.1 각층의 경사로 참 또는 계단참마다(1개 층에 경사로 참 또는 계단참이 2 이 상 있는 경우에는 2개의 계단참마다)설치할 것

2.3.1.3.2 바닥으로부터 높이 1 m 이하의 위치에 설치할 것

2.3.1.4 통행에 지장이 없도록 설치할 것

2.3.1.5 주위에 이와 유사한 등화광고물 · 게시물 등을 설치하지 않을 것

2.4 객석유도등 설치기준

2.4.1 객석유도등은 객석의 통로, 바닥 또는 벽에 설치해야 한다.

2.4.2 객석 내의 통로가 경사로 또는 수평로로 되어 있는 부분은 식 (2.4.2)에 따라 산출한 개수(소수점 이하의 수는 1로 본다)의 유도등을 설치해야 한다.

$$설치개수 = \frac{객석 \ 통로의 \ 직선부분 \ 길이(m)}{4} - 1 \qquad \cdots (2.4.2)$$

2.4.3 객석 내의 통로가 옥외 또는 이와 유사한 부분에 있는 경우에는 해당 통로 전체에 미칠 수 있는 개수의 유도등을 설치해야 한다.

2.5 유도표지 설치기준

2.5.1 유도표지는 다음의 기준에 따라 설치해야 한다.

2.5.1.1 계단에 설치하는 것을 제외하고는 각 층마다 복도 및 통로의 각 부분으로부터 하나의 유도표지까지의 보행거리가 15 m 이하가 되는 곳과 구부러진 모퉁이의 벽에 설치할 것

2.5.1.2 피난구유도표지는 출입구 상단에 설치하고, 통로유도표지는 바닥으로부터 높이 1 m 이하의 위치에 설치할 것

2.5.1.3 주위에는 이와 유사한 등화·광고물·게시물 등을 설치하지 않을 것

2.5.1.4 유도표지는 부착판 등을 사용하여 쉽게 떨어지지 않도록 설치할 것

2.5.1.5 축광방식의 유도표지는 외광 또는 조명장치에 의하여 상시 조명이 제공되거나 비상조명등에 의한 조명이 제공되도록 설치할 것

2.5.2 유도표지는 소방청장이 정하여 고시한 「축광표지의 성능인증 및 제품검사의 기술기준」에 적합한 것이어야 한다. 다만, 방사성물질을 사용하는 위치표지는 쉽게 파괴되지 않는 재질로 처리해야 한다.

2.6 피난유도선 설치기준

2.6.1 축광방식의 피난유도선은 다음의 기준에 따라 설치해야 한다.

2.6.1.1 구획된 각 실로부터 주출입구 또는 비상구까지 설치할 것

2.6.1.2 바닥으로부터 높이 50 ㎝ 이하의 위치 또는 바닥 면에 설치할 것

2.6.1.3 피난유도 표시부는 50 ㎝ 이내의 간격으로 연속되도록 설치

2.6.1.4 부착대에 의하여 견고하게 설치할 것

2.6.1.5 외부의 빛 또는 조명장치에 의하여 상시 조명이 제공되거나 비상조명등에 의한 조명이 제공되도록 설치 할 것

2.6.2 광원점등방식의 피난유도선은 다음의 기준에 따라 설치해야 한다.

  2.6.2.1 구획된 각 실로부터 주출입구 또는 비상구까지 설치할 것

  2.6.2.2 피난유도 표시부는 바닥으로부터 높이 1 m 이하의 위치 또는 바닥 면에 설치할 것

  2.6.2.3 피난유도 표시부는 50 ㎝ 이내의 간격으로 연속되도록 설치하되 실내장식물 등으로 설치가 곤란할 경우 1 m 이내로 설치할 것

  2.6.2.4 수신기로부터의 화재신호 및 수동조작에 의하여 광원이 점등되도록 설치할 것

  2.6.2.5 비상전원이 상시 충전상태를 유지하도록 설치할 것

  2.6.2.6 바닥에 설치되는 피난유도 표시부는 매립하는 방식을 사용할 것

  2.6.2.7 피난유도 제어부는 조작 및 관리가 용이하도록 바닥으로부터 0.8 m 이상 1.5 m 이하의 높이에 설치할 것

2.6.3 피난유도선은 소방청장이 정하여 고시한 「피난유도선의 성능인증 및 제품검사의 기술기준」에 적합한 것으로 설치해야 한다.

2.7 유도등의 전원

2.7.1 유도등의 상용전원은 전기가 정상적으로 공급되는 축전지설비, 전기저장장치(외부 전기에너지를 저장해 두었다가 필요한 때 전기를 공급하는 장치) 또는 교류전압의 옥내간선으로 하고, 전원까지의 배선은 전용으로 해야 한다.

2.7.2 비상전원은 다음의 기준에 적합하게 설치해야 한다.

  2.7.2.1 축전지로 할 것

2.7.2.2 유도등을 20분 이상 유효하게 작동시킬 수 있는 용량으로 할 것. 다만, 다음의 특정소방대상물의 경우에는 그 부분에서 피난층에 이르는 부분의 유도등을 60분 이상 유효하게 작동시킬 수 있는 용량으로 해야 한다.

2.7.2.2.1 지하층을 제외한 층수가 11층 이상의 층

2.7.2.2.2 지하층 또는 무창층으로서 용도가 도매시장·소매시장·여객자동차터미널·지하역사 또는 지하상가

2.7.3 배선은 「전기사업법」 제67조에 따른 「전기설비기술기준」에서 정한 것 외에 다음의 기준에 따라야 한다.

2.7.3.1 유도등의 인입선과 옥내배선은 직접 연결할 것

2.7.3.2 유도등은 전기회로에 점멸기를 설치하지 않고 항상 점등 상태를 유지할 것. 다만, 특정소방대상물 또는 그 부분에 사람이 없거나 다음의 어느 하나에 해당하는 장소로서 3선식 배선에 따라 상시 충전되는 구조인 경우에는 그렇지 않다.

2.7.3.2.1 외부의 빛에 의해 피난구 또는 피난방향을 쉽게 식별할 수 있는 장소

2.7.3.2.2 공연장, 암실(暗室) 등으로서 어두워야 할 필요가 있는 장소

2.7.3.2.3 특정소방대상물의 관계인 또는 종사원이 주로 사용하는 장소

2.7.3.3 3선식 배선은 「옥내소화전설비의 화재안전기술기준(NFTC 102)」 2.7.2의 표 2.7.2(1) 또는 표 2.7.2(2)에 따른 내화배선 또는 내열배선으로 할 것

2.7.4 2.7.3.2에 따라 **3선식 배선으로 상시 충전되는 유도등의 전기회로에 점멸기를 설치하는 경우**에는 다음의 어느 하나에 해당되는 경우에 자동으로 점등되도록 해야 한다.

2.7.4.1 자동화재탐지설비의 감지기 또는 발신기가 작동되는 때

2.7.4.2 비상경보설비의 발신기가 작동되는 때

2.7.4.3 상용전원이 정전되거나 전원선이 단선되는 때

2.7.4.4 방재업무를 통제하는 곳 또는 전기실의 배전반에서 수동으로 점등하는 때

2.7.4.5 자동소화설비가 작동되는 때

2.8 유도등 및 유도표지의 제외

2.8.1 다음의 어느 하나에 해당하는 경우에는 피난구유도등을 설치하지 않을 수 있다.

2.8.1.1 바닥면적이 1,000 m² 미만인 층으로서 옥내로부터 직접 지상으로 통하는 출입구(외부의 식별이 용이한 경우에 한한다)

2.8.1.2 대각선 길이가 15 m 이내인 구획된 실의 출입구

2.8.1.3 거실 각 부분으로부터 하나의 출입구에 이르는 보행거리가 20 m 이하이고 비상
조명등과 유도표지가 설치된 거실의 출입구

2.8.1.4 출입구가 3개소 이상 있는 거실로서 그 거실 각 부분으로부터 하나의 출입구에
이르는 보행거리가 30 m 이하인 경우에는 주된 출입구 2개소 외의 출입구(유도
표지가 부착된 출입구를 말한다). 다만, 공연장 · 집회장 · 관람장 · 전시장 · 판
매시설 · 운수시설 · 숙박시설 · 노유자시설 · 의료시설 · 장례식장의 경우에는
그렇지 않다.

2.8.2 다음의 어느 하나에 해당하는 경우에는 통로유도등을 설치하지 않을 수 있다.

2.8.2.1 구부러지지 아니한 복도 또는 통로로서 길이가 30 m 미만인 복도 또는 통로

2.8.2.2 2.8.2.1에 해당하지 않는 복도 또는 통로로서 보행거리가 20 m 미만이고 그 복
도 또는 통로와 연결된 출입구 또는 그 부속실의 출입구에 피난구유도등이 설치
된 복도 또는 통로

2.8.3 다음의 어느 하나에 해당하는 경우에는 객석유도등을 설치하지 않을 수 있다.

2.8.3.1 주간에만 사용하는 장소로서 채광이 충분한 객석

2.8.3.2 거실 등의 각 부분으로부터 하나의 거실출입구에 이르는 보행거리가 20 m 이하
인 객석의 통로로서 그 통로에 통로유도등이 설치된 객석

2.8.4 다음의 어느 하나에 해당하는 경우에는 유도표지를 설치하지 않을 수 있다.

2.8.4.1 유도등이 2.2와 2.3에 따라 적합하게 설치된 출입구 · 복도 · 계단 및 통로

2.8.4.2 2.8.1.1 · 2.8.1.2와 2.8.2에 해당하는 출입구 · 복도 · 계단 및 통로

소방시설관리사 기출문제

[21회점검] 물음 4) 유도등 및 유도표지의 화재안전기준(NFSC 303)에서 공연장 등 어두워야 할 필요가 있는 장소에 3선식 배선으로 상시 충전되는 유도등의 전기회로에 점멸기를 설치하는 경우, 점등되어야 하는 때에 해당하는 것 5가지를 쓰시오. (5점)

[15회설계] 복도통로유도등에 관한 설치기준을 쓰시오.

[15회설계] 피난층에 이르는 부분의 유도등을 60분 이상 유효하게 작동시킬 수 있는 용량으로 비상전원을 설치하여야 하는 특정소방대상물을 쓰시오.

[12회점검] 광원점등방식의 피난유도선 설치기준 6가지를 쓰시오.

[12회점검] 피난구유도등 설치제외 기준 4가지를 쓰시오.(8점)

[8회 점검] 유도등의 평상시 점등상태(6점)

[8회 점검] 3선식 유도등이 점등되어야 하는 경우의 원인(12점)

[1회 점검] 점멸기를 설치할 경우 점등되어야 할 때를 기술하시오.

소방기술사 기출문제

[109회] 피난유도선 관련 다음 사항에 대하여 설명하시오.
1) 설치 대상
2) 설치 기준
3) 구성요소 및 직동 원리
4) 광원점등식 피난유도선의 성능시험기술기준 중 휘도 및 식별도 시험기준

[95회] 피난구 및 통로 유도등의 설치기준을 설명하고, 2선식과 3선식배선의 유도등과 수신반의 결선도를 그리고, 배선의 형태와 3선식 유도등에 점멸기를 설치할 때 반드시 점등되어야 할 경우를 국가화재안전기술기준에 의하여 설명하시오.

[86회] 통로유도등의 설치기준(복도, 거실, 계단)과 자동화재탐지설비의 음향장치 설치기준에 대하여 설명하시오.

비상조명등의 화재안전기술기준(NFTC 304)

[시행 2022. 12. 1.] [소방청공고 제2022-231호, 2022. 12. 1., 제정]

1. 일반사항

1.1 적용범위

1.1.1 이 기준은 「소방시설 설치 및 관리에 관한 법률 시행령」(이하 "영"이라 한다) 별표 4 제3호라목과 마목에 따른 비상조명등 및 휴대용비상조명등의 설치 및 관리에 대해 적용한다.

1.2 기준의 효력

1.2.1 이 기준은 「소방시설 설치 및 관리에 관한 법률」(이하 "법"이라 한다) 제2조제1항제6호나목에 따라 피난구조설비인 비상조명등 및 휴대용비상조명등의 기술기준으로서의 효력을 가진다.

1.2.2 이 기준에 적합한 경우에는 법 제2조제1항제6호나목에 따라 「비상조명등의 화재안전성능기준(NFPC 304)」을 충족하는 것으로 본다.

1.3 기준의 시행

1.3.1 이 기준은 2022년 12월 1일부터 시행한다.

1.4 기준의 특례

1.4.1 소방본부장 또는 소방서장은 기존건축물이 증축·개축·대수선되거나 용도변경 되는 경우에 있어서 이 기준이 정하는 기준에 따라 해당 건축물에 설치해야 할 비상조명등의 배관배선 등의 공사가 현저하게 곤란하다고 인정되는 경우에는 해당 설비의 기능 및 사용에 지장이 없는 범위 안에서 이 기준의 일부를 적용하지 않을 수 있다.

1.5 경과조치

1.5.1 이 기준 시행 전에 건축허가 등의 신청 또는 신고를 하거나 소방시설공사의 착공신고를 한 특정소방대상물에 대해서는 종전의 「비상조명등의 화재안전기준(NFSC 304)」에 따른다.

1.5.2 이 기준 시행 전에 1.5.1에 따른 신청 또는 신고를 한 경우라도 제정 기준이 종전의 기준에 비하여 관계인에게 유리한 경우에는 제정 기준에 따를 수 있다.

1.6 다른 법령과의 관계

1.6.1 이 기준 시행 당시 다른 법령 또는 행정규칙 등에서 종전의 화재안전기준을 인용한 경우에 이 기준 가운데 그에 해당하는 규정이 있는 경우에는 종전의 규정에 갈음하여 이 기준의 해당 규정을 인용한 것으로 본다.

1.7 용어의 정의

1.7.1 이 기준에서 사용하는 용어의 정의는 다음과 같다.

1.7.1.1 "비상조명등"이란 화재발생 등에 따른 정전 시 안전하고 원활한 피난활동을 할 수 있도록 거실 및 피난통로 등에 설치되어 자동 점등되는 조명등을 말한다.

1.7.1.2 "휴대용비상조명등"이란 화재발생 등으로 정전 시 안전하고 원활한 피난을 위하여 피난자가 휴대할 수 있는 조명등을 말한다.

2. 기술기준

2.1 비상조명등의 설치기준

2.1.1 비상조명등은 다음 각 기준에 따라 설치해야 한다.

2.1.1.1 특정소방대상물의 각 거실과 그로부터 지상에 이르는 복도 · 계단 및 그 밖의 통로에 설치할 것

2.1.1.2 조도는 비상조명등이 설치된 장소의 각 부분의 바닥에서 1 lx 이상이 되도록 할 것

2.1.1.3 예비전원을 내장하는 비상조명등에는 평상시 점등 여부를 확인할 수 있는 **점검스위치**를 설치하고 해당 조명등을 유효하게 작동시킬 수 있는 용량의 **축전지와 예비전원 충전장치**를 내장할 것

2.1.1.4 예비전원을 내장하지 않은 비상조명등의 비상전원은 **자가발전설비, 축전지설비 또는 전기저장장치**(외부 전기에너지를 저장해 두었다가 필요한 때 전기를 공급하는 장치)를 다음의 기준에 따라 설치해야 한다.

2.1.1.4.1 점검에 편리하고 화재 및 침수 등의 재해로 인한 피해를 받을 우려가 없는 곳에 설치할 것

2.1.1.4.2 상용전원으로부터 전력의 공급이 중단된 때에는 자동으로 비상전원으로부터 전력을 공급받을 수 있도록 할 것

2.1.1.4.3 비상전원의 설치장소는 다른 장소와 방화구획 할 것. 이 경우 그 장소에는 비상전원의 공급에 필요한 기구나 설비 외의 것(열병합발전설비에 필요한 기구나 설비는 제외한다)을 두어서는 아니 된다.

2.1.1.4.4 비상전원을 실내에 설치하는 때에는 그 실내에 **비상조명등**을 설치할 것

2.1.1.5 2.1.1.3와 2.1.1.4에 따른 예비전원과 비상전원은 비상조명등을 **20분 이상** 유효하게 작동시킬 수 있는 용량으로 할 것. 다만, 다음의 특정소방대상물의 경우에는 그 부분에서 피난층에 이르는 부분의 비상조명등을 **60분 이상 유효하게 작동시킬 수 있는 용량**으로 해야 한다.

> 2.1.1.5.1 지하층을 제외한 층수가 11층 이상의 층
>
> 2.1.1.5.2 지하층 또는 무창층으로서 용도가 도매시장 · 소매시장 · 여객자동차터미널 · 지하역사 또는 지하상가

2.1.1.6 영 별표 5 제15호 비상조명등의 설치면제 요건에서 "그 유도등의 유효범위"란 유도등의 조도가 바닥에서 1 lx 이상이 되는 부분을 말한다.

2.1.2 **휴대용비상조명등**은 다음의 기준에 적합해야 한다.

> 2.1.2.1 다음 각 기준의 장소에 설치할 것
>
> 2.1.2.1.1 숙박시설 또는 다중이용업소에는 객실 또는 영업장 안의 구획된 실마다 잘 보이는 곳(외부에 설치시 출입문 손잡이로부터 1 m 이내 부분)에 1개 이상 설치
>
> 2.1.2.1.2 「유통산업발전법」 제2조제3호에 따른 대규모점포(지하상가 및 지하역사는 제외한다)와 영화상영관에는 보행거리 50 m 이내마다 3개 이상 설치

2.1.2.1.3 지하상가 및 지하역사에는 보행거리 25 m 이내마다 3개 이상 설치

2.1.2.2 설치높이는 바닥으로부터 0.8 m 이상 1.5 m 이하의 높이에 설치할 것

2.1.2.3 어둠속에서 위치를 확인할 수 있도록 할 것

2.1.2.4 사용 시 자동으로 점등되는 구조일 것

2.1.2.5 외함은 난연성능이 있을 것

2.1.2.6 건전지를 사용하는 경우에는 방전 방지조치를 해야 하고, 충전식 배터리의 경우에는 상시 충전되도록 할 것

2.1.2.7 건전지 및 충전식 배터리의 용량은 20분 이상 유효하게 사용할 수 있는 것으로 할 것

2.2 비상조명등의 제외

2.2.1 다음의 어느 하나에 해당하는 경우에는 비상조명등을 설치하지 않을 수 있다.

2.2.1.1 거실의 각 부분으로부터 하나의 출입구에 이르는 보행거리가 15 m 이내인 부분

2.2.1.2 의원·경기장·공동주택·의료시설·학교의 거실

2.2.2 **지상 1층 또는 피난층으로서 복도나 통로 또는 창문 등의 개구부를 통하여 피난이 용이한 경우 숙박시설로서 복도에 비상조명등을 설치한 경우**에는 휴대용비상조명등을 설치하지 않을 수 있다.

소방시설관리사 기출문제

[21회점검] 물음 3) 비상조명등의 화재안전기준(NFSC 304) 설치기준에 관한 내용 중 일부이다. (   )에 들어갈 내용을 쓰시오. (5점)

> 비상전원은 비상조명등을 20분 이상 유효하게 작동시킬 수 있는 용량으로 할 것.
> 다만, 다음 각 목의 특정소방대상물의 경우에는 그 부분에서 피난층에 이르는 부분의 비상조명등을 60분 이상 유효하게 작동시킬 수 있는 용량으로 하여야 한다.
> 가. 지하층을 제외한 층수가 11층 이상의 층
> 나. 지하층 또는 무창층으로서 용도가 (ㄱ)·(ㄴ)·(ㄷ)·(ㄹ) 또는 (ㅁ)

소방기술사 기출문제

[107회] 비상조명등의 설치대상 및 설치기준(장소, 면제대상, 조도 및 비상전원의 용량)에 대하여 설명하시오.

[84회] 예비전원을 내장하지 아니하는 비상조명등의 비상전원 설치기준(NFSC 304), 비상조명등의 성능과 설계 시 고려사항에 대하여 기술하시오.

[83회] 피난설비 중 휴대용 비상 조명등 설치장소와 시설기준을 설명하시오.
[비상조명등의 화재안전기준(NFSC 304)에 근거하여 기재]

상수도소화용수설비의 화재안전기술기준(NFTC 401)

[시행 2022. 12. 1.] [소방청공고 제2022-232호, 2022. 12. 1., 제정]

1. 일반사항

1.1 적용범위

1.1.1 이 기준은 「소방시설 설치 및 관리에 관한 법률 시행령」(이하 "영"이라 한다) 별표 4 제4
호에 따른 상수도소화용수설비의 설치 및 관리에 대해 적용한다.

1.2 기준의 효력

1.2.1 이 기준은 「소방시설 설치 및 관리에 관한 법률」(이하 "법"이라 한다) 제2조제1항제6호
나목에 따라 상수도소화용수설비의 기술기준으로서의 효력을 가진다.

1.2.2 이 기준에 적합한 경우에는 법 제2조제1항제6호나목에 따라 「상수도소화용수설비의 화
재안전성능기준(NFPC 401)」을 충족하는 것으로 본다.

1.3 기준의 시행

1.3.1 이 기준은 2022년 12월 1일부터 시행한다.

1.4 기준의 특례

1.4.1 소방본부장 또는 소방서장은 기존건축물이 증축·개축·대수선되거나 용도변경 되는 경우
에 있어서 이 기준이 정하는 기준에 따라 해당 건축물에 설치해야 할 상수도소화용수설
비의 배관·배선 등의 공사가 현저하게 곤란하다고 인정되는 경우에는 해당 설비의 기능
및 사용에 지장이 없는 범위에서 이 기준의 일부를 적용하지 않을 수 있다.

1.5 경과조치

1.5.1 이 기준 시행 전에 건축허가 등의 신청 또는 신고를 하거나 소방시설공사의 착공신고를
한 특정소방대상물에 대해서는 종전의 「상수도소화용수설비의 화재안전기준(NFSC
401)」에 따른다.

1.5.2 이 기준 시행 전에 1.5.1에 따른 신청 또는 신고를 한 경우라도 제정 기준이 종전의 기준
에 비하여 관계인에게 유리한 경우에는 제정 기준에 따를 수 있다.

1.6 다른 법령과의 관계

1.6.1 이 기준 시행 당시 다른 법령 또는 행정규칙 등에서 종전의 화재안전기준을 인용한 경우에 이 기준 가운데 그에 해당하는 규정이 있는 경우에는 종전의 규정에 갈음하여 이 기준의 해당 규정을 인용한 것으로 본다.

1.7 용어의 정의

1.7.1 이 기준에서 사용하는 용어의 정의는 다음과 같다.

    1.7.1.1 "소화전"이란 소방관이 사용하는 설비로서, 수도배관에 접속·설치되어 소화수를 공급하는 설비를 말한다.

    1.7.1.2 "호칭지름"이란 일반적으로 표기하는 배관의 직경을 말한다.

    1.7.1.3 "수평투영면"이란 건축물을 수평으로 투영하였을 경우의 면을 말한다.

    1.7.1.4 "제수변(제어밸브)"이란 배관의 도중에 설치되어 배관 내 물의 흐름을 개폐할 수 있는 밸브를 말한다.

2. 기술기준

2.1 상수도소화용수설비의 설치기준

2.1.1 상수도소화용수설비는 「수도법」에 따른 기준 외에 다음의 기준에 따라 설치해야 한다.

    2.1.1.1 호칭지름 75 ㎜ 이상의 수도배관에 호칭지름 100 ㎜ 이상의 소화전을 접속할 것

    2.1.1.2 소화전은 소방자동차 등의 진입이 쉬운 도로변 또는 공지에 설치할 것

    2.1.1.3 소화전은 특정소방대상물의 수평투영면의 각 부분으로부터 140 m 이하가 되도록 설치할 것

소화수조 및 저수조의 화재안전기술기준(NFTC 402)

[시행 2022. 12. 1.] [소방청공고 제2022-233호, 2022. 12. 1., 제정]

1. 일반사항

1.1 적용범위

1.1.1 이 기준은 「소방시설 설치 및 관리에 관한 법률 시행령」(이하 "영"이라 한다) 별표 4 제4호에 따른 소화수조 및 저수조의 설치 및 관리에 대해 적용한다.

1.2 기준의 효력

1.2.1 이 기준은 「소방시설 설치 및 관리에 관한 법률」(이하 "법"이라 한다) 제2조제1항제6호나목에 따라 소화수조 및 저수조의 기술기준으로서의 효력을 가진다.

1.2.2 이 기준에 적합한 경우에는 법 제2조제1항제6호나목에 따라 「소화수조 및 저수조의 화재안전성능기준(NFPC 402)」을 충족하는 것으로 본다.

1.3 기준의 시행

1.3.1 이 기준은 2022년 12월 1일부터 시행한다.

1.4 기준의 특례

1.4.1 소방본부장 또는 소방서장은 기존건축물이 증축 · 개축 · 대수선되거나 용도변경 되는 경우에 있어서 이 기준이 정하는 기준에 따라 해당 건축물에 설치해야 할 소화수조 및 저수조의 배관 등의 공사가 현저하게 곤란하다고 인정되는 경우에는 해당 설비의 기능 및 사용에 지장이 없는 범위에서 이 기준의 일부를 적용하지 않을 수 있다.

1.5 경과조치

1.5.1 이 기준 시행 전에 건축허가 등의 신청 또는 신고를 하거나 소방시설공사의 착공신고를 한 특정소방대상물에 대해서는 종전의 「소화수조 및 저수조의 화재안전기준(NFSC 402)」에 따른다.

1.5.2 이 기준 시행 전에 1.5.1에 따른 신청 또는 신고를 한 경우라도 제정 기준이 종전의 기준에 비하여 관계인에게 유리한 경우에는 제정 기준에 따를 수 있다.

1.6 다른 법령과의 관계

1.6.1 이 기준 시행 당시 다른 법령 또는 행정규칙 등에서 종전의 화재안전기준을 인용한 경우

에 이 기준 가운데 그에 해당하는 규정이 있는 경우에는 종전의 규정에 갈음하여 이 기준의 해당 규정을 인용한 것으로 본다.

1.7 용어의 정의

1.7.1 이 기준에서 사용하는 용어의 정의는 다음과 같다.

1.7.1.1 "소화수조 또는 저수조"란 수조를 설치하고 여기에 소화에 필요한 물을 항시 채워 두는 것으로서, 소화수조는 소화용수의 전용 수조를 말하고, 저수조란 소화용수와 일반 생활용수의 겸용 수조를 말한다.

1.7.1.2 "채수구"란 소방차의 소방호스와 접결되는 흡입구를 말한다.

1.7.1.3 "흡수관투입구"란 소방차의 흡수관이 투입될 수 있도록 소화수조 또는 저수조에 설치된 원형 또는 사각형의 투입구를 말한다.

2. 기술기준

2.1 소화수조 등

2.1.1 소화수조 및 저수조의 채수구 또는 흡수관투입구는 **소방차가 2 m 이내**의 지점까지 접근할 수 있는 위치에 설치해야 한다.

2.1.2 **소화수조 또는 저수조의 저수량은 소방대상물의 연면적을** 다음 표 2.1.2에 따른 **기준면적으로 나누어 얻은 수(소수점 이하의 수는 1로 본다)에 20 m³ 곱한 양 이상**이 되도록 해야 한다.

표 2.1.2 소방대상물별 기준면적

소방대상물의 구분	기준면적
1. 1층 및 2층의 바닥면적의 합계가 15,000 m² 이상인 소방대상물	7,500 m²
2. 제1호에 해당하지 않는 그 밖의 소방대상물	12,500 m²

2.1.3 소화수조 또는 저수조는 다음의 기준에 따라 흡수관투입구 또는 채수구를 설치해야 한다.

2.1.3.1 지하에 설치하는 소화용수설비의 흡수관투입구는 그 한변이 0.6 m 이상이거나 직경이 0.6 m 이상인 것으로 하고, **소요수량이 80 m³ 미만인 것은 1개 이상, 80 m³ 이상인 것은 2개 이상을 설치**해야 하며, "흡수관투입구"라고 표시한 표지를 할 것

2.1.3.2 소화용수설비에 설치하는 채수구는 다음의 기준에 따라 설치할 것

2.1.3.2.1 채수구는 다음 표 2.1.3.2.1에 따라 소방용호스 또는 소방용흡수관에 사용하는 구경 65 ㎜ 이상의 나사식 결합금속구를 설치할 것

표 2.1.3.2.1 소요수량에 따른 채수구의 수

소요수량	20 m^3 이상 40 m^3 미만	40 m^3 이상 100 m^3 미만	100 m^3 이상
채수구의 수(개)	1	2	3

2.1.3.2.2 채수구는 지면으로부터의 **높이가 0.5 m 이상 1 m 이하**의 위치에 설치하고 "
채수구"라고 표시한 표지를 할 것

2.1.4 소화용수설비를 설치해야 할 특정소방대상물에 있어서 **유수의 양이 0.8 m³/min 이상**인
유수를 사용할 수 있는 경우에는 소화수조를 설치하지 않을 수 있다.

2.2 가압송수장치

2.2.1 소화수조 또는 저수조가 지표면으로부터의 깊이(수조 내부바닥까지의 길이를 말한다)가
4.5 m 이상인 지하에 있는 경우에는 다음 표 2.2.1에 따라 가압송수장치를 설치해야 한
다. 다만, 2.1.2에 따른 저수량을 지표면으로부터 4.5 m 이하인 지하에서 확보할 수 있
는 경우에는 소화수조 또는 저수조의 지표면으로부터의 깊이에 관계없이 가압송수장치
를 설치하지 않을 수 있다.

표 2.2.1 소요수량에 따른 가압송수장치의 1분당 양수량

소요수량	20 m^3 이상 40 m^3 미만	40 m^3 이상 100 m^3 미만	100 m^3 이상
가압송수장치의 1분당 양수량	1,100 L 이상	2,200 L 이상	3,300 L 이상

2.2.2 소화수조가 옥상 또는 옥탑의 부분에 설치된 경우에는 지상에 설치된 채수구에서의 압력
이 **0.15 MPa 이상**이 되도록 해야 한다.

2.2.3 전동기 또는 내연기관에 따른 펌프를 이용하는 가압송수장치는 다음의 기준에 따라 설치
해야 한다.

2.2.3.1 쉽게 접근할 수 있고 점검하기에 충분한 공간이 있는 장소로서 화재 및 침수 등의
재해로 인한 피해를 받을 우려가 없는 곳에 설치할 것

2.2.3.2 동결방지조치를 하거나 동결의 우려가 없는 장소에 설치할 것

2.2.3.3 펌프는 전용으로 할 것. 다만, 다른 소화설비와 겸용하는 경우 각각의 소화설비의
성능에 지장이 없을 때에는 예외로 한다.

2.2.3.4 펌프의 토출측에는 압력계를 체크밸브 이전에 펌프토출측 플랜지에서 가까운 곳
에 설치하고, 흡입측에는 연성계 또는 진공계를 설치할 것. 다만, 수원의 수위가
펌프의 위치보다 높거나 수직회전축 펌프의 경우에는 연성계 또는 진공계를 설치
하지 않을 수 있다.

2.2.3.5 가압송수장치에는 정격부하운전 시 펌프의 성능을 시험하기 위한 배관을 설치할 것

2.2.3.6 가압송수장치에는 체절운전 시 수온의 상승을 방지하기 위한 순환배관을 설치할 것

2.2.3.7 기동장치로는 보호판을 부착한 기동스위치를 채수구 직근에 설치할 것

2.2.3.8 수원의 수위가 펌프보다 낮은 위치에 있는 가압송수장치에는 다음의 기준에 따른 물올림장치를 설치할 것

2.2.3.8.1 물올림장치에는 전용의 수조를 설치할 것

2.2.3.8.2 수조의 유효수량은 100 L 이상으로 하되, 구경 15 ㎜ 이상의 급수배관에 따라 해당 수조에 물이 계속 보급되도록 할 것

2.2.3.9 내연기관을 사용하는 경우에는 다음의 기준에 적합한 것으로 할 것

2.2.3.9.1 내연기관의 기동은 채수구의 위치에서 원격조작으로 가능하고 기동을 명시하는 적색등을 설치할 것

2.2.3.9.2 제어반에 따라 내연기관의 기동이 가능하고 상시 충전되어 있는 축전지설비를 갖출 것

2.2.3.10 가압송수장치에는 "소화용수설비펌프"라고 표시한 표지를 할 것. 이 경우 그 가압송수장치를 다른 설비와 겸용하는 때에는 그 겸용되는 설비의 이름을 표시한 표지를 함께 해야 한다.

2.2.3.11 가압송수장치는 부식 등으로 인한 펌프의 고착을 방지할 수 있도록 다음의 기준에 적합한 것으로 할 것. 다만, 충압펌프는 제외한다.

2.2.3.11.1 임펠러는 청동 또는 스테인리스 등 부식에 강한 재질을 사용할 것

2.2.3.11.2 펌프축은 스테인리스 등 부식에 강한 재질을 사용할 것

제연설비의 화재안전기술기준(NFTC 501)

[시행 2022. 12. 1.] [소방청공고 제2022-234호, 2022. 12. 1., 제정]

1. 일반사항

1.1 적용범위

1.1.1 이 기준은 「소방시설 설치 및 관리에 관한 법률 시행령」(이하 "영"이라 한다) 별표 4 제5호가목1)부터 5)까지에 따른 제연설비의 설치 및 관리에 대해 적용한다.

1.2 기준의 효력

1.2.1 이 기준은 「소방시설 설치 및 관리에 관한 법률」(이하 "법"이라 한다) 제2조제1항제6호나목에 따라 소화활동설비인 제연설비의 기술기준으로서의 효력을 가진다.

1.2.2 이 기준에 적합한 경우에는 법 제2조제1항제6호나목에 따라 「제연설비의 화재안전성능기준(NFPC 501)」을 충족하는 것으로 본다.

1.3 기준의 시행

1.3.1 이 기준은 2022년 12월 1일부터 시행한다.

1.4 기준의 특례

1.4.1 소방본부장 또는 소방서장은 기존건축물이 증축·개축·대수선되거나 용도변경 되는 경우에 있어서 이 기준이 정하는 기준에 따라 해당 건축물에 설치해야 할 제연설비의 배관·배선 등의 공사가 현저하게 곤란하다고 인정되는 경우에는 해당 설비의 기능 및 사용에 지장이 없는 범위에서 이 기준의 일부를 적용하지 않을 수 있다.

1.5 경과조치

1.5.1 이 기준 시행 전에 건축허가 등의 신청 또는 신고를 하거나 소방시설공사의 착공신고를 한 특정소방대상물에 대해서는 종전의 「제연설비의 화재안전기준(NFSC 501)」에 따른다.

1.5.2 이 기준 시행 전에 1.5.1에 따른 신청 또는 신고를 한 경우라도 제정 기준이 종전의 기준에 비하여 관계인에게 유리한 경우에는 제정 기준에 따를 수 있다.

1.6 다른 법령과의 관계

1.6.1 이 기준 시행 당시 다른 법령 또는 행정규칙 등에서 종전의 화재안전기준을 인용한 경우

에 이 기준 가운데 그에 해당하는 규정이 있는 경우에는 종전의 규정에 갈음하여 이 기준
의 해당 규정을 인용한 것으로 본다.

1.7 용어의 정의

1.7.1 이 기준에서 사용하는 용어의 정의는 다음과 같다.

1.7.1.1 "제연구역"이란 제연경계(제연경계가 면한 천장 또는 반자를 포함한다)에 의해
구획된 건물 내의 공간을 말한다.

1.7.1.2 "제연경계"란 연기를 예상제연구역 내에 가두거나 이동을 억제하기 위한 보 또는
제연경계벽 등을 말한다.

1.7.1.3 "제연경계벽"이란 제연경계가 되는 가동형 또는 고정형의 벽을 말한다.

1.7.1.4 "제연경계의 폭"이란 제연경계가 면한 천장 또는 반자로부터 그 제연경계의 수직
하단 끝부분까지의 거리를 말한다.

1.7.1.5 "수직거리"란 제연경계의 하단 끝으로부터 그 수직한 하부 바닥면까지의 거리를
말한다.

1.7.1.6 "예상제연구역"이란 화재 시 연기의 제어가 요구되는 제연구역을 말한다.

1.7.1.7 "공동예상제연구역"이란 2개 이상의 예상제연구역을 동시에 제연하는 구역을 말
한다.

1.7.1.7 "통로배출방식"이란 거실 내 연기를 직접 옥외로 배출하지 않고 거실에 면한 통로
의 연기를 옥외로 배출하는 방식을 말한다.

1.7.1.9 "보행중심선"이란 통로 폭의 한 가운데 지점을 연장한 선을 말한다.

1.7.1.10 "유입풍도"란 예상제연구역으로 공기를 유입하도록 하는 풍도를 말한다.

1.7.1.11 "배출풍도"란 예상 제연구역의 공기를 외부로 배출하도록 하는 풍도를 말한다.

1.7.1.12 "방화문"이란 「건축법 시행령」 제64조의 규정에 따른 60분+ 방화문, 60분 방화
문 또는 30분 방화문으로써 언제나 닫힌 상태를 유지하거나 화재감지기와 연동
하여 자동적으로 닫히는 구조를 말한다.

1.7.1.13 "불연재료"란 「건축법 시행령」 제2조제10호에 따른 기준에 적합한 재료로서, 불
에 타지 않는 성질을 가진 재료를 말한다.

1.7.1.14 "난연재료"란 「건축법 시행령」 제2조제9호에 따른 기준에 적합한 재료로서, 불
에 잘 타지 않는 성능을 가진 재료를 말한다.

2. 기술기준

2.1 제연설비

2.1.1 **제연설비의 설치장소**는 다음의 기준에 따른 제연구역으로 구획해야 한다.

> 2.1.1.1 하나의 제연구역의 면적은 1,000 m^2 이내로 할 것
>
> 2.1.1.2 거실과 통로(복도를 포함한다. 이하 같다)는 각각 제연구획 할 것
>
> 2.1.1.3 통로상의 제연구역은 보행중심선의 길이가 60 m를 초과하지 않을 것
>
> 2.1.1.4 하나의 제연구역은 직경 60 m 원내에 들어갈 수 있을 것
>
> 2.1.1.5 하나의 제연구역은 2 이상의 층에 미치지 않도록 할 것. 다만, 층의 구분이 불분명한 부분은 그 부분을 다른 부분과 별도로 제연구획 해야 한다.
>
> 2.1.2 제연구역의 구획은 보 · 제연경계벽(이하 "제연경계"라 한다) 및 벽(화재 시 자동으로 구획되는 가동벽 · 방화셔터 · 방화문을 포함한다. 이하 같다)으로 하되, 다음의 기준에 적합해야 한다.
>
> > 2.1.2.1 재질은 내화재료, 불연재료 또는 제연경계벽으로 성능을 인정받은 것으로서 화재 시 쉽게 변형 · 파괴되지 아니하고 연기가 누설되지 않는 기밀성 있는 재료로 할 것
> >
> > 2.1.2.2 제연경계는 제연경계의 폭이 0.6 m 이상이고, 수직거리는 2 m 이내이어야 한다. 다만, 구조상 불가피한 경우는 2 m를 초과할 수 있다.
> >
> > 2.1.2.3 제연경계벽은 배연 시 기류에 따라 그 하단이 쉽게 흔들리지 않고, 가동식의 경우에는 급속히 하강하여 인명에 위해를 주지 않는 구조일 것

2.2 제연방식

2.2.1 예상제연구역에 대하여는 화재 시 연기배출(이하 "배출"이라 한다)과 동시에 공기유입이 될 수 있게 하고, 배출구역이 거실일 경우에는 통로에 동시에 공기가 유입될 수 있도록 해야 한다.

2.2.2 2.2.1에도 불구하고 통로와 인접하고 있는 거실의 바닥면적이 50 m^2 미만으로 구획(제연경계에 따른 구획은 제외한다. 다만, 거실과 통로와의 구획은 그렇지 않다)되고 그 거실에 통로가 인접하여 있는 경우에는 화재 시 그 거실에서 직접 배출하지 아니하고 인접한 통로의 배출로 갈음할 수 있다. 다만, 그 거실이 다른 거실의 피난을 위한 경유거실인 경우에는 그 거실에서 직접 배출해야 한다.

2.2.3 통로의 주요구조부가 내화구조이며 마감이 불연재료 또는 난연재료로 처리되고 통로 내부에 가연성 물질이 없는 경우에 그 통로는 예상제연구역으로 간주하지 않을 수 있다. 다만, 화재 시 연기의 유입이 우려되는 통로는 그렇지 않다.

2.3 배출량 및 배출방식

2.3.1 거실의 바닥면적이 400 m² 미만으로 구획(제연경계에 따른 구획을 제외한다. 다만, 거실과 통로와의 구획은 그렇지 않다)된 예상제연구역에 대한 배출량은 다음의 기준에 따른다.

    2.3.1.1 바닥면적 1 m²당 1 m³/min 이상으로 하되, 예상제연구역에 대한 최소 배출량은 5,000 m³/hr 이상으로 할 것

    2.3.1.2 2.2.2에 따라 바닥면적이 50 m² 미만인 예상제연구역을 통로배출방식으로 하는 경우에는 통로보행중심선의 길이 및 수직거리에 따라 다음 표 2.3.1.2에서 정하는 배출량 이상으로 할 것

표 2.3.1.2 통로보행중심선의 길이 및 수직거리에 따른 배출량

통로보행중심선의 길이	수직거리	배출량	비고
40 m 이하	2 m 이하	25,000 m³/h 이상	벽으로 구획된 경우를 포함한다.
	2 m 초과 2.5 m 이하	30,000 m³/h 이상	
	2.5 m 초과 3 m 이하	35,000 m³/h 이상	
	3 m 초과	45,000 m³/h 이상	
40 m 초과 60 m 이하	2 m 이하	30,000 m³/h 이상	벽으로 구획된 경우를 포함한다.
	2 m 초과 2.5 m 이하	35,000 m³/h 이상	
	2.5 m 초과 3 m 이하	45,000 m³/h 이상	
	3 m 초과	50,000 m³/h 이상	

2.3.2 바닥면적 400 m² 이상인 거실의 예상제연구역의 배출량은 다음의 기준에 적합해야 한다.

    2.3.2.1 예상제연구역이 직경 40 m인 원의 범위 안에 있을 경우 배출량은 40,000 m³/h 이상으로 할 것. 다만, 예상제연구역이 제연경계로 구획된 경우에는 그 수직거리에 따라 배출량은 다음 표 2.3.2.1에 따른다.

표 2.3.2.1 수직거리에 따른 배출량

수직거리	배출량
2 m 이하	40,000 m³/h 이상
2 m 초과 2.5 m 이하	45,000 m³/h 이상
2.5 m 초과 3 m 이하	50,000 m³/h 이상
3 m 초과	60,000 m³/h 이상

2.3.2.2 예상제연구역이 직경 40 m인 원의 범위를 초과할 경우 배출량은 45,000 ㎥/h 이상으로 할 것. 다만, 예상제연구역이 제연경계로 구획된 경우에는 그 수직거리에 따라 배출량은 다음 표 2.3.2.2에 따른다.

표 2.3.2.2 수직거리에 따른 배출량

수직거리	배출량
2 m 이하	45,000 m^3/h 이상
2 m 초과 2.5 m 이하	50,000 m^3/h 이상
2.5 m 초과 3 m 이하	55,000 m^3/h 이상
3 m 초과	65,000 m^3/h 이상

2.3.3 예상제연구역이 통로인 경우의 배출량은 45,000 m^3/h 이상으로 할 것. 다만, 예상제연구역이 제연경계로 구획된 경우에는 그 수직거리에 따라 배출량은 표 2.3.2.2에 따른다.

2.3.4 배출은 각 예상제연구역별로 2.3.1부터 2.3.3에 따른 배출량 이상을 배출하되, 2 이상의 예상제연구역이 설치된 특정소방대상물에서 배출을 각 예상제연구역별로 구분하지 아니하고 공동예상제연구역을 동시에 배출하고자 할 때의 배출량은 다음의 기준에 따라야 한다. 다만, 거실과 통로는 공동예상제연구역으로 할 수 없다.

2.3.4.1 공동예상제연구역 안에 설치된 예상제연구역이 각각 벽으로 구획된 경우(제연구역의 구획 중 출입구만을 제연경계로 구획한 경우를 포함한다)에는 각 예상제연구역의 배출량을 합한 것 이상으로 할 것. 다만, 예상제연구역의 바닥면적이 400제곱미터 미만인 경우 배출량은 바닥면적 1 m^2 당 1 m^3/min 이상으로 하고 공동예상구역 전체배출량은 5,000 m^3/hr 이상으로 할 것

2.3.4.2 공동예상제연구역 안에 설치된 예상제연구역이 각각 제연경계로 구획된 경우(예상제연구역의 구획 중 일부가 제연경계로 구획된 경우를 포함하나, 출입구 부분만을 제연경계로 구획한 경우를 제외한다)에 배출량은 각 예상제연구역의 배출량 중 최대의 것으로 할 것. 이 경우 공동제연예상구역이 거실일 때에는 그 바닥면적이 1,000 m^2 이하이며, 직경 40 m 원 안에 들어가야 하고, 공동제연예상구역이 통로일 때에는 보행중심선의 길이를 40 m 이하로 해야 한다.

2.3.5 수직거리가 구획 부분에 따라 다른 경우는 수직거리가 긴 것을 기준으로 한다.

2.4 배출구

2.4.1 **예상제연구역에 대한 배출구의 설치 위치**는 다음의 기준에 따라야 한다.

2.4.1.1 **바닥면적이 400 ㎡ 미만인 예상제연구역**(통로인 예상제연구역을 제외한다)에 대한 배출구의 설치 위치는 다음의 기준에 적합할 것

2.4.1.1.1 예상제연구역이 벽으로 구획되어 있는 경우의 배출구는 천장 또는 반자와 바닥 사이의 중간 윗부분에 설치할 것

2.4.1.1.2 예상제연구역 중 어느 한부분이 제연경계로 구획되어 있는 경우에는 천장·반자 또는 이에 가까운 벽의 부분에 설치할 것. 다만, 배출구를 벽에 설치하는 경우에는 배출구의 하단이 해당 예상제연구역에서 제연경계의 폭이 가장 짧은 제연경계의 하단보다 높이 되도록 해야 한다.

2.4.1.2 **통로인 예상제연구역과 바닥면적이 400 ㎡ 이상인 통로 외의 예상제연구역**에 대한 배출구의 설치 위치는 다음의 기준에 적합해야 한다.

2.4.1.2.1 예상제연구역이 벽으로 구획되어 있는 경우의 배출구는 천장·반자 또는 이에 가까운 벽의 부분에 설치할 것. 다만, 배출구를 벽에 설치한 경우에는 배출구의 하단과 바닥간의 최단거리가 2 m 이상이어야 한다.

2.4.1.2.2 예상제연구역 중 어느 한부분이 제연경계로 구획되어 있을 경우에는 천장·반자 또는 이에 가까운 벽의 부분(제연경계를 포함한다)에 설치할 것. 다만, 배출구를 벽 또는 제연경계에 설치하는 경우에는 배출구의 하단이 해당 예상제연구역에서 제연경계의 폭이 가장 짧은 제연경계의 하단보다 높이 되도록 설치해야 한다.

2.4.2 예상제연구역의 각 부분으로부터 하나의 배출구까지의 수평거리는 10 m 이내가 되도록 해야 한다.

2.5 공기유입방식 및 유입구

2.5.1 예상제연구역에 대한 공기유입은 유입풍도를 경유한 강제유입 또는 자연유입방식으로 하거나, 인접한 제연구역 또는 통로에 유입되는 공기(가압의 결과를 일으키는 경우를 포함한다. 이하 같다)가 해당구역으로 유입되는 방식으로 할 수 있다.

2.5.2 **예상제연구역에 설치되는 공기유입구**는 다음의 기준에 적합해야 한다.

2.5.2.1 바닥면적 400 ㎡ 미만의 거실인 예상제연구역(제연경계에 따른 구획을 제외한다. 다만, 거실과 통로와의 구획은 그렇지 않다)에 대해서는 공기유입구와 배출구간의 직선거리는 5 m 이상 또는 구획된 실의 장변의 2분의 1 이상으로 할 것. 다만, 공연장·집회장·위락시설의 용도로 사용되는 부분의 바닥면적이 200

m²를 초과하는 경우의 공기유입구는 2.5.2.2의 기준에 따른다.

2.5.2.2 바닥면적이 400 m² 이상의 거실인 예상제연구역(제연경계에 따른 구획을 제외한다. 다만, 거실과 통로와의 구획은 그렇지 않다)에 대해서는 바닥으로부터 1.5 m 이하의 높이에 설치하고 그 주변은 공기의 유입에 장애가 없도록 할 것

2.5.2.3 2.5.2.1과 2.5.2.2에 해당하는 것 외의 예상제연구역(통로인 예상제연구역을 포함한다)에 대한 유입구는 다음의 기준에 따를 것. 다만, 제연경계로 인접하는 구역의 유입공기가 당해 예상제연구역으로 유입되게 한 때에는 그렇지 않다.

2.5.2.3.1 유입구를 벽에 설치할 경우에는 2.5.2.2의 기준에 따를 것

2.5.2.3.2 유입구를 벽 외의 장소에 설치할 경우에는 유입구 상단이 천장 또는 반자와 바닥 사이의 중간 아랫부분보다 낮게 되도록 하고, 수직거리가 가장 짧은 제연경계 하단보다 낮게 되도록 설치할 것

2.5.3 공동예상제연구역에 설치되는 공기 유입구는 다음의 기준에 적합하게 설치해야 한다.

2.5.3.1 공동예상제연구역 안에 설치된 각 예상제연구역이 벽으로 구획되어 있을 때에는 각 예상제연구역의 바닥면적에 따라 2.5.2.1 및 2.5.2.2에 따라 설치할 것

2.5.3.2 공동예상제연구역 안에 설치된 각 예상제연구역의 일부 또는 전부가 제연경계로 구획되어 있을 때에는 공동예상제연구역 안의 1개 이상의 장소에 2.5.2.3에 따라 설치할 것

2.5.4 인접한 제연구역 또는 통로로부터 유입되는 공기를 해당 예상제연구역에 대한 공기유입으로 하는 경우에는 그 인접한 제연구역 또는 통로의 유입구가 제연경계 하단보다 높은 경우에는 그 인접한 제연구역 또는 통로의 화재 시 그 유입구는 다음의 어느 하나에 적합해야 한다.

2.5.4.1 각 유입구는 자동폐쇄 될 것

2.5.4.2 해당 구역 내에 설치된 유입풍도가 해당 제연구획부분을 지나는 곳에 설치된 댐퍼는 자동폐쇄될 것

2.5.5 예상제연구역에 공기가 유입되는 순간의 풍속은 5 ㎧ 이하가 되도록 하고, 2.5.2부터 2.5.4까지의 유입구의 구조는 유입공기를 상향으로 분출하지 않도록 설치해야 한다.

2.5.6 예상제연구역에 대한 공기유입구의 크기는 해당 예상제연구역 배출량 1 m³/min에 대하여 35 cm² 이상으로 해야 한다.

2.5.7 예상제연구역에 대한 공기유입량은 2.3.1부터 2.3.4까지에 따른 배출량의 배출에 지장이 없는 양으로 해야 한다.

2.6 배출기 및 배출풍도

2.6.1 배출기는 다음의 기준에 따라 설치해야 한다.

2.6.1.1 배출기의 배출 능력은 2.3.1부터 2.3.4까지의 배출량 이상이 되도록 할 것

2.6.1.2 배출기와 배출풍도의 접속부분에 사용하는 캔버스는 내열성(석면재료는 제외한다)이 있는 것으로 할 것

2.6.1.3 배출기의 전동기부분과 배풍기 부분은 분리하여 설치해야 하며, 배풍기 부분은 유효한 내열처리를 할 것

2.6.2 배출풍도는 다음의 기준에 따라야 한다.

2.6.2.1 배출풍도는 아연도금강판 또는 이와 동등 이상의 내식성·내열성이 있는 것으로 하며, 「건축법 시행령」 제2조제10호에 따른 불연재료(석면재료를 제외한다)인 단열재로 풍도 외부에 유효한 단열 처리를 하고, 강판의 두께는 배출풍도의 크기에 따라 다음 표 2.6.2.1에 따른 기준 이상으로 할 것

표 2.6.2.1 배출풍도의 크기에 따른 강판의 두께

풍도단면의 긴변 또는 직경의 크기	450 ㎜ 이하	450 ㎜ 초과 750 ㎜ 이하	750 ㎜ 초과 1,500 ㎜ 이하	1,500 ㎜ 초과 2,250 ㎜ 이하	2,250 ㎜ 초과
강판 두께	0.5 ㎜	0.6 ㎜	0.8 ㎜	1.0 ㎜	1.2 ㎜

2.6.2.2 배출기의 흡입측 풍도안의 풍속은 15 ㎧ 이하로 하고 배출측 풍속은 20 ㎧ 이하로 할 것

2.7 유입풍도 등

2.7.1 유입풍도는 아연도금강판 또는 이와 동등 이상의 내식성·내열성이 있는 것으로 하며, 풍도 안의 풍속은 20 ㎧ 이하로 하고 풍도의 강판 두께는 2.6.2.1에 따라 설치해야 한다.

2.7.2 옥외에 면하는 배출구 및 공기유입구는 비 또는 눈 등이 들어가지 아니하도록 하고, 배출된 연기가 공기유입구로 순환유입 되지 않도록 해야 한다.

2.8 제연설비의 전원 및 기동

2.8.1 비상전원은 **자가발전설비, 축전지설비 또는 전기저장장치**(외부 전기에너지를 저장해 두었다가 필요한 때 전기를 공급하는 장치)로서 다음의 기준에 따라 설치해야 한다. 다만, 2 이상의 변전소(「전기사업법」 제67조 및 「전기설비기술기준」 제3조제2호에 따른 변전소를 말한다)에서 전력을 동시에 공급받을 수 있거나 하나의 변전소로부터 전력의 공급이 중단되는 때에는 자동으로 다른 변전소로부터 전원을 공급받을 수 있도록 상용전원을 설치한 경우에는 그렇지 않다.

2.8.1.1 점검에 편리하고 화재 및 침수 등의 재해로 인한 피해를 받을 우려가 없는 곳에 설치할 것

2.8.1.2 제연설비를 유효하게 20분 이상 작동할 수 있도록 할 것

2.8.1.3 상용전원으로부터 전력의 공급이 중단된 때에는 자동으로 비상전원으로부터 전력을 공급받을 수 있도록 할 것

2.8.1.4 비상전원의 설치장소는 다른 장소와 방화구획 할 것. 이 경우 그 장소에는 비상전원의 공급에 필요한 기구나 설비 외의 것(열병합발전설비에 필요한 기구나 설비는 제외한다)을 두어서는 아니 된다.

2.8.1.5 비상전원을 실내에 설치하는 때에는 그 실내에 비상조명등을 설치할 것

2.8.2 가동식의 벽·제연경계벽·댐퍼 및 배출기의 작동은 화재감지기와 연동되어야 하며, 예상제연구역(또는 인접장소) 및 제어반에서 수동으로 기동이 가능하도록 해야 한다.

2.9 설치제외

2.9.1 제연설비를 설치해야 할 특정소방대상물 중 화장실·목욕실·주차장·발코니를 설치한 숙박시설(가족호텔 및 휴양콘도미니엄에 한한다)의 객실과 사람이 상주하지 않는 기계실·전기실·공조실·50 ㎡ 미만의 창고 등으로 사용되는 부분에 대하여는 배출구·공기유입구의 설치 및 배출량 산정에서 이를 제외 할 수 있다.

소방시설관리사 기출문제

[22회설계] 아래 그림과 같이 구획된 3개의 거실에서 각 거실 A, B, C의 예상제연구역에 대한
최저 배출량(m³/hr)을 각각 구하시오.(6점)

[19회점검] 제연설비의 설치장소 및 제연구획의 설치기준에 관하여 각각 쓰시오. (8점)
(1) 설치장소에 대한 구획기준 (5점)
(2) 제연구획의 설치기준 (3점)

[16회점검] 제연설비의 화재안전기준(NFSC 501)에 따라"제연설비를 설치하여야 할 특정소
방대상물 중 배출구·공기유입구의 설치 및 배출량 산정에서 이를 제외할 수 있는
부분(장소)"을 쓰시오. (3점)

[15회설계] 제연설비 설치장소에 대한 제연구역 구획 설정기준 5가지를 쓰시오.

[14회점검] 예상제연구역의 바닥면적 400m² 미만인 예상제연구역(통로인 예상제연구역은
제외)에 대한 배출구의 설치기준 2가지를 쓰시오.(4점)

[7회 설계] 제연설비 설치장소 제연구획 기준 5가지를 열거하시오.

[6회 설계] 배연용 송풍기와 전동기의 연결방법에 대하여 설명하시오.

소방기술사 기출문제

[119회] 거실제연설비에 대하여 아래 내용을 설명하시오.
1) 배출풍도 및 유입풍도의 설치기준

[109회] 거실제연설비의 제연구획 종류와 설치기준에 대하여 설명하시오.

[94회] 화재안전기술기준에 근거한 제연설비의 공기유입방식 및 유입구 설치기준에 대하여
설명하시오.

1. 일반사항

1.1 적용범위

1.1.1 이 기준은 「소방시설 설치 및 관리에 관한 법률 시행령」(이하 "영"이라 한다) 별표 4 제5호가목7)에 따른 특별피난계단의 계단실(이하 "계단실"이라 한다) 및 부속실(비상용승강기의 승강장과 겸용하는 것 또는 비상용승강기·피난용승강기의 승강장을 포함한다. 이하 "부속실"이라 한다) 제연설비의 설치 및 관리에 대해 적용한다.

1.2 기준의 효력

1.2.1 이 기준은 「소방시설 설치 및 관리에 관한 법률」(이하 "법"이라 한다) 제2조제1항제6호나목에 따라 소화활동설비인 특별피난계단의 계단실 및 부속실 제연설비의 기술기준으로서의 효력을 가진다.

1.2.2 이 기준에 적합한 경우에는 법 제2조제1항제6호나목에 따라 「특별피난계단의 계단실 및 부속실 제연설비의 화재안전성능기준(NFPC 501A)」을 충족하는 것으로 본다.

1.3 기준의 시행

1.3.1 이 기준은 2024년 4월 1일부터 시행한다. 〈개정 2024. 4. 1.〉

1.4 기준의 특례

1.4.1 소방본부장 또는 소방서장은 기존건축물이 증축·개축·대수선되거나 용도변경 되는 경우에 있어서 이 기준이 정하는 기준에 따라 해당 건축물에 설치해야 할 특별피난계단의 계단실 및 부속실 제연설비의 배관·배선 등의 공사가 현저하게 곤란하다고 인정되는 경우에는 해당 설비의 기능 및 사용에 지장이 없는 범위에서 이 기준의 일부를 적용하지 않을 수 있다.

1.5 경과조치

1.5.1 이 기준 시행 전에 건축허가 등의 신청 또는 신고를 하거나 소방시설공사의 착공신고를 한 특정소방대상물에 대해서는 종전의 「특별피난계단의 계단실 및 부속실 제연설비의 화재안전기준(NFSC 501A)」에 따른다.

1.5.2 이 기준 시행 전에 1.5.1에 따른 신청 또는 신고를 한 경우라도 제정 기준이 종전의 기준에 비하여 관계인에게 유리한 경우에는 제정 기준에 따를 수 있다.

1.6 다른 법령과의 관계

1.6.1 이 기준 시행 당시 다른 법령 또는 행정규칙 등에서 종전의 화재안전기준을 인용한 경우에 이 기준 가운데 그에 해당하는 규정이 있는 경우에는 종전의 규정에 갈음하여 이 기준의 해당 규정을 인용한 것으로 본다.

1.7 용어의 정의

1.7.1 이 기준에서 사용하는 용어의 정의는 다음과 같다.

1.7.1.1 "제연구역"이란 제연하고자 하는 계단실, 부속실 또는 비상용승강기의 승강장을 말한다.

1.7.1.2 "방연풍속"이란 옥내로부터 제연구역 내로 연기의 유입을 유효하게 방지할 수 있는 풍속을 말한다.

1.7.1.3 "급기량"이란 제연구역에 공급해야 할 공기의 양을 말한다.

1.7.1.4 "누설량"이란 틈새를 통하여 제연구역으로부터 흘러나가는 공기량을 말한다.

1.7.1.5 "보충량"이란 방연풍속을 유지하기 위하여 제연구역에 보충해야 할 공기량을 말한다.

1.7.1.6 "플랩댐퍼"란 제연구역의 압력이 설정압력범위를 초과하는 경우 제연구역의 압력을 배출하여 설정압력 범위를 유지하게 하는 과압방지장치를 말한다.

1.7.1.7 "유입공기"란 제연구역으로부터 옥내로 유입하는 공기로서 차압에 따라 누설하는 것과 출입문의 개방에 따라 유입하는 것 등을 말한다.

1.7.1.8 "거실제연설비"란 「제연설비의 화재안전기술기준(NFTC 501)」에 따른 옥내의 제연설비를 말한다.

1.7.1.9 "자동차압급기댐퍼"란 제연구역과 옥내 사이의 차압을 압력센서 등으로 감지하여 제연구역에 공급되는 풍량의 조절로 제연구역의 차압 유지를 자동으로 제어할 수 있는 댐퍼를 말한다.

1.7.1.10 "자동폐쇄장치"란 제연구역의 출입문 등에 설치하는 것으로서 화재 시 화재감지기의 작동과 연동하여 출입문을 자동으로 닫히게 하는 장치를 말한다.

1.7.1.11 "과압방지장치"란 제연구역의 압력이 설정압력을 초과하는 경우 자동으로 압력을 조절하여 과압을 방지하는 장치를 말한다.

1.7.1.12 "굴뚝효과"란 건물 내부와 외부 또는 두 내부 공간 상하간의 온도 차이에 의한 밀도 차이로 발생하는 건물 내부의 수직 기류를 말한다.

1.7.1.13 "기밀상태"란 일정한 공간에 있는 유체가 누설되지 않는 밀폐 상태를 말한다.

1.7.1.14 "누설틈새면적"이란 가압 또는 감압된 공간과 인접한 사이에 공기의 흐름이 가능한 틈새의 면적을 말한다.

1.7.1.15 "송풍기"란 공기의 흐름을 발생시키는 기기를 말한다.

1.7.1.16 "수직풍도"란 건축물의 층간에 수직으로 설치된 풍도를 말한다.

1.7.1.17 "외기취입구"란 옥외로부터 옥내로 외기를 취입하는 개구부를 말한다.

1.7.1.18 "제어반"이란 각종 기기의 작동 여부 확인과 자동 또는 수동 기동 등이 가능한 장치를 말한다.

1.7.1.19 "차압측정공"이란 제연구역과 비 제연구역과의 압력 차를 측정하기 위해 제연구역과 비제연구역 사이의 출입문 등에 설치된 공기가 흐를 수 있는 관통형 통로를 말한다.

2. 기술기준

2.1 제연방식

2.1.1 이 기준에 따른 제연설비는 다음의 기준에 적합해야 한다.

2.1.1.1 제연구역에 옥외의 신선한 공기를 공급하여 제연구역의 기압을 제연구역 이외의 옥내(이하 "옥내"라 한다)보다 높게 하되 일정한 기압의 차이(이하 "차압"이라 한다)를 유지하게 함으로써 옥내로부터 제연구역 내로 연기가 침투하지 못하도록 할 것

2.1.1.2 피난을 위하여 제연구역의 출입문이 일시적으로 개방되는 경우 방연풍속을 유지하도록 옥외의 공기를 제연구역 내로 보충 공급하도록 할 것

2.1.1.3 출입문이 닫히는 경우 제연구역의 과압을 방지할 수 있는 유효한 조치를 하여 차압을 유지할 것

2.2 제연구역의 선정

2.2.1 제연구역은 다음의 어느 하나에 따라야 한다.

2.2.1.1 계단실 및 그 부속실을 동시에 제연하는 것

2.2.1.2 부속실을 단독으로 제연하는 것

2.2.1.3 계단실을 단독으로 제연하는 것

2.2.1.4 비상용승강기 승강장을 단독으로 제연하는 것

2.3 차압 등

2.3.1 2.1.1.1의 기준에 따라 제연구역과 옥내와의 사이에 유지해야 하는 최소차압은 40 Pa (옥내에 스프링클러설비가 설치된 경우에는 12.5 Pa) 이상으로 해야 한다.

2.3.2 제연설비가 가동되었을 경우 출입문의 개방에 필요한 힘은 110 N 이하로 해야 한다.

2.3.3 2.1.1.2의 기준에 따라 출입문이 일시적으로 개방되는 경우 개방되지 않은 제연구역과 옥내와의 차압은 2.3.1의 기준에도 불구하고 2.3.1의 기준에 따른 차압의 70 % 이상이어야 한다.

2.3.4 계단실과 부속실을 동시에 제연하는 경우 부속실의 기압은 계단실과 같게 하거나 계단실의 기압보다 낮게 할 경우에는 **부속실과 계단실의 압력 차이는 5 Pa 이하**가 되도록 해야 한다.

2.4 급기량

2.4.1 급기량은 다음의 양을 합한 양 이상이 되어야 한다.

2.4.1.1 2.1.1.1의 기준에 따른 차압을 유지하기 위하여 제연구역에 공급해야 할 공기량. 이 경우 제연구역에 설치된 출입문(창문을 포함한다. 이하 "출입문등"이라 한다) 의 누설량과 같아야 한다.

2.4.1.2 2.1.1.2의 기준에 따른 보충량

2.5 누설량

2.5.1 2.4.1.1의 기준에 따른 누설량은 제연구역의 누설량을 합한 양으로 한다. 이 경우 출입문 이 2개소 이상인 경우에는 각 출입문의 누설틈새면적을 합한 것으로 한다.

2.6 보충량

2.6.1 2.4.1.2의 기준에 따른 보충량은 부속실(또는 승강장)의 수가 20개 이하는 1개 층 이상, 20개를 초과하는 경우에는 2개 층 이상의 보충량으로 한다.

2.7 방연풍속

2.7.1 방연풍속은 제연구역의 선정방식에 따라 다음 표 2.7.1의 기준에 적합해야 한다.

표 2.7.1 제연구역에 따른 방연풍속

제연구역		방연풍속
계단실 및 그 부속실을 동시에 제연하는 것 또는 계단실만 단독으로 제연하는 것		0.5 m/s 이상
부속실만 단독으로 제연하는 것 또는 비상용승강기의 승강장만 단독으로 제연하는 것	부속실 또는 승강장이 면하는 옥내가 거실인 경우	0.7 m/s 이상
	부속실 또는 승강장이 면하는 옥내가 복도로서 그 구조가 방화구조(내화시간이 30분 이상인 구조를 포함한다)인 것	0.5 m/s 이상

2.8 과압방지조치

2.8.1 제연구역에서 발생하는 과압을 해소하기 위해 과압방지장치를 설치하는 등의 과압방지 초치를 해야 한다. 다만, 제연구역 내에 과압발생의 우려가 없다는 것을 시험 또는 공학적인 자료로 입증하는 경우에는 과압방지조치를 하지 않을 수 있다. 〈개정 2024. 4. 1.〉

2.8.1.1 〈삭제 2024. 4. 1.〉

2.8.1.2 〈삭제 2024. 4. 1.〉

2.8.1.3 〈삭제 2024. 4. 1.〉

2.8.1.4 〈삭제 2024. 4. 1.〉

2.8.1.5 〈삭제 2024. 4. 1.〉

2.9 누설틈새의 면적 등

2.9.1 제연구역으로부터 공기가 누설하는 틈새면적은 다음의 기준에 따라야 한다.

2.9.1.1 출입문의 틈새면적은 다음의 식 (2.9.1.1)에 따라 산출하는 수치를 기준으로 할 것. 다만, 방화문의 경우에는 「한국산업표준」에서 정하는 「문세트(KS F 3109)」에 따른 기준을 고려하여 산출할 수 있다.

$$A = (L / l) \times Ad \qquad \cdots (2.9.1.1)$$

여기에서, A : 출입문의 틈새(m^2)

　　　　 L : 출입문 틈새의 길이(m). 다만, L의 수치가 l의 수치 이하인 경우에는 l의 수치로 할 것

　　　　 l : 외여닫이문이 설치되어 있는 경우에는 5.6, 쌍여닫이문이 설치되어 있는 경우에는 9.2, 승강기의 출입문이 설치되어 있는 경우에는 8.0으로 할 것

Ad : 외여닫이문으로 제연구역의 실내 쪽으로 열리도록 설치하는 경우에는 0.01, 제연구역의 실외 쪽으로 열리도록 설치하는 경우에는 0.02, 쌍여닫이문의 경우에는 0.03, 승강기의 출입문에 대하여는 0.06으로 할 것

2.9.1.2 창문의 틈새면적은 다음의 식 (2.9.1.2.1), (2.9.1.2.2), (2.9.1.2.3)에 따라 산출하는 수치를 기준으로 할 것. 다만,「한국산업표준」에서 정하는 「창세트(KS F 3117)」에 따른 기준을 고려하여 산출할 수 있다.

2.9.1.2.1 여닫이식 창문으로서 창틀에 방수패킹이 없는 경우

$$틈새면적(㎡) = 2.55 \times 10^{-4} \times 틈새의\ 길이(m) \qquad \cdots (2.9.1.2.1)$$

2.9.1.2.2 여닫이식 창문으로서 창틀에 방수패킹이 있는 경우

$$틈새면적(㎡) = 3.61 \times 10^{-5} \times 틈새의\ 길이(m) \qquad \cdots (2.9.1.2.2)$$

2.9.1.2.3 미닫이식 창문이 설치되어 있는 경우

$$틈새면적(㎡) = 1.00 \times 10^{-4} \times 틈새의\ 길이(m) \qquad \cdots (2.9.1.2.3)$$

2.9.1.3 제연구역으로부터 누설하는 공기가 승강기의 승강로를 경유하여 승강로의 외부로 유출하는 유출면적은 승강로와 승강로 상부의 기계실 사이의 개구부 면적을 합한 것을 기준으로 할 것

2.9.1.4 **제연구역을 구성하는 벽체(반자속의 벽체를 포함한다)가 벽돌 또는 시멘트블록 등의 조적구조이거나 석고판 등의 조립구조인 경우에는 불연재료를 사용하여 틈새를 조정할 것. 다만, 제연구역의 내부 또는 외부면을 시멘트모르타르로 마감하거나 철근콘크리트 구조의 벽체로 하는 경우에는 그 벽체의 공기누설은 무시할 수 있다.**

2.9.1.5 제연설비의 완공 시 제연구역의 출입문등은 크기 및 개방방식이 해당 설비의 설계 시와 같도록 할 것

2.10 유입공기의 배출

2.10.1 유입공기는 화재 층의 제연구역과 면하는 옥내로부터 옥외로 배출되도록 해야 한다. 다만, 직통계단식 공동주택의 경우에는 그렇지 않다.

2.10.2 유입공기의 배출은 다음의 기준에 따른 배출방식으로 해야 한다.

2.10.2.1 수직풍도에 따른 배출: 옥상으로 직통하는 전용의 배출용 수직풍도를 설치하여 배출하는 것으로서 다음의 어느 하나에 해당하는 것

2.10.2.1.1 자연배출식: 굴뚝효과에 따라 배출하는 것

2.10.2.1.2 기계배출식: 수직풍도의 상부에 전용의 배출용 송풍기를 설치하여 강제로 배출하는 것. 다만, 지하층만을 제연하는 경우 배출용 송풍기의 설치위치는 배출된 공기로 인하여 피난 및 소화활동에 지장을 주지 않는 곳에 설치할 수 있다.

2.10.2.2 배출구에 따른 배출: 건물의 옥내와 면하는 외벽마다 옥외와 통하는 배출구를 설치하여 배출하는 것

2.10.2.3 제연설비에 따른 배출: 거실제연설비가 설치되어 있고 당해 옥내로부터 옥외로 배출해야 하는 유입공기의 양을 거실제연설비의 배출량에 합하여 배출하는 경우 유입 공기의 배출은 당해 거실제연설비에 따른 배출로 갈음할 수 있다.

2.11 수직풍도에 따른 배출

2.11.1 수직풍도에 따른 배출은 다음의 기준에 적합해야 한다.

2.11.1.1 수직풍도는 내화구조로 하되「건축물의 피난·방화 구조 등의 기준에 관한 규칙」 제3조제1호 또는 제2호의 기준 이상의 성능으로 할 것

2.11.1.2 수직풍도의 내부면은 **두께 0.5 ㎜ 이상**의 아연도금강판 또는 동등 이상의 내식성·내열성이 있는 것으로 마감하되, 접합부에 대하여는 통기성이 없도록 조치할 것

2.11.1.3 각층의 옥내와 면하는 수직풍도의 관통부에는 다음의 기준에 적합한 댐퍼(이하 "배출댐퍼"라 한다)를 설치해야 한다.

2.11.1.3.1 배출댐퍼는 두께 1.5 ㎜ 이상의 강판 또는 이와 동등 이상의 성능이 있는 것으로 설치해야 하며 비 내식성 재료의 경우에는 부식방지 조치를 할 것

2.11.1.3.2 평상시 닫힌 구조로 기밀상태를 유지할 것

2.11.1.3.3 개폐여부를 당해 장치 및 제어반에서 확인할 수 있는 감지 기능을 내장하고 있을 것

2.11.1.3.4 구동부의 작동상태와 닫혀 있을 때의 기밀상태를 수시로 점검할 수 있는 구조일 것

2.11.1.3.5 풍도의 내부마감 상태에 대한 점검 및 댐퍼의 정비가 가능한 이·탈착식 구조로 할 것

2.11.1.3.6 화재 층의 옥내에 설치된 화재감지기의 동작에 따라 당해 층의 댐퍼가 개방될 것

2.11.1.3.7 개방 시의 실제 개구부(개구율을 감안한 것을 말한다)의 크기는 수직풍도의 내부단면적과 같아지도록 할 것

2.11.1.3.8 댐퍼는 풍도 내의 공기흐름에 지장을 주지 않도록 수직풍도의 내부로 돌출하지 않게 설치할 것

2.11.1.4 수직풍도의 내부단면적은 다음의 기준에 적합할 것

2.11.1.4.1 자연배출식의 경우 다음 식 (2.11.1.4.1)에 따라 산출하는 수치 이상으로 할 것. 다만, 수직풍도의 길이가 100 m를 초과하는 경우에는 산출수치의 1.2배 이상의 수치를 기준으로 해야 한다.

$$A_P = Q_N/2 \qquad \cdots (2.11.1.4.1)$$

여기서, A_P : 수직풍도의 내부단면적(m^2)

Q_N : 수직풍도가 담당하는 1개 층의 제연구역의 출입문(옥내와 면하는 출입문을 말한다) 1개의 면적(m^2)과 방연풍속(㎧)를 곱한 값(m^3/s)

2.11.1.4.2 송풍기를 이용한 기계배출식의 경우 풍속 15 ㎧ 이하로 할 것

2.11.1.5 기계배출식에 따라 배출하는 경우 배출용 송풍기는 다음의 기준에 적합할 것
2.11.1.5.1 열기류에 노출되는 송풍기 및 그 부품들은 250 ℃의 온도에서 1시간 이상 가동상태를 유지할 것
2.11.1.5.2 송풍기의 풍량은 2.11.1.4.1의 기준에 따른 Q_N에 여유량을 더한 양을 기준으로 할 것
2.11.1.5.3 송풍기는 옥내의 화재감지기의 동작에 따라 연동하도록 할 것
2.11.1.6 수직풍도의 상부의 말단(기계배출식의 송풍기도 포함한다)은 빗물이 흘러들지 않는 구조로 하고, 옥외의 풍압에 따라 배출성능이 감소하지 않도록 유효한 조치를 할 것

2.12 배출구에 따른 배출
2.12.1 배출구에 따른 배출은 다음의 기준에 적합해야 한다.
2.12.1.1 배출구에는 다음의 기준에 적합한 장치(이하 "개폐기"라 한다)를 설치할 것
2.12.1.1.1 빗물과 이물질이 유입하지 않는 구조로 할 것
2.12.1.1.2 옥외쪽으로만 열리도록 하고 옥외의 풍압에 따라 자동으로 닫히도록 할 것
2.12.1.1.3 그 밖의 설치기준은 2.11.1.3.1 내지 2.11.1.3.7의 기준을 준용할 것
2.12.1.2 개폐기의 개구면적은 다음 식 (2.12.1.2)에 따라 산출한 수치 이상으로 할 것

$$A_O = Q_N/2.5 \qquad \cdots (2.12.1.2)$$

여기서, A_O : 개폐기의 개구면적(m^2)

Q_N : 수직풍도가 담당하는 1개 층의 제연구역의 출입문(옥내와 면하는 출입 문을 말한다) 1개의 면적(m^2)과 방연풍속(m/s)를 곱한 값(m^3/s)

2.13 급기

2.13.1 제연구역에 대한 급기는 다음의 기준에 적합해야 한다.

2.13.1.1 부속실만을 제연하는 경우 동일 수직선상의 모든 부속실은 하나의 전용 수직풍 도를 통해 동시에 급기할 것. 다만, 동일 수직선상에 2대 이상의 급기송풍기가 설치되는 경우에는 수직풍도를 분리하여 설치할 수 있다.

2.13.1.2 계단실 및 부속실을 동시에 제연하는 경우 계단실에 대하여는 그 부속실의 수직 풍도를 통해 급기할 수 있다.

2.13.1.3 계단실만을 제연하는 경우에는 전용 수직풍도를 설치하거나 계단실에 급기풍도 또는 급기송풍기를 직접 연결하여 급기하는 방식으로 할 것

2.13.1.4 하나의 수직풍도마다 전용의 송풍기로 급기할 것

2.13.1.5 비상용승강기의 승강장만을 제연하는 경우에는 비상용승강기의 승강로를 급기 풍도로 사용할 수 있다.

2.14 급기구

2.14.1 제연구역에 설치하는 급기구는 다음의 기준에 적합해야 한다.

2.14.1.1 급기용 수직풍도와 직접 면하는 벽체 또는 천장(당해 수직풍도와 천장급기구 사 이의 풍도를 포함한다)에 고정하되, 급기되는 기류 흐름이 출입문으로 인하여 차 단되거나 방해받지 않도록 옥내와 면하는 출입문으로부터 가능한 먼 위치에 설치 할 것

2.14.1.2 계단실과 그 부속실을 동시에 제연하거나 또는 계단실만을 제연하는 경우 급기 구는 계단실 매 3개 층 이하의 높이마다 설치할 것. 다만, 계단실의 높이가 31 m 이하로서 계단실만을 제연하는 경우에는 하나의 계단실에 하나의 급기구만을 설 치할 수 있다.

2.14.1.3 급기구의 댐퍼설치는 다음의 기준에 적합할 것

2.14.1.3.1 급기댐퍼의 재질은 「자동차압급기댐퍼의 성능인증 및 제품검사의 기술기준 」에 적합한 것으로 할 것 〈개정 2024. 4. 1.〉

2.14.1.3.2 〈삭제 2024. 4. 1.〉

2.14.1.3.3 〈삭제 2024. 4. 1.〉

2.14.1.3.4 〈삭제 2024. 4. 1.〉

2.14.1.3.5 자동차압급기댐퍼는 「자동차압급기댐퍼의 성능인증 및 제품검사의 기술기준」에 적합한 것으로 설치할 것

2.14.1.3.6 자동차압급기댐퍼가 아닌 댐퍼는 개구율을 수동으로 조절할 수 있는 구조로 할 것

2.14.1.3.7 화재감지기에 따라 모든 제연구역의 댐퍼가 개방되도록 할 것. 다만, 둘 이상의 특정소방대상물이 지하에 설치된 주차장으로 연결되어 있는 경우에는 특정소방대상물의 화재감지기 및 주차장에서 하나의 특정소방대상물의 제연구역으로 들어가는 입구에 설치된 제연용 연기감지기의 작동에 따라 해당 특정소방대상물의 수직풍도에 연결된 모든 제연구역의 댐퍼가 개방되도록 하거나 해당 특정소방대상물을 포함한 둘 이상의 특정소방대상물의 모든 제연구역의 댐퍼가 개방되도록 할 것 〈개정 2024.4.1.〉

2.14.1.3.8 댐퍼의 작동이 전기적 방식에 의하는 경우 2.11.1.3.2 내지 2.11.1.3.5의 기준을, 기계적 방식에 따른 경우 2.11.1.3.3, 2.11.1.3.4 및 2.11.1.3.5 기준을 준용할 것

2.14.1.3.9 그 밖의 설치기준은 2.11.1.3.1 및 2.11.1.3.8의 기준을 준용할 것

2.15 급기풍도

2.15.1 급기풍도(이하 "풍도"라한다)의 설치는 다음의 기준에 적합해야 한다.

2.15.1.1 수직풍도는 2.11.1.1 및 2.11.1.2의 기준을 준용할 것

2.15.1.2 수직풍도 이외의 풍도로서 금속판으로 설치하는 풍도는 다음의 기준에 적합할 것

2.15.1.2.1 풍도는 아연도금강판 또는 이와 동등 이상의 내식성·내열성이 있는 것으로 하며, 「건축법 시행령」 제2조에 따른 불연재료(석면재료를 제외한다)인 단열재로 풍도외부에 유효한 단열처리를 하고, 강판의 두께는 풍도의 크기에 따라 다음 표 2.15.1.2.1에 따른 기준 이상으로 할 것. 다만, 방화구획이 되는 전용실에 급기송풍기와 연결되는 풍도는 단열이 필요 없다. 〈개정 2024. 4. 1.〉

표 2.15.1.2.1 풍도의 크기에 따른 강판의 두께

풍도단면의 긴변 또는 직경의 크기	450 ㎜ 이하	450 ㎜ 초과 750 ㎜ 이하	750 ㎜ 초과 1,500 ㎜ 이하	1,500 ㎜ 초과 2,250 ㎜ 이하	2,250 ㎜ 초과
강판 두께	0.5 ㎜	0.6 ㎜	0.8 ㎜	1.0 ㎜	1.2 ㎜

2.15.1.2.2 풍도에서의 누설량은 급기량의 10 %를 초과하지 않을 것

2.15.1.3 풍도는 정기적으로 풍도 내부를 청소할 수 있는 구조로 할 것

2.15.1.4 풍도 내의 풍속은 15 m/s 이하로 할 것 〈신설 2024.4.1.〉

2.16 급기송풍기

2.16.1 급기송풍기의 설치는 다음의 기준에 적합해야 한다.

2.16.1.1 송풍기의 송풍능력은 송풍기가 담당하는 제연구역에 대한 급기량의 1.15배 이상으로 할 것. 다만, 풍도에서의 누설을 실측하여 조정하는 경우에는 그렇지 않다.

2.16.1.2 송풍기에는 풍량조절장치를 설치하여 풍량조절을 할 수 있도록 할 것

2.16.1.3 송풍기에는 풍량을 실측할 수 있는 유효한 조치를 할 것

2.16.1.4 송풍기는 인접 장소의 화재로부터 영향을 받지 않고 접근 및 점검이 용이한 장소에 설치할 것

2.16.1.5 송풍기는 옥내의 화재감지기의 동작에 따라 작동하도록 할 것

2.16.1.6 송풍기와 연결되는 캔버스는 내열성(석면재료를 제외한다)이 있는 것으로 할 것

2.17 외기취입구

2.17.1 외기취입구(이하 "취입구"라 한다)는 다음의 기준에 적합해야 한다.

2.17.1.1 외기를 옥외로부터 취입하는 경우 취입구는 연기 또는 공해물질 등으로 오염된 공기를 취입하지 않는 위치에 설치해야 하며, 배기구 등(유입공기, 주방의 조리대의 배출공기 또는 화장실의 배출공기 등을 배출하는 배기구를 말한다)으로부터 수평거리 5 m 이상, 수직거리 1 m 이상 낮은 위치에 설치할 것

2.17.1.2 취입구를 옥상에 설치하는 경우에는 옥상의 외곽면으로부터 수평거리 5 m 이상, 외곽면의 상단으로부터 하부로 수직거리 1 m 이하의 위치에 설치할 것

2.17.1.3 취입구는 빗물과 이물질이 유입하지 않는 구조로 할 것

2.17.1.4 취입구는 취입공기가 옥외의 바람의 속도와 방향에 따라 영향을 받지 않는 구조로 할 것

2.18 제연구역 및 옥내의 출입문

2.18.1 제연구역의 출입문은 다음의 기준에 적합해야 한다.

2.18.1.1 제연구역의 출입문(창문을 포함한다)은 언제나 닫힌 상태를 유지하거나 자동폐쇄장치에 의해 자동으로 닫히는 구조로 할 것. 다만, 아파트인 경우 제연구역과

계단실 사이의 출입문은 자동폐쇄장치에 의하여 자동으로 닫히는 구조로 해야 한다.

2.18.1.2 제연구역의 출입문에 설치하는 자동폐쇄장치는 제연구역의 기압에도 불구하고 출입문을 용이하게 닫을 수 있는 충분한 폐쇄력이 있을 것

2.18.1.3 제연구역의 출입문 등에 자동폐쇄장치를 사용하는 경우에는 「자동폐쇄장치의 성능인증 및 제품검사의 기술기준」에 적합한 것으로 설치할 것

2.18.2 옥내의 출입문(2.7.1의 표 2.7.1에 따른 방화구조의 복도가 있는 경우로서 복도와 거실 사이의 출입문에 한한다)은 다음의 기준에 적합해야 한다.

2.18.2.1 출입문은 언제나 닫힌 상태를 유지하거나 자동폐쇄장치에 의해 자동으로 닫히는 구조로 할 것

2.18.2.2 거실 쪽으로 열리는 구조의 출입문에 자동폐쇄장치를 설치하는 경우에는 출입문의 개방 시 유입공기의 압력에도 불구하고 출입문을 용이하게 닫을 수 있는 충분한 폐쇄력이 있는 것으로 할 것

2.19 수동기동장치

2.19.1 배출댐퍼 및 개폐기의 직근 또는 제연구역에는 다음의 기준에 따른 장치의 작동을 위하여 수동기동장치를 설치하고 스위치는 바닥으로부터 0.8 m 이상 1.5 m 이하의 높이에 설치해야 한다. 다만, 계단실 및 그 부속실을 동시에 제연하는 제연구역에는 그 부속실에만 설치할 수 있다. 〈개정 2024. 4. 1.〉

[그림] 수동기동장치

2.19.1.1 전 층의 제연구역에 설치된 급기댐퍼의 개방

2.19.1.2 당해 층의 배출댐퍼 또는 개폐기의 개방

2.19.1.3 급기송풍기 및 유입공기의 배출용 송풍기(설치한 경우에 한한다)의 작동

2.19.1.4 개방·고정된 모든 출입문(제연구역과 옥내 사이의 출입문에 한한다)의 개폐장치의 작동

2.19.2 2.19.1의 기준에 따른 장치는 옥내에 설치된 수동발신기의 조작에 따라서도 작동할 수 있도록 해야 한다.

2.20 제어반

2.20.1 제연설비의 제어반은 다음의 기준에 적합하도록 설치해야 한다.

　2.20.1.1 제어반에는 제어반의 기능을 1시간 이상 유지할 수 있는 용량의 비상용 축전지를 내장할 것. 다만, 당해 제어반이 종합방재제어반에 함께 설치되어 종합방재제어반으로부터 이 기준에 따른 용량의 전원을 공급받을 수 있는 경우에는 그렇지 않다.

　2.20.1.2 제어반은 다음의 기능을 보유할 것

　　2.20.1.2.1 급기용 댐퍼의 개폐에 대한 감시 및 원격조작기능

　　2.20.1.2.2 배출댐퍼 또는 개폐기의 작동여부에 대한 감시 및 원격조작기능

　　2.20.1.2.3 급기송풍기와 유입공기의 배출용 송풍기(설치한경우에 한한다)의 작동여부에 대한 감시 및 원격조작기능

　　2.20.1.2.4 제연구역의 출입문의 일시적인 고정개방 및 해정에 대한 감시 및 원격조작기능

　　2.20.1.2.5 수동기동장치의 작동여부에 대한 감시 기능

　　2.20.1.2.6 급기구 개구율의 자동조절장치(설치하는 경우에 한한다)의 작동여부에 대한 감시기능. 다만, 급기구에 차압표시계를 고정 부착한 자동차압급기댐퍼를 설치하고 당해 제어반에도 차압표시계를 설치한 경우에는 그렇지 않다.

　　2.20.1.2.7 감시선로의 단선에 대한 감시 기능

　　2.20.1.2.8 예비전원이 확보되고 예비전원의 적합여부를 시험할 수 있어야 할 것

2.21 비상전원

2.21.1 비상전원은 **자가발전설비, 축전지설비 또는 전기저장장치**(외부 전기에너지를 저장해 두었다가 필요한 때 전기를 공급하는 장치)로서 다음의 기준에 따라 설치해야 한다. 다만, 2 이상의 변전소(「전기사업법」 제67조에 따른 변전소를 말한다)에서 전력을 동시에 공급받을 수 있거나 하나의 변전소로부터 전력의 공급이 중단되는 때에는 자동으로 다른 변전소로부터 전원을 공급받을 수 있도록 상용전원을 설치한 경우에는 그렇지 않다.

　2.21.1.1 점검에 편리하고 화재 및 침수 등의 재해로 인한 피해를 받을 우려가 없는 곳에 설치할 것

　2.21.1.2 제연설비를 유효하게 20분 이상 작동할 수 있도록 할 것

　2.21.1.3 상용전원으로부터 전력의 공급이 중단된 때에는 자동으로 비상전원으로부터 전력을 공급받을 수 있도록 할 것

2.21.1.4 비상전원의 설치장소는 다른 장소와 방화구획 할 것. 이 경우 그 장소에는 비상전원의 공급에 필요한 기구나 설비 외의 것(열병합발전설비에 필요한 기구나 설비는 제외한다)을 두어서는 안 된다.

2.21.1.5 비상전원을 실내에 설치하는 때에는 그 실내에 비상조명등을 설치할 것

2.22 시험, 측정 및 조정 등

2.22.1 제연설비는 설계목적에 적합한지 사전에 검토하고 건물의 모든 부분(건축설비를 포함한다)을 완성하는 시점부터 시험 등(확인, 측정 및 조정을 포함한다)을 해야 한다.

2.22.2 제연설비의 시험 등은 다음의 기준에 따라 실시해야 한다.

2.22.2.1 제연구역의 모든 출입문 등의 크기와 열리는 방향이 설계 시와 동일한지 여부를 확인하고, 동일하지 아니한 경우 급기량과 보충량 등을 다시 산출하여 조정가능 여부 또는 재설계·개수의 여부를 결정할 것

2.22.2.2 〈삭제 2024. 4. 1.〉

2.22.2.3 제연구역의 출입문 및 복도와 거실(옥내가 복도와 거실로 되어 있는 경우에 한한다) 사이의 출입문마다 제연설비가 작동하고 있지 아니한 상태에서 그 폐쇄력을 측정할 것

2.22.2.4 층별로 화재감지기(수동기동장치를 포함한다)를 동작시켜 제연설비가 작동하는지 여부를 확인할 것. 다만, 둘 이상의 특정소방대상물이 지하에 설치된 주차장으로 연결되어 있는 경우에는 특정소방대상물의 화재감지기 및 주차장에서 하나의 특정소방대상물의 제연구역으로 들어가는 입구에 설치된 제연용 연기감지기의 작동에 따라 해당 특정소방대상물의 수직풍도에 연결된 모든 제연구역의 댐퍼가 개방되도록 하거나 해당 특정소방대상물을 포함한 둘 이상의 특정소방대상물의 모든 제연구역의 댐퍼가 개방되도록 하고 비상전원을 작동시켜 급기 및 배기용 송풍기의 성능이 정상인지 확인할 것. 〈개정 2024. 4. 1.〉

2.22.2.5 2.22.2.4의 기준에 따라 제연설비가 작동하는 경우 다음의 기준에 따른 시험 등을 실시할 것

2.22.2.5.1 부속실과 면하는 옥내 및 계단실의 출입문을 동시에 개방할 경우, 유입공기의 풍속이 2.7의 규정에 따른 방연풍속에 적합한지 여부를 확인하고, 적합하지 아니한 경우에는 급기구의 개구율과 송풍기의 풍량조절댐퍼 등을 조정하여 적합하게 할 것. 이 경우 유입공기의 풍속은 출입문의 개방에 따른 개구부를 대칭적으로 균등 분할하는 10 이상의 지점에서 측정하는 풍속의 평균치로 할 것

2.22.2.5.2 2.22.2.5.1에 따른 시험 등의 과정에서 출입문을 개방하지 않은 제연구역의 실제 차압이 2.3.3의 기준에 적합한지 여부를 출입문 등에 차압측정공을 설치하고 이를 통하여 차압측정기구로 실측하여 확인 · 조정할 것

2.22.2.5.3 제연구역의 출입문이 모두 닫혀 있는 상태에서 제연설비를 가동시킨 후 출입문의 개방에 필요한 힘을 측정하여 2.3.2의 규정에 따른 개방력에 적합한지 여부를 확인하고, 적합하지 아니한 경우에는 급기구의 개구율 조정 및 플랩댐퍼(설치하는 경우에 한한다)와 풍량조절용댐퍼 등의 조정에 따라 적합하도록 조치할 것

2.22.2.5.4 2.22.2.5.1에 따른 시험 등의 과정에서 부속실의 개방된 출입문이 자동으로 완전히 닫히는지 여부를 확인하고, 닫힌 상태를 유지할 수 있도록 조정할 것

소방시설관리사 기출문제

[20회점검] 특별피난계단의 계단실 및 부속실 제연설비의 화재안전기준(NFSC 501A)상 방연 풍속 측정방법, 측정결과 부적합 시 조치방법을 각각 쓰시오. (4점)

[18회점검] 하나의 특정소방대상물에 특별피난계단의 계단실 및 부속실 제연설비를 화재안전 성능기준(NFSC 501A)에 의하여 설치한 경우 "시험, 측정 및 조정 등"에 관한 "제 연설비 시험 등의 실시기준"을 모두 쓰시오. (8점)

[18회설계] 특별피난계단의 계단실 및 부속실 제연설비의 화재안전기준(NFSC 501A)에 따라 부속실 제연설비를 설치하고자 한다. 아래 조건에 따라 다음에 대하여 답하시오. (8점)

> [조건]
> ◦ 제연구역에 설치된 출입문의 크기는 폭 1.6m, 높이 2.0m이다.
> ◦ 외여닫이문으로 제연구역의 실내 쪽으로 열린다.
> ◦ 주어진 조건 외에는 고려하지 않으며, 계산값은 소수점 넷째자리에서 반올림하 여 소수점 셋째자리까지 구한다.

(1) 출입문의 누설틈새 면적(m^2)을 산출하시오. (4점)

(2) 위 (1)의 누설틈새를 통한 최소 누설량(m^3/s)을 $Q = 0.827AP^{1/2}$의 식을 이용 하여 산출하시오. (4점)

[17회설계] 특별피난계단의 계단식 및 부속실 제연설비에서 옥내의 출입문(방화구조의 복도 가 있는 경우로서 복도와 거실사이의 출입문)에 대한 구조기준을 쓰시오. (2점)

[13회설계] 제연구역에 대한 급기기준 4가지를 쓰시오. (8점)

[13회설계] 급기송풍기 설치기준 4가지를 쓰시오. (8점)

[10회설계] 제연방식 기준 3가지를 쓰시오. (12점)

[10회설계] 제연구역 선정기준 3가지를 쓰시오. (12점)

[9회 설계] 전실제연설비의 제어반 기능 5가지를 쓰시오. (20점)

소방기술사 기출문제

[120회] 특별피난계단의 계단실 및 부속실(비상용승강기 승강장 포함) 제연설비의 국가화재안전기준(NFSC)에 따른 급기의 기준, 외기취입구의 기준, 급기구의 기준, 급기송풍기의 기준에 대하여 설명하시오.

[113회] 특별피난계단의 계단실 및 부속실 제연설비의 TAB(Testing Adjusting & Balancing)에 대하여 다음 각 물음을 설명하시오.
1) 수행목적
2) 수행절차
3) 측정방법

[105회] 부속실 제연구역에 과압의 우려가 있는 경우에 설치하는 과압방지장치의 설치기준에 대하여 설명하시오.

[105회] 특별피난계단의 계단실 및 부속실 제연설비 NFSC 501A에 대하여 다음을 답하시오.
1) 제연구역 및 누설량의 정의

[103회] 제연설비를 설치하여야 할 소방대상물과 수직풍도의 설치 기준에 대하여 설명하시오.

[102회] 특별피난계단의 급기가압제연방식에 있어서 부속실의 방연풍속 측정방법에 대하여 다음을 설명하시오.
1) 측정 전 조치사항
2) 방연풍속의 측정방법(예시도 포함)
3) 판정방법
4) 방연풍속의 부족원인

[97회] 부속실 제연설비에서 유입공기의 배출목적 및 배출방식의 종류에 대하여 설명하시오.

[92회] 특별피난계단의 계단실 및 부속실에 급기하여야 할 급기량은 누설량과 보충량으로 구분하여 적용하여야 한다. 누설량과 보충량에 대하여 각각의 개념, 목적, 조건, 법적기준 및 계산공식을 구분하여 비교 설명하시오.

[90회] 급기가압제연에서 유입공기의 배출이 필요한 이유와 배출방식에 대하여 설명하시오.

[90회] 급기가압식 제연설비의 제연성능(확인, 측정 및 조정) 시험기준에 대하여 설명하시오.

[88회] 특별피난계단에 설치하는 계단실 및 부속실 제연설비의 제어반 기능에 대하여 기술하시오.

[88회] 제연설비의 급기구에 설치하는 댐퍼 설치기준에 대하여 기술하시오.

연결송수관설비의 화재안전기술기준(NFTC 502)

[시행 2022. 12. 1.] [소방청공고 제2022-236호, 2022. 12. 1, 제정]

1. 일반사항

1.1 적용범위

1.1.1 이 기준은 「소방시설 설치 및 관리에 관한 법률 시행령」(이하 "영"이라 한다) 별표 4 제5호나목에 따른 연결송수관설비의 설치 및 관리에 필요한 사항에 대해 적용한다.

1.2 기준의 효력

1.2.1 이 기준은 「소방시설 설치 및 관리에 관한 법률」(이하 "법"이라 한다) 제2조제1항제6호나목에 따라 소화활동설비인 연결송수관설비의 기술기준으로서의 효력을 가진다.

1.2.2 이 기준을 지키는 경우에는 법 제2조제1항제6호나목에 따른 「연결송수관설비의 화재안전성능기준(NFPC 502)」을 충족하는 것으로 본다.

1.3 기준의 시행

1.3.1 이 기준은 2022년 12월 1일부터 시행한다.

1.4 기준의 특례

1.4.1 소방본부장 또는 소방서장은 기존건축물이 증축·개축·대수선되거나 용도변경 되는 경우에 있어서 이 기준이 정하는 기준에 따라 해당 건축물에 설치해야 할 연결송수관설비의 배관·배선 등의 공사가 현저하게 곤란하다고 인정되는 경우에는 해당 설비의 기능 및 사용에 지장이 없는 범위 안에서 이 기준의 일부를 적용하지 않을 수 있다.

1.5 경과조치

1.5.1 이 기준 시행 전에 건축허가 등의 신청 또는 신고를 하거나 소방시설공사의 착공신고를 한 특정소방대상물에 대해서는 종전의 「연결송수관설비의 화재안전기준(NFSC 502)」에 따른다.

1.5.2 이 기준 시행 전에 1.5.1에 따른 신청 또는 신고를 한 경우라도 제정 기준이 종전의 기준에 비하여 관계인에게 유리한 경우에는 제정 기준에 따를 수 있다.

1.6 다른 법령과의 관계

1.6.1 이 기준 시행 당시 다른 법령 또는 행정규칙 등에서 종전의 화재안전기준을 인용한 경우

에 이 기준 가운데 그에 해당하는 규정이 있는 경우에는 종전의 규정에 갈음하여 이 기준의 해당 규정을 인용한 것으로 본다.

1.7 용어의 정의

1.7.1 이 기준에서 사용하는 용어의 정의는 다음과 같다.

    1.7.1.1 "연결송수관설비"란 건축물의 옥외에 설치된 송수구에 소방차로부터 가압수를 송수하고 소방관이 건축물 내에 설치된 방수기구함에 비치된 호스를 방수구에 연결하여 화재를 진압하는 소화활동설비를 말한다.

    1.7.1.2 "주배관"이란 각 층을 수직으로 관통하는 수직배관을 말한다.

    1.7.1.3 "분기배관"이란 배관 측면에 구멍을 뚫어 둘 이상의 관로가 생기도록 가공한 배관으로서 다음의 분기배관을 말한다.

        (1) "확관형 분기배관"이란 배관의 측면에 조그만 구멍을 뚫고 소성가공으로 확관시켜 배관 용접이음자리를 만들거나 배관 용접이음자리에 배관이음쇠를 용접 이음한 배관을 말한다.

        (2) "비확관형 분기배관"이란 배관의 측면에 분기호칭내경 이상의 구멍을 뚫고 배관이음쇠를 용접 이음한 배관을 말한다.

    1.7.1.4 "송수구"란 소화설비에 소화용수를 보급하기 위하여 건물 외벽 또는 구조물의 외벽에 설치하는 관을 말한다.

    1.7.1.5 "방수구"란 소화설비로부터 소화용수를 방수하기 위하여 건물내벽 또는 구조물의 외벽에 설치하는 관을 말한다.

    1.7.1.6 "충압펌프"란 배관 내 압력손실에 따라 주펌프의 빈번한 기동을 방지하기 위하여 충압역할을 하는 펌프를 말한다.

    1.7.1.7 "정격토출량"이란 펌프의 정격부하운전 시 토출량으로서 정격토출압력에서의 토출량을 말한다.

    1.7.1.8 "정격토출압력"이란 펌프의 정격부하운전 시 토출압력으로서 정격토출량에서의 토출측 압력을 말한다.

    1.7.1.9 "진공계"란 대기압 이하의 압력을 측정하는 계측기를 말한다.

    1.7.1.10 "연성계"란 대기압 이상의 압력과 대기압 이하의 압력을 측정할 수 있는 계측기를 말한다.

    1.7.1.11 "체절운전"이란 펌프의 성능시험을 목적으로 펌프 토출측의 개폐밸브를 닫은 상태에서 펌프를 운전하는 것을 말한다.

    1.7.1.12 "기동용 수압개폐장치"란 소화설비의 배관 내 압력변동을 검지하여 자동적으로 펌프를 기동 및 정지시키는 것으로서 압력챔버 또는 기동용압력스위치 등을 말한다.

2. 기술기준

2.1 송수구

2.1.1 연결송수관설비의 송수구는 다음의 기준에 따라 설치해야 한다.

  2.1.1.1 소방차가 쉽게 접근할 수 있고 잘 보이는 장소에 설치할 것

  2.1.1.2 지면으로부터 **높이가 0.5 m 이상 1 m 이하**의 위치에 설치할 것

  2.1.1.3 송수구는 화재층으로부터 지면으로 떨어지는 유리창 등이 송수 및 그 밖의 소화 작업에 지장을 주지 않는 장소에 설치할 것

  2.1.1.4 송수구로부터 연결송수관설비의 주배관에 이르는 연결배관에 개폐밸브를 설치한 때에는 그 개폐상태를 쉽게 확인 및 조작할 수 있는 옥외 또는 기계실 등의 장소에 설치할 것. 이 경우 개폐밸브에는 그 밸브의 개폐상태를 감시제어반에서 확인할 수 있도록 급수개폐밸브 작동표시 스위치(이하 "탬퍼스위치"라 한다)를 다음의 기준에 따라 설치해야 한다.

> 2.1.1.4.1 급수개폐밸브가 잠길 경우 탬퍼스위치의 동작으로 인하여 감시제어반 또는 수신기에 표시되어야 하며 경보음을 발할 것
>
> 2.1.1.4.2 탬퍼스위치는 감시제어반 또는 수신기에서 동작의 유무확인과 동작시험, 도통시험을 할 수 있을 것
>
> 2.1.1.4.3 탬퍼스위치에 사용되는 전기배선은 내화전선 또는 내열전선으로 설치할 것

  2.1.1.5 **구경 65 ㎜의 쌍구형**으로 할 것

  2.1.1.6 송수구에는 그 가까운 곳의 보기 쉬운 곳에 송수압력범위를 표시한 표지를 할 것

  2.1.1.7 송수구는 연결송수관의 **수직배관마다 1개 이상**을 설치할 것. 다만, 하나의 건축물에 설치된 각 수직배관이 중간에 개폐밸브가 설치되지 아니한 배관으로 상호 연결되어 있는 경우에는 건축물마다 1개씩 설치할 수 있다.

  2.1.1.8 송수구의 부근에는 **자동배수밸브 및 체크밸브**를 다음의 기준에 따라 설치할 것. 이 경우 자동배수밸브는 배관안의 물이 잘빠질 수 있는 위치에 설치하되, 배수로 인하여 다른 물건이나 장소에 피해를 주지 않아야 한다.

> 2.1.1.8.1 습식의 경우에는 송수구·자동배수밸브·체크밸브의 순으로 설치할 것
>
> 2.1.1.8.2 건식의 경우에는 송수구·자동배수밸브·체크밸브·자동배수밸브의 순으로 설치할 것

  2.1.1.9 송수구에는 가까운 곳의 보기 쉬운 곳에 "연결송수관설비송수구"라고 표시한 표지를 설치할 것

  2.1.1.10 송수구에는 이물질을 막기 위한 마개를 씌울 것

2.2 배관 등

2.2.1 연결송수관설비의 배관은 다음의 기준에 따라 설치해야 한다.

> 2.2.1.1 주배관의 구경은 100 ㎜ 이상의 것으로 할 것
>
> 2.2.1.2 지면으로부터의 높이가 31 m 이상인 특정소방대상물 또는 지상 11층 이상인 특
> 정소방대상물에 있어서는 습식설비로 할 것

2.2.2 배관과 배관이음쇠는 다음의 어느 하나에 해당하는 것 또는 동등 이상의 강도 · 내식성
및 내열성을 국내 · 외 공인기관으로부터 인정받은 것을 사용해야 한다. 다만, 본 기준에
서 정하지 않은 사항은 건설기술 진흥법 제44조제1항의 규정에 따른 "건설기준"에 따른
다.

　2.2.2.1 배관 내 사용압력이 1.2 ㎫ 미만일 경우에는 다음의 어느 하나에 해당하는 것

　　(1) 배관용 탄소강관(KS D 3507)

　　(2) 이음매 없는 구리 및 구리합금관(KS D 5301). 다만, 습식의 배관에 한한다.

　　(3) 배관용 스테인리스강관(KS D 3576) 또는 일반배관용 스테인리스강관(KS D 3595).
　　　 다만, 배관용 스테인리스강관(KS D 3576)의 이음을 용접으로 할 경우에는 텅스텐 불
　　　 활성 가스 아크 용접(Tungsten Inertgas Arc Welding)방식에 따른다.

　　(4) 덕타일 주철관(KS D 4311)

　2.2.2.2 배관 내 사용압력이 1.2 ㎫ 이상일 경우에는 다음의 어느 하나에 해당하는 것

　　(1) 압력배관용 탄소강관(KS D 3562)

　　(2) 배관용 아크용접 탄소강강관(KS D 3583)

2.2.3 2.2.2에도 불구하고 다음의 어느 하나에 해당하는 장소에는 소방청장이 정하여 고시한
「소방용합성수지배관의 성능인증 및 제품검사의 기술기준」에 적합한 **소방용 합성수지배**
관으로 설치할 수 있다.

> 2.2.3.1 배관을 지하에 매설하는 경우
>
> 2.2.3.2 다른 부분과 내화구조로 구획된 덕트 또는 피트의 내부에 설치하는 경우
>
> 2.2.3.3 천장(상층이 있는 경우에는 상층바닥의 하단을 포함한다. 이하 같다)과 반자를
> 불연재료 또는 준불연재료로 설치하고 소화배관 내부에 항상 소화수가 채워진
> 상태로 설치하는 경우

2.2.4 연결송수관설비의 배관은 **주배관의 구경이 100 ㎜ 이상인 옥내소화전설비 · 스프링클러**
설비 또는 물분무등소화설비의 배관과 겸용할 수 있다.

2.2.5 연결송수관설비의 수직배관은 내화구조로 구획된 계단실(부속실을 포함한다) 또는 파이
프덕트 등 화재의 우려가 없는 장소에 설치해야 한다. 다만, 학교 또는 공장이거나 배관

주위를 1시간 이상의 내화성능이 있는 재료로 보호하는 경우에는 그렇지 않다.

2.2.6 확관형 분기배관을 사용할 경우에는 소방청장이 정하여 고시한 「분기배관의 성능인증 및 제품검사의 기술기준」에 적합한 것으로 설치해야 한다.

2.2.7 배관은 다른 설비의 배관과 쉽게 구분이 될 수 있는 위치에 설치하거나, 그 배관표면 또는 배관 보온재표면의 색상은 「한국산업표준(배관계의 식별 시, KS A 0503)」 또는 적색으로 식별이 가능하도록 소방용설비의 배관임을 표시해야 한다.

2.3 방수구

2.3.1 연결송수관설비의 방수구는 다음의 기준에 따라 설치해야 한다.

[그림] 연결송수관 방수구

2.3.1.1 연결송수관설비의 방수구는 그 특정소방대상물의 층마다 설치할 것. 다만, 다음의 어느 하나에 해당하는 층에는 설치하지 않을 수 있다.

(1) 아파트의 1층 및 2층

(2) 소방차의 접근이 가능하고 소방대원이 소방차로부터 각 부분에 쉽게 도달할 수 있는 피난층

(3) 송수구가 부설된 옥내소화전을 설치한 특정소방대상물(집회장·관람장·백화점·도매시장·소매시장·판매시설·공장·창고시설 또는 지하가를 제외한다)로서 다음의 어느 하나에 해당하는 층

  (3-1) 지하층을 제외한 층수가 4층 이하이고 연면적이 6,000 ㎡ 미만인 특정소방대상물의 지상층

  (3-2) 지하층의 층수가 2 이하인 특정소방대상물의 지하층

2.3.1.2 특정소방대상물의 층마다 설치하는 방수구는 다음의 기준에 따를 것

  2.3.1.2.1 아파트 또는 바닥면적이 1,000 m^2 미만인 층에 있어서는 계단(계단이 둘 이상 있는 경우에는 그중 1개의 계단을 말한다)으로부터 5m 이내에 설치할 것. 이 경우 부속실이 있는 계단은 부속실의 옥내 출입구로부터 5m 이내에 설치할 수 있다.

  2.3.1.2.2 바닥면적 1,000 m^2 이상인 층(아파트를 제외한다)에 있어서는 각 계단(계단의 부속실을 포함하며 계단이 셋 이상 있는 층의 경우에는 그중 두 개의 계단을 말한다)으로부터 5 m 이내에 설치할 것. 이 경우 부속실이 있는 계단은 부속실의 옥내 출입구로부터 5m 이내에 설치할 수 있다.

  2.3.1.2.3 2.3.1.2.1 또는 2.3.1.2.2에 따라 설치하는 방수구로부터 그 층의 각 부분까지의 거리가 다음의 기준을 초과하는 경우에는 그 기준 이하가 되도록 방수구를 추가하여 설치할 것

> (1) 지하가(터널은 제외한다) 또는 지하층의 바닥면적의 합계가 3,000 m^2 이상인 것은 수평거리 25 m
> (2) (1)에 해당하지 않는 것은 수평거리 50 m

2.3.1.3 11층 이상의 부분에 설치하는 방수구는 쌍구형으로 할 것. 다만, 다음의 어느 하나에 해당하는 층에는 단구형으로 설치할 수 있다.

> (1) 아파트의 용도로 사용되는 층
> (2) 스프링클러설비가 유효하게 설치되어 있고 방수구가 2개소 이상 설치된 층

2.3.1.4 방수구의 호스접결구는 바닥으로부터 높이 0.5 m 이상 1 m 이하의 위치에 설치할 것

2.3.1.5 방수구는 연결송수관설비의 전용방수구 또는 옥내소화전방수구로서 **구경 65 ㎜**의 것으로 설치할 것

2.3.1.6 방수구의 위치표시는 표시등 또는 축광식표지로 하되 다음의 기준에 따라 설치할 것

  2.3.1.6.1 표시등을 설치하는 경우에는 함의 상부에 설치하되, 소방청장이 고시한 「표시등의 성능인증 및 제품검사의 기술기준」에 적합한 것으로 설치할 것

  2.3.1.6.2 축광식표지를 설치하는 경우에는 소방청장이 고시한 「축광표지의 성능인증 및 제품검사의 기술기준」에 적합한 것으로 설치할 것

2.3.1.7 방수구는 개폐기능을 가진 것으로 설치해야 하며, 평상시 닫힌 상태를 유지할 것

2.4 방수기구함

2.4.1 연결송수관설비의 방수기구함은 다음의 기준에 따라 설치해야 한다.

[그림] 방수기구함

2.4.1.1 방수기구함은 **피난층과 가장 가까운 층을 기준으로 3개층마다 설치하되, 그 층의 방수구마다 보행거리 5 m 이내에 설치할 것**

2.4.1.2 방수기구함에는 **길이 15 m의 호스와 방사형 관창**을 다음의 기준에 따라 비치할 것

> 2.4.1.2.1 호스는 방수구에 연결하였을 때 그 방수구가 담당하는 구역의 각 부분에 유효하게 물이 뿌려질 수 있는 개수 이상을 비치할 것. 이 경우 쌍구형 방수구는 단구형 방수구의 2배 이상의 개수를 설치해야 한다.
>
> 2.4.1.2.2 방사형 관창은 단구형 방수구의 경우에는 1개, 쌍구형 방수구의 경우에는 2개 이상 비치할 것

2.5.1.3 방수기구함에는 "방수기구함"이라고 표시한 축광식 표지를 할 것. 이 경우 축광식 표지는 소방청장이 고시한 「축광표지의 성능인증 및 제품검사의 기술기준」에 적합한 것으로 설치해야 한다.

2.5 가압송수장치

2.5.1 **지표면에서 최상층 방수구의 높이가 70 m 이상**의 특정소방대상물에는 다음의 기준에 따라 연결송수관설비의 가압송수장치를 설치해야 한다.

> 2.5.1.1 쉽게 접근할 수 있고 점검하기에 충분한 공간이 있는 장소로서 화재 및 침수 등의 재해로 인한 피해를 받을 우려가 없는 곳에 설치할 것
>
> 2.5.1.2 동결방지조치를 하거나 동결의 우려가 없는 장소에 설치할 것
>
> 2.5.1.3 펌프는 전용으로 할 것. 다만, 각각의 소화설비의 성능에 지장이 없을 때에는 다른 소화설비와 겸용 할 수 있다.

2.5.1.4 펌프의 토출측에는 압력계를 체크밸브 이전에 펌프토출측 플랜지에서 가까운 곳에 설치하고, 흡입측에는 연성계 또는 진공계를 설치할 것. 다만, 수원의 수위가 펌프의 위치보다 높거나 수직회전축 펌프의 경우에는 연성계 또는 진공계를 설치하지 않을 수 있다.

2.5.1.5 가압송수장치에는 정격부하운전 시 펌프의 성능을 시험하기 위한 배관을 설치할 것. 다만, 충압펌프의 경우에는 그렇지 않다.

2.5.1.6 가압송수장치에는 체절운전 시 수온의 상승을 방지하기 위한 순환배관을 설치할 것. 다만, 충압펌프의 경우에는 그렇지 않다.

2.5.1.7 펌프의 토출량은 2,400 L/min(계단식 아파트의 경우에는 1,200 L/min) 이상이 되는 것으로 할 것. 다만, 해당 층에 설치된 방수구가 3개를 초과(방수구가 5개 이상인 경우에는 5개)하는 것에 있어서는 1개마다 800 L/min(계단식 아파트의 경우에는 400 L/min)를 가산한 양이 되는 것으로 할 것

2.5.1.8 펌프의 양정은 최상층에 설치된 노즐선단의 압력이 0.35 ㎫ 이상의 압력이 되도록 할 것

2.5.1.9 가압송수장치는 방수구가 개방될 때 자동으로 기동되거나 수동스위치의 조작에 따라 기동되도록 할 것. 이 경우 수동스위치는 2개 이상을 설치하되, 그중 1개는 다음의 기준에 따라 송수구의 부근에 설치해야 한다.

2.5.1.9.1 송수구로부터 5 m 이내의 보기 쉬운 장소에 바닥으로부터 높이 0.8 m 이상 1.5 m 이하로 설치할 것

2.5.1.9.2 1.5 ㎜ 이상의 강판함에 수납하여 설치하고 "연결송수관설비 수동스위치"라고 표시한 표지를 부착할 것. 이경우 문짝은 불연재료로 설치할 수 있다.

2.5.1.9.3 「전기사업법」 제67조에 따른 「전기설비기술기준」에 따라 접지하고 빗물 등이 들어가지 않는 구조로 할 것

2.5.1.10 기동장치로는 기동용수압개폐장치 또는 이와 동등 이상의 성능이 있는 것으로 설치할 것. 다만, 기동용수압개폐장치 중 압력챔버를 사용할 경우 그 내용적은 100 L 이상인 것으로 할 것

2.5.1.11 수원의 수위가 펌프보다 낮은 위치에 있는 가압송수장치에는 다음의 기준에 따른 물올림장치를 설치할 것

2.5.1.11.1 물올림장치에는 전용의 수조를 설치할 것

2.5.1.11.2 수조의 유효수량은 100 L 이상으로 하되, 구경 15 ㎜ 이상의 급수배관에 따라 해당 수조에 물이 계속 보급되도록 할 것

2.5.1.12 기동용수압개폐장치를 기동장치로 사용할 경우에는 다음의 기준에 따른 충압펌 프를 설치할 것. 다만, 소화용 급수펌프로도 상시 충압이 가능하고 다음 2.5.1.12.1의 성능을 갖춘 경우에는 충압펌프를 별도로 설치하지 않을 수 있다.

2.5.1.12.1 펌프의 토출압력은 그 설비의 최고위 호스접결구의 자연압보다 적어도 0.2 ㎫이 더 크도록 하거나 가압송수장치의 정격토출압력과 같게 할 것

2.5.1.12.2 펌프의 정격토출량은 정상적인 누설량보다 적어서는 안 되며, 연결송수관설 비가 자동적으로 작동할 수 있도록 충분한 토출량을 유지할 것

2.5.1.13 내연기관을 사용하는 경우에는 다음의 기준에 적합한 것으로 할 것

2.5.1.13.1 내연기관의 기동은 2.5.1.9의 기동장치의 기동을 명시하는 적색등을 설치할 것

2.5.1.13.2 제어반에 따라 내연기관의 자동기동 및 수동기동이 가능하고, 상시 충전되 어 있는 축전지설비를 갖출 것

2.5.1.13.3 내연기관의 연료량은 펌프를 20분 이상 운전할 수 있는 용량일 것

2.5.1.14 가압송수장치에는 "연결송수관펌프"라고 표시한 표지를 할 것. 이 경우 그 가압 송수장치를 다른 설비와 겸용하는 때에는 그 겸용되는 설비의 이름을 표시한 표 지를 함께 해야 한다.

2.5.1.15 가압송수장치가 기동이 된 경우에는 자동으로 정지되지 않도록 할 것. 다만, 충압 펌프의 경우에는 그렇지 않다.

2.5.1.16 가압송수장치는 부식 등으로 인한 펌프의 고착을 방지할 수 있도록 다음의 기준 에 적합한 것으로 할 것. 다만, 충압펌프는 제외한다.

2.5.1.16.1 임펠러는 청동 또는 스테인리스 등 부식에 강한 재질을 사용할 것

2.5.1.16.2 펌프축은 스테인리스 등 부식에 강한 재질을 사용할 것

2.6 전원 등

2.6.1 가압송수장치의 상용전원회로의 배선 및 비상전원은 다음의 기준에 따라 설치해야 한 다.

2.6.1.1 저압수전인 경우에는 인입개폐기의 직후에서 분기하여 전용배선으로 할 것

2.6.1.2 특별고압수전 또는 고압수전일 경우에는 전력용 변압기 2차측의 주차단기 1차측 에서 분기하여 전용배선으로 하되, 상용전원의 공급에 지장이 없을 경우에는 주 차단기 2차측에서 분기하여 전용배선으로 할 것. 다만, 가압송수장치의 정격입 력전압이 수전전압과 같은 경우에는 2.6.1.1의 기준에 따른다.

2.6.2 비상전원은 **자가발전설비, 축전지설비**(내연기관에 따른 펌프를 사용하는 경우에는 내연 기관의 기동 및 제어용 축전지를 말한다. 이하 같다) 또는 **전기저장장치**(외부 전기에너지 를 저장해 두었다가 필요한 때 전기를 공급하는 장치. 이하 같다)로서 다음의 기준에 따 라 설치해야 한다.

2.6.2.1 점검에 편리하고 화재 및 침수 등의 재해로 인한 피해를 받을 우려가 없는 곳에 설 치할 것

2.6.2.2 연결송수관설비를 유효하게 20분 이상 작동할 수 있어야 할 것

2.6.2.3 상용전원으로부터 전력의 공급이 중단된 때에는 자동으로 비상전원으로부터 전 력을 공급받을 수 있도록 할 것

2.6.2.4 비상전원의 설치장소는 다른 장소와 방화구획하고, 비상전원의 공급에 필요한 기구나 설비가 아닌 것(열병합발전설비에 필요한 기구나 설비는 제외한다)을 두 지 않을 것

2.6.2.5 비상전원을 실내에 설치하는 때에는 그 실내에 비상조명등을 설치할 것

2.7 배선 등

2.7.1 연결송수관설비의 배선은 「전기사업법」 제67조에 따른 「전기설비기술기준」에서 정한 것 외에 다음의 기준에 따라 설치해야 한다.

2.7.1.1 비상전원으로부터 동력제어반 및 가압송수장치에 이르는 전원회로배선은 내화 배선으로 할 것. 다만, 자가발전설비와 동력제어반이 동일한 실에 설치된 경우에 는 자가발전기로부터 그 제어반에 이르는 전원회로배선은 그렇지 않다.

2.7.1.2 상용전원으로부터 동력제어반에 이르는 배선, 그 밖의 연결송수관설비의 감시·조작 또는 표시등회로의 배선은 「옥내소화전설비의 화재안전기술기준(NFTC 102)」 2.7.2의 표 2.7.2(1) 또는 표 2.7.2(2)에 따른 내화배선 또는 내열배선으로 할 것. 다만, 감시제어반 또는 동력제어반 안의 감시·조작 또는 표시등회로의 배 선은 그렇지 않다.

2.7.2 연결송수관설비의 과전류차단기 및 개폐기에는 "연결송수관설비용"이라고 표시한 표지 를 해야 한다.

2.7.3 연결송수관설비용 전기배선의 양단 및 접속단자에는 다음의 기준에 따라 표지해야 한 다.

2.7.3.1 단자에는 "연결송수관설비단자"라고 표지한 표지를 부착할 것

2.7.3.2 연결송수관설비용 전기배선의 양단에는 다른 배선과 쉽게 구별할 수 있도록 표시 할 것

2.8 송수구의 겸용

2.8.1 연결송수관설비의 송수구를 옥내소화전설비 · 스프링클러설비 · 간이스프링클러설비 · 화재조기진압용 스프링클러설비 · 물분무소화설비 · 포소화설비 또는 연결살수설비와 겸용으로 설치하는 경우에는 스프링클러설비의 송수구 설치기준에 따르되 각각의 소화설비의 기능에 지장이 없도록 해야 한다.

소방시설관리사 기출문제

[17회설계] 연결송수관설비의 송수구 설치기준 중 급수개폐밸브 작동표시스위치의 설치기준을 쓰시오.(3점)

소방기술사 기출문제

[124회] 연결송수관설비의 방수구 설치기준을 설명하시오.

1. 일반사항

1.1 적용범위

1.1.1 이 기준은 「소방시설 설치 및 관리에 관한 법률 시행령」(이하 "영"이라 한다) 별표 4 제5호다목에 따른 연결살수설비의 설치 및 관리에 필요한 사항에 대해 적용한다.

1.2 기준의 효력

1.2.1 이 기준은 「소방시설 설치 및 관리에 관한 법률」(이하 "법"이라 한다) 제2조제1항제6호나목에 따라 소화활동설비인 연결살수설비의 기술기준으로서의 효력을 가진다.

1.2.2 이 기준에 적합한 경우에는 법 제2조제1항제6호나목에 따라 「연결살수설비의 화재안전성능기준(NFPC 503)」을 충족하는 것으로 본다.

1.3 기준의 시행

1.3.1 이 기준은 2022년 12월 1일부터 시행한다.

1.4 기준의 특례

1.4.1 소방본부장 또는 소방서장은 기존건축물이 증축·개축·대수선되거나 용도변경 되는 경우에 있어서 이 기준이 정하는 기준에 따라 해당 건축물에 설치해야 할 연결살수설비의 배관·배선 등의 공사가 현저하게 곤란하다고 인정되는 경우에는 해당 설비의 기능 및 사용에 지장이 없는 범위에서 이 기준의 일부를 적용하지 않을 수 있다.

1.5 경과조치

1.5.1 이 기준 시행 전에 건축허가 등의 신청 또는 신고를 하거나 소방시설공사의 착공신고를 한 특정소방대상물에 대해서는 종전의 「연결살수설비의 화재안전기준(NFSC 503)」에 따른다.

1.5.2 이 기준 시행 전에 1.5.1에 따른 신청 또는 신고를 한 경우라도 제정 기준이 종전의 기준에 비하여 관계인에게 유리한 경우에는 제정 기준에 따를 수 있다.

1.6 다른 법령과의 관계

1.6.1 이 기준 시행 당시 다른 법령 또는 행정규칙 등에서 종전의 화재안전기준을 인용한 경우

에 이 기준 가운데 그에 해당하는 규정이 있는 경우에는 종전의 규정에 갈음하여 이 기준의 해당 규정을 인용한 것으로 본다.

1.7 용어의 정의

1.7.1 이 기준에서 사용하는 용어의 정의는 다음과 같다.

1.7.1.1 "호스접결구"란 호스를 연결하는데 사용되는 장비일체를 말한다.

1.7.1.2 "체크밸브"란 흐름이 한 방향으로만 흐르도록 되어 있는 밸브를 말한다.

1.7.1.3 "주배관"이란 수직배관을 통해 교차배관에 급수하는 배관을 말한다.

1.7.1.4 "교차배관"이란 주배관을 통해 가지배관에 급수하는 배관을 말한다.

1.7.1.5 "가지배관"이란 헤드가 설치되어 있는 배관을 말한다.

1.7.1.6 "분기배관"이란 배관 측면에 구멍을 뚫어 둘 이상의 관로가 생기도록 가공한 배관으로서 다음의 분기배관을 말한다.

　(1) "확관형 분기배관"이란 배관의 측면에 조그만 구멍을 뚫고 소성가공으로 확관시켜 배관 용접이음자리를 만들거나 배관 용접이음자리에 배관이음쇠를 용접 이음한 배관을 말한다.

　(2) "비확관형 분기배관"이란 배관의 측면에 분기호칭내경 이상의 구멍을 뚫고 배관이음쇠를 용접 이음한 배관을 말한다.

1.7.1.7 "송수구"란 소화설비에 소화용수를 보급하기 위하여 건물 외벽 또는 구조물에 설치하는 관을 말한다.

1.7.1.8 "연소할 우려가 있는 개구부"란 각 방화구획을 관통하는 컨베이어·에스컬레이터 또는 이와 유사한 시설의 주위로서 방화구획을 할 수 없는 부분을 말한다.

1.7.1.9 "선택밸브"란 둘 이상의 방호구역 또는 방호대상물이 있어, 소화수 또는 소화약제를 해당하는 방호구역 또는 방호대상물에 선택적으로 방출되도록 제어하는 밸브를 말한다.

1.7.1.10 "자동개방밸브"란 전기적 또는 기계적 신호에 의해 자동으로 개방되는 밸브를 말한다.

1.7.1.11 "자동배수밸브"란 배관의 도중에 설치되어 배관 내 잔류수를 자동으로 배수시켜 주는 밸브를 말한다.

2. 기술기준

2.1 송수구 등

2.1.1 연결살수설비의 송수구는 다음의 기준에 따라 설치하여야 한다.

2.1.1.1 소방차가 쉽게 접근할 수 있고 노출된 장소에 설치할 것

2.1.1.2 가연성가스의 저장·취급시설에 설치하는 연결살수설비의 송수구는 그 방호대상물로부터 20 m 이상의 거리를 두거나 방호대상물에 면하는 부분이 높이 1.5 m 이상 폭 2.5 m 이상의 철근콘크리트 벽으로 가려진 장소에 설치해야 한다.

2.1.1.3 송수구는 구경 65 ㎜의 쌍구형으로 설치할 것. 다만, 하나의 송수구역에 부착하는 살수헤드의 수가 10개 이하인 것은 단구형인 것으로 할 수 있다.

2.1.1.4 개방형헤드를 사용하는 송수구의 호스접결구는 각 송수구역마다 설치할 것. 다만, 송수구역을 선택할 수 있는 선택밸브가 설치되어 있고 각 송수구역의 주요구조부가 내화구조로 되어 있는 경우에는 그렇지 않다.

2.1.1.5 소방관의 호스연결 등 소화작업에 용이하도록 지면으로부터 높이가 0.5 m 이상 1 m 이하의 위치에 설치할 것

2.1.1.6 송수구로부터 주배관에 이르는 연결배관에는 개폐밸브를 설치하지 않을 것. 다만, 스프링클러설비·물분무소화설비·포소화설비 또는 연결송수관설비의 배관과 겸용하는 경우에는 그렇지 않다.

2.1.1.7 송수구의 부근에는 "연결살수설비 송수구"라고 표시한 표지와 송수구역 일람표를 설치할 것. 다만, 2.1.2에 따른 선택밸브를 설치한 경우에는 그렇지 않다.

2.1.1.8 송수구에는 이물질을 막기 위한 마개를 씌울 것

[그림] 연결살수설비 송수구

2.1.2 연결살수설비의 선택밸브는 다음의 기준에 따라 설치해야 한다. 다만, 송수구를 송수구역마다 설치한 때에는 그렇지 않다.

2.1.2.1 화재 시 연소의 우려가 없는 장소로서 조작 및 점검이 쉬운 위치에 설치할 것

2.1.2.2 자동개방밸브에 따른 선택밸브를 사용하는 경우에는 송수구역에 방수하지 않고 자동밸브의 작동시험이 가능하도록 할 것

2.1.2.3 선택밸브의 부근에는 송수구역 일람표를 설치할 것

2.1.3 송수구의 가까운 부분에 **자동배수밸브와 체크밸브**를 다음의 기준에 따라 설치해야 한다.

2.1.3.1 폐쇄형헤드를 사용하는 설비의 경우에는 송수구 · 자동배수밸브 · 체크밸브의 순서로 설치할 것

2.1.3.2 개방형헤드를 사용하는 설비의 경우에는 송수구 · 자동배수밸브의 순서로 설치할 것

2.1.3.3 자동배수밸브는 배관 안의 물이 잘 빠질 수 있는 위치에 설치하되, 배수로 인하여 다른 물건 또는 장소에 피해를 주지 않을 것

2.1.4 개방형헤드를 사용하는 연결살수설비에 있어서 하나의 송수구역에 설치하는 살수헤드의 수는 10개 이하가 되도록 해야 한다.

2.2 배관 등

2.2.1 배관과 배관이음쇠는 다음의 어느 하나에 해당하는 것 또는 동등 이상의 강도 · 내식성 및 내열성을 국내 · 외 공인기관으로부터 인정 받은 것을 사용해야 한다. 다만, 본 기준에서 정하지 않은 사항은 「건설기술 진흥법」 제44조제1항의 규정에 따른 "건설기준"에 따른다.

2.2.1.1 배관 내 사용압력이 1.2 ㎫ 미만일 경우에는 다음의 어느 하나에 해당하는 것

(1) 배관용 탄소강관(KS D 3507)

(2) 이음매 없는 구리 및 구리합금관(KS D 5301). 다만, 습식의 배관에 한정한다.

(3) 배관용 스테인리스강관(KS D 3576) 또는 일반배관용 스테인리스강관(KS D 3595). 다만, 배관용 스테인리스강관(KS D 3576)의 이음을 용접으로 할 경우에는 텅스텐 불활성 가스 아크 용접(Tungsten Inertgas Arc Welding)방식에 따른다.

(4) 덕타일 주철관(KS D 4311)

2.2.1.2 배관 내 사용압력이 1.2 ㎫ 이상일 경우에는 다음의 어느 하나에 해당하는 것

(1) 압력배관용탄소강관(KS D 3562)

(2) 배관용 아크용접 탄소강강관(KS D 3583)

2.2.2 2.2.1에도 불구하고 다음의 어느 하나에 해당하는 장소에는 소방청장이 정하여 고시한 「소방용합성수지배관의 성능인증 및 제품검사의 기술기준」에 적합한 소방용 합성수지배관으로 설치할 수 있다.

2.2.2.1 배관을 지하에 매설하는 경우

2.2.2.2 다른 부분과 내화구조로 구획된 덕트 또는 피트의 내부에 설치하는 경우

2.2.2.3 천장(상층이 있는 경우에는 상층바닥의 하단을 포함한다. 이하 같다)과 반자를 불연재료 또는 준불연재료로 설치하고 소화배관 내부에 항상 소화수가 채워진 상태로 설치하는 경우

2.2.3 연결살수설비의 배관의 구경은 다음의 기준에 따라 설치해야 한다.

    2.2.3.1 연결살수설비 전용헤드를 사용하는 경우에는 다음 표 2.2.3.1에 따른 구경 이상으로 할 것

표 2.2.3.1 연결살수설비 전용헤드 수별 급수관의 구경

하나의 배관에 부착하는 연결살수설비 전용헤드의 개수	1개	2개	3개	4개 또는 5개	6개 이상 10개 이하
배관의 구경	32 ㎜	40 ㎜	50 ㎜	65 ㎜	80 ㎜

    2.2.3.2 스프링클러헤드를 사용하는 경우에는 「스프링클러설비의 화재안전기술기준(NFTC 103)」 2.5.3.3의 표 2.5.3.3에 따를 것

2.2.4 폐쇄형헤드를 사용하는 연결살수설비의 배관은 다음의 기준에 따라 설치해야 한다.

    2.2.4.1 주배관은 다음의 어느 하나에 해당하는 배관 또는 수조에 접속해야 한다. 이 경우 접속부분에는 체크밸브를 설치하되 점검하기 쉽게 해야 한다.

        (1) 옥내소화전설비의 주배관(옥내소화전설비가 설치된 경우에 한정한다)

        (2) 수도배관(연결살수설비가 설치된 건축물 안에 설치된 수도배관 중 구경이 가장 큰 배관을 말한다)

        (3) 옥상에 설치된 수조(다른 설비의 수조를 포함한다)

    2.2.4.2 시험배관을 다음의 기준에 따라 설치해야 한다.

        2.2.4.2.1 송수구에서 가장 먼 거리에 위치한 가지배관의 끝으로부터 연결하여 설치할 것

        2.2.4.2.2 시험장치 배관의 구경은 25 ㎜ 이상으로 하고, 그 끝에는 물받이 통 및 배수관을 설치하여 시험 중 방사된 물이 바닥으로 흘러내리지 않도록 할 것. 다만, 목욕실·화장실 또는 그 밖의 배수처리가 쉬운 장소의 경우에는 물받이 통 또는 배수관을 설치하지 않을 수 있다.

2.2.5 개방형헤드를 사용하는 연결살수설비의 수평주행배관은 헤드를 향하여 상향으로 100분의 1 이상의 기울기로 설치하고 주배관 중 낮은 부분에는 자동배수밸브를 2.1.3.3의 기준에 따라 설치해야 한다.

2.2.6 가지배관 또는 교차배관을 설치하는 경우에는 가지배관의 배열은 토너먼트(Tournament) 방식이 아니어야 하며, 가지배관은 교차배관 또는 주배관에서 분기되는 지점을 기점으로 한쪽 가지배관에 설치되는 헤드의 개수는 8개 이하로 해야 한다.

2.2.7 습식 연결살수설비의 배관은 동결방지조치를 하거나 동결의 우려가 없는 장소에 설치해

야 한다. 다만, 보온재를 사용할 경우에는 난연재료 성능 이상인 것으로 해야 한다.

2.2.8 급수배관에 설치되어 급수를 차단할 수 있는 개폐밸브는 개폐표시형으로 해야 한다. 이 경우 펌프의 흡입측배관에는 버터플라이밸브(볼형식인 것을 제외한다) 외의 개폐표시형 밸브를 설치해야 한다.

2.2.9 연결살수설비 교차배관의 위치·청소구 및 가지배관의 헤드설치는 다음의 기준에 따른다.

    2.2.9.1 교차배관은 가지배관과 수평으로 설치하거나 또는 가지배관 밑에 설치하고, 그 구경은 2.2.3에 따르되, 최소구경이 40 ㎜ 이상이 되도록 할 것

    2.2.9.2 폐쇄형헤드를 사용하는 연결살수설비의 청소구는 주배관 또는 교차배관(교차배관을 설치하는 경우에 한정한다) 끝에 40 ㎜ 이상 크기의 개폐밸브를 설치하고, 호스접결이 가능한 나사식 또는 고정배수 배관식으로 할 것. 이 경우 나사식의 개폐밸브는 옥내소화전 호스접결용의 것으로 하고, 나사보호용의 캡으로 마감해야 한다.

    2.2.9.3 폐쇄형헤드를 사용하는 연결살수설비에 하향식헤드를 설치하는 경우에는 가지배관으로부터 헤드에 이르는 헤드접속배관은 가지배관 상부에서 분기할 것. 다만, 소화설비용 수원의 수질이 「먹는물관리법」 제5조에 따라 먹는물의 수질기준에 적합하고 덮개가 있는 저수조로부터 물을 공급받는 경우에는 가지배관의 측면 또는 하부에서 분기할 수 있다.

2.2.10 배관에 설치되는 행거는 다음의 기준에 따라 설치해야 한다.

    2.2.10.1 가지배관에는 헤드의 설치지점 사이마다 1개 이상의 행거를 설치하되, 헤드간의 거리가 3.5 m를 초과하는 경우에는 3.5 m 이내마다 1개 이상 설치할 것. 이 경우 상향식헤드와 행거 사이에는 8 ㎝ 이상의 간격을 두어야 한다.

    2.2.10.2 교차배관에는 가지배관과 가지배관사이마다 1개 이상의 행거를 설치하되, 가지배관 사이의 거리가 4.5 m를 초과하는 경우에는 4.5 m 이내마다 1개 이상 설치할 것

    2.2.10.3 2.2.10.1와 2.2.10.2의 수평주행배관에는 4.5 m 이내마다 1개 이상 설치할 것

2.2.11 확관형 분기배관을 사용할 경우에는 소방청장이 정하여 고시한 「분기배관의 성능인증 및 제품검사의 기술기준」에 적합한 것으로 설치해야 한다.

2.2.12 배관은 다른 설비의 배관과 쉽게 구분이 될 수 있는 위치에 설치하거나, 그 배관표면 또는 배관 보온재표면의 색상은 식별이 가능하도록 「한국산업표준(배관계의 식별 표시, KS A 0503)」 또는 적색으로 소방용설비의 배관임을 표시해야 한다.

2.3 헤드

2.3.1 연결살수설비의 헤드는 연결살수설비 전용헤드 또는 스프링클러헤드로 설치해야 한다.

2.3.2 건축물에 설치하는 연결살수설비의 헤드는 다음의 기준에 따라 설치해야 한다.

> 2.3.2.1 천장 또는 반자의 실내에 면하는 부분에 설치할 것
>
> 2.3.2.2 천장 또는 반자의 각 부분으로부터 하나의 살수헤드까지의 수평거리가 연결살수설비 전용헤드의 경우에는 3.7 m 이하, 스프링클러헤드의 경우는 2.3 m 이하로 할 것. 다만, 살수헤드의 부착면과 바닥과의 높이가 2.1 m 이하인 부분은 살수헤드의 살수분포에 따른 거리로 할 수 있다.

2.3.3 폐쇄형스프링클러헤드를 설치하는 경우에는 2.3.2의 규정 외에 다음의 기준에 따라 설치해야 한다.

 2.3.3.1 그 설치장소의 평상시 최고 주위온도에 따라 다음 표 2.3.3.1에 따른 표시온도의 것으로 설치할 것. 다만, 높이가 4 m 이상인 공장 및 창고(랙크식창고를 포함한다)에 설치하는 스프링클러헤드는 그 설치장소의 평상시 최고 주위온도에 관계없이 표시온도 121 ℃ 이상의 것으로 할 수 있다.

표 2.3.3.1 설치장소의 평상시 최고 주위온도에 따른 폐쇄형스프링클러헤드의 표시온도

설치장소의 최고 주위온도	표시온도
39 ℃ 미만	79 ℃ 미만
39 ℃ 이상 64 ℃ 미만	79 ℃ 이상 121 ℃ 미만
64 ℃ 이상 106 ℃ 미만	121 ℃ 이상 162 ℃ 미만
106 ℃ 이상	162 ℃ 이상

 2.3.3.2 살수가 방해되지 않도록 스프링클러헤드로부터 반경 60 ㎝ 이상의 공간을 보유할 것. 다만, 벽과 스프링클러헤드간의 공간은 10 ㎝ 이상으로 한다.

 2.3.3.3 스프링클러헤드와 그 부착면(상향식헤드의 경우에는 그 헤드의 직상부의 천장·반자 또는 이와 비슷한 것을 말한다. 이하 같다)과의 거리는 30 ㎝ 이하로 할 것

 2.3.3.4 배관·행거 및 조명기구 등 살수를 방해하는 것이 있는 경우에는 2.3.3.2 및 2.3.3.3에도 불구하고 그로부터 아래에 설치하여 살수에 장애가 없도록 할 것. 다만, 연결살수헤드와 장애물과의 이격거리를 장애물 폭의 3배 이상 확보한 경우에는 그렇지 않다.

 2.3.3.5 스프링클러헤드의 반사판은 그 부착면과 평행하게 설치할 것. 다만, 측벽형헤드 또는 2.3.3.7에 따라 연소할 우려가 있는 개구부에 설치하는 스프링클러헤드의 경우에는 그렇지 않다.

2.3.3.6 천장의 기울기가 10분의 1을 초과하는 경우에는 가지배관을 천장의 마루와 평행하게 설치하고, 스프링클러헤드는 다음의 어느 하나의 기준에 적합하게 설치할 것

    2.3.3.6.1 천장의 최상부에 스프링클러헤드를 설치하는 경우에는 최상부에 설치하는 스프링클러헤드의 반사판을 수평으로 설치할 것

    2.3.3.6.2 천장의 최상부를 중심으로 가지배관을 서로 마주보게 설치하는 경우에는 최상부의 가지배관 상호간의 거리가 가지배관 상의 스프링클러헤드 상호간의 거리의 2분의 1이하(최소 1 m 이상이 되어야 한다)가 되게 스프링클러헤드를 설치하고, 가지배관의 최상부에 설치하는 스프링클러헤드는 천장의 최상부로부터의 수직거리가 90 ㎝ 이하가 되도록 할 것. 톱날지붕, 둥근지붕 기타 이와 유사한 지붕의 경우에도 이에 준한다.

2.3.3.7 연소할 우려가 있는 개구부에는 그 상하좌우에 2.5 m 간격으로(개구부의 폭이 2.5 m 이하인 경우에는 그 중앙에) 스프링클러헤드를 설치하되, 스프링클러헤드와 개구부의 내측면으로부터의 직선거리는 15 ㎝ 이하가 되도록 할 것. 이 경우 사람이 상시 출입하는 개구부로서 통행에 지장이 있는 때에는 개구부의 상부 또는 측면(개구부의 폭이 9 m 이하인 경우에 한한다)에 설치하되, 헤드 상호간의 간격은 1.2 m 이하로 설치해야 한다.

2.3.3.8 습식 연결살수설비 외의 설비에는 상향식스프링클러헤드를 설치할 것. 다만, 다음의 어느 하나에 해당하는 경우에는 그렇지 않다.

    (1) 드라이펜던트스프링클러헤드를 사용하는 경우

    (2) 스프링클러헤드의 설치장소가 동파의 우려가 없는 곳인 경우

    (3) 개방형스프링클러헤드를 사용하는 경우

2.3.3.9 측벽형스프링클러헤드를 설치하는 경우 긴 변의 한쪽 벽에 일렬로 설치(폭이 4.5 m 이상 9 m 이하인 실은 긴 변의 양쪽에 각각 일렬로 설치하되 마주보는 스프링클러헤드가 나란히꼴이 되도록 설치)하고 3.6 m 이내마다 설치할 것

2.3.4 가연성 가스의 저장·취급시설에 설치하는 연결살수설비의 헤드는 다음의 기준에 따라 설치해야 한다. 다만, 지하에 설치된 가연성가스의 저장 · 취급시설로서 지상에 노출된 부분이 없는 경우에는 그렇지 않다.

    2.3.4.1 연결살수설비 전용의 개방형헤드를 설치할 것

    2.3.4.2 가스저장탱크·가스홀더 및 가스발생기의 주위에 설치하되, 헤드 상호 간의 거리는 3.7 m 이하로 할 것

2.3.4.3 헤드의 살수범위는 가스저장탱크·가스홀더 및 가스발생기의 몸체의 중간 윗부분의 모든 부분이 포함되도록 해야 하고 살수 된 물이 흘러내리면서 살수범위에 포함되지 않은 부분에도 모두 적셔질 수 있도록 할 것

2.4 헤드의 설치제외

2.4.1 연결살수설비를 설치해야 할 특정소방대상물 또는 그 부분으로서 다음의 어느 하나에 해당하는 장소에는 연결살수설비의 헤드를 설치하지 않을 수 있다.

2.4.1.1 상점(영 별표 2 제5호와 제6호의 판매시설과 운수시설을 말하며, 바닥면적이 150 m² 이상인 지하층에 설치된 것을 제외한다)으로서 주요구조부가 내화구조 또는 방화구조로 되어 있고 바닥면적이 500 m² 미만으로 방화구획되어 있는 특정소방대상물 또는 그 부분

2.4.1.2 계단실(특별피난계단의 부속실을 포함한다)·경사로·승강기의 승강로·파이프덕트·목욕실·수영장(관람석부분을 제외한다)·화장실·직접 외기에 개방되어 있는 복도 그 밖의 이와 유사한 장소

2.4.1.3 통신기기실·전자기기실·기타 이와 유사한 장소

2.4.1.4 발전실·변전실·변압기·기타 이와 유사한 전기설비가 설치되어 있는 장소

2.4.1.5 병원의 수술실·응급처치실·기타 이와 유사한 장소

2.4.1.6 천장과 반자 양쪽이 불연재료로 되어 있는 경우로서 그 사이의 거리 및 구조가 다음의 어느 하나에 해당하는 부분

　2.4.1.6.1 천장과 반자사이의 거리가 2 m 미만인 부분

　2.4.1.6.2 천장과 반자사이의 벽이 불연재료이고 천장과 반자사이의 거리가 2 m 이상으로서 그 사이에 가연물이 존재하지 않는 부분

2.4.1.7 천장반자 중 한쪽이 불연재료로 되어 있고 천장과 반자사이의 거리가 1 m 미만인 부분

2.4.1.8 천장 및 반자가 불연재료외의 것으로 되어 있고 천장과 반자사이의 거리가 0.5 m 미만인 부분

2.4.1.9 펌프실·물탱크실 그 밖의 이와 비슷한 장소

2.4.1.10 현관 또는 로비 등으로서 바닥으로부터 높이가 20 m 이상인 장소

2.4.1.11 냉장창고의 영하의 냉장실 또는 냉동창고의 냉동실

2.4.1.12 고온의 노가 설치된 장소 또는 물과 격렬하게 반응하는 물품의 저장 또는 취급장소

2.4.1.13 불연재료로 된 특정소방대상물 또는 그 부분으로서 다음의 어느 하나에 해당하는 장소

2.4.1.13.1 정수장오물처리장 그 밖의 이와 비슷한 장소

2.4.1.13.2 펄프공장의 작업장 · 음료수공장의 세정 또는 충전하는 작업장 그 밖의 이와 비슷한 장소

2.4.1.13.3 불연성의 금속·석재 등의 가공공장으로서 가연성물질을 저장 또는 취급하지 않는 장소

2.4.1.14 실내에 설치된 테니스장 · 게이트볼장 · 정구장 또는 이와 비슷한 장소로서 실내 바닥 · 벽 · 천장이 불연재료 또는 준불연재료로 구성되어 있고 가연물이 존재하지 않는 장소로서 관람석이 없는 운동시설 부분(지하층은 제외한다)

2.5 소화설비의 겸용

2.5.1 연결살수설비의 송수구를 스프링클러설비 · 간이스프링클러설비 · 화재조기진압용 스프링클러설비 · 물분무소화설비 · 포소화설비 또는 연결송수관설비와 겸용으로 설치하는 경우에는 스프링클러설비의 송수구 설치기준에 따르고, 옥내소화전설비의 송수구와 겸용으로 설치하는 경우에는 옥내소화전설비의 송수구의 설치기준에 따르되 각각의 소화설비의 기능에 지장이 없도록 해야 한다.

소방기술사 기출문제

[88회] 가연성 가스의 저장 · 취급시설에 설치하는 연결살수설비의 헤드 설치기준에 대하여 기술하시오.

비상콘센트설비의 화재안전기술기준(NFTC 504)

[시행 2024. 1. 1.] [국립소방연구원공고 제2023-51호, 2023. 12. 29., 일부개정]

1. 일반사항

1.1 적용범위

1.1.1 이 기준은 「소방시설 설치 및 관리에 관한 법률 시행령」(이하 "영"이라 한다) 별표 4 제5호라목에 따른 비상콘센트설비의 설치 및 관리에 대해 적용한다.

1.2 기준의 효력

1.2.1 이 기준은 「소방시설 설치 및 관리에 관한 법률」(이하 "법"이라 한다) 제2조제1항제6호나목에 따라 소화활동설비인 비상콘센트설비의 기술기준으로서의 효력을 가진다.

1.2.2 이 기준에 적합한 경우에는 법 제2조제1항제6호나목에 따라 「비상콘센트설비의 화재안전성능기준(NFPC 504)」을 충족하는 것으로 본다.

1.3 기준의 시행

1.3.1 이 기준은 2024년 1월 1일부터 시행한다. 〈개정 2024.1.1.〉

1.4 기준의 특례

1.4.1 소방본부장 또는 소방서장은 기존건축물이 증축·개축·대수선되거나 용도변경 되는 경우에 있어서 이 기준이 정하는 기준에 따라 해당 건축물에 설치해야 할 비상콘센트설비의 배관·배선 등의 공사가 현저하게 곤란하다고 인정되는 경우에는 해당 설비의 기능 및 사용에 지장이 없는 범위 안에서 이 기준의 일부를 적용하지 않을 수 있다.

1.5 경과조치

1.5.1 이 기준 시행 전에 건축허가 등의 신청 또는 신고를 하거나 소방시설공사의 착공신고를 한 특정소방대상물에 대해서는 종전의 「비상콘센트설비의 화재안전기준(NFSC 504)」에 따른다.

1.5.2 이 기준 시행 전에 1.5.1에 따른 신청 또는 신고를 한 경우라도 제정 기준이 종전의 기준에 비하여 관계인에게 유리한 경우에는 제정 기준에 따를 수 있다.

1.6 다른 법령과의 관계

1.6.1 이 기준 시행 당시 다른 법령 또는 행정규칙 등에서 종전의 화재안전기준을 인용한 경우에 이 기준 가운데 그에 해당하는 규정이 있는 경우에는 종전의 규정에 갈음하여 이 기준

의 해당 규정을 인용한 것으로 본다.

1.7 용어의 정의

1.7.1 이 기준에서 사용하는 용어의 정의는 다음과 같다.

1.7.1.1 "비상전원"이란 상용전원으로부터 전력의 공급이 중단된 때에는 자동으로 공급되는 전원을 말한다.

1.7.1.2 "비상콘센트설비"란 화재 시 소화활동 등에 필요한 전원을 전용회선으로 공급하는 설비를 말한다.

1.7.1.3 "인입개폐기"란 「전기설비기술기준의 판단기준」 제169조에 따른 것을 말한다.

1.7.1.4 "저압"이란 직류는 1.5 kV 이하, 교류는 1 kV 이하인 것을 말한다.

1.7.1.5 "고압"이란 직류는 1.5 kV를, 교류는 1 kV를 초과하고, 7 kV 이하인 것을 말한다.

1.7.1.6 "특고압"이란 7 kV를 초과하는 것을 말한다.

1.7.1.7 "변전소"란 「전기설비기술기준」 제3조제1항제2호에 따른 것을 말한다.

2. 기술기준

2.1 전원 및 콘센트 등

2.1.1 비상콘센트설비에는 다음의 기준에 따른 전원을 설치해야 한다.

2.1.1.1 상용전원회로의 배선은 저압수전인 경우에는 인입개폐기의 직후에서, 고압수전 또는 특고압수전인 경우에는 전력용변압기 2차 측의 주차단기 1차 측 또는 2차 측에서 분기하여 전용배선으로 할 것

2.1.1.2 지하층을 제외한 층수가 7층 이상으로서 연면적이 2,000 m² 이상이거나 지하층의 바닥면적의 합계가 3,000 m² 이상인 특정소방대상물의 비상콘센트설비에는 자가발전설비, 비상전원수전설비, 축전지설비 또는 전기저장장치(외부 전기에너지를 저장해 두었다가 필요한 때 전기를 공급하는 장치를 말한다)를 비상전원으로 설치할 것. 다만, 2 이상의 변전소에서 전력을 동시에 공급받을 수 있거나 하나의 변전소로부터 전력의 공급이 중단되는 때에는 자동으로 다른 변전소로부

터 전력을 공급받을 수 있도록 상용전원을 설치한 경우에는 비상전원을 설치하지 않을 수 있다.

2.1.1.3 2.1.1.2에 따른 비상전원 중 자가발전설비, 축전지설비 또는 전기저장장치는 다음 기준에 따라 설치하고, 비상전원수전설비는 「소방시설용 비상전원수전설비의 화재안전기술기준(NFTC 602)」에 따라 설치할 것

2.1.1.3.1 점검에 편리하고 화재 및 침수 등의 재해로 인한 피해를 받을 우려가 없는 곳에 설치할 것

2.1.1.3.2 비상콘센트설비를 유효하게 20분 이상 작동시킬 수 있는 용량으로 할 것

2.1.1.3.3 상용전원으로부터 전력의 공급이 중단된 때에는 자동으로 비상전원으로부터 전력을 공급받을 수 있도록 할 것

2.1.1.3.4 비상전원의 설치장소는 다른 장소와 방화구획 할 것. 이 경우 그 장소에는 비상전원의 공급에 필요한 기구나 설비 외의 것(열병합발전설비에 필요한 기구나 설비는 제외한다)을 두어서는 안 된다.

2.1.1.3.5 비상전원을 실내에 설치하는 때에는 그 실내에 비상조명등을 설치할 것

2.1.2 비상콘센트설비의 전원회로(비상콘센트에 전력을 공급하는 회로를 말한다)는 다음의 기준에 따라 설치해야 한다.

2.1.2.1 비상콘센트설비의 전원회로는 단상교류 220 V인 것으로서, 그 공급용량은 1.5 kVA 이상인 것으로 할 것

2.1.2.2 전원회로는 각층에 2 이상이 되도록 설치할 것. 다만, 설치해야 할 층의 비상콘센트가 1개인 때에는 하나의 회로로 할 수 있다.

2.1.2.3 전원회로는 주배전반에서 전용회로로 할 것. 다만, 다른 설비회로의 사고에 따른 영향을 받지 않도록 되어 있는 것은 그렇지 않다.

2.1.2.4 전원으로부터 각 층의 비상콘센트에 분기되는 경우에는 분기배선용 차단기를 보호함 안에 설치할 것

2.1.2.5 콘센트마다 배선용 차단기(KS C 8321)를 설치해야 하며, 충전부가 노출되지 않도록 할 것

2.1.2.6 개폐기에는 "비상콘센트"라고 표시한 표지를 할 것

2.1.2.7 비상콘센트용의 풀박스 등은 방청도장을 한 것으로서, 두께 1.6 ㎜ 이상의 철판으로 할 것

2.1.2.8 하나의 전용회로에 설치하는 비상콘센트는 10개 이하로 할 것. 이 경우 전선의 용량은 각 비상콘센트(비상콘센트가 3개 이상인 경우에는 3개)의 공급용량을 합한 용량 이상의 것으로 해야 한다.

2.1.3 비상콘센트의 플러그접속기는 접지형2극 플러그접속기(KS C 8305)를 사용해야 한다.

2.1.4 비상콘센트의 플러그접속기의 칼받이의 접지극에는 접지공사를 해야 한다.

2.1.5 비상콘센트는 다음의 기준에 따라 설치해야 한다.

   2.1.5.1 바닥으로부터 높이 0.8 m 이상 1.5 m 이하의 위치에 설치할 것

   2.1.5.2 비상콘센트의 배치는 바닥면적이 1,000 m² 미만인 층은 계단의 출입구(계단의 부속실을 포함하며 계단이 2 이상 있는 경우에는 그중 1개의 계단을 말한다)로부터 5 m 이내에, 바닥면적 1,000 m² 이상인 층은 각 계단의 출입구 또는 계단부속실의 출입구(계단의 부속실을 포함하며 계단이 3 이상 있는 층의 경우에는 그중 2개의 계단을 말한다)로부터 5 m 이내에 설치하되, 그 비상콘센트로부터 그 층의 각 부분까지의 거리가 다음의 기준을 초과하는 경우에는 그 기준 이하가 되도록 비상콘센트를 추가하여 설치할 것 〈개정 2024.1.1.〉

   > 2.1.5.2.1 지하상가 또는 지하층의 바닥면적의 합계가 3,000 m² 이상인 것은 수평거리 25 m
   >
   > 2.1.5.2.2 2.1.5.2.1에 해당하지 아니하는 것은 수평거리 50 m

2.1.6 비상콘센트설비의 **전원부와 외함 사이의 절연저항 및 절연내력**은 다음의 기준에 적합해야 한다.

   > 2.1.6.1 절연저항은 전원부와 외함 사이를 500 V 절연저항계로 측정할 때 20 ㏁ 이상일 것
   >
   > 2.1.6.2 절연내력은 전원부와 외함 사이에 정격전압이 150 V 이하인 경우에는 1,000 V의 실효전압을, 정격전압이 150 V 이상인 경우에는 그 정격전압에 2를 곱하여 1,000을 더한 실효전압을 가하는 시험에서 1분 이상 견디는 것으로 할 것

2.2 보호함

2.2.1 비상콘센트를 보호하기 위한 비상콘센트보호함은 다음의 기준에 따라 설치해야 한다.

2.2.1.1 보호함에는 쉽게 개폐할 수 있는 문을 설치할 것

2.2.1.2 보호함 표면에 "비상콘센트"라고 표시한 표지를 할 것

2.2.1.3 보호함 상부에 적색의 표시등을 설치할 것. 다만, 비상콘센트의 보호함을 옥내소화전함 등과 접속하여 설치하는 경우에는 옥내소화전함 등의 표시등과 겸용할 수 있다.

2.3 배선

2.3.1 비상콘센트설비의 배선은 「전기사업법」 제67조에 따른 「전기설비기술기준」에서 정하는 것 외에 다음의 기준에 따라 설치해야 한다.

2.3.1.1 전원회로의 배선은 내화배선으로, 그 밖의 배선은 내화배선 또는 내열배선으로 할 것

2.3.1.2 2.3.1.1에 따른 내화배선 및 내열배선에 사용하는 전선의 종류 및 설치방법은 「옥내소화전설비의 화재안전기술기준(NFTC 102)」 2.7.2의 표 2.7.2의 기준에 따를 것

소방시설관리사 기출문제

[7회 점검] 비상콘센트설비에 원칙적으로 설치 가능한 비상전원 2종류를 쓰시오.

[7회 점검] 비상콘센트설비에 대한 다음 각 물음에 답하시오.
      ① 전원회로 및 공급용량
      ② 층별 비상콘센트 5개씩 설치되어 있다면 전원회로의 최소 회로수

[7회 점검] 비상콘센트의 바닥으로부터 설치높이

[7회 점검] 보호함의 설치기준 3가지

소방기술사 기출문제

[84회] 비상콘센트설비 화재안전기준(NFSC 504)의 전원부와 외함사이의 절연저항 및 절연
      내력의 기준에 대하여 기술하시오.

1. 일반사항

1.1 적용범위

1.1.1 이 기준은 「소방시설 설치 및 관리에 관한 법률 시행령」(이하 "영"이라 한다) 별표 4 제5호마목에 따른 무선통신보조설비의 설치 및 관리에 대해 적용한다.

1.2 기준의 효력

1.2.1 이 기준은 「소방시설 설치 및 관리에 관한 법률」(이하 "법"이라 한다) 제2조제1항제6호나목에 따라 소화활동설비인 무선통신보조설비의 기술기준으로서의 효력을 가진다.

1.2.2 이 기준에 적합한 경우에는 법 제2조제1항제6호나목에 따라 「무선통신보조설비의 화재안전성능기준(NFPC 505)」을 충족하는 것으로 본다.

1.3 기준의 시행

1.3.1 이 기준은 2022년 12월 1일부터 시행한다.

1.4 기준의 특례

1.4.1 소방본부장 또는 소방서장은 기존건축물이 증축·개축·대수선되거나 용도변경 되는 경우에 있어서 이 기준이 정하는 기준에 따라 해당 건축물에 설치해야 할 무선통신보조설비의 배관·배선 등의 공사가 현저하게 곤란하다고 인정되는 경우에는 해당 설비의 기능 및 사용에 지장이 없는 범위 안에서 이 기준의 일부를 적용하지 않을 수 있다.

1.5 경과조치

1.5.1 이 기준 시행 전에 건축허가 등의 신청 또는 신고를 하거나 소방시설공사의 착공신고를 한 특정소방대상물에 대해서는 종전의 「무선통신보조설비의 화재안전기준(NFSC 505)」에 따른다.

1.5.2 이 기준 시행 전에 1.5.1에 따른 신청 또는 신고를 한 경우라도 제정 기준이 종전의 기준에 비하여 관계인에게 유리한 경우에는 제정 기준에 따를 수 있다.

1.6 다른 법령과의 관계

1.6.1 이 기준 시행 당시 다른 법령 또는 행정규칙 등에서 종전의 화재안전기준을 인용한 경우

에 이 기준 가운데 그에 해당하는 규정이 있는 경우에는 종전의 규정에 갈음하여 이 기준의 해당 규정을 인용한 것으로 본다.

1.7 용어의 정의

1.7.1 이 기준에서 사용하는 용어의 정의는 다음과 같다.

    1.7.1.1 "누설동축케이블"이란 동축케이블의 외부도체에 가느다란 홈을 만들어서 전파가 외부로 새어나 갈 수 있도록 한 케이블을 말한다.

    1.7.1.2 "분배기"란 신호의 전송로가 분기되는 장소에 설치하는 것으로 임피던스 매칭(Matching)과 신호 균등분배를 위해 사용하는 장치를 말한다.

    1.7.1.3 "분파기"란 서로 다른 주파수의 합성된 신호를 분리하기 위해서 사용하는 장치를 말한다.

    1.7.1.4 "혼합기"란 2 이상의 입력신호를 원하는 비율로 조합한 출력이 발생하도록 하는 장치를 말한다.

    1.7.1.5 "증폭기"란 전압·전류의 진폭을 늘려 감도 등을 개선하는 장치를 말한다.

    1.7.1.6 "무선중계기"란 안테나를 통하여 수신된 무전기 신호를 증폭한 후 음영지역에 재방사하여 무전기 상호 간 송수신이 가능하도록 하는 장치를 말한다.

    1.7.1.7 "옥외안테나"란 감시제어반 등에 설치된 무선중계기의 입력과 출력포트에 연결되어 송수신 신호를 원활하게 방사·수신하기 위해 옥외에 설치하는 장치를 말한다.

1.7.1.8 "임피던스"란 교류 회로에 전압이 가해졌을 때 전류의 흐름을 방해하는 값으로서 교류 회로에서의 전류에 대한 전압의 비를 말한다.

2. 기술기준

2.1 무선통신보조설비의 설치제외

2.1.1 지하층으로서 특정소방대상물의 바닥부분 2면 이상이 지표면과 동일하거나 지표면으로부터의 깊이가 1 m 이하인 경우에는 해당 층에 한해 무선통신보조설비를 설치하지 아니할 수 있다.

2.2 누설동축케이블 등

2.2.1 무선통신보조설비의 누설동축케이블 등은 다음의 기준에 따라 설치해야 한다.

2.2.1.1 소방전용주파수대에서 전파의 전송 또는 복사에 적합한 것으로서 소방전용의 것으로 할 것. 다만, 소방대 상호간의 무선 연락에 지장이 없는 경우에는 다른 용도와 겸용할 수 있다.

2.2.1.2 누설동축케이블과 이에 접속하는 안테나 또는 동축케이블과 이에 접속하는 안테나로 구성할 것

2.2.1.3 누설동축케이블 및 동축케이블은 불연 또는 난연성의 것으로서 습기 등의 환경조건에 따라 전기의 특성이 변질되지 않는 것으로 하고, 노출하여 설치한 경우에는 피난 및 통행에 장애가 없도록 할 것

2.2.1.4 누설동축케이블 및 동축케이블은 화재에 따라 해당 케이블의 피복이 소실된 경우에 케이블 본체가 떨어지지 않도록 4 m 이내마다 금속제 또는 자기제 등의 지지금구로 벽·천장·기둥 등에 견고하게 고정할 것. 다만, 불연재료로 구획된 반자 안에 설치하는 경우에는 그렇지 않다.

2.2.1.5 누설동축케이블 및 안테나는 금속판 등에 따라 전파의 복사 또는 특성이 현저하게 저하되지 않는 위치에 설치할 것

2.2.1.6 누설동축케이블 및 안테나는 고압의 전로로부터 1.5 m 이상 떨어진 위치에 설치할 것. 다만, 해당 전로에 정전기 차폐장치를 유효하게 설치한 경우에는 그렇지 않다.

2.2.1.7 누설동축케이블의 끝부분에는 무반사 종단저항을 견고하게 설치할 것

2.2.2 누설동축케이블 및 동축케이블의 임피던스는 50 Ω으로 하고, 이에 접속하는 안테나·분배기 기타의 장치는 해당 임피던스에 적합한 것으로 해야 한다.

2.2.3 무선통신보조설비는 다음의 기준에 따라 설치해야 한다.

    2.2.3.1 누설동축케이블 또는 동축케이블과 이에 접속하는 안테나가 설치된 층은 모든 부분(계단실, 승강기, 별도 구획된 실 포함)에서 유효하게 통신이 가능할 것

    2.2.3.2 옥외안테나와 연결된 무전기와 건축물 내부에 존재하는 무전기 간의 상호통신, 건축물 내부에 존재하는 무전기 간의 상호통신, 옥외안테나와 연결된 무전기와 방재실 또는 건축물 내부에 존재하는 무전기와 방재실 간의 상호통신이 가능할 것

2.3 옥외안테나

2.3.1 옥외안테나는 다음의 기준에 따라 설치해야 한다.

    2.3.1.1 건축물, 지하가, 터널 또는 공동구의 출입구(「건축법 시행령」 제39조에 따른 출구 또는 이와 유사한 출입구를 말한다) 및 출입구 인근에서 통신이 가능한 장소에 설치할 것

    2.3.1.2 다른 용도로 사용되는 안테나로 인한 통신장애가 발생하지 않도록 설치할 것

    2.3.1.3 옥외안테나는 견고하게 파손의 우려가 없는 곳에 설치하고 그 가까운 곳의 보기 쉬운 곳에 "무선통신보조설비 안테나"라는 표시와 함께 통신 가능거리를 표시한 표지를 설치할 것

    2.3.1.4 수신기가 설치된 장소 등 사람이 상시 근무하는 장소에는 옥외안테나의 위치가 모두 표시된 옥외안테나 위치표시도를 비치할 것

2.4 분배기 등

2.4.1 분배기 · 분파기 및 혼합기 등은 다음의 기준에 따라 설치해야 한다.

    2.4.1.1 먼지 · 습기 및 부식 등에 따라 기능에 이상을 가져오지 않도록 할 것

    2.4.1.2 임피던스는 50 Ω의 것으로 할 것

    2.4.1.3 점검에 편리하고 화재 등의 재해로 인한 피해의 우려가 없는 장소에 설치할 것

2.5 증폭기 등

2.5.1 증폭기 및 무선중계기를 설치하는 경우에는 다음의 기준에 따라 설치해야 한다.

    2.5.1.1 상용전원은 전기가 정상적으로 공급되는 축전지설비, 전기저장장치(외부 전기에너지를 저장해 두었다가 필요한 때 전기를 공급하는 장치) 또는 교류전압의 옥내 간선으로 하고, 전원까지의 배선은 전용으로 할 것

2.5.1.2 증폭기의 전면에는 주 회로 전원의 정상 여부를 표시할 수 있는 표시등 및 전압계를 설치할 것

2.5.1.3 증폭기에는 비상전원이 부착된 것으로 하고 해당 비상전원 용량은 무선통신보조설비를 유효하게 30분 이상 작동시킬 수 있는 것으로 할 것

2.5.1.4 증폭기 및 무선중계기를 설치하는 경우에는 「전파법」 제58조의2에 따른 적합성 평가를 받은 제품으로 설치하고 임의로 변경하지 않도록 할 것

2.5.1.5 디지털 방식의 무전기를 사용하는데 지장이 없도록 설치할 것

소방시설관리사 기출문제

[19회설계] 무선통신보조설비의 화재안전기준(NFSC 505)에 따른 무선기기 접속단자 설치기준을 4가지만 쓰시오.(4점)

[17회점검] 무선통신보조설비를 설치하지 아니할 수 있는 경우의 특정소방대상물의 조건을 쓰시오. (2점)

소방기술사 기출문제

[109회] 무선통신보조설비의 무선기기 접속단자 설치기준과 무선이동중계기 설치 시 검토사항에 대하여 설명하시오.

[85회] 무선통신보조설비의 종류와 관련 국가화재안전기준(NFSC 505)에 대하여 설명하시오.

소방시설용 비상전원수전설비의 화재안전기술기준(NFTC 602)

[시행 2022. 12. 1.] [소방청공고 제2022-240호, 2022. 12. 1., 제정]

1. 일반사항

1.1 적용범위

1.1.1 이 기준은 「소방시설 설치 및 관리에 관한 법률 시행령」(이하 "영"이라 한다) 별표 4의 소방시설에 설치해야 하는 비상전원수전설비의 설치 및 관리에 대해 적용한다.

1.2 기준의 효력

1.2.1 이 기준은 「소방시설 설치 및 관리에 관한 법률」(이하 "법"이라 한다) 제2조제1항제6호나목에 따라 소방시설의 비상전원인 비상전원수전설비의 기술기준으로서의 효력을 가진다.

1.2.2 이 기준에 적합한 경우에는 법 제2조제1항제6호나목에 따라 「소방시설용 비상전원수전설비의 화재안전성능기준(NFPC 602)」을 충족하는 것으로 본다.

1.3 기준의 시행

1.3.1 이 기준은 2022년 12월 1일부터 시행한다.

1.4 기준의 특례

1.4.1 소방본부장 또는 소방서장은 기존건축물이 증축·개축·대수선되거나 용도 변경되는 경우에 있어서 이 기준이 정하는 기준에 따라 해당 건축물에 설치해야 할 비상전원수전설비의 배관·배선 등의 공사가 현저하게 곤란하다고 인정되는 경우에는 해당 설비의 기능 및 사용에 지장이 없는 범위 안에서 이 기준의 일부를 적용하지 않을 수 있다.

1.5 경과조치

1.5.1 이 기준 시행 전에 건축허가 등의 신청 또는 신고를 하거나 소방시설공사의 착공신고를 한 특정소방대상물에 대해서는 종전의 「소방시설용 비상전원수전설비의 화재안전기준(NFSC 602)」에 따른다.

1.5.2 이 기준 시행 전에 1.5.1에 따른 신청 또는 신고를 한 경우라도 제정 기준이 종전의 기준에 비하여 관계인에게 유리한 경우에는 제정 기준에 따를 수 있다.

1.6 다른 법령과의 관계

1.6.1 이 기준 시행 당시 다른 법령 또는 행정규칙 등에서 종전의 화재안전기준을 인용한 경우
에 이 기준 가운데 그에 해당하는 규정이 있는 경우에는 종전의 규정에 갈음하여 이 기준
의 해당 규정을 인용한 것으로 본다.

1.7 용어의 정의

1.7.1 이 기준에서 사용하는 용어의 정의는 다음과 같다.

1.7.1.1 "과전류차단기"란 「전기설비기술기준의 판단기준」 제38조와 제39조에 따른 것
을 말한다.

1.7.1.2 "방화구획형"이란 수전설비를 다른 부분과 건축법상 방화구획을 하여 화재 시 이
를 보호하도록 조치하는 방식을 말한다.

1.7.1.3 "변전설비"란 전력용변압기 및 그 부속장치를 말한다.

1.7.1.4 "배전반"이란 전력생산시설 등으로부터 직접 전력을 공급받아 분전반에 전력을
공급해주는 것으로서 다음의 배전반을 말한다.

> (1) "공용배전반"이란 소방회로 및 일반회로 겸용의 것으로서 개폐기, 과전류차단
> 기, 계기와 그 밖의 배선용기기 및 배선을 금속제 외함에 수납한 것을 말한다.
> (2) "전용배전반"이란 소방회로 전용의 것으로서 개폐기, 과전류차단기, 계기와
> 그 밖의 배선용기기 및 배선을 금속제 외함에 수납한 것을 말한다.

1.7.1.5 "분전반"이란 배전반으로부터 전력을 공급받아 부하에 전력을 공급해주는 것으
로서 다음의 배전반을 말한다.

> (1) "공용분전반"이란 소방회로 및 일반회로 겸용의 것으로서 분기개폐기, 분기과
> 전류차단기와 그 밖의 배선용기기 및 배선을 금속제 외함에 수납한 것을 말한
> 다.
> (2) "전용분전반"이란 소방회로 전용의 것으로서 분기 개폐기, 분기과전류차단기
> 와 그 밖의 배선용기기 및 배선을 금속제 외함에 수납한 것을 말한다.

1.7.1.6 "비상전원수전설비"란 화재 시 상용전원이 공급되는 시점까지만 비상전원으로 적
용이 가능한 설비로서 상용전원의 안전성과 내화성능을 향상시킨 설비를 말한다.

1.7.1.7 "소방회로"란 소방부하에 전원을 공급하는 전기회로를 말한다.

1.7.1.8 "수전설비"란 전력수급용 계기용변성기ㆍ주차단장치 및 그 부속기기를 말한다.

1.7.1.9 "옥외개방형"이란 건물의 옥외 또는 건물의 옥상에 울타리를 설치하고 그 내부에
수전설비를 설치하는 방식을 말한다.

1.7.1.10 "인입개폐기"란 「전기설비기술기준의 판단기준」 제169조에 따른 것을 말한다.

1.7.1.11 "인입구배선"이란 인입선의 연결점으로부터 특정소방대상물내에 시설하는 인입개폐기에 이르는 배선을 말한다.

1.7.1.12 "인입선"이란 「전기설비기술기준」 제3조제1항 제9호에 따른 것을 말한다.

1.7.1.13 "일반회로"란 소방회로 이외의 전기회로를 말한다.

1.7.1.14 "전기사업자"란 「전기사업법」 제2조제2호에 따른 자를 말한다.

1.7.1.15 "큐비클형"이란 수전설비를 큐비클 내에 수납하여 설치하는 방식으로서 다음의 형식을 말한다.

> (1) "공용큐비클식"이란 소방회로 및 일반회로 겸용의 것으로서 수전설비, 변전설비와 그 밖의 기기 및 배선을 금속제 외함에 수납한 것을 말한다.
> (2) "전용큐비클식"이란 소방회로용의 것으로 수전설비, 변전설비와 그 밖의 기기 및 배선을 금속제 외함에 수납한 것을 말한다.

2. 기술기준

2.1 인입선 및 인입구 배선의 시설

2.1.1 인입선은 특정소방대상물에 화재가 발생할 경우에도 화재로 인한 손상을 받지 않도록 설치해야 한다.

2.1.2 인입구 배선은 「옥내소화전설비의 화재안전기술기준(NFTC 102)」 2.7.2의 표 2.7.2(1)에 따른 내화배선으로 해야 한다.

2.2 특별고압 또는 고압으로 수전하는 경우

2.2.1 일반전기사업자로부터 특별고압 또는 고압으로 수전하는 비상전원 수전설비는 **방화구획형, 옥외개방형 또는 큐비클(Cubicle)형**으로서 다음의 기준에 적합하게 설치해야 한다.

2.2.1.1 전용의 방화구획 내에 설치할 것

2.2.1.2 소방회로배선은 일반회로배선과 불연성의 격벽으로 구획할 것. 다만, 소방회로배선과 일반회로배선을 15 ㎝ 이상 떨어져 설치한 경우는 그렇지 않다.

2.2.1.3 일반회로에서 과부하, 지락사고 또는 단락사고가 발생한 경우에도 이에 영향을 받지 아니하고 계속하여 소방회로에 전원을 공급시켜 줄 수 있어야 할 것

2.2.1.4 소방회로용 개폐기 및 과전류차단기에는 "소방시설용"이라 표시할 것

2.2.1.5 전기회로는 그림 2.2.1.5와 같이 결선할 것

| 1. 전용의 전력용변압기에서 소방부하에 전원을 공급하는 경우
　가. 일반회로의 과부하 또는 단락 사고 시에 CB_{10}(또는 PF_{10})이 CB_{12}(또는 PF_{12}) 및 CB_{22}(또는 F_{22})보다 먼저 차단되어서는 안 된다.
　나. CB_{11}(또는 PF_{11})은 CB_{12}(또는 PF_{12})와 동등 이상의 차단용량일 것 | 2. 공용의 전력용변압기에서 소방부하에 전원을 공급하는 경우
　가. 일반회로의 과부하 또는 단락 사고 시에 CB_{10}(또는 PF_{10})이 CB_{22}(또는 F_{22}) 및 CB (또는 F)보다 먼저 차단되어서는 안 된다.
　나. CB_{21}(또는 PF_{21})은 CB_{22}(또는 F_{22})와 동등 이상의 차단용량일 것 |

약호	명칭	약호	명칭
CB	전력차단기	CB	전력차단기
PF	전력퓨즈(고압 또는 특별고압용)	PF	전력퓨즈(고압 또는 특별고압용)
F	퓨즈(저압용)	F	퓨즈(저압용)
Tr	전력용변압기	Tr	전력용변압기

그림 2.2.1.5 고압 또는 특별고압 수전의 전기회로

2.2.2 옥외개방형은 다음의 기준에 적합하게 설치해야 한다.

　2.2.2.1 건축물의 옥상에 설치하는 경우에는 그 건축물에 화재가 발생할 경우에도 화재로 인한 손상을 받지 않도록 할 것

　2.2.2.2 공지에 설치하는 경우에는 인접 건축물에 화재가 발생한 경우에도 화재로 인한 손상을 받지 않도록 할 것

　2.2.2.3 그 밖의 옥외개방형의 설치에 관하여는 2.2.1.2부터 2.2.1.5까지의 규정에 적합하게 설치할 것

2.2.3 큐비클형은 다음의 기준에 적합하게 설치해야 한다.

　2.2.3.1 전용큐비클 또는 공용큐비클식으로 설치할 것

　2.2.3.2 외함은 두께 2.3 ㎜ 이상의 강판과 이와 동등 이상의 강도와 내화성능이 있는 것으로 제작해야 하며, 개구부(2.2.3.3의 각 기준에 해당하는 것은 제외한다)에는

「건축법 시행령」 제64조에 따른 방화문으로서 60분+ 방화문, 60분 방화문 또는 30분 방화문으로 설치할 것

2.2.3.3 다음의 기준(옥외에 설치하는 것에 있어서는 (1)부터 (3)까지)에 해당하는 것은 외함에 노출하여 설치할 수 있다.

> (1) 표시등(불연성 또는 난연성재료로 덮개를 설치한 것에 한한다)
> (2) 전선의 인입구 및 인출구
> (3) 환기장치
> (4) 전압계(퓨즈 등으로 보호한 것에 한한다)
> (5) 전류계(변류기의 2차 측에 접속된 것에 한한다)
> (6) 계기용 전환스위치(불연성 또는 난연성재료로 제작된 것에 한한다)

2.2.3.4 외함은 건축물의 바닥 등에 견고하게 고정할 것

2.2.3.5 외함에 수납하는 수전설비, 변전설비와 그 밖의 기기 및 배선은 다음의 기준에 적합하게 설치할 것

2.2.3.5.1 외함 또는 프레임(Frame) 등에 견고하게 고정할 것

2.2.3.5.2 외함의 바닥에서 10 ㎝(시험단자, 단자대 등의 충전부는 15 ㎝) 이상의 높이에 설치할 것

2.2.3.6 전선 인입구 및 인출구에는 금속관 또는 금속제 가요전선관을 쉽게 접속할 수 있도록 할 것

2.2.3.7 환기장치는 다음의 기준에 적합하게 설치할 것

> 2.2.3.7.1 내부의 온도가 상승하지 않도록 환기장치를 할 것
> 2.2.3.7.2 자연환기구의 개부구 면적의 합계는 외함의 한 면에 대하여 해당 면적의 3분의 1 이하로 할 것. 이 경우 하나의 통기구의 크기는 직경 10 ㎜ 이상의 둥근 막대가 들어가서는 안 된다.
> 2.2.3.7.3 자연환기구에 따라 충분히 환기할 수 없는 경우에는 환기설비를 설치할 것
> 2.2.3.7.4 환기구에는 금속망, 방화댐퍼 등으로 방화조치를 하고, 옥외에 설치하는 것은 빗물 등이 들어가지 않도록 할 것

2.2.3.8 공용큐비클식의 소방회로와 일반회로에 사용되는 배선 및 배선용기기는 불연재료로 구획할 것

2.2.3.9 그 밖의 큐비클형의 설치에 관하여는 2.2.1.2부터 2.2.1.5까지의 규정 및 한국산업표준에 적합할 것

2.3 저압으로 수전하는 경우

2.3.1 전기사업자로부터 저압으로 수전하는 비상전원수전설비는 **전용배전반(1·2종)·전용분전반(1·2종) 또는 공용분전반(1·2종)**으로 해야 한다.

2.3.1.1 제1종 배전반 및 제1종 분전반은 다음의 기준에 적합하게 설치해야 한다.

2.3.1.1.1 외함은 두께 1.6 ㎜(전면판 및 문은 2.3 ㎜) 이상의 강판과 이와 동등 이상의 강도와 내화성능이 있는 것으로 제작할 것

2.3.1.1.2 외함의 내부는 외부의 열에 의해 영향을 받지 않도록 내열성 및 단열성이 있는 재료를 사용하여 단열할 것. 이 경우 단열부분은 열 또는 진동에 따라 쉽게 변형되지 않아야 한다.

2.3.1.1.3 다음의 기준에 해당하는 것은 외함에 노출하여 설치할 수 있다.

(1) 표시등(불연성 또는 난연성재료로 덮개를 설치한 것에 한한다)
(2) 전선의 인입구 및 입출구

2.3.1.1.4 외함은 금속관 또는 금속제 가요전선관을 쉽게 접속할 수 있도록 하고, 당해 접속부분에는 단열조치를 할 것

2.3.1.1.5 공용배전반 및 공용분전반의 경우 소방회로와 일반회로에 사용하는 배선 및 배선용 기기는 불연재료로 구획되어야 할 것

2.3.1.2 제2종 배전반 및 제2종 분전반은 다음의 기준에 적합하게 설치해야 한다.

2.3.1.2.1 외함은 두께 1 mm (함 전면의 면적이 1,000 cm^{2}를 초과하고 2,000 cm^2 이하인 경우에는 1.2 mm, 2,000 cm^{2}를 초과하는 경우에는 1.6 mm) 이상의 강판과 이와 동등 이상의 강도와 내화성능이 있는 것으로 제작할 것

2.3.1.2.2 2.3.1.1.3(1) 및 (2)에서 정한 것과 120 ℃의 온도를 가했을 때 이상이 없는 전압계 및 전류계는 외함에 노출하여 설치할 것

2.3.1.2.3 단열을 위해 배선용 불연전용실 내에 설치할 것

2.3.1.2.4 그 밖의 제2종 배전반 및 제2종 분전반의 설치에 관하여는 2.3.1.1.4 및 2.3.1.1.5의 규정에 적합할 것

2.3.1.3 그 밖의 배전반 및 분전반의 설치에 관하여는 다음의 기준에 적합해야 한다.

2.3.1.3.1 일반회로에서 과부하·지락사고 또는 단락사고가 발생한 경우에도 이에 영향을 받지 아니하고 계속하여 소방회로에 전원을 공급시켜 줄 수 있어야 할 것

2.3.1.3.2 소방회로용 개폐기 및 과전류차단기에는 "소방시설용"이라는 표시를 할 것

2.3.1.3.3 전기회로는 그림 2.3.1.3.3과 같이 결선할 것

1. 일반회로의 과부하 또는 단락 사고 시 S_M이 S_N, S_{N1} 및 S_{N2}보다 먼저 차단되어서는 안 된다.
2. S_F는 S_N과 동등 이상의 차단용량일 것

약호	명칭
S	저압용개폐기 및 과전류차단기

그림 2.3.1.3.3 저압수전의 전기회로

소방시설관리사 기출문제

[14회점검] 인입선 및 인입구 배선의 시설기준 2가지를 쓰시오.(2점)

[14회점검] 특고압 또는 고압으로 수전하는 경우, 큐비클형 방식의 설치기준 중 환기장치의
설치기준 4가지를 쓰시오.(8점)

소방기술사 기출문제

[120회] 소방시설용 비상전원수전설비의 설치기준에 대하여 다음의 내용을 설명하시오.
　(1) 인입선 및 인입구 배선의 경우
　(2) 특별고압 또는 고압으로 수전하는 경우

[95회] 소방대상물 중 저압으로 수전하는 비상전원수전설비의 제1종 배전반 및 제1종 분전
반의 설치기준을 국가화재안전기술기준에 의하여 설명하시오.

[90회] 소방시설용 비상전원전용수전설비에서 고압 또는 특별고압으로 수전하고자 한다.
다음 각각의 경우 인입구배선에서부터 소방부하까지의 단선결선도를 작성하고, 주
차단기 (또는 전력퓨즈)와 분기차단기(또는 전력퓨즈)의 차단 우선순위 관계를 설명
하시오.
가. 전용의 전력용 변압기에서 소방부하에 전원을 공급하는 경우
나. 공용의 전력용 변압기에서 소방부하에 전원을 공급하는 경우

[83회] 소방시설용 비상전원 수전설비의 화재안전기준(NFSC 602)중 특별고압 또는 고압으
로 수전하는 경우의 기준을 기술하시오.

도로터널의 화재안전기술기준(NFTC 603)

[시행 2022. 12. 1.] [소방청공고 제2022-241호, 2022. 12. 1., 제정]

1. 일반사항

1.1 적용범위

1.1.1 이 기준은 「소방시설 설치 및 관리에 관한 법률 시행령」(이하 "영"이라 한다) 제11조제1
항에 따라 도로터널에 설치해야 하는 소방시설 등의 설치 및 관리에 대해 적용한다.

1.2 기준의 효력

1.2.1 이 기준은 「소방시설 설치 및 관리에 관한 법률」(이하 "법"이라 한다) 제2조제1항제6호
나목에 따라 도로터널에 설치하는 소방시설 등의 기술기준으로서의 효력을 가진다.

1.2.2 이 기준에 적합한 경우에는 법 제2조제1항제6호나목에 따라 「도로터널의 화재안전성능
기준(NFPC 603)」을 충족하는 것으로 본다.

1.3 기준의 시행

1.3.1 이 기준은 2022년 12월 1일부터 시행한다.

1.4 기준의 특례

1.4.1 소방본부장 또는 소방서장은 기존 터널이 증축 · 개축 · 대수선되거나 용도 변경되는 경
우에 있어서 이 기준이 정하는 기준에 따라 해당 터널에 설치해야 할 소방시설의 배관·배
선 등의 공사가 현저하게 곤란하다고 인정되는 경우에는 해당 시설의 기능 및 사용에 지
장이 없는 범위 안에서 이 기준의 일부를 적용하지 않을 수 있다.

1.5 경과조치

1.5.1 이 기준 시행 전에 건축허가 등의 신청 또는 신고를 하거나 소방시설공사의 착공신고를
한 특정소방대상물에 대해서는 종전의 「도로터널의 화재안전기준(NFSC 603)」에 따른
다.

1.5.2 이 기준 시행 전에 1.5.1에 따른 신청 또는 신고를 한 경우라도 제정 기준이 종전의 기준
에 비하여 관계인에게 유리한 경우에는 제정 기준에 따를 수 있다.

1.6 다른 법령과의 관계

1.6.1 이 기준 시행 당시 다른 법령 또는 행정규칙 등에서 종전의 화재안전기준을 인용한 경우

에 이 기준 가운데 그에 해당하는 규정이 있는 경우에는 종전의 규정에 갈음하여 이 기준의 해당 규정을 인용한 것으로 본다.

1.6.2 터널에 설치하는 소방시설 등의 설치 및 관리기준 중 이 기준에서 규정하지 않은 기준은 개별 기술기준에 따라야 한다.

1.7 용어의 정의

1.7.1 이 기준에서 사용하는 용어의 정의는 다음과 같다.

    1.7.1.1 "도로터널"이란 「도로법」 제10조에 따른 도로의 일부로서 자동차의 통행을 위해 지붕이 있는 구조물을 말한다.

    1.7.1.2 "설계화재강도"란 터널 내 화재 시 소화설비 및 제연설비 등의 용량산정을 위해 적용하는 차종별 최대열방출률(MW)을 말한다.

    1.7.1.3 "횡류환기방식"이란 터널 안의 배기가스와 연기 등을 배출하는 환기방식으로서 기류를 횡방향(바닥에서 천장)으로 흐르게 하여 환기하는 방식을 말한다.

    1.7.1.4 "대배기구방식"이란 횡류환기방식의 일종으로 배기구에 개방/폐쇄가 가능한 전동댐퍼를 설치하여 화재 시 화재지점 부근의 배기구를 개방하여 집중적으로 배연할 수 있는 제연방식을 말한다.

    1.7.1.5 "종류환기방식"이란 터널 안의 배기가스와 연기 등을 배출하는 환기방식으로서 기류를 종방향(출입구 방향)으로 흐르게 하여 환기하는 방식을 말한다.

    1.7.1.6 "반횡류환기방식"이란 터널 안의 배기가스와 연기 등을 배출하는 환기방식으로서 터널에 수직배기구를 설치해서 횡방향과 종방향으로 기류를 흐르게 하여 환기하는 방식을 말한다.

    1.7.1.7 "양방향터널"이란 하나의 터널 안에서 차량의 흐름이 서로 마주보게 되는 터널을 말한다.

    1.7.1.8 "일방향터널"이란 하나의 터널 안에서 차량의 흐름이 하나의 방향으로만 진행되는 터널을 말한다.

    1.7.1.9 "연기발생률"이란 일정한 설계화재강도의 차량에서 단위 시간당 발생하는 연기량을 말한다.

    1.7.1.10 "피난연결통로"란 본선터널과 병설된 상대터널 또는 본선터널과 평행한 피난대피터널을 연결하는 통로를 말한다.

    1.7.1.11 "배기구"란 터널 안의 오염공기를 배출하거나 화재 시 연기를 배출하기 위한 개구부를 말한다.

    1.7.1.12 "배연용 팬"이란 화재 시 연기 및 열기류를 배출하기 위한 팬을 말한다.

1.7.2 이 기준에서 사용하는 용어는 1.7.1에서 규정한 것을 제외하고는 관계법령 및 개별 기술 기준에서 정하는 바에 따른다.

2. 기술기준

2.1 소화기

2.1.1 소화기는 다음의 기준에 따라 설치해야 한다.

2.1.1.1 소화기의 능력단위는 (「소화기구 및 자동소화장치의 화재안전기술기준(NFTC 101)」 1.7.1.6에 따른 수치를 말한다. 이하 같다)는 A급 화재는 3단위 이상, B급 화재는 5단위 이상 및 C급 화재에 적응성이 있는 것으로 할 것

2.1.1.2 소화기의 총중량은 사용 및 운반의 편리성을 고려하여 7 kg 이하로 할 것

2.1.1.3 소화기는 주행차로의 우측 측벽에 50 m 이내의 간격으로 2개 이상을 설치하며, 편도 2차선 이상의 양방향터널과 4차로 이상의 일방향터널의 경우에는 양쪽 측벽에 각각 50 m 이내의 간격으로 엇갈리게 2개 이상을 설치할 것

2.1.1.4 바닥면(차로 또는 보행로를 말한다. 이하 같다)으로부터 1.5 m 이하의 높이에 설치할 것

2.1.1.5 소화기구함의 상부에 "소화기"라고 조명식 또는 반사식의 표지판을 부착하여 사용자가 쉽게 인지할 수 있도록 할 것

2.2 옥내소화전설비

2.2.1 옥내소화전설비는 다음의 기준에 따라 설치해야 한다.

2.2.1.1 소화전함과 방수구는 주행차로 우측 측벽을 따라 50 m 이내의 간격으로 설치하며, 편도 2차선 이상의 양방향터널이나 4차로 이상의 일방향터널의 경우에는 양쪽 측벽에 각각 50 m 이내의 간격으로 엇갈리게 설치할 것

2.2.1.2 수원은 그 저수량이 옥내소화전의 설치개수 2개(4차로 이상의 터널의 경우 3개)를 동시에 40분 이상 사용할 수 있는 충분한 양 이상을 확보할 것

2.2.1.3 가압송수장치는 옥내소화전 2개(4차로 이상의 터널인 경우 3개)를 동시에 사용할 경우 각 옥내소화전의 노즐선단에서의 방수압력은 0.35 ㎫ 이상이고 방수량은 190 L/min 이상이 되는 성능의 것으로 할 것. 다만, 하나의 옥내소화전을 사용하는 노즐선단에서의 방수압력이 0.7 ㎫을 초과할 경우에는 호스접결구의 인입측에 감압장치를 설치해야 한다.

2.2.1.4 압력수조나 고가수조가 아닌 전동기 또는 내연기관에 의한 펌프를 이용하는 가압송수장치는 주펌프와 동등 이상의 성능이 있는 별도의 펌프로서 내연기관의 기동과 연동하여 작동되거나 비상전원을 연결한 예비펌프를 추가로 설치할 것

2.2.1.5 방수구는 40 ㎜ 구경의 단구형을 옥내소화전이 설치된 벽면의 바닥면으로부터 1.5 m 이하의 쉽게 사용 가능한 높이에 설치할 것

2.2.1.6 소화전함에는 옥내소화전 방수구 1개, 15 m 이상의 소방호스 3본 이상 및 방수노즐을 비치할 것

2.2.1.7 옥내소화전설비의 비상전원은 옥내소화전설비를 유효하게 40분 이상 작동할 수 있어야 할 것

2.3 물분무소화설비

2.3.1 물분무소화설비는 다음의 기준에 따라 설치해야 한다.

2.3.1.1 물분무 헤드는 도로면 $1 m^2$에 대하여 6 L/min 이상의 수량을 균일하게 방수할 수 있도록 할 것

2.3.1.2 물분무설비의 하나의 방수구역은 25 m 이상으로 하며, 3개 방수구역을 동시에 40분 이상 방수할 수 있는 수량을 확보 할 것

2.3.1.3 물분무설비의 비상전원은 물분무소화설비를 유효하게 40분 이상 작동할 수 있어야 할 것

2.4 비상경보설비

2.4.1 비상경보설비는 다음의 기준에 따라 설치해야 한다.

2.4.1.1 발신기는 주행차로 한쪽 측벽에 50 m 이내의 간격으로 설치하며, 편도 2차선 이상의 양방향터널이나 4차로 이상의 일방향터널의 경우에는 양쪽의 측벽에 각각 50 m 이내의 간격으로 엇갈리게 설치하고, 발신기가 설치된 바닥면으로부터 0.8m 이상 1.5 m 이하의 높이에 설치할 것

2.4.1.2 음향장치는 발신기 설치위치와 동일하게 설치할 것. 다만, 「비상방송설비의 화재안전기술기준(NFTC 202)」에 적합하게 설치된 방송설비를 비상경보설비와 연동하여 작동하도록 설치한 경우에는 비상경보설비의 지구음향장치를 설치하지 않을 수 있다.

2.4.1.3 음향장치의 음량은 부착된 음향장치의 중심으로부터 1 m 떨어진 위치에서 90 dB 이상이 되도록 하고, 음향장치는 터널 내부 전체에 동시에 경보를 발하도록 할 것

2.4.1.4 시각경보기는 주행차로 한쪽 측벽에 50 m 이내의 간격으로 비상경보설비의 상부 직근에 설치하고, 설치된 전체 시각경보기는 동기방식에 의해 작동될 수 있도록 할 것

2.5 자동화재탐지설비

2.5.1 터널에 설치할 수 있는 감지기의 종류는 다음의 어느 하나와 같다.

(1) 차동식분포형감지기
(2) 정온식감지선형감지기(아날로그식에 한한다. 이하 같다.)
(3) 중앙기술심의위원회의 심의를 거쳐 터널화재에 적응성이 있다고 인정된 감지기

2.5.2 하나의 경계구역의 길이는 100 m 이하로 해야 한다.

2.5.3 2.5.1에 의한 감지기의 설치기준은 다음의 기준과 같다. 다만, 중앙기술심의위원회의 심의를 거쳐 제조사의 시방서에 따른 설치방법이 터널화재에 적합하다고 인정되는 경우에는 다음의 기준에 의하지 아니하고 심의결과에 의한 제조사의 시방서에 따라 설치할 수 있다.

2.5.3.1 감지기의 감열부(열을 감지하는 기능을 갖는 부분을 말한다. 이하 같다)와 감열부 사이의 이격거리는 10 m 이하로, 감지기와 터널 좌·우측 벽면과의 이격거리는 6.5 m 이하로 설치할 것

2.5.3.2 2.5.3.1에도 불구하고 터널 천장의 구조가 아치형의 터널에 감지기를 터널 진행방향으로 설치하고자 하는 경우에는 감열부와 감열부 사이의 이격거리를 10 m 이하로 하여 아치형 천장의 중앙 최상부에 1열로 감지기를 설치해야 하며, 감지기를 2열 이상으로 설치하고자 하는 경우에는 감열부와 감열부 사이의 이격거리는 10 m 이하로 감지기 간의 이격거리는 6.5 m 이하로 설치할 것

2.5.3.3 감지기를 천장면(터널 안 도로 등에 면한 부분 또는 상층의 바닥 하부면을 말한다. 이하 같다)에 설치하는 경우에는 감지기가 천장면에 밀착되지 않도록 고정금구 등을 사용하여 설치할 것

2.5.3.4 형식승인 내용에 설치방법이 규정된 경우에는 형식승인 내용에 따라 설치할 것. 다만, 감지기와 천장면과의 이격거리에 대해 제조사의 시방서에 규정되어 있는 경우에는 시방서의 규정에 따라 설치할 수 있다.

2.5.4 2.5.2에도 불구하고 감지기의 작동에 의하여 다른 소방시설 등이 연동되는 경우로서 해당 소방시설 등의 작동을 위한 정확한 발화 위치를 확인할 필요가 있는 경우에는 경계구

역의 길이가 해당 설비의 방호구역 등에 포함되도록 설치해야 한다.

2.5.5 발신기 및 지구음향장치는 2.4를 준용하여 설치해야 한다.

2.6 비상조명등

2.6.1 비상조명등은 다음의 기준에 따라 설치해야 한다.

2.6.1.1 상시 조명이 소등된 상태에서 비상조명등이 점등되는 경우 터널 안의 차도 및 보도의 바닥면의 조도는 10 lx 이상, 그 외 모든 지점의 조도는 1 lx 이상이 될 수 있도록 설치할 것

2.6.1.2 비상조명등의 비상전원은 상용전원이 차단되는 경우 자동으로 비상조명등을 유효하게 60분 이상 작동할 수 있어야 할 것

2.6.1.3 비상조명등에 내장된 예비전원이나 축전지설비는 상용전원의 공급에 의하여 상시 충전상태를 유지할 수 있도록 설치할 것

2.7 제연설비

2.7.1 제연설비는 다음의 기준을 만족하도록 설계해야 한다.

2.7.1.1 설계화재강도 20 MW를 기준으로 하고, 이때의 연기발생률은 80 m³/s로 하며, 배출량은 발생된 연기와 혼합된 공기를 충분히 배출할 수 있는 용량 이상을 확보할 것

2.7.1.2 2.7.1.1에도 불구하고, 화재강도가 설계화재강도 보다 높을 것으로 예상될 경우 위험도분석을 통하여 설계화재강도를 설정하도록 할 것

2.7.2 제연설비는 다음의 기준에 따라 설치해야 한다.

2.7.2.1 종류환기방식의 경우 제트팬의 소손을 고려하여 예비용 제트팬을 설치하도록 할 것

2.7.2.2 횡류환기방식(또는 반횡류환기방식) 및 대배기구방식의 배연용 팬은 덕트의 길이에 따라서 노출온도가 달라질 수 있으므로 수치해석 등을 통해서 내열온도 등을 검토한 후에 적용하도록 할 것

2.7.2.3 대배기구의 개폐용 전동모터는 정전 등 전원이 차단되는 경우에도 조작상태를 유지할 수 있도록 할 것

2.7.2.4 화재에 노출이 우려되는 제연설비와 전원공급선 및 제트팬 사이의 전원공급장치 등은 250 ℃의 온도에서 60분 이상 운전상태를 유지할 수 있도록 할 것

2.7.3 제연설비의 기동은 다음의 어느 하나에 의하여 자동 및 수동으로 기동될 수 있도록 해야
한다.

(1) 화재감지기가 동작되는 경우
(2) 발신기의 스위치 조작 또는 자동소화설비의 기동장치를 동작시키는 경우
(3) 화재수신기 또는 감시제어반의 수동조작스위치를 동작시키는 경우

2.7.4 제연설비의 비상전원은 제연설비를 유효하게 60분 이상 작동할 수 있도록 해야 한다.

2.8 연결송수관설비

2.8.1 연결송수관설비는 다음의 기준에 따라 설치해야 한다.

2.8.1.1 연결송수관설비의 방수노즐선단에서의 방수압력은 0.35 MPa 이상, 방수량은
400 L/min 이상을 유지할 수 있도록 할 것
2.8.1.2 방수구는 50 m 이내의 간격으로 옥내소화전함에 병설하거나 독립적으로 터널
출입구 부근과 피난연결통로에 설치할 것
2.8.1.3 방수기구함은 50 m 이내의 간격으로 옥내소화전함 안에 설치하거나 독립적으
로 설치하고, 하나의 방수기구함에는 65 mm 방수노즐 1개와 15 m 이상의 호스 3
본을 설치하도록 비치 할 것

2.9 무선통신보조설비

2.9.1 무선통신보조설비의 옥외안테나는 방재실 인근과 터널의 입구 및 출구, 피난연결통로
등에 설치해야 한다.
2.9.2 라디오 재방송설비가 설치되는 터널의 경우에는 무선통신보조설비와 겸용으로 설치할
수 있다.

2.10 비상콘센트설비

2.10.1 비상콘센트설비는 다음의 기준에 따라 설치해야 한다.

2.10.1.1 비상콘센트설비의 전원회로는 단상교류 220 V인 것으로서 그 공급용량은 1.5
kVA 이상인 것으로 할 것
2.10.1.2 전원회로는 주배전반에서 전용회로로 할 것. 다만, 다른 설비의 회로 사고에 따
른 영향을 받지 않도록 되어 있는 것은 그렇지 않다.

2.10.1.3 콘센트마다 배선용 차단기(KS C 8321)를 설치해야 하며, 충전부가 노출되지 않도록 할 것

2.10.1.4 주행차로의 우측 측벽에 50 m 이내의 간격으로 바닥으로부터 0.8 m 이상 1.5 m 이하의 높이에 설치할 것

○ 소방시설관리사 기출문제

[15회설계] 도로터널설비의 화재안전기준에서 정한 비상경보설비에 대한 설치기준을 쓰시오.

[15회설계] 제연설비의 기동은 자동 또는 수동으로 기동될 수 있도록 하여야 한다. 이 경우 제연설비가 기동되는 조건에 대하여 쓰시오.

[12회설계] 화재안전기준에 따른 연결송수관설비의 노즐선단에서의 법적방수압[MPa] 및 방수량[l/min]을 쓰시오.(3점)

[12회설계] 도로터널 내 비상콘센트의 최소 설치수량을 산출하고 설치기준을 쓰시오.(8점)

[12회설계] 도로터널 내 자동화재탐지설비를 설치할 경우 최소 경계구역의 수와 설치 가능한 화재감지기 3가지를 쓰시오.(6점)

[12회설계] 도로터널설비에 대한 다음 각 물음에 답하시오.

① 터널에 설치하는 옥내소화전 방수구의 최소 설치수량 및 수원의 양[m³]을 구하시오.(10점)

② 화재안전기준에 따른 옥내소화전의 노즐선단에서의 법적방수압[MPa] 및 방수량[l/min]을 쓰시오.(3점)

소방기술사 기출문제

[124회] 도로터널의 화재안전기준 중 다음 소방시설의 설치기준에 대하여 설명하시오.

1) 비상경보설비와 비상조명등

2) 제연설비

3) 연결송수관 설비

[111회] 도로터널에 사용되는 제연방식의 종류를 열거하고 각각의 특성에 대하여 설명하시오.

[105회] 차동식분포형 공기관식 감지기와 정온식감지선형 감지기의 적용기준을 터널과 터널 이외의 장소로 구분하여 설명하시오.

[94회] 터널의 제연방식 중 종류환기방식(Longitudinal ventilation)과 횡류환기방식 (Transverse ventilation)에 대하여 차이점을 설명하시오.

[92회] 터널의 제연설비 설치기준에 대하여 설명하시오.

1. 일반사항

1.1 적용범위

1.1.1 이 기준은 「소방시설 설치 및 관리에 관한 법률 시행령」(이하 "영"이라 한다) 제11조제1항에 따라 「건축법」 제2조제1항제19호에 따른 고층건축물과 「초고층 및 지하연계 복합건축물 재난관리에 관한 특별법 시행령」 제14조제2항에 따른 피난안전구역에 설치해야 하는 소방시설 등의 설치 및 관리에 대해 적용한다.

1.2 기준의 효력

1.2.1 이 기준은 「소방시설 설치 및 관리에 관한 법률」(이하 "법"이라 한다) 제2조제1항제6호나목호에 따라 고층건축물에 설치하는 소방시설 등의 기술기준으로서의 효력을 가진다.

1.2.2 이 기준에 적합한 경우에는 법 제2조제1항제6호나목에 따라 「고층건축물의 화재안전성능기준(NFPC 604)」을 충족하는 것으로 본다.

1.3 기준의 시행

1.3.1 이 기준은 2023년 12월 20일부터 시행한다.

1.4 기준의 특례

1.4.1 소방본부장 또는 소방서장은 기존건축물이 증축·개축·대수선되거나 용도 변경되는 경우에 있어서 이 기준이 정하는 기준에 따라 해당 건축물에 설치해야 할 소방시설의 배관·배선 등의 공사가 현저하게 곤란하다고 인정되는 경우에는 해당 설비의 기능 및 사용에 지장이 없는 범위 안에서 이 기준의 일부를 적용하지 않을 수 있다.

1.5 경과조치

1.5.1 이 기준 시행 전에 건축허가 등의 신청 또는 신고를 하거나 소방시설공사의 착공신고를 한 특정소방대상물에 대해서는 종전의 「고층건축물의 화재안전기준(NFSC 604)」에 따른다.

1.5.2 이 기준 시행 전에 1.5.1에 따른 신청 또는 신고를 한 경우라도 제정 기준이 종전의 기준에 비하여 관계인에게 유리한 경우에는 제정 기준에 따를 수 있다.

1.6 다른 법령과의 관계

1.6.1 이 기준 시행 당시 다른 법령 또는 행정규칙 등에서 종전의 화재안전기준을 인용한 경우에 이 기준 가운데 그에 해당하는 규정이 있는 경우에는 종전의 규정에 갈음하여 이 기준의 해당 규정을 인용한 것으로 본다.

1.6.2 고층건축물에 설치하는 소방시설 등의 설치 및 관리기준 중 이 기준에서 규정하지 않은 기준은 개별 기술기준에 따라야 한다.

1.7 용어의 정의

1.7.1 이 기준에서 사용하는 용어의 정의는 다음과 같다.

　　1.7.1.1 "고층건축물"이란 「건축법」 제2조제1항제19호 규정에 따른 건축물을 말한다.

　　1.7.1.2 "급수배관"이란 수원 또는 옥외송수구로부터 소화설비에 급수하는 배관을 말한다.

1.7.2 이 기준에서 사용하는 용어는 1.8.1에서 규정한 것을 제외하고는 관계법령 및 개별 기술기준에서 정하는 바에 따른다.

2. 기술기준

2.1 옥내소화전설비

2.1.1 수원은 그 저수량이 옥내소화전의 설치개수가 가장 많은 층의 설치개수(5개 이상 설치된 경우에는 5개)에 5.2 m^3(호스릴옥내소화전설비를 포함한다)를 곱한 양 이상이 되도록 해야 한다. 다만, 층수가 50층 이상인 건축물의 경우에는 7.8 m^{3}를 곱한 양 이상이 되도록 해야 한다.

2.1.2 수원은 2.1.1에 따라 산출된 유효수량 외에 **유효수량의 3분의 1 이상**을 옥상(옥내소화전설비가 설치된 건축물의 주된 옥상을 말한다. 이하 같다)에 설치해야 한다. 다만, 「옥내소화전설비의 화재안전기술기준(NFTC 102)」 2.1.2(2) 또는 2.1.2(3)에 해당하는 경우에는 그렇지 않다.

2.1.3 전동기 또는 내연기관에 의한 펌프를 이용하는 가압송수장치는 **옥내소화전설비 전용으로 설치**해야 하며, **주펌프와 동등 이상의 성능이 있는 별도의 펌프로서 내연기관의 기동과 연동하여 작동되거나 비상전원을 연결한 예비펌프를 추가로 설치**해야 한다.

2.1.4 **내연기관의 연료량은 펌프를 40분(50층 이상인 건축물의 경우에는 60분) 이상** 운전할 수 있는 용량일 것

2.1.5 급수배관은 전용으로 해야 한다. 다만, 옥내소화전설비의 성능에 지장이 없는 경우에는 **연결송수관설비의 배관과 겸용**할 수 있다.

2.1.6 50층 이상인 건축물의 옥내소화전 주배관 중 수직배관은 2개 이상(주배관 성능을 갖는 동일 호칭배관)으로 설치해야 하며, 하나의 수직배관의 파손 등 작동 불능 시에도 다른 수직배관으로부터 소화용수가 공급되도록 구성해야 한다.

2.1.7 비상전원은 **자가발전설비, 축전지설비**(내연기관에 따른 펌프를 사용하는 경우에는 내연기관의 기동 및 제어용 축전지를 말한다) 또는 **전기저장장치**(외부 전기에너지를 저장해 두었다가 필요한 때 전기를 공급하는 장치. 이하 같다)로서 옥내소화전설비를 유효하게 40분(50층 이상인 건축물의 경우에는 60분) 이상 작동할 수 있어야 한다.

2.2 스프링클러설비

2.2.1 수원은 그 저수량이 스프링클러설비 설치장소별 스프링클러헤드의 기준개수에 3.2 m^3를 곱한 양 이상이 되도록 해야 한다. 다만, 50층 이상인 건축물의 경우에는 4.8 m^3를 곱한 양 이상이 되도록 해야 한다.

2.2.2 수원은 2.2.1에 따라 산출된 유효수량 외에 유효수량의 3분의 1 이상을 옥상(옥내소화전설비가 설치된 건축물의 주된 옥상을 말한다. 이하 같다)에 설치해야 한다. 다만, 「스프링클러설비의 화재안전기술기준(NFTC 103)」 2.1.2(2) 또는 2.1.2(3)에 해당하는 경우에는 그렇지 않다.

2.2.3 전동기 또는 내연기관에 의한 펌프를 이용하는 가압송수장치는 스프링클러설비 전용으로 설치해야 하며, 주펌프와 동등 이상의 성능이 있는 별도의 펌프로서 내연기관의 기동과 연동하여 작동되거나 비상전원을 연결한 예비펌프를 추가로 설치해야 한다.

2.2.4 **내연기관의 연료량은 펌프를 40분(50층 이상인 건축물의 경우에는 60분) 이상** 운전할 수 있는 용량일 것

2.2.5 급수배관은 전용으로 설치해야 한다.

2.2.6 50층 이상인 건축물의 스프링클러설비 주배관 중 수직배관은 2개 이상(주배관 성능을 갖는 동일 호칭배관)으로 설치하고, 하나의 수직배관이 파손 등 작동 불능 시에도 다른 수직배관으로부터 소화수가 공급되도록 구성해야 하며, 각각의 수직배관에 유수검지장치를 설치해야 한다.

2.2.7 50층 이상인 건축물의 스프링클러 헤드에는 2개 이상의 가지배관으로부터 양방향에서 소화수가 공급되도록 하고, 수리계산에 의한 설계를 해야 한다.

2.2.8 스프링클러설비의 음향장치는 「스프링클러설비의 화재안전기술기준(NFTC 103)」 2.6 (음향장치 및 기동장치)에 따라 설치하되, 다음의 기준에 따라 경보를 발할 수 있도록 해야 한다.

> 2.2.8.1 2층 이상의 층에서 발화한 때에는 발화층 및 그 직상 4개 층에 경보를 발할 것
> 2.2.8.2 1층에서 발화한 때에는 발화층 · 그 직상 4개 층 및 지하층에 경보를 발할 것
> 2.2.8.3 지하층에서 발화한 때에는 발화층 · 그 직상층 및 기타의 지하층에 경보를 발할 것

2.2.9 비상전원은 **자가발전설비, 축전지설비(내연기관에 따른 펌프를 사용하는 경우에는 내연 기관의 기동 및 제어용 축전지를 말한다) 또는 전기저장장치**로서 스프링클러설비를 유효 하게 40분 이상 작동할 수 있을 것. 다만, 50층 이상인 건축물의 경우에는 60분 이상 작 동할 수 있어야 한다.

2.3 비상방송설비

2.3.1 **비상방송설비의 음향장치**는 다음의 기준에 따라 경보를 발할 수 있도록 해야 한다.

> 2.3.1.1 2층 이상의 층에서 발화한 때에는 발화층 및 그 직상 4개 층에 경보를 발할 것
> 2.3.1.2 1층에서 발화한 때에는 발화층 · 그 직상 4개 층 및 지하층에 경보를 발할 것
> 2.3.1.3 지하층에서 발화한 때에는 발화층 · 그 직상층 및 기타의 지하층에 경보를 발할 것

2.3.2 비상방송설비에는 그 설비에 대한 **감시상태를 60분간 지속한 후 유효하게 30분이상 경보** 할 수 있는 비상전원으로서 축전지설비(수신기에 내장하는 경우를 포함한다) 또는 전기 저장장치를 설치해야 한다.

2.4 자동화재탐지설비

2.4.1 **감지기는 아날로그방식의 감지기로서 감지기의 작동 및 설치지점을 수신기에서 확인할 수 있는 것으로 설치**해야 한다. 다만, **공동주택의 경우에는 감지기별로 작동 및 설치지점을 수신기에서 확인할 수 있는 아날로그방식 외의 감지기로 설치할 수 있다.**

2.4.2 **자동화재탐지설비의 음향장치**는 다음의 기준에 따라 경보를 발할 수 있도록 해야 한다.

> 2.4.2.1 2층 이상의 층에서 발화한 때에는 발화층 및 그 직상 4개 층에 경보를 발할 것
> 2.4.2.2 1층에서 발화한 때에는 발화층 · 그 직상 4개 층 및 지하층에 경보를 발할 것

2.4.2.3 지하층에서 발화한 때에는 발화층·그 직상층 및 기타의 지하층에 경보를 발할 것

2.4.3 50층 이상인 건축물에 설치하는 다음의 통신·신호배선은 이중배선을 설치하도록 하고 단선 시에도 고장표시가 되며 정상 작동할 수 있는 성능을 갖도록 설비를 해야 한다.
   (1) 수신기와 수신기 사이의 통신배선
   (2) 수신기와 중계기 사이의 신호배선
   (3) 수신기와 감지기 사이의 신호배선

2.4.4 자동화재탐지설비에는 그 설비에 대한 **감시상태를 60분간 지속한 후 유효하게 30분 이상 경보**할 수 있는 비상전원으로서 축전지설비(수신기에 내장하는 경우를 포함한다) 또는 전기저장장치(외부 전기에너지를 저장해 두었다가 필요할 때 전기를 공급하는 장치)를 설치해야 한다. 다만, 상용전원이 축전지설비인 경우에는 그렇지 않다.

2.5 특별피난계단의 계단실 및 부속실 제연설비

2.5.1 특별피난계단의 계단실 및 부속실 제연설비는 「특별피난계단의 계단실 및 부속실 제연설비의 화재안전기술기준(NFTC 501A)」에 따라 설치하되, **비상전원은 자가발전설비, 축전지설비, 전기저장장치로 하고 제연설비를 유효하게 40분 이상** 작동할 수 있도록 해야 한다. 다만, **50층 이상인 건축물의 경우에는 60분 이상** 작동할 수 있어야 한다.

2.6 피난안전구역의 소방시설

2.6.1 「초고층 및 지하연계 복합건축물 재난관리에 관한 특별법시행령」 제14조제2항에 따른 피난안전구역에 설치하는 소방시설은 표 2.6.1과 같이 설치해야 하며, 이 기준에서 정하지 아니한 것은 개별 기술기준에 따라 설치해야 한다.

표 2.6.1 피난안전구역에 설치하는 소방시설의 설치기준

구분	설치기준
1. 제연설비	피난안전구역과 비 제연구역간의 차압은 50 Pa(옥내에 스프링클러설비가 설치된 경우에는 12.5 Pa) 이상으로 해야 한다. 다만 피난안전구역의 한쪽 면 이상이 외기에 개방된 구조의 경우에는 설치하지 않을 수 있다.
2. 피난유도선	피난유도선은 다음의 기준에 따라 설치해야 한다. 가. 피난안전구역이 설치된 층의 계단실 출입구에서 피난안전구역의 주 출입구 또는 비상구까지 설치할 것 나. 계단실에 설치하는 경우 계단 및 계단참에 설치할 것 다. 피난유도 표시부의 너비는 최소 25 ㎜ 이상으로 설치할 것 라. 광원점등방식(전류에 의하여 빛을 내는 방식)으로 설치하되, 60분 이상 유효하게 작동할 것

구분	설치기준
3. 비상조명등	피난안전구역의 비상조명등은 상시 조명이 소등된 상태에서 그 비상조명등이 점등되는 경우 각 부분의 바닥에서 조도는 10 lx 이상이 될 수 있도록 설치할 것
4. 휴대용 비상조명등	가. 피난안전구역에는 휴대용비상조명등을 다음의 기준에 따라 설치해야 한다. 1) 초고층 건축물에 설치된 피난안전구역: 피난안전구역 위층의 재실자수(「건축물의 피난·방화구조 등의 기준에 관한 규칙」 별표 1의2에 따라 산정된 재실자 수를 말한다)의 10분의 1 이상 2) 지하연계 복합건축물에 설치된 피난안전구역: 피난안전구역이 설치된 층의 수용인원(영 별표 7에 따라 산정된 수용인원을 말한다)의 10분의 1 이상 나. 건전지 및 충전식 건전지의 용량은 40분 이상 유효하게 사용할 수 있는 것으로 한다. 다만, 피난안전구역이 50층 이상에 설치되어 있을 경우의 용량은 60분 이상으로 할 것
5. 인명구조기구	가. 방열복, 인공소생기를 각 2개 이상 비치할 것 나. 45분 이상 사용할 수 있는 성능의 공기호흡기(보조마스크를 포함한다)를 2개 이상 비치해야 한다. 다만, 피난안전구역이 50층 이상에 설치되어 있을 경우에는 동일한 성능의 예비용기를 10개 이상 비치할 것 다. 화재 시 쉽게 반출할 수 있는 곳에 비치할 것 라. 인명구조기구가 설치된 장소의 보기 쉬운 곳에 "인명구조기구"라는 표지판 등을 설치할 것

2.7 연결송수관설비

2.7.1 연결송수관설비의 배관은 전용으로 한다. 다만, 주배관의 구경이 100 ㎜ 이상인 옥내소화전설비와 겸용할 수 있다.

2.7.2 내연기관의 연료량은 펌프를 40분(50층 이상인 건축물의 경우에는 60분) 이상 운전할 수 있는 용량일 것

2.7.3 연결송수관설비의 비상전원은 자가발전설비, 축전지설비(내연기관에 따른 펌프를 사용하는 경우에는 내연기관의 기동 및 제어용 축전지를 말한다), 전기저장장치로서 연결송수관설비를 유효하게 40분 이상 작동할 수 있어야 할 것. 다만, 50층 이상인 건축물의 경우에는 60분 이상 작동할 수 있어야 한다.

소방시설관리사 기출문제

[23회점검] (2) 고층건축물의 화재안전기술기준(NFTC 604)상 초고층 및 지하연계 복합건축
물 재난관리에 관한 특별법 시행령에 다른 피난안전구역에 설치하는 소방시설 중
인명구조기구의 설치 기준을 4가지를 쓰시오.(4점)

[22회설계] 고층건축물의 화재안전기준(NFSC 604)상 피난안전구역에 설치하는 소방시설 설
치기준에서 제연설비 설치기준을 쓰시오.(3점)

[21회설계] 고층건축물의 화재안전기준(NFSC 604)에 대하여 다음 물음에 답하시오.(10점)
    (1) 피난안전구역에 설치하는 소방시설 중 인명구조기구, 피난유도선을 제외한 나
        머지 3가지를 쓰시오.(3점)
    (2) 피난안전구역에 설치하는 소방시설 설치기준 중 피난유도선 설치기준 3가지
        를 쓰시오.(3점)
    (3) 피난안전구역에 설치하는 소방시설 설치기준 중 인명구조기구 설치기준 4가
        지를 쓰시오.(4점)

[18회점검] 피난안전구역에 설치하는 소방시설 중 제연설비 및 휴대용 비상조명등의 설치기
준을 고층건축물의 화재안전기준(NFSC 604)에 따라 각각 쓰시오. (6점)

[17회점검] 소방시설관리사가 지상 53층인 건축물의 점검과정에서 설계도면상 자동화재탐지
설비의 통신 및 신호배선방식의 적합성 판단을 위해 「고층건축물의 화재안전기준
(NFSC604)」에서 확인해야할 배선관련 사항을 모두 쓰시오. (2점)

소방기술사 기출문제

[113회] 고층건축물의 화재안전기준(NFSC 604)에 따른 50층 이상인 건축물에 설치하는 자
동화재탐지설비에 설치하는 통신·신호배선의 설치기준에 대하여 설명하시오.

[112회] 초고층 건축물의 피난안전구역에 설치하는 피난유도선, 비상조명등 및 인명구조기
구의 설치기준을 각각 설명하시오.

[97회] 고층건물의 화재특성을 설명하고, 30층 이상의 특정소방대상물에 적용하는 소방시
설에 대하여 설명하시오.

지하구의 화재안전기술기준(NFTC 605)

[시행 2022. 12. 1.] [소방청공고 제2022-243호, 2022. 12. 1., 제정]

1. 일반사항

1.1 적용범위

1.1.1 이 기준은 「소방시설 설치 및 관리에 관한 법률 시행령」(이하 "영"이라 한다) 제11조제1항에 따라 지하구에 설치해야 하는 소방시설 등의 설치 및 관리에 대해 적용한다.

1.2 기준의 효력

1.2.1 이 기준은 「소방시설 설치 및 관리에 관한 법률」(이하 "법"이라 한다) 제2조제1항제6호 나목에 따라 지하구에 설치하는 소방시설 등의 기술기준으로서의 효력을 가진다.

1.2.2 이 기준에 적합한 경우에는 법 제2조제1항제6호나목에 따라 「지하구의 화재안전성능기준(NFPC 605)」을 충족하는 것으로 본다.

1.3 기준의 시행

1.3.1 이 기준은 2022년 12월 1일부터 시행한다.

1.4 기준의 특례

1.4.1 소방본부장 또는 소방서장은 기존건축물이 증축 · 개축 · 대수선되거나 용도 변경되는 경우에 있어서 이 기준이 정하는 기준에 따라 해당 지하구에 설치해야 할 소방시설의 배관 · 배선 등의 공사가 현저하게 곤란하다고 인정되는 경우에는 해당 설비의 기능 및 사용에 지장이 없는 범위 안에서 이 기준의 일부를 적용하지 않을 수 있다.

1.5 경과조치

1.5.1 이 기준 시행 전에 건축허가 등의 신청 또는 신고를 하거나 소방시설공사의 착공신고를 한 특정소방대상물에 대해서는 종전의 「지하구의 화재안전기준(NFSC 605)」에 따른다.

1.5.2 이 기준 시행 전에 1.5.1에 따른 신청 또는 신고를 한 경우라도 제정 기준이 종전의 기준에 비하여 관계인에게 유리한 경우에는 제정 기준에 따를 수 있다.

1.6 다른 법령과의 관계

1.6.1 이 기준 시행 당시 다른 법령 또는 행정규칙 등에서 종전의 화재안전기준을 인용한 경우에 이 기준 가운데 그에 해당하는 규정이 있는 경우에는 종전의 규정에 갈음하여 이 기준

의 해당 규정을 인용한 것으로 본다.

1.6.2 지하구에 설치하는 소방시설 등의 설치 및 관리기준 중 이 기준에서 규정하지 않은 기준
은 개별 기술기준에 따라야 한다.

1.7 용어의 정의

1.7.1 이 기준에서 사용하는 용어의 정의는 다음과 같다.

    1.7.1.1 "지하구"란 영 별표2 제28호에서 규정한 지하구를 말한다.

    1.7.1.2 "제어반"이란 설비, 장치 등의 조작과 확인을 위해 제어용 계기류, 스위치 등을
금속제 외함에 수납한 것을 말한다.

    1.7.1.3 "분전반"이란 분기개폐기·분기과전류차단기와 그밖에 배선용기기 및 배선을
금속제 외함에 수납한 것을 말한다.

    1.7.1.4 "방화벽"이란 화재 시 발생한 열, 연기 등의 확산을 방지하기 위하여 설치하는 벽
을 말한다.

    1.7.1.5 "분기구"란 전기, 통신, 상하수도, 난방 등의 공급시설의 일부를 분기하기 위하여
지하구의 단면 또는 형태를 변화시키는 부분을 말한다.

    1.7.1.6 "환기구"란 지하구의 온도, 습도의 조절 및 유해가스를 배출하기 위해 설치되는
것으로 자연환기구와 강제환기구로 구분된다.

    1.7.1.7 "작업구"란 지하구의 유지관리를 위하여 자재, 기계기구의 반·출입 및 작업자의
출입을 위하여 만들어진 출입구를 말한다.

    1.7.1.8 "케이블접속부"란 케이블이 지하구 내에 포설되면서 발생하는 직선 접속 부분을
전용의 접속재로 접속한 부분을 말한다.

    1.7.1.9 "특고압 케이블"이란 사용전압이 7,000 V를 초과하는 전로에 사용하는 케이블을
말한다.

    1.7.1.10 "분기배관"이란 배관 측면에 구멍을 뚫어 2 이상의 관로가 생기도록 가공한 배관
으로서 다음의 분기배관을 말한다.

> (1) "확관형 분기배관"이란 배관의 측면에 조그만 구멍을 뚫고 소성가공으로 확관시켜 배관 용접이음자리를 만들거나 배관 용접이음자리에 배관이음쇠를 용접이음한 배관을 말한다.
>
> (2) "비확관형 분기배관"이란 배관의 측면에 분기호칭내경 이상의 구멍을 뚫고 배관이음쇠를 용접 이음한 배관을 말한다.

1.7.2 이 기준에서 사용하는 용어는 1.7.1에서 규정한 것을 제외하고는 관계법령 및 개별 기술기준에서 정하는 바에 따른다.

2. 기술기준

2.1 소화기구 및 자동소화장치

2.1.1 소화기구는 다음의 기준에 따라 설치해야 한다.

　2.1.1.1 **소화기의 능력단위**(「소화기구 및 자동소화장치의 화재안전기술기준(NFTC 101)」 1.7.1.6에 따른 수치를 말한다. 이하 같다)는 **A급 화재는 개당 3단위 이상, B급 화재는 개당 5단위 이상 및 C급 화재에 적응성**이 있는 것으로 할 것

　2.1.1.2 소화기 한대의 총중량은 사용 및 운반의 편리성을 고려하여 7 ㎏ 이하로 할 것

　2.1.1.3 소화기는 사람이 출입할 수 있는 출입구(환기구, 작업구를 포함한다) 부근에 **5개 이상** 설치할 것

　2.1.1.4 소화기는 바닥면으로부터 **1.5 m 이하**의 높이에 설치할 것

　2.1.1.5 소화기의 상부에 "소화기"라고 표시한 조명식 또는 반사식의 표지판을 부착하여 사용자가 쉽게 알 수 있도록 할 것

2.1.2 지하구 내 발전실 · 변전실 · 송전실 · 변압기실 · 배전반실 · 통신기기실 · 전산기기실 · 기타 이와 유사한 시설이 있는 장소 중 **바닥면적이 300 m² 미만인 곳에는 유효설치 방호체적 이내의 가스 · 분말 · 고체에어로졸 · 캐비닛형 자동소화장치**를 설치해야 한다. 다만, 해당 장소에 물분무등소화설비를 설치한 경우에는 설치하지 않을 수 있다.

2.1.3 제어반 또는 분전반마다 가스 · 분말 · 고체에어로졸 자동소화장치 또는 유효설치 방호체적 이내의 **소공간용 소화용구**를 설치해야 한다.

[그림] 소공간용 소화용구

2.1.4 케이블접속부(절연유를 포함한 접속부에 한한다)마다 다음의 어느 하나에 해당하는 자동소화장치를 설치하되 소화성능이 확보될 수 있도록 방호공간을 구획하는 등 유효한 조치를 해야 한다.

> (1) 가스 · 분말 · 고체에어로졸 자동소화장치
> (2) 중앙소방기술심의위원회의 심의를 거쳐 소방청장이 인정하는 자동소화장치

2.2 자동화재탐지설비

2.2.1 감지기는 다음의 기준에 따라 설치해야 한다.

> 2.2.1.1 「자동화재탐지설비 및 시각경보장치의 화재안전기술기준(NFTC 203)」 2.4.1(1)부터 2.4.1(8)의 감지기 중 **먼지 · 습기 등의 영향을 받지 않고 발화지점(1 m 단위)과 온도를 확인할 수 있는 것**을 설치할 것
> 2.2.1.2 지하구 천장의 중심부에 설치하되 감지기와 천장 중심부 하단과의 수직거리는 **30 cm 이내**로 할 것. 다만, 형식승인 내용에 설치방법이 규정되어 있거나, 중앙기술심의위원회의 심의를 거쳐 제조사 시방서에 따른 설치방법이 지하구 화재에 적합하다고 인정되는 경우에는 형식승인 내용 또는 심의결과에 의한 제조사 시방서에 따라 설치할 수 있다.
> 2.2.1.3 **발화지점**이 지하구의 실제거리와 일치하도록 수신기 등에 표시할 것
> 2.2.1.4 **공동구 내부에 상수도용 또는 냉 · 난방용 설비만 존재하는 부분**은 감지기를 설치하지 않을 수 있다.

2.2.2 발신기, 지구음향장치 및 시각경보기는 설치하지 않을 수 있다.

2.3 유도등

2.3.1 **사람이 출입할 수 있는 출입구(환기구, 작업구를 포함한다)에는 해당 지하구의 환경에 적합한 크기의 피난구유도등**을 설치해야 한다.

2.4 연소방지설비

2.4.1 연소방지설비의 배관은 다음의 기준에 따라 설치해야 한다.
    2.4.1.1 배관용 탄소강관(KS D 3507) 또는 압력배관용 탄소강관(KS D 3562)이나 이와 같은 수준 이상의 강도 · 내부식성 및 내열성을 가진 것으로 할 것
    2.4.1.2 급수배관(송수구로부터 연소방지설비 헤드에 급수하는 배관을 말한다. 이하 같다)은 전용으로 할 것

2.4.1.3 배관의 구경은 다음의 기준에 적합한 것이어야 한다.

    2.4.1.3.1 연소방지설비전용헤드를 사용하는 경우에는 다음 표 2.4.1.3.1에 따른 구경 이상으로 할 것

표 2.4.1.3.1 연소방지설비 전용헤드 수별 급수관의 구경

하나의 배관에 부착하는 연결살수설비 전용헤드의 개수	1개	2개	3개	4개 또는 5개	6개 이상 10개 이하
배관의 구경	32 ㎜	40 ㎜	50 ㎜	65 ㎜	80 ㎜

    2.4.1.3.2 개방형스프링클러헤드를 사용하는 경우에는 「스프링클러설비의 화재안전기술기준(NFTC 103)」 2.5.3.3의 표 2.5.3.3에 따를 것

2.4.1.4 교차배관은 가지배관과 수평으로 설치하거나 또는 가지배관 밑에 설치하고, 그 구경은 2.4.1.3에 따르되, 최소구경이 40 ㎜ 이상이 되도록 할 것

2.4.1.5 배관에 설치되는 행거는 다음의 기준에 따라 설치할 것

    2.4.1.5.1 가지배관에는 헤드의 설치지점 사이마다 1개 이상의 행거를 설치하되, 헤드 간의 거리가 3.5 m를 초과하는 경우에는 3.5 m 이내마다 1개 이상 설치할 것. 이 경우 상향식헤드와 행거 사이에는 8 ㎝ 이상의 간격을 두어야 한다.

    2.4.1.5.2 교차배관에는 가지배관과 가지배관 사이마다 1개 이상의 행거를 설치하되, 가지배관 사이의 거리가 4.5 m를 초과하는 경우에는 4.5 m 이내마다 1개 이상 설치할 것

    2.4.1.5.3 2.4.1.5.1과 2.4.1.5.2의 수평주행배관에는 4.5 m 이내마다 1개 이상 설치할 것

2.4.1.6 확관형 분기배관을 사용할 경우에는 소방청장이 정하여 고시한 「분기배관의 성능인증 및 제품검사의 기술기준」 에 적합한 것으로 설치할 것

2.4.2 **연소방지설비의 헤드**는 다음의 기준에 따라 설치해야 한다.

2.4.2.1 천장 또는 벽면에 설치할 것

2.4.2.2 헤드간의 수평거리는 연소방지설비 전용헤드의 경우에는 2 m 이하, 개방형스프링클러헤드의 경우에는 1.5 m 이하로 할 것

2.4.2.3 소방대원의 출입이 가능한 환기구 · 작업구마다 지하구의 양쪽방향으로 살수헤드를 설정하되, 한쪽 방향의 살수구역의 길이는 3 m 이상으로 할 것. 다만, 환기구 사이의 간격이 700 m를 초과할 경우에는 700 m 이내마다 살수구역을 설정하되, 지하구의 구조를 고려하여 방화벽을 설치한 경우에는 그렇지 않다.

2.4.2.4 연소방지설비 전용헤드를 설치할 경우에는 「소화설비용헤드의 성능인증 및 제품검사 기술기준」 에 적합한 살수헤드를 설치할 것

2.4.3 송수구는 다음의 기준에 따라 설치해야 한다.

[그림] 송수구

2.4.3.1 소방차가 쉽게 접근할 수 있는 노출된 장소에 설치하되, 눈에 띄기 쉬운 보도 또는 차도에 설치할 것

2.4.3.2 송수구는 **구경 65 ㎜의 쌍구형**으로 할 것

2.4.3.3 송수구로부터 **1 m 이내에 살수구역 안내표지**를 설치할 것

2.4.3.4 지면으로부터 **높이가 0.5 m 이상 1 m 이하**의 위치에 설치할 것

2.4.3.5 송수구의 가까운 부분에 **자동배수밸브(또는 직경 5 ㎜의 배수공)**를 설치할 것. 이 경우 자동배수밸브는 배관 안의 물이 잘 빠질 수 있는 위치에 설치하되, 배수로 인하여 다른 물건 또는 장소에 피해를 주지 않아야 한다.

2.4.3.6 송수구로부터 주배관에 이르는 연결배관에는 개폐밸브를 설치하지 않을 것

2.4.3.7 송수구에는 이물질을 막기 위한 마개를 씌울 것

2.5 연소방지재

2.5.1 **지하구 내에 설치하는 케이블·전선 등**에는 다음의 기준에 따라 연소방지재를 설치해야 한다. 다만, 케이블·전선 등을 다음 2.5.1.1의 난연성능 이상을 충족하는 것으로 설치한 경우에는 연소방지재를 설치하지 않을 수 있다.

2.5.1.1 연소방지재는 한국산업표준(KS C IEC 60332-3-24)에서 정한 난연성능 이상의 제품을 사용하되 다음의 기준을 충족할 것

2.5.1.1.1 시험에 사용되는 연소방지재는 시료(케이블 등)의 아래쪽(점화원으로부터 가까운 쪽)으로부터 30 ㎝ 지점부터 부착 또는 설치할 것

2.5.1.1.2 시험에 사용되는 시료(케이블 등)의 단면적은 325 ㎟로 할 것

2.5.1.1.3 시험성적서의 유효기간은 발급 후 3년으로 할 것

2.5.1.2 연소방지재는 다음의 기준에 해당하는 부분에 2.5.1.1과 관련된 시험성적서에 명시된 방식으로 시험성적서에 명시된 길이 이상으로 설치하되, 연소방지재 간의 **설치 간격은 350 m를 넘지 않도록 해야 한다.**

(1) 분기구

   (2) 지하구의 인입부 또는 인출부

   (3) 절연유 순환펌프 등이 설치된 부분

   (4) 기타 화재발생 위험이 우려되는 부분

2.6 방화벽

2.6.1 방화벽은 다음의 기준에 따라 설치하고, 방화벽의 출입문은 항상 닫힌 상태를 유지하거나 자동폐쇄장치에 의하여 화재 신호를 받으면 자동으로 닫히는 구조로 해야 한다.

 2.6.1.1 내화구조로서 홀로 설 수 있는 구조일 것

 2.6.1.2 방화벽의 출입문은 「건축법 시행령」 제64조에 따른 방화문으로서 60분+ 방화문 또는 60분 방화문으로 설치할 것

 2.6.1.3 방화벽을 관통하는 케이블·전선 등에는 국토교통부 고시(「건축자재등 품질인정 및 관리기준」)에 따라 내화채움구조로 마감할 것

 2.6.1.4 방화벽은 분기구 및 국사(局舍, central office)·변전소 등의 건축물과 지하구가 연결되는 부위(건축물로부터 20 m 이내)에 설치할 것

 2.6.1.5 자동폐쇄장치를 사용하는 경우에는 「자동폐쇄장치의 성능인증 및 제품검사의 기술기준」에 적합한 것으로 설치할 것

2.7 무선통신보조설비

2.7.1 무선통신보조설비의 **옥외안테나는 방재실 인근과 공동구의 입구 및 연소방지설비의 송수구가 설치된 장소(지상)**에 설치해야 한다.

2.8 통합감시시설

2.8.1 **통합감시시설**은 다음의 기준에 따라 설치한다.

 2.8.1.1 소방관서와 지하구의 통제실 간에 화재 등 소방활동과 관련된 정보를 상시 교환할 수 있는 정보통신망을 구축할 것

 2.8.1.2 2.8.1.1의 정보통신망(무선통신망을 포함한다)은 광케이블 또는 이와 유사한 성능을 가진 선로일 것

 2.8.1.3 수신기는 지하구의 통제실에 설치하되 화재신호, 경보, 발화지점 등 수신기에 표시되는 정보가 표 2.8.1.3에 적합한 방식으로 119상황실이 있는 관할 소방관서의 정보통신장치에 표시되도록 할 것

소방시설관리사 기출문제

[19회점검] 연소방지설비의 화재안전기준(NFSC 506)에서 정하는 방수헤드의 설치기준 3가지를 쓰시오. (3점)

[18회점검] 연소방지시설의 화재안전기준(NFSC 506)에 관하여 다음 물음에 답하시오. (5점)
(1) 연소방지도료와 난연테이프의 용어정의를 각각 쓰시오. (2점)
(2) 방화벽의 용어정의와 설치기준을 각각 쓰시오. (3점)

[13회점검] 연소방지설비의 화재안전기준에서 정하고 있는 연소방지도료를 도포하여야 하는 부분 5가지를 쓰시오.(10점)

소방기술사 기출문제

[100회] 지하구안에 설치하는 케이블 등에 난연성을 부여하기 위하여 도포하는 연소방지도료의 도포 방법과 도포 장소를 쓰고 난연테이프의 성능기준 및 시험방법을 설명하시오.

[95회] 지하공동구에 통합감시시설을 구축할 경우의 설치기준에 대하여 설명하시오.

건설현장의 화재안전기술기준(NFTC 606)

[시행 2023. 7. 1.] [국립소방연구원 공고 제2023-16호, 2023. 6. 30., 전부개정]

1. 일반사항

1.1 적용범위

1.1.1 이 기준은 「소방시설 설치 및 관리에 관한 법률 시행령」(이하 "영"이라 한다) 별표 8 제1호에 따른 임시소방시설의 설치 및 관리에 대해 적용한다.

1.2 기준의 효력

1.2.1 이 기준은 「소방시설 설치 및 관리에 관한 법률」(이하 "법"이라 한다) 제2조제1항제6호나목 및 제15조제4항에 따라 건설현장에 설치하는 임시소방시설의 기술기준으로서의 효력을 가진다.

1.2.2 이 기준에 적합한 경우에는 법 제2조제1항제6호나목에 따라 「건설현장의 화재안전성능기준(NFPC 606)」을 충족하는 것으로 본다.

1.3 기준의 시행

1.3.1 이 기준은 2023년 7월 1일부터 시행한다.

1.4 기준의 특례

1.4.1 소방본부장 또는 소방서장은 기존건축물의 증축·개축·대수선이나 용도변경으로 인해 이 기준에 따른 임시소방시설의 설치가 현저하게 곤란하다고 인정되는 경우에는 해당 임시소방시설의 기능 및 사용에 지장이 없는 범위 안에서 이 기준의 일부를 적용하지 않을 수 있다.

1.5 경과조치

1.5.1 이 기준 시행 전에 건축허가 등의 신청 또는 신고나 소방시설공사의 착공신고를 하거나 설비 설치를 위한 공사계약을 체결한 특정소방대상물에 대해서는 종전 기준에 따른다.

1.5.2 이 기준 시행 전에 1.5.1에 따른 신청 또는 신고를 한 경우라도 개정 기준이 종전의 기준에 비해 관계인에게 유리한 경우에는 개정 기준에 따를 수 있다.

1.6 다른 법령과의 관계

1.6.1 이 기준 시행 당시 다른 법령 또는 행정규칙 등에서 종전의 기준을 인용한 경우에 이 기준

가운데 그에 해당하는 규정이 있는 경우에는 종전의 규정에 갈음하여 이 기준의 해당 규정을 인용한 것으로 본다.

1.6.2 건설현장의 임시소방시설 설치 및 관리와 관련하여 이 기준에서 정하지 않은 사항은 개별 기술기준에 따른다.

1.7 용어의 정의

1.7.1 이 기준에서 사용하는 용어의 정의는 다음과 같다.

1.7.1.1 "임시소방시설"이란 법 제15조제1항에 따른 설치 및 철거가 쉬운 화재대비시설을 말한다.

1.7.1.2 "소화기"란 「소화기구 및 자동소화장치의 화재안전기술기준(NFTC 101)」 1.7.1.2에서 정의하는 소화기를 말한다.

1.7.1.3 "간이소화장치"란 건설현장에서 화재발생 시 신속한 화재 진압이 가능하도록 물을 방수하는 형태의 소화장치를 말한다.

1.7.1.4 "비상경보장치"란 발신기, 경종, 표시등 및 시각경보장치가 결합된 형태의 것으로서 화재위험작업 공간 등에서 수동조작에 의해서 화재경보상황을 알려줄 수 있는 비상벨 장치를 말한다.

1.7.1.5 "가스누설경보기"란 건설현장에서 발생하는 가연성가스를 탐지하여 경보하는 장치를 말한다.

1.7.1.6 "간이피난유도선"이란 화재발생 시 작업자의 피난을 유도할 수 있는 케이블형태의 장치를 말한다.

1.7.1.7 "비상조명등"이란 화재발생 시 안전하고 원활한 피난활동을 할 수 있도록 계단실 내부에 설치되어 자동 점등되는 조명등을 말한다.

1.7.1.8 "방화포"란 건설현장 내 용접·용단 등의 작업 시 발생하는 금속성 불티로부터 가연물이 점화되는 것을 방지해주는 차단막을 말한다.

2. 기술기준

2.1 소화기의 설치기준

2.1.1 소화기의 설치기준은 다음과 같다.

2.1.1.1 소화기의 소화약제는 「소화기구 및 자동소화장치의 화재안전기술기준(NFTC 101)」 2.1.1.1의 표 2.1.1.1에 따른 적응성이 있는 것을 설치할 것

2.1.1.2 각 층 계단실마다 계단실 출입구 부근에 능력단위 3단위 이상인 소화기 2개 이상을 설치하고, 영 제18조제1항에 해당하는 작업을 하는 경우 작업종료 시까지 작

업지점으로부터 5 m 이내의 쉽게 보이는 장소에 능력단위 3단위 이상인 소화기 2개 이상과 대형소화기 1개 이상을 추가 배치할 것

2.1.1.3 "소화기"라고 표시한 축광식 표지를 소화기 설치장소 보기 쉬운 곳에 부착하여야 한다.

2.2 간이소화장치의 설치기준

2.2.1 간이소화장치의 설치기준은 다음과 같다.

2.2.1.1 영 제18조제1항에 해당하는 작업을 하는 경우 작업종료 시까지 작업지점으로부터 25 m 이내에 배치하여 즉시 사용이 가능하도록 할 것

2.3 비상경보장치의 설치기준

2.3.1 비상경보장치의 설치기준은 다음과 같다.

2.3.1.1 피난층 또는 지상으로 통하는 각 층 직통계단의 출입구마다 설치할 것

2.3.1.2 발신기를 누를 경우 해당 발신기와 결합된 경종이 작동할 것. 이 경우 다른 장소에 설치된 경종도 함께 연동하여 작동되도록 설치할 수 있다.

2.3.1.3 발신기의 위치표시등은 함의 상부에 설치하되, 그 불빛은 부착 면으로부터 15도 이상의 범위 안에서 부착지점으로부터 10 m 이내의 어느 곳에서도 쉽게 식별할 수 있는 적색등으로 할 것

2.3.1.4 시각경보장치는 발신기함 상부에 위치하도록 설치하되 바닥으로부터 2 m 이상 2.5 m 이하의 높이에 설치하여 건설현장의 각 부분에 유효하게 경보할 수 있도록 할 것

2.3.1.5 "비상경보장치"라고 표시한 표지를 비상경보장치 상단에 부착할 것

2.4 가스누설경보기의 설치기준

2.4.1 가스누설경보기의 설치기준은 다음과 같다.

> 2.4.1.1 영 제18조제1항제1호에 따른 가연성가스를 발생시키는 작업을 하는 지하층 또는 무창층 내부(내부에 구획된 실이 있는 경우에는 구획실마다)에 가연성가스를 발생시키는 작업을 하는 부분으로부터 수평거리 10 m 이내에 바닥으로부터 탐지부 상단까지의 거리가 0.3 m 이하인 위치에 설치할 것

2.5 간이피난유도선의 설치기준

2.5.1 간이피난유도선의 설치기준은 다음과 같다.

> 2.5.1.1 영 제18조제2항 별표 8 제2호마목에 따른 지하층이나 무창층에는 간이피난유도선을 녹색 계열의 광원점등방식으로 해당 층의 직통계단마다 계단의 출입구로부터 건물 내부로 10 m 이상의 길이로 설치할 것
> 2.5.1.2 바닥으로부터 1 m 이하의 높이에 설치하고, 피난유도선이 점멸하거나 화살표로 표시하는 등의 방법으로 작업장의 어느 위치에서도 피난유도선을 통해 출입구로의 피난방향을 알 수 있도록 할 것
> 2.5.1.3 층 내부에 구획된 실이 있는 경우에는 구획된 각 실로부터 가장 가까운 직통계단의 출입구까지 연속하여 설치할 것

2.6 비상조명등의 설치기준

2.6.1 비상조명등의 설치기준은 다음과 같다.

> 2.6.1.1 영 제18조제2항 별표 8 제2호바목에 따른 지하층이나 무창층에서 피난층 또는 지상으로 통하는 직통계단의 계단실 내부에 각 층마다 설치할 것
> 2.6.1.2 비상조명등이 설치된 장소의 조도는 각 부분의 바닥에서 1 lx 이상이 되도록 할 것
> 2.6.1.3 비상경보장치가 작동할 경우 연동하여 점등되는 구조로 설치할 것

2.7 방화포의 설치기준

2.7.1 방화포의 설치기준은 다음과 같다.

> 2.7.1.1 용접·용단 작업 시 11 m 이내에 가연물이 있는 경우 해당 가연물을 방화포로 보호할 것

소방기술사 기출문제

[130회] 소방시설 설치 및 관리에 관한 법령 및 화재안전기술기준에서 정하는 1) 임시소방시설을 설치해야 하는 화재위험작업의 종류 2) 임시소방시설을 설치해야 하는 공사종류와 규모 3) 임시소방시설 성능 및 설치기준 4) 설치면제 기준에 대하여 설명하시오.

[122회] 임시소방시설의 화재안전기술기준 제정이유와 임시소방시설의 종류별 성능 및 설치기준에 대하여 설명하시오.

[105회] 특정소방대상물 공사현장에 설치되는 "임시 소방시설의 종류 중 인화성물품을 취급하는 작업 동 대통령으로 정하는 작업"의 종류 5가지와 임시 소방시설의 종류, 성능 및 설치기준에 대하여 설명하시오.

전기저장시설의 화재안전기술기준(NFTC 607)

[시행 2022. 12. 1.] [소방청공고 제2022-245호, 2022. 12. 1., 제정]

1. 일반사항

1.1 적용범위

1.1.1 이 기준은 「소방시설 설치 및 관리에 관한 법률 시행령」(이하 "영"이라 한다) 제11조제1항에 따라 전기저장시설에 설치해야 하는 소방시설 등의 설치 및 관리에 대해 적용한다.

1.2 기준의 효력

1.2.1 이 기준은 「소방시설 설치 및 관리에 관한 법률」(이하 "법"이라 한다) 제2조제1항제6호 나목에 따라 전기저장시설에 설치하는 소방시설 등의 기술기준으로서의 효력을 가진다.

1.2.2 이 기준에 적합한 경우에는 법 제2조제1항제6호나목에 따라 「전기저장시설의 화재안전 성능기준(NFPC 607)」을 충족하는 것으로 본다.

1.3 기준의 시행

1.3.1 이 기준은 2022년 12월 1일부터 시행한다.

1.4 기준의 특례

1.4.1 소방본부장 또는 소방서장은 기존건축물이 증축·개축·대수선되거나 용도 변경되는 경우에 있어서 이 기준이 정하는 기준에 따라 해당 건축물에 설치해야 할 소방시설의 배관·배선 등의 공사가 현저하게 곤란하다고 인정되는 경우에는 해당 설비의 기능 및 사용에 지장이 없는 범위 안에서 이 기준의 일부를 적용하지 않을 수 있다.

1.5 경과조치

1.5.1 이 기준 시행 전에 건축허가 등의 신청 또는 신고를 하거나 소방시설공사의 착공신고를 한 특정소방대상물에 대해서는 종전의 「전기저장시설의 화재안전기준(NFSC 607)」에 따른다.

1.5.2 이 기준 시행 전에 1.5.1에 따른 신청 또는 신고를 한 경우라도 제정 기준이 종전의 기준에 비하여 관계인에게 유리한 경우에는 제정 기준에 따를 수 있다.

1.6 다른 법령과의 관계

1.6.1 이 기준 시행 당시 다른 법령 또는 행정규칙 등에서 종전의 화재안전기준을 인용한 경우

에 이 기준 가운데 그에 해당하는 규정이 있는 경우에는 종전의 규정에 갈음하여 이 기준의 해당 규정을 인용한 것으로 본다.

1.6.2 전기저장시설에 설치하는 소방시설 등의 설치 및 관리기준 중 이 기준에서 규정하지 않은 기준은 개별 기술기준에 따라야 한다.

1.7 용어의 정의

1.7.1 이 기준에서 사용하는 용어의 정의는 다음과 같다.

> 1.7.1.1 "전기저장장치"란 생산된 전기를 전력 계통에 저장했다가 전기가 가장 필요한 시기에 공급해 에너지 효율을 높이는 것으로 배터리(이차전지에 한정한다. 이하 같다), 배터리 관리시스템, 전력 변환 장치 및 에너지 관리 시스템 등으로 구성되어 발전·송배전·일반 건축물에서 목적에 따라 단계별 저장이 가능한 장치를 말한다.

> 1.7.1.2 "옥외형 전기저장장치 설비"란 컨테이너, 패널 등 전기저장장치 설비 전용 건축물의 형태로 옥외의 구획된 실에 설치된 전기저장장치를 말한다.

> 1.7.1.3 "옥내형 전기저장장치 설비"란 전기저장장치 설비 전용 건축물이 아닌 건축물의 내부에 설치되는 전기저장장치로 '옥외형 전기저장장치 설비'가 아닌 설비를 말한다.

> 1.7.1.4 "배터리실"이란 전기저장장치 중 배터리를 보관하기 위해 별도로 구획된 실을 말한다.

> 1.7.1.5 "더블인터락(Double-Interlock) 방식"이란 준비작동식스프링클러설비의 작동방식 중 화재감지기와 스프링클러헤드가 모두 작동되는 경우 준비작동식유수검지장치가 개방되는 방식을 말한다.

2. 기술기준

2.1 소화기

2.1.1 소화기는 「소화기구 및 자동소화장치의 화재안전기술기준(NFTC 101)」 2.1.1.3의 표 2.1.1.3 제2호에 따라 구획된 실 마다 추가하여 설치해야 한다.

2.2 스프링클러설비

2.2.1 스프링클러설비는 다음의 기준에 따라 설치해야 한다. **다만, 배터리실 외의 장소에는 스프링클러헤드를 설치하지 않을 수 있다.**

2.2.1.1 스프링클러설비는 습식스프링클러설비 또는 준비작동식스프링클러설비(신속한 작동을 위해 '더블인터락' 방식은 제외한다)로 설치할 것

2.2.1.2 전기저장장치가 설치된 실의 바닥면적(바닥면적이 230 m^2 이상인 경우에는 230 m^2) 1 m^2에 분당 12.2 L/min 이상의 수량을 균일하게 30분 이상 방수할 수 있도록 할 것

2.2.1.3 스프링클러헤드의 방수로 인해 인접 헤드에 미치는 영향을 최소화하기 위하여 스프링클러헤드 사이의 간격을 1.8 m 이상 유지할 것. 이 경우 헤드 사이의 최대 간격은 스프링클러설비의 소화성능에 영향을 미치지 않는 간격 이내로 해야 한다.

2.2.1.4 준비작동식스프링클러설비를 설치할 경우 2.4.2에 따른 감지기를 설치할 것

2.2.1.5 스프링클러설비를 30분 이상 작동할 수 있는 비상전원을 갖출 것

2.2.1.6 준비작동식스프링클러설비의 경우 전기저장장치의 출입구 부근에 수동식기동장치를 설치할 것

2.2.1.7 소방자동차로부터 전기저장장치 설비에 송수할 수 있는 송수구를 「스프링클러설비의 화재안전기술기준(NFTC 103)」 2.8(송수구)에 따라 설치할 것

2.3 배터리용 소화장치

2.3.1 다음의 어느 하나에 해당하는 경우에는 2.2에도 불구하고 중앙소방기술심의위원회의 심의를 거쳐 소방청장이 인정하는 시험방법으로 2.9.2에 따른 시험기관에서 전기저장장치에 대한 소화성능을 인정받은 배터리용 소화장치를 설치할 수 있다.

2.3.1.1 옥외형 전기저장장치 설비가 컨테이너 내부에 설치된 경우

2.3.1.2 옥외형 전기저장장치 설비가 다른 건축물, 주차장, 공용도로, 적재된 가연물, 위험물 등으로부터 30 m 이상 떨어진 지역에 설치된 경우

2.4 자동화재탐지설비

2.4.1 자동화재탐지설비는 「자동화재탐지설비 및 시각경보장치의 화재안전기술기준(NFTC 203)」에 따라 설치해야 한다. 다만, 옥외형 전기저장장치 설비에는 자동화재탐지설비를 설치하지 않을 수 있다.

2.4.2 화재감지기는 다음의 어느 하나에 해당하는 감지기를 설치해야 한다.

2.4.2.1 공기흡입형 감지기 또는 아날로그식 연기감지기(감지기의 신호처리방식은 「자동화재탐지설비 및 시각경보장치의 화재안전기술기준(NFTC 203)」 1.7.2에 따른다)

2.4.2.2 중앙소방기술심의위원회의 심의를 통해 전기저장장치 화재에 적응성이 있다고
인정된 감지기

2.5 자동화재속보설비

2.5.1 자동화재속보설비는 「자동화재속보설비의 화재안전기술기준(NFTC 204)」에 따라 설
치해야 한다. 다만, 옥외형 전기저장장치 설비에 설치하는 자동화재속보설비는 속보기
에 감지기를 직접 연결하는 방식으로 설치할 수 있다.

2.6 배출설비

2.6.1 배출설비는 다음의 기준에 따라 설치해야 한다.

2.6.1.1 배풍기ㆍ배출덕트ㆍ후드 등을 이용하여 강제적으로 배출할 것
2.6.1.2 바닥면적 1 m^{2}에 시간당 18 m^3 이상의 용량을 배출할 것
2.6.1.3 화재감지기의 감지에 따라 작동할 것
2.6.1.4 옥외와 면하는 벽체에 설치

2.7 설치장소

2.7.1 전기저장장치는 관할 소방대의 원활한 소방활동을 위해 **지면으로부터 지상 22 m(전기저
장장치가 설치된 전용 건축물의 최상부 끝단까지의 높이) 이내, 지하 9 m(전기저장장치가
설치된 바닥면까지의 깊이) 이내**로 설치해야 한다.

2.8 방화구획

2.8.1 전기저장장치 설치장소의 벽체, 바닥 및 천장은 「건축물의 피난ㆍ방화구조 등의 기준에
관한 규칙」에 따라 건축물의 다른 부분과 방화구획 해야 한다. 다만, 배터리실 외의 장소
와 옥외형 전기저장장치 설비는 방화구획 하지 않을 수 있다.

2.9 화재안전성능

2.9.1 소방본부장 또는 소방서장은 중앙소방기술심의위원회의 심의를 거쳐 소방청장이 인정
하는 시험방법에 따라 2.9.2에 따른 시험기관에서 화재안전성능을 인정받은 경우에는
인정받은 성능 범위 안에서 2.2 및 2.3을 적용하지 않을 수 있다.

2.9.2 전기저장시설의 화재안전성능과 관련된 시험은 다음의 시험기관에서 수행할 수 있다.

2.9.2.1 한국소방산업기술원

2.9.2.2 한국화재보험협회 부설 방재시험연구원

2.9.2.3 2.9.1에 따라 소방청장이 인정하는 시험방법으로 화재안전성능을 시험할 수 있는 비영리 국가 공인시험기관(「국가표준기본법」 제23조에 따라 한국인정기구로부터 시험기관으로 인정받은 기관을 말한다)

소방시설관리사 기출문제

[**23회점검**] (3) 전기저장시설의 화재안전기술기준(NFTC 607)에 대하여 다음 물음에 답하시오. (6점)

    ① 전기저장장치의 설치장소에 대하여 쓰시오. (2점)

    ② 배출설비 설치기준 4가지를 쓰시오. (4점)

소방기술사 기출문제

[**127회**] 전기저장시설의 화재안전기준(NFSC 607)에서 규정하고 있는 소방시설 등의 종류와 설치기준에 대하여 설명하시오.

1. 일반사항

1.1 적용범위

1.1.1 이 기준은 「소방시설 설치 및 관리에 관한 법률 시행령」(이하 "영"이라 한다) 제11조에 의한 소방시설을 설치해야 할 공동주택 중 아파트등 및 기숙사에 설치해야 하는 소방시설 등의 설치 및 관리에 대해 적용한다.

1.2 기준의 효력

1.2.1 이 기준은 「소방시설 설치 및 관리에 관한 법률」(이하 "법"이라 한다) 제2조제1항제6호 나목에 따라 소방청장에게 위임한 사항 중 공동주택에 설치하는 소방시설 등의 기술기준 으로서의 효력을 가진다.

1.2.2 이 기준에 적합한 경우에는 법 제2조제1항제6호나목에 따라 「공동주택의 화재안전성능 기준(NFPC 608)」을 충족하는 것으로 본다.

1.3 기준의 시행

1.3.1 이 기준은 2024년 1월 1일부터 시행한다. 다만, 2.7.1.1의 기준은 2024년 3월 8일부터 시행한다.

1.3.2 이 기준 시행 후 특정소방대상물의 신축·증축·개축·재축·이전·용도변경 또는 대수선의 허가·협의를 신청하거나 신고하는 경우부터 적용한다.

1.4 기준의 특례

1.4.1 소방본부장 또는 소방서방은 기존건축물이 증축·개축·대수선되거나 용도 변경되는 경 우에 있어서 이 기준이 정하는 기준에 따라 해당 건축물에 설치해야 할 소방시설의 배관· 배선 등의 공사가 현저하게 곤란하다고 인정되는 경우에는 해당 설비의 기능 및 사용에 지장이 없는 범위 안에서 이 기준의 일부를 적용하지 않을 수 있다.

1.5 경과조치

1.5.1 이 기준 시행 전에 건축허가 등의 신청 또는 신고를 하거나 소방시설공사의 착공신고를 한 특정소방대상물에 대해서는 종전의 개별 화재안전기술기준에 따른다.

1.5.2 이 기준 시행 전에 1.5.1에 따른 신청 또는 신고를 한 경우라도 개정 기준이 종전의 기준 에 비해 관계인에게 유리한 경우에는 제정 기준에 따를 수 있다.

1.6 다른 법령과의 관계

1.6.1 공동주택에 설치하는 소방시설 등의 설치기준 중 이 기준에서 규정하지 않은 것은 개별 화재안전기준에 따라야 한다.

1.7 용어의 정의

1.7.1 이 기준에서 사용하는 용어의 정의는 다음과 같다.

1.7.1.1 "공동주택"이란 영 [별표2] 제1호에서 규정한 대상을 말한다.

1.7.1.2 "아파트등"이란 영 [별표2] 제1호 가목에서 규정한 대상을 말한다.

1.7.1.3 "기숙사"란 영 [별표2] 제1호 라목에서 규정한 대상을 말한다.

1.7.1.4 "갓복도식 공동주택"이란 「건축물의 피난·방화구조 등의 기준에 관한 규칙」 제9 조제4항에서 규정한 대상을 말한다.

1.7.1.5 "주배관"이란 「스프링클러설비의 화재안전기술기준(NFTC 103)」 1.7.1.19에서 규정한 것을 말한다.

1.7.1.6 "부속실"이란 「특별피난계단의 계단실 및 부속실 제연설비의 화재안전기술기준 (NFTC 501A)」 1.1.1에서 규정한 부속실을 말한다.

2. 기술기준

2.1 소화기구 및 자동소화장치

2.1.1 소화기는 다음의 기준에 따라 설치해야 한다.

2.1.1.1 바닥면적 100 m² 마다 1단위 이상의 능력단위를 기준으로 설치할 것

2.1.1.2 아파트등의 경우 각 세대 및 공용부(승강장, 복도 등)마다 설치할 것

2.1.1.3 아파트등의 **세대 내에 설치된 보일러실이 방화구획되거나, 스프링클러설비·간이스 프링클러설비·물분무등소화설비 중 하나가 설치된 경우**에는 「소화기구 및 자동소 화장치의 화재안전기술기준(NFTC 101)」 [표 2.1.1.3] 제1호 및 제5호를 적용하 지 않을 수 있다.

2.1.1.4 아파트등의 경우 「소화기구 및 자동소화장치의 화재안전기술기준(NFTC 101)」 2.2에 따른 소화기의 감소 규정을 적용하지 않을 것

2.1.2 주거용 주방자동소화장치는 아파트등의 주방에 열원(가스 또는 전기)의 종류에 적합한 것으로 설치하고, 열원을 차단할 수 있는 차단장치를 설치해야 한다.

2.2 옥내소화전설비

2.2.1 옥내소화전설비는 다음의 기준에 따라 설치해야 한다.

> 2.2.1.1 호스릴(hose reel) 방식으로 설치할 것
>
> 2.2.1.2 복층형 구조인 경우에는 출입구가 없는 층에 방수구를 설치하지 아니할 수 있다.
>
> 2.2.1.3 감시제어반 전용실은 피난층 또는 지하 1층에 설치할 것. 다만, 상시 사람이 근무하는 장소 또는 관계인이 쉽게 접근할 수 있고 관리가 용이한 장소에 감시제어반 전용실을 설치할 경우에는 지상 2층 또는 지하 2층에 설치할 수 있다.

2.3 스프링클러설비

2.3.1 스프링클러설비는 다음의 기준에 따라 설치해야 한다.

> 2.3.1.1 폐쇄형스프링클러헤드를 사용하는 아파트등은 **기준개수 10개**(스프링클러헤드의 설치개수가 가장 많은 세대에 설치된 스프링클러헤드의 개수가 기준개수보다 작은 경우에는 그 설치개수를 말한다)에 **1.6 ㎥를 곱한 양 이상**의 수원이 확보되도록 할 것. 다만, **아파트등의 각 동이 주차장으로 서로 연결된 구조인 경우 해당 주차장 부분의 기준개수는 30개로 할 것**
>
> 2.3.1.2 아파트등의 경우 화장실 반자 내부에는「소방용 합성수지배관의 성능인증 및 제품검사의 기술기준」에 적합한 소방용 합성수지배관으로 배관을 설치할 수 있다. 다만, 소방용 합성수지배관 내부에 항상 소화수가 채워진 상태를 유지할 것
>
> 2.3.1.3 하나의 방호구역은 2개 층에 미치지 아니하도록 할 것. 다만, 복층형 구조의 공동주택에는 3개 층 이내로 할 수 있다.
>
> 2.3.1.4 아파트등의 세대 내 스프링클러헤드를 설치하는 천장·반자·천장과 반자사이·덕트·선반등의 각 부분으로부터 하나의 스프링클러헤드까지의 수평거리는 2.6 m 이하로 할 것.
>
> 2.3.1.5 외벽에 설치된 창문에서 0.6 m 이내에 스프링클러헤드를 배치하고, 배치된 헤드의 수평거리 이내에 창문이 모두 포함되도록 할 것. 다만, 다음의 기준에 어느 하나에 해당하는 경우에는 그렇지 않다.
>
>> 2.3.1.5.1 창문에 드렌처설비가 설치된 경우
>>
>> 2.3.1.5.2 창문과 창문 사이의 수직부분이 내화구조로 90 cm 이상 이격되어 있거나, 「발코니 등의 구조변경절차 및 설치기준」 제4조제1항부터 제5항까지에서 정하는 구조와 성능의 방화판 또는 방화유리창을 설치한 경우
>>
>> 2.3.1.5.3 발코니가 설치된 부분

2.3.1.6 거실에는 조기반응형 스프링클러헤드를 설치할 것.

2.3.1.7 감시제어반 전용실은 피난층 또는 지하 1층에 설치할 것. 다만, 상시 사람이 근무하는 장소 또는 관계인이 쉽게 접근할 수 있고 관리가 용이한 장소에 감시제어반 전용실을 설치할 경우에는 지상 2층 또는 지하 2층에 설치할 수 있다.

2.3.1.8 「건축법 시행령」제46조제4항에 따라 설치된 대피공간에는 헤드를 설치하지 않을 수 있다.

2.3.1.9 「스프링클러설비의 화재안전기술기준(NFTC 103)」 2.7.7.1 및 2.7.7.3의 기준에도 불구하고 세대 내 실외기실 등 소규모 공간에서 해당 공간 여건상 헤드와 장애물 사이에 60 cm 반경을 확보하지 못하거나 장애물 폭의 3배를 확보하지 못하는 경우에는 살수방해가 최소화되는 위치에 설치할 수 있다.

2.4 물분무소화설비

2.4.1 물분무소화설비의 감시제어반 전용실은 피난층 또는 지하 1층에 설치해야 한다. 다만, 상시 사람이 근무하는 장소 또는 관계인이 쉽게 접근할 수 있고 관리가 용이한 장소에 감시제어반 전용실을 설치할 경우에는 지상 2층 또는 지하 2층에 설치할 수 있다.

2.5 포소화설비

2.5.1 포소화설비의 감시제어반 전용실은 피난층 또는 지하 1층에 설치해야 한다. 다만, 상시 사람이 근무하는 장소 또는 관계인이 쉽게 접근할 수 있고 관리가 용이한 장소에 감시제어반 전용실을 설치할 경우에는 지상 2층 또는 지하 2층에 설치할 수 있다.

2.6 옥외소화전설비

2.6.1 옥외소화전설비는 다음의 기준에 따라 설치해야 한다.

2.6.1.1 기동장치는 기동용수압개폐장치 또는 이와 동등 이상의 성능이 있는 것을 설치할 것.

2.6.1.2 감시제어반 전용실은 피난층 또는 지하 1층에 설치할 것. 다만, 상시 사람이 근무하는 장소 또는 관계인이 쉽게 접근할 수 있고 관리가 용이한 장소에 감시제어반 전용실을 설치할 경우에는 지상 2층 또는 지하 2층에 설치할 수 있다.

2.7 자동화재탐지설비

2.7.1 감지기는 다음 기준에 따라 설치해야 한다.

2.7.1.1 **아날로그방식의 감지기, 광전식 공기흡입형 감지기** 또는 이와 동등 이상의 기능·

성능이 인정되는 것으로 설치할 것

2.7.1.2 감지기의 신호처리방식은 「자동화재탐지설비 및 시각경보장치의 화재안전기술기준(NFTC 203)」 1.7.2에 따른다.

2.7.1.3 세대 내 거실(취침용도로 사용될 수 있는 통상적인 방 및 거실을 말한다)에는 연기감지기를 설치할 것

2.7.1.4 감지기 회로 단선 시 고장표시가 되며, 해당 회로에 설치된 감지기가 정상 작동될 수 있는 성능을 갖도록 할 것

2.7.2 복층형 구조인 경우에는 출입구가 없는 층에 발신기를 설치하지 아니할 수 있다.

2.8 비상방송설비

2.8.1 비상방송설비는 다음의 기준에 따라 설치해야 한다.

2.8.1.1 확성기는 각 세대마다 설치할 것

2.8.1.2 아파트등의 경우 실내에 설치하는 확성기 음성입력은 2 W 이상일 것

2.9 피난기구

2.9.1 피난기구는 다음의 기준에 따라 설치해야 한다.

2.9.1.1 아파트등의 경우 각 세대마다 설치할 것

2.9.1.2 피난장애가 발생하지 않도록 하기 위하여 피난기구를 설치하는 개구부는 동일 직선상이 아닌 위치에 있을 것. 다만, 수직 피난방향으로 동일 직선상인 세대별 개구부에 피난기구를 엇갈리게 설치하여 피난장애가 발생하지 않는 경우에는 그렇지 않다.

2.9.1.3 「공동주택관리법」 제2조제1항제2호(마목은 제외함)에 따른 "의무관리대상 공동주택"의 경우에는 하나의 관리주체가 관리하는 공동주택 구역마다 공기안전매트 1개 이상을 추가로 설치할 것. 다만, 옥상으로 피난이 가능하거나 수평 또는 수직 방향의 인접세대로 피난할 수 있는 구조인 경우에는 추가로 설치하지 않을 수 있다.

2.9.2 갓복도식 공동주택 또는 「건축법 시행령」 제46조제5항에 해당하는 구조 또는 시설을 설치하여 수평 또는 수직 방향의 인접세대로 피난할 수 있는 아파트는 피난기구를 설치하지 않을 수 있다.

2.9.3 승강식 피난기 및 하향식 피난구용 내림식 사다리가 「건축물의 피난·방화구조 등의 기준에 관한 규칙」 제14조에 따라 방화구획된 장소(세대 내부)에 설치될 경우에는 해당 방화

구획된 장소를 대피실로 간주하고, 대피실의 면적규정과 외기에 접하는 구조로 대피실을 설치하는 규정을 적용하지 않을 수 있다.

2.10 유도등

2.10.1 유도등은 다음의 기준에 따라 설치해야 한다.

2.10.1.1 소형 피난구 유도등을 설치할 것. 다만, 세대 내에는 유도등을 설치하지 않을 수 있다.

2.10.1.2 주차장으로 사용되는 부분은 중형 피난구유도등을 설치할 것.

2.10.1.3 「건축법 시행령」 제40조제3항제2호나목 및 「주택건설기준 등에 관한 규정」 제16조의2제3항에 따라 비상문자동개폐장치가 설치된 옥상 출입문에는 대형 피난구유도등을 설치할 것.

2.10.1.4 내부구조가 단순하고 복도식이 아닌 층에는 「유도등 및 유도표지의 화재안전기술기준(NFTC 303)」 2.2.1.3 및 2.3.1.1.1 기준을 적용하지 아니할 것

2.11 비상조명등

2.11.1 비상조명등은 각 거실로부터 지상에 이르는 복도·계단 및 그 밖의 통로에 설치해야 한다. 다만, 공동주택의 세대 내에는 출입구 인근 통로에 1개 이상 설치한다.

2.12 특별피난계단의 계단실 및 부속실 제연설비

2.12.1 특별피난계단의 계단실 및 부속실 제연설비는 「특별피난계단의 계단실 및 부속실 제연설비의 화재안전기술기준(NFTC 501A)」 2.22의 기준에 따라 성능확인을 해야 한다. 다만, 부속실을 단독으로 제연하는 경우에는 부속실과 면하는 옥내 출입문만 개방한 상태로 방연풍속을 측정할 수 있다.

2.13 연결송수관설비

2.13.1 방수구는 다음의 기준에 따라 설치해야 한다.

2.13.1.1 층마다 설치할 것. 다만, 아파트등의 1층과 2층(또는 피난층과 그 직상층)에는 설치하지 않을 수 있다.

2.13.1.2 아파트등의 경우 계단의 출입구(계단의 부속실을 포함하며 계단이 2 이상 있는 경우에는 그 중 1개의 계단을 말한다)로부터 5 m 이내에 방수구를 설치하되, 그 방수구로부터 해당 층의 각 부분까지의 수평거리가 50 m를 초과하는 경우에는 방수구를 추가로 설치할 것.

2.13.1.3 쌍구형으로 할 것. 다만, 아파트등의 용도로 사용되는 층에는 단구형으로 설치할

수 있다.

2.13.1.4 송수구는 동별로 설치하되, 소방차량의 접근 및 통행이 용이하고 잘 보이는 장소에 설치할 것.

2.13.2 펌프의 토출량은 **2,400 ℓ/min 이상(계단식 아파트의 경우에는 1,200 ℓ/min 이상)**으로 하고, 방수구 개수가 3개를 초과(방수구가 5개 이상인 경우에는 5개)하는 경우에는 1개마다 800 L/min(계단식 아파트의 경우에는 400 L/min 이상)를 가산해야 한다.

2.14 비상콘센트

2.14.1 아파트등의 경우에는 계단의 출입구(계단의 부속실을 포함하며 계단이 2개 이상 있는 경우에는 그 중 1개의 계단을 말한다)로부터 5 m 이내에 비상콘센트를 설치하되, 그 비상콘센트로부터 해당 층의 각 부분까지의 수평거리가 50 m를 초과하는 경우에는 비상콘센트를 추가로 설치해야 한다.

창고시설의 화재안전기술기준(NFTC 609)

[시행 2024. 1. 1.] [국립소방연구원공고 제2023-46호, 2023. 12. 29., 제정]

1. 일반사항

1.1 적용범위

1.1.1 이 기준은 「소방시설 설치 및 관리에 관한 법률 시행령」(이하 "영"이라 한다) 제11조제1항에 따라 창고시설에 설치해야 하는 소방시설 등의 설치 및 관리에 대해 적용한다.

1.2 기준의 효력

1.2.1 이 기준은 「소방시설 설치 및 관리에 관한 법률」(이하 "법"이라 한다) 제2조제1항제6호 나목에 따라 소방청장에게 위임한 사항 중 창고시설에 설치하는 소방시설 등의 기술기준으로서의 효력을 가진다.

1.2.2 이 기준에 적합한 경우에는 법 제2조제1항제6호나목에 따라 「창고시설의 화재안전성능기준(NFPC 609)」을 충족하는 것으로 본다.

1.3 기준의 시행

1.3.1 이 기준은 2024년 1월 1일부터 시행한다. 다만, 2.5.3.1의 제정 규정은 이 공고가 발령된 이후 최초로 개정되는 「감지기의 형식승인 및 제품검사의 기술기준」의 시행일이 3개월 경과한 날로부터 시행한다.

1.4 기준의 특례

1.4.1 소방본부장 또는 소방서방은 기존건축물이 증축·개축·대수선되거나 용도 변경되는 경우에 있어서 이 기준이 정하는 기준에 따라 해당 건축물에 설치해야 할 소방시설의 배관·배선 등의 공사가 현저하게 곤란하다고 인정되는 경우에는 해당 설비의 기능 및 사용에 지장이 없는 범위 안에서 이 기준의 일부를 적용하지 않을 수 있다.

1.5 경과조치

1.5.1 이 기준 시행 전에 건축허가 등의 신청 또는 신고를 하거나 소방시설공사의 착공신고를 한 특정소방대상물에 대해서는 종전의 개별 화재안전기술기준에 따른다.

1.5.2 이 기준 시행 전에 1.5.1에 따른 신청 또는 신고를 한 경우라도 개정 기준이 종전의 기준에 비해 관계인에게 유리한 경우에는 개정 기준에 따를 수 있다.

1.6 다른 법령과의 관계

1.6.1 창고시설에 설치하는 소방시설 등의 설치기준 중 이 기준에서 규정하지 않은 것은 개별 화재안전기준에 따라야 한다.

1.7 용어의 정의

1.7.1 이 기준에서 사용하는 용어의 정의는 다음과 같다.

  1.7.1.1 "창고시설"이란 영 별표2 제16호에서 규정한 창고시설을 말한다.

  1.7.1.2 "한국산업표준규격(KS)"이란 「산업표준화법」 제12조에 따라 산업통상자원부장관이 고시한 산업표준을 말한다.

  1.7.1.3 "랙식 창고"란 한국산업표준규격(KS)의 랙(rack) 용어(KS T 2023)에서 정하고 있는 물품 보관용 랙을 설치하는 창고시설을 말한다.

  1.7.1.4 "적층식 랙"이란 한국산업표준규격(KS)의 랙 용어(KS T 2023)에서 정하고 있는 선반을 다층식으로 겹쳐 쌓는 랙을 말한다.

  1.7.1.5 "**라지드롭형(large-drop type) 스프링클러헤드**"란 동일 조건의 수압력에서 큰 물방울을 방출하여 화염의 전파속도가 빠르고 발열량이 큰 저장창고 등에서 발생하는 대형화재를 진압할 수 있는 헤드를 말한다.

  1.7.1.6 "**송기공간**"이란 랙을 일렬로 나란하게 맞대어 설치하는 경우 랙 사이에 형성되는 공간(사람이나 장비가 이동하는 통로는 제외한다.)을 말한다.

2. 기술기준

2.1 소화기구 및 자동소화장치

2.1.1 창고시설 내 배전반 및 분전반마다 **가스자동소화장치·분말자동소화장치·고체에어로졸 자동소화장치 또는 소공간용 소화용구**를 설치해야 한다.

2.2 옥내소화전설비

2.2.1 수원의 저수량은 옥내소화전의 설치개수가 **가장 많은 층의 설치개수(2개 이상 설치된 경우에는 2개)에 5.2 ㎡ (호스릴옥내소화전설비를 포함한다)를 곱한 양 이상**이 되도록 해야 한다.

2.2.2 사람이 상시 근무하는 물류창고 등 동결의 우려가 없는 경우에는 「옥내소화전설비의 화재안전기술기준(NFTC 102)」 2.2.1.9의 단서를 적용하지 않는다.

2.2.3 비상전원은 자가발전설비, 축전지설비(내연기관에 따른 펌프를 사용하는 경우에는 내연기관의 기동 및 제어용 축전지를 말한다) 또는 전기저장장치(외부 전기에너지를 저장해 두었다가 필요한 때 전기를 공급하는 장치)로서 옥내소화전설비를 유효하게 40분 이상

작동할 수 있어야 한다.

2.3 스프링클러설비

2.3.1 스프링클러설비의 설치방식은 다음 기준에 따른다.

> 2.3.1.1 창고시설에 설치하는 스프링클러설비는 라지드롭형 스프링클러헤드를 습식으로 설치할 것. 다만, 다음의 어느 하나에 해당하는 경우에는 건식스프링클러설비로 설치할 수 있다.
>
> (1) 냉동창고 또는 영하의 온도로 저장하는 냉장창고
>
> (2) 창고시설 내에 상시 근무자가 없어 난방을 하지 않는 창고시설
>
> 2.3.1.2 랙식 창고의 경우에는 2.3.1.1에 따라 설치하는 것 외에 라지드롭형 스프링클러헤드를 **랙 높이 3 m 이하**마다 설치할 것. 이 경우 수평거리 15 cm 이상의 송기공간이 있는 랙식 창고에는 랙 높이 3 m 이하마다 설치하는 스프링클러헤드를 송기공간에 설치할 수 있다.
>
> 2.3.1.3 창고시설에 적층식 랙을 설치하는 경우 적층식 랙의 각 단 바닥면적을 방호구역 면적으로 포함할 것
>
> 2.3.1.4 2.3.1.1 내지 2.3.1.3에도 불구하고 천장 높이가 13.7 m 이하인 랙식 창고에는 「화재조기진압용 스프링클러설비의 화재안전기술기준(NFTC 103B)」에 따른 화재조기진압용 스프링클러설비를 설치할 수 있다.
>
> 2.3.1.5 높이가 4 m 이상인 창고(랙식 창고를 포함한다)에 설치하는 폐쇄형 스프링클러헤드는 그 설치장소의 평상시 최고 주위온도에 관계 없이 표시온도 121 ℃ 이상의 것으로 할 수 있다.

2.3.2 수원의 저수량은 다음의 기준에 적합해야 한다.

> 2.3.2.1 라지드롭형 스프링클러헤드의 설치개수가 가장 많은 방호구역의 설치개수(**30개 이상 설치된 경우에는 30개**)에 **3.2 ㎥**(랙식 창고의 경우에는 **9.6 ㎥**)**를 곱한 양** 이상이 되도록 할 것
>
> 2.3.2.2 2.3.1.4에 따라 화재조기진압용 스프링클러설비를 설치하는 경우 「화재조기진압용 스프링클러설비의 화재안전기술기준(NFTC 103B)」 2.2.1에 따를 것

2.3.3 가압송수장치의 송수량은 다음 기준의 기준에 적합해야 한다.

2.3.3.1 가압송수장치의 송수량은 **0.1 MPa**의 방수압력 기준으로 **160 L/min 이상**의 방수 성능을 가진 기준 개수의 모든 헤드로부터의 방수량을 충족시킬 수 있는 양 이상

인 것으로 할 것. 이 경우 속도수두는 계산에 포함하지 않을 수 있다.

2.3.3.2 2.3.1.4에 따라 화재조기진압용 스프링클러설비를 설치하는 경우「화재조기진 압용 스프링클러설비의 화재안전기술기준(NFTC 103B)」 2.3.1.10에 따를 것

2.3.4 교차배관에서 분기되는 지점을 기점으로 한쪽 가지배관에 설치되는 헤드의 개수(반자 아래와 반자속의 헤드를 하나의 가지배관 상에 병설하는 경우에는 반자 아래에 설치하는 헤드의 개수)는 4개 이하로 해야 한다. 다만, 2.3.1.4에 따라 화재조기진압용 스프링클러설비를 설치하는 경우에는 그렇지 않다.

2.3.5 스프링클러헤드는 다음의 기준에 적합해야 한다.

2.3.5.1 라지드롭형 스프링클러헤드를 설치하는 천장·반자·천장과 반자사이·덕트·선반 등의 각 부분으로부터 하나의 스프링클러헤드까지의 수평거리는 「화재의 예방 및 안전관리에 관한 법률 시행령」 별표2의 **특수가연물을 저장 또는 취급하는 창고는 1.7 m 이하, 그 외의 창고는 2.1 m(내화구조로 된 경우에는 2.3 m를 말한다)** 이하로 할 것

2.3.5.2 화재조기진압용 스프링클러헤드는 「화재조기진압용 스프링클러설비의 화재안 전기술기준(NFTC 103B)」 2.7.1에 따라 설치할 것

2.3.6 물품의 운반 등에 필요한 고정식 대형기기 설비의 설치를 위해 「건축법 시행령」 제46조 제2항에 따라 방화구획이 적용되지 아니하거나 완화 적용되어 연소할 우려가 있는 개구부에는 「스프링클러설비의 화재안전기술기준(NFTC 103)」 2.7.7.6에 따른 방법으로 드렌처설비를 설치해야 한다.

2.3.7 비상전원은 **자가발전설비, 축전지설비**(내연기관에 따른 펌프를 사용하는 경우에는 내연기관의 기동 및 제어용 축전지를 말한다) 또는 **전기저장장치**(외부 전기에너지를 저장해 두었다가 필요한 때 전기를 공급하는 장치를 말한다. 이하 같다)로서 스프링클러설비를 유효하게 20분(랙식 창고의 경우 60분을 말한다) 이상 작동할 수 있어야 한다.

2.4 비상방송설비

2.4.1 확성기의 음성입력은 **3 W(실내에 설치하는 것을 포함한다) 이상**으로 해야 한다.

2.4.2 창고시설에서 발화한 때에는 전 층에 경보를 발해야 한다.

2.4.3 비상방송설비에는 그 설비에 대한 감시상태를 60분간 지속한 후 유효하게 30분 이상 경보할 수 있는 축전지설비(수신기에 내장하는 경우를 포함한다. 이하 같다) 또는 전기 저장장치를 설치해야 한다.

2.5 자동화재탐지설비

2.5.1 감지기 작동 시 해당 감지기의 위치가 수신기에 표시되도록 해야 한다.

2.5.2 「개인정보 보호법」 제2조제7호에 따른 영상정보처리기기를 설치하는 경우 수신기는 영상정보의 열람·재생 장소에 설치해야 한다.

2.5.3 영 제11조에 따라 스프링클러설비를 설치해야 하는 창고시설의 감지기는 다음 기준에 따라 설치해야 한다.

> 2.5.3.1 **아날로그방식의 감지기, 광전식 공기흡입형 감지기** 또는 이와 동등 이상의 기능·성능이 인정되는 감지기를 설치할 것
>
> 2.5.3.2 감지기의 신호처리 방식은 「자동화재탐지설비 및 시각경보장치의 화재안전기술기준(NFTC 203)」 1.7.2에 따른다.

2.5.4 창고시설에서 발화한 때에는 전 층에 경보를 발해야 한다.

2.5.5 자동화재탐지설비에는 그 설비에 대한 감시상태를 60분간 지속한 후 유효하게 30분 이상 경보할 수 있는 비상전원으로서 축전지설비 또는 전기저장장치를 설치해야 한다. 다만, 상용전원이 축전지설비인 경우에는 그렇지 않다.

2.6 유도등

2.6.1 피난구유도등과 거실통로유도등은 대형으로 설치해야 한다.

2.6.2 피난유도선은 **연면적 15,000 ㎡ 이상**인 창고시설의 지하층 및 무창층에 다음의 기준에 따라 설치해야 한다.

> 2.6.2.1 광원점등방식으로 바닥으로부터 1 m 이하의 높이에 설치할 것
>
> 2.6.2.2 각 층 직통계단 출입구로부터 건물 내부 벽면으로 10 m 이상 설치할 것
>
> 2.6.2.3 화재 시 점등되며 비상전원 30분 이상을 확보할 것
>
> 2.6.2.4 피난유도선은 소방청장이 정하여 고시하는 「피난유도선 성능인증 및 제품검사의 기술기준」에 적합한 것으로 설치할 것

2.7 소화수조 및 저수조

2.7.1 소화수조 또는 저수조의 저수량은 특정소방대상물의 연면적을 **5,000 ㎡**로 나누어 얻은 수(소수점 이하의 수는 1로 본다)에 **20 ㎡**를 곱한 양 이상이 되도록 해야 한다.

소방관련법령

소방시설 설치 및 관리에 관한 법률

[시행 2023. 7. 4.] [법률 제19160호, 2023. 1. 3., 일부개정]

제1조(목적)

이 법은 특정소방대상물 등에 설치하여야 하는 소방시설등의 설치 · 관리와 소방용품 성능관리에 필요한 사항을 규정함으로써 국민의 생명 · 신체 및 재산을 보호하고 공공의 안전과 복리 증진에 이바지함을 목적으로 한다.

제2조(정의)

① 이 법에서 사용하는 용어의 뜻은 다음과 같다.

1. "소방시설"이란 소화설비, 경보설비, 피난구조설비, 소화용수설비, 그 밖에 소화활동설비로서 대통령령으로 정하는 것을 말한다.
2. "소방시설등"이란 소방시설과 비상구(非常口), 그 밖에 소방 관련 시설로서 대통령령으로 정하는 것을 말한다.
3. "특정소방대상물"이란 건축물 등의 규모 · 용도 및 수용인원 등을 고려하여 소방시설을 설치하여야 하는 소방대상물로서 대통령령으로 정하는 것을 말한다.
4. "화재안전성능"이란 화재를 예방하고 화재발생 시 피해를 최소화하기 위하여 소방대상물의 재료, 공간 및 설비 등에 요구되는 안전성능을 말한다.
5. "성능위주설계"란 건축물 등의 재료, 공간, 이용자, 화재 특성 등을 종합적으로 고려하여 공학적 방법으로 화재 위험성을 평가하고 그 결과에 따라 화재안전성능이 확보될 수 있도록 특정소방대상물을 설계하는 것을 말한다.
6. "화재안전기준"이란 소방시설 설치 및 관리를 위한 다음 각 목의 기준을 말한다.
   가. 성능기준: 화재안전 확보를 위하여 재료, 공간 및 설비 등에 요구되는 안전성능으로서 소방청장이 고시로 정하는 기준
   나. 기술기준: 가목에 따른 성능기준을 충족하는 상세한 규격, 특정한 수치 및 시험방법 등에 관한 기준으로서 행정안전부령으로 정하는 절차에 따라 소방청장의 승인을 받은 기준
7. "소방용품"이란 소방시설등을 구성하거나 소방용으로 사용되는 제품 또는 기기로서 대통령령으로 정하는 것을 말한다.

② 이 법에서 사용하는 용어의 뜻은 제1항에서 규정하는 것을 제외하고는 「소방기본법」, 「화재의 예방 및 안전관리에 관한 법률」, 「소방시설공사업법」, 「위험물안전관리법」 및 「건축법」에서 정하는 바에 따른다.

제10조(주택에 설치하는 소방시설)

① 다음 각 호의 주택의 소유자는 소화기 등 대통령령으로 정하는 소방시설(이하 "**주택용소방시설**"이라 한다)을 설치하여야 한다.

> 1. 「건축법」 제2조제2항제1호의 단독주택
> 2. 「건축법」 제2조제2항제2호의 공동주택(아파트 및 기숙사는 제외한다)

② 국가 및 지방자치단체는 주택용소방시설의 설치 및 국민의 자율적인 안전관리를 촉진하기 위하여 필요한 시책을 마련하여야 한다.

③ 주택용소방시설의 설치기준 및 자율적인 안전관리 등에 관한 사항은 특별시 · 광역시 · 특별자치시 · 도 또는 특별자치도(이하 "시 · 도"라 한다)의 조례로 정한다.

제13조(소방시설기준 적용의 특례)

① 소방본부장이나 소방서장은 제12조제1항 전단에 따른 대통령령 또는 화재안전기준이 변경되어 그 기준이 강화되는 경우 기존의 특정소방대상물(건축물의 신축 · 개축 · 재축 · 이전 및 대수선 중인 특정소방대상물을 포함한다)의 소방시설에 대하여는 변경 전의 대통령령 또는 화재안전기준을 적용한다. 다만, 다음 각 호의 어느 하나에 해당하는 소방시설의 경우에는 대통령령 또는 화재안전기준의 변경으로 강화된 기준을 적용할 수 있다.

> 1. 다음 각 목의 소방시설 중 대통령령 또는 화재안전기준으로 정하는 것
>   가. 소화기구
>   나. 비상경보설비
>   다. 자동화재탐지설비
>   라. 자동화재속보설비
>   마. 피난구조설비
> 2. 다음 각 목의 특정소방대상물에 설치하는 소방시설 중 대통령령 또는 화재안전기준으로 정하는 것
>   가. 「국토의 계획 및 이용에 관한 법률」 제2조제9호에 따른 공동구
>   나. 전력 및 통신사업용 지하구
>   다. 노유자(老幼者) 시설
>   라. 의료시설

> ### [보충설명] 대통령령으로 정하는 것
>
> 1. 「국토의 계획 및 이용에 관한 법률」 제2조제9호에 따른 공동구에 설치하는 **소화기, 자동소화장치, 자동화재탐지설비, 통합감시시설, 유도등 및 연소방지설비**
> 2. 전력 및 통신사업용 지하구에 설치하는 **소화기, 자동소화장치, 자동화재탐지설비, 통합감시시설, 유도등 및 연소방지설비**
> 3. 노유자 시설에 설치하는 **간이스프링클러설비, 자동화재탐지설비 및 단독경보형 감지기**
> 4. 의료시설에 설치하는 **스프링클러설비, 간이스프링클러설비, 자동화재탐지설비 및 자동화재속보설비**

② 소방본부장이나 소방서장은 특정소방대상물에 설치하여야 하는 소방시설 가운데 기능과 성능이 유사한 스프링클러설비, 물분무등소화설비, 비상경보설비 및 비상방송설비 등의 소방시설의 경우에는 대통령령으로 정하는 바에 따라 유사한 소방시설의 설치를 면제할 수 있다.

③ 소방본부장이나 소방서장은 기존의 특정소방대상물이 증축되거나 용도변경되는 경우에는 대통령령으로 정하는 바에 따라 증축 또는 용도변경 당시의 소방시설의 설치에 관한 대통령령 또는 화재안전기준을 적용한다.

④ 다음 각 호의 어느 하나에 해당하는 특정소방대상물 가운데 대통령령으로 정하는 특정소방대상물에는 제12조제1항 전단에도 불구하고 대통령령으로 정하는 소방시설을 설치하지 아니할 수 있다.

> 1. 화재 위험도가 낮은 특정소방대상물
> 2. 화재안전기준을 적용하기 어려운 특정소방대상물
> 3. 화재안전기준을 다르게 적용하여야 하는 특수한 용도 또는 구조를 가진 특정소방대상물
> 4. 「위험물안전관리법」 제19조에 따른 자체소방대가 설치된 특정소방대상물

⑤ 제4항 각 호의 어느 하나에 해당하는 특정소방대상물에 구조 및 원리 등에서 공법이 특수한 설계로 인정된 소방시설을 설치하는 경우에는 제18조제1항에 따른 중앙소방기술심의위원회의 심의를 거쳐 제12조제1항 전단에 따른 화재안전기준을 적용하지 아니할 수 있다.

제16조(피난시설, 방화구획 및 방화시설의 관리)

① 특정소방대상물의 관계인은 「건축법」 제49조에 따른 피난시설, 방화구획 및 방화시설에 대하여 정당한 사유가 없는 한 다음 각 호의 행위를 하여서는 아니 된다.

1. 피난시설, 방화구획 및 방화시설을 폐쇄하거나 훼손하는 등의 행위
2. 피난시설, 방화구획 및 방화시설의 주위에 물건을 쌓아두거나 장애물을 설치하는 행위
3. 피난시설, 방화구획 및 방화시설의 용도에 장애를 주거나 「소방기본법」 제16조에 따른 소방활동에 지장을 주는 행위
4. 그 밖에 피난시설, 방화구획 및 방화시설을 변경하는 행위

② 소방본부장이나 소방서장은 특정소방대상물의 관계인이 제1항 각 호의 어느 하나에 해당하는 행위를 한 경우에는 피난시설, 방화구획 및 방화시설의 관리를 위하여 필요한 조치를 명할 수 있다.

제22조(소방시설등의 자체점검)

① 특정소방대상물의 관계인은 그 대상물에 설치되어 있는 소방시설등이 이 법이나 이 법에 따른 명령 등에 적합하게 설치·관리되고 있는지에 대하여 다음 각 호의 구분에 따른 기간 내에 스스로 점검하거나 제34조에 따른 점검능력 평가를 받은 관리업자 또는 행정안전부령으로 정하는 기술자격자(이하 "관리업자등"이라 한다)로 하여금 정기적으로 점검(이하 "자체점검"이라 한다)하게 하여야 한다. 이 경우 관리업자등이 점검한 경우에는 그 점검 결과를 행정안전부령으로 정하는 바에 따라 관계인에게 제출하여야 한다.

1. 해당 특정소방대상물의 소방시설등이 신설된 경우: 「건축법」 제22조에 따라 건축물을 사용할 수 있게 된 날부터 60일
2. 제1호 외의 경우: 행정안전부령으로 정하는 기간

② 자체점검의 구분 및 대상, 점검인력의 배치기준, 점검자의 자격, 점검 장비, 점검 방법 및 횟수 등 자체점검 시 준수하여야 할 사항은 행정안전부령으로 정한다.

③ 제1항에 따라 관리업자등으로 하여금 자체점검하게 하는 경우의 점검 대가는 「엔지니어링산업 진흥법」 제31조에 따른 엔지니어링사업의 대가 기준 가운데 행정안전부령으로 정하는 방식에 따라 산정한다.

④ 제3항에도 불구하고 소방청장은 소방시설등 자체점검에 대한 품질확보를 위하여 필요하다고 인정하는 경우에는 **특정소방대상물의 규모, 소방시설등의 종류 및 점검인력 등에 따라 관계인이 부담하여야 할 자체점검 비용의 표준이 될 금액**(이하 "표준자체점검비"라 한다)을 정하여 공표하거나 관리업자등에게 이를 소방시설등 자체점검에 관한 표준가격으로 활용하도록 권고할 수 있다.

⑤ 표준자체점검비의 공표 방법 등에 관하여 필요한 사항은 소방청장이 정하여 고시한다.

⑥ 관계인은 천재지변이나 그 밖에 대통령령으로 정하는 사유로 자체점검을 실시하기 곤란한

경우에는 대통령령으로 정하는 바에 따라 소방본부장 또는 소방서장에게 면제 또는 연기 신청을 할 수 있다. 이 경우 소방본부장 또는 소방서장은 그 면제 또는 연기 신청 승인 여부를 결정하고 그 결과를 관계인에게 알려주어야 한다.

제23조(소방시설등의 자체점검 결과의 조치 등)

① 특정소방대상물의 관계인은 제22조제1항에 따른 자체점검 결과 소화펌프 고장 등 대통령령으로 정하는 중대위반사항(이하 이 조에서 "중대위반사항"이라 한다)이 발견된 경우에는 지체 없이 수리 등 필요한 조치를 하여야 한다.

② 관리업자등은 자체점검 결과 중대위반사항을 발견한 경우 즉시 관계인에게 알려야 한다. 이 경우 관계인은 지체 없이 수리 등 필요한 조치를 하여야 한다.

③ 특정소방대상물의 관계인은 제22조제1항에 따라 자체점검을 한 경우에는 그 점검 결과를 행정안전부령으로 정하는 바에 따라 **소방시설등에 대한 수리 · 교체 · 정비에 관한 이행계획**(중대위반사항에 대한 조치사항을 포함한다. 이하 이 조에서 같다)을 첨부하여 소방본부장 또는 소방서장에게 보고하여야 한다. 이 경우 소방본부장 또는 소방서장은 점검 결과 및 이행계획이 적합하지 아니하다고 인정되는 경우에는 관계인에게 보완을 요구할 수 있다.

④ 특정소방대상물의 관계인은 제3항에 따른 이행계획을 행정안전부령으로 정하는 바에 따라 기간 내에 완료하고, 소방본부장 또는 소방서장에게 이행계획 완료 결과를 보고하여야 한다. 이 경우 소방본부장 또는 소방서장은 이행계획 완료 결과가 거짓 또는 허위로 작성되었다고 판단되는 경우에는 해당 특정소방대상물을 방문하여 그 이행계획 완료 여부를 확인할 수 있다.

⑤ 제4항에도 불구하고 특정소방대상물의 관계인은 천재지변이나 그 밖에 대통령령으로 정하는 사유로 제3항에 따른 이행계획을 완료하기 곤란한 경우에는 소방본부장 또는 소방서장에게 대통령령으로 정하는 바에 따라 이행계획 완료를 연기하여 줄 것을 신청할 수 있다. 이 경우 소방본부장 또는 소방서장은 연기 신청 승인 여부를 결정하고 그 결과를 관계인에게 알려주어야 한다.

⑥ 소방본부장 또는 소방서장은 관계인이 제4항에 따라 이행계획을 완료하지 아니한 경우에는 필요한 조치의 이행을 명할 수 있고, 관계인은 이에 따라야 한다.

제24조(점검기록표 게시 등)

① 제23조제3항에 따라 자체점검 결과 보고를 마친 관계인은 **관리업자등, 점검일시, 점검자 등 자체점검과 관련된 사항**을 점검기록표에 기록하여 특정소방대상물의 출입자가 쉽게 볼 수 있는 장소에 게시하여야 한다. 이 경우 점검기록표의 기록 등에 필요한 사항은 행정안전부령으로 정한다.

② 소방본부장 또는 소방서장은 다음 각 호의 사항을 제48조에 따른 전산시스템 또는 인터넷 홈페이지 등을 통하여 국민에게 공개할 수 있다. 이 경우 공개 절차, 공개 기간 및 공개 방법 등 필요한 사항은 대통령령으로 정한다.

1. 자체점검 기간 및 점검자
2. 특정소방대상물의 정보 및 자체점검 결과
3. 그 밖에 소방본부장 또는 소방서장이 특정소방대상물을 이용하는 불특정다수인의 안전을 위하여 공개가 필요하다고 인정하는 사항

제28조(자격의 취소 · 정지)

소방청장은 관리사가 다음 각 호의 어느 하나에 해당할 때에는 행정안전부령으로 정하는 바에 따라 그 자격을 취소하거나 1년 이내의 기간을 정하여 그 자격의 정지를 명할 수 있다. 다만, 제1호, 제4호, 제5호 또는 제7호에 해당하면 그 자격을 취소하여야 한다.

1. 거짓이나 그 밖의 부정한 방법으로 시험에 합격한 경우
2. 「화재의 예방 및 안전관리에 관한 법률」 제25조제2항에 따른 대행인력의 배치기준 · 자격 · 방법 등 준수사항을 지키지 아니한 경우
3. 제22조에 따른 점검을 하지 아니하거나 거짓으로 한 경우
4. 제25조제7항을 위반하여 소방시설관리사증을 다른 사람에게 빌려준 경우
5. 제25조제8항을 위반하여 동시에 둘 이상의 업체에 취업한 경우
6. 제25조제9항을 위반하여 성실하게 자체점검 업무를 수행하지 아니한 경우
7. 제27조 각 호의 어느 하나에 따른 결격사유에 해당하게 된 경우

소방시설 설치 및 관리에 관한 법률 시행령

[시행 2023. 3. 7.] [대통령령 제33321호, 2023. 3. 7., 타법개정]

제2조(정의) 이 영에서 사용하는 용어의 뜻은 다음과 같다.

1. **"무창층"**(無窓層)이란 지상층 중 다음 각 목의 요건을 모두 갖춘 개구부(건축물에서 채광·환기·통풍 또는 출입 등을 위하여 만든 창·출입구, 그 밖에 이와 비슷한 것을 말한다)의 면적의 합계가 해당 층의 바닥면적(「건축법 시행령」 제119조제1항제3호에 따라 산정된 면적을 말한다. 이하 같다)의 **30분의 1 이하**가 되는 층을 말한다.

   가. 크기는 지름 **50센티미터 이상**의 원이 내접(內接)할 수 있는 크기일 것
   나. 해당 층의 바닥면으로부터 개구부 밑부분까지의 높이가 **1.2미터 이내**일 것
   다. **도로 또는 차량이 진입**할 수 있는 빈터를 향할 것
   라. 화재 시 건축물로부터 쉽게 피난할 수 있도록 **창살이나 그 밖의 장애물**이 설치되지 아니할 것
   마. **내부 또는 외부**에서 쉽게 부수거나 열 수 있을 것

2. **"피난층"**이란 곧바로 지상으로 갈 수 있는 출입구가 있는 층을 말한다.

제7조(건축허가등의 동의대상물의 범위 등)

① 법 제6조제1항에 따라 건축물 등의 신축·증축·개축·재축·이전·용도변경 또는 대수선의 허가·협의 및 사용승인(「주택법」 제15조에 따른 승인 및 같은 법 제49조에 따른 사용검사, 「학교시설사업 촉진법」 제4조에 따른 승인 및 같은 법 제13조에 따른 사용승인을 포함하며, 이하 "건축허가등"이라 한다)을 할 때 미리 소방본부장 또는 소방서장의 동의를 받아야 하는 건축물 등의 범위는 다음 각 호와 같다.

1. 연면적(「건축법 시행령」 제119조제1항제4호에 따라 산정된 면적을 말한다. 이하 같다)이 400제곱미터 이상인 건축물이나 시설. 다만, 다음 각 목의 어느 하나에 해당하는 건축물이나 시설은 해당 목에서 정한 기준 이상인 건축물이나 시설로 한다.
   가. 「학교시설사업 촉진법」 제5조의2제1항에 따라 건축등을 하려는 학교시설: 100제곱미터
   나. 별표 2의 특정소방대상물 중 노유자(老幼者) 시설 및 수련시설: 200제곱미터
   다. 「정신건강증진 및 정신질환자 복지서비스 지원에 관한 법률」 제3조제5호에 따른 정신의료기관(입원실이 없는 정신건강의학과 의원은 제외하며, 이하 "정신의료기관"이라 한다): 300제곱미터

라. 「장애인복지법」 제58조제1항제4호에 따른 장애인 의료재활시설(이하 "의료재활시설"이라 한다): 300제곱미터

2. 지하층 또는 무창층이 있는 건축물로서 바닥면적이 150제곱미터(공연장의 경우에는 100제곱미터) 이상인 층이 있는 것

3. 차고 · 주차장 또는 주차 용도로 사용되는 시설로서 다음 각 목의 어느 하나에 해당하는 것

　가. 차고 · 주차장으로 사용되는 바닥면적이 200제곱미터 이상인 층이 있는 건축물이나 주차시설

　나. 승강기 등 기계장치에 의한 주차시설로서 자동차 20대 이상을 주차할 수 있는 시설

4. 층수(「건축법 시행령」 제119조제1항제9호에 따라 산정된 층수를 말한다. 이하 같다)가 6층 이상인 건축물

5. 항공기 격납고, 관망탑, 항공관제탑, 방송용 송수신탑

6. 별표 2의 특정소방대상물 중 의원(입원실이 있는 것으로 한정한다) · 조산원 · 산후조리원, 위험물 저장 및 처리 시설, 발전시설 중 풍력발전소 · 전기저장시설, 지하구(地下溝)

7. 제1호나목에 해당하지 않는 노유자 시설 중 다음 각 목의 어느 하나에 해당하는 시설. 다만, 가목2) 및 나목부터 바목까지의 시설 중 「건축법 시행령」 별표 1의 단독주택 또는 공동주택에 설치되는 시설은 제외한다.

　가. 별표 2 제9호가목에 따른 노인 관련 시설 중 다음의 어느 하나에 해당하는 시설

　　1) 「노인복지법」 제31조제1호에 따른 노인주거복지시설, 같은 조 제2호에 따른 노인의료복지시설 및 같은 조 제4호에 따른 재가노인복지시설

　　2) 「노인복지법」 제31조제7호에 따른 학대피해노인 전용쉼터

　나. 「아동복지법」 제52조에 따른 아동복지시설(아동상담소, 아동전용시설 및 지역아동센터는 제외한다)

　다. 「장애인복지법」 제58조제1항제1호에 따른 장애인 거주시설

　라. 정신질환자 관련 시설(「정신건강증진 및 정신질환자 복지서비스 지원에 관한 법률」 제27조제1항제2호에 따른 공동생활가정을 제외한 재활훈련시설과 같은 법 시행령 제16조제3호에 따른 종합시설 중 24시간 주거를 제공하지 않는 시설은 제외한다)

　마. 별표 2 제9호마목에 따른 노숙인 관련 시설 중 노숙인자활시설, 노숙인재활시설 및 노숙인요양시설

　바. 결핵환자나 한센인이 24시간 생활하는 노유자 시설

8. 「의료법」 제3조제2항제3호라목에 따른 요양병원(이하 "요양병원"이라 한다). 다만, 의료재활시설은 제외한다.

9. 별표 2의 특정소방대상물 중 공장 또는 창고시설로서 「화재의 예방 및 안전관리에 관한

법률 시행령」 별표 2에서 정하는 수량의 750배 이상의 특수가연물을 저장 · 취급하는 것
10. 별표 2 제17호나목에 따른 가스시설로서 지상에 노출된 탱크의 저장용량의 합계가 100톤 이상인 것

② 제1항에도 불구하고 다음 각 호의 어느 하나에 해당하는 특정소방대상물은 소방본부장 또는 소방서장의 건축허가등의 동의대상에서 제외한다.

1. 별표 4에 따라 특정소방대상물에 설치되는 소화기구, 자동소화장치, 누전경보기, 단독경보형감지기, 가스누설경보기 및 피난구조설비(비상조명등은 제외한다)가 화재안전기준에 적합한 경우 해당 특정소방대상물
2. 건축물의 증축 또는 용도변경으로 인하여 해당 특정소방대상물에 추가로 소방시설이 설치되지 않는 경우 해당 특정소방대상물
3. 「소방시설공사업법 시행령」 제4조에 따른 소방시설공사의 착공신고 대상에 해당하지 않는 경우 해당 특정소방대상물

③ 법 제6조제1항에 따라 건축허가등의 권한이 있는 행정기관은 건축허가등의 동의를 받으려는 경우에는 동의요구서에 행정안전부령으로 정하는 서류를 첨부하여 해당 건축물 등의 소재지를 관할하는 소방본부장 또는 소방서장에게 동의를 요구해야 한다. 이 경우 동의 요구를 받은 소방본부장 또는 소방서장은 첨부서류 등이 미비한 경우에는 그 서류의 보완을 요구할 수 있다.

④ 법 제6조제5항제4호에서 "소방자동차의 접근이 가능한 통로의 설치 등 대통령령으로 정하는 사항"이란 다음 각 호의 사항을 말한다.

1. 소방자동차의 접근이 가능한 통로의 설치
2. 「건축법」 제64조 및 「주택건설기준 등에 관한 규정」 제15조에 따른 승강기의 설치
3. 「주택건설기준 등에 관한 규정」 제26조에 따른 주택단지 안 도로의 설치
4. 「건축법 시행령」 제40조제2항에 따른 옥상광장, 같은 조 제3항에 따른 비상문자동개폐장치 또는 같은 조 제4항에 따른 헬리포트의 설치
5. 그 밖에 소방본부장 또는 소방서장이 소화활동 및 피난을 위해 필요하다고 인정하는 사항

제8조(소방시설의 내진설계)

① 법 제7조에서 "대통령령으로 정하는 특정소방대상물"이란 「건축법」 제2조제1항제2호에 따른 건축물로서 「지진 · 화산재해대책법 시행령」 제10조제1항 각 호에 해당하는 시설을 말한다.

② 법 제7조에서 "대통령령으로 정하는 소방시설"이란 소방시설 중 **옥내소화전설비, 스프링클러설비 및 물분무등소화설비**를 말한다.

제9조(성능위주설계를 해야 하는 특정소방대상물의 범위) 법 제8조제1항에서 "대통령령으로 정하는 특정소방대상물"이란 다음 각 호의 어느 하나에 해당하는 특정소방대상물(신축하는 것만 해당한다)을 말한다.

1. 연면적 20만제곱미터 이상인 특정소방대상물. 다만, 별표 2 제1호가목에 따른 아파트등(이하 "아파트등"이라 한다)은 제외한다.
2. 50층 이상(지하층은 제외한다)이거나 지상으로부터 높이가 200미터 이상인 아파트등
3. 30층 이상(지하층을 포함한다)이거나 지상으로부터 높이가 120미터 이상인 특정소방대상물(아파트등은 제외한다)
4. 연면적 3만제곱미터 이상인 특정소방대상물로서 다음 각 목의 어느 하나에 해당하는 특정소방대상물
   가. 별표 2 제6호나목의 철도 및 도시철도 시설
   나. 별표 2 제6호다목의 공항시설
5. 별표 2 제16호의 창고시설 중 연면적 10만제곱미터 이상인 것 또는 지하층의 층수가 2개 층 이상이고 지하층의 바닥면적의 합계가 3만제곱미터 이상인 것
6. 하나의 건축물에 「영화 및 비디오물의 진흥에 관한 법률」 제2조제10호에 따른 영화상영관이 10개 이상인 특정소방대상물
7. 「초고층 및 지하연계 복합건축물 재난관리에 관한 특별법」 제2조제2호에 따른 지하연계 복합건축물에 해당하는 특정소방대상물
8. 별표 2 제27호의 터널 중 수저(水底)터널 또는 길이가 5천미터 이상인 것

제10조(주택용소방시설) 법 제10조제1항 각 호 외의 부분에서 "소화기 등 대통령령으로 정하는 소방시설"이란 **소화기 및 단독경보형 감지기**를 말한다.

제13조(강화된 소방시설기준의 적용대상) 법 제13조제1항제2호 각 목 외의 부분에서 "대통령령으로 정하는 것"이란 다음 각 호의 소방시설을 말한다.

1. 「국토의 계획 및 이용에 관한 법률」 제2조제9호에 따른 공동구에 설치하는 소화기, 자동소화장치, 자동화재탐지설비, 통합감시시설, 유도등 및 연소방지설비
2. 전력 및 통신사업용 지하구에 설치하는 소화기, 자동소화장치, 자동화재탐지설비, 통합감시시설, 유도등 및 연소방지설비

3. 노유자 시설에 설치하는 간이스프링클러설비, 자동화재탐지설비 및 단독경보형 감지기
4. 의료시설에 설치하는 스프링클러설비, 간이스프링클러설비, 자동화재탐지설비 및 자동화재속보설비

제15조(특정소방대상물의 증축 또는 용도변경 시의 소방시설기준 적용의 특례)

① 법 제13조제3항에 따라 소방본부장 또는 소방서장은 특정소방대상물이 증축되는 경우에는 기존 부분을 포함한 특정소방대상물의 전체에 대하여 증축 당시의 소방시설의 설치에 관한 대통령령 또는 화재안전기준을 적용해야 한다. 다만, 다음 각 호의 어느 하나에 해당하는 경우에는 기존 부분에 대해서는 증축 당시의 소방시설의 설치에 관한 대통령령 또는 화재안전기준을 적용하지 않는다.

1. 기존 부분과 증축 부분이 내화구조(耐火構造)로 된 바닥과 벽으로 구획된 경우
2. 기존 부분과 증축 부분이 「건축법 시행령」 제46조제1항제2호에 따른 자동방화셔터(이하 "자동방화셔터"라 한다) 또는 같은 영 제64조제1항제1호에 따른 60분+ 방화문(이하 "60분+ 방화문"이라 한다)으로 구획되어 있는 경우
3. 자동차 생산공장 등 화재 위험이 낮은 특정소방대상물 내부에 연면적 33제곱미터 이하의 직원 휴게실을 증축하는 경우
4. 자동차 생산공장 등 화재 위험이 낮은 특정소방대상물에 캐노피(기둥으로 받치거나 매달아 놓은 덮개를 말하며, 3면 이상에 벽이 없는 구조의 것을 말한다)를 설치하는 경우

② 법 제13조제3항에 따라 소방본부장 또는 소방서장은 특정소방대상물이 용도변경되는 경우에는 용도변경되는 부분에 대해서만 용도변경 당시의 소방시설의 설치에 관한 대통령령 또는 화재안전기준을 적용한다. 다만, 다음 각 호의 어느 하나에 해당하는 경우에는 특정소방대상물 전체에 대하여 용도변경 전에 해당 특정소방대상물에 적용되던 소방시설의 설치에 관한 대통령령 또는 화재안전기준을 적용한다.

1. 특정소방대상물의 구조·설비가 화재연소 확대 요인이 적어지거나 피난 또는 화재진압 활동이 쉬워지도록 변경되는 경우
2. 용도변경으로 인하여 천장·바닥·벽 등에 고정되어 있는 가연성 물질의 양이 줄어드는 경우

제18조(화재위험작업 및 임시소방시설 등)

① 법 제15조제1항에서 "인화성(引火性) 물품을 취급하는 작업 등 대통령령으로 정하는 작업"이란 다음 각 호의 어느 하나에 해당하는 작업을 말한다.

1. 인화성·가연성·폭발성 물질을 취급하거나 가연성 가스를 발생시키는 작업
2. 용접·용단(금속·유리·플라스틱 따위를 녹여서 절단하는 일을 말한다) 등 불꽃을 발생시키거나 화기(火氣)를 취급하는 작업
3. 전열기구, 가열전선 등 열을 발생시키는 기구를 취급하는 작업
4. 알루미늄, 마그네슘 등을 취급하여 폭발성 부유분진(공기 중에 떠다니는 미세한 입자를 말한다)을 발생시킬 수 있는 작업
5. 그 밖에 제1호부터 제4호까지와 비슷한 작업으로 소방청장이 정하여 고시하는 작업

② 법 제15조제1항에 따른 임시소방시설(이하 "임시소방시설"이라 한다)의 종류와 임시소방시설을 설치해야 하는 공사의 종류 및 규모는 별표 8 제1호 및 제2호와 같다.
③ 법 제15조제2항에 따른 임시소방시설과 기능 및 성능이 유사한 소방시설은 별표 8 제3호와 같다.

제19조(내용연수 설정대상 소방용품)

① 법 제17조제1항 후단에 따라 내용연수를 설정해야 하는 소방용품은 분말형태의 소화약제를 사용하는 소화기로 한다.
② 제1항에 따른 **소방용품의 내용연수는 10년**으로 한다.

제30조(방염성능기준 이상의 실내장식물 등을 설치해야 하는 특정소방대상물)

법 제20조제1항에서 "대통령령으로 정하는 특정소방대상물"이란 다음 각 호의 것을 말한다.

1. 근린생활시설 중 의원, 조산원, 산후조리원, 체력단련장, 공연장 및 종교집회장
2. 건축물의 옥내에 있는 다음 각 목의 시설
   가. 문화 및 집회시설
   나. 종교시설
   다. 운동시설(수영장은 제외한다)
3. 의료시설
4. 교육연구시설 중 합숙소
5. 노유자 시설
6. 숙박이 가능한 수련시설
7. 숙박시설
8. 방송통신시설 중 방송국 및 촬영소
9. 「다중이용업소의 안전관리에 관한 특별법」 제2조제1항제1호에 따른 다중이용업의 영업소(이하 "다중이용업소"라 한다)

10. 제1호부터 제9호까지의 시설에 해당하지 않는 것으로서 층수가 11층 이상인 것(아파트 등은 제외한다)

제31조(방염대상물품 및 방염성능기준)

① 법 제20조제1항에서 "대통령령으로 정하는 물품"이란 다음 각 호의 것을 말한다.

1. 제조 또는 가공 공정에서 방염처리를 한 다음 각 목의 물품
   가. 창문에 설치하는 커튼류(블라인드를 포함한다)
   나. 카펫
   다. 벽지류(두께가 2밀리미터 미만인 종이벽지는 제외한다)
   라. 전시용 합판·목재 또는 섬유판, 무대용 합판·목재 또는 섬유판(합판·목재류의 경우 불가피하게 설치 현장에서 방염처리한 것을 포함한다)
   마. 암막·무대막(「영화 및 비디오물의 진흥에 관한 법률」 제2조제10호에 따른 영화상영관에 설치하는 스크린과 「다중이용업소의 안전관리에 관한 특별법 시행령」 제2조제7호의4에 따른 가상체험 체육시설업에 설치하는 스크린을 포함한다)
   바. 섬유류 또는 합성수지류 등을 원료로 하여 제작된 소파·의자(「다중이용업소의 안전관리에 관한 특별법 시행령」 제2조제1호나목 및 같은 조 제6호에 따른 단란주점영업, 유흥주점영업 및 노래연습장업의 영업장에 설치하는 것으로 한정한다)
2. 건축물 내부의 천장이나 벽에 부착하거나 설치하는 다음 각 목의 것. 다만, 가구류(옷장, 찬장, 식탁, 식탁용 의자, 사무용 책상, 사무용 의자, 계산대, 그 밖에 이와 비슷한 것을 말한다. 이하 이 조에서 같다)와 너비 10센티미터 이하인 반자돌림대 등과 「건축법」 제52조에 따른 내부 마감재료는 제외한다.
   가. 종이류(두께 2밀리미터 이상인 것을 말한다)·합성수지류 또는 섬유류를 주원료로 한 물품
   나. 합판이나 목재
   다. 공간을 구획하기 위하여 설치하는 간이 칸막이(접이식 등 이동 가능한 벽체나 천장 또는 반자가 실내에 접하는 부분까지 구획하지 않는 벽체를 말한다)
   라. 흡음(吸音)을 위하여 설치하는 흡음재(흡음용 커튼을 포함한다)
   마. 방음(防音)을 위하여 설치하는 방음재(방음용 커튼을 포함한다)

② 법 제20조제3항에 따른 방염성능기준은 다음 각 호의 기준에 따르되, 제1항에 따른 방염대상물품의 종류에 따른 구체적인 방염성능기준은 다음 각 호의 기준의 범위에서 소방청장이 정하여 고시하는 바에 따른다.

1. 버너의 불꽃을 제거한 때부터 불꽃을 올리며 연소하는 상태가 그칠 때까지 시간은 20초 이내일 것
2. 버너의 불꽃을 제거한 때부터 불꽃을 올리지 않고 연소하는 상태가 그칠 때까지 시간은 30초 이내일 것
3. 탄화(炭化)한 면적은 50제곱센티미터 이내, 탄화한 길이는 20센티미터 이내일 것
4. 불꽃에 의하여 완전히 녹을 때까지 불꽃의 접촉 횟수는 3회 이상일 것
5. 소방청장이 정하여 고시한 방법으로 발연량(發煙量)을 측정하는 경우 최대연기밀도는 400 이하일 것

③ 소방본부장 또는 소방서장은 제1항에 따른 방염대상물품 외에 다음 각 호의 물품은 방염처리된 물품을 사용하도록 권장할 수 있다.

1. 다중이용업소, 의료시설, 노유자 시설, 숙박시설 또는 장례식장에서 사용하는 침구류 · 소파 및 의자
2. 건축물 내부의 천장 또는 벽에 부착하거나 설치하는 가구류

제32조(시 · 도지사가 실시하는 방염성능검사)
법 제21조제1항 단서에서 "대통령령으로 정하는 방염대상물품"이란 다음 각 호의 것을 말한다.

1. 제31조제1항제1호라목의 전시용 합판 · 목재 또는 무대용 합판 · 목재 중 설치 현장에서 방염처리를 하는 합판 · 목재류
2. 제31조제1항제2호에 따른 방염대상물품 중 설치 현장에서 방염처리를 하는 합판 · 목재류

제33조(소방시설등의 자체점검 면제 또는 연기)
① 법 제22조제6항 전단에서 "대통령령으로 정하는 사유"란 다음 각 호의 어느 하나에 해당하는 사유를 말한다.

1. 「재난 및 안전관리 기본법」 제3조제1호에 해당하는 재난이 발생한 경우
2. 경매 등의 사유로 소유권이 변동 중이거나 변동된 경우
3. 관계인의 질병, 사고, 장기출장의 경우
4. 그 밖에 관계인이 운영하는 사업에 부도 또는 도산 등 중대한 위기가 발생하여 자체점검을 실시하기 곤란한 경우

② 법 제22조제1항에 따른 자체점검(이하 "자체점검"이라 한다)의 면제 또는 연기를 신청하려는 관계인은 행정안전부령으로 정하는 면제 또는 연기신청서에 면제 또는 연기의 사유 및 기간 등을 적어 소방본부장 또는 소방서장에게 제출해야 한다. 이 경우 제1항제1호에 해당하는 경우에만 면제를 신청할 수 있다.

③ 제2항에 따른 면제 또는 연기의 신청 및 신청서의 처리에 필요한 사항은 행정안전부령으로 정한다.

제34조(소방시설등의 자체점검 결과의 조치 등)

법 제23조제1항에서 "**소화펌프 고장 등 대통령령으로 정하는 중대위반사항**"이란 다음 각 호의 어느 하나에 해당하는 경우를 말한다.

1. 소화펌프(가압송수장치를 포함한다. 이하 같다), 동력·감시 제어반 또는 소방시설용 전원(비상전원을 포함한다)의 고장으로 소방시설이 작동되지 않는 경우
2. 화재 수신기의 고장으로 화재경보음이 자동으로 울리지 않거나 화재 수신기와 연동된 소방시설의 작동이 불가능한 경우
3. 소화배관 등이 폐쇄·차단되어 소화수(消火水) 또는 소화약제가 자동 방출되지 않는 경우
4. 방화문 또는 자동방화셔터가 훼손되거나 철거되어 본래의 기능을 못하는 경우

제35조(자체점검 결과에 따른 이행계획 완료의 연기)

① 법 제23조제5항 전단에서 "**대통령령으로 정하는 사유**"란 다음 각 호의 어느 하나에 해당하는 사유를 말한다.

1. 「재난 및 안전관리 기본법」 제3조제1호에 해당하는 재난이 발생한 경우
2. 경매 등의 사유로 소유권이 변동 중이거나 변동된 경우
3. 관계인의 질병, 사고, 장기출장 등의 경우
4. 그 밖에 관계인이 운영하는 사업에 부도 또는 도산 등 중대한 위기가 발생하여 이행계획을 완료하기 곤란한 경우

② 법 제23조제5항에 따라 이행계획 완료의 연기를 신청하려는 관계인은 행정안전부령으로 정하는 바에 따라 연기신청서에 연기의 사유 및 기간 등을 적어 소방본부장 또는 소방서장에게 제출해야 한다.

③ 제2항에 따른 연기의 신청 및 연기신청서의 처리에 필요한 사항은 행정안전부령으로 정한다.

[별표 1] 소방시설 설치 및 관리에 관한 법률 시행령 [시행일: 2023. 12. 1.] 제2호마목

소방시설 (제3조 관련)

1. **소화설비** : 물 또는 그 밖의 소화약제를 사용하여 소화하는 기계ㆍ기구 또는 설비로서 다음 각 목의 것

   가. **소화기구**

   　1) 소화기

   　2) 간이소화용구 : 에어로졸식 소화용구, 투척용 소화용구, 소공간용 소화용구 및 소화약제 외의 것을 이용한 간이소화용구

   　3) 자동확산소화기

   나. **자동소화장치**

   　1) 주거용 주방자동소화장치

   　2) 상업용 주방자동소화장치

   　3) 캐비닛형 자동소화장치

   　4) 가스자동소화장치

   　5) 분말자동소화장치

   　6) 고체에어로졸자동소화장치

   다. 옥내소화전설비[호스릴(hose reel) 옥내소화전설비를 포함한다]

   라. **스프링클러설비등**

   　1) 스프링클러설비

   　2) 간이스프링클러설비(캐비닛형 간이스프링클러설비를 포함한다)

   　3) 화재조기진압용 스프링클러설비

   마. **물분무등소화설비**

   　1) 물 분무 소화설비

   　2) 미분무소화설비

   　3) 포소화설비

   　4) 이산화탄소소화설비

   　5) **할론소화설비**

   　6) 할로겐화합물 및 불활성기체(다른 원소와 화학반응을 일으키기 어려운 기체를 말한다. 이하 같다) 소화설비

   　7) 분말소화설비

8) 강화액소화설비

9) 고체에어로졸소화설비

바. **옥외소화전설비**

2. **경보설비** : 화재발생 사실을 통보하는 기계 · 기구 또는 설비로서 다음 각 목의 것

    가. 단독경보형 감지기

    나. 비상경보설비

        1) 비상벨설비

        2) 자동식사이렌설비

    다. 자동화재탐지설비

    라. 시각경보기

    마. 화재알림설비[시행일: 2023. 12. 1.]

    바. 비상방송설비

    사. 자동화재속보설비

    아. 통합감시시설

    자. 누전경보기

    차. 가스누설경보기

3. **피난구조설비** : 화재가 발생할 경우 피난하기 위하여 사용하는 기구 또는 설비로서 다음 각 목의 것

    가. 피난기구

        1) 피난사다리

        2) 구조대

        3) 완강기

        4) 간이완강기

        5) 그 밖에 화재안전기준으로 정하는 것

    나. **인명구조기구**

        1) **방열복, 방화복(안전모, 보호장갑 및 안전화를 포함한다)**

        2) 공기호흡기

        3) 인공소생기

    다. **유도등**

        1) 피난유도선

        2) 피난구유도등

        3) 통로유도등

4) 객석유도등

5) 유도표지

　　라. 비상조명등 및 휴대용비상조명등

4. **소화용수설비** : 화재를 진압하는 데 필요한 물을 공급하거나 저장하는 설비로서 다음 각 목의 것

　　가. 상수도소화용수설비

　　나. 소화수조·저수조, 그 밖의 소화용수설비

5. **소화활동설비** : 화재를 진압하거나 인명구조활동을 위하여 사용하는 설비로서 다음 각 목의 것

　　가. 제연설비

　　나. 연결송수관설비

　　다. 연결살수설비

　　라. 비상콘센트설비

　　마. 무선통신보조설비

　　바. 연소방지설비

[별표 2] 소방시설 설치 및 관리에 관한 법률 시행령 [시행일: 2024. 12. 1.] 제1호나목, 제1호다목

특정소방대상물 (제5조 관련)

1. 공동주택

가. **아파트등**: 주택으로 쓰는 층수가 5층 이상인 주택

나. **연립주택**: 주택으로 쓰는 1개 동의 바닥면적(2개 이상의 동을 지하주차장으로 연결하는 경우에는 각각의 동으로 본다) 합계가 660m² 를 초과하고, 층수가 4개 층 이하인 주택

다. **다세대주택**: 주택으로 쓰는 1개 동의 바닥면적(2개 이상의 동을 지하주차장으로 연결하는 경우에는 각각의 동으로 본다) 합계가 660m² 이하이고, 층수가 4개 층 이하인 주택

라. 기숙사: 학교 또는 공장 등의 학생 또는 종업원 등을 위하여 쓰는 것으로서 1개 동의 공동취사시설 이용 세대 수가 전체의 50퍼센트 이상인 것(「교육기본법」 제27조제2항에 따른 학생복지주택 및 「공공주택 특별법」 제2조제1호의3에 따른 공공매입임대주택 중 독립된 주거의 형태를 갖추지 않은 것을 포함한다)

2. 근린생활시설

가. **슈퍼마켓과 일용품**(식품, 잡화, 의류, 완구, 서적, 건축자재, 의약품, 의료기기 등) 등의 **소매점**으로서 같은 건축물(하나의 대지에 두 동 이상의 건축물이 있는 경우에는 이를 같은 건축물로 본다. 이하 같다)에 해당 용도로 쓰는 **바닥면적의 합계가 1천 m² 미만**인 것

나. **휴게음식점, 제과점, 일반음식점, 기원(棋院), 노래연습장 및 단란주점**(단란주점은 같은 건축물에 해당 용도로 쓰는 **바닥면적의 합계가 150m² 미만인 것만 해당**한다)

다. 이용원, 미용원, 목욕장 및 세탁소(공장에 부설된 것과 「대기환경보전법」, 「물환경보전법」 또는 「소음ㆍ진동관리법」에 따른 배출시설의 설치허가 또는 신고의 대상인 것은 제외한다)

라. 의원, 치과의원, 한의원, 침술원, 접골원(接骨院), 조산원, 산후조리원 및 안마원(「의료법」 제82조제4항에 따른 안마시술소를 포함한다)

마. 탁구장, 테니스장, 체육도장, 체력단련장, 에어로빅장, 볼링장, 당구장, 실내낚시터, 골프연습장, 물놀이형 시설(「관광진흥법」 제33조에 따른 안전성검사의 대상이 되는 물놀이형 시설을 말한다. 이하 같다), 그 밖에 이와 비슷한 것으로서 같은 건축물에 해당 용도로 쓰는 바닥면적의 합계가 500 m² 미만인 것

바. 공연장(극장, 영화상영관, 연예장, 음악당, 서커스장, 「영화 및 비디오물의 진흥에 관한 법률」 제2조제16호가목에 따른 비디오물감상실업의 시설, 같은 호 나목에 따른 비디오물소극장업의 시설, 그 밖에 이와 비슷한 것을 말한다. 이하 같다) 또는 종교집회

장[교회, 성당, 사찰, 기도원, 수도원, 수녀원, 제실(祭室), 사당, 그 밖에 이와 비슷한 것을 말한다. 이하 같다]으로서 같은 건축물에 해당 용도로 쓰는 바닥면적의 합계가 300 m² 미만인 것

사. 금융업소, 사무소, 부동산중개사무소, 결혼상담소 등 소개업소, 출판사, 서점, 그 밖에 이와 비슷한 것으로서 같은 건축물에 해당 용도로 쓰는 바닥면적의 합계가 500 m² 미만인 것

아. 제조업소, 수리점, 그 밖에 이와 비슷한 것으로서 같은 건축물에 해당 용도로 쓰는 바닥면적의 합계가 500 m² 미만인 것(「대기환경보전법」, 「물환경보전법」 또는 「소음·진동관리법」에 따른 배출시설의 설치허가 또는 신고의 대상인 것은 제외한다)

자. 「게임산업진흥에 관한 법률」 제2조제6호의2에 따른 청소년게임제공업 및 일반게임제공업의 시설, 같은 조 제7호에 따른 인터넷컴퓨터게임시설제공업의 시설 및 같은 조 제8호에 따른 복합유통게임제공업의 시설로서 같은 건축물에 해당 용도로 쓰는 바닥면적의 합계가 500 m² 미만인 것

차. 사진관, 표구점, 학원(같은 건축물에 해당 용도로 쓰는 바닥면적의 합계가 500 m² 미만인 것만 해당하며, 자동차학원 및 무도학원은 제외한다), 독서실, 고시원(「다중이용업소의 안전관리에 관한 특별법」에 따른 다중이용업 중 고시원업의 시설로서 독립된 주거의 형태를 갖추지 않은 것으로서 같은 건축물에 해당 용도로 쓰는 바닥면적의 합계가 500 m² 미만인 것을 말한다), 장의사, 동물병원, 총포판매사, 그 밖에 이와 비슷한 것

카. 의약품 판매소, 의료기기 판매소 및 자동차영업소로서 같은 건축물에 해당 용도로 쓰는 바닥면적의 합계가 1천 m² 미만인 것

3. 문화 및 집회시설

가. 공연장으로서 근린생활시설에 해당하지 않는 것

나. 집회장: 예식장, 공회당, 회의장, 마권(馬券) 장외 발매소, 마권 전화투표소, 그 밖에 이와 비슷한 것으로서 근린생활시설에 해당하지 않는 것

다. 관람장: 경마장, 경륜장, 경정장, 자동차 경기장, 그 밖에 이와 비슷한 것과 체육관 및 운동장으로서 관람석의 바닥면적의 합계가 1천 m² 이상인 것

라. 전시장: 박물관, 미술관, 과학관, 문화관, 체험관, 기념관, 산업전시장, 박람회장, 견본주택, 그 밖에 이와 비슷한 것

마. 동·식물원: 동물원, 식물원, 수족관, 그 밖에 이와 비슷한 것

4. 종교시설

가. 종교집회장으로서 근린생활시설에 해당하지 않는 것

나. 가목의 종교집회장에 설치하는 봉안당(奉安堂)

5. 판매시설

가. 도매시장:「농수산물 유통 및 가격안정에 관한 법률」제2조제2호에 따른 농수산물도
매시장, 같은 조 제5호에 따른 농수산물공판장, 그 밖에 이와 비슷한 것(그 안에 있는
근린생활시설을 포함한다)

나. 소매시장: 시장,「유통산업발전법」제2조제3호에 따른 대규모점포, 그 밖에 이와 비슷
한 것(그 안에 있는 근린생활시설을 포함한다)

다. 전통시장:「전통시장 및 상점가 육성을 위한 특별법」제2조제1호에 따른 전통시장(그
안에 있는 근린생활시설을 포함하며, 노점형시장은 제외한다)

라. 상점: 다음의 어느 하나에 해당하는 것(그 안에 있는 근린생활시설을 포함한다)

　　1) 제2호가목에 해당하는 용도로서 같은 건축물에 해당 용도로 쓰는 바닥면적 합계가
　　　 1천 m^2 이상인 것

　　2) 제2호자목에 해당하는 용도로서 같은 건축물에 해당 용도로 쓰는 바닥면적 합계가
　　　 500 m^2 이상인 것

6. 운수시설

가. 여객자동차터미널

나. 철도 및 도시철도 시설[정비창(整備廠) 등 관련 시설을 포함한다]

다. 공항시설(항공관제탑을 포함한다)

라. 항만시설 및 종합여객시설

7. 의료시설

가. 병원 : 종합병원, 병원, 치과병원, 한방병원, 요양병원

나. 격리병원 : 전염병원, 마약진료소, 그 밖에 이와 비슷한 것

다. 정신의료기관

라.「장애인복지법」제58조제1항제4호에 따른 장애인 의료재활시설

8. 교육연구시설

가. 학교

　　1) 초등학교, 중학교, 고등학교, 특수학교, 그 밖에 이에 준하는 학교:「학교시설사업
　　　 촉진법」제2조제1호나목의 교사(校舍)(교실·도서실 등 교수·학습활동에 직접 또
　　　 는 간접적으로 필요한 시설물을 말하되, 병설유치원으로 사용되는 부분은 제외한
　　　 다. 이하 같다), 체육관,「학교급식법」제6조에 따른 급식시설, 합숙소(학교의 운동
　　　 부, 기능선수 등이 집단으로 숙식하는 장소를 말한다. 이하 같다)

　　2) 대학, 대학교, 그 밖에 이에 준하는 각종 학교: 교사 및 합숙소

나. 교육원(연수원, 그 밖에 이와 비슷한 것을 포함한다)

다. 직업훈련소

　　라. **학원(근린생활시설에 해당하는 것과 자동차운전학원·정비학원 및 무도학원은 제외**한다)

　　마. 연구소(연구소에 준하는 시험소와 계량계측소를 포함한다)

　　바. 도서관

9. 노유자시설

　　가. 노인 관련 시설:「노인복지법」에 따른 노인주거복지시설, 노인의료복지시설, 노인여
　　　　가복지시설, 주·야간보호서비스나 단기보호서비스를 제공하는 재가노인복지시설(「
　　　　노인장기요양보험법」에 따른 장기요양기관을 포함한다), 노인보호전문기관, 노인일자
　　　　리지원기관, 학대피해노인 전용쉼터, 그 밖에 이와 비슷한 것

　　나. 아동 관련 시설:「아동복지법」에 따른 아동복지시설,「영유아보육법」에 따른 어린이
　　　　집,「유아교육법」에 따른 유치원[제8호가목1)에 따른 학교의 교사 중 병설유치원으로
　　　　사용되는 부분을 포함한다], 그 밖에 이와 비슷한 것

　　다. 장애인 관련 시설:「장애인복지법」에 따른 장애인 거주시설, 장애인 지역사회재활시설
　　　　(장애인 심부름센터, 한국수어통역센터, 점자도서 및 녹음서 출판시설 등 장애인이 직
　　　　접 그 시설 자체를 이용하는 것을 주된 목적으로 하지 않는 시설은 제외한다), 장애인
　　　　직업재활시설, 그 밖에 이와 비슷한 것

　　라. 정신질환자 관련 시설:「정신건강증진 및 정신질환자 복지서비스 지원에 관한 법률」에
　　　　따른 정신재활시설(생산품판매시설은 제외한다), 정신요양시설, 그 밖에 이와 비슷한
　　　　것

　　마. 노숙인 관련 시설:「노숙인 등의 복지 및 자립지원에 관한 법률」제2조제2호에 따른 노
　　　　숙인복지시설(노숙인일시보호시설, 노숙인자활시설, 노숙인재활시설, 노숙인요양시
　　　　설 및 쪽방상담소만 해당한다), 노숙인종합지원센터 및 그 밖에 이와 비슷한 것

　　바. 가목부터 마목까지에서 규정한 것 외에「사회복지사업법」에 따른 사회복지시설 중 결
　　　　핵환자 또는 한센인 요양시설 등 다른 용도로 분류되지 않는 것

10. 수련시설

　　가. 생활권 수련시설 :「청소년활동 진흥법」에 따른 **청소년수련관, 청소년문화의집, 청소년**
　　　　특화시설, 그 밖에 이와 비슷한 것

　　나. 자연권 수련시설 :「청소년활동 진흥법」에 따른 **청소년수련원, 청소년야영장**, 그 밖에
　　　　이와 비슷한 것

　　다.「청소년활동 진흥법」에 따른 **유스호스텔**

11. 운동시설

　　가. 탁구장, 체육도장, 테니스장, 체력단련장, 에어로빅장, 볼링장, 당구장, 실내낚시터,

골프연습장, 물놀이형 시설, 그 밖에 이와 비슷한 것으로서 근린생활시설에 해당하지 않는 것

나. 체육관으로서 관람석이 없거나 관람석의 바닥면적이 1천 m^2 미만인 것

다. 운동장: 육상장, 구기장, 볼링장, 수영장, 스케이트장, 롤러스케이트장, 승마장, 사격장, 궁도장, 골프장 등과 이에 딸린 건축물로서 관람석이 없거나 관람석의 바닥면적이 1천 m^2 미만인 것

12. 업무시설

가. 공공업무시설: 국가 또는 지방자치단체의 청사와 외국공관의 건축물로서 근린생활시설에 해당하지 않는 것

나. 일반업무시설: 금융업소, 사무소, 신문사, 오피스텔[업무를 주로 하며, 분양하거나 임대하는 구획 중 일부의 구획에서 숙식을 할 수 있도록 한 건축물로서 「건축법 시행령」 별표 1 제14호나목2)에 따라 국토교통부장관이 고시하는 기준에 적합한 것을 말한다], 그 밖에 이와 비슷한 것으로서 근린생활시설에 해당하지 않는 것

다. 주민자치센터(동사무소), 경찰서, 지구대, 파출소, 소방서, 119안전센터, 우체국, 보건소, 공공도서관, 국민건강보험공단, 그 밖에 이와 비슷한 용도로 사용하는 것

라. 마을회관, 마을공동작업소, 마을공동구판장, 그 밖에 이와 유사한 용도로 사용되는 것

마. 변전소, 양수장, 정수장, 대피소, 공중화장실, 그 밖에 이와 유사한 용도로 사용되는 것

13. 숙박시설

가. 일반형 숙박시설: 「공중위생관리법 시행령」 제4조제1호에 따른 숙박업의 시설

나. 생활형 숙박시설: 「공중위생관리법 시행령」 제4조제2호에 따른 숙박업의 시설

다. 고시원(근린생활시설에 해당하지 않는 것을 말한다)

라. 그 밖에 가목부터 다목까지의 시설과 비슷한 것

14. 위락시설

가. 단란주점으로서 근린생활시설에 해당하지 않는 것

나. 유흥주점, 그 밖에 이와 비슷한 것

다. 「관광진흥법」에 따른 유원시설업(遊園施設業)의 시설, 그 밖에 이와 비슷한 시설(근린생활시설에 해당하는 것은 제외한다)

라. 무도장 및 무도학원

마. 카지노영업소

15. 공장

물품의 제조·가공[세탁·염색·도장(塗裝)·표백·재봉·건조·인쇄 등을 포함한다] 또

는 수리에 계속적으로 이용되는 건축물로서 근린생활시설, 위험물 저장 및 처리 시설, 항공기 및 자동차 관련 시설, 자원순환 관련 시설, 묘지 관련 시설 등으로 따로 분류되지 않는 것

16. 창고시설 (위험물 저장 및 처리 시설 또는 그 부속용도에 해당하는 것은 제외한다)

    가. 창고(물품저장시설로서 냉장·냉동 창고를 포함한다)

    나. 하역장

    다. 「물류시설의 개발 및 운영에 관한 법률」에 따른 물류터미널

    라. 「유통산업발전법」 제2조제15호에 따른 집배송시설

17. 위험물 저장 및 처리 시설

    가. 제조소등

    나. 가스시설: 산소 또는 가연성 가스를 제조·저장 또는 취급하는 시설 중 지상에 노출된 산소 또는 가연성 가스 탱크의 저장용량의 합계가 100톤 이상이거나 저장용량이 30톤 이상인 탱크가 있는 가스시설로서 다음의 어느 하나에 해당하는 것

        1) 가스 제조시설

           가) 「고압가스 안전관리법」 제4조제1항에 따른 고압가스의 제조허가를 받아야 하는 시설

           나) 「도시가스사업법」 제3조에 따른 도시가스사업허가를 받아야 하는 시설

        2) 가스 저장시설

           가) 「고압가스 안전관리법」 제4조제5항에 따른 고압가스 저장소의 설치허가를 받아야 하는 시설

           나) 「액화석유가스의 안전관리 및 사업법」 제8조제1항에 따른 액화석유가스 저장소의 설치 허가를 받아야 하는 시설

        3) 가스 취급시설

        「액화석유가스의 안전관리 및 사업법」 제5조에 따른 액화석유가스 충전사업 또는 액화석유가스 집단공급사업의 허가를 받아야 하는 시설

18. 항공기 및 자동차 관련 시설(건설기계 관련 시설을 포함한다)

    가. 항공기 격납고

    나. 차고, 주차용 건축물, 철골 조립식 주차시설(바닥면이 조립식이 아닌 것을 포함한다) 및 기계장치에 의한 주차시설

    다. 세차장

    라. 폐차장

    마. 자동차 검사장

    바. 자동차 매매장

사. 자동차 정비공장

아. 운전학원 · 정비학원

자. 다음의 건축물을 제외한 건축물의 내부(「건축법 시행령」 제119조제1항제3호다목에 따른 필로티와 건축물의 지하를 포함한다)에 설치된 주차장

1) 「건축법 시행령」 별표 1 제1호에 따른 단독주택

2) 「건축법 시행령」 별표 1 제2호에 따른 공동주택 중 50세대 미만인 연립주택 또는 50세대 미만인 다세대주택

차. 「여객자동차 운수사업법」, 「화물자동차 운수사업법」 및 「건설기계관리법」에 따른 차고 및 주기장(駐機場)

19. 동물 및 식물 관련 시설

가. 축사[부화장(孵化場)을 포함한다]

나. 가축시설 : 가축용 운동시설, 인공수정센터, 관리사(管理舍), 가축용 창고, 가축시장, 동물검역소, 실험동물 사육시설, 그 밖에 이와 비슷한 것

다. 도축장

라. 도계장

마. 작물 재배사(栽培舍)

바. 종묘배양시설

사. 화초 및 분재 등의 온실

아. 식물과 관련된 마목부터 사목까지의 시설과 비슷한 것(동 · 식물원은 제외한다)

20. 자원순환 관련 시설

가. 하수 등 처리시설

나. 고물상

다. 폐기물재활용시설

라. 폐기물처분시설

마. 폐기물감량화시설

21. 교정 및 군사시설

가. 보호감호소, 교도소, 구치소 및 그 지소

나. 보호관찰소, 갱생보호시설, 그 밖에 범죄자의 갱생 · 보호 · 교육 · 보건 등의 용도로 쓰는 시설

다. 치료감호시설

라. 소년원 및 소년분류심사원

　마. 「출입국관리법」 제52조제2항에 따른 보호시설

　바. 「경찰관 직무집행법」 제9조에 따른 유치장

　사. 국방 · 군사시설(「국방 · 군사시설 사업에 관한 법률」 제2조제1호가목부터 마목까지의 시설을 말한다)

22. 방송통신시설

　가. 방송국(방송프로그램 제작시설 및 송신 · 수신 · 중계시설을 포함한다)

　나. 전신전화국

　다. 촬영소

　라. 통신용 시설

　마. 그 밖에 가목부터 라목까지의 시설과 비슷한 것

23. 발전시설

　가. 원자력발전소

　나. 화력발전소

　다. 수력발전소(조력발전소를 포함한다)

　라. 풍력발전소

　마. 전기저장시설[20킬로와트시(kWh)를 초과하는 리튬 · 나트륨 · 레독스플로우 계열의 이차전지를 이용한 전기저장장치의 시설을 말한다. 이하 같다]

　바. 그 밖에 가목부터 마목까지의 시설과 비슷한 것(집단에너지 공급시설을 포함한다)

24. 묘지 관련 시설

　가. 화장시설

　나. 봉안당(제4호나목의 봉안당은 제외한다)

　다. 묘지와 자연장지에 부수되는 건축물

　라. **동물화장시설, 동물건조장(乾燥葬)시설 및 동물 전용의 납골시설**

25. 관광 휴게시설

　가. 야외음악당

　나. 야외극장

　다. 어린이회관

　라. 관망탑

　마. 휴게소

　바. 공원 · 유원지 또는 관광지에 부수되는 건축물

26. 장례시설

가. 장례식장[의료시설의 부수시설(「의료법」 제36조제1호에 따른 의료기관의 종류에 따른 시설을 말한다)은 제외한다]

나. **동물 전용의 장례식장**

27. 지하가

지하의 인공구조물 안에 설치되어 있는 상점, 사무실, 그 밖에 이와 비슷한 시설이 연속하여 지하도에 면하여 설치된 것과 그 지하도를 합한 것

가. 지하상가

나. 터널 : 차량(궤도차량용은 제외한다) 등의 통행을 목적으로 지하, 해저 또는 산을 뚫어서 만든 것

28. 지하구

가. 전력·통신용의 전선이나 가스·냉난방용의 배관 또는 이와 비슷한 것을 집합수용하기 위하여 설치한 지하 인공구조물로서 사람이 점검 또는 보수를 하기 위하여 출입이 가능한 것 중 다음의 어느 하나에 해당하는 것

1) 전력 또는 통신사업용 지하 인공구조물로서 전력구(케이블 접속부가 없는 경우에는 제외한다) 또는 통신구 방식으로 설치된 것

2) 1)외의 지하 인공구조물로서 폭이 1.8미터 이상이고 높이가 2미터 이상이며 길이가 50미터 이상인 것

나. 「국토의 계획 및 이용에 관한 법률」 제2조제9호에 따른 공동구

29. 문화재

「문화재보호법」 제2조제3항에 따른 지정문화재 중 건축물

30. 복합건축물

가. 하나의 건축물이 제1호부터 제27호까지의 것 중 둘 이상의 용도로 사용되는 것. 다만, 다음의 어느 하나에 해당하는 경우에는 복합건축물로 보지 않는다.

1) 관계 법령에서 주된 용도의 부수시설로서 그 설치를 의무화하고 있는 용도 또는 시설

2) 「주택법」 제35조제1항제3호 및 제4호에 따라 주택 안에 부대시설 또는 복리시설이 설치되는 특정소방대상물

3) 건축물의 주된 용도의 기능에 필수적인 용도로서 다음의 어느 하나에 해당하는 용도

가) 건축물의 설비(제23호마목의 전기저장시설을 포함한다), 대피 또는 위생을 위
　　　　　한 용도, 그 밖에 이와 비슷한 용도
　　　나) 사무, 작업, 집회, 물품저장 또는 주차를 위한 용도, 그 밖에 이와 비슷한 용도
　　　다) 구내식당, 구내세탁소, 구내운동시설 등 종업원후생복리시설(기숙사는 제외한
　　　　　다) 또는 구내소각시설의 용도, 그 밖에 이와 비슷한 용도
　나. 하나의 건축물이 근린생활시설, 판매시설, 업무시설, 숙박시설 또는 위락시설의 용도
　　　와 주택의 용도로 함께 사용되는 것

[비고]

1. 내화구조로 된 하나의 특정소방대상물이 개구부 및 연소 확대 우려가 없는 내화구조의
　　바닥과 벽으로 구획되어 있는 경우에는 그 구획된 부분을 각각 별개의 특정소방대상물
　　로 본다. 다만, 제9조에 따라 성능위주설계를 해야 하는 범위를 정할 때에는 하나의 특
　　정소방대상물로 본다.

2. 둘 이상의 특정소방대상물이 다음 각 목의 어느 하나에 해당되는 구조의 복도 또는 통
　　로(이하 이 표에서 "연결통로"라 한다)로 연결된 경우에는 이를 하나의 특정소방대상물
　　로 본다.
　가. 내화구조로 된 연결통로가 다음의 어느 하나에 해당되는 경우
　　　1) 벽이 없는 구조로서 그 길이가 6m 이하인 경우
　　　2) 벽이 있는 구조로서 그 길이가 10m 이하인 경우. 다만, 벽 높이가 바닥에서 천
　　　　　장까지의 높이의 2분의 1 이상인 경우에는 벽이 있는 구조로 보고, 벽 높이가 바
　　　　　닥에서 천장까지의 높이의 2분의 1 미만인 경우에는 벽이 없는 구조로 본다.
　나. 내화구조가 아닌 연결통로로 연결된 경우
　다. 컨베이어로 연결되거나 플랜트설비의 배관 등으로 연결되어 있는 경우
　라. 지하보도, 지하상가, 지하가로 연결된 경우
　마. 자동방화셔터 또는 60분+ 방화문이 설치되지 않은 피트(전기설비 또는 배관설비
　　　등이 설치되는 공간을 말한다)로 연결된 경우
　바. 지하구로 연결된 경우

3. 제2호에도 불구하고 연결통로 또는 지하구와 특정소방대상물의 양쪽에 다음 각 목의
　　어느 하나에 해당하는 시설이 적합하게 설치된 경우에는 각각 별개의 특정소방대상물
　　로 본다.
　가. 화재 시 경보설비 또는 자동소화설비의 작동과 연동하여 자동으로 닫히는 자동방
　　　화셔터 또는 60분+ 방화문이 설치된 경우

나. 화재 시 자동으로 방수되는 방식의 드렌처설비 또는 개방형 스프링클러헤드가 설치된 경우

4. 위 제1호부터 제30호까지의 특정소방대상물의 지하층이 지하가와 연결되어 있는 경우 해당 지하층의 부분을 지하가로 본다. 다만, 다음 지하가와 연결되는 지하층에 지하층 또는 지하가에 설치된 자동방화셔터 또는 60분+ 방화문이 화재 시 경보설비 또는 자동 소화설비의 작동과 연동하여 자동으로 닫히는 구조이거나 그 윗부분에 드렌처설비가 설치된 경우에는 지하가로 보지 않는다.

[별표 3] 소방시설 설치 및 관리에 관한 법률 시행령

소방용품 (제6조 관련)

1. 소화설비를 구성하는 제품 또는 기기
   가. 별표 1 제1호가목의 소화기구(소화약제 외의 것을 이용한 간이소화용구는 제외한다)
   나. 별표 1 제1호나목의 자동소화장치
   다. 소화설비를 구성하는 소화전, 관창(菅槍), 소방호스, 스프링클러헤드, 기동용 수압개
       폐장치, 유수제어밸브 및 가스관선택밸브

2. 경보설비를 구성하는 제품 또는 기기
   가. 누전경보기 및 가스누설경보기
   나. 경보설비를 구성하는 발신기, 수신기, 중계기, 감지기 및 음향장치(경종만 해당한다)

3. 피난구조설비를 구성하는 제품 또는 기기
   가. 피난사다리, 구조대, 완강기(지지대를 포함한다) 및 간이완강기(지지대를 포함한다)
   나. 공기호흡기(충전기를 포함한다)
   다. 피난구유도등, 통로유도등, 객석유도등 및 예비 전원이 내장된 비상조명등

4. 소화용으로 사용하는 제품 또는 기기
   가. 소화약제[별표 1 제1호나목2) 및 3)의 자동소화장치와 같은 호 마목3)부터 9)까지의 소
       화설비용만 해당한다]
   나. 방염제(방염액·방염도료 및 방염성물질을 말한다)

5. 그 밖에 행정안전부령으로 정하는 소방 관련 제품 또는 기기

[보충설명] 소화약제(별표1 제1호나목2)와3)의 자동소화장치와 같은 호 마목3)부터 9)까지의 소화설비용)

소화설비
　나. 자동소화장치
　　　2) 상업용 주방자동소화장치　　3) 캐비닛형 자동소화장치
　마. 물분무등소화설비
　　　3) 포소화설비　　　　　　　　4) 이산화탄소소화설비
　　　5) 할론소화설비　　　　　　　6) 할로겐화합물 및 불활성기체 소화설비
　　　7) 분말소화설비　　　　　　　8) 강화액소화설비
　　　9) 고체에어로졸소화설비

[별표 4] [시행일: 2023. 12. 1.] 제1호나목2), 제2호마목

특정소방대상물의 관계인이 특정소방대상물에 설치 · 관리해야 하는 소방시설의 종류(제11조 관련)

1. 소화설비

가. 화재안전기준에 따라 소화기구를 설치해야 하는 특정소방대상물은 다음의 어느 하나에 해당하는 것으로 한다.

1) 연면적 33 m² 이상인 것. 다만, 노유자 시설의 경우에는 투척용 소화용구 등을 화재안전기준에 따라 산정된 소화기 수량의 2분의 1 이상으로 설치할 수 있다.

2) 1)에 해당하지 않는 시설로서 가스시설, 발전시설 중 전기저장시설 및 문화재

3) 터널

4) 지하구

나. 자동소화장치를 설치해야 하는 특정소방대상물은 다음의 어느 하나에 해당하는 특정소방대상물 중 후드 및 덕트가 설치되어 있는 주방이 있는 특정소방대상물로 한다. 이 경우 해당 주방에 자동소화장치를 설치해야 한다.

1) 주거용 주방자동소화장치를 설치해야 하는 것: 아파트등 및 오피스텔의 모든 층

2) 상업용 주방자동소화장치를 설치해야 하는 것

가) 판매시설 중 「유통산업발전법」 제2조제3호에 해당하는 대규모점포에 입점해 있는 일반음식점

나) 「식품위생법」 제2조제12호에 따른 집단급식소

3) 캐비닛형 자동소화장치, 가스자동소화장치, 분말자동소화장치 또는 고체에어로졸 자동소화장치를 설치해야 하는 것: 화재안전기준에서 정하는 장소

다. 옥내소화전설비를 설치해야 하는 특정소방대상물은 다음의 어느 하나에 해당하는 것으로 한다. 다만, 위험물 저장 및 처리 시설 중 가스시설, 지하구 및 업무시설 중 무인변전소(방재실 등에서 스프링클러설비 또는 물분무등소화설비를 원격으로 조정할 수 있는 무인변전소로 한정한다)는 제외한다.

1) 다음의 어느 하나에 해당하는 경우에는 모든 층

가) 연면적 3천 m² 이상인 것(지하가 중 터널은 제외한다)

나) 지하층 · 무창층(축사는 제외한다)으로서 바닥면적이 600 m² 이상인 층이 있는 것

다) 층수가 4층 이상인 것 중 바닥면적이 600 m² 이상인 층이 있는 것

2) 1)에 해당하지 않는 근린생활시설, 판매시설, 운수시설, 의료시설, 노유자 시설, 업무시설, 숙박시설, 위락시설, 공장, 창고시설, 항공기 및 자동차 관련 시설, 교정 및 군사시설 중 국방 · 군사시설, 방송통신시설, 발전시설, 장례시설 또는 복합건축물로서 다음의 어느 하나에 해당하는 경우에는 모든 층

가) 연면적 1천5백 m² 이상인 것

나) 지하층 · 무창층으로서 바닥면적이 300 m² 이상인 층이 있는 것

다) 층수가 4층 이상인 것 중 바닥면적이 300 m² 이상인 층이 있는 것

3) 건축물의 옥상에 설치된 차고 · 주차장으로서 사용되는 면적이 200 m² 이상인 경우 해당 부분

4) 지하가 중 터널로서 다음에 해당하는 터널

가) 길이가 1천m 이상인 터널

나) 예상교통량, 경사도 등 터널의 특성을 고려하여 행정안전부령으로 정하는 터널

5) 1) 및 2)에 해당하지 않는 공장 또는 창고시설로서 「화재의 예방 및 안전관리에 관한 법률 시행령」 별표 2에서 정하는 수량의 750배 이상의 특수가연물을 저장 · 취급하는 것

라. 스프링클러설비를 설치해야 하는 특정소방대상물(위험물 저장 및 처리 시설 중 가스시설 및 지하구는 제외한다)은 다음의 어느 하나에 해당하는 것으로 한다.

1) 층수가 6층 이상인 특정소방대상물의 경우에는 모든 층. 다만, 다음의 어느 하나에 해당하는 경우는 제외한다.

가) 주택 관련 법령에 따라 기존의 아파트등을 리모델링하는 경우로서 건축물의 연면적 및 층의 높이가 변경되지 않는 경우. 이 경우 해당 아파트등의 사용검사 당시의 소방시설의 설치에 관한 대통령령 또는 화재안전기준을 적용한다.

나) 스프링클러설비가 없는 기존의 특정소방대상물을 용도변경하는 경우. 다만, 2)부터 6)까지 및 9)부터 12)까지의 규정에 해당하는 특정소방대상물로 용도변경하는 경우에는 해당 규정에 따라 스프링클러설비를 설치한다.

2) 기숙사(교육연구시설 · 수련시설 내에 있는 학생 수용을 위한 것을 말한다) 또는 복합건축물로서 연면적 5천 m² 이상인 경우에는 모든 층

3) 문화 및 집회시설(동 · 식물원은 제외한다), 종교시설(주요구조부가 목조인 것은 제외한다), 운동시설(물놀이형 시설 및 바닥이 불연재료이고 관람석이 없는 운동시설은 제외한다)로서 다음의 어느 하나에 해당하는 경우에는 모든 층

가) 수용인원이 100명 이상인 것

나) 영화상영관의 용도로 쓰는 층의 바닥면적이 지하층 또는 무창층인 경우에는 500 m² 이상, 그 밖의 층의 경우에는 1천 m² 이상인 것

다) 무대부가 지하층 · 무창층 또는 4층 이상의 층에 있는 경우에는 무대부의 면적이 300 m² 이상인 것

라) 무대부가 다) 외의 층에 있는 경우에는 무대부의 면적이 500 m² 이상인 것

4) 판매시설, 운수시설 및 창고시설(물류터미널로 한정한다)로서 바닥면적의 합계가 5천 m² 이상이거나 수용인원이 500명 이상인 경우에는 모든 층

5) 다음의 어느 하나에 해당하는 용도로 사용되는 시설의 바닥면적의 합계가 600㎡ 이상인 것은 모든 층

가) 근린생활시설 중 조산원 및 산후조리원

나) 의료시설 중 정신의료기관

다) 의료시설 중 종합병원, 병원, 치과병원, 한방병원 및 요양병원

라) 노유자 시설

마) 숙박이 가능한 수련시설

바) 숙박시설

6) 창고시설(물류터미널은 제외한다)로서 바닥면적 합계가 5천㎡ 이상인 경우에는 모든 층

7) 특정소방대상물의 지하층 · 무창층(축사는 제외한다) 또는 층수가 4층 이상인 층으로서 바닥면적이 1천 m² 이상인 층이 있는 경우에는 해당 층

8) 랙식 창고(rack warehouse): 랙(물건을 수납할 수 있는 선반이나 이와 비슷한 것을 말한다. 이하 같다)을 갖춘 것으로서 천장 또는 반자(반자가 없는 경우에는 지붕의 옥내에 면하는 부분을 말한다)의 높이가 10m를 초과하고, 랙이 설치된 층의 바닥면적의 합계가 1천5백 m² 이상인 경우에는 모든 층

9) 공장 또는 창고시설로서 다음의 어느 하나에 해당하는 시설

가) 「화재의 예방 및 안전관리에 관한 법률 시행령」 별표 2에서 정하는 수량의 1천배 이상의 특수가연물을 저장 · 취급하는 시설

나) 「원자력안전법 시행령」 제2조제1호에 따른 중 · 저준위방사성폐기물(이하 "중 · 저준위방사성폐기물"이라 한다)의 저장시설 중 소화수를 수집 · 처리하는 설비가 있는 저장시설

10) 지붕 또는 외벽이 불연재료가 아니거나 내화구조가 아닌 공장 또는 창고시설로서 다음의 어느 하나에 해당하는 것

가) 창고시설(물류터미널로 한정한다) 중 4)에 해당하지 않는 것으로서 바닥면적의 합계가 2천5백 m² 이상이거나 수용인원이 250명 이상인 경우에는 모든 층

나) 창고시설(물류터미널은 제외한다) 중 6)에 해당하지 않는 것으로서 바닥면적의 합계가 2천5백 m² 이상인 경우에는 모든 층

다) 공장 또는 창고시설 중 7)에 해당하지 않는 것으로서 지하층·무창층 또는 층수가 4층 이상인 것 중 바닥면적이 500 m² 이상인 경우에는 모든 층

라) 랙식 창고 중 8)에 해당하지 않는 것으로서 바닥면적의 합계가 750 m² 이상인 경우에는 모든 층

마) 공장 또는 창고시설 중 9)가)에 해당하지 않는 것으로서 「화재의 예방 및 안전관리에 관한 법률 시행령」 별표 2에서 정하는 수량의 500배 이상의 특수가연물을 저장·취급하는 시설

11) 교정 및 군사시설 중 다음의 어느 하나에 해당하는 경우에는 해당 장소

가) 보호감호소, 교도소, 구치소 및 그 지소, 보호관찰소, 갱생보호시설, 치료감호시설, 소년원 및 소년분류심사원의 수용거실

나) 「출입국관리법」 제52조제2항에 따른 보호시설(외국인보호소의 경우에는 보호대상자의 생활공간으로 한정한다. 이하 같다)로 사용하는 부분. 다만, 보호시설이 임차건물에 있는 경우는 제외한다.

다) 「경찰관 직무집행법」 제9조에 따른 유치장

12) 지하가(터널은 제외한다)로서 연면적 1천 m² 이상인 것

13) 발전시설 중 전기저장시설

14) 1)부터 13)까지의 특정소방대상물에 부속된 보일러실 또는 연결통로 등

마. 간이스프링클러설비를 설치해야 하는 특정소방대상물은 다음의 어느 하나에 해당하는 것으로 한다.

1) 공동주택 중 연립주택 및 다세대주택(연립주택 및 다세대주택에 설치하는 간이스프링클러설비는 화재안전기준에 따른 주택전용 간이스프링클러설비를 설치한다)

2) 근린생활시설 중 다음의 어느 하나에 해당하는 것

가) 근린생활시설로 사용하는 부분의 바닥면적 합계가 1천 m² 이상인 것은 모든 층

나) 의원, 치과의원 및 한의원으로서 입원실이 있는 시설

다) 조산원 및 산후조리원으로서 연면적 600 m² 미만인 시설

3) 의료시설 중 다음의 어느 하나에 해당하는 시설

가) 종합병원, 병원, 치과병원, 한방병원 및 요양병원(의료재활시설은 제외한다)으로 사용되는 바닥면적의 합계가 600m² 미만인 시설

나) 정신의료기관 또는 의료재활시설로 사용되는 바닥면적의 합계가 300m² 이상

$600 \ m^2$ 미만인 시설

다) 정신의료기관 또는 의료재활시설로 사용되는 바닥면적의 합계가 $300 \ m^2$ 미만이고, 창살(철재·플라스틱 또는 목재 등으로 사람의 탈출 등을 막기 위하여 설치한 것을 말하며, 화재 시 자동으로 열리는 구조로 되어 있는 창살은 제외한다)이 설치된 시설

4) 교육연구시설 내에 합숙소로서 연면적 $100 \ m^2$ 이상인 경우에는 모든 층

5) 노유자 시설로서 다음의 어느 하나에 해당하는 시설

가) 제7조제1항제7호 각 목에 따른 시설[같은 호 가목2) 및 같은 호 나목부터 바목까지의 시설 중 단독주택 또는 공동주택에 설치되는 시설은 제외하며, 이하 "노유자 생활시설"이라 한다]

나) 가)에 해당하지 않는 노유자 시설로 해당 시설로 사용하는 바닥면적의 합계가 $300 \ m^2$ 이상 $600 \ m^2$ 미만인 시설

다) 가)에 해당하지 않는 노유자 시설로 해당 시설로 사용하는 바닥면적의 합계가 $300 \ m^2$ 미만이고, 창살(철재·플라스틱 또는 목재 등으로 사람의 탈출 등을 막기 위하여 설치한 것을 말하며, 화재 시 자동으로 열리는 구조로 되어 있는 창살은 제외한다)이 설치된 시설

6) 숙박시설로 사용되는 바닥면적의 합계가 $300 \ m^2$ 이상 $600 \ m^2$ 미만인 시설

7) 건물을 임차하여 「출입국관리법」 제52조제2항에 따른 보호시설로 사용하는 부분

8) 복합건축물(별표 2 제30호나목의 복합건축물만 해당한다)로서 연면적 1천 m^2 이상인 것은 모든 층

바. 물분무등소화설비를 설치해야 하는 특정소방대상물(위험물 저장 및 처리 시설 중 가스시설 및 지하구는 제외한다)은 다음의 어느 하나에 해당하는 것으로 한다.

1) 항공기 및 자동차 관련 시설 중 항공기 격납고

2) 차고, 주차용 건축물 또는 철골 조립식 주차시설. 이 경우 연면적 $800m^2$ 이상인 것만 해당한다.

3) 건축물의 내부에 설치된 차고·주차장으로서 차고 또는 주차의 용도로 사용되는 면적이 $200 \ m^2$ 이상인 경우 해당 부분(50세대 미만 연립주택 및 다세대주택은 제외한다)

4) 기계장치에 의한 주차시설을 이용하여 20대 이상의 차량을 주차할 수 있는 시설

5) 특정소방대상물에 설치된 전기실·발전실·변전실(가연성 절연유를 사용하지 않는 변압기·전류차단기 등의 전기기기와 가연성 피복을 사용하지 않은 전선 및 케이블만을 설치한 전기실·발전실 및 변전실은 제외한다)·축전지실·통신기기실 또는 전산실, 그 밖에 이와 비슷한 것으로서 바닥면적이 $300 \ m^2$ 이상인 것[하나의 방화구

획 내에 둘 이상의 실(室)이 설치되어 있는 경우에는 이를 하나의 실로 보아 바닥면적을 산정한다]. 다만, 내화구조로 된 공정제어실 내에 설치된 주조정실로서 양압시설(외부 오염 공기 침투를 차단하고 내부의 나쁜 공기가 자연스럽게 외부로 흐를 수 있도록 한 시설을 말한다)이 설치되고 전기기기에 220볼트 이하인 저전압이 사용되며 종업원이 24시간 상주하는 곳은 제외한다.

  6) 소화수를 수집·처리하는 설비가 설치되어 있지 않은 중·저준위방사성폐기물의 저장시설. 이 시설에는 이산화탄소소화설비, 할론소화설비 또는 할로겐화합물 및 불활성기체 소화설비를 설치해야 한다.

  7) 지하가 중 예상 교통량, 경사도 등 터널의 특성을 고려하여 행정안전부령으로 정하는 터널. 이 시설에는 물분무소화설비를 설치해야 한다.

  8) 문화재 중 「문화재보호법」 제2조제3항제1호 또는 제2호에 따른 지정문화재로서 소방청장이 문화재청장과 협의하여 정하는 것

사. 옥외소화전설비를 설치해야 하는 특정소방대상물(아파트등, 위험물 저장 및 처리 시설 중 가스시설, 지하구 및 지하가 중 터널은 제외한다)은 다음의 어느 하나에 해당하는 것으로 한다.

  1) 지상 1층 및 2층의 바닥면적의 합계가 9천 m^2 이상인 것. 이 경우 같은 구(區) 내의 둘 이상의 특정소방대상물이 행정안전부령으로 정하는 연소(延燒) 우려가 있는 구조인 경우에는 이를 하나의 특정소방대상물로 본다.

  2) 문화재 중 「문화재보호법」 제23조에 따라 보물 또는 국보로 지정된 목조건축물

  3) 1)에 해당하지 않는 공장 또는 창고시설로서 「화재의 예방 및 안전관리에 관한 법률 시행령」 별표 2에서 정하는 수량의 750배 이상의 특수가연물을 저장·취급하는 것

2. 경보설비

가. 단독경보형 감지기를 설치해야 하는 특정소방대상물은 다음의 어느 하나에 해당하는 것으로 한다. 이 경우 5)의 연립주택 및 다세대주택에 설치하는 단독경보형 감지기는 연동형으로 설치해야 한다.

  1) 교육연구시설 내에 있는 기숙사 또는 합숙소로서 연면적 2천m^2 미만인 것
  2) 수련시설 내에 있는 기숙사 또는 합숙소로서 연면적 2천m^2 미만인 것
  3) 다목7)에 해당하지 않는 수련시설(숙박시설이 있는 것만 해당한다)
  4) 연면적 400m^2 미만의 유치원
  5) 공동주택 중 연립주택 및 다세대주택

나. 비상경보설비를 설치해야 하는 특정소방대상물(모래·석재 등 불연재료 공장 및 창고

시설, 위험물 저장 및 처리 시설 중 가스시설, 사람이 거주하지 않거나 벽이 없는 축사 등 동물 및 식물 관련 시설 및 지하구는 제외한다)은 다음의 어느 하나에 해당하는 것으로 한다.

1) 연면적 400 m^2 이상인 것은 모든 층
2) 지하층 또는 무창층의 바닥면적이 150 m^2(공연장의 경우 100 m^2) 이상인 것은 모든 층
3) 지하가 중 터널로서 길이가 500 m 이상인 것
4) 50명 이상의 근로자가 작업하는 옥내 작업장

다. 자동화재탐지설비를 설치해야 하는 특정소방대상물은 다음의 어느 하나에 해당하는 것으로 한다.

1) 공동주택 중 아파트등·기숙사 및 숙박시설의 경우에는 모든 층
2) 층수가 6층 이상인 건축물의 경우에는 모든 층
3) 근린생활시설(목욕장은 제외한다), 의료시설(정신의료기관 및 요양병원은 제외한다), 위락시설, 장례시설 및 복합건축물로서 연면적 600 m^2 이상인 경우에는 모든 층

4) 근린생활시설 중 목욕장, 문화 및 집회시설, 종교시설, 판매시설, 운수시설, 운동시설, 업무시설, 공장, 창고시설, 위험물 저장 및 처리 시설, 항공기 및 자동차 관련 시설, 교정 및 군사시설 중 국방·군사시설, 방송통신시설, 발전시설, 관광 휴게시설, 지하가(터널은 제외한다)로서 연면적 1천 m^2 이상인 경우에는 모든 층
5) 교육연구시설(교육시설 내에 있는 기숙사 및 합숙소를 포함한다), 수련시설(수련시설 내에 있는 기숙사 및 합숙소를 포함하며, 숙박시설이 있는 수련시설은 제외한다), 동물 및 식물 관련 시설(기둥과 지붕만으로 구성되어 외부와 기류가 통하는 장소는 제외한다), 자원순환 관련 시설, 교정 및 군사시설(국방·군사시설은 제외한다) 또는 묘지 관련 시설로서 연면적 2천 m^2 이상인 경우에는 모든 층
6) 노유자 생활시설의 경우에는 모든 층
7) 6)에 해당하지 않는 노유자 시설로서 연면적 400 m^2 이상인 노유자 시설 및 숙박시설이 있는 수련시설로서 수용인원 100명 이상인 경우에는 모든 층
8) 의료시설 중 정신의료기관 또는 요양병원으로서 다음의 어느 하나에 해당하는 시설
  가) 요양병원(의료재활시설은 제외한다)
  나) 정신의료기관 또는 의료재활시설로 사용되는 바닥면적의 합계가 300 m^2 이상인 시설
  다) 정신의료기관 또는 의료재활시설로 사용되는 바닥면적의 합계가 300 m^2 미만이

고, 창살(철재·플라스틱 또는 목재 등으로 사람의 탈출 등을 막기 위하여 설치한 것을 말하며, 화재 시 자동으로 열리는 구조로 되어 있는 창살은 제외한다)이 설치된 시설

9) 판매시설 중 전통시장

10) 지하가 중 터널로서 길이가 1천m 이상인 것

11) 지하구

12) 3)에 해당하지 않는 근린생활시설 중 조산원 및 산후조리원

13) 4)에 해당하지 않는 공장 및 창고시설로서 「화재의 예방 및 안전관리에 관한 법률 시행령」 별표 2에서 정하는 수량의 500배 이상의 특수가연물을 저장·취급하는 것

14) 4)에 해당하지 않는 발전시설 중 전기저장시설

라. 시각경보기를 설치해야 하는 특정소방대상물은 다목에 따라 자동화재탐지설비를 설치해야 하는 특정소방대상물 중 다음의 어느 하나에 해당하는 것으로 한다.

1) 근린생활시설, 문화 및 집회시설, 종교시설, 판매시설, 운수시설, 의료시설, 노유자시설

2) 운동시설, 업무시설, 숙박시설, 위락시설, 창고시설 중 물류터미널, 발전시설 및 장례시설

3) 교육연구시설 중 도서관, 방송통신시설 중 방송국

4) 지하가 중 지하상가

마. 화재알림설비를 설치해야 하는 특정소방대상물은 판매시설 중 전통시장으로 한다.

바. 비상방송설비를 설치해야 하는 특정소방대상물(위험물 저장 및 처리 시설 중 가스시설, 사람이 거주하지 않거나 벽이 없는 축사 등 동물 및 식물 관련 시설, 지하가 중 터널 및 지하구는 제외한다)은 다음의 어느 하나에 해당하는 것으로 한다.

1) 연면적 3천5백 m² 이상인 것은 모든 층

2) 층수가 11층 이상인 것은 모든 층

3) 지하층의 층수가 3층 이상인 것은 모든 층

사. 자동화재속보설비를 설치해야 하는 특정소방대상물은 다음의 어느 하나에 해당하는 것으로 한다. 다만, 방재실 등 화재 수신기가 설치된 장소에 24시간 화재를 감시할 수 있는 사람이 근무하고 있는 경우에는 자동화재속보설비를 설치하지 않을 수 있다.

1) 노유자 생활시설

2) 노유자 시설로서 바닥면적이 500 m² 이상인 층이 있는 것

3) 수련시설(숙박시설이 있는 것만 해당한다)로서 바닥면적이 500 m² 이상인 층이 있는 것

4) 문화재 중 「문화재보호법」 제23조에 따라 보물 또는 국보로 지정된 목조건축물

5) 근린생활시설 중 다음의 어느 하나에 해당하는 시설

　가) 의원, 치과의원 및 한의원으로서 입원실이 있는 시설

　나) 조산원 및 산후조리원

6) 의료시설 중 다음의 어느 하나에 해당하는 것

　가) 종합병원, 병원, 치과병원, 한방병원 및 요양병원(의료재활시설은 제외한다)

　나) 정신병원 및 의료재활시설로 사용되는 바닥면적의 합계가 500m² 이상인 층이 있는 것

7) 판매시설 중 전통시장

아. 통합감시시설을 설치해야 하는 특정소방대상물은 지하구로 한다.

자. 누전경보기는 계약전류용량(같은 건축물에 계약 종류가 다른 전기가 공급되는 경우에는 그중 최대계약전류용량을 말한다)이 100암페어를 초과하는 특정소방대상물(내화구조가 아닌 건축물로서 벽·바닥 또는 반자의 전부나 일부를 불연재료 또는 준불연재료가 아닌 재료에 철망을 넣어 만든 것만 해당한다)에 설치해야 한다. 다만, 위험물 저장 및 처리 시설 중 가스시설, 지하가 중 터널 및 지하구의 경우에는 그렇지 않다.

차. 가스누설경보기를 설치해야 하는 특정소방대상물(가스시설이 설치된 경우만 해당한다)은 다음의 어느 하나에 해당하는 것으로 한다.

1) 문화 및 집회시설, 종교시설, 판매시설, 운수시설, 의료시설, 노유자 시설

2) 수련시설, 운동시설, 숙박시설, 창고시설 중 물류터미널, 장례시설

3. 피난구조설비

가. 피난기구는 특정소방대상물의 모든 층에 화재안전기준에 적합한 것으로 설치해야 한다. 다만, 피난층, 지상 1층, 지상 2층(노유자 시설 중 피난층이 아닌 지상 1층과 피난층이 아닌 지상 2층은 제외한다), 층수가 11층 이상인 층과 위험물 저장 및 처리시설 중 가스시설, 지하가 중 터널 및 지하구의 경우에는 그렇지 않다.

나. 인명구조기구를 설치해야 하는 특정소방대상물은 다음의 어느 하나에 해당하는 것으로 한다.

1) 방열복 또는 방화복(안전모, 보호장갑 및 안전화를 포함한다), 인공소생기 및 공기호흡기를 설치해야 하는 특정소방대상물 : 지하층을 포함하는 층수가 7층 이상인 것 중 관광호텔 용도로 사용하는 층

2) 방열복 또는 방화복(안전모, 보호장갑 및 안전화를 포함한다) 및 공기호흡기를 설치해야 하는 특정소방대상물 : 지하층을 포함하는 층수가 5층 이상인 것 중 병원 용도

로 사용하는 층

　　3) 공기호흡기를 설치해야 하는 특정소방대상물은 다음의 어느 하나에 해당하는 것으로 한다.

　　　가) 수용인원 100명 이상인 문화 및 집회시설 중 영화상영관

　　　나) 판매시설 중 대규모점포

　　　다) 운수시설 중 지하역사

　　　라) 지하가 중 지하상가

　　　마) 제1호바목 및 화재안전기준에 따라 이산화탄소소화설비(호스릴이산화탄소소화설비는 제외한다)를 설치해야 하는 특정소방대상물

다. 유도등을 설치해야 하는 특정소방대상물은 다음의 어느 하나에 해당하는 것으로 한다.

　　1) 피난구유도등, 통로유도등 및 유도표지는 특정소방대상물에 설치한다. 다만, 다음의 어느 하나에 해당하는 경우는 제외한다.

　　　가) 동물 및 식물 관련 시설 중 축사로서 가축을 직접 가두어 사육하는 부분

　　　나) 지하가 중 터널

　　2) 객석유도등은 다음의 어느 하나에 해당하는 특정소방대상물에 설치한다.

　　　가) 유흥주점영업시설(「식품위생법 시행령」 제21조제8호라목의 유흥주점영업 중 손님이 춤을 출 수 있는 무대가 설치된 카바레, 나이트클럽 또는 그 밖에 이와 비슷한 영업시설만 해당한다)

　　　나) 문화 및 집회시설

　　　다) 종교시설

　　　라) 운동시설

　　3) 피난유도선은 화재안전기준에서 정하는 장소에 설치한다.

라. 비상조명등을 설치해야 하는 특정소방대상물(창고시설 중 창고 및 하역장, 위험물 저장 및 처리 시설 중 가스시설 및 사람이 거주하지 않거나 벽이 없는 축사 등 동물 및 식물 관련 시설은 제외한다)은 다음의 어느 하나에 해당하는 것으로 한다.

　　1) 지하층을 포함하는 층수가 5층 이상인 건축물로서 연면적 3천 m² 이상인 경우에는 모든 층

　　2) 1)에 해당하지 않는 특정소방대상물로서 그 지하층 또는 무창층의 바닥면적이 450 m² 이상인 경우에는 해당 층

　　3) 지하가 중 터널로서 그 길이가 500 m 이상인 것

마. 휴대용비상조명등을 설치해야 하는 특정소방대상물은 다음의 어느 하나에 해당하는 것으로 한다.

　　1) 숙박시설

2) 수용인원 100명 이상의 영화상영관, 판매시설 중 대규모점포, 철도 및 도시철도 시설 중 지하역사, 지하가 중 지하상가

4. 소화용수설비

상수도소화용수설비를 설치해야 하는 특정소방대상물은 다음 각 목의 어느 하나에 해당하는 것으로 한다. 다만, 상수도소화용수설비를 설치해야 하는 특정소방대상물의 대지 경계선으로부터 180 m 이내에 지름 75 mm 이상인 상수도용 배수관이 설치되지 않은 지역의 경우에는 화재안전기준에 따른 소화수조 또는 저수조를 설치해야 한다.

가. 연면적 5천 m² 이상인 것. 다만, 위험물 저장 및 처리 시설 중 가스시설, 지하가 중 터널 또는 지하구의 경우에는 제외한다.

나. 가스시설로서 지상에 노출된 탱크의 저장용량의 합계가 100톤 이상인 것

다. 자원순환 관련 시설 중 폐기물재활용시설 및 폐기물처분시설

5. 소화활동설비

가. 제연설비를 설치해야 하는 특정소방대상물은 다음의 어느 하나에 해당하는 것으로 한다.

1) 문화 및 집회시설, 종교시설, 운동시설 중 무대부의 바닥면적이 200 m² 이상인 경우에는 해당 무대부

2) 문화 및 집회시설 중 영화상영관으로서 수용인원 100명 이상인 경우에는 해당 영화상영관

3) 지하층이나 무창층에 설치된 근린생활시설, 판매시설, 운수시설, 숙박시설, 위락시설, 의료시설, 노유자 시설 또는 창고시설(물류터미널로 한정한다)로서 해당 용도로 사용되는 바닥면적의 합계가 1천 m² 이상인 경우 해당 부분

4) 운수시설 중 시외버스정류장, 철도 및 도시철도 시설, 공항시설 및 항만시설의 대기실 또는 휴게시설로서 지하층 또는 무창층의 바닥면적이 1천 m² 이상인 경우에는 모든 층

5) 지하가(터널은 제외한다)로서 연면적 1천 m² 이상인 것

6) 지하가 중 예상 교통량, 경사도 등 터널의 특성을 고려하여 행정안전부령으로 정하는 터널

7) 특정소방대상물(갓복도형 아파트등은 제외한다)에 부설된 특별피난계단, 비상용 승강기의 승강장 또는 피난용 승강기의 승강장

나. 연결송수관설비를 설치해야 하는 특정소방대상물(위험물 저장 및 처리 시설 중 가스시설 및 지하구는 제외한다)은 다음의 어느 하나에 해당하는 것으로 한다.

1) 층수가 5층 이상으로서 연면적 6천 m² 이상인 경우에는 모든 층

    2) 1)에 해당하지 않는 특정소방대상물로서 지하층을 포함하는 층수가 7층 이상인 경우에는 모든 층

    3) 1) 및 2)에 해당하지 않는 특정소방대상물로서 지하층의 층수가 3층 이상이고 지하층의 바닥면적의 합계가 1천 m² 이상인 경우에는 모든 층

    4) 지하가 중 터널로서 길이가 1천m 이상인 것

다. 연결살수설비를 설치해야 하는 특정소방대상물(지하구는 제외한다)은 다음의 어느 하나에 해당하는 것으로 한다.

    1) 판매시설, 운수시설, 창고시설 중 물류터미널로서 해당 용도로 사용되는 부분의 바닥면적의 합계가 1천 m² 이상인 경우에는 해당 시설

    2) 지하층(피난층으로 주된 출입구가 도로와 접한 경우는 제외한다)으로서 바닥면적의 합계가 150 m² 이상인 경우에는 지하층의 모든 층. 다만, 「주택법 시행령」 제46조제1항에 따른 국민주택규모 이하인 아파트등의 지하층(대피시설로 사용하는 것만 해당한다)과 교육연구시설 중 학교의 지하층의 경우에는 700 m² 이상인 것으로 한다.

    3) 가스시설 중 지상에 노출된 탱크의 용량이 30톤 이상인 탱크시설

    4) 1) 및 2)의 특정소방대상물에 부속된 연결통로

라. 비상콘센트설비를 설치해야 하는 특정소방대상물(위험물 저장 및 처리 시설 중 가스시설 및 지하구는 제외한다)은 다음의 어느 하나에 해당하는 것으로 한다.

    1) 층수가 11층 이상인 특정소방대상물의 경우에는 11층 이상의 층

    2) 지하층의 층수가 3층 이상이고 지하층의 바닥면적의 합계가 1천 m² 이상인 것은 지하층의 모든 층

    3) 지하가 중 터널로서 길이가 500m 이상인 것

마. 무선통신보조설비를 설치해야 하는 특정소방대상물(위험물 저장 및 처리 시설 중 가스시설은 제외한다)은 다음의 어느 하나에 해당하는 것으로 한다.

    1) 지하가(터널은 제외한다)로서 연면적 1천 m² 이상인 것

    2) 지하층의 바닥면적의 합계가 3천 m² 이상인 것 또는 지하층의 층수가 3층 이상이고 지하층의 바닥면적의 합계가 1천 m² 이상인 것은 지하층의 모든 층

    3) 지하가 중 터널로서 길이가 500 m 이상인 것

    4) 지하구 중 공동구

    5) 층수가 30층 이상인 것으로서 16층 이상 부분의 모든 층

바. 연소방지설비는 지하구(전력 또는 통신사업용인 것만 해당한다)에 설치해야 한다.

[비고]

1. 별표 2 제1호부터 제27호까지 중 어느 하나에 해당하는 시설(이하 이 호에서 "근린생활시설등"이라 한다)의 소방시설 설치기준이 복합건축물의 소방시설 설치기준보다 강화된 경우 복합건축물 안에 있는 해당 근린생활시설등에 대해서는 그 근린생활시설등의 소방시설 설치기준을 적용한다.

2. 원자력발전소 중「원자력안전법」제2조에 따른 원자로 및 관계시설에 설치하는 소방시설에 대해서는「원자력안전법」제11조 및 제21조에 따른 허가기준에 따라 설치한다.

3. 특정소방대상물의 관계인은 제8조제1항에 따른 내진설계 대상 특정소방대상물 및 제9조에 따른 성능위주설계 대상 특정소방대상물에 설치·관리해야 하는 소방시설에 대해서는 법 제7조에 따른 소방시설의 내진설계기준 및 법 제8조에 따른 성능위주설계의 기준에 맞게 설치·관리해야 한다.

[별표 5] 소방시설 설치 및 관리에 관한 법률 시행령

특정소방대상물의 소방시설 설치의 면제 기준(제14조 관련)

설치가 면제되는 소방시설	설치가 면제되는 기준
1. 자동소화장치	자동소화장치(주거용 주방자동소화장치 및 상업용 주방자동소화장치는 제외한다)를 설치해야 하는 특정소방대상물에 물분무등소화설비를 화재안전기준에 적합하게 설치한 경우에는 그 설비의 유효범위(해당 소방시설이 화재를 감지·소화 또는 경보할 수 있는 부분을 말한다. 이하 같다)에서 설치가 면제된다.
2. 옥내소화전설비	소방본부장 또는 소방서장이 옥내소화전설비의 설치가 곤란하다고 인정하는 경우로서 호스릴 방식의 미분무소화설비 또는 옥외소화전설비를 화재안전기준에 적합하게 설치한 경우에는 그 설비의 유효범위에서 설치가 면제된다.
3. 스프링클러설비	가. 스프링클러설비를 설치해야 하는 특정소방대상물(발전시설 중 전기저장시설은 제외한다)에 적응성 있는 자동소화장치 또는 물분무등소화설비를 화재안전기준에 적합하게 설치한 경우에는 그 설비의 유효범위에서 설치가 면제된다. 나. 스프링클러설비를 설치해야 하는 전기저장시설에 소화설비를 소방청장이 정하여 고시하는 방법에 따라 설치한 경우에는 그 설비의 유효범위에서 설치가 면제된다.
4. 간이스프링클러 설비	간이스프링클러설비를 설치해야 하는 특정소방대상물에 스프링클러설비, 물분무소화설비 또는 미분무소화설비를 화재안전기준에 적합하게 설치한 경우에는 그 설비의 유효범위에서 설치가 면제된다.
5. 물분무등소화 설비	물분무등소화설비를 설치해야 하는 차고·주차장에 스프링클러설비를 화재안전기준에 적합하게 설치한 경우에는 그 설비의 유효범위에서 설치가 면제된다.
6. 옥외소화전설비	옥외소화전설비를 설치해야 하는 문화재인 목조건축물에 상수도소화용수설비를 화재안전기준에서 정하는 방수압력·방수량·옥외소화전함 및 호스의 기준에 적합하게 설치한 경우에는 설치가 면제된다.
7. 비상경보설비	비상경보설비를 설치해야 할 특정소방대상물에 단독경보형 감지기를 2개 이상의 단독경보형 감지기와 연동하여 설치한 경우에는 그 설비의 유효범위에서 설치가 면제된다.
8. 비상경보설비 또는 단독경보형 감지기	비상경보설비 또는 단독경보형 감지기를 설치해야 하는 특정소방대상물에 자동화재탐지설비 또는 화재알림설비를 화재안전기준에 적합하게 설치한 경우에는 그 설비의 유효범위에서 설치가 면제된다.
9. 자동화재탐지 설비	자동화재탐지설비의 기능(감지·수신·경보기능을 말한다)과 성능을 가진 화재알림설비, 스프링클러설비 또는 물분무등소화설비를 화재안전기준에 적합하게 설치한 경우에는 그 설비의 유효범위에서 설치가 면제된다.
10. 화재알림설비	화재알림설비를 설치해야 하는 특정소방대상물에 자동화재탐지설비를 화재안전기준에 적합하게 설치한 경우에는 그 설비의 유효범위에서 설치가 면제된다.
11. 비상방송설비	비상방송설비를 설치해야 하는 특정소방대상물에 자동화재탐지설비 또는 비상경보설비와 같은 수준 이상의 음향을 발하는 장치를 부설한 방송설비를 화재안전기준에 적합하게 설치한 경우에는 그 설비의 유효범위에서 설치가 면제된다.

설치가 면제되는 소방시설	설치가 면제되는 기준
12. 자동화재속보설비	자동화재속보설비를 설치해야 하는 특정소방대상물에 화재알림설비를 화재안전기준에 적합하게 설치한 경우에는 그 설비의 유효범위에서 설치가 면제된다.
13. 누전경보기	누전경보기를 설치해야 하는 특정소방대상물 또는 그 부분에 아크경보기(옥내 배전선로의 단선이나 선로 손상 등으로 인하여 발생하는 아크를 감지하고 경보하는 장치를 말한다) 또는 전기 관련 법령에 따른 지락차단장치를 설치한 경우에는 그 설비의 유효범위에서 설치가 면제된다.
14. 피난구조설비	피난구조설비를 설치해야 하는 특정소방대상물에 그 위치·구조 또는 설비의 상황에 따라 피난상 지장이 없다고 인정되는 경우에는 화재안전기준에서 정하는 바에 따라 설치가 면제된다.
15. 비상조명등	비상조명등을 설치해야 하는 특정소방대상물에 피난구유도등 또는 통로유도등을 화재안전기준에 적합하게 설치한 경우에는 그 유도등의 유효범위에서 설치가 면제된다.
16. 상수도소화용수설비	가. 상수도소화용수설비를 설치해야 하는 특정소방대상물의 각 부분으로부터 수평거리 140m 이내에 공공의 소방을 위한 소화전이 화재안전기준에 적합하게 설치되어 있는 경우에는 설치가 면제된다. 나. 소방본부장 또는 소방서장이 상수도소화용수설비의 설치가 곤란하다고 인정하는 경우로서 화재안전기준에 적합한 소화수조 또는 저수조가 설치되어 있거나 이를 설치하는 경우에는 그 설비의 유효범위에서 설치가 면제된다.
17. 제연설비	가. 제연설비를 설치해야 하는 특정소방대상물[별표 4 제5호가목6)은 제외한다]에 다음의 어느 하나에 해당하는 설비를 설치한 경우에는 설치가 면제된다. 　1) 공기조화설비를 화재안전기준의 제연설비기준에 적합하게 설치하고 공기조화설비가 화재 시 제연설비기능으로 자동전환되는 구조로 설치되어 있는 경우 　2) 직접 외부 공기와 통하는 배출구의 면적의 합계가 해당 제연구역[제연경계(제연설비의 일부인 천장을 포함한다)에 의하여 구획된 건축물 내의 공간을 말한다] 바닥면적의 100분의 1 이상이고, 배출구부터 각 부분까지의 수평거리가 30m 이내이며, 공기유입구가 화재안전기준에 적합하게(외부 공기를 직접 자연 유입할 경우에 유입구의 크기는 배출구의 크기 이상이어야 한다) 설치되어 있는 경우 나. 별표 4 제5호가목6)에 따라 제연설비를 설치해야 하는 특정소방대상물 중 노대(露臺)와 연결된 특별피난계단, 노대가 설치된 비상용 승강기의 승강장 또는 「건축법 시행령」 제91조제5호의 기준에 따라 배연설비가 설치된 피난용 승강기의 승강장에는 설치가 면제된다.
18. 연결송수관설비	연결송수관설비를 설치해야 하는 소방대상물에 옥외에 연결송수구 및 옥내에 방수구가 부설된 옥내소화전설비, 스프링클러설비, 간이스프링클러설비 또는 연결살수설비를 화재안전기준에 적합하게 설치한 경우에는 그 설비의 유효범위에서 설치가 면제된다. 다만, 지표면에서 최상층 방수구의 높이가 70m 이상인 경우에는 설치해야 한다.

설치가 면제되는 소방시설	설치가 면제되는 기준
19. 연결살수설비	가. 연결살수설비를 설치해야 하는 특정소방대상물에 송수구를 부설한 스프링클러설비, 간이스프링클러설비, 물분무소화설비 또는 미분무소화설비를 화재안전기준에 적합하게 설치한 경우에는 그 설비의 유효범위에서 설치가 면제된다. 나. 가스 관계 법령에 따라 설치되는 물분무장치 등에 소방대가 사용할 수 있는 연결송수구가 설치되거나 물분무장치 등에 6시간 이상 공급할 수 있는 수원(水源)이 확보된 경우에는 설치가 면제된다.
20. 무선통신 보조 설비	무선통신보조설비를 설치해야 하는 특정소방대상물에 이동통신 구내 중계기 선로설비 또는 무선이동중계기(「전파법」 제58조의2에 따른 적합성평가를 받은 제품만 해당한다) 등을 화재안전기준의 무선통신보조설비기준에 적합하게 설치한 경우에는 설치가 면제된다.
21. 연소방지설비	연소방지설비를 설치해야 하는 특정소방대상물에 스프링클러설비, 물분무소화설비 또는 미분무소화설비를 화재안전기준에 적합하게 설치한 경우에는 그 설비의 유효범위에서 설치가 면제된다.

[별표 6] 소방시설 설치 및 관리에 관한 법률 시행령

소방시설을 설치하지 아니할 수 있는 특정소방대상물 및 소방시설의 범위(제16조 관련)

구분	특정소방대상물	설치하지 않을 수 있는 소방시설
1. 화재 위험도가 낮은 특정소방대상물	석재, 불연성금속, 불연성 건축재료 등의 가공공장·기계조립공장 또는 불연성 물품을 저장하는 창고	옥외소화전 및 연결살수설비
2. 화재안전기준을 적용하기 어려운 특정소방대상물	펄프공장의 작업장, 음료수 공장의 세정 또는 충전을 하는 작업장, 그 밖에 이와 비슷한 용도로 사용하는 것	스프링클러설비, 상수도소화용수설비 및 연결살수설비
	정수장, 수영장, 목욕장, 농예·축산·어류양식용 시설, 그 밖에 이와 비슷한 용도로 사용되는 것	자동화재탐지설비, 상수도소화용수설비 및 연결살수설비
3. 화재안전기준을 달리 적용해야 하는 특수한 용도 또는 구조를 가진 특정소방대상물	원자력발전소, 중·저준위방사성폐기물의 저장시설	연결송수관설비 및 연결살수설비
4. 「위험물 안전관리법」 제19조에 따른 자체소방대가 설치된 특정소방대상물	자체소방대가 설치된 제조소등에 부속된 사무실	옥내소화전설비, 소화용수설비, 연결살수설비 및 연결송수관설비

[별표 7] 소방시설 설치 및 관리에 관한 법률 시행령

수용인원의 산정 방법(제17조 관련)

1. 숙박시설이 있는 특정소방대상물

> 가. 침대가 있는 숙박시설: 해당 특정소방대상물의 종사자 수에 침대 수(2인용 침대는 2개로 산정한다)를 합한 수
>
> 나. 침대가 없는 숙박시설: 해당 특정소방대상물의 종사자 수에 숙박시설 바닥면적의 합계를 3 m^2로 나누어 얻은 수를 합한 수

2. 제1호 외의 특정소방대상물

> 가. 강의실·교무실·상담실·실습실·휴게실 용도로 쓰는 특정소방대상물: 해당 용도로 사용하는 바닥면적의 합계를 1.9 m^2로 나누어 얻은 수
>
> 나. 강당, 문화 및 집회시설, 운동시설, 종교시설: 해당 용도로 사용하는 바닥면적의 합계를 4.6 m^2로 나누어 얻은 수(관람석이 있는 경우 고정식 의자를 설치한 부분은 그 부분의 의자 수로 하고, 긴 의자의 경우에는 의자의 정면너비를 0.45m로 나누어 얻은 수로 한다)
>
> 다. 그 밖의 특정소방대상물: 해당 용도로 사용하는 바닥면적의 합계를 3 m^2로 나누어 얻은 수

[비고]

1. 위 표에서 바닥면적을 산정할 때에는 복도(「건축법 시행령」 제2조제11호에 따른 준불연재료 이상의 것을 사용하여 바닥에서 천장까지 벽으로 구획한 것을 말한다), 계단 및 화장실의 바닥면적을 포함하지 않는다.
2. 계산 결과 소수점 이하의 수는 반올림한다.

[별표 8] 소방시설 설치 및 관리에 관한 법률 시행령

[시행일: 2023. 7. 1.] 제1호라목, 제1호바목, 제1호사목, 제2호라목, 제2호바목, 제2호사목

임시소방시설의 종류와 설치기준 등(제18조제2항 및 제3항 관련)

1. 임시소방시설의 종류

가. 소화기

나. 간이소화장치: 물을 방사(放射)하여 화재를 진화할 수 있는 장치로서 소방청장이 정하는 성능을 갖추고 있을 것

다. 비상경보장치: 화재가 발생한 경우 주변에 있는 작업자에게 화재사실을 알릴 수 있는 장치로서 소방청장이 정하는 성능을 갖추고 있을 것

라. 가스누설경보기: 가연성 가스가 누설되거나 발생된 경우 이를 탐지하여 경보하는 장치로서 법 제37조에 따른 형식승인 및 제품검사를 받은 것

마. 간이피난유도선: 화재가 발생한 경우 피난구 방향을 안내할 수 있는 장치로서 소방청장이 정하는 성능을 갖추고 있을 것

바. 비상조명등: 화재가 발생한 경우 안전하고 원활한 피난활동을 할 수 있도록 자동 점등되는 조명장치로서 소방청장이 정하는 성능을 갖추고 있을 것

사. 방화포: 용접ㆍ용단 등의 작업 시 발생하는 불티로부터 가연물이 점화되는 것을 방지해주는 천 또는 불연성 물품으로서 소방청장이 정하는 성능을 갖추고 있을 것

2. 임시소방시설을 설치해야 하는 공사의 종류와 규모

가. 소화기: 법 제6조제1항에 따라 소방본부장 또는 소방서장의 동의를 받아야 하는 특정소방대상물의 신축ㆍ증축ㆍ개축ㆍ재축ㆍ이전ㆍ용도변경 또는 대수선 등을 위한 공사 중 법 제15조제1항에 따른 화재위험작업의 현장(이하 이 표에서 "화재위험작업현장"이라 한다)에 설치한다.

나. 간이소화장치: 다음의 어느 하나에 해당하는 공사의 화재위험작업현장에 설치한다.

　　1) 연면적 3천 m² 이상

　　2) 지하층, 무창층 또는 4층 이상의 층. 이 경우 해당 층의 바닥면적이 600 m² 이상인 경우만 해당한다.

다. 비상경보장치: 다음의 어느 하나에 해당하는 공사의 화재위험작업현장에 설치한다.

　　1) 연면적 400 m² 이상

　　2) 지하층 또는 무창층. 이 경우 해당 층의 바닥면적이 150 m² 이상인 경우만 해당한다.

라. 가스누설경보기: 바닥면적이 150 m² 이상인 지하층 또는 무창층의 화재위험작업현장에 설치한다.

　　마. 간이피난유도선: 바닥면적이 150 m² 이상인 지하층 또는 무창층의 화재위험작업현장에 설치한다.

　　바. 비상조명등: 바닥면적이 150 m² 이상인 지하층 또는 무창층의 화재위험작업현장에 설치한다.

　　사. 방화포: 용접·용단 작업이 진행되는 화재위험작업현장에 설치한다.

3. 임시소방시설과 기능 및 성능이 유사한 소방시설로서 임시소방시설을 설치한 것으로 보는 소방시설

　　가. 간이소화장치를 설치한 것으로 보는 소방시설: 소방청장이 정하여 고시하는 기준에 맞는 소화기(연결송수관설비의 방수구 인근에 설치한 경우로 한정한다) 또는 옥내소화전설비

　　나. 비상경보장치를 설치한 것으로 보는 소방시설: 비상방송설비 또는 자동화재탐지설비

　　다. 간이피난유도선을 설치한 것으로 보는 소방시설: 피난유도선, 피난구유도등, 통로유도등 또는 비상조명등

[별표 9] 소방시설 설치 및 관리에 관한 법률 시행령

소방시설관리업의 업종별 등록기준 및 영업범위(제45조제1항 관련)

업종별 〔기술인력 등〕	기술인력	영업범위
전문 소방시설관리업	가. 주된 기술인력 　1) 소방시설관리사 자격을 취득한 후 소방 관련 실무경력이 5년 이상인 사람 1명 이상 　2) 소방시설관리사 자격을 취득한 후 소방 관련 실무경력이 3년 이상인 사람 1명 이상 나. 보조 기술인력 　1) 고급점검자 이상의 기술인력: 2명 이상 　2) 중급점검자 이상의 기술인력: 2명 이상 　3) 초급점검자 이상의 기술인력: 2명 이상	모든 특정소방대상물
일반 소방시설관리업	가. 주된 기술인력: 소방시설관리사 자격을 취득한 후 소방 관련 실무경력이 1년 이상인 사람 1명 이상 나. 보조 기술인력 　1) 중급점검자 이상의 기술인력: 1명 이상 　2) 초급점검자 이상의 기술인력: 1명 이상	특정소방대상물 중 「화재의 예방 및 안전관리에 관한 법률 시행령」 별표 4에 따른 1급, 2급, 3급 소방안전관리대상물

　[비고]　1. "소방 관련 실무경력"이란 「소방시설공사업법」 제28조제3항에 따른 소방기술과 관련된 경력을 말한다.
　　　　　2. 보조 기술인력의 종류별 자격은 「소방시설공사업법」 제28조제3항에 따라 소방기술과 관련된 자격·학력 및 경력을 가진 사람 중에서 행정안전부령으로 정한다.

[별표 10] 소방시설 설치 및 관리에 관한 법률 시행령

과태료의 부과기준(제52조 관련)

1. 일반기준

가. 위반행위의 횟수에 따른 과태료의 가중된 부과기준은 최근 1년간 같은 위반행위로 과태료 부과처분을 받은 경우에 적용한다. 이 경우 기간의 계산은 위반행위에 대하여 과태료 부과처분을 받은 날과 그 처분 후 다시 같은 위반행위를 하여 적발된 날을 기준으로 한다.

나. 가목에 따라 가중된 부과처분을 하는 경우 가중처분의 적용 차수는 그 위반행위 전 부과처분 차수(가목에 따른 기간 내에 과태료 부과처분이 둘 이상 있었던 경우에는 높은 차수를 말한다)의 다음 차수로 한다.

다. 부과권자는 다음의 어느 하나에 해당하는 경우에는 제2호의 개별기준에 따른 과태료의 2분의 1 범위에서 그 금액을 줄여 부과할 수 있다. 다만, 과태료를 체납하고 있는 위반행위자에 대해서는 그렇지 않다.

1) 위반행위가 사소한 부주의나 오류로 인한 것으로 인정되는 경우

2) 위반행위자가 법 위반상태를 시정하거나 해소하기 위하여 노력한 사실이 인정되는 경우

3) 위반행위자가 처음 위반행위를 한 경우로서 3년 이상 해당 업종을 모범적으로 영위한 사실이 인정되는 경우

4) 위반행위자가 화재 등 재난으로 재산에 현저한 손실을 입거나 사업 여건의 악화로 그 사업이 중대한 위기에 처하는 등 사정이 있는 경우

5) 위반행위자가 같은 위반행위로 다른 법률에 따라 과태료 · 벌금 · 영업정지 등의 처분을 받은 경우

6) 그 밖에 위반행위의 정도, 위반행위의 동기와 그 결과 등을 고려하여 과태료 금액을 줄일 필요가 있다고 인정되는 경우

2. 개별기준

위반행위	근거 법조문	과태료 금액 (단위: 만원)		
		1차 위반	2차 위반	3차이상 위반
가. 법 제12조제1항을 위반한 경우	법 제61조 제1항제1호			
1) 2) 및 3)의 규정을 제외하고 소방시설을 최근 1년 이내에 2회 이상 화재안전기준에 따라 관리하지 않은 경우			100	
2) 소방시설을 다음에 해당하는 고장 상태 등으로 방치한 경우 　가) 소화펌프를 고장 상태로 방치한 경우 　나) 화재 수신기, 동력·감시 제어반 또는 소방시설용 전원(비상전원을 포함한다)을 차단하거나, 고장난 상태로 방치하거나, 임의로 조작하여 자동으로 작동이 되지 않도록 한 경우 　다) 소방시설이 작동할 때 소화배관을 통하여 소화수가 방수되지 않는 상태 또는 소화약제가 방출되지 않는 상태로 방치한 경우			200	
3) 소방시설을 설치하지 않은 경우			300	
나. 법 제15조제1항을 위반하여 공사 현장에 임시소방시설을 설치·관리하지 않은 경우	법 제61조 제1항제2호		300	
다. 법 제16조제1항을 위반하여 피난시설, 방화구획 또는 방화시설을 폐쇄·훼손·변경하는 등의 행위를 한 경우	법 제61조 제1항제3호	100	200	300
라. 법 제20조제1항을 위반하여 방염대상물품을 방염성능기준 이상으로 설치하지 않은 경우	법 제61조 제1항제4호		200	
마. 법 제22조제1항 전단을 위반하여 점검능력평가를 받지 않고 점검을 한 경우	법 제61조 제1항제5호		300	
바. 법 제22조제1항 후단을 위반하여 관계인에게 점검 결과를 제출하지 않은 경우	법 제61조 제1항제6호		300	
사. 법 제22조제2항에 따른 점검인력의 배치기준 등 자체점검 시 준수사항을 위반한 경우	법 제61조 제1항제7호		300	
아. 법 제23조제3항을 위반하여 점검 결과를 보고하지 않거나 거짓으로 보고한 경우	법 제61조 제1항제8호			
1) 지연 보고 기간이 10일 미만인 경우			50	
2) 지연 보고 기간이 10일 이상 1개월 미만인 경우			100	
3) 지연 보고 기간이 1개월 이상이거나 보고하지 않은 경우			200	
4) 점검 결과를 축소·삭제하는 등 거짓으로 보고한 경우			300	
자. 법 제23조제4항을 위반하여 이행계획을 기간 내에 완료하지 않은 경우 또는 이행계획 완료 결과를 보고하지 않거나 거짓으로 보고한 경우	법 제61조 제1항제9호			

위반행위	근거 법조문	과태료 금액 (단위: 만원)		
		1차 위반	2차 위반	3차이상 위반
1) 지연 완료 기간 또는 지연 보고 기간이 10일 미만인 경우		50		
2) 지연 완료 기간 또는 지연 보고 기간이 10일 이상 1개월 미만인 경우		100		
3) 지연 완료 기간 또는 지연 보고 기간이 1개월 이상이거나, 완료 또는 보고를 하지 않은 경우		200		
4) 이행계획 완료 결과를 거짓으로 보고한 경우		300		
차. 법 제24조제1항을 위반하여 점검기록표를 기록하지 않거나 특정소방대상물의 출입자가 쉽게 볼 수 있는 장소에 게시하지 않은 경우	법 제61조 제1항제10호	100	200	300
카. 법 제31조 또는 제32조제3항을 위반하여 신고를 하지 않거나 거짓으로 신고한 경우	법 제61조 제1항제11호			
1) 지연 신고 기간이 1개월 미만인 경우		50		
2) 지연 신고 기간이 1개월 이상 3개월 미만인 경우		100		
3) 지연 신고 기간이 3개월 이상이거나 신고를 하지 않은 경우		200		
4) 거짓으로 신고한 경우		300		
타. 법 제33조제3항을 위반하여 지위승계, 행정처분 또는 휴업·폐업의 사실을 특정소방대상물의 관계인에게 알리지 않거나 거짓으로 알린 경우	법 제61조 제1항제12호	300		
파. 법 제33조제4항을 위반하여 소속 기술인력의 참여 없이 자체점검을 한 경우	법 제61조 제1항제13호	300		
하. 법 제34조제2항에 따른 점검실적을 증명하는 서류 등을 거짓으로 제출한 경우	법 제61조 제1항제14호	300		
거. 법 제52조제1항에 따른 명령을 위반하여 보고 또는 자료제출을 하지 않거나 거짓으로 보고 또는 자료제출을 한 경우 또는 정당한 사유 없이 관계 공무원의 출입 또는 검사를 거부·방해 또는 기피한 경우	법 제61조 제1항제15호	50	100	300

소방시설관리사 기출문제

[22회점검] 화재예방, 소방시설 설치·유지 및 안전관리에 관한 법령에 따라 무선통신보조설비를 설치하여야 하는 특정소방대상물(위험물 저장 및 처리시설 중 가스시설은 제외한다) 5가지를 쓰시오.(5점)

[20회설계] 화재예방, 소방시설 설치·유지 및 안전관리에 관한 법령상 간이스프링클러설비를 설치해야 하는 특정소방대상물을 쓰시오.(11점)

[19회설계] 특정소방대상물의 규모, 용도 및 수용인원 등을 고려하여 갖추어야 하는 소방시설의 종류 중 문화 및 집회시설(동·식물원 제외), 종교시설(주요구조부가 목조인 것 제외), 운동시설(물놀이형 시설제외)의 모든층에 설치하여야 하는 경우에 해당하는 스프링클러설비 설치대상 4가지를 쓰시오.(4점)

[19회점검] 「화재예방, 소방시설 설치·유지 및 안전관리에 관한 법률」에 따른 특정소방대상물의 관계인이 특정소방대상물의 규모·용도 및 수용인원 등을 고려하여 갖추어야 하는 소방시설의 종류에서 다음 물음에 답하시오.
(1) 단독경보형 감지기를 설치하여야 하는 특정소방대상물 (6점)
(2) 시각경보기를 설치하여야 하는 특정소방대상물 (4점)

[17회점검] 특정소방대상물 가운데 대통령령으로 정하는 "소방시설을 설치하지 아니할 수 있는 특정소방대상물과 그에 따른 소방시설의 범위"를 다음 빈칸에 각각 쓰시오. (4점)

구분	특정소방대상물	소방시설
화재안전기술기준을 적용하기 어려운 특정소방대상물	A	B
	C	D

[17회설계] 특정소방대상물의 관계인이 특정소방대상물의 규모·용도 및 수용인원을 고려하여 스프링클러설비를 설치하고자 한다. "지붕 또는 외벽이 불연재료가 아니거나 내화구조가 아닌 공장 또는 창고시설"로서 스프링클러설비 설치대상이 되는 경우 5가지를 쓰시오 (5점)

[16회점검] 특정소방대상물의 규모, 용도 및 수용인원 등을 고려하여 갖추어야 하는 소방시설의 종류 중 제연설비에 대하여 다음 물음에 답하시오. (12점)
① 화재예방, 소방시설 설치·유지 및 안전관리에 관한 법령에 따라 "제연설비를 설치하여야 하는 특정소방대상물"을 쓰시오. (6점)
② 화재예방, 소방시설 설치·유지 및 안전관리에 관한 법령에 따라 "제연설비를 면제할 수 있는 기준"을 쓰시오. (6점)

[16회설계] 화재예방, 소방시설 설치·유지 및 안전관리에 관한 법령상 강화된 소방시설기준의 적용대상인 노유자시설과 의료시설에 설치하는 소방설비를 쓰시오. (6점)

[15회설계] 「화재예방, 소방시설설치·유지 및 안전관리에 관한 법률 시행령」별표5에 의거하여 문화 및 집회시설(동·식물원은 제외)의 전층에 스프링클러설비를 설치하여야 하는 특정소방대상물 4가지를 쓰시오.

[15회점검] 「화재예방, 소방시설설치·유지 및 안전관리에 관한 법률 시행령」의 임시소방시설과 기능 및 성능이 유사한 소방시설로서 임시소방시설을 설치한 것으로 보는 소방시설을 쓰시오.

소방기술사 기출문제

[127회] 가스누설경보기를 설치하여야 하는 특정소방대상물과 구성요소인 탐지부에 대한 감지방식에 대하여 설명하시오.

[125회] 방염에 대한 다음 사항을 설명하시오.
1) 방염 의무 대상 장소
2) 방염대상 실내장식물과 물품
3) 방염성능기준

[123회] 소방시설 법령에서 규정하고 있는 특정소방대상물의 증축 또는 용도변경 시의 소방시설기준 적용의 특례에 대하여 각각 설명하시오.

[123회] 국내 소방법령에 의한 성능위주설계 방법 및 기준에 대하여 다음 사항을 설명하시오.
1) 성능위주설계를 하여야 하는 특정소방대상물
2) 성능위주설계의 사전검토 신청서 서류

[122회] 소방안전관리대상물의 소방계획서 작성 등에 있어서 소방계획서에 포함되어야 하는 사항을 설명하시오.

[120회] 화재예방, 소방시설 설치·유지 및 안전관리에 관한 법령에서 정한 소방특별조사에 대하여 다음의 내용을 설명하시오.
(1) 조사목적
(2) 조사시기

(3) 조사항목

(4) 조사방법

[119회] 방염에 대하여 아래 내용을 설명하시오.

(1) 방염대상

(2) 실내장식물

(3) 방염성능기준

[118회] 건축물 실내 내장재의 방염의 원리, 방염대상물품, 방염성능기준과 방염의 문제점 및 해결방안에 대하여 설명하시오.

[117회] 국내 소방법령에 의한 성능위주설계에 대하여 다음의 내용을 설명하시오.

(1) 성능위주설계의 목적 및 대상

(2) 시나리오 적용기준에서 인명안전 및 피난가능시간 기준

[112회] 화재예방, 소방시설 설치·유지 및 안전관리에 관한 법령에서 정하고 있는 내용연수가 경과한 소방용품의 사용기한 연장을 위한 성능확인 절차 및 방법에 대하여 설명하시오.

[111회] 소방시설 등의 성능위주설계와 관련하여 다음 사항을 설명하시오.

1) 성능위주설계 대상 특정소방대상물(5가지)

2) 성능위주설계자가 관할 소방서장에게 성능위주설계변경 신고 범위(6가지)

[107회] 청각장애인용 시각경보장치의 설치대상과 설치장소 및 기준에 대하여 설명하시오.

[107회] 비상조명등의 설치대상 및 설치기준(장소, 면제대상, 조도 및 비상전원의 용량)에 대하여 설명하시오.

[106회] 특정소방대상물의 관계인이 수용인원을 고려하여 갖추어야 하는 소방시설을 종류별로 구분하여 설명하시오.

[105회] 특정소방대상물의 소방시설중 제연설비의 설치 면제기준에 대하여 설명하시오.

[105회] 특정소방대상물 공사현장에 설치되는 "임시 소방시설의 종류 중 인화성물품을 취급하는 작업 등 대통령으로 정하는 작업"의 종류 5가지와 임시 소방시설의 종류, 성능 및 설치기준에 대하여 설명하시오.

[101회] 둘 이상의 특정소방대상물이 하나의 소방대상물로 되는 조건에 대하여 설명하시오.

[101회] 연결살수설비가 적용되는 특정소방대상물을 기술하고, 연결살수설비의 개방형 헤드와 스프링클러설비의 폐쇄형 헤드를 비교 설명하시오.

[99회] 소방법상 누전경보기를 설치해야 할 특정소방대상물과 누전경보기에 적용되는 3상 영상변류기의 검출원리에 대한 회로도(정상상태, 누전상태)를 그리고 설명하시오.

[99회] 무창층 부분에 적용되는 소방시설별 설치대상 기준을 기술하시오.

[95회] 특정 방화관리 대상물의 소방계획서 작성 항목에 대하여 설명하시오.

[95회] 물분무등소화설비를 설치하여야 하는 특정소방대상물을 기술하고, 물분무소화설비의 소화원리를 설명하시오.

[93회] 특정소방대상물의 증축 시 소방시설기준 적용에 있어 기존부분에 대해서 증축 당시의 화재예방, 소방시설 설치 유지 및 안전관리에 관한 법령 또는 화재안전기술기준을 적용하지 아니하는 조건에 대해서 설명하시오.

[91회] 화재예방, 소방시설 설치유지 및 안전관리에 관한 법률 시행령에 따라 제연설비를 설치하여야 하는 특정 소방대상물에 대하여 설명하시오.

[91회] 기능과 성능이 유사한 소방시설을 설치할 경우 특정소방대상물에 설치할 소방시설을 면제할 수 있다. 설치가 면제되는 소방시설과 설치면제 요건을 설명하시오.

[90회] 국내 규정상 방화관리에 필요한 소방 계획서 작성 항목에 대하여 설명하시오.

[88회] 특정소방대상물의 증축 또는 용도 변경시 소방시설기준 적용에 있어 기존부분이 현행 법령과 화재안전기술기준을 적용 받지 않는 조건에 대하여 기술하시오.

[84회] 문화 및 집회시설에 설치된 방염물품의 성능에 대한 최근 많은 문제점이 제기됨에 따라 앞으로 관련제품의 적용이 강화될 것으로 예상된다. 소방관계법에서 언급되는 방염대상물품의 종류와 방염성능기준에 대하여 기술하시오.

제4조(성능위주설계의 신고)

① 성능위주설계를 한 자는 법 제8조제2항에 따라 「건축법」 제11조에 따른 건축허가를 신청하기 전에 별지 제2호서식의 성능위주설계 신고서(전자문서로 된 신고서를 포함한다)에 다음 각 호의 서류(전자문서를 포함한다)를 첨부하여 관할 소방서장에게 신고해야 한다. 이 경우 다음 각 호의 서류에는 사전검토 결과에 따라 보완된 내용을 포함해야 하며, 제7조제1항에 따른 사전검토 신청 시 제출한 서류와 동일한 내용의 서류는 제외한다.

1. 다음 각 목의 사항이 포함된 설계도서

   가. 건축물의 개요(위치, 구조, 규모, 용도)

   나. 부지 및 도로의 설치 계획(소방차량 진입 동선을 포함한다)

   다. 화재안전성능의 확보 계획

   라. 성능위주설계 요소에 대한 성능평가(화재 및 피난 모의실험 결과를 포함한다)

   마. 성능위주설계 적용으로 인한 화재안전성능 비교표

   바. 다음의 건축물 설계도면

      1) 주단면도 및 입면도

      2) 층별 평면도 및 창호도

      3) 실내 · 실외 마감재료표

      4) 방화구획도(화재 확대 방지계획을 포함한다)

      5) 건축물의 구조 설계에 따른 피난계획 및 피난 동선도

   사. 소방시설의 설치계획 및 설계 설명서

   아. 다음의 소방시설 설계도면

      1) 소방시설 계통도 및 층별 평면도

      2) 소화용수설비 및 연결송수구 설치 위치 평면도

      3) 종합방재실 설치 및 운영계획

      4) 상용전원 및 비상전원의 설치계획

      5) 소방시설의 내진설계 계통도 및 기준층 평면도(내진 시방서 및 계산서 등 세부 내용이 포함된 상세 설계도면은 제외한다)

   자. 소방시설에 대한 전기부하 및 소화펌프 등 용량계산서

2. 「소방시설공사업법 시행령」 별표 1의2에 따른 성능위주설계를 할 수 있는 자의 자격 · 기술인력을 확인할 수 있는 서류

3. 「소방시설공사업법」 제21조 및 제21조의3제2항에 따라 체결한 성능위주설계 계약서 사본

② 소방서장은 제1항에 따라 성능위주설계 신고서를 받은 경우 성능위주설계 대상 및 자격 여부 등을 확인하고, 첨부서류의 보완이 필요한 경우에는 7일 이내의 기간을 정하여 성능위주설계를 한 자에게 보완을 요청할 수 있다.

제7조(성능위주설계의 사전검토 신청)

① 성능위주설계를 한 자는 법 제8조제4항에 따라 「건축법」 제4조의2에 따른 건축위원회의 심의를 받아야 하는 건축물인 경우에는 그 심의를 신청하기 전에 별지 제5호서식의 성능위주설계 사전검토 신청서(전자문서로 된 신청서를 포함한다)에 다음 각 호의 서류(전자문서를 포함한다)를 첨부하여 관할 소방서장에게 사전검토를 신청해야 한다.

1. 건축물의 개요(위치, 구조, 규모, 용도)
2. 부지 및 도로의 설치 계획(소방차량 진입 동선을 포함한다)
3. 화재안전성능의 확보 계획
4. 화재 및 피난 모의실험 결과
5. 다음 각 목의 건축물 설계도면
    가. 주단면도 및 입면도
    나. 층별 평면도 및 창호도
    다. 실내 · 실외 마감재료표
    라. 방화구획도(화재 확대 방지계획을 포함한다)
    마. 건축물의 구조 설계에 따른 피난계획 및 피난 동선도
6. 소방시설 설치계획 및 설계 설명서(소방시설 기계 · 전기 분야의 기본계통도를 포함한다)
7. 「소방시설공사업법 시행령」 별표 1의2에 따른 성능위주설계를 할 수 있는 자의 자격 · 기술인력을 확인할 수 있는 서류
8. 「소방시설공사업법」 제21조 및 제21조의3제2항에 따라 체결한 성능위주설계 계약서 사본

② 소방서장은 제1항에 따른 성능위주설계 사전검토 신청서를 받은 경우 성능위주설계 대상 및 자격 여부 등을 확인하고, 첨부서류의 보완이 필요한 경우에는 7일 이내의 기간을 정하여 성능위주설계를 한 자에게 보완을 요청할 수 있다.

제9조(성능위주설계 기준)

① 법 제8조제7항에 따른 성능위주설계의 기준은 다음 각 호와 같다.

1. 소방자동차 진입(통로) 동선 및 소방관 진입 경로 확보
2. 화재 · 피난 모의실험을 통한 화재위험성 및 피난안전성 검증
3. 건축물의 규모와 특성을 고려한 최적의 소방시설 설치
4. 소화수 공급시스템 최적화를 통한 화재피해 최소화 방안 마련
5. 특별피난계단을 포함한 피난경로의 안전성 확보
6. 건축물의 용도별 방화구획의 적정성
7. 침수 등 재난상황을 포함한 지하층 안전확보 방안 마련

② 제1항에 따른 성능위주설계의 세부 기준은 소방청장이 정한다.

제22조(소방시설등의 자체점검 면제 또는 연기 등)

① 법 제22조제6항 및 영 제33조제2항에 따라 자체점검의 면제 또는 연기를 신청하려는 특정 소방대상물의 관계인은 자체점검의 실시 만료일 **3일 전**까지 별지 제7호서식의 소방시설등의 자체점검 면제 또는 연기신청서(전자문서로 된 신청서를 포함한다)에 자체점검을 실시하기 곤란함을 증명할 수 있는 서류(전자문서를 포함한다)를 첨부하여 소방본부장 또는 소방서장에게 제출해야 한다.

② 제1항에 따른 자체점검의 면제 또는 연기 신청서를 제출받은 소방본부장 또는 소방서장은 면제 또는 연기의 신청을 받은 날부터 **3일 이내**에 자체점검의 면제 또는 연기 여부를 결정하여 별지 제8호서식의 자체점검 면제 또는 연기 신청 결과 통지서를 면제 또는 연기 신청을 한 자에게 통보해야 한다.

제23조(소방시설등의 자체점검 결과의 조치 등)

① 관리업자 또는 소방안전관리자로 선임된 소방시설관리사 및 소방기술사(이하 "관리업자등"이라 한다)는 자체점검을 실시한 경우에는 법 제22조제1항 각 호 외의 부분 후단에 따라 그 점검이 끝난 날부터 **10일 이내**에 별지 제9호서식의 소방시설등 자체점검 실시결과 보고서(전자문서로 된 보고서를 포함한다)에 소방청장이 정하여 고시하는 소방시설등점검표를 첨부하여 관계인에게 제출해야 한다.

② 제1항에 따른 자체점검 실시결과 보고서를 제출받거나 스스로 자체점검을 실시한 관계인은 법 제23조제3항에 따라 자체점검이 끝난 날부터 **15일 이내**에 별지 제9호서식의 소방시설등 자체점검 실시결과 보고서(전자문서로 된 보고서를 포함한다)에 다음 각 호의 서류를 첨부

하여 소방본부장 또는 소방서장에게 서면이나 소방청장이 지정하는 전산망을 통하여 보고 해야 한다.

　　1. 점검인력 배치확인서(관리업자가 점검한 경우만 해당한다)

　　2. 별지 제10호서식의 소방시설등의 자체점검 결과 이행계획서

③ 제1항 및 제2항에 따른 자체점검 실시결과의 보고기간에는 공휴일 및 토요일은 산입하지 않 는다.

④ 제2항에 따라 소방본부장 또는 소방서장에게 자체점검 실시결과 보고를 마친 관계인은 소방 시설등 자체점검 실시결과 보고서(소방시설등점검표를 포함한다)를 점검이 끝난 날부터 **2 년간 자체 보관**해야 한다.

⑤ 제2항에 따라 소방시설등의 자체점검 결과 이행계획서를 보고받은 소방본부장 또는 소방서 장은 다음 각 호의 구분에 따라 이행계획의 완료 기간을 정하여 관계인에게 통보해야 한다. 다만, 소방시설등에 대한 수리ㆍ교체ㆍ정비의 규모 또는 절차가 복잡하여 다음 각 호의 기간 내에 이행을 완료하기가 어려운 경우에는 그 기간을 달리 정할 수 있다.

　　1. 소방시설등을 구성하고 있는 기계ㆍ기구를 수리하거나 정비하는 경우: 보고일부터 **10 일 이내**

　　2. 소방시설등의 전부 또는 일부를 철거하고 새로 교체하는 경우: 보고일부터 **20일 이내**

⑥ 제5항에 따른 완료기간 내에 이행계획을 완료한 관계인은 이행을 완료한 날부터 10일 이내 에 별지 제11호서식의 소방시설등의 자체점검 결과 이행완료 보고서(전자문서로 된 보고서 를 포함한다)에 다음 각 호의 서류(전자문서를 포함한다)를 첨부하여 소방본부장 또는 소방 서장에게 보고해야 한다.

　　1. 이행계획 건별 전ㆍ후 사진 증명자료

　　2. 소방시설공사 계약서

제38조(점검능력의 평가)

① 법 제34조제1항에 따른 점검능력 평가의 항목은 다음 각 호와 같고, 점검능력 평가의 세부 기준은 별표 7과 같다.

　　1. 실적

　　　가. 점검실적(법 제22조제1항에 따른 소방시설등에 대한 자체점검 실적을 말한다). 이 경우 점검실적(제37조제1항제1호나목 및 다목에 따른 점검실적은 제외한다)은 제 20조제1항 및 별표 4에 따른 점검인력 배치기준에 적합한 것으로 확인된 것만 인정 한다.

나. 대행실적(「화재의 예방 및 안전관리에 관한 법률」 제25조제1항에 따라 소방안전관리 업무를 대행하여 수행한 실적을 말한다)

2. 기술력

3. 경력

4. 신인도

② 평가기관은 제1항에 따른 점검능력 평가 결과를 지체 없이 소방청장 및 시·도지사에게 통보해야 한다.

③ 평가기관은 제37조제1항에 따른 점검능력 평가 결과는 매년 7월 31일까지 평가기관의 인터넷 홈페이지를 통하여 공시하고, 같은 조 제3항에 따른 점검능력 평가 결과는 소방청장 및 시·도지사에게 통보한 날부터 3일 이내에 평가기관의 인터넷 홈페이지를 통하여 공시해야 한다.

④ 점검능력 평가의 유효기간은 제3항에 따라 점검능력 평가 결과를 공시한 날부터 1년간으로 한다.

[별표 3] 소방시설 설치 및 관리에 관한 법률 시행규칙

소방시설등 자체점검의 구분 및 대상, 점검자의 자격, 점검 장비, 점검 방법 및 횟수 등 자체점검 시 준수해야할 사항(제20조제1항 관련)

1. 소방시설등에 대한 자체점검은 다음과 같이 구분한다.

가. **작동점검**: 소방시설등을 인위적으로 조작하여 소방시설이 정상적으로 작동하는지를 소방청장이 정하여 고시하는 소방시설등 작동점검표에 따라 점검하는 것을 말한다.

나. **종합점검**: 소방시설등의 작동점검을 포함하여 소방시설등의 설비별 주요 구성 부품의 구조기준이 화재안전기준과 「건축법」 등 관련 법령에서 정하는 기준에 적합한 지 여부를 소방청장이 정하여 고시하는 소방시설등 종합점검표에 따라 점검하는 것을 말하며, 다음과 같이 구분한다.

> 1) 최초점검: 법 제22조제1항제1호에 따라 소방시설이 새로 설치되는 경우 「건축법」 제22조에 따라 건축물을 사용할 수 있게 된 날부터 60일 이내 점검하는 것을 말한다.
> 2) 그 밖의 종합점검: 최초점검을 제외한 종합점검을 말한다.

2. 작동점검은 다음의 구분에 따라 실시한다.

가. 작동점검은 영 제5조에 따른 특정소방대상물을 대상으로 한다. 다만, 다음의 어느 하나에 해당하는 특정소방대상물은 제외한다.

1) 특정소방대상물 중 「화재의 예방 및 안전관리에 관한 법률」 제24조제1항에 해당하지 않는 특정소방대상물(소방안전관리자를 선임하지 않는 대상을 말한다)
2) 「위험물안전관리법」 제2조제6호에 따른 제조소등(이하 "제조소등"이라 한다)
3) 「화재의 예방 및 안전관리에 관한 법률 시행령」 별표 4 제1호가목의 특급소방안전관리대상물

나. 작동점검은 다음의 분류에 따른 기술인력이 점검할 수 있다. 이 경우 별표 4에 따른 점검인력 배치기준을 준수해야 한다.

> 1) 영 별표 4 제1호마목의 간이스프링클러설비(주택전용 간이스프링클러설비는 제외한다) 또는 같은 표 제2호다목의 자동화재탐지설비가 설치된 특정소방대상물
> 가) 관계인
> 나) 관리업에 등록된 기술인력 중 소방시설관리사
> 다) 「소방시설공사업법 시행규칙」 별표 4의2에 따른 특급점검자
> 라) 소방안전관리자로 선임된 소방시설관리사 및 소방기술사

2) 1)에 해당하지 않는 특정소방대상물

가) 관리업에 등록된 소방시설관리사

나) 소방안전관리자로 선임된 소방시설관리사 및 소방기술사

다. 작동점검은 연 1회 이상 실시한다.

라. 작동점검의 점검 시기는 다음과 같다.

1) **종합점검 대상은 종합점검을 받은 달부터 6개월이 되는 달에 실시**한다.

2) 1)에 해당하지 않는 특정소방대상물은 특정소방대상물의 사용승인일(건축물의 경우에는 건축물관리대장 또는 건물 등기사항증명서에 기재되어 있는 날, 시설물의 경우에는 「시설물의 안전 및 유지관리에 관한 특별법」 제55조제1항에 따른 시설물통합정보관리체계에 저장·관리되고 있는 날을 말하며, 건축물관리대장, 건물 등기사항증명서 및 시설물통합정보관리체계를 통해 확인되지 않는 경우에는 소방시설완공검사증명서에 기재된 날을 말한다)이 속하는 달의 말일까지 실시한다. 다만, 건축물관리대장 또는 건물 등기사항증명서 등에 기입된 날이 서로 다른 경우에는 건축물관리대장에 기재되어 있는 날을 기준으로 점검한다.

3. 종합점검은 다음의 구분에 따라 실시한다.

가. 종합점검은 다음의 어느 하나에 해당하는 특정소방대상물을 대상으로 한다.

1) 법 제22조제1항제1호에 해당하는 특정소방대상물

2) 스프링클러설비가 설치된 특정소방대상물

3) 물분무등소화설비[호스릴(hose reel) 방식의 물분무등소화설비만을 설치한 경우는 제외한다]가 설치된 연면적 5,000 m^2 이상인 특정소방대상물(제조소등은 제외한다)

4) 「다중이용업소의 안전관리에 관한 특별법 시행령」 제2조제1호나목, 같은 조 제2호(비디오물소극장업은 제외한다)·제6호·제7호·제7호의2 및 제7호의5의 다중이용업의 영업장이 설치된 특정소방대상물로서 연면적이 2,000 m^2 이상인 것

5) 제연설비가 설치된 터널

6) 「공공기관의 소방안전관리에 관한 규정」 제2조에 따른 공공기관 중 연면적(터널·지하구의 경우 그 길이와 평균 폭을 곱하여 계산된 값을 말한다)이 1,000 m^2 이상인 것으로서 옥내소화전설비 또는 자동화재탐지설비가 설치된 것. 다만, 「소방기본법」 제2조제5호에 따른 소방대가 근무하는 공공기관은 제외한다.

나. 종합점검은 다음 어느 하나에 해당하는 기술인력이 점검할 수 있다. 이 경우 별표 4에 따른 점검인력 배치기준을 준수해야 한다.

1) 관리업에 등록된 소방시설관리사

2) 소방안전관리자로 선임된 소방시설관리사 및 소방기술사

다. 종합점검의 점검 횟수는 다음과 같다.

1) 연 1회 이상(「화재의 예방 및 안전에 관한 법률 시행령」 별표 4 제1호가목의 특급 소방안전관리대상물은 반기에 1회 이상) 실시한다.

2) 1)에도 불구하고 소방본부장 또는 소방서장은 소방청장이 소방안전관리가 우수하다고 인정한 특정소방대상물에 대해서는 3년의 범위에서 소방청장이 고시하거나 정한 기간 동안 종합점검을 면제할 수 있다. 다만, 면제기간 중 화재가 발생한 경우는 제외한다.

라. 종합점검의 점검 시기는 다음과 같다.

1) 가목1)에 해당하는 특정소방대상물은 「건축법」 제22조에 따라 건축물을 사용할 수 있게 된 날부터 60일 이내 실시한다.

2) 1)을 제외한 특정소방대상물은 건축물의 사용승인일이 속하는 달에 실시한다. 다만, 「공공기관의 안전관리에 관한 규정」 제2조제2호 또는 제5호에 따른 학교의 경우에는 해당 건축물의 사용승인일이 1월에서 6월 사이에 있는 경우에는 6월 30일까지 실시할 수 있다.

3) 건축물 사용승인일 이후 가목3)에 따라 종합점검 대상에 해당하게 된 경우에는 그 다음 해부터 실시한다.

4) 하나의 대지경계선 안에 2개 이상의 자체점검 대상 건축물 등이 있는 경우에는 그 건축물 중 사용승인일이 가장 빠른 연도의 건축물의 사용승인일을 기준으로 점검할 수 있다.

4. 제1호에도 불구하고 「공공기관의 소방안전관리에 관한 규정」 제2조에 따른 공공기관의 장은 공공기관에 설치된 소방시설등의 유지·관리상태를 맨눈 또는 신체감각을 이용하여 점검하는 외관점검을 월 1회 이상 실시(작동점검 또는 종합점검을 실시한 달에는 실시하지 않을 수 있다)하고, 그 점검 결과를 2년간 자체 보관해야 한다. 이 경우 외관점검의 점검자는 해당 특정소방대상물의 관계인, 소방안전관리자 또는 관리업자(소방시설관리사를 포함하여 등록된 기술인력을 말한다)로 해야 한다.

5. 제1호 및 제4호에도 불구하고 공공기관의 장은 해당 공공기관의 전기시설물 및 가스시설에 대하여 다음 각 목의 구분에 따른 점검 또는 검사를 받아야 한다.

가. 전기시설물의 경우: 「전기사업법」 제63조에 따른 사용전검사

나. 가스시설의 경우:「도시가스사업법」제17조에 따른 검사,「고압가스 안전관리법」제16조의2 및 제20조제4항에 따른 검사 또는「액화석유가스의 안전관리 및 사업법」제37조 및 제44조제2항 · 제4항에 따른 검사

6. 공동주택(아파트등으로 한정한다) 세대별 점검방법은 다음과 같다.

가. 관리자(관리소장, 입주자대표회의 및 소방안전관리자를 포함한다. 이하 같다) 및 입주민(세대 거주자를 말한다)은 2년 이내 모든 세대에 대하여 점검을 해야 한다.

나. 가목에도 불구하고 아날로그감지기 등 특수감지기가 설치되어 있는 경우에는 수신기에서 원격 점검할 수 있으며, 점검할 때마다 모든 세대를 점검해야 한다. 다만, 자동화재탐지설비의 선로 단선이 확인되는 때에는 단선이 난 세대 또는 그 경계구역에 대하여 현장점검을 해야 한다.

다. 관리자는 수신기에서 원격 점검이 불가능한 경우 매년 작동점검만 실시하는 공동주택은 1회 점검 시 마다 전체 세대수의 50퍼센트 이상, 종합점검을 실시하는 공동주택은 1회 점검 시 마다 전체 세대수의 30퍼센트 이상 점검하도록 자체점검 계획을 수립 · 시행해야 한다.

라. 관리자 또는 해당 공동주택을 점검하는 관리업자는 입주민이 세대 내에 설치된 소방시설등을 스스로 점검할 수 있도록 소방청 또는 사단법인 한국소방시설관리협회의 홈페이지에 게시되어 있는 공동주택 세대별 점검 동영상을 입주민이 시청할 수 있도록 안내하고, 점검서식(별지 제36호서식 소방시설 외관점검표를 말한다)을 사전에 배부해야 한다.

마. 입주민은 점검서식에 따라 스스로 점검하거나 관리자 또는 관리업자로 하여금 대신 점검하게 할 수 있다. 입주민이 스스로 점검한 경우에는 그 점검 결과를 관리자에게 제출하고 관리자는 그 결과를 관리업자에게 알려주어야 한다.

바. 관리자는 관리업자로 하여금 세대별 점검을 하고자 하는 경우에는 사전에 점검 일정을 입주민에게 사전에 공지하고 세대별 점검 일자를 파악하여 관리업자에게 알려주어야 한다. 관리업자는 사전 파악된 일정에 따라 세대별 점검을 한 후 관리자에게 점검 현황을 제출해야 한다.

사. 관리자는 관리업자가 점검하기로 한 세대에 대하여 입주민의 사정으로 점검을 하지 못한 경우 입주민이 스스로 점검할 수 있도록 다시 안내해야 한다. 이 경우 입주민이 관리업자로 하여금 다시 점검받기를 원하는 경우 관리업자로 하여금 추가로 점검하게 할 수 있다.

아. 관리자는 세대별 점검현황(입주민 부재 등 불가피한 사유로 점검을 하지 못한 세대 현황을 포함한다)을 작성하여 자체점검이 끝난 날부터 **2년간 자체 보관**해야 한다.

7. 자체점검은 다음의 점검 장비를 이용하여 점검해야 한다.

소방시설	점검 장비	규격
모든 소방시설	방수압력측정계, 절연저항계(절연저항측정기), 전류전압측정계	
소화기구	저울	
옥내소화전설비 옥외소화전설비	소화전밸브압력계	
스프링클러설비 포소화설비	헤드결합렌치 (볼트, 너트, 나사 등을 죄거나 푸는 공구)	
이산화탄소소화설비 분말소화설비 할론소화설비 할로겐화합물 및 불활성기체 소화설비	검량계, 기동관누설시험기, 그 밖에 소화약제의 저장량을 측정할 수 있는 점검기구	
자동화재탐지설비 시각경보기	열감지기시험기, 연(煙)감지기시험기, 공기주입시험기, 감지기시험기연결막대, 음량계	
누전경보기	누전계	누전전류 측정용
무선통신보조설비	무선기	통화시험용
제연설비	풍속풍압계, 폐쇄력측정기, 차압계(압력차 측정기)	
통로유도등 비상조명등	조도계(밝기 측정기)	최소눈금이 0.1럭스 이하인 것

[비고] 1. 신축·증축·개축·재축·이전·용도변경 또는 대수선 등으로 소방시설이 새로 설치된 경우에는 해당 특정소방대상물의 소방시설 전체에 대하여 실시한다.
2. 작동점검 및 종합점검(최초점검은 제외한다)은 건축물 사용승인 후 그 다음 해부터 실시한다.
3. 특정소방대상물이 증축·용도변경 또는 대수선 등으로 사용승인일이 달라지는 경우 사용승인일이 빠른 날을 기준으로 자체점검을 실시한다.

[별표 4] 소방시설 설치 및 관리에 관한 법률 시행규칙 시행 2024.12.1.

소방시설등의 자체점검 시 점검인력의 배치기준(제20조제1항 관련)

1. 점검인력 1단위는 다음과 같다.

　　가. 관리업자가 점검하는 경우에는 소방시설관리사 또는 특급점검자 1명과 영 별표 9에 따른 보조 기술인력 2명을 점검인력 1단위로 하되, 점검인력 1단위에 2명(같은 건축물을 점검할 때는 4명) 이내의 보조 기술인력을 추가할 수 있다.

　　나. 소방안전관리자로 선임된 소방시설관리사 및 소방기술사가 점검하는 경우에는 소방시설관리사 또는 소방기술사 중 1명과 보조 기술인력 2명을 점검인력 1단위로 하되, 점검인력 1단위에 2명 이내의 보조 기술인력을 추가할 수 있다. 다만, 보조 기술인력은 해당 특정소방대상물의 관계인 또는 소방안전관리보조자로 할 수 있다.

　　다. 관계인 또는 소방안전관리자가 점검하는 경우에는 관계인 또는 소방안전관리자 1명과 보조 기술인력 2명을 점검인력 1단위로 하되, 보조 기술인력은 해당 특정소방대상물의 관리자, 점유자 또는 소방안전관리보조자로 할 수 있다.

2. 관리업자가 점검하는 경우 특정소방대상물의 규모 등에 따른 점검인력의 배치기준은 다음과 같다.

구분	주된 기술인력	보조 기술인력
가. 50층 이상 또는 성능위주설계를 한 특정소방대상물	소방시설관리사 경력 5년 이상 1명 이상	고급점검자 이상 1명 이상 및 중급점검자 이상 1명 이상
나. 「화재의 예방 및 안전관리에 관한 법률 시행령」 별표 4 제1호에 따른 특급 소방안전관리대상물(가목의 특정소방대상물은 제외한다)	소방시설관리사 경력 3년 이상 1명 이상	고급점검자 이상 1명 이상 및 초급점검자 이상 1명 이상
다. 「화재의 예방 및 안전관리에 관한 법률 시행령」 별표 4 제2호 및 제3호에 따른 1급 또는 2급 소방안전관리대상물	소방시설관리사 1명 이상	중급점점검자 이상 1명 이상 및 초급점검자 이상 1명 이상
라. 「화재의 예방 및 안전관리에 관한 법률 시행령」 별표 4 제4호에 따른 3급 소방안전관리대상물	소방시설관리사 1명 이상	초급점검자 이상의 기술인력 2명 이상

[비고] 1. 라목에는 주된 기술인력으로 특급점검자를 배치할 수 있다.
　　　 2. 보조 기술인력의 등급구분(특급점검자, 고급점검자, 중급점검자, 초급점검자)은 「소방시설공사업법 시행규칙」 별표 4의2에서 정하는 기준에 따른다.

3. 점검인력 1단위가 하루 동안 점검할 수 있는 특정소방대상물의 연면적(이하 "점검한도 면적"이라 한다)은 다음 각 목과 같다.

> 가. 종합점검: 8,000 m²
> 나. 작동점검: 10,000 m²

4. 점검인력 1단위에 보조 기술인력을 1명씩 추가할 때마다 종합점검의 경우에는 2,000 m², 작동점검의 경우에는 2,500 m²씩을 점검한도 면적에 더한다. 다만, 하루에 2개 이상의 특정소방대상물을 배치할 경우 1일 점검 한도면적은 특정소방대상물별로 투입된 점검인력에 따른 점검 한도면적의 평균값으로 적용하여 계산한다.

5. 점검인력은 하루에 5개의 특정소방대상물에 한하여 배치할 수 있다. 다만 2개 이상의 특정소방대상물을 2일 이상 연속하여 점검하는 경우에는 배치기한을 초과해서는 안 된다.

6. 관리업자등이 하루 동안 점검한 면적은 실제 점검면적(지하구는 그 길이에 폭의 길이 1.8m를 곱하여 계산된 값을 말하며, 터널은 3차로 이하인 경우에는 그 길이에 폭의 길이 3.5m를 곱하고, 4차로 이상인 경우에는 그 길이에 폭의 길이 7m를 곱한 값을 말한다. 다만, 한쪽 측벽에 소방시설이 설치된 4차로 이상인 터널의 경우에는 그 길이와 폭의 길이 3.5m를 곱한 값을 말한다. 이하 같다)에 다음의 각 목의 기준을 적용하여 계산한 면적(이하 "점검면적"이라 한다)으로 하되, 점검면적은 점검한도 면적을 초과해서는 안 된다.

가. 실제 점검면적에 다음의 가감계수를 곱한다.

구분	대상용도	가감계수
1류	문화 및 집회시설, 종교시설, 판매시설, 의료시설, 노유자시설, 수련시설, 숙박시설, 위락시설, 창고시설, 교정시설, 발전시설, 지하가, 복합건축물	1.1
2류	공동주택, 근린생활시설, 운수시설, 교육연구시설, 운동시설, 업무시설, 방송통신시설, 공장, 항공기 및 자동차 관련 시설, 군사시설, 관광휴게시설, 장례시설, 지하구	1.0
3류	위험물 저장 및 처리시설, 문화재, 동물 및 식물 관련 시설, 자원순환 관련 시설, 묘지 관련 시설	0.9

나. 점검한 특정소방대상물이 다음의 어느 하나에 해당할 때에는 다음에 따라 계산된 값을 가목에 따라 계산된 값에서 뺀다.

1) 영 별표 4 제1호라목에 따라 스프링클러설비가 설치되지 않은 경우: 가목에 따라 계산된 값에 0.1을 곱한 값

2) 영 별표 4 제1호바목에 따라 물분무등소화설비(호스릴 방식의 물분무등소화설비는 제외한다)가 설치되지 않은 경우: 가목에 따라 계산된 값에 0.1을 곱한 값

3) 영 별표 4 제5호가목에 따라 제연설비가 설치되지 않은 경우: 가목에 따라 계산된 값에 0.1을 곱한 값

다. 2개 이상의 특정소방대상물을 하루에 점검하는 경우에는 특정소방대상물 상호간의 좌표 최단거리 5km마다 점검 한도면적에 0.02를 곱한 값을 점검 한도면적에서 뺀다.

7. 제3호부터 제6호까지의 규정에도 불구하고 아파트등(공용시설, 부대시설 또는 복리시설은 포함하고, 아파트등이 포함된 복합건축물의 아파트등 외의 부분은 제외한다. 이하 이 표에서 같다)를 점검할 때에는 다음 각 목의 기준에 따른다.

가. 점검인력 1단위가 하루 동안 점검할 수 있는 아파트등의 세대수(이하 "점검한도 세대수"라 한다)는 종합점검 및 작동점검에 관계없이 250세대로 한다.

나. 점검인력 1단위에 보조 기술인력을 1명씩 추가할 때마다 60세대씩을 점검한도 세대수에 더한다.

다. 관리업자등이 하루 동안 점검한 세대수는 실제 점검 세대수에 다음의 기준을 적용하여 계산한 세대수(이하 "점검세대수"라 한다)로 하되, 점검세대수는 점검한도 세대수를 초과해서는 안 된다.

1) 점검한 아파트등이 다음의 어느 하나에 해당할 때에는 다음에 따라 계산된 값을 실제 점검 세대수에서 뺀다.

가) 영 별표 4 제1호라목에 따라 스프링클러설비가 설치되지 않은 경우: 실제 점검 세대수에 0.1을 곱한 값

나) 영 별표 4 제1호바목에 따라 물분무등소화설비(호스릴 방식의 물분무등소화설비는 제외한다)가 설치되지 않은 경우: 실제 점검 세대수에 0.1을 곱한 값

다) 영 별표 4 제5호가목에 따라 제연설비가 설치되지 않은 경우: 실제 점검 세대수에 0.1을 곱한 값

2) 2개 이상의 아파트를 하루에 점검하는 경우에는 아파트 상호간의 좌표 최단거리 5km마다 점검 한도세대수에 0.02를 곱한 값을 점검한도 세대수에서 뺀다.

8. 아파트등과 아파트등 외 용도의 건축물을 하루에 점검할 때에는 종합점검의 경우 제7호에 따라 계산된 값에 32, 작동점검의 경우 제7호에 따라 계산된 값에 40을 곱한 값을 점검대상 연면적으로 보고 제2호 및 제3호를 적용한다.

9. 종합점검과 작동점검을 하루에 점검하는 경우에는 작동점검의 점검대상 연면적 또는 점검대상 세대수에 0.8을 곱한 값을 종합점검 점검대상 연면적 또는 점검대상 세대수로 본다.

10. 제3호부터 제9호까지의 규정에 따라 계산된 값은 소수점 이하 둘째 자리에서 반올림한다.

부칙 제4조(자체점검 시 점검인력의 배치기준에 관한 경과조치) 대통령령 제33004호 소방시설 설치 및 관리에 관한 법률 시행령 전부개정령 부칙 제13조제1항에 따라 일반 소방시설관리업을 등록한 것으로 보는 자가 자체점검 시 점검인력을 배치할 때에는 별표 4의 개정규정에도 불구하고 2024년 11월 30일까지는 종전의 「화재예방, 소방시설 설치 · 유지 및 안전관리에 관한 법률 시행규칙」 별표 2에 따른다.

[별표2] 소방시설등의 자체점검 시 점검인력의 배치기준

1. 소방시설관리업자가 점검하는 경우에는 **소방시설관리사 1명**과 영 별표 9 제1호나목에 따른 보조 기술인력(이하 **"보조인력"**이라 한다) **2명**을 **점검인력 1단위**로 하되, 점검인력 1단위에 **2명(같은 건축물을 점검할 때에는 4명) 이내의 보조인력을 추가**할 수 있다. 다만, 제26조의2 제2호에 따른 작동기능점검(이하 **"소규모점검"**이라 한다)의 경우에는 **보조인력 1명을 점검인력 1단위**로 한다.

1의2. 소방안전관리자로 선임된 소방시설관리사 및 소방기술사가 점검하는 경우에는 소방시설관리사 또는 소방기술사 중 1명과 보조인력 2명을 점검인력 1단위로 하되, 점검인력 1단위에 4명 이내의 보조인력을 추가할 수 있다. 다만, 보조인력은 해당 특정소방대상물의 관계인 또는 소방안전관리보조자로 할 수 있으며, 소규모 점검의 경우에는 보조인력 1명을 점검인력 1단위로 한다.

2. 점검인력 1단위가 하루 동안 점검할 수 있는 특정소방대상물의 연면적(이하 **"점검한도 면적"**이라 한다)은 다음 각 목과 같다.
   가. **종합정밀점검 : 10,000m²**
   나. **작동기능점검 : 12,000m²**(소규모점검의 경우에는 3,500m²)

3. 점검인력 1단위에 보조인력을 1명씩 추가할 때마다 **종합정밀점검**의 경우에는 3,000m², **작동기능점검**의 경우에는 3,500m²씩을 점검한도 면적에 더한다.

4. 소방시설관리업자 또는 소방안전관리자로 선임된 소방시설관리사 및 소방기술사가 하루 동안 점검한 면적은 **실제 점검면적**(지하구는 그 길이에 폭의 길이 1.8m를 곱하여 계산된 값을 말하며, 터널은 3차로 이하인 경우에는 그 길이에 폭의 길이 3.5m를 곱하고, 4차로 이상인 경우에는 그 길이에 폭의 길이 7m를 곱한 값을 말한다. 다만, 한쪽 측벽에 소방시설이 설치된 **4차로 이상인 터널의 경우는 그 길이와 폭의 길이 3.5m를 곱한 값을 말한다. 이하 같다**)에 다음 각 목의 기준을 적용하여 계산한 면적(이하 "점검면적"이라 한다)으로 하되, 점검면적은 점검한도 면적을 초과하여서는 아니 된다.

가. 실제 점검면적에 다음의 **가감계수**를 곱한다.

구분	대상용도	가감계수
1류	노유자시설, 숙박시설, 위락시설, 의료시설(정신보건의료기관), 수련시설, 복합건축물(1류에 속하는 시설이 있는 경우)	1.2
2류	문화 및 집회시설, 종교시설, 의료시설(정신보건시설 제외), 교정 및 군사시설(군사시설 제외), 지하가, 복합건축물(1류에 속하는 시설이 있는 경우 제외), 발전시설, 판매시설	1.1
3류	근린생활시설, 운동시설, 업무시설, 방송통신시설, 운수시설	1.0
4류	공장, 위험물 저장 및 처리시설, 창고시설	0.9
5류	공동주택(아파트 제외), 교육연구시설, 항공기 및 자동차 관련 시설, 동물 및 식물 관련 시설, 분뇨 및 쓰레기 처리시설, 군사시설, 묘지 관련 시설, 관광휴게시설, 장례식장, 지하구, 문화재	0.8

나. 점검한 특정소방대상물이 다음의 어느 하나에 해당할 때에는 다음에 따라 계산된 값을 가목에 따라 계산된 값에서 뺀다.

1) 영 별표 5 제1호라목에 따라 **스프링클러설비**가 설치되지 않은 경우: 가목에 따라 계산된 값에 **0.1**을 곱한 값

2) 영 별표 5 제1호바목에 따라 **물분무등소화설비**가 설치되지 않은 경우: 가목에 따라 계산된 값에 **0.15**를 곱한 값

3) 영 별표 5 제5호가목에 따라 **제연설비**가 설치되지 않은 경우: 가목에 따라 계산된 값에 **0.1**을 곱한 값

다. 2개 이상의 특정소방대상물을 하루에 점검하는 경우에는 나중에 점검하는 특정소방대상물에 대하여 특정소방대상물 간의 최단 주행거리 5km마다 나목에 따라 계산된 값(나목에 따라 계산된 값이 없을 때에는 가목에 따라 계산된 값을 말한다)에 **0.02**를 곱한 값을 더한다.

5. 제2호부터 제4호까지의 규정에도 불구하고 아파트(공용시설, 부대시설 또는 복리시설은 포함하고, 아파트가 포함된 복합건축물의 아파트 외의 부분은 제외한다. 이하 이 표에서 같다)

를 점검할 때에는 다음 각 목의 기준에 따른다.

> 가. 점검인력 1단위가 하루 동안 점검할 수 있는 아파트의 세대수(이하 "**점검한도 세대수**"라 한다)는 다음과 같다.
> 　1) **종합정밀점검 : 300세대**
> 　2) **작동기능점검 : 350세대(소규모점검의 경우에는 90세대)**
> 나. 점검인력 1단위에 보조인력을 1명씩 추가할 때마다 종합정밀점검의 경우에는 70세대, 작동기능점검의 경우에는 90세대씩을 점검한도 세대수에 더한다.

　다. 소방시설관리업자 또는 소방안전관리자로 선임된 소방시설관리사 및 소방기술사가 하루 동안 점검한 세대수는 실제 점검 세대수에 다음의 기준을 적용하여 계산한 세대수(이하 "점검세대수"라 한다)로 하되, 점검세대수는 점검한도 세대수를 초과하여서는 아니 된다.

　　1) 점검한 아파트가 다음의 어느 하나에 해당할 때에는 다음에 따라 계산된 값을 실제 점검 세대수에서 뺀다.

　　　(가) 영 별표 5 제1호라목에 따라 **스프링클러설비**가 설치되지 않은 경우 : 실제 점검 세대수에 **0.1**을 곱한 값

　　　(나) 영 별표 5 제1호바목에 따라 **물분무등소화설비**가 설치되지 않은 경우 : 실제 점검 세대수에 **0.15**를 곱한 값

　　　(다) 영 별표 5 제5호가목에 따라 **제연설비**가 설치되지 않은 경우 : 실제 점검 세대수에 **0.1**을 곱한 값

　　2) 2개 이상의 아파트를 하루에 점검하는 경우에는 나중에 점검하는 아파트에 대하여 아파트 간의 최단 주행거리 5km마다 1)에 따라 계산된 값(1)에 따라 계산된 값이 없을 때에는 실제 점검 세대수를 말한다)에 **0.02를 곱한 값**을 더한다.

6. 아파트와 아파트 외 용도의 건축물을 하루에 점검할 때에는 **종합정밀점검**의 경우 제5호에 따라 계산된 값에 **33.3**, **작동기능점검**의 경우 제5호에 따라 계산된 값에 **34.3(소규모점검의 경우에는 38.9)을 곱한 값**을 점검면적으로 보고 제2호 및 제3호를 적용한다.

7. 종합정밀점검과 작동기능점검을 하루에 점검하는 경우에는 작동기능점검의 점검면적 또는 점검세대수에 **0.8을 곱한 값**을 종합정밀점검 점검면적 또는 점검세대수로 본다.

8. 제3호부터 제7호까지의 규정에 따라 계산된 값은 소수점 이하 둘째 자리에서 반올림한다.

[별표 5] 소방시설 설치 및 관리에 관한 법률 시행규칙

소방시설등 자체점검기록표(제25조 관련)

소방시설등 자체점검기록표

- 대상물명 :
- 주　소 :
- 점검구분 :　　　　　　[ ] 작동점검　　　　　　　[ ] 종합점검
- 점 검 자 :
- 점검기간 :　　　　　년　월　일　～　년　월　일
- 불량사항 :　[ ] 소화설비　　[ ] 경보설비　　[ ] 피난구조설비
　　　　　　　[ ] 소화용수설비　[ ] 소화활동설비 [ ] 기타설비　[ ] 없음
- 정비기간 :　　　　　년　월　일　～　년　월　일

　　　　　　　　　　　　　　　　　　　　　　년　　월　　일

「소방시설 설치 및 관리에 관한 법률」 제24조제1항 및 같은 법 시행규칙 제25조에 따라 소방시설등 자체점검결과를 게시합니다.

※ 비고: 점검기록표의 규격은 다음과 같다.

　가. 규격: A4 용지(가로 297mm × 세로 210mm)

　나. 재질: 아트지(스티커) 또는 종이

　다. 외측 테두리: 파랑색(RGB 65, 143, 222)

　라. 내측 테두리: 하늘색(RGB 193, 214, 237)

　마. 글씨체(색상)

　　1) 소방시설 점검기록표: HY헤드라인M, 45포인트(외측 테두리와 동일)

　　2) 본문 제목: 윤고딕230, 20포인트(외측 테두리와 동일)

　　　본문 내용: 윤고딕230, 20포인트(검정색)

　　3) 하단 내용: 윤고딕240, 20포인트(법명은 파랑색, 그 외 검정색)

[별표 7] 소방시설 설치 및 관리에 관한 법률 시행규칙

소방시설관리업자의 점검능력 평가의 세부 기준(제38조제1항 관련)

관리업자의 점검능력 평가는 다음 계산식으로 산정하되, 1천원 미만의 숫자는 버린다. 이 경우 산정기준일은 평가를 하는 해의 전년도 말일을 기준으로 한다.

> **점검능력평가액 = 실적평가액 + 기술력평가액 + 경력평가액 ± 신인도평가액**

1. 실적평가액은 다음 계산식으로 산정한다.

> **실적평가액 = (연평균점검실적액 + 연평균대행실적액) × 50/100**

가. 점검실적액(발주자가 공급하는 자재비를 제외한다) 및 대행실적액은 해당 업체의 수급 금액 중 하수급금액은 포함하고 하도급금액은 제외한다.
   1) 종합점검과 작동점검 또는 소방안전관리업무 대행을 일괄하여 수급한 경우에는 그 일괄수급금액에 0.55를 곱하여 계산된 금액을 종합점검 실적액으로, 0.45를 곱하여 계산된 금액을 작동점검 또는 소방안전관리업무 대행 실적액으로 본다. 다만, 다른 입증자료가 있는 경우에는 그 자료에 따라 배분한다.
   2) 작동점검과 소방안전관리업무 대행을 일괄하여 수급한 경우에는 그 일괄수급금액에 0.5를 곱하여 계산된 금액을 각각 작동점검 및 소방안전관리업무 대행 실적액으로 본다. 다만, 다른 입증자료가 있는 경우에는 그 자료에 따라 배분한다.
   3) 종합점검, 작동점검 및 소방안전관리업무 대행을 일괄하여 수급한 경우에는 그 일괄 수급금액에 0.38을 곱하여 계산된 금액을 종합점검 실적액으로, 각각 0.31을 곱하여 계산된 금액을 각각 작동점검 및 소방안전관리업무 대행 실적액으로 본다. 다만, 다른 입증자료가 있는 경우에는 그 자료에 따라 배분한다.
나. 소방시설관리업을 경영한 기간이 산정일을 기준으로 3년 이상인 경우에는 최근 3년간의 점검실적액 및 대행실적액을 합산하여 3으로 나눈 금액을 각각 연평균점검실적액 및 연평균대행실적액으로 한다.
다. 소방시설관리업을 경영한 기간이 산정일을 기준으로 1년 이상 3년 미만인 경우에는 그 기간의 점검실적액 및 대행실적액을 합산한 금액을 그 기간의 개월수로 나눈 금액에 12를 곱한 금액을 각각 연평균점검실적액 및 연평균대행실적액으로 한다.

라. 소방시설관리업을 경영한 기간이 산정일을 기준으로 1년 미만인 경우에는 그 기간의 점
검실적액 및 대행실적액을 각각 연평균점검실적액 및 연평균대행실적액으로 한다.

마. 법 제32조제1항 각 호 및 제2항에 따라 지위를 승계한 관리업자는 종전 관리업자의 실
적액과 관리업을 승계한 자의 실적액을 합산한다.

2. 기술력평가액은 다음 계산식으로 산정한다.

기술력평가액 = 전년도 기술인력 가중치 1단위당 평균 점검실적액 × 보유기술인력 가중치합계 × 40/100

가. 전년도 기술인력 가중치 1단위당 평균 점검실적액은 점검능력 평가를 신청한 관리업자
의 국내 총 기성액을 해당 관리업자가 보유한 기술인력의 가중치 총합으로 나눈 금액으
로 한다. 이 경우 국내 총 기성액 및 기술인력 가중치 총합은 평가기관이 법 제34조제4
항에 따라 구축 · 관리하고 있는 데이터베이스(보유 기술인력의 경력관리를 포함한다)
에 등록된 정보를 기준으로 한다(전년도 기술인력 1단위당 평균 점검실적액이 산출되
지 않는 경우에는 전전년도 기술인력 1단위당 평균 점검실적액을 적용한다).

나. 보유 기술인력 가중치의 계산은 다음의 방법에 따른다.

1) 보유 기술인력은 해당 관리업체에 소속되어 6개월 이상 근무한 사람(등록 · 양도 ·
합병 후 관리업을 한 기간이 6개월 미만인 경우에는 등록신청서 · 양도신고서 · 합병
신고서에 기재된 기술인력으로 한다)만 해당한다.

2) 보유 기술인력은 주된 기술인력과 보조 기술인력으로 구분하되, 기술등급 구분의 기
준은 「소방시설공사업법 시행규칙」 별표 4의2에 따른다. 이 경우 1인이 둘 이상의
자격, 학력 또는 경력을 가지고 있는 경우 대표되는 하나의 것만 적용한다.

3) 보유 기술인력의 등급별 가중치는 다음 표와 같다.

보유기술인력	주된 기술인력		보조 기술인력			
	관리사 (경력 5년이상)	관리사	특급 점검자	고급 점검자	중급 점검자	초급 점검자
가중치	3.5	3.0	2.5	2	1.5	1

3. 경력평가액은 다음 계산식으로 산정한다.

경력평가액 = 실적평가액 × 관리업 경영기간 평점 × 10/100

가. 소방시설관리업 경영기간은 등록일 · 양도신고일 또는 합병신고일부터 산정기준일까
지로 한다.

나. 종전 관리업자의 관리업 경영기간과 관리업을 승계한 자의 관리업 경영기간의 합산에
관하여는 제1호마목을 준용한다.

다. 관리업 경영기간 평점은 다음 표에 따른다.

관리업 경영기간	2년 미만	2년 이상 4년 미만	4년 이상 6년 미만	6년 이상 8년 미만	8년 이상 10년 미만
평점	0.5	0.55	0.6	0.65	0.7

10년 이상 12년 미만	12년 이상 14년 미만	14년 이상 16년 미만	16년 이상 18년 미만	18년 이상 20년 미만	20년 이상
0.75	0.8	0.85	0.9	0.95	1.0

4. 신인도평가액은 다음 계산식으로 산정하되, 신인도평가액은 실적평가액·기술력평가액·경력평가액을 합친 금액의 ±10%의 범위를 초과할 수 없으며, 가점요소와 감점요소가 있는 경우에는 이를 상계한다.

> **신인도평가액 = (실적평가액 + 기술력평가액 + 경력평가액) × 신인도 반영비율 합계**

가. 신인도 반영비율 가점요소는 다음과 같다.

1) 최근 3년간 국가기관·지방자치단체 또는 공공기관으로부터 소방 및 화재안전과 관련된 표창을 받은 경우
   - 대통령 표창: +3%
   - 장관 이상 표창, 소방청장 또는 광역자치단체장 표창: +2%
   - 그 밖의 표창: +1%

2) 소방시설관리에 관한 국제품질경영인증(ISO)을 받은 경우: +2%

3) 소방에 관한 특허를 보유한 경우: +1%

4) 전년도 기술개발투자액: 「조세특례제한법 시행령」 별표 6에 규정된 비용 중 소방시설관리업 분야에 실제로 사용된 금액으로 다음 기준에 따른다.
   - 실적평가액의 1%이상 3%미만: +0.5%
   - 실적평가액의 3%이상 5%미만: +1.0%
   - 실적평가액의 5%이상 10%미만: +1.5%
   - 실적평가액의 10%이상: +2%

나. 신인도 반영비율 감점요소는 아래와 같다.

1) 최근 1년간 법 제35조에 따른 영업정지 처분 및 법 제36조에 따른 과징금 처분을 받은 사실이 있는 경우
   - 1개월 이상 3개월 이하: -2%
   - 3개월 초과: -3%

2) 최근 1년간 국가기관·지방자치단체 또는 공공기관으로부터 부정당업자로 제재처분을 받은 사실이 있는 경우: −2%

3) 최근 1년간 이 법에 따른 과태료처분을 받은 사실이 있는 경우: −2%

4) 최근 1년간 이 법에 따라 소방시설관리사가 행정처분을 받은 사실이 있는 경우: −2%

5) 최근 1년간 부도가 발생한 사실이 있는 경우: −2%

5. 제1호부터 제4호까지의 규정에도 불구하고 신규업체의 점검능력 평가는 다음 계산식으로 산정한다.

> **점검능력평가액 = (전년도 전체 평가업체의 평균 실적액 × 10/100) +**
> **(기술인력 가중치 1단위당 평균 점검면적액 × 보유기술인력가중치합계 × 50/100)**

[비고] "신규업체"란 법 제29조에 따라 신규로 소방시설관리업을 등록한 업체로서 등록한 날부터 1년 이내에 점검능력 평가를 신청한 업체를 말한다.

[별표 8] 소방시설 설치 및 관리에 관한 법률 시행규칙 〈개정 2023. 4. 19.〉

행정처분 기준(제39조 관련)

1. 일반기준

가. 위반행위가 둘 이상이면 그 중 무거운 처분기준(무거운 처분기준이 동일한 경우에는 그 중 하나의 처분기준을 말한다. 이하 같다)에 따른다. 다만, 둘 이상의 처분기준이 모두 영업정지이거나 사용정지인 경우에는 각 처분기준을 합산한 기간을 넘지 않는 범위에서 무거운 처분기준에 각각 나머지 처분기준의 2분의 1 범위에서 가중한다.

나. 영업정지 또는 사용정지 처분기간 중 영업정지 또는 사용정지에 해당하는 위반사항이 있는 경우에는 종전의 처분기간 만료일의 다음 날부터 새로운 위반사항에 따른 영업정지 또는 사용정지의 행정처분을 한다.

다. 위반행위의 횟수에 따른 행정처분의 기준은 최근 1년간 같은 위반행위로 행정처분을 받은 경우에 적용한다. 이 경우 적용일은 위반행위에 대한 행정처분일과 그 처분 후에 한 위반행위가 다시 적발된 날을 기준으로 한다.

라. 다목에 따라 가중된 부과처분을 하는 경우 가중처분의 적용 차수는 그 위반행위 전 부과처분 차수(다목에 따른 기간 내에 행정처분이 둘 이상 있었던 경우에는 높은 차수를 말한다)의 다음 차수로 한다.

마. 처분권자는 위반행위의 동기·내용·횟수 및 위반 정도 등 다음에 해당하는 사유를 고려하여 그 처분을 가중하거나 감경할 수 있다. 이 경우 그 처분이 영업정지 또는 자격정지인 경우에는 그 처분기준의 2분의 1의 범위에서 가중하거나 감경할 수 있고, 등록취소 또는 자격취소인 경우에는 등록취소 또는 자격취소 전 차수의 행정처분이 영업정지 또는 자격정지이면 그 처분기준의 2배 이하의 영업정지 또는 자격정지로 감경(법 제28조제1호·제4호·제5호·제7호 및 법 제35조제1항제1호·제4호·제5호를 위반하여 등록취소 또는 자격취소된 경우는 제외한다)할 수 있다.

> 1) 가중 사유
> 　가) 위반행위가 사소한 부주의나 오류가 아닌 고의나 중대한 과실에 의한 것으로 인정되는 경우
> 　나) 위반의 내용·정도가 중대하여 관계인에게 미치는 피해가 크다고 인정되는 경우
> 2) 감경 사유
> 　가) 위반행위가 사소한 부주의나 오류 등 과실로 인한 것으로 인정되는 경우
> 　나) 위반의 내용·정도가 경미하여 관계인에게 미치는 피해가 적다고 인정되는 경우

다) 위반 행위자가 처음 해당 위반행위를 한 경우로서 5년 이상 소방시설관리사의 업무, 소방시설관리업 등을 모범적으로 해 온 사실이 인정되는 경우

라) 그 밖에 다음의 경미한 위반사항에 해당되는 경우

(1) 스프링클러설비 헤드가 살수반경에 미치지 못하는 경우

(2) 자동화재탐지설비 감지기 2개 이하가 설치되지 않은 경우

(3) 유도등이 일시적으로 점등되지 않는 경우

(4) 유도표지가 정해진 위치에 붙어 있지 않은 경우

바. 처분권자는 고의 또는 중과실이 없는 위반행위자가 「소상공인기본법」 제2조에 따른 소상공인인 경우에는 다음의 사항을 고려하여 제2호나목의 개별기준에 따른 처분을 감경할 수 있다. 이 경우 그 처분이 영업정지인 경우에는 그 처분기준의 100분의 70 범위에서 감경할 수 있고, 그 처분이 등록취소(법 제35조제1항제1호 · 제4호 · 제5호를 위반하여 등록취소된 경우는 제외한다)인 경우에는 3개월의 영업정지 처분으로 감경할 수 있다. 다만, 마목에 따른 감경과 중복하여 적용하지 않는다.

1) 해당 행정처분으로 위반행위자가 더 이상 영업을 영위하기 어렵다고 객관적으로 인정되는지 여부

2) 경제위기 등으로 위반행위자가 속한 시장 · 산업 여건이 현저하게 변동되거나 지속적으로 악화된 상태인지 여부

2. 개별기준

가. 소방시설관리사에 대한 행정처분기준

위반사항	근거 법조문	행정처분기준		
		1차 위반	2차 위반	3차 이상 위반
1) 거짓이나 그 밖의 부정한 방법으로 시험에 합격한 경우	법 제28조 제1호	자격취소		
2) 「화재의 예방 및 안전관리에 관한 법률」 제25조제2항에 따른 대행인력의 배치기준·자격·방법 등 준수사항을 지키지 않은 경우	법 제28조 제2호	경고 (시정명령)	자격정지 6개월	자격취소
3) 법 제22조에 따른 점검을 하지 않거나 거짓으로 한 경우	법 제28조 제3호			
가) 점검을 하지 않은 경우		자격정지 1개월	자격정지 6개월	자격취소
나) 거짓으로 점검한 경우		경고 (시정명령)	자격정지 6개월	자격취소
4) 법 제25조제7항을 위반하여 소방시설관리사증을 다른 사람에게 빌려준 경우	법 제28조 제4호	자격취소		
5) 법 제25조제8항을 위반하여 동시에 둘 이상의 업체에 취업한 경우	법 제28조 제5호	자격취소		
6) 법 제25조제9항을 위반하여 성실하게 자체점검 업무를 수행하지 않은 경우	법 28조 제6호	경고 (시정명령)	자격정지 6개월	자격취소
7) 법 제27조 각 호의 어느 하나의 결격사유에 해당하게 된 경우	법 제28조 제7호	자격취소		

나. 소방시설관리업자에 대한 행정처분기준

위반사항	근거 법조문	행정처분기준		
		1차 위반	2차 위반	3차 이상 위반
1) 거짓이나 그 밖의 부정한 방법으로 등록을 한 경우	법 제35조 제1항제1호	등록취소		
2) 법 제22조에 따른 점검을 하지 않거나 거짓으로 한 경우	법 제35조 제1항제2호			
가) 점검을 하지 않은 경우		영업정지 1개월	영업정지 3개월	등록취소
나) 거짓으로 점검한 경우		경고 (시정명령)	영업정지 3개월	등록취소
3) 법 제29조제2항에 따른 등록기준에 미달하게 된 경우. 다만, 기술인력이 퇴직하거나 해임되어 30일 이내에 재선임하여 신고한 경우는 제외한다.	법 제35조 제1항제3호	경고 (시정명령)	영업정지 3개월	등록취소
4) 법 제30조 각 호의 어느 하나의 등록의 결격사유에 해당하게 된 경우. 다만, 제30조제5호에 해당하는 법인으로서 결격사유에 해당하게 된 날부터 2개월 이내에 그 임원을 결격사유가 없는 임원으로 바꾸어 선임한 경우는 제외한다.	법 제35조 제1항제4호	등록취소		
5) 법 제33조제2항을 위반하여 등록증 또는 등록수첩을 빌려준 경우	법 제35조 제1항제5호	등록취소		
6) 법 제34조제1항에 따른 점검능력 평가를 받지 않고 자체점검을 한 경우	법 제35조 제1항제6호	영업정지 1개월	영업정지 3개월	등록취소

소방시설관리사 기출문제

[22회점검] 화재예방, 소방시설 설치·유지 및 안전관리에 관한 법령상 소방시설별 점검 장비이다. ( )에 들어갈 내용을 쓰시오.(단, 종합정밀점검의 경우임)(5점)

소방시설	장비
스프링클러설비 포소화설비	(ㄱ)
이산화탄소소화설비 분말소화설비 할론소화설비 할로겐화합물 및 불활성기체(다른 원소와 화학 반응을 일으키기 어려운 기체) 소화설비	(ㄴ) (ㄷ) 그 밖에 소화약제의 저장량을 측정할 수 있는 점검기구
자동화재탐지설비 시각경보기	열감지기시험기 연(煙)감지기시험기 (ㄹ) (ㅁ) 음량계

[20회점검] 화재예방, 소방시설 설치·유지 및 안전관리에 관한 법령상 소방시설등의 자체점검 시 점검인력 배치기준에 관한 다음 물음에 답하시오.(15점)

(1) 다음 ( )에 들어갈 내용을 쓰시오.(9점)

대상용도	가감계수
공동주택(아파트 제외), (ㄱ), 항공기 및 자동차 관련 시설, 동물 및 식물 관련 시설, 분뇨 및 쓰레기 처리시설, 군사시설, 묘지 관련 시설, 관광휴게시설, 장례식장, 지하구, 문화재	(ㅅ)
문화 및 집회시설, (ㄴ), 의료시설(정신보건시설 제외), 교정 및 군사시설(군사시설 제외), 지하가, 복합건축물(1류에 속하는 시설이 있는 경우 제외), 발전시설, (ㄷ)	1.1
공장, 위험물 저장 및 처리시설, 창고시설	0.9
근린생활시설, 운동시설, 업무시설, 방송통신시설, (ㄹ)	(ㅇ)
노유자시설, (ㅁ), 위락시설, 의료시설(정신보건의료기관), 수련시설, (ㅂ)(1류에 속하는 시설이 있는 경우)	(ㅈ)

(2) 화재예방, 소방시설 설치·유지 및 안전관리에 관한 법령상 소방시설의 자체점검시 인력배치기준에 따라, 지하구의 길이가 800m, 4차로인 터널의 길이가 1,000m 일 때 다음에 답하시오.(6점)

① 지하구의 실제점검면적(m²)을 구하시오.

② 한쪽 측벽에 소방시설이 설치되어 있는 터널의 실제점검면적(m²)을 구하시오.

③ 한쪽 측벽에 소방시설이 설치되어 있지 않는 터널의 실제점검면적(m²)을 구하시오.

화재의 예방 및 안전관리에 관한 법률

[시행 2024. 2. 15.] [법률 제19225호, 2023. 2. 14., 타법개정]

제1조(목적)

이 법은 화재의 예방과 안전관리에 필요한 사항을 규정함으로써 화재로부터 국민의 생명·신체 및 재산을 보호하고 공공의 안전과 복리 증진에 이바지함을 목적으로 한다.

제2조(정의)

① 이 법에서 사용하는 용어의 뜻은 다음과 같다.

1. "예방"이란 화재의 위험으로부터 사람의 생명·신체 및 재산을 보호하기 위하여 화재발생을 사전에 제거하거나 방지하기 위한 모든 활동을 말한다.
2. "안전관리"란 화재로 인한 피해를 최소화하기 위한 예방, 대비, 대응 등의 활동을 말한다.
3. "화재안전조사"란 소방청장, 소방본부장 또는 소방서장(이하 "소방관서장"이라 한다)이 소방대상물, 관계지역 또는 관계인에 대하여 소방시설등(「소방시설 설치 및 관리에 관한 법률」 제2조제1항제2호에 따른 소방시설등을 말한다. 이하 같다)이 소방 관계 법령에 적합하게 설치·관리되고 있는지, 소방대상물에 화재의 발생 위험이 있는지 등을 확인하기 위하여 실시하는 현장조사·문서열람·보고요구 등을 하는 활동을 말한다.
4. "화재예방강화지구"란 특별시장·광역시장·특별자치시장·도지사 또는 특별자치도지사(이하 "시·도지사"라 한다)가 화재발생 우려가 크거나 화재가 발생할 경우 피해가 클 것으로 예상되는 지역에 대하여 화재의 예방 및 안전관리를 강화하기 위해 지정·관리하는 지역을 말한다.
5. "화재예방안전진단"이란 화재가 발생할 경우 사회·경제적으로 피해 규모가 클 것으로 예상되는 소방대상물에 대하여 화재위험요인을 조사하고 그 위험성을 평가하여 개선대책을 수립하는 것을 말한다.

② 이 법에서 사용하는 용어의 뜻은 제1항에서 규정하는 것을 제외하고는 「소방기본법」, 「소방시설 설치 및 관리에 관한 법률」, 「소방시설공사업법」, 「위험물안전관리법」 및 「건축법」에서 정하는 바에 따른다.

제18조(화재예방강화지구의 지정 등)

① 시·도지사는 다음 각 호의 어느 하나에 해당하는 지역을 화재예방강화지구로 지정하여 관리할 수 있다.

1. 시장지역
2. 공장·창고가 밀집한 지역
3. 목조건물이 밀집한 지역
4. 노후·불량건축물이 밀집한 지역
5. 위험물의 저장 및 처리 시설이 밀집한 지역
6. 석유화학제품을 생산하는 공장이 있는 지역
7. 「산업입지 및 개발에 관한 법률」 제2조제8호에 따른 산업단지
8. 소방시설·소방용수시설 또는 소방출동로가 없는 지역
9. 「물류시설의 개발 및 운영에 관한 법률」 제2조 제6호에 따른 물류단지
10. 그 밖에 제1호부터 제9호까지에 준하는 지역으로서 소방관서장이 화재예방강화지구로 지정할 필요가 있다고 인정하는 지역

제24조(특정소방대상물의 소방안전관리)

① 특정소방대상물 중 전문적인 안전관리가 요구되는 대통령령으로 정하는 특정소방대상물(이하 "소방안전관리대상물"이라 한다)의 관계인은 소방안전관리업무를 수행하기 위하여 제30조제1항에 따른 소방안전관리자 자격증을 발급받은 사람을 소방안전관리자로 선임하여야 한다. 이 경우 소방안전관리자의 업무에 대하여 보조가 필요한 대통령령으로 정하는 소방안전관리대상물의 경우에는 소방안전관리자 외에 소방안전관리보조자를 추가로 선임하여야 한다.

② 다른 안전관리자(다른 법령에 따라 전기·가스·위험물 등의 안전관리 업무에 종사하는 자를 말한다. 이하 같다)는 소방안전관리대상물 중 소방안전관리업무의 전담이 필요한 대통령령으로 정하는 소방안전관리대상물의 소방안전관리자를 겸할 수 없다. 다만, 다른 법령에 특별한 규정이 있는 경우에는 그러하지 아니하다.

③ 제1항에도 불구하고 제25조제1항에 따른 소방안전관리대상물의 관계인은 소방안전관리업무를 대행하는 관리업자(「소방시설 설치 및 관리에 관한 법률」 제29조제1항에 따른 소방시설관리업의 등록을 한 자를 말한다. 이하 "관리업자"라 한다)를 감독할 수 있는 사람을 지정하여 소방안전관리자로 선임할 수 있다. 이 경우 소방안전관리자로 선임된 자는 선임된 날부터 3개월 이내에 제34조에 따른 교육을 받아야 한다.

④ 소방안전관리자 및 소방안전관리보조자의 선임 대상별 자격 및 인원기준은 대통령령으로 정하고, 선임 절차 등 그 밖에 필요한 사항은 행정안전부령으로 정한다.

⑤ 특정소방대상물(소방안전관리대상물은 제외한다)의 관계인과 소방안전관리대상물의 소방안전관리자는 다음 각 호의 업무를 수행한다. 다만, 제1호ㆍ제2호ㆍ제5호 및 제7호의 업무는 소방안전관리대상물의 경우에만 해당한다.

> 1. 제36조에 따른 피난계획에 관한 사항과 대통령령으로 정하는 사항이 포함된 소방계획서의 작성 및 시행
> 2. 자위소방대(自衛消防隊) 및 초기대응체계의 구성, 운영 및 교육
> 3. 「소방시설 설치 및 관리에 관한 법률」 제16조에 따른 피난시설, 방화구획 및 방화시설의 관리
> 4. 소방시설이나 그 밖의 소방 관련 시설의 관리
> 5. 제37조에 따른 소방훈련 및 교육
> 6. 화기(火氣) 취급의 감독
> 7. 행정안전부령으로 정하는 바에 따른 소방안전관리에 관한 업무수행에 관한 기록ㆍ유지(제3호ㆍ제4호 및 제6호의 업무를 말한다)
> 8. 화재발생 시 초기대응
> 9. 그 밖에 소방안전관리에 필요한 업무

⑥ 제5항제2호에 따른 자위소방대와 초기대응체계의 구성, 운영 및 교육 등에 필요한 사항은 행정안전부령으로 정한다.

제25조(소방안전관리업무의 대행)

① 소방안전관리대상물 중 연면적 등이 일정규모 미만인 대통령령으로 정하는 소방안전관리대상물의 관계인은 제24조제1항에도 불구하고 관리업자로 하여금 같은 조 제5항에 따른 소방안전관리업무 중 대통령령으로 정하는 업무를 대행하게 할 수 있다. 이 경우 제24조제3항에 따라 선임된 소방안전관리자는 관리업자의 대행업무 수행을 감독하고 대행업무 외의 소방안전관리업무는 직접 수행하여야 한다.

② 제1항 전단에 따라 소방안전관리업무를 대행하는 자는 대행인력의 배치기준ㆍ자격ㆍ방법 등 행정안전부령으로 정하는 준수사항을 지켜야 한다.

제29조(건설현장 소방안전관리)

① 「소방시설 설치 및 관리에 관한 법률」 제15조제1항에 따른 공사시공자가 화재발생 및 화재피해의 우려가 큰 대통령령으로 정하는 특정소방대상물(이하 "건설현장 소방안전관리대상물"이라 한다)을 신축ㆍ증축ㆍ개축ㆍ재축ㆍ이전ㆍ용도변경 또는 대수선 하는 경우에는 제24조제1항에 따른 소방안전관리자로서 제34조에 따른 교육을 받은 사람을 소방시설공사 착

공 신고일부터 건축물 사용승인일(「건축법」 제22조에 따라 건축물을 사용할 수 있게 된 날을 말한다)까지 소방안전관리자로 선임하고 행정안전부령으로 정하는 바에 따라 소방본부장 또는 소방서장에게 신고하여야 한다.

② 제1항에 따른 **건설현장 소방안전관리대상물의 소방안전관리자의 업무**는 다음 각 호와 같다.

1. 건설현장의 소방계획서의 작성
2. 「소방시설 설치 및 관리에 관한 법률」 제15조제1항에 따른 임시소방시설의 설치 및 관리에 대한 감독
3. 공사진행 단계별 피난안전구역, 피난로 등의 확보와 관리
4. 건설현장의 작업자에 대한 소방안전 교육 및 훈련
5. 초기대응체계의 구성·운영 및 교육
6. 화기취급의 감독, 화재위험작업의 허가 및 관리
7. 그 밖에 건설현장의 소방안전관리와 관련하여 소방청장이 고시하는 업무

③ 그 밖에 건설현장 소방안전관리대상물의 소방안전관리에 관하여는 제26조부터 제28조까지의 규정을 준용한다. 이 경우 "소방안전관리대상물의 관계인" 또는 "특정소방대상물의 관계인"은 "공사시공자"로 본다.

제40조(소방안전 특별관리시설물의 안전관리)

① 소방청장은 화재 등 재난이 발생할 경우 사회·경제적으로 피해가 큰 다음 각 호의 시설(이하 "소방안전 특별관리시설물"이라 한다)에 대하여 소방안전 특별관리를 하여야 한다.

1. 「공항시설법」 제2조제7호의 공항시설
2. 「철도산업발전기본법」 제3조제2호의 철도시설
3. 「도시철도법」 제2조제3호의 도시철도시설
4. 「항만법」 제2조제5호의 항만시설
5. 「문화재보호법」 제2조제3항의 지정문화재인 시설(시설이 아닌 지정문화재를 보호하거나 소장하고 있는 시설을 포함한다)
6. 「산업기술단지 지원에 관한 특례법」 제2조제1호의 산업기술단지
7. 「산업입지 및 개발에 관한 법률」 제2조제8호의 산업단지
8. 「초고층 및 지하연계 복합건축물 재난관리에 관한 특별법」 제2조제1호·제2호의 초고층 건축물 및 지하연계 복합건축물
9. 「영화 및 비디오물의 진흥에 관한 법률」 제2조제10호의 영화상영관 중 수용인원 1천명 이상인 영화상영관

10. 전력용 및 통신용 지하구

11. 「한국석유공사법」 제10조제1항제3호의 석유비축시설

12. 「한국가스공사법」 제11조제1항제2호의 천연가스 인수기지 및 공급망

13. 「전통시장 및 상점가 육성을 위한 특별법」 제2조제1호의 전통시장으로서 대통령령으로 정하는 전통시장

14. 그 밖에 대통령령으로 정하는 시설물

② 소방청장은 제1항에 따른 특별관리를 체계적이고 효율적으로 하기 위하여 시·도지사와 협의하여 소방안전 특별관리기본계획을 제4조제1항에 따른 기본계획에 포함하여 수립 및 시행하여야 한다.

③ 시·도지사는 제2항에 따른 소방안전 특별관리기본계획에 저촉되지 아니하는 범위에서 관할 구역에 있는 소방안전 특별관리시설물의 안전관리에 적합한 소방안전 특별관리시행계획을 제4조제6항에 따른 세부시행계획에 포함하여 수립 및 시행하여야 한다.

④ 그 밖에 제2항 및 제3항에 따른 소방안전 특별관리기본계획 및 소방안전 특별관리시행계획의 수립·시행에 필요한 사항은 대통령령으로 정한다.

화재의 예방 및 안전관리에 관한 법률 시행령

[시행 2023. 1. 3.] [대통령령 제33199호, 2023. 1. 3., 일부개정]

제26조(소방안전관리업무 전담 대상물)

법 제24조제2항 본문에서 "대통령령으로 정하는 소방안전관리대상물"이란 다음 각 호의 소방안전관리대상물을 말한다.

> 1. 별표 4 제1호에 따른 특급 소방안전관리대상물
> 2. 별표 4 제2호에 따른 1급 소방안전관리대상물

제27조(소방안전관리대상물의 소방계획서 작성 등)

① 법 제24조제5항제1호에서 "대통령령으로 정하는 사항"이란 다음 각 호의 사항을 말한다.

> 1. 소방안전관리대상물의 위치·구조·연면적(「건축법 시행령」 제119조제1항제4호에 따라 산정된 면적을 말한다. 이하 같다)·용도 및 수용인원 등 일반 현황
> 2. 소방안전관리대상물에 설치한 소방시설, 방화시설, 전기시설, 가스시설 및 위험물시설의 현황
> 3. 화재 예방을 위한 자체점검계획 및 대응대책
> 4. 소방시설·피난시설 및 방화시설의 점검·정비계획
> 5. 피난층 및 피난시설의 위치와 피난경로의 설정, 화재안전취약자의 피난계획 등을 포함한 피난계획
> 6. 방화구획, 제연구획(除煙區劃), 건축물의 내부 마감재료 및 방염대상물품의 사용 현황과 그 밖의 방화구조 및 설비의 유지·관리계획
> 7. 법 제35조제1항에 따른 관리의 권원이 분리된 특정소방대상물의 소방안전관리에 관한 사항
> 8. 소방훈련·교육에 관한 계획
> 9. 법 제37조를 적용받는 소방안전관리대상물의 근무자 및 거주자의 자위소방대 조직과 대원의 임무(화재안전취약자의 피난 보조 임무를 포함한다)에 관한 사항
> 10. 화기 취급 작업에 대한 사전 안전조치 및 감독 등 공사 중 소방안전관리에 관한 사항
> 11. 소화에 관한 사항과 연소 방지에 관한 사항
> 12. 위험물의 저장·취급에 관한 사항(「위험물안전관리법」 제17조에 따라 예방규정을 정하는 제조소등은 제외한다)
> 13. 소방안전관리에 대한 업무수행에 관한 기록 및 유지에 관한 사항
> 14. 화재발생 시 화재경보, 초기소화 및 피난유도 등 초기대응에 관한 사항

15. 그 밖에 소방본부장 또는 소방서장이 소방안전관리대상물의 위치·구조·설비 또는 관리 상황 등을 고려하여 소방안전관리에 필요하여 요청하는 사항

② 소방본부장 또는 소방서장은 소방안전관리대상물의 소방계획서의 작성 및 그 실시에 관하여 지도·감독한다.

제28조(소방안전관리 업무의 대행 대상 및 업무)

① 법 제25조제1항 전단에서 "대통령령으로 정하는 소방안전관리대상물"이란 다음 각 호의 소방안전관리대상물을 말한다.

1. 별표 4 제2호가목3)에 따른 지상층의 층수가 11층 이상인 1급 소방안전관리대상물(연면적 1만5천제곱미터 이상인 특정소방대상물과 아파트는 제외한다)
2. 별표 4 제3호에 따른 2급 소방안전관리대상물
3. 별표 4 제4호에 따른 3급 소방안전관리대상물

② 법 제25조제1항 전단에서 "대통령령으로 정하는 업무"란 다음 각 호의 업무를 말한다.

1. 법 제24조제5항제3호에 따른 피난시설, 방화구획 및 방화시설의 관리
2. 법 제24조제5항제4호에 따른 소방시설이나 그 밖의 소방 관련 시설의 관리

제29조(건설현장 소방안전관리대상물)

법 제29조제1항에서 "대통령령으로 정하는 특정소방대상물"이란 다음 각 호의 어느 하나에 해당하는 특정소방대상물을 말한다.

1. 신축·증축·개축·재축·이전·용도변경 또는 대수선을 하려는 부분의 연면적의 합계가 1만5천제곱미터 이상인 것
2. 신축·증축·개축·재축·이전·용도변경 또는 대수선을 하려는 부분의 연면적이 5천제곱미터 이상인 것으로서 다음 각 목의 어느 하나에 해당하는 것
   가. 지하층의 층수가 2개 층 이상인 것
   나. 지상층의 층수가 11층 이상인 것
   다. 냉동창고, 냉장창고 또는 냉동·냉장창고

제38조(소방훈련·교육 결과 제출의 대상)

법 제37조제2항에서 "대통령령으로 정하는 소방안전관리대상물"이란 다음 각 호의 소방안전관리대상물을 말한다.

1. 별표4 제1호에 따른 특급 소방안전관리대상물
2. 별표4 제2호에 따른 1급 소방안전관리대상물

제39조(불시 소방훈련 · 교육의 대상)

법 제37조제4항에서 "대통령령으로 정하는 특정소방대상물"이란 소방안전관리대상물 중 다음 각 호의 특정소방대상물을 말한다.

1. 「소방시설 설치 및 관리에 관한 법률 시행령」 별표 2 제7호에 따른 의료시설
2. 「소방시설 설치 및 관리에 관한 법률 시행령」 별표 2 제8호에 따른 교육연구시설
3. 「소방시설 설치 및 관리에 관한 법률 시행령」 별표 2 제9호에 따른 노유자 시설
4. 그 밖에 화재 발생 시 불특정 다수의 인명피해가 예상되어 소방본부장 또는 소방서장이 소방훈련 · 교육이 필요하다고 인정하는 특정소방대상물

제41조(소방안전 특별관리시설물)

① 법 제40조제1항제13호에서 "대통령령으로 정하는 전통시장"이란 점포가 500개 이상인 전통시장을 말한다.

② 법 제40조제1항제14호에서 "대통령령으로 정하는 시설물"이란 다음 각 호의 시설물을 말한다.

1. 「전기사업법」 제2조제4호에 따른 발전사업자가 가동 중인 발전소(「발전소주변지역 지원에 관한 법률 시행령」 제2조제2항에 따른 발전소는 제외한다)
2. 「물류시설의 개발 및 운영에 관한 법률」 제2조제5호의2에 따른 물류창고로서 연면적 10만제곱미터 이상인 것
3. 「도시가스사업법」 제2조제5호에 따른 가스공급시설

[별표 1] 화재의 예방 및 안전관리에 관한 법률 시행령

보일러 등의 설비 또는 기구 등의 위치 · 구조 및 관리와 화재예방을 위하여 불을 사용할 때 지켜야 하는 사항(제18조제2항 관련)

1. 보일러

가. 가연성 벽 · 바닥 또는 천장과 접촉하는 증기기관 또는 연통의 부분은 규조토 등 난연성 또는 불연성 단열재로 덮어씌워야 한다.

나. 경유 · 등유 등 액체연료를 사용할 때에는 다음 사항을 지켜야 한다.

> 1) 연료탱크는 보일러 본체로부터 수평거리 1미터 이상의 간격을 두어 설치할 것
> 2) 연료탱크에는 화재 등 긴급상황이 발생하는 경우 연료를 차단할 수 있는 개폐밸브를 연료탱크로부터 0.5미터 이내에 설치할 것
> 3) 연료탱크 또는 보일러 등에 연료를 공급하는 배관에는 여과장치를 설치할 것
> 4) 사용이 허용된 연료 외의 것을 사용하지 않을 것
> 5) 연료탱크가 넘어지지 않도록 받침대를 설치하고, 연료탱크 및 연료탱크 받침대는 「건축법 시행령」 제2조제10호에 따른 불연재료(이하 "불연재료"라 한다)로 할 것

다. 기체연료를 사용할 때에는 다음 사항을 지켜야 한다.

> 1) 보일러를 설치하는 장소에는 환기구를 설치하는 등 가연성 가스가 머무르지 않도록 할 것
> 2) 연료를 공급하는 배관은 금속관으로 할 것
> 3) 화재 등 긴급 시 연료를 차단할 수 있는 개폐밸브를 연료용기 등으로부터 0.5미터 이내에 설치할 것
> 4) 보일러가 설치된 장소에는 가스누설경보기를 설치할 것

라. 화목(火木) 등 고체연료를 사용할 때에는 다음 사항을 지켜야 한다.

> 1) 고체연료는 보일러 본체와 수평거리 2미터 이상 간격을 두어 보관하거나 불연재료로 된 별도의 구획된 공간에 보관할 것
> 2) 연통은 천장으로부터 0.6미터 떨어지고, 연통의 배출구는 건물 밖으로 0.6미터 이상 나오도록 설치할 것
> 3) 연통의 배출구는 보일러 본체보다 2미터 이상 높게 설치할 것
> 4) 연통이 관통하는 벽면, 지붕 등은 불연재료로 처리할 것

> 5) 연통재질은 불연재료로 사용하고 연결부에 청소구를 설치할 것

마. 보일러 본체와 벽·천장 사이의 거리는 0.6미터 이상이어야 한다.

바. 보일러를 실내에 설치하는 경우에는 콘크리트바닥 또는 금속 외의 불연재료로 된 바닥 위에 설치해야 한다.

2. 난로

가. 연통은 천장으로부터 0.6미터 이상 떨어지고, 연통의 배출구는 건물 밖으로 0.6미터 이상 나오게 설치해야 한다.

나. 가연성 벽·바닥 또는 천장과 접촉하는 연통의 부분은 규조토 등 난연성 또는 불연성의 단열재로 덮어씌워야 한다.

다. 이동식난로는 다음의 장소에서 사용해서는 안 된다. 다만, 난로가 쓰러지지 않도록 받침대를 두어 고정시키거나 쓰러지는 경우 즉시 소화되고 연료의 누출을 차단할 수 있는 장치가 부착된 경우에는 그렇지 않다.

1) 「다중이용업소의 안전관리에 관한 특별법」 제2조제1항제4호에 따른 다중이용업소

2) 「학원의 설립·운영 및 과외교습에 관한 법률」 제2조제1호에 따른 학원

3) 「학원의 설립·운영 및 과외교습에 관한 법률 시행령」 제2조제1항제4호에 따른 독서실

4) 「공중위생관리법」 제2조제1항제2호에 따른 숙박업, 같은 항 제3호에 따른 목욕장업 및 같은 항 제6호에 따른 세탁업의 영업장

5) 「의료법」 제3조제2항제1호에 따른 의원·치과의원·한의원, 같은 항 제2호에 따른 조산원 및 같은 항 제3호에 따른 병원·치과병원·한방병원·요양병원·정신병원·종합병원

6) 「식품위생법 시행령」 제21조제8호에 따른 식품접객업의 영업장

7) 「영화 및 비디오물의 진흥에 관한 법률」 제2조제10호에 따른 영화상영관

8) 「공연법」 제2조제4호에 따른 공연장

9) 「박물관 및 미술관 진흥법」 제2조제1호에 따른 박물관 및 같은 조 제2호에 따른 미술관

10) 「유통산업발전법」 제2조제7호에 따른 상점가

11) 「건축법」 제20조에 따른 가설건축물

12) 역·터미널

3. 건조설비

가. 건조설비와 벽·천장 사이의 거리는 0.5미터 이상이어야 한다.

나. 건조물품이 열원과 직접 접촉하지 않도록 해야 한다.

　　다. 실내에 설치하는 경우에 벽·천장 및 바닥은 불연재료로 해야 한다.

4. 가스·전기시설

　　가. 가스시설의 경우 「고압가스 안전관리법」, 「도시가스사업법」 및 「액화석유가스의 안전
　　　관리 및 사업법」에서 정하는 바에 따른다.

　　나. 전기시설의 경우 「전기사업법」 및 「전기안전관리법」에서 정하는 바에 따른다.

5. 불꽃을 사용하는 용접·용단 기구

　　용접 또는 용단 작업장에서는 다음 각 목의 사항을 지켜야 한다. 다만, 「산업안전보건법」
　　제38조의 적용을 받는 사업장에는 적용하지 않는다.

　　가. 용접 또는 용단 작업장 주변 반경 5미터 이내에 소화기를 갖추어 둘 것
　　나. 용접 또는 용단 작업장 주변 반경 10미터 이내에는 가연물을 쌓아두거나 놓아두지 말
　　　것. 다만, 가연물의 제거가 곤란하여 방화포 등으로 방호조치를 한 경우는 제외한다.

6. 노·화덕설비

　　가. 실내에 설치하는 경우에는 흙바닥 또는 금속 외의 불연재료로 된 바닥에 설치해야 한
　　　다.

　　나. 노 또는 화덕을 설치하는 장소의 벽·천장은 불연재료로 된 것이어야 한다.

　　다. 노 또는 화덕의 주위에는 녹는 물질이 확산되지 않도록 높이 0.1미터 이상의 턱을 설치
　　　해야 한다.

　　라. 시간당 열량이 30만킬로칼로리 이상인 노를 설치하는 경우에는 다음의 사항을 지켜야
　　　한다.

　　　1) 「건축법」 제2조제1항제7호에 따른 주요구조부(이하 "주요구조부"라 한다)는 불연재
　　　　료 이상으로 할 것

　　　2) 창문과 출입구는 「건축법 시행령」 제64조에 따른 60분+ 방화문 또는 60분 방화문
　　　　으로 설치할 것

　　　3) 노 주위에는 1미터 이상 공간을 확보할 것

7. 음식조리를 위하여 설치하는 설비

　　「식품위생법 시행령」 제21조제8호에 따른 식품접객업 중 일반음식점 주방에서 조리를 위
　　하여 불을 사용하는 설비를 설치하는 경우에는 다음 각 목의 사항을 지켜야 한다.

가. 주방설비에 부속된 배출덕트(공기 배출통로)는 0.5밀리미터 이상의 아연도금강판 또는 이와 같거나 그 이상의 내식성 불연재료로 설치할 것

나. 주방시설에는 동물 또는 식물의 기름을 제거할 수 있는 필터 등을 설치할 것

다. 열을 발생하는 조리기구는 반자 또는 선반으로부터 0.6미터 이상 떨어지게 할 것

라. 열을 발생하는 조리기구로부터 0.15미터 이내의 거리에 있는 가연성 주요구조부는 단열성이 있는 불연재료로 덮어 씌울 것

[비고] 1. "보일러"란 사업장 또는 영업장 등에서 사용하는 것을 말하며, 주택에서 사용하는 가정용 보일러는 제외한다.

2. "건조설비"란 산업용 건조설비를 말하며, 주택에서 사용하는 건조설비는 제외한다.

3. "노ㆍ화덕설비"란 제조업ㆍ가공업에서 사용되는 것을 말하며, 주택에서 조리용도로 사용되는 화덕은 제외한다.

4. 보일러, 난로, 건조설비, 불꽃을 사용하는 용접ㆍ용단기구 및 노ㆍ화덕설비가 설치된 장소에는 소화기 1개 이상을 갖추어 두어야 한다.

[별표 2] 화재의 예방 및 안전관리에 관한 법률 시행령

특수가연물(제19조제1항 관련)

품명		수량
면화류		200킬로그램 이상
나무껍질 및 대팻밥		400킬로그램 이상
넝마 및 종이부스러기		1,000킬로그램 이상
사류(絲類)		1,000킬로그램 이상
볏짚류		1,000킬로그램 이상
가연성 고체류		3,000킬로그램 이상
석탄ㆍ목탄류		10,000킬로그램 이상
가연성 액체류		2세제곱미터 이상
목재가공품 및 나무부스러기		10세제곱미터 이상
고무류ㆍ플라스틱류	발포시킨 것	20세제곱미터 이상
	그 밖의 것	3,000킬로그램 이상

[비고] 1. "면화류"란 불연성 또는 난연성이 아닌 면상(綿狀) 또는 팽이모양의 섬유와 마사(麻絲) 원료를 말한다.

2. 넝마 및 종이부스러기는 불연성 또는 난연성이 아닌 것(동물 또는 식물의 기름이 깊이 스며들어 있는 옷감ㆍ종이 및 이들의 제품을 포함한다)으로 한정한다.

3. "사류"란 불연성 또는 난연성이 아닌 실(실부스러기와 솜털을 포함한다)과 누에고치를 말한다.

4. "볏짚류"란 마른 볏짚·북데기와 이들의 제품 및 건초를 말한다. 다만, 축산용도로 사용하는 것은 제외한다.

5. "가연성 고체류"란 고체로서 다음 각 목에 해당하는 것을 말한다.

  가. 인화점이 섭씨 40도 이상 100도 미만인 것

  나. 인화점이 섭씨 100도 이상 200도 미만이고, 연소열량이 1그램당 8킬로칼로리 이상인 것

  다. 인화점이 섭씨 200도 이상이고 연소열량이 1그램당 8킬로칼로리 이상인 것으로서 녹는점(융점)이 100도 미만인 것

  라. 1기압과 섭씨 20도 초과 40도 이하에서 액상인 것으로서 인화점이 섭씨 70도 이상 섭씨 200도 미만이거나 나목 또는 다목에 해당하는 것

6. 석탄·목탄류에는 코크스, 석탄가루를 물에 갠 것, 마세크탄(조개탄), 연탄, 석유코크스, 활성탄 및 이와 유사한 것을 포함한다.

7. "가연성 액체류"란 다음 각 목의 것을 말한다.

  가. 1기압과 섭씨 20도 이하에서 액상인 것으로서 가연성 액체량이 40중량퍼센트 이하이면서 인화점이 섭씨 40도 이상 섭씨 70도 미만이고 연소점이 섭씨 60도 이상인 것

  나. 1기압과 섭씨 20도에서 액상인 것으로서 가연성 액체량이 40중량퍼센트 이하이고 인화점이 섭씨 70도 이상 섭씨 250도 미만인 것

  다. 동물의 기름과 삭코기 또는 식물의 씨나 과일의 살에서 추출한 것으로서 다음의 어느 하나에 해당하는 것

    1) 1기압과 섭씨 20도에서 액상이고 인화점이 250도 미만인 것으로서 「위험물안전관리법」 제20조제1항에 따른 용기기준과 수납·저장기준에 적합하고 용기외부에 물품명·수량 및 "화기엄금" 등의 표시를 한 것

    2) 1기압과 섭씨 20도에서 액상이고 인화점이 섭씨 250도 이상인 것

8. "고무류·플라스틱류"란 불연성 또는 난연성이 아닌 고체의 합성수지제품, 합성수지반제품, 원료합성수지 및 합성수지 부스러기(불연성 또는 난연성이 아닌 고무제품, 고무반제품, 원료고무 및 고무 부스러기를 포함한다)를 말한다. 다만, 합성수지의 섬유·옷감·종이 및 실과 이들의 넝마와 부스러기는 제외한다.

[별표 3] 화재의 예방 및 안전관리에 관한 법률 시행령

특수가연물의 저장 및 취급 기준(제19조제2항 관련)

1. 특수가연물의 저장 · 취급 기준

특수가연물은 다음 각 목의 기준에 따라 쌓아 저장해야 한다. 다만, 석탄 · 목탄류를 발전용(發電用)으로 저장하는 경우는 제외한다.

가. 품명별로 구분하여 쌓을 것
나. 다음의 기준에 맞게 쌓을 것

구분	살수설비를 설치하거나 방사능력 범위에 해당 특수가연물이 포함되도록 대형수동식소화기를 설치하는 경우	그 밖의 경우
높이	15미터 이하	10미터 이하
쌓는 부분의 바닥면적	200제곱미터(석탄 · 목탄류의 경우에는 300제곱미터) 이하	50제곱미터(석탄 · 목탄류의 경우에는 200제곱미터) 이하

다. 실외에 쌓아 저장하는 경우 쌓는 부분이 대지경계선, 도로 및 인접 건축물과 최소 6미터 이상 간격을 둘 것. 다만, 쌓는 높이보다 0.9미터 이상 높은 「건축법 시행령」 제2조제7호에 따른 내화구조(이하 "내화구조"라 한다) 벽체를 설치한 경우는 그렇지 않다.
라. 실내에 쌓아 저장하는 경우 주요구조부는 내화구조이면서 불연재료여야 하고, 다른 종류의 특수가연물과 같은 공간에 보관하지 않을 것. 다만, 내화구조의 벽으로 분리하는 경우는 그렇지 않다.
마. 쌓는 부분 바닥면적의 사이는 실내의 경우 1.2미터 또는 쌓는 높이의 1/2 중 큰 값 이상으로 간격을 두어야 하며, 실외의 경우 3미터 또는 쌓는 높이 중 큰 값 이상으로 간격을 둘 것

2. 특수가연물 표지

가. 특수가연물을 저장 또는 취급하는 장소에는 품명, 최대저장수량, 단위부피당 질량 또는 단위체적당 질량, 관리책임자 성명 · 직책, 연락처 및 화기취급의 금지표시가 포함된 특수가연물 표지를 설치해야 한다.

나. 특수가연물 표지의 규격은 다음과 같다.

특수가연물	
화기엄금	
품 명	**합성수지류**
최대저장수량 (배수)	000톤(00배)
단위부피당 질량 (단위체적당 질량)	000kg/m³
관리책임자 (직 책)	홍길동 팀장
연락처	02-000-0000

1) 특수가연물 표지는 한 변의 길이가 0.3미터 이상, 다른 한 변의 길이가 0.6미터 이상인 직사각형으로 할 것

2) 특수가연물 표지의 바탕은 흰색으로, 문자는 검은색으로 할 것. 다만, "화기엄금" 표시 부분은 제외한다.

3) 특수가연물 표지 중 화기엄금 표시 부분의 바탕은 붉은색으로, 문자는 백색으로 할 것

다. 특수가연물 표지는 특수가연물을 저장하거나 취급하는 장소 중 보기 쉬운 곳에 설치해야 한다.

[별표 4] 화재의 예방 및 안전관리에 관한 법률 시행령

소방안전관리자를 선임해야 하는 소방안전관리대상물의 범위와 소방안전관리자의 선임 대상별 자격 및 인원기준(제25조제1항 관련)

1. 특급 소방안전관리대상물

가. 특급 소방안전관리대상물의 범위

「소방시설 설치 및 관리에 관한 법률 시행령」 별표 2의 특정소방대상물 중 다음의 어느 하나에 해당하는 것

1) 50층 이상(지하층은 제외한다)이거나 지상으로부터 높이가 200미터 이상인 아파트

2) 30층 이상(지하층을 포함한다)이거나 지상으로부터 높이가 120미터 이상인 특정소방대상물(아파트는 제외한다)

3) 2)에 해당하지 않는 특정소방대상물로서 연면적이 10만제곱미터 이상인 특정소방대상물(아파트는 제외한다)

나. 특급 소방안전관리대상물에 선임해야 하는 소방안전관리자의 자격

다음의 어느 하나에 해당하는 사람으로서 특급 소방안전관리자 자격증을 발급받은 사람

1) 소방기술사 또는 소방시설관리사의 자격이 있는 사람

2) 소방설비기사의 자격을 취득한 후 5년 이상 1급 소방안전관리대상물의 소방안전관리자로 근무한 실무경력(법 제24조제3항에 따라 소방안전관리자로 선임되어 근무한 경력은 제외한다. 이하 이 표에서 같다)이 있는 사람

3) 소방설비산업기사의 자격을 취득한 후 7년 이상 1급 소방안전관리대상물의 소방안전관리자로 근무한 실무경력이 있는 사람

4) 소방공무원으로 20년 이상 근무한 경력이 있는 사람

5) 소방청장이 실시하는 특급 소방안전관리대상물의 소방안전관리에 관한 시험에 합격한 사람

다. 선임인원 : 1명 이상

2. 1급 소방안전관리대상물

가. 1급 소방안전관리대상물의 범위

「소방시설 설치 및 관리에 관한 법률 시행령」 별표 2의 특정소방대상물 중 다음의 어느 하나에 해당하는 것(제1호에 따른 특급 소방안전관리대상물은 제외한다)

1) 30층 이상(지하층은 제외한다)이거나 지상으로부터 높이가 120미터 이상인 아파트

2) 연면적 1만5천제곱미터 이상인 특정소방대상물(아파트 및 연립주택은 제외한다)

3) 2)에 해당하지 않는 특정소방대상물로서 지상층의 층수가 11층 이상인 특정소방대상물(아파트는 제외한다)

4) 가연성 가스를 1천톤 이상 저장·취급하는 시설

나. 1급 소방안전관리대상물에 선임해야 하는 소방안전관리자의 자격

다음의 어느 하나에 해당하는 사람으로서 1급 소방안전관리자 자격증을 발급받은 사람 또는 제1호에 따른 특급 소방안전관리대상물의 소방안전관리자 자격증을 발급받

은 사람

1) 소방설비기사 또는 소방설비산업기사의 자격이 있는 사람

2) 소방공무원으로 7년 이상 근무한 경력이 있는 사람

3) 소방청장이 실시하는 1급 소방안전관리대상물의 소방안전관리에 관한 시험에 합격한 사람

다. 선임인원: 1명 이상

3. 2급 소방안전관리대상물

가. 2급 소방안전관리대상물의 범위

「소방시설 설치 및 관리에 관한 법률 시행령」 별표 2의 특정소방대상물 중 다음의 어느 하나에 해당하는 것(제1호에 따른 특급 소방안전관리대상물 및 제2호에 따른 1급 소방안전관리대상물은 제외한다)

1) 「소방시설 설치 및 관리에 관한 법률 시행령」 별표 4 제1호다목에 따라 옥내소화전설비를 설치해야 하는 특정소방대상물, 같은 호 라목에 따라 스프링클러설비를 설치해야 하는 특정소방대상물 또는 같은 호 바목에 따라 물분무등소화설비[화재안전기준에 따라 호스릴(hose reel) 방식의 물분무등소화설비만을 설치할 수 있는 특정소방대상물은 제외한다]를 설치해야 하는 특정소방대상물

2) 가스 제조설비를 갖추고 도시가스사업의 허가를 받아야 하는 시설 또는 가연성 가스를 100톤 이상 1천톤 미만 저장·취급하는 시설

3) 지하구

4) 「공동주택관리법」 제2조제1항제2호의 어느 하나에 해당하는 공동주택(「소방시설 설치 및 관리에 관한 법률 시행령」 별표 4 제1호다목 또는 라목에 따른 옥내소화전설비 또는 스프링클러설비가 설치된 공동주택으로 한정한다)

5) 「문화재보호법」 제23조에 따라 보물 또는 국보로 지정된 목조건축물

나. 2급 소방안전관리대상물에 선임해야 하는 소방안전관리자의 자격

다음의 어느 하나에 해당하는 사람으로서 2급 소방안전관리자 자격증을 발급받은 사람, 제1호에 따른 특급 소방안전관리대상물 또는 제2호에 따른 1급 소방안전관리대상물의 소방안전관리자 자격증을 발급받은 사람

1) 위험물기능장·위험물산업기사 또는 위험물기능사 자격이 있는 사람

2) 소방공무원으로 3년 이상 근무한 경력이 있는 사람

3) 소방청장이 실시하는 2급 소방안전관리대상물의 소방안전관리에 관한 시험에 합격한 사람

4)「기업활동 규제완화에 관한 특별조치법」제29조, 제30조 및 제32조에 따라 소방안전관리자로 선임된 사람(소방안전관리자로 선임된 기간으로 한정한다)

다. 선임인원: 1명 이상

4. 3급 소방안전관리대상물

가. 3급 소방안전관리대상물의 범위

「소방시설 설치 및 관리에 관한 법률 시행령」별표 2의 특정소방대상물 중 다음의 어느 하나에 해당하는 것(제1호에 따른 특급 소방안전관리대상물, 제2호에 따른 1급 소방안전관리대상물 및 제3호에 따른 2급 소방안전관리대상물은 제외한다)

1)「소방시설 설치 및 관리에 관한 법률 시행령」별표 4 제1호마목에 따라 간이스프링클러설비(주택전용 간이스프링클러설비는 제외한다)를 설치해야 하는 특정소방대상물

2)「소방시설 설치 및 관리에 관한 법률 시행령」별표 4 제2호다목에 따른 자동화재탐지설비를 설치해야 하는 특정소방대상물

나. 3급 소방안전관리대상물에 선임해야 하는 소방안전관리자의 자격

다음의 어느 하나에 해당하는 사람으로서 3급 소방안전관리자 자격증을 발급받은 사람 또는 제1호부터 제3호까지의 규정에 따라 특급 소방안전관리대상물, 1급 소방안전관리대상물 또는 2급 소방안전관리대상물의 소방안전관리자 자격증을 발급받은 사람

1) 소방공무원으로 1년 이상 근무한 경력이 있는 사람

2) 소방청장이 실시하는 3급 소방안전관리대상물의 소방안전관리에 관한 시험에 합격한 사람

3)「기업활동 규제완화에 관한 특별조치법」제29조, 제30조 및 제32조에 따라 소방안전관리자로 선임된 사람(소방안전관리자로 선임된 기간으로 한정한다)

다. 선임인원: 1명 이상

[비고] 1. 동·식물원, 철강 등 불연성 물품을 저장·취급하는 창고, 위험물 저장 및 처리 시설 중 제조소등과 지하구는 특급 소방안전관리대상물 및 1급 소방안전관리대상물에서 제외한다.

2. 이 표 제1호에 따른 특급 소방안전관리대상물에 선임해야 하는 소방안전관리자의 자격을 산정할 때에는 동일한 기간에 수행한 경력이 두 가지 이상의 자격기준에 해당하는 경우 하나의 자격기준에 대해서만 그 기간을 인정하고 기간이 중복되지 않는 소방안전관리자 실무경력의 경우에는 각각의 기간을 실무경력으로 인정한다. 이 경우 자격기준별 실무경력 기간을 해당 실무경력 기준기간으로 나누어 합한 값이 1 이상이면 선임자격을 갖춘 것으로 본다.

화재의 예방 및 안전관리에 관한 법률 시행규칙

[시행 2022. 12. 1.] [행정안전부령 제361호, 2022. 12. 1., 제정]

제15조(소방안전관리자 정보의 게시)

① 법 제26조제1항에서 "행정안전부령으로 정하는 사항"이란 다음 각 호의 사항을 말한다.

> 1. 소방안전관리대상물의 명칭 및 등급
> 2. 소방안전관리자의 성명 및 선임일자
> 3. 소방안전관리자의 연락처
> 4. 소방안전관리자의 근무 위치(화재 수신기 또는 종합방재실을 말한다)

② 제1항에 따른 소방안전관리자 성명 등의 게시는 별표 2의 소방안전관리자 현황표에 따른다. 이 경우 「소방시설 설치 및 관리에 관한 법률 시행규칙」 별표 5에 따른 소방시설등 자체점검 기록표를 함께 게시할 수 있다.

제34조(피난계획의 수립 · 시행)

① 법 제36조제1항에 따른 피난계획(이하 "피난계획"이라 한다)에는 다음 각 호의 사항이 포함되어야 한다.

> 1. 화재경보의 수단 및 방식
> 2. 층별, 구역별 피난대상 인원의 연령별 · 성별 현황
> 3. 피난약자의 현황
> 4. 각 거실에서 옥외(옥상 또는 피난안전구역을 포함한다)로 이르는 피난경로
> 5. 피난약자 및 피난약자를 동반한 사람의 피난동선과 피난방법
> 6. 피난시설, 방화구획, 그 밖에 피난에 영향을 줄 수 있는 제반 사항

② 소방안전관리대상물의 관계인은 해당 소방안전관리대상물의 구조 · 위치, 소방시설 등을 고려하여 피난계획을 수립해야 한다.

③ 소방안전관리대상물의 관계인은 해당 소방안전관리대상물의 피난시설이 변경된 경우에는 그 변경사항을 반영하여 피난계획을 정비해야 한다.

④ 제1항부터 제3항까지에서 규정한 사항 외에 피난계획의 수립 · 시행에 필요한 세부 사항은 소방청장이 정하여 고시한다.

제35조(피난유도 안내정보의 제공)

① 법 제36조제3항에 따른 피난유도 안내정보는 다음 각 호의 어느 하나의 방법으로 제공한다.

1. 연 2회 피난안내 교육을 실시하는 방법
2. 분기별 1회 이상 피난안내방송을 실시하는 방법
3. 피난안내도를 층마다 보기 쉬운 위치에 게시하는 방법
4. 엘리베이터, 출입구 등 시청이 용이한 장소에 피난안내영상을 제공하는 방법

다중이용업소의 안전관리에 관한 특별법

(약칭 : 다중이용업소법)

[시행 2024. 1. 4.] [법률 제19157호, 2023. 1. 3., 일부개정]

제2조(정의)

1. "다중이용업"이란 불특정 다수인이 이용하는 영업 중 화재 등 재난 발생 시 생명·신체·재산상의 피해가 발생할 우려가 높은 것으로서 대통령령으로 정하는 영업을 말한다.

2. **"안전시설등"**이란 소방시설, 비상구, 영업장 내부 피난통로, 그 밖의 안전시설로서 대통령령으로 정하는 것을 말한다.
3. **"실내장식물"**이란 건축물 내부의 천장 또는 벽에 설치하는 것으로서 대통령령으로 정하는 것을 말한다.

4. "화재위험평가"란 다중이용업의 영업소(이하 "다중이용업소"라 한다)가 밀집한 지역 또는 건축물에 대하여 화재 발생 가능성과 화재로 인한 불특정 다수인의 생명·신체·재산상의 피해 및 주변에 미치는 영향을 예측·분석하고 이에 대한 대책을 마련하는 것을 말한다.

5. **"밀폐구조의 영업장"**이란 지상층에 있는 다중이용업소의 영업장 중 채광·환기·통풍 및 피난 등이 용이하지 못한 구조로 되어 있으면서 대통령령으로 정하는 기준에 해당하는 영업장을 말한다.
6. **"영업장의 내부구획"**이란 다중이용업소의 영업장 내부를 이용객들이 사용할 수 있도록 벽 또는 칸막이 등을 사용하여 구획된 실(室)을 만드는 것을 말한다.

제9조(다중이용업소의 안전관리기준 등)

① 다중이용업주 및 다중이용업을 하려는 자는 영업장에 대통령령으로 정하는 안전시설등을 행정안전부령으로 정하는 기준에 따라 설치·유지하여야 한다. 이 경우 다음 각 호의 어느 하나에 해당하는 영업장 중 대통령령으로 정하는 영업장에는 소방시설 중 간이스프링클러설비를 행정안전부령으로 정하는 기준에 따라 설치하여야 한다.
〈개정 2014.1.7., 2014.11.19., 2017.7.26.〉

1. 숙박을 제공하는 형태의 다중이용업소의 영업장
2. 밀폐구조의 영업장

② 소방본부장이나 소방서장은 안전시설등이 행정안전부령으로 정하는 기준에 맞게 설치 또는 유지되어 있지 아니한 경우에는 그 다중이용업주에게 안전시설등의 보완 등 필요한 조치를 명하거나 허가관청에 관계 법령에 따른 영업정지 처분 또는 허가등의 취소를 요청할 수 있다. 〈개정 2013.3.23., 2014.11.19., 2016.1.27., 2017.7.26.〉

③ 다중이용업을 하려는 자(다중이용업을 하고 있는 자를 포함한다)는 다음 각 호의 어느 하나에 해당하는 경우에는 안전시설등을 설치하기 전에 미리 소방본부장이나 소방서장에게 행정안전부령으로 정하는 안전시설등의 설계도서를 첨부하여 행정안전부령으로 정하는 바에 따라 신고하여야 한다.〈개정 2013.3.23., 2014.1.7., 2014.11.19., 2015.1.20., 2017.7.26.〉

> 1. 안전시설등을 설치하려는 경우
> 2. 영업장 내부구조를 변경하려는 경우로서 다음 각 목의 어느 하나에 해당하는 경우
>   가. 영업장 면적의 증가
>   나. 영업장의 구획된 실의 증가
>   다. 내부통로 구조의 변경
> 3. 안전시설등의 공사를 마친 경우

제9조의2(다중이용업소의 비상구 추락방지)

> 다중이용업주 및 다중이용업을 하려는 자는 제9조제1항에 따라 설치·유지하는 안전시설등 중 행정안전부령으로 정하는 비상구에 추락위험을 알리는 표지 등 추락 등의 방지를 위한 장치를 행정안전부령으로 정하는 기준에 따라 갖추어야 한다.[본조신설 2017.12.26.]

제10조(다중이용업의 실내장식물)

① 다중이용업소에 설치하거나 교체하는 실내장식물(반자돌림대 등의 너비가 10센티미터 이하인 것은 제외한다)은 **불연재료(不燃材料) 또는 준불연재료**로 설치하여야 한다.

② 제1항에도 불구하고 **합판 또는 목재**로 실내장식물을 설치하는 경우로서 그 면적이 영업장 천장과 벽을 합한 면적의 **10분의 3(스프링클러설비 또는 간이스프링클러설비가 설치된 경우에는 10분의 5) 이하**인 부분은「화재예방, 소방시설 설치·유지 및 안전관리에 관한 법률」제12조제3항에 따른 **방염성능기준 이상**의 것으로 설치할 수 있다.

제10조의2(영업장의 내부구획)

① 다중이용업소의 영업장 내부를 구획하고자 할 때에는 불연재료로 구획하여야 한다. 이 경우 다음 각 호의 어느 하나에 해당하는 다중이용업소의 영업장은 천장(반자속)까지 구획하여야 한다.

> 1. 단란주점 및 유흥주점 영업
> 2. 노래연습장업

제13조(다중이용업주의 안전시설등에 대한 정기점검 등)

① 다중이용업주는 다중이용업소의 안전관리를 위하여 정기적으로 안전시설등을 점검하고 그 **점검결과서를 1년간 보관하여야 한다.** 이 경우 **다중이용업소에 설치된 안전시설등이 건축물의 다른 시설·장비와 연계되어 작동되는 경우에는 해당 건축물의 관계인**(「소방기본법」 제2조제3호에 따른 관계인을 말한다. 이하 같다) **및 소방안전관리자는 다중이용업주의 안전점검에 협조**하여야 한다.

〈개정 2011. 8. 4., 2021. 1. 5.〉

② 다중이용업주는 제1항에 따른 정기점검을 행정안전부령으로 정하는 바에 따라 「화재예방, 소방시설 설치·유지 및 안전관리에 관한 법률」 제29조에 따른 소방시설관리업자에게 위탁할 수 있다. 〈개정 2011. 8. 4., 2013. 3. 23., 2014. 11. 19., 2017. 7. 26., 2018. 10. 16.〉

③ 제1항에 따른 안전점검의 대상, 점검자의 자격, 점검주기, 점검방법, 그 밖에 필요한 사항은 행정안전부령으로 정한다. 〈개정 2013. 3. 23., 2014. 11. 19., 2017. 7. 26.〉

제14조(다중이용업소의 소방안전관리)

다중이용업주는 「화재의 예방 및 안전관리에 관한 법률」 제24조제5항제3호·제4호·제6호 및 제9호에 따른 소방안전관리업무를 수행하여야 한다. 〈개정 2011. 8. 4., 2018. 10. 16., 2021. 11. 30.〉

> **[보충설명] 다중이용업주의 소방안전관리업무(제24조제5항제3호,제4호, 제6호 및 제9호)**
>
> 3. 「소방시설 설치 및 관리에 관한 법률」 제16조에 따른 피난시설, 방화구획 및 방화시설의 관리
> 4. 소방시설이나 그 밖의 소방 관련 시설의 관리
> 6. 화기(火氣) 취급의 감독
> 9. 그 밖에 소방안전관리에 필요한 업무

제14조의2(다중이용업주의 안전사고 보고의무)

① 다중이용업주는 다중이용업소의 화재, 영업장 시설의 하자 또는 결함 등으로 인하여 다음 각 호의 어느 하나에 해당하는 사고가 발생했거나 발생한 사실을 알게 된 경우 소방본부장 또는 소방서장에게 그 사실을 즉시 보고하여야 한다.

1. 사람이 사망한 사고
2. 사람이 부상당하거나 중독된 사고
3. 화재 또는 폭발 사고
4. 그 밖에 대통령령으로 정하는 사고

② 제1항에 따른 보고의 방법 및 절차 등 필요한 사항은 대통령령으로 정한다.
[본조신설 2021. 1. 5.]

제15조(다중이용업소에 대한 화재위험평가 등)

① 소방청장, 소방본부장 또는 소방서장은 다음 각 호의 어느 하나에 해당하는 지역 또는 건축물에 대하여 화재를 예방하고 화재로 인한 생명·신체·재산상의 피해를 방지하기 위하여 필요하다고 인정하는 경우에는 화재위험평가를 할 수 있다. 〈개정 2014.11.19., 2017.7.26.〉

1. **2천제곱미터** 지역 안에 다중이용업소가 **50개 이상** 밀집하여 있는 경우
2. **5층 이상**인 건축물로서 다중이용업소가 **10개 이상** 있는 경우
3. 하나의 건축물에 다중이용업소로 사용하는 영업장 바닥면적의 합계가 **1천제곱미터 이상**인 경우

제20조의2(화재안전조사 결과 공개)

① 소방청장, 소방본부장 또는 소방서장은 다중이용업소를 「화재의 예방 및 안전관리에 관한 법률」 제7조에 따라 화재안전조사를 실시한 경우 다음 각 호의 사항을 인터넷 등에 공개할 수 있다. 〈개정 2021. 11. 30.〉

1. 다중이용업소의 상호 및 주소
2. 안전시설등 설치 및 유지·관리 현황
3. 피난시설, 방화구획 및 방화시설 설치 및 유지·관리 현황
4. 그 밖에 대통령령으로 정하는 사항

② 제1항에 따라 화재안전조사 결과를 공개하는 경우 그 내용·기간 및 방법 등에 필요한 사항은 대통령령으로 정한다. 〈개정 2023. 1. 3.〉

소방시설관리사 기출문제

[17회점검] 소방시설관리사가 종합정밀점검 과정에서 해당 건축물 내 다중이용업소 수가 지난해보다 크게 증가하여 이에 대한 화재위험평가를 해야 한다고 판단하였다. 「다중이용업소의 안전관리에 관한 특별법」에 따라 다중이용업소에 대한 화재위험평가를 해야 하는 경우를 쓰시오. (3점)

소방기술사 기출문제

[124회] 다중이용업소의 안전관리에 관한 특별법령에 따른 다중이용업소 화재위험평가의 정의, 대상, 화재위험유발지수에 대하여 설명하시오.

다중이용업소의 안전관리에 관한 특별법 시행령

[시행 2024. 1. 4.] [대통령령 제33940호, 2023. 12. 12., 일부개정]

제2조(다중이용업)

「다중이용업소의 안전관리에 관한 특별법」(이하 "법"이라 한다) 제2조제1항제1호에서 "대통령령으로 정하는 영업"이란 다음 각 호의 영업을 말한다. 다만, 영업을 옥외시설 또는 옥외 장소에서 하는 경우 그 영업은 제외한다.〈개정 2008.12.24., 2009.7.1., 2009.8.6., 2010.8.11., 2012.1.31., 2013.3.23., 2013.11.20., 2014.11.19., 2014.12.23., 2016.1.19., 2017.7.26., 2018.07.10., 2021. 3. 2., 2021.12.30., 2022.3.15., 2022. 11. 29.〉

1. 「식품위생법 시행령」 제21조제8호에 따른 식품접객업 중 다음 각 목의 어느 하나에 해당하는 것
   가. 휴게음식점영업·제과점영업 또는 일반음식점영업으로서 영업장으로 사용하는 바닥면적(「건축법 시행령」 제119조제1항제3호에 따라 산정한 면적을 말한다. 이하 같다)의 합계가 100제곱미터(영업장이 지하층에 설치된 경우에는 그 영업장의 바닥면적 합계가 66제곱미터) 이상인 것. 다만, 영업장(내부계단으로 연결된 복층구조의 영업장을 제외한다)이 다음의 어느 하나에 해당하는 층에 설치되고 그 영업장의 주된 출입구가 건축물 외부의 지면과 직접 연결되는 곳에서 하는 영업을 제외한다.
      1) 지상 1층
      2) 지상과 직접 접하는 층
   나. 단란주점영업과 유흥주점영업
1의2. 「식품위생법 시행령」 제21조 제9호에 따른 공유주방 운영업 중 휴게음식점영업·제과점영업 또는 일반음식점영업에 사용되는 공유주방을 운영하는 영업으로서 영업장 바닥면적의 합계가 100제곱미터(영업장이 지하층에 설치된 경우에는 그 바닥면적 합계가 66제곱미터) 이상인 것. 다만, 영업장(내부계단으로 연결된 복층구조의 영업장은 제외한다)이 다음 각 목의 어느 하나에 해당하는 층에 설치되고 그 영업장의 주된 출입구가 건축물 외부의 지면과 직접 연결되는 곳에서 하는 영업은 제외한다.
   가. 지상 1층
   나. 지상과 직접 접하는 층
2. 「영화 및 비디오물의 진흥에 관한 법률」 제2조제10호, 같은 조 제16호가목·나목 및 라목에 따른 **영화상영관·비디오물감상실업·비디오물소극장업 및 복합영상물제공업**
3. 「학원의 설립·운영 및 과외교습에 관한 법률」 제2조제1호에 따른 학원(이하 "**학원**"이

라 한다)으로서 다음 각 목의 어느 하나에 해당하는 것

> 가. 「소방시설 설치 및 관리에 관한 법률 시행령」 별표 4에 따라 산정된 수용인원(이하
> "수용인원"이라 한다)이 300명 이상인 것
> 나. 수용인원 **100명 이상 300명 미만**으로서 다음의 어느 하나에 해당하는 것. 다만, 학
> 원으로 사용하는 부분과 다른 용도로 사용하는 부분(학원의 운영권자를 달리하는
> 학원과 학원을 포함한다)이 「건축법 시행령」 제46조에 따른 방화구획으로 나누어
> 진 경우는 제외한다.
>> (1) 하나의 건축물에 **학원과 기숙사가 함께 있는 학원**
>> (2) 하나의 건축물에 **학원이 둘 이상 있는 경우**로서 학원의 **수용인원이 300명 이상**
>> 인 학원
>> (3) 하나의 건축물에 제1호, 제2호, 제4호부터 제7호까지, 제7호의2부터 제7호의
>> 5까지 및 제8호의 다중이용업 중 어느 **하나 이상의 다중이용업과 학원이 함께 있**
>> **는 경우**

4. **목욕장업**으로서 다음 각 목에 해당하는 것
> 가. 하나의 영업장에서 「공중위생관리법」 제2조제1항제3호가목에 따른 목욕장업 중
> 맥반석·황토·옥 등을 직접 또는 간접 가열하여 발생하는 열기나 원적외선 등을
> 이용하여 땀을 배출하게 할 수 있는 시설 및 설비를 갖춘 것으로서 수용인원(물로
> 목욕을 할 수 있는 시설부분의 수용인원은 제외한다)이 100명 이상인 것
> 나. 「공중위생관리법」 제2조제1항제3호나목의 시설 및 설비를 갖춘 목욕장업

5. 「게임산업진흥에 관한 법률」 제2조제6호·제6호의2·제7호 및 제8호의 게임제공업·
인터넷컴퓨터게임시설제공업 및 복합유통게임제공업. 다만, 게임제공업 및 인터넷컴
퓨터게임시설제공업의 경우에는 영업장(내부계단으로 연결된 복층구조의 영업장은 제
외한다)이 다음 각 목의 어느 하나에 해당하는 층에 설치되고 그 영업장의 주된 출입구
가 건축물 외부의 지면과 직접 연결된 구조에 해당하는 경우는 제외한다.

> **가. 지상 1층**
> **나. 지상과 직접 접하는 층**

6. 「음악산업진흥에 관한 법률」 제2조제13호에 따른 **노래연습장업**

7. 「모자보건법」 제2조제12호에 따른 **산후조리업**

7의2. **고시원업**[구획된 실(室) 안에 학습자가 공부할 수 있는 시설을 갖추고 숙박 또는 숙
식을 제공하는 형태의 영업]

7의3.「사격 및 사격장 안전관리에 관한 법률 시행령」 제2조제1항 및 별표 1에 따른 **권총사**
격장(실내사격장에 한정, 같은 조 제1항에 따른 종합사격장에 설치된 경우를 포함한다)

7의4. 「체육시설의 설치 · 이용에 관한 법률」 제10조제1항제2호에 따른 가상체험 체육시설업(실내에 1개 이상의 별도의 구획된 실을 만들어 골프 종목의 운동이 가능한 시설을 경영하는 영업으로 한정한다)

7의5. 「의료법」 제82조제4항에 따른 **안마시술소**

8. 법 제15조제2항에 따른 화재위험평가결과 위험유발지수가 제11조제1항에 해당하거나 화재발생시 인명피해가 발생할 우려가 높은 불특정다수인이 출입하는 영업으로서 행정안전부령으로 정하는 영업. 이 경우 소방청장은 관계 중앙행정기관의 장과 미리 협의하여야 한다.

[보충설명] 제2조제8호에서 "행정안전부령으로 정하는 영업" [시행 2022.6.8.]

1. 전화방업 · 화상대화방업 : 구획된 실(室) 안에 전화기 · 텔레비전 · 모니터 또는 카메라 등 상대방과 대화할 수 있는 시설을 갖춘 형태의 영업

2. 수면방업 : 구획된 실(室) 안에 침대 · 간이침대 그 밖에 휴식을 취할 수 있는 시설을 갖춘 형태의 영업

3. 콜라텍업 : 손님이 춤을 추는 시설 등을 갖춘 형태의 영업으로서 주류판매가 허용되지 아니하는 영업

4. 방탈출카페업 : 제한된 시간 내에 방을 탈출하는 놀이 형태의 영업

5. 키즈카페업 : 다음 각 목의 영업
   가. 「관광진흥법 시행령」 제2조제1항제5호다목에 따른 기타유원시설업으로서 실내공간에서 어린이(「어린이안전관리에 관한 법률」 제3조제1호에 따른 어린이를 말한다. 이하 같다)에게 놀이를 제공하는 영업
   나. 실내에 「어린이놀이시설 안전관리법」 제2조제2호 및 같은 법 시행령 별표 2 제13호에 해당하는 어린이놀이시설을 갖춘 영업
   다. 「식품위생법 시행령」 제21조제8호가목에 따른 휴게음식점영업으로서 실내공간에서 어린이에게 놀이를 제공하고 부수적으로 음식류를 판매 · 제공하는 영업

6. 만화카페업 : 만화책 등 다수의 도서를 갖춘 다음 각 목의 영업. 다만, 도서를 대여 · 판매만 하는 영업인 경우와 영업장으로 사용하는 바닥면적의 합계가 50제곱미터 미만인 경우는 제외한다.
   가. 「식품위생법 시행령」 제21조제8호가목에 따른 휴게음식점영업
   나. 도서의 열람, 휴식공간 등을 제공할 목적으로 실내에 다수의 구획된 실(室)을 만들거나 입체 형태의 구조물을 설치한 영업

제3조(실내장식물) 법 제2조제1항제3호에서 "대통령령으로 정하는 것"이란 건축물 내부의 천장이나 벽에 붙이는(설치하는) 것으로서 다음 각 호의 어느 하나에 해당하는 것을 말한다. 다만, 가구류(옷장, 찬장, 식탁, 식탁용 의자, 사무용 책상, 사무용 의자 및 계산대, 그 밖에 이와 비슷한 것을 말한다)와 너비 10센티미터 이하인 반자돌림대 등과 「건축법」 제52조에 따른 내부마감재료는 제외한다. 〈개정 2008.10.29., 2014.12.23., 2018. 7. 10.〉

1. 종이류(두께 2밀리미터 이상인 것을 말한다)·합성수지류 또는 섬유류를 주원료로 한 물품
2. 합판이나 목재
3. 공간을 구획하기 위하여 설치하는 간이 칸막이(접이식 등 이동 가능한 벽체나 천장 또는 반자가 실내에 접하는 부분까지 구획하지 아니하는 벽체를 말한다)
4. 흡음(吸音)이나 방음(防音)을 위하여 설치하는 흡음재(흡음용 커튼을 포함한다) 또는 방음재(방음용 커튼을 포함한다)

제3조의2(밀폐구조의 영업장) 법 제2조제1항제5호에서 "대통령령으로 정하는 기준"이란 「소방시설 설치 및 관리에 관한 법률 시행령」 제2조에 따른 요건을 모두 갖춘 개구부의 면적의 합계가 영업장으로 사용하는 바닥면적의 30분의 1 이하가 되는 것을 말한다. 〈개정 2016. 1. 19., 2018. 7. 10., 2022. 11. 29.〉

[보충설명] 「소방시설 설치 및 관리에 관한 법률 시행령」 제2조에 따른 요건을 모두 갖춘 개구부

가. 크기는 지름 **50센티미터 이상**의 원이 내접(內接)할 수 있는 크기일 것
나. 해당 층의 바닥면으로부터 개구부 밑부분까지의 높이가 **1.2미터 이내**일 것
다. **도로 또는 차량**이 진입할 수 있는 빈터를 향할 것
라. 화재 시 건축물로부터 쉽게 피난할 수 있도록 **창살이나 그 밖의 장애물**이 설치되지 아니할 것
마. **내부 또는 외부**에서 쉽게 부수거나 열 수 있을 것

제19조(안전관리우수업소) 법 제21조제1항에 따른 안전관리우수업소(이하 "안전관리우수업소"라 한다)의 요건은 다음 각 호와 같다. 〈개정 2016. 1. 19., 2022. 11. 29.〉

1. 공표일 기준으로 최근 3년 동안 「소방시설 설치 및 관리에 관한 법률」 제16조제1항 각 호의 위반행위가 없을 것
2. 공표일 기준으로 최근 3년 동안 소방·건축·전기 및 가스 관련 법령 위반 사실이 없을

    것

3. 공표일 기준으로 최근 3년 동안 화재 발생 사실이 없을 것

4. 자체계획을 수립하여 종업원의 소방교육 또는 소방훈련을 정기적으로 실시하고 공표일 기준으로 최근 3년 동안 그 기록을 보관하고 있을 것

[별표 1] 〈개정 2018.7.10.〉

안전시설등 (제2조의2 관련)

1. 소방시설

  가. 소화설비

    1) 소화기 또는 자동확산소화기

    2) 간이스프링클러설비(캐비닛형 간이스프링클러설비를 포함한다)

  나. 경보설비

    1) 비상벨설비 또는 자동화재탐지설비

    2) 가스누설경보기

  다. 피난설비

    1) 피난기구

      가) 미끄럼대

      나) 피난사다리

      다) 구조대

      라) 완강기

      마) 다수인 피난장비

      바) 승강식 피난기

    2) 피난유도선

    3) 유도등, 유도표지 또는 비상조명등

    4) 휴대용비상조명등

2. 비상구

3. 영업장 내부 피난통로

4. 그 밖의 안전시설

  가. 영상음향차단장치

  나. 누전차단기

  다. 창문

[별표 1의2] 〈개정 2020.12.1〉

다중이용업소에 설치·유지하여야 하는 안전시설등 (제9조 관련)

1. 소방시설
   가. 소화설비
   1) 소화기 또는 자동확산소화기
   2) **간이스프링클러설비**(캐비닛형 간이스프링클러설비를 포함한다). 다만, 다음의 영업장에만 설치한다.

   > 가) 지하층에 설치된 영업장
   > 나) 법 제9조제1항제1호에 따른 숙박을 제공하는 형태의 다중이용업소의 영업장 중 다음에 해당하는 영업장. 다만, 지상 1층에 있거나 지상과 직접 맞닿아 있는 층 (영업장의 주된 출입구가 건축물 외부의 지면과 직접 연결된 경우를 포함한다)에 설치된 영업장은 제외한다.
   >   (1) 제2조제7호에 따른 산후조리업의 영업장
   >   (2) 제2조제7호의2에 따른 고시원업(이하 이 표에서 "고시원업"이라 한다)의 영업장
   > 다) 법 제9조제1항제2호에 따른 밀폐구조의 영업장
   > 라) 제2조제7호의3에 따른 권총사격장의 영업장

   나. 경보설비
   1) 비상벨설비 또는 자동화재탐지설비. 다만, 노래반주기 등 영상음향장치를 사용하는 영업장에는 자동화재탐지설비를 설치하여야 한다.
   2) 가스누설경보기. 다만, 가스시설을 사용하는 주방이나 난방시설이 있는 영업장에만 설치한다.
   다. 피난설비
   1) **피난기구**
   가) **미끄럼대**
   나) **피난사다리**
   다) **구조대**
   라) **완강기**
   마) **다수인 피난장비**
   바) **승강식 피난기**

　　　2) **피난유도선**. 다만, 영업장 내부 피난통로 또는 복도가 있는 영업장에만 설치한다.

　　　3) 유도등, 유도표지 또는 비상조명등

　　　4) 휴대용 비상조명등

2. **비상구**. 다만, 다음 각 목의 어느 하나에 해당하는 영업장에는 비상구를 설치하지 않을 수 있다.

　　　가. 주된 출입구 외에 해당 영업장 내부에서 피난층 또는 지상으로 통하는 직통계단이 주된 출입구 중심선으로부터 **수평거리로 영업장의 긴 변 길이의 2분의 1 이상 떨어진 위치에 별도로 설치**된 경우

　　　나. **피난층에 설치된 영업장**[영업장으로 사용하는 **바닥면적이 33제곱미터 이하**인 경우로서 영업장 내부에 구획된 실(室)이 없고, 영업장 전체가 개방된 구조의 영업장을 말한다]으로서 그 영업장의 각 부분으로부터 **출입구까지의 수평거리가 10미터 이하**인 경우

3. **영업장 내부 피난통로**. 다만, 구획된 실(室)이 있는 영업장에만 설치한다.

4. 삭제 〈2014.12.23.〉

5. 그 밖의 안전시설

　　　가. 영상음향차단장치. 다만, 노래반주기 등 영상음향장치를 사용하는 영업장에만 설치한다.

　　　나. 누전차단기

　　　다. 창문. 다만, 고시원업의 영업장에만 설치한다.

[비고]

1. "피난유도선(避難誘導線)"이란 햇빛이나 전등불로 축광(蓄光)하여 빛을 내거나 전류에 의하여 빛을 내는 유도체로서 화재 발생 시 등 어두운 상태에서 피난을 유도할 수 있는 시설을 말한다.

2. "**비상구**"란 주된 출입구와 주된 출입구 외에 화재 발생 시 등 비상시 영업장의 내부로부터 지상·옥상 또는 그 밖의 안전한 곳으로 피난할 수 있도록 「건축법 시행령」에 따른 직통계단·피난계단·옥외피난계단 또는 발코니에 연결된 출입구를 말한다.

3. "구획된 실(室)"이란 영업장 내부에 이용객 등이 사용할 수 있는 공간을 벽이나 칸막이 등으로 구획한 공간을 말한다. 다만, 영업장 내부를 벽이나 칸막이 등으로 구획한 공간이 없는 경우에는 영업장 내부 전체 공간을 하나의 구획된 실(室)로 본다.

4. "**영상음향차단장치**"란 영상 모니터에 화상(畵像) 및 음반 재생장치가 설치되어 있어 영화, 음악 등을 감상할 수 있는 시설이나 화상 재생장치 또는 음반 재생장치 중 한 가지 기능만 있는 시설을 차단하는 장치를 말한다.

[별표 4] 〈개정 2023.12.12.〉

화재안전등급(제11조제1항 및 제13조 관련)

등급	평가점수
A	80 이상
B	60 이상 79 이하
C	40 이상 59 이하
D	20 이상 39 이하
E	20 미만

[비고]

"평가점수"란 다중이용업소에 대하여 화재예방, 화재감지·경보, 피난, 소화설비, 건축방재 등의 항목별로 소방청장이 정하여 고시하는 기준을 갖추었는지에 대하여 평가한 점수를 말한다.

[별표 5] 〈개정 2021. 7. 6.〉

평가대행자 갖추어야 할 기술인력 · 시설 · 장비 기준
(제14조 관련)

1. 기술인력 기준: 다음 각 목의 기술인력을 보유할 것
    가. 소방기술사 자격을 취득한 사람 1명 이상
    나. 다음 1) 또는 2)의 어느 하나에 해당하는 사람 2명 이상
        1) 소방기술사, 소방설비기사 또는 소방설비산업기사 자격을 가진 사람
        2) 「소방시설공사업법」 제28조제1항에 따라 소방기술과 관련된 자격 · 학력 및 경력을 인정받은 사람으로서 같은 조 제2항에 따른 자격수첩을 발급받은 사람
    다. 삭제 〈2016. 12. 30.〉

2. 시설 및 장비 기준: 다음 각 목의 시설 및 장비를 갖출 것
    가. 화재 모의시험이 가능한 컴퓨터 1대 이상
    나. 화재 모의시험을 위한 프로그램
    다. 삭제 〈2014.12.23.〉

[비고] 1. 두 종류 이상의 자격을 가진 기술인력은 그 중 한 종류의 자격을 가진 기술인력으로 본다.
    2. 평가대행자가 화재위험평가 대행업무와 「소방시설공사업법」 및 같은 법 시행령에 따른 전문 소방시설설계업 또는 전문 소방공사감리업을 함께 하는 경우에는 전문 소방시설설계업 또는 전문 소방공사감리업 보유 기술인력으로 등록된 소방기술사는 제1호가목에 따라 갖추어야 하는 소방기술사로 볼 수 있다.

[별표 6] 〈개정 2023. 12. 12.〉

과태료의 부과기준(제23조 관련)

1. 일반기준

가. 위반행위의 횟수에 따른 과태료의 가중된 부과기준은 최근 1년간 같은 위반행위로 과태료 부과처분을 받은 경우에 적용한다. 이 경우 기간의 계산은 위반행위에 대하여 과태료 부과처분을 받은 날과 그 처분 후 다시 같은 위반행위를 하여 적발된 날을 기준으로 한다.

나. 가목에 따라 가중된 부과처분을 하는 경우 가중처분의 적용 차수는 그 위반행위 전 부과처분 차수(가목에 따른 기간 내에 과태료 부과처분이 둘 이상 있었던 경우에는 높은 차수를 말한다)의 다음 차수로 한다. 다만, 적발된 날부터 소급하여 3년이 되는 날 전에 한 부과처분은 가중처분의 차수 산정 대상에서 제외한다.

다. 과태료 부과권자는 위반행위자가 다음의 어느 하나에 해당하는 경우에는 제2호에 따른 과태료 금액의 2분의 1의 범위에서 그 금액을 감경하여 부과할 수 있다. 다만, 과태료를 체납하고 있는 위반행위자의 경우에는 그러하지 아니하다.

1) 위반행위자가 「질서위반행위규제법 시행령」 제2조의2제1항 각 호의 어느 하나에 해당하는 경우

2) 위반행위자가 처음 위반행위를 한 경우로서, 3년 이상 해당 업종을 모범적으로 영위한 사실이 인정되는 경우

3) 위반행위자가 화재 등 재난으로 재산에 현저한 손실이 발생하거나 사업여건의 악화로 사업이 중대한 위기에 처하는 등의 사정이 있는 경우

4) 위반행위가 고의나 중대한 과실이 아닌 사소한 부주의나 오류로 인한 것으로 인정되는 경우

5) 위반행위자가 같은 위반행위로 다른 법률에 따라 과태료·벌금·영업정지 등의 제재를 받은 경우

6) 위반행위자자 위법행위로 인한 결과를 시정하거나 해소한 경우

7) 그 밖에 위반행위의 정도, 위반행위의 동기와 그 결과 등을 고려하여 감경할 필요가 있다고 인정되는 경우

2. 개별기준

위반행위	근거 법조문	과태료 금액(단위: 만원)		
		1회	2회	3회 이상
가. 다중이용업주가 법 제8조제1항 및 제2항을 위반하여 소방안전교육을 받지 않거나 종업원이 소방안전교육을 받도록 하지 않은 경우	법 제25조제1항 제1호	100	200	300
나. 법 제9조제1항을 위반하여 안전시설등을 기준에 따라 설치·유지하지 않은 경우	법 제25조제1항 제2호			
1) 안전시설등의 작동·기능에 지장을 주지 않는 경미한 사항을 2회 이상 위반한 경우			100	
2) 안전시설등을 다음에 해당하는 고장상태 등으로 방치한 경우 가) 소화펌프를 고장상태로 방치한 경우 나) 수신반(受信盤)의 전원을 차단한 상태로 방치한 경우 다) 동력(감시)제어반을 고장상태로 방치하거나 전원을 차단한 경우 라) 소방시설용 비상전원을 차단한 경우 마) 소화배관의 밸브를 잠금상태로 두어 소방시설이 작동할 때 소화수가 나오지 않거나 소화약제(消火藥劑)가 방출되지 않는 상태로 방치한 경우			200	
3) 안전시설등을 설치하지 않은 경우			300	
4) 비상구를 폐쇄·훼손·변경하는 등의 행위를 한 경우		100	200	300
5) 영업장 내부 피난통로에 피난에 지장을 주는 물건 등을 쌓아 놓은 경우		100	200	300
다. 법 제9조제3항을 위반한 경우	법 제25조제1항 제2호의2			
1) 안전시설등 설치신고를 하지 않고 안전시설등을 설치한 경우			100	
2) 안전시설등 설치신고를 하지 않고 영업장 내부구조를 변경한 경우			100	
3) 안전시설등의 공사를 마친 후 신고를 하지 않은 경우		100	200	300
라. 법 제9조의2를 위반하여 비상구에 추락 등의 방지를 위한 장치를 기준에 따라 갖추지 않은 경우	법 제25조제1항 제2호의3		300	
마. 법 제10조제1항 및 제2항을 위반하여 실내장식물을 기준에 따라 설치·유지하지 않은 경우	법 제25조제1항 제3호		300	

위반행위	근거 법조문	과태료 금액(단위: 만원)		
		1회	2회	3회 이상
바. 법 제10조의2제1항 및 제2항을 위반하여 영업장의 내부구획 기준에 따라 내부구획을 설치·유지하지 않은 경우	법 제25조제1항 제3호의2	100	200	300
사. 법 제11조를 위반하여 피난시설, 방화구획 또는 방화시설을 폐쇄·훼손·변경하는 등의 행위를 한 경우	법 제25조제1항 제4호	100	200	300
아. 법 제12조제1항을 위반하여 피난안내도를 갖추어 두지 않거나 피난안내에 관한 영상물을 상영하지 않은 경우	법 제25조제1항 제5호	100	200	300
자. 법 제13조제1항 전단을 위반하여 다음의 어느 하나에 해당하는 경우 1) 안전시설등을 점검(법 제13조제2항에 따라 위탁하여 실시하는 경우를 포함한다) 하지 않은 경우 2) 정기점검결과서를 작성하지 않거나 거짓으로 작성한 경우 3) 정기점검결과서를 보관하지 않은 경우	법 제25조제1항 제6호	100		
차. 다중이용업주가 법 제13조의2제1항을 위반하여 화재배상책임보험에 가입하지 않은 경우 1) 가입하지 않은 기간이 10일 이하인 경우 2) 가입하지 않은 기간이 10일 초과 30일 이하인 경우 3) 가입하지 않은 기간이 30일 초과 60일 이하인 경우 4) 가입하지 않은 기간이 60일 초과인 경우	법 제25조제1항 제6호의2	100 100만원에 11일째부터 계산하여 1일마다 1만원을 더한 금액 120만원에 31일째부터 계산하여 1일마다 2만원을 더한 금액 180만원에 61일째부터 계산하여 1일마다 3만원을 더한 금액. 다만, 과태료의 총액은 300만원을 넘지 못한다.		
카. 보험회사가 법 제13조의3제3항 또는 제4항을 위반하여 통지를 하지 않은 경우	법 제25조제1항 6호의3	300		
타. 보험회사가 법 제13조의5제1항을 위반하여 다중이용업주와의 화재배상책임보험 계약 체결을 거부한 경우	법 제25조제1항 제6호의4	300		
파. 보험회사가 법 제13조의6을 위반하여 임의로 계약을 해제 또는 해지한 경우	법 제25조제1항 제6호의4	300		
하. 법 제14조에 따른 소방안전관리 업무를 하지 않은 경우	법 제25조제1항 제7호	100	200	300
거. 법 제14조의2제1항을 위반하여 보고 또는 즉시 보고를 하지 않거나 거짓으로 한 경우	법 제25조제1항 제8호	200		

소방시설관리사 기출문제

[20회설계] 다중이용업소의 안전관리에 관한 특별법상 간이스프링클러설비를 설치해야 하는 특정소방대상물을 쓰시오.(4점)

[17회설계] 다중이용업소에 설치·유지하여야 하는 안전시설등 중에서 구획된 실(實)이 있는 영업장 내부에 피난통로를 설치하여야 되는 다중이용업의 종류를 쓰시오. (2점)

소방기술사 기출문제

[124회] 다중이용업소의 안전관리에 관한 특별법령에 따른 다중이용업소 화재위험평가의 정의, 대상, 화재위험유발지수에 대하여 설명하시오.

[110회] 다중이용업소의 안전관리에 관한 특별법 시행령 별표4에서 규정하고 있는 "화재위험유발지수"에 대하여 설명하시오.

다중이용업소의 안전관리에 관한 특별법 시행규칙

[시행 2024. 1. 1.] [행정안전부령 제422호, 2023. 8. 1., 일부개정]

제2조(다중이용업)

「다중이용업소의 안전관리에 관한 특별법 시행령」(이하 "영"이라 한다) 제2조제8호에서 "행정안전부령으로 정하는 영업"이란 다음 각 호의 어느 하나에 해당하는 영업을 말한다.
〈개정 2012. 2. 15., 2013. 3. 23., 2014. 11. 19., 2017. 7. 26., 2021. 12. 7.〉

1. 전화방업·화상대화방업 : 구획된 실(室) 안에 전화기·텔레비전·모니터 또는 카메라 등 상대방과 대화할 수 있는 시설을 갖춘 형태의 영업
2. 수면방업 : 구획된 실(室) 안에 침대·간이침대 그 밖에 휴식을 취할 수 있는 시설을 갖춘 형태의 영업
3. 콜라텍업 : 손님이 춤을 추는 시설 등을 갖춘 형태의 영업으로서 주류판매가 허용되지 아니하는 영업
4. 방탈출카페업 : 제한된 시간 내에 방을 탈출하는 놀이 형태의 영업
5. 키즈카페업 : 다음 각 목의 영업
   가. 「관광진흥법 시행령」 제2조제1항제5호다목에 따른 기타유원시설업으로서 실내공간에서 어린이(「어린이안전관리에 관한 법률」 제3조제1호에 따른 어린이를 말한다. 이하 같다)에게 놀이를 제공하는 영업
   나. 실내에 「어린이놀이시설 안전관리법」 제2조제2호 및 같은 법 시행령 별표 2 제13호에 해당하는 어린이놀이시설을 갖춘 영업
   다. 「식품위생법 시행령」 제21조제8호가목에 따른 휴게음식점영업으로서 실내공간에서 어린이에게 놀이를 제공하고 부수적으로 음식류를 판매·제공하는 영업
6. 만화카페업 : 만화책 등 다수의 도서를 갖춘 다음 각 목의 영업. 다만, 도서를 대여·판매만 하는 영업인 경우와 영업장으로 사용하는 바닥면적의 합계가 50제곱미터 미만인 경우는 제외한다.
   가. 「식품위생법 시행령」 제21조제8호가목에 따른 휴게음식점영업
   나. 도서의 열람, 휴식공간 등을 제공할 목적으로 실내에 다수의 구획된 실(室)을 만들거나 입체 형태의 구조물을 설치한 영업

제11조의2(다중이용업소의 비상구 추락 방지 기준)

① 법 제9조의2에서 "행정안전부령으로 정하는 비상구"란 영업장의 위치가 4층 이하(지하층인 경우에는 제외한다)인 경우 그 영업장에 설치하는 비상구를 말한다.

제11조의3(영업장의 내부구획 기준)

법 제10조의2제1항에 따라 **다중이용업소의 영업장 내부를 구획함에 있어 배관 및 전선관 등이 영업장 또는 천장(반자속)의 내부구획된 부분을 관통하여 틈이 생긴 때**에는 다음 각 호의 어느 하나에 해당하는 재료를 사용하여 그 틈을 메워야 한다.

1. 「산업표준화법」에 따른 한국산업표준에서 **내화충전성능을 인정한 구조**로 된 것
2. 「과학기술분야 정부출연연구기관 등의 설립·운영에 관한 법률」에 따라 설립된 한국건설기술연구원의 장이 국토교통부장관이 정하여 고시하는 기준에 따라 **내화충전성능을 인정한 구조**로 된 것 [본조신설 2015. 1. 7.][제11조의2에서 이동〈2019.4.22.〉

제14조(안전점검의 대상, 점검자의 자격 등) 법 제13조제3항에 따른 안전점검의 대상, 점검자의 자격, 점검주기, 점검방법은 다음 각 호와 같다.

〈개정 2012. 2. 3., 2013. 1. 11., 2016. 10. 19., 2022. 12. 1., 2024.1.4.〉

1. 안전점검 대상 : 다중이용업소의 영업장에 설치된 영 제9조의 안전시설등

2. 안전점검자의 자격은 다음 각 목과 같다.

   가. 해당 영업장의 다중이용업주 또는 다중이용업소가 위치한 특정소방대상물의 소방안전관리자(소방안전관리자가 선임된 경우에 한한다)

   나. 해당 업소의 종업원 중 「화재의 예방 및 안전관리에 관한 법률 시행령」 별표 6 제2호마목 또는 제3호자목에 따라 소방안전관리자 자격을 취득한 자, 「국가기술자격법」에 따라 소방기술사·소방설비기사 또는 소방설비산업기사 자격을 취득한 자

   다. 「소방시설 설치 및 관리에 관한 법률」 제29조에 따른 소방시설관리업자

3. 점검주기 : 매 분기별 1회 이상 점검. 다만, 「소방시설 설치 및 관리에 관한 법률」 제22조제1항에 따라 자체점검을 실시한 경우에는 자체점검을 실시한 그 분기에는 점검을 실시하지 아니할 수 있다.

4. 점검방법 : 안전시설등의 작동 및 유지·관리 상태를 점검한다.

[별표 2] 〈개정 2023. 8. 1.〉 [시행일: 2024. 1. 1.] 제2호다목1)

안전시설 등의 설치 · 유지 기준 (제9조 관련)

안전시설등 종류	설치 · 유지 기준
1. 소방시설	
가. 소화설비	
1) **소화기 또는 자동 확산소화기**	영업장 안의 **구획된 실마다** 설치할 것
2) 간이스프링클러 설비	「소방시설 설치 및 관리에 관한 법률」 제2조제6호에 따른 화재안전기준(이하 이 표에서 "화재안전기준"이라 한다)에 따라 설치할 것. 다만, 영업장의 구획 된 실마다 간이스프링클러헤드 또는 스프링클러헤드가 설치된 경우에는 그 설비의 유효범위 부분에는 간이스프링클러설비를 설치하지 않을 수 있다.
나. **비상벨설비 또는 자동화재탐지설비**	가) 영업장의 구획된 실마다 비상벨설비 또는 자동화재탐지설비 중 하나 이상 을 화재안전기준에 따라 설치할 것 나) 자동화재탐지설비를 설치하는 경우에는 감지기와 지구음향장치는 영업 장의 구획된 실마다 설치할 것. 다만, 영업장의 구획된 실에 비상방송설 비의 음향장치가 설치된 경우 해당 실에는 지구음향장치를 설치하지 않 을 수 있다. 다) 영상음향차단장치가 설치된 영업장에 자동화재탐지설비의 수신기를 별 도로 설치할 것
다. 피난설비	
1) 영 별표 1의2 제1 호다목1)에 따른 피난기구	4층 이하 영업장의 비상구(발코니 또는 부속실)에는 피난기구를 화재안전기 준에 따라 설치할 것
2) 피난유도선	가) 영업장 내부 피난통로 또는 복도에 유도등 및 유도표지의 화재안전기준에 따라 설치할 것 나) 전류에 의하여 빛을 내는 방식으로 할 것
3) 유도등, 유도표 지 또는 비상조명 등	영업장의 구획된 실마다 유도등, 유도표지 또는 비상조명등 중 하나 이상을 화재안전기준에 따라 설치할 것
4) **휴대용 비상조명 등**	영업장안의 구획된 실마다 휴대용 비상조명등을 화재안전기준에 따라 설치할 것

안전시설등 종류	설치·유지 기준

2. 주된 출입구 및 비상구 (이하 이 표에서 "비상구등"이라 한다)	가. 공통 기준
	
	1) 설치 위치: 비상구는 영업장(2개 이상의 층이 있는 경우에는 각각의 층별 영업장을 말한다. 이하 이 표에서 같다) 주된 출입구의 반대방향에 설치하되, 주된 출입구 중심선으로부터의 수평거리가 영업장의 가장 긴 대각선 길이, 가로 또는 세로 길이 중 가장 긴 길이의 2분의 1 이상 떨어진 위치에 설치할 것. 다만, 건물구조로 인하여 주된 출입구의 반대방향에 설치할 수 없는 경우에는 주된 출입구 중심선으로부터의 수평거리가 영업장의 가장 긴 대각선 길이, 가로 또는 세로 길이 중 가장 긴 길이의 2분의 1 이상 떨어진 위치에 설치할 수 있다.
	
	2) 비상구등 규격: 가로 75센티미터 이상, 세로 150센티미터 이상(문틀을 제외한 가로길이 및 세로길이를 말한다)으로 할 것
	
	3) 구조
	  가) 비상구등은 구획된 실 또는 천장으로 통하는 구조가 아닌 것으로 할 것. 다만, 영업장 바닥에서 천장까지 불연재료(不燃材料)로 구획된 부속실(전실), 「모자보건법」 제2조제10호에 따른 산후조리원에 설치하는 방풍실 또는 「녹색건축물 조성 지원법」에 따라 설계된 방풍구조는 그렇지 않다.
	  나) 비상구등은 다른 영업장 또는 다른 용도의 시설(주차장은 제외한다)을 경유하는 구조가 아닌 것이어야 할 것.
	
	4) 문
	  가) 문이 열리는 방향: 피난방향으로 열리는 구조로 할 것
	  나) 문의 재질: 주요 구조부(영업장의 벽, 천장 및 바닥을 말한다. 이하 이 표에서 같다)가 내화구조(耐火構造)인 경우 비상구등의 문은 방화문(防火門)으로 설치할 것. 다만, 다음의 어느 하나에 해당하는 경우에는 불연재료로 설치할 수 있다.
	    (1) 주요 구조부가 내화구조가 아닌 경우
	    (2) 건물의 구조상 비상구등의 문이 지표면과 접하는 경우로서 화재의 연소 확대 우려가 없는 경우
	    (3) 비상구등의 문이 「건축법 시행령」 제35조에 따른 피난계단 또는 특별피난계단의 설치 기준에 따라 설치해야 하는 문이 아니거나 같은 영 제46조에 따라 설치되는 방화구획이 아닌 곳에 위치한 경우
	  다) 주된 출입구의 문이 나)(3)에 해당하고, 다음의 기준을 모두 충족하는 경우에는 주된 출입구의 문을 자동문[미서기(슬라이딩)문을 말한다]으로 설치할 수 있다.
	    (1) 화재감지기와 연동하여 개방되는 구조
	    (2) 정전 시 자동으로 개방되는 구조
	    (3) 정전 시 수동으로 개방되는 구조

안전시설등 종류	설치 · 유지 기준
	5) 문의 재질: 주요 구조부(영업장의 벽, 천장 및 바닥을 말한다. 이하 이 표에서 같다)가 내화구조(耐火構造)인 경우 비상구와 주된 출입구의 문은 방화문(防火門)으로 설치할 것. 다만, 다음의 어느 하나에 해당하는 경우에는 불연재료로 설치할 수 있다. 가) 주요 구조부가 내화구조가 아닌 경우 나) 건물의 구조상 비상구 또는 주된 출입구의 문이 지표면과 접하는 경우로서 화재의 연소 확대 우려가 없는 경우 다) 비상구 또는 주 출입구의 문이 「건축법 시행령」 제35조에 따른 피난계단 또는 특별피난계단의 설치 기준에 따라 설치하여야 하는 문이 아니거나 같은 법 시행령 제46조에 따라 설치되는 방화구획이 아닌 곳에 위치한 경우 나. 복층구조(複層構造) 영업장(각각 다른 2개 이상의 층을 내부계단 또는 통로가 설치되어 하나의 층의 내부에서 다른 층으로 출입할 수 있도록 되어 있는 구조의 영업장을 말한다)의 기준 1) 각 층마다 영업장 외부의 계단 등으로 피난할 수 있는 비상구를 설치할 것 2) 비상구등의 문이 열리는 방향은 실내에서 외부로 열리는 구조로 할 것 3) 비상구등의 문의 재질은 가목4)나)의 기준을 따를 것 4) 영업장의 위치 및 구조가 다음의 어느 하나에 해당하는 경우에는 1)에도 불구하고 그 영업장으로 사용하는 어느 하나의 층에 비상구를 설치할 것 가) 건축물 주요 구조부를 훼손하는 경우 나) 옹벽 또는 외벽이 유리로 설치된 경우 등 다. 영업장의 위치가 4층 이하(지하층인 경우는 제외한다)인 경우의 기준 1) 피난 시에 유효한 발코니[활하중 5킬로뉴턴/제곱미터($5kN/m^2$) 이상, 가로 75센티미터 이상, 세로 150센티미터 이상, 면적 1.12제곱미터 이상, 난간의 높이 100센티미터 이상인 것을 말한다. 이하 이 목에서 같다] 또는 부속실(불연재료로 바닥에서 천장까지 구획된 실로서 가로 75센티미터 이상, 세로 150센티미터 이상, 면적 1.12제곱미터 이상인 것을 말한다. 이하 이 목에서 같다)을 설치하고, 그 장소에 적합한 피난기구를 설치할 것 2) 부속실을 설치하는 경우 부속실 입구의 문과 건물 외부로 나가는 문의 규격은 가목2)에 따른 비상구 규격으로 할 것. 다만, 120센티미터 이상의 난간이 있는 경우에는 발판 등을 설치하고 건축물 외부로 나가는 문의 규격과 재질을 가로 75센티미터 이상, 세로 100센티미터 이상의 창호로 설치할 수 있다.

안전시설등 종류	설치 · 유지 기준
	3) 추락 등의 방지를 위하여 다음 사항을 갖추도록 할 것 　가) 발코니 및 부속실 입구의 문을 개방하면 경보음이 울리도록 경보음 　　발생 장치를 설치하고, 추락위험을 알리는 표지를 문(부속실의 경 　　우 외부로 나가는 문도 포함한다)에 부착할 것 　나) 부속실에서 건물 외부로 나가는 문 안쪽에는 기둥 · 바닥 · 벽 등의 　　견고한 부분에 탈착이 가능한 쇠사슬 또는 안전로프 등을 바닥에 　　서부터 120센티미터 이상의 높이에 가로로 설치할 것. 다만, 120 　　센티미터 이상의 난간이 설치된 경우에는 쇠사슬 또는 안전로프 　　등을 설치하지 않을 수 있다.
2의2. 영업장 구획등	층별 영업장은 다른 영업장 또는 다른 용도의 시설과 불연재료 · 준불연재료 로 된 차단벽이나 칸막이로 분리되도록 할 것. 다만, 가목부터 다목까지의 경우에는 분리 또는 구획하는 별도의 차단벽이나 칸막이 등을 설치하지 않 을 수 있다. 가. 둘 이상의 영업소가 주방 외에 객실부분을 공동으로 사용하는 등의 구조 　인 경우 나. 「식품위생법 시행규칙」 별표 14 제8호가목5)다)에 해당되는 경우 다. 영 제9조에 따른 안전시설등을 갖춘 경우로서 실내에 설치한 유원시설 　업의 허가 면적 내에 「관광진흥법 시행규칙」 별표 1의2 제1호가목에 따 　라 청소년게임제공업 또는 인터넷컴퓨터게임시설제공업이 설치된 경우
3. 영업장 내부 피난통로	가. 내부 피난통로의 폭은 120센티미터 이상으로 할 것. 다만, 양 옆에 구획된 　실이 있는 영업장으로서 구획된 실의 출입문 열리는 방향이 피난통로 방향 　인 경우에는 150센티미터 이상으로 설치하여야 한다. 나. 구획된 실부터 주된 출입구 또는 비상구까지의 내부 피난통로의 구조는 　세 번 이상 구부러지는 형태로 설치하지 말 것
4. 창문	가. 영업장 층별로 가로 50센티미터 이상, 세로 50센티미터 이상 열리는 창문 　을 1개 이상 설치할 것 나. 영업장 내부 피난통로 또는 복도에 바깥 공기와 접하는 부분에 설치할 것 　(구획된 실에 설치하는 것을 제외한다)
5. **영상음향차단장치**	가. 화재 시 자동화재탐지설비의 **감지기**에 의하여 **자동으로 음향 및 영상이 　정지될 수 있는 구조**로 설치하되, 수동(하나의 스위치로 전체의 음향 및 　영상장치를 제어할 수 있는 구조를 말한다)으로도 조작할 수 있도록 설치 　할 것 나. 영상음향차단장치의 **수동차단스위치를 설치하는 경우**에는 관계인이 일정 　하게 거주하거나 일정하게 근무하는 장소에 설치할 것. 이 경우 수동차단 　스위치와 가장 가까운 곳에 **"영상음향차단스위치"**라는 표지를 부착하여 　야 한다. 다. 전기로 인한 화재발생 위험을 예방하기 위하여 부하용량에 알맞은 **누전차 　단기(과전류차단기를 포함한다)**를 설치할 것

안전시설등 종류	설치 · 유지 기준
	라. 영상음향차단장치의 작동으로 **실내 등의 전원이 차단되지 않는 구조**로 설치할 것
6. 보일러실과 영업장 사이의 방화구획	보일러실과 영업장 사이의 출입문은 **방화문**으로 설치하고, 개구부(開口部)에는 **방화댐퍼**(화재 시 연기 등을 차단하는 장치)를 설치할 것

[비고]

1. "방화문(防火門)"이란 「건축법 시행령」 제64조에 따른 갑종방화문 또는 을종방화문으로서 언제나 닫힌 상태를 유지하거나 화재로 인한 연기의 발생 또는 온도의 상승에 따라 자동적으로 닫히는 구조를 말한다. 다만, 자동으로 닫히는 구조 중 열에 의하여 녹는 퓨즈[도화선(導火線)을 말한다]타입 구조의 방화문은 제외한다.
2. 법 제15조제4항에 따라 소방청장 · 소방본부장 또는 소방서장은 해당 영업장에 대해 화재위험평가를 실시한 결과 화재위험유발지수가 영 제13조에 따른 기준 미만인 업종에 대해서는 소방시설 · 비상구 또는 그 밖의 안전시설등의 설치를 면제한다.
3. 소방본부장 또는 소방서장은 비상구의 크기, 비상구의 설치 거리, 간이스프링클러설비의 배관 구경(口徑) 등 소방청장이 정하여 고시하는 안전시설등에 대해서는 소방청장이 고시하는 바에 따라 안전시설등의 설치 · 유지 기준의 일부를 적용하지 않을 수 있다.

[별표 2의2] 〈개정 2019.4.22.〉

피난안내도 비치 대상 등 (제12조제1항 관련)

1. **피난안내도 비치 대상** : 영 제2조에 따른 다중이용업의 영업장. 다만, 다음 각 목의 어느 하나에 해당하는 경우에는 비치하지 않을 수 있다.

   가. 영업장으로 사용하는 바닥면적의 합계가 33제곱미터 이하인 경우

   나. 영업장내 구획된 실이 없고, 영업장 어느 부분에서도 출입구 및 비상구를 확인할 수 있는 경우

2. **피난안내 영상물 상영 대상**

   가. 「영화 및 비디오물 진흥에 관한 법률」 제2조제10호 및 제16호나목의 영화상영관 및 비디오물소극장업의 영업장

   나. 「음악산업 진흥에 관한 법률」 제2조제13호의 노래연습장업의 영업장

   다. 「식품위생법 시행령」 제21조제8호다목 및 라목의 단란주점영업 및 유흥주점영업의 영업장. 다만, 피난안내 영상물을 상영할 수 있는 시설이 설치된 경우만 해당한다.

   라. 삭제 〈2015.1.7.〉

   마. 영 제2조제8호에 해당하는 영업으로서 피난안내 영상물을 상영할 수 있는 시설을 갖춘 영업장

3. **피난안내도 비치 위치** : 다음 각 목의 어느 하나에 해당하는 위치에 모두 설치할 것

> 가. 영업장 **주 출입구 부분**의 손님이 쉽게 볼 수 있는 위치
> 나. 구획된 **실의 벽, 탁자** 등 손님이 쉽게 볼 수 있는 위치
> 다. 「게임산업진흥에 관한 법률」 제2조제7호의 인터넷컴퓨터게임시설제공업 영업장의 **인터넷컴퓨터게임시설이 설치된 책상**. 다만, 책상 위에 비치된 컴퓨터에 피난안내도를 내장하여 새로운 이용객이 컴퓨터를 작동할 때마다 피난안내도가 모니터에 나오는 경우에는 책상에 피난안내도가 비치된 것으로 본다.

4. **피난안내 영상물 상영 시간** : 영업장의 내부구조 등을 고려하여 정하되, 상영 시기(時期)는 다음 각 목과 같다.

> 가. 영화상영관 및 비디오물소극장업 : 매 회 영화상영 또는 비디오물 상영 시작 전
> 나. 노래연습장업 등 그 밖의 영업 : 매 회 새로운 이용객이 입장하여 노래방 기기(機器) 등을 작동할 때

5. 피난안내도 및 피난안내 영상물에 포함되어야 할 내용 : 다음 각 호의 내용을 모두 포함할 것. 이 경우 광고 등 피난안내에 혼선을 초래하는 내용을 포함해서는 안 된다.

> 가. 화재 시 대피할 수 있는 비상구 위치
> 나. 구획된 실 등에서 비상구 및 출입구까지의 피난 동선
> 다. 소화기, 옥내소화전 등 소방시설의 위치 및 사용방법
> 라. 피난 및 대처방법

6. **피난안내도의 크기 및 재질**
   가. 크기 : B4(257㎜ × 364㎜) **이상**의 크기로 할 것. 다만, 각 층별 영업장의 면적 또는 영업장이 위치한 층의 바닥면적이 각각 **400m² 이상**인 경우에는 A3(297㎜ × 420㎜) **이상**의 크기로 하여야 한다.
   나. 재질 : 종이(코팅처리한 것을 말한다), 아크릴, 강판 등 쉽게 훼손 또는 변형되지 않는 것으로 할 것

7. 피난안내도 및 피난안내 영상물에 사용하는 언어 : 피난안내도 및 피난안내영상물은 **한글 및 1개 이상의 외국어를 사용**하여 작성하여야 한다.

8. 장애인을 위한 피난안내 영상물 상영 : 「영화 및 비디오물의 진흥에 관한 법률」 제2조제10호에 따른 영화상영관 중 전체 객석 수의 합계가 300석 이상인 영화상영관인 경우 피난안내영상물은 장애인을 위한 한국수어·폐쇄자막·화면 해설 등을 이용하여 상영해야 한다.

■ 다중이용업소의 안전관리에 관한 특별법 시행규칙 [별지 제10호서식] 〈개정 2023. 8. 1.〉

안전시설등 세부점검표

1. 점검대상

대 상 명		전화번호	
소 재 지		주 용 도	
건물구조		대표자		소방안전관리자	

2. 점검사항

점검사항	점검결과	조치사항

① 소화기 또는 자동확산소화기의 외관점검
  – 구획된 실마다 설치되어 있는지 확인
  – 약제 응고상태 및 압력게이지 지시침 확인		

② 간이스프링클러설비 작동기능점검
  – 시험밸브 개방 시 펌프기동, 음향경보 확인
  – 헤드의 누수·변형·손상·장애 등 확인		

③ 경보설비 작동기능점검
  – 비상벨설비의 누름스위치, 표시등, 수신기 확인
  – 자동화재탐지설비의 감지기, 발신기, 수신기 확인
  – 가스누설경보기 정상작동여부 확인		

④ 피난설비 작동기능점검 및 외관점검
  – 유도등·유도표지 등 부착상태 및 점등상태 확인
  – 구획된 실마다 휴대용비상조명등 비치 여부
  – 화재신호 시 피난유도선 점등상태 확인
  – 피난기구(완강기, 피난사다리 등) 설치상태 확인		

⑤ 비상구 관리상태 확인
  – 비상구 폐쇄·훼손, 주변 물건 적치 등 관리상태
  – 구조변형, 금속표면 부식·균열, 용접부·접합부 손상 등 확인
  (건축물 외벽에 발코니 형태의 비상구를 설치한 경우만 해당)		

⑥ 영업장 내부 피난통로 관리상태 확인 – 영업장 내부 피난통로 상 물건 적치 등 관리상태		
⑦ 창문(고시원) 관리상태 확인		

⑧ 영상음향차단장치 작동기능점검
  – 경보설비와 연동 및 수동작동 여부 점검
  (화재신호 시 영상음향이 차단되는 지 확인)		

⑨ 누전차단기 작동 여부 확인		
⑩ 피난안내도 설치 위치 확인		
⑪ 피난안내영상물 상영 여부 확인		

점검사항	점검결과	조치사항
⑫ 실내장식물 · 내부구획 재료 교체 여부 확인 – 커튼, 카페트 등 방염선처리제품 사용 여부 – 합판 · 목재 방염성능 확보 여부 – 내부구획재료 불연재료 사용 여부		
⑬ 방염 소파 · 의자 사용 여부 확인		
⑭ 안전시설등 세부점검표 분기별 작성 및 1년간 보관 여부		
⑮ 화재배상책임보험 가입여부 및 계약기간 확인		

점검일자 :　　　.　　　.　　　.

점검자 :　　　　　　　　　　(서명 또는 인)

소방시설관리사 기출문제

[20회점검] 2층에 일반음식점영업(영업장 사용면적 100m²)을 하고자 한다. 다음에 답하시오.(7점)

    (1) 다중이용업소의 안전관리에 관한 특별법령상 영업장의 비상구에 부속실을 설치하는 경우 부속실 입구의 문과 부속실에서 건물 외부로 나가는 문(난간 높이 1m)에 설치하여야 하는 추락 등의 방지를 위한 시설을 각각 쓰시오.

    (2) 다중이용업소의 안전관리에 관한 특별법령상 안전시설등 세부점검표의 점검사항 중 피난설비 작동기능점검 및 외관점검에 관한 확인사항 4가지를 쓰시오.

[20회점검] 다중이용업소의 안전관리에 관한 특별법령상 다중이용업소의 비상구 공통기준 중 비상구 구조, 문이 열리는 방향, 문의 재질에 대하여 규정된 사항을 각각 쓰시오.(10점)

[17회설계] 다중이용업소의 영업장에 설치·유지하여야 하는 안전시설등의 종류 중 영상음향차단장치에 대한 설치·유지기준을 쓰시오. (4점)

[11회점검] 다중이용업소의 영업주는 안전시설등을 정기적으로 "안전시설 등 세부점검표"를 사용하여 점검하여야 한다. "안전시설 등 세부점검표"의 점검사항 9가지를 쓰시오. (18점)

소방기술사 기출문제

[123회] 다중이용업소에 설치·유지하여야 하는 안전시설 중 ① 소방시설의 종류와 ② 비상구의 설치유지 공통기준에 대하여 설명하시오.

[108회] 다중이용업소의 안전관리에 관한 특별법에 규정된 영업장의 안전시설 설치유지 기준 중 비상구 공통기준과 피난통로에 대하여 설명하시오.

[97회] 다중이용업소의 비상구 설치기준을 설명하시오.

제3조(내화구조)

영 제2조제7호에서 "국토교통부령으로 정하는 기준에 적합한 구조"란 다음 각 호의 어느 하나에 해당하는 것을 말한다. 〈개정 2000. 6. 3., 2005. 7. 22., 2006. 6. 29., 2008. 3. 14., 2008. 7. 21., 2010. 4. 7., 2013. 3. 23., 2019. 8. 6., 2021. 8. 27., 2021. 12. 23.〉

1. 벽의 경우에는 다음 각 목의 어느 하나에 해당하는 것

   가. 철근콘크리트조 또는 철골철근콘크리트조로서 두께가 10센티미터 이상인 것

   나. 골구를 철골조로 하고 그 양면을 두께 4센티미터 이상의 철망모르타르(그 바름바탕을 불연재료로 한 것으로 한정한다. 이하 이 조에서 같다) 또는 두께 5센티미터 이상의 콘크리트블록 · 벽돌 또는 석재로 덮은 것

   다. 철재로 보강된 콘크리트블록조 · 벽돌조 또는 석조로서 철재에 덮은 콘크리트블록 등의 두께가 5센티미터 이상인 것

   라. 벽돌조로서 두께가 19센티미터 이상인 것

   마. 고온 · 고압의 증기로 양생된 경량기포 콘크리트패널 또는 경량기포 콘크리트블록조로서 두께가 10센티미터 이상인 것

2. 외벽 중 비내력벽인 경우에는 제1호에도 불구하고 다음 각 목의 어느 하나에 해당하는 것

   가. 철근콘크리트조 또는 철골철근콘크리트조로서 두께가 7센티미터 이상인 것

   나. 골구를 철골조로 하고 그 양면을 두께 3센티미터 이상의 철망모르타르 또는 두께 4센티미터 이상의 콘크리트블록 · 벽돌 또는 석재로 덮은 것

   다. 철재로 보강된 콘크리트블록조 · 벽돌조 또는 석조로서 철재에 덮은 콘크리트블록 등의 두께가 4센티미터 이상인 것

   라. 무근콘크리트조 · 콘크리트블록조 · 벽돌조 또는 석조로서 그 두께가 7센티미터 이상인 것

3. 기둥의 경우에는 그 작은 지름이 25센티미터 이상인 것으로서 다음 각 목의 어느 하나에 해당하는 것. 다만, 고강도 콘크리트(설계기준강도가 50MPa 이상인 콘크리트를 말한다. 이하 이 조에서 같다)를 사용하는 경우에는 국토교통부장관이 정하여 고시하는 고강도 콘크리트 내화성능 관리기준에 적합해야 한다.

   가. 철근콘크리트조 또는 철골철근콘크리트조

   나. 철골을 두께 6센티미터(경량골재를 사용하는 경우에는 5센티미터)이상의 철망모

르타르 또는 두께 7센티미터 이상의 콘크리트블록·벽돌 또는 석재로 덮은 것

다. 철골을 두께 5센티미터 이상의 콘크리트로 덮은 것

4. 바닥의 경우에는 다음 각 목의 어느 하나에 해당하는 것

　가. 철근콘크리트조 또는 철골철근콘크리트조로서 두께가 10센티미터 이상인 것

　나. 철재로 보강된 콘크리트블록조·벽돌조 또는 석조로서 철재에 덮은 콘크리트블록 등의 두께가 5센티미터 이상인 것

　다. 철재의 양면을 두께 5센티미터 이상의 철망모르타르 또는 콘크리트로 덮은 것

5. 보(지붕틀을 포함한다)의 경우에는 다음 각 목의 어느 하나에 해당하는 것. 다만, 고강도 콘크리트를 사용하는 경우에는 국토교통부장관이 정하여 고시하는 고강도 콘크리트 내화성능 관리기준에 적합해야 한다.

　가. 철근콘크리트조 또는 철골철근콘크리트조

　나. 철골을 두께 6센티미터(경량골재를 사용하는 경우에는 5센티미터)이상의 철망모르타르 또는 두께 5센티미터 이상의 콘크리트로 덮은 것

　다. 철골조의 지붕틀(바닥으로부터 그 아랫부분까지의 높이가 4미터 이상인 것에 한한다)로서 바로 아래에 반자가 없거나 불연재료로 된 반자가 있는 것

6. 지붕의 경우에는 다음 각 목의 어느 하나에 해당하는 것

　가. 철근콘크리트조 또는 철골철근콘크리트조

　나. 철재로 보강된 콘크리트블록조·벽돌조 또는 석조

　다. 철재로 보강된 유리블록 또는 망입유리(두꺼운 판유리에 철망을 넣은 것을 말한다)로 된 것

7. 계단의 경우에는 다음 각 목의 어느 하나에 해당하는 것

　가. 철근콘크리트조 또는 철골철근콘크리트조

　나. 무근콘크리트조·콘크리트블록조·벽돌조 또는 석조

　다. 철재로 보강된 콘크리트블록조·벽돌조 또는 석조

　라. 철골조

8. 「과학기술분야 정부출연연구기관 등의 설립·운영 및 육성에 관한 법률」 제8조에 따라 설립된 한국건설기술연구원의 장(이하 "한국건설기술연구원장"이라 한다)이 국토교통부장관이 정하여 고시하는 방법에 따라 품질을 시험한 결과 별표 1에 따른 성능기준에 적합할 것

9. 다음 각 목의 어느 하나에 해당하는 것으로서 한국건설기술연구원장이 국토교통부장관으로부터 승인받은 기준에 적합한 것으로 인정하는 것

가. 한국건설기술연구원장이 인정한 내화구조 표준으로 된 것

나. 한국건설기술연구원장이 인정한 성능설계에 따라 내화구조의 성능을 검증할 수 있는 구조로 된 것

10. 한국건설기술연구원장이 제27조제1항에 따라 정한 인정기준에 따라 인정하는 것

제4조(방화구조) 영 제2조제8호에서 "국토교통부령으로 정하는 기준에 적합한 구조"란 다음 각 호의 어느 하나에 해당하는 것을 말한다. 〈개정 2005. 7. 22., 2008. 3. 14., 2010. 4. 7., 2013. 3. 23., 2019. 8. 6., 2022. 2. 10.〉

1. 철망모르타르로서 그 바름두께가 2센티미터 이상인 것
2. 석고판 위에 시멘트모르타르 또는 회반죽을 바른 것으로서 그 두께의 합계가 2.5센티미터 이상인 것
3. 시멘트모르타르 위에 타일을 붙인 것으로서 그 두께의 합계가 2.5센티미터 이상인 것
4. 삭제 〈2010. 4. 7.〉
5. 삭제 〈2010. 4. 7.〉
6. 심벽에 흙으로 맞벽치기한 것
7. 「산업표준화법」에 따른 한국산업표준(이하 "한국산업표준"이라 한다)에 따라 시험한 결과 방화 2급 이상에 해당하는 것

제8조(직통계단의 설치기준)

① 영 제34조제1항 단서에서 "국토교통부령으로 정하는 공장"이란 반도체 및 디스플레이 패널을 제조하는 공장을 말한다. 〈신설 2010. 4. 7., 2013. 3. 23., 2019. 8. 6.〉

② 영 제34조제2항에 따라 2개소 이상의 직통계단을 설치하는 경우 다음 각 호의 기준에 적합해야 한다. 〈개정 2019. 8. 6.〉

1. 가장 멀리 위치한 직통계단 2개소의 출입구 간의 가장 가까운 직선거리(직통계단 간을 연결하는 복도가 건축물의 다른 부분과 방화구획으로 구획된 경우 출입구 간의 가장 가까운 보행거리를 말한다)는 건축물 평면의 최대 대각선 거리의 2분의 1 이상으로 할 것. 다만, 스프링클러 또는 그 밖에 이와 비슷한 자동식 소화설비를 설치한 경우에는 3분의 1이상으로 한다.
2. 각 직통계단 간에는 각각 거실과 연결된 복도 등 통로를 설치할 것

제8조의2(피난안전구역의 설치기준)

① 영 제34조제3항 및 제4항에 따라 설치하는 피난안전구역(이하 "피난안전구역"이라 한다)은

해당 건축물의 1개층을 대피공간으로 하며, 대피에 장애가 되지 아니하는 범위에서 기계실, 보일러실, 전기실 등 건축설비를 설치하기 위한 공간과 같은 층에 설치할 수 있다. 이 경우 피난안전구역은 건축설비가 설치되는 공간과 내화구조로 구획하여야 한다. 〈개정 2012.1.6.〉

② 피난안전구역에 연결되는 특별피난계단은 **피난안전구역을 거쳐서 상·하층으로 갈 수 있는 구조**로 설치하여야 한다.

③ 피난안전구역의 구조 및 설비는 다음 각 호의 기준에 적합하여야 한다. 〈개정 2012. 1. 6., 2014. 11. 19., 2017. 7. 26., 2019. 8. 6.〉

1. 피난안전구역의 바로 아래층 및 위층은 「녹색건축물 조성 지원법」 제15조제1항에 따라 국토교통부장관이 정하여 고시한 기준에 적합한 **단열재**를 설치할 것. 이 경우 아래층은 최상층에 있는 거실의 반자 또는 지붕 기준을 준용하고, 위층은 최하층에 있는 거실의 바닥 기준을 준용할 것
2. 피난안전구역의 내부마감재료는 **불연재료**로 설치할 것
3. 건축물의 내부에서 피난안전구역으로 통하는 계단은 **특별피난계단**의 구조로 설치할 것
4. 비상용 승강기는 **피난안전구역에서 승하차 할 수 있는 구조**로 설치할 것
5. 피난안전구역에는 식수공급을 위한 **급수전**을 1개소 이상 설치하고 예비전원에 의한 **조명설비**를 설치할 것
6. 관리사무소 또는 방재센터 등과 긴급연락이 가능한 **경보 및 통신시설**을 설치할 것
7. 별표 1의2에서 정하는 기준에 따라 산정한 **면적 이상**일 것
8. 피난안전구역의 높이는 **2.1미터 이상**일 것
9. 「건축물의 설비기준 등에 관한 규칙」 제14조에 따른 **배연설비**를 설치할 것
10. 그 밖에 소방청장이 정하는 소방 등 재난관리를 위한 설비를 갖출 것
[본조신설 2010.4.7.]

제9조(피난계단 및 특별피난계단의 구조)

① 영 제35조제1항 각 호 외의 부분 본문에 따라 건축물의 5층 이상 또는 지하 2층 이하의 층으로부터 피난층 또는 지상으로 통하는 직통계단(지하 1층인 건축물의 경우에는 5층 이상의 층으로부터 피난층 또는 지상으로 통하는 직통계단과 직접 연결된 지하 1층의 계단을 포함한다)은 피난계단 또는 특별피난계단으로 설치해야 한다. 〈개정 2019. 8. 6.〉

② 제1항에 따른 피난계단 및 특별피난계단의 구조는 다음 각 호의 기준에 적합해야 한다. 〈개정 2000. 6. 3., 2003. 1. 6., 2005. 7. 22., 2010. 4. 7., 2012. 1. 6., 2019. 8. 6., 2021. 3. 26.〉

1. 건축물의 내부에 설치하는 피난계단의 구조

   가. 계단실은 창문·출입구 기타 개구부(이하 "창문등"이라 한다)를 제외한 당해 건축
   물의 다른 부분과 내화구조의 벽으로 구획할 것

   나. 계단실의 실내에 접하는 부분(바닥 및 반자 등 실내에 면한 모든 부분을 말한다)의
   마감(마감을 위한 바탕을 포함한다)은 불연재료로 할 것

   다. 계단실에는 예비전원에 의한 조명설비를 할 것

   라. 계단실의 바깥쪽과 접하는 창문등(망이 들어 있는 유리의 붙박이창으로서 그 면적
   이 각각 1제곱미터 이하인 것을 제외한다)은 당해 건축물의 다른 부분에 설치하는
   창문등으로부터 2미터 이상의 거리를 두고 설치할 것

   마. 건축물의 내부와 접하는 계단실의 창문등(출입구를 제외한다)은 망이 들어 있는 유
   리의 붙박이창으로서 그 면적을 각각 1제곱미터 이하로 할 것

   바. 건축물의 내부에서 계단실로 통하는 출입구의 유효너비는 0.9미터 이상으로 하고,
   그 출입구에는 피난의 방향으로 열 수 있는 것으로서 언제나 닫힌 상태를 유지하거
   나 화재로 인한 연기 또는 불꽃을 감지하여 자동적으로 닫히는 구조로 된 영 제64
   조제1항제1호의 60+ 방화문(이하 "60+방화문"이라 한다) 또는 같은 항 제2호의
   방화문(이하 "60분방화문"이라 한다)을 설치할 것. 다만, 연기 또는 불꽃을 감지하
   여 자동적으로 닫히는 구조로 할 수 없는 경우에는 온도를 감지하여 자동적으로 닫
   히는 구조로 할 수 있다.

   사. 계단은 내화구조로 하고 피난층 또는 지상까지 직접 연결되도록 할 것

2. 건축물의 바깥쪽에 설치하는 피난계단의 구조

   가. 계단은 그 계단으로 통하는 출입구외의 창문등(망이 들어 있는 유리의 붙박이창으
   로서 그 면적이 각각 1제곱미터 이하인 것을 제외한다)으로부터 2미터 이상의 거리
   를 두고 설치할 것

   나. 건축물의 내부에서 계단으로 통하는 출입구에는 60+방화문 또는 60분방화문을
   설치할 것

   다. 계단의 유효너비는 0.9미터 이상으로 할 것

   라. 계단은 내화구조로 하고 지상까지 직접 연결되도록 할 것

3. 특별피난계단의 구조

   가. 건축물의 내부와 계단실은 노대를 통하여 연결하거나 외부를 향하여 열 수 있는 면
   적 1제곱미터 이상인 창문(바닥으로부터 1미터 이상의 높이에 설치한 것에 한한다)
   또는 「건축물의 설비기준 등에 관한 규칙」 제14조의 규정에 적합한 구조의 배연설
   비가 있는 면적 3제곱미터 이상인 부속실을 통하여 연결할 것

   나. 계단실·노대 및 부속실(「건축물의 설비기준 등에 관한 규칙」 제10조제2호 가목
   의 규정에 의하여 비상용승강기의 승강장을 겸용하는 부속실을 포함한다)은 창문

등을 제외하고는 내화구조의 벽으로 각각 구획할 것

다. 계단실 및 부속실의 실내에 접하는 부분(바닥 및 반자 등 실내에 면한 모든 부분을 말한다)의 마감(마감을 위한 바탕을 포함한다)은 불연재료로 할 것

라. 계단실에는 예비전원에 의한 조명설비를 할 것

마. 계단실·노대 또는 부속실에 설치하는 건축물의 바깥쪽에 접하는 창문등(망이 들어 있는 유리의 붙박이창으로서 그 면적이 각각 1제곱미터이하인 것을 제외한다)은 계단실·노대 또는 부속실외의 당해 건축물의 다른 부분에 설치하는 창문등으로부터 2미터 이상의 거리를 두고 설치할 것

바. 계단실에는 노대 또는 부속실에 접하는 부분외에는 건축물의 내부와 접하는 창문등을 설치하지 아니할 것

사. 계단실의 노대 또는 부속실에 접하는 창문등(출입구를 제외한다)은 망이 들어 있는 유리의 붙박이창으로서 그 면적을 각각 1제곱미터 이하로 할 것

아. 노대 및 부속실에는 계단실외의 건축물의 내부와 접하는 창문등(출입구를 제외한다)을 설치하지 아니할 것

자. 건축물의 내부에서 노대 또는 부속실로 통하는 출입구에는 60+방화문 또는 60분 방화문을 설치하고, 노대 또는 부속실로부터 계단실로 통하는 출입구에는 60+방화문, 60분방화문 또는 영 제64조제1항제3호의 30분 방화문을 설치할 것. 이 경우 방화문은 언제나 닫힌 상태를 유지하거나 화재로 인한 연기 또는 불꽃을 감지하여 자동적으로 닫히는 구조로 해야 하고, 연기 또는 불꽃으로 감지하여 자동적으로 닫히는 구조로 할 수 없는 경우에는 온도를 감지하여 자동적으로 닫히는 구조로 할 수 있다.

차. 계단은 내화구조로 하되, 피난층 또는 지상까지 직접 연결되도록 할 것

카. 출입구의 유효너비는 0.9미터 이상으로 하고 피난의 방향으로 열 수 있을 것

③ 영 제35조제1항 각 호 외의 부분 본문에 따른 피난계단 또는 특별피난계단은 돌음계단으로 해서는 안 되며, 영 제40조에 따라 옥상광장을 설치해야 하는 건축물의 피난계단 또는 특별 피난계단은 해당 건축물의 옥상으로 통하도록 설치해야 한다. 이 경우 옥상으로 통하는 출입 문은 피난방향으로 열리는 구조로서 피난 시 이용에 장애가 없어야 한다.
〈개정 2010. 4. 7., 2019. 8. 6.〉

④ 영 제35조제2항에서 "갓복도식 공동주택"이라 함은 각 층의 계단실 및 승강기에서 각 세대로 통하는 복도의 한쪽 면이 외기에 개방된 구조의 공동주택을 말한다.
〈신설 2006. 6. 29., 2021. 9. 3.〉

제13조(헬리포트 및 구조공간 설치 기준)

① 영 제40조제4항제1호에 따라 건축물에 설치하는 헬리포트는 다음 각 호의 기준에 적합해야 한다. 〈개정 2003. 1. 6., 2010. 4. 7., 2012. 1. 6., 2021. 3. 26.〉

> 1. 헬리포트의 길이와 너비는 각각 22미터이상으로 할 것. 다만, 건축물의 옥상바닥의 길이와 너비가 각각 22미터이하인 경우에는 헬리포트의 길이와 너비를 각각 15미터까지 감축할 수 있다.
> 2. 헬리포트의 중심으로부터 반경 12미터 이내에는 헬리콥터의 이·착륙에 장애가 되는 건축물, 공작물, 조경시설 또는 난간 등을 설치하지 아니할 것
> 3. 헬리포트의 주위한계선은 백색으로 하되, 그 선의 너비는 38센티미터로 할 것
> 4. 헬리포트의 중앙부분에는 지름 8미터의 "ⓗ"표지를 백색으로 하되, "H"표지의 선의 너비는 38센티미터로, "○"표지의 선의 너비는 60센티미터로 할 것
> 5. 헬리포트로 통하는 출입문에 영 제40조제3항 각 호 외의 부분에 따른 비상문자동개폐장치(이하 "비상문자동개폐장치"라 한다)를 설치할 것

② 영 제40조제4항제1호에 따라 옥상에 헬리콥터를 통하여 인명 등을 구조할 수 있는 공간을 설치하는 경우에는 직경 10미터 이상의 구조공간을 확보해야 하며, 구조공간에는 구조활동에 장애가 되는 건축물, 공작물 또는 난간 등을 설치해서는 안 된다. 이 경우 구조공간의 표시기준 및 설치기준 등에 관하여는 제1항제3호부터 제5호까지의 규정을 준용한다. 〈신설 2010. 4. 7., 2012. 1. 6., 2021. 3. 26.〉

③ 영 제40조제4항제2호에 따라 설치하는 대피공간은 다음 각 호의 기준에 적합해야 한다. 〈신설 2012. 1. 6., 2021. 3. 26.〉

> 1. 대피공간의 면적은 지붕 수평투영면적의 10분의 1 이상 일 것
> 2. 특별피난계단 또는 피난계단과 연결되도록 할 것
> 3. 출입구·창문을 제외한 부분은 해당 건축물의 다른 부분과 내화구조의 바닥 및 벽으로 구획할 것
> 4. 출입구는 유효너비 0.9미터 이상으로 하고, 그 출입구에는 60+방화문 또는 60분방화문을 설치할 것
> 4의2. 제4호에 따른 방화문에 비상문자동개폐장치를 설치할 것
> 5. 내부마감재료는 불연재료로 할 것
> 6. 예비전원으로 작동하는 조명설비를 설치할 것
> 7. 관리사무소 등과 긴급 연락이 가능한 통신시설을 설치할 것

제14조(방화구획의 설치기준)

① 영 제46조제1항 각 호 외의 부분 본문에 따라 건축물에 설치하는 방화구획은 다음 각 호의 기준에 적합해야 한다. 〈개정 2010. 4. 7., 2019. 8. 6., 2021. 3. 26.〉

1. 10층 이하의 층은 바닥면적 1천제곱미터(스프링클러 기타 이와 유사한 자동식 소화설비를 설치한 경우에는 바닥면적 3천제곱미터)이내마다 구획할 것

2. 매층마다 구획할 것. 다만, 지하 1층에서 지상으로 직접 연결하는 경사로 부위는 제외한다.

3. 11층 이상의 층은 바닥면적 200제곱미터(스프링클러 기타 이와 유사한 자동식 소화설비를 설치한 경우에는 600제곱미터)이내마다 구획할 것. 다만, 벽 및 반자의 실내에 접하는 부분의 마감을 불연재료로 한 경우에는 바닥면적 500제곱미터(스프링클러 기타 이와 유사한 자동식 소화설비를 설치한 경우에는 1천500제곱미터)이내마다 구획하여야 한다.

4. 필로티나 그 밖에 이와 비슷한 구조(벽면적의 2분의 1 이상이 그 층의 바닥면에서 위층 바닥 아래면까지 공간으로 된 것만 해당한다)의 부분을 주차장으로 사용하는 경우 그 부분은 건축물의 다른 부분과 구획할 것

② 제1항에 따른 방화구획은 다음 각 호의 기준에 적합하게 설치해야 한다. 〈개정 2003. 1. 6., 2005. 7. 22., 2006. 6. 29., 2008. 3. 14., 2010. 4. 7., 2012. 1. 6., 2013. 3. 23., 2019. 8. 6., 2021. 3. 26., 2021. 12. 23.〉

1. 영 제46조에 따른 방화구획으로 사용하는 60+방화문 또는 60분방화문은 언제나 닫힌 상태를 유지하거나 화재로 인한 연기 또는 불꽃을 감지하여 자동적으로 닫히는 구조로 할 것. 다만, 연기 또는 불꽃을 감지하여 자동적으로 닫히는 구조로 할 수 없는 경우에는 온도를 감지하여 자동적으로 닫히는 구조로 할 수 있다.

2. 외벽과 바닥 사이에 틈이 생긴 때나 급수관·배전관 그 밖의 관이 방화구획으로 되어 있는 부분을 관통하는 경우 그로 인하여 방화구획에 틈이 생긴 때에는 그 틈을 별표 1 제1호에 따른 내화시간(내화채움성능이 인정된 구조로 메워지는 구성 부재에 적용되는 내화시간을 말한다) 이상 견딜 수 있는 내화채움성능이 인정된 구조로 메울 것
   가. 삭제 〈2021. 3. 26.〉
   나. 삭제 〈2021. 3. 26.〉

3. 환기·난방 또는 냉방시설의 풍도가 방화구획을 관통하는 경우에는 그 관통부분 또는 이에 근접한 부분에 다음 각 목의 기준에 적합한 댐퍼를 설치할 것. 다만, 반도체공장건

축물로서 방화구획을 관통하는 풍도의 주위에 스프링클러헤드를 설치하는 경우에는 그렇지 않다.

가. 화재로 인한 연기 또는 불꽃을 감지하여 자동적으로 닫히는 구조로 할 것. 다만, 주방 등 연기가 항상 발생하는 부분에는 온도를 감지하여 자동적으로 닫히는 구조로 할 수 있다.

나. 국토교통부장관이 정하여 고시하는 비차열(非遮熱) 성능 및 방연성능 등의 기준에 적합할 것

다. 삭제 〈2019. 8. 6.〉

라. 삭제 〈2019. 8. 6.〉

4. 영 제46조제1항제2호 및 제81조제5항제5호에 따라 설치되는 자동방화셔터는 다음 각 목의 요건을 모두 갖출 것. 이 경우 자동방화셔터의 구조 및 성능기준 등에 관한 세부사항은 국토교통부장관이 정하여 고시한다.

가. 피난이 가능한 60분+ 방화문 또는 60분 방화문으로부터 3미터 이내에 별도로 설치할 것

나. 전동방식이나 수동방식으로 개폐할 수 있을 것

다. 불꽃감지기 또는 연기감지기 중 하나와 열감지기를 설치할 것

라. 불꽃이나 연기를 감지한 경우 일부 폐쇄되는 구조일 것

마. 열을 감지한 경우 완전 폐쇄되는 구조일 것

③ 영 제46조제1항제2호에서 "국토교통부령으로 정하는 기준에 적합한 것"이란 한국건설기술연구원장이 국토교통부장관이 정하여 고시하는 바에 따라 다음 각 호의 사항을 모두 인정한 것을 말한다. 〈신설 2019. 8. 6., 2021. 3. 26.〉

1. 생산공장의 품질 관리 상태를 확인한 결과 국토교통부장관이 정하여 고시하는 기준에 적합할 것

2. 해당 제품의 품질시험을 실시한 결과 비차열 1시간 이상의 내화성능을 확보하였을 것

④ 영 제46조제5항제3호에 따른 하향식 피난구(덮개, 사다리, 승강식피난기 및 경보시스템을 포함한다)의 구조는 다음 각 호의 기준에 적합하게 설치해야 한다. 〈신설 2010. 4. 7., 2019. 8. 6., 2021. 3. 26., 2022. 4. 29.〉

1. 피난구의 덮개(덮개와 사다리, 승강식피난기 또는 경보시스템이 일체형으로 구성된 경우에는 그 사다리, 승강식피난기 또는 경보시스템을 포함한다)는 품질시험을 실시한 결과 비차열 1시간 이상의 내화성능을 가져야 하며, 피난구의 유효 개구부 규격은 직경 60센티미터 이상일 것

2. 상층·하층간 피난구의 수평거리는 15센티미터 이상 떨어져 있을 것

3. 아래층에서는 바로 위층의 피난구를 열 수 없는 구조일 것

4. 사다리는 바로 아래층의 바닥면으로부터 50센티미터 이하까지 내려오는 길이로 할 것

5. 덮개가 개방될 경우에는 건축물관리시스템 등을 통하여 경보음이 울리는 구조일 것

6. 피난구가 있는 곳에는 예비전원에 의한 조명설비를 설치할 것

⑤ 제2항제2호에 따른 건축물의 외벽과 바닥 사이의 내화채움방법에 필요한 사항은 국토교통부장관이 정하여 고시한다. 〈신설 2012. 1. 6., 2013. 3. 23., 2019. 8. 6., 2021. 3. 26.〉

⑥ 법 제49조제2항 단서에 따라 영 제46조제7항에 따른 창고시설 중 같은 조 제2항제2호에 해당하여 같은 조 제1항을 적용하지 않거나 완화하여 적용하는 부분에는 다음 각 호의 구분에 따른 설비를 추가로 설치해야 한다. 〈신설 2022. 4. 29.〉

1. 개구부의 경우: 「화재예방, 소방시설 설치·유지 및 안전관리에 관한 법률」 제9조제1항 전단에 따라 소방청장이 정하여 고시하는 화재안전기준(이하 이 조에서 "화재안전기준"이라 한다)을 충족하는 설비로서 수막(水幕)을 형성하여 화재확산을 방지하는 설비

2. 개구부 외의 부분의 경우: 화재안전기준을 충족하는 설비로서 화재를 조기에 진화할 수 있도록 설계된 스프링클러

제14조의2(복합건축물의 피난시설 등)

영 제47조제1항 단서의 규정에 의하여 같은 건축물안에 공동주택·의료시설·아동관련시설 또는 노인복지시설(이하 이 조에서 "공동주택등"이라 한다)중 하나 이상과 위락시설·위험물저장 및 처리시설·공장 또는 자동차정비공장(이하 이 조에서 "위락시설등"이라 한다)중 하나 이상을 함께 설치하고자 하는 경우에는 다음 각 호의 기준에 적합하여야 한다.
〈개정 2005. 7. 22.〉

1. 공동주택등의 출입구와 위락시설등의 출입구는 서로 그 보행거리가 30미터 이상이 되도록 설치할 것

2. 공동주택등(당해 공동주택등에 출입하는 통로를 포함한다)과 위락시설등(당해 위락시설등에 출입하는 통로를 포함한다)은 내화구조로 된 바닥 및 벽으로 구획하여 서로 차단할 것

3. 공동주택등과 위락시설등은 서로 이웃하지 아니하도록 배치할 것

4. 건축물의 주요 구조부를 내화구조로 할 것

5. 거실의 벽 및 반자가 실내에 면하는 부분(반자돌림대·창대 그 밖에 이와 유사한 것을 제외한다. 이하 이 조에서 같다)의 마감은 불연재료·준불연재료 또는 난연재료로 하

고, 그 거실로부터 지상으로 통하는 주된 복도 · 계단 그밖에 통로의 벽 및 반자가 실내
에 면하는 부분의 마감은 불연재료 또는 준불연재료로 할 것

제18조의2(소방관 진입창의 기준)

법 제49조제3항에서 "국토교통부령으로 정하는 기준"이란 다음 각 호의 요건을 모두 충족하는
것을 말한다.

1. 2층 이상 11층 이하인 층에 각각 1개소 이상 설치할 것. 이 경우 소방관이 진입할 수 있
   는 창의 가운데에서 벽면 끝까지의 수평거리가 40미터 이상인 경우에는 40미터 이내
   마다 소방관이 진입할 수 있는 창을 추가로 설치해야 한다.
2. 소방차 진입로 또는 소방차 진입이 가능한 공터에 면할 것
3. 창문의 가운데에 지름 20센티미터 이상의 역삼각형을 야간에도 알아볼 수 있도록 빛 반
   사 등으로 붉은색으로 표시할 것
4. 창문의 한쪽 모서리에 타격지점을 지름 3센티미터 이상의 원형으로 표시할 것
5. 창문의 크기는 폭 90센티미터 이상, 높이 1.2미터 이상으로 하고, 실내 바닥면으로부터
   창의 아랫부분까지의 높이는 80센티미터 이내로 할 것
6. 다음 각 목의 어느 하나에 해당하는 유리를 사용할 것
   가. 플로트판유리로서 그 두께가 6밀리미터 이하인 것
   나. 강화유리 또는 배강도유리로서 그 두께가 5밀리미터 이하인 것
   다. 가목 또는 나목에 해당하는 유리로 구성된 이중 유리로서 그 두께가 24밀리미터 이
   하인 것

제21조(방화벽의 구조)

① 영 제57조제2항에 따라 건축물에 설치하는 방화벽은 다음 각 호의 기준에 적합해야 한다.
〈개정 2010. 4. 7., 2021. 3. 26.〉

1. 내화구조로서 홀로 설 수 있는 구조일 것
2. 방화벽의 양쪽 끝과 윗쪽 끝을 건축물의 외벽면 및 지붕면으로부터 0.5미터 이상 튀어
   나오게 할 것
3. 방화벽에 설치하는 출입문의 너비 및 높이는 각각 2.5미터 이하로 하고, 해당 출입문에
   는 60+방화문 또는 60분방화문을 설치할 것

제22조의2(고층건축물 피난안전구역 등의 피난 용도 표시) 법 제50조의2제2항에 따라 고
층건축물에 설치된 피난안전구역, 피난시설 또는 대피공간에는 다음 각 호에서 정하는 바에

따라 화재 등의 경우에 피난 용도로 사용되는 것임을 표시하여야 한다.

1. **피난안전구역**
    가. 출입구 상부 벽 또는 측벽의 눈에 잘 띄는 곳에 "피난안전구역" 문자를 적은 표시판을 설치할 것
    나. 출입구 측벽의 눈에 잘 띄는 곳에 해당 공간의 목적과 용도, 다른 용도로 사용하지 아니할 것을 안내하는 내용을 적은 표시판을 설치할 것
2. **특별피난계단의 계단실 및 그 부속실, 피난계단의 계단실 및 피난용 승강기 승강장**
    가. 출입구 측벽의 눈에 잘 띄는 곳에 해당 공간의 목적과 용도, 다른 용도로 사용하지 아니할 것을 안내하는 내용을 적은 표시판을 설치할 것
    나. 해당 건축물에 피난안전구역이 있는 경우 가목에 따른 표시판에 피난안전구역이 있는 층을 적을 것
3. **대피공간** : 출입문에 해당 공간이 화재 등의 경우 대피장소이므로 물건적치 등 다른 용도로 사용하지 아니할 것을 안내하는 내용을 적은 표시판을 설치할 것
    [본조신설 2015.7.9.]

제23조(방화지구안의 지붕·방화문 및 외벽등)

① 법 제51조제3항에 따라 방화지구 내 건축물의 지붕으로서 내화구조가 아닌 것은 불연재료로 하여야 한다. 〈개정 2005. 7. 22., 2010. 12. 30., 2015. 7. 9.〉

② 법 제51조제3항에 따라 방화지구 내 건축물의 인접대지경계선에 접하는 외벽에 설치하는 창문등으로서 제22조제2항에 따른 **연소할 우려가 있는 부분에는** 다음 각 호의 방화설비를 설치해야 한다. 〈개정 2005. 7. 22., 2010. 4. 7., 2010. 12. 30., 2021. 3. 26.〉

1. 60+방화문 또는 60분방화문
2. 소방법령이 정하는 기준에 적합하게 창문등에 설치하는 드렌처
3. 당해 창문등과 연소할 우려가 있는 다른 건축물의 부분을 차단하는 내화구조나 불연재료로 된 벽·담장 기타 이와 유사한 방화설비
4. 환기구멍에 설치하는 불연재료로 된 방화커버 또는 그물눈이 2밀리미터 이하인 금속망

제25조(지하층의 구조)

① 법 제53조에 따라 건축물에 설치하는 지하층의 구조 및 설비는 다음 각 호의 기준에 적합하여야 한다. 〈개정 2003.1.6., 2005.7.22., 2006.6.29., 2010.4.7., 2010.12.30.〉

1. 거실의 바닥면적이 50제곱미터 이상인 층에는 직통계단외에 피난층 또는 지상으로 통하는 비상탈출구 및 환기통을 설치할 것. 다만, 직통계단이 2개소 이상 설치되어 있는 경우

에는 그러하지 아니하다.

1의2. 제2종근린생활시설 중 공연장ㆍ단란주점ㆍ당구장ㆍ노래연습장, 문화 및 집회시설 중 예식장ㆍ공연장, 수련시설 중 생활권수련시설ㆍ자연권수련시설, 숙박시설중 여관ㆍ여인숙, 위락시설중 단란주점ㆍ유흥주점 또는「다중이용업소의 안전관리에 관한 특별법 시행령」제2조에 따른 **다중이용업의 용도에 쓰이는 층**으로서 그 층의 거실의 바닥면적의 합계가 **50제곱미터 이상**인 건축물에는 **직통계단을 2개소 이상** 설치할 것

2. 바닥면적이 1천제곱미터이상인 층에는 피난층 또는 지상으로 통하는 직통계단을 영 제46조의 규정에 의한 방화구획으로 구획되는 각 부분마다 1개소 이상 설치하되, 이를 피난계단 또는 특별피난계단의 구조로 할 것

3. 거실의 바닥면적의 합계가 1천제곱미터 이상인 층에는 환기설비를 설치할 것

4. 지하층의 바닥면적이 300제곱미터 이상인 층에는 식수공급을 위한 급수전을 1개소이상 설치할 것

② 제1항제1호에 따른 **지하층의 비상탈출구**는 다음 각호의 기준에 적합하여야 한다. 다만, 주택의 경우에는 그러하지 아니하다.〈개정 2000.6.3., 2010.4.7.〉

1. 비상탈출구의 유효너비는 **0.75미터 이상**으로 하고, 유효높이는 **1.5미터 이상**으로 할 것

2. 비상탈출구의 **문은 피난방향**으로 열리도록 하고, 실내에서 항상 열 수 있는 구조로 하여야 하며, **내부 및 외부에는 비상탈출구의 표시**를 할 것

3. 비상탈출구는 출입구로부터 **3미터 이상** 떨어진 곳에 설치할 것

4. 지하층의 바닥으로부터 비상탈출구의 아랫부분까지의 높이가 **1.2미터 이상**이 되는 경우에는 벽체에 발판의 너비가 **20센티미터 이상**인 사다리를 설치할 것

5. 비상탈출구는 피난층 또는 지상으로 통하는 복도나 직통계단에 직접 접하거나 통로 등으로 연결될 수 있도록 설치하여야 하며, 피난층 또는 지상으로 통하는 복도나 직통계단까지 이르는 **피난통로의 유효너비는 0.75미터 이상**으로 하고, 피난통로의 실내에 접하는 부분의 마감과 그 바탕은 **불연재료**로 할 것

6. **비상탈출구의 진입부분 및 피난통로**에는 통행에 지장이 있는 물건을 방치하거나 시설물을 설치하지 아니할 것

7. 비상탈출구의 **유도등**과 피난통로의 **비상조명등**의 설치는 소방법령이 정하는 바에 의할 것

제30조(피난용승강기의 설치기준) 영 제91조제5호에서 "국토교통부령으로 정하는 구조 및 설비 등의 기준"이란 다음 각 호를 말한다.〈개정 2014. 3. 5., 2018. 10. 18., 2021. 3. 26.〉

1. **피난용승강기 승강장의 구조**

   가. 승강장의 출입구를 제외한 부분은 해당 건축물의 다른 부분과 **내화구조**의 바닥 및 벽으로 구획할 것

   나. 승강장은 각 층의 **내부와 연결**될 수 있도록 하되, 그 출입구에는 60+방화문 또는 60분방화문을 설치할 것. 이 경우 방화문은 언제나 닫힌 상태를 유지할 수 있는 구조이어야 한다.

   다. 실내에 접하는 부분(바닥 및 반자 등 실내에 면한 모든 부분을 말한다)의 마감(마감을 위한 바탕을 포함한다)은 **불연재료**로 할 것

   라. 삭제〈2018.10.18.〉

   마. 삭제〈2018.10.18.〉

   바. 삭제〈2018.10.18.〉

   사. 삭제〈2014.3.5.〉

   아. 「건축물의 설비기준 등에 관한 규칙」 제14조에 따른 **배연설비**를 설치할 것. 다만, 「소방시설 설치·유지 및 안전관리에 법률 시행령」 별표 5 제5호가목에 따른 제연설비를 설치한 경우에는 배연설비를 설치하지 아니할 수 있다.

   자. 삭제〈2014.3.5.〉

2. **피난용승강기 승강로의 구조**

   가. 승강로는 해당 건축물의 다른 부분과 내화구조로 구획할 것

   나. 삭제〈2018.10.18.〉

   다. 승강로 상부에 「건축물의 설비기준 등에 관한 규칙」 제14조에 따른 배연설비를 설치할 것

3. **피난용승강기 기계실의 구조**

   가. 출입구를 제외한 부분은 해당 건축물의 다른 부분과 내화구조의 바닥 및 벽으로 구획할 것

   나. 출입구에는 60+방화문 또는 60분방화문을 설치할 것

4. **피난용승강기 전용 예비전원**

   가. 정전시 피난용승강기, 기계실, 승강장 및 폐쇄회로 텔레비전 등의 설비를 작동할 수 있는 **별도의 예비전원** 설비를 설치할 것

   나. 가목에 따른 예비전원은 **초고층 건축물**의 경우에는 **2시간 이상, 준초고층** 건축물의 경우에는 **1시간 이상** 작동이 가능한 용량일 것

   다. 상용전원과 예비전원의 공급을 **자동 또는 수동으로 전환**이 가능한 설비를 갖출 것

   라. 전선관 및 배선은 고온에 견딜 수 있는 **내열성 자재**를 사용하고, **방수조치**를 할 것

[별표 1] 〈개정 2019. 10. 24.〉 [시행일: 2020. 8. 15.] 지붕 관련 부분

내화구조의 성능기준(제3조제8호 관련)

1. 일반기준

(단위 : 시간)

구성 부재 용도			벽						보·기둥	바닥	지붕·지붕틀
			외벽			내벽					
		내력벽	비내력벽		내력벽	비내력벽					
용도구분	용도규모 층수/ 최고높이(m)		연소우려가 있는부분	연소우려가 없는 부분		간막이벽	승강기· 계단실의 수직벽				
일반시설 제1종 근린생활시설, 제2종 근린생활시설, 문화 및 집회시설, 종교시설, 판매시설, 운수시설, 교육연구시설, 노유자시설, 수련시설, 운동시설, 업무시설, 위락시설, 자동차 관련 시설(정비공장 제외), 동물 및 식물 관련 시설, 교정 및 군사 시설, 방송통신시설, 발전시설, 묘지 관련 시설, 관광 휴게시설, 장례시설	12/50 초과	3	1	0.5	3	2	2	3	2	1
	이하	2	1	0.5	2	1.5	1.5	2	2	0.5
	4/20 이하	1	1	0.5	1	1	1	1	1	0.5
주거시설 단독주택, 공동주택, 숙박시설, 의료시설	12/50 초과	2	1	0.5	2	2	2	3	2	1
	이하	2	1	0.5	2	1	1	2	2	0.5
	4/20 이하	1	1	0.5	1	1	1	1	1	0.5
산업시설 공장, 창고시설, 위험물 저장 및 처리시설, 자동차 관련 시설 중 정비공장, 자연순환 관련 시설	12/50 초과	2	1.5	0.5	2	1.5	1.5	3	2	1
	이하	2	1	0.5	2	1	1	2	2	0.5
	4/20 이하	1	1	0.5	1	1	1	1	1	0.5

2. 적용기준

가. 용도

1) 건축물이 하나 이상의 용도로 사용될 경우 위 표의 용도구분에 따른 기준 중 가장 높은 내화시간의 용도를 적용한다.

2) 건축물의 부분별 높이 또는 층수가 다를 경우 최고 높이 또는 최고 층수를 기준으로 제1호에 따른 구성 부재별 내화시간을 건축물 전체에 동일하게 적용한다.

3) 용도규모에서 건축물의 층수와 높이의 산정은 「건축법 시행령」 제119조에 따른다. 다만, 승강기탑, 계단탑, 망루, 장식탑, 옥탑 그 밖에 이와 유사한 부분은 건축물의 높이와 층수의 산정에서 제외한다.

나. 구성 부재

1) 외벽 중 비내력벽으로서 연소우려가 있는 부분은 제22조제2항에 따른 부분을 말한다.

2) 외벽 중 비내력벽으로서 연소우려가 없는 부분은 제22조제2항에 따른 부분을 제외한 부분을 말한다.

3) 내벽 중 비내력벽인 간막이벽은 건축법령에 따라 내화구조로 해야 하는 벽을 말한다.

다. 그 밖의 기준

1) 화재의 위험이 적은 제철·제강공장 등으로서 품질확보를 위해 불가피한 경우에는 지방건축위원회의 심의를 받아 주요구조부의 내화시간을 완화하여 적용할 수 있다.

2) 외벽의 내화성능 시험은 건축물 내부면을 가열하는 것으로 한다.

[별표 1의2] 〈신설 2012.1.6.〉

피난안전구역의 면적 산정기준 (제8조의2제3항제7호 관련)

1. **피난안전구역의 면적**은 다음 산식에 따라 산정한다.

(피난안전구역 윗층의 재실자 수$\times 0.5)\times 0.28m^2$

가. 피난안전구역 윗층의 재실자 수는 **해당 피난안전구역과 다음 피난안전구역 사이의 용도별 바닥면적을 사용 형태별 재실자 밀도로 나눈 값의 합계**를 말한다. 다만, 문화·집회용도 중 벤치형 좌석을 사용하는 공간과 고정좌석을 사용하는 공간은 다음의 구분에 따라 피난안전구역 윗층의 재실자 수를 산정한다.
1) 벤치형 좌석을 사용하는 공간: 좌석길이 / 45.5cm
2) 고정좌석을 사용하는 공간: 휠체어 공간 수 + 고정좌석 수

나. 피난안전구역 설치 대상 건축물의 용도에 따른 사용 형태별 재실자 밀도는 다음 표와 같다.

용 도	사용 형태별		재실자 밀도
문화·집회	고정좌석을 사용하지 않는 공간		0.45
	고정좌석이 아닌 의자를 사용하는 공간		1.29
	벤치형 좌석을 사용하는 공간		–
	고정좌석을 사용하는 공간		–
	무대		1.40
	게임제공업 등의 공간		1.02
운동	운동시설		4.60
교육	도서관	서고	9.30
		열람실	4.60
	학교 및 학원	교실	1.90
보육	보호시설		3.30
의료	입원치료구역		22.3
	수면구역		11.1
교정	교정시설 및 보호관찰소 등		11.1
주거	호텔 등 숙박시설		18.6
	공동주택		18.6
업무	업무시설, 운수시설 및 관련 시설		9.30
판매	지하층 및 1층		2.80
	그 외의 층		5.60
	배송공간		27.9
저장	창고, 자동차 관련 시설		46.5
산업	공장		9.30
	제조업 시설		18.6

※ 계단실, 승강로, 복도 및 화장실은 사용 형태별 재실자 밀도의 산정에서 제외하고, 취사장·조리장의 사용 형태별 재실자 밀도는 9.30으로 본다.

2. 피난안전구역 설치 대상 용도에 대한 「건축법 시행령」 별표 1에 따른 용도별 건축물의 종류
는 다음 표와 같다.

용도	용도별 건축물
문화ㆍ집회	문화 및 집회시설(공연장ㆍ집회장ㆍ관람장ㆍ전시장만 해당한다), 종교시설, 위락시설, 제1종 근린생활시설 및 제2종 근린생활시설 중 휴게음식점ㆍ제과점ㆍ일반음식점 등 음식ㆍ음료를 제공하는 시설, 제2종 근린생활시설 중 공연장ㆍ종교집회장ㆍ게임제공업 시설, 그 밖에 이와 비슷한 문화ㆍ집회시설
운동	운동시설, 제1종 근린생활시설 및 제2종 근린생활시설 중 운동시설
교육	교육연구시설, 수련시설, 자동차 관련 시설 중 운전학원 및 정비학원, 제2종 근린생활시설 중 학원ㆍ직업훈련소ㆍ독서실, 그 밖에 이와 비슷한 교육시설
보육	노유자시설, 제1종 근린생활시설 중 지역아동센터
의료	의료시설, 제1종 근린생활시설 중 의원, 치과의원, 한의원, 침술원, 접골원(接骨院), 조산원 및 안마원
교정	교정 및 군사시설
주거	공동주택 및 숙박시설
업무	업무시설, 운수시설, 제1종 근린생활시설과 제2종 근린생활시설 중 지역자치센터ㆍ파출소ㆍ사무소ㆍ이용원ㆍ미용원ㆍ목욕장ㆍ세탁소ㆍ기원ㆍ사진관ㆍ표구점, 그 밖에 이와 비슷한 업무시설
판매	판매시설(게임제공업 시설 등은 제외한다), 제1종 근린생활시설 중 수퍼마켓과 일용품 등의 소매점
저장	창고시설, 자동차 관련 시설(운전학원 및 정비학원은 제외한다)
산업	공장, 제2종 근린생활시설 중 제조업 시설

소방시설관리사 기출문제

[17회점검] 피난용승강기 전용 예비전원의 설치기준을 쓰시오. (4점)

[17회점검] 방화구획 대상 건축물에 방화구획을 적용하지 아니하거나 그 사용에 지장이 없는 범위에서 방화구획을 완화하여 적용할 수 있는 경우 7가지를 쓰시오. (7점)

소방기술사 기출문제

[128회] 건축물의 지하층 구조 및 지하층에 설치하는 비상탈출구의 기준에 대하여 설명하시오.

[126회] 방화구획과 관련하여 다음사항을 설명하시오.
　(1) 소방법령 및 건축법령에서 각각 방화구획하는 장소
　(2) "복합건축물의 피난시설 등"의 대상 및 시설기준

[125회] 피난용 승강기와 관련하여 다음 사항을 설명하시오.
　(1) 피난용 승강기의 필요성 및 설치대상
　(2) 피난용 승강기의 설치 기준·구조·설비

[124회] 「건축물의 피난·방화구조 등의 기준에 관한 규칙」에 의한 방화구획의 설치기준을 설명하시오.

[123회] 건축법령에서 규정하고 있는 다음 사항에 대하여 설명하시오.
　(1) 대피공간의 설치기준 및 제외 조건

[121회] 건축법령에 의한 방화구획 기준에 대하여 다음의 내용을 설명하시오.
　(1) 대상 및 설치기준
　(2) 적용을 아니하거나 완화적용할 수 있는 경우
　(3) 방화구획 용도로 사용되는 방화문의 구조

[120회] 건축법령에서 정하는 소방관 진입창의 설치기준에 대하여 설명하시오.

[118회] 방화문의 종류 및 문을 여는데 필요한 힘의 측정기준과 성능에 대하여 설명하시오.

[118회] 건축물에 설치하는 지하층의 구조 및 지하층에 설치하는 비상탈출구의 구조에 대하여 설명하시오.

[118회] 건축법에서 아파트 발코니의 대피공간 설치제외 기준과 관련하여 다음 내용을 설명하시오.
(1) 대피공간 설치제외 기준
(2) 하향식 피난구 설치기준
(3) 하향식 피난구 설치에 따른 화재안전기술기준의 피난기구 설치관계

[117회] 피난용승강기의 설치대상과 설치기준을 설명하시오.

[113회] 건축법에 따른 하향식피난구와 피난기구의 화재안전기술기준(NFTC 301)에 따른 하향식피난구의 설치기준상 차이점에 대하여 설명하시오.

[110회] 비상용승강기 승강장 구조와 피난용승강기 승강장 구조를 비교 설명하시오.

[108회] 건축물 피난·방화구조 등의 기준에 관한 규칙에 따른 피난안전구역의 면적 산정기준을 설명하시오.

[104회] 피난용승강기 설치기준을 기술하고 비상용승강기 설치기준과의 차이점을 비교 설명하시오.

[98회] 건축물 피난·방화구조 등의 기준에 관한 규칙에서 규정하는 방화구획의 설치기준에 대하여 설명하시오.

[98회] 초고층건축물 및 준초고층건축물에서 피난안전구역과 직통계단의 연결기준 및 피난안전구역의 설치기준에 대하여 설명하시오.

[96회] 초고층 건축물의 피난을 위해 제시되고 있는 피난용 승강기의 성능기준에 대하여 설명하시오.

[95회] 초고층 건축물에서 화재발생시 수용인원이 동시에 지상으로 피난하는 것은 사실 불가능하여 건축물 내부에 피난대피층을 설정하여야 한다. 적합한 피난 대피층의 구조에 대하여 설명하시오.

[94회] 건축법에서의 피난안전구역 설치대상 및 설치기준을 설명하시오.

[91회] 초고층 건축물에 대한 다음 사항들을 설명하시오.
가. 건축법 시행령에서 규정하는 초고층건축물의 정의
나. 피난안전구역에 대하여 건축물의 피난 방화구조 등의 기준에 관한 규칙에서 정하는 설치기준

[82회] 국내 건축법에 의한 방화구획의 설치기준에 대하여 설명하시오.

제2조(정의) 이 기준에서 사용하는 용어의 정의는 다음과 같다.

1. "건축자재등"이란 「건축법 시행령」(이하 "영"이라 한다) 제63조의2에 따른 건축자재와 내화구조를 말한다.

2. "품질인정자재등"이란 제1호에 따른 건축자재등 중 「건축법」(이하 "법"이라 한다) 제52조의5 및 제52조의6에 따라 품질인정을 받은 건축자재등을 말한다.

3. "내화구조"란 화재에 견딜 수 있는 성능을 가진 구조로서 「건축물의 피난·방화구조 등의 기준에 관한 규칙」(이하 "규칙"이라 한다) 제3조에 따른 구조를 말한다.

4. "복합자재"란 강판과 단열재로 이루어진 자재로서 법 제56조의6제1항에 따라 품질인정 업무를 수행하는 기관으로 지정된 기관(이하 "건축자재등 품질인정기관"이라 한다)이 이 기준에 적합하다고 인정한 제품을 말한다.

5. "방화문"이란 화재의 확대, 연소를 방지하기 위해 방화구획의 개구부에 설치하는 문으로서 건축자재등 품질인정기관이 이 기준에 적합하다고 인정한 제품을 말한다.

6. "자동방화셔터"란 내화구조로 된 벽을 설치하지 못하는 경우 화재 시 연기 및 열을 감지하여 자동 폐쇄되는 셔터로서 건축자재등 품질인정기관이 이 기준에 적합하다고 인정한 제품을 말한다.

7. "내화채움구조"란 방화구획의 설비관통부 등 틈새를 통한 화재 확산을 방지하기 위해 설치하는 구조로서 건축자재등 품질인정기관이 이 기준에 적합하다고 인정한 제품을 말한다.

8. "품질시험"이란 건축자재등의 품질인정에 필요한 내화시험, 실물모형시험 및 부가시험을 말한다.

9. "제조업자"란 법 제52조의5 및 제52조의6에 따라 건축자재등의 품질인정을 받아야 하는 주요 재료·제품의 생산 및 제조를 업으로 하는 자를 말한다.

10. "시공자"란 법 제52조의5 및 제52조의6에 따라 품질인정을 받아야 하는 건축자재등을 사용하여 건축물을 건축하고자 하는 자로서 「건설산업기본법」 제9조의 규정에 따라 등록된 건설업을 영위하는 자(직영공사인 경우에는 건축주를 말한다)를 말한다.

11. "신청자"란 이 기준에 의하여 건축자재등의 품질인정을 받고자 신청하는 자를 말한다.

12. "인정업자"란 이 기준에 따라 건축자재등 품질인정기관으로 부터 구조 또는 제품을 인정받은 자를 말한다.

13. "품목"이란 건축자재를 구분하는데 있어 그 구성 제품의 종류에 따라 유사한 재료 성분

및 형태로 묶어 분류한 것을 말한다.

14. **"방화댐퍼"**란 환기 · 난방 또는 냉방시설의 풍도가 방화구획을 관통하는 경우 그 관통부분 또는 이에 근접한 부분에 설치하는 댐퍼를 말한다.

15. **"하향식 피난구"**란 아파트 대피공간 대체시설로 규칙 제14조제4항에 따른 구조를 갖추어 발코니 바닥에 설치하는 피난설비를 말한다.

제23조(불연재료의 성능기준) 규칙 제6조제2호에 따른 불연재료는 다음 각 호의 성능시험 결과를 만족하여야 한다.

1. 한국산업표준 KS F ISO 1182(건축 재료의 불연성 시험 방법)에 따른 시험 결과, 제28조 제1항제1호에 따른 모든 시험에 있어 다음 각 목을 모두 만족하여야 한다.

   가. 가열시험 개시 후 20분간 가열로 내의 최고온도가 최종평형온도를 20K 초과 상승하지 않을 것(단, 20분 동안 평형에 도달하지 않으면 최종 1분간 평균온도를 최종평형온도로 한다)

   나. 가열종료 후 시험체의 질량 감소율이 30% 이하일 것

2. 한국산업표준 KS F 2271(건축물의 내장 재료 및 구조의 난연성 시험방법) 중 가스유해성 시험 결과, 제28조제3항제2호에 따른 모든 시험에 있어 실험용 쥐의 평균행동정지 시간이 9분 이상이어야 한다.

3. 강판과 심재로 이루어진 복합자재의 경우, 강판과 강판을 제거한 심재는 규칙 제24조 제11항제2호 및 제3호에 따른 기준에 적합하여야 하며, 규칙 제24조제11항제1호에 따른 실물모형시험을 실시한 결과 제26조에서 정하는 기준에 적합하여야 한다.

4. 규칙 제24조제6항 및 제7항에 따른 외벽 마감재료 또는 단열재가 둘 이상의 재료로 제작된 경우, 규칙 제24조제8항제2호에 따라 각각의 재료는 제1호 및 제2호에 따른 시험 결과를 만족하여야 하며, 규칙 제24조제8항제1호에 따른 실물모형시험을 실시한 결과 제27조에서 정하는 기준에 적합하여야 한다.

제24조(준불연재료의 성능기준) 규칙 제7조에 따른 준불연재료는 다음 각 호의 성능시험 결과를 만족하여야 한다.

1. 한국산업표준 KS F ISO 5660-1[연소성능시험-열 방출, 연기 발생, 질량 감소율-제1 부 : 열 방출률(콘칼로리미터법)]에 따른 가열시험 결과, 제28조제2항제1호에 따른 모든 시험에 있어 다음 각 목을 모두 만족하여야 한다.

   가. 가열 개시 후 10분간 총방출열량이 8 MJ/m^2 이하일 것

   나. 10분간 최대 열방출률이 10초 이상 연속으로 200 kW/m^2 를 초과하지 않을 것

   다. 10분간 가열 후 시험체를 관통하는 방화상 유해한 균열(시험체가 갈라져 바닥면이

보이는 변형을 말한다), 구멍(시험체 표면으로부터 바닥면이 보이는 변형을 말한다) 및 용융(시험체가 녹아서 바닥면이 보이는 경우를 말한다) 등이 없어야 하며, 시험체 두께의 20%를 초과하는 일부 용융 및 수축이 없어야 한다.

2. 한국산업표준 KS F 2271(건축물의 내장 재료 및 구조의 난연성 시험방법) 중 가스유해성 시험 결과, 제28조제3항제2호에 따른 모든 시험에 있어 실험용 쥐의 평균행동정지시간이 9분 이상이어야 한다.

3. 강판과 심재로 이루어진 복합자재의 경우, 강판과 강판을 제거한 심재는 규칙 제24조제11항제2호 및 제3호에 따른 기준에 적합하여야 하며, 규칙 제24조제11항제1호에 따른 실물모형시험을 실시한 결과 제26조에서 정하는 기준에 적합하여야 한다. 다만, 한국산업표준 KS L 9102(인조광물섬유 단열재)에서 정하는 바에 따른 그라스울 보온판, 미네랄울 보온판으로서 제2호에 따른 시험 결과를 만족하는 경우 제1호에 따른 시험을 실시하지 아니할 수 있다.

4. 규칙 제24조제6항 및 제7항에 따른 외벽 마감재료 또는 단열재가 둘 이상의 재료로 제작된 경우, 규칙 제24조제8항제2호에 따라 각각의 재료는 제1호 및 제2호에 따른 시험 결과를 만족하여야 하며, 규칙 제24조제8항제1호에 따른 실물모형시험을 실시한 결과 제27조에서 정하는 기준에 적합하여야 한다.

제25조(난연재료의 성능기준) 규칙 제5조에 따른 난연재료는 다음 각 호의 성능시험 결과를 만족하여야 한다.

1. 한국산업표준 KS F ISO 5660-1[연소성능시험-열 방출, 연기 발생, 질량 감소율-제1부 : 열 방출률(콘칼로리미터법)]에 따른 가열시험 결과, 제28조제2항제1호에 따른 모든 시험에 있어 다음 각 목을 모두 만족하여야 한다.

　　가. 가열 개시 후 5분간 총방출열량이 $8 \ \mathrm{MJ/m^2}$ 이하일 것
　　나. 5분간 최대 열방출률이 10초 이상 연속으로 $200 \ \mathrm{kW/m^2}$ 를 초과하지 않을 것
　　다. 5분간 가열 후 시험체를 관통하는 방화상 유해한 균열(시험체가 갈라져 바닥면이 보이는 변형을 말한다), 구멍(시험체 표면으로부터 바닥면이 보이는 변형을 말한다) 및 용융(시험체가 녹아서 바닥면이 보이는 경우를 말한다) 등이 없어야 하며, 시험체 두께의 20%를 초과하는 일부 용융 및 수축이 없어야 한다.

2. 한국산업표준 KS F 2271(건축물의 내장 재료 및 구조의 난연성 시험방법) 중 가스유해성 시험 결과, 제28조제3항제2호에 따른 모든 시험에 있어 실험용 쥐의 평균행동정지시간이 9분 이상이어야 한다.

3. 규칙 제24조제6항 및 제7항에 따른 외벽 마감재료 또는 단열재가 둘 이상의 재료로 제

작된 경우, 규칙 제24조제8항제2호에 따라 각각의 재료는 제1호 및 제2호에 따른 시험 결과를 만족하여야 하며, 규칙 제24조제8항제1호에 따른 실물모형시험을 실시한 결과 제27조에서 정하는 기준에 적합하여야 한다.

제26조(복합자재의 실물모형시험) 강판과 심재로 이루어진 복합자재는 한국산업표준 KS F ISO 13784-1(건축용 샌드위치패널 구조에 대한 화재 연소 시험방법)에 따른 실물모형시험 결과, 다음 각 호의 요건을 모두 만족하여야 한다. 다만, 복합자재를 구성하는 강판과 심재 가 모두 규칙 제6조에 해당하는 불연재료인 경우에는 실물모형시험을 제외한다.

1. 시험체 개구부 외 결합부 등에서 외부로 불꽃이 발생하지 않을 것
2. 시험체 상부 천정의 평균 온도가 650℃를 초과하지 않을 것
3. 시험체 바닥에 복사 열량계의 열량이 25 kW/m²를 초과하지 않을 것
4. 시험체 바닥의 신문지 뭉치가 발화하지 않을 것
5. 화재 성장 단계에서 개구부로 화염이 분출되지 않을 것

제27조(외벽 복합 마감재료의 실물모형시험) 외벽 마감재료 또는 단열재가 둘 이상의 재료 로 제작된 경우 마감재료와 단열재 등을 포함한 전체 구성을 하나로 보아 한국산업표준 KS F 8414(건축물 외부 마감 시스템의 화재 안전 성능 시험방법)에 따라 시험한 결과, 다음의 각 호에 적합하여야 한다. 다만, 외벽 마감재료 또는 단열재를 구성하는 재료가 모두 규칙 제 6조에 해당하는 불연재료인 경우에는 실물모형시험을 제외한다.

1. 외부 화재 확산 성능 평가 : 시험체 온도는 시작 시간을 기준으로 15분 이내에 레벨 2(시 험체 개구부 상부로부터 위로 5m 떨어진 위치)의 외부 열전대 어느 한 지점에서 30초 동안 600℃를 초과하지 않을 것
2. 내부 화재 확산 성능 평가 : 시험체 온도는 시작 시간을 기준으로 15분 이내에 레벨 2(시 험체 개구부 상부로부터 위로 5m 떨어진 위치)의 내부 열전대 어느 한 지점에서 30초 동안 600℃를 초과하지 않을 것

제28조(시험체 및 시험횟수 등)

① 제23조의 규정에 의하여 한국산업표준 KS F ISO 1182에 따라 시험을 하는 경우에 다음 각 호에 따른다.

1. 시험체는 총 3개이며, 각각의 시험체에 대하여 1회씩 총 3회의 시험을 실시하여야 한다.
2. 복합자재의 경우, 강판을 제거한 심재를 대상으로 시험하여야 하며, 심재가 둘 이상의 재료로 구성된 경우에는 각 재료에 대해서 시험하여야 한다.

3. 액상 재료(도료, 접착제 등)인 경우에는 지름 45 mm, 두께 1 mm 이하의 강판에 사용두 께 만큼 도장 후 적층하여 높이 (50±3) mm가 되도록 시험체를 제작하여야 하며, 상세 사항을 제품명에 포함하도록 한다.

② 제24조 및 제25조에 따라 한국산업표준 KS F ISO 5660-1의 시험을 하는 경우에는 다음 각 호에 따라야 한다.

1. 시험은 시험체가 내부마감재료의 경우에는 실내에 접하는 면에 대하여 3회 실시하며, 외벽 마감재료의 경우에는 앞면, 뒷면, 측면 1면에 대하여 각 3회 실시한다. 다만, 다음 각 목에 해당하는 외벽 마감재료는 각 목에 따라야 한다.

가. 단일재료로 이루어진 경우 : 한면에 대해서만 실시

나. 각 측면의 재질 등이 달라 성능이 다른 경우 : 앞면, 뒷면, 각 측면에 대하여 각 3회 씩 실시

2. 복합자재의 경우, 강판을 제거한 심재를 대상으로 시험하여야 하며, 심재가 둘 이상의 재료로 구성된 경우에는 각 재료에 대해서 시험하여야 한다.

3. 가열강도는 50 kW/m^{2}로 한다.

③ 제23조부터 제25조까지에 따라 한국산업표준 KS F 2271 중 가스유해성 시험을 하는 경우 에는 다음 각 호에 따라야 한다.

1. 시험은 시험체가 내부마감재료인 경우에는 실내에 접하는 면에 대하여 2회 실시하며, 외벽 마감재료인 경우에는 외기(外氣)에 접하는 면에 대하여 2회 실시한다.

2. 시험은 시험체가 실내에 접하는 면에 대하여 2회 실시한다.

3. 복합자재의 경우, 강판을 제거한 심재를 대상으로 시험하여야 하며, 심재가 둘 이상의 재료로 구성된 경우에는 각 재료에 대해서 시험하여야 한다.

제31조(화재 확산 방지구조)

① 규칙 제24조제6항에서 "국토교통부장관이 정하여 고시하는 화재 확산 방지구조"는 수직 화 재확산 방지를 위하여 외벽마감재와 외벽마감재 지지구조 사이의 공간(별표 9에서 "화재확 산방지재료" 부분)을 다음 각 호 중 하나에 해당하는 재료로 매 층마다 최소 높이 400 mm 이상 밀실하게 채운 것을 말한다.

1. 한국산업표준 KS F 3504(석고 보드 제품)에서 정하는 12.5mm 이상의 방화 석고 보드

2. 한국산업표준 KS L 5509(석고 시멘트판)에서 정하는 석고 시멘트판 6mm 이상인 것 또는 KS L 5114(섬유강화 시멘트판)에서 정하는 6mm 이상의 평형 시멘트판인 것

3. 한국산업표준 KS L 9102(인조 광물섬유 단열재)에서 정하는 미네랄울 보온판 2호 이 상인 것

4. 한국산업표준 KS F 2257-8(건축 부재의 내화 시험 방법 – 수직 비내력 구획 부재의 성능 조건)에 따라 내화성능 시험한 결과 15분의 차염성능 및 이면온도가 120K 이상 상승하지 않는 재료

② 제1항에도 불구하고 영 제61조제2항제1호 및 제3호에 해당하는 건축물로서 5층 이하이면서 높이 22미터 미만인 건축물의 경우에는 화재확산방지구조를 매 두 개 층마다 설치할 수 있다.

제33조(방화문 성능기준 및 구성)

① 건축물 방화구획을 위해 설치하는 방화문은 건축물의 용도 등 구분에 따라 화재 시의 가열에 규칙 제14조제3항 또는 제26조에서 정하는 시간 이상을 견딜 수 있어야 한다. 화재감지기가 설치되는 경우에는 「자동화재탐지설비 및 시각경보장치의 화재안전기술기준(NFTC 203)」 제7조의 기준에 적합하여야 한다.

② 차연성능, 개폐성능 등 방화문이 갖추어야 하는 세부 성능에 대해서는 제39조에 따라 국토교통부장관이 승인한 세부운영지침에서 정한다.

③ **방화문은 항상 닫혀있는 구조 또는 화재발생시 불꽃, 연기 및 열에 의하여 자동으로 닫힐 수 있는 구조**이어야 한다.

제34조(자동방화셔터 성능기준 및 구성)

① 건축물 방화구획을 위해 설치하는 자동방화셔터는 건축물의 용도 등 구분에 따라 화재 시의 가열에 규칙 제14조제3항에서 정하는 성능 이상을 견딜 수 있어야 한다.

② 차연성능, 개폐성능 등 자동방화셔터가 갖추어야 하는 세부 성능에 대해서는 제39조에 따라 국토교통부장관이 승인한 세부운영지침에서 정한다.

③ 자동방화셔터는 규칙 제14조제2항제4호에 따른 구조를 가진 것이어야 하나, **수직방향으로 폐쇄되는 구조가 아닌 경우는 불꽃, 연기 및 열감지에 의해 완전폐쇄**가 될 수 있는 구조여야 한다. 이 경우 화재감지기는 「자동화재탐지설비 및 시각경보장치의 화재안전기술기준 (NFTC 203)」제7조의 기준에 적합하여야 한다.

④ 자동방화셔터의 상부는 상층 바닥에 직접 닿도록 하여야 하며, 그렇지 않은 경우 방화구획 처리를 하여 연기와 화염의 이동통로가 되지 않도록 하여야 한다.

제35조(방화댐퍼 성능기준 및 구성)

① 규칙 제14조제2항제3호에 따라 방화댐퍼는 다음 각 호의 성능을 확보하여야 하며, 성능 확인을 위한 시험은 영 제63조에 따른 건축자재 성능 시험기관에서 할 수 있다.

> 1. 별표 10에 따른 내화성능시험 결과 **비차열 1시간** 이상의 성능
> 2. KS F 2822(방화 댐퍼의 방연 시험 방법)에서 규정한 **방연성능**

② 제1항의 **방화댐퍼의 성능 시험**은 다음의 기준을 따라야 한다.

> 1. 시험체는 날개, 프레임, 각종 부속품 등을 포함하여 실제의 것과 동일한 구성 · 재료 및 크기의 것으로 하되, 실제의 크기가 **3미터 곱하기 3미터**의 가열로 크기보다 큰 경우에는 시험체 크기를 가열로에 설치할 수 있는 최대크기로 한다.
> 2. 내화시험 및 방연시험은 시험체 양면에 대하여 각 1회씩 실시한다. 다만, 수평부재에 설치되는 방화댐퍼의 경우 내화시험은 화재노출면에 대해 2회 실시한다.
> 3. 내화성능 시험체와 방연성능 시험체는 동일한 구성 · 재료로 제작되어야 하며, 내화성능 시험체는 가장 큰 크기로, 방연성능 시험체는 가장 작은 크기로 제작되어야 한다.

③ 시험성적서는 2년간 유효하다. 다만, 시험성적서와 동일한 구성 및 재질로서 내화성능 시험체 크기와 방연성능 시험체 크기 사이의 것인 경우에는 이미 발급된 성적서로 그 성능을 갈음할 수 있다.

④ **방화댐퍼**는 다음 각 호에 적합하게 설치되어야 한다.

> 1. 미끄럼부는 열팽창, 녹, 먼지 등에 의해 작동이 저해받지 않는 구조일 것
> 2. 방화댐퍼의 주기적인 작동상태, 점검, 청소 및 수리 등 유지 · 관리를 위하여 검사구 · 점검구는 방화댐퍼에 인접하여 설치할 것
> 3. 부착 방법은 구조체에 견고하게 부착시키는 공법으로 화재시 덕트가 탈락, 낙하해도 손상되지 않을 것
> 4. 배연기의 압력에 의해 방재상 해로운 진동 및 간격이 생기지 않는 구조일 것

제36조(하향식 피난구 성능시험 및 성능 기준)

① 규칙 제14조제4항에 따른 하향식 피난구는 다음 각 호의 성능을 확보하여야 하며, 성능 확인을 위한 시험은 영 제63조에 따른 건축자재 성능 시험기관에서 할 수 있다.

> 1. KS F 2257-1(건축부재의 내화시험방법–일반요구사항)에 적합한 수평가열로에서 시험한 결과 KS F 2268-1(방화문의 내화시험방법)에서 정한 비차열 1시간 이상의 내화성능이 있을 것. 다만, 하향식 피난구로서 사다리가 피난구에 포함된 일체형인 경우에는 모두를 하나로 보아 성능을 확보하여야 한다.
> 2. 사다리는 「소방시설설치유지 및 안전관리에 관한 법률 시행령」 제37조에 따른 '피난사다리의 형식승인 및 제품검사의 기술기준'의 재료기준 및 작동시험기준에 적합할 것

3. 덮개는 장변 중앙부에 637N/0.2 m²의 등분포하중을 가했을 때 중앙부 처짐량이 15밀
   리미터 이하일 것

② 시험성적서는 3년간 유효하다.

제37조(창호 성능시험 기준)

① 규칙 제24조제12항에 따른 방화유리창의 성능 확인을 위한 시험은 영 제63조에 따른 건축자
   재 성능 시험기관에서 할 수 있으며, 차연성능, 개폐성능 등 방화유리창이 갖추어야 하는 세
   부 성능에 대해서는 제39조에 따라 국토교통부장관이 승인한 세부운영지침에서 정한다.

② 시험성적서는 3년간 유효하다.

[별표 9]

화재 확산 방지구조의 예 (제31조 관련)

[별표 10]

방화댐퍼의 내화시험 방법 (제35조제1항 관련)

1. 개 요

1.1 목 적

이 방화댐퍼의 내화시험방법(이하 "내화시험방법"이라 한다)은 제35조제1항의 내화성능 확인을 위한 시험방법을 정하는 것을 목적으로 한다.

1.2 적용범위

이 내화시험방법은 「산업표준화법」에 따른 한국산업표준(KS)에 우선하여 적용하며, 이 내화시험방법에서 정하지 않은 사항은 한국산업표준(KS)에 따른다. 단, 이 내화시험방법에서 적용하는 한국산업표준은 최신 표준을 적용하여야 한다.

2. 용어의 정의

이 내화시험방법에서 사용하는 용어는 한국산업표준에서 정한 정의를 적용한다.

3. 시험 방법

3.1 시험체 제작

3.1.1 시험체는 연결되는 덕트 등을 제외한 방화댐퍼 본체만을 대상으로 하며, 시험체 제작은 한국산업표준 KS F 2257-1(건축 부재의 내화 시험방법 - 일반 요구사항) 및 시험신청내용에 따라 가능한 현장 시공조건과 동일하게 제작하여야 한다.

3.1.2 시험체의 크기 등 시험체 제작과 관련된 사항은 한국산업표준 KS F 2257-1에 따른다.

3.2 시험체 양생

시험체의 양생은 일반적인 사용 조건 및 한국산업표준 KS F 2257-1에 따른다.

3.3 내화시험

3.3.1 시험조건

가) 로내열전대 및 가열로의 압력

로내열전대 및 가열로의 압력조건은 KS F 2257-1에 따른다.

나) 시험환경

시험환경 조건은 KS F 2257-1에 따른다.

다) 시험의 실시 등

시험의 실시, 측정 및 관측사항 등 시험조건에 관한 기타의 사항에 대하여는 한국산업표준 KS F 2257-1에 따른다.

3.3.2 시험체수

방화댐퍼의 내화시험은 2회를 실시한다. 수직부재에 설치되는 방화댐퍼의 경우 양면에 대해 각 1회씩 시험하며 수평부재에 설치되는 방화댐퍼의 경우 화재노출 면에 대해 2회 시험한다.

3.3.3 내화시험방법

내화시험 전 주위 온도에서 방화댐퍼의 작동장치(모터 등)를 사용하여 10번 개폐 하여 작동에 이상이 없는지를 확인한 후, 방화댐퍼를 폐쇄 상태로 하여 한국산업 표준 KS F 2257-1의 표준 시간-가열온도 곡선에 따라 가열하면서 차염성 을 측정한다.

3.4 판정기준

내화성능은 한국산업표준 KS F 2257-1의 차염성 성능기준에 의하여 결정되어야 한다. 단, 면 패드는 적용하지 않는다.

4. 시험결과의 표현

시험성적서에는 신청 내화등급을 표시하고 합·부 표기를 하여야 한다. 기타 시험결과의 표현 및 시험성적서에 명시되어야 할 사항으로서 고시에서 정하지 않은 사항은 한국산업표 준 KS F 2257-1에 따른다.

소방시설관리사 기출문제

[11회점검] 자동방화셔터의 정의를 쓰시오.(5점)

소방기술사 기출문제

[129회] 「배연설비의 검사표준(KS F 2815)」에서 요구하는 방화댐퍼의 기준과 「건축물의 피 난·방화구조 등의 기준에 관한 규칙」에서 요구하는 방화댐퍼의 기준에 대하여 각각 설명하시오.

[128회] 건축자재등 품질인정 및 관리기준(국토교통부고시 제2022-84호)에 따른 복합자재 및 외벽 마감재료의 불연재료 성능기준과 실물모형시험기준에 대하여 설명하시오.

[127회] 방화댐퍼의 성능시험기준 및 내화시험조건에 대하여 설명하시오.

건축법 시행령
[시행 2024. 9. 13.] [대통령령 제33717호, 2023. 9. 12., 일부개정]

제3조의2(대수선의 범위)

법 제2조제1항제9호에서 "대통령령으로 정하는 것"이란 다음 각 호의 어느 하나에 해당하는 것으로서 증축·개축 또는 재축에 해당하지 아니하는 것을 말한다.
〈개정 2010. 2. 18., 2014. 11. 28.〉

1. 내력벽을 증설 또는 해체하거나 그 벽면적을 30제곱미터 이상 수선 또는 변경하는 것
2. 기둥을 증설 또는 해체하거나 세 개 이상 수선 또는 변경하는 것
3. 보를 증설 또는 해체하거나 세 개 이상 수선 또는 변경하는 것
4. 지붕틀(한옥의 경우에는 지붕틀의 범위에서 서까래는 제외한다)을 증설 또는 해체하거나 세 개 이상 수선 또는 변경하는 것
5. 방화벽 또는 방화구획을 위한 바닥 또는 벽을 증설 또는 해체하거나 수선 또는 변경하는 것
6. 주계단·피난계단 또는 특별피난계단을 증설 또는 해체하거나 수선 또는 변경하는 것
7. 삭제 〈2019. 10. 22.〉
8. 다가구주택의 가구 간 경계벽 또는 다세대주택의 세대 간 경계벽을 증설 또는 해체하거나 수선 또는 변경하는 것
9. 건축물의 외벽에 사용하는 마감재료(법 제52조제2항에 따른 마감재료를 말한다)를 증설 또는 해체하거나 벽면적 30제곱미터 이상 수선 또는 변경하는 것

제34조(직통계단의 설치)

① 건축물의 피난층(직접 지상으로 통하는 출입구가 있는 층 및 제3항과 제4항에 따른 피난안전구역을 말한다. 이하 같다) 외의 층에서는 피난층 또는 지상으로 통하는 직통계단(경사로를 포함한다. 이하 같다)을 거실의 각 부분으로부터 계단(거실로부터 가장 가까운 거리에 있는 1개소의 계단을 말한다)에 이르는 **보행거리가 30미터 이하**가 되도록 설치해야 한다. 다만, 건축물(지하층에 설치하는 것으로서 바닥면적의 합계가 300제곱미터 이상인 공연장·집회장·관람장 및 전시장은 제외한다)의 **주요구조부가 내화구조 또는 불연재료로 된 건축물은 그 보행거리가 50미터(층수가 16층 이상인 공동주택의 경우 16층 이상인 층에 대해서는 40미터) 이하**가 되도록 설치할 수 있으며, 자동화 생산시설에 스프링클러 등 자동식 소화설비를 설치한 공장으로서 국토교통부령으로 정하는 공장인 경우에는 그 보행거리가 75미터(무인화 공장인 경우에는 100미터) 이하가 되도록 설치할 수 있다. 〈개정 2009. 7. 16., 2010. 2. 18., 2011. 12. 30., 2013. 3. 23., 2019. 8. 6., 2020. 10. 8.〉

② 법 제49조제1항에 따라 피난층 외의 층이 다음 각 호의 어느 하나에 해당하는 용도 및 규모의 건축물에는 국토교통부령으로 정하는 기준에 따라 피난층 또는 지상으로 통하는 직통계단을 2개소 이상 설치하여야 한다. 〈개정 2009. 7. 16., 2013. 3. 23., 2014. 3. 24., 2015. 9. 22., 2017. 2. 3.〉

1. 제2종 근린생활시설 중 공연장·종교집회장, 문화 및 집회시설(전시장 및 동·식물원은 제외한다), 종교시설, 위락시설 중 주점영업 또는 장례시설의 용도로 쓰는 층으로서 그 층에서 해당 용도로 쓰는 바닥면적의 합계가 200제곱미터(제2종 근린생활시설 중 공연장·종교집회장은 각각 300제곱미터) 이상인 것
2. 단독주택 중 다중주택·다가구주택, 제1종 근린생활시설 중 정신과의원(입원실이 있는 경우로 한정한다), 제2종 근린생활시설 중 인터넷컴퓨터게임시설제공업소(해당 용도로 쓰는 바닥면적의 합계가 300제곱미터 이상인 경우만 해당한다)·학원·독서실, 판매시설, 운수시설(여객용 시설만 해당한다), 의료시설(입원실이 없는 치과병원은 제외한다), 교육연구시설 중 학원, 노유자시설 중 아동 관련 시설·노인복지시설·장애인 거주시설(「장애인복지법」 제58조제1항제1호에 따른 장애인 거주시설 중 국토교통부령으로 정하는 시설을 말한다. 이하 같다) 및 「장애인복지법」 제58조제1항제4호에 따른 장애인 의료재활시설(이하 "장애인 의료재활시설"이라 한다), 수련시설 중 유스호스텔 또는 숙박시설의 용도로 쓰는 3층 이상의 층으로서 그 층의 해당 용도로 쓰는 거실의 바닥면적의 합계가 200제곱미터 이상인 것
3. 공동주택(층당 4세대 이하인 것은 제외한다) 또는 업무시설 중 오피스텔의 용도로 쓰는 층으로서 그 층의 해당 용도로 쓰는 거실의 바닥면적의 합계가 300제곱미터 이상인 것
4. 제1호부터 제3호까지의 용도로 쓰지 아니하는 3층 이상의 층으로서 그 층 거실의 바닥면적의 합계가 400제곱미터 이상인 것
5. 지하층으로서 그 층 거실의 바닥면적의 합계가 200제곱미터 이상인 것

③ 초고층 건축물에는 피난층 또는 지상으로 통하는 직통계단과 직접 연결되는 피난안전구역(건축물의 피난·안전을 위하여 건축물 중간층에 설치하는 대피공간을 말한다. 이하 같다)을 지상층으로부터 최대 30개 층마다 1개소 이상 설치하여야 한다. 〈신설 2009. 7. 16., 2011. 12. 30.〉

④ 준초고층 건축물에는 피난층 또는 지상으로 통하는 직통계단과 직접 연결되는 피난안전구역을 해당 건축물 전체 층수의 2분의 1에 해당하는 층으로부터 상하 5개층 이내에 1개소 이상 설치하여야 한다. 다만, 국토교통부령으로 정하는 기준에 따라 피난층 또는 지상으로 통하는 직통계단을 설치하는 경우에는 그러하지 아니하다. 〈신설 2011. 12. 30., 2013. 3. 23.〉

⑤ 제3항 및 제4항에 따른 피난안전구역의 규모와 설치기준은 국토교통부령으로 정한다. 〈신설 2009. 7. 16., 2011. 12. 30., 2013. 3. 23.〉

제35조(피난계단의 설치)

① 법 제49조제1항에 따라 5층 이상 또는 지하 2층 이하인 층에 설치하는 직통계단은 국토교통부령으로 정하는 기준에 따라 피난계단 또는 특별피난계단으로 설치하여야 한다. 다만, 건축물의 주요구조부가 내화구조 또는 불연재료로 되어 있는 경우로서 다음 각 호의 어느 하나에 해당하는 경우에는 그러하지 아니하다. 〈개정 2008. 10. 29., 2013. 3. 23.〉

1. 5층 이상인 층의 바닥면적의 합계가 200제곱미터 이하인 경우
2. 5층 이상인 층의 바닥면적 200제곱미터 이내마다 방화구획이 되어 있는 경우

② 건축물(갓복도식 공동주택은 제외한다)의 11층(공동주택의 경우에는 16층) 이상인 층(바닥면적이 400제곱미터 미만인 층은 제외한다) 또는 지하 3층 이하인 층(바닥면적이 400제곱미터미만인 층은 제외한다)으로부터 피난층 또는 지상으로 통하는 직통계단은 제1항에도 불구하고 특별피난계단으로 설치하여야 한다. 〈개정 2008. 10. 29.〉

③ 제1항에서 판매시설의 용도로 쓰는 층으로부터의 직통계단은 그 중 1개소 이상을 특별피난계단으로 설치하여야 한다. 〈개정 2008. 10. 29.〉

④ 삭제 〈1995. 12. 30.〉

⑤ 건축물의 5층 이상인 층으로서 문화 및 집회시설 중 전시장 또는 동ㆍ식물원, 판매시설, 운수시설(여객용 시설만 해당한다), 운동시설, 위락시설, 관광휴게시설(다중이 이용하는 시설만 해당한다) 또는 수련시설 중 생활권 수련시설의 용도로 쓰는 층에는 제34조에 따른 직통계단 외에 그 층의 해당 용도로 쓰는 바닥면적의 합계가 2천 제곱미터를 넘는 경우에는 그 넘는 2천 제곱미터 이내마다 1개소의 피난계단 또는 특별피난계단(4층 이하의 층에는 쓰지 아니하는 피난계단 또는 특별피난계단만 해당한다)을 설치하여야 한다. 〈개정 2008. 10. 29., 2009. 7. 16.〉

제36조(옥외 피난계단의 설치) 건축물의 3층 이상인 층(피난층은 제외한다)으로서 다음 각 호의 어느 하나에 해당하는 용도로 쓰는 층에는 제34조에 따른 직통계단 외에 그 층으로부터 지상으로 통하는 옥외피난계단을 따로 설치하여야 한다. 〈개정 2014. 3. 24.〉

1. 제2종 근린생활시설 중 공연장(해당 용도로 쓰는 바닥면적의 합계가 300제곱미터 이상인 경우만 해당한다), 문화 및 집회시설 중 공연장이나 위락시설 중 주점영업의 용도로 쓰는 층으로서 그 층 거실의 바닥면적의 합계가 300제곱미터 이상인 것

2. 문화 및 집회시설 중 집회장의 용도로 쓰는 층으로서 그 층 거실의 바닥면적의 합계가 1천 제곱미터 이상인 것

제37조(지하층과 피난층 사이의 개방공간 설치) 바닥면적의 합계가 3천 제곱미터 이상인 공연장·집회장·관람장 또는 전시장을 지하층에 설치하는 경우에는 각 실에 있는 자가 지하층 각 층에서 건축물 밖으로 피난하여 옥외 계단 또는 경사로 등을 이용하여 피난층으로 대피할 수 있도록 천장이 개방된 외부 공간을 설치하여야 한다.

제38조(관람실 등으로부터의 출구 설치) 법 제49조제1항에 따라 다음 각 호의 어느 하나에 해당하는 건축물에는 국토교통부령으로 정하는 기준에 따라 관람실 또는 집회실로부터의 출구를 설치해야 한다. 〈개정 2013. 3. 23., 2014. 3. 24., 2017. 2. 3., 2019. 8. 6.〉

1. 제2종 근린생활시설 중 공연장·종교집회장(해당 용도로 쓰는 바닥면적의 합계가 각각 300제곱미터 이상인 경우만 해당한다)
2. 문화 및 집회시설(전시장 및 동·식물원은 제외한다)
3. 종교시설
4. 위락시설
5. 장례시설

제39조(건축물 바깥쪽으로의 출구 설치)
① 법 제49조제1항에 따라 다음 각 호의 어느 하나에 해당하는 건축물에는 국토교통부령으로 정하는 기준에 따라 그 건축물로부터 바깥쪽으로 나가는 출구를 설치하여야 한다. 〈개정 2013. 3. 23., 2014. 3. 24., 2017. 2. 3.〉

1. 제2종 근린생활시설 중 공연장·종교집회장·인터넷컴퓨터게임시설제공업소(해당 용도로 쓰는 바닥면적의 합계가 각각 300제곱미터 이상인 경우만 해당한다)
2. 문화 및 집회시설(전시장 및 동·식물원은 제외한다)
3. 종교시설
4. 판매시설
5. 업무시설 중 국가 또는 지방자치단체의 청사
6. 위락시설
7. 연면적이 5천 제곱미터 이상인 창고시설
8. 교육연구시설 중 학교
9. 장례시설

10. 승강기를 설치하여야 하는 건축물

② 법 제49조제1항에 따라 건축물의 출입구에 설치하는 회전문은 국토교통부령으로 정하는 기준에 적합하여야 한다. 〈개정 2013. 3. 23.〉

제40조(옥상광장 등의 설치)

① 옥상광장 또는 2층 이상인 층에 있는 노대등[노대(露臺)나 그 밖에 이와 비슷한 것을 말한다. 이하 같다]의 주위에는 높이 1.2미터 이상의 난간을 설치하여야 한다. 다만, 그 노대등에 출입할 수 없는 구조인 경우에는 그러하지 아니하다. 〈개정 2018. 9. 4.〉

② 5층 이상인 층이 제2종 근린생활시설 중 공연장·종교집회장·인터넷컴퓨터게임시설제공업소(해당 용도로 쓰는 바닥면적의 합계가 각각 300제곱미터 이상인 경우만 해당한다), 문화 및 집회시설(전시장 및 동·식물원은 제외한다), 종교시설, 판매시설, 위락시설 중 주점영업 또는 장례시설의 용도로 쓰는 경우에는 피난 용도로 쓸 수 있는 광장을 옥상에 설치하여야 한다. 〈개정 2014. 3. 24., 2017. 2. 3.〉

③ 다음 각 호의 어느 하나에 해당하는 건축물은 옥상으로 통하는 출입문에 「소방시설 설치 및 관리에 관한 법률」 제40조제1항에 따른 성능인증 및 같은 조 제2항에 따른 제품검사를 받은 비상문자동개폐장치(화재 등 비상시에 소방시스템과 연동되어 잠김 상태가 자동으로 풀리는 장치를 말한다)를 설치해야 한다. 〈신설 2021. 1. 8., 2022. 11. 29.〉

1. 제2항에 따라 피난 용도로 쓸 수 있는 광장을 옥상에 설치해야 하는 건축물
2. 피난 용도로 쓸 수 있는 광장을 옥상에 설치하는 다음 각 목의 건축물
   가. 다중이용 건축물
   나. 연면적 1천제곱미터 이상인 공동주택

④ 층수가 11층 이상인 건축물로서 11층 이상인 층의 바닥면적의 합계가 1만 제곱미터 이상인 건축물의 옥상에는 다음 각 호의 구분에 따른 공간을 확보하여야 한다.
〈개정 2009. 7. 16., 2011. 12. 30., 2021. 1. 8.〉

1. 건축물의 지붕을 평지붕으로 하는 경우: 헬리포트를 설치하거나 헬리콥터를 통하여 인명 등을 구조할 수 있는 공간
2. 건축물의 지붕을 경사지붕으로 하는 경우: 경사지붕 아래에 설치하는 대피공간

⑤ 제4항에 따른 헬리포트를 설치하거나 헬리콥터를 통하여 인명 등을 구조할 수 있는 공간 및 경사지붕 아래에 설치하는 대피공간의 설치기준은 국토교통부령으로 정한다.

〈신설 2011. 12. 30., 2013. 3. 23., 2021. 1. 8.〉

[보충설명] 영 제40조제4항제2호에 따라 설치하는 대피공간

1. 대피공간의 면적은 지붕 수평투영면적의 10분의 1 이상 일 것
2. 특별피난계단 또는 피난계단과 연결되도록 할 것
3. 출입구·창문을 제외한 부분은 해당 건축물의 다른 부분과 내화구조의 바닥 및 벽으로 구획할 것
4. 출입구는 유효너비 0.9미터 이상으로 하고, 그 출입구에는 60+방화문 또는 60분방화문을 설치할 것
4의2. 제4호에 따른 방화문에 비상문자동개폐장치를 설치할 것
5. 내부마감재료는 불연재료로 할 것
6. 예비전원으로 작동하는 조명설비를 설치할 것
7. 관리사무소 등과 긴급 연락이 가능한 통신시설을 설치할 것

제41조(대지 안의 피난 및 소화에 필요한 통로 설치)

① 건축물의 대지 안에는 그 건축물 바깥쪽으로 통하는 주된 출구와 지상으로 통하는 피난계단 및 특별피난계단으로부터 도로 또는 공지(공원, 광장, 그 밖에 이와 비슷한 것으로서 피난 및 소화를 위하여 해당 대지의 출입에 지장이 없는 것을 말한다. 이하 이 조에서 같다)로 통하는 통로를 다음 각 호의 기준에 따라 설치하여야 한다.
〈개정 2010. 12. 13., 2015. 9. 22., 2016. 5. 17., 2017. 2. 3.〉

1. 통로의 너비는 다음 각 목의 구분에 따른 기준에 따라 확보할 것
   가. 단독주택: 유효 너비 0.9미터 이상
   나. 바닥면적의 합계가 500제곱미터 이상인 문화 및 집회시설, 종교시설, 의료시설, 위락시설 또는 장례시설: 유효 너비 3미터 이상
   다. 그 밖의 용도로 쓰는 건축물: 유효 너비 1.5미터 이상
2. 필로티 내 통로의 길이가 2미터 이상인 경우에는 피난 및 소화활동에 장애가 발생하지 아니하도록 자동차 진입억제용 말뚝 등 통로 보호시설을 설치하거나 통로에 단차(段差)를 둘 것

② 제1항에도 불구하고 다중이용 건축물, 준다중이용 건축물 또는 층수가 11층 이상인 건축물이 건축되는 대지에는 그 안의 모든 다중이용 건축물, 준다중이용 건축물 또는 층수가 11층

이상인 건축물에 「소방기본법」 제21조에 따른 소방자동차(이하 "소방자동차"라 한다)의 접근이 가능한 통로를 설치하여야 한다. 다만, 모든 다중이용 건축물, 준다중이용 건축물 또는 층수가 11층 이상인 건축물이 소방자동차의 접근이 가능한 도로 또는 공지에 직접 접하여 건축되는 경우로서 소방자동차가 도로 또는 공지에서 직접 소방활동이 가능한 경우에는 그러하지 아니하다. 〈신설 2010. 12. 13., 2011. 12. 30., 2015. 9. 22.〉

제46조(방화구획 등의 설치)

① 법 제49조제2항 본문에 따라 주요구조부가 내화구조 또는 불연재료로 된 건축물로서 연면적이 1천 제곱미터를 넘는 것은 국토교통부령으로 정하는 기준에 따라 다음 각 호의 구조물로 구획(이하 "방화구획"이라 한다)을 해야 한다. 다만, 「원자력안전법」 제2조제8호 및 제10호에 따른 원자로 및 관계시설은 같은 법에서 정하는 바에 따른다.
〈개정 2020. 10. 8., 2022.4.29.〉

1. 내화구조로 된 바닥 및 벽
2. 제64조제1항제1호·제2호에 따른 방화문 또는 자동방화셔터(국토교통부령으로 정하는 기준에 적합한 것을 말한다. 이하 같다)

[보충설명] 자동방화셔터(국토교통부령으로 정하는 기준)

영 제46조제1항제2호 및 제81조제5항제5호에 따라 설치되는 자동방화셔터는 다음 각 목의 요건을 모두 갖출 것. 이 경우 자동방화셔터의 구조 및 성능기준 등에 관한 세부사항은 국토교통부장관이 정하여 고시한다.

가. 피난이 가능한 60분+ 방화문 또는 60분 방화문으로부터 3미터 이내에 별도로 설치할 것
나. 전동방식이나 수동방식으로 개폐할 수 있을 것
다. 불꽃감지기 또는 연기감지기 중 하나와 열감지기를 설치할 것
라. 불꽃이나 연기를 감지한 경우 일부 폐쇄되는 구조일 것
마. 열을 감지한 경우 완전 폐쇄되는 구조일 것

---

② 다음 각 호에 해당하는 건축물의 부분에는 제1항을 적용하지 않거나 그 사용에 지장이 없는 범위에서 제1항을 완화하여 적용할 수 있다. 〈개정 2010. 2. 18., 2017. 2. 3., 2019. 8. 6., 2020. 10. 8., 2022. 4. 29., 2023. 5. 15.〉

1. 문화 및 집회시설(동·식물원은 제외한다), 종교시설, 운동시설 또는 장례시설의 용도로 쓰는 거실로서 시선 및 활동공간의 확보를 위하여 불가피한 부분

2. 물품의 제조·가공 및 운반 등(보관은 제외한다)에 필요한 고정식 대형 기기(器機) 또는 설비의 설치를 위하여 불가피한 부분. 다만, 지하층인 경우에는 지하층의 외벽 한쪽 면(지하층의 바닥면에서 지상층 바닥 아래면까지의 외벽 면적 중 4분의 1 이상이 되는 면을 말한다) 전체가 건물 밖으로 개방되어 보행과 자동차의 진입·출입이 가능한 경우로 한정한다.

3. 계단실·복도 또는 승강기의 승강장 및 승강로로서 그 건축물의 다른 부분과 방화구획으로 구획된 부분. 다만, 해당 부분에 위치하는 설비배관 등이 바닥을 관통하는 부분은 제외한다.

4. 건축물의 최상층 또는 피난층으로서 대규모 회의장·강당·스카이라운지·로비 또는 피난안전구역 등의 용도로 쓰는 부분으로서 그 용도로 사용하기 위하여 불가피한 부분

5. 복층형 공동주택의 세대별 층간 바닥 부분

6. 주요구조부가 내화구조 또는 불연재료로 된 주차장

7. 단독주택, 동물 및 식물 관련 시설 또는 국방·군사시설(집회, 체육, 창고 등의 용도로 사용되는 시설만 해당한다)로 쓰는 건축물

8. 건축물의 1층과 2층의 일부를 동일한 용도로 사용하며 그 건축물의 다른 부분과 방화구획으로 구획된 부분(바닥면적의 합계가 500제곱미터 이하인 경우로 한정한다)

③ 건축물 일부의 주요구조부를 내화구조로 하거나 제2항에 따라 건축물의 일부에 제1항을 완화하여 적용한 경우에는 내화구조로 한 부분 또는 제1항을 완화하여 적용한 부분과 그 밖의 부분을 방화구획으로 구획하여야 한다. 〈개정 2018. 9. 4.〉

④ 공동주택 중 아파트로서 4층 이상인 층의 각 세대가 2개 이상의 직통계단을 사용할 수 없는 경우에는 발코니에 인접 세대와 공동으로 또는 각 세대별로 다음 각 호의 요건을 모두 갖춘 대피공간을 하나 이상 설치해야 한다. 이 경우 인접 세대와 공동으로 설치하는 대피공간은 인접 세대를 통하여 2개 이상의 직통계단을 쓸 수 있는 위치에 우선 설치되어야 한다. 〈개정 2013. 3. 23., 2020. 10. 8.〉

1. 대피공간은 바깥의 공기와 접할 것

2. 대피공간은 실내의 다른 부분과 방화구획으로 구획될 것

3. 대피공간의 바닥면적은 인접 세대와 공동으로 설치하는 경우에는 3제곱미터 이상, 각 세대별로 설치하는 경우에는 2제곱미터 이상일 것

4. 국토교통부장관이 정하는 기준에 적합할 것

⑤ 제4항에도 불구하고 아파트의 4층 이상인 층에서 발코니에 다음 각 호의 어느 하나에 해당하는 구조 또는 시설을 갖춘 경우에는 대피공간을 설치하지 않을 수 있다.
〈개정 2010. 2. 18., 2013. 3. 23., 2014. 8. 27., 2018. 9. 4., 2021. 8. 10.〉

1. 발코니와 인접 세대와의 경계벽이 파괴하기 쉬운 경량구조 등인 경우
2. 발코니의 경계벽에 피난구를 설치한 경우
3. 발코니의 바닥에 국토교통부령으로 정하는 하향식 피난구를 설치한 경우
4. 국토교통부장관이 제4항에 따른 대피공간과 동일하거나 그 이상의 성능이 있다고 인정하여 고시하는 구조 또는 시설(이하 이 호에서 "대체시설"이라 한다)을 갖춘 경우. 이 경우 국토교통부장관은 대체시설의 성능에 대해 미리 「과학기술분야 정부출연연구기관 등의 설립·운영 및 육성에 관한 법률」 제8조제1항에 따라 설립된 한국건설기술연구원(이하 "한국건설기술연구원"이라 한다)의 기술검토를 받은 후 고시해야 한다.

⑥ 요양병원, 정신병원, 「노인복지법」 제34조제1항제1호에 따른 노인요양시설(이하 "노인요양시설"이라 한다), 장애인 거주시설 및 장애인 의료재활시설의 피난층 외의 층에는 다음 각 호의 어느 하나에 해당하는 시설을 설치하여야 한다. 〈신설 2015. 9. 22., 2018. 9. 4.〉

1. 각 층마다 별도로 방화구획된 대피공간
2. 거실에 접하여 설치된 노대등
3. 계단을 이용하지 아니하고 건물 외부의 지상으로 통하는 경사로 또는 인접 건축물로 피난할 수 있도록 설치하는 연결복도 또는 연결통로

제47조(방화에 장애가 되는 용도의 제한)

① 법 제49조제2항 본문에 따라 의료시설, 노유자시설(아동 관련 시설 및 노인복지시설만 해당한다), 공동주택, 장례시설 또는 제1종 근린생활시설(산후조리원만 해당한다)과 위락시설, 위험물저장 및 처리시설, 공장 또는 자동차 관련 시설(정비공장만 해당한다)은 같은 건축물에 함께 설치할 수 없다. 다만, 다음 각 호의 어느 하나에 해당하는 경우로서 국토교통부령으로 정하는 경우에는 그러하지 아니하다. 〈개정 2009. 7. 16., 2013. 3. 23., 2016. 1. 19., 2016. 7. 19., 2017. 2. 3., 2018. 2. 9., 2022. 4. 29.〉

1. 공동주택(기숙사만 해당한다)과 공장이 같은 건축물에 있는 경우
2. 중심상업지역·일반상업지역 또는 근린상업지역에서 「도시 및 주거환경정비법」에 따른 재개발사업을 시행하는 경우
3. 공동주택과 위락시설이 같은 초고층 건축물에 있는 경우. 다만, 사생활을 보호하고 방범·방화 등 주거 안전을 보장하며 소음·악취 등으로부터 주거환경을 보호할 수 있도

록 주택의 출입구·계단 및 승강기 등을 주택 외의 시설과 분리된 구조로 하여야 한다.

4. 「산업집적활성화 및 공장설립에 관한 법률」 제2조제13호에 따른 지식산업센터와 「영유아보육법」 제10조제4호에 따른 직장어린이집이 같은 건축물에 있는 경우

② 법 제49조제2항 본문에 따라 다음 각 호의 어느 하나에 해당하는 용도의 시설은 같은 건축물에 함께 설치할 수 없다. 〈개정 2009. 7. 16., 2010. 8. 17., 2012. 12. 12., 2014. 3. 24., 2022. 4. 29.〉

1. 노유자시설 중 아동 관련 시설 또는 노인복지시설과 판매시설 중 도매시장 또는 소매시장

2. 단독주택(다중주택, 다가구주택에 한정한다), 공동주택, 제1종 근린생활시설 중 조산원 또는 산후조리원과 제2종 근린생활시설 중 다중생활시설

제64조(방화문의 구분)

① 방화문은 다음 각 호와 같이 구분한다.

1. 60분+ 방화문: 연기 및 불꽃을 차단할 수 있는 시간이 60분 이상이고, 열을 차단할 수 있는 시간이 30분 이상인 방화문
2. 60분 방화문: 연기 및 불꽃을 차단할 수 있는 시간이 60분 이상인 방화문
3. 30분 방화문: 연기 및 불꽃을 차단할 수 있는 시간이 30분 이상 60분 미만인 방화문

제90조(비상용 승강기의 설치)

① 법 제64조제2항에 따라 높이 31미터를 넘는 건축물에는 다음 각 호의 기준에 따른 대수 이상의 비상용 승강기(비상용 승강기의 승강장 및 승강로를 포함한다. 이하 이 조에서 같다)를 설치하여야 한다. 다만, 법 제64조제1항에 따라 설치되는 승강기를 비상용 승강기의 구조로 하는 경우에는 그러하지 아니하다.

1. 높이 31미터를 넘는 각 층의 바닥면적 중 최대 바닥면적이 1천500제곱미터 이하인 건축물: 1대 이상
2. 높이 31미터를 넘는 각 층의 바닥면적 중 최대 바닥면적이 1천500제곱미터를 넘는 건축물: 1대에 1천500제곱미터를 넘는 3천 제곱미터 이내마다 1대씩 더한 대수 이상

② 제1항에 따라 2대 이상의 비상용 승강기를 설치하는 경우에는 화재가 났을 때 소화에 지장이 없도록 일정한 간격을 두고 설치하여야 한다.

③ 건축물에 설치하는 비상용 승강기의 구조 등에 관하여 필요한 사항은 국토교통부령으로 정한다. 〈개정 2013. 3. 23.〉

제91조(피난용승강기의 설치)

법 제64조제3항에 따른 피난용승강기(피난용승강기의 승강장 및 승강로를 포함한다. 이하 이 조에서 같다)는 다음 각 호의 기준에 맞게 설치하여야 한다.

1. 승강장의 바닥면적은 승강기 1대당 6제곱미터 이상으로 할 것
2. 각 층으로부터 피난층까지 이르는 승강로를 단일구조로 연결하여 설치할 것
3. 예비전원으로 작동하는 조명설비를 설치할 것
4. 승강장의 출입구 부근의 잘 보이는 곳에 해당 승강기가 피난용승강기임을 알리는 표지를 설치할 것
5. 그 밖에 화재예방 및 피해경감을 위하여 국토교통부령으로 정하는 구조 및 설비 등의 기준에 맞을 것

소방기술사 기출문제

[132회] 건축물의 용도에 따른 방화구획의 완화기준에 대하여 설명하시오.

[129회] 건축관련법에서 규정하는 다음 사항을 설명하시오.
1) 건축물의 경사지붕 아래에 설치하는 '대피공간'의 설치대상 및 설치기준
2) 공동주택 중 아파트 '대피공간'의 설치대상, 설치기준 및 면제기준

제2조(용어의 정의) 이 기준에서 사용하는 용어의 정의는 다음과 같다.

1. "**필로티 건축물**"이란 1층의 전부 또는 일부를 필로티 구조로 설치하여 주차장으로 쓰는 건축물을 말한다.

2. "난연재료(難燃材料)"란 「건축법 시행령」 제2조제9호에 해당하는 불에 잘 타지 아니하는 성능을 가진 재료로서 국토교통부령으로 정하는 기준에 적합한 재료를 말한다.

3. "불연재료(不燃材料)"란 「건축법 시행령」 제2조제10호에 해당하는 불에 타지 아니하는 성질을 가진 재료로서 국토교통부령으로 정하는 기준에 적합한 재료를 말한다.

4. "준불연재료"란 「건축법 시행령」 제2조제11호에 해당하는 불연재료에 준하는 성질을 가진 재료로서 국토교통부령으로 정하는 기준에 적합한 재료를 말한다.

5. "가연성 외부 마감재"란 외단열 공법을 적용한 건축물의 단열재 및 외벽마감재가 제2호에서 규정한 난연재료의 기준에 적합하지 않은 재료를 말한다.

6. "**차양식 켄틸레버**"란 필로티 주차장에서 발생한 화재가 외벽을 통해 수직으로 확산되는 것을 방지하고자 필로티 기둥 최상단에 설치되는 돌출식 켄틸레버 구조체를 말한다.

7. "**불연재료띠**"란 제3호에서 규정한 불연재료를 사용하여 건축물의 횡방향으로 연속 시공하여 띠를 형성하도록 한 것을 말한다.

8. "드렌처"란 '스프링클러설비의 화재안전기술기준(NFTC 103)'에 따라 창이나 벽, 처마, 지붕에 물을 뿌려 수막을 형성함으로써 화재확산방지를 위한 소화설비를 말한다.

9. "소화펌프"란 소화설비 운용을 위한 송수용의 펌프로 화재나 기타 사고의 영향이 미치지 않는 장소에 설치되는 펌프를 말한다.

제3조(적용대상) 「건축물관리법」 제27조제2항 및 같은 법 시행령 제19조에 해당하는 건축물에 대하여 적용한다.

[보충설명] 건축물관리법」 제27조제2항 및 같은 법 시행령 제19조

제27조(기존 건축물의 화재안전성능보강)

① 관리자는 화재로부터 공공의 안전을 확보하기 위하여 건축물의 화재안전성능이 지속적으로 유지될 수 있도록 노력하여야 한다.

② 다음 각 호의 어느 하나에 해당하는 건축물 중 3층 이상으로 연면적, 용도, 마감재료 등 대통령령으로 정하는 요건에 해당하는 건축물로서 이 법 시행 전 「건축법」 제11조에 따른 건축허가[「건축법」 제4조에 따른 건축위원회(이하 "건축위원회"라 한다)에 같은 법 제4조의2에 따라 심의를 신청한 경우 및 같은 법 제14조에 따른 건축신고를 한 경우를 포함한다]를 신청한 건축물(이하 "보강대상 건축물"이라 한다)의 관리자는 제28조에 따라 화재안전성능보강을 하여야 한다.

1. 「건축법」 제2조제2항제3호에 따른 제1종 근린생활시설
2. 「건축법」 제2조제2항제4호에 따른 제2종 근린생활시설
3. 「건축법」 제2조제2항제9호에 따른 의료시설
4. 「건축법」 제2조제2항제10호에 따른 교육연구시설
5. 「건축법」 제2조제2항제11호에 따른 노유자시설
6. 「건축법」 제2조제2항제12호에 따른 수련시설
7. 「건축법」 제2조제2항제15호에 따른 숙박시설

[보충설명] 「건축물관리법」 시행령 제19조

제19조(건축물의 화재안전성능보강) 법 제27조제2항 각 호 외의 부분에서 "연면적, 용도, 마감재료 등 대통령령으로 정하는 요건에 해당하는 건축물"이란 다음 각 호의 요건을 모두 충족하는 건축물을 말한다. 다만, 제4호의 요건은 제1호가목·다목·마목 및 아목만 해당한다.

1. 건축물의 용도가 다음 각 목의 어느 하나에 해당하는 건축물일 것
   가. 「건축법 시행령」 별표 1 제3호의 시설 중 목욕장·산후조리원
   나. 「건축법 시행령」 별표 1 제3호의 시설 중 지역아동센터
   다. 「건축법 시행령」 별표 1 제4호의 시설 중 학원·다중생활시설
   라. 「건축법 시행령」 별표 1 제9호의 시설 중 종합병원·병원·치과병원·한방병원·정신병원·격리병원
   마. 「건축법 시행령」 별표 1 제10호의 시설 중 학원
   바. 「건축법 시행령」 별표 1 제11호의 시설 중 아동 관련 시설·노인복지시설·사회복지시설
   사. 「건축법 시행령」 별표 1 제12호의 시설 중 청소년수련원
   아. 「건축법 시행령」 별표 1 제15호의 시설 중 다중생활시설

2. 외단열(外斷熱) 공법으로서 건축물의 단열재 및 외벽마감재를 난연재료(불에 잘 타지 않는 성질의 재료) 기준 미만의 재료로 건축한 건축물일 것
3. 스프링클러 또는 간이스프링클러가 설치되지 않은 건축물일 것
4. 1층의 전부 또는 일부를 필로티 구조로 설치하여 주차장으로 쓰는 건축물로서 해당 건축물의 연면적이 1천제곱미터 미만인 건축물일 것

제4조(품질기준) 화재안전성능보강에 적용되는 재료는 불연재료, 준불연재료, 난연재료를 적용하여야 하고, 설비에 적용되는 재료는 KS 표시 제품, 형식승인제품 또는 성능인증제품을 사용하여야 하며, KS 표시 제품이 없을 때에는 KS 규격에 준한 제품을 사용하여야 한다.

제5조(화재안전성능보강 공법의 적용범위)

① 화재안전성능보강 대상 건축물은 해당 건축물의 구조형식 등을 고려하여 별표에 따른 보강공법을 적용하여야 한다.
② 제1항에서 규정하고 있는 보강공법 이외의 공법을 적용하기 위해서는 「건축법」 제4조에 따른 건축위원회의 심의를 거쳐야 한다.

[별표]

건축물 구조형식에 따른 화재안전성능보강공법(제5조 관련)

구 분			비 고
필수 적용	필로티 건축물	1층 필로티 천장 보강 공법	필수
		(1층 상부) 차양식 캔틸레버 수평구조 적용 공법	택1 필수
		(1층 상부) 화재확산방지구조 적용 공법	
		(전층) 외벽 준불연재료 적용 공법	
		(전층) 화재확산방지구조 적용 공법	
		옥상 드렌처 설비 적용 공법	
	일반 건축물	스프링클러 또는 간이스프링클러 설치 공법	택1 필수
		(전층) 외벽 준불연재료 적용 공법	
		(전층) 화재확산방지구조 적용 공법	
선택 적용		스프링클러 또는 간이스프링클러 설치 공법	* 일반건축물은 필수
		옥외피난계단 설치 공법	모든 층
		방화문 설치 공법	–
		하향식 피난구 설치 공법	–

※ 비 고

1. 1층 필로티 천장 보강 공법에 대한 시공기준은 다음 각 목과 같다.

   가. 외기에 노출된 천장면의 가연성 외부 마감재료를 완전히 제거하여야 한다.

   나. 마감재료는 화재, 지진 및 강풍 등으로 인한 탈락을 방지할 수 있도록 고정철물로 고정하여야 하며 준불연재료 또는 난연재료로 한다.

2. 1층 상부 차양식 캔틸레버 수평구조 적용 공법에 대한 시공기준은 다음 각 목과 같다.

   가. 차양식 캔틸레버 구조물은 1층 필로티 기둥 최상단을 기준으로 높이 400 mm 이내에서 200 mm 이상의 마감재료를 제거한 부위에 설치하여야 한다.

   나. 차양식 캔틸레버 구조물은 금속재질의 브라켓을 외벽 구조체 표면에서 800 mm 이상 돌출되어야 하고 두께는 200 mm 이상 확보하여야 하며, 브라켓의 내부 충진을 위한 단열재는 불연재료로 한다.

   다. 차양식 캔틸레버 구조물과 기존 외부 마감재료와의 틈은 내화성능을 확보할 수 있는 재료로 밀실하게 채워야 한다.

   라. 차양식 캔틸레버 구조물은 불연속 구간이 없도록 하여야 한다. 다만 현장 여건에 따라 설치 불가능한 구간이 발생할 경우, 해당 구간은 다른 화재안전성능보강 공법을 적용하여야 한다.

3. 1층 상부 화재확산방지구조 적용 공법에 대한 시공기준은 다음 각 목과 같다.

　가. 1층 필로티 기둥 최상단을 기준으로 2,500 mm이내에 적용된 단열재를 포함한 외부 마감재료를 완전히 제거하여야 한다.

　나. 단열재를 포함한 가연성 외부 마감재료 제거 부위의 마감은 두께 155 mm 이상의 불연재료로 한다.

4. 전층 외벽 준불연재료 적용 공법에 대한 시공기준은 다음 각 목과 같다.

　가. 외벽 전체에 적용된 단열재를 포함한 가연성 외부 마감재료를 완전히 제거하여야 한다.

　나. 단열재를 포함한 가연성 외부 마감재료를 제거한 외벽의 마감은 두께 90 mm 이상의 준불연재료로 한다.

5. 전층 화재확산방지구조 적용 공법에 대한 시공기준은 다음 각 목과 같다.

　가. 외벽 전체에 적용된 단열재를 포함한 가연성 외부 마감재료를 완전히 제거하여야 한다.

　나. 불연재료띠는 1층 필로티 기둥 최상단을 기준으로 높이 400 mm의 연속된 띠를 형성하도록 시공하고 최대 2,900 mm 이내의 간격으로 반복 시공하여야 한다.

　다. 불연재료띠 이외의 외벽 마감은 두께 155 mm 이상의 난연재료로 한다.

6. 옥상 드렌쳐 설비 적용 공법에 대한 시공기준은 다음 각 목과 같다.

　가. 옥상 드렌쳐 설비는 아래의 마목을 제외하고는 '스프링클러설비의 화재안전기술기준(NFTC 103)'을 따른다.

　나. 소화펌프는 설계도서에서 정하고 있는 토출압 및 토출량을 만족시킬 수 있어야 하며, 콘크리트와 같이 지지력이 있는 바닥면에 고정시켜 진동에 대한 안전성을 확보할 수 있도록 시공되어야 한다.

　다. 배관은 설계도서에 정하고 규격의 사이즈로 소화펌프에서 보강대상 건축물의 최상층부의 스프링클러 헤드까지 연결되어야 하며, 동파방지 조치를 취해야 한다.

　라. 소화펌프에 전원을 공급하기 위하여 전기배관 및 전기배선은 내화배선으로 시공하여야 한다.

　마. 드렌쳐 설비는 각각의 드렌쳐 헤드 선단에 방수압력 0.05MPa 이상이어야 하며, 헤드와 신속히 개방가능한 전동밸브를 적용하여야 한다. 또한 최상층부의 드렌쳐 헤드는 설계도서에 따라 고르게 분배하여 시공하여야 한다.

7. 스프링클러, 간이스프링클러, 하향식 피난구, 방화문, 옥외피난계단의 시공기준은 다음 각 목과 같다.

　가. 스프링클러 설비는 '스프링클러설비의 화재안전기술기준(NFTC 103)'에 적합하게 설치하여야 한다.

나. 간이스프링클러 설비는 '간이스프링클러설비의 화재안전기술기준(NFTC 103A)'에 적합하게 설치하여야 한다.

다. 하향식 피난구는 '건축물의 피난·방화구조 등의 기준에 관한 규칙' 제14조제3항에 따라 설치하여야 한다.

라. 방화문은 '건축물의 피난·방화구조 등의 기준에 관한 규칙' 제26조에 따른 비차열 1시간 이상 방화문을 건축공사표준시방서에 따라 설치하여야 한다.

마. 옥외피난계단은 건축공사표준시방서에 따라 설치하여야 한다.

소방기술사 기출문제

[126회] 건축물관리법의 화재안전성능보강과 관련하여 다음 사항을 설명하시오.
1) 기존 건축물의 화재안전성능보강 대상 건축물
2) "국토교통부 2022년 화재안전성능보강 지원사업 가이드라인" 중 보조사업

Non-Stop High-Pass

국가화재안전기준(NFSC)
및 소방관련법령

발   행 / 2024년 5월 3일

·

저   자 / 김상현, 하재황
펴 낸 이 / 정 창 희
펴 낸 곳 / 동일출판사
주   소 / 서울시 강서구 곰달래로31길7 (2층)
전   화 / (02) 2608-8250
팩   스 / (02) 2608-8265
등록번호 / 제109-90-92166호

판 권
소 유

·

ISBN 978-89-381-1638-3 13500
값 / 38,000원